现代化学专著系列·典藏版　11

过 程 工 程

——物质·能源·智慧

中国科学院过程工程研究所　组编

郭慕孙　顾问

李洪钟　主编

科学出版社

北　京

内 容 简 介

过程工程作为一门新兴的交叉学科引起了国内外学术界的关注。它的研究与服务对象涵盖了化工、冶金、材料、生物、能源、资源、环境等诸多工程领域。它的基础理论、技术和方法也在原化学工程理论的基础上增加了许多创新的内涵。本书组织国内外知名的过程工程专家和学者撰写，力求综合反映当今过程工程学科的发展现状与水平，希望能告诉读者什么是过程工程，过程工程的研究与服务对象是什么，它有什么基础理论和方法等。

本书分为基础篇和专业篇，共 26 章，涵盖内容广泛，理论与应用并重。基础篇就过程工程的学科定位、共性基础理论、新概念、新方法、发展现状和展望等进行论述；专业篇阐明若干具体专业的新工艺、新过程、新方法。

本书可供与过程工程和过程工业有关的科技工作者、高等学校的教师和学生、政府和企业的管理人员阅读与参考。

图书在版编目（CIP）数据

现代化学专著系列：典藏版 / 江明，李静海，沈家骢，等编著. —北京：科学出版社，2017.1

ISBN 978-7-03-051504-9

Ⅰ.①现… Ⅱ.①江… ②李… ③沈… Ⅲ. ①化学 Ⅳ.①O6

中国版本图书馆 CIP 数据核字（2017）第 013428 号

责任编辑：杨　震　周　强　刘　冉 / 责任校对：包志虹
责任印制：张　伟 / 封面设计：铭轩堂

科学出版社 出版
北京东黄城根北街 16 号
邮政编码：100717
http://www.sciencep.com

北京厚诚则铭印刷科技有限公司印刷
科学出版社发行　　各地新华书店经销

*

2017 年 1 月第 一 版　　开本：720×1000 B5
2017 年 1 月第一次印刷　　印张：46 1/2
字数：912 000

定价：7980.00 元（全 45 册）

谨以此书献给郭慕孙先生九十华诞

各章编写人员

基 础 篇

1 多尺度方法与过程模拟——回顾多尺度方法，展望虚拟过程工程

李静海 葛 蔚 王 维 杨 宁 张家元 何京东（中国科学院过程工程研究所）

2 传递基础

毛在砂（中国科学院过程工程研究所）

3 化学反应工程概论

杨 超 程景才 程 荡（中国科学院过程工程研究所）

4 多相流结构与传递及其调控

李洪钟（中国科学院过程工程研究所）

5 微化学工程与技术

陈光文 赵玉潮 袁 权（中国科学院大连化学物理研究所）

6 分离过程工程前沿

刘会洲（中国科学院过程工程研究所）

7 精馏传质分离过程

袁希刚（天津大学）

8 离子液体科学与工程基础

张锁江 赵国英 周 青 董 坤 刘晓敏 孙 剑 董海峰（中国科学院过程工程研究所）

9 复杂流体分子热力学

刘洪来 彭昌军 胡 英（华东理工大学）

10 多相流动的数值模拟——离散单元法及其在炼铁高炉中的应用

周宗彦 余艾冰（澳大利亚新南威尔士大学）

11 反应粉碎过程原理及应用

沈佳妮 陈黎明 马紫峰（上海交通大学）

12 专业数据和计算资源的网络化共享——构建未来虚拟研究环境的基础

李晓霞 袁小龙 夏诏杰 聂峰光 郭 力（中国科学院过程工程研究所）

13 计算机辅助化学产品设计

吴 昊 温 浩 赵月红（中国科学院过程工程研究所）

序

郭慕孙

过程工程的来历

化学工程经过归纳、综合和与其他知识的交叉，形成了以传递和反应为主且还在不断发展的"三传一反＋X"的学识基础（见《过程工程学报》2001 年 01 期）。这一学识基础的应用对象已远远超出了化工起家时的化学产品，覆盖了所有物质的物理和化学加工工艺，将化学工程提升至过程工程。过程工程的学识基础将如何扩展成长，21 世纪，我们国家又该如何建立过程工程的前沿，将成为今后的热点。（Through induction, integration and cross-disciplinary interaction, chemical engineering has acquired an ever-expanding knowledge base involving transport and reaction as its main contents. The application of this knowledge base has far extended beyond its namesake, the chemical products, to encompass all physical as well as chemical processing, upgrading chemical engineering to the much larger field of process engineering. How to further foster the expansion and growth of this knowledge base of process engineering, and, in facing the challenges of the 21st century, the identification of appropriate frontiers for China, are becoming the foci of attention.）

关于化学工程和过程工程的相同、承继和区别，*Wikipedia* 载有以下两段文字：

Chemical engineering is the branch of engineering that deals with the application of physical science (e. g. chemistry and physics), with mathematics, to the process of converting raw materials or chemicals into more useful or valuable forms……*Chemical engineers are for the most economical process.*

Process engineering is often a synonym for chemical engineering and focuses on the design, operation and maintenance of chemical and material manufacturing processes.

过程工程的特色

特色 1　占我国 GDP 1/6：过程工程作为从事物质的物理、化学、生物转变的工程，包括以下两类：全属过程工程，如石油、化学原料过程工程，在我国共

13 种；渗入其他行业的过程工程，如烟叶、自来水过程工程，在我国共 14 种，如表 1 所示。两者共占全国 GDP 的 16.6%，高于电子行业，也高于农业。因此研究过程工程具有重大经济价值。

表 1　我国过程工业所包括的范围（史丹）

过程工业（按大行业分）	包含在其他大行业中的过程工业
食品加工业	金属表面处理及热处理业
食品制造业	铸件制造业
造纸及纸制品业	粉末冶金制品业
印刷业	绝缘制品业
石油加工及炼焦业	集成电路制造业（部分生产环节）
化学原料及化学制品业	电子元件制造业（部分生产环节）
医药制造业	烟叶复烤业
化学纤维制造业	纤维原料初步加工业
橡胶制品业	棉纺印染业
塑料制品业	毛染整业
非金属矿物制造业	丝印染业
黑色金属冶炼及压延加工业	火力发电业
有色金属冶金及压延加工业	煤气生产业
	自来水生产业

特色 2　连续运转＋内循环：　过程工厂一般都连续生产作业，且包含或多或少的内部物质和能量在流程内的循环，以求达到高纯度、高反应转换的产物，同时减少设备投资和生产成本。图 1 为低压空分制氧流程。

特色 3　组织结构：过程工程研究和开发（R&D）的运行包括三段：道（science）、术（technique）和企（industry）。三者相互促进反馈，必须有效管理和领导，同时也表明过程工程的道和术向其他领域的延伸和扩散。所选研究并不一定跨越全进程的全套开发研究，但必须明确其范畴，按畴规划行动。图 2 从一个过程工程师所需的知识和能力和他的活动范围，来阐明过程工程的组织结构。

特色 4　逐步审核：过程工程研究和开发（R&D）的贯彻和实施必须严格遵循步步执行可行性分析和评估的准则，在最终经济指标不能达标时，必须停工，寻找出路，然后才能继续。可行性分析包括流程的定量计算。从原始想象到创新成功的全流程如图 3 所示。

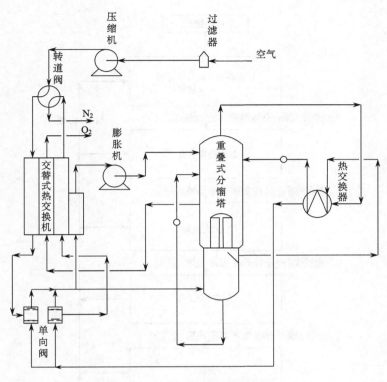

图 1　低压空分制氧流程

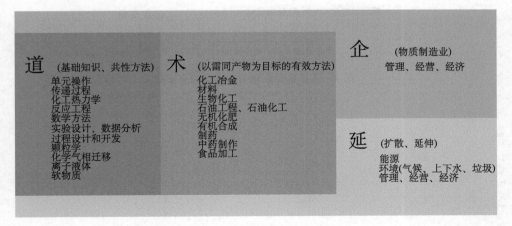

图 2　一个过程工程师所需的知识、能力和活动范围

研究或开发：道或（道＋术）

管理或经营：道＋术＋延

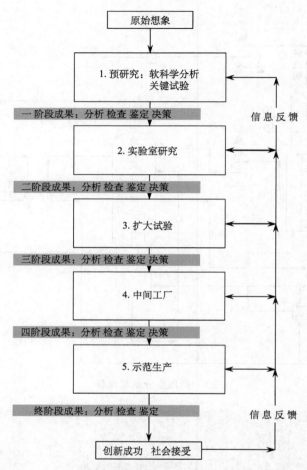

图 3　从原始想象到创新成功的全流程

前　言

李洪钟

　　若以英国人 Davis 于 1901 年撰写的化工手册作为化学工程学科的起点，化学工程作为一个独立学科已有百年的历史。伴随着化学工业的发展，化学工程经历了实践—理论—再实践—再理论，由低级到高级的发展过程。美国麻省理工学院 Walker、Lewis 和 McAdams 三位教授于 1923 年将多年积累的单元操作教材编撰成教科书，这被认为是化学工程发展的第一里程。美国的 Bird 教授等于 1958 年出版的专著 *Notes on Transport Phenomena*，从动量、热量、质量的传递（"三传"）角度研究化学工业生产中的物理变化过程；美国的 Levenspiel 教授于 1957 年出版的专著 *Chemical Reaction Engineering*，将传递过程的原理与具有化学反应的工艺结合，经归类和归纳，又形成一门新的分支化工学科——化学反应工程，与传递原理一起被称为"三传一反"。"三传一反"理论的形成被认为是化学工程发展的第二里程。

　　化学工程对化学工业的发展起了巨大的推动作用，而化学工业的发展也为化学工程学科不断提出新挑战和新课题，促进了化学工程学科的发展。目前化学工程的服务对象已不限于化学工业，而是扩展到冶金、材料、能源、环境、生物等诸多进行物质与能量转化的过程工业。化学工程学科本身也在不断扩大其科学内涵，向着以更广泛地研究物质和能源在化学、物理和生物转化过程中的运动、传递和反应及其相互关系以及过程的绿色化和集约化为科学内涵的过程工程学科转移。近 20 年来，由于计算机技术、观测测量技术和通信技术的发展，计算化学工程应运而生，结构与界（表）面和多尺度问题受到关注，化工过程的优化调控和模拟放大进展迅速；温室气体效应和环境污染日趋严重，人类生活需求不断提高，要求零排放和不污染、不破坏环境，要求物质的循环使用或全利用，要求能量的节约与优化利用，绿色过程工程、产品工程和系统集成工程得以形成和发展。化学工程学有可能在"三传一反"理论的基础上增加新的科学内涵而转变为过程工程学，成为化学工程发展的第三里程。目前，我国过程工业的产值占工业总产值的二分之一，占工业总税收的三分之一，可见，过程工程学科的发展不仅具有重要的科学意义，而且对国民经济的发展同样起着举足轻重的作用。过程工程学的发展现状如何，它面临的挑战是什么，它的发展趋势又是什么，是值得工程科学界关注的问题。

　　顺应学科的发展和时代的需求，中国科学院化工冶金研究所于 2001 年更名为中国科学院过程工程研究所，重点从事过程工程科学与技术的研究，旨在引领过程工程学科前沿，服务国家过程工业的重大需求。2008 年，过程工程研究所建所 50 周年时，举办了"过程工程论坛"，分多次邀请国内外过程工程学科的专家来所作学术报告。郭慕孙先生提议将论坛的演讲编辑成一部专著，另外再邀请一些专家撰稿，使书的内容更丰富、更全面。希望该书能告诉读者什么是过程工程，过程工程研究和涵盖的内容是什么，它的服务对象是什么，它有什么基础理论和方法。可以说，过程工程的基础还是化学工程，其扩展部分为材料、生化、能源、环境、冶金、医药等工程领域。其基本理论还是"三传一反"，但应该是"三传一反"理论的深化与发展，还需增加绿色、环保、节能、减排、循环经济的相关理论与方法。本书定名为"过程工程——物质·能源·智慧"，意指过程工程反映人类智慧对物质能源转化过程的认识和驾驭。撰写的内容分为两类：一类是基础性的，就过程工程的学科定位、共性基础理论、新概念、新方法、发展现状和展望等进行论述，称为基础篇；另一类是专业性的，阐明某一具体专业的新工艺、新过程、新方法，称为专业篇。本书由 26 章组成，涵盖的内容广泛，理论与应用并重。由于过程工程的学科理论正处于形成与发展阶段，本书暂不追求其理论的系统性。参加本书撰写工作的都是国内外知名的专家和学者，他们的论著代表了当今过程工程学科发展的水平。本书可供与过程工程与过程工业有关的科技工作者、高等学校的教师和学生、政府与企业的管理工作者阅读与参考。希望本书的出版能对过程工程科学和过程工业的发展做出一点贡献。由于编写时间仓促，错误在所难免，望读者批评指正。

　　本书由郭慕孙先生发起并亲自编辑，巴敬莉同志负责与撰稿人联系及初稿校对工作。本书出版之际，正逢郭慕孙先生九十华诞，谨以本书作为献给郭慕孙先生 90 岁生日的礼物。

目　　录

专　业　篇

基础篇

1 多尺度方法与过程模拟
——回顾多尺度方法，展望虚拟过程工程

作为献给郭慕孙先生 90 岁生日的礼物，我们这些学生和晚辈希望能总结一下在他指导下开展的以能量最小多尺度（EMMS）模型为核心的一系列多尺度方法的研究。从 26 年前针对气-固系统中团聚物的简单概念模型开始，我们通过在不同体系中应用这一思想，归纳共性规律，逐步建立对复杂系统具有普适性的极值多尺度方法，直至最近建立起模拟复杂系统的新的并行计算模式。我们回顾了这期间遇到的困难、走过的弯路以及克服这些困难的体会。基于这种方法，我们在解决工业界实际问题的同时，发展了多尺度并行计算的软件和硬件，提出了以问题、模型、软件和硬件结构相似为特征的高性能并行计算模式，展现了实现虚拟过程工程的希望。

通过总结和归纳这一历程，从学术上我们希望说明：多尺度结构是自然界复杂现象的共同特征，介尺度结构是其核心问题，以此为焦点开展理论计算和实验研究，抓住了问题的本质，是当前化学工程的前沿方向；计算机软件和硬件的体系结构都应当和所研究问题的结构一致，才能建立起高效的针对复杂过程的计算模式。从精神或工作方法层面我们希望说明：注重积累才能逐步取得突破，已知和未知之间往往仅有一线之隔，但只有长期的积累才能理性地跨越这一边界，实现科学上的突破。在郭先生一生的科学研究生涯中，这一思想贯穿其中，这是我们宝贵的精神财富，需要我们在今后的工作中继续坚持和发扬。

1.1 多尺度概念的产生

20 世纪 70 年代末到 80 年代初这一段时间，国内外化工界都十分关注一种新型的反应器——循环流化床（circulating fluidised bed，CFB，也称快速流化床）。这种反应器可以在高速气流下处理粒度很细的物料，具有很好的传质、传热性能，并可以保持反应器内温度均匀。

当前循环流化床反应器已经得到广泛应用，人们对其中的颗粒聚团现象及其对传递反应过程的影响已经形成共识。但在当时，人们对为什么循环流化床可在高速气流下运行操作缺乏机理性的认识，甚至还有不少人对循环流化床中颗粒聚团的存在持否定态度。如何建立循环流化床的流动模型，这在当时是一项十分重要的课题。就是在这个背景下，郭先生在中国科学院化工冶金所（中国科学院过

程工程研究所的前身）提出了基于聚团假设的 CFB 轴向分布模型[1]，在这一模型中，聚团作为区别于"稀相"的另外一"相"来处理，并假设聚团因上下浓度差异而有轴向扩散，从而建立了轴向空隙率分布模型。为了深化这一模型，进一步考虑聚团对流动、传质的影响，他又提出了"考虑聚团的循环流化床流动和传质模型"的研究方向，提出要在流化床流动和传质模型的研究中考虑聚团内外气体和颗粒之间的相互作用以及稀相和聚团之间的相互作用，这就是多尺度研究的最原始设想。在目前聚团结构已被广泛认可的情况下，这似乎是很自然的事情，但在当时对于是否存在聚团仍有争议，甚至基于聚团假设的投稿也往往被拒的情况下，郭先生坚持以聚团为核心建立 CFB 模型是十分具有前瞻性的，由此也启动了至今已有 26 年的多尺度研究。事实上，颗粒聚团是一种介尺度现象，近年来，我们认识到介尺度问题是很多复杂现象的共同瓶颈[2]，由此更加体会到当时选题的前瞻性和重要性。

1.2　EMMS 模型的建立

在考虑颗粒聚团的建模过程中，我们认识到仅仅考虑动量和质量守恒方程并不能得到封闭的模型，必须找到约束这一结构的稳定性条件。但我们也认识到，这是一个挑战性的问题，困难在于气-固流态化是一种典型的非线性非平衡体系，而对于非线性非平衡体系，难以找到统一的稳定性判据。这不仅是化学工程的难题，也是整个科学技术的共同挑战。事实上，这也是复杂性科学产生的原因，并已逐步成为其研究的核心问题。当时，经过多方探索，萌生了一个理念：气体和颗粒之间的相互作用是建立稳定性条件的关键，尽管两者相互作用，但各自独立的运动趋势仍在发挥作用，只不过相互影响而已。在此思想指导下，经过长时间的反复研究，我们提出了单位质量颗粒的悬浮输送能耗（N_{st}）趋于最小（$N_{st} \rightarrow$ min）是流态化系统的稳定性条件。将这一稳定性条件作为目标函数，就可以求解流体动力学方程。计算结果表明：$N_{st} \rightarrow$ min 要求系统出现颗粒稀少的稀相和颗粒富集的密相共存的非均匀结构，这与实验观察一致，表明 $N_{st} \rightarrow$ min 反映了气-固流态化稀密两相共存这一突出特征，将其作为系统的稳定性条件是合理的。这就是当时的 EMMS 模型[3]。

1.3　$N_{st} \rightarrow$ min 假设受到质疑

尽管当时基于 EMMS 模型的计算结果是合理的，但由于无法从理论上证明 $N_{st} \rightarrow$ min，因此，EMMS 模型在得到流态化研究同行关注的同时，也受到部分专家的质疑，即为什么 $N_{st} \rightarrow$ min？从理论上回答这个问题的确十分困难，甚至是不可能的。原因是所有的复杂系统既有共性，又有个性，因此无法建立统一、普适的判据。这一质疑在客观上阻碍了 EMMS 模型的推广和应用，但这也激起了我们证明 $N_{st} \to \min$ 的决心和信心。在当前 $N_{st} \to \min$ 已被证明的情况下，再反思这个过程，我们意识到如果没有同行的质疑，我们就不会在证明 $N_{st} \to \min$ 上下功夫，也就不会将在建立 EMMS 模型时寻找 $N_{st} \to \min$ 这样的系统稳定性条件的思想和方法扩展应用到其他体系，极值多尺度方法也不会发展到今天的水平。仔细想来，当时 $N_{st} \to \min$ 难以被接受的原因可能主要有两点：

（1）人们没有认识到 $N_{st} \to \min$ 与一般意义上的能量最小截然不同，$N_{st} \to \min$ 实际上表达的是非线性系统中的两种极值趋势的相互作用和协调（compromise）；

（2）当时"EMMS"的命名含义不够确切，$N_{st} \to \min$ 中 N_{st} 表达的是一种能耗速率，命名"能量最小"易引起误解。人们在不了解 N_{st} 的含义时，很容易将其与守恒系统中的能量最小等同。

面对这些问题，我们一方面将最初的针对局部状态的 EMMS 模型扩展到计算径向分布，即认为径向分布应当满足：

$$\overline{N_{st}} = \frac{2}{R^2 (1-\bar{\varepsilon})} \int_0^R N_{st}(r) [1-\varepsilon(r)] r \, dr \to \min$$

式中，$\bar{\varepsilon} = \frac{2}{R^2} \int_0^R \varepsilon(r) r \, dr$[4]；另一方面，我们致力于 $N_{st} \to \min$ 的机理阐述并启动证明 $N_{st} \to \min$ 的研究工作。

1.4　机制协调概念的深化

在对 $N_{st} \to \min$ 进行深入分析的过程中，我们认识到，颗粒运动的极值趋势 $\varepsilon \to \min$ 和流体运动的极值趋势 $W_{st} \to \min$ 相互协调时，系统才会处于流态化状态，而当一个极值趋势控制另一个极值趋势时，就会呈稀相输送或固定床状态。基于这一思路，我们解决了"噎塞"（choking）这一工业界和学术界都很关注的难题。我们将"噎塞"定义为系统由 $\varepsilon \to \min$ 和 $W_{st} \to \min$ 两种极值趋势的协调向系统只由 $W_{st} \to \min$ 这一种极值趋势控制的过渡，这一进展深化了我们对 $N_{st} \to \min$ 的理解[5]。

为了证明 $N_{st} \to \min$，我们于 1992 年向中国科学院申请了"计算机仿真实验"的院长基金，并及时得到支持，购买了当时比较先进的工作站和实验用激光相位多普勒粒子分析仪（PDPA）系统，试图通过计算机仿真并结合实验来证明 $N_{st} \to \min$，但没有马上获得成功。鉴于实验证明的困难，我们提出"拟颗粒"的粒子方法[6]，试图通过考虑微观机理复现出宏观的结构，对 N_{st} 进行统计分析后，再判断 N_{st} 是否趋于最小。但这一过程十分漫长，经历了近 10 年的时间，当然其中也有计算能力不足的原因。正是由于离散模拟能力的建立，我们才成功证明了 $N_{st} \to \min$[7]，最终将极值多尺度方法[8]与离散方法结合，形成多尺度并行计算的新模式[9]。可见，科学研究的结果在一开始是无法预料的，很多是在研究过程中逐步演化而来的，所以长期积累是必需的。

1.5　Compromise 概念的初步证明

1992～1997 年是 EMMS 模型发展最为艰难的一个时期。一方面，$N_{st} \to \min$ 受到质疑；另一方面，EMMS 的应用还未开展。来自各方面的压力使我们十分被动，在这样十分关键的时刻，中国科学院院长基金和国家自然科学基金委员会杰出青年基金给了我们有力的支持，真可谓雪中送炭。在这两项基金的支持下，我们一方面利用新购置的 PDPA 测量单颗粒的动态行为，另一方面拟颗粒离散粒子模拟工作也在困难中逐步发展，希望从不同方面共同推动，证明 $N_{st} \to \min$ 的工作。

在这个困难时期，郭先生带领我们撰写专著，鼓励我们增强信心，不轻易放弃。1994 年，我们在撰写专著[10]的过程中，对 $N_{st} \to \min$ 是来源于 $W_{st} \to \min$ 和 $\varepsilon \to \min$ 的协调有了进一步的认识，即 $N_{st} = \dfrac{W_{st}}{(1-\varepsilon)\,\rho_p}$。式中，$W_{st} \to \min$ 和 $\varepsilon \to \min$ 相互协调（compromise）自然就导致 $N_{st} \to \min$。

这是证明 $N_{st} \to \min$ 的重要一步。但当时，我们对公式 $N_{st} = \dfrac{W_{st}}{(1-\varepsilon)\,\rho_p}$ 反映的机理仍不是十分清楚。事实上，在同一局部，$W_{st} = \min$ 和 $\varepsilon = \min$ 不可能同时存在，也就是说，有 $W_{st} = \min$ 就不会有 $\varepsilon = \min$，因此 $N_{st} = \min$ 不能在局部瞬时成立。这使我们将拟颗粒模拟的目标锁定在揭示两种控制因素协调的机理。1997 年，初步模拟结果证明了两种因素的相互协调是复杂系统介尺度结构产生的原因，也就是说，$W_{st} \to \min$ 和 $\varepsilon \to \min$ 的协调导致稀密两相结构这一结论得到证明。也就是在这一阶段，EMMS 的求解取得了进展，并与德国 Siegen 大学的同行一起开展了应用 EMMS 方法计算流化床中整体动力学的工作。这一时期，EMMS 的发展方向得到进一步明确，在国际化工主流期刊 *Chemical Engineering Science* 上发表了题为 *Dissipative structure in concurrent-up gas-solid flow* 的文章[11]，并提出了用控制机制协调原理来阐述单相湍流的稳定性的想法。与此同时，我们也开始基于 EMMS 模型来建立计算工业装置中饱和夹带和轴向分布的软件包。

1.6 EMMS 工业应用和协调概念的扩展

1998 年，EXXON 公司使用了我们的 EMMS 软件试用版本，用于计算饱和夹带，并反馈了很好的结果。德国同行也用 EMMS 计算了 CFB 锅炉内的轴向分布，计算结果与运行结果一致[12]。这两项应用，开启了 EMMS 工业应用的道路。

与此同时，1999 年，我们用黏性与惯性协调的思想分析了单相管道湍流速度分布的稳定性，在 *Chemical Engineering Science* 上发表短评[13]。这使我们坚信控制机制极值趋势的相互协调是产生复杂系统稳定性的内在机理，这一机理也同样可扩展到更多的复杂系统。这一认识更坚定了我们证明 $N_{st} \rightarrow \min$ 的信心和决心。

1.7 $N_{st} = \min$ 的证明和极值型多尺度方法的建立

在坚定了对研究方向的信心后，我们继续对控制机制协调的规律进行分析研究，加快推进计算机仿真证明 $N_{st} \rightarrow \min$ 的工作。2003 年底，我们完成了 $N_{st} \rightarrow \min$ 的证明，系统阐明了稳定性原理[7,14]。这使我们深入、清晰地认识到了 $W_{st} \rightarrow \min$ 和 $\varepsilon \rightarrow \min$ 协调的全部机理，即：在某一点，$W_{st} \rightarrow \min$ 和 $\varepsilon \rightarrow \min$ 会在时间上交替出现，此为时间协调；在空间上，当 A 点是 $W_{st} \rightarrow \min$ 时，邻近的 B 点可能是 $\varepsilon \rightarrow \min$，这是空间协调。这种时空协调导致在较大的一个介尺度区域中，$N_{st} \rightarrow \min$，但局部某一点无法达到最小，总是波动变化，即 $N_{st} = \dfrac{W_{st}}{(1-\varepsilon) \ \rho_p} = \min$ 仅适用于比特征结构单元尺寸大的区域，而不是局部某一点，这是我们以前没有认识到的。这一进展对 EMMS 来说是一个重大的突破。从此以后，EMMS 方法走上快速发展的道路。我们继续研究了更多的系统，如气-液-固三相、颗粒流等，并开始了探索稳定性原理普适性的工作，也就是将 EMMS 发展为普适的极值多尺度方法。我们相继建立了其他 5 种体系（单相流、乳液、颗粒流、泡沫渗流、气-液微流动）的稳定性条件，并通过离散化仿真初步证明了这些稳定性条件的正确性[15]（当然这一工作还有待进一步完善），从而实现了从单纯针对气-固系统的 EMMS 模型向普遍适用于多相复杂系统的极值多尺度方法（图1.1）的过渡。

建立了普适的数学模型[8,16]：

求解：$X = \{x_1, x_2, \cdots, x_n\}$

最小化：$\begin{pmatrix} E_l(X) \\ \vdots \\ E_k(X) \end{pmatrix}$

约束：s. t. $\quad F_i(X) = 0, \quad i = 1, 2, \cdots, m$

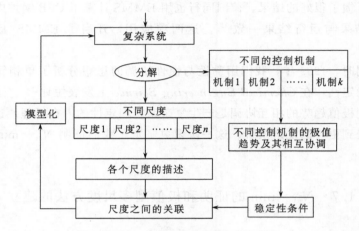

图 1.1　极值多尺度方法框图

这是一个多目标变分问题，对不同的问题，其具体表述是不同的。但这一模型反映了以下共同规律：

（1）复杂系统的稳定条件可以通过分析控制机制的相互协调来建立，这样建立的稳定性条件也反映了不同尺度现象之间的关联。

（2）区别于另外两种建立多尺度模型的方法（描述型、关联型），这一极值多尺度方法增加了控制机制及其极值趋势分析和协调的步骤，解决了不同尺度相互关联的理论问题。

1.8　多尺度 CFD（EMMS＋CFD）的发展

20 世纪末和 21 世纪初，基于连续介质假设的双流体模型在两相流模拟领域得到快速发展，每年都有大量基于 CFD 模型计算的研究工作发表，成为热门研究领域。但当时我们并没有简单跟随这种仅基于 CFD 的研究热潮，我们认为，虽然连续介质模型在单相流模拟，如航空航天等领域得到成功应用，但对于多相系统的模拟还存在先天性的缺陷。例如，两相和多相系统属于典型的非线性非平衡系统，多尺度的非均匀结构是其本质特征，但基于连续介质和局域平衡假设的双流体模型在微元网格内仍采用均匀化处理，掩盖了多相系统的本质特性，在物理上可能是不合理的。实际上，早在 1993 年，我们就通过 EMMS 模型计算[17]发现，气-固两相系统内部不同流动结构（稀相、密相和相间）对应的曳力系数有很大差别；而双流体模型对微元网格内部的平均化处理恰恰忽视了这一影响。但在当时，这一观点并未引起重视；而我们当时也片面认为我们已提供了方法，别人可以应用，我们没必要介入双流体模型。但现在回想起来，这一片面的想法，使 EMMS 在 CFD 中发挥作用推迟了 10 年！这一点给我们的启示是：自己提出的新方法，自己不去应用，别人就难以及时应用。

10 年后，我们用 EMMS 模型修正了多相流模型中的曳力系数。2003 年开发出了 EMMS 模型的一个简化模型，实现了与双流体 CFD 模型的耦合[18]。这一模型可以捕获快速流态化系统中的颗粒聚团现象，且预测的颗粒夹带量和实验接近；而传统上基于平均化处理的模型预测的气-固两相流动结构比较均匀，且颗粒夹带量远超过实验值。这一结果发表后立即引起了众多研究者的重视。进一步的研究还发现，该模型可以预测流态化系统中的流型过渡，即所谓的噎塞现象。模拟结果表明，对于某一气速，在一定范围内改变系统的存料量，预测的颗粒夹带量几乎不变[19]，这表明气速和颗粒通量并不是操作条件中决定系统流动结构的充分条件，和我们在 20 世纪 80 年代末的实验结论完全吻合[20]。

也就是说，当循环流化床内的气-固两相流动处于饱和夹带状态时，轴向颗粒分布不仅由操作气速和颗粒循环通量决定，还受系统存料量的影响。当给定操作气速而存料量在一定范围内变化时，监测到的颗粒循环量保持不变，底部密相段和顶部稀相段的颗粒浓度也几乎维持恒定，唯一发生改变的就是轴向颗粒浓度分布 S 形曲线的拐点，这一拐点随着存料量的变化沿床高移动。这一实验发现反映了快速流化系统宏观结构的本质特性。但由于循环流态化系统的设备结构和操作条件等复杂因素的影响，也由于很多其他实验之间的差异，这一实验的重要性没有引起业界的足够重视，大家还花很多精力讨论这些差异，不能不说是一个遗憾。为此，我们在 1998 年，又重复了 10 年前的实验，进一步确认了这一结论[11]。

EMMS 原始的求解必须借助非线性规划程序，时间长，有时收敛困难，这也是国内外多家单位应用 EMMS 没能成功的原因。为了解决这一问题，我们曾尝试过各种解析方法[21]，但仍难以应用。1996 年，也尝试过用 Matlab 求解，取得了一些进展[22]，但由于分析不够仔细，未能捕捉到噎塞现象。直到 2002 年，EMMS 的严格求解才得以实现，并发现了用 EMMS 可以很好地直接解出噎塞点对应的两个分解，即它是两个稳态对应的两个极小值之间的突变[23]。该工作还论证了将 $N_{st} \rightarrow \min$ 作为各流域的统一的稳定性条件的可行性，以及它与先前理论的一致性，为 EMMS 与 CFD 模型的耦合提供了方便，也为其他系统中类似情况的发现提供了启示。

后来，EMMS 和 CFD 耦合的多尺度模型的计算结果和实验现象也很好地一致，从而从另一角度验证了实验的发现[18,19]。此后，我们用该 EMMS 简化模型进一步计算了完整的流域，绘制出了完整的马鞍形流域图[24]。EMMS 简化模型进一步被用于工业反应器的 CFD 模拟计算[25]。

进一步的工作表明，流化床内的介尺度结构并不随微元变小而消失，为此，我们于 2007 年提出了任意微元（网格）上的 EMMS 模型，即 EMMS/matrix 模型[26]。该模型将 EMMS 与 CFD 的耦合分成两步：第一步，由于 $N_{st} = \min$ 不能在局部瞬时达到[7]，我们提出先将 EMMS 模型用于反应器整体，利用其稳定性条件优化得到介观团聚物参数；第二步，由微元上的 EMMS 模型确定每个网格内部的浓、稀相流动参数以及曳力系数，实现与 CFD 在每一网格上的耦合计算。

通过比较，我们发现该模型以及之前的简化模型，都可以成功地捕捉到循环流化床中的噎塞现象及其随循环床提升管高度的变化关系即噎塞区域随提升管升高而变宽，或者说，提升管越高，噎塞现象越容易被观测到[27]。

对于此现象，我们曾经在早期的专著[10]中给出过预测。模拟复现此预测结果，更加突出了 EMMS 改进 CFD 模拟的潜力，但同时也引出一个应用上的问题：噎塞区域随提升管升高而变宽是否有限制？或者说，对于无限高的循环床，噎塞区域也会无限宽吗？心怀此疑问，我们意识到，CFD 由计算域限定，由此得到的表观相图必定随床高变化，如果单纯用 EMMS 模型预测[10,23]，则可以得到没有床高（或者几何因素）影响的、单纯由流体力学决定的相图（我们称之为本征相图）[27]。通过一系列计算，我们最终得到了循环流化床从表观相图到本征相图的演变过程，并且指出，工业界对于噎塞现象的各种争议，实际源于不同实验者的循环床高度（几何因素）不同[28]。至此，从实验和计算上完整阐明了噎塞现象。

EMMS 与 CFD 的耦合计算，在很多应用上展示出明显的优势[45-50]。实际上，计算结果往往为阐释实验现象甚至解决争议提供了理论根据，其意义也逐渐获得了学术界的承认。同时，国际上有些学者认为，网格足够细，直接用双流体模型就可以得到很好的结果。对此我们提出了质疑，我们认为介尺度结构是多相流动本质特征，它并不随微元变小而消失，基于介尺度结构的 CFD 计算才是未来之路[26]。为此，我们通过双流体和拟颗粒模拟在双周期边界微元上的对比，研究了不同计算方法的区别[29]。结果发现，普通的双流体模型 CFD 计算虽然随网格变细而逐渐收敛到它自身的稳定解，但是这个解并不正确；只有耦合了 EMMS 微元模型的多尺度 CFD 方法，才能准确捕捉到不同网格分辨率情况下的介尺度结构对流动的影响，因而才能得到在更宽的网格范围内与网格分辨率无关的而且准确的解[28,30]。

EMMS 模型最初是为解决流动问题而提出的。然而，计算流动的目的是解决传质和反应问题，为此，我们在 EMMS 模型对结构解析的基础之上，又分别提出了稳态的多尺度传质模型[31]以及与 CFD 耦合的动态多尺度传质模型 EMMS/mass[32]。应用多尺度传质模型，我们发现，循环床传质研究中存在的巨大争议（不同文献报道的传质准数 Sh 的差异，可高达几个数量级），实际是因为将 Sh 数用 Re 数关联的基于平均化的传统方法不合理。而 EMMS/mass 模型由于引入了介尺度结构参数，可以很好地解释文献数据差异的机理[32]。而实际模拟应用进一步证明，传统 CFD 模拟方法将大大高估实际反应速率；而基于 EMMS 的一整套多尺度 CFD 方法可以准确预测实际反应过程[33]。至此，我们建立了完整的针对气-固流动反应体系的多尺度 CFD 方法。

气-液两相流是过程工程多相流模拟领域的另一难点，但在工业上有着更为广泛的应用，常规的双流体 CFD 模型在模拟鼓泡塔和浆态床等气-液反应器时仍存在诸多困难。近年来 EMMS 模型在气-液领域也得到了扩展和应用。应用 EMMS 模型能耗分析的基本思路，我们对气-液体系的微观和介观能耗过程进行了区分和定义，提出了气-液体系的稳定性条件[15,34]。在此基础上，考虑到鼓泡塔体系中存在近似由两种特征气泡粒径表述的非均匀结构，我们提出了一个双气泡理论模型。为解决全局寻优求解过程的巨大计算量问题，我们采购了当时较为先进的小型超级计算系统。大量计算结果表明，气含率模拟曲线出现了一个拐点，对应于实验中的流型突变点。由于这一模型是一个理论模型，而非经验关联模型，其模拟结果为流型突变提供了底层的物理解释，即拐点对应的流型突变本质上是由于体系微观能耗的最小值点在结构参数空间的两个极值之间发生跳变[35,36]。这一结果的意义还在于，可以从中推出适用于双流体 CFD 模型的相间作用关系式，这一工作目前也取得了进展[37,38]。气-液体系和气-固体系的模型计算得到极为类似的现象，也说明了 EMMS 模型提出的稳定性条件和控制机制相互协调。

1.9　新的多尺度并行计算模式的提出和挑战

近年来，EMMS 方法逐步得到关注和应用。此时，如果我们不能再有新的突破，就会落后于别人。科研就是既超越别人，又被别人超越，不断地相互超越从而促进科学技术不断发展的过程。

在证明 EMMS 模型的过程中，拟颗粒离散模拟也逐步得到完善。2000 年前后，我们认识到了建立通用的离散模拟并行计算模式的可能性[39-41]，并与计算机厂商多次讨论实现这一模式的可行性。然而由于当时各个方面条件的限制，加上我们的认识仍不够深入，这种尝试未能成功。但我们一直在探索之中，并开始建立相应的离散模拟软件系统。2002 年，为运行这一软件系统，构建了 1 千亿次的并行计算机。然后又构思将极值多尺度方法和离散方法结合建立新的计算模式的可能性，并提出了多尺度耦合计算的概念和问题、软件、硬件结构一致的思想[9,42]，但由于当时硬件条件的限制，这一模式没能马上实现。

2007 年，美国 NVIDIA 公司发布了支持图形处理器（graphic processing unit，GPU）编程的 CUDA 1.0，课题组的青年同志马上认识到可以借用 GPU 来实现多尺度计算模式[43]。很快，我们在 2008 年 1 月建立了面向多尺度离散模拟的百万亿次计算系统，并成功开展了一批应用计算工作[44]，为最终实现这种计算模式奠定了基础。

新生事物的发展必然经历一个艰难的过程，但我们的研究思路非常坚定，即问题、软件、硬件结构一致，才能实现最优的计算模式。很快我们获得了国家重大科研装备研制项目的支持，于 2009 年初建立了单精度千万亿次并行计算系统[9]，并应用于化工、冶金、石油、锅炉等领域。目前承担了国家重大专项、支撑计划和很多国内外企业的计算任务。今年又建成了双精度 1000 万亿次、单精度 2000 万亿次的新的系统，并与全院 10 台百万亿次的系统联网形成了分布式超级计算环境，在集成现有商用部件的层面初步实现了计算的问题、模型、软件和硬件的结构一致性。

基于建立百万亿次系统的经验和建立千万亿次系统的进一步实践，我们明确了未来并行计算发展的思路和方向：

（1）必须以应用为导向，从应用中归纳共性规律，通过建立通用的软件平台，并根据软件结构来建立硬件体系，实现问题、模型、软件、硬件结构的匹配，这是未来提升超级计算能力、降低成本、实现虚拟现实的必由之路。

（2）计算机的结构应该根据计算对象的结构来设计，即离散化和多尺度。存储能力要根据各尺度上的复杂性配置，通信方式要根据各尺度的相关性决定，这其中，对介尺度问题的认识是关键环节。

（3）软件和硬件必须配合使用才能发挥更大的效益。

（4）未来的计算能力将由特大规模的计算中心，分布式网络计算系统和个人计算机构成，这也体现了多尺度的结构，亦即，每台机器是多尺度的，整个系统也是多尺度的。

应用现有硬件可以初步实现多尺度并行计算，例如，顶层采用高性能 CPU 处理复杂的计算，进行整体模拟；中层（介尺度）采用简单 CPU 加少量 GPU 计算局部准稳态的近似分布，底层用更简单的 CPU 加较多的 GPU 或 FPGA 计算局部状态的动态结构。如能进一步优化软件和硬件，开发出相应的计算芯片（我们暂且命名它为 xPU），将建立一种高效低成本的并行计算的新模式。

1.10 探索实现虚拟过程的可能性

多尺度并行计算模式的提出和实践为大幅度提升并行计算能力提供了条件，在此，EMMS 模型又一次发挥了重要作用，即首先用 EMMS 来计算分布初态-整体分布和局部近似稳态，然后用 CFD＋EMMS 方法将其演化为真实的动态，再用离散方法［可以是拟颗粒（PPM）、离散单元法（DEM）、光滑粒子动力学方法（SPH）或子格玻尔兹曼方法（LBM）等］，将模拟精度深入到单颗粒层次。这样可以大大缩短计算时间，提高计算效率，有望实现虚拟过程。目前我们正在努力实现全系统的三维流动实时模拟，并开展流动、传质和反应耦合模拟的工作。一旦实现突破，化工反应的模拟将进入一个新的阶段。同时，我们为国内外大型企业解决实际问题的能力也不断提高，应用面也不断扩大。当前我们承担了国内外 10 多家企业的计算任务。为了进一步推动虚拟过程的实现，我们一方面将继续在软件和方法上下功夫，另一方面，准备启动仿真机的研制，将软件和硬件结合，实现工业过程的实时模拟和在线调优。过程工程的虚拟现实已看到了曙光。

1.11 二十多年来发展极值型多尺度方法的体会

26 年来，我们从一个简单的多尺度概念入手，建立 EMMS 方法，通过发展离散模拟，证明其合理性并扩展到其他系统建立普适方法，并与离散方法结合形成以问题、模型、软件和硬件结构一致为特征的多尺度并行计算模式，推动化工过程实时模拟的实现。仔细回味这一发展历程，我们有许多体会、经验和教训。总结起来主要有以下几条：

（1）科学研究的第一要素是认准方向，认准方向的关键是抓住事物的本质和内涵。

（2）第二要素是看准方向后长期的积累，只有长期的积累才能在已知和未知的边界上实现有目标的突破。

（3）第三要素是要善于从不同问题中寻找共同规律，相互启发。对共同规律的认识反过来深化对具体问题的理解，并促进其向其他领域的延伸。

（4）另一关键要素是要善于合作，有团队精神才能做成大事。

EMMS 模型 26 年来的发展凝聚了郭先生的巨大心血，从生活上的关心到工作上的启发，从对论文、报告文字的修改到研究方向的把握，从每一个细节的言传身教到战略思维的引导和提升，无论是遇到困难还是挫折，总能从他那里得到鼓励和指点。当前，我们逐步认识到，多尺度问题的焦点是介尺度结构及其行为的认识，介尺度上共性规律的突破，将导致化学工程理论、实验手段和计算方法的飞跃。在我们继续向这个目标前进的关键时刻，郭先生的鼓励和指导[2]给了我们巨大的推动。我们相信，祝贺郭先生 90 岁生日的最好礼物就是全力推动实现工艺过程全系统的三维实时模拟，推动化学工程进入虚拟仿真的新阶段！

参 考 文 献

[1] Li Y, Kwauk M. Hydrodynamics of fast fluidization//Grace J R. Fluidization. New York：Plenum Press，1980：537-544.

[2] Li J, Ge W, Kwauk M. Meso-scale phenomena from compromise-A common challenge. Not Only for Chemical Engineering. arXiv：0912. 5407v3，2009.

[3] Li J, Tung Y, Kwauk M. Multi-scale modeling and method of energy minimization in particle-fluid two-phase flow//Basu P, Large J F. Circulating Fluidized Bed Technology 11. New York：Pergamon Press，1988：89.

[4] Li J, Reh L, Kwauk M. Application of the principle of energy minimization to the fluid dynamics of circulating fluidized beds//Basu P, Horio M, Hasatani M. Circulating Fluidized Bed Technology III. Oxford；New York：Pergamon Press，1991：105-111

[5] 李静海，郭慕孙，Reh L. 循环流化床能量最小多尺度作用模型. 中国科学，B 辑，1992. 11：1127-1136.

[6] 葛蔚，李静海. 聚式流态化向散式流态化过渡的离散粒子模拟. 科学通报，1997，42（19）：2081-2083.

[7] Zhang J, Ge W, Li J. Simulation of heterogeneous structures and analysis of energy consumption in particle-fluid systems with pseudo-particle modeling. Chemical Engineering Science，2005，60（11）：3091-3099.

[8] Li J, Kwauk M. Exploring complex systems in chemical engineering—The multi-scale methodology. Chemical Engineering Science，2003，58（3-6）：521-535.

[9] Chen F, Ge W, Guo L, et al. Multi-scale HPC system for multi-scale discrete simulation Developmenand application of a supercomputer with 1Petaops peak performance in single precision. Particuology，2009，7：332-335.

[10] Li J, Kwauk M. Particle-Fluid Two-Phase Flow—The Energy-Minimization Multi-Scale Method. Beijing：Metallurgical Industry Press，1994.

[11] Li J, Wen L, Ge W, et al. Dissipative structure in concurrent-up gas-solid flow. Chemical Engineering Science，1998. 53（19）：3367-3379.

[12] 李静海. 探索颗粒流体系统的复杂性. 化工冶金，1999，20：36-49.

[13] Li J, Zhang Z, Ge W, et al. A simple varational criterion for turbulent flow in pipe. Chemical Engineering Science，1999，54（8）：1151-1154.

[14] Li J, Zhang J, Ge W, et al. Multi-scale methodology for complex systems. Chemical Engineering Science，2004，59（8-9）：1687-1700.

[15] Ge W, Chen F, Gao J, et al. Analytical multi-scale method for multi-phase complex systems in process engineering—Bridging reductionism and holism. Chemical Engineering Science，2007，62（13）：3346-3377.

[16] Li J, Kwauk M. Preface, Special issue on complex systems and multi-scale methodology. Chemical Engineering Science, 2004, 59: 1611-1612.

[17] Li J, Chen A, Yan Z, et al. Particle-fluid contacting in dense and dilute phases of circulating fluidized beds//Avidan A. Circulating Fluidized Bed Technology IV. New York: AIChE, 1993: 48-53.

[18] Yang N, Wang W, Ge W, et al. CFD simulation of concurrent-up gas-solid flow in circulating fluidized beds with structure-dependent drag coefficient. Chemical Engineering Journal, 2003, 96: 71-80.

[19] Yang N, Wang W, Ge W, et al. Simulation of heterogeneous structure in a circulating fluidized-bed riser by combining the two-fluid model with the EMMS approach. Industrial & Engineering Chemistry Research, 2004, 43 (18): 5548-5561.

[20] 李静海, 董元吉, 郭慕孙. 颗粒-流体两相流数学模型——Ⅰ. 多尺度作用模型和能量最小方法. 化工冶金, 1988, 9 (1): 29-40.

[21] Xu G, Li J. Analytical solution of the energy-minimization multi-scale model for gas-solid two-phase flow. Chemical Engineering Science, 1998, 53 (7): 1349-1366.

[22] Meynard F. An analysis of the energy minimization multi-scale model for circulating fluidized beds. Unpublished note, 1997.

[23] Ge W, Li J. Physical mapping of fluidization regimes—The EMMS approach. Chemical Engineering Science, 2002, 57 (18): 3993-4004.

[24] Wang W, Lu B, Li J. Choking and flow regime transitions: Simulation by a multi-scale CFD approach. Chemical Engineering Science, 2007, 62: 814-819.

[25] Lu B, Wang W, Li J. Multi-scale CFD simulation of gas-solid flow in MIP reactors with a structure-dependent drag model. Chemical Engineering Science, 2007, 62 (8): 5487-5494.

[26] Wang W, Li J. Simulation of gas-solid two-phase flow by a multi-scale CFD approach—Extension of the EMMS model to the sub-grid level. Chemical Engineering Science, 2007, 62: 208-231.

[27] Wang W, Lu B, Dong W, et al. Multiscale CFD simulation of operating diagram for gas-solid risers. The Canadian Journal of Chemical Engineering, 2008, 86: 448-457.

[28] Wang W, Lu B, Zhang N, et al. A review of multiscale CFD for gas-solid CFB modeling. International Journal of Multiphase Flow, 2010, 36: 109-118.

[29] Ge W, Wang W, Yang N, et al. Multi-scale structure—The challenge of CFD for CFBs. CFB 9. Hamburg, 2008.

[30] Lu B, Wang W, Li J. Searching for a mesh-independent sub-grid model for CFD simulation of gas-solid riser flows. Chemical Engineering Science, 2009, 64 (15): 3437-3447.

[31] Wang L, Li J. Multi-scale mass transfer model and experiments for circulating fluidized beds//Kwauk M, Li J, Yang W C. Fluidization X. United Engineering Foundation, 2001: 533-540.

[32] Dong W, Wang W, Li J. A multiscale mass transfer model for gas-solid riser flows: Part 1. Sub-grid model and simple tests. Chemical Engineering Science, 2008, 63: 2798-2810.

[33] Dong W, Wang W, Li J. A multiscale mass transfer model for gas-solid riser flows: Part 2. Sub-grid simulation of ozone decomposition. Chemical Engineering Science, 2008, 63: 2811-2823.

[34] 赵辉. 多尺度方法模拟气液（浆）反应器 [D]. 中国科学院过程工程研究所, 2006.

[35] Yang N, Chen J, Zhao H, et al. Explorations on multi-scale structure and stability condition in bubble columns. Chemical Engineering Science, 2007, 62: 6978-6991.

[36] Yang N, Chen J, Ge W, et al. A conceptual model for analysing the stability condition and regime

transition in bubble columns. Chemical Engineering Science, 2010, 65: 517-526.

[37] Chen J, Yang N, Ge W, et al. Modeling of regime transition in bubble columns with stability condition. Industrial & Engineering Chemistry Research, 2009, 48: 290-301.

[38] Chen J, Yang N, Ge W, et al. CFD simulation of regime transition in bubble columns incorporating the Dual-Bubble-Size model. Industrial & Engineering Chemistry Research, 2009, 48: 8172-8179.

[39] 葛蔚, 李静海. 近程作用离散系统大规模并行模拟概念模型. 计算机与应用化学, 2000, 17 (5): 385-388.

[40] 葛蔚, 李静海. 一种面向粒子方法的并行计算系统: 中国, ZL200510064799.1. 2008-10-01.

[41] 葛蔚, 郭力, 江鹰, 等. 一种面向粒子模型的多层直连集群并行计算系统: 中国, 200710099551. 8. 2007-05-24.

[42] 葛蔚, 李静海. 一种面向多尺度离散模拟的并行计算系统: 中国 200910237027. 1. 2009-11-09.

[43] 葛蔚, 郭力, 何牧君, 等. 一种面向粒子模型的多层直连集群并行计算系统的节点: 中国, 200810057259. 4. 2008-01-31.

[44] 多相复杂系统国家重点实验室多尺度离散模拟项目组. 基于 GPU 的多尺度离散模拟并行计算. 北京: 科学出版社, 2009.

[45] Veeraya Jiradilok, Dimitri Gidaspow, Somsak Damronglerd, William J. Koves, Reza Mostofi. Kinetic theory based CFD simulation of turbulent fluidization of FCC particles in a riser. Chemical Engineering Science, 2006, 61: 5544-5559.

[46] van der Hoef M A, van Sint Annaland M, Deen N G, Kuipers J A M. numerical simulation of dense gas-solid fluidized beds: A multiscale modeling strategy. Annual Review of Fluid Mechanics, 2008, 40: 47-70.

[47] Ernst-Ulrich Hartge, Lars Ratschow, Reiner Wischnewski, JoachimWerther. CFD-simulation of a circulating fluidized bed riser. Particuology, 2009, 7: 283-296.

[48] Nikolopoulos A, Papafotiou D, Nikolopoulos N, Grammelis P, Kakaras E. An advanced EMMS scheme for the prediction of drag coefficient under a 1. 2MW$_{th}$ CFBC isothermal flow-Part I: Numerical for mulation. Chemical Engineering Science, 2010, 65: 4080-4088.

[49] Nikolopoulos A, Atsonios K, Nikolopoulos N, Grammelis P, Kakaras E. An advanced EMMS scheme for the prediction of drag coefficient under a 1. 2MW$_{th}$ CFBC isothermal flow-Part II: Numerical implementation. Chemical Engineering Science, 2010, 65: 4089-4099.

[50] Sofiane Benyahia. On the effect of subgrid drag closures. Industrial & Engineering Chemistry Research, 2010, 49: 5122-5131.

2 传递基础

2.1 过程工程体系的特点

过程工业是以流程化的方式，通过化学和物理加工，大规模生产产品的产业。过程工业包括的面很广，除化学工业外，也包括冶金工业、石油炼制和石油化工、能源工业、环境工程以及其他产品工程中的一些工艺和流程（电镀、喷涂工艺、热处理工艺、给排水等）。过程工业的生产涉及对物质（原料、半成品）的物理加工、化学加工和物理及化学加工同时进行的过程，因此必须对过程中的物理和化学过程以及它们间的相互影响有深刻的认识。过程工业要求工程学科的支撑，事实上，"化学工程学在发展过程中，同时也被其他过程工业的研究及发展人员将其用于其他各种过程工业，使化学工程学事实上发展为'过程工程学'"[1]。也正如美国 National Research Council 的咨询报告 *Frontiers in Chemical Engineering*[2] 所显示的那样，化学工程的研究前沿已经扩展到了几乎所有的过程工业领域。

过程工程学考察的对象跨越很大的尺度范围。在空间尺度上，传统的化学工程（化工单元操作）研究单个化工设备（如化学反应器、分离设备、蒸发器、结晶器、电解槽等）的操作原理、控制方法、设计准则等；化工系统工程研究的范围更大，以单个化工设备为结构单元，考察若干单元组成的流程的操作原理、优化控制、节约能耗和原材料消耗等。最近，系统工程的研究对象有了更大的扩张，不仅研究几条工艺流程形成的整体（工厂、企业），甚至大到若干工厂组成的工业园区，一些更加宏观的研究甚至把整个行业（如钢铁工业、汽车制造等），以至于整个地球（如地球的生态、能源的合理利用和全球的气候变暖等），作为研究的对象。在这些新兴的研究领域中，过程工程（以及化学工程）的研究人员发挥了重要的推动作用。由于大型工业设备内部状态（包括物料流动、浓度、温度等指标）的不均匀性，要深刻认识设备尺度上的性质，这些不均匀性是必须考虑的因素。过程工业所涉及的化学反应是分子尺度上的化学过程，在不均匀的环境或介质中，化学反应的速率也不相同。在分子和设备尺度之间，从小到大，有分子团簇、胶体、颗粒（包括气泡和液滴）等一系列尺度。例如，单个气泡、液滴在连续相中的运动和相间传质、单个固体颗粒在介质中的反应、燃烧等的知识，形成了认识更大的化工设备尺度上的操作规律的重要基础。因此，对过程工程设备的操作和控制，需要以传递过程原理为工具，认识不同尺度的不均匀环境中的传递和反应过程规律和调控方法，以期实现化学家在实验室研究得到的理想结果，同时在生产中获得节能、降耗、增效的结果。

在时间上，过程工业也涉及很多不同尺度的过程。例如，化工单元过程是在从秒到小时的尺度上发生和完成的，工厂中的生产流程所需的时间大致在小时和月之间，地球上塑料的自然降解需要几十到几百年，石油和煤等化石燃料的生成甚至需要几千万年，而真实的单分子化学反应可能只需要小于 10^{-9} s 的时间。对于化工单元过程的开车和停车、生产的自动控制、正常的产品品种和产量调整、紧急事故的处理等这样一些时间域中的动态（非稳态）过程，都需要依据传递过程的原理，用定量的数学模型来分析和实施控制。

过程工业设备中的过程很复杂，包括流体流动（多数情况下是多相体系）、主体相内的传质和传热、相间的传热和传质、分散相在连续相中的分散（还包括气泡和液滴的凝并和破碎以及固体颗粒间的聚团形成和动态平衡）、均相混合和非均相混合、均相反应和非均相反应（包括简单反应和复杂反应网络等）。这些过程大致分为两类：一类是静态或平衡态的过程，体系处于热力学平衡状态，状态不随时间变化，需要考虑的因素包括物质守恒、力的平衡、相平衡以及与外部的交换速率；另一类是状态随时间变化的过程，需要考虑的因素包括物质守恒、力的平衡、相平衡，稳态过程可能还有与外部的热、质交换过程。还可以按过程内部处于热力学平衡状态（经典热力学适用），还是发生着是热力学不平衡过程（热力学不可逆过程）来分，后者需要用非平衡态热力学来分析和研究。定态过程表面上看没有随时间的变化，但内部可能处于热力学不平衡状态，仍然进行着传热、传质和化学反应等热力学不可逆过程，在物质的平衡、力的平衡、相平衡条件中要考虑质量、动量和热量传递的速率，体现为体系总质量、能量、化学成分控制方程中体系总藏量变化（积累或消耗）的源项，或是边界上的源项。

因此，不管什么样的过程工业生产和操作，研究其中的流动和传递过程是必不可少的。对这些热力学不可逆过程，需要定量地描述其中发生的子过程的速率，如原料的流率、化学反应的反应热、溶剂蒸发（相变）的蒸发热、化学成分在相内和相间传质的速率，也包括在流体相中、催化剂颗粒内部、相界面等处进行的化学反应速率等。需要在不同的时空尺度上，以多学科交叉的方法进行综合的研究。传递过程原理和化学反应工程学已经为描述这些过程奠定了良好的理论基础，但过程工程学和过程工业在不断地发展，传递过程也需要在学科研究上向深度和广度两个方向扩展。

2.2 传递过程的速率

过程工程设备内部进行着多种性质不同的速率过程，概括地归纳为"三传一反"，即动量传递和传热、传质以及化学反应过程，表达它们进行的速率是描述化工过程（它的高级形式即化工数学模型）的基础。

过程工程学的前身化学工程在百余年的发展史上有两个明显的里程碑：1923年出版的教科书 *Principles of Chemical Engineering*[3] 标志着研究单元过程的化学工程学的逐渐成熟，而 1960 年出版的 *Transport Phenomena*[4] 则系统地论述了深入认识化工单元过程机理的物理学基础。此后的半个世纪，随着计算机技术和数值计算方法的飞速进步，传递过程原理在过程工程中的应用深度和广度也飞快地拓宽。以化学工程和传递过程原理为理论基础的化工数学模型方法和数字计算机技术支持的数值计算方法相结合，在过程工程研究开发及过程工业技术进步中，发挥着重要的推动作用，已经成为新世纪过程工程学研究不可或缺的工具。

Bird 等的 *Transport Phenomena*[4] 及许多类似的专著和教科书[5-8]都系统地阐述了过程工程关注的速率的定义和基本定律，即动量传递的牛顿（Newton）黏性定律、热量传递的傅里叶（Fourier）定律和质量传递的菲克（Fick）定律。这些定律是描述体系内部和边界上速率过程的重要计算公式，也是建立体系的微分方程传递模型的重要基石。本节将重温这些重要的定律。

2.2.1 动量传递的牛顿黏性定律

化工过程中常常伴随着流体的流动，它输送物质，将反应物混合到一起，使化学反应得以发生。流体流动的速度大小、方向以及在空间中的分布，对设备中的传热、传质和化学反应过程有很大的影响。两个相邻的黏性流体微元，如果它们的速度有差别，即动量有差别，就会发生动量的交换：动量大的流体微元通过黏性将部分动量传递给动量小的微元。动量传递的速率即用牛顿黏性定律表示：

$$\tau = -\mu \frac{\mathrm{d}u}{\mathrm{d}y} \qquad (2.1)$$

图 2.1 中，a-a 平面两侧流体速度的差别可用速度梯度 $\mathrm{d}u/\mathrm{d}y$ 表示，τ 是在 a-a 平面上部的流体沿坐标轴方向所受切应力的代数值。根据牛顿第三定律（作用力和反作用力），下部流体在同一平面上受到大小相同而方向相反的力。对于牛顿流体来说，黏度 μ 是一常量，这也是牛顿流体的定义。

一般三维情形下的牛顿黏性定律的表达式为

$$\tau = -\mu[\nabla v + (\nabla v)^T] + \frac{2}{3}\mu I(\nabla v) \qquad (2.2)$$

式中，τ 为黏性应力张量；v 为速度矢量；∇v 为一张量，而 $(\nabla v)^T$ 为 ∇v 的转置；I 为单位张量。对不可压缩流体，$\nabla v = 0$，上式简化为

$$\tau = -\mu[\nabla v + (\nabla v)^T] \qquad (2.3)$$

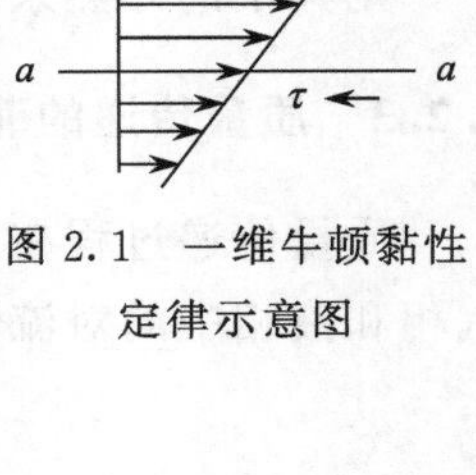

图 2.1 一维牛顿黏性定律示意图

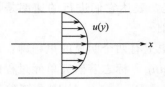

图 2.2　管道中的抛物线形流速分布

在流体黏性的作用下，管道中的充分发展的一维流动流速 u 的径向分布 $u(y)$ 为一连续函数，流速从管壁处的 0 连续地增大到轴线上的最大速度，如图 2.2 所示。基于描述动量传递的牛顿定律和一般的动量守恒原理，可以推导出流体动量守恒的微分方程式或者积分形式的动量守恒关系式。对管道中的一维流动这样的简单情况，动量守恒方程可以解析地求解，得到图 2.2 所示的流速分布。

2.2.2　热量传递的傅里叶定律

热量传递过程在过程工业中十分常见。发电厂的锅炉中生产过热蒸汽，依靠的就是锅炉内燃煤产生的热量，通过受热管的管壁向管内的液相水传热。在固体中，以传导的方式，将热量从高温处传递到低温处。在流体中也有热传导过程，但运动的流体本身也是热量的载体，流动的流体也将热量（或能量）输送到别的地方，这就是传热的第二种机理：对流传热。第三种传热的方式是热辐射：所有物质均发射出电磁波，穿过空间将能量传递到射线所及的地方，因而也产生热量的交换和传递。在物质没有加热到灼人的程度时，热辐射对传热的贡献一般可以忽略不计。

一维热传导的传热通量可以按傅里叶定律计算：

$$q = -\lambda \frac{\mathrm{d}T}{\mathrm{d}x} \tag{2.4}$$

式中，λ 为导热系数，单位为 W/(m·K)。在温度梯度（$\mathrm{d}T/\mathrm{d}x$）的推动下，逆温度降低的方向（即温度梯度的反方向），传热的通量为 q，q 的单位为 W/(m²·s)。

空间中三维热传导的傅里叶定律为

$$\boldsymbol{q} = -\lambda \nabla T \tag{2.5}$$

在流体内部有流体流动时，应该考虑对流传热的贡献，这时传热的总通量为

$$\boldsymbol{q} = \rho C_p \boldsymbol{v} - \lambda \nabla T \tag{2.6}$$

式中，C_p 为物质的定压比热容，单位为 W/(kg·K)。若流体运动处于湍流状态下，则其中的导热系数 λ 应替换为包括湍流传递作用在内的有效热传导系数 λ_e。

2.2.3　质量传递的菲克定律

质量传递过程在过程工业中也十分常见。精馏塔中的分离过程就是依靠在蒸汽相和液相中的对流和扩散传质两种机理来实现的；溶剂萃取分离和浓缩有色金

属矿石浸取液中的有价金属也是以相间传质过程为基础的；增湿和干燥操作实际上也是湿气（水蒸气）在气相或多孔介质中的扩散传质过程。炼钢过程也涉及碳、硅、合金元素等在钢液中的对流和扩散传质，钢渣的形成也与传质速率有关系。土壤、水环境中污染物的迁移以及土壤修复（消除污染），都需要用传质的概念和理论来进行分析。

流体流动时，流体所含的质量也自然地被输送，这是对流传递。若考虑流体中的一个组分的传递，则在对流传递之外，还发生组分浓度不均匀引起的质量传递，这称为扩散传质。

一维扩散传质的通量用菲克定律表达：

$$j_i = - D_{im} \frac{dc_i}{dx} \tag{2.7}$$

式中，D_{im} 为分子扩散系数，更确切地说，是组分 i 在混合体系 m 中的扩散系数，单位为 m^2/s；j_i 为组分 i 相对于流体主体重心的扩散通量。扩散推动力为浓度梯度（dc_i/dx），组分沿逆浓度降低的方向（即浓度梯度的反方向）传递。浓度 c 常用的单位为 mol/m^3，则扩散通量的单位为 $mol/(m^2 \cdot s)$。也可按组分 i 的密度计得的浓度梯度（$d\rho_i/dx$）作为推动力来计算扩散通量 $[kg/(m^2 \cdot s)]$，但不常用。

空间中三维扩散的菲克定律为

$$\boldsymbol{j}_i = - D\nabla c_i \tag{2.8}$$

在流体内部有流体流动时，组分 i 的总通量为

$$\boldsymbol{j}_i = x_i \boldsymbol{j} - D\nabla c_i \tag{2.9}$$

式中，$\boldsymbol{j}$ 为流体主体的总通量；x_i 为组分 i 的摩尔分数。若流体处于湍流状态，则其中的分子扩散系数 D 应替换为包括湍流传递作用在内的有效扩散系数 D_e。

2.2.4 传热系数和传质系数

体系的边界上往往存在与外界质量、热量的交换。设备外壳的固体壁面也常常是加热或冷却传热的边界。在设备内部也有传热、传质的界面。例如，晶粒的表面发生溶解或沉积，于是相界面成为传质（热）的边界；液-液和气-液体系的自由（可以变形）液滴和气泡相界面的两侧均可能有传质进行，二者依靠当中的界面溶解平衡把两侧的传质过程耦合起来。在边界上，对流和扩散（或热传导）这两种机理可能同时存在，上边的传递速率公式也用于表达传质和传热通量。在边界上可能出现物理性质和操作特性的间断，需要在传递速率的表达式中准确体现。

在工程应用实践中，边界上的几何、操作条件比较复杂，难以得到准确的壁

面浓度梯度和温度梯度，用于设计计算和过程诊断，因此常采用一般的工程方法，将界面上传热和传质速率用经验的传热系数 h 和传质系数 k 来表示。这些经验系数当然是操作方法、设备条件、体系物性、操作条件等的复杂函数。化工中一般将实验积累的数据，分别按设备和操作的类型，选择合适的无因次参数，总结为经验关联式。

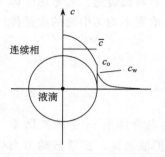

图 2.3　单个液滴与连续
相之间的传质

传质系数 k 的定义式为

$$j = k\Delta c \tag{2.10}$$

式中，Δc 是传质推动力，可以根据具体情况准确或平均地定义，因此，k 是与 Δc 一同定义的。例如，研究含溶质的单个液滴（浓度为 c_o）与连续相（初始浓度为 c_{w0}）之间的传质时（图 2.3），由于液滴内外的浓度不均匀，且难以实验测定，而且溶质在两液相中的浓度不等，即分配系数 m 不等于 1：

$$m = c_o/c_w \tag{2.11}$$

式中，c_o 是溶质在有机相（溶剂或萃取剂）中的平衡浓度，c_w 是水相（萃余相）中的平衡浓度。因此，通常以液滴中溶质的平均浓度（实验取样的测定值）与水相的初始浓度之差来定义传质推动力：

$$\Delta c_o = \bar{c} - mc_{w0} \tag{2.12}$$

或者，

$$\Delta c_w = \bar{c}/m - c_{w0} \tag{2.13}$$

很明显，用不同定义的传质推动力，由式（2.10）会得到不同的传质系数值。因此，在采用文献报道的 k 值时，要注意 k 的定义方式。

类似地，传热系数 h 的定义式为

$$q = h\Delta T \tag{2.14}$$

式中，ΔT 是传热推动力，根据具体情况准确或平均地定义，因此 h 也是和 ΔT 同时定义的。若其中的 ΔT 是局部值，则 h 是局部传热系数。上述公式推广用于一个传热设备时，推动力 ΔT 也应有适当的定义。例如，计算一根传热管的传热速率时，ΔT 应采用冷、热流体间温差沿管长的对数平均值：

$$\Delta T_m = \frac{\Delta T_2 - \Delta T_1}{\ln\dfrac{\Delta T_2}{\Delta T_1}} \tag{2.15}$$

式中，ΔT_1 和 ΔT_2 为管两端的温差。

虽然 h 和 k 是真实传热和传质过程的工程处理方式，但是借助动量传递、传热、传质过程的数学模型，我们能够建立 h 和 k 与傅里叶定律和菲克定律等机理间的定量联系，为 h 和 k 的行为找到有理论根据的解释。

2.2.5 传递过程的相似性

在化学工程的研究中，早就注意到了动量传递、热量传递、质量传递的相似性，这是有机理为基础的，因为"三传"的速率都可以用梯度为推动力的形式表达。动量传递的牛顿定律给出的应力张量为

$$\boldsymbol{\tau} = -\mu[\nabla \boldsymbol{v} + (\nabla \boldsymbol{v})^T] \tag{2.3}$$

傅里叶定律给出热传导通量为

$$\boldsymbol{q} = -\lambda \nabla T \tag{2.5}$$

菲克第一定律给出物质组分的扩散通量为

$$\boldsymbol{j}_i = -D_{im} \nabla c_i$$

三者形式类似，分别定义了牛顿流体的黏度 μ、组分的扩散系数 D_{im} 和物质的热传导率 λ。因此，以它们为基础的传递过程的规律也会有一定的相似性。

一些教科书和专著讨论了传质、传热和动量传递的相似性[7,9]。在化学工程的发展史上提出了许多"三传相似"的经验规律，如 O. Reynolds 于 1874 年提出的雷诺相似（关于平板上的层流流动的摩擦阻力系数和传热、传质系数的相似关系），Chilton 和 Colburn 于 1933～1934 年对雷诺相似改进后的 Chilton-Colburn 相似（平板上的层流流动的摩擦阻力系数和传热因子、传质因子的相似关系，放宽对 Pr 和 Sc 必须为 1 的限制，也适用于管道流动、绕圆柱的流动等）。这些相似性有助于我们认识传递现象的机理，帮助我们建立关联式来满意地预测各种体系中的传递特性。

相比之下，传热和传质的相似性更强，因为它们都是关于标量的传递，而动量传递是关于矢量的传递，控制机理有明显的非线性特征。例如，单个固体球的强制对流传热和传质，球体在无限大介质中相对于流体运动，球直径为 D，来流相对速度为 u，球面积上的平均传热系数 h 用努塞特数 Nu 表示。从实验数据可以总结为下列准数关联式：

$$Nu = 2.0 + 6.0 Re^{1/2} Pr^{1/3} \tag{2.16}$$

式中，努塞特数 Nu、雷诺数 Re 的定义为

$$Nu = \frac{hD}{\kappa}, Re = \frac{DU\rho}{\mu}$$

而单个固体球在二元体系流体中的传质系数用 Sh 来表示的关联式与传热完全相同：

$$Sh = 2.0 + 6.0 Re^{1/2} Sc^{1/3} \tag{2.17}$$

式中，舍伍德数 Sh 和施密特数 Sc 的定义为

$$Sh = \frac{kD}{D_{AB}}, Sc = \frac{\mu}{\rho D_{AB}}$$

　　传热和传质现象的相似大大扩充了实验数据和关联式的用途和价值。相似性研究在化学工程的发展史上是有贡献的。

　　然而，相似不是相等，相似规律的应用范围是有限的，更一般和更复杂的情形，需要用基于过程机理的数学模型来描述。在数值计算方法和计算机技术飞速进步的今天，基于机理而不是基于相似原理的工作在过程工程的研究开发中会占有越来越大的比重。

2.2.6　化学反应速率

　　化工生产中涉及化学反应时，需要用反应速率来定量地描述化学反应进行的快慢。一个一般的化学反应，

$$\sum_i \nu_i A_i = 0, \quad i = 1,2,3,\cdots,n \tag{2.18}$$

式中，参加反应的各组分 A_i 的消耗量与产生量间的关系由化学反应的计量系数 ν_i 确定，其中 n 为组分数。因此，化学反应的速率可以由其中某一个关键组分（典型地选一种重要原料）消耗的速度来代表，可用文字定义为在单位时间、单位体积中关键组分消耗的量[10]，通常以物质的量表示，则化学反应速率的单位为 $mol/(m^3 \cdot s)$。若以 A_1 定义的反应速率为 r_1，则其他组分的反应速率为

$$r_i = \frac{\nu_i}{\nu_1} r_1 \tag{2.19}$$

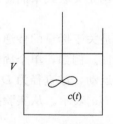

图 2.4　批式（间歇式）反应器

　　用公式来表示的化学反应速率 r 则取决于反应器的形式和操作方式。在进行批式（间歇式）操作的反应器中（图 2.4），往往有良好的搅拌，反应器内的组成和温度均匀，因此反应器各处的化学反应速率是同一个数值，但它随着时间而变化。故化学反应速率以反应物 A 的物质的量或浓度对时间的一阶导数来表示：

$$r_A = -\frac{1}{V}\frac{dN_A}{dt} = -\frac{dc_A}{dt} \tag{2.20}$$

式中，n_A 为反应器中 A 的物质的量。定义中的负号是为了使反应速率通常取一正值。

　　在连续流动管式反应器中（图 2.5），当操作时间足够长时，反应器的状态达到稳定，虽然反应物浓度沿流动方向逐渐降低，但不随时间变化，因此反应器

流动路径上各处的化学反应速率不能用时间的一阶导数表示，相反，应该用反应物浓度对空间坐标的变化率来表示。在图 2.5 中，以反应器沿流动方向的反应器累计体积 V 为空间坐标，则反应速率为

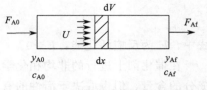

图 2.5 连续流动管式反应器

$$r_A = -\frac{dF_A}{dV} = -\frac{1}{S}\frac{dF_A}{dx} = -U\frac{dc_A}{dx} \quad (2.21)$$

式中，F_A 为反应物的摩尔流率，单位为 mol/s；U 为反应流体的平均流速，单位为 m/s；S 为反应器的横截面积。

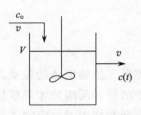

图 2.6 连续流动全混流反应器

在连续流动全混流反应器（图 2.6）中，一般能保持反应体系状态均匀，没有空间坐标，但反应器的状态也不随时间变化，反应速率只体现在反应物入口浓度和出口浓度的差别上，无法用某种一阶导数表示，其化学反应速率为

$$r_A = \frac{N_{A0} - N_A}{V} = \frac{v(c_{A0} - c_A)}{V} = \frac{c_{A0} - c_A}{\tau} \quad (2.22)$$

式中，n_A 为反应物的摩尔流率，mol/s；v 为进出反应流体的体积流率，m³/s；τ 为反应流体在反应器中的名义停留时间，$\tau = V/v$。

化学反应的速率通常是浓度和温度的函数，可写为

$$r = f(c, T)$$

反应速率与反应物浓度的关系有两种常用的函数形式：

（1）幂函数形式，多见于均相反应：

$$r_i = k_i \prod_{j=1}^{n} c_j^{a_j} \quad (2.23)$$

式中，k_i 为与浓度无关的常数，称为反应速率常数，但随温度变化；a_j 是对组分 j 而言的反应级数，反应的总级数为 $\sum a_j$。

（2）双曲型，常见于非均相催化反应，典型形式为

$$r_A = \frac{k_A(p_A - p_B/K_P)}{1 + K_A p_A + K_B p_B}$$

分子是动力学项（指速率常数 k_A）和推动力项（$p_A - p_B/K_P$）的乘积，而分母则是典型的吸附项。其中速率常数 k 和平衡常数 K 都随温度变化。

温度对速率常数 k 的影响普遍用经验的 Arrhenius 方程表示：

$$k = k_0 \exp\left(-\frac{E}{RT}\right) \tag{2.24}$$

式中，E 为反应活化能，$E>0$。

在催化剂上进行的非均相化学反应的速率取决于催化剂颗粒体积内催化活性成分的含量，但也取决于活性的有效利用，即颗粒内部的催化剂活性是否能达到与外表处相同的反应速率。后者的定量表示借助于所谓的有效因子（η），即体积平均的催化剂活性的利用率。催化剂颗粒的外扩散和内扩散阻力都会使有效因子 $\eta<1$，因此，催化反应的实际反应速率

$$r = \eta f(c, T) \tag{2.25}$$

小于消除扩散阻力后的本征反应速率 $f(c, T)$。

2.3　动量守恒方程

过程工程设备中的单相和多相流动是十分重要的课题。依赖流体的流动，才能实现原料和产物在设备和流程中的输送，均相体系中的两种反应物才能很快地达到分子水平上的混合，使化学反应能够发生，处在不同物相中的反应物才能通过界面传质进行非均相反应，甚至固体物料也能在流化气体或液体的作用下，处于有利于输送和流体-固相接触的流化状态，强化两相间的传递速率和化学反应速率。动量守恒定律描述流体流动所具有的动量的变化与体系所受作用力之间的关系，是研究流体力学和多相流体力学的基本出发点。可以说，动量守恒原理是进一步研究流动体系的传质和传热过程的第一基础。

对化工过程适用的动量守恒关系是从力学中质点或质点系、流体的动量守恒关系式发展而来的。对一个只有质量 m、没有体积的质点，其动量 $\boldsymbol{M}=m\boldsymbol{v}$ 的变化与所受外力的合力 $\boldsymbol{F}$ 有关：

$$\frac{\mathrm{d}\boldsymbol{M}}{\mathrm{d}t} = m\frac{\mathrm{d}\boldsymbol{v}}{\mathrm{d}t} = m\boldsymbol{a} = \boldsymbol{F} \tag{2.26}$$

这就是牛顿第二定律。牛顿第二定律也推广到可以变形、压缩的流体、有自由界面的液体，以及由几个物相构成的均匀或非均匀的多相体系，为过程工程技术开发提供了有力的工具。

2.3.1　动量守恒方程的积分形式

在连续介质中划出一个在空间运动的有限大小的控制体 V（图 2.7），按牛顿第二定律，有总动量 $\boldsymbol{M}$ 随时间的变化率与作用在体系上的合力 $\boldsymbol{F}$ 相等：

$$\frac{\mathrm{d}\boldsymbol{M}}{\mathrm{d}t} \equiv \frac{\mathrm{d}}{\mathrm{d}t}\int_V \rho\boldsymbol{v}\,\mathrm{d}V = \boldsymbol{F} \tag{2.27}$$

由于式（2.27）中各量均是随体系计算的，故也可以写成随体导数的形式：

$$\frac{\mathrm{D}\boldsymbol{M}}{\mathrm{D}t} \equiv \frac{\mathrm{D}}{\mathrm{D}t}\int_{V}\rho\boldsymbol{v}\,\mathrm{d}V = \boldsymbol{F} \qquad (2.28)$$

合力 $\boldsymbol{F}$ 是作用在 V 内部的体积力和作用在封闭的外表面 Γ 上的表面力的总和：

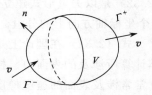

图 2.7　在空间运动的有限大小的控制体 V

$$\boldsymbol{F} \equiv \int_{V}\boldsymbol{b}\rho\,\mathrm{d}V + \oint_{\Gamma}\boldsymbol{T}_n\,\mathrm{d}\Gamma \qquad (2.29)$$

式中，体积力 $\boldsymbol{b}(\boldsymbol{x},\ t)$ 是与微元质量成正比的力，如重力、电磁力，而表面力 $\boldsymbol{T}_n(\boldsymbol{x},\ t)$ 是作用在控制体系表面 Γ 单位面积上的力，也是矢量，包括压力、表面张力和由于黏性流体在运动中变形引起的正应力和剪切应力等。它可以分解为法向分量和切向分量，实际上是 $\boldsymbol{T}$ 这个二阶应力张量在 $\mathrm{d}\Gamma$ 单位外法线方向的投影：

$$\boldsymbol{T}_n = \boldsymbol{T} \cdot \boldsymbol{n} \qquad (2.30)$$

张量有 9 个分量，但由于它的对称性，只有 6 个独立的分量。在直角坐标系中，即

$$\boldsymbol{T} = \begin{pmatrix} T_{xx} & T_{xy} & T_{xz} \\ T_{xy} & T_{yy} & T_{yz} \\ T_{xz} & T_{yz} & T_{zz} \end{pmatrix}$$

分量 T_{ij} 有两个下标，第一个下标 i 表示应力分量 T_{ij} 是作用在坐标轴 i 垂直的平面上，第二个下标 j 表示应力是沿着 j 轴方向的。

对于流场中的任意一对强度（intensive）性质 η 和广度（extensive）性质 H（$H = \int_{V}\eta\rho\,\mathrm{d}V$），其随体系计算的变化率与按惯性坐标系中固定不动控制体计算的变化率之间的关系，应满足雷诺输运方程（Reynolds transport equation），即[6]

$$\frac{\mathrm{D}H}{\mathrm{D}t} = \oint_{\Gamma}\eta\rho(\boldsymbol{v} \cdot \boldsymbol{n}\,\mathrm{d}\Gamma) + \frac{\partial}{\partial t}\int_{V}\eta\rho\,\mathrm{d}V \qquad (2.31)$$

等号右端的速度是相对于控制体的测定值，左端的时间变化率实际上也是从控制体观察的结果。

将式（2.31）中的 η 替换为速度矢量 $\boldsymbol{v}$，H 替换为总动量 $\boldsymbol{M}$，就得到了惯性坐标系固定控制体上的积分动量平衡方程：

$$\int_{V}\boldsymbol{b}\rho\,\mathrm{d}V + \oint_{\Gamma}\boldsymbol{T}_n\,\mathrm{d}\Gamma = \oint_{\Gamma}\boldsymbol{v}(\rho\boldsymbol{v} \cdot \boldsymbol{n}\,\mathrm{d}\Gamma) + \frac{\partial}{\partial t}\int_{V}\boldsymbol{v}(\rho\,\mathrm{d}V) \qquad (2.32)$$

式中，$\boldsymbol{v}$ 为速度矢量；$\boldsymbol{n}$ 为在控制体外表面 Γ 外法线方向上的单位矢量。式

（2.32）是以矢量形式建立的，故在实际求解时，应分别求解速度矢量在坐标系 3 个坐标轴方向上的分量。

　　式（2.32）在理论上是完备的，但在应用上却不方便，因为它还没有提供具体计算所涉及的表面力、控制体内及表面上的速度的方法。事实上，表面力的计算常常涉及表面的速度梯度张量∇v，因此我们计算时也需要内部的速度场，而式（2.32）没有提供求解控制体内部流场的条件。所以，它一般只能用于比较简单的动量传递过程的分析。

2.3.2　动量守恒方程的微分形式

　　从式（2.32）出发，我们可以推导出动量守恒方程的微分形式。对于空间中固定的控制体，即 Euler 控制体，时间微分算子可以移进积分号内：

$$\frac{\partial}{\partial t}\int_V (\rho v)\,\mathrm{d}V = \int_V \frac{\partial}{\partial t}(\rho v)\,\mathrm{d}V \tag{2.33}$$

而且式（2.32）左端和右端的封闭曲面积分可以通过高斯（Gauss）定理

$$\oint_\Gamma a_n\,\mathrm{d}\Gamma = \int_V \nabla \cdot a\,\mathrm{d}V \tag{2.34}$$

化为

$$\oint_\Gamma \boldsymbol{T}_n\,\mathrm{d}\Gamma = \int_V \nabla \cdot \boldsymbol{T}\,\mathrm{d}V \tag{2.35}$$

$$\oint_\Gamma v(\rho v \cdot \boldsymbol{n}\,\mathrm{d}\Gamma) = \int_V \nabla \cdot (\rho v v)\,\mathrm{d}V \tag{2.36}$$

将式（2.33）、式（2.35）、式（2.36）代入式（2.32），得到

$$\int_V \left(\frac{\partial}{\partial t}(\rho v)+ \nabla \cdot (\rho v v) - \nabla \cdot \boldsymbol{T} - \rho b\right)\mathrm{d}V = 0$$

因为微元 $\mathrm{d}V$ 是任选的，所以式中体积分的被积函数必定为零，即微分形式的动量守恒方程为

$$\frac{\partial}{\partial t}(\rho v)+ \nabla \cdot (\rho v v) = \nabla \cdot \boldsymbol{T}+\rho b \tag{2.37}$$

式中，$\partial/\partial t$ 为静止的观察者所见到的随时间的增长率，是坐标固定条件下对时间的偏导数，在流体力学中又称为对时间的局部微商。等号左边第二项 $\nabla \cdot (\rho v v) = v \cdot \nabla(\rho v)+\rho v \nabla \cdot v$，$v \cdot \nabla$ 为对时间的牵连（convective）微商。$\partial(\rho v)/\partial t+v \cdot \nabla(\rho v)$ 称为动量的实体（substantial）微商或全（total）微商，记为 $\mathrm{D}(\rho v)/\mathrm{D}t$ 或 $\mathrm{d}(\rho v)/\mathrm{d}t$。

　　若在运动的 Euler 坐标系中描述流体的运动，而坐标系在惯性坐标系中以加速度 a 运动，此时动量守恒的微分方程为

$$\frac{\partial}{\partial t}(\rho \boldsymbol{v}) + \nabla \cdot (\rho \boldsymbol{v}\boldsymbol{v}) = \nabla \cdot \boldsymbol{T} + \rho \boldsymbol{b} - \rho \boldsymbol{a} \tag{2.38}$$

式中，$\boldsymbol{a}$ 为牵连加速度。

将坐标系建在运动中的气泡、液滴和颗粒上，以研究单个颗粒的运动和传递过程时，必须注意颗粒所受的牵连加速度的作用。在研究搅拌槽内的单相和多相流动时，常常将坐标系固定在旋转的搅拌桨轴上，若搅拌桨的角速度为 ω，则流体力学方程变为

$$\frac{\partial}{\partial t}(\rho \boldsymbol{v}) + \nabla \cdot (\rho \boldsymbol{v}\boldsymbol{v}) = \nabla \cdot \boldsymbol{T} + \rho \boldsymbol{b} - \rho(2\boldsymbol{\omega} \times \boldsymbol{r} + \boldsymbol{\omega} \times \boldsymbol{r} \times \boldsymbol{\omega}) \tag{2.39}$$

式中，所有物理量（除角速度 ω 外）均是在旋转的非惯性坐标系中的量。$2\rho\boldsymbol{\omega} \times \boldsymbol{r}$ 称为 Coriolis 力，$\rho\boldsymbol{\omega} \times \boldsymbol{r} \times \boldsymbol{\omega}$ 是离心力。

2.3.3 应力本构关系

在流体中的应力张量包括热力学压力 p 和流体的黏性应力张量 τ 两部分：

$$\boldsymbol{T} = -p\boldsymbol{I} + \boldsymbol{\tau} \tag{2.40}$$

对理想流体，没有黏性，所以，

$$\boldsymbol{\tau} = 0 \tag{2.41}$$

黏性不可压缩的牛顿流体，由于 $\nabla \cdot \boldsymbol{v} = 0$，故

$$\boldsymbol{\tau} = 2\mu \boldsymbol{D} = \mu[\nabla \boldsymbol{v} + (\nabla \boldsymbol{v})^T] \tag{2.42}$$

式中，$\boldsymbol{I}$ 为单位张量；μ 为黏度；$\boldsymbol{D}$ 为 $(\nabla \boldsymbol{v})$ 中的对称无散度张量部分。在直角坐标系中，

$$\boldsymbol{\tau} = \mu \begin{pmatrix} 2\dfrac{\partial u}{\partial x} & \dfrac{\partial v}{\partial x} + \dfrac{\partial u}{\partial y} & \dfrac{\partial u}{\partial z} + \dfrac{\partial w}{\partial x} \\ \dfrac{\partial v}{\partial x} + \dfrac{\partial u}{\partial y} & 2\dfrac{\partial v}{\partial y} & \dfrac{\partial w}{\partial y} + \dfrac{\partial v}{\partial z} \\ \dfrac{\partial u}{\partial z} + \dfrac{\partial w}{\partial x} & \dfrac{\partial w}{\partial y} + \dfrac{\partial v}{\partial z} & 2\dfrac{\partial w}{\partial z} \end{pmatrix} \tag{2.43}$$

若流体的黏性不为常数，而是与流动或流场应变有关的变量，则流体属于非牛顿流体。这类流体表现出多种多样的应力-应变关系，是流变学研究的重要内容。

2.3.4 不可压缩流体的 Navier-Stokes 方程

将式（2.40）和式（2.42）代入式（2.37），考虑不可压缩流体的密度为常数，于是得到不可压缩流体的 Navier-Stokes 方程：

$$\rho \frac{\partial \boldsymbol{v}}{\partial t} + \rho \nabla \cdot (\boldsymbol{v}\boldsymbol{v}) = -\nabla p + \nabla \cdot \mu [\nabla \boldsymbol{v} + (\nabla \boldsymbol{v})^T] + \rho \boldsymbol{b} \qquad (2.44)$$

它是描述不可压缩的牛顿流体流动，甚至通常情况下略微可压缩的气体流动的控制方程。

Navier-Stokes 方程在具体坐标系中有不同的展开形式。若仅有的体积力是重力，但重力方向不一定与某一坐标轴平行，则在直角坐标系中，3 个速度分量的动量守恒方程为

$$\rho \frac{\partial u}{\partial t} + \rho \left(u \frac{\partial u}{\partial x} + v \frac{\partial u}{\partial y} + w \frac{\partial u}{\partial z} \right) = -\frac{\partial p}{\partial x}$$

$$+ \frac{\partial}{\partial x}\left(\mu \frac{\partial u}{\partial x} \right) + \frac{\partial}{\partial y}\left(\mu \frac{\partial u}{\partial y} \right) + \frac{\partial}{\partial z}\left(\mu \frac{\partial u}{\partial z} \right) + \rho g_x$$

$$\rho \frac{\partial v}{\partial t} + \rho \left(u \frac{\partial v}{\partial x} + v \frac{\partial v}{\partial y} + w \frac{\partial v}{\partial z} \right) = -\frac{\partial p}{\partial y}$$

$$+ \frac{\partial}{\partial x}\left(\mu \frac{\partial v}{\partial x} \right) + \frac{\partial}{\partial y}\left(\mu \frac{\partial v}{\partial y} \right) + \frac{\partial}{\partial z}\left(\mu \frac{\partial v}{\partial z} \right) + \rho g_y$$

$$\rho \frac{\partial w}{\partial t} + \rho \left(u \frac{\partial w}{\partial x} + v \frac{\partial w}{\partial y} + w \frac{\partial w}{\partial z} \right) = -\frac{\partial p}{\partial z}$$

$$+ \frac{\partial}{\partial x}\left(\mu \frac{\partial w}{\partial x} \right) + \frac{\partial}{\partial y}\left(\mu \frac{\partial w}{\partial y} \right) + \frac{\partial}{\partial z}\left(\mu \frac{\partial w}{\partial z} \right) + \rho g_z \qquad (2.45)$$

在其他坐标系和正交贴体坐标系中的连续性方程、3 个速度分量的微分方程和应力公式，可参见文献 [8]。

在湍流条件下的流体力学方程必须体现出瞬时速度的脉动对流体时均运动的影响。通常采用雷诺分解/时均的方法，由 Navier-Stokes 方程导出时间平均量的方程，其中包含的脉动量的统计平均值另由其他模型与时均量关联，从而使方程封闭。有关湍流，可参考是勋刚[11]和 Pope[12]的专著。

2.4　能量守恒方程

热量守恒是能量守恒的一部分内容。相比于机械能守恒，连续操作的化工过程更关心热量守恒，更多的应用也在于热量守恒。热量平衡的基本根据是热力学第一定律，其表述为：对一有限体积的体系（控制体），在从 t_1 到 t_2 的时间内，从外界（环境）吸收的热量 Q 与体系对外界做的功 W 之差必定等于体系总能量 E（包括机械能和内能等）的增加，即能量守恒：

$$Q - W = \Delta E = E_2 - E_1$$

相应的微分形式为

$$dE = \delta Q - \delta W$$

若 E 仅包含体系的内能，而内能是体系的性质，即热力学状态函数，它的变化可以用微分表示；但 Q 和 W 不是状态函数，过程发生微小变化时它们的增减数值与变化的路径有关，不能用微分来表示。对运动的体系，必须用实体导数来表示 E 的变化，故，

$$\frac{DE}{Dt} = \frac{dQ}{dt} - \frac{dW}{dt} \tag{2.46}$$

因为 E 是时间和位置的函数，但在具体的过程中，Q 和 W 只是时间的函数。

对内能这样的热力学变量应用 Reynolds 输运方程式（2.31），可得到

$$\frac{DE}{Dt} = \oint_\Gamma e(\rho v_n)d\Gamma + \frac{\partial}{\partial t}\int_V e(\rho\,dV)$$

结合式（2.43），得

$$\frac{dQ}{dt} - \frac{dW}{dt} = \oint_\Gamma e(\rho v_n)d\Gamma + \frac{\partial}{\partial t}\int_V e(\rho\,dV) \tag{2.47}$$

式中，e 为单位质量的能量，包括动能、势能和内能 u：

$$e = \frac{v^2}{2} + gz + u \tag{2.48}$$

与第 2.3 节的推导相类似，体系能量守恒的微分方程形式为

$$\frac{\partial}{\partial t}(\rho e) + \nabla \cdot (\rho v e) = \nabla \cdot (\boldsymbol{T} \cdot \boldsymbol{v}) - \nabla \cdot \boldsymbol{q} + \rho \boldsymbol{b} \cdot \boldsymbol{v} + \rho s_q \tag{2.49}$$

式中，q 为热量的通量；s_q 为热源的体积强度，体现了与外界的热交换，但没有对外做功。注意，此式中 $e = u + v^2/2$。

化工原理中为人熟知的伯努利（Bernoulli）方程，是能量守恒方程的具体形式之一：

$$e = \frac{\bar{v}^2}{2} + gz + u = C \tag{2.50}$$

式中，$\bar{v}$ 为合速度。式（2.50）适用的条件是：理想流体（无黏性）、稳态流动、沿一条流线（或同一个流体微团）。式（2.50）可在上述条件下由理想流体稳态运动的 Euler 方程［式（2.51）］导出。

$$\nabla \cdot (\rho \boldsymbol{v}\boldsymbol{v}) = -\nabla p - \rho g \boldsymbol{k} \tag{2.51}$$

式中，重力加速度 g 只有在坐标轴 z 方向上的分量 g；k 为沿 z 轴的单位矢量。

由式（2.49）可以导出能量守恒或热量守恒多种形式的微分方程。当机械能和重力可以不计，流体黏性造成的能量损耗可忽略，物质的显热（温度的变化）是主要因素时，式（2.49）可简化为

$$\frac{\partial}{\partial t}(\rho e) + \nabla \cdot (\rho v e) = -\nabla \cdot q + \rho s \tag{2.52}$$

式中，e 为单位质量的内能

$$e = C_p T + 基准值$$

s 为单位质量的热源强度。用傅里叶定律式（2.5）表示热量通量 q，则式（2.52）化为

$$\frac{\partial}{\partial t}(\rho C_p T) + \nabla \cdot (v \rho C_p T) = \nabla \cdot (\lambda \nabla T) + \rho s \tag{2.53}$$

当物质热容（ρC_p）为常数时，可写为

$$\frac{\partial T}{\partial t} + \nabla \cdot (v T) = \frac{\lambda}{\rho C_p} \nabla^2 T \tag{2.54}$$

当流体不可压缩时，

$$\frac{\partial T}{\partial t} + v \cdot \nabla T = \kappa \nabla^2 T, \quad \kappa = \frac{\lambda}{\rho C_p} \tag{2.55}$$

式中，κ 为热扩散系数，单位为 m^2/s。

式（2.55）也称为对流传热方程，十分有用。它在直角坐标系中的展开式为

$$\frac{\partial T}{\partial t} + u \frac{\partial T}{\partial x} + v \frac{\partial T}{\partial y} + w \frac{\partial T}{\partial z} = \kappa \left(\frac{\partial^2 T}{\partial x^2} + \frac{\partial^2 T}{\partial y^2} + \frac{\partial^2 T}{\partial z^2} \right) \tag{2.56}$$

此式也可以通过对空间中的微元 $\Delta x \Delta y \Delta z$ 作热量衡算（包括 3 个方向的对流和热传导）而导出。

2.5　传质方程和连续性方程

物质守恒，或物质不灭，是最基本的物理定律之一，对化学化工过程就是各元素的质量或物质的量（摩尔数）的守恒规律。物质守恒又分为总物料平衡和各组分的物质守恒，而流体的总物料平衡又称为连续性方程。

在过程工业涉及的操作中，物理加工不涉及化学成分的变化，各组分的物质平衡相加即得到体系的连续性方程；化学反应不改变化学元素的原子，因此总质量仍然守恒，可用连续性方程描述，但物质的量有增减，各组分的质量和物质的量都有变化，在应用连续性方程的时应以源（汇）项表达。

2.5.1　总物料衡算

对空间中有限大小的控制体（图 2.7），其体积为 V、表面为 Γ（皆可随时间变化），与环境有物质的对流交换，即在表面上的流动速度矢量 v 不为 0，物质在各处的密度 ρ 是空间位置 x 和时间 t 的函数。若控制体内各处无质量源（无质

量产生或消灭），则物料平衡式为

$$\frac{\partial}{\partial t}\int_V \rho\delta V + \oint_\Gamma \rho v_n\delta\Gamma = 0 \qquad (2.57)$$

式中，v_n 为在表面上沿外法线方向的速度，即速度矢量 $\boldsymbol{v}$ 在外法线方向单位矢量 $\boldsymbol{n}$ 上的投影。这是物料平衡的积分表达式。对控制体积位置、大小不变的 Euler 控制体，则可写为

$$\int_V \frac{\partial\rho}{\partial t}\delta V + \oint_\Gamma \rho v_n\delta\Gamma = 0 \qquad (2.58)$$

当控制体内各处的密度不因化学反应和温度、压力等条件而改变时，式（2.58）简化为

$$\oint_\Gamma \rho v_n\delta\Gamma = 0 \qquad (2.59)$$

即流进控制体（表面上 $v_n < 0$ 各点流量积分的总和）的流量等于流出控制体（$v_n > 0$ 部分的面积分）的流量，因此体系处于稳定不变的定态。

对于典型的化工设备和流程，上下游设备或工艺有集中的管道式的连接。例如有明确进口和出口的气-固流化床反应器（图 2.8），除进口与出口外，其他部分是与外界隔绝的不透壁（$v_n = 0$）。这时，积分平衡式变为

$$\int_{\Gamma^-} \rho v_n\delta\Gamma = -\int_{\Gamma^+} \rho v_n\delta\Gamma \qquad (2.60)$$

式（2.60）左端积分代表流进的质量，积分域为 Γ^-（$v_n < 0$），积分为负数；而右端的积分代表流出的质量，积分域为 Γ^+（$v_n > 0$），积分为正数；两端的绝对值相等。

按场论中的高斯定理［式（2.34）］，可以将式（2.58）中的面积分转换为体积分，得

$$\int_V \left(\frac{\partial\rho}{\partial t} + \nabla\cdot(\rho v)\right)dV = 0 \qquad (2.61)$$

若控制体内无质量源，则控制体积 V 的大小可任意选取而式（2.61）均成立。由此推论，被积函数必须恒等于 0，即

$$\frac{\partial\rho}{\partial t} + \nabla\cdot\rho v = 0 \qquad (2.62)$$

式（2.62）也称为微分形式的质量守恒方程或连续性方程。

微分形式的质量守恒方程中也可能出现源项，

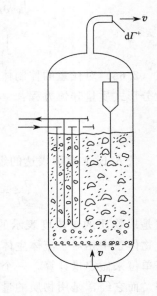

图 2.8 有明确进口和出口的
气-固流化床反应器

于是，

$$\frac{\partial \rho}{\partial t} + \rho \nabla \cdot \boldsymbol{v} = s \tag{2.63}$$

式中，s 为在质量源的点强度，单位为 $kg/(m^3 \cdot s)$。

2.5.2　组分质量守恒

　　当考察组分的质量守恒时，需要注意以下两点：①体系内可能有化学反应：化学反应使反应物的质量或物质的量减少，对反应物是负的质量源（汇），而对产物则是正的质量源，在质量守恒方程中以源项表示；②由于一组分可以以对流和扩散两种形式传递，质量守恒宜以总通量的方式表达。取空间中的固定控制体，式（2.57）应用于所含组分 k 的表达式为

$$\int_V \frac{\partial}{\partial t} \rho_k \mathrm{d}V + \oint_\Gamma j_{k,n} \mathrm{d}\Gamma = S_k \tag{2.64}$$

式中，ρ_k 为组分 k 的密度；$j_{k,n}$ 为组分 k 在控制体表面微元外法线方向上的投影；S_k 为组分 k 产生的源的强度。

　　应用高斯公式 [式（2.34）]，将式（2.64）中的面积分变换为体积分，组分 k 的源项也用点源强度的体积分表示，则得

$$\int_V \frac{\partial}{\partial t} \rho_k \mathrm{d}V + \int_V \nabla \cdot \boldsymbol{j}_k \mathrm{d}V = \int_V s_k \mathrm{d}V \tag{2.65}$$

$$\int_V \left(\frac{\partial \rho_k}{\partial t} + \nabla \cdot \boldsymbol{j}_k - s_k \right) \mathrm{d}V = 0 \tag{2.66}$$

式（2.66）对任意的控制体皆成立，故被积函数必恒等于 0，于是得到组分 k 的微分形式质量守恒方程：

$$\frac{\partial \rho_k}{\partial t} + \nabla \cdot \boldsymbol{j}_k = s_k \tag{2.67}$$

　　代入 Fick 定律表达的组分 k 的总通量 [式（2.9）]，即得

$$\frac{\partial c_k}{\partial t} + \boldsymbol{v} \cdot \nabla c_k = \nabla \cdot (D_{k,m} \nabla c_k) + s_k \tag{2.68}$$

这是以物质的量浓度表示的组分对流-扩散传递方程。式中，$D_{k,m}$ 是组分 k 在混合物体系中相对于流体主体扩散的分子扩散系数。说到扩散时，很少用质量分数等单位来做定量计算，一个重要的原因是式（2.68）中的源项往往是化学反应度率，而它经常是用物质的量的浓度来表示的。所以，在引用文献中的分子扩散系数时，需要注意它的具体含义。

　　扩散系数 D 为常数的某一组分的对流-扩散方程为

$$\frac{\partial c}{\partial t} + \boldsymbol{v} \cdot \nabla c = D\nabla^2 c + s \tag{2.69}$$

在直角坐标系中的展开形式为

$$\frac{\partial c}{\partial t} + u\frac{\partial c}{\partial x} + v\frac{\partial c}{\partial y} + w\frac{\partial c}{\partial z} = D\left(\frac{\partial^2 c}{\partial x^2} + \frac{\partial^2 c}{\partial y^2} + \frac{\partial^2 c}{\partial y^2}\right) + s \tag{2.70}$$

湍流流体中的对流扩散方程的形式与式（2.69）相同，唯分子扩散系数 D 应采用包含湍流扩散效应在内的有效扩散系数 D_e。

2.6　传递过程原理的发展

本文至此介绍的速率过程方程和"三传"控制方程已经具有较完整的体系，基本满足了过程工业中所用的加工、反应和分离设备的设计、分析和诊断的需要，构成了过程工程数学模型建模的基础模块，使化学工程稳步地向定量化的工程科学的方向发展。

在现代过程工业中，先进的工艺和技术往往有四个特点：①反应流体或介质往往流速很高（湍流），以追求高的产能效率和其他的优势（如提高反应的选择性，得到更高的混合效率）；②反应和分离过程涉及几个不同的物相，操作时要求各相间有良好的混合和分散，操作后要求迅速地分相；③反应流体或介质是组成复杂的多元体系；④在强化分离和反应过程中，反应流体或介质经常处于多个物理场的联合作用。在 *Transport Phenomena*[4] 出版后的 50 年间，关于传递过程的基本概念和原理的研究，在广度和深度上向前推进了一大步，并在过程工程的研究和过程工业技术开发中得到了越来越多的应用。以下稍微展开讨论发展比较成熟的几个方面。

2.6.1　湍流中的传递过程

在湍流流动中，流体微元处于不停的随机运动当中，即使我们只对流体的时均运动感兴趣，也必须考虑速度的脉动分量对时均运动的影响，这样才能把不可压缩流体的 Navier-Stokes 方程推广到湍流之中。

1. 湍流的动量传递

最早的技术是用雷诺平均方法对真实、脉动的速度矢量的守恒方程进行时间域上的平均。为此，将瞬时速度分量 u 和压强 p 分解为时均量和脉动量之和：

$$u = \bar{u} + u', \quad p = \bar{p} + p' \tag{2.71}$$

使用 Einstein 求和规则（一项中有相同的下标即意味着对该下标的所有取值求和），连续性方程可写为

$$\frac{\partial \rho}{\partial t} + \frac{\partial}{\partial x_j}(\rho u_j) = 0 \tag{2.72}$$

不可压缩流体的 Navier-Stokes 方程 [式（2.44）] 写成速度分量的形式，成为

$$\frac{\partial}{\partial t}(\rho u_i) + \frac{\partial}{\partial x_j}(\rho u_i u_j) = -\frac{\partial p}{\partial x_i} + \rho g_i + \mu \frac{\partial}{\partial x_j}\left(\frac{\partial u_i}{\partial x_j} + \frac{\partial u_j}{\partial x_i}\right) \tag{2.73}$$

将式（2.71）代入不可压缩流体的连续性方程中，然后对整个方程取时间平均，即

$$\overline{\frac{\partial \rho}{\partial t} + \frac{\partial}{\partial x_j}\rho(\overline{u_j} + u_j')} = 0 \tag{2.74}$$

因为 $\overline{\overline{u}} = \overline{u}$，$\overline{u'} = 0$，故式（2.74）的时均形式与式（2.72）相同。但将雷诺平均用到式（2.73）时，情况就大不一样。因为一般 $\overline{u'v'} \neq 0$，$\overline{u'w'} \neq 0$，$\overline{v'w'} \neq 0$…所以这些二阶关联项必须保留在方程中：

$$\frac{\partial}{\partial t}(\rho u_i) + \frac{\partial}{\partial x_j}(\rho u_i u_j + \rho \overline{u_i' u_j'}) = -\frac{\partial p}{\partial x_i} + \rho g_i + \mu \frac{\partial}{\partial x_j}\left(\frac{\partial u_i}{\partial x_j} + \frac{\partial u_j}{\partial x_i}\right) \tag{2.75}$$

式（2.75）中由于非线性项 $\rho u_i u_j$ 产生了关联项 $\rho \overline{u_i' u_j'}$，它的产生对时均值方程有不可忽略的影响，由于它常与式中最右端的黏性应力项组合在一起，所以一直被称为雷诺应力（Reynolds stress）。式（2.75）中的量均是时均值，仅特别提示脉动量的平均值时才用上横线符号表示。

必须找到用易知的时均量来计算这些不为 0 的二阶关联项的方法，这样才能使方程封闭，以便像求解低雷诺数层流流动一样地求解。目前普遍应用的简单方法是 Boussinesq 假设：

$$\rho \overline{u_i' u_j'} = -\mu_t\left(\frac{\partial u_i}{\partial x_j} + \frac{\partial u_j}{\partial x_i}\right) \tag{2.76}$$

将其与黏性应力项归并在一起，得到封闭的动量方程：

$$\frac{\partial}{\partial t}(\rho u_i) + \frac{\partial}{\partial x_j}(\rho u_i u_j) = -\frac{\partial p}{\partial x_i} + \rho g_i + \frac{\partial}{\partial x_j}\left[\mu_{eff}\left(\frac{\partial u_i}{\partial x_j} + \frac{\partial u_j}{\partial x_i}\right)\right] \tag{2.77}$$

$$\mu_{eff} = \mu + \mu_t \tag{2.78}$$

式中，μ_{eff}、μ 和 μ_t 分别表示有效黏度、分子黏度和湍流黏度。因为 μ_t 是流场特征量的函数，随空间位置变化，所以 μ_{eff} 在式（2.77）中处于两重微分号之间。

问题归结为湍流黏度 μ_t 的取值。历史上提出了许多关于 μ_t 的模型，如零方程（混合长度）模型、单方程模型、双方程模型、大涡模型（large eddy simulation，LES），详情可参考文献 [11，12]。其中，工程计算中最常用的是标准 k-ε 湍流模型，湍流黏度由流场中的湍流动能 k 和能量的黏性耗散速率 ε 估计：

$$\mu_t = \rho C_\mu \frac{k^2}{\varepsilon} \tag{2.79}$$

式中，C_μ 为常数，k 和 ε 分别由下述两方程得出

$$\frac{\partial}{\partial t}(\rho k) + \nabla \cdot (\rho v k) = \nabla \cdot \left(\frac{\mu_{\text{eff}}}{\sigma_k} \nabla k\right) + G - \rho \varepsilon \tag{2.80}$$

$$\frac{\partial}{\partial t}(\rho \varepsilon) + \nabla \cdot (\rho v \varepsilon) = \nabla \cdot \left(\frac{\mu_{\text{eff}}}{\sigma_\varepsilon} \nabla \varepsilon\right) + (C_1 G - C_2 \rho \varepsilon)\frac{\varepsilon}{k} \tag{2.81}$$

式中，G 为流场中的湍流动能的产生速率：

$$G = \frac{1}{2}\mu_t [\nabla v + (\nabla v)^T] : \nabla v \tag{2.82}$$

湍流模型中各常数采用 Launder 所推荐的值[13]：

$$C_\mu = 0.09, C_1 = 1.44, C_2 = 1.92, \sigma_k = 1.0, \sigma_\varepsilon = 1.3$$

在固体壁面上采用壁面函数法进行计算[14]。

标准 k-ε 湍流模型只是湍流双方程模型中的一种，而且采用 Boussinesq 假设来封闭方程是近似的方法，预测的湍流是各向同性的，因此湍流模型还大有改进的余地。但在工程计算中，标准 k-ε 湍流模型有一定的精度，计算量适中，在湍流流场的预测、过程工程设备的诊断、优化和放大中发挥了十分重要的作用。

关于湍流的机理认识和数值模拟，一直是流体力学研究的中心之一，也受到过程工程、航空动力学、大气科学、海洋科学研究和工程技术人员的关注，湍流模型也在不断地发展中。比标准 k-ε 湍流模型更优越的是代数雷诺应力模型、雷诺应力（偏微分方程）模型。近年来，大涡模型也发展很快，随着计算机技术的飞速发展，湍流的直接数值模拟（direct numerical simulation，DNS）也逐渐进步和成熟。

2. 湍流中的传热

认识到湍流对动量传递过程影响的同时，化学工程师也意识到湍流中的随机涡团运动也促进了热量和化学组分的传递。湍流是介于设备宏观尺度和分子热运动尺度之间的现象，湍流模型体现了对较大尺度的流动的影响，但它对分子尺度过程（化学反应、热传导、分子扩散）的影响目前还没有充分的认识，湍流对传热、传质方程带来的改变基本上以经验和表象的方式来表示。

对不可压缩流体的湍流传热，类似于瞬时动量方程的雷诺平均，也可将瞬时浓度和瞬时速度分解为平均量和脉动量之和：

$$T = \overline{T} + T', v = \overline{v} + v' \tag{2.83}$$

则传热输送方程可以写成

$$\frac{\partial(\rho C_p T)}{\partial t} + \nabla \cdot \rho C_p T v = \nabla \cdot (\lambda \nabla T - \rho C_p \overline{v'T'}) + \rho s \tag{2.84}$$

对其中的湍流传热关联项，也采用 Boussinesq 假设进行封闭：

$$\rho C_p \overline{\boldsymbol{v}'T'} = -\lambda_t \nabla T \tag{2.85}$$

将湍动导热系数 λ_t 与湍动黏度 ν_t 联系起来，比如，

$$\lambda_t = \rho C_p \frac{\nu_t}{\sigma_T} \tag{2.86}$$

于是，

$$\frac{\partial(\rho C_p T)}{\partial t} + \nabla \cdot \rho C_p T \boldsymbol{v} = \nabla \cdot \left[(\lambda + \lambda_t)\,\nabla\,T\right] + \rho s \tag{2.87}$$

式中，σ_T 称为湍流 Schmidt 数，文献中取值一般为 1；有效导热系数 $\lambda_e = \lambda + \lambda_t$。

与式（2.54）相应的无源湍流对流传热方程为

$$\frac{\partial T}{\partial t} + \boldsymbol{v} \cdot \nabla T = \kappa_{\text{eff}}\,\nabla^2 T, \quad \kappa_{\text{eff}} = \kappa + \frac{\nu_t}{\sigma_T} \tag{2.88}$$

利用式（2.87）和式（2.88）模拟湍流流动中的传热过程的准确性，取决于湍流流场的准确性和湍流 Schmidt 数 σ_T 取值的正确程度。一般取 σ_T 为常数（自由射流值约为 0.6，贴壁流动值约为 0.9）[14]。

3. 湍流中的传质

与湍流中的传热问题类似，湍流中的传质也可以应用雷诺时均和 Boussinesq 假设，导出湍流中的时均值的传质基本方程：

$$\frac{\partial c}{\partial t} + \nabla \cdot c \boldsymbol{v} = \nabla \cdot (D_{\text{eff}}\,\nabla\,c) + s_c \tag{2.89}$$

式中，

$$D_{\text{eff}} = D + \frac{\nu_t}{\sigma_c} \tag{2.90}$$

式中，σ_c 称为湍流传质 Schmidt 数，一般取常数，多在 0.7 和 1 之间[15]。这也称为湍流传质的零方程模型。

这个方法认为湍流传质仅与流场的湍动有关，与浓度场的湍动无关，为此提出了包括浓度场脉动因素在内的双方程模型[15]：

$$D_t = C_t k^{1/2} L_m$$

式中，k 为湍流动能，其平方根作为湍流特征速度，需要恰当的 L_m 作为湍流特征尺度。经过分析，采用的模型为

$$D_t = C_t k \left(\frac{k\,\overline{c^2}}{\varepsilon \varepsilon_c}\right)^{1/2} \tag{2.91}$$

式中，$\overline{c^2}$ 为浓度脉动的均方值；ε_c 为浓度脉动的耗散速率；ε 是湍流的能量耗散速率；C_t 为经验常数。除了求解 k 和 ε 的方程外，还需要求解 $\overline{c^2}$ 和 ε_c 的方程：

$$\frac{\partial \overline{c^2}}{\partial t} + \nabla \cdot (v\, \overline{c^2}) = \nabla \cdot \left[\left(\frac{D_t}{\sigma_c} + D \right) \nabla \overline{c^2} \right] + 2D_t \frac{\partial c}{\partial x_i} \frac{\partial c}{\partial x_i} - \varepsilon_c \quad (2.92)$$

$$\frac{\partial \varepsilon_c}{\partial t} + \nabla \cdot (v\varepsilon_c) = \nabla \cdot \left[\left(\frac{D_t}{\sigma_{\varepsilon_c}} + D \right) \nabla \varepsilon_c \right] - C_{c1} \frac{\varepsilon_c}{\overline{c^2}} \overline{cv_i'} \frac{\partial c}{\partial x_i} - C_{c2} \frac{\varepsilon}{k} \varepsilon_c \quad (2.93)$$

湍流模型中各常数的推荐值为[16]

$$C_t = 0.14, C_{c1} = 2.0, C_{c2} = 2.22, \sigma_c = 1.0, \sigma_{\varepsilon_c} = 1.0$$

此湍流传质的新模型已成功地用于一系列的湍流传质实例[15,16]，也可以推广用于湍流传热。

将 Boussinesq 假设简单地推广到传热和传质过程，其理论基础和在工程问题上的适用性需要进一步的研究。

2.6.2 多相流中的传递过程

过程工业中许多操作是在多相体系中进行的，例如用液体胺吸收混合气体中的 CO_2 以净化气体是气-液流动—反应体系，湿法冶金中从含 Ni、Co 离子的水溶液中萃取分离是液-液两相操作体系，还有气-液-固、液-液-固、气-液-液、三液相体系，甚至更多物相的体系，都在过程工业中有应用，需要用过程工程的原理对这些复杂体系的化学工程特性进行深入的研究。

在多相体系中，一般含量最多的流体成为连续相，其他的物相以分散相的形式（气泡、液滴、固体颗粒，统称为颗粒）存在。在大尺度的多相传递过程中，颗粒的数量很大，无法用基本的传递过程方程准确计算每一个颗粒，因此，经常采用近似方法，即将分散相作为连续的拟流体的 Euler-Euler 方法来处理。它将每一物相均视为充满整个流场的流体介质，连固相分散相也不例外，每一相均受传递微分方程的控制，但其中引入了相含率（物相的体积分数），相间的相互作用力以源项的形式出现在动量守恒方程中，相间传热、相间传质速率和化学反应速率都以源项的形式出现在传热和传质微分方程之中。而与此不同的 Euler-La-grange 方法仅将连续相视为充满整个空间的流体，用本文介绍过的基本微分方程计算，而每一个颗粒则作为单个的实体，按其在流场中的受力，用牛顿第二定律 [式 (2.26)] 追踪其运动轨迹。可以只考虑流场对颗粒的作用力，但也可以更准确地在计算中计入颗粒对流场的反作用力，即双向的相互作用。但是受计算机能力的限制，同时追踪上万个颗粒的计算目前还难以普遍推广。而 Euler-Euler 方法因为计算量小，比较适合于颗粒数目十分巨大的大型过程工程设备的研究。此方法的出发点（各相均为充满流场、相互渗透的假想流体）与物理实际相差较远，需要更多、更精巧的模型化研究，以满足过程工业对模型精度的要求。这两种方法都是目前过程工程研究的主流方法。

1. 两流体数学模型

欧拉-欧拉两流体模型通常采用雷诺时均方法处理瞬时运动方程组，推导两流体模型时，一般作如下假设（更严密的理论可参考 Jakobsen[17]、郭烈锦[18]、Ishii[19]）：

（1）分散相与连续相均为连续介质，在同一空间中共存，两相共用同一个压力场。

（2）两流体遵循各自的运动和连续性方程，连续相和分散相均为不可压缩流体。

（3）两相之间通过相间作用力耦合，两流体间无质量传递。

（4）分散相颗粒大小完全相同，具有同样的性质。

雷诺时均后封闭因湍流脉动而产生的二阶和高阶关联项，最终得到的通用模型方程仍由连续性方程和动量守恒方程构成：

$$\frac{\partial(\rho_k \alpha_k)}{\partial t} + \nabla \cdot (\rho_k \alpha_k \boldsymbol{v}_k) = 0 \tag{2.94}$$

$$\frac{\partial}{\partial t}(\rho_k \alpha_k \boldsymbol{v}_k) + \boldsymbol{v}_k \cdot \nabla(\rho_k \alpha_k \boldsymbol{v}_k \boldsymbol{v}_k) = -\alpha_k \nabla p + \rho_k \alpha_k \boldsymbol{g} + \nabla \cdot [\mu_{\text{eff}} \nabla \boldsymbol{v}_k] + \boldsymbol{F}_k + s_k, \tag{2.95}$$

式中，$\boldsymbol{F}_k$ 为相间作用力；$\boldsymbol{g}$ 为重力加速度；s_k 为将方程写为通用形式而产生的源项，下标 $k=$c，d，分别表示连续相和分散相。α_k 为第 k 相的相含率，所有的相含率应满足归一化条件：

$$\sum_k \alpha_k = 1 \tag{2.96}$$

在多相流模型中，最易引起争议的是湍流的模型，一般还缺乏充分的实验验证，采用不同的湍流模型，模拟结果差别也比较大。多数文献把模拟单相流湍动的标准 k-ε 模型改进后用来模拟多相流。

在气-液两相流动中，一般认为气体由于密度比液相小得多，可以忽略气相的湍流对液相的影响，即认为液相的湍流是决定性的，因此常常将液相的 v_{eff} 直接赋给气相，也叫拟均相 k-ε 模型，这在气含率较低的情况下是可以接受的假设。

决定气-液体系中液相湍流黏度，需要将标准两方程 k-ε 模型的湍动动能及其耗散速率方程扩展为

$$\nabla \cdot \rho_1 \alpha_1 \boldsymbol{v}_1 k_1 = \nabla \cdot \left[\alpha_1 \left(\frac{\mu_{\text{t},1}}{\sigma_k} + \mu_1\right) \nabla k_1\right] + \alpha_1 (G_{k,1} - \rho_1 \varepsilon_1) + \alpha_1 s_{k,1} \tag{2.97}$$

$$\nabla \cdot (\rho_1 \alpha_1 \boldsymbol{v}_1 \varepsilon_1) = \nabla \cdot \left[\alpha_1 \left(\frac{\mu_{\text{t},1}}{\sigma_\varepsilon} + \mu_1\right) \nabla \varepsilon_1\right] + \alpha_1 \frac{\varepsilon_1}{k_1}(C_{1\varepsilon} G_{k,1} - C_{2\varepsilon} \rho_1 \varepsilon_1) + \alpha_1 s_{\varepsilon,1} \tag{2.98}$$

$$\mu_{t,1} = \rho_1 C_\mu \frac{k_1^2}{\varepsilon_1} \tag{2.99}$$

$$G = \mu_{t,1} \nabla v_1 \cdot \left[\nabla v_1 + (\nabla v_1)^T \right] - \frac{2}{3} \nabla \cdot v_1 (\mu_{t,1} \nabla \cdot v_1 + \rho_1 k_1) \tag{2.100}$$

式中，$s_{k,1}$，$s_{\varepsilon,1}$分别为考虑其他因素在两方程湍动模型中所加的附加源项。模型常数的取值为 $C_\mu = 0.09$，$\sigma_t = 1.0$，$C_{1\varepsilon} = 1.44$，$C_{2\varepsilon} = 1.92$。

考虑气泡导致的湍动和对液相流动的影响是现在和将来研究的课题。

类似的湍流模型已经用于液-固搅拌槽[20,21]、液-液搅拌槽[22]、气-液-固鼓泡塔[23]、液-液-固搅拌槽[24]的多相湍流流动的数值模拟，取得了令人满意的进展，但仍需进一步的改进。迄今为止，未见对气-液-液三相化工体系的计算流体力学（CFD）模拟。

气-固体系的模拟有其独特之处，因为固体的密度比气体大了上千倍，分散相固体颗粒的湍流强度往往超过气相的数值。较早的两流体湍流模型是 k-ε-A_p 模型，连续相的 k 和 ε 用微分方程求解，而颗粒相湍流黏度则与连续相以代数关系联系。湍流模型的进一步发展是 k-ε-k_p 模型，除了连续相的 k 和 ε 的方程外，还需要颗粒相湍流动能 k_p 的方程。后来发展了基于颗粒流动力学理论（kinetic theory of granular flows）的 k-ε-Θ 模型，颗粒相的湍流动能用颗粒温度 Θ 来表示[25]；还有 5 个湍流参数的 k-ε-k_p-ε_p-Θ 模型[26]，应用于提升管的气-固两相流模拟。但气-固两相流的湍流模型仍然不断改进，以更好地满足过程工程的需求[27]。

大涡模型（LES）近年来发展迅速，已经有许多将其用于两相流的数值模拟的研究，例如 Wang 在 Euler-Lagrange 框架下用 LES 模拟了气-固两相流[28]。在 Euler-Euler 框架下的工作很少，仅有最近 Deen 模拟了鼓泡塔中的气-液两相流[29]，Zhang 模拟了带气体分布器的气-液搅拌槽[30]。两流体模型数值模拟在分散相颗粒数目巨大的时候显示出计算量相对较低的优势，但两相流模型在概念和理论上还需要继续完善，以达到与需要更多计算量的 Euler-Lagrange 框架媲美的地步。

2. 两相流的离散颗粒模型

在 Euler-Lagrange 方法中，连续相仍遵从式（2.94）和式（2.95），但分散相的每一个颗粒均视为独立的实体，在颗粒自身的重力、浮力、其他体积力（如电磁场产生的力）和相间作用力的合力 $\boldsymbol{F}_i$ 的驱动下，按牛顿第二定律确定此颗粒的运动。颗粒的速度矢量 $\boldsymbol{v}_i$ 和位置矢量 $\boldsymbol{x}_i$ 由下列方程求解：

$$m_i \left(\frac{\mathrm{d}\boldsymbol{v}_i}{\mathrm{d}t} \right) = \boldsymbol{F}_i, \quad \frac{\mathrm{d}\boldsymbol{x}_i}{\mathrm{d}t} = \boldsymbol{v}_i \tag{2.101}$$

当颗粒的浓度较高时，分散相对连续相的总作用力增大，也应在连续相动量方程

的 F_c 中包括颗粒对连续相流体的作用力（称为双向耦合）。

相间作用力在 Euler-Lagrange 模型中比在 Euler-Euler 模型中容易处理，例如对单个固体颗粒，两两颗粒间的弹性碰撞、材料的塑性对碰撞能量的吸收、颗粒间的接触摩擦力等，都能较准确地用公式表达出来。Euler-Lagrange 方法的主要缺点是，由于需要对每个颗粒进行追踪，而实际的化工体系中颗粒总数大到 10^{10} 以上，颗粒运动的速度也不小，需要采用很小的时间步长来积分式 (2.101)，因此计算量很大，对计算机硬件和软件的要求都很高。10 年前，数值模拟超过 2000 个颗粒的气-固体系还难以实现，但进入 21 世纪以来，化学工程数值模拟两相体系的能力迅速提高。有文献报道，将离散颗粒法（discrete element method，DEM）程序与 CFD 软件 Fluent 结合起来，模拟了含 20 000 个直径分别为 0.5mm、0.375mm 和 0.25 mm 球形颗粒的三维循环流化床（直径 15 mm，高 50 mm，体积分数 11.5%）[31]。相比之下，当分散相相含率较高时，Euler-Euler 方法所需的计算机容量和时间较少，比较适合尺度较大的化工设备的数值模拟。

3. 两相流中的传热和传质

正确的两相流动的流场是进一步研究传热和传质过程的基础。在两相体系中，传递过程不仅在连续相中进行，也通过两相之间的相界面进行。

主体相中的传递，一般用 2.6.1 节中的方法，正确地从流场中估计湍流黏度，用来决定传热和传质系数强化的幅度；但由于分散相的存在，减少了主体相可用于传递的面积，因此相含率将出现在方程中。

相间的传递速率以源项的形式体现在对流传递方程中。相间传递的面积与颗粒的大小成反比，因此在求解流场时，除了得到相含率的空间分布以外，还需要得到流体颗粒（气泡和液滴）的尺寸分布。后者是一个比较困难的任务。有的研究采用与实验相近的固定颗粒直径，有的按局部的湍流性质从经验关联式计算出与其平衡的颗粒平均直径[32]，但这仍与实际有差距，因为从流场其他位置输送来的气泡，不一定在此局部点有足够的停留时间来达到平衡的颗粒直径。近年来，有用颗粒粒数平衡方程（population balance equation，PBE）来求解局部颗粒直径分布的研究，例如，Wang 用 PBE 研究鼓泡塔中的气泡大小的分布[33]，Drumm 将 CFD 模拟转盘萃取塔的液-液两相流场和液滴粒数平衡耦合[34]，此方法研究液滴大小分布达到了很高的水平。

两相体系中的颗粒（包括气泡和液滴）以密集的颗粒群的形式存在，受操作条件和体系性质的影响，颗粒群的粒数密度在设备中分布不均。因此，颗粒间的相互作用影响使颗粒群中的传质和传热系数与单个颗粒不同，甚至催化剂颗粒群的有效因子的数值也与单个催化剂颗粒不同[35]。这也需要深入的研究。除了用数学模型和数值模拟方法直接模拟多颗粒构型外，将稠密的颗粒群看做完全相同的平均单元（cell）的集合，每个单元包含一个中心颗粒，外面包围着每个颗粒平均分配到的连续相流体层，只需研究这样的 1 个典型单元[36,37]，这种模型称为单元胞模型（cell model，图 2.9）。单元胞模型正在推广用于气泡群、液滴群以及非牛顿流体中的颗粒群的运动和传质[38]。

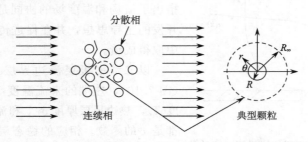

图 2.9　单元胞模型研究颗粒群中的一个典型颗粒

由于两相流中的传热和传质涉及的因素很多，目前工程研究中成功的事例还相对较少。

2.6.3　场的耦合与协同

1. 外场强化传递过程

最初，关于传递过程的研究，都是针对比较简单的情况：体系只在一个力场的影响下的流动和传递，而且多数场合下仅有重力场。20 世纪后期，开始了对超重力场的研究，发现反应和分离设备在高速旋转时，相间传质速率大大提高，混合改善，相间滑移速度提高，对相分离也很有利。为了强化化工过程，后来逐渐开始研究多个场共同作用下的传递和反应过程，如超声波场、微波场、直流和交流电场等。在流态化工程的研究中，也多有超重力场流态化反应器、流态化电化学反应器、振动流态化、磁场流态化[39]的研究报道。中国石油化工股份有限公司在 2004 年开发出先进的磁稳定床己内酰胺加氢精制新工艺，并成功地用于工业生产。这些研究针对不同的工艺和产品，报道了许多改善工艺效率的成果。一般说来，这些场对传递过程的影响的机理还待深入认识。多数研究假设各个场的作用是互相独立的，因此它们共同作用的效果等于其线性加和。从研究的方法论来说，需要考虑场与场之间的耦合和协同效应。

2. 场协同原理

20 世纪后期，德国 Haken 教授的专著《协同学：理论与应用》[40]介绍了自然界和工程中的许多协同现象，分析比较宏观，没有深入地触及传递过程的现象和机理，但是这种富含哲学理念的研究思路值得在过程工程涉及的传递过程研究和应用中采纳。

过增元、陶文铨等具体地研究了传热过程中的场协同原理及其在强化传热中的应用[41]。他们分析了对流传热的机理，指出了流场和温度场的协同是强化传热技术开发的主导思想，并在促进传热技术的进步中取得成绩。

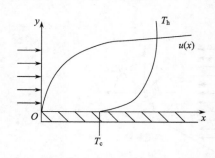

图 2.10　二维平板层流边界层对流传热

以二维平板层流边界层对流传热为例（图 2.10），左端的来流温度 T_h 高于平板温度 T_c，热边界层厚度 $\delta_{T,x}$ 和流动边界层厚度都是 x 的函数。相应的稳态层流边界层的能量守恒方程，忽略 x 方向上的热传导，则得

$$\rho C_p\left(u\frac{\partial T}{\partial x}+v\frac{\partial T}{\partial y}\right)=\frac{\partial}{\partial y}\left(\lambda\frac{\partial T}{\partial y}\right) \tag{2.102}$$

与静止流场中有内热源的 y 方向一维传热方程

$$-s(x,y)=\frac{\partial}{\partial y}\left(\lambda\frac{\partial T}{\partial y}\right) \tag{2.103}$$

相比，式（2.102）中左端的对流项可以看做 y 方向传热的通量或源项 $s(x,y)$，所以对流传热可以看做有内热源的 y 方向一维传热。

将式（2.102）两端从 $x=0$ 积分到边界层之外的主体区，则

$$\int_0^{\delta_{T,x}}\rho C_p\left(u\frac{\partial T}{\partial x}+v\frac{\partial T}{\partial y}\right)dy=\lambda\frac{\partial T}{\partial y}\Big|_w=q_w(x) \tag{2.104}$$

式中，下标 w 表示平板表面（$y=0$）。从传热的角度看，左端的热源强度越大，壁面的传热速率越高。

对一般三维壁面传热的情况，仍然可以得到

$$\int_0^{\delta_{T,x}}\left\{\rho C_p\left(u\frac{\partial T}{\partial x}+v\frac{\partial T}{\partial y}+w\frac{\partial T}{\partial z}\right)-\left[\frac{\partial}{\partial x}\left(\lambda\frac{\partial T}{\partial x}\right)+\frac{\partial}{\partial z}\left(\lambda\frac{\partial T}{\partial z}\right)\right]-s\right\}dy$$

$$=\lambda\frac{\partial T}{\partial y}\Big|_w=q_w(x) \tag{2.105}$$

式中，左端被积函数中的第一项是对流源项（流动引起的当量热源），第二项是导热源项（流体平行于壁面方向热传导引起的当量热源），第三项是真实源项。这个源强化的概念能很好地解释放热化学反应体系中的对流传热能强化壁面加热，空气冷却器中喷水蒸发能强化传热，而管流中的流体轴向导热会使 Nu 数降低等现象[42]。

将式（2.104）无因次化，整理后得到无因次方程：

$$Re_x Pr \int_0^1 (\boldsymbol{v} \cdot \nabla T) \mathrm{d}y = Nu_x \qquad (2.106)$$

式中，无因次准数的定义与通常的边界层流动分析所用的相同，其他量均已无因次化。被积函数可写成

$$\boldsymbol{v} \cdot \nabla T = |\boldsymbol{v}| \cdot |\nabla T| \cos\beta \qquad (2.107)$$

式中，β 为速度矢量和温度梯度矢量间的夹角。

分析式（2.106）和式（2.107）可以引出强化传热的三个途径：①提高 Re 数；②提高 Pr 数；③增大式（2.106）中无因次积分的数值。无因次积分正是速度场和温度场协同效应的指标，它的物理意义就是在 x 处热边界层厚度内的无因次热源强度的总和。采取措施使边界层中各处的 $\cos\beta$ 值增大（使速度矢量和温度梯度矢量的方向尽量相同或相反），将得到强化传热的效果。一些成功地强化对流传热的技术措施是符合这个场协同原则的。

这里的分析有助于深刻认识对流传热的物理机制。流体流动通常能强化传热，但有时也能减弱传热，例如流体加热固壁时，流场内的热源（包括对流引起的当量热源）强化换热，而热汇削弱换热。所以对流换热强度一定高于单纯的热传导是一种误解。严格地说，对流传热不是传热的基本模式，它只是流体运动情况下的热传导问题[42]。

传热的场协同原则帮助我们深刻理解传热过程的机理，但传热技术的开发和场协同原理的工程应用，仍然需要首先以流动和传热的控制方程模型分析具体对象，并定量地求解，然后才能得出场协同效应的指标数值，做出优劣、取舍的判断。

基于传递过程的相似性，场协同原则也可以用来理解流体介质中的对流扩散传质现象，帮助开发强化传质过程的技术。

2.7 研究课题

传递过程学科的建立和发展，以及它在工程实践中的应用经验，为过程工业提供了有力的理论和技术支撑。尤其在化工数学模型及应用方面，传递过程原理为其提供了许多基础模块。从这个方面看，传递过程已经比较成熟了。但是在比较复杂的化工过程中，涉及的机理多，交互影响难以准确描述，关键因素不易捕捉，使化工数学模型的预测能力达不到要求。这也提示传递过程原理中还有一系列的深层次问题有待解决。下面提出的一些问题示例了传递过程有待深入的一些方面，还有更多潜藏的问题需要我们去发现和阐明。

2.7.1　传递过程的推动力

传递过程的推动力是热力学上状态的不均匀和不平衡性。在浓度不均匀的介质中，会发生分子扩散形式的传质，使浓度场的不均匀性逐渐消失；温度场的不均匀也会使热电高温向低温处传递，使温度逐渐均匀。在两相之间，如果相界面两侧的溶质浓度不满足溶解的相平衡关系，也会发生相间的物质传递。但此时由于溶质在两相间的分配系数 m（定义为溶解平衡时两相浓度之比值）一般不等于 1，不能直接用浓度来判断传递的方向。

更一般地，判断传递过程的方向应该用热力学函数，热力学中确立了状态稳定性的多种判据[43]。孤立体系（与外界无物质和能量的交换）自发地向熵增加的方向转化，即熵 S 最大的状态是最稳定的状态。封闭体系（与外界无物质交换，但有能量交换）达到平衡（或说是发展到稳定态）的一般条件是：

若 S, V 为常数，则体系的内能 U 最小；

若 S, p 为常数，则体系的焓 H 最小；

若 T, V 为常数，则体系的 Helmholtz 自由能 F 最小；

若 T, p 为常数，则体系的 Gibbs 自由能 G 最小。

而开放体系（与外界同时进行物质和能量的交换）往往是处于不平衡状态下的不可逆过程，对这类体系稳定性的判断需要遵循非平衡态热力学的原理。在等温等压的封闭体系中，Gibbs 自由能 G 是判断传递方向的判据，单位物质的量的 G 即化学势 μ，也是过程发展方向的判据。

但是过程速率是个动力学问题，虽然一般认为过程的速率与距离热力学平衡的远近（$\Delta\mu = \mu - \mu_e$，或推动力）有关，但仍然与别的动力学因素有关，使推动力相近的过程在速率常数上相差若干个数量级。按照"三传"的相似性，以化学势梯度为推动力的传质通量方程有更广泛的理论意义：

$$j_i = -\frac{D_{im}c_i}{RT}\frac{d\mu_i}{dy} \tag{2.108}$$

若化学势与浓度的关系遵从：

$$\mu_i = \mu_i^0 + RT\ln x_i \tag{2.109}$$

代入式（2.108）得

$$j_i = -\frac{D_{im}c_i}{RT}\frac{d\mu_i}{dy} = -\frac{D_{im}c_i}{x_i}\frac{dx_i}{dy} = -D_{im}c_T\frac{dx_i}{dy} \tag{2.110}$$

这就是我们常用的 Fick 扩散定律［式（2.7）］。问题是，以浓度梯度为推动力的 Fick 定律的适用范围有多宽？

在非理想体系中，活度系数一般不为 1，需要准确表达活度系数的影响。多元体系中的化学势的表达式如何准确表达？在"三传"同时发生的时候，化学势是否能线性相加？这些都是定量地确定传递过程推动力需要解决的问题。所以，目前工程上一般用浓度差表示传质推动力，用温度差表示传热推动力，还是一种偏经验的方法。同样为传热过程，热传导用温度差为推动力，而热辐射以绝对温度的 4 次方之差为推动力，它们有统一的规律和表达方法吗？以化学势为推动力对封闭的等温等压体系是合理的，而过程工程中绝大多数体系是与环境交换质量和能量的开放体系，传递过程的一般推动力是什么？不可逆过程热力学（非平衡态热力学）正在努力给出答案，似乎得到过程工程和过程工业满意的结果尚需时日。

2.7.2　相界面的传质过程

目前相间传质基本上是基于双膜理论和经验关联式，宏观传质系数的预测方法尚未发展完善。关于相界面在传质过程中的作用（阻力大小、相界面是否溶解平衡）至今仍无公认的系统认识[44]。被人们熟知并仍广泛使用的气液传质模型有双膜理论模型、渗透模型、表面更新模型，以及包括湍流机理的膜-渗透模型、漩涡扩散模型等。上述所有模型的共同假设是相界面处于热力学平衡状态，忽略了界面的影响和传质推动力的来源。马友光和余国琮[44]通过显微激光全息干涉技术对界面浓度进行测定，证实了气-液两相传质时，界面两侧并非处于热力学平衡状态，液相侧的界面浓度小于平衡浓度；液相主体浓度越小的体系，其偏差越大。他们认为，这种不平衡性才是两相传质的源动力。

相界面的传质还常常受到界面湍流的影响。在液-液相间传质时，可能出现微小的界面浓度的波动，即产生微小的界面张力梯度；在一定的条件下，微小的浓度梯度和表面张力梯度会因为体系的不稳定性而发展，在界面两侧形成亚颗粒尺度（微米级）的对流涡团，称为 Marangoni 对流，会促进相间传质，即 Marangoni 效应[45]。在气-液相间传质时，也可能出现 Marangoni 效应，促进或削弱相间传质[16]。表面的性质，包括摩擦黏度、拉伸黏度、表面弹性等物理性质都是影响 Marangoni 效应的重要因素，但迄今几乎没有有关的研究报道。Marangoni 效应和其他许多界面不稳定现象对传质和传热的影响不可忽视，但对传递过程的影响的研究还不系统、定量。

实际体系常常含有微量的表面活性物质，它们可能会因为吸附而在表面富集，占据表面面积，或形成扩散的屏障，使界面传质阻力增大。需要对一个相界面建立表面活性物质在界面的吸附量 Γ 的对流和扩散传质的控制方程[44]：

$$\frac{\partial \Gamma}{\partial t} + \nabla_s \cdot (\Gamma v_s) + \Gamma (\nabla_s \cdot n)(v \cdot n) = \nabla_s \cdot (D_s \nabla_s \Gamma) + s \quad (2.111)$$

式中，左端第二项是表面对流传递对 Γ 变化的贡献，第三项表示局部界面积的

变化也对 Γ 有"稀释"的作用，右端第一项是 Γ 在界面的扩散作用。D_s 为界面扩散系数，它不等于表面活性物质在液相主体中的扩散系数，但数值很难测定。当表面活性物质在一主体液相中溶解时，方程中的源项 s 写为

$$s = k_a[c(\Gamma_\infty - \Gamma)] - k_d\Gamma \tag{2.112}$$

式中，k_a 和 k_d 分别为表面活性物质在界面吸附和解吸的速率常数；c 为在界面侧的浓度；Γ_∞ 为表面活性物质的饱和吸附量。方程中用到的界面速度 v_s 和单位法向矢量（与界面形状有关）需要通过耦合求解界面两侧的液相流动来得到。

由此看来，相间传质并不像式（2.10）（$j = k\Delta c$）提示的那样，只是一个确定传质系数 k 这个常数值那样简单的问题。相间传质和传热还需要宏观和微观上更机理的细致研究，为传递过程的计算提供更精确可靠的理论基础。

2.7.3　多相流的湍流模型

多相化工体系的数学模型中的一个首要问题是多相流中的湍流模型。在对两相湍流流动的连续性方程和 Navier-Stokes 方程进行雷诺平均时，会产生很多的二阶和三阶的关联项。按王卫京[47] 的分析，忽略全部三阶关联项和数值较小的二阶关联项后，得到如下的连续性方程：

$$\frac{\partial}{\partial t}(\rho_k \alpha_k) + \frac{\partial}{\partial x_j}(\rho_k \alpha_k v_{kj}) = -\frac{\partial}{\partial x_j}(\rho_k \overline{\alpha'_k v'_{kj}}) \tag{2.113}$$

和动量方程：

$$\rho_k \frac{\partial}{\partial t}(\alpha_k v_{ki}) + \rho_k \frac{\partial}{\partial x_j}(\alpha_k v_{ki} v_{kj}) = -\alpha_k \frac{\partial p}{\partial x_i} + \rho_k \alpha_k g_i$$
$$+ \frac{\partial}{\partial x_j}\left[\mu_k \alpha_k\left(\frac{\partial v_{kj}}{\partial x_i} + \frac{\partial v_{ki}}{\partial x_j}\right)\right] - \frac{2}{3}\frac{\partial}{\partial x_j}\left(\mu_k \alpha_k \delta_{ij}\frac{\partial v_{kj}}{\partial x_j}\right)$$
$$- \rho_k \frac{\partial}{\partial x_j}(\alpha_k \overline{v'_{kj} v'_{ki}} + u_{ki}\overline{\alpha'_k v'_{kj}} + u_{kj}\overline{\alpha'_k v'_{ki}}) \tag{2.114}$$

在雷诺平均的两流体模型中，式（2.113）和式（2.114）中都含有含气含率脉动量的关联项，这些项可以理解为气泡湍动分散的机理。Ranade[48] 认为一般情况下含能涡与相含率梯度变化较小，推广 Boussinesq 假设用于 $\overline{\alpha'_k v'_{ki}}$，可简化得到

$$\overline{\alpha'_k v'_{ki}} = -\frac{\nu_{kt}}{\sigma_t}\frac{\partial \alpha_k}{\partial x_i} \tag{2.115}$$

式中，σ_t 为相湍流扩散的 Schmidt 数，其数值尚未有公认的实验数据或理论数据，一般取 $\sigma_t = 1$。

按上述方法进行模化，最后得到封闭的连续性方程和动量方程：

$$\frac{\partial}{\partial t}(\rho_k \alpha_k) + \frac{\partial}{\partial x_j}(\rho_k \alpha_k v_{kj}) = \frac{\partial}{\partial x_j}\left(\frac{\nu_{kt}}{\sigma_t}\frac{\partial \alpha_k}{\partial x_i}\right) \qquad (2.116)$$

$$\frac{\partial}{\partial t}(\rho_k \alpha_k v_{ki}) + \frac{\partial}{\partial x_j}(\rho_k \alpha_k v_{ki} v_{kj})$$

$$= -\alpha_k \frac{\partial p}{\partial x_i} + \rho_k \alpha_k g_i - \rho_k \frac{2}{3}\frac{\partial(\alpha_k k)}{\partial x_i}\frac{\partial}{\partial x_j}\left[\alpha_k \mu_{k,\mathrm{eff}}\left(\frac{\partial v_{ki}}{\partial x_j} + \frac{\partial v_{kj}}{\partial x_i}\right)\right]$$

$$+ \frac{\partial}{\partial x_j}\left[\frac{\mu_{kt}}{\sigma_t}\left(v_{ki}\frac{\partial \alpha_k}{\partial x_j} + v_{kj}\frac{\partial \alpha_k}{\partial x_i}\right)\right] \qquad (2.117)$$

与湍流单相流动的连续性方程和动量守恒方程［式（2.72）和式（2.77）］相比，增加了若干与 α_k 的一阶导数相关的项，将对解得的结果产生较大的影响。可以直觉地质疑式（2.116）和式（2.117）的正确性：为什么单相的质量守恒方程，即式（2.116）左端等于 0 的形式，在两相体系中不再成立？没有相变的两相流中，为什么会有源于自身的源项？由此可以质疑式（2.115），即推广 Boussinesq 假设到两相体系的合理性。

多相湍流的模型方程明显地依赖于 Boussinesq 假设。在数值模拟单相湍流流动时，大量的研究表明模拟的结果和实验测量值的符合度令人满意，从一个侧面证实了单相湍流中 Boussinesq 假设的正确性。以二维连续性方程为例，

$$\frac{\partial u}{\partial x} + \frac{\partial v}{\partial y} = 0$$

受此限制，若在一瞬间，瞬时分量 u 叠加了一个正的脉动量，则连续性要求 v 分量相应减少，所以，

$$\overline{u'v'} < 0 \qquad (2.118)$$

能自然成立。而在多相流中，气含率在某一点的正脉动为什么一定伴随着速度分量（与坐标轴的方向设定有关）的正脉动或负脉动，以使 $\overline{\alpha_k' v_{ki}'} \neq 0$？需要从理论分析或实验测定找到确切的回答，让多相湍流的模型方程建立于坚实的物理基础之上。然而很遗憾的是，在目前的化工和力学文献中，尚未见到这样的研究。

两相流动中，分散相的引入必然对连续相的湍流结构产生影响，从而影响连续相的 Reynolds 应力和传递性质，可以通过在连续相湍流动能 k 和湍流能量耗散率 ε 的传递方程中附加一额外产生项进行描述。Ranade[48] 在考虑了分散相的存在产生的额外湍流动能产生项后，采用下列与单相流相似的湍流动能 k 和湍流能量耗散率 ε 传递方程对连续相的湍流进行描述：

$$\frac{\partial}{\partial t}(\rho_c \alpha_c k) + \frac{\partial}{\partial x_i}(\rho_c \alpha_c v_{ci} k) = \frac{\partial}{\partial x_i}\left(\alpha_c \frac{\mu_{ct}}{\sigma_k}\frac{\partial k}{\partial x_i}\right) + \frac{\partial}{\partial x_i}\left(k\frac{\mu_{ct}}{\sigma_k}\frac{\partial \alpha_c}{\partial x_i}\right) + S_k$$

$$(2.119)$$

$$\frac{\partial}{\partial t}(\rho_c \alpha_c \varepsilon) + \frac{\partial}{\partial x_i}(\rho_c \alpha_c v_{ci} \varepsilon) = \frac{\partial}{\partial x_i}\left(\alpha_c \frac{\mu_{ct}}{\sigma_\varepsilon}\frac{\partial \varepsilon}{\partial x_i}\right) + \frac{\partial}{\partial x_i}\left(\varepsilon \frac{\mu_{ct}}{\sigma_\varepsilon}\frac{\partial \alpha_c}{\partial x_i}\right) + S_\varepsilon \quad (2.120)$$

$$S_k = \alpha_c [(G + G_e) - \rho_c \varepsilon] \quad (2.121)$$

$$S_\varepsilon = \alpha_c \frac{\varepsilon}{k}[C_1(G + G_e) - C_2 \rho_c \varepsilon] \quad (2.122)$$

传递方程中的湍流动能产生项 G，G_e 表示分散相的存在产生的额外湍流动能产生项。模型中的参数与单相情况相同：

$$\sigma_k = 1.3, \sigma_\varepsilon = 1.0, C_1 = 1.44, C_2 = 1.92, C_\mu = 0.09$$

如果说在气液两相流中，气相的密度远小于连续相（液相），流场的湍流的重要决定因素是连续相的流动，而在液-液两相体系（两相密度相近）的湍流模型中，尚未令人信服地阐明分散相对湍流强度的贡献。Wang[22] 模拟搅拌槽中的液-液两相流动时采用了气-液两相流动的湍流模型，虽然模拟结果令人满意，但模型欠缺坚实的理论基础是毋庸讳言的。比较而言，在气-固两相流（分散相固体颗粒的密度远大于连续相的密度）的湍流模型方面，以动理学理论（kinetic theory of granular flow）为基础的湍流模型更为合理[25]。

湍流模型是准确用数学模型和数值模拟方法研究过程工程多相流问题的关键之一，需要在理论分析和先进实验技术的支持下，改进现有的两相流湍流模型，初步建立基础牢靠的三相流湍流模型。

2.7.4 多元体系传递过程的非线性性质

与 2.7.1 节中提及的传递过程的推动力的线性加和表达有关，传递过程的非线性性质在概念上得到承认，但在具体应用时往往采用简单的线性化方法。例如，在有传质和传热同时发生的过程中，往往将传热和传质当作两个平行、独立的过程分别处理。事实上，在多元气相体系中[5]，有不均匀的浓度场引起的正常扩散通量：

$$\boldsymbol{j}_i^{(x)} = \frac{c^2}{\rho RT}\sum_{j=1}^n M_j D_{ij} \sum_{\substack{k=1 \\ k \neq j}}^n x_j \left(\frac{\partial \mu_j}{\partial x_k}\right)_{\substack{T,p,x_s \\ s \neq j,k}} \nabla x_k \quad (2.123)$$

式中，μ_j 为组分 j 的化学势；D_{ij} 为组分 i 在组分 j 中扩散的分子扩散系数；c 为总物质的量浓度；R 为摩尔气体常量。仅对理想气体，$\partial \mu_j / \partial x_j = RT/x_j$，才简化为

$$\boldsymbol{j}_i^{(x)} = \frac{c^2}{\rho}\sum_{j=1}^n M_j D_{ij} \nabla x_j \quad (2.124)$$

而且很早以前就发现，还有温度场不均匀引起的传质，即 Soret 效应，也称

为热扩散 (thermal diffusion)：

$$j_i^{(T)} = -D_i^T \nabla \ln T \tag{2.125}$$

其比较实际的表达是将二元液相体系中的正常扩散与热扩散结合，写成[49]

$$j_1 = -Dc \left(\nabla x_1 - \sigma x_1 x_2 \nabla T \right) \tag{2.126}$$

式中，Soret 系数 σ 可为正或为负。对气体体系，

$$j_1 = -Dc \left(\nabla x_1 - \sigma' x_1 x_2 \frac{\nabla T}{T} \right) \tag{2.127}$$

式（2.126）与式（2.127）的写法采用物质的量分数梯度表达正常扩散，因为 ∇x 随温度的变化比物质的量浓度梯度 ∇c 变化更小；另外，式中的物质的量分数的乘积 $x_1 x_2$ 使 Soret 系数更接近于常数。

此外还有压力梯度引起的压力扩散 (pressure diffusion) 通量 $j_i^{(p)}$ 和不相等的外力或体积力产生的强制扩散 (forced diffusion) 通量 $j_i^{(F)}$。

于是，对 A 和 B 组成的二元体系，总的扩散通量为[5]

$$j_A = -j_B = -\frac{c^2}{\rho RT} M_B D_{AB} x_B \left[\left(\frac{\partial \mu_A}{\partial x_A} \right)_{T,p} \nabla x_A \right.$$
$$\left. -\frac{\rho_B}{\rho} (\hat{F}_A - \hat{F}_B) + \left(\frac{\bar{v}_A}{M_A} - \frac{1}{\rho} \right) \nabla p \right] - D_A^T \nabla \ln T \tag{2.128}$$

式中，$\hat{F}_A$ 为单位质量 A 所受的体积力；$\bar{v}_A$ 为 A 的偏摩尔体积。

其实这仍然是一种简单加和的线性化处理方法。至少我们应该警惕它在复杂场合下可能产生的误差。

简单的单相流动体系中已经能表现出明显的非线性特征。例如，单相流动的湍流，就是 Navier-Stokes 方程中非线性的惯性项 $\nabla \cdot (\rho v v)$ 的表现。虽然对流传热方程和对流扩散方程对 T 和 c 是线性的，流场的非线性、"三传"间的耦合、组分间、不同物相间的相互影响，仍然会挑战传热和传质过程的线性化简化假设。

在模拟颗粒-流体两相流时，无论采用 Euler-Lagrange 方法还是 Euler-Euler 方法，连续相对颗粒相的作用力必须体现在单颗粒的牛顿第二定律方程中或颗粒相的拟流体动量守恒方程中，而合力 F_t 则假设为所有体积力和表面力的线性加和：

$$F_t = F_p + F_g + F_d + F_{vm} + F_{lift} + F_B \tag{2.129}$$

式中，等号右端的各个力分别是压差力、重力、曳力、虚拟质量力、升力（包括 Magnus 升力和 Shaffman 升力）、Basset 力（或历史力），有的研究还考虑物理依据不甚坚实的湍流扩散力和壁面润滑力，每一种力的计算公式中都有一个系数，如曳力系数、升力系数等。几乎所有的研究都接受这样的处理方式。既然流

体流动是非线性的，从流场中估计的各种力一般不能表达为线性相加的代数和。可以合理地推理，一个颗粒在剪切流场中自由运动时，颗粒受曳力作用必然会同时旋转，因此垂直于运动方向的 Magnus 升力和 Saffman 升力同时出现，难以线性拆分。类似地，虚拟质量力和历史力都是颗粒非匀速运动时出现的轴向力，对黏性流体中的运动颗粒，这两个力也无法线性拆分。因此，需要放弃传统的线性加和的观念，更机理地解析非线性复杂体系中的相互作用问题，可能得到更适用、更合理的结果。

在研究颗粒非匀速自由沉降的曳力系数时，考虑到虚拟质量力和历史力是难以拆分的非稳态力，将二者之合力总结为经验关联式，不失为一种替代的方法。Zhang[50]研究气泡在高黏度液体中的运动，考虑到曳力、虚拟质量力和历史力均存在，将非稳态的总曳力系数 C_T，与稳态运动的曳力系数一起关联为

$$C_T = 2.275(1 + 0.222Ac^{0.246})Re^{-1.79}Ar^{0.801} \tag{2.130}$$

式（2.130）适用于液体黏度 11.4~775 mPa·s、Archimedes 数 $Ar = d_e^3 \rho_c^2 g/\mu_c^2$ $= 0.06~8349$、Reynolds 数 $Re = d_e u_{slip}(\rho_c - \rho_p)/\mu_c = 0.013~100$、加速度数 $Ac = d_e a/u_{slip}^2 = 0~50$ 的情况，平均相对误差为 6.8%。Zhang[51]用同样的方法处理气泡在非牛顿流体中的自由运动，也得到了很好的结果。此种曳力系数使用方便，避免了线性化假设，值得进一步的探索，积累更多数据，在实际中被更多地应用、检验。

2.7.5　非经典的传递现象

传质的 Fick 定律和传热的 Fourier 定律在传递过程的研究和应用中被普遍接受，成为过程工程处理复杂传递过程的理论基础。其实和力学中经典的牛顿定律在接近光速的运动中失效一样，传递过程的 Fick 定律和 Fourier 定律也仅在一定的范围内适用。

基于经典的傅里叶定律，

$$\boldsymbol{q} = -\lambda \nabla T \tag{2.131}$$

可导出经典的抛物型热传导方程：

$$\frac{\partial T}{\partial t} = \nabla \cdot (\kappa \nabla T) \tag{2.132}$$

可以很好地描述固体中的温度分布，但是求解域一端的温度会在一瞬间就感受到远处的扰动，虽然温度变化幅度可能很小，在工程应用中可以忽略，但它仍导致"介质对热扰动的响应是瞬时的"，即热量传递速度无限快这样不切实际的结论。

研究发现，在涉及短时间、高强度脉冲热源和低温的传热过程时，式

（2.131）和式（2.132）构成的经典传热模型不能满意地描述试样中的热量传播。模型失效的原因在于，傅里叶定律认为只要温度梯度足够大，传热通量就可以相应无限制地增大；而从传热的物理机理来看，物质的导热速率由分子的热运动决定，因而是有限度的。这个缺点导致傅里叶定律在比较极端的情况下不能准确成立。

历史上有很多研究从不同的角度试图来改进传热过程的模型，文献中提出了多种模型来对其进行修正。J.C. Maxwell 于 1867 年提出了修正的非傅里叶（non-Fourier）传热定律：

$$\tau \frac{\partial \boldsymbol{q}}{\partial t} + \boldsymbol{q} = -\lambda \nabla T \tag{2.133}$$

式中，τ 为热松弛时间。第一项的引入限制了热通量 $\boldsymbol{q}$ 增加或减少的速率；τ 越大，$\boldsymbol{q}$ 变化的速度就越慢。用 ∇ 算子点乘上式两端得

$$\tau \frac{\partial (\nabla \cdot \boldsymbol{q})}{\partial t} + \nabla \cdot \boldsymbol{q} = -\lambda \nabla^2 T \tag{2.134}$$

式（2.134）代入热量守恒式

$$\nabla \cdot \boldsymbol{q} = -\rho C_p \frac{\partial T}{\partial t} \tag{2.135}$$

即得到双曲型热传导方程（HHCE）：

$$\tau \frac{\partial^2 T}{\partial t^2} + \frac{\partial T}{\partial t} = \kappa \nabla^2 T \tag{2.136}$$

此方程在一些半无限区域中的解析解已在文献中报道。Luikov 用不可逆过程热力学的方法引进了式（2.133），也导出了式（2.136）[52]。

对傅里叶定律的修正，解决了介质对外界热扰动响应速度应该是有限的这样一个问题，但是又产生了热传播的波动性质问题：在外热源已经撤销后，固定空间位置上的温度仍会上下波动，并能在绝热壁面反射。虽然温度的波动已经有了初步的实验证据[53]，但仍需要深入的理论解释和更充分的验证实验。

J.C. Maxwell 的修正 [式（2.133）] 限制了热流强度的变化速度，热扰动在空间传播的速度也受到限制，但最后却导致了热传导的波动性，实际上，这并不是对傅里叶定律修改的初衷。因此，对经典的傅里叶定律的机理上的修正，需要伴随周密的实验研究和深入的理论分析。

类似地，也有许多非菲克（non-Fick）扩散的研究，在高分子物理和药物缓释[54]方面的报道较多。这类扩散现象也需要更机理的研究，使传递过程的原理能用于过程工程的更多方面。似乎关于非牛顿流体的流变学（rheology）研究也可以称为"非牛顿黏性定律"（non-Newtonian law of viscosity）了。

　　看来，作为传递过程基础的牛顿黏性定律、Fick 定律和 Fourier 定律，不仅在宏观上，而且在微观上，都需要更机理的研究，为传递过程的计算和应用提供更精确、可靠的理论基础。

主要符号

Ac	加速度数（$Ac=d_e a/u_{slip}^2$）	
a	加速度	m/s^2
b	体积力	N
C	常数	
C_p	定压比热容	kJ/kg
c	物质的量浓度	mol/m^3
C_{DA}	总阻力系数	
D	直径、管道直径	m
	分子扩散系数	m^2/s
d_e	颗粒直径	m
E	活化能	kJ/mol
	能量	J
e	比能量	kJ/kg
F	摩尔流率	mol/s
	力	N
g	重力加速度（9.81 m/s^2）	m/s^2
h	传热系数	m/s
j	摩尔通量	$mol/(m^2 \cdot s)$
K	平衡常数	
k	化学反应速率常数	
	传质系数	m/s
	湍流动能	m^2/s^2
L_m	湍流特征尺度	m
M	动量	$kg \cdot m/s$
	相对分子质量	
m	质量	kg
	分配系数	
N	物质的量	mol
	摩尔流率	mol/s
Nu	努塞特数（$Nu=hD/\kappa$）	
$\boldsymbol{n}$	外法线单位矢量	
Pr	普朗特数（$Pr=v/\kappa$）	

p	压力	Pa
Q	热量	kJ
q	热通量	$kJ/(m^2 \cdot s)$
R	普适气体常数 $[8.314\ J/(mol \cdot K)]$	
Re	雷诺数 $(Re = UD\rho/\mu)$	
r	化学反应速率	$mol/(m^3 \cdot s)$
r	矢径	m
S	质量源强度	kg/s
	面积	m^2
Sc	施密特数 $(Sc = \mu/\rho D_{AB})$	
Sh	舍伍德数 $(Sh = kD/D_{AB})$	
s	源强度	
T	温度	K
	应力	N/m^2
t	时间	s
U	平均线速度	m/s
u, v, w	速度分量	m/s
u	内能	J/kg
u_{slip}	滑移速度	m/s
V	体积	m^3
v	体积流率	m^3/s
v	速度矢量	m/s
W	功	kJ
x	位置矢量	m
x, y, z	直角坐标	
x, y	摩尔分数	
α	相含率	
Γ_∞	饱和吸附量	
δ	边界层厚度	m
ε	能量耗散速率	m^2/s^3
η	催化剂有效因子	
κ	热扩散率 $(\kappa = \lambda/\rho C_p)$	m^2/s
λ	热传导系数	$W/m \cdot K$
μ	流体黏度	$Pa \cdot s$
μ	化学势	J/mol
ν	化学反应计量系数	
	运动学黏度	m^2/s
ρ	密度	kg/m^3
τ	停留时间, 松弛时间	s

	应力张量	N/m²
ω	角速度	$1/s^{-1}$

下标：

c	浓度场，连续相
e，eff	有效值
f	最终值
l	液体
n	法线方向
s	表面
T	温度场，传热
t	湍流
0	初始值，入口

参 考 文 献

[1] 陈家镛. 过程工业与过程工程学. 过程工程学报，2001，1（1）：8-9.

[2] National Research Council. Frontiers in Chemical Engineering—Research Needs and Opportunities. Washington DC：National Academy Press，1988.

[3] Walker W H，Lewis W K，McAdams W H. Principles of Chemical Engineering. New York：McGraw-Hill，1923.

[4] Bird S R，Stewart W B，Lightfoot B N. Transport Phenomena. New York：Wiley，1960.

[5] Fahien R W. Fundamentals of Transport Phenomena. New York：McGraw-Hill，1983：551-561.

[6] Shames I H. Mechanics of Fluids. New York：McGraw-Hill，1982：112.

[7] Welty J R，Wicks C E，Wilson R E. Fundamentals of Momentum，Heat，and Mass Transfer. 3rd ed. New York：John-Wiley，1984. 606-613.

[8] 吴望一. 流体力学（上）. 北京：北京大学出版社，1983：214.

[9] 夏光榕，冯权莉，陈澄华. 传递现象相似. 北京：中国石化出版社，1997：491-527.

[10] Ravi R. The definition of reaction rate：A closure. Chemical Engineering Communications，2007，194：345-352.

[11] 是勋刚. 湍流. 天津：天津大学出版社，1992.

[12] Pope S B. Turbulent Flows. Cambridge：Cambridge University Press，2000.

[13] Launder B E，Spalding D B. The numerical computation of turbulent flows. Computer Methods Applied Mechanics Engineering，1974，3：269-289.

[14] 陶文铨. 数值传热学. 第 2 版. 西安：西安交通大学出版社，2001：340，353-362.

[15] Yuan X G，Yu G C. Computational mass transfer method for chemical process simulation. Chinese Journal of Chemical Engineering，2008，16（4）：497-502.

[16] Sun Z F，Yu K T，Wang S Y，et al. Absorption and desorption of carbon dioxide into and from organic solvents：Effects of rayleigh and marangoni instability. Industrial & Engineering Chemistry Research，2002，41：1905-1913.

[17] Jakobsen H A，Lindborg H，Dorao CA. Modeling of bubble column reactors：Progress and limitations.

Industrial & Engineening Chemistry Research, 2005, 44 (14): 5107-5151.

[18] 郭烈锦. 两相与多相流体动力学. 西安: 西安交通大学出版社, 2002: 584-594.

[19] Ishii M. Thermo-Fluid Dynamic Theory of Two-Phase Flow. Paris: Eyrlles, 1975.

[20] Wang F, Wang W J, Mao Z S. Numerical study of solid-liquid two-phase flow in stirred tanks with Rushton impeller. I. Formulation and simulation of flow field. Chinese Journal of Chemical Engineering, 2004, 12 (5): 599-609.

[21] Wang F, Mao Z S, Shen X Q. Numerical study of solid-liquid two-phase flow in stirred tanks with Rushton impeller. II. Prediction of critical impeller speed. Chinese Journal of Chemical Engineering, 2004a, 12 (5): 610-614.

[22] Wang F, Mao Z S. Numerical and experimental investigation of liquid-liquid two-phase flow in stirred tanks. Industrial & Engineering Chemistry Research, 2005, 44 (15): 5776-5787.

[23] Mitra-Majumdar D, Farouk B, Shah Y T. Hydrodynamics modeling of three-phase flows through a vertical column. Chemical Engineering Science, 1997, 52: 4485-4497.

[24] Wang F, Mao Z S, Wang Y F, et al. Measurement of phase holdups in liquid-liquid-solid three-phase stirred tanks and CFD simulation. Chemical Engineering Science, 2006, 61 (22): 7535-7550.

[25] Lu H L, Wang S Y, He Y R, et al. Numerical simulation of flow behavior of particles and clusters in riser using two granular temperatures. Powder Technology, 2008, 182: 282-293.

[26] Zheng Y, Wan X T, Qian Z, et al. Numerical simulation of the gas-particle turbulent flow in riser reactor based on k-ε-k_p-ε_p-Θ two-fluid model. Chemical Engineering Science, 2001, 56: 6813-6822.

[27] Zhou L X. Advances in studies on two-phase turbulence in dispersed multiphase flows. International Journal of Multiphase Flow, 2010, 36: 100-108.

[28] Wang Q, Squires K, Simonin O. Large eddy simulation of turbulent gas-solid flows in a vertical channel and evaluation of second-order models. International Journal of Heat and Fluid Flow, 1998, 19: 505-511.

[29] Deen N, Solberg T, Hjertager B. Large eddy simulation of the gas-liquid flow in a square cross-sectioned bubble column. Chemical Engineering Science, 2001, 56: 6341-6349.

[30] Zhang Y, Yang C, Mao Z S. Large eddy simulation of the gas-liquid flow in a stirred tank. AIChE Journal, 2008a, 54: 1963-1974.

[31] Chu K W, Yu A B. Numerical simulation of complex particle-fluid flows. Powder Technology, 2008, 179 (3): 104-114.

[32] Wang W J, Mao Z S, Yang C. Experimental and numerical investigation on gas-liquid flow in a Rushton impeller stirred tank, Industrial & Engineering Chemistry Research, 2006, 45 (3): 1141-1151.

[33] Wang T F, Wang J F, Jin Y. A CFD-PBM coupled model for gas-liquid flows. AIChE Journal, 2006, 52: 125-140.

[34] Drumm C, Attarakih M M, Bart H J. Coupling of CFD with DPBM for an RDC extractor. Chemical Engineering Science, 2009, 64: 721-732.

[35] Mao Z S, Yang C, Wang Y F. Effectiveness factor of a catalytic sphere in particle assemblage approached with a cell model. Chemical Engineering Science, 2007, 62 (22): 6475-6485.

[36] Happel J. Viscous flow in multi-particle systems: Slow motion of fluids relative to beds of spherical particles. AIChE Journal, 1958, 4 (2): 197-201.

[37] Mao Z S. Numerical simulation of viscous flow through spherical particle assemblage with the modified

cell model. Chinese Journal of Chemical Engineering, 2002, 10 (2): 149-162.

[38] Chhabra R P. Bubbles, Drops, and Particles in Non-Newtonian Fluids, 2nd ed. Boca Raton: Taylor Francis, 2007: 300-303.

[39] 孟祥堃, 宗保宁, 慕旭宏, 等. 磁稳定床反应器中己内酰胺加氢精制过程研究. 化学反应工程与工艺, 2002, 18 (1): 26-30.

[40] 〔德〕哈肯. 协同学: 理论与应用. 杨炳奕, 译. 北京: 中国科学技术出版社, 1990.

[41] 过增元, 黄素逸. 场协同原理与强化传热新技术. 北京: 中国电力出版社, 2004.

[42] 过增元. 换热器中的场协同原则及其应用. 机械工程学报, 2003, 39 (12): 1-9.

[43] 傅献彩. 物理化学. 第3版. 北京: 高等教育出版社, 1990.

[44] 马友光, 余国琮. 气液界面传质机理. 化工学报, 2005, 56 (4): 574-578.

[45] Mao Z S, Chen J Y. Numerical simulation of Marangoni effect on mass transfer to single drops in liquid-liquid extraction systems. Chemical Engineering Science, 2004, 59 (8-9): 1815-1828.

[46] Leal L G. Advanced Transport Phenomena. Cambridge: Cambridge University Press, 2007: 89-95.

[47] 王卫京. 气液两相搅拌槽的数值模拟与实验研究 [D]. 北京: 中国科学院过程工程研究所, 2002.

[48] Ranade V V, van den Akker H E A. A computational snapshot of gas-liquid flow in baffled stirred reactors. Chemica Engineering Science, 1994, 49 (24B): 5175-5192.

[49] Cussler E L. Diffusion, Mass Transfer in Fluid Systems. Cambridge: Cambridge University Press, 2009: 616-617.

[50] Zhang L, Yang C, Mao Z S. Unsteady motion of a single bubble in highly viscous liquid and empirical correlation of drag coefficient. Chemical Engineering Science, 2008, 63 (8): 2099-2106.

[51] Zhang L, Yang C, Mao Z S. Unsteady motion of a single bubble in non-Newtonian liquids and empirical correlation of drag coefficient. Industrid Engineering Chemistry Research, 2008, 47 (23): 9767-9772.

[52] Luikov A V. Application of irreversible thermodynamics methods to investigation of heat and mass transfer. International Journal of Heat and Mass Transfer, 1966, 9: 139-152.

[53] Jiang F M, Liu D Y, Cai R X. Theoretical analysis and experimental evidence of non-Fourier heat conduction behavior, Chinese Journal of Chemical Engineering, 2001, 9: 359-366.

[54] Ritger P L, Peppas N P. A simple equation for description of solute release I. Fickian and non-fickian release from non-swellable devices in the form of slabs, spheres, cylinders or discs. Journal of Controlled Release, 1987, 5 (1): 23-26.

3　化学反应工程概论

　　反应器是以可控方式实现化学加工的装置，在化学反应器内进行化学反应时，同时涉及传质、相变、加热、冷却等物理过程。反应器中的化学过程和物理过程间有复杂的相互作用，例如，质量和热量的传递速率对化学反应速率有时起限制的作用；传热不良可导致反应器温度失控，甚至发生爆炸。在实验室的物理、化学研究中，或许可以忽略传递因素的影响，但在大规模的工业反应器中，这些因素不能忽略。因此，要科学设计和操作反应器，必须对反应器内发生的物理和化学过程的机理和规律有充分的定量的认识。

　　鉴于上述需要，自然而然地诞生了化学反应工程学，可以把它定义为旨在认识工业上采用的化学反应器内的物理及化学过程，以及它们相互的影响，最终达到成功操作和设计反应器的学科。1957 年召开的第一届欧洲化学反应工程会议标志了这门科学的正式诞生。化学反应工程学可以帮助我们充分认识反应器中的过程规律，优化现有反应器的操作，提高生产能力，设计放大化学反应器和开发新型反应设备。

3.1　非催化反应工程

3.1.1　非催化气-固反应

　　当固相与气体进行非催化反应时，固相反应物的浓度、粒子的尺寸、结构等发生变化，是非稳态过程。按产物形态的不同来划分，气-固反应可分为产物为气体、产物为固体、产物为气体和固体等类别。反应中固体粒子或者消灭，或体积增大（成为更松散的固体），或体积减小（成为更致密的固体），或发生结构改变（如出现晶型改变、裂纹、粒子碎裂等），或体积基本不变（如灰尘包裹着未反应的内核）。

　　按气体在粒内扩散速度和反应速度的相对大小也分为几种类型，如图 3.1 所示。若未反应的固体反应物和产物间可以有清晰的界线（固体颗粒结构致密），则适用未反应收缩核模型，固相反应物由外向里逐层消耗。若反应速度与扩散速率相差不大，则气体反应物在向内扩散的同时进行反应，固体反应物浓度在颗粒内呈由外向里逐渐降低的分布，应使用整体反应模型。非催化气-固反应的原理和方法与液-固相非催化反应基本相同，可参考有关专著，如 Sohn 和 Wadsworth[1] 的 *Rate Process of Extractive Metallurgy* 第 1 章。

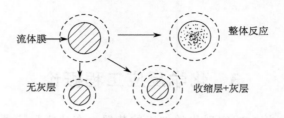

流体膜　　整体反应

无灰层　　收缩层+灰层

图 3.1　非催化气-固反应的几种典型情况

1. 一般模型

若气体反应物 A 与固相成分 S 反应，需分别对其列出物料平衡微分方程式，对气体反应物，

$$\frac{\partial}{\partial t}(\varepsilon C_A) = \frac{1}{r^2}\frac{\partial}{\partial r}\left[D_e(r)r^2\frac{\partial C_A}{\partial r}\right] - r_A\rho_s \tag{3.1}$$

对固体，

$$\frac{\partial C_s}{\partial t} = -r_s\rho_s \tag{3.2}$$

式中，反应速率 r_A 和 r_s 都以固体颗粒的单位体积为基准。方程的初始和边界条件为

$$初始条件: t = 0, \quad C_A = C_{A0}, \quad C_s = C_{s0}$$

$$边界条件: r = 0, \quad \frac{\partial C_A}{\partial r} = 0 \tag{3.3}$$

$$r = R, \quad D_e\frac{\partial C_A}{\partial r}\bigg|_{r=R} = K_G(C_{Ab} - C_{As})$$

式中，C_{Ab} 和 C_{As} 分别为 A 在气相主体和固体表面的浓度。

2. 未反应收缩核模型

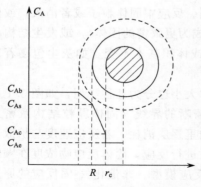

图 3.2　未反应收缩核模型中典型的
粒内气体反应物浓度分布

当化学反应比未反应部分固体中气体扩散速度快时，灰层和未反应核间有较鲜明的界线，可以用未反应收缩核模型来处理气-固反应。如图 3.2 所示，浓度推动力 C_A 分布在气膜、灰层、化学反应三项阻力上。在某些情况下，气膜扩散、灰层扩散、化学反应可分别成为决定气-固反应速率的控制步骤。控制步骤的判断可以从两个角度进行：①粒径对完全反应时间有不同的影响；②反应温度对反应速率的影响也随控制步骤不同而不同。

3. 考虑固体结构的模型

未反应收缩核模型认为固体是均一的，但实际上颗粒有更小尺度的结构，精细的模型应该考虑到固体颗粒的次级结构。目前常用的考虑固体结构的模型主要有微粒模型、孔隙模型等。考虑的颗粒细微结构的因素越多，模型越能反映反应过程的特殊细节，但模型的求解和应用也越复杂，需要根据应用的需求做合理的简化。

3.1.2 非催化气-液反应

气-液反应也是一类广泛用于工业生产的化学反应，按其目的可将气-液反应分为气相和液相反应物反应生成新产品、气体吸收净化、加入液相（溶解或发生简单反应）抑制气相复杂反应体系的副反应等类别。已有专著论述了气-液反应的化学反应工程问题[2-4]。气-液反应的基本原理也适用于液-液反应。

1. 气-液反应过程

假设气相可溶于液相，而液相不挥发，则反应

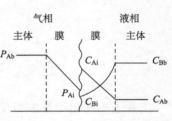

$$A(g) + vB(l) \longrightarrow P \qquad (3.4)$$

图 3.3　气-液界面两侧的
传质和反应过程

包含以下物理和化学子过程（图 3.3）：① A 从气相主体向气-液界面传递；② 气体在界面溶解，一般认为达到平衡；③ 溶解的 A 在气-液界面液相侧中传递，同时和液相中的 B 反应；④ A 和 B 在主体中继续反应。

2. 气-液相间传质模型

为了描述气体在界面两侧的传递（扩散与对流），从 20 世纪 30 年代起，发展了一系列的界面传质理论，直至今天，气-液界面传质的理论还在发展。主要的经典理论包括：① 双膜理论；② Higbie 溶质渗透理论；③ Danckwerts 表面更新理论。可用实验来判定哪个理论更切合实际，但发现传质系数 k 与扩散系数 D 的 n 次方成正比，得不到简单的结论。最新的传质理论试图定量地解释液体微元的停留时间和分布，有的理论是借助湍流中涡团产生和运动的理论，这些理论的机理性很强，但尚未发展到简便实用的程度。

3. 化学反应在吸收中的作用

有化学反应时，气体在液膜中扩散的同时进行反应，使液膜中气体组分的浓

度下降，增加了扩散的推动力，吸收速率将高于物理吸收。按吸收剂与气相反应速度的快慢，化学吸收涉及的反应大致可以分为极慢反应（接近物理吸收）、慢反应（化学反应在液相主体中进行）、快反应（反应在液膜内完成）和瞬时反应（反应在液膜内某一平面完成）。

4. 气-液反应宏观动力学

宏观反应动力学是指化学反应在宏观传递过程，包括多相流动、传热和传质

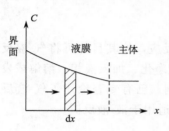

图 3.4　在气-液界面液相侧的
传质和反应

过程影响下的动力学过程，其表现与本征动力学明显不同，宏观动力学对反应器的设计和分析十分重要。气-液反应体系的扩散-反应微分方程的建立，可以取液膜中一微元 dx 作物料衡算（图3.4），考虑扩散的输入和输出和反应速率 r_A，可得

$$D_{AL}\frac{\partial^2 C_A}{\partial x^2} = r_A$$

$$D_{BL}\frac{\partial^2 C_B}{\partial x^2} = r_B = \nu_B r_A \tag{3.5}$$

3.2　催化反应工程

工业上更常用的是多相反应器，特别是以固相为催化剂的多相反应器。首先要认识非均相反应的动力学规律。以下主要以气-固非均相催化反应为例。

采用催化反应是因为合适的催化剂可以通过改变反应途径、降低活化能或增强反应过程选择性等来提高化学反应的速率和效率。多相催化反应区别于均相反应的特点主要有以下几点：①反应体系的不均匀性，在反应点上的浓度和温度处处不同；②反应经历若干中间过程，如通过吸附而生成的表面络合物、表面化学反应和解吸等；③流体和固体外表间、流体在多孔介质内部的传递过程对化学反应有强烈的影响。

流体中的反应物在固体催化剂上的反应常经过如图 3.5 所示的 7 个步骤：①反应物从流体主体传递到催化剂外表面；②在催化剂孔内传递到催化剂内表面；

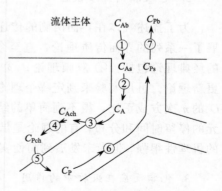

图 3.5　多相催化反应的步骤

③表面活性吸附；④表面化学反应；⑤产物从催化剂表面解吸；⑥在孔内扩散到外表面；⑦产物向流体主体扩散。其中第 3 至第 5 步是化学过程，其他是物理过程。

3.2.1 吸附速率和平衡

吸附是多相催化反应过程中必不可少的步骤。流体在固体表面的吸附分为物理吸附和化学吸附两类，化学吸附是多相催化反应的重要步骤。吸附强度适中的催化剂效果较好，吸附太弱则不能使被吸附的分子活化变形，进而断裂、反应等；吸附过强则形成稳定的化合物，不利于下一步的反应。固体表面上的活性吸附直接影响催化剂表面上化学反应进行的快慢和强弱。对吸附的研究集中于在合理假设的基础之上建立不同的模型来揭示该过程进行的速率，目前有两种常见的模型用来建立吸附的速率方程。

1. 理想吸附的 Langmuir 等温式

理想吸附又称为均匀吸附，基本假定是：①各吸附位能量均匀；②单层覆盖；③被吸附的分子间无相互作用。理想的 Langmuir 模型是真实化学吸附的近似，它简单实用，是发展其他模型的出发点。

2. 真实吸附

许多实验现象说明 Langmuir 模型不完全符合实际。吸附的最初阶段，吸附热大；随覆盖率增加，吸附变弱，热效应变小。这说明催化剂表面不均匀，各活化中心能量不等，吸附时先占用强的活化中心，后占用弱的活化中心。因此可以假设：吸附活化能 E_a 随覆盖率上升而上升，解吸活化能 E_d 随覆盖率上升而下降；吸附热 $q_A = E_d - E_a$ 随覆盖率上升而下降。常用的真实吸附模型有两种：Temkin 吸附等温式和 Freundlich 吸附等温式。

3.2.2 多相催化宏观动力学

1. 多相催化反应的步骤和速率

多相催化反应过程包括的 7 个主要步骤中，前 3 个（外扩散、内扩散、吸附或反应）都以反应物的浓度梯度为推动力，因此，可以观察到反应物的浓度在多孔催化剂颗粒内外呈一定的分布。使用速率控制步骤概念和假稳态假设，可以简化速率过程的处理。若以 C_{Ab}、C_{As}、C_{Ac} 和 C_{Ae} 分别表示反应物 A 在气相主体、颗粒表面、颗粒中心的浓度和 A 的化学平衡浓度，则在不同的速率控制步骤下的浓度分布有各自的特点：

$$\text{化学动力学控制：} \quad C_{Ab} \approx C_{As} \approx C_{Ac} \gg C_{Ae}$$

$$\text{内扩散控制：} \quad\quad C_{Ab} \approx C_{As} \geqslant C_{Ac} \approx C_{Ae}$$

$$\text{外扩散控制：} \quad\quad C_{Ab} \geqslant C_{As} \approx C_{Ac} \approx C_{Ae}$$

多相催化反应的速率方程应反映上述 3 个过程的影响。外扩散过程的速率可表示为

$$R_A = k_G a (C_{Ab} - C_{As}) \tag{3.6}$$

催化化学反应的局部速率（以催化剂颗粒体积为基准）以幂函数型为例：

$$r_A = k C_A^n \tag{3.7}$$

式中，C_A 为反应物在粒子内部的局部浓度（平均到颗粒的名义体积）。若以表面浓度 C_{As} 表达，则式（3.7）应当修改为

$$R_A = k' C_{As}^n \tag{3.8}$$

式中，k' 为表观速率常数，它与本征速率常数 k 的关系不易表示。工程上的处理方式是定义一有效因子 η 来表达内扩散造成的影响，使

$$R_A = \eta k C_{As}^n \tag{3.9}$$

当 $\eta < 1$ 时有内扩散，$C_A(r) < C_{As}$；当 $\eta = 1$ 时无内扩散，$C_A(r) \approx C_{As}$。这样有效因子的定义应为

$$\eta = \frac{\text{有内扩散影响时的催化反应速率}}{\text{无内扩散影响时的催化反应速率}} \tag{3.10}$$

在定态时，式（3.6）和式（3.9）在全颗粒上积分的数值相等，都可用于计算反应速率。

对一级不可逆反应：

$$R_A = \frac{1}{\dfrac{1}{\eta k} + \dfrac{1}{k_G a}} C_{Ab} \tag{3.11}$$

式（3.11）可理解为总推动力 C_{Ab} 消耗于两项串联的阻力，$1/\eta k$ 为内扩散及催化反应阻力，$1/k_G a$ 为外扩散阻力。在 3 种不同的速率过程起控制作用时，式（3.11）可简化为以下的情形：

$$\text{外扩散控制：} \frac{1}{k_G a} \gg \frac{1}{\eta k}, R_A = k_G a C_{Ab}, C_{As} = 0$$

$$\text{动力学控制：} \frac{1}{k} \gg \frac{1}{k_G a}, \eta = 1, R_A = k C_{Ab}, C_{Ab} = C_{As}$$

$$\text{内扩散控制：} \frac{1}{\eta k} \gg \frac{1}{k_G a}, \eta < 1, R_A = \eta k C_{Ab}$$

内扩散控制时，粒内浓度 C_A 从表面到颗粒中心逐渐下降，局部反应速率也在下

降，故颗粒的表观速率表达式中仍出现有效因子 η。

2. 外扩散对多相催化反应过程的影响

催化剂的外扩散有效因子的定义为

$$\eta_x = \frac{\text{有外扩散影响时催化剂外表面处的催化反应速率}}{\text{无外扩散影响时催化剂外表面处的催化反应速率}} \qquad (3.12)$$

当外扩散存在时，$C_{As} < C_{Ab}$，因此只要反应级数为正，则 $\eta_x \ll 1$；反应级数为负时恰好相反，$\eta_x \gg 1$。

引入 Damköhler 数 Da（化学反应速率与外扩散速率之比）来衡量外扩散的影响。n 级反应的 Da 定义为

$$Da = \frac{kC_{Ab}^{n-1}}{k_G a} \qquad (3.13)$$

在假设颗粒外表面与气相主体间不存在温度差且粒内也不存在内扩散阻力时，即只考虑相间传质而不考虑相间传热与内扩散的影响，可以推导出外扩散有效因子与 Da 的关系式（单一反应）：

$$n = 2, \quad \eta_x = \frac{1}{4Da^2}(\sqrt{1 + 4Da} - 1)^2 \qquad (3.14)$$

$$n = 1/2, \quad \eta_x = \sqrt{\frac{2 + Da^2}{2}\left[1 - \sqrt{1 - \frac{4}{(2 + Da^2)^2}}\right]} \qquad (3.15)$$

$$n = -1, \quad \eta_x = \frac{2}{1 + \sqrt{1 - 4Da}} \qquad (3.16)$$

一般当 $Da \to 0$ 时，$\eta_x \to 1$。对负级数的反应，Da 增大，η_x 也增大，没有必要降低外扩散的阻力。对正级数的反应，则应减小外扩散阻力，因为外扩散有效因子总是随 Da 的增加而降低，且 n 越大，η_x 随 Da 增加而下降越明显，因此反应级数越高，越有必要采取措施降低外扩散阻力，以提高外扩散有效因子。对平行反应来说，外扩散不利于级数较大的反应；而对串联反应而言，外扩散会使各反应选择性降低，这与反应级数的相对大小无关。因此，需要设法降低串联反应的外扩散阻力，以提高反应的选择性。

3. 内扩散对多相催化反应过程的影响

催化剂内扩散有效因子定义为

$$\eta = \frac{\text{有内扩散影响时的催化反应速率}}{\text{无内扩散影响时的催化反应速率}} \qquad (3.17)$$

反应工程学引入了参数 Thiele 模数（ψ）来衡量内扩散的影响。对不可逆 n 级反应，

$$\psi = \frac{V_p}{S_p} \sqrt{\frac{n+1}{2} \frac{k C_{As}^{n-1}}{D_e}} \tag{3.18}$$

在反应器中，C_{As} 随转化率或空间位置而变化，因此 η 也可能随之变化。在反应器出口附近，转化率上升，C_{As} 下降，则 $n<1$，ψ 增大，η 下降；$n>1$，ψ 下降，η 增大。

对于一级反应，

$$\psi = \frac{V_p}{S_p} \sqrt{\frac{k_p}{D_e}} \tag{3.19}$$

此时可以推出不同形状催化剂颗粒的内扩散有效因子表达式：

球形粒子：

$$\eta = \frac{1}{\psi} \left[\frac{1}{\tanh(3\psi)} - \frac{1}{3\psi} \right] \tag{3.20}$$

圆柱形：

$$\eta = \frac{1}{\psi} \frac{I_1(2\psi)}{I_0(2\psi)} \tag{3.21}$$

薄片：

$$\eta = \frac{\tanh(\psi)}{\psi} \tag{3.22}$$

Thiele 模数的物理意义可从式（3.23）看出：

$$\psi^2 = \frac{R^2 k_p}{D_e} = \frac{R k_p C_{As}}{D_e(C_{As}/R)} = \frac{\text{反应速率}}{\text{扩散速率}} \tag{3.23}$$

ψ 反映了反应速率和扩散速率的相对大小，因此也反映内扩散的严重程度：

$$\psi < 0.4, \qquad \eta \approx 1, \qquad \text{内扩散可忽略；}$$
$$0.4 < \psi < 3, \qquad \eta < 1, \qquad \text{内扩散有明显作用；}$$
$$\psi > 3, \qquad \eta \approx 1/\psi, \qquad \text{内扩散严重。}$$

为了使 η 接近 1，须降低 ψ 值，可采取提高 D_e（增加孔容积 ε）、减小粒度 R 等方法。一般不用减少催化剂上贵金属的沉积量来降低 k_p 的办法。

4. 内外扩散的判定

研究内、外扩散阻力在反应过程中的影响程度，对实验室中多相催化动力学的研究和催化反应器的工程设计都有非常重要的意义，目前反应工程学中已经发展了几种比较成熟的判定内外扩散影响的方法，详细介绍见参考文献 [5]。

3.3　反应器的类型

反应器是化学反应工程的主要研究对象，常见的反应器有搅拌槽、固定床、流化床、鼓泡塔等。近年来，微反应器等新型反应器的研究和应用也在飞速发展。反应器的类型繁多，根据不同的特性，可以有不同的分类。Kramers 和 Westerterp[6] 提出可以按照反应器内处理的物料的相态数分为单相或多相反应器；或按照操作方式分为间歇反应器、半连续反应器和连续反应器。以下按相态分类介绍常见的多相反应器。

3.3.1 气-固和液-固反应器

固定床反应器是工业生产中重要的一类反应器，广泛用于气-固、液-固或气-液-固多相催化反应。固定床催化反应器适用于催化剂寿命较长、不易中毒失活的情况；当催化剂容易失活时，催化剂可能要频繁地从反应器中取出来再生，固定床反应器是不适宜的，可以采用移动床或流化床反应器。

1. 固定床反应器

固定床反应器的基本形式是塔式的，固体催化剂填充在塔内，流体流过床层时进行催化反应。一般催化反应都有热效应，并以放热反应居多，所以必须控制反应器内的温度。按反应器内换热装置的布置方式，固定床反应器可分为绝热式和换热式两大类。

绝热式反应器中的填料层往往分为几段，每段是绝热的，无内散热管，也不从塔壁散热，故反应物和催化剂的温度沿着流动方向变化。若反应是放热的，则温度可能超过催化剂的允许工作温度，使催化剂烧结失活。必须在段间用换热器除去热量，让反应物温度降低到适当程度，使下一段中催化剂在容许温度以下工作。对吸热反应，反应物和催化剂的温度会逐渐降低，使反应速率下降，也需要在段间设置热交换器来使反应温度恢复到正常的范围，使催化剂处于最佳的工作温度附近。如图 3.6 所示，有三种主要的换热形式：①间接换热式［图 3.6 (a)］是用段间热交换器来预热反应物和移去反应热，优点是条件限制少、易回收热量、催化剂用量少；缺点是流程复杂、设备投资费大、温度不易准确控制；②原料气冷激式［图 3.6 (b)］用冷的原料气直接加入到段间与热的反应物流混合，以降低反应物的温度，该方法简单灵活、不用换热器、节省投资，但反应器中物料流量逐渐增大，可能会使反应偏离最佳条件，催化剂用量增多，操作条件不易优化；③非原料气冷激式［图 3.6 (c)］是使用非原料气，可更灵活地选择冷激介质，但反应物被冷激气体稀释，对反应器的生产能力有不利影响。

换热式反应器中的换热与反应在催化剂层中同时进行，加热或冷却皆可，分为多管式（催化剂填在管内）和列管式（催化剂在管外、热载体在管内），按热源又分为外热式（用热载体加热或冷却反应物）和自热式（用反应产物所含的热量来加热反应物）。图 3.7 给出了几种换热式反应器的典型例子。

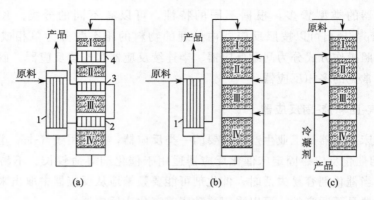

图 3.6　绝热式反应器的几种形式

（a）间接换热式；（b）原料气冷激式；（c）非原料气冷激式

1，2，3，4 代表热交换器

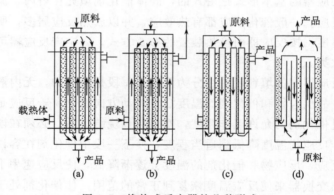

图 3.7　换热式反应器的几种形式

（a）多管外热式；（b）多管自热式；（c）列管自热式；（d）双套管式

2. 流化床反应器

图 3.8 是典型的气-固流化床的结构示意图。通常流化床的主体是圆柱形的容器，流化介质（气体或液体）由下方的分布板进入流化床，分布板使流体分布均匀并尽量避免产生大的气泡。气体经过除尘器排出，除尘器可以装在主体外，也可以装在设备内。为了控制反应器的温度，更好地利用热量，反应器内可设置不同形式的换热器。为了减少反应流体的返混和使流体-固相分布均匀，也常在不同轴向高度处设置横向的内构件，如多孔筛板、挡网、挡环等。催化剂的再生也常常用流化床，与主反应器通过固相输送的管道连接，形成一个整体。除了因固相流化而容易从反应器中卸出的优点外，固相的悬浮以及流体与固相间的相对

速度大，因而流化床中流体与固相间的传热和传质速率高，适用于有强烈反应热效应的催化反应和有固相反应物的化学反应。例如，石油炼制工业中生产轻质燃料油的催化裂化和重油焦化、流态化焙烧黄铁矿制硫酸、萘氧化制邻苯二甲酸酐、丙烯氧化制丙烯腈等，工业规模的催化裂化流化床反应器在 20 世纪 50 年代已达到内装 250t 催化剂的规模，化工单元操作中的干燥、浸取、吸附等物理操作也都是工业中成功应用的流态化技术的例子。

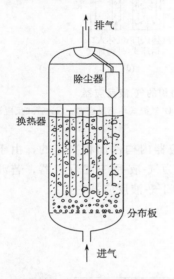

图 3.8　典型的气-固流化床的结构示意图

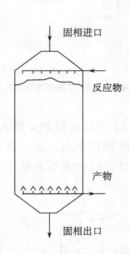

图 3.9　移动床反应器示意图

3. 移动床反应器

移动床反应器中（图 3.9）也填充固相催化剂，气体与催化剂并流或逆流流动。固相在重力作用下缓慢向下移动，按需要的速率从下端排出后再生或回收，而新催化剂则从反应器上部补充，以维持反应器的稳定和正常操作。移动床反应器已用于催化裂化，结焦的催化剂烧去焦炭后再返回催化裂化反应器。由于体系需要循环催化剂，操作比较复杂，所以应用不是很普遍。但非催化气-固反应，如用移动床进行煤的气化，则早已在大规模工业生产中应用。

3.3.2 气-液或液-液反应器

气-液或液-液反应器的种类很多。图 3.10 和图 3.11 为一些常见气-液反应器的示意图，很多气-液反应器也可以用于液-液反应。气-液或液-液反应依靠气-液或液-液界面的传质才能进行，故一般需要在反应器中产生相当大的界面积，可以用单位体积反应器中的气-液（液-液）界面积——比界面积 a（m²/m³）来表示。a 的大小依赖于气-液（液-液）相的流动状况和输入的机械功率，如图 3.10 所示。

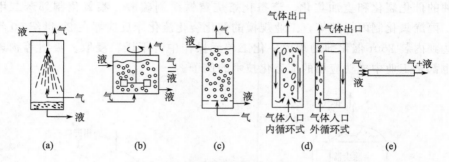

图 3.10　不依赖反应器内构件面积的气-液反应器
（a）喷雾塔；（b）机械搅拌槽式反应器；（c）鼓泡塔；（d）气提式环流反应器；（e）管式反应器

图 3.11 中反应器的 a 的大小基本是由反应器内构件面积决定的，由于反应器中固相的量比较大，这一类反应器也可以称为气-液-固三相反应器，若涉及的固相既不是反应物也不是催化剂，习惯上仍划归气-液反应器一类。

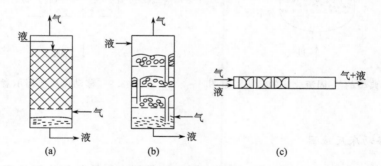

图 3.11　依赖固体内构件产生气-液接触面积的气-液反应器
（a）填料塔；（b）板式塔；（c）带静态混合器的管式反应器

所有上述反应器的操作特性各不相同。以气-液反应器为例，表 3.1 列出了其传递性能的大致范围，液体滞存率和比界面积的差别很明显。

表 3.1　典型气-液反应（接触）器的传递性能

反应器类型	液体滞存率	$k_G \times 10^2$/(m/s)	$k_L \times 10^4$/(m/s)	a/m⁻¹
鼓泡塔	＞0.7	1~5	1~5	100~500
搅拌槽式反应器	＞0.7	1~5	1~6	200~2000
板式塔（充满液相）	0.6~0.8	1~5	1~5	200~500
板式塔（充满气相）	0.6~0.8	1~5		25~100

续表

反应器类型	液体滞存率	$k_G \times 10^2 /(\text{m/s})$	$k_L \times 10^4 /(\text{m/s})$	a/m^{-1}
填料塔	0.6～0.8	1～5	0.5～3	50～250
喷雾塔	0.05	1～5	1～5	50～100
环流反应器	＞0.8	1～5	1～5	200～500

在气-液或液-液反应器中进行两相反应（包括物理吸收），操作的好坏取决于正确地选择反应器形式和操作条件。首先要看能否充分利用传质和反应的推动力，填料塔、板式塔、喷雾塔等的流动能取逆流的方式，且流动中的返混较小，比较有利，而鼓泡塔的液相流动返混比前几种稍大。气-液或液-液反应速率取决于两相传质面积的大小，这方面搅拌槽反应器较好，环流反应器也有相当高的比界面积。控制反应温度是安全、高选择性的必要条件，需要高的传热速率，这方面搅拌槽式反应器、环流反应器较好。如果希望液体反应物的转化率高，应选择液相滞存率高、返混程度小的反应器，如板式塔、鼓泡塔等；而如果希望气相反应物反应完全，则宜选用填料塔、多级式鼓泡塔等反应器形式。

3.3.3 气-液-固三相反应器和其他复杂多相反应器

实际工业生产中，化学反应常常在三相或含更多物相的体系中进行，例如，烯烃氢甲酰化反应和酰胺化反应是气-液-液体系，环己酮氨肟化和很多纳微米颗粒材料的制备是液-液-固三相反应，有的反应结晶过程是气-液-液-固四相体系，对这些三相、四相甚至更多相态的复杂反应过程和反应器的反应工程研究还远远不足。体系中的各物相除作为化学反应的反应物和生成物以外，还可以作为催化剂、传热介质和分离介质。

涉及 3 个物相的化学反应器中应用最多的是气-液-固三相反应器，气-固反应器中引入液相，或气-液反应器中引入固相即成为三相反应器。当然，需要对原来的两相反应器的结构和操作条件做必要的调整，以满足相间接触良好、传热和传质速率高、各物相能顺利出入反应器等要求。关于各种气-液-固三相反应器间的优劣比较、适用的场合等，可参考有关的综述和专著[7,8]。按气-液-固三相反应器中固相运动与否来分类是常用的分类方法之一。

1. 固相固定的三相反应器

图 3.12 是不同类型的固定床气-液-固三相反应器，向固定床反应器填充和从中卸出固相比较困难，因此固定床反应器中的固相绝大多数为不易失活、寿命长的催化剂或惰性填料。按气-液两相相对流动的方式，可分为以下两种：

（1）滴流床反应器。气、液相在固定床中并流向下流动。优点是气、液相顺重力流动，通量大，不会发生"液泛"等妨碍流体流动的现象，返混程度小。滴流床反应器往往用于气体和液体反应物在固相催化剂上的反应，已广泛用于化学工业和石油炼制。但近年来，以担载好氧微生物的固体颗粒为固定相，对生产和生活污水进行好氧发酵处理的开发研究也十分活跃。滴流床反应器适用于催化剂工作寿命长、液相反应物转化率高（返混小）的情况，有操作范围广（无液泛）、无活动部件、投资小的优点；主要缺点是固相颗粒大，导致催化剂有效因子小和选择性低，不易达到固相均匀润湿和流体均匀分布，不适于黏性和起泡性液体等。

（2）固定床鼓泡反应器。气体以气泡的形式沿固相间的缝隙上升，而液体充满床层，向上并流或向下逆流流动。特点是传热较容易、液体滞留量大，适用于液相反应物转化比较完全的反应。气-液逆流流动时，相间传质推动力可充分利用，但返混较强，而气-液并流向上流动时，返混程度较小。

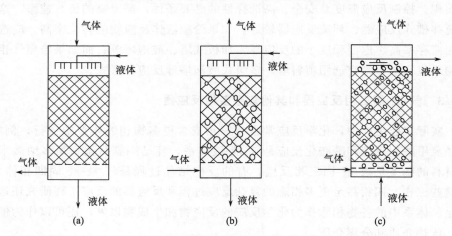

图 3.12　固定床气-液-固三相反应器
（a）滴流床反应器；（b）气-液逆流的固定鼓泡床；（c）气-液并流的固定鼓泡床

2. 固相运动的气-液-固三相反应器

固相运动的气-液-固三相反应器也称为浆态反应器或三相流化床，由于固相处于悬浮状态，易于从反应器中取出，固相催化剂失活后取出去再生比较容易，因而寿命较短的催化剂能用固相运动的气-液-固三相反应器。按固相悬浮的方式不同，有以下一些具体的型式（图 3.13）：

（1）气提式环流反应器［图 3.13（a）］：用气体做悬浮、搅拌和混合的动力。为提高全反应器中的混合均匀性，往往设置中心管（导流筒），促进反应器内的有序循环，提高总循环量。若气体价值较大，则需考虑气体的回收和循环利用。

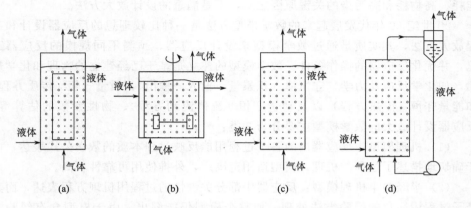

图 3.13 固相运动的气-液-固三相反应器

(a) 气提式环流反应器 (有中心管); (b) 机械搅拌浆态反应器; (c) 浆态鼓泡床 (三相流化床); (d) 三相循环流化床

(2) 机械搅拌浆态反应器 [图 3.13 (b)]: 以机械搅拌浆推动液相和固相的分散、混合。气体主要作为反应物用, 用量小, 无回收和循环气体的负担。也可设置中心管促进多相混合物的循环和相间接触。

(3) 三相流化床 [图 3.13 (c)]: 以气体或液体的能量为分散、循环、混合的能量来源, 也需要考虑循环介质的回收和循环使用问题。液相可用设在反应器外的泵来循环, 当有液相循环时, 即为三相循环流化床 [图 3.13 (d)]。

3.4 反应器的设计及放大

反应器的设计及放大是化学反应工程学的核心内容之一。在化学反应工程学创立之初就已发现, 传统的化学工程学的经验归纳方法已不能满足反应器的设计放大要求。由于化学反应器内的流动、传递和反应过程具有典型的多尺度特征, 尤其多相体系的非均匀性、非线性和非平衡性的特点, 导致工业大型反应器内的微观分子混合、流动、传递与反应的环境和状态远远偏离实验室小反应器, 已经证明在满足几何相似和时间相似的条件下, 不可能再满足化学相似的条件。

但由于目前对反应器中小尺度的流动、混合、传递和反应机理的认知不足, 缺乏机理性的数学模型和工程实用的数值计算方法指导, 多相反应器的工程设计和放大、工业操作和调控仍主要依赖基于全反应器平均值的经验关联式。长期以来, 反应器的设计放大采取的逐级经验放大的方法主要依据的是实验, 得到的是每种规模的宏观实验结果而没有深入到事物的内部, 没有把握住机理性的规律, 难以做到高倍数的放大。逐级经验放大方法既费事又费钱, 也是导致过程工业高能耗、高物耗和高污染的关键原因之一，不是满意的设计放大方法。

20 世纪 60 年代发展起来的数学模型方法是一种比较理想的反应器设计和工程放大方法，其实质是通过数学模型来设计反应器，预测不同规模的反应器工况，并优化反应器的操作条件。数学模型的建立是基于已经建立的物理和化学规律，如化学反应动力学、守恒律（积累量＝输入－输出）、质量守恒（传质方程）和能量守恒（传热方程）以及动量守恒（流体流动方程）、物性参数的估算等。反应器设计放大的数学模型主要分为 3 类：

（1）机理模型：反应器内的各子过程用能反映过程本质的数学公式表达，由于确切地描述了过程的机理，模型适用范围广，外推使用可靠性较高。

（2）半经验半机理模型：反应器中部分关键性的过程用机理方程表达，而其余子过程用简化的经验方法处理，使整个模型仍能解出。由于模型含有经验参数，模型的应用范围有一定限制。

（3）经验模型：模型的数学表达式是从经验归纳方法处理实验数据而来，基本上不反映过程的机理，只能在得到数据时的实验参数变化的范围内使用，外推使用有极大的风险。

限于目前反应工程学发展的水平，目前应用得最普遍的是介于两种极端之间的半经验半机理模型。但机理性较强的模型优点较多，应用前景好，是反应器模型化发展的方向。

从认识论的观点来看，反应器内复杂过程的机理是可以认识的，可以通过知识的积累和实践的检验逐步向正确的认识逼近。反应器数学模型的建立不单取决于对有关科学和工程知识的掌握，也取决于研究者的经验和主观判断，依赖于在长期的工作中的经验积累。在化学反应工程学中，尤其是多相反应器的设计和放大，流体力学、多相流体力学和计算流体力学（CFD）、平衡态和非平衡态热力学、界面物理和界面化学等得到了越来越多的应用，显示了广阔的前景。以下简要介绍反应器设计放大模型和模拟计算中的若干重要问题。

3.4.1　反应器的混合

工业生产中很多化学反应是快反应，反应器的宏观和微观混合过程直接影响最终的产品收率和质量，是反应器工程放大的重要研究内容，北美、欧洲和亚洲都有专门的混合研究学会和定期国际会议。混合过程从尺度上可分为宏观混合、细观混合和微观混合（分子尺度上的混合过程，又称为分子混合）。宏观混合是整个反应器尺度上的混合，它为细观混合和分子混合确定环境浓度，同时使发生细观混合和分子混合的流体传递到存在湍动性质的环境中；细观混合反映了新鲜物料与环境之间的粗糙尺度上的湍流交换；分子混合是流体混合的最后阶段，一般指物料从湍流分散后的最小微团（Kolmogorov 尺度）到分子尺度上的均匀化过程，主要由流体微元的黏性变形和分子扩散两部分组成。化学反应是在分子尺度上所进行的过程，因此分子尺度上的混合直接影响着化学反应过程，分子混合能够改变反应的选择性和收率，进而影响和改变产品的性质和质量。

在微观混合方面，20 世纪 50 年代，Danckwerts 首先把停留时间分布（RTD）的概念和理论引入到化学工程中，同时对流体的混合进行了定性和定量的描述，提出了"离集"（segregation）、"离集强度"（intensity of segregation）和"离集尺度"（scale of segregation）等概念。20 世纪 60 年代和 70 年代开始建立各种分子混合经验模型，如多环境模型、聚并-分散模型、IEM（interaction by exchange with the mean）模型。经验模型缺乏流体力学基础，在定性和定量上都与实验差别较大。20 世纪 70 年代末到 80 年代在模型研究方面通过基于湍流混合机理的细观描述，形成了一类以变形扩散模型为主的机理性模型。在这些模型中，最著名的有扩散模型、涡旋卷吸模型、片状机理模型等，这些模型基本能在定性上与实验规律符合，但在定量方面尚有欠缺。20 世纪 90 年代，研究者围绕细观微元的分布形态及相应的微元变形速率等细节问题展开研究，并开始考虑局部流域的湍流扩散对分子混合的影响，同时研究开始转向复杂化（多相、变物性、热质耦合）及实用性（便于工程应用）的方向发展。但对于多相体系的探讨仅仅局限于实验研究，尚没有多相体系中分子混合的机理研究。进入 21 世纪，随着计算技术与计算能力的飞速发展，已有越来越多的研究者在计算流体力学的基础上对流体混合与反应进行数值模拟研究，以图建立系统的全尺度混合与反应理论。

目前对反应器宏观混合的研究进展较快，宏观混合通常用混合时间来表示，它是表征反应器内流体混合状况的一个重要参数，是评定设备效率的重要指标，也是反应器设计及放大的依据之一。目前对反应器混合过程的研究主要集中在搅拌槽反应器，搅拌混合广泛应用于石油、化工、能源、冶金、造纸、食品、医药和环境等过程工业中。搅拌槽是一类典型的带旋转部件的反应器，旋转的搅拌桨和固定的挡板相互作用，使槽内的流动呈现复杂的拟周期性三维非稳态湍流特性[9]。在搅拌混合操作中，搅拌槽中的流体力学状态控制着物料的混合过程，而物料的混合状态通常直接决定着传热、传质和化学反应的速率。因此，深入研究搅拌槽内的混合状态对于反应器的设计、优化和放大具有重要的意义。

搅拌槽内宏观混合的传统研究方法是通过实验测量获得各种反应器结构及操作条件下的混合时间，然后对结果进行无因次关联，得出经验或半经验的关联式。经验或半经验关联式往往依赖于小规模的实验，无法预测真实工业设备的混合传递特性，难以推广应用于几何参数、操作条件不同的过程，故产业化过程仍多依赖于传统的、高成本的、逐级放大的半经验关联式[10]。目前，计算流体力学技术已经开始用于研究搅拌槽内的流动、混合和反应过程，利用 CFD 方法可以方便地获得实验手段不容易得到的搅拌槽内部的局部信息，可以预测不同构型和不同操作条件下的混合过程，CFD方法为反应器的设计、优化和放大提供了一条新的途径。对宏观混合过程的实验和数值模拟研究主要集中在单桨搅拌槽内单液相、气-液体系和固-液体系，未来对混合过程的研究是向更复杂的多相搅拌槽（如液-液、气-液-固、液-液-固等）和组合桨搅拌槽发展。以下简要给出搅拌槽内宏观混合的研究进展。

1. 搅拌槽中单相体系宏观混合过程

1）实验研究

用于测量混合时间的方法大致可以分为物理法和化学法两大类，物理法只能在有限的几个点上监测混合过程，而化学方法可以记录整个反应器内的混合过程，并可以精确地判定混合的终点。主要测量方法有目视法[11]、激光诱导荧光法[12]、液晶热相摄影法[13]、计算机层析成像法[14]、放射性示踪剂法[15]、电导率法[16]、温差法[17]、电阻抗断层成像技术[18]和电阻层析成像法[19]等。由于简单易行，目视法和电导率法被广泛使用。使用不同的测定方法时，流场受到的干扰程度不同，由此可能造成最后测得的混合时间不同。混合时间测量方法中的各种变量，如示踪剂性质、示踪剂加入位置、示踪剂体积、电极大小、测量位置、混合标准等都将影响测出的混合时间值。

2）混合时间的影响因素

混合时间除了对所采用的实验技术很敏感外，实验结果还与叶轮和容器的几何形状有明显的关系，这是由几何形状对总体流动形态和湍流强度的影响所引起的[20]。Nere等[21]对影响混合时间的各种参数，如桨型、桨直径、槽直径、桨安装高度、桨偏心距、挡板和导流筒等，进行了详细的分析和总结。

已有研究表明，混合时间和能效受桨型的影响很大，可以通过改变桨型来提高混合性能。轴向流桨的搅拌混合能效要高于径向流桨，在常用的桨型中，螺旋桨的搅拌效果最好，而单个直叶涡轮的搅拌混合时间较长，也最耗能。混合时间与桨直径成反比，桨直径增大，混合时间减小。不同桨型的混合时间与桨直径的比例关系不同，即使相同的桨型，不同的研究者提出的关系式也不尽相同。桨的安装高度的变化可以影响槽内液相流型的变化，进而影响功率消耗，并最终改变混合时间。尽管研究者提出混合时间与槽径的不同关联式，但有一个共同规律就是混合时间随着槽径增大而增加。搅拌桨与挡板之间的相互作用改变了槽内的流型并最终影响混合时间，挡板的数量、大小以及安装方式都会影响槽内的流动状态和搅拌功耗，使用挡板可以控制槽内液体的流动、增强湍动，进而强化混合和促进固-液悬浮、气-液和液-液分散。导流筒能使叶轮排出的液体在筒内和筒外形成上下循环流，应用导流筒可严格控制流型，防止短路，获得高速涡流和高倍循环，进而强化混合和分散过程[22]。

3）单相体系宏观混合过程的数学模型

工业搅拌反应器的设计、放大和优化需要定量地处理混合时间与桨型、桨径、桨数、反应器几何构型（反应器直径、形状、导流筒、挡板等）、搅拌桨安装位置和桨转速等变量之间的关系，该数学关系可以是经验的、半经验的或理论性的。经验的关系式是在实验数据的基础上将这些独立变量和混合时间进行无因次关联，适用范围有限，在超过实验范围的情况下变得不可靠。在过去的 50 年中，搅拌槽中混合过程的数学模型得到了长足发展，特别是过去 10 多年，出现了越来越多的能反映详细流动情况的机理或半机理的数学模型。

Nere 等[21]将文献中报道的混合时间数学模型大致分为了以下 5 类，逐一对各个模型进行了分析，并讨论了其局限性：①将实验数据与不同的设计和操作参数进行关联的经验模型；②基于主体流动的模型，如循环模型，这类模型本质上假定混合过程受主体流动或对流流动控制；③扩散模型；④分区模型；⑤CFD模型。CFD 模型是未来搅拌槽混合模型的主要发展方向，CFD 模型可以认为是分区模型的进一步发展，是采用基本的传递方程来得到局部的流动信息，并考虑搅拌槽内各处的对流和扩散过程的影响，因此该方法在本质上是对整个混合过程建模。

Ranade 等[23]首先采用 CFD 建模的方法研究混合过程，整个流场被划分成很多控制体积，用控制体积法离散三维的时间平均雷诺输运方程。将流场模拟得到的速度场和涡流扩散系数分布代入示踪剂浓度输运方程，通过求解浓度输运方程得到示踪剂浓度随时间的变化，最终确定混合时间。浓度输运方程为

$$\frac{\partial(\rho c)}{\partial t}+\frac{1}{r}\frac{\partial}{\partial r}(\rho r u_r c)+\frac{1}{r}\frac{\partial}{\partial\theta}(\rho u_\theta c)+\frac{\partial}{\partial z}(\rho u_z c)$$

$$=\frac{1}{r}\frac{\partial}{\partial r}\left(\Gamma_{c,\text{eff}}r\frac{\partial c}{\partial r}\right)+\frac{1}{r}\frac{\partial}{\partial\theta}\left(\frac{\Gamma_{c,\text{eff}}}{r}\frac{\partial c}{\partial\theta}\right)+\frac{\partial}{\partial z}\left(\Gamma_{c,\text{eff}}\frac{\partial\phi}{\partial z}\right) \tag{3.24}$$

同时还提出了 5 个混合的判据，发现不同的混合判据可以计算出相差很大的混合时间。Ranade 等的工作使得利用 CFD 模型模拟流场和混合过程来开发新型节能搅拌桨成为可能，这对工业搅拌反应器的优化设计和放大具有重要的意义，但各流动参数对于混合过程的详细影响规律仍待研究。之后，Bujalski 等[24]、Yeoh 等[25]、Wang 等[26]和张庆华等[27]用不同方法模拟了典型搅拌槽内的宏观混合过程，单相搅拌槽宏观混合的模型和数值模拟研究已经相对成熟。

2. 搅拌槽中多相体系宏观混合过程

1）实验研究

多相（如气-液、液-固、液-液、气-液-固）搅拌槽反应器广泛应用于工业生

产中，由于分散相的加入而使得多相流动十分复杂，多相搅拌槽反应器的混合特性对于反应器设计、放大和操作优化具有重要的指导意义。目前，文献报道的多相搅拌槽内宏观混合的实验研究主要集中在考察气-液和固-液体系的分散相、桨型、转速、桨径和槽径等参数对连续相混合时间的影响上，而液-液、气-液-固、液-液-固等复杂体系的混合过程研究还未见报道。

对于气-液反应器中混合时间的测定，目前主要采用电导率法、温差法、pH计法和光差法等，电导率法应用最为广泛。与单液相体系相比，气-液体系混合时间的影响因素增多了，比如气含率和气流率等。分散相的加入会不同程度地减小连续相流体的流速，从而使气-液体系的混合时间大于单液相。Lu 等[28]、Vasconcelos 等[29]、Hari-Prajitno 等[30]和 Zhang 等[31]分别用实验方法考察了气-液搅拌槽内挡板尺寸和数量、搅拌转速、气流量、进料位置等对混合时间的影响。

Raghav Rao 和 Joshi[32]系统研究了搅拌转速、桨型、固含率、颗粒粒径、桨径和槽径对液-固搅拌槽内液相混合时间的影响，提出了临界搅拌转速下无量纲混合时间的关联式。Kuzmanic 和 Ljubicic[33]、Bujalski 等[34]、Kuzmanic 等[35]也报道了固-液搅拌槽宏观混合的实验测定结果，通常固含率越高，混合时间越大，临界搅拌转速也越大。

2）数值模拟研究

由于多相搅拌槽的复杂特性，目前有关搅拌槽内多相宏观混合的模型和数值模拟研究多为经验模型，只见到少量的 CFD 模拟应用于固-液和气-液体系。Kasat 和 Ranade[36]利用 CFD 方法模拟了固-液搅拌槽内固体悬浮质量和液相混合之间的相互作用，用两流体模型并结合 k-ε 湍流模型计算了固-液搅拌槽的流场，发现随着转速增大，混合时间先变大，达到顶峰后再逐渐减小，这是因为固-液体系存在流型转变转速，该转速使得搅拌槽从单循环流型转变为上下两个循环区的流型。Zhang 等[31]首次利用 CFD 方法，通过求解两流体模型和 k-ε 湍流模型，模拟研究了气液搅拌槽内进料位置、搅拌转速和气流率等对混合时间的影响，CFD 计算得到的示踪剂响应曲线与实验接近（图3.14），发现在搅拌桨排出流区进料时得到的混合时间最

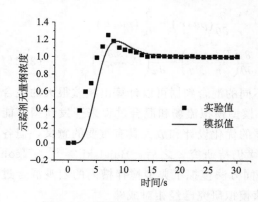

图 3.14　示踪剂响应曲线模拟值和实验值的比较[31]

小，CFD 模拟得到的搅拌转速和气流率对混合时间的影响与实验结果吻合（图3.15 和图3.16）。虽然两流体模型和标准 k-ε 湍流模型结合来计算搅拌槽中的两

相体系宏观混合过程较为成功，但仍需要应用新的模型和模拟方法（如大涡模拟）对两相甚至三相体系混合过程进行更为深入的研究。

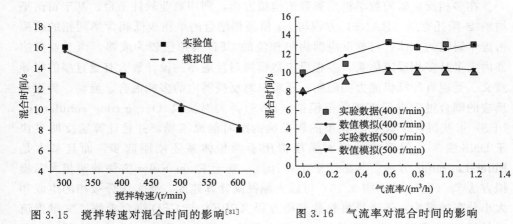

图 3.15　搅拌转速对混合时间的影响[31]　　　　图 3.16　气流率对混合时间的影响

3.4.2　反应器内多相传递

1. 实验研究

多相反应器的流动、传递和反应动力学的实验、模型和数值模拟研究，是目前化学反应工程学的核心内容。在实验测量方面，粒子图像速度场仪（particle image velocimetry，PIV)[37]、激光多普勒测速技术（laser Doppler velocimetry，LDV)[38]、激光多普勒测速仪（laser Doppler anemometer，LDA)[39]等方法被广泛用于反应器内单相和极低相含率的两相流场测定，计算机自动放射性示踪颗粒追踪技术（computer automated radioactive particle tracking，CARPT）技术[40]可用于测定体积相含率较高的两相体系。不同类型的探针（如光纤、电导、雷达等)[41,42]、计算机层析成像（computed tomography，CT)[43]和示踪剂可视化[44]等技术被用于测定多相反应器的相含率、气泡大小分布和宏观混合时间。对多相反应器的实验测量主要集中在低相含率的两相体系，对于高相含率或三相体系的研究很少，还不得不采用取样分析法[45]。除了最常见的气-液-固三相反应器的研究，对化工生产中一些新的三相体系还有待深入研究。例如，液-液-固三相体系中两分散相的局部相含率可以利用取样法进行实验测量[45]，实验考察了搅拌槽内分散相总体相含率、搅拌转速和桨离槽底距离等对分散相分散行为的影响规律；通过照相等方法实验测定了气-液-液[46]、液-液-液[47]体系的分相和传质特性，发现分散过程主要由剪切作用决定，径流桨的分散性能优于轴流桨。

2. 数学模型和数值模拟

在多相反应器的数学模型和数值模拟方面，利用商业软件平台、基于雷诺平均纳维-斯托克斯（RANS）方程与 k-ε 模型相结合的单相或低相含率两相的模拟占近年研究的主体。目前反应器内单相流的 CFD 模拟已较为成熟，而工业反应器内大多是多相反应体系，多相反应器模拟对反应器的设计放大有更直接的指导意义。受现有计算机能力的限制，还难以对反应器内的多相混合、流动、传递和反应的耦合过程进行直接数值模拟（DNS）。大涡模拟（large eddy simulation，LES）可获得优于 RANS 模型的较准确的瞬时湍流流场，并且计算速度明显快于 DNS 法[48]。但国内外将大涡模拟用于两相体系还刚刚起步，而且基本是 Euler-Lagrange 方法。为适用于工程计算，基于 Euler-Euler 方法的两相大涡模拟方法[49]（图 3.17、图 3.18）可以大幅提高计算速度。要考虑分散相的生成和大小分布的影响，还需要将粒数平衡方程（PBE）与 CFD 耦合求解，文献报道了封闭 PBE 模型的不同方法，如粒度分级法、蒙特卡罗法、矩变换法等，如果要考虑团聚和破裂等二次过程，积分矩方法[50]、分区积分矩方法[51]是新发展的可行的方法。

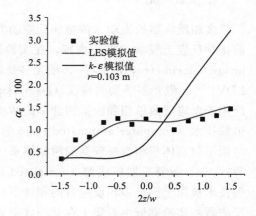

图 3.17　大涡模拟预测的搅拌槽内 r-θ 平面　　　图 3.18　大涡模拟预测的气含率与实验值及
瞬时速度场[49]　　　　　　　　　　　　k-ε 模拟值在不同径向位置的比较[49]

反应器内的多相模拟主要集中在两相体系，对三相体系的模拟还较少。模拟两相反应器多数基于 Euler-Euler 两流体模型，湍流模型常常采用 k-ε 模型及其改进形式。以不可压缩两相流反应器为例，模型方程包括质量守恒方程（连续性方程）、Navier-Stokes 方程（动量守恒方程）、湍流模型方程、热量传递和质量传递方程（包括反应动力学模型），通用的控制方程参见本书第 1 章，或在很多教科书里可以找到，但要根据不同反应器型式、物料特性、操作条件等进行适当的简化和模型封闭。模型方程的求解可以用有限差分、有限元等不同的解法，如果涉及界面追踪问题，还需要利用，水平集（level set）、流体体积函数（volume-of-fluid，VOF）等方法。

对三相反应器的模拟计算目前还比较困难，研究者常常将其简化为两相反应器（例如，将气-液-固三相鼓泡塔简化为气-液两相反应器），也有研究者采用基于 Euler-Euler 观点扩展的"三流体"数学模型[45,52]，成功实现对搅拌槽内液-液-固、液-固-固三相流的数值模拟。多相反应器的流体力学模型和数值模拟目前还很少考虑液滴-液滴间、颗粒-颗粒间相互作用以及液滴的凝并和破碎等复杂过程，还需在模型和数值模拟方法方面开展更深入的工作，以求对多相反应器内气泡、液滴和固体颗粒的分散行为及传质特性进行更准确的预测。

反应器内的流体动力学特性影响到反应组分的混合和传输，从而影响反应组分的分布、反应进程和最终产品的质量。例如，反应结晶（沉淀）过程在工业上广泛应用于超细粒子、催化剂、分散剂、颜料及各种助剂等产品的制备。完全从实验角度研究结晶反应器内的局部流体特性将会非常费时费力，随着湍流模型和计算方法等的发展，CFD-PBE（population balance equation，粒数平衡方程）耦合模拟方法已经开始用于反应器内的流动、混合和反应结晶过程的模拟研究，也是目前热门的研究方向之一。采用 CFD-PBE 可以整体考察结晶反应器内的流动、混合、组分分布以及粒度分布情况，也可以获得反应器内的局部信息，避免了传统经验方法中繁复的实验过程，为结晶反应器的设计、优化及放大提供更加详尽的信息。PBE 方程常用标准矩方法（SMM）封闭，但在较高浓度时由于忽略二次结晶过程，与实验结果偏差较大。Cheng 等采用积分矩方法（quadrature method of moments，QMOM）[53]对搅拌槽中连续沉淀过程进行了全过程模拟，即同时考虑成核、生长、团聚和破裂，结果表明团聚和破碎等二次过程对平均粒径和粒径的分布等有重要影响。目前反应器或结晶器的模型和模拟主要基于单相流假设，晶体浓度较低，为反映工业实际过程的高相含率，发展多相混合、流动和反应结晶过程的耦合模型和数值模拟方法是未来的研究方向之一。

3.5　结　　语

化学反应工程学的未来发展，需要结合现实需求和化工学科的发展，针对复杂的对象和反应体系，对化工、冶金和材料等过程工业领域中普遍存在的多相复杂反应过程及反应器内的流动、传递和反应过程开展实验、理论分析、模型和模拟计算研究，建立基于机理的传递反应耦合过程的物理和数学模型，并开发高效的工程模拟计算方法，以实现大型工业反应器的科学设计和工程放大。反应器是发生化学反应的场所，是化工产品生产过程中的核心设备，不同类型的反应器通过影响化学反应速率、选择性及化学平衡而最终对产品生产的物耗、能耗和环境具有决定性的作用。随着人口的膨胀、能源和资源的短缺、环境污染问题的日益突出，化工企业面临的节能减排的压力日益增大，这就对反应器的型式和性能提出了更高的要求，迫使人们基于化学反应工程学的科学理论不断开发新型式的反应器以满足时代的需要。新型化学反应器正朝着大型、高效、节能、结构简单和操作方便的方向发展。

工业反应装置的创新发展涉及越来越多的新的复杂体系（如非牛顿聚合物溶液、生物体系、离子液体和熔盐等非常规介质），反应过程利用超重力、微波、超声波、磁场、光、等离子体等外加物理场和有微纳尺度效应的新型微反应器的出现，对化学反应工程学和反应器理论提出新的挑战，尤其是外场强化和微纳尺度反应工程理论还缺乏认识。近期，化学反应工程领域可能要重点研究的主要方向包括：①新催化剂和新反应介质的设计、合成和应用；②多相流动、传递和反应耦合过程与反应器的机理模型及数值模拟；③反应器内多相微观混合和宏观混合、界面传递和反应的机理和规律；④微纳尺度的流动和传递模型、多相微反应器放大规律；⑤非常规介质的流动、传递和反应规律以及反应器设计放大；⑥外场强化传递和反应的理论及调控方法；⑦生物反应体系、非牛顿（黏弹性）反应体系等复杂过程的反应工程理论。

主要符号

a	比界面积，m^{-1}
C	物质的量浓度，mol/m^3
D_e	有效分子扩散系数，m^2/s
Da	Damköhler 数，$Da = kC_{Ab}^{n-1}/(k_G \cdot a_m)$
E	活化能，kJ/mol
k	化学反应速率常数
K_G	传质系数，$mol/(m^2 \cdot s)$
k_G	总气-液传质系数（以气相分压为基准），$mol/(m^2 \cdot Pa \cdot s)$
k_L	总气-液传质系数（以液相浓度为基准），m/s
n	化学反应级数
p	压力，Pa
r	化学反应速率，$mol/(m^3 \cdot s)$
r_p	孔半径，m
R	化学反应速率，$mol/(m^3 \cdot s)$
	半径，m
S	面积，m^2

t	时间，s
u	速度，m/s
V	体积，m³
z	柱坐标方向
ε	孔隙率
α	流率分数
	液相体积与液膜体积之比，$\alpha=1/(a\delta_1)$
	相含率
η	有效因子
η_x	外扩散有效因子
ν	化学反应计量系数
ψ	Thiele 模数
$\Gamma_{c,\text{eff}}$	有效湍流扩散系数，m²/s
θ	柱坐标方向
ρ	密度，kg/m³

下标：

a	吸附
b	主体
c	未反应收缩核
d	脱附
e	平衡值
g	微粒
i	界面
p	颗粒
r	柱坐标方向
s	外表面
	固相
z	柱坐标方向
θ	柱坐标方向

参 考 文 献

[1] Sohn H Y, Wadsworth M E. Rate Process of Extractive Metallurgy. New York：Plenum Press，1979.

[2] Astarita G. Mass Transfer with Chemical Reaction. New York：Elsevier，1967.

[3] Danckwerts P V. Gas-Liquid Reactions. New York：McGraw-Hill，1970.

[4] 姜信真. 气液反应理论与应用基础. 北京：中国石化出版社，1989.

[5] 毛在砂，陈家镛. 化学反应工程学基础. 北京：科学出版社，2004.

[6] Kramers H A, Westerterp K R. Elements of Chemical Reactor Design and Operation. Amsterdam：Netherlands University Press，1963.

[7] Gianetto A, Silveston P L. Multiphase Chemical Reactors，Theory，Design，Scale-up. Washington：Hemisphere，1986.

[8] Shah Y T. Gas-Liquid-Solid Reactor Design. New York: McGraw-Hill, 1979.

[9] Kresta S. Turbulence in stirred tanks: Anisotropic, approximate, and apllied. The Canadian Journal of Chemical Engineering, 1998, 76 (3): 563.

[10] 王峰, 冯鑫, 毛在砂, 等. 搅拌槽内多相流动数值模拟研究进展. 南京工业大学学报 (自然科学版), 2009, 31: 103.

[11] Norwood K W, Metzner A B. Flow patterns and mixing rates in agitated vessels. AIChE Journal, 1960, 6 (3): 432.

[12] Hackl A, Wurian H. Determination of mixing time. German Chemical Engineering, 1979, 2: 103.

[13] Lee K C, Yianneskis M. Measurement of temperature and mixing time in stirred vessels with liquid crystal thermography. Proceedings of the Ninth European Conference on Mixing, Paris, France, 1997: 121.

[14] Li L, Wei J. Three-dimensional image analysis of mixing in stirred vessels. AIChE Journal, 1999, 45 (9):1855.

[15] Pant H J, Kundu A, Nigam K D P. Radiotracer applications in chemical process industry. Reviews in Chemical Engineering, 2001, 17 (3): 165.

[16] Biggs R D. Mixing rates in stirred tanks. AIChE Journal, 1963, 9 (5): 636.

[17] Rewatkar V B, Joshi J B. Effect of impeller design on liquid phase mixing in mechanically agitated reactors. Chemical Engineering Communications, 1991, 102: 1.

[18] Shiue S J, Wong C W. Studies on homogenization efficiency of various agitators in liquid blending. The Canadian Journal of Chemical Engineering, 1984, 62 (5): 602.

[19] Holden P J, Wang M, Mann R, et al. Imaging stirred-vessel macromixing using electrical resistance tomography. AIChE Journal, 1998, 44 (4): 780.

[20] Harnby N, Edwards M, Nienow A. Mixing in the Process Industries. Stoneham: Butterworth Publishers, 1985.

[21] Nere N K, Patwardhan A W, Joshi J B. Liquid-phase mixing in stirred vessels: Turbulent flow regime. Industrial & Engineering Chemistry Research, 2003, 42: 2661.

[22] 王凯, 冯连芳. 混合设备设计. 北京: 机械工业出版社, 2000.

[23] Ranade V V, Bourne J R, Joshi J B. Fluid mechanics and blending in agitated tanks. Chemical Engineering Science, 1991, 46 (8): 1883.

[24] Bujalski W, Jaworski Z, Nienow A. CFD study of homogenization with dual rushton turbines comparison with experimental results part II: The multiple reference frame. Chemical Engineering Research and Design, 2002, 80 (1): 97.

[25] Yeoh S L, Papadakis G, Yianneskis M. Determination of mixing time and degree of homogeneity in stirred vessels with large eddy simulation. Chemical Engineering Science, 2005, 60 (8-9): 2293.

[26] 王正, 毛在砂, 沈湘黔. Numerical simulation of macroscopic mixing in a rushton impeller stirred tank. 过程工程学报, 2006, 6: 857.

[27] 张庆华, 毛在砂, 杨超, 等. 一种计算搅拌槽混合时间的新方法. 化工学报, 2007, 58 (8): 1891.

[28] Lu W M, Wu H Z, Ju M Y. Effects of baffle design on the liquid mixing in an aerated stirred tank with standard rushton turbine impellers. Chemica Engineering Science, 1997, 52 (21-22): 3843.

[29] Vasconcelos J, Alves S, Nienow A, et al. Scale-up of mixing in gassed multi-turbine agitated vessels. The Canadian Journal Chemical Engineering, 1998, 76: 398.

[30] Hari-Prajitno D, Mishra V, Takenaka K et al. Gas-liquid mixing studies with multiple up-and-down-pumping hydrofoil impellers: Power characteristics and mixing time. The Canadian Journal of Chemical Engineering, 1998, 76 (6): 1056-1068.

[31] Zhang Q H, Yong Y, Mao Z S et al. Experimental determination and numerical simulation of mixing time in a gas-liquid stirred tank. Chemical Engineering Science, 2009, 64 (12): 2926.

[32] Raghav Rao K, Joshi J B. Liquid-phase mixing and power consumption in mechanically agitated solid-liquid contactors. The Chemical Engineering Journal, 1988, 39 (2): 111.

[33] Kuzmanic N, Ljubicic B. Suspension of floating solids with up-pumping pitched blade impellers: Mixing time and power characteristics. Chemical Engineering Journal, 2001, 84 (3): 325.

[34] Bujalski W, Takenaka K, Paolini S, et al. Suspension and liquid homogenization in high solids concentration stirred chemical reactors. Transactions of the Institution Chemical Engineers, 1999, 77 (Part A): 241.

[35] Kuzmanic N, Zanetic R, Akrap M. Impact of floating suspended solids on the homogenisation of the liquid phase in dual-impeller agitated vessel. Chemical Engineering and Processing, 2008, 47 (4): 663.

[36] Kasat G R, Ranade V V. CFD simulation of liquid-phase mixing in solid-liquid stirred reactor. Chemical Engineering Science, 2008, 63: 3877.

[37] Ni X, Cosgrove J A, Arnott A D, et al. On the measurement of strain rate in an oscillatory baffled column using particle image velocimetry. Chemical Engineering Science, 2000, 55 (16): 3195.

[38] Micale G, Brucato A, Grisafi F, et al. Prediction of flow fields in a dual-impeller stirred vessel. AIChE Journal, 1999, 45 (3): 445.

[39] Hartmann H, Derksen J J, Montavon C, et al. Assessment of large eddy and RANS stirred tank simulations by means of LDA. Chemical Engineering Science, 2004, 59 (12): 2419.

[40] Guha D, Ramachandran P A, Dudukovic M P. Flow field of suspended solids in a stirred tank reactor by lagrangian tracking. Chemical Engineering Science, 2007, 62 (22): 6143.

[41] Kumaresan T, Nere N K, Joshi J B. Effect of internals on the flow pattern and mixing in stirred tanks. Industrial & Engineering Chemistry Research, 2005, 44 (26): 9951.

[42] Wang W J, Mao Z S, Yang C. Experimental and numerical investigation on gas-liquid flow in a rushton impeller stirred tank. Industrial & Engineering Chemistry Research, 2006, 45 (3): 1141.

[43] Vesselinov H H, Stephan B, Uwe H, et al. A study on the two-phase flow in a stirred tank reactor agitated by a gas-inducing turbine. Chemical Engineering Research and Design, 2008, 86 (1): 75.

[44] Arratia P E, Kukura J, Lacombe J, et al. Mixing of shear-thinning fluids with yield stress in stirred tanks. AIChE Journal, 2006, 52 (7): 2310.

[45] Wang F, Mao Z S, Wang Y, et al. Measurement of phase holdups in liquid-liquid-solid three-phase stirred tanks and CFD simulation. Chemical Engineering Science, 2006, 61 (22): 7535.

[46] 禹耕之, 王蓉, 毛在砂. 自吸式气-液-液反应器的相分散和传质特性. 石油炼制和化工, 2000, 31 (10):54.

[47] 余潜, 禹耕之, 杨超, 等. 液-液-液三相体系的相分散与分相特性. 过程工程学报, 2007, 7 (2):229.

[48] Tyagi M, Roy S, Harvey III A D, et al. Simulation of laminar and turbulent impeller stirred tanks using immersed boundary method and large eddy simulation technique in multi-block curvilinear geome-

tries. Chemical Engineering Science，2007，62（5）：1351.

[49] Zhang Y，Yang C，Mao Z S. Large eddy simulation of the gas-liquid flow in a stirred tank. AIChE Journal，2008，54（8）：1963.

[50] Marchisio D L，Fox R O. Solution of population balance equations using the direct quadrature method of moments. Journal of the Aerosol Science，2005，36（1）：43.

[51] Attarakih M M，Drumm C，Bart H J. Solution of the population balance equation using the sectional quadrature method of moments（SQMOM）. Chemical Engineering Science，2009，64（4）：742.

[52] 程景才，毛在砂，杨超. 搅拌槽内液固固三相数值模拟研究. 化学反应工程与工艺，2008，24（2）：97.

[53] Cheng J，Yang C，Mao Z S，et al. CFD modeling of nucleation，growth，aggregation，and breakage in continuous precipitation of barium sulfate in a stirred tank. Industrial & Engineering Chemistry Research，2009，48（15）：6992.

4　多相流结构与传递及其调控

4.1　结构问题

　　化工管道和反应器中存在气-液-固三种物质，通常为它们的混合物，这类混合物的结构可分为均匀结构和不均匀结构两种，而绝大多数为不均匀结构。这种不均匀结构以气泡、液滴、颗粒聚团的存在及其尺寸大小不同、空间分布不均匀为特征。

　　与结构密不可分的是界面，界面是多相结构的重要组成部分。界面是指两个不同相态相接触的过渡区域。界面的厚度很小，通常只有一个到几个分子的厚度，约零点几纳米到几纳米。但是界面具有独特的性质，它与物体内部的性质不完全相同，往往决定着物体的附着性质、浸润性质、磨损性质、电性质、光学性质、渗透性、生物兼容性、传热传质阻力和化学反应能力等。表面较为严格的定义为：在真空状态下，物体内部和真空之间的过渡区域，是物体最外面的几层原子和覆盖其上的一些外来原子和分子所形成的表面层。习惯上，表面泛指在大气下液体和固体外部与大气接触的区域，严格地说，表面也属于界面。当物体的尺寸小到纳微尺度，表面和界面上的物质量占物体总质量的比例急剧增加，表面和界面所起的作用就非常显著。当物体的粒径为 5nm 时，表面的体积分数约 50%，粒径为 2nm 时，表面的体积分数增加到 80%。纳米粒子在光学性质、催化性质、化学反应性、磁性熔点、蒸气压、相变温度、烧结、超导等多方面的特殊性能，都与表面和界面有关，且很难用传统的物理和化学理论进行解释[1-3]。由于界面的重要性，人们通常将界面与结构相提并论。

　　结构具有多尺度的特征。多尺度结构在自然界乃至宇宙间普遍存在。如太阳系由大尺度的太阳，中尺度的地球、火星、水星、木星等行星和小尺度的月亮等卫星构成，它们在万有引力的相互作用下处于有序而不停的运动之中。又如一棵树由大尺度的树干，中尺度的树枝和小尺度的树梢组成，树干、树枝、树梢相互连接形成一个有机整体。过程工程同样具有多层次多尺度的结构，一般包含设备内局部的微观和介观尺度结构、中观的设备尺度结构和宏观的系统流程结构。这种局部微观和介观的结构一般是指气-液-固三相物质在空间的静止或运动的分布形态。包括各自密度的分布形态、各自速度的分布形态和相界面的分布形态等[4]。

　　众所周知，物质的分子结构与其热力学特性密切相关，材料的分子结构、微介观结构与其宏观物化和力学性能密切相关。同理，以气泡、液滴、颗粒、聚团的存在及其尺寸大小不同、空间分布不均为主要特征的化工多相流局部微观和介观结构与其流动、传递、反应行为密切相关。由于这种结构的难以预测性和构效关系的复杂性，传统的化学工程则仅讨论均匀结构，采取平均的方法将本来多尺度不均匀的结构拟均匀化，从而掩盖了事物的本来面貌，造成预测的偏差，成为化学工程放大的瓶颈问题[5]。

　　图 4.1 为微乳液中的胶团（水包油）和反胶团（油包水）的结构示意图[6]，虽然其尺度微小，仅 10～100nm，但结构复杂。以反胶团为例，其核心为自由水，核心周围是结合水层，再往外为表面活性剂和助剂双亲分子层，最外是油相。该结构与微乳液的萃取分离和反应性能密切相关。

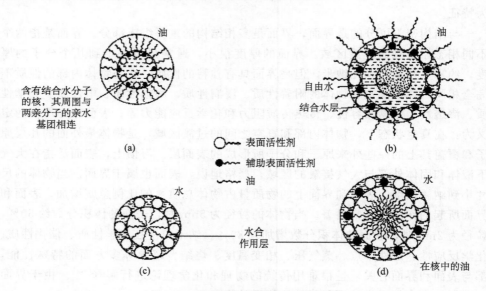

图 4.1　微乳液中的胶团和反胶团[6]

（a）反胶团；（b）油包水的微乳液；（c）正胶团；（d）水包油的微乳液

　　图 4.2 是由微观摄像探头拍摄到的快速循环流化床中的局部介观结构的照片[7]，从中可见快速流化床中存在颗粒的聚集相（聚团）和颗粒的分散相（稀相）两相结构，聚团的形状不规则，尺度不相同，这种结构对快速流化床中的传递与反应具有直接的影响。图 4.3 是纳微颗粒鼓泡流化床层流化时和断气塌落后的照片[8]。由于纳微颗粒表面过剩的自由能具有聚集成团的特性，从照片中可见，床下部是大尺度聚团，床中部是中等尺度聚团，床上部是小尺度聚团。

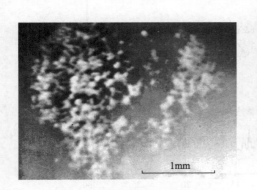

图 4.2 快速流化床中的聚团相和
分散相两相结构[7]
圆形视野中的黑色代表固体颗粒

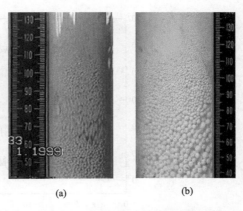

(a)   (b)

图 4.3 CaCO₃ 纳微颗粒聚团流化床的流化
状态 (a) 和塌落后的状态 (b)[8]

李静海、杨宁等的研究发现[9,10]，在计算快速流化床中气-固相互作用的曳力系数时，如按照传统的平均方法计算，即假定颗粒在空间是均匀分布的，曳力系数的表达式为 Ergun 公式[11] 或 Wen&Yu 公式[12]，如式 (4.1)，曳力系数仅为平均空隙率的函数，计算所得的曳力系数为 18.6。但如果考虑到事实上颗粒在空间的不均匀分布，采用多尺度的方法计算，则曳力系数表达式为杨宁提出的式 (4.2)，曳力系数为多个结构参数的函数，计算所得的曳力系数为 2.86，两者有数量级的差别（图 4.4）。

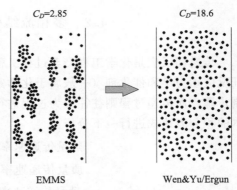

C_D=2.85 C_D=18.6

EMMS   Wen&Yu/Ergun

图 4.4 EMMS 多尺度方法与 Wen&Yu/Ergun
平均方法所得曳力系数的对比[9]

$$\overline{C_D} = C_{D0}\varepsilon_g^{-4.7} \tag{4.1}$$

$$\overline{C_D} = \frac{f(1-\varepsilon_c)U_{sc}^2 C_{Dc} + (1-f)(1-\varepsilon_f)U_{sf}^2 C_{Df} + f(d_p/d_d)U_{si}^2 C_{Di}}{(1-\varepsilon_g)U_s^2} \tag{4.2}$$

据各自的曳力系数对快速流化床的出口颗粒流率进行预测，结果表明，考虑结构的多尺度方法预测结果与实验数据吻合，而不考虑结构的平均方法预测结果与实验数据相差甚远（图 4.5）。可见传统的化学工程将不均匀结构拟均匀化是引起预测偏差和工程放大失败的根源之一。我们必须对结构问题予以足够的重视。

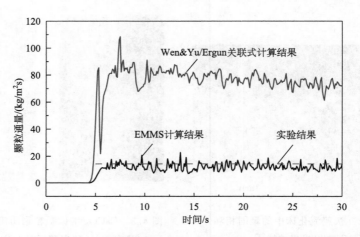

图 4.5　EMMS 结构曳力系数模型与 Wen&Yu/Ergun 平均曳力系数模型对比[10]

4.2　多相流结构与传递的关系

　　传递和反应是化学工程乃至过程工程的两大主题。化学反应的速度取决于本征反应动力学和催化剂（一般属于化学家的研究范畴），但它一般不是过程的控制步骤，而传递过程则往往成为过程进行的瓶颈。我们不妨对如下三传速率最基本的积分表达式进行一下分析：

$$热量传递速率\ H = K_h F \Delta T \tag{4.3}$$

$$质量传递速率\ M = K_m F \Delta C \tag{4.4}$$

$$动量传递速率\ D = K_d F \Delta V \tag{4.5}$$

式中，温度差 ΔT、浓度差 ΔC 和速度差 ΔV 分别代表热量传递、质量传递和动量传递的推动力；F 表示这些传递所通过之界面的有效面积，它是界面状态的函数；K_h、K_m、K_d 则代表传递系数，它们与界面的厚度与形态以及界面两侧的结构密切相关。可见结构和界面是与传递密切相关的两大问题，而结构和界面具有多层次多尺度的明显特征。如纳米颗粒、分子筛催化剂的孔道、微乳液中的胶团属微观尺度，普通的颗粒、气泡、聚团、液滴属介观尺度，而由它们组成的多相流体系统则属宏观尺度[4]。

　　前面已经谈到，结构和界面都具有非均匀、多尺度的特征。结构、界面不仅对动量传递有决定性影响，而且对质量传递、热量传递和化学反应同样会有决定性影响。气-固两相流如鼓泡流化床和快速流化床中，气体与固体颗粒的空间分布是不均匀的，鼓泡流化床中有气泡存在，快速流化床中则有颗粒聚团物存在，它们的形状与尺寸又不相同。而气体与颗粒的速度的空间分布也是不均匀的。这种不均匀的结构在传统的化工原理中并未予以考虑。以往的气-固相互作用的曳力系数，气体与颗粒之间的传质系数以及传热系数的表达式均是以气-固的浓度和速度在空间均匀分布为前提，先以单颗粒与气流的传递关系为重点研究对象，然后推广应用到颗粒群与流体的相互作用与热质传递场合时，则简单加以空隙率的修正。从而与实际的不均匀分布结构不相适应，预测误差很大。因此建立气-固两相流不均匀结构与动量、质量和热量传递之间的定量关系势在必行。这也是当代化学工程学科的前沿问题之一。

李洪钟和侯宝林[13]对快速流化床中的稀密相不均匀结构参数与传质和传热系数之间的定量关系进行了初步的理论分析，并与文献报道的实验数据进行了预测，理论预测结果与实验数据基本符合，而采用传统平均方法的预测结果则与实验数据相差甚远。

本章以快速流化床中的气-固流动为例，从理论上对结构与传递性能的关系进行如下的定量分析。

4.2.1　快速流化床中气-固流动局部不均匀结构的预测——EMMS 模型

快速流化床中的局部不均匀结构可以由 8 个参数来描述，其中：

描述密相（聚团）的参数有 5 个：密相表观气速 U_{fc}（m/s）、密相颗粒表观速度 U_{pc}(m/s)、聚团平均直径 d_c(m)、密相空隙率（或气体体积分率）ε_c（—）、密相体积分率 f（—）；

描述稀相的参数有 3 个：稀相表观气速 U_{fd}(m/s)、稀相颗粒表观速度 U_{pd}(m/s)、稀相空隙率 ε_d（—）。

当气体性质［黏度 μ_f(kg/(m · s))、密度 ρ_f（kg/m³）］、颗粒性质［直径 d_p(m)、密度 ρ_p(kg/m³)］、设备尺寸［内径 D(m)］；以及操作条件［颗粒循环速度 G_p(kg/(m² · s))、气体表观速度 U_f(m/s)］确定后，其局部的结构参数（8 个）可由李静海、郭慕孙[14]提出的能量最小多尺度作用模型（EMMS）来预测。Yang[10]由 9 个参数描述局部不匀称结构，参数中增加了微元的平均加速度 a，这样可由如下 7 个方程与一个稳定性条件联合求解（图 4.6）。

$$\frac{f(1-\varepsilon_c)}{\pi d_p^3/6} C_{Dc} \frac{1}{2}\rho_f U_{sc}^2 \frac{\pi}{4}d_p^2 = f(\rho_p - \rho_f)(g+a)(1-\varepsilon_c)\frac{(1-\varepsilon_f)}{(1-\varepsilon_c)} \quad (4.6)$$

$$\frac{f}{\pi d_c^3/6} C_{Di} \frac{1}{2}\rho_f U_{si}^2 \frac{\pi}{4}d_c^2 = f(\rho_p - \rho_f)(g+a)(1-\varepsilon_c)\frac{(\varepsilon_f-\varepsilon_c)}{(1-\varepsilon_c)} \quad (4.7)$$

$$\frac{(1-f)(1-\varepsilon_d)}{\pi d_p^3/6} C_{Dd} \frac{1}{2}\rho_f U_{sd}^2 \frac{\pi}{4}d_p^2 = (\rho_p - \rho_f)(g+a)(1-\varepsilon_d)(1-f)$$

$$(4.8)$$

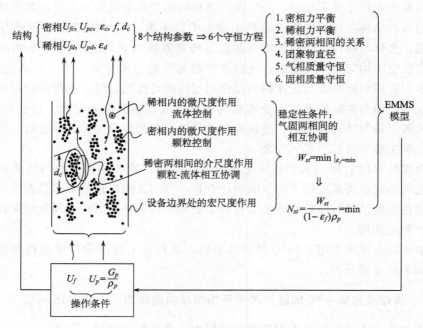

图 4.6　多相流结构与 EMMS 模型示意图[14]

$$U_f = fU_{fc} + (1-f)U_{fd} \tag{4.9}$$

$$U_p = fU_{pc} + (1-f)U_{pd} \qquad (注:U_p = \frac{G_p}{\rho_p} 已知) \tag{4.10}$$

$$\varepsilon_f = \varepsilon_c f + (1-f)\varepsilon_d \tag{4.11}$$

$$d_c = \frac{d_p\{U_p/(1-\varepsilon_{\max}) - [U_{mf} + U_p\varepsilon_{mf}/(1-\varepsilon_{mf})]\}g}{N_{st}\rho_p/(\rho_p - \rho_f) - [U_{mf} + U_p\varepsilon_{mf}/(1-\varepsilon_{mf})]g} \tag{4.12}$$

式（4.12）中，$\varepsilon_{\max} = 0.9997$；$U_{mf}$ 为最小流化速度，m/s；ε_{mf} 为最小流化空隙率，为物性参数。

$$N_{st} = \left[U_f - \frac{\varepsilon_d - \varepsilon_f}{1-\varepsilon_f}f(1-f)U_{fd}\right](g+a)\frac{\rho_p - \rho_f}{\rho_p} \tag{4.13}$$

（N_{st} 为单位质量颗粒的悬浮输运能耗）

$$N_T = \frac{\rho_p - \rho_f}{\rho_p}U_f(g+a) \tag{4.14}$$

式（4.14）中，N_T 为总能耗，包括悬浮输运能耗 N_{st} 和由于颗粒碰撞、循环加速等原因的耗散能耗 N_d。

稳定性条件（约束条件）为悬浮输运能耗 N_{st} 与总能耗 N_T 的比例最小，即

$$\frac{N_{st}}{N_T} = \frac{[U_f(1-\varepsilon_f) - fU_{fd}(\varepsilon_d - \varepsilon_f)(1-f)]}{U_f(1-\varepsilon_f)} = \min \qquad (4.15)$$

以式（4.15）为稳定性条件，联立解方程组式（4.6）～式（4.12），即可求得 9 个局部结构参数（注意求解时，先给定 U_f、U_p、ε_f，ε_f 只能由试差法确定）。

上述各参数的定义表达式分别为

$$U_s = U_f - U_p \frac{\varepsilon_f}{1-\varepsilon_f} \quad \text{—— 整体表观滑移速度,m/s} \qquad (4.16)$$

$$U_{sd} = U_{fd} - U_{pd} \frac{\varepsilon_d}{1-\varepsilon_d} \quad \text{—— 稀相表观滑移速度,m/s} \qquad (4.17)$$

$$U_{sc} = U_{fc} - U_{pc} \frac{\varepsilon_c}{1-\varepsilon_c} \quad \text{—— 密相表观滑移速度,m/s} \qquad (4.18)$$

$$U_{si} = \left(U_{fd} - U_{pc}\frac{\varepsilon_d}{1-\varepsilon_c}\right)(1-f) = \left(\frac{U_{fd}}{\varepsilon_d} - \frac{U_{pc}}{1-\varepsilon_c}\right)\varepsilon_d(1-f)$$

$$\text{—— 相间表观滑移速度,m/s} \qquad (4.19)$$

4.2.2　不均匀结构与曳力系数的关系——动量传递

1）单颗粒与流体之间的相互作用力—— 曳力 F_{D0}

$$F_{D0} = C_{D0}\rho_f \frac{1}{2}U_s^2 \frac{\pi}{4}d_p^2 \qquad (4.20)$$

式中，C_{D0} 为单颗粒曳力系数；ρ_f 为流体密度，kg/m^3；d_p 为颗粒直径，m；F_{D0} 为单颗粒受到的气体流曳力，N；U_s 为气-固表观滑移速度，$U_s = |u_f - u_p|\varepsilon_f$。

式中，u_f 为气体真实速度，m/s；u_p 为颗粒真实速度，m/s；ε_f 为空隙率。

2）关于单颗粒与气流作用的曳力系数 C_{D0} 的计算

$$C_{D0} = \begin{cases} 0.44, & \text{当 } Re_p > 1000 \qquad (4.21) \\ \dfrac{24}{Re_p}(1 + 0.15Re_p^{0.687}), & \text{当 } Re_p < 1000 \qquad (4.22) \end{cases}$$

$$Re_p = \frac{\rho_f d_p(u_f - u_p)\varepsilon_f}{\mu_f} \qquad \text{颗粒 Reynolds 准数} \qquad (4.23)$$

式中，μ_f 为流体黏度，$kg/(m \cdot s)$。

3）稀相中单颗粒与气流体之间的曳力 F_{Dd}

根据 Wen&Yu 方程[11]，当 $\varepsilon_d > 0.8$ 时，考虑周围颗粒群的影响，曳力系数需修正：

$$C_{Dd} = C_{D0}\varepsilon_d^{-4.7} \qquad (4.24)$$

$$F_{Dd} = C_{Dd}\rho_f \frac{1}{2}U_{sd}^2 \frac{\pi}{4}d_p^2 \qquad (4.25)$$

4）稀相中单位体积微元中所含 n 个颗粒与流体总曳力 F_{Ddn}

$$F_{Ddn} = nF_{Dd} = \frac{1-\varepsilon_d}{\frac{\pi}{6}d_p^3}C_{Dd}\frac{1}{2}\rho_f U_{sd}^2 \frac{\pi}{4}d_p^2 \tag{4.26}$$

5）密相中单位体积微元所含颗粒与流体间的相互作用力 F_{Dcu}

通常密相空隙率 $\varepsilon_c < 0.8$，此时应采用 Ergun 方程计算曳力[10]，曳力系数 C_{Dc} 则可通过改变 Ergun 方程的形式而获得。

$$F_{Dcu} = 150\frac{(1-\varepsilon_c)^2\mu_f}{\varepsilon_c^3 d_p^2}U_{sc} + 1.75\frac{(1-\varepsilon_c)\rho_f}{\varepsilon_c^3 d_p}U_{sc}^2$$

$$= \left[300\frac{4(1-\varepsilon_c)^2\mu_f}{\pi\varepsilon_c^3\rho_f d_p^4 U_{sc}} + 3.5\frac{4(1-\varepsilon_c)}{\pi\varepsilon_c^3 d_p^3}\right]\frac{1}{2}\rho_f U_{sc}^2\frac{\pi}{4}d_p^2\frac{(1-\varepsilon_c)\frac{\pi}{6}d_p^3}{\frac{\pi}{6}d_p^3(1-\varepsilon_c)}$$

$$= \left[200\frac{(1-\varepsilon_c)\mu_f}{\varepsilon_c^3\rho_f d_p U_{sc}} + \frac{7}{3\varepsilon_c^3}\right]\frac{1}{2}\rho_f U_{sc}^2\frac{\pi}{4}d_p^2\frac{(1-\varepsilon_c)}{\frac{\pi}{6}d_p^3}$$

$$= C_{Dc}\frac{1}{2}\rho_f U_{sc}^2\frac{\pi}{4}d_p^2\frac{1-\varepsilon_c}{\frac{\pi}{6}d_p^3} \tag{4.27}$$

显然

$$C_{Dc} = 200\frac{(1-\varepsilon_c)}{\varepsilon_c^3\rho_f d_p U_{sc}}\mu_f + \frac{7}{3\varepsilon_c^3} \tag{4.28}$$

6）密相中单个颗粒与流体间的作用力 F_{Dc}

$$F_{Dc} = \frac{F_{Dcn}}{n} = C_{Dc}\frac{1}{2}\rho_f U_{sc}^2\frac{\pi}{4}d_p^2$$

$$= \left[200\frac{(1-\varepsilon_c)\mu_f}{\varepsilon_c^3\rho_f d_p U_{sc}} + \frac{7}{3\varepsilon_c^3}\right]\frac{1}{2}\rho_f U_{sc}^2\frac{\pi}{4}d_p^2 \tag{4.29}$$

7）单个聚团与稀相流体间的相互作用力 F_{Di}

设聚团相的体积分率为 f，单个聚团的平均直径为 d_c

$$F_{Di} = C_{Di}\frac{1}{2}\rho_f U_{si}^2\frac{\pi}{4}d_c^2 \tag{4.30}$$

式中，曳力系数

$$C_{Di} = C_{D0}\varepsilon_d^{-4.7}(1-f)^{-4.7}，当 \varepsilon_i = \varepsilon_d(1-f) > 0.8 \tag{4.31}$$

或

$$C_{Di} = 200\frac{(1-\varepsilon_i)\mu_f}{\varepsilon_i^3\rho_f d_c U_{si}} + \frac{7}{3\varepsilon_i^3}，当 \varepsilon_i = \varepsilon_d(1-f) < 0.8 \tag{4.32}$$

8）单位体积微元中所有聚团与稀相中流体间的相互作用力 F_{Din}

$$F_{Din} = nF_{Di} = \frac{f}{\frac{\pi}{6}d_c^3}C_{Di}\frac{1}{2}\rho_f U_{si}^2\frac{\pi}{4}d_c^2 \tag{4.33}$$

9) 单位体积微元中所有聚团内部颗粒与流体间的相互作用力 F_{Dcn}

该力等于密相中单个颗粒所受力与聚团内部与团内流体接触的有效颗粒数的乘积。所谓聚团内部与团内流体接触的有效颗粒数应当为聚团的颗粒数减去聚团边界上与分散相流体接触的当量颗粒数（既分散相流体与聚团边界上颗粒接触面积相当的颗粒数）。可由式（4.34）表达：

$$
\begin{aligned}
F_{Dcn} &= \left[\frac{f(1-\varepsilon_c)}{\frac{\pi}{6}d_p^3} - \frac{a_c f(1-\varepsilon_c)}{\frac{2}{4}\pi d_p^2} \right] F_{Dc} \\
&= \left[\frac{f(1-\varepsilon_c)}{\frac{\pi}{6}d_p^3} - \frac{a_c f(1-\varepsilon_c)}{\frac{2}{4}\pi d_p^2} \right] C_{Dc}\, \frac{1}{2}\rho_f U_{sc}^2\, \frac{\pi}{4}d_p^2 \\
&= \left(1 - 2\frac{d_p}{d_c}\right) \frac{f(1-\varepsilon_c)}{\frac{\pi}{6}d_p^3} C_{Dc}\, \frac{1}{2}\rho_f U_{sc}^2\, \frac{\pi}{4}d_p^2
\end{aligned}
\tag{4.34}
$$

10) 单位体积多相流中气相与固相之间的总相互作用力 F_D

$$
F_D = (1-f)F_{Ddn} + F_{Dcn} + F_{Din} = \frac{(1-f)(1-\varepsilon_d)}{\frac{\pi}{6}d_p^3} C_{Dd}\, \frac{1}{2}\rho_f U_{sd}^2\, \frac{\pi}{4}d_p^2
$$

$$
+ \left(1 - 2\frac{d_p}{d_c}\right)\frac{f(1-\varepsilon_c)}{\frac{\pi}{6}d_p^3} C_{Dc}\, \frac{1}{2}\rho_f U_{sc}^2\, \frac{\pi}{4}d_p^2 + \frac{f}{\frac{\pi}{6}d_c^3} C_{Di}\, \frac{1}{2}\rho_f U_{si}^2\, \frac{\pi}{4}d_c^2 \tag{4.35}
$$

若已知平均空隙率 ε_f，平均表观气-固滑移速度 U_s，平均曳力系数为 $\overline{C_D}$，则 F_D 又可表示为

$$
F_D = \frac{(1-\varepsilon_f)}{\frac{\pi}{6}d_p^3} \overline{C_D}\, \frac{1}{2}\rho_f U_s^2\, \frac{\pi}{4}d_p^2 \tag{4.36}
$$

11) 多相流中气-固相互作用曳力系数的正确表达式

对比式（4.35）与式（4.36）可知：

$$
\overline{C_D} = \frac{f(1-\varepsilon_c)\left(1 - 2\dfrac{d_p}{d_c}\right)C_{Dc}U_{sc}^2 + (1-f)(1-\varepsilon_d)C_{Dd}U_{sd}^2 + f\left(\dfrac{d_p}{d_c}\right)C_{Di}U_{si}^2}{(1-\varepsilon_f)U_s^2}
$$

$$
\tag{4.37}
$$

式（4.37）则为曳力系数与多相流不均匀结构参数之间的定量关系。

而传统的计算公式则为 Wen & Yu 的关系式[11]

$$
\overline{C_D} = C_{D0}\varepsilon_f^{-4.7} \tag{4.38}
$$

显然式（4.37）与式（4.38）是不同的。式（4.37）考虑了多相流的结构参数的影响，式（4.38）仅仅在单颗粒曳力系数 C_{D0} 的基础上以平均空隙率 ε_f 加以

修正。计算多相流中气-固总相互作用力时应以式（4.35）为准，或式（4.36）、（4.37）联立计算。

4.2.3　不均匀结构与传质系数的关系——质量传递

1. 单个颗粒与气体的传质系数

通常由 R-M 公式[15]计算：

$$Sh = 2.0 + 0.6 Re^{\frac{1}{2}} Sc^{\frac{1}{3}} \tag{4.39}$$

也可由 Rowe[16]提出的公式计算：

$$\begin{cases} Sh = 2.0 + 0.69 Re^{m} Sc^{\frac{1}{3}} \\ m = 0.5，当 Re \in (20, 2000) \\ m = 0.4 \sim 0.6，当 Re \in (1, 10\,000) \end{cases} \tag{4.40}$$

式中，Sh 为传质 Sherwood 准数

$$Sh = \frac{K d_p}{D} \tag{4.41}$$

其中，K 为传质系数，m/s；d_p 为颗粒直径，m；D 为气体扩散分数，m²/s。

Re 为颗粒 Reynolds 准数

$$Re = \frac{d_p U_f \rho_f}{\mu_f}$$

其中，U_f 为表观流体速度或表观流体与颗粒间滑移速度，m/s；ρ_f 为流体密度，kg/m³；μ_f 为流体黏度，kg/(m·s)。

Sc 为传质的 Schmidt 准数

$$Sc = \frac{\mu_f}{\rho_f D} \tag{4.42}$$

2. 颗粒群与流体间的传质系数

对鼓泡流化床，建议采用 Scala 公式[17]：

$$Sh = 2\varepsilon_{mf} + 0.69 \left(\frac{Re_{mf}}{\varepsilon_{mf}} \right)^{\frac{1}{2}} Sc^{\frac{1}{3}} \tag{4.43}$$

式中，ε_{mf} 为临界（初始）流化空隙率；Re_{mf} 为临界（初始）流化 Reynolds 准数。

$$Re_{mf} = \frac{d_p U_{mf} \rho_f}{\mu_f} \tag{4.44}$$

式中，U_{mf} 为表观临界流态化速度，m/s。

对快速流化床因无气泡，建议采用 La Nauze-Jung 公式[18]

$$Sh = 2\varepsilon + 0.69\left(\frac{U_s d_p \rho_f}{\varepsilon \mu_f}\right)^{\frac{1}{2}} Sc^{\frac{1}{3}} \tag{4.45}$$

式中，ε 为空隙率；U_s 为颗粒与流体间表观滑移速度，m/s。

$$K = Sh\frac{D}{d_p} = 2\varepsilon\frac{D}{d_p} + 0.69\frac{D}{d_p}\left(\frac{U_s d_p \rho_f}{\varepsilon \mu_f}\right)^{\frac{1}{2}}\left(\frac{\mu_f}{\rho_f D}\right)^{\frac{1}{3}} \tag{4.46}$$

3. 颗粒群与流体之间的传质方程及整体传质系数与结构参数关系的表达

若令稀相传质系数为 K_d，密相传质系数为 K_c，相间传质系数为 K_i，整体平均传质系数为 K_f，则依式（4.46）定义可知

$$K_d = 2\varepsilon_d\frac{D}{d_p} + 0.69\frac{D}{d_p}\left(\frac{U_{sd} d_p \rho_f}{\varepsilon_d \mu_f}\right)^{\frac{1}{2}}\left(\frac{\mu_f}{\rho_f D}\right)^{\frac{1}{3}} \tag{4.47}$$

$$K_c = 2\varepsilon_c\frac{D}{d_p} + 0.69\frac{D}{d_p}\left(\frac{U_{sc} d_p \rho_f}{\varepsilon_c \mu_f}\right)^{\frac{1}{2}}\left(\frac{\mu_f}{\rho_f D}\right)^{\frac{1}{3}} \tag{4.48}$$

$$K_i = 2\varepsilon_d(1-f)\frac{D}{d_c} + 0.69\frac{D}{d_c}\left[\frac{U_{si} d_c \rho_f}{\varepsilon_d(1-f)\mu_f}\right]^{\frac{1}{2}}\left(\frac{\mu_f}{\rho_f D}\right)^{\frac{1}{3}} \tag{4.49}$$

在气-固流设备中取一个微分单元薄层，设备的截面积为 A，薄层厚度为 dz（图4.7）。设气-固流中颗粒为可挥发的萘球，气体为空气（常温常压），气流为活塞流，dz 间距中的结构变化忽略不计，过程为稳态。令稀相中气体中萘浓度为 $c_d(\mathrm{kg/m^3})$，密相中气体中萘浓度为 $c_c(\mathrm{kg/m^3})$，整体平均气体中萘浓度为 $c_f(\mathrm{kg/m^3})$。

对微分单元建立的以气流中的萘气为对象的质量平衡：

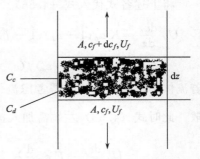

图 4.7 气-固快速流化床传质微分单元薄层

（1）进入微元体的萘质量：

$$M_{\mathrm{in}} = U_f A c_f \tag{4.50}$$

（2）流出微元体的萘质量：

$$M_{\mathrm{out}} = U_f A(c_f + \mathrm{d}c_f) \tag{4.51}$$

（3）微元体中萘球挥发进入气相中的萘质量 M_0 由 4 部分组成：

① 稀相中萘球挥发进入稀相气体中的萘质量 M_d

$$M_d = A\mathrm{d}z K_d a_p(1-\varepsilon_d)(1-f)(c_{sd} - c_d) \tag{4.52}$$

式中，a_p 为萘颗粒的比表面积，$\mathrm{m^2/m^3}$；$a_p = \dfrac{6}{d_p}$，对球体；c_{sd} 为稀相颗粒表面的

萘浓度，kg/m³。

② 密相中萘颗粒挥发进入密相气体中的萘质量 M_c

$$M_c = AdzK_c[a_p(1-\varepsilon_c)f - a_c(1-\varepsilon_c)f](c_{sc}-c_c)$$
$$= AdzK_c(a_p-a_c)(1-\varepsilon_c)f(c_{sc}-c_c) \tag{4.53}$$

式中，c_{sc} 为密相颗粒表面的萘浓度，kg/m³。

③ 聚团外表面萘球颗粒挥发直接进入稀相气体中的萘质量 M_i

$$M_i = AdzK_ia_c(1-\varepsilon_c)f(c_{si}-c_d) \tag{4.54}$$

式中，a_c 为聚团体（直径为 d_c）的传质比表面积，m²/m³；$a_c = \dfrac{6}{d_c}$；c_{si} 为聚团外表面颗粒的表面萘浓度，kg/m³。

④ 因聚团体的并聚与分散行为引起的附加萘挥发质量 M_a

$$Ma = Adz \cdot m_a \tag{4.55}$$

式中，m_a 为动态附加传质速度 [kg/(m²·s)]——待讨论。

依质量守恒原理，有

$$M_{\text{out}} - M_{\text{in}} = M_0 \tag{4.56}$$
$$M_0 = M_d + M_c + M_i + M_a \tag{4.57}$$

将上述各式代入式（4.56）、式（4.57），可得

$$U_f\frac{dc_f}{dz} = K_da_p(1-\varepsilon_d)(1-f)(c_{sd}-c_d) + K_c(a_p-a_c)(1-\varepsilon_c)f(c_{sc}-c_c)$$
$$+ K_ia_c(1-\varepsilon_c)f(c_{si}-c_d) + m_a \tag{4.58}$$

若流体不是活塞流，则需考虑流体中的萘因轴向存在浓度梯度而发生的轴向扩散。此时式（4.58）左端需加入扩散项 $-E_z\varepsilon_f\dfrac{d^2c_f}{dz^2}$，如式（4.58a）所示。

$$U_f\frac{dc_f}{dz} - E_z\varepsilon_f\frac{d^2c_f}{dz^2} = K_da_p(1-\varepsilon_d)(1-f)(c_{sd}-c_d)$$
$$+ K_c(a_p-a_c)(1-\varepsilon_c)f(c_{sc}-c_c)$$
$$+ K_ia_c(1-\varepsilon_c)f(c_{si}-c_d) + m_a \tag{4.58a}$$

式中，E_z 为气体中萘组分的轴向扩散系数，m²/s。

$$M_0 = Adz[K_da_p(1-\varepsilon_d)(1-f)(c_{sd}-c_d) + K_c(a_p-a_c)(1-\varepsilon_c)f(c_{sc}-c_c)$$
$$+ K_ia_c(1-\varepsilon_c)f(c_{si}-c_d) + m_a] \tag{4.59}$$

另外 M_0 也可由整体平均传质系数 K_f，及平均空隙率 ε_f、平均萘浓度 c_f 来表示：

$$M_0 = AdzK_fa_p(1-\varepsilon_f)(c_{sf}-c_f) \tag{4.60}$$

式中，c_{sf} 为颗粒表面的平均萘浓度，kg/m³。

对比式（4.59）与式（4.60）可知：

$$K_f =$$

$$\frac{K_d a_p (1-\varepsilon_d)(1-f)(c_{sd}-c_d) + K_c (a_p - a_c)(1-\varepsilon_c) f(c_{sc}-c_c) + K_i a_c (1-\varepsilon_c) f(c_{si}-c_d) + m_a}{a_p (1-\varepsilon_f)(c_{sf}-c_f)}$$

$$(4.61)$$

式（4.61）则为气-固两相流平均传质系数与结构参数的关系定量表达式。

而传统的表达式为

$$K_f = 2\varepsilon_f \frac{D}{d_p} + 0.69 \frac{D}{d_p} \left(\frac{U_s d_p \rho_f}{\varepsilon_f \mu_f}\right)^{\frac{1}{2}} \left(\frac{\mu_f}{\rho_f D}\right)^{\frac{1}{3}} \tag{4.62}$$

显然式（4.61）与式（4.62）完全不同。

4. 稀相的传质方程

（1）进入微分单元稀相区气流中的萘质量：

$$M_{\text{ind}} = U_{fd} A (1-f) c_d \tag{4.63}$$

（2）流出微分单元稀相区气流中的萘质量：

$$M_{\text{outd}} = U_{fd} A (1-f)(c_d + \mathrm{d}c_d) \tag{4.64}$$

（3）微分单元中萘颗粒挥发进入稀相气流中的萘质量 M_{0d} 由四部分组成：

① 稀相中萘颗粒挥发进入稀相气体中的萘质量 M_d：

$$M_d = A\mathrm{d}z K_d a_p (1-\varepsilon_d)(1-f)(c_{sd}-c_d) \tag{4.65}$$

② 密相聚团外表面萘颗粒挥发进入稀相气体中的萘质量 M_i

$$M_i = A\mathrm{d}z K_i a_c (1-\varepsilon_c) f(c_{si}-c_d) \tag{4.66}$$

③ 密相中高浓度萘组分向稀相中低浓度区渗流与扩散的萘质量 M_{cd}

$$M_{cd} = A\mathrm{d}z K_{cd} a_c f\varepsilon_c (c_c-c_d) \tag{4.67}$$

式（4.67）中 K_{cd} 为密相与稀相流体之间的质量变换系数，由 Higbie[19] 的渗透公式给出：

$$K_{cd} = 2.0 \frac{D\varepsilon_c}{d_c} + \sqrt{\frac{4D\varepsilon_c}{\pi t_1}} \tag{4.68}$$

式中，

$$t_1 = \frac{d_c}{\left|\dfrac{U_{fc}}{\varepsilon_c} - \dfrac{U_{pc}}{1-\varepsilon_c}\right|} \tag{4.69}$$

④ 聚团的动态聚散引起的附加进入稀相气流中萘挥发质量：

$$M_{ad} = A\mathrm{d}z m_{ad} \tag{4.70}$$

由质量守恒给出：

$$M_{\text{outd}} - M_{\text{ind}} = M_{0d} = M_d + M_i + M_{cd} + M_{ad} \tag{4.71}$$

将上述各式代入式（4.71）可得

$$U_{fd}(1-f)\frac{\mathrm{d}c_d}{\mathrm{d}z} = K_d a_p(1-\varepsilon_d)(1-f)(c_{sd}-c_d) + K_i a_c(1-\varepsilon_c)f(c_{si}-c_d)$$
$$+ K_{cd}a_c f\varepsilon_c(c_c-c_d) + m_{ad} \tag{4.72}$$

式（4.72）则为稀相传质方程。

若考虑流体中萘的轴向扩散，则式（4.72）需改写为

$$U_{fd}(1-f)\frac{\mathrm{d}c_d}{\mathrm{d}z} - E_z(1-f)\varepsilon_d\frac{\mathrm{d}^2 c_d}{\mathrm{d}z^2} = K_d a_p(1-\varepsilon_d)(1-f)(c_{sd}-c_d)$$
$$+ K_i a_c(1-\varepsilon_c)f(c_{si}-c_d)$$
$$+ K_{cd}a_c f\varepsilon_c(c_c-c_d) + m_{ad} \tag{4.72a}$$

5. 密相的传质方程

（1）进入微分单元密相区气流中的萘质量：

$$M_{\text{inc}} = U_{fc}Afc_c \tag{4.73}$$

（2）流出微分单元密区气流中的萘质量：

$$M_{\text{outc}} = U_{fc}Af(c_c + \mathrm{d}c_c) \tag{4.74}$$

（3）微分单元中萘颗粒挥发进入密相气流中以及从密相气流因浓度差渗透进入稀相气流中后密相气流中萘质量的净增加量 M_{0c} 由以下三部分组成：

① 密相中萘颗粒挥发进入密相气流中的萘质量 M_c：

$$M_c = A\mathrm{d}zK_c(a_p - a_a)(1-\varepsilon_c)f(c_{sc} - c_c) \tag{4.53}$$

② 密相气流中高浓度萘组分向低浓度稀相气流中渗透与扩散的量 M_{cd}

$$M_{cd} = A\mathrm{d}zK_{cd}a_c f\varepsilon_c(c_c - c_d) \tag{4.67}$$

③ 聚团的并聚与分散引起的附加密相气流萘组分增加量 M_{ac}

$$M_{ac} = A\mathrm{d}zm_{ac}, \qquad m_{ac}\text{——待讨论} \tag{4.75}$$

由萘组分质量守恒可知

$$M_{\text{outc}} - M_{\text{inc}} = M_{0c} = M_c - M_{cd} + M_{ac} \tag{4.76}$$

将上述各式代入式（4.76）可得

$$U_{fc}f\frac{\mathrm{d}c_c}{\mathrm{d}z} = K_c(a_p - a_c)(1-\varepsilon_c)f(c_{sc} - c_c) - K_{cd}a_c f\varepsilon_c(c_c - c_d) + m_{ac}$$
$$\tag{4.77}$$

式（4.77）则为密相传质方程。

若考虑流体中萘的轴向扩散，则式（4.77）需改写为

$$U_{fc}f\frac{\mathrm{d}c_c}{\mathrm{d}z} - E_z f\varepsilon_c\frac{\mathrm{d}^2 c_c}{\mathrm{d}z^2} = K_c(a_p - a_c)(1-\varepsilon_c)f(c_{sc} - c_c) - K_{cd}a_c f\varepsilon_c(c_c - c_d) + m_{ac}$$

$$(4.77\text{a})$$

6. 传质微分方程组的求解

上述传质方程中总计有 c_f、c_d、c_c、c_{sd}、c_{sc}、c_{si}、c_{sf} 7 个未知数，需建立 7 个方程联立求解。除上述式 (4.72) 和式 (4.77) 以外，尚需再建立 5 个方程。

根据平均浓度的定义 c_d、c_c 与 c_f 之间又有如下关系：

$$c_f\varepsilon_f = c_d\varepsilon_d(1-f) + c_c f\varepsilon_c \tag{4.78}$$

即

$$\frac{\mathrm{d}c_f}{\mathrm{d}z} = \frac{1}{\varepsilon_f}\left[(1-f)\ \varepsilon_d\ \frac{\mathrm{d}c_d}{\mathrm{d}z} + f\varepsilon_c\ \frac{\mathrm{d}c_c}{\mathrm{d}z}\right] \tag{4.78a}$$

此外，颗粒表面的浓度则应由颗粒表面的传质与反应或吸收（吸附）的平衡所决定。为此又可建立如下 4 个方程。

稀相传质与反应平衡方程：

$$k_r(1-\varepsilon_d)(1-f)c_{sd}\eta = K_d(1-\varepsilon_d)(1-f)a_p(c_d - c_{sd}) \tag{4.79}$$

密相传质与反应平衡方程：

$$k_r\left[(1-\varepsilon_c)f - 2(1-\varepsilon_c)f\frac{d_p}{d_c}\right]c_{sc}\eta = K_c\left[(1-\varepsilon_c)fa_p - (1-\varepsilon_c)fa_c\right](c_c - c_{sc}) \tag{4.80}$$

相间传质与反应平衡方程：

$$k_r 2(1-\varepsilon_c)f\frac{d_p}{d_c}c_{si}\eta = K_i(1-\varepsilon_c)fa_c(c_d - c_{si}) \tag{4.81}$$

总传质与反应平衡方程：

$$(1-\varepsilon_f)c_{sf} = (1-\varepsilon_d)(1-f)c_{sd} + \left[(1-\varepsilon_c)f - 2(1-\varepsilon_c)f\frac{d_p}{d_c}\right]c_{sc}$$

$$+ 2(1-\varepsilon_c)f\frac{d_p}{d_c}c_{si} \tag{4.82}$$

上述各式中，k_r 是反应或吸收（吸附）速度常数，s^{-1}；η 是颗粒体积有效因子。

以 $z=0$ 时，$c_d = c_c = c_0$ 及 $c_{sc} = c_{sd} = c_{si} = c_{s0}$ 为初始值，联立解式 (4.72)、式 (4.77)~式 (4.82)，则可求出 c_c、c_d、c_f 以及 c_{sd}、c_{sc}、c_{si}、c_{sf} 的一维分布。

4.2.4 不均匀结构与传热系数的关系——热量传递

1）单个颗粒与流体间的传热系数

通常也用 R-M 公式[15]：

$$Nu = 2.0 + 0.6Re^{\frac{1}{2}}Pr^{\frac{1}{3}} \tag{4.83}$$

式中，$Nu = \dfrac{\alpha d_p}{\lambda}$，为 Nusselt 准数；$Re = \dfrac{d_p U_f \rho_f}{\mu_f}$，为 Reynolds 准数；$Pr = \dfrac{C_p \mu_f}{\lambda}$，为 Prandtl 准数。其中，$\alpha$ 为给热系数，$J/(m^2 \cdot s \cdot K)$；λ 为流体导热系数，$J/(m \cdot s \cdot K)$；C_p 为流体定压热容，$J/(kg \cdot k)$。

2）颗粒群与流体间的传热系数

根据 Rowe[16] 的研究，通常可类比传质的公式：

$$Nu = 2.0\varepsilon + 0.69\left(\frac{Re}{\varepsilon}\right)^{\frac{1}{2}} Pr^{\frac{1}{3}} \quad \left(\frac{Re}{\varepsilon} \text{ 是指将 } Re \text{ 中的表观速度变为真实速度}\right)$$

$$(4.84)$$

$$\alpha = 2.0\varepsilon \frac{\lambda}{d_p} + 0.69 \frac{\lambda}{d_p}\left(\frac{Re}{\varepsilon}\right)^{\frac{1}{2}} Pr^{\frac{1}{3}} \tag{4.85}$$

多相流中各区中的给热系数可表达为

稀相：$\quad \alpha_d = 2\varepsilon_d \dfrac{\lambda}{d_p} + 0.69 \dfrac{\lambda}{d_p}\left(\dfrac{U_{sd} d_p \rho_f}{\varepsilon_d \mu_f}\right)^{\frac{1}{2}}\left(\dfrac{C_p \mu_f}{\lambda}\right)^{\frac{1}{3}} \tag{4.86}$

密相：$\quad \alpha_c = 2\varepsilon_c \dfrac{\lambda}{d_p} + 0.69 \dfrac{\lambda}{d_p}\left(\dfrac{U_{sc} d_p \rho_f}{\varepsilon_c \mu_f}\right)^{\frac{1}{2}}\left(\dfrac{C_p \mu_f}{\lambda}\right)^{\frac{1}{3}} \tag{4.87}$

相间：$\quad \alpha_i = 2\varepsilon_d(1-f)\dfrac{\lambda}{d_c} + 0.69 \dfrac{\lambda}{d_c}\left(\dfrac{U_{si} d_c \rho_f}{\varepsilon_d(1-f)\mu_f}\right)^{\frac{1}{2}}\left(\dfrac{C_p \mu_f}{\lambda}\right)^{\frac{1}{3}} \tag{4.88}$

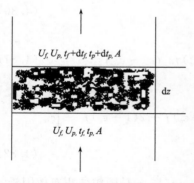

$U_f, U_p, t_f + \mathrm{d}t_f, t_p + \mathrm{d}t_p, A$

$\mathrm{d}z$

U_f, U_p, t_f, t_p, A

图 4.8　气-固快速流化床传热微分单元薄层

3）颗粒群与流体之间的传热方程及整体传热系数与结构参数关系的表达

在气-固流设备中取一个微分单元薄层，设备的截面积为 A，薄层厚度为 $\mathrm{d}z$（如图 4.8）。设气-固流中气体为空气（常温常压），且为活塞流，颗粒为全混流，气-固两相流经过 $\mathrm{d}z$ 微区后，仅有温度的变化，而结构参数的变化可以忽略不计，过程为稳态。对象为热的固体颗粒加热气体流，颗粒平均温度 t_p，K；气体进入时平均温度 t_f，K。首先对气相做热平衡计算，可得气相传热微分方程。

（1）气流带入微分单元的热量：

$$H_{\mathrm{inf}} = U_f A \rho_f C_p t_f \tag{4.89}$$

（2）气流带出微分单元的热量：

$$H_{\mathrm{outf}} = U_f A \rho_f C_p (t_f + \mathrm{d}t_f) \tag{4.90}$$

（3）微元中颗粒传给气体的热量 H_{of} 由四部分组成：

① 稀相中颗粒传给气体的热量 H_{df}

$$H_{df} = A\mathrm{d}z\alpha_d a_p(1-\varepsilon_d)(1-f)(t_{pd} - t_{fd}) \tag{4.91}$$

② 密相中颗粒传给气体的热量 H_{cf}

$$H_{cf} = A\mathrm{d}z\alpha_c(a_p - a_c)(1-\varepsilon_c)f(t_{pc} - t_{fc}) \tag{4.92}$$

③ 聚团表面颗粒传给稀相中气体的热量 H_{if}

$$H_{if} = A\mathrm{d}z\alpha_i a_c(1-\varepsilon_c)f(t_{pc} - t_{fd}) \tag{4.93}$$

④ 聚团的并聚与分散引起的附加颗粒传给气体的热量 H_{af}

$$H_{af} = A\mathrm{d}zh_{af}, \quad h_{af} \text{——待讨论} \tag{4.94}$$

上述各式中，t_{pd} 为稀相固体颗粒的温度，K；t_{pc} 为密相固体颗粒的温度，K；t_{fd} 为稀相中气体的温度，K；t_{fc} 为密相中气体温度，K。

依据热量守恒原理：

$$H_{\mathrm{outf}} - H_{\mathrm{inf}} = H_{0f} = H_{lf} + H_{df} + H_{if} + H_{af} \tag{4.95}$$

$$H_{\mathrm{outf}} - H_{\mathrm{inf}} = U_f A\rho_f C_p \mathrm{d}t_f \tag{4.96}$$

$$H_{0f} = A\mathrm{d}z[\alpha_d a_p(1-\varepsilon_d)(1-f)(t_{pd} - t_{fd}) + \alpha_c(a_p - a_c)(1-\varepsilon_c)f(t_{pc} - t_{fc})$$
$$+ \alpha_i a_c(1-\varepsilon_c)f(t_{pc} - t_{fd}) + h_{af}] \tag{4.97}$$

但若设 α_f 为整体平均给热系数，ε_f 为整体平均空隙率，则有

$$H_{0f} = A\mathrm{d}z\alpha_f a_p(1-\varepsilon_f)(t_p - t_f) \tag{4.98}$$

将式（4.96）式（4.97）代入式（4.95），可得气-固两相流气相的传热微分方程：

$$U_f\rho_f c_p \frac{\mathrm{d}t_f}{\mathrm{d}z} = \alpha_d a_p(1-\varepsilon_d)(1-f)(t_{pd} - t_{fd}) + \alpha_c(a_p - a_c)(1-\varepsilon_c)f(t_{pc} - t_{fc})$$
$$+ \alpha_i a_c(1-\varepsilon_c)f(t_{pc} - t_{fd}) + h_{af} \tag{4.99}$$

若考虑流体中因轴向存在温度梯度而引起的轴向的热扩散。此时式（4.99）左端需加入热扩散项 $-\lambda\varepsilon_f \dfrac{\mathrm{d}^2 t_f}{\mathrm{d}z^2}$，如式（4.99a）所示。

$$U_f\rho_f c_p \frac{\mathrm{d}t_f}{\mathrm{d}z} - \lambda\varepsilon_f \frac{\mathrm{d}^2 t_f}{\mathrm{d}z^2} = \alpha_d a_p(1-\varepsilon_d)(1-f)(t_{pd} - t_{fd})$$
$$+ \alpha_c(a_p - a_c)(1-\varepsilon_c)f(t_{pc} - t_{fc})$$
$$+ \alpha_i a_c(1-\varepsilon_c)f(t_{pc} - t_{fd}) + h_{af} \tag{4.99a}$$

对比式（4.97）与式（4.98）可知整体平均给热系数可表达为

$$\alpha_f =$$
$$\frac{\alpha_d a_p(1-\varepsilon_d)(1-f)(t_{pd} - t_{fd}) + \alpha_c(a_p - a_c)(1-\varepsilon_c)f(t_{pc} - t_{fc}) + \alpha_i a_c(1-\varepsilon_c)f(t_{pc} - t_{fd}) + h_{af}}{a_p(1-\varepsilon_f)(t_p - t_f)}$$
$$\tag{4.100}$$

式（4.100）即为整体平均给热系数与结构参数的关系表达式。

而传统的整体平均给热系数的表达式为

$$\alpha_f = 2\varepsilon_f \frac{\lambda}{d_p} + 0.69 \frac{\lambda}{d_p} \left(\frac{U_s d_p \rho_f}{\varepsilon_f \mu_f}\right)^{\frac{1}{2}} \left(\frac{c_p \mu_f}{\lambda}\right)^{\frac{1}{3}} \tag{4.101}$$

显然式（4.100）与式（4.101）是完全不同的，式（4.101）没有考虑不均匀结构的参数影响。

以上分析中有 t_f、t_p、t_{fc}、t_{pc}、t_{fd}、t_{pd} 6 个温度参数及其在床中的分布需要求解，为此需要进一步建立各相中气、固之间的传热微分方程，然后联立求解。

4）稀相区气体的传热微分方程

（1）进入微元稀相气体中的热量：

$$H_{infd} = A\rho_f c_p U_{fd}(1-f)t_{fd} \tag{4.102}$$

（2）流出微元稀相气体中的热量：

$$H_{outfd} = A\rho_f c_p U_{fd}(1-f)(t_{fd} + \mathrm{d}t_{fd}) \tag{4.103}$$

（3）微元中聚团表面颗粒向稀相气体的传热量 H_{if}：

$$H_{if} = A\mathrm{d}z\alpha_i a_c(1-\varepsilon_c)f(t_{pc} - t_{fd}) \tag{4.93}$$

（4）密相中高温气体向稀相中低温气体的热扩散量 H_{cd}：

$$H_{cd} = A\mathrm{d}z\alpha_{cd}a_c f\varepsilon_c(t_{fc} - t_{fd}) \tag{4.104}$$

式（4.104）中的 α_{cd} 为密相与稀相气体间热交换系数，可类似前述的质量交换系数的计算方法，采用 Higbie[19] 的渗透扩散理论将式（4.68）加以修正：

$$\alpha_{dc} = 2.0 \frac{\lambda\varepsilon_c}{d_c} + 2\rho_f c_p \sqrt{\frac{a\varepsilon_c}{\pi t_1}} \tag{4.105}$$

式中，

$$a = \frac{\lambda}{C_p \rho_f} \tag{4.106}$$

为热扩散系数，m^2/s，t_1 由式（4.69）计算。

（5）聚团的动态聚散过程引起的附加密相气-固对稀相气体的热传递 H_{afd}：

$$H_{afd} = A\mathrm{d}zh_{afd} \tag{4.107}$$

（6）稀相区颗粒向稀相区气体的传热量 H_{df}：

$$H_{df} = A\mathrm{d}z\alpha_d a_p(1-\varepsilon_d)(1-f)(t_{pd} - t_{fd}) \tag{4.91}$$

依热量守恒原理，则

$$H_{outfd} - H_{infd} = H_{if} + H_{df} + H_{cd} + H_{afd} \tag{4.108}$$

将上述各式代入式（4.108）可得稀相区气体传热微分方程：

$$\rho_f c_p U_{fd}(1-f)\frac{\mathrm{d}t_{fd}}{\mathrm{d}z} = \alpha_d a_p(1-\varepsilon_d)(1-f)(t_{pd} - t_{fd}) + \alpha_i a_c(1-\varepsilon_c)f(t_{pc} - t_{fd})$$

$$+ \alpha_{cd} a_c f\varepsilon_c(t_{fc} - t_{fd}) + h_{afd} \tag{4.109}$$

若考虑流体中因轴向存在温度梯度而引起的轴向的热扩散。此时式（4.109）左端需加入热扩散项－ $(1-f)\,\varepsilon_d\lambda\dfrac{\mathrm{d}^2 t_{fd}}{\mathrm{d}z^2}$，如式（4.109a）所示。

$$\rho_f c_p U_{fd}(1-f)\frac{\mathrm{d}t_{fd}}{\mathrm{d}z}-(1-f)\varepsilon_d\lambda\frac{\mathrm{d}^2 t_{fd}}{\mathrm{d}z^2}=\alpha_d a_p(1-\varepsilon_d)(1-f)(t_{pd}-t_{fd})$$
$$+\alpha_i a_c(1-\varepsilon_c)f(t_{pc}-t_{fd})$$
$$+\alpha_{cd}a_c f\varepsilon_c(t_{fc}-t_{fd})+h_{afd}\qquad(4.109\mathrm{a})$$

5）稀相区固体颗粒的传热微分方程

（1）进入微分单元稀相区颗粒相的热量：

$$H_{\mathrm{inpd}}=\rho_p C_s U_{pd}A(1-f)t_{pd}\qquad(4.110)$$

（2）流出微分单元稀相区颗粒相的热量：

$$H_{\mathrm{outpd}}=\rho_p C_s U_{pd}A(1-f)(t_{pd}+\mathrm{d}t_{pd})\qquad(4.111)$$

（3）稀相区颗粒向气体的传热量 H_{df}：

$$H_{df}=A\mathrm{d}z\alpha_d a_p(1-\varepsilon_d)(1-f)(t_{pd}-t_{fd})\qquad(4.91)$$

（4）聚团动态聚散引起的附加稀相区颗粒热损失量 H_{apd}：

$$H_{apd}=A\mathrm{d}z h_{apd}\qquad(4.112)$$

依热量守恒原理，则

$$H_{\mathrm{outpd}}-H_{\mathrm{inpd}}=-H_{df}-H_{apd}\qquad(4.113)$$

将上述各式代入式（4.113）可得稀相区颗粒的传热微分方程：

$$\rho_p C_s U_{pd}(1-f)\frac{\mathrm{d}t_{pd}}{\mathrm{d}z}=-\alpha_d a_p(1-\varepsilon_d)(1-f)(t_{pd}-t_{fd})-h_{apd}\qquad(4.114)$$

上述各式中，ρ_p 为颗粒密度，$\mathrm{kg/m^3}$；C_s 为固体颗粒热容，$\mathrm{J/(kg\cdot K)}$。

6）密相区气体的传热微分方程

（1）进入微分单元密相区气体的热量：

$$H_{\mathrm{infc}}=\rho_f C_p U_{fc}Aft_{fc}\qquad(4.115)$$

（2）流出微分单元密相区气体的热量：

$$H_{\mathrm{outfc}}=\rho_f C_p U_{fc}Af(t_{fc}+\mathrm{d}t_{fc})\qquad(4.116)$$

（3）密相区中颗粒向气体传热量 H_{cf}：

$$H_{cf}=A\mathrm{d}z\alpha_c(a_p-a_c)(1-\varepsilon_c)f(t_{pc}-t_{fc})\qquad(4.92)$$

（4）聚团聚散行为引起的附加密相中气体的热损失量 H_{afc}（传给稀相气体）：

$$H_{afc}=A\mathrm{d}z h_{afc}\qquad(4.117)$$

（5）密相高温气体向稀相低温气体的热扩散量 H_{cd}：

$$H_{cd}=A\mathrm{d}z\alpha_{cd}a_c\varepsilon_c f(t_{fc}-t_{fd})\qquad(4.104)$$

依热量守恒原理，有

$$H_{outfc} - H_{infc} = H_{cf} - H_{cd} - H_{afc} \tag{4.118}$$

将上述各式代入式（4.118）可得密相区气体的传热微分方程：

$$\rho_f c_p U_{fc} f \frac{\mathrm{d} t_{fc}}{\mathrm{d} z} = \alpha_c (a_p - a_c) f (1 - \varepsilon_c)(t_{pc} - t_{fc}) - \alpha_{cd} a_c \varepsilon_c f (t_{fc} - t_{fd}) - h_{afc}$$

$$\tag{4.119}$$

若考虑流体中因轴向存在温度梯度而引起的轴向的热扩散。此时式（4.119）左端需加入热扩散项 $-f \varepsilon_c \lambda \dfrac{\mathrm{d}^2 t_{fc}}{\mathrm{d} z^2}$，如式（4.119a）所示。

$$\rho_f c_p U_{fc} f \frac{\mathrm{d} t_{fc}}{\mathrm{d} z} - f \varepsilon_c \lambda \frac{\mathrm{d}^2 t_{fc}}{\mathrm{d} z^2} = \alpha_c (a_p - a_c) f (1 - \varepsilon_c)(t_{pc} - t_{fc})$$

$$- \alpha_{cd} a_c \varepsilon_c f (t_{fc} - t_{fd}) - h_{afc} \tag{4.119a}$$

7）密相区固体颗粒的传热微分方程

（1）进入微分单元密相区颗粒相的热量：

$$H_{inpc} = \rho_p C_s U_{pc} A f t_{pc} \tag{4.120}$$

（2）流出微分方程单元密相区颗粒相的热量：

$$H_{outpc} = \rho_f C_s U_{pc} A f (t_{pc} + \mathrm{d} t_{pc}) \tag{4.121}$$

（3）密相区中颗粒向气体的传热量：

$$H_{cf} = A \mathrm{d} z \alpha_c (a_p - a_c)(1 - \varepsilon_c) f (t_{pc} - t_{fc}) \tag{4.92}$$

（4）密相区聚团表面颗粒向稀相区气流的传热量 H_{if}：

$$H_{if} = A \mathrm{d} z \alpha_i a_c (1 - \varepsilon_c) f (t_{pc} - t_{fd}) \tag{4.93}$$

（5）聚团聚散行为引起的附加密相区颗粒的失热量 H_{apc}（传给密相及稀相中的气体）：

$$H_{apc} = A \mathrm{d} z h_{apc} \quad (h_{apc} \text{ 待定}) \tag{4.122}$$

依热量守恒原理，有

$$H_{outpc} - H_{inpc} = -H_{cf} - H_{if} - H_{apc} \tag{4.123}$$

将上述各式代入式（4.123）可得密相区颗粒传热微分方程：

$$\rho_p C_s U_{pc} f \frac{\mathrm{d} t_{pc}}{\mathrm{d} z} = -\alpha_c (a_p - a_c) f (1 - \varepsilon_c)(t_{pc} - t_{fc})$$

$$- \alpha_i a_c (1 - \varepsilon_c) f (t_{pc} - t_{fd}) - h_{apc} \tag{4.124}$$

8）气-固两相流中固相颗粒传热微分方程

与 4.5.3 节的讨论相类似，若对固相颗粒做热平衡计算则可得到固相传热的微分方程

（1）颗粒带入微分单元的热量：

$$H_{\text{inp}} = U_p A \rho_p C_s t_p \tag{4.125}$$

（2）颗粒带出微分单元的热量：

$$H_{\text{outp}} = U_p A \rho_p C_s (t_p + \mathrm{d}t_p) \tag{4.126}$$

（3）微分单元中颗粒传给气体的热量 H_{0f} 已由式（4.97）给出：

$$H_{0f} = A\mathrm{d}z [\alpha_d a_p (1-\varepsilon_d)(1-f)(t_{pd}-t_{fd}) + \alpha_c (a_p-a_c)(1-\varepsilon_c) f(t_{pc}-t_{fc})$$
$$+ \alpha_i a_c (1-\varepsilon_c) f(t_{pc}-t_{fd}) + h_{af}] \tag{4.97}$$

依热量守恒原理：

$$H_{\text{outp}} - H_{\text{inp}} = - H_{0f} \tag{4.127}$$

将式（4.97）、式（4.125）、式（4.126）代入式（4.127）可得固相颗粒传热微分方程

$$-U_p \rho_p C_s \frac{\mathrm{d}t_p}{\mathrm{d}z} = \alpha_d a_p (1-\varepsilon_d)(1-f)(t_{pd}-t_{fd}) + \alpha_c (a_p-a_c)(1-\varepsilon_c) f(t_{pc}-t_{fc})$$
$$+ \alpha_i a_c (1-\varepsilon_c) f(t_{pc}-t_{fd}) + h_{af} \tag{4.128}$$

9）气-固两相流传热微分方程组联立求解

微分方程式（4.109）、式（4.114）、式（4.119）、式（4.124）为独立方程，这些方程中有 6 个温度值（t_p，t_f，t_{fc}，t_{fd}，t_{pc}，t_{pd}）需要求解。

根据平均温度的定义，可分别对固相颗粒与气相求平均温度 t_p 与 t_f，有下列关系式：

对固相：$(1-\varepsilon_f) C_s \rho_p t_p = (1-f)(1-\varepsilon_d) C_s \rho_p t_{pd} + f(1-\varepsilon_c) \rho_p C_s t_{pc}$

或 $(1-\varepsilon_f) t_p = (1-f)(1-\varepsilon_d) t_{pd} + f(1-\varepsilon_c) t_{pc} \tag{4.129}$

对气相：$\varepsilon_f C_p \rho_f t_f = (1-f) \varepsilon_d C_p \rho_f t_{fd} + f\varepsilon_c \rho_f C_p t_{fc}$

或 $\varepsilon_f t_f = (1-f) \varepsilon_d t_{fd} + f\varepsilon_c t_{fc} \tag{4.130}$

于是可由式（4.109）、式（4.114）、式（4.119）、式（4.124）、式（4.129）、式（4.130）组成微分方程组联立求解，以 $Z=0$，$t_p=t_{pd}=t_{pc}=t_{p0}$，$t_f=t_{fc}=t_{fd}=t_{f0}$ 为初值，则可求得 6 个温度值（t_p，t_f，t_{fc}，t_{fd}，t_{pc}，t_{pd}）的一维沿床高分布。

10）过程中有吸热或放热的化学反应发生的情况

当过程中有放热或吸热的化学反应发生时，上述各传热方程的右边需加入热源（汇）项。

（1）稀相气体中发生化学反应时，式（4.109）右边需加 h_{rfd}，其值可表达为

$$h_{rfd} = (1-f)\varepsilon_d k_{rfd} (\pm \Delta H_{rfd}) \tag{4.131}$$

（2）密相气体中发生化学反应时，式（4.119）右边需加 h_{rfc}，其值可表达为

$$h_{rfc} = f\varepsilon_c k_{rfc}(\pm \Delta H_{rfc}) \tag{4.132}$$

（3）稀相颗粒表面发生化学反应时，式（4.114）右边需加 h_{rpd}，其值可表达为

$$h_{rpd} = \left[(1-\varepsilon_d)(1-f) + 2(1-\varepsilon_c)f\frac{d_p}{d_c}\right]k_{rpd}(\pm \Delta H_{rpd}) \tag{4.133}$$

（4）密相颗粒表面发生化学反应时，式（4.124）右边需加 h_{rpc}，其值可表达为

$$h_{rpc} = \left[(1-\varepsilon_c)f - 2(1-\varepsilon_c)f\frac{d_p}{d_c}\right]k_{rpc}(\pm \Delta H_{rpc}) \tag{4.134}$$

以上各式中，h_{rfd}、h_{rfc}、h_{rpd}、h_{rpc} 分别为稀相气体中、密相气体中、稀相颗粒表面，密相颗粒表面的化学反应热，J/(m³s)；k_{rfd}、k_{rfc}、k_{rpd}、k_{rpc} 分别为稀相气体中、密相气体中、稀相颗粒表面、密相颗粒表面的目标组分的化学反应速率，与当地的反应温度和目标组分的浓度以及颗粒的催化特性有关，kg/(m³s)；ΔH_{rfd}、ΔH_{rfc}、ΔH_{rpd}、ΔH_{rpc} 分别为稀相气体、密相气体：稀相颗粒表面、密相颗粒表面单位质量目标组分的化学反应热，J/kg；"$\pm$"中的"$+$"号代表放热反应，"$-$"号代表吸热反应。

4.2.5　关于聚团的并聚与分散对传质、传热影响的理论分析与讨论

在气-固两相快速流态化过程中，颗粒聚团的密相与单颗粒分散的稀相之间不断地进行着物质交换，处于动态平衡之中。聚团体本身也存在分裂与并聚的动态平衡，即大聚团分裂为小聚团，同时小聚团并聚为大聚团，大小聚团处于动态平衡，存在一个聚团尺寸的平衡分布。

影响传热与传质速率系数的本质因素是颗粒周围气膜的薄厚程度和气膜被撕破更新的程度。而影响气膜厚度与更新速度的本质因素是气-固运动的相对滑移速度（$u_f - u_p$）。该滑移速度越高，气膜越薄，气膜的撕裂更新越快。依此原理分析聚团的分裂与合并过程以及聚团与稀相的质量交换过程，可知其如何影响传质与传热。

1）聚团的分裂与合并过程对热质传递系数的影响

此过程在流动体系中保持动态平衡，决定着聚团尺寸的分布。当大聚团分裂为小聚团时，因小聚团的终端速度较小，即小聚团由从大聚团脱离加速到等速运动的过程中，其与气流的滑移速度也由大变小，聚团表面颗粒与稀相气流之间的热质传递系数也随之由大变小；与此同时，小聚团合并为大聚团的逆过程同时存在，该过程又使热质传递系数由小变大；分裂与并聚两者平衡，影响相互抵消，

使总体的并聚与分散对传质传热系数的影响趋于忽略不计。

2）聚团与稀相之间的质量交换过程对热质传递系数的影响

聚团表面的颗粒由于与气流摩擦，或与稀相中颗粒碰撞，或与其他聚团的摩擦与碰撞过程中，常常以单个颗粒进入稀相之中，同时也有相等数量的单颗粒由稀相进入密相聚团，两者处于动态平衡。

当聚团表面的颗粒由脱离聚团、加速运动达到等速运动的过程中，由于单颗粒的终端速度比聚团小得多，该过程中颗粒与气流的相对滑移速度由大变小，传热与传质系数随之由大变小；但同时也有相同数量的单颗粒进入聚团，该逆过程又使传热传质系数由小变大。正反两过程的影响相互抵消，使总体的稀密相之间物质交换对传热传质系数的影响亦可忽略不计。

3）聚团的并聚与分散对稀相气体浓度场与温度场分布的影响

聚团内部的气相与固相之间的滑移速度的变化幅度不大，滑移速度接近于 U_{mf}。因此聚团的分裂、并聚对聚团内部的传热与传质系数几乎无影响。但对稀相中的气体浓度和温度有均匀化的作用，使稀密两相的气体温度差与浓度差趋于稳定均匀。

通过上述分析，初步判定前面理论分析中所假设的聚团聚散的影响参数，如 m_a、m_{ad}、m_{ac}、h_{af}、h_{afd}、h_{apd}、h_{apc}、h_{afc} 等，可以忽略不计，但需通过实验证明。

4.2.6　理论预测与实验数据的对比

Subbarao 和 Gambhir[20] 在高 105cm，直径 2.5cm 的玻璃流化床中用萘饱和空气流化粒径 196～390μm 的砂子，测量了常温常压下萘被流态化砂子吸附过程中的传质系数。采用上述传质理论对 Subbarao 和 Gambhir 的实验结果进行了预测并与实验数据对比（图 4.9）。由图可见，该理论的预测结果与实验数据相当吻合。而传统的平均方法的预测结果与实验数据相差甚远。

Watanabe[21] 在内径 21mm，高度 1800mm 的循环流化床中研究了热玻璃珠（粒径 420～590μm）与冷空气之间的传热。玻璃珠的循环速率为 86.67～90.08kg/(m² · s)，玻璃珠被加热到 430K。采用上述传热理论对 Watanabe 的实验结果进行了预测并与实验数据对比（图 4.10、图 4.11）。由图可见，该理论的预测结果与实验数据相当吻合。图 4.10 中的一组传热系数的实验数据较分散，可能是测量的问题。

Ouyang 等[22] 在 FCC 为催化剂、空气为介质的循环流化床中研究了臭氧的分解过程，测量了臭氧浓度的轴向和径向分布。这是一个传质与反应同时进行的过程。应用上述的传质和反应同时发生的模型对该过程进行了模拟。模拟结果与实验数据的对比如图 4.12、图 4.13 所示。由图显示，模拟结果与实验数据符合

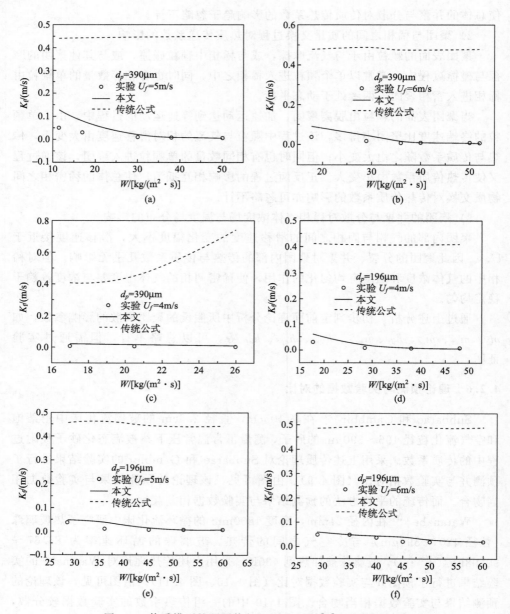

图 4.9　传质模型的预测值与 Subbarao 等[20]实验数据对比

良好，只有在床底部的径向浓度分布的模拟结果与实验数据有较大偏差。而采用传统的两流体模型的模拟结果则与实验数据相差甚远。

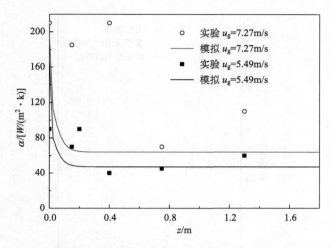

图 4.10　传热系数的模型预测与 Watanabe[21]实验数据的对比

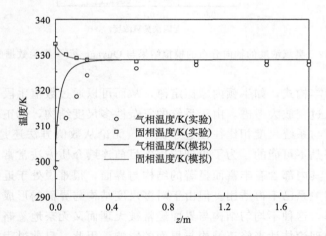

图 4.11　沿床高轴向温度分布的模型预测与 Watanabe[21]实验数据的对比

4.2.7　多相流动和三传一反的计算机模拟前景

由于大多数过程工业都是在流体的主导或参与下进行的，流体的流动与"三传一反"是紧密耦合的，因此，"三传一反"问题通常是在流体力学的框架下联合求解。无疑，计算流体力学（CFD）在过程工业的计算机模拟中占有核心地位。目前描述流动与传递过程的模型主要是连续介质模型，即在微观足够大和宏观足够小的尺度上进行平均化，将研究对象处理成一组相互关联的微元。原则上假设状态参数在微元内是均匀的，而在微元间是缓变的，这使它们适用从近平衡

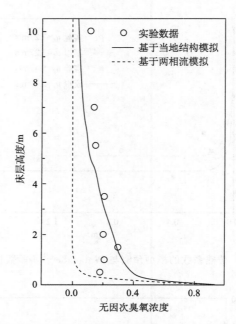

图 4.12　臭氧浓度的轴向分布的模拟结果与 Ouyang 等[22] 实验数据的对比

系统获得简单本构式，如牛顿内摩擦定律，从而可以通过数值手段预测系统的时空变化。但从过程放大考虑，由于系统的复杂性多尺度结构，真正能满足这种要求的微元尺度与系统尺度相比往往过于微小，无论从数值方法还是计算量上讲，严格计算几乎是不可能的。为了得到应用，目前连续介质方法常常只能采用并不合适的微元，其内部含有丰富而显著的结构与界面，很难说处于近平衡状态，这时简单的本构关系已不再适用。但由于对多尺度结构与界面的形成和相互作用的机理缺乏了解，这种不均匀结构与界面经常被无理而又无奈地忽略了，最多是用经验或粗略的理论估计来修正结构与界面的影响。因此，目前过程控制中采用的大多还是统观的经验性模型。因此，在总体上 CFD 计算还处于补充实验不足、辅助工业设计的配角地位[23]。

　　克服上述难题的有效途径应是将能预测微观或局部多尺度结构的方法，如EMMS 模型嵌入到 CFD 模型之中，由局部结构模型得到反映结构影响的微元的平均动力学参数，用于 CFD 模型的计算之中。目前已有两流体模型与 EMMS 模型相结合、颗粒轨道模型与 EMMS 模型相结合的研究工作，应当引起足够的重视[10, 23-26]。随着结构、界面与"三传一反"的关系的理论与计算模型的确立，有可能建立过程工业装置设计、放大和调控的科学理论，成为过程工程科学基础的重要内容。

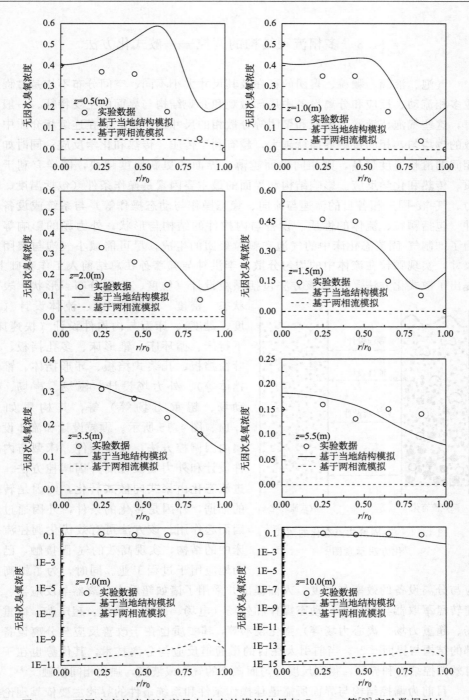

图 4.13 不同床高的臭氧浓度径向分布的模拟结果与 Ouyang 等[22]实验数据对比

4.3　多相流动结构的调控——散式化方法

　　气泡、液滴、颗粒、聚团的存在及其尺寸大小不同、空间分布不均是过程工业多相流动、反应和分离设备中局部微观和介观结构与界面的主要特征。一般而言，这些气泡、液滴、颗粒和聚团等分散相的尺寸越小，它们在连续相介质中分散的越均匀，相间接触界面就越大，越有利于传质、传热和化学反应；同时如果相间的滑移速度越高，则相间界面越薄，界面的更新速度越快，同样有利于传质、传热和化学反应。影响结构和界面的最主要因素是操作条件（包括温度、压力、气-液-固三相各自的流速与流向、稳态操作与动态操作等）与系统或设备条件（包括颗粒、流体的性质，设备与内构件的结构与形状，外力场的影响等）。为了抑制气-固流态化床中的气泡和颗粒聚团的生成，尽可能减小气泡与聚团的尺寸，实现颗粒在流体中的均匀分散，李洪钟与郭慕孙在总结前人工作基础上，提出了散式化方法[27, 28]。该方法包括颗粒设计（粒度、粒度分布、形状、表面状态、密度、添加组分）、流体设计（密度、黏度）、床型与内构件设计（快速床、下行床、循环床、锥形床、多孔挡板、百叶窗挡板、孔桨式挡板、环形挡体、锥形挡体等）、外力场设计（磁场、声场、振动场、超重力场等）等，其构思如图4.14、图4.15所示。颗粒设计和流体设计属内因调控方法，操作条件、床型与内构件设计和外力场设计属外因调控方法。促进流态化由聚式向散式转化，内因是转化的根据，外因是转化的条件，外因通过内因而起作用。该方法可有效优化调控流化床中的结构，实现高效的气-固接触，已成功地应用于过程工业。同时，为了提高反应与分离设备的效率与强度，人们提出并采用了诸如超重力分离器与反应器、高速转盘萃取器与反应器、动态操作和外场（电场、磁场、微波、超声波、微重力场、超重力场、离心力场等）强化技术等，其实质也在于改善反应与分离设备内部的结构与界面[29-31]。当前引人注目的微通道反应与分离技术，其优势也在于可有效调控结构和界面，得到尺度均匀而微小的气泡或液滴，强化相间接触[32-36]。

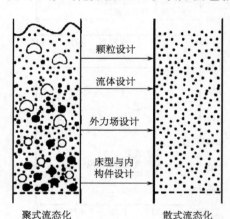

聚式流态化　　　　　散式流态化

图 4.14　气-固聚式流态化的散式
化方法示意图[4]

　　目前为调控结构与界面所需最佳操作条件和系统条件的寻找主要依靠理论分析和大量实验，结构、界面与操作条件和设备条件的定量关系模型有待建立。随

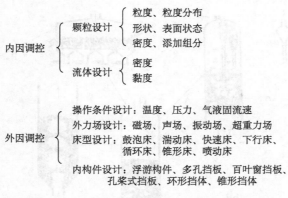

图 4.15 颗粒-流体系统散式流态化方法路线图

着反映结构与界面的数学模型的不断完善，计算技术的迅速提高，采用数值模拟的方法对结构与界面进行调控与优化是大势所趋。

郭慕孙[37]从流域过渡的概念出发，进行了稀相流态化、浅床流态化和快速流态化等无气泡气-固接触的气-固流态化体系的研究。然而上述体系中虽已无气泡，但仍有颗粒聚集体存在。而大量应用的普通气-固流化床中则既存在气泡又存在聚团，急待改进。近十余年来，随着纳米材料和超细催化剂科技的迅速发展，用于超细颗粒加工与反应的超细颗粒流化床反应器的研究与开发又成为新的研究热点。如何消除这类流化床中存在的严重颗粒聚团现象，实现"散式"流态化，成为研究的关键，也即是说，如何消灭与减小气泡与聚团，实现气-固流态化的散式化势在必行。关于实现气-固流态化散式化的一系列行之有效的方法，包括颗粒设计、外力场方法、内构件与床层设计、流体设计等在李洪钟、郭慕孙的专著[28]中已有详细论述，本章仅做一些必要的补充。

4.3.1 床型设计

传统的气-固流化床为鼓泡流态化（图 4.16 中 1 型和 10 型）和射流喷泉流态化（图 4.16 中 8 型），其特点是床内气-固分布不均匀，气体聚集为气泡，颗粒则聚集为聚团，气-固两相接触效率不佳，严重降低热质传递与化学反应的速率。为了减小及消灭气-固流化床中的气泡，提高气-固接触效率，人们从气-固型过渡的原理出发进行床型研究，先后设计了稀相流态化（图 4.16 中 4 型）、浅床流态化（图 4.16 中 6 型、7 型）和快速流态化（图 4.16 中 3 型）三类床型，实现了无气泡气-固接触[37]。其中快速流态化在近 20 年来得到了广泛的应用，如众所周知的石油流态化催化裂化装置和循环流化床燃煤锅炉。快速流态化虽已无气泡，但却存在颗粒的聚团；介于鼓泡流态化与快速流态化之间的湍动流态化

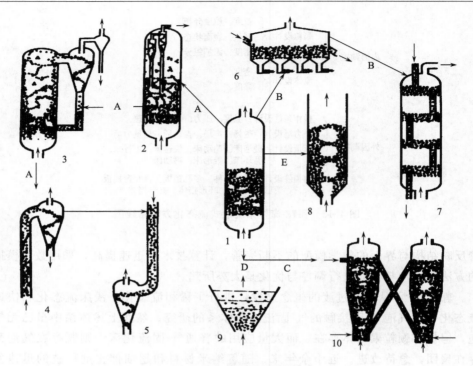

图 4.16　各种流态化床型[38]

（图 4.16 中 2 型），颗粒聚团气泡尺寸均可得到有效抑制；而锥形流态化床（图4.16 中 9 型）则可实现多粒度颗粒物料的同时流态化，避免死床的出现。近 10年来快速发展的下行流态化床（图 4.16 中 5 型）则是既无气泡又无典型的颗粒聚团，具有理想的气-固接触，但床内固相浓度低，空间利用率差；而针对纳微颗粒的团聚性质设计的，由含有大颗粒浮游内构件提升管和锥形流态化返料腿组合而成的纳微颗粒循环流化床，和以超重力来克服颗粒聚团的旋转流化床，则顺利实现了纳微颗粒的聚团流态化。以下介绍纳微颗粒的基本物性及其流态化特征，重点介绍纳微颗粒循环流化床和旋转流态化床。

　　纳微颗粒指纳米颗粒和超细颗粒。一般认为颗粒直径在 $0.1\mu m$ 以下的为纳米颗粒，颗粒直径在 $0.1\sim10\mu m$ 称超细粉料，颗粒直径在 $10\mu m\sim1mm$ 的称作细颗粒或粉末。粒径大于 1mm 的颗粒称为粗颗粒。就纳米和超细颗粒而言，由于尺寸微小，比表面积巨大，即在整个颗粒中表层原子所占比例较大。将粒径为100Å（10nm）和粒径为 $10\mu m$（10 000nm）的颗粒相比，其比表面积几乎增加1000 倍。100Å 的颗粒只要表面氧化一层，就占整个颗粒中原子数的 20%，因此纳米颗粒极易氧化和着火，给储存与使用带来极大的困难[39]。

　　纳米和超细颗粒由于尺寸微小，表面积巨大，具有许多异常的物理和化学性能，如光学性能、磁学性能、电学性能、催化性能等。正因为比表面积巨大，纳米和超细颗粒有其突出的表面效应，即颗粒易团聚和热稳定性差。固体在粉碎成微粒过程中接受外力做功，其表面具有过剩自由能，极不稳定，易与周围粒子聚集成团，而释放能量，以趋稳定。

　　Chaouki 等[40]在研究很细很轻的气凝胶（aerogel）（粒径<20μm，松堆密度40～60kg/m³）的流态化特性时发现，在低气速时，气凝胶颗粒床层首先出现沟流，气速增加，沟流加剧，有时形成节涌，但气速达到某一远远超过理论的初始流态化速度的临界值时（约 0.04m/s），床层突然分裂成很多小的聚团体，这些小的聚团体呈现类似 Geldart A 类物料的较为均匀的流化状态，即形成小聚团的流态化床。

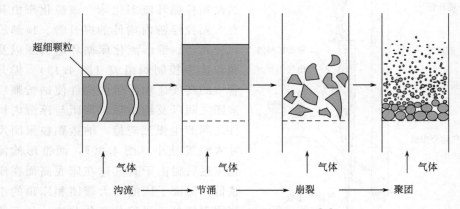

图 4.17 超细颗粒流态化的过程[43]

　　王兆霖等[41,42]在用超细颗粒进行流态化实验时发现，随着气速的逐渐增大，流化状态一般经历沟流、节涌、崩裂、聚团流化四个阶段，如图 4.17 所示。床层突然分裂为小聚团的气速被定义为崩裂速度（disrupting velocity）。该速度也远远超过理论计算的初始流态化速度。发现此类颗粒在气流作用下，以流态化聚团（fluidized agglomerate）状态存在，其特点是床层上部为小聚团形成的稀相流化床，中部为中尺度聚团的浓相流化床，下部为大尺度聚团形成的固定床（图 4.18）。

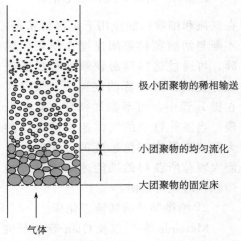

极小团聚物的稀相输送

小团聚物的均匀流化

大团聚物的固定床

气体

图 4.18 聚团流化床的结构[42]

众所周知，流态化反应器具有均匀的温度，高的传热传质速率，易于连续化操作等优点，已被广泛地应用于颗粒的加工及反应。然而由于纳微颗粒之间具有较强的黏性力，易于产生节涌、沟流、聚团等不良的行为，其流化性能极差，从而大大限制了流态化技术在纳微颗粒的制备、改性和催化反应中的应用。因此寻求改善其流态化质量的方法已成为当前国内外流态化技术领域研究的热点。纳微颗粒聚团循环流态化床和旋转流态化床就是通过床型设计来控制纳微颗粒的聚团尺寸，使其具有 A 类物料的良好流态化行为的典型案例。

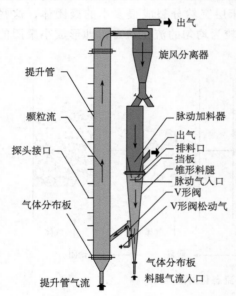

图 4.19　纳微颗粒循环流态化床[44]

1）纳微颗粒循环流态化床

为了有效克服纳微颗粒在流态化时的严重团聚行为。童华等[8,44~46]研究了纳微颗粒循环流态化床。该流化床由具有大颗粒浮游内构件的提升管、顶部旋风分离器、锥形流化床循环返料腿以及颗粒流率控制阀组成（图 4.19）。提升管中的高气速和浮游内构件使纳微颗粒聚团之间以及纳微颗粒聚团与浮游内构件之间产生强烈碰撞，纳微颗粒聚团尺寸大幅度减小（图 4.20），而锥形的流化床返料腿由于其气速在床底高而在床顶低，保证了床底的大聚团和床顶的小聚团都能处于平稳的流化状态，从而使颗粒得以顺利循环。大直径的球状颗粒加入易聚团的纳微颗粒循环流化床中，在气流和细颗粒的作用下呈浮游状态，不断与纳微颗粒聚团碰撞而使聚团破碎。可通过选择浮游颗粒的粒径和密度，使其在提升管的气速下，仅停留在提升管中，而不参加循环。实验发现，当提升管中的气体速度超过浮游大颗粒临界流态化速度的 3 倍时，浮游大颗粒所获得的动能才足以破碎纳微颗粒形成的聚团。

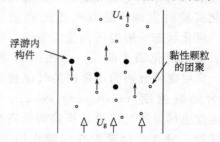

图 4.20　提升管中的大颗粒浮游内构件[44,46]

2）纳微颗粒旋转流态化床

Matsude 等[47]以及 Qian 等[48]研究了 C 类及黏性物料在旋转流态化床中的行为。图 4.21 为 Qian 等所用的旋转流化床实验装置示意图。当流态化床体处于高速旋转状态时，床内颗粒所受离心力的作用可大大超过重力的作用，而产生所谓的"超重"现象。他们发现，若气流逆离心力方向由床层周围经分布板进入床层时，由于超重作用，一方面初始流态化气速明显提高，床层压降明显增加，颗粒带出损失明显减少；另一方面 C 类和黏性物料产生的聚团尺寸明显减小，气泡也变得模糊不清，表现出 A 类物料的良好流态化行为。但是当离心加速度过大，超过重力加速度的 100 倍时（100g），流化质量又会恶化，表现出 D 类物料的不良流态化行为。旋转流化床实质上也属于外力场方法，适当的超重力场有助于 C 类物料聚团流态化的散式化，但是复杂的机械旋转结构给操作与设备放大带来一定困难。

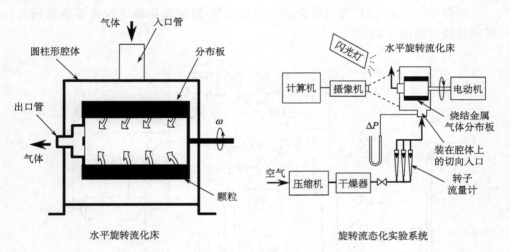

图 4.21　离心力场流态化[48]

4.3.2　流体设计

流体设计是设法选择和改变流体的密度和黏度，使流体和颗粒的特性相匹配，以提高颗粒的流态化质量，使聚式流态化向散式流态化转变。流体分为气体和液体两类，以下分别进行讨论。

1. CO_2 超临界流体流态化——流体密度的设计

气-固流态化的质量取决于固体颗粒的性质以及气体的密度与黏度。如果气体的密度与黏度逼近于液体，气-固聚式流态化将转化为散式流态化。气体的黏度随温度与压力的升高而增加，但增加的幅度有限。如 CO_2，在 40℃，压力由 0.1MPa 增加至 9.4MPa 时，其黏度仅由 0.0157cP（厘泊，非法定计量单位，1cP＝10^{-3} Pa · s）增加至 0.0414cP，为原来的 2.64 倍；在 0.1MPa，温度由

40℃增至800℃时，黏度由0.0157cP增加至0.044cP，为原来的3倍。但气体的密度却受温度与压力的影响十分显著，如在40℃，压力由0.1 MPa增至9.4 MPa时，CO_2的密度由1.72kg/m³增加至582kg/m³，为原来的338倍。然而温度的升高将使气体密度呈线性下降。为了使气体的黏度与密度同时提高，采用增加压力的方法更为有利。刘得金[49]将1961～1992年的加压气-固流态化基础研究工作进行了总结，结果表明，随着压力的升高，气泡的数目和尺寸减小，上升速度和生灭频率增大，乳相的空隙率和床层膨胀程度增加，在相同的固体存料量下的持气量也增加，流态化的散式化得到加强，而且在更高的压力和其他特定条件下，可形成散式流态化。

　　刘得金[49,50]以CO_2为流体介质，对高压气-固流态化做了较为系统的研究，其试验装置如图4.22所示。

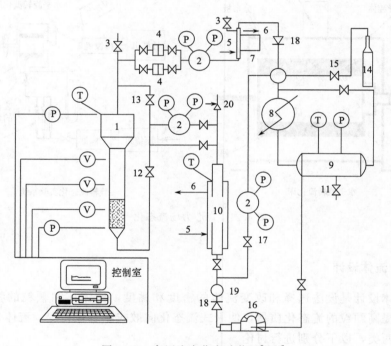

图4.22　高压流态化实验装置[49,50]

1. 流化床；2. 压力调节器；3. 放空阀；4. 过滤器；5. 进水口；6. 出水口；7. 流量计；8. 冷却器；9. CO_2（l）储罐；10. 换热器；11. 排泄阀；12. CO_2（sc）入口阀；13. 压力平衡阀；14. CO_2（g）气瓶；15. 环路关闭阀；16. 柱塞泵；17. 旁路阀；18. 止逆阀；19. 预热器；20. 安全阀；V=孔隙率测量点；P=测压点；T=测温点

　　实验物料为钢珠、粒状活性炭、离子交换树脂、FCC催化剂、微球硅胶、砂子、氧化铝粉等七种，实验用物料的范围涉及Geldart分类的A、B、D类。实

验时 CO_2 的压力由常压增至超临界压力 9.4MPa。通过光纤探针测定局部床层空隙率及床层平均空隙率随操作气速的变化，归纳出床层局部不均匀指数 δ，对床层流化质量进行评价。

　　为了将超临界 CO_2——颗粒系统的流态化与液体——颗粒系统的流态化进行对比。并以水、乙烷及甘油水溶液为介质进行了实验。

　　图 4.23 表示砂子-CO_2 流化床中由光纤探头测得的局部空隙率波动曲线的线形随床压力的变化情况。由图可见，该波动曲线的振幅随床压力由 0.1MPa，经 2.0、4.0、6.0 提高至 8.0MPa，逐渐减小，频率则随床压力的提高逐渐增加，说明流化床中气泡与聚团的尺寸随床压力的提高而减小，流化质量得以改善。当压力为 8.0MPa 时，其空隙率波动曲线的形状已接近于砂子-水流化床中的空隙率波动曲线的形状，说明此时已基本实现了散式流态化。

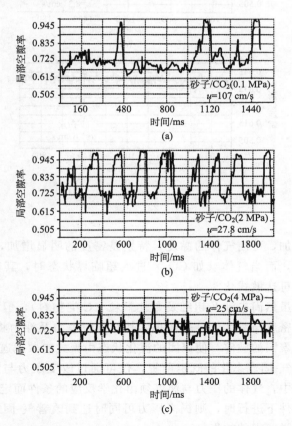

图 4.23　床层局部空隙率波动曲线与压力的关系[49,50]

(a) 0.1MPa；(b) 2.0MPa；(c) 4.0MPa；(d) 6.0MPa；(e) 8.0MPa；(f) 水

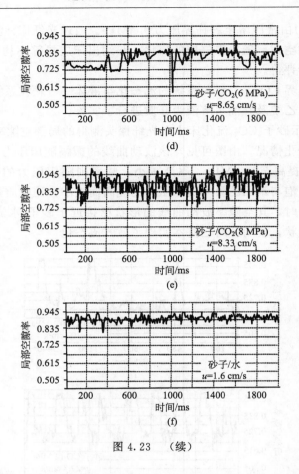

图 4.23　（续）

　　床压力的增加，可使气体的黏度，特别是密度的明显增加，有利于气-固流态化质量的改善，而当气体（如 CO_2）进入超临界状态时，其密度已与液体相当，其流化状态可达散式化。

　　现有的实验虽然尚未涉及超细及黏性颗粒（C 类物料），但可以认为，高压下，由于气体的密度与黏度的显著提高，其对颗粒曳力及浮力将有大幅度增加，有利于黏性颗粒聚团的破碎，使聚团的流化状态由聚式向散式逼近。

　　然而气体为气-固流态化的既定前提，仅可通过改变压力与温度来改进其属性。在化学工程中，气体的压力与温度须由化学反应的条件而定。当反应需要在高压或超临界条件下进行时，则提高压力可同时达到改善气-固系统流态化质量的目的，收到一举两得的效果。

2. 甘油水溶液为介质的流态化——流体黏度的设计

　　流体黏度对流态化质量的影响这一问题长期以来为研究者所忽视。在实际的和潜在的工业应用中，气-固流化床的数量都远远多于液-固流化床。但是，随着一些应用液-固流化床新过程的开发，流体黏度因素在反应器设计中日趋突出。例如，在生物制药所应用的流化床中，其流体的黏度要比水高出几百倍至几千倍。在这样高的黏度下，流化床的流体动力学有可能与常态下大相径庭。目前的研究现状显然不能满足工业设计的需要。为此，邱欧等[51,52]通过理论分析和实验研究，系统地研究了流体黏度对液-固流态化非均匀性的影响。实验装置如图4.24所示。用六种不同密度和大小的颗粒，在九种不同黏度（982～7cP）的甘油水溶液中进行了流态化实验。用光纤探头测量了床层局部颗粒浓度波动的信号，以波动信号的标准偏差来评价液-固流态化非均匀性，该标准偏差值越大，表明非均匀性越大，流化质量越差。

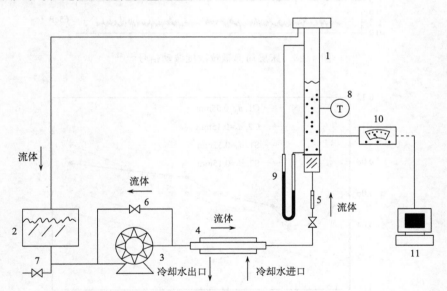

图 4.24　颗粒-甘油水溶液体系流态化实验装置[51,52]

1. 流化床；2. 储液槽；3. 齿轮泵；4. 夹套式换热器；5. 流量计；6. 回流阀；7. 排液阀；
8. 温度计；9. U 形管压力计；10. PC-4 型光纤仪；11. 计算机

　　通过计算不同流体黏度下波动信号的标准偏差发现：每种颗粒都存在一个最佳黏度 μ_{opt}，与最低标准偏差相对应。当流体黏度高于 μ_{opt} 时，降低流体的黏度可以减小波动信号的标准偏差，意味着降低流体黏度可以减小床层颗粒浓度波动，从而增加流态化的均匀性；当流体黏度低于 μ_{opt} 时，再降低流体的黏度反而

　　增加了波动信号的标准偏差，这就是表明，降低流体黏度反而增加了床层局部颗粒浓度的波动，从而降低了流态化的均匀性，如图 4.25 和图 4.26 所示。

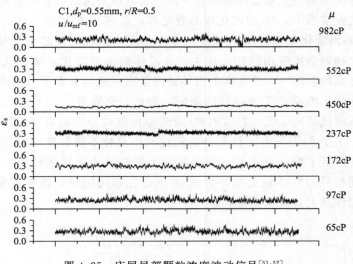

图 4.25　床层局部颗粒浓度波动信号[51,52]

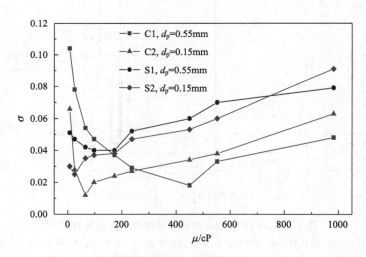

图 4.26　流体黏度下波动信号的标准偏差[51,52]

　　进一步的理论分析表明，在低黏度区，液-固流态化的非均匀性受流体鼓泡控制。在这个区域内提高流体黏度，可以有效地减小流体鼓泡的直径，从而降低了流态化的非均匀性，改善了流态化的质量。在高黏度区，流体鼓泡受到了充分的抑制，液-固流态化的非均匀性受颗粒聚团控制。在这个区域内降低流体黏度，可以有效地削弱颗粒聚团的倾向，从而降低了流态化的非均匀性，改善了流态化的质量。颗粒在高黏度流体中流态化时所形成的聚团是由于颗粒表面的滞流层彼此黏附所致。当相邻两个颗粒的距离 δ_2 小于单颗粒表面滞流层厚度 δ_1 的 2 倍时，即 $\delta_2 \leqslant 2\delta_1$ 时，颗粒则处于临界聚团状态。然而根据流体力学，$\delta_1 = f_1$ (Re_t) 和 $\delta_2 = f_2$ (Re_t)，即它们均为颗粒终端雷诺准数 Re_t 的函数，可见关系式 f_1 $(Re_t)/f_2$ $(Re_t) \geqslant 1/2$ 成立。该关系式意味着，当颗粒处于临界聚团状态时，Re_t 为常数。当颗粒在流体中处于终端速度运动时，如下力平衡方程成立：

$$3.114(Re_t^*)^{1.657} + 18Re_t^* - \frac{d_p^3 \rho_f (\rho_p - \rho_f) g}{\mu_{\mathrm{opt}}^2} = 0 \qquad (4.135)$$

邱欧等将多次实验所得 μ_{opt} 的数据带入上式，得到一系列临界雷诺数 Re_t^* 的数据，如图 4.27 所示。

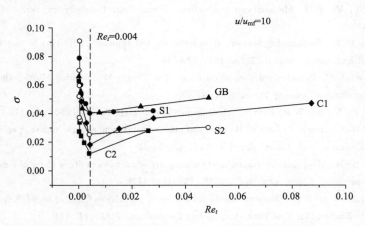

图 4.27　实验所得颗粒雷诺数与颗粒浓度标准偏差的关系[51,52]

由图可见各实验曲线的标准偏差最低点所对应的颗粒终端雷诺数均为 0.004，完全与理论分析相吻合。将 $Re_t^* = 0.004$ 代入式（4.135），则可得到最佳黏度 μ_{opt} 的计算公式：

$$\mu_{\mathrm{opt}} = 3.718 d_p^{1.5} \sqrt{\rho_f g (\rho_p - \rho_f)} \qquad (4.136)$$

对于颗粒-甘油水溶液体系，$Re_t^* = 0.004$，该式是否具有普适性，需进一步验证。

参 考 文 献

[1] 李静海，等. 展望 21 世纪的化学工程. 北京：化学工业出版社，2004：50-56.

[2] 刘会洲，等. 微乳相萃取技术及应用. 北京：科学出版社，2005：7-43.

[3] 许并社. 材料界面的物理与化学. 北京：化学工业出版社，2006：1-12.

［4］李洪钟. 浅论过程工程的科学基础. 过程工程学报, 2008, 8 (4): 635-644.

［5］李静海, 等. 展望 21 世纪的化学工程. 北京: 化学工业出版社, 2004: 172-187.

［6］Moulik S P, Paul B K. Structure, dynamic and transport properties of microemulsions. Advances in Colloid and Interface Science, 1998, 78: 99-195.

［7］Zhou B, Li H, Xia Y, Ma X. Cluster Structure in a Circulating Fluidized Bed. Powder Technology, 1994, 78 (2): 173-178.

［8］Li H, Tong H. Multi-scale fluidization of ultrafine powders in a fast-bed-riser/conical-dipleg CFB loop. Chem. Eng. Sci., 2004, 59: 1897-1904.

［9］Li J, Zhang J, Ge W, Liu X. Multi-scale methodology for complex systems. Chem. Eng. Sci., 2004, 59: 1687-1700.

［10］Yang N, Wang W, Ge W, et al. CFD simulation of concurrent-up gas-solid flow in circulating fluidized beds with structure-dependent drag coefficient. Chem. Eng. J, 2003, 96: 71-80.

［11］Ergun S. Fluid flow through packed columns. Chem. Eng. Prog., 1952, 48: 89-94.

［12］Wen C Y, Yu Y H. Mechanics of fluidization. Chem. Eng. Prog. Symp. Ser., 1966, 62 (62): 100-111.

［13］Hou B, Li H. Relationship between flow structure and transfer coefficients in fast fluidized beds. Chemical Engineering Journal, 2010, 157: 509-519.

［14］Li J, Kwauk M. Particle-fluid Two-phase Flow: The Energy-Minimization Multi-Scale Method. Beijing: Metallurgical Industry Press, 1994: 23-40.

［15］Rane W E, Mashall W R. Evaporation of drops. Chem. Eng. Prog., 1952, 48: 141-146, 173-180.

［16］Rowe P N, Clayton K T, Lewis J B. Heat and mass transfer from a single sphere in an extensive flowing fluid. Trans. Inst. Chem. Engrs., 1965, 43: 14-31.

［17］Fabrizio Scala. Mass transfer around freely moving active particles in dense phase of a gas fluidized bed of inert particles. Chem. Eng. Sci., 2007, 62: 4159-4176.

［18］Jung K, La Nauze R D. Sherwood numbers for burning particles in fluidized beds//Kunii D, Cole S S, Eds. Fluidization IV. New York: Engineering Foundation. 1983: 427-434.

［19］Higbie R. The rate of absorption of a pure gas into a still liquid during short period of exposure. Trans. AIChE J, 1935, 31: 365-389.

［20］Subbarao D, Gambhir S. Gas particle mass transfer in risers//Grace J R, Zhu J X, Lasa H de, Eds. Proceeding of the 7th international conference on circulating fluidized beds, Canadian Society for Chemical Engineering, Ottawa, Canada, 2002: 97-104.

［21］Watanabe T, Hasatani M Y C, Xie Y S, Naruse I. Gas-solid heat transfer in fast fluidized bed//Basu P, Horio M, Hasatani M, Eds. Proceeding of The 3th International Conference on Circulating Fluidized Beds, Pergamon Press, Oxford, 1991: 283-288.

［22］Ouyang S, Li X G, Potter O E. Circulating fluidized bed as a catalytic reactor: Experimental study. AIChE J, 1995, 41: 1534-1542.

［23］李静海, 等, 展望 21 世纪的化学工程. 北京: 化学工业出版社, 2004: 228-239.

［24］Yang N, Wang W, Ge W, et al. Computer simulation of heterogeneous structure in circulating fluidized beds by combining the two-fluid modle with the EMMS approach. Ind. Eng. Chem. Res., 2004, 43 (18): 5548-5561.

［25］Ouyang J, Li J. Particle-motion-resolved discrete model for simulating gas-solid fluidization. Chem.

Eng. Sci. , 1999, 54: 2077-2083.

[26] Ouyang J, Li J. Discrete simulations of heterogeneous structure and dynamic behavior in gas-solid fluid-ization. Chem. Eng. Sci. , 1999, 54: 5427-5440.

[27] Li H, Lu X, Kwauk M. Particulatization of gas-solids fluidization. Powder Technology, 2003, 137: 54-62.

[28] 李洪钟，郭慕孙. 气固流态化的散式化. 北京：化学工业出版社，2002.

[29] 李静海，等. 展望 21 世纪的化学工程. 北京：化学工业出版社，2004：578-585.

[30] 李静海，等. 展望 21 世纪的化学工程. 北京：化学工业出版社，2004：552-566.

[31] 李静海，等. 展望 21 世纪的化学工程. 北京：化学工业出版社，2004：586-598.

[32] 陈光文，袁权. 微化工技术. 化工学报，2003，54（4）：427-439.

[33] Ehrfeld W, Hessel V, Löwe H. Microreactors: New Technology for Modern Chemistry. Weinheim: Wiley-VCH, 2000.

[34] Nakashima T, Shimizu M, Kukizaki M. Membrane Emulsification by Microporous Glass. Key Engi-neering Materials, 1991, 61/62: 513-516.

[35] Xu J H, Luo G S, Chen G G, et al. Mass transfer performance and tow-phase flow characteristic in membrane dispersion mini-extractor. J. Membrane Sci. , 2005, 249 (1-2): 75-81.

[36] 李静海，等. 展望 21 世纪的化学工程，北京：化学工业出版社，2004：504-517.

[37] Kwauk M. Fluidization-Idealized and bubbleless with applications. Beijing; New York: Science Press and Ellis Horwood, 1992.

[38] Kuipers J A M, Hoomans B P B, van Swaaij W P M//Fan L S, Knowlton T M, ed. Fliudization IX, 1998: 15-30.

[39] 胡荣泽. 超细颗粒的基本特. 化工冶金，1990，11（2）：163-169.

[40] Chaouki J, Chavarie C, Klvana D, Pajonk G. Effect of interparticle forces on the hydrodynamic behav-ior of fluidized aerogels. Powder Technology, 1985, 43: 117-125.

[41] 王兆霖. 细颗粒的流态化及添加颗粒的作用 [D]. 北京：中国科学院化工冶金研究所，1995.

[42] Wang Z, Kwauk M, Li H. Fluidization of fine particles. Chem. Eng. Sci. , 1998, 53 (3): 377-395.

[43] Li H, Hong R, Wang Z. Fluidizing ultrafine powders with circulating fluidized bed. Chem. Eng. Sci. , 1999, 54: 5609-5615.

[44] 童华. 超细及黏性颗粒在锥形床及循环流化床中的流态化 [D]. 北京：中国科学院过程工程研究所，2004.

[45] Tong H, Qiu O, Li H. Fluidization Characteristics of Ultrafine Particles in Conical Bed//Arena U, Chirone R, Miccio M, Salatino P, eds. Fluidization XI. ECI, Brooklyn, NY11201, USA, 2004: 715-721.

[46] Tong H, Li H. Floating internals in the riser of cohesive particles//Kefa Cen, ed. Circulating Fluid-ized Bed Technology VIII (Proceedings of the 8th International Conference on Circulating Fluidized Beds, Hangzhou, China, May 10-13, 2005. Beijing: International Academic Publishers/World Pub-lishing Corporation, 2005: 83-89.

[47] Matsuda S, Hatano H, Muramoto T, Tsutsumi A. Particle and bubble behavior in ultrafine particle fluidization with high G//Fluidization X, Kwauk M, Li J, Yang W C, ed. United Engineering Foun-dation Inc. , New York, 2001: 501-508.

[48] Qian G H, Pfeffer R, Shaw H, Stevens J G. Fluidization of group C particles using rotating fluidized

beds//Fluidization X, Kwauk M, Li J, Yang W C, ed. United Engineering Foundation Inc., New York, 2001: 509-516.

[49] 刘得金. 超临界流体流态化 [D]. 北京: 中国科学院化工冶金研究所, 1994.

[50] Liu D, Kwauk M, Li H. Aggregative and particulate fluidization-the two extremes of a continuous spectrum. Chem. Eng. Sci., 1996, 51 (17): 4045-4063.

[51] Qiu O, Li H, Tong H. Effect of fluid viscosity on liqid-solid fliudization. Ind. Eng. Chem. Res., 2004, 43 (15): 4434-4437.

[52] 邱欧. 流体黏度对液固流态化行为的影响 [D]. 北京: 中国科学院过程工程研究所, 2004.

5 微化学工程与技术

5.1 引　言

微化学工程与技术是当前化学工程学科前沿，着重研究微时空尺度下的化工过程特征与规律，是以实现化工过程安全、高效、可控为目标的高新技术[1,2]。与传统化工系统相比，微化工系统具有体积小、传递效率高、安全性好、易于放大等优点。近十年来，已迅速发展成为过程强化领域的典型范例——微化工技术[3-9]。

化工过程实质上为流体流动、传热、传质和反应等四种物理/化学现象在不同时空尺度上的相互耦合作用的过程，而过程整体效率取决于这些耦合过程。在微化工系统中，由于时空特征尺度微细化带来的过程特性变化，对传统"三传一反"的理论提出了新挑战，而通过对微尺度结构与表/界面效应影响的研究，为深入认识其过程规律提供了新视角[6,10]。

微化工技术已有 20 多年的历史，如美国、德国、英国、法国、日本等发达国家的重要研究机构、高校以及公司（如 DuPont、Bayer、BASF、UOP 等）相继开展了微化学工程与技术的研究。我国起步较晚，中国科学院大连化学物理研究所、清华大学、华东理工大学等先后开展了微化学工程与技术的基础与应用研究，且经过近十年的发展，已建成了集微化学工程与技术的基础研究、应用开发以及微加工技术于一体的完整研发平台。

本章主要结合我们实验室的部分研究工作，阐述微化工系统内流体流动、传质与反应过程规律的研究进展。

5.2 微通道内流体流动特性

5.2.1 微通道内单相流体流动

迄今有关微尺度下流体流动特征与常规尺度下是否一致仍存争议[11,12]。Hetsroni 等[13]对微通道内单相流体流动状况进行了总结，发现绝大多数实验的转捩 Re 数在 2000 左右，与常规尺度通道吻合较好。但也有研究者观察到了转捩提前或滞后现象[14]。Hetsroni 等认为，这些状况可能是由微通道的尺寸测量误差、壁面粗糙度、流动过程的黏性热等因素所致。对比光滑和粗糙壁面微通道内的实验结果[15]，发现相同 Re 数时，粗糙壁面微通道的阻力摩擦因子较大，且转捩 Re 数较小；矩形微通道内易出现转捩 Re 数提前现象。

赵玉潮等[16]分别以水和煤油为介质，对 $400\sim800~\mu m$ 范围的微通道内单相流体流动状况进行了研究（图 5.1 所示）。发现当 $Re_{exp}<1800$ 时，摩擦因子常数 C^* 在 1 附近，流动为层流；当 $Re_{exp}>1800$ 时，C^* 大于 1，且随 Re_{exp} 增加而增加，说明此时流动发展成为过渡流，甚至湍流。在这一尺度范围内，微通道内的流体流动与传统尺度下的流动基本一致，可用传统流动理论对流动阻力等参数进行预测。

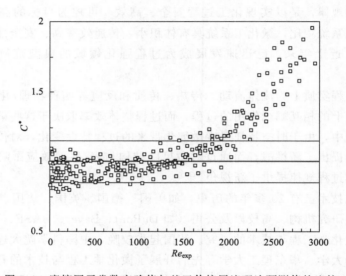

图 5.1　摩擦因子常数实验值与基于传统层流理论预测值的比较

5.2.2　微通道内多相流体流动

1. 微通道内气-液两相流体流动

尽管许多研究均侧重于微通道内气-液两相流流型特征的考察[17-22]，且对流型定义稍有不同，但依然可大致分为表面张力控制的泡状流和泰勒流、过渡区域的搅拌流和泰勒-环状流、惯性力控制的分散流和环状流等六种流型，其分布可基于两相表观速度，如图 5.2 所示。通道特征尺寸与壁面性质、气-液两相流体表观速度、液体表面张力以及入口通道结构、尺度等参数是影响气-液两相流体流动状况的主要因素，而通道截面形状、液体黏度、通道取向等参数的影响较小。微通道内气-液两相流流型特征以及流型间的转换机制目前仍不十分明确。

Yue 等[23-25]在当量直径为 $200\sim667~\mu m$ 的 Y 形微通道内考察了通道入口和

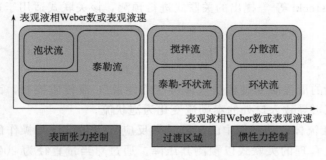

图 5.2 基于两相表观速度或 Weber 数绘制的示意流型图

中间部位的气-液两相流体流动状况。观察到了泡状流、弹状流（可细分为泰勒流与非稳态弹状流）、弹状-环状流、搅拌流与环状流等五种流型，其特征与传统通道区别明显，如图 5.3 所示。

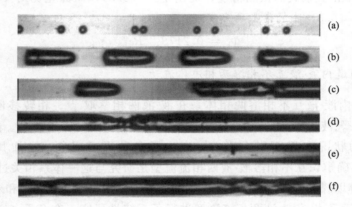

图 5.3　CO_2-水两相流流型照片（$d_h = 400\ \mu m$）

（a）泡状流；（b）泰勒流；（c）非稳态弹状流；（d）弹状-环状流；（e）环状流；（f）搅拌流

基于两相流体的表观速度及表观 Weber 数分别绘制了流型图，在当量直径为 667 μm 的微通道中，Triplett 等[17]与 Akbar 等[26]等提出的流型转换关联式或曲线能合理预测实验观察到的各流型间的转换边界；当量直径进一步减小时，这些关联式或曲线的预测性能变差。基于所获实验数据，提出了由泰勒流向非稳态弹状流转换的经验公式：

$$We_{GS} = 0.0172 We_{LS}^{0.25} \tag{5.1}$$

微通道内泰勒气泡的生成可用挤出和滴出两种模式来解释：表观液速较低时为挤出模式控制，气泡颈的断裂主要受气泡前端液相压力控制；表观液速较高时为滴出模式控制，剪切应力在气泡颈的断裂过程中作用明显。挤出模式下气泡长度可以用 Garstecki 等[27] 提出的关联式进行预测，该关联式适用于通道深宽比不太大的情况：

$$\frac{L_{B,0}}{W} = 1 + \alpha \frac{j_{G,0}}{j_L} \tag{5.2}$$

微通道内流型的沿程演变过程受气体可压缩性及气-液传质控制，而后者影响更为显著，甚至可导致入口处的泰勒流变化为泡状流。

气-液两相流体流动过程中的压降是微反应器优化设计与操作的最重要参数之一，需建立合理的关联式以预测其压降。通过对当量直径为 $200 \sim 667~\mu m$ 的微通道内压降特性分析发现，不同流型下的两相摩擦压降应采用不同的模型来描述。对于弹状-环状流、搅拌流及环状流等，采用分相流模型——Lockhart-Martinelli 关系式[28,29] 更为合理，但依然存在质量通量效应[30]，这主要是由于矩形或方形微通道内截面含液率对两相表观速度的敏感性不同所致。为改善 Lockhart-Martinelli 关系式的预测精度，提出了式（5.3），而深宽比对 Φ_L^2 的影响可通过改变式（5.3）中的常数项来实现：

$$\Phi_L^2 = 0.217 \beta_L^{-1/2} Re_{LS}^{0.3} \tag{5.3}$$

2. 微通道内液-液互不相溶两相流体流动

微通道内液-液互不相溶两相体系在液-液两相萃取[31]、相转移催化[32]、有机合成[33]、乳液制备[34]、药物输送[35] 等领域具有广阔的应用前景。由于其相间界面受流动状况和界面张力影响，产生了多种界面现象，增加其流动复杂性[36,37]，正确辨识互不相溶液-液两相流流型是研究与这一体系相关过程的基础。

Zhao 等以煤油-水为工作体系[38]，利用 CCD 摄像系统对错流和对撞流两种微通道内的互不相溶液-液两相流流型进行了系统性研究。在 T 形交叉点处观察到了六种流型，如图 5.4 所示：（a）交叉点处形成的弹状流（ST）；（b）交叉点处形成的单分散滴状流（MDT）；（c）交叉点下游区域微通道内形成的液滴群流（DPM）；（d）交叉点处形成的具有光滑界面的并行流（PFST）；（e）交叉点处

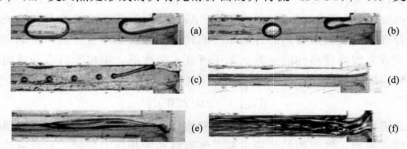

图 5.4　T 形交叉点处的流型图

形成的界面处有漩涡存在的并行流（PFWT）；（f）交叉点处形成的不规则薄条纹流（CTST）。对各种流动状态（流型）的形成过程进行了理论分析和探讨，表明流型的形成主要由界面张力和惯性力共同控制，可分别用压力诱导断裂、Kelvin-Helmholtz 不稳定、Rayleigh-Platieau 不稳定等三种现象解释。

在流动充分发展区域仅发现五种流型，如图 5.5 所示：（a）弹状流（SF）；（b）单滴状流（MDF）；（c）液滴群流（DPF）；（d）环状流（AF）；（e）并行流（PF）。以表面张力和惯性力为基准把互不相溶液-液两相流型图划分为界面张力控制、惯性力控制、界面张力和惯性力共同决定的三个区域。以 We 数和分散相体积分数预测了分散相液滴当量半径，表明实验值与理论预测值吻合较好，绝大多数实验点的偏差在 $\pm25\%$ 以内。

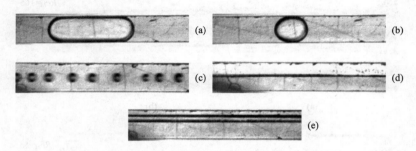

图 5.5　微通道内稳定流动状态下的流型图

通过考察壁面性质对流动状况的影响[39]，发现在表面对油相优先润湿的微通道内，油水比为 10 的情况下，$Re_M<60$ 时，能形成分散相流型；$Re_M>60$ 时，仅能形成连续相流型（并行流型）。在表面对水相优先润湿的微通道内，只能形成连续相流型。在 T 形交叉点处，随 Re_M 数增加，油水两相波动幅度增加，且在相同 Re_M 数下，与未经表面改性的微通道相比，表面改性后的微通道内油水两相波动幅度较大，如图 5.6 所示。

Christopher 等[40]对微通道内单分散、可控尺度液滴的制备和生成机制的研究作了较为详细的研究和总结，并根据液滴形成方式的不同分为并流式分裂、错流式分裂、拉伸式分裂或流体聚焦式分裂等三种结构，如图 5.7 所示，并已出现利用此三种结构制备尺度、形貌、组成可控的聚合物粒子的报道。Serra 等[41]与 Dendukuri 等[42]对此做了详细介绍。

Umbanhowar 等[43]对毛细管头部液滴的断裂过程进行了研究，并根据力学平衡原理提出了一个理论预测模型。Cramer 等[44]通过实验对中心通道头部液滴断裂和通道下游液柱的形成及头部断裂过程进行了研究，获得了尺度小于 100 μm 的微液滴，发现两相流速和分散相黏度的增加及界面张力的减小有利于

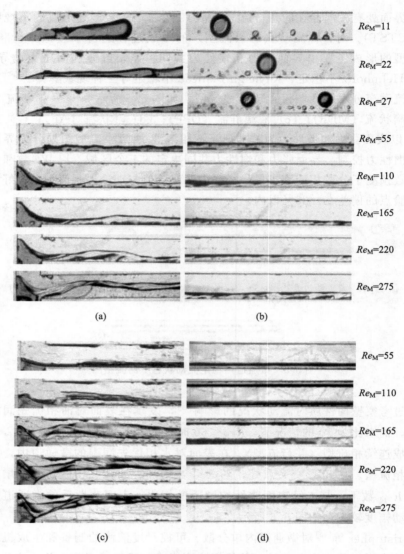

图 5.6　对撞型微通道内表面改性前后流型图对比图
(a) T 形交叉点处，表面改性前；(b) 稳定流动区域，表面改性前；
(c) T 形交叉点处，表面改性后；(d) 稳定流动区域，表面改性后

通道下游液柱的形成；经由中心通道头部液滴断裂机理形成的液滴的尺度更加均一、规则；高连续相流速和低界面张力时，能够获得尺度较小的液滴；分散相黏度对液滴尺度影响较小；仅在高分散相流速下，分散相流速才能体现出对液滴尺度的影响。Murshed 等[45]考察了温度对液滴形成的影响，发现温度越高，液滴

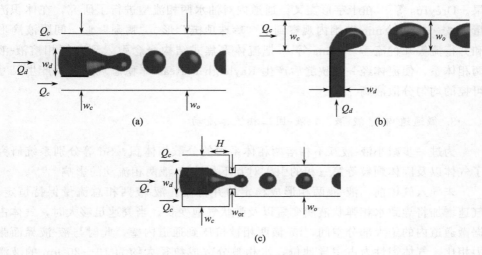

图 5.7 形成液滴的三种从动式微通道结构

(a) 并流式；(b) 错流式；(c) 流体聚焦式

尺寸越大。

Utada 等[46]研究了从通道头部液滴断裂机理到通道下游液柱头部分裂机理的转变过程规律，以分散相流体的 We 数和连续相流体的 Ca 数为参数表征了这一转变区域的特征。发现存在两种区域：连续相流速控制区域——随连续相流速增加，通道头部断裂的液滴尺寸逐渐变小，直至分散相液柱形成，最终转变为通道下游液柱头部分裂机理；分散相流速控制区域——随流速增加，液滴断裂形成位置逐渐向下游移动，转变为通道下游液柱头部分裂机理。Garstecki 等[27]发现在低 Ca 数下，液滴的形成主要由交叉点上游的附加压力控制，并以两相流速、连续相黏度、界面张力和通道尺度等为参数，建立了一个预测液滴大小的模型。Menech 等[47]对 T 形交叉点处液滴形成机理的转变准则及影响因素进行了理论分析和探讨。

Thorsen 等[48]在 T 形错流结构微通道内观察到 12 种液滴形态，同时考察了通道几何构型和相应入口压力间的关系以及对液滴形成的影响。Xu 等[34]对错流流动状况下液滴的形成过程进行了研究，发现界面张力较大时，分散相流速对液滴尺寸影响较小；界面张力较小时，分散相流速增加导致液滴尺寸增加；同时基于力学平衡条件提出一个液滴尺度理论预测模型。

Guillot 等[49]认为液滴的形成是在油水两相流体流动过程中由轴向压力梯度所产生的收缩-阻断现象所致，并提出了一个能够维持两相流体并行稳定流动的简单模型；而 Ismagilov 等[50]却认为这一过程是黏性力与表面张力共同作用的结果。Dreyfus 等[51]在十字形交叉微通道内对油水两相流型进行了研究，在体积流量为 0～100 μL/min 范围内观察到了"珍珠项链"形、"鸭梨"形、间隔液滴形和并行流等几种流型。Anna 等[52]把流体聚焦式结构概念引入到互不相溶液-液两相体系，使流体经一个狭缝后产生 Rayleigh-Plateau 非稳态现象，以产生尺寸可控的均匀分散液滴。

3. 微通道内气-液-液/液-液-固三相流体流动

为进一步减小液-液互不相溶两相体系内的分散相体积，Su 等分别系统研究了气体以及固体颗粒等第三相的引入对互不相溶液-液两相流动的影响[53,54]。

未导入气体前，液-液两相形成稳定的并行流。液-液两相总流量保持恒定，气速增加将导致水相弹状液滴变短以及弹状气泡变长。当气速足够大时，气体占据微通道内的绝大部分空间，液-液两相被挤压到通道内壁，此时与液-液界面张力相比，气体惯性力占主导地位，水相被分散成粒径大约为 10～20 μm 的液滴[图 5.8（a）所示]。在油水两相相比较低、足够的气体搅拌下，气-液-液三相流流型与气-液两相流的搅拌流类似 [图 5.8（b）所示]。同时考察了弯曲微通道内气体入口位置对液-液分散的影响，可知气体入口位置影响气泡的产生频率以及对液-液两相的分散效果。

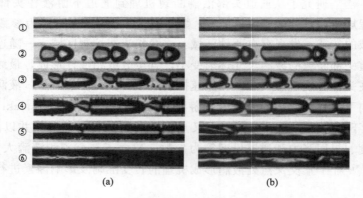

(a)　　　　　　　　　　　　　　(b)

图 5.8　气体搅拌对液-液两相流动状况的影响

(a) $U_{or}=0.222$m/s, $U_{aq}=0.111$m/s, $q=2$, $Re_M=72.6$; U_g (m/s):
①0, ②0.134, ③0.945, ④1.41, ⑤2.29, ⑥2.84

(b) $U_{or}=0.111$m/s, $U_{aq}=0.333$m/s, $q=1/3$, $Re_M=127$; U_g (m/s):
①0, ②0.066, ③0.14, ④0.94, ⑤3.29, ⑥4.34

互不相溶液-液两相流体进入微颗粒间狭窄、弯曲的空隙并激烈混合。在流体和微颗粒的剪切作用下，流型由连续相转化为分散相流型。通过在微通道内填充颗粒可使分散相（有机相）液滴粒径缩小至大约 15 μm 以下，如图 5.9 所示。

在填充微通道内，分散相液滴粒径随着流速的增加而减小，颗粒填充长度越长越有利于液-液两相的分散。与单纯的液-液两相流动相比，第三相的引入可极大地强化两相的分散效果，比表面积得到大幅度增加。

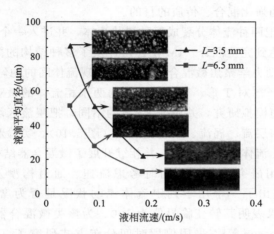

图 5.9　微通道内填充颗粒对分散相粒径的影响

5.3　微通道内流体混合与传质特性

5.3.1　微通道内液-液互溶两相流体间的混合特性

化学工业中一个至关重要的过程就是液-液互溶两相流体的混合-反应耦合问题，尤其涉及复杂反应的瞬时或快速反应过程，其目的产物选择性、产品质量和反应体系的稳定性与反应流体间的混合均匀程度密切相关，即混合效果决定了产物的最终分布。混合的本质是通过某些方式使两种或多种流体微团间距离缩短和增加其接触概率的过程，即两流体接触面积增加的过程，且混合过程中流体微团尺度与反应器/混合器的特征尺度紧密相关。与传统反应器相比，在特征尺度为数十至数百微米量级的微通道反应器内，流体微团特征尺度可减小两到三个量级，可认为与湍流混合过程中的 Kolmogoroff 尺度处于同一量级或更小，此时流体微团的介观变形和分子扩散成为影响混合效果的主要因素。同时，空间尺度的限域效应使流体混合过程极为复杂，对该过程的全面解析和定量描述将为微混合器/微反应器的结构优化设计与操作提供理论与工程指导。

微化工系统的内部通道尺寸通常在几十微米到数百微米，一般情况下 Re 数较小，处于层流状态，黏性力影响占主导地位，很难利用湍流方式强化流体间的混合，因此分子扩散成为影响混合效果的重要因素[55]。若通过减小通道尺寸以减小扩散路径，则会为操作过程和加工工艺带来困难。实际上，混合的终极目标是在最短时间内、以能耗最少的流动方式使两股流体产生最大的比相界面积[56]。为此需要采取一定的措施，如使流体界面发生拉伸、折叠，以减小扩散距离和混合时间，进而达到强化混合、传质的目的。

　　Jensen 等[57]把两种流体分裂成五种层状流体，并进入一个宽 50 μm 的通道，在 10 ms 内就能达到完全混合。IMM 公司开发了多种结构的微混合器，如交趾式微混合器[58]、动力学聚焦微混合器[59]，以实现流体间的均匀、快速混合。

　　Kockman 等[60-62]对 T 形、Y 形微通道内两水相流体的微观混合效果进行了系统的实验和数值模拟研究，并根据 Re 数的不同，把层流区域内的流体流动分为三个区域：严格层流、涡流、席卷流区域（图 5.10）。实验和模拟结果均表明席卷流能大大强化流体的混合效果，并相继开展了微混合器结构优化、纳米粒子合成等方面的应用研究工作。在同时考虑流速、通道构型及尺度的情况下，Soleymani 等[63]提出了一个用于判定流体流动状况是否为席卷流的无量纲参数，数值模拟结果表明其转变临界值为 100，为该类微混合器的优化设计提供了理论支持。Adeosun 等[64]采用停留时间分布方式研究了 T 形微混合器内的混合特性。

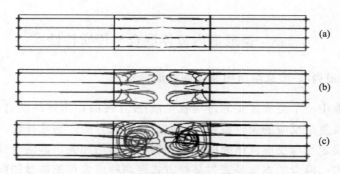

图 5.10　T 形交叉点处的三个流动区域
(a) 严格层流 $Re=7$；(b) 涡流 $Re=60$；(c) 席卷流 $Re=199$

　　赵玉潮等[65]利用化学法（Villermaux-Dushman 快速平行竞争反应）对 T 形微通道内分子尺度上的混合特性进行了研究，考察不同 Re 数下进出口结构尺寸对微观混合产生的影响。存在一个使离集指数 X_s 发生骤变的临界 Re_c。当 $Re<Re_c$ 时，X_s 随 Re 增加而减小；当 $Re>Re_c$ 时，X_s 趋于一定值与 Re 数基本无关，达到理想微观混合效果；随体积流量比增加，微观混合效果变差。该研究结果已扩展到高通量纳米粒子制备[66]，液氨与水混合配制氨水的工业示范应用等方面，现已完成 10 万 t/a 级液氨配制氨水的微混合-微换热集成系统的工业化示范应用（图 5.11）。与传统装置相比具有体积小、响应快、移热速度快，过程易控、运行平稳、无振动、无噪声，产品质量稳定等优点，彻底解决了安全、环保与产品质量稳定性问题，具有显著的社会效益及经济效益。

图 5.11 10 万 t/a 规模液氨配制氨水微混合系统工业应用示范现场

5.3.2 微通道内液-液互不相溶两相流体间的传质特性

当分散相液滴尺寸大于通道特征尺寸时，在分散相液滴与连续相液膜或通道壁面的剪切作用下，液滴内部产生内循环流动，使液滴边界层厚度和扩散距离减小，同时增加了表面更新速度和比相界面积，导致传质过程的强化。Ramshaw 等[67,68]首次将这一理念引入液-液体系，并利用这一理论对煤油-乙酸-水实验体系的传质过程进行了实验和理论模拟研究，发现传质效果随液弹长度增加而减小，随流速增加而增加。Cherlo 等[69]详细考察了通道尺寸、构型，流体黏度、表/界面张力对液弹长度的影响。

Kashid 等[70,71]利用 PIV 技术和 CFD 方法证明了极低流速下液弹内的内循环流动现象和两个对称静止区域的存在。实验表明[72]：随通道尺寸缩小，液弹长度减小，比相界面积增大；考虑液膜时，压降理论预测值与实验值吻合较好；与传统设备相比，相同的能量输入，微通道内产生的比相界面积是传统设备的几倍以上。Luo 等[34,73,74]围绕新型微分散技术——膜分散技术，对微尺度下的液-液两相流动、分散和相间传质规律进行了系统性研究，并建立了相应的微尺度分散和传质模型，为设计新型膜分散式微结构混合器奠定了良好基础。

Ismagilov 小组[75]则侧重于研究液弹内部流体的混合过程，通过引入载流体相，使待混合流体自发形成分散相液滴，利用内循环流动强化混合过程。通过实验和理论分析[76,77]，发现直通道中液弹内流体的混合效果与待混合的两流体位置分布有关，当两流体以上下位置分布时，混合效果较差，以左右位置分布时，混合效果较好。Wiggins 和 Ottino[78]提出基于流体拉伸、叠加、重排三个步骤循环往复操作的贝克变换（Baker's transformation）混合原理（图 5.12），并从数学上证明了该原理的可行性；Ismagilov 等[35,79]将之引入液滴内混合过程，并形象地表述了其混合过程（图 5.13），通过采用弯曲通道实现了内循环流动过程中待混合流体位置的重置，最终达到了混合均匀的目的。

图 5.12　贝克变换混合原理示意图

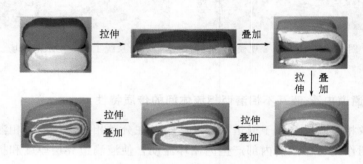

图 5.13　两流体混合示意图

当分散相液滴尺寸小于通道特征尺寸时，液滴在微通道内的流动基本不受通道尺寸的影响，属于非受限空间内的流动问题，与上面论述的受限空间内流动过程中的液滴相比，此时分散相液滴的比相界面积更大。针对这一问题，Xu 等[74]通过对微通道内液滴尺度的有效调控，利用中和反应显色法，研究了单分散液滴形成与向通道下游流动过程中的传质特性，发现在两相流体无相对流动状况下，流体液滴形成过程中传质效果至少占总体传质效果的 30%，且其传质系数比液滴向通道下游流动过程高 1～2 个量级；与传统萃取塔相比，系统总体积传质系数可提高 1～3 个量级。

上述可知，有关微尺度下液-液体系传质过程的研究大多局限在定性描述上，缺乏定量研究的实验数据，主要是由于实验过程中分析难度较大。其原因在于：微通道内液-液两相的持液量较少，难于在短时间内获得分析所需样品量；两相流体开始接触时流动状况较为复杂，造成对此处传质过程的分析难度加大；取样时间远大于料液在微通道内的停留时间，造成端效应较大。

为此，Zhao 等[80]把微通道内的传质过程分成五个传质区域：T 形交叉点处、混合通道内、出口管路、液滴下落过程、样品分离过程等区域，提出了利用"时间外推法"消除了样品分离过程对传质性能的影响，可精确测量微通道内传质效果。

　　实验证实了整个微通道系统内两相流体初始接触区域附近的总体积传质系数最大，为微反应器系统的结构优化设计提供了理论支持。提出了预测微通道内液-液互不相溶两相流体的传质性能经验关联式，与实验值相比偏差在±20％以内。定量证明了微通道的传质效果比传统反应器高2～3个数量级（图5.14所示），意味着完成同一个传质过程，采用微通道系统体积缩小至少1～2个量级，为化工设备微型化和过程强化提供了理论依据。

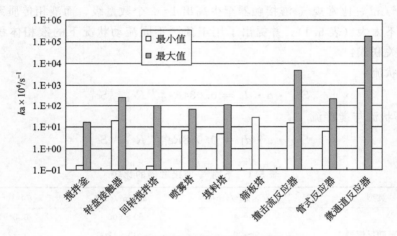

图 5.14　液-液接触器传质系数的比较

　　同时系统研究了微通道壁面性质与入口构型、操作条件等之间的耦合对液-液互不相溶两相流体流动状况的调控机制。利用基于虹吸原理自行设计的新型油水分离器，首次较为精确地实际测量了水油体积流量比小于1的情况下，对撞型和错流型入口结构微通道反应器内，分散相与连续相流型对传质过程的影响。与连续相流型相比，居于分散相流型区域的传质性能稍好一些；相同流型下，通道壁面性质对微通道反应器的整体传质性能影响较大[39]。

5.3.3　微通道内气-液两相流体间的传质特性

　　在微通道内进行气-液混合或反应，具有许多常规气-液接触设备不可比拟的优势，许多研究者业已证实微通道在气体吸收、气-液催化加氢、过氧化氢合成、直接氟化等领域具有良好的应用前景[81-87]。从前面的论述可知，微通道内气-液两相流动行为（流型及其转换准则、压降特性）与常规尺度通道有显著差异，故其传质特性的预测不能完全基于常规尺度通道中积累的相关数据，为保证微反应器在最佳整体性能下操作，需对该反应器内气-液传质特性进行全面认识。

Yue 等[23]采用物理吸收法（水吸收 CO_2 过程）和化学吸收法（0.3mol/L $NaHCO_3$/0.3mol/L Na_2CO_3 缓冲溶液吸收 CO_2 气体、1mol/L NaOH 溶液吸收 CO_2）对弹状流、弹状-环状流以及搅拌流流动状况下的传质特性进行了研究。发现同一表观液速下，微通道内液相体积传质系数与相界面积均随表观气速增加而增加，而液相传质系数的变化相对不明显。同一表观气速下，液相体积传质系数与液相传质系数均随表观液速的增加而明显提高，而相界面积的变化比较复杂。微通道内实验测得的液相体积传质系数与相界面积分别可高达 21 s^{-1} 与 9000 m^2/m^3，比常规气-液接触器至少高出 1~2 个数量级，而液相传质系数则提升幅度不太大（表 5.1）。并提出了用于预测不同流动状况下的液相体积传质系数经验关联式：

弹状流

$$Sh_L \cdot a \cdot d_h = 0.084 Re_{GS}^{0.213} Re_{LS}^{0.937} Sc_L^{0.5} \tag{5.4}$$

弹状-环状流与搅拌流

$$Sh_L \cdot a \cdot d_h = 0.058 Re_{GS}^{0.344} Re_{LS}^{0.912} Sc_L^{0.5} \tag{5.5}$$

表 5.1　不同气-液接触器的比较

类型	$k_L \times 10^5$/(m/s)	a/(m²/m³)	$k_L a \times 10^2$/s^{-1}
鼓泡塔[88]	10~40	50~600	0.5~24
库爱特-泰勒反应器[89]	9~20	200~1200	3~21
撞击流吸收塔[90]	29~66	90~2050	2.5~122
填料塔[88]	4~60	10~1700	0.04~102
喷雾吸收塔[91]	12~19	75~170	1.5~2.2
静态混合器[92]	100~450	100~1000	10~250
搅拌釜[91]	0.3~80	100~2000	3~40
管式反应器[88]	20~50	100~2000	2~100
微通道反应器[23]	40~160	3400~9000	30~2100

注：k_L 为液相传质系数；a 为气-液比表面积；$k_L a$ 为气-液总体积传质系数。

鉴于相当宽的操作条件下，泰勒流是微通道气-液接触器内的主要流型。与其他流型相比，该流型具有许多独特的传递与反应特性，故有必要对其进行深入研究。在过去的几十年里，针对当量直径在毫米量级通道内的泰勒流传质特征开展了较多研究，并建立了一些液相体积传质系数 $k_L a$ 的模型或关联式[93-96]，但这些关联式并不能满意地预测我们的实验结果。对这些模型或关联式的进一步改进可采用实验或 CFD 方法深入研究该流型下尽可能宽操作范围内的气-液传质特性，从而得出液弹长度、气泡速度与长度、通道直径等因素对 $k_L a$ 影响的内在规律，建立起更合理的预测 $k_L a$ 值的模型或关联式。鉴于实验测量的 $k_L a$ 与气泡速度及整个泰勒单元长度有关，特提出下面的关联式，其标准偏差仅为±8.2%。

$$k_L a = 0.164 \frac{U_B^{0.82}}{(L_B + L_S)^{0.53}} \tag{5.6}$$

5.3.4 微通道内气-液-液三相流体间的传质特性

Su 等以 30%煤油（TBP)-乙酸-水为实验体系，考察了微通道内气体搅拌作用对液-液互不相溶两相传质过程的影响[53]。结果表明，与微通道内单纯液-液两相传质相比，通过气体搅拌可进一步使总体积传质系数提高 1～2 倍，弯曲微通道内气体搅拌作用更为明显。在气体搅拌作用下，液-液两相并行流较容易转变为分散相流型，水相破裂成液滴，两相比表面积和表面更新速度增加，液-液间传质得到强化。同时提出了预测气体搅拌对液-液两相流体传质影响的经验关联式，其标准偏差在±18%。

5.3.5 微通道内液-液-固三相流体间的传质特性

与微通道内单纯液-液两相体系传质相比，通过填充颗粒亦可使总体积传质系数提高 1～2 倍。在微颗粒的作用下，液-液两相并行流亦较容易转变为分散相流型，油相破裂成液滴，油水两相激烈混合，比表面积和表面更新速度增加，传质过程得到极大强化[54]。

讨论了不同类型的液-液接触器传质以及能耗特性（表 5.2），微颗粒填充通道内的总体积传质系数比静态混合器和搅拌釜高三个数量级以上，比能耗与静态混合器相当。优良的传质性能预示着填充微通道的潜在应用。

表 5.2　不同液-液接触器综合性能比较

类型	E/%	$ka \times 10^4$/s^{-1}	体积$\times 10^3$/m^3	比能耗/(W/kg)
静态混合器	30～85	7.5～32	0.01	180～3000
搅拌釜	—	0.16～16.6	1000	10
填充微通道	81～96	8000～130 000	0.000 01	30～4900

5.4　微通道反应器

利用连续操作模式的微通道反应器进行化学反应过程研究，在过去的十几年中发展迅速，尤其在能源、制药、精细化学品、高能炸药及化工中间体的合成过程中受到广泛关注。根据前面有关微反应器特点的分析可知，适于微反应器内进行的反应过程应主要包含下面的三类[3,97,98]：

第一类：反应为瞬间反应，反应半衰期小于 1s，这类反应主要受微观混合控制，即受传质过程控制，如氯化、硝化、溴化、磺化、氟化和一些金属有机反应等，在传统尺度反应器内这些反应通常在低温下进行，利用微反应器的高效传质性能可提高反应选择性和产率。

第二类：反应为快速反应，反应半衰期 1s～10min，处于本征动力学控制区域，微观混合对这类反应的影响已经达到很小甚至可以达到忽略不计的程度；但当这类反应放热量较大，采用常规尺度反应器不能及时把热量移出，局部温度梯度过大，导致反应选择性降低，而利用微反应器的高效传热性能则可以使反应在较低温度梯度下进行，进而提高反应选择性和产率。

第三类：反应为慢反应，反应半衰期大于 10min，处于本征动力学控制区域，此类反应理应更适合于间歇或半间歇釜式反应器，但从生产过程安全角度考虑，对于仅在苛刻反应条件下才能发生的反应，则较为适于在微反应器内进行；如当反应在高温、高压条件下或反应物、产物为剧毒物质或反应放热剧烈的反应等，采用微反应器操作可极大地提高过程安全性能。

为更清楚地了解微反应器中的反应过程特性，下面分别以均相、气-固两相催化、气-液和液-液两相流体反应等四种类型为例进行介绍。

5.4.1　微反应器内的均相反应

1. 纳米材料的制备

Edel 等[99]在分流混合式微反应器[100]内进行了纳米 CdS 的合成，该微反应器依据扩散时间与扩散距离成正比设计而成，优点是体积小，内部通道体积 600 nL；混合效率高，混合速度极快，可在微小体积内完成毫秒级混合，在 15 ms 内即可达 95％ 的混合（图5.15）。与常规制备方法相比在微反应器内进行 CdS 的合成，不仅可以省掉复杂的重结晶步骤，而且纳米 CdS 具有更高的单分散性，还可根据操作条件不同调节产物的高度分散性，该方法简单、产品质量可靠。

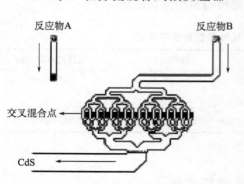

图 5.15　分流混合式微混合器

Lin 等[101]以五氟丙酸银为前驱体，三辛胺为表面活性剂，异戊醚为溶剂组成混合溶液，制备出了粒径介于 3～12nm 的单分散纳米银（图 5.16）。Wagner 等[102]在微通道反应器内以氯金酸和抗坏血酸为进行了纳米金制备的研究。最近

Jensen 等[103] 对微反应器内制备各种微纳材料进行了介绍。

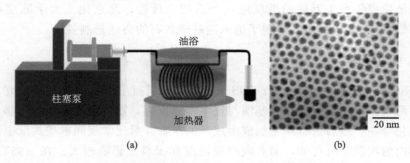

图 5.16 纳米银制备流程图 (a) 与产品透射电镜图 (b)

为实现微反应器内纳米颗粒的大规模制备，Ying 等[66] 分别在 T 形、Y 形及多通道微反应器内实现了纳米级 $BaSO_4$ 颗粒、拟薄水铝石、ZnS 等的高通量制备（图 5.17）。详细考察了流速、溶液浓度、反应温度、通道构型及尺寸等因素对颗粒粒径大小、分布的影响，发现 $BaSO_4$ 颗粒粒径随流速增加而减小；增加溶液浓度可减小粒径，但粒度分布变宽；温度升高，对粒径大小及分布影响不大，但对其形貌有较大影响；结合对所使用微反应器的微观混合特性研究结果，发现纳米级 $BaSO_4$ 颗粒大小、粒径分布等与微观混合效果强相关；并在多通道微反应器内进行了 1kg/h 产量的纳米 $BaSO_4$ 颗粒制备实验，结果表明其规律性与单通道反应器较为一致，且过程无堵塞现象发生，为微反应器内高品质纳米颗粒的规模化制备奠定了基础。

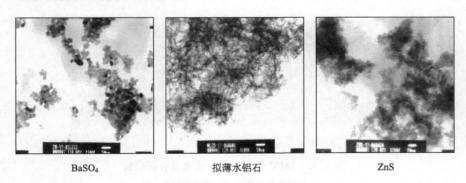

| $BaSO_4$ | 拟薄水铝石 | ZnS |

图 5.17 纳米颗粒的 TEM 图

骆广生等借鉴膜乳化技术，按照多个微通道串并联原理，设计了膜分散式微结构混合器，具有混合尺度易于控制、结构简洁、高效、低能耗和大处理量的特点。目前已成功实现了微化工系统在大规模制备单分散纳米碳酸钙中的工业应用，于 2005 年成功开发了膜分散微结构反应器制备单分散纳米碳酸钙的工业装置，现已建成年产 1 万吨的微反应生产系统。最近，北京化工大学陈建峰研究组[104]采用套管式微反应器实现了纳米羟基磷灰石的高通量制备。

2. 中间体的合成

Schwalbe 等[105,106]利用 CYTOS 微反应系统进行了羰基加成反应研究，该系统包含两个微反应器，首先芳基溴与正丁基锂反应，发生金属锂和溴转移，生成芳基锂化合物，然后进行羰基加成生成目的产物。对比常规间歇釜式反应器与微反应器内的实验结果可知，前者收率受温度和投料量影响较大。在 $-65℃$ 左右，投料量为 0.04mol 时，收率高达 100%；温度仅提高 5℃，投料量为 0.8mol，此时收率明显降低；反应温度升至 $-40℃$，投料量为 4.8mol，则反应收率降低至 24%。在微反应系统内进行此反应，温度在 0℃，总停留时间为 0.34min 时，收率可达 88%；当反应物料总体积流量增加一倍时，温度仍然保持 0℃，此时停留时间为 0.17min，而收率并没有明显降低，仍然高达 83%，说明对于此反应该微反应系统较为适合，且放大效应较小。

Pennemann 等[107]利用交趾式微混合器（图 5.18）合成了颜料黄 12 号，通过比较微混合器和常规间歇釜式反应器得到的颜料颗粒，发现前者不但平均粒径明显小于后者，且粒径分布较窄，光泽度提高了 73%，透明度提高了 66%，品质得到大幅度提升。Yoshida 等[108]采用此微混合器进行了 Friedel-Crafts 反应，由于反应速度较快，控制反应的关键是反应器内局部温度的控制和反应物的微观混合效果，单取代物的收率和选择性大大提高，远远高于间歇釜式反应器。

(a)　　　　　　　　　　(b)

图 5.18　IMM 公司的交趾式微混合器结构

(a) 微混合器；(b) 微通道结构

Iwasaki 等[109]在 T 形微混合器-微管式反应器串联的系统内研究了一系列自由基聚合反应过程，以丙烯酸丁酯聚合为例，对微反应系统内强放热自由基聚合的反应特性进行了研究，利用其良好传热性能，可使反应保持在近乎恒温条件下进行，与常规间歇釜式反应器相比，聚合度分布变窄，高聚合度物质变少，且反应器无堵塞问题。

5.4.2　微反应器内的气-固催化反应

气-固催化反应通常为多个平行、串联反应组成的复杂体系，且多为受传质控制的强放热/吸热反应，受浓度分布、停留时间、温度分布影响较为明显。在微反应器内进行该类反应可较好发挥其热质传递速度快的优势，使反应能在近乎等温条件下操作，避免热点形成，有利于提高目标产物选择性和收率。

1. 微反应器内催化剂的制备

微反应器比表面积大，但比颗粒催化剂仍小 3 个数量级；且其主体体积小，在构型和尺寸方面与传统反应器有明显差异，因此如何在微反应器内制备高效催化剂是微化工技术能否成功应用的关键之一[110]，并为此发展出许多专门的技术[111]。

本体材料法——以催化活性材料为本体加工成微反应器，直接用于催化反应，如 Ag 用于乙烯氧化[112]、醇氧化脱氢[113]，Pt 用于氨氧化反应[114]，Rh 用于甲烷部分氧化制合成气[115]，带有氧化表面的铜薄片催化丙烯部分氧化[116]等。但此种方法制备的微反应器催化材料利用率低，成本高，适用范围窄，一般仅用于实验室研究。

催化材料填充法——催化剂粉末或颗粒可直接填充于微通道，以形成微填充床反应器，是最简便易行的方法。其适用性较广，但压降较高，且粉末或颗粒难以实现规则堆积，会降低温度、浓度分布的均匀性。

催化材料壁载法——微通道反应器的表面积较小，与蜂窝整体催化剂类似，需对基体进行预处理再制备过渡涂层（wash-coating）作为催化活性组分的载体，以提高比表面积。最后在此载体上制备出催化剂，可降低压降、减小传质阻力，提高催化活性组分的利用效率[117]。目前的壁载技术主要有阳极氧化法[118]、溶胶-凝胶技术[119]、气相沉积[120]、含铝钢高温处理[121]、纳米催化剂粒子原位生成[122]等。

2. 氢气催化燃烧反应

氢气催化燃烧过程是许多过程系统能量回收的一个重要环节，由于其爆炸浓度范围较宽，在常规尺度下，对反应过程温度、压力及浓度、流速等条件应严格控制，这使过程效率的提高受到较大限制。鉴于微通道反应器的特征尺寸较小，其内在安全性能大大提高，可保证反应在爆炸浓度范围内仍可安全进行，从理论上确保了反应效率提高的可能性，在氢气尾气安全排放领域具有较大的潜在应用价值。

Veser 等[6, 123]研究发现，在传统固定床反应器内，氢气点火温度在常温下即可实现，而在微反应器中却要求在 100℃以上，点燃后温度迅速上升。我们在实验过程中也发现了这一现象，认为是由于微反应器尺度小、传热速度高所致。当氢气流量较低时，反应器温升主要集中在入口附近，氢气流量较大时才能观察到整个反应器区域的温升。采用多通道并联微填充床反应器考察这一反应时，也发现了类似规律，当反应气体流量较大时，尽管在整个微反应器区域均可检测到温升，但最为剧烈区域仍在入口附近。通过对反应后的催化剂形貌分析发现，反应多集中在入口附近。由于氢气燃烧反应为快速强放热反应，一旦引发，则可快速在催化剂表面进行反应，即反应极易在反应器内催化剂的某一端面发生，造成整个微反应器区域的温度分布不均，如何优化微反应器内活性组分分布和通道构型是该反应在微反应器内应用进程中所要解决的最重要问题之一。

3. 甲苯气相催化氧化

利用微反应器良好的热质传递性能以及对反应条件的精确控制，可消除热点，优化停留时间分布和吸附、脱附过程，防止具有高温强放热特性的烃类选择氧化产物深度氧化，可显著提高部分氧化产物的选择性，如氨氧化反应[124]、甲烷部分氧化制合成气[125,126]、烯烃环氧化[127,128]、醇氧化脱氢[129]等。

Ge 等[130-132]在壁载式微通道反应器、单/多通道微填充床反应器等不同类型的反应器内进行甲苯气相催化氧化反应研究。通过对溶胶法、乳胶法、悬浮液法等不同壁载方法制备的催化剂性能比较，发现乳胶法制得的载体层结合强度太差，无法进行活性实验；溶胶法的初始活性较高，但寿命较短；悬浮液沉积法壁载的催化剂活性较高，与钒钛颗粒催化剂相当，稳定性较好，在床层温度 300～400℃，空速 40 000 h^{-1}反应 100 h 无失活现象，且无积碳、无堵塞、催化剂表面完好，没有裂纹或脱落。

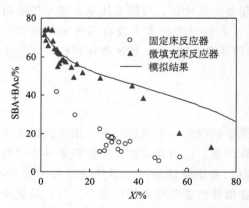

图 5.19　微通道反应器和传统固定床反应器性能比较

采用相同催化剂，分别在多通道微填充床反应器和传统固定床反应器内进行了甲苯气相催化氧化反应研究（图 5.19），发现相同转化率时，前者的部分氧化产物选择性远高于后者，且前者得到的数据与动力学模拟基准线十分接近，即微反应器可有效消除传质、传热影响，使催化剂达到最佳反应性能。此外，微反应器内有机副产物生成较传统固定床反应器内明显减少，苯、马来酸酐和其他高沸点偶联产物可忽略不计甚至完全消失。

有研究者通过引入大量水蒸气和惰性气体，转化率和选择性可分别达83.4％和75％，但产物主要为苯甲酸（BAc），价值低于BA（苯甲醛），且能耗高、时空产率低、工艺较复杂、操作弹性小。与之相比，微通道反应器可在操作温度宽、时空收率高、反应负荷大等条件下进行甲苯气相催化氧化反应，避免了反应不稳定和失控等现象，这在其他反应器内是很难实现的。

4. 微型氢源系统

氢源技术是质子交换膜燃料电池技术商业化的瓶颈之一。由于在氢气储存、输送、分配及加注等环节尚存诸多技术难点，因而无法满足各种规模的燃料电池对分散氢源的需求。而以醇类、烃类等富氢燃料通过重整的方式移动或现场制氢为燃料电池提供氢源，具有能量密度大、能量转换效率高、容易运输和携带等特点，在经济性和安全性方面也具有优势，是近期乃至中期最现实的燃料电池氢源载体之一。

由于微反应技术固有的优点，在实现燃料电池电动汽车和分散电源所需的氢源系统微型化的进程中将会发挥更大的作用。目前许多研究者多在从事这一技术的研究与开发[133-136]。Chen等以自行开发的氢气/甲醇催化燃烧、甲醇氧化重整、CO选择氧化等三种催化剂、微反应器和微换热器等设备为核心，成功开发了集甲醇氧化重整[137-139]、CO选择氧化[140,141]、氢气催化燃烧、原料汽化、微换热[142]等子系统为一体的kW级质子交换膜燃料电池用的微型氢源系统（图5.20）。鉴于所开发的甲醇氧化重整催化剂具有较高活性和选择性，与国内外其他同类氢源系统相比，不需CO水气变换子系统，可使整个氢源系统体积大幅度缩小。该氢源系统具有体积小、启动快、CO含量低、比功率高（1.0 kW/L）等优点，可实现1.0 Nm³ H_2/h（Nm³，标准立方米，非法定单位，意为标准体积，V_n 为⋯m³）稳定供氢流量，系统出口重整气中 H_2 体积分数高于55％，CO含量低于25 ppm，目前已可作为商品出售。该kW级甲醇重整微型氢源系统的

图 5.20　1.0Nm³/h 的微型氢源系统

成功开发获得了国际同行的广泛好评[133,143]，同时亦为我国氢能及燃料电池技术多元化发展奠定了重要技术基础。

5.4.3　微反应器内的气-液两相反应

1. 直接氟化反应

直接氟化时，由于氟的强氧化性，易产生一些不确定的产物，且是强放热反应，反应易失控，易发生爆炸等危险。迄今为止，用纯氟对芳香族化合物的直接氟化，在技术上仍然未能得到完全解决。微反应系统以其高传递速率、高比表面积、高安全性的优点，得到有机合成学者们的重视，并用于芳香族化合物的直接氟化研究。

Chambers 等[144]研究了单/多通道微反应器内芳香族化合物的直接氟化，转化率和目的产物收率分别高达 74% 和 59%，通过优化微反应器表面性质，可分别提高至 77% 和 78%。由于直接氟化反应多在气-液界面进行，故气-液相界面积的增加成为强化这一反应过程的必要条件。Jähnisch 等[81]分别在降膜微反应器和微鼓泡反应器内（图 5.21）进行了甲苯直接氟化过程研究。前者的温度在 $-42 \sim -15$℃，乙腈为溶剂时，转化率和一氟甲苯收率分别为 50% 和 20%；甲醇为溶剂时，转化率和收率分别为 34% 和 14%；而后者反应温度为 -15℃，乙腈为溶剂时，转化率和收率分别仅为 41% 和 11%。与传统鼓泡塔反应器相比，微反应器的产物收率与工业路线结果相当，反应时间由几小时缩短为几秒，时空收率和选择性得到大幅度提升。

2. 氯化反应

Ehrich 等[145]分别在降膜微反应器和传统釜式反应器内进行了 2,4-甲苯二异氰酸酯的光氯化反应过程研究。在传统釜式反应器内，当转化率为 65% 时，选择性仅为 45%，副产物选择性却高达 50%，时空收率仅为 1.3mol/h。而在降膜微反应器内，在保持转化率为 55% 的情况下，选择性高达 80%，而副产物选择性仅为 5%，时空收率高达 400mol/h。进一步研究发现，当停留时间从 5s 提高到 14s 时，目的产物产率则从 24% 增加到 54%。这主要是由于降膜微反应器中的液膜较薄，光线容易穿透整个反应器，同时气-液传质速率较快，液相的氯自由基浓度较均匀，光化学反应效率较高。

3. 硝化反应

Antes 等[146]利用微结构反应器传热、传质性能高的特点，以 N_2O_5 为硝化剂，进行了萘的气相硝化研究。为使反应顺利进行，在传统釜式反应器内通常采

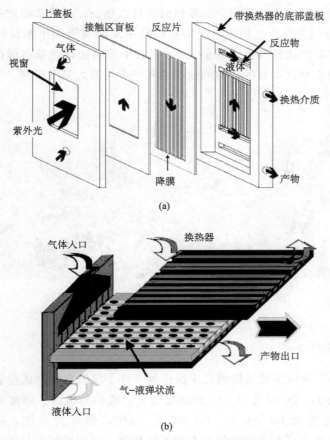

图 5.21 气-液微反应器示意图

(a) 降膜微反应器；(b) 微鼓泡反应器

用低温硝化工艺（－50～－20℃）；而在微反应器内，反应可在 30℃ 下安全进行，停留时间可由数小时缩短为数秒，与传统反应器相比，一硝化产物和二硝化产物产率大大增加，且多硝基取代物的生成可得到较好抑制；进一步研究发现，通过改变操作条件和反应器结构尺寸，不但可提高反应选择性和产率，而且可改变产物中同系物的比值。

4. 磺化反应

Müller 等[147]在以降膜微反应器为核心的微反应系统内对甲苯的磺化反应进行了研究，该微反应系统包括微混合器、微反应器、微换热器以及微传感器（图 5.22）。当 SO$_3$/甲苯物质的量之比在 5/100～15/100 间变化时，甲苯磺酸选择性基本保持 73% 不变，而酸酐选择性却从 8% 降低至 2%，二甲苯砜选择性为 3%

左右。若反应流体在后续流程中的停留时间得以延长，则甲苯磺酸选择性会升高至 82%，这是因为反应过程中生成的焦磺酸甲苯会继续与甲苯反应生成甲苯磺酸；同时磺酸酐的选择性会降低至 2%，而二甲苯砜选择性基本保持不变。与常规尺度反应装置相比，目的产物的选择性和产率均有大幅度提高。

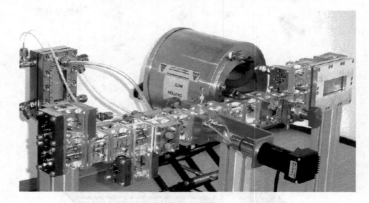

图 5.22　以降膜微反应器为核心的微反应系统

5. 过氧化氢合成

Inoue 等[87]采用多通道微填充床反应器考察了氢氧直接合成过氧化氢的反应过程。气相为 H_2/D_2 以及 O_2/N_2 两路混合气，液相为硫酸、磷酸与溴化钠的混合溶液，催化剂为 Pd/Al_2O_3、Pd/SiO_2、Pd/C，温度为室温，压力为 $2 \sim 3$ MPa。发现微通道可有效抑制气相自由基链传播，反应器可在气体爆炸极限范围内安全进行过氧化氢制备。同时由于微填充床反应器内优异的气-液传质性能，加速了氢气与氧气向液相的传递，从而反应速率也大大提高。

5.4.4　微反应器内的液-液两相反应

1. 纳米材料的制备

Wang 等[148]在陶瓷微通道反应器内，分别采用 1-己醇-四异丙基钛/甲酰胺体系和环己烷-四异丙基钛/水体系，利用液-液互不相溶两相流体形成的界面合成了粒径小于 10nm 的 TiO_2。与微乳法相比，该法不需表面活性剂，便于研究生长机理和控制反应温度等条件的影响，为纳米材料的合成提供了一条路径。

Jongen 等[149]通过控制操作条件，使互不相溶两相流体形成弹状流或间断流，利用流体间的相互作用强化混合效果，合成了 $CaCO_3$、$Mn_{1-a}Ni_a(C_2O_4) \cdot 2H_2O$ 和 $BaTiO_3$ 纳米粉体。与传统间歇反应器相比，具有粒径分布更窄、形貌更规则、纯度更高。如采用微通道反应器，合成的 $BaTiO_3$ 比表面积为 40 m^2/g，粒径为 30 nm，而最好的商品 $BaTiO_3$ 比表面积只有 17 m^2/g，粒径为 60 nm。进一步研究表明，使用微反应器产物性质稳定，为大批量连续化生产提供了强有力的依据。Duraiswamy 等[150]利用这一原理进行了纳米金的合成，发现可通过操作条件的改变实现对纳米金形貌的有效调控，共得到球状、椭球状、棒状、带规则尖角的纳米金颗粒。Jahn 等[151]对采用微流控法制备纳米半导体量子点、金属胶体、乳液、脂质体的研究进行了总结，并以脂质体为例详细说明了微流控法的优越性。

2. 硝化反应

混酸硝化是一个快速强放热、受传质控制的反应过程，其反应效果在较大程度上依赖于反应器的热质传递性能。在硝化反应过程中，若传质效果差，则会减小反应速率，且易导致副产物——多硝基取代物的生成。传统的硝化反应通常在带冷却夹套的搅拌釜式反应器内进行，换热面积小，传热速率有限，只能通过降低反应速率来避免热量快速积累导致的反应失控。因而不仅反应釜的体积庞大，而且反应所需时间也很长，如二硝基氯苯的硝化反应时间长达 6～16h。Ramshaw 等[67,68,152]在微反应器内对芳烃混酸硝化过程进行了较为系统的研究，通过控制操作条件使互不相溶油水两相形成弹状流，借助弹状体与通道壁面的剪切作用和两相界面作用，使被限制在通道内的液体弹状体产生高频内部循环，从而强化传质。Panke 等[153]在微反应器内进行了杂环化合物的硝化反应研究，反应可在 90℃快速进行，取得了和工业上相同的收率。这一接近安全极限的温度是以往不可想象的，微反应器凭借优越的控温性能，在极限条件下安全快速地完成了反应。Ducry 等[154]在微反应器内进行了酚类化合物的硝化研究。

Shen 等[155]利用微反应器对异辛醇硝化合成硝酸异辛酯过程进行了系统研究，表明在 25～40℃时，微反应器内的液时空速为 3000～10 000 h^{-1}，反应仍能保持安全、平稳进行，高于传统釜式反应器 10℃的安全温度上限，其转化率和选择性可分别高达 99.84% 与 98.98%。同时我们也开展了利用微反应器的高效传热、传质能力合成二硝基氯苯的研究，硝化反应时间只有 2.4s，为原来的 1/10 000，可实现该反应过程强化和微型化，已成功开发出 10t/a 级规模的氯苯硝化一步法合成二硝基氯苯微反应器系统。

3. 过氧化反应

过氧化甲乙酮是三大有机过氧化物之一，对热、撞击极其敏感，在生产、储存和运输过程中曾出现多起重大事故。利用微反应器进行过氧化甲乙酮生产，能够解决生产中的安全性问题，若能开发成套的生产装置用于就地生产，则可避免储存和运输的危险性。周兴贵等在基于撞击流混合原理的反应器内（图 5.23）进行了甲乙酮过氧化反应过程研究[156]，考察了停留时间、反应温度、双氧水浓度和酸浓度对过氧化甲乙酮产品活性氧含量和收率的影响，在不使用稀释剂的情况下实现了反应安全、平稳进行，活性氧浓度在 16% 以上，最高接近 18%。

图 5.23　微撞击流反应器

4. Grinard 反应

利用 Grinard 试剂合成有机硼化合物是一种常用方法，且此反应为快速强放热过程，但温度过高会产生大量副产物。为抑制副反应发生、提高收率，工业上常采用硼酸盐过量、保持低温（−35～−55℃）、逐步加料等方法，但操作成本高、过程复杂。Hessel 等[157]利用微反应器在 Grinard 试剂作用下，进行了苯基硼酸的合成，发现在 20℃ 左右，微反应器收率比常规反应器提高约 12%，中试生产结果表明，10℃ 时即可达到 89.2% 的收率。

5. 相转移耦合反应

Hisamoto 等[32]利用微反应技术进行了相转移耦合反应研究。在传统釜式反应器中进行此反应时，反应效果随搅拌强度增加而提高。搅拌不理想时，局部反应物过量，导致一些副反应，如重氮盐分解或发生二耦合等。在最佳反应条件下，转化率为 80%，有沉淀生成，而使用微反应器时，停留时间仅为 2.3 s，转化率近 100%，且无沉淀现象发生。

5.5　结　束　语

由于微化工技术的研究初期主要集中在高校和科研机构的实验室，产业界虽有关注但介入不多，对微化工系统放大和集成技术的研究较少，大大减缓了微化工技术的实用化进程。经过 10 多年的研发与宣传推广工作，目前微化工技术已处于应用前夜。

国内对微化工技术的研究刚刚展开，在许多领域的研究工作有待于深入进行，若研究初期就与产业界结合，在过程放大和系统集成方面积累经验，可加速

　　微化工技术的产业化进程。预计将在高效传热传质设备、高附加值化工产品生产、基于微反应器的新工艺与新过程、易燃易爆的反应过程、强放热快速反应的控制（直接氟化、硝化等）、危险品的就地生产、车载式化工厂的构建、分散式能源的就地转化等领域获得突破。其主要难点在于微化工系统的结构优化设计、制造、装配、密封、参数测量（无接触测量技术）、系统自动控制、催化剂壁载或填充等关键技术的解决，故需深入开展微尺度化工系统中的表/界面现象、流动特性、热质传递规律、微反应器中纳米催化剂的制备及反应特性与规律、微反应器的并行放大规律与系统集成等微化学工程的基础研究，最终为微化工系统的设计开发提供理论依据，同时也将推进微化学工程理论的发展。另外，在国家安全所涉及的化学化工方面，应用微化工技术能大幅度提高相应系统的效率并减少其体积和质量，也是这个新学科的重要应用领域之一。

　　21世纪的化学工业，面临着前所未有的机遇和挑战。微化工技术的成功开发与应用将会改变现有化工设备的性能、体积、能耗和物耗，并会极大地拓宽它的应用范围，这将是现有化工技术和设备制造的一项重大突破，也将会对整个化学化工领域产生重大影响。可以预见，这一新的前沿科学将会获得迅速发展，以确立我国在这一新学科领域的国际学术地位。同时该新兴学科的发展和渗透，势必将带动相关学科的调整和发展，为我国建立新的学科结构、特色和优势发挥重大作用。

参 考 文 献

[1] Service R F. Miniaturization puts chemical plant where you want them. Science, 1998, 282: 400

[2] 陈光文，袁权. 微化工技术. 化工学报, 2003, 54（4）: 427-439.

[3] Jähnisch K, Hessel V, Löwe H, Baerns M. Chemistry in microstructured reactors. Angew. Chem. Int. Ed. , 2004, 43: 106-446.

[4] Jensen K F. Microreaction engineering—Is small better? Chem. Eng. Sci. , 2001, 56: 293-303.

[5] Wegeng R S, Drost M K, Brenchley D L. Process intensification through miniaturization of chemical and thermal systems in the 21st century, Proc. 3rd Int. Conf. Microreaction Technology（IMRET3）. Springer, 2000: 2-13.

[6] Ehrfeld W, Hessel V, Löwe H. Microreactors: new technology for modern chemistry. Weinheim: Wiley-VCH, 2000.

[7] Stankiewicz A I, Moulijn J A. Process intensification: Transforming chemical engineering. Chem. Eng. Prog. , 2000, 96: 22-34.

[8] Benson R S, Ponton J W. Process miniaturization—A route to total environmental acceptability? Chem. Eng. Res. Des. , 1993, 71: 160-168.

[9] Freemantle M. 'Numbering up' small reactors—Microreactor technology offers many benefits for process development and production. C&EN, 2003, 81: 36-37.

[10] Commenge J M, Falk L, Corriou J P, Matlosz M. Analysis of microstructured reactor characteristics for process miniaturization and intensification. Chem. Eng. Technol. , 2005, 28: 446-458.

[11] Pfund D, Rector D, Shekarriz A. Pressure drop measurements in a micro-channel. AIChE J, 2000, 46: 1496-1507.

[12] Mokrani O, Bourouga B, Castelain C, Peerhossaini H. Fluid flow and convective heat transfer in flat microchannels. Int. J. Heat Mass Transfer, 2009, 52: 1337-1352.

[13] Hetsroni G, Mosyak A, Pogrebnyak E, Yarin L P. Fluid flow in micro-channels. Int. J. Heat Mass Transfer, 2005, 48: 1982-1998.

[14] Qu W, Mala G M, Li D. Pressure driven water flows in trapezoidal silicon micro-channels. Int. J. Heat Mass Transfer, 2000, 43: 353-364.

[15] Mosyak A, Pogrebnyak E, Yarin L P. Fluid flow in micro-channels. Int. J. Heat Mass Transfer, 2005, 48: 1982-1998.

[16] 赵玉潮. 微通道内液-液两相传递与反应过程规律研究 [D]. 大连: 中科院大连化学物理研究所, 2008.

[17] Triplett K A, Ghiaasiaan S M, Abdel-Khalik S I, Sadowski D L. Gas-liquid two-phase flow in micro-channels Part I: Two-phase flow patterns. Int. J. Multiphase Flow, 1999, 25: 377-394.

[18] Zhao T S, Bi Q C. Co-current air-water two-phase flow patterns in vertical triangular microchannels. Int. J. Multiphase Flow, 2001, 27: 765-782.

[19] Kawahara A, Chung P M Y, Kawaji M. Investigation of two-phase flow pattern, void fraction and pressure drop in a microchannel. Int. J. Multiphase Flow, 2002, 28: 1411-1435.

[20] Xiong R, Chung J N. An experimental study of the size effect on adiabatic gas-liquid two-phase flow patterns and void fraction in microchannels. Phys. Fluids, 2007, 19: 033301.

[21] Pohorecki R, Sobieszuk P, Kula K, Moniuk W, Zieliński M, Cygański P, Gawiński P. Hydrodynamic regimes of gas-liquid flow in a microreactor channel. Chem. Eng. J., 2008, 135S: S185-S190.

[22] Shao N, Gavriilidis A, Angeli P. Flow regimes for adiabatic gas-liquid flow in microchannels. Chem. Eng. Sci., 2009, 64: 2749-2761.

[23] Yue J, Chen G W, Yuan Q, Luo L A, Gonthier Y. Hydrodynamics and mass transfer characteristics in gas-liquid flow through a rectangular microchannel. Chem. Eng. Sci., 2007, 62: 2096-2108.

[24] Yue J, Luo L A, Gonthier Y, Chen G W, Yuan Q. An experimental investigation of gas-liquid two-phase flow in single microchannel contactors. Chem. Eng. Sci., 2008, 63: 4189-4202.

[25] Yue J, Luo L A, Gonthier Y, Chen G W, Yuan Q. An experimental study of air-water Taylor flow and mass transfer inside square microchannels. Chem. Eng. Sci., 2009, 64: 3697-3708.

[26] Akbar M K, Plummer D A, Ghiaasiaan S M. On gas-liquid two-phase flow regimes in microchannels. Int. J. Multiphase Flow, 2003, 29: 855-865.

[27] Garstecki P, Fuerstman M J, Stone H A, Whitesides G M. Formation of droplets and bubbles in a microfluidic T-junction-scaling and mechanism of break-up. Lab Chip, 2006, 6: 437-446.

[28] Lockhart R W, Martinelli R C. Proposed correlation of data for isothermal two-phase, two-component flow in pipes. Chem. Eng. Prog., 1949, 45: 39-48.

[29] Chisholm D. A theoretical basis for the Lockhart-Martinelli correlation for two-phase flow. Int. J. Heat Mass Transfer, 1967, 10: 1767-1778.

[30] Chung P M Y, Kawaji M. The effect of channel diameter on adiabatic two-phase flow characteristics in microchannels. Int. J. Multiphase Flow, 2004, 30: 735-761.

[31] Benz K, Jäckel K P, Regenauer K J, Schiewe J, Drese K, Ehrfeld W, Hessel V, Löwe H. Utilization

of micromixers for extraction processes. Chem. Eng. Technol. , 2001, 24: 11-17.

［32］ Hisamoto H, Satio T, Tokeshi M, Hibara A, Kitamori T. Fast and high conversion phase-transfer synthesis exploiting the liquid-liquid interface formed in a microchannel chip. Chem. Commun. , 2001, 24: 2662-2663.

［33］ Kashid M N, Kiwi-Minsker L. Microstructured Reactors for Multiphase Reactions: State of the Art. Ind. Eng. Chem. Res. , 2009, 48: 6465-6485.

［34］ Xu J H, Li S W, Tan J, Wang Y J, Luo G S. Preparation of highly monodisperse droplet in a T-junction microfluidic device. AIChE J, 2006, 52: 3005-3010.

［35］ Song H, Chen D L, Ismagilov R F. Reactions in droplets in microfluidic channels. Angew. Chem. Int. Ed. , 2006, 45: 7336-7356.

［36］ Eggers J. Nonlinear dynamics and breakup of free-surface flows. Rev Mod. Phys. , 1997, 69: 865-929.

［37］ Squires T M, Quake S R. Microfluidic: Fluid physics at the nanoliter scale. Rev Mod. Phys. , 2005, 77: 977-1026.

［38］ Zhao Y C, Chen G W, Yuan Q. Liquid-liquid two-phase flow patterns in a rectangular microchannel, AIChE J, 2006, 52: 4052-4060.

［39］ Zhao Y C, Su Y H, Chen G W, Y Q. Effect of surface properties on the flow characteristics and mass transfer performance in microchannels. Chem. Eng. Sci. , 2010, 65: 1563-1570.

［40］ Christopher G F, Anna S L. Microfluidic methods for generating continuous droplet streams. J. Phys. D: Appl. Phys. , 2007, 40: R319-R336.

［41］ Serra C A, Chang Z Q. Microfluidic-assisted synthesis of polymer particles. Chem. Eng. Technol. , 2008, 31: 1099-1115.

［42］ Dendukuri D, Doyle P S. The Synthesis and Assembly of Polymeric Microparticles Using Microfluidics. Adv. Mater. , 2009, 21: 4071-4086.

［43］ Umbanhowar P, Prasad V, Weitz D. Monodisperse emulsion generation via dropbreak off in a coflowing stream. Langmuir, 2000, 16: 347-351.

［44］ Cramer C, Fischer P, Windhab E J. Drop formation in a co-flowing ambient fluid. Chem. Eng. Sci. , 2004, 59: 3045-3058.

［45］ Murshed S M S, Tan S H, Nguyen N T, Wong T N, Yobas L. Microdroplet formation of water and nanofluids in heat-induced microfluidic T-junction. Microfluid Nanofluid, 2009, 6: 253-259.

［46］ Utada A S, Fernandez-Nieves A, Stone H A, Weitz D A. Dripping to Jetting Transitions in Coflowing Liquid Streams. Phy. Rev. Lett. , 2007, 99: 094502.

［47］ de Menech M, Garstecki P, Jousse F, Stone H A. Transition from squeezing to dripping in a microfluidic T-shaped junction. J. Fluid Mech. , 2008, 595: 141-161.

［48］ Thorsen T, Roberts R W, Arnold F H, Quake S R. Dynamic Pattern Formation in a Vesicle-generating Microfluidic Device. Phys. Rev. Lett. , 2001, 86: 4163-4166.

［49］ Guillot P, Colin A. Stability of parallel flows in a microchannel after a T junction. Phys. Rev. E. , 2005, 72: 066301.

［50］ Tice J D, Lyon A D, Ismagilov R F. Effects of viscosity on droplet formation and mixing in microfluidic channels. Analytica. Chimica. Acta. , 2004, 507: 73-77.

［51］ Dreyfus R, Tabeling P, Willaime H. Ordered and disordered patterns in two-phase flows in microchannels. Phys. Rev. Lett. , 2003, 90: 144 505-144 508.

[52] Anna S L, Bontoux N, Stone H A. Formation of dispersions using "flow-focusing" in microchannels. Appl. Phys. Lett. , 2003, 82: 364-366.

[53] Su Y H, Chen G W, Zhao Y C, Yuan Q. Intensification of liquid-liquid two-phase mass transfer by gas agitation in a microchannel. AIChE J, 2009, 55: 1948-1958.

[54] Su Y H, Zhao Y C, Chen G W, Yuan Q. Liquid-liquid two-phase flow and mass transfer characteristics in packed microchannels. Chem. Eng. Sci. , 2010, *Accepted*.

[55] Nguyen N T, Wu Z G. Micromixers-a review. J. Micromech. Microeng. , 2005, 15: 1-16.

[56] Ottino J M, Wiggins S. Introduction: mixing in microfluidics. Phil. Trans. R . Soc. Lond. , 2004, A362: 923-935.

[57] Floyd T M, Losey M W, Firebaugh S L, Jensen K F, Schmidt M A. Microreaction Technology: Industrial Prospects. Berlin: Springer, 2000: 171.

[58] Ehrfeld W, Golbig K, Hessel V, Löwe H, Richter T. Characterization of mixing in micromixers by a test reaction: Single mixing units and mixer arrays. Ind. Eng. Chem. Res. , 1999, 38: 1075-1082.

[59] Löb P, Drese K S, Hessel V, Hardt S, Hofmann C, Löwe H, Schenk R, Schönfeld F, Werner B. Steering of liquid mixing speed in interdigital micromixers-from very fast to deliberately slow mixing. Chem. Eng. Technol. , 2004, 27: 340-345.

[60] Engler M, Kockmann N, Kiefer T, Woias P. Numerical and experimental investigations on liquid mixing in static micromixers. Chem. Eng. J. , 2004, 101: 315-322.

[61] Kockmann N, Kiefer T, Engler M, Woias P. Convective mixing and chemical reactions in microchannels with high flow rates. Sensor. Actuat. B-Chem. , 2006, 117: 495-508.

[62] Kockmann N, Kiefer T, Engler M, Woias P. Silicon microstructures for high throughput mixing devices. Microfluid. Nanofluid, 2006, 2: 327-335.

[63] Soleymani A, Yousefi, H. Turunen I. Dimensionless number for identification of flow patterns inside a T-micromixer. Chem. Eng. Sci. , 2008, 63: 5291-5297.

[64] Adeosun J T, Lawal A. Numerical and experimental studies of mixing characteristics in a T-junction microchannel using residence-time distribution. Chem. Eng. Sci. , 2009, 64: 2422-2432.

[65] 赵玉潮, 应盈, 陈光文, 袁权. T形微混合器内的混合特性. 化工学报, 2006, 57: 1884-1890.

[66] Ying Y, Chen G W, Zhao Y C, Li S L, Yuan Q. A high throughput methodology for continuous preparation of monodispersed nanocrystals in microfluidic reactors, Chem. Eng. J. , 2008, 135: 209-215.

[67] Burns J R, Ramshaw C. The intensification of rapid reactions in multiphase systems using slug flow in capillaries. Lab Chip, 2001, 1: 10-15.

[68] Harries N, Burns J R, Barrow D A, Ramshaw C. A numerical model for segmented flow in a microreactor. Int. J. Heat Mass Transfer, 2003, 46: 3313-3322.

[69] Cherlo S K R, Kariveti S, Pushpavanam S. Experimental and Numerical Investigations of Two-Phase (Liquid-Liquid) Flow Behavior in Rectangular Microchannels. Ind. Eng. Chem. Res, 2010, 49: 893-899.

[70] Kashid M N, Gerlach I, Goetz S, Franzke J, Acker J F, Platte F, Agar D W, Turek S. Internal circulation within the liquid slugs of liquid-liquid slug flow capillary microreactor. Ind. Eng. Chem. Res, 2005, 44: 5003-5010.

[71] Kashid M N, Platte F, Agar D W, Turek S. Computational modelling of slug flow in a capillary micro-

reactor. J. Comput. Appl. Math, 2007, 203: 487-497.

[72] Kashid M N, Agar D W. Hydrodynamics of liquid-liquid slug flow capillary microreactor: flow regimes, slug size and pressure drop. Chem. Eng. J. , 2007, 131: 1-13.

[73] Xu J H, Luo G S, Li S W, Chen G G. Shear force induced monodisperse droplet formation in a microfluidic device by controlling wetting properties. Lab Chip, 2006, 6: 131-136.

[74] Xu J H, Tan J, Li S W, Luo G S. Enhancement of mass transfer performance of liquid-liquid system by droplet flow in microchannels. Chem. Eng. J. , 2008, 141: 242-249.

[75] Song H, Tice J D, Ismagilov R F. A Microfluidic System for Controlling Reaction Networks in Time. Angew. Chem. Int. Ed. , 2003, 42: 767-772.

[76] Tice J D, Song H, Lyon A D, Ismagilov R F. Formation of droplets and mixing in multiphase microfluidics at low values of the Reynolds and the capillary numbers. Langmuir, 2003, 19: 9127-9133.

[77] Song H, Bringer M R, Tice J D, Gerdts C J, Ismagilov R F. Experimental test of scaling of mixing by chaotic advection in droplets moving through microfluidic channels. Appl. Phys. Lett. , 2003, 83: 4664-4666.

[78] Wiggins S, Ottino J M. Foundations of chaotic mixing. Phil. Trans. R. Soc. Lond. , 2004, 362: 937-970.

[79] Bringer M R, Gerdts C J, Song H, Tice J D, Ismagilov R F. Microfluidic systems for chemical kinetics that rely on chaotic mixing in droplets. Phil. Trans. R. Soc. Lond. , 2004, 362: 1087-1104.

[80] Zhao Y C, Chen G W, Yuan Q. Liquid-liquid two-phase mass transfer in the T-junction microchannels. AIChE J, 2007, 53: 3042-3053.

[81] Jähnisch K, Baerns M, Hessel V, Ehrfeld W, Haverkamp V, Löwe H, Wille C, Guber A. Direct fluorination of toluene using elemental fluorine in gas/liquid microreactors. J. Fluorine Chem. , 2000, 105: 117-128.

[82] de Mas N, Günther A, Schmidt M A, Jensen K F. Microfabricated multiphase reactors for the selective direct fluorination of aromatics. Ind. Eng. Chem. Res. , 2003, 42: 698-710.

[83] Kobayashi J, Mori Y, Okamoto K, Akiyama R, Ueno M, Kitamori T, Kobayashi S. A microfluidic device for conducting gas-liquid-solid hydrogenation reactions. Science, 2004, 304: 1305-1308.

[84] Sato M, Goto M. Gas absorption in water with microchannel devices. Sep. Sci. Technol. , 2004, 39: 3163-3167.

[85] Löb P, Löwe H, Hessel V. Fluorinations, chlorinations and brominations of organic compounds in microreactors. J. Fluorine Chem. , 2004, 125: 1677-1694.

[86] Hessel V, Angeli P, Gavriilidis A, Löwe H. Gas-liquid and gas-liquid-solid microstructured reactors: contacting principles and applications. Ind. Eng. Chem. Res. , 2005, 44: 9750-9769.

[87] Inoue T, Schmidt M A, Jensen K F. Microfabricated multiphase reactors for the direct synthesis of hydrogen peroxide from hydrogen and oxygen. Ind. Eng. Chem. Res. , 2007, 46: 1153-1160.

[88] Charpentier J C. Mass-transfer rates in gas-liquid absorbers and reactors. Adv. Chem. Eng. , 1981, 11: 1-133.

[89] Dlusa E, Wronski S, Ryszczuk T. Interfacial area in gas-liquid Couette-Taylor flow reactor. Exp. Therm. Fluid Sci. , 2004, 28: 467-472.

[90] Herskowits D, Herskowits V, Stephan K, Tamir A. Characterization of a two-phase impinging jet absorber-II. Absorption with chemical reaction of CO_2 in NaOH solutions. Chem. Eng. Sci. , 1990, 45:

1281-1287.

[91] Kies F K, Benadda B, Otterbein M. Experimental study on mass transfer of a co-current gas-liquid contactor performing under high gas velocities. Chem. Eng. Process. , 2004, 43: 1389-1395.

[92] Heyouni A, Roustan M, Do-Quang Z. Hydrodynamics and mass transfer in gas-liquid flow through static mixers. Chem. Eng. Sci. , 2002, 57: 3325-3333.

[93] Irandoust S, Ertle S, Andersson B. Gas-liquid mass-transfer in Taylor flow through a capillary. Can. J. Chem. Eng. , 1992, 70: 115-119.

[94] Bercic G, Pintar A. The role of gas bubbles and liquid slug lengths on mass transport in the Taylor flow through capillaries. Chem. Eng. Sci. , 1997, 52: 3709-3719.

[95] Heiszwolf J J, Kreutzer M T, van den Eijnden M G, Kapteijn F, Moulijn J A. Gas-liquid mass transfer of aqueous Taylor flow in monoliths. Catal. Today, 2001, 69: 51-55.

[96] van Baten J M, Krishna R. CFD simulations of mass transfer from Taylor bubbles rising in circular capillaries. Chem. Eng. Sci. , 2004, 59: 2535-2545.

[97] Bourne J R. Mixing and the Selectivity of Chemical Reactions. Org. Pro. Res. Dev. , 2003, 7: 471-508.

[98] Roberge D M, Ducry L, Bieler N, Cretton P, Zimmermann B. Microreactor Technology: A Revolution for the Fine Chemical and Pharmaceutical Industries? Chem. Eng. Technol, 2005, 28: 318-323.

[99] Edel J B, Fortt R, deMello J C, deMello A J. Microfluidic routes to the controlled production of nanoparticles. Chem. Commun. , 2002, 1136-1137.

[100] Bessoth F G, deMello A J, Manz A. Microstructure for efficient continuous flow mixing. Anal. Commun. , 1999, 36: 213-215.

[101] Lin X Z, Terepka A D, Yang H. Synthesis of silver nanoparticles in a continuous flow tubular microreactor. Nano Lett. , 2004, 4: 2227-2232.

[102] Wagner J, Köhler J M. Continuous Synthesis of Gold Nanoparticles in a Microreactor. Nano Lett. , 2005, 5: 685-691.

[103] Marre S, Jensen K F. Synthesis of micro and nanostructures in microfluidic systems. Chem. Soc. Rev. , 2010, 39: 1183-1202.

[104] Yang Q, Wang J X, Shao L, Wang Q A, Guo F, Chen J F, Gu L, An Y T. High Throughput Methodology for Continuous Preparation of Hydroxyapatite Nanoparticles in a Microporous Tube-in-Tube Microchannel Reactor. Ind. Eng. Chem. Res. , 2010, 49: 140-147.

[105] Schwalbe T, Autze V, Homann M, Stirner W. Novel innovation systems for a cellular app roach to continuous process chemistry from discovery to market. Org. Pro. Res. Dev. , 2004, 8: 440-454.

[106] Schwalbe T, Kursawe A, Sommer J. Application Report on Operating Cellular Process Chemistry Plants in Fine Chemical and Contract Manufacturing Industries. Chem. Eng. Technol. , 2005, 28: 408-419.

[107] Pennemann H, Forster S, Kinkel J, Hessel V, Löwe H, Wu L. Improvement of dye properties of the azo pigment yellow 12 using a micromixer-based process. Org. Pro. Res. Dev. , 2005, 9: 188-192.

[108] Suga S, Nagaki A, Yoshida J. Highly selective Friedel-Crafts monoalkylation using micromixing. Chem. Commun. , 2003, 3: 354-355.

[109] Iwasaki T, Yoshida J. Free radical polymerization in microreactors significant improvement in molecular weight distribution control. Macromolecules, 2005, 38: 1159-1163.

[110] Meille V. Review on methods to deposit catalysts on structured surfaces. Appl. Catal. A-Gen. , 2006, 315: 1-17.

[111] Kolb G, Hessel V. Micro-structured reators for gas phase reactions. Chem. Eng. J. , 2004, 98: 1-38.

[112] Kestenbaum H, Gebauer K, Löwe H, Richter T. Silver-catalyzed oxidation of ethylene oxide in a microreaction system. Ind. Eng. Chem. Res. , 2002, 41: 710-719.

[113] Wörz O, Jäckel K-P, Richter T, Wolf A. Microreactors-A New Efficient Tool for Reactor Development. Chem. Eng. Technol. , 2001, 24: 138-142.

[114] Rebrov E V, de Croon M H J M, Schouten J C. Design of a microstructured reactor with integrated heat-exchanger for optimum performance of a highly exothermic reaction. Catal. Today, 2001, 69: 183-192.

[115] Mayer J, Fichtner M, Wolf D, Schubert K. A microstructured reactor for the catalytic partial oxidation of methane to syngas. Proc. 3rd Int. Conf. Microreaction Technology (IMRET 3), 2000: 187-196.

[116] Wießmeier G, Hönicke D. Stratrgy for the development of micro channel reactors for heterogeneously catalyzed reactions. Process miniaturization: 2nd international conference on microreaction technology, 1998, 24-32.

[117] Karim A, Bravo J, Gorm D, Conant T, Datye A. Comparison of wall-coated and packed-bed reactors for steam reforming of methanol. Catal. Today, 2005, 110: 86-91.

[118] Ganley J C, Riechmann K L, Seebauer E G, Masel R I. Porous anodic alumina optimized as a catalyst support for microreactors. J. Catal. , 2004, 227: 26-32.

[119] Haas-Santo K, Fichtner M, Schubert K. Preparation of microstructure compatible porous supports by sol-gel synthesis for catalyst coatings. Appl. Catal. A-Gen. , 2001, 220: 79-92.

[120] Janicke M T, Kestenbaum H, Hagendorf U, Schvth F, Fichtner M, Schubert K. The Controlled Oxidation of Hydrogen from an Explosive Mixture of Gases Using a Microstructured Reactor/Heat Exchanger and Pt/Al_2O_3 Catalyst. J. Catal. , 2000, 191: 282-293.

[121] Aartun I, Gjervan T, Venvik H, Gorke O, Pfeifer P, Fathi M, Holmen A, Schubert K. Catalytic conversion of propane to hydrogen in microstructured reactors. Chem. Eng. J. , 2004, 101: 93-99.

[122] Chang Z, Liu G, Zhang Z. In situ coating of microreactor inner wall with nickel nano-particles prepared by γ-irradiation in magnetic field. Radiat. Phys. Chem. , 2004, 69: 445-449.

[123] Veser G. Experimental and Theoretical Investigation of H_2 Oxidation n a High-temperature Catalytic Microreactor. Chem. Eng. Sci. , 2001, 56: 1265-1273.

[124] Rebrov E V, de Croon M H J M, Schouten J C. Development of the kinetic model of platinum catalyzed ammonia oxidation in a microreactor. Chem. Eng. J. , 2002, 90: 61-76.

[125] Younes-Metzler O, Johansen J, Thorsteinsson S, Jensen S, Hansen O, Quaade U J. Oxidation of methane over a Rh/Al_2O_3 catalyst using microfabricated reactors with integrated heating. J. Catal. , 2006, 241: 74-82.

[126] Hannemann S, Grunwaldt J D, van Vegten N, Baiker A, Boye P, Schroer C G. Distinct spatial changes of the catalyst structure inside a fixed-bed microreactor during the partial oxidation of methane over Rh/Al_2O_3. Catal. Today, 2007, 126: 54-63.

[127] Yuan Y H, Zhou X G, Wu W, Zhang Y R, Yuan W K, Luo L A. Propylene epoxidation in a microre-

actor with electric heating. Catal. Today, 2005, 105: 544-550.

[128] Wan Y S S, Chau J L H, Yeung K L, Gavriilidis A. 1-Pentene epoxidation in catalytic microfabricated reactors. J. Catal. , 2004, 223: 241-249.

[129] Cao E, Gavriilidis A, Motherwell W B. Oxidative dehydrogenation of 3-Methyl-2-buten-1-ol in micro-reactors. Chem. Eng. Sci. , 2004, 59: 4803-4808.

[130] Ge H, Chen G W, Yuan Q, Li H Q. Gas Phase Catalytic Partial Oxidation of Toluene in a Micro-channel Reactor. Catal. Today, 2005, 110: 171-178.

[131] Ge H, Chen G W, Yuan Q, Li H Q. Gas Phase Partial Oxidation of Toluene over Modified V/Ti Cat-alysts in a Microreactor. Chem. Eng. J. , 2007, 127: 39-46.

[132] 葛皓, 陈光文, 袁权, 李恒强. 微反应器内甲苯气固催化氧化反应动力学. 化工学报, 2007, 58: 1967-1972.

[133] Holladay J D, Wang Y, Jones E. Review of developments in portable hydrogen production using mi-croreactor technology. Chem. Rev. , 2004, 104: 4767-4789.

[134] Delsman E R, De Croon M, Pierik A, Kramer G J, Cobden P D, Hofmann C, Cominos V, Schouten J C. Design and operation of a preferential oxidation microdevice for a portable fuel processor. Chem. Eng. Sci. , 2004, 59: 4795-4802.

[135] Seo D J, Yoon W L, Yoon Y G, Park S H, Park G G, Kim C S. Development of a micro fuel proces-sor for PEMFCs. Electrochim. Acta, 2004, 50: 719-723.

[136] Pattekar A V, Kothare M V. A microreactor for hydrogen production in micro fuel cell applications. J. Microelectromech. S. , 2004, 13: 7-18.

[137] 曹卫强, 陈光文, 初建胜, 李淑莲, 袁权. 甲醇水蒸气重整催化剂 Cr_2O_3-ZnO 的制备及其催化性能. 催化学报, 2006, 27: 895-898.

[138] Chen G W, Li S L, Yuan Q. Pd-Zn/Cu-Zn-Al catalysts prepared for methanol oxidation reforming in microchannel reactors. Catal. Today, 2007, 120: 63-70.

[139] Chen G W, Li S L, Li H Q, Jiao F J, Yuan Q. Methanol oxidation reforming over a $ZnO-Cr_2O_3$/ CeO_2-ZrO_2/Al_2O_3 catalyst in a monolithic reactor. Catal. Today, 2007, 125: 97-102.

[140] 陈光文, 李淑莲, 袁权, 焦凤君. 钾助剂对 Rh/Al_2O_3 催化富氢条件下 CO 选择氧化反应性能的影响. 催化学报, 2005, 26: 809-814.

[141] Chen G W, Yuan Q, Li H Q, Li S L. CO selective oxidation in a microchannel reactor for PEM fuel cell. Chem. Eng. J. , 2004, 101: 101-106.

[142] Cao H S, Chen G W, Yuan Q. Testing and Design of a Microchannel Heat Exchanger with Multiple Plates. Ind. Eng. Chem. Res. , 2009, 48: 4535-4541.

[143] Tsouris C, Porcelli J V, Process Intensification-Has Its Time Finally Come? Chem. Eng. Prog. , 2003, 10: 50-55.

[144] Chambers R D, Holling D, Spink R C H, Sandford G. Gas-liquid thin film microreactors for selective direct fluorination. Lab Chip, 2001, 1: 132-137.

[145] Ehrich H, Linke D, Morgenschweis K, Baerns M, Jähnisch K. Application of micro-structured reac-tor technology for the photochemical chlorination of alkylaromatics. CHIMIA, 2002, 56: 647-653.

[146] Antes J, Tuercke T, Marioth E, Schmid K, Krause H, Loebbecke S. Use of microreactors for nitra-tion processes. 4th Int. Conf. Microreaction Technology (IMRET 4), AIChE, Atlanta, USA, 2000, 194-200.

[147] Müller A, Cominos V, Horn B, Ziogas A, Jähnisch K, Grosser V, Hillmann V, Jam K A, Bazzanella A, Rinke G, Kraut M. Fluidic bus system for chemical micro process engineering in the laboratory and for small-scale production. Chem. Eng. J., 2005, 107: 205-214.

[148] Wang H Z, Nakamura H, Uehara M, Miyazaki M, Maeda H. Preparation of titania particles utilizing the insoluble phase interface in a microchannel reactor. Chem. Commun., 2002, 1462-1463.

[149] Jongen N, Donnet M, Bowen P, Lemaître J, Hofmann H, Schenk R, Hofmann C, Aoun-Habbache M, Guillemet-Fritsch S, Sarrias J, Rousset A, Viviani M, Buscaglia M T, Buscaglia V, Nanni P, Testino A, Herguijuela J R. Development of a continuous segmented low tubular reactor and the "Scale-out" concept-in search of perfect powders. Chem. Eng. Technol., 2003, 26: 303-305.

[150] Duraiswamy S, Khan S A. Droplet-Based Microfluidic Synthesis of Anisotropic Metal Nanocrystals. Small, 2009, 5: 2828-2834.

[151] Jahn A, Reiner J E, Vreeland W N, DeVoe D L, Locascio L E, Gaitan M. Preparation of nanoparticles by continuous-flow microfluidics. J. Nanopart. Res., 2008, 10: 925-934.

[152] Burns J R, Ramshaw C. A microreactor for the nitration of benzene and toluene. Chem. Eng. Commun., 2002, 189: 1611-1628.

[153] Panke G, Schwalbe T, Stirner W, Taghavi-Moghadam S, Wille G. A practical approach of continuous processing to high energetic nitration reactions in microreactors. Synthesis, 2003, 18: 2827-2830.

[154] Ducry L, Roberge D M. Controlled autocatalytic nitration of phenol in microreactor. Angew. Chem. Int. Ed., 2005, 44: 7972-7975.

[155] Shen J N, Zhao Y C, Chen G W, Yuan Q. Investigation of Nitration Processes of iso-Octanol with Mixed Acid in a Microreactor. Chin. J. Chem. Eng., 2009, 17: 412-418.

[156] Wu W, Qian G, Zhou X G, Yuan W K. Peroxidization of methyl ethyl ketone in a microchannel reactor. Chem. Eng. Sci., 2007, 62: 5127-5132.

[157] Hessel V, Hofmann C, Löwe H, Meudt A, Scherer S, Schönfeld F, Werner B. Selectivity gains and energy savings for the industrial phenyl boronic acid process using micromixer/tubular reactors. Org. Pro. Res. Dev., 2004, 8: 511-523.

6 分离过程工程前沿

6.1 引　　言

　　分离过程工程是研究各种化学物质的分级、分离、浓缩和纯化的方法、工艺、材料、设备等方面的综合性、多层次的过程工程科学。分离过程技术是一个面对经济建设，广泛应用于多种工业的技术基础学科，是过程工程的核心技术之一。化工、石化、冶金、医药等所谓"过程工业"一般均包括三大工序，即原料准备、反应与分离。分离过程技术与设备已经广泛应用于化工、石油、冶金、生物、医药、材料、食品等工业以及环境保护等领域之中。分离过程即承担反应后未反应物料与产物的分离，也包括目标产物与副产物的分离，排放到环境中的废气、水、固体物料与有用产物的分离，以及原料中杂质的分离等。随着高新技术的发展，成千上万种新的化合物被发现、设计和合成，尤其是产物的多样化及深度加工，环境保护的严格标准的实施，这都对化工分离技术提出了新的任务和更高要求。例如，大部分生物技术产品以低浓度存在于水溶液中，需要发展在低温条件下的高效分离并富集的方法。随着关系国计民生和战略储备的矿产资源的枯竭，处理贫矿、复杂矿和回收利用二次资源将成为必然趋势，从而对分离技术的要求越来越高。此外，包括我国在内的世界各国对环境保护日益重视，对废气、废水、废渣的排放制定出越来越严格的标准，特别是温室气体效应和 CO_2 减排的要求日益强烈，对分离富集技术的发展提出更高的要求。国外报道，过程工业总投资的 50%～90% 用于分离设备，操作费用的 60% 以上用于分离工序。因此国内外均对分离科学与工程的发展十分重视。在大力倡导节能减排、资源高效利用和流程工业绿色化的 21 世纪，化工分离技术将在石油化工、资源环境、能源、材料、生物医药等诸多领域持续发挥重要作用。把握分离过程的基本规律，发展化工学科交叉的特点，拓宽分离技术的辐射领域，是分离科学与技术发展的根本所在。近年来，国外对分离科学、分离工艺和分离工程的研究十分活跃，除一般的化工、化学杂志不断介绍分离方面的研究成果外，国际性的分离专业杂志不少于十余种。每年还举办大量的各种分离技术的国际会议。随着化学工程科学的发展，不仅其共性应用基础研究扩展为过程工程，而且将研究目标提升为产品工程。

6.2 化工过程中的界面现象

结构和界面（表面）是物质的基本存在形态，而关联这些基本物质单元并维持自然界呈现有序运动的核心是相互作用。2007 年 10 月 10 日，瑞典皇家学院诺贝尔奖委员会宣布，将该年度诺贝尔化学奖授予德国物理化学家 Gerhard Ertl 博士，以表彰他对"固体表面化学过程的研究"。Gerhard Ertl[1] 对哈伯-博施合成氨工艺过程的研究，表明了基于对物质气-固表面测定的实验思想和方法的建立过程。他利用高度受控的系统，成功测量了每一个反应步骤的速率和反应动能，这些数据又被用于更有实际应用价值的反应过程的计算，不仅对基础研究，而且对工业模型的建立也极为重要。Gerhard Ertl 发展了一种全新的实验学派，证明了即使在如此高难度的领域也可以得到可靠的结果。这个领域对化工产业影响巨大——物质接触表面发生的化学反应对工业生产运作至关重要。同时，对于表面化学的研究有助于我们更深入理解各种不同的化学化工过程，如为何铁会生锈、燃料电池如何发挥作用以及汽车的汽油中加入的催化剂如何工作等。研究表面化学甚至可以解释臭氧层的破坏。此外，半导体产业的发展与表面化学研究息息相关。

近年来，随着分析测试技术和计算机技术的飞速发展，人们对物质的结构和界面的认识也日趋深入。经典热力学将分子看做质点，现代量子力学和分子热力学大多也将分子处理成硬球，这些理论的成功之处是比较真实地表达了物质单元之间的相互作用。对于化学化工体系，物质单元的大小不能忽略不计，如范德瓦耳斯（van der Waals）状态方程中硬球体积是主要参数。对于大分子（如聚合物、蛋白质）或不对称分子体系，结构和界面的因素都不能忽略。典型的例子是 UNIQUAC 模型，体积参数和面积参数反映的就是分子的结构和界面，尽管是简化的处理方法，但在不对称流体的相平衡中获得了巨大成功。对于表面积非常大的体系（如纳米颗粒体系），物质单元的表面能甚至超过其内部的能量，这时表（界）面能成为主要因素，表面颗粒的聚团就是相互作用的证明。由此可见，结构、界面和相互作用是三个主要因素。中国科学院化学研究所研究员江雷博士及其研究小组[2] 在纳米材料的表面与界面研究上，从仿生学的角度提出如何调控固体表面的纳微结构界面，实现了对材料表面的超疏水性和亲水性的转换（图6.1）。他们以普通高分子聚丙烯腈为原材料，通过一种新的模板挤压法获得了具有纳米尺寸凸凹几何形状的聚丙烯腈纳米纤维。研究结果表明，该纤维的表面在没有任何低表面能物质修饰时即具有超疏水性。当双亲性聚合物分子被控制在纳米区间时，固-气界面上的分子结构发生重排，由于空气为疏水介质，因此聚合物分子中的疏水基团趋向于固体表面，使得其表面能降低。与表面弯曲的碳纳米管相比，聚丙烯腈纳米纤维在表面是竖直的，另外，纤维的密度也远小于碳纳米管的密度，即纤维之间的平均距离要远大于碳纳米管之间的平均距离。通过构建纤维表面的结构模型，他们还首次从理论上建立了表面结构与性质之间的关系，认为纤维表面的疏水性随纤维直径和（或）纤维密度的减小而增加。

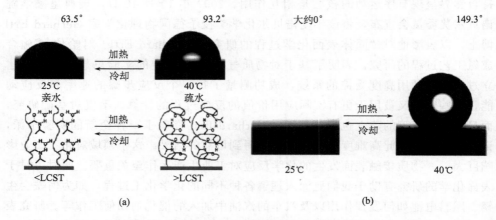

图 6.1　超疏水性和亲水性的可逆转换[2]

（a）平面修饰 PNIPAAm：亲水变疏水；（b）糙面修饰 PNIPAAm：超亲水变超疏水

研究结果还表明，通过选择不同孔径的模板可以很容易地控制纤维的直径及密度，另外，利用不同的高分子材料（如聚烯烃、聚酯、聚酰胺等）为原料可以得到不同种类的聚合物纳米纤维。聚丙烯腈纤维即人们通常所说的腈纶，在纺织领域具有极其重要的应用价值。聚丙烯腈纳米纤维表面由于具有超疏水性，并且纤维之间有一定的距离而使得水蒸气可以透过这种表面，可以作为新开发的拒水透湿性织物，即可同时实现拒雨水、排汗水的双重功效。以上研究结果在制备聚合物纤维方面无论从尺寸及性能上都取得了突破性进展，为制备无氟、可控的超疏水材料研究提供了新的理论及实践依据。

澳大利亚墨尔本大学化学工程与生物分子工程的 William A. Ducker 博士及其研究组[3]从胶体稳定性和表面组织结构的研究出发，发现在室温下气-液界面纳米气泡（5～80nm）可以存在 1h 以上，并在乙醇-水交换过程中纳米气泡具有长期稳定性。通过谱学和计算的方法证实纳米气泡存在的可能性（图 6.2），利用纳米气泡改变颗粒表面的疏水性质来调控水包油乳液的表面，提高传质效率，为 CO_2 吸附和转化的研究提供了新的理论及方法，也为实现温室气体有效控制提供了新思路。

从以上的研究可以看出，纳微结构界面不仅是目前化学化工研究的热点，也是对化工分离过程传质规律新认识的基础[4]。在界面上发生的物理、化学以及其

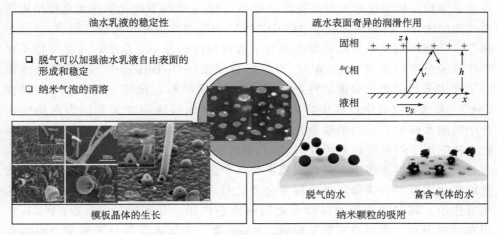

图 6.2　纳米气泡的潜在应用[3]

他过程是极其大量的，例如吸附、催化、润湿、乳化、破乳、起泡、分散、消泡、絮凝、聚沉等现象，都对分离效率有重要的影响。当物体的尺寸到纳微尺度，表面和界面上物质量占物体总质量的比例急剧增大，表面和界面所起的作用就十分显著。关于纳微尺度工艺、过程、设备和产品中的表面和界面的问题，国内外学者进行了大量的研究，纳微结构界面周围存在的力和物质受力后物质的运动状态是其中关键的问题。纳微结构界面不仅对化工过程中传递和反应起重要作用，而且也对化工分离效率起到至关重要的作用。如何从对纳微结构界面的认识实现对化工分离过程中纳微结构的调控是目前人们研究的热点。

6.2.1　从分子结构到微相结构预测

19 世纪，当对化学结构有了初步的认识后，人们开始设法建立化合物的各种性质与结构之间的关系，其目的都在于解释和预测某些分子的性质。1885 年，Kopp 就证明用相对分子质量与密度之比表示的摩尔体积具有近似的加和性。Becher 用直链烷基聚氧乙烯中的碳原子数和乙氧基数预测非离子表面活性剂的临界胶团浓度等。早期的计算都很粗糙，直到 Pauling 提出将分子的结构看成是化学键组成以后，分子的热力学性质获得了很大进展。随后原子、原子团以及分子碎片的概念都引入到了结构和性质的关系研究中，使计算变得更加快速，结果也更精确。临界胶团浓度 CMC 作为表面活性剂溶液性质发生突变时可测量的物理量，可用作表面活性剂表面活性的一种量度。较早期对 CMC 的定量结构的相关研究，主要考虑疏水链的长度，如 Becher 等[5]用碳原子数和乙氧基数对 CMC 建立了相关方程。近几年对表面活性剂分子结构的表述已扩展到分子的拓扑结构及电子结构。佛罗里达大学开发的微软 Windows 环境下的化学多元定量结构活性性质的统计分析和预测程序（CODESSA）[6] 能够产生分子构造（组成）、分子拓扑、几何构型及电子结构等各类分子结构的描述符 400 余个，并能与量子化学半经验分子轨道方法 MOPAC 程序配合使用。Huibers 等[7, 8] 应用该软件建立了非离子和阴离子表面活性剂的 CMC 与分子结构定量相关模型，用于预测 CMC。考虑到胶束化过程中自由能变化与胶束内核结构的关系同表面活性剂分子的疏水碎片有密切的联系，Roberts 等[9] 将疏水性参数——辛醇/水分配系数 lgP 应用于阴离子表面活性剂 CMC 的数字化模型，进行了比较系统的研究。考虑到表面活性剂溶于水并形成胶束是一个自由能降低的放热过程，该过程能量的变化主要来自表面活性剂自身分子之间，表面活性剂分子与水分子之间的相互作用。其中带电荷的极性头之间的库仑作用、分子间的 van der Waals 作用和氢键都对胶束形成有重要影响。Wang 等[10,11] 加入了与分子能量及电性相关的量化计算结果作为分子结构描述符，建立了 CMC 与分子结构的结构与性质关系（QSPR）数学模型。

　　表面活性剂能在某种程度上平衡相界面上不饱和的力场而降低表面张力，表面活性剂分子结构和由此导致的分子间作用的差异，可以从不同层次去认识这一重要效应。Wang 等[12] 用亲水基的氧原子数（N_O）、疏水部分的 Kier & Hall 零级指数 KH_0 和量子化学计算得到的分子生成热（H_f）、分子总能量（E_T）、分子质量和偶极矩（D）等作为分子结构描述符，对非离子表面活性剂在 CMC 时的最低表面张力进行多元回归，建立了几种类型的相关模型。Stanton 研究小组[13, 14] 应用表面域信息有关的结构描述符对烷烃、烷基酯、烷基醇等系列化合物的表面张力观测值与相关结构描述符进行了多元线性回归，选择了 146 个化合物建立表面张力预测模型。通过结构描述符之间的相关性进行考察后指出，拓扑性描述符与分子表面域有很高的相关性，分子表面域的增加使分子间作用也增加，这将导致较高的表面张力，分子表面域是影响表面张力的重要结构因素。文献中对表面活性剂其他性质的定量结构研究还包含分子静电荷分布、浊点、表面活性剂对细菌在反渗透膜上的附着能力、去污效力、生物降解能力等性质[15-19]。通常分为结构与活性关系（QSAR）和结构与性质关系（QSPR）。实验过程中测量不同嵌段共聚物分子、不同条件下的临界胶团温度和临界胶团浓度，往往需要占用大量的人力和物力，耗费大量的时间。对于嵌段共聚物的应用，往往需要选择合成特定物理化学性质的嵌段共聚物。近 20 年来，各个研究小组深入研究 PEO-PPO-PEO 嵌段共聚物胶团的结构和性质，人们提出了多种嵌段共聚物胶团的形成机理[20-24]。如应用溶质-溶剂和溶质-溶质相互作用来解释 PEO-PPO-PEO 嵌段共聚物胶团形成的分子机理；应用自恰均匀场理论预测了嵌段共聚物在水溶液中的行为和解释了胶团形成时 EO 和 PO 链段的构象变化，以及应用经典热力学原理得到定性模型解释 PEO-PPO-PEO 嵌段共聚物的聚集行为。以上模型预测的胶团形成与实验观察的趋势相吻合，但是无法预测胶团形成时的各种性质参数（如 CMC、CMT、聚集数、R_H 和内核半径）。文献中也仅有少量的文章报道应用数学模型来预报 PEO-PPO-PEO 嵌段共聚物聚集行为参数。Alexandridis 等利用胶团形成的热力学原理得到能够预报临界胶团浓度和临界胶团温度的经验方程，但是预报的精度并不理想。梁向峰等[25]应用定量结构与性质相关（QSPR）原理建立了 PEO-PPO-PEO 嵌段共聚物临界胶团温度和临界胶团浓度的预报方程（图 6.3）。临界胶团温度预报值与实验值间的相关系数 $R=0.973$，标准偏差 $s^2=3.006$；临界胶团浓度预报值与实验值的相关系数 $R=0.995$，标准偏差 $s^2=0.439$。QSPR 方程简单，易于计算，预报准确。临界胶团浓度 QSPR 模型方程与 Tanford 热力学模型结论一致，是具有物理化学意义的经验预报模型。根据模型方程知，分子的 PO 链段数量增加，胶团化标准自由能变化值降低，$\Delta G^\ominus$ 数值更负，嵌段共聚物更倾向于以胶团状态存在于水溶液中；分子的 EO 链段的数目多，则 $\ln X_{CMC}$ 随之升高，$\Delta G^\ominus$ 数值增加，嵌段共聚物不倾向于以胶团状态存在于水溶液中。根据临界胶团温度的 QSPR 方程知，嵌段共聚物溶液在一定浓度下表面张力值越低，该嵌段共聚物胶团化转变温度越低；PO 链段的含量越高其胶团化转变温度越低。且临界胶团温度和浓度的 QSPR 方程预报能力明显优于热力学经验方程。如图 6.3 所示，临界胶团温度预报值与实验值间的相关系数 $R=0.973$，标准偏差 $s^2=3.006$；临界胶团浓度预报值与实验值的相关系数 $R=0.995$，标准偏差 $s^2=0.439$；浊点温度预报值与实验值的相关系数 $R=0.914$，标准偏差 $s^2=12.35$。临界胶团温度和浓度的 QSPR 方程预报能力明显优于热力学经验方程。

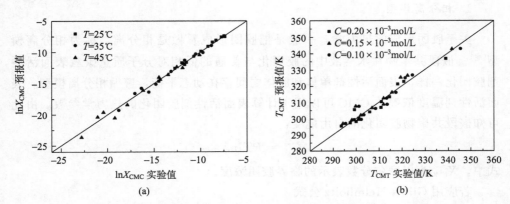

图 6.3 临界胶团浓度 QSPR 模型方程预报值 $\ln X_{CMC}$ 与实验值的对比曲线 （a）

和临界胶团温度 QSPR 模型方程预报值 T_{CMT} 与实验值的对比曲线 （b）[24]

目前，在 Hansch 与 Free-Wilson 等[26]建立的定量结构活性关系基础上发展起来的研究方法已被广泛应用于各个领域，建立了多种数学模型，并开发出用于确定的大量计算软件，获得了许多有意义的结果。胡英与刘洪来等[27]指出在化学化工领域，主要以共聚物高分子材料、功能膜、纳米碳管和层柱状多孔材料等为重点，对其介观层次的微相分离结构及其演变过程、界面结构以及小分子和胶体颗粒的吸附和传递进行研究，建立分子结构、材料的微相分离结构与材料的宏观性能之间的定性、定量关系。如在分子尺度上，基于格子和自由空间的分子热力学模型、计算机分子模拟方法可以用于描述高分子系统的相平衡和分子的聚集形态。在介观尺度上，时间相关的 Ginzberg-Landau 理论、元胞动力学方法等可有效地研究微相分离结构的演变过程及其受外场的影响。而耗散粒子动力学模拟则可将分子尺度和介观尺度的研究结合起来，从而为预测微相结构提供了新方法，必将成为今后研究的重点。

6.2.2　化工分离过程热力学模拟

经典热力学将分子看做质点，现代量子力学和分子热力学大多也将分子处理成硬球，这些理论的成功之处是比较真实地表达了物质单元之间的相互作用。对于化学化工体系，物质单元的大小不能忽略不计，如 van der Waals 状态方程中硬球体积是主要参数。对于大分子（如聚合物、蛋白质）或不对称分子体系，结构和界面的因素都不能忽略，对于表面积非常大的体系（如纳米颗粒体系），物质单元的表面能甚至超过其内部的能量，这时纳微结构界面能成为主要因素，溶液中大分子自组装行为也是相互作用的证明。

1. 相分离模型

关于胶团形成的热力学，一般是把胶团形成看做是相分离，称为相分离模型[63]。嵌段共聚物在水溶液中的胶团化与普通的低相对分子质量碳氢表面活性剂胶团化一样，表面活性剂单体和胶体之间存在动态平衡，遵循相分离模型。表面活性剂温度依赖的 CMC 可以用于计算表面活性剂胶团化的热力学参数。由此可知嵌段共聚物胶团化的自由能变：

$$\Delta G^{\ominus} = RT \ln X_{\text{CMC}}$$

式中，X_{CMC} 为以摩尔分数表示的临界胶团浓度。

若应用 Gibbs-Helmholtz 公式

$$\frac{\partial}{\partial T}\left(\frac{\partial G^{\ominus}}{T}\right) = -\frac{\Delta H^{\ominus}}{T^2}$$

可以得到嵌段共聚物胶团化的标准热焓变化为

$$\Delta S = -R\ln X_{\text{CMC}} - RT\left(\frac{\partial\ln X_{\text{CMC}}}{\partial T}\right)$$

胶团化的标准熵变化则为

$$\Delta S^{\ominus} = (\Delta H^{\ominus} - \Delta G^{\ominus})/T$$

$$\Delta S^{\ominus} = -RT\ln X_{\text{CMC}} - R\left[\frac{\partial\ln X_{\text{CMC}}}{\partial(1/T)}\right]$$

利用相分离模型，根据 PEO-PPO-PEO 嵌段共聚物的 CMT 或 CMC 数据，可以计算 PEO-PPO-PEO 嵌段共聚物胶团化的热力学参数。PEO-PPO-PEO 嵌段共聚物在水中胶团化的自由能变 $\Delta G^{\ominus}$ 为负值，焓变 $\Delta H^{\ominus}$ 为正值说明胶团化过程是自发的吸热过程。Alexandridis 等[28]将嵌段共聚物的胶团化自由能变与其分子组成关联在一起，低相对分子质量、疏水的嵌段共聚物的胶团化自由能变更大。PO 链段是嵌段共聚物胶团化热力学参数的主要影响因素，EO 链段对胶团化热力学参数的影响较小。根据 PEO-PPO-PEO 嵌段共聚物的胶团化焓变的数值，可将嵌段共聚物分为两组：相对疏水的 P103、P104、P105 和 P123，其胶团化焓变在 300～350kJ/mol；相对亲水的 L64、P65、P84 和 P85，其胶团化焓变 180～230kJ/mol。Su 等[29,30]计算了无机盐和正戊醇的加入对 PEO-PPO-PEO 嵌段共聚物胶团化热力学参数的影响，$\Delta G^{\ominus}$ 随无机盐的加入或正戊醇浓度的增大而增大，$\Delta H^{\ominus}$ 和 $\Delta S^{\ominus}$ 随加入正戊醇浓度的增大而增大，从热力学的角度阐述了这些添加剂影响胶团化的分子机理。Chen 等[31]构建了描述双亲嵌段共聚物水溶液中胶团化过程氢键作用的新的热力学模型，为定量研究胶团化过程中氢键作用对体系熵变的贡献提供了理论工具。Liang 等[32]利用相分离模型，根据 PEO-PPO-PEO 嵌段共聚物的浊点温度数据，计算了 PEO-PPO-PEO 嵌段共聚物浊点化的热力学参数。PEO-PPO-PEO 嵌段共聚物 PE3100 在水中浊点化过程的 $\Delta G^{\ominus}$ 为负值，嵌段共聚物在水中自发地发生相分离，温度升高，$\Delta G^{\ominus}$ 的数值更负，嵌段共聚物更倾向于以脱离水分子；$\Delta H^{\ominus}$ 为正值，PEO-PPO-PEO 嵌段共聚物浊点化过程是焓不利的吸热过程；胶团化 $\Delta S^{\ominus}$ 为正值，熵贡献是 PEO-PPO-PEO 嵌段共聚物在水中发生浊点化的主要驱动力。少量无机盐的加入，稍微降低浊点化的 $\Delta H^{\ominus}$ 值，基本不改变 $\Delta S^{\ominus}$ 数值。嵌段共聚物浊点化热力学参数变化规律与胶团化热力学参数一致，说明嵌段共聚物浊点化过程与胶团化过程相似。

相分离模型把胶团化的自由能变、焓变、熵变都与体系的聚集参数关联起来，但是它只能用作热力学函数的计算工具而无法对相行为作出预测。

2. 自组装平衡模型

自组装平衡模型建立在相分离模型的基础上，同样认为胶团化系统的所有性质都是由单体（摩尔分数为 X_1）和胶团（摩尔分数为 X_g）之间的平衡决定的。

但是它明确了胶团化过程中嵌段共聚物分子构型的变化等微观信息对胶团生成自由能的贡献。

　　Tanford[33]最早提出了自组装平衡模型的思想。根据单体与胶团之间的动态平衡，他假设该体系是理想的，通过胶团化平衡常数并结合单体转换为聚集数为g的胶团的自由能$\Delta G_g^\ominus$，得到了胶团化的平衡方程：

$$\ln X_g = \frac{n\Delta G_g^\ominus}{RT} + g\ln X_1 + \ln g$$

　　Tanford 没有给出计算自由能的方程，而是根据实验数据得到胶团形成自由能。Nagarajan 等[34-36]在 Tanford 理论的基础上，对胶团内部的相互作用进行了研究，提出了胶团形成时产生的胶团/水界面的自由能函数，得到了溶液中胶团的尺寸分布方程：

$$X_g = X_1^g \exp\left(-\frac{\mu_g^\ominus - g\mu_1^\ominus}{kT}\right) = X_1^g \exp\left(-\frac{g\Delta\mu_g^\ominus}{kT}\right)$$

式中，$\Delta\mu_g^\ominus$为胶团形成过程中的化学势的变化，由以下几部分贡献：①尾基转换自由能；②尾基变形能；③胶团/溶剂界面自由能；④头基空间相互作用；⑤头基间的静电排斥作用。

　　自组装平衡模型把溶质-溶质、溶质-溶剂的相互作用都归结到胶团化过程的自由能变化中，这个思路在表面活性剂胶团化热力学理论中被广泛采用，可以说是表面活性剂聚集体的一般性理论。但是，将自组装平衡模型具体到嵌段共聚物自组装行为的工作还很少，主要难点在于嵌段共聚物的结构和在溶液中的构象比小分子表面活性剂要复杂得多，利用自组装平衡模型就比较困难。

　　3. 自洽均匀场理论

　　由于不相容嵌段之间存在化学键的连接，嵌段共聚物表现出丰富复杂的微相分离行为，形成各种各样的周期性有序结构。自洽均匀场理论（self-consistent field lattice theory）是平均场层次上研究平衡态最准确、系统的理论方法，可以方便地考虑共聚物的结构并给出聚合物链的构象信息，预测嵌段共聚物的相图及其相结构。由于自洽均匀场理论比较完善和全面，自建立以来其理论表述基本没有变化，发展和变化的主要是各种计算方法。

　　Hurter[37,38]和 Linse[39]使用自洽均匀场理论模拟 PEO-PPO-PEO 嵌段共聚物在水溶液中的胶团化。均匀场近似限制在二维空间（同心的格子层内），应用步长加权的随机行走描述非均相体系。聚合物链节和溶剂分子分布在格子内，每个聚合物链节和溶剂分子占据一个格子，每条聚合物链有多种构造方式。链节间的相互作用对自由能的贡献可用 Flory-Huggins 相互作用参数表达。在自由能最小的条件下确定每种构造的聚合物链数，大致计算出平衡时链节的密度。自恰均匀场模拟 PEO-PPO-PEO 嵌段共聚物的结果表明：PO 链段组成胶团的内核，胶团的内核中包裹有部分的水，胶团的内核和外壳之间，以及胶团的外壳和溶剂水之间没有严格的分界，而是扩散型的界面。Hurter[37,38]进一步模拟了 PEO-PPO-PEO 嵌段共聚物增溶多环芳香烃，一个多环芳香烃分子占据一个格子，芳香烃的增溶影响 PEO-PPO-PEO 嵌段共聚物胶团的结构，降低胶团内核的含水量。自恰均匀场理论模型的胶团结构与实验观察的结果相一致。均匀场理论模拟 PEO-PPO-PEO 嵌段共聚物的相行为还在不断发展，已经可以模拟嵌段共聚物的三维介观结构，有序无序结构转变以及嵌段共聚物的熔化过程[40,41]。Matsen 等[42]提出了求解自洽场方程的谱方法（spectral method），并预测了嵌段共聚物微相分离的各种形态结构和相图，发现层状相和圆柱相之间还存在双连续的 Gyroid 相。模拟得到平板狭缝间的双嵌段共聚物熔融体稳定的平行、垂直及混合层状相，发现通常稳定的层状结构平行于狭缝表面，但是如果层状结构的周期厚度与狭缝厚度差别较大则层状结构转向垂直[43]，后来 Matsen[44]又进一步阐述了圆柱相与 Gyroid 相转变的成核-生长机理。由于谱方法是基于已知对称性，这种对称性可能是实验发现或者假想的，因此不适用于未知对称性的结构。Drolet 等[45]提出实空间计算法（real space method），在周期性的计算盒子中数值解自洽场方程，不需要预先知道结构的对称性，就可以预测和发现复杂嵌段共聚物的微相分离形态。但是，要消除盒子的有限尺寸效应对模拟结果的影响就要增大盒子，这又导致计算量的增加。Bohbot-Raviv 等[46]提出的实空间单胞法（periodic unit cell）继承了实空间方法不需要预先假设相结构对称性的优点，通过对盒子尺寸扫描优化解决了有限尺寸限制和计算量之间的矛盾。Tang 等用该方法发现了线型[47]和星型[48]ABC 三嵌段共聚物熔体许多新的形貌以及星型结构对介观形貌的影响。随着反映结构与界面（表面）的数学模型的不断完善，计算技术的迅速提高，采用数值模拟的方法对纳微结构与界面进行调控与优化是大势所趋，但仍需经历艰难漫长的过程。

6.3 化工分离过程纳微结构界面研究展望

由于纳微结构与界面（表面）时空变换的复杂性，其预测模型将十分复杂，计算量也会十分巨大，因此对于模型和计算方法的研究显得十分重要。对于复杂体系，其分子尺度上的性质与过程尺度上的宏观操作之间不可分割。如过程尺度上的流动可能导致分子构型的改变，从而导致分子性质的改变，并最终影响过程的宏观行为。又如化学反应是原子-分子尺度的现象，而在生产中控制化学反应，需要从流动或热质传递等宏观现象入手，宏观操作和微观反应之间是互动关系。在此情况下，分子模拟和过程模拟必须同时运算才能描述真实的过程。为此，研究跨越原子-分子-介观-宏观不同尺度的计算机模拟方法势在必行（图 6.4）。然而，由于目前计算机计算能力的限制，要实现分子模拟和过程模拟之间的直接衔接还很困难，往往是从不同角度分别进行模拟，如过程尺度的流程模拟（FS）和流体力学计算（CFD）通常分别独立进行。目前解决两者有机结合的有效办法是将 CFD 模拟嵌入到流程模拟（FS）中，流程模拟进行物料和能量的解算，并给 CFD 模拟提供计算所需的输入参数，而 CFD 则计算出流体参数分布和空间结构，这些信息反过来用于修正流程模拟的模型及参数，并用于流程模拟的计算。随着计算机性能的进一步提高以及多级并行计算技术的开发，可望使计算能力迅速达到 10^{16} FLOPS 以上，这将为计算机模拟的实际工业应用提供强有力的工具。与此同时，如能在理论或计算方法上有所突破，包括一些合理的近似，在保证计算精度的条件下，极大地节省计算时间，无疑具有重大的现实意义。

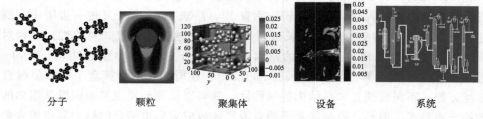

分子　　　　　颗粒　　　　　聚集体　　　　　设备　　　　　系统

图 6.4　跨越原子-分子-介观-宏观不同尺度的计算机模拟方法

结构和界面（表面）对"三传一反"具有直接的影响，随着计算技术的迅速发展以及多尺度方法的进展，使得预测结构、界面与"三传一反"之间的关系成为可能。近年来李静海等[49-52]的研究工作证明，在相同的操作条件下，气-固两相流中气体和颗粒之间的相互作用之曳力系数，按照平均方法与按照考虑不同聚团结构的多尺度方法计算所得结果之间存在数量级的差别。平均方法计算的曳力系数为 18.6，而多尺度方法的计算结果为 2.85，后者更接近实际。传质过程是一种伴随着流体流动和界面传热的物质之间的复杂运动现象。因此，传质过程往往受体系中纳微结构界面等多尺度效应的影响。以精馏塔内的气-液传质过程为例，刘春江等[53]对一个大型精馏塔板效率进行估算时发现，若采用传统的计算流体力学方法处理，不考虑各个局部流动对全局传质的影响（仅考虑平均），则精馏塔的传质效率沿塔板数基本呈线性分布而且较高，约 0.95。但是，若考虑各个局部流速分布的计算结果对塔板的传质进行计算，即用下一级尺度各个局部的计算结果，计算上一级尺度的传质效应，结果传质效率沿塔板数不再是简单的线性分布，而是非线性分布，且其数值较低约 0.75，这恰恰是实际工业中通常可以观察到的。Ma 等[54,55]在对单气泡传质机理的研究结果发现：随着 Re 的增加，界面浓度明显减低并在一个比较宽的 Re 范围内远远偏离热力学平衡。同时在液-液两相界面传质过程中，指出相间传质的驱动力来自界面非平衡。Stevens[56]，Taflin[57] 等分别提出萃取以及液滴中界面现象对传递过程有重要的影响。随着短接触时间设备的应用，液-液界面将在溶剂萃取分离中起到越来越重要的作用，研究液滴分布的即时值对于研究两相传质机理以至控制传质是一个必要的手段。由此可见，纳微结构界面（表面）不仅对动量传递有决定性影响，而且对质量传递、热量传递和化学反应同样会有决定性影响。美国化工学会在 2020 展望[58, 59] 中指出：对界面现象这一领域认知程度的提高将有助于更好地建立预测型的数理模型，同时可作出有前瞻性的决策，发展从分子结构确定宏观性质和动力学行为的方法。通过对化工过程中纳微结构界面的预测和调控，可以实现化工反应与分离等多单元的有机耦合和过程强化，也将为分子工程的纳米世界与化学工程的宏观世界的不同尺度"接口"问题提供新的思路[60, 61]，并通过宏观参数实现对微观结构的调控。目前这方面的研究尚属刚刚起步，急需加强。随着结构界面与"三传一反"关系的理论与计算模型的确立，有可能建立过程工业装置设计、放大和调控的科学理论，化学工程科学将会进入一个新的里程。

6.4　分离过程技术发展展望

6.4.1　微乳相分离技术

将界面化学的原理用于萃取过程，发展一些新的微乳相萃取技术和专用设备是目前化工分离科学与技术领域研究开发的重要方向[62]。微乳相萃取分离技术是一项有发展前景的化工分离方法，化工过程技术概念上的一次革命是将集成化概念引入化工分离领域，形成了过程强化新概念，对微乳相体系分离过程强化的研究将成为化学化工科学研究的焦点之一。微乳相萃取是近年来提出的新概念，它突破了传统萃取体系中水相和有机相的概念，是利用溶液体系微相结构和特性发展起来的化工分离新技术，包括胶团萃取、反胶团萃取、双水相萃取及三相萃取等与微乳相结构有关的萃取分离新技术的统称。到 20 世纪 90 年代已有不少研究者从各方面研究萃取过程中微乳相，同时也应用这一微乳相的特性发展一些新型分离技术，如国际上在 20 世纪 80 年代初开始研究用反胶团萃取分离蛋白质，其中发展比较快的还有胶团萃取、双水相萃取等微乳相萃取技术。从微乳相的形成角度，系统研究这些新型微乳相萃取分离技术之间的相互关系，从而达到调控微相结构，强化萃取分离的目的，实现其工程应用具有重要的指导意义。从界面现象出发，研究微观结构尺度微乳相萃取机理，开发微乳相萃取分离新技术在生物技术工程和环境工程上的应用对促进我国生物技术工程的发展，改善我国的环境状况都将具有十分重要的意义。如微乳相中分散相质点的半径通常在 1nm～

1000nm，因此微乳相也称纳米乳液。微乳相的超低界面张力以及随之产生的超强增溶和乳化作用是微乳相应用的重要基础。微乳相中每个细小的乳滴，类似一个个"水池"，为待分离提取的物质提供了一个富集的微环境场所，如反胶团中的蛋白质和酶能保持活性，从而有利于生物产品的分离。微乳相在结构上的一个特点是其质点大小或聚集分子层厚度接近纳米级，可以提供有"量子尺寸效应"的超细颗粒的合成场所与条件，可控制合成超细颗粒的尺寸，应用微乳相制备纳米材料已成为当今的研究热点。

6.4.2　产物的直接捕获技术

　　产物直接捕获技术是针对稀溶液的高效分离技术，人工合成与产物特异性结合的磁性聚合物，利用聚合物与产物的特异性结合，在外加磁场的作用下从稀溶液中捕获目标产物的技术。此技术将磁性分离技术和分子印迹技术相结合，具有高效、高选择性及操作简便的优点，在环境治理中的低浓度有机废水处理以及天然产物分离等方面将发挥重要的作用。

　　分子印迹的基本思想源于人们对抗原-抗体以及酶-底物专一性的认识，用人工的方法合成与目标分子耦合的大分子化合物：以目标分子为模板，将具有结构互补的功能化合物单体通过共价键或非共价键（离子键、分子或基团之间的作用力等）相结合，加入交联剂、引发剂进行聚合反应，反应完成后将模板分子抽取出来，在化合物上形成了与模板分子在空间位置和结合点位完全匹配的空穴，这就是分子印迹化合物。这个过程称为印迹过程，模板分子称为印迹分子。分子印迹聚合物对模板分子具有很高的选择识别特性。与天然的识别系统相比（如抗原-抗体、酶-底物）具有抗恶劣环境的能力，表现出高度的稳定性和使用寿命，并且可以按人的意志进行合成。因此，分子印迹技术在色谱分离、固体萃取、酶模拟催化、临床药物分析、传感器技术等领域均表现出良好的应用前景。以石油脱硫为例，现在广泛应用的催化加氢法，通常要在 $350\sim500$℃，70atm（非法定单位，1atm$=1.01325\times10^5$Pa）下进行，操作费用很高，很难将硫含量降到 50mg/L 以下，并且对二苯丙噻吩类有机硫组分效果不明显。Whitecomb 以 5-辛烷苯酚-1,3-二羧酸为聚合单体，制备二苯丙噻吩砜化物（DBTS）的分子印迹固相萃取剂。对 DBT、DBTS、苯丙噻吩（BT）的吸附容量分别可达 14.8mg、66mg、17.16mg。

　　磁性分离技术是由 γ-Fe_2O_3 和 Fe_3O_4 磁性材料合成均一、超顺磁、单发散性的多聚微球，每个微球体包被一层多聚材料，作为吸附和结合各种分子的载体。磁性微球的超顺磁性保证了在无磁场时，磁性微球均匀地分散在溶液中，为其本身与目标物质之间提供最佳的反应动力学，大大方便了它们之间快速、高效的结合；而在磁场中表现出磁性快速沉降富集。

　　分子印迹技术和磁性分离技术均是新型的分离技术，在磁性微球表面包被一层分子印迹化合物，将使磁性分离技术在高效和操作简便的基础上增加高选择性的优点，同时使分子印迹技术从分析走向大规模分离，相信随着印迹化合物合成、磁性微球合成以及磁性分离设备的发展，产物直接捕获技术将在稀溶液的分离提纯方面发挥更大的作用。

6.4.3 仿生分离技术

仿生分离技术又称为智能分离技术，模仿肺泡中的呼吸膜，发展具有高通量和高选择性的合成膜，用于气体分离。

生物体在漫长的进化过程中，不断地进化以适应环境，已经达到了近乎完美的程度，产生了目前还无法依靠人工合成能得到的高性能、高智能的材料，如骨骼、皮肤等，以及无法依靠人工合成得到的精细功能。人类在科学实践当中通过仿生学研究，不断加深对自然界的认识。飞机和雷达的发明都是人类向自然界学习的产物。仿生科学的研究主要包括了结构仿生和功能仿生及其理论计算与模拟：前者主要是通过制备与生物相似结构或者形态，得到人造材料新的性能和与自然界不同的特异性能，如人工类珐琅质高强韧陶瓷、仿生人工骨材料、仿蜘蛛人造纤维；后者是以仿造自然界动物和植物的特异功能和智能响应，发展具有与生物相似或者超越生物现有功能的人工材料，如仿荷叶自清洁材料、仿鲨鱼的自润滑材料、在基因改造的细胞中高效合成手性分子和大分子等。随着科学手段的进步，现代仿生学已经进入了分子水平，从更微观的层次师法自然，通过对原先"熟悉"的天然材料进行再认识，从"仿生学"中汲取自身再发展的营养，将发现和找到材料新的性质和新的应用，具有重要的理论意义和潜在的应用价值，正在成为 21 世纪材料科学领域发展的热点和前沿。

肺泡是肺部气体交换的主要部位，也是肺的功能单位。氧气从肺泡向血液弥散，要依次经过肺泡内表面的液膜、肺泡上皮细胞膜、肺泡上皮与肺毛细血管内皮之间的间质、毛细血管的内皮细胞膜等四层膜。这四层膜合称为呼吸膜。呼吸膜平均厚度不到 $1\mu m$，有很高的通透性，故气体交换十分迅速。而空气中大量的氮气由于不被血液吸收又随着二氧化碳呼出肺泡，表现为呼吸膜只选择了在空气中只占有 21％体积的氧气。在气体分离方面，肺泡中的呼吸膜是既具备高通透性又有高选择性的气体分离膜。

以膜为分离介质实现混合物的分离是一种新型分离技术。由于膜分离技术本身具有的优越性能，膜过程现在已经得到世界各国的普遍重视。在能源紧张、资源短缺、生态环境恶化的今天，产业界和科技界把膜过程视为 21 世纪工业技术改造中的一项极为重要的新技术。曾有专家指出：谁掌握了膜技术谁就掌握了化学工业的明天。以肺泡呼吸膜为模板，对膜材料、膜工艺和膜过程等进一步改进、完善，21 世纪的膜科学有望在气体分离方面实现高通量与高选择性的高度统一，使膜技术发挥发挥更大的作用。

6.4.4　分离过程强化技术

分离过程强化技术是新型分离过程的耦合技术，目标为降低能耗、缩短分离流程和降低成本。例如超临界流体技术、离子液体萃取技术、膜技术等分离技术具有各自的优点，但是应用在具体目标产物时又有一定的局限性，根据产物的性质来集合分离过程，发挥强强联合的优势，并且弥补各自的不足，分离过程强化技术有望在新世纪获得人们的重视。

在 21 世纪，分离工程的发展面临着巨大的挑战与机遇，随着科学技术的进步，各种新兴分离技术源源不断地产生，将单个分离技术耦合，针对目标产物设计一体化的集成技术，在从事分离工程研究与开发的科技工作者的努力下，分离过程强化技术将为化学工业和相关工业的技术进步做出重大的贡献。

参 考 文 献

［1］Ertl G. Dynamics of reactions at surfaces. Advances in Catalysis, 2000, 45: 1-69.

［2］Sun Taolei, Wang Guojie, Feng Lin, Liu Biqian, Ma Yongmei, Jiang Lei, Zhu Daoben. Reversible switching between superhydrophilicity and superhydrophobicity. Angew. Chem. Int. Ed., 2004, 43: 357-360.

［3］Zhang X H, Khan A, Ducker W A. A nanoscale gas state. Phys. Rev. Lett., 2007, 98: 136 101.

［4］李静海，胡英，袁权，何鸣元. 展望 21 世纪的化学工程. 北京：化学工业出版社，2004. 36-49.

［5］Becher P. Hydrophile-lipophile balance: History and recent developments langmuir Lecture-1983. Journal of Dispersion Science and Technology, 1984, 5: 81-96.

［6］Karelson M, Maran U, Wang Y L, Katritzky A R. QSPR and QSAR models derived using large molecular descriptor spaces. A review of CODESSA applications. Collection of Czechoslovak Chemical Communications, 1999, 64 (10): 1551-1571.

［7］Paul D T, Huibers V S L, Katritzky A R, Shah D O, Karelsonr M. Prediction of critical micelle concentration using a quantitative structure-property relationship approach. 1. Nonionic surfactants. Langmuir, 1996, 12: 1462-1470.

［8］Huibers P D T, Lobanov V S, Katritzky A R, Shah D O, Karelson M. Prediction of critical micelle concentration using a quantitative structure-property relationship approach. 2. Anionic surfactants. Journal of Colloid and Interface Science, 1997, 187 (1): 113-120.

［9］Roberts D W. Application of octanol/water partition coefficients in surfactant science: A quantitative structure-property relationship for micellization of anionic surfactants. Langmuir, 2002, 18 (2): 345-352.

［10］Wang Z W, Li G Z, Zhang X Y, Li L. Prediction on critical micelle concentration of anionic surfactants in aqueous solution: Quantitative structure-property relationship approach. Acta Chimica Sinica, 2002, 60 (9): 1548-1552.

［11］Wang Z W, Li G Z, Zhang X Y, Wang R K, Lou A J. A quantitative structure-property relationship study for the prediction of critical micelle concentration of nonionic surfactants. Colloids and Surfaces

A: Physicochemical and Engineering Aspects, 2002, 197 (1-3): 37-45.

[12] Wang Z W, Huang D Y, Li G Z, Zhang X Y, Liao L L. Effectiveness of surface tension reduction by anionic surfactants-quantitative structure-property relationships. Journal of Dispersion Science and Technology, 2003, 24 (5): 653-658.

[13] Stanton D T, Jurs P C. Computer-assisted study of the relationship between molecular structure and surface tension of organic compounds. Journal of Chemical Information and Modeling, 1992, 32 (1): 109-115.

[14] Stanton D T, Jurs P C, Hicks M G. Computer-assisted prediction of normal boiling points of furans, tetrahydrofurans, and thiophenes. Journal of Chemical Information and Modeling, 1991, 31 (1): 301-310.

[15] Huibers P D T. Quantum-chemical calculations of the charge distribution in ionic surfactants. Langmuir, 1999, 15 (22): 7546-7550.

[16] Huibers P D T, Jacobs P. T. The effect of polar head charge delocalization on micellar aggregation numbers of decylpyridinium salts, revisited. Journal of Colloid and Interface Science 1998, 206 (1): 342-345.

[17] Campbell P, Srinivasan R, Knoell T, Phipps D, Ishida K, Safarik J, Cormack T, Ridgway H. Quantitative structure-activity relationship (QSAR) analysis of surfactants influencing attachment of a mycobacterium Sp to cellulose acetate and aromatic polyamide reverse osmosis membranes. Biotechnology and Bioengineering, 1999, 64 (5): 527-544.

[18] Lindgren A, Sjostrom M, Wold S. Quantitative-structure-effect relationship for some technical nonionic surfactants. Journal of the American Oil Chemists Society, 1996, 73 (7): 863-875.

[19] Bunz A P, Braun B, Janowsky R. Application of quantitative structure-performance relationship and neural network models for the prediction of physical properties from molecular structure. Industrial & Engineering Chemistry Research 1998, 37 (8): 3043-3051.

[20] Su Yanlei, Wang Jing, Liu Huizhou. FTIR spectroscopic investigation of effects of temperature and concentration on PEO-PPO-PEO block copolymer properties in aqueous solutions. Macromolecules, 2002, 35: 6426-6431.

[21] Su Yanlei, Wang Jing, Liu Huizhou. Formation of a hydrophobic microenviroment in aqueous PEO-PPO-PEO block copolymer solutions investigated by Fourier transform infrared spectroscopy. Journal of Physical Chemistry, B, 2002, 106: 11 823-11 828.

[22] Mata J P, Majhi P R, Guo Chen, Liu Huizhou, Bahadur P. Concentration, temperature, and salt-induced micellization of a triblock copolymer pluronic L64 in aqueous media. Journal of Colloid and Interface Science, 2005, 292 (2): 548-556.

[23] Chen Shu, Guo Chen, Liu Huizhou, Wang Jing, Liang Xiangfeng, Zheng Lili, Ma Junhe. Thermodynamic analysis of micellization in PEO-PPO-PEO block copolymer solutions from the hydrogen bonding point of view. Molecular Simulation, 2006, 32 (5): 409-418.

[24] Chen Shu, Hu Guohua, Guo Chen, Liu Huizhou. Experimental study and dissipative particle dynamics simulation of the formation and stabilization of gold nanoparticles in PEO-PPO-PEO block copolymer micelles. Chemical Engineering Science, 2007, 62: 5251-5256.

[25] 梁向峰, 郭晨, 陈澍, 马俊鹤, 刘会洲. 应用定量构效关系方法预报 PEO-PPO-PEO 嵌段共聚物的 CMC 和 CMT. 计算机与应用化学, 2008, 25 (9): 1091-1097.

[26] 王连生，韩朔暌，孔令仁. 分子结构、性质与活性. 北京：化学工业出版社，1997.

[27] 刘洪来，胡英. 复杂材料的微相分离和结构演变. 化工学报，2003，54（4）：440-447.

[28] Alexandridis P, Holzwarth J F, Hatton T A. Micellization of poly (ethylene oxide) -poly (propylene oxide) -poly (ethylene oxide) triblock copolymers in aqueous solutions: Thermodynamics of copolymer association. Macromolecules, 1994, 27: 2414-2425.

[29] Su Y L, Wang J, Liu H Z. FTIR spectroscopic study on effects of temperature and polymer composition on the structural properties of PEO-PPO-PEO block copolymer micelles. Langmuir, 2002, 18 (14): 5370-5374.

[30] Su Y L, Wei X F, Liu H Z. Influence of 1-pentanol on the micellization of poly (ethylene oxide) -poly (propylene oxide) -poly (ethylene oxide) block copolymers in aqueous solutions. Langmuir, 2003, 19 (7): 2995-3000.

[31] Chen S, Guo C, Liu H Z, Wang J, Liang X F, Zheng L, Ma J H. Thermodynamic analysis of micellization in PEO-PPO-PEO block copolymer solutions from the hydrogen bonding point of view. Mol. Simul, 2006, 32 (5): 409-418.

[32] Liang Xiangfeng. Fundamental research of aggregation behavior of PEO-PPO-PEO copolymers in aqueous solutions. Beijing: Institute of Process Engineering, Chinese Academy of Sciences, 2008.

[33] Tanford C. Theory of micelle formation in aqueous solutions. J. Phys. Chem., 1974, 78 (24): 2469-2479.

[34] Camesano T A, Nagarajan R. Micelle formation and CMC of gemini surfactants: A thermodynamic model. Colloid Surf. A-Physicochem. Eng. Asp., 2000, 167 (1-2): 165-177.

[35] Nagarajan R, Ruckenstein E. Theory of surfactant self-assembly: A predictive molecular thermodynamic approach. Langmuir, 1991, 7 (12): 2934-2969.

[36] Nagarajan R, Wang C C. Theory of surfactant aggregation in water/ethylene glycol mixed solvents. Langmuir, 2000, 16 (12): 5242-5251.

[37] Hurter P N, Scheutjens J, Hatton T A. Molecular modeling of micelle formation and solubilization in block-copolymer micelles . 1. A self-consistent mean-field lattice theory. Macromolecules, 1993, 26 (21): 5592-5601.

[38] Hurter P N, Scheutjens J, Hatton T A. Molecular modeling of micelle formation and solubilization in block-copolymer micelles . 2. Lattice theory for monomers with internal degrees of freedom. Macromolecules, 1993, 26 (19): 5030-5040.

[39] Linse P. Micellization of poly (ethylene oxide) -poly (propylene oxide) block-copolymers in aqueous solution. Macromolecules, 1993, 26 (17): 4437-4449.

[40] Huang C I, Lodge T P. Self-consistent calculations of block copolymer solution phase behavior. Macromolecules, 1998, 31 (11): 3556-3565.

[41] Dormidontova E E, Lodge T P. The order-disorder transition and the disordered micelle regime in sphere-forming block copolymer melts. Macromolecules, 2001, 34 (26): 9143-9155.

[42] Matsen M W, Schick M. Stable and unstable phases of a diblock copolymer melt. Phys. Rev. Lett, 1994, 72 (16): 2660-2663.

[43] Matsen M W. Thin films of block copolymer. J. Chem. Phys., 1997, 106 (18): 7781-7791.

[44] Matsen M W. Cylinder↔gyroid epitaxial transitions in complex polymeric liquids. Phys. Rev. Lett, 1998, 80 (20): 4470-4473.

[45] Drolet F, Fredrickson G H. Combinatorial screening of complex block copolymer assembly with self-consistent field theory. Phys. Rev. Lett., 1999, 83 (21): 4317-4320.

[46] Bohbot-Raviv Y, Wang Z G. Discovering new ordered phases of block copolymers. Phys. Rev. Lett., 2000, 85 (16): 3428-3431.

[47] Tang P, Qiu F, Zhang H D, Yang Y L. Morphology and phase diagram of complex block copolymers: ABC linear triblock copolymers. Phys. Rev. E, 2004, 69 (3): 031 803.

[48] Tang P, Qiu F, Zhang H D, Yang Y L. Morphology and phase diagram of complex block copolymers: ABC star triblock copolymers. The Journal of Physical Chemistry B, 2004, 108 (24): 8434-8438.

[49] 杨宁, 葛蔚, 王维, 李静海. 非均匀气固流态化系统中颗粒流体相间作用的计算. 化工学报, 2003, 54 (4): 538-542.

[50] Li Jinghai, Kwauk Mooson. Exploring Complex Systems in Chemical Engineering-the Multi-scale Methodology. Chem. Eng. Sci., 2003, 58 (3-6): 521-536.

[51] Lu Bona, Wang Wei, Li Jinghai, Wang Xianghui, Gao Shiqiu, Lu Weimin, Xu Youhao, Long Jun. Multi-scale CFD Simulation of Gas-solid Flow in MIP Reactors with a Structure-dependent Drag Model. Chem. Eng. Sci., 2007, 62 (18): 5487-5494.

[52] Ng Ka M, Li Jinghai, Kwauk Mooson. Process engineering research in China: A multiscale, market-driven approach, AIChE, 2005, 51 (10): 2620-2627.

[53] 刘春江, 袁希钢, 余国琮. 塔板上流型变化对板效率影响的计算传质学. 化工学报, 2003, 54 (1): 29-34.

[54] Gao Xiqun, Ma Youguang, Zhu Chunying, Yu Guocong. Towards the mechanism of mass transfer of a single bubble. Chinese Journal of Chemical Engineering, 2006, 14 (2): 158-163.

[55] Zhao Chaofan, Ma Youguang, Zhu Chunying. Studies on the liquid-liquid interfacial mass transfer process using holographic interferometry. Frontiers of Chemical Engineering in China, 2008, 2 (1): 1-4.

[56] Stevens G W. Interfacial phenomena in solvent extraction and its influence on process performance. Tsinghua Science and Technology, 2006, 2: 165-170.

[57] Taflin D C, Zhang S H, Allen T, Davis E J. Measurement of droplet interfacial phenomena by light-scattering techniques. AIChE, 2004, 34 (8): 1310-1320.

[58] The Center for Waste Reduction Technologies of the AIChE, Vision 2020: 2000 Separations Roadmap, 2000.

[59] The Center for Waste Reduction Technologies of the AIChE, Vision 2020: Reaction Engineering Roadmap, 2000.

[60] Vlachos D G. A review of multiscale analysis: Examples from systems biology. Materials engineering, and other fluid-surface interacting systems. Adv. Chem. Eng., 2005, 30: 1-61.

[61] Vlachos D G, Mhadeshwar A B, Kaisare N. Hierarchical multiscale model-based design of experiments, catalysts, and reactors for fuel processing. Comp. Chem. Eng., 2006, 30: 1712-1724.

[62] 刘会洲, 郭晨, 余江, 邢建民, 常志东, 官月平. 微乳相萃取技术及应用. 北京: 科学出版社, 2005.

[63] 梁向峰, 郭晨, 刘庆芬, 等. PEO-PPO-PEO 嵌段共聚物在水溶液中的自组装行为及其应用. 化工学报, 2010, 61 (7): 1693-1712.

7 精馏传质分离过程

7.1 引　　言

精馏作为化工、炼油、石化等流程工业中最为通用的分离技术被广泛采用，并被公认为是在可预期的将来不可替代的分离技术。然而精馏以能量为分离剂，是高能耗分离过程，在整个化工过程能耗中占有最高比例。精馏又是十分复杂的过程，涉及湍流条件下气-液两相传质诸多热力学和动力学过程，控制传质分离效率的影响因素众多。因此，精馏技术虽有很长历史，但关于精馏及其传递过程规律的了解仍有待深入，并一直是工业及学术界所关心的重要研究课题。近年来，计算流体力学（computational fluid dynamics，CFD）方法的应用标志着精馏研究领域的一个重要进展。它为精馏塔流体力学、传质及传热的深入研究提供了新的方法，同时也促进了计算传质学等新兴研究领域的形成与发展，对精馏过程设计逐步摆脱依赖经验的现状具有重要的意义。同时，精馏传质过程研究的深入，也提出了如界面现象、多组元传质、多尺度计算等一系列基本问题。

本文仅就精馏过程所涉及的传递现象，包括流体力学、传质、界面现象、间歇动态过程以及多组元传质理论、计算以及操作特性分析等方面的发展现状进行讨论，试给出基本解决方法并提出存在的问题。

7.2　精馏过程流体力学及其模拟

精馏过程流体力学涉及精馏设备内部气、液两相的流体力学特性，包括气相和液相的宏观流速分布、气相穿过塔板或填料层的压力降等参数。精馏设备分板式塔和填料塔两大类，利用计算流体力学方法可以对精馏设备内部的流体力学参数进行模拟和预测，进而了解设备的性能，下面分别论述这两类设备。

7.2.1　板式塔计算流体力学模拟

人们很早就认识到精馏塔板上液体的流动状况是影响精馏塔分离效率的重要因素，流型或流速分布不同会造成塔板分离效率不同，因此，要准确预测塔板效率，就必须考虑塔板上液体的不均匀流动。精馏塔板的计算流体力学模拟主要是采用计算流体力学方法，模拟塔板上液体的流动分布，进而帮助设计人员预测塔板效率，指导工程设计。

　　Yoshida[1]利用流函数的方法建立了比较简单的塔板流场计算模型，该模型计算结果未经实验验证，且计算结果未出现常见的返流区。李建隆[2]对涡流黏性系数采用代数估值的方法，建立了计算塔板流场的零方程湍流模型，模拟计算结果也未能再现常见的返流区。张敏卿等[3]考虑垂直气相流对液相流动的阻力作用，提出塔板流场计算的 k-ε 湍流模型，此模型在某些工况下可模拟出部分返流区。袁希钢等[4]利用两相流双流体模型，建立了考虑气体阻力作用的筛孔塔板气-液两相流动二维双流体模型，计算结果较已有的单流体模型有所改进。王晓玲等[5]曾用代数应力模型，两相混合模型求解此问题，模拟计算结果与文献报道的实测相符。刘春江等[6]建立了一个能够考虑气相对液体鼓动作用的二维计算流体力学模型，该模型能够比较好地模拟塔板上液体的回流现象，且计算结果与报道的实验结果基本吻合。Krishna 等[7]分别提出三维流动的塔板两相流计算模型，用以求解塔板上气-液两相的流动，但模拟结果只与尺寸很小的模拟器实验结果进行了比较。虽然由于计算工作量的原因，精馏塔流体力学的三维模拟比较困难，但研究人员还是做了有益的尝试和努力，并获得了较好的结果。王晓玲[9]针对单块塔板和具有 10 块塔板的精馏塔液体流动建立了的三维计算模型，利用 Star CD™软件，进行了流场模拟，其单块塔板的计算结果与文献发表的实验结果吻合较好。

　　上述精馏塔板 CFD 研究大部分采用了二维模型。针对工业精馏塔，特别是大型塔，由于塔板的直径往往远大于塔板上的液层高度，而且液体是从出口堰上的薄液层流出，因此采用二维流体力学模型模拟塔板上的液相流速分布是现实的。下面给出模拟塔板上液体流动的二维流体力学基本模型方程：

$$\frac{\partial u}{\partial x} + \frac{\partial v}{\partial y} = 0 \tag{7.1}$$

$$u\frac{\partial u}{\partial x} + v\frac{\partial u}{\partial y} = -\frac{1}{\rho}\frac{\partial p}{\partial x} + \frac{\partial}{\partial x}\left(\upsilon_e\frac{\partial u}{\partial x}\right) + \frac{\partial}{\partial y}\left(\upsilon_e\frac{\partial u}{\partial y}\right) + \frac{f_x}{\rho} \tag{7.2}$$

$$u\frac{\partial v}{\partial x} + v\frac{\partial v}{\partial y} = -\frac{1}{\rho}\frac{\partial p}{\partial y} + \frac{\partial}{\partial x}\left(\upsilon_e\frac{\partial v}{\partial x}\right) + \frac{\partial}{\partial y}\left(\upsilon_e\frac{\partial v}{\partial y}\right) + \frac{f_y}{\rho} \tag{7.3}$$

塔板上的液体流动一般为湍流，因此上述方程中 u 和 v 分别表示在 x 和 y 方向上的时均流速，而借助于 Boussinesq 假设，υ_e 可以定义为流体的有效黏度，即流体的黏度和运动黏度之和。在塔板 CFD 模拟中，涡流黏度的模型化一般采用 k-ε 方程，即将涡流黏度的求解通过湍动动能 k 和动能耗散率 ε 两个方程给出[6]：

$$u\frac{\partial k}{\partial x} + v\frac{\partial k}{\partial y} = \frac{\partial}{\partial x}\left(\frac{\upsilon_e}{\sigma_k}\frac{\partial k}{\partial x}\right) + \frac{\partial}{\partial y}\left(\frac{\upsilon_e}{\sigma_k}\frac{\partial k}{\partial y}\right) + G_T + G_p - \varepsilon \tag{7.4}$$

$$u\frac{\partial \varepsilon}{\partial x} + v\frac{\partial \varepsilon}{\partial y} = \frac{\partial}{\partial x}\left(\frac{\upsilon_e}{\sigma_\varepsilon}\frac{\partial \varepsilon}{\partial x}\right) + \frac{\partial}{\partial y}\left(\frac{\upsilon_e}{\sigma_\varepsilon}\frac{\partial \varepsilon}{\partial y}\right) + \left[C_1(G_T + G_p) - C_2\varepsilon\right]\frac{\varepsilon}{k} \tag{7.5}$$

式中，C_1、C_2 为通用常数；G_T、G_p 为模型参数，用以表示各种动能源项，例如气体对液体湍流强度的影响等[6]。

另外，按照计算传质的方法，可以推出塔板上流体做二维流动时某一组分的质量传递方程为

$$u \frac{\partial x_n}{\partial x} + v \frac{\partial x_n}{\partial y} = D_e \left(\frac{\partial^2 x_n}{\partial x^2} + \frac{\partial^2 x_n}{\partial y^2} \right) - \frac{\rho_g u_g}{\rho h} E_{OG} (y^* - y_{n-1}) \tag{7.6}$$

关于动量、湍动动能及其耗散率，以及浓度的边界条件等的详细介绍可参见文献［9］。式（7.1）～式（7.6）所组成的方程组，以及相应的边界条件就构成了完整的塔板流场和浓度场计算模型，通过对流体力学模型和传质模型的联立求解，可以模拟出塔板上液体速度分布以及浓度分布。

针对表 7.1 所给工况，利用前述模型即可求出精馏塔板上液体的流速分布及气-液两相的浓度分布，图 7.1～图 7.3 给出该工况下的计算结果。其中，图 7.1 为塔板上液相速度分布，图 7.2 为塔板上液相浓度分布，图 7.3 为离开塔板的气相浓度分布。根据进出口浓度的平均值，可以求出塔板的板效率。对表 7.1 所给工况，假设进口气相完全混合，计算得塔板效率为 0.833。

表 7.1　计算参数

参数	数值
塔径/m	6
堰长/m	3.9
液相流率/(m³/ms)	0.015
气相流率/ms⁻¹	0.7
入口处液相摩尔分数/%	0.823
进入塔板气相摩尔分数/%	0.800
堤岸效率	0.7

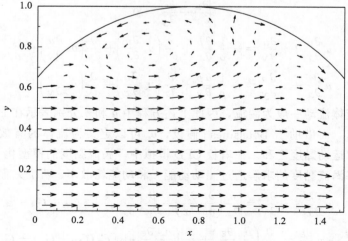

图 7.1　塔板上液相速度分布模拟结果

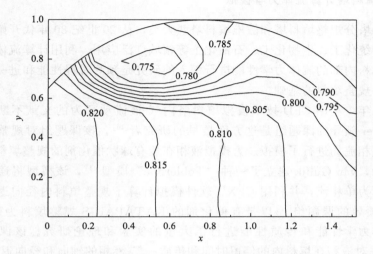

图 7.2　塔板上液相浓度分布模拟结果

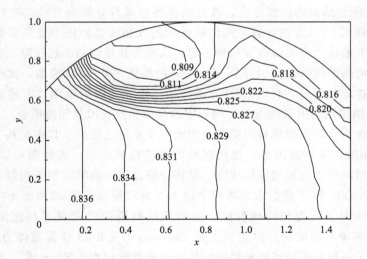

图 7.3　塔板的气相浓度分布模拟结果

　　由以上的计算可以得知，通过建立描述塔板上液体流动的计算流体力学模型，可以求出塔板上的液体流动分布，以及液相浓度分布和气相浓度分布，进一步可以求出塔板效率，指导精馏塔板的设计。

7.2.2　填料塔计算流体力学模拟

填料塔分规整填料塔和散堆填料塔两大类，从 20 世纪 80 年代开始，规整填料塔在传统化工、生物化工、石油化工等领域广泛应用。利用计算流体力学方法对规整填料内部的流体力学性能进行深入的研究是预测过程性能和进一步开发新型高效率规整填料的基础。

近几年，利用 CFD 技术模拟填料塔内气-液流动行为的文献不断发表。其中，Porter 领导的课题组是这方面最早的研究者[10]，该课题组对规整填料微观通道内气相流场进行了模拟。为模拟液相在装有球状催化剂的规整填料内的流体力学性能，van Gulijk 建立了一种"Toblerone"模型[11]，该模型将通道内的两相流简化为单相流，并利用 CFX™ 软件模拟计算了规整填料内径向返混行为。Krishna 领导的课题组[12]以带有催化剂的 KATAPAK-S 规整填料为研究对象，对其流体力学性能和传质性能进行了大量的实验和理论研究。该课题组利用 CFD 方法对液相在填料内的停留时间和传质、气-液相的轴向和径向返混以及气-液传质进行了模拟。为预测规整填料塔的干塔压降，Larachi 等[13]提出了一种中尺度-小尺度相结合的预测方法，该方法将规整填料分解为五种具有代表性的结构单元。利用 CFD 方法计算不同结构单元的气相流动和压力损失系数，通过将不同结构下的压力损失吸收加和到一起，从而得到整塔的干板压降。针对规整填料内液相流场的模拟，张鹏等[14]提出了一种整体平均 CFD 模型，该模型假设气相静止，在此基础上，利用 CFD 方法模拟了液相的轴向返混。上述文献在利用 CFD 方法模拟填料内部的流动时均采用的是单相流或拟单相流模型。

到现在为止，模拟填料内部两相流动的文献还比较少。其中，基于体积平均的方法，Iliuta 等[15]提出了一维两区域两相流机械模型，该模型可以预测气-液逆流接触填料塔中气相的湿板压降、整塔持液量以及填料润湿面积等参数。利用 CFX 软件，Yin 等[16]通过求解体积平均 N-S 方程模拟了气-液两相流在散装填料塔中的流体力学行为和传质性能。为模拟填料塔中的宏观多相流流场，Jiang 等[17]通过将填料层的统计描述引入到 Eulerian 的 k-fluid 计算流体力学模型中，从而提出了一种新的描述填料层中流体流动的数学模型。Yuan 等[18]对新型塔内件的填料塔中的两相错流和逆流进行了 CFD 分析，显示填料塔内件的安装能大大地减小压降和改善操作弹性。上述有关多相流的研究大部分是从宏观角度建立模型。

为进一步研究填料塔内部流动的细节，很多研究者利用 VOF 方法对填料表面和填料内部的气-液两相流动进行了小尺度研究。其中，谷芳等[19]建立了描述不同表面材质的填料波纹板上的降膜流动的 VOF 模型，利用该模型，通过模拟考察了波纹板微观结构、液相速度、表面张力和气相速度对液膜流动形式的影响。在此基础上，陈江波等[20]利用 VOF 模型模拟了特征单元内气-液两相的三维流动与传质情况，并对传质效率进行了简单的预测。Raynal 等[21]利用 VOF 方法预测了二维空间中填料垂直截面上液膜的厚度。Hoffmann 等[22]研究了填料内的两相以及三相的降膜流动。对于三相流的降膜流动，该研究的定性比较结果和实验结果相一致。Ataki 和 Bart[23]对 Rombopak 4M 规整填料进行了考察，他们以 CFD 模拟的结果作为基础，从而导出或者修改了 Rombopak 4M 规整填料的润湿程度、有效面积和持液量的相互关系。应当指出的是，上述研究方法大多数是以平板上的降膜流动作为设定条件的。

综上分析，可以发现目前已发表的针对填料塔内气-液两相流动与传质的研究主要集中在流体力学模拟，即预测流动形式、压降、持液量和流体的分布方面，仅仅有很少一部分文献是在利用 CFD 方法研究规整填料内的流动与传质效率，因此对填料塔内气-液两相流动的研究需要进一步完善。

7.3 精馏过程计算传质学

20 世纪 60 年代前后，计算机技术进入了飞速发展的时期，计算方法与技术也随之获得了前所未有的发展，使计算成为现代科学与工程领域的重要研究方法和工具。20 世纪计算流体力学和计算传热学（computational heat transfer, CHT）以及商用计算软件的出现使流体力学及传热学的深入研究及其工程应用发生了重大的飞跃。上述计算方法在理论上实现了描述湍流条件下动量和热量传递偏微分方程的封闭，而计算技术的进步则使这些复杂的方程系统的求解成为可能。

计算流体力学和计算传热学的发展也为化学工程领域涉及的流速分布和温度分布的准确模拟计算提供了十分强大的工具。但是浓度分布的准确预测与分析则是化学工程领域十分重要的问题，更需解决。浓度分布不仅与流体的流动有关，而且还取决于在流体中与动量、热量相耦合的质量扩散状态。因此，发展能够同时描述质量传递、动量传递和热量传递的计算模型和方法，可称其为计算传质学（computational mass transfer, CMT），就成为化学工程领域必须解决的重要研究课题。

早在 20 世纪 60 年代，就有关于浓度分布数值模拟的研究报道，但都要进行简单流动和传质的假设。随后由于 CFD 得到了发展，研究者开始尝试采用经验的准数或者经验方程来解决未知的端流质量扩散系数，从而求取浓度分布。但是这种方法得到的结果误差较大。

计算传质学与计算流体力学、计算传热学相对应而又相联系，它是以预测质量、热量和动量传递以及化学（生化）反应同时存在的复杂化工传质过程中的浓度、速度、温度以及各种有关传递参数的分布为目标，从而可以对精馏等传质过程进行更加深入的分析。

计算传质学的关键在于建立描述湍流扩散系数的模型方程，以封闭质量扩散微分方程来代替以往通常采用的经验方式的封闭方法（即零方程封闭）。这方面近年来有了一些突破和进展。刘伯潭等[24-32]借鉴于 CFD 的 k-ε 两方程封闭方法，提出了用 c^2-ε_c 两方程模型以封闭传质微分方程的方法。本节以该方法为例，说明计算传质学的基本原理和方法，并就尚需解决的问题和发展方向进行初步探讨。

7.3.1　基本传质方程及其封闭

对于不可压缩流体，传质方程，即组分瞬时浓度方程可以表示为

$$\frac{\partial \tilde{c}}{\partial t} + \tilde{u}_i \frac{\partial \tilde{c}}{\partial x_i} = D \frac{\partial^2 \tilde{c}}{\partial x_i \partial x_i} + \widetilde{S}_c \tag{7.7}$$

式中，$\tilde{u}_i$ 为瞬时速度；D 为某组分的分子扩散系数；$\widetilde{S}_c$ 为瞬时传质源项。

对于湍流来说，如果将 $\tilde{c} = C + c$ 和 $\tilde{u} = U + u$ 代入式（7.7），其中 C 和 U 分别是浓度和速度时均值，c 和 u 是各自的脉动值，则得到浓度标量的时均化质量输运方程为

$$\frac{\partial C}{\partial t} + U_j \frac{\partial C}{\partial x_j} = \frac{\partial}{\partial x_j} \left(D \frac{\partial C}{\partial x_j} - \overline{u_j c} \right) + S_c \tag{7.8}$$

式中，U_j 为时均流速，可由针对湍流的时均 CFD 方程进行求解；$\overline{u_j c}$ 为速度和浓度的二阶协方差，是新出现的未知量，因类似于 CFD 中的雷诺应力，可称其为雷诺质流。

类似于流体动力学湍流模型中引入的 Boussinesq 假设，现将变量 $\overline{u_j c}$ 表示为浓度梯度的函数，即

$$-\overline{u_j c_i} = D_{t,i} \frac{\partial C_i}{\partial x_j} \tag{7.9}$$

式中，$D_{t,i}$ 称为组分 i 的湍流质量扩散系数，一般不是常量，而是与脉动速度、组分浓度、温度等参数有关。

通常求解湍流扩散系数 D_t 可以采用与运动黏度进行简单类比的方法，即假定流体的脉动导致的质量传递仅与动量传递有关，故通过流体运动黏度进行简单的经验类比。例如，采用经验的 Schmidt 准数 Sc 来估计，即 $D_t = \dfrac{\nu_t}{Sc}$。式中，ν_t 为湍流运动黏度，而且 Sc 假设为常数，通常取为 0.7~0.9。另一种估计 D_t 的经验方法是采用 Peclet 准数 Pe，即 $Pe = \dfrac{uL}{D_t}$。然而，这种方法与 Sc 的引入类似，

仍以经验为主。

以上两个用于估计 D_t 的经验方法不需要附加方程来封闭传质微分方程 (7.8)，所以称为零方程模型。

零方程模型的主要缺点在于认为 D_t 仅与流体脉动速度有关。从理论上说，D_t 也同时依赖于浓度脉动。基于这种观点，现将 D_t 表示为特征速度和特征长度的函数[1]，即

$$D_t = C_t k^{\frac{1}{2}} L_m \qquad (7.10)$$

式中，k 为流体的湍动能，等于 $\overline{u_i' u_i'}/2$，它的平方根表示特征速度；L_m 为特征长度，可表示为 $k^{\frac{1}{2}}/\tau_m$；混合时间尺度 τ_m 取为 $\sqrt{\tau_\mu \tau_c}$，其中 τ_μ、τ_c 分别为速度、浓度脉动衰减时间尺度。参照 CFD 中的 $\tau_\mu = k/\varepsilon$，ε 为速度脉动耗散率，类似地，可令 $\tau_c = \overline{c^2}/\varepsilon_c$，其中 $\overline{c^2}$ 为浓度脉动的方差，ε_c 为浓度脉动耗散率。于是式 (7.10) 变为

$$D_t = C_t k \left(\frac{k \overline{c^2}}{\varepsilon \varepsilon_c} \right)^{\frac{1}{2}} \qquad (7.11)$$

从式 (7.11) 可见，在四个变量中，变量 k 和 ε 可从 CFD 中 k-ε 模型获得。而其余的两个变量 $\overline{c^2}$ 和 ε_c 为新引入的变量，必须有新的方程加以封闭。通过对微分传质方程的运算[24-27]，可得到 $\overline{c^2}$ 及 ε_c 两个添加的封闭方程。这些方程经过模式化和进一步的简化[25-27]，得到如下便于计算的形式：

$\overline{c^2}$ 方程：

$$\frac{\partial \tilde{c}^2}{\partial t} + U_i \frac{\partial \tilde{c}^2}{\partial x_i} = \frac{\partial}{\partial x_i} \left[\left(\frac{D_t}{\sigma_c} + D \right) \frac{\partial \overline{c^2}}{\partial x_i} \right] - 2 D_t \frac{\partial C}{\partial x_i} \frac{\partial C}{\partial x_i} - 2 \varepsilon_c \qquad (7.12)$$

ε_c 方程：

$$\frac{\partial \varepsilon_c}{\partial t} + U_i \frac{\partial \varepsilon_c}{\partial x_i} = \frac{\partial}{\partial x_i} \left[\left(\frac{D_t}{\sigma_{\varepsilon_c}} + D \right) \frac{\partial \varepsilon_c}{\partial x_i} \right] - C_{c1} \frac{\varepsilon_c}{\overline{c^2}} \overline{cu'}_i \frac{\partial C}{\partial x_i} - C_{c2} \frac{\varepsilon}{k} \varepsilon_c \qquad (7.13)$$

式中，σ_c、σ_{ε_c}、C_{c1} 和 C_{c2} 为通用常数。式 (7.12)、式 (7.13) 和式 (7.8)、式 (7.9) 构成了 $\overline{c^2}$-ε_c 模型，成为计算传质学的基本部分。将这四个方程与流体 CFD 方程联立，就可以同时求出浓度分布、速度分布，以及 D_t 及 μ_t 等有关参数的分布。如果传质过程涉及热效应，例如化学吸收或放热催化反应，温度影响不可忽略，则在联立方程组中再增加传热方程组，即可同时获得温度分布。

7.3.2 计算传质学的方程体系

计算传质学的方程体系是由动量、热量和质量传递方程组耦合而成，它包括以下三个部分：

(1) 传质方程组：包括质量传递方程及其封闭方程。除了本文介绍的 $\overline{c^2}$-ε_c

模型，即式（7.8）、式（7.9）、式（7.12）和式（7.13），封闭方程也应包括依靠经验的零方程模型。

（2）流体力学方程组：包括连续性方程、动量方程、ν_t方程。精馏模拟中常用的封闭方程有k-ϵ模型，此外还应包括大涡模型以及其他简化模型。

（3）传热方程组：包括能量方程及其封闭方程，如t^2-ϵ_t方程。

配合针对精馏过程的边界条件，同时求解上述方程可获得精馏塔内流速、浓度和温度的分布。但精馏过程温度效应及其影响不大，通常可忽略传热方程组，以简化计算。

由此可见，计算传质学方法涉及求解较大规模的微分方程组的数值求解，对于精馏这种大型设备而言，计算量很大。但实践证明，借助于 FLUENT 等一些商业软件，在多数情况下都是可行的。

方程体系的相互关系可由图 7.4 描述[24]。

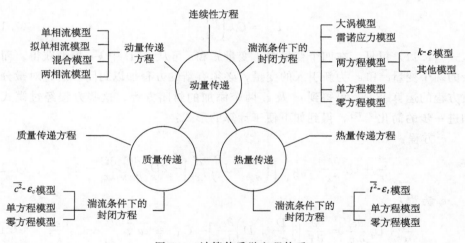

图 7.4　计算传质学方程体系

7.3.3　基于计算传质学的化工过程建模

精馏以及大多数化工过程是在两个流动相下进行的，例如气-液两相流。在这种两相流动的情况下，需要建立各相的模型方程，方程数量因此而增加，同时计算也变得更为复杂。针对气-液两相流，目前有三类建模方式，即拟单相流模型、混合流模型、两相流模型。

拟单相流模型是认为两相流动的特性可以由受到两相间相互作用影响的液体单相流来表征。模型中采用适当的方程来表达气相对液相所施加的作用力以及对液体湍动的增强作用，并作为源项分别添加到动量方程和动能及其耗散率方程中去。这一模型已成功地应用于板式塔及填料塔中两相流动的模拟。它的优点在于形式简单而且可用于模拟两相逆流和两相错流。

混合流模型是认为两相流等价于具有加权平均速度和其他平均参数的气-液两相并存的混合流体，但仍然需要描述混合流体中两相的相互作用。混合流模型的优势在于模拟并流的情况。

两相流模型是针对各相建立各自的方程，尽管这是数值模拟的最佳方式，但是需要求解的方程数以及计算量却因此增加。该模型的优点在于能够同时获得各相的浓度分布。

对于填料塔或催化反应器中伴有结构化或非结构化固相存在（如规整、散堆填料，结构化或非结构化催化剂）的化工过程，可以运用特征单元体积（CVE）法对其进行

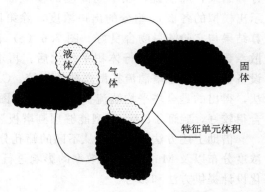

图 7.5　多相流中的特征单元体积

模拟[28]。采用这种方法，模拟对象的空间被划分为大量的虚拟特征单元体。特征单元的尺度的含义为：足以表达固相结构及气-液流动的特征，同时又是流场中的任意一个质点。特征单元如图 7.5 所示。这一方法已成功地应用于模拟散堆填料精馏塔和吸收塔[29-31]以及催化反应器[32]中的传递过程模拟。

7.3.4　计算传质学在精馏塔及其他化工过程模拟中的应用

1. 精馏塔模拟

1）板式塔

对于使用板式塔的精馏过程，每块塔板上流体的温度可以近似为常数，为了简化计算，有关的传热方程可以忽略。文献［25-27］即为采用计算传质学方法对精馏塔进行模拟的研究报道。其中，文献［25］报道了对一个在 FRI（Fractionation Research，Inc）实施的工业规模筛板精馏塔实验[33]。实验分离物系为环己烷和正庚烷，采用筛板精馏塔，塔内径为 1.2m。应用计算传质学 $\overline{c^2}$-ε_c 模型进行模拟得到各块塔板的三维浓度分布、速度分布，进而获得了 Murphree 板效率。图 7.6（a）给出该塔第二块筛板一个横截面上弓形区内出现返流的流速矢量分布；图 7.6（b）为该筛板的浓度分布等高线，可见塔板上的浓度分布是不均匀的，且在弓形区的速度分布与浓度分布并不相似，这是由于该处存在不同程度的返流，导致一个滞留区的存在，滞留区内液体停留时间和局部混合加强，进而呈现浓度平台区域。换言之，按速度分布来预测浓度分布（如用 Sc 准数来估计

浓度分布）可能会造成较大的误差。图 7.6（c）显示了该筛板上湍流扩散系数 D_t 的分布，显示出一些返流特征。根据传质理论的推论，传质系数和传质通量近似地与 $\sqrt{D_t}$ 成比例，由此亦可看出在塔板上局部传质效率的变化。需要指出，这一模拟研究是三维的，图 7.6（a）～（c）所示为塔高方向上某些横截面上的计算结果，应该说，在不同高度的横截面上会有不同的分布结果。图 7.6（d）示出模拟的各板 c_6 组分的出口浓度，除第四块塔板属于明显的实验误差外，计算结果与实验测量吻合良好。图 7.6（e）表示由模型计算出的局部湍流传质扩散系数在每块塔板进行体积平均化后，再求出的全塔平均值与 Cai 等[34]在同一设备上测出的全塔湍流扩散系数的比较。Cai 等是采用示踪剂-响应的实验测量方法，得出的是全塔平均湍流扩散系数。由图中可以看出，模拟结果与实验结果符合得较好，验证了 $\overline{c^2}$-ε_c 模型能够预测塔板湍流传质系数，而不需要进行实验。

借助上述方法，有可能从不同的筛孔分布模式及出口堰高出发，经过模拟对浓度分布以及 Murphree 板效率的影响进行模拟计算和对比，从而为筛板塔的优化设计提供方法和参考。

2）填料塔

文献 ［29］采用 $\overline{c^2}$-ε_c 计算传质学的模型对 FRI 的用于分离环己烷和正庚烷的工业规模鲍尔环填料精馏塔（直径 1.2m，填料床高 3.66m）[35]进行模拟，结果如图 7.7 及图 7.8 所示。图 7.7（a）为 c_6 组分浓度在塔内径向及轴向的分布计算结果；图 7.7（b）为在不同 F 因子下的等板高度（HETP）模拟值和实测值的比较，可见模拟值与实验值相符。对于填料精馏塔中的径向及轴向湍流传质扩散系数 D_t 沿塔高的变化，一般是难以测定的，图 7.8 给出模拟计算的结果。

2. 化学吸收

化学吸收通常都存在热效应，因此计算传质学模型中必须包括传热方程组。文献 ［30，31］应用本文方法对吸收过程进行了模拟。模拟对象分别为直径 0.1m、填料床层高 7m[32]，和直径 1.9m、填料床高 26.6m[33]、内装 50.8mm 不锈钢金属鲍尔环的填料塔中以 NaOH、MEA 和 AMP 为吸收剂吸收 CO_2 的实验过程。模拟计算运用了图 7.4 所示的 $\overline{c^2}$-ε_c，k-ε 及 $\overline{t^2}$-ε_t 模型，模拟结果不仅包括径向和轴向浓度、温度和速度分布，还包括湍流传质扩散系数、湍流传热扩散系数。图 7.9 及图 7.10 显示出塔径 0.1m 用 MEA 吸收 CO_2 的填料塔中的部分结果。图 7.9（a）、图 7.9（b）分别为液速的全塔及径向分布，图 7.9（c）、图 7.9（d）分别为气相 CO_2 及液相 MEA 的全塔浓度分布。从图中可见，填料塔的上部几乎没有发挥作用。图 7.10 为湍流传质、传热及动量扩散系数分布模拟

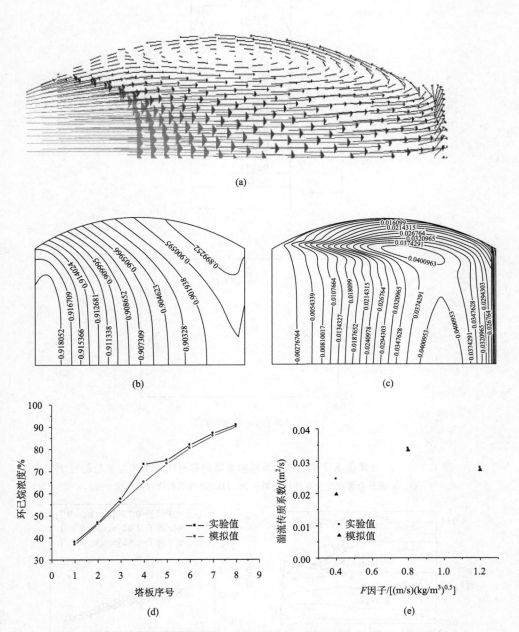

图 7.6　$\overline{c^2}$-ε$_c$ 计算传质学模型模拟筛板精馏塔计算部分结果及其与实验的对比

(a) 弓形区流速矢量图；(b) 浓度分布等高线；(c) 筛板上的 D_t 分布；

(d) 各板 c_6 组分的出口浓度；(e) 全塔平均 D_t 与实测对比

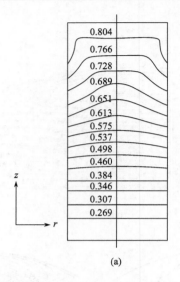

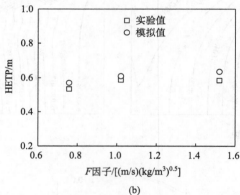

图 7.7　$\overline{c^2}$-ε_c 计算传质学模型模拟填料精馏塔的部分结果及其与实验的对比

（a）c_6 组分全塔浓度分布计算结果；（b）HETP 的模拟值与实测值对比

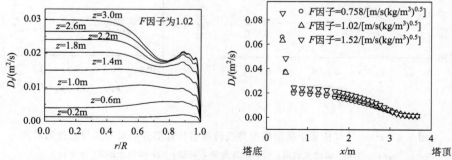

图 7.8　填料精馏塔中的径向及轴向湍流传质扩散系数 D_t 沿塔高的变化

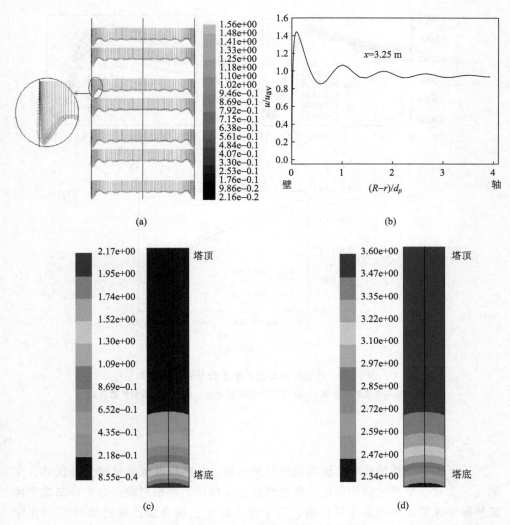

图 7.9 $\overline{c^2}$-ε_c 计算传质学模型模拟化学吸收塔的部分结果
（a）全塔速度分布；（b）径向速度分布；（c）全塔 CO_2 浓度分布；（d）全塔 MEA 浓度分布

结果。与实测对比，沿塔的平均浓度分布、湍流扩散系数的平均值都与实验数据相吻合。

从图 7.10 可知，计算传质学方法的一个很明显的优点在于能够不依赖经验或经验关联式来直接预测浓度分布及所有相关参数。计算结果显示，湍流扩散系数及湍流导热系数与湍流黏度系数并不存在明显的相似关系，这说明传统的将湍流扩散与湍流黏度进行简单类比的方法存在局限性。

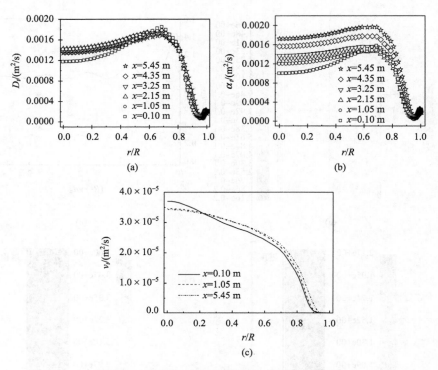

图 7.10　吸收塔内湍流扩散系数分布模拟结果

（a）湍流传质扩散系数；（b）湍流传热扩散系数；（c）湍流动量扩散系数

3. 催化反应

　　为了表明计算传质学方法在同时预测传质、传热以及流体流动上的优势，文献［34］对一个高放热的催化反应过程进行了模拟。模拟对象是装有冷却套管的放热固定床管式连续催化反应器，用于将乙酸和乙炔合成乙酸乙烯[35]。与化学吸收的情况类似，经过模拟，同时获得浓度、温度、速度分布以及各自的扩散系数在反应器轴向和径向上的分布，模拟得出的反应收率沿轴向的变化等结果均与实验结果相符。

　　此外，图 7.11，为固定床反应器内流体的质量、热量和动量这三个湍流扩散系数的数值在径向和轴向的分布，发现它们有显著的差异。因此这三个扩散系数之间不存在一种简单的比例关系。这解释了假设准数 Sc 与 Pr 在设备内为恒定常数的传统经验方法会导致较大计算误差的原因，同时也验证了发展计算传质学的必要性。

　　由图 7.11 同样可以得出类似图 7.10 所得出的结论。可见计算传质学方法有

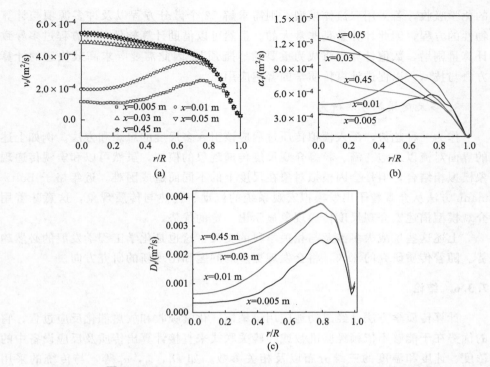

图 7.11 $\overline{c^2}$-ε_c 计算传质学模型模拟固定床反应器床内传递特性模拟结果

助于更深入地了解传质过程的基本现象，以便改进和优化设计与操作。

7.3.5 挑战与展望

目前计算传质学研究尚处在探索阶段，理论上只建立了一个框架，要进一步发展将会面对诸多挑战。

1. 考虑介观现象影响的传质速率（系数）的准确估计

传质方程中相间传质速率源项的估算准确与否关系到模拟的准确性。然而目前传质方程中相间传质速率源项的估算仍采用基于经验关联式的传质系数。这些经验关联式基本是宏观实验的结果，将其用于局部传质系数的计算会带来误差。此外，相界面传质是比较复杂的过程，存在较为复杂的介观传递现象，如界面上湍动、气泡、液滴、颗粒行为等。因此探索考虑介观传递现象的传质理论，进而建立预测传质速率（系数）的计算方法是面临的一个挑战。

2. 大规模微分方程系统的求解中的数值计算问题

对于有热效应的传质过程，需要同时求解更多的微分方程。例如气-液两相的化学吸收，若采用双流体模型，则需求解 22 个微分方程以及许多源项与计算物性的方程，因此计算量是非常大的。虽然可以借助计算软件，但方程过多导致计算量剧增，数值计算也将成为重要的"瓶颈"。因此需要寻求高效快速的计算方法与技术，以促进计算传质学的普遍应用。

3. 多尺度模拟方法研究

作为一种趋势，深入模拟传质过程应该引入多尺度的思想和方法。例如上述的界面对流以及泡、滴、粒等介观尺度传递现象的模拟，虽然可以和宏观传递现象模拟相结合，但是会因模拟对象在尺度上的不同而造成困难。近年格子-Boltzmann 方法从介观粒子出发模拟宏观系统的流动、传热与传质现象，这意味着用介观模型描述宏介观尺度传递现象显示出一定的优势。

上述这些挑战大多涉及与相关学科的交叉，这也是化学工程学发展的必然趋势。随着传质研究的深入，将会发现更多的问题和出现新的研究方向。

7.3.6　结论

计算传质学方法已经成功地应用于精馏、化学吸收和放热催化反应过程，它的优势在于能够不依赖经验准数或经验关联式来直接计算出传质及反应设备中的浓度、速度和温度的三维分布以及相关参数，如 D_t、ν_t、α_t 等，与传统的采用 Sc、Pr 等准数或经验关联式来求取湍流质量扩散系数 D_t 以获取浓度分布的方法相比，更有助于深入研究和了解传质过程中的基本现象。根据计算得到的三维分布，可以更准确地预测传质设备的效率，从而为优化传质设备设计或者评价现有传质设备提供可靠的工具。

计算传质学的建立与计算流体力学及计算传热学一起构成了完整的计算传递学体系，它逐步成为化学工程学的基础理论之一，也是正在发展中的"计算化学工程"分支的重要组成部分和不可缺少的基础。本节所述是计算传质学研究所取得的初步进展。为了提高和完善计算传质学，还需要新的思维和不断地探索。

7.4　气-液界面对流现象及其对传质过程的影响

气-液界面的传递过程是自然界常见的现象之一，界面的性质及其行为对于非均相的传质具有重要的影响，其中界面的对流（或湍动）不仅在表观上具有规则的滚筒形或多边形等几何图案，在实际应用中也可强化传质过程，在理论上亦可促进对传质机理的认识。因而对界面对流现象的研究一直是人们关注的重点[36-41]。

根据引起界面对流的原因，可将界面对流分为 Marangoni 对流和 Rayleigh-

Bénard 对流。其中 Marangoni 对流是由于界面处表面张力不平衡而造成的宏观流体流动，Rayleigh-Bénard 对流是由密度梯度导致的重力梯度而引发的流动不稳定性。Rayleigh-Bénard 效应和 Marangoni 效应可以分别用无因次数 Rayleigh 数 Ra、Marangoni 数 Ma 来表征：

$$Ra = \frac{d^3 g \Delta\rho}{D\mu}, \ Ma = \frac{d\Delta\sigma}{D\mu} \tag{7.14}$$

式中，d 为特征尺度，m；D 为溶质扩散系数，m^2/s；g 为重力加速度，m/s^{-2}；$\Delta\rho$ 为密度差，kg/m^{-3}；μ 为黏度，Pa·s；$\Delta\sigma$ 为表面张力差，N/m。

在传递过程中，当 $\Delta\sigma > 0$、$Ma > 0$，且超过一定的临界值时，表面张力梯度将引发 Marangoni 流动不稳定性，同样，当 $\Delta\rho > 0$、$Ra > 0$，且超过一定的临界值时，垂直方向上的密度梯度导致的重力梯度将引发 Rayleigh-Bénard 流动不稳定性，这两种不稳定性均可导致宏观可测的流体流动。

7.4.1 气-液界面的 Marangoni 对流及对传质过程的影响

Marangoni 对流加强了界面处的湍动，从而可以强化传质过程，自从 20 世纪 60 年代以来，人们对 Marangoni 对流进行了大量的实验观测与理论研究[41-44]，研究结果表明，Marangoni 对流的存在可显著促进气-液传质过程。

Marangoni 对流会在界面处产生形状各异的几何图案，研究人员通过采用可视化的纹影技术，观测到了对流产生的各种图形，这其中有规则的多边形、细胞状、条状、松针状、滚筒状以及其他一些不规则的形状，图 7.12 给出了部分 Marangoni 对流产生的对流形状。

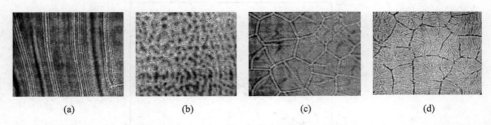

(a)　　　　　　(b)　　　　　　(c)　　　　　　(d)

图 7.12　Marangoni 对流的纹影图像

(a) 滚筒状；(b) 细胞状；(c) 多边形；(d) 松针状

研究人员通过对降膜传质过程的研究发现[45]，当 Marangoni 对流存在时，液相传质系数会比只依靠扩散传质时大，并引入增强因子 F 来表示 Marangoni 对流对传质过程的影响程度，其定义式如下：

$$F = \frac{K_{Lexp}}{K_{Ltheo}} \tag{7.15}$$

式中，K_{Lexp} 为有 Marangoni 对流时实验测得的液相传质系数；K_{Ltheo} 为无 Marangoni 对流时液相传质系数的理论值。

传质过程中如果液相 Marangoni 效应发生，传质系数将增大，F 将大于 1，否则，F 等于 1，因此根据实验结果计算 F 的值即可判断 Marangoni 效应是否发生以及 Marangoni 效应对传质速率的影响程度，图 7.13 给出了实验测得的 F 与 Ma 之间的变化曲线。

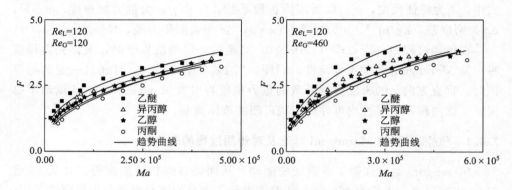

图 7.13　Marangoni 效应对流对传质过程的影响

进一步的理论研究表明[38]，Marangoni 效应对气-液界面的表面更新有强化作用，Marangoni 对流的存在会增大表面更新的频率，图 7.14 说明了 Marangoni 效应与表面更新频率之间的关系。

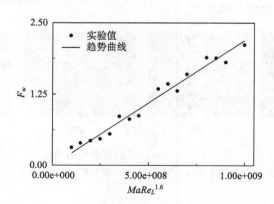

图 7.14　Marangoni 效应对表面更新频率的影响

由此可得到有 Marangoni 对流时的传质系数计算式：

$$Sh_L = 6.0 \times 10^{-5} Sc_L^{0.5} Ma^{0.5} Re_L^{0.8} \tag{7.16}$$

式中，Sh_L 和 Sc_L 分别是液相 Sherwood 数和液相 Schmidt 数。

7.4.2 气-液界面的 Rayleigh-Bénard 对流及对传质过程的影响

Rayleigh-Bénard 对流同 Marangoni 对流类似，也会对气-液界面的传质过程产生影响[39,40]。许多气-液传质体系会产生 Rayleigh-Bénard 对流，产生的原因是由于传质过程中，由于界面与主体之间产生了浓度梯度，进而会产生界面与主体之间的密度差，当其差值达到一定程度时，会导致 Rayleigh-Bénard 对流的产生。

Rayleigh-Bénard 对流同样会在界面及附近产生多种不同的对流图形，包括如图 7.15 所示的细胞状、滚筒状、枝状、条形等，同时 Rayleigh-Bénard 对流在垂直界面也会产如图 7.16 所示的蘑菇状、条状等多种形式的对流结构。

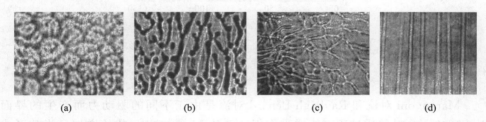

图 7.15　Rayleigh-Bénard 对流在水平方向上形成的结构纹影图像
（a）细胞状；（b）滚筒状；（c）枝状；（d）条形

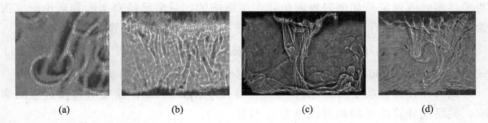

图 7.16　Rayleigh-Bénard 对流在垂直方向上的对流结构
（a）蘑菇形流；（b）不稳状条形流；（c）柱形流；（d）紊形流

与 Marangoni 对流相同，Rayleigh-Bénard 对流的存在也会强化气-液的传质过程。Fukunaka[46] 等测定了电解过程中气泡产生时的传质，表明 Rayleigh-Bénard 对流极大地增强了传质过程，并得到了如下的传质关联式：

$$Sh = 1.72 \times 10^{-2} Ra \qquad (7.17)$$

孙志发等[47] 对 Rayleigh-Bénard 及 Marangoni 对流对传质过程的影响进行了实验研究，图 7.17 表明了 Rayleigh-Bénard 对流对气-液传质过程的增强作用。通过分析表明，Rayleigh-Bénard 对流对传质的增强因子与 Ra 数呈近似指数关系，即

$$F = K\left(\frac{Ra}{Ra_c}\right)^n \tag{7.18}$$

式中，K 为常数；Ra_c 为临界 Ra 数；n 为指数，取值约为 0.5。

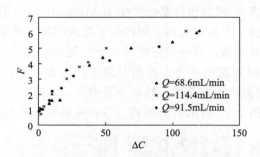

图 7.17　Rayleigh-Bénard 对流对传质过程的影响

7.4.3　结论

　　Marangoni 对流和 Rayleigh-Bénard 对流是由于不同的驱动力而产生的界面对流现象，会对传质过程产生增强作用，且随 Ma 数或 Ra 数的增加呈指数形式变化，指数大小约为 0.5。

　　Marangoni 对流和 Rayleigh-Bénard 对流在实际过程中往往是同时发生的，两种界面对流现象是如何对界面传质产生影响的，目前已经有实验和理论研究探索。例如文献 [52] 指出，此时的气-液传质系数可用下式计算：

$$Sh_L = (0.02478Ma^{0.3688} + 0.024751Ra^{0.3935} + 19.55Re_G^{0.183})Sc^{0.075} \tag{7.19}$$

式中，Sc 为 Schmidt 准数；Re_G 为气相 Reynolds 准数。

　　式（7.19）表明了 Marangoni 效应和 Rayleigh-Bénard 效应对传质过程的影响，关联式计算的平均相对误差为 6.21%。

7.5　间歇精馏过程

　　间歇精馏是精馏动态过程的一种，适用于分离提纯小批量、多品种、附加值高的精细化学品，具有连续精馏所不具有的独特优势。相对于连续精馏，它具有两个突出的优点：

　　（1）单塔实现多元混合物的完全分离，可替代多塔的连续精馏装置，实现单套设备的产品多样化、多规格化，减小投资。

　　（2）灵活性强，可以多种方式进行操作，适应物料及浓度的变化，开停工灵活。

　　间歇精馏过程是一个周期性操作过程，属于动态过程。操作中塔内各组分浓度、温度等随时间不断变化，其过程的数学描述涉及微分方程，从这点上说，相对于连续精馏又是复杂的。本节主要针对动态精馏过程的非稳态特性，介绍其多种操作方式以及近年来发展起来的一些特殊动态精馏技术。

7.5.1 间歇精馏的基本操作模式

图 7.18 为典型的常规间歇精馏示意图。对于常规间歇精馏过程来说，物料一次投入塔釜，在塔釜内加热产生物料蒸汽，物料蒸汽在塔顶经冷凝器冷凝后，部分回流到塔内，部分采出，根据其馏出物浓度的不同划分成不同的馏分进入不同的储罐。

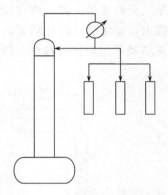

根据间歇精馏回流比控制策略，可以将间歇精馏的基本操作模式分成三种基本类型[49,50]：①恒定回流比操作，即在蒸馏过程中回流比保持恒定；②恒定塔顶浓度操作，即在蒸馏过程不断改变回流比，保持塔顶浓度恒定；③优化回流比操作，即根据不同的目标函数，采用优化的回流比进行精馏操作。此外，间歇精馏的操作模式还有分段恒回流比操作和全回流全采出操作。分段恒回流比操作是指针对不同的馏出产品分别采用不同的回流比操作。

图 7.18　常规间歇精馏示意图

分段恒回流比操作简便，是一种优化的操作方式，在工业上多组元物系的间歇精馏中应用较为广泛。全回流全采出操作实际包括两个过程：全回流浓缩和无回流采出。采用全回流全采出操作的间歇精馏系统在塔顶设置一定体积的回流罐，在全回流浓缩阶段，罐内物料组成不断趋于稳定，达到要求后一次采出产品。全回流浓缩阶段不需要控制回流比，因此操作方便。同时由于在全回流状态下，塔的分离效率最高，浓缩倍数最大，因此可以获得很好的精馏效果。

7.5.2 间歇精馏塔的类型

动态精馏过程的特性允许间歇精馏塔采用不同类型的结构。除了图 7.18 所示的常规间歇精馏塔，间歇精馏塔还可以采用如图 7.19 至图 7.22 所示的非常规结构，以满足不同的需求。提馏式间歇精馏塔，也称倒立塔，相当于常规间歇精馏（正立塔）的镜像。提馏式间歇精馏塔的塔顶有一个储罐，被分离的物料存于该储罐中，在精馏过程中，产品由重到轻依次从塔底采出。提馏式间歇精馏塔适合于分离原料中含有大量重组分的分离过程[51]。带有中间储罐的间歇精馏塔是精馏式间歇精馏塔和提馏式间歇精馏塔的复合型式，被分离物料存于中间储罐内，可以从塔顶采出产品，也可以从塔底采出产品，当储罐中中间组分达到指定浓度后或储罐中液体所剩不多时即停止操作。该塔型于 1950 年由 Robinson 和

Gilliland[52]提出，此后有很多学者对此塔型的特性进行了研究。此种塔型与常规间歇精馏塔相比，具有更大的灵活性，在间歇萃取精馏、间歇共沸精馏以及热敏物料的分离领域均有应用。带有动态侧线出料的间歇精馏塔是近些年提出的一种塔型[53]，该塔型与常规间歇精馏相比增加了一个侧线出料，当其达到产品要求时才采出，因此其物料的馏出是动态的。带动态侧线出料的复合精馏塔实际上也是精馏式精馏塔和提馏式精馏塔的复合，相当于在精馏段基础上加了一个提馏段。Demicoli 和 Stichlmair[54]以三元物系的分离为例，对该塔型进行了研究。对于三元物系的分离，侧线出料口采出挥发度居中的产品，而轻组分产品在塔顶储罐内，重组分产品在塔釜内。此外，Wittgens[55]等还提出了多储罐间歇精馏塔，该塔型采用全回流操作，理论上，N 个储罐可以得到 N 个产品。

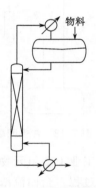

图 7.19　提馏式间歇精馏塔

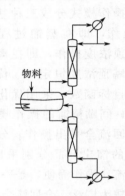

图 7.20　带中间储罐间歇精馏塔

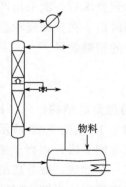

图 7.21　带动态侧线出料间歇精馏塔

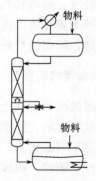

图 7.22　带动态侧线出料复合
式间歇精馏塔

7.5.3　特殊间歇精馏

在化学工业中遇到的分离体系往往很复杂或者分离难度很大，采用一般的精馏方法难以解决，因此需要特殊精馏方法。例如共沸物或近沸点难分离物系的分离往往采用共沸精馏或萃取精馏分离。特殊间歇精馏包括动态共沸精馏、动态萃取精馏以及热敏物料的动态精馏等。

1. 间歇共沸精馏

间歇共沸精馏是分离共沸物的一种重要方法。间歇共沸精馏根据共沸剂和被分离体系中的组分形成的共沸物是否分相，分成均相间歇动态共沸精馏和非均相动态共沸精馏。均相动态共沸精馏由于被分离组分和共沸剂形成均一相，需要采用其他方法进行进一步的分离，因此在工业上很少使用，工业上一般采用非均相间歇动态共沸精馏。非均相间歇动态共沸精馏过程是间歇精馏和共沸精馏的耦合过程，具有设备简单、可单塔分离多组分混合物、通用性强的优点。与非均相连续共沸精馏相比，它具有比较灵活的回流比操作策略，具有更大的操作弹性。但是，各参数随时间变化和复杂的相平衡关系等多方面的原因，导致了设计、模拟和控制困难，使得广泛应用该过程的同时，对它的认识不如连续过程那么深入，相关的文献报道较少。下面从过程可行性分析和操作模式方面，介绍一下该领域的一些进展。

间歇动态共沸精馏过程的可行性与如下因素有关：非均相区的形状和大小，共沸物的位置、精馏边界曲线，初始共沸剂的比例，还有塔板数、回流比等操作参数。

Doherty[56]首先将用于均相系统的残余曲线扩展到非均相连续共沸精馏过程的分析，用平均组成代替液相组成，并连同液-液平衡曲线进行分析，用于选择合适的共沸剂和确定塔序。

对于连续的非均相共沸精馏过程，由于塔顶、塔底产品和进料板的组成必须处在一条物料平衡线上，离开第一块板的液相组成要与塔底产品组成处在同一精馏区域，否则，精馏段和提馏段的浓度曲线不会相交，这个过程不可行。

而对于非均相动态共沸精馏，由于塔顶富共沸剂的回流，对精馏区域的要求不是太严格。只要保证在整个过程中，至少有一条液相浓度曲线连接某一时刻的塔釜组成和离开第一块板的液相组成 x_1，同时与 x_1 达平衡的 y_1 要处在分相器温度下的不互溶区域内，以保证能实现液-液分离。下面以丙烯腈为共沸剂分离乙腈和水的共沸物为例，进行动态共沸精馏过程的可行性分析（图 7.23）[57]。乙腈（81.6℃）与水形成最小共沸物（76℃，点 A1），加入丙烯腈（77.5℃）与水形成新的最小共沸物（70.4℃，点 A2），新共沸物与原共沸物的连接线及其与乙腈的连接线是精馏分界线，将整个三角形区分成 3 个精馏区域（Ⅰ，Ⅱ，Ⅲ）。新共沸物处在液-液两相区内，在塔顶分相器中能够分成两个液相，一个富含共沸剂（L2），一个富含水（L1）。如图 7.23 所示，进料 F 处在Ⅰ区。全回流时，

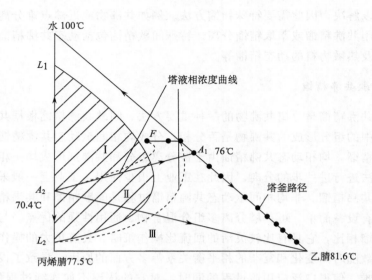

图 7.23　丙烯腈-乙腈-水的可行性分析

塔的液相浓度曲线连接非均相共沸物和进料。塔顶有物料采出后，由于塔顶富共沸剂相回流，而回流液在Ⅲ区，此时塔的液相浓度曲线将从Ⅰ区穿过Ⅱ区到达Ⅲ区，而塔釜组成也慢慢跨越精馏边界线，从Ⅰ区到达产品乙腈所在的Ⅱ区，最后在塔釜获得高纯度乙腈。可见，非均相间歇共沸精馏利用塔顶分相可以跨越精馏边界，实现分离。

　　非均相动态共沸精馏过程也可以采用精馏式和提馏式间歇精馏塔，还可采用中间储罐的间歇精馏塔设备。动态共沸精馏通常为精馏式的，如图 7.24 所示。原料 A＋B 及共沸剂 E 加入塔釜，其中 A 和 E 形成非均相共沸物。先进行全回流，建立起在塔高方向上的浓度分布和温度分布，在分相器中建立稳定的相分界面。全回流结束后，开始部分采出贫共沸剂相 P1（主要含 A），而富共沸剂相全

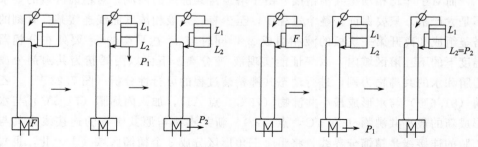

图 7.24　精馏式间歇共沸精馏过程　　　　图 7.25　提馏式间歇共沸精馏过程

部回流,当分相器内物料不分相后,采出过渡段并回收共沸剂,最后在塔釜中剩余的是高纯度的组分 B (P2)。对于提馏式间歇精馏,如图 7.25 所示。原料 A+B 和共沸剂 E 从塔顶加入,其中 A 和 E 形成非均相共沸物。先进行全再沸操作,而后从塔底采出 B (P1),随着精馏进行塔顶形成的两个液相存储于塔顶分相器中。精馏结束后,富共沸剂相留在塔顶作下一循环,贫共沸剂相 P2 (主要含 A) 可视分离要求决定直接排放还是再进一步分离。

2. 间歇动态萃取精馏

间歇动态萃取精馏是 20 世纪 90 年代发展起来的一种特殊精馏方法,它具有间歇精馏和萃取精馏双重优点。动态萃取精馏在近沸物和共沸物的分离方面显示出了独特的优越性:通过选取不同的溶剂,可完成普通精馏无法完成的分离过程;设备简单,投资小;可单塔分离多组分混合物;设备通用性强,可用同一塔处理种类和组成频繁改换的物系。同动态共沸精馏相比,萃取剂有更大的选择范围;同变压精馏比较,更经济。它适用于化工、制药、石化深加工等行业中生产规模较小的普通精馏无法完成的共沸物和沸点差很小的物系的分离。

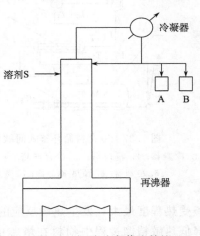

图 7.26 间歇动态萃取精馏

间歇动态萃取精馏流程如图 7.26 所示。被分离物料一次加入到塔釜中,溶剂从靠近塔顶处连续加入,将塔分为萃取段和精馏段,溶剂加入口以上的塔段为精馏段,溶剂加料口以下的塔段为萃取段,溶剂在萃取段每块塔板上处均起到改变被分离物料关键组分相对挥发度的作用。常规间歇动态萃取精馏的操作采用如下四个步骤[58]:

(1) 不加溶剂进行全回流操作 ($R=\infty$, $S=0$);

(2) 加溶剂进行全回流操作 (降低难挥发组分在塔顶馏分中的含量,$R=\infty$, $S>0$);

(3) 加溶剂进行有限回流比操作 (馏出易挥发组分 A 的成品,$R<\infty$, $S>0$);

(4) 有限回流操作,停止向萃取精馏塔加溶剂 (分离难挥发组分和溶剂,$R<\infty$, $S=0$)。

3. 热敏物料的间歇动态精馏

热敏物料本身的热不稳定性,即热敏性给分离和提纯带来了很大的困难,由

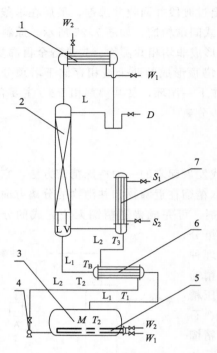

图 7.27　冷存料循环釜式间歇精馏

1. 冷凝器；2. 精馏塔；3. 冷存料塔釜；4. 循环泵；
5. 冷却器；6. 预热-冷却器；7. 蒸发器

于热敏物料在受热过程中易于产生杂质，采用常规精馏方法难以分离，因此需要根据热敏物料的特性采用合适的精馏流程才能实现热敏物料的精馏分离。

热敏物料精馏过程中，物料受热发生化学反应生成杂质的量主要由两个因素决定：受热温度和受热时间[59-62]。因此热敏物料的精馏一般从两个方面着手：①降低精馏温度。如采用高真空精馏。②减少物料在高温区的受热时间。采用特殊的流程，减少物料在高温区停留时间。由于真空是有限的，降低到一定程度就达到极限了，因此人们对于热敏物料的分离研究大多集中在精馏流程上。下面介绍几种热敏物料间歇精馏流程。

1）冷存料循环釜式间歇精馏

由于在间歇精馏中，塔釜的存液量大，且温度高，因此物料在塔釜受热程度最大，发生热敏反应的可能性也最大。塔釜冷存料的精馏过程主要是降低热敏精馏过程中物料在塔釜的受热反应量。如图 7.27 所示，该流程包括：冷存料塔釜、预热-冷却器、蒸发器、循环泵、精馏塔和冷凝器。操作时热敏物料一次投入塔釜，物料由循环泵输送到预热-冷却器与塔底回流液体进行换热升温，然后进入蒸发器，蒸发器是一个升降膜蒸发器，在此蒸发器中进行加热蒸发，产生物料蒸汽，蒸汽进入塔内，而未蒸发的液体由塔底流到预热-冷却器进行换热。进入塔内的物料蒸汽经冷凝器冷凝后部分回流，部分采出从而实现精馏操作。在该流程中，由于塔釜内的物料通过其内装的冷却器进行冷却，物料可以保持较低的温度而不是像常规间歇精馏那样处于沸腾状态，因此可以大大减少物料的受热反应量，从而保护热敏物料[63]。

2）带有动态侧线出料的热敏物料间歇精馏

在化学工业中，很多热敏物料容易分解产生轻杂质，在蒸馏过程中，不断产生的轻杂质在塔顶不断被浓缩，影响产品纯度，造成过渡馏份的量很大，甚至无法从塔顶采出合格产品。对于一些热敏性不是很强的物料，虽然塔顶产品被不断产生的轻杂质污染而达不到产品纯度要求，但是在塔的中部某一理论板上，其纯度已经达到产品纯度要求（因为轻杂质浓度由塔顶至塔底不断降低，而重组分杂质的浓度由塔底至塔顶不断降低），因此可以由塔中及时采出产品。

带有动态侧线出料的间歇精馏分离提纯热敏物料时，其收率比常规的间歇精馏高，而且带动态侧线出料的间歇精馏塔结构简单，与常规的间歇精馏塔相比，只是在塔中部增加了一个侧线出料口，因此其工业应用也容易实现。该过程对于热敏性小的热敏物料的精馏是适用的。如果物料的热敏性比较强，由于在精馏过程中，物料存于塔釜并一直处于

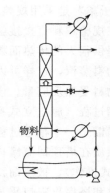

图 7.28　带有间歇动态侧线出料和塔釜冷存料的间歇精馏

受热状态，因此其受热程度仍比较高，塔釜中热敏反应量较大，即使在塔的中部也难以得到合格产品，此时可以采用塔釜冷存料的精馏过程，即可以采用带有动态侧线出料和塔釜冷存料的间歇精馏过程（图 7.28）[64]。带有动态侧线出料和塔釜冷存料的间歇精馏过程将动态侧线出料技术和塔釜冷存料技术相结合，既使物料的受热程度大大降低，同时也利用动态侧线出料的优点，进一步提高产品的收率。

3）"湿式干釜"热敏物料间歇精馏

胡朋飞、崔现宝和杨志才等[65,66]将直接接触传热理论引入到热敏物料精馏领域，开发了用于热敏物料精馏的直接接触传热蒸发釜。该釜持液量少，传热面积大，传热效率高，对于被精馏物料而言接近于干釜状况，故称为"湿式干釜"。"湿式干釜"是采用与被精馏液体不互溶的液体作为载热体加热被分离物料，属于不互溶液体直接接触加热蒸发过程，可有效防止热敏料液因在釜内停留时间过长而导致的热分解。

崔现宝等将"湿式干釜"和正立式半连续操作及倒立式间歇精馏操作相结合，提出了"湿式干釜"动态复合间歇精馏方法，如图 7.29 所示[67]。该流程中采用的

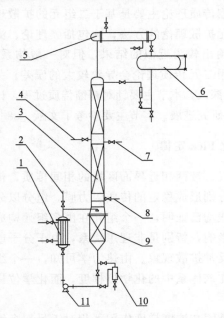

图 7.29　"湿式干釜"动态复合间歇精馏
1. 换热器；2. 载热体进口；3. 精馏塔；4. 塔中进料口；5. 冷凝器；6. 回流罐；7. 塔中出料口；8. 塔底出料口；9. 湿式干釜；10. 分相器；11. 循环泵

"湿式干釜"是采用规整填料作为传热表面的釜。在"湿式干釜"中，物料与载热体在规整填料直接接触传热，因此其传热效率高，传热系数大，而且规整填料可以提供很大的传热面积，因此可以采用很小的传热温差以加热物料产生蒸馏所需的物料蒸汽，这样可以从很大程度上避免间壁式传热所造成的过热现象，减少热敏物料受热反应量。该流程采用的复合精馏技术分成两步进行，第一步是半连续精馏过程（属正立式操作）。它类似于连续精馏，但是与连续精馏是不同的。连续精馏是一个稳态过程，而该过程是非稳态过程，重杂质在塔底采出，而产品和轻杂质在塔顶回流罐内进行动态累积。第二步采用的是提馏式间歇精馏操作（倒立式操作），被蒸馏物料存于塔顶回流罐内，由塔底采出剩余重杂质，由塔中出料口和塔底出料口采出成品。由于在倒立式操作过程中，物料存于塔顶回流罐，其温度低，因此可以大大降低热敏反应速率，提高产品收率。

7.6　精馏过程多元气-液传质理论

工业上的精馏过程通常为多组元混合物的分离过程，因此多组元传质是精馏分离中的主要传质过程。然而，传统的精馏传质理论主要是基于二组元的扩散理论，精馏传质过程的计算仍采用基于二组元扩散理论的方法，这包括膜理论、渗透理论等。对少数理想物系，这种方法可给出较为近似的结果，但对一般物系，特别是偏离理想物系的多组元混合物，应用二元传质理论会导致较大的误差。关于多元传质理论已有诸多研究，但尚有待于深入。本节主要针对精馏传质过程，讨论多组元传质现有的理论和方法，以及一些研究进展。本节主要参考了文献 [88]。

7.6.1　气-液界面的多元传质现象与普遍化 Fick 定律

精馏过程中的多组元传质是指发生在气、液两相近界面区域的相间传质，传统的传质理论认为在该区域，气相和液相分别形成稳定的传质阻力膜，组分以分子扩散的方式穿过传质阻力膜。研究与实践均已证明，一个组元在由多组元构成的混合物体系中扩散，会受到复杂因素的影响，特别是非理想物系，由于分子或分子团间的相互作用，会出现逆向扩散等反常扩散现象。由热力学可知，一个组元在流体种的扩散，其推动力是这个组元在该体系中的化学位梯度，而化学位梯度则受到相邻分子（组分）的影响。

对于某个组分（溶质）的分子或流体微团在浓度梯度作用下相对于另一个组分（溶剂）的运动，Fick 定律是描述这一传递过程的重要理论。按照膜理论，传质的阻力主要集中于非常接近相界面的局部区域内，而在此外的区域外浓度梯度为 0。图 7.30 为膜一侧的浓度分布情况，相主体流动为湍流流动，膜内的传质借分子扩散的形式进行，膜的厚度可代表传质阻力的大小。假定边界上的浓度

为 c_{A0}，相主体浓度为 c_{Ab}，则由表面向流体主体的传质通量为

$$N_A = \frac{D}{\delta}(c_{A0} - c_{Ab}) = k(c_{A0} - c_{Ab}) = kc_t(x_{A0} - x_{Ab}) \quad (7.20a)$$

$$k = D/\delta \quad (7.20b)$$

式中，D 为组分 A 在溶液中的扩散系数。应该指出，D 一般是二组元扩散系数，即溶质分子在溶剂分子中的扩散系数。因此上述方程适用于两组元的传质问题。

渗透理论针对非稳态过程，假定一个恒定溶质浓度 c_b 的流体微团与浓度为 c_0 的溶剂接触的时间为 t，溶质由界面向溶剂流体主体的扩散速率随时间而递减，在整个时间 t 内的平均传质通量为

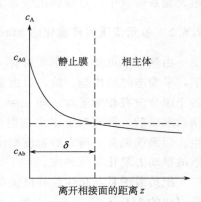

图 7.30 静止膜模型示意图

$$N = 2(c_0 - c_b)\sqrt{\frac{D}{\pi t}} = k(c_0 - c_b)$$
$$= kc_t(x_0 - x_b) \quad (7.21)$$

由此得时间平均传质系数：

$$k = 2\sqrt{\frac{D}{\pi t}} \quad (7.22)$$

上述传质理论均描述的是一个组元（溶质）在另外一个组元（溶剂）中的扩散，所用的扩散系数是二元扩散系数，具有组元对的属性，即 $D_{AB} = D_{BA}$。而对于三组元或三组元以上的多组元扩散过程，分子扩散行为与二组元物系中的扩散有本质差别。在多组元物系中，组分 i 的扩散不仅取决于该组分的浓度梯度，还取决于其他组分的浓度梯度、热力学性质以及它们的传递通量[68]。如果采用与 Fick 定律相同形式的模型描述多组元扩散过程，则对 n 组元混合物有如下 Fick 定律的普遍化形式[69]

$$J_i = -c_t \sum_{j=1}^{n-1} D_{ij} \frac{\mathrm{d}x_j}{\mathrm{d}z}, \quad i = 1, 2, \cdots, n \quad (7.23)$$

式中，D 为普遍化 Fick 定律扩散系数；D_{ij} 为多组元物系中 i 与 j 组元对的 Fick 定律扩散系数。由传质通量 J 的定义可知，对一个 n 组元混合物，仅有 $n-1$ 个独立通量方程 [式（7.23）]。对于由 A 和 B 两个组元构成的二组元物系，Fick 定律扩散系数 D_{AA}，恰好等于 A 在 B 中的分子扩散系数，即 $D_{AA} = D_{AB}$。而对三个或三个以上组元物系，显然 $D_{ij} \neq D_{ij}$。当 $i \neq j$ 时，D_{ij} 称为互扩散系数，表达了组分 j 的浓度梯度对组分 i 的扩散通量的影响，称为耦合影响，它不但取决于组分 i 和 j，还取决于组分 n。把普遍化的 Fick 定律写成矩阵方程的形式为

$$(J) = -c_t[D]\frac{\mathrm{d}(x)}{\mathrm{d}z} \tag{7.24}$$

普遍化的 Fick 定律只是二组元扩散的 Fick 定律的一种简单推广, 普遍化 Fick 定律扩散系数 D 的物理含义比较复杂, 这给普遍化的 Fick 定律在非理想多组元物系传质中的直接应用带来了不便。

7.6.2　多元传质的普遍化的 Maxwell-Stefan 方程

由热力学可知, 一个实际体系宏观上在恒温、恒压且不做非体积功的条件下, 平衡态时的内能、焓、自由能、自由焓等分别具有极小值[70], 此时体系中各个组分没有相对运动, 即 $u_1 = u_2 = \cdots = u_n$, 化学位梯度为 0。当系统离开平衡状态以后, 即当系统中出现组分的化学位梯度时, 组分分子的扩散就随之发生。而系统偏离平衡态的程度则由化学位梯度决定。因此, 一个组元在体系中扩散的推动力是化学位梯度。

把扩散通量与化学位梯度关联起来的方法有很多, 其中最方便的方法就是用普遍化的 Maxwell-Stefan 方程。它是假设化学位梯度为扩散的推动力, 而与之平衡的则是扩散导致的分子间的摩擦力。同时假设, 任何两种分子之间的摩擦力与它们的速度差 $u_i - u_j$ 及其摩尔分数 x_j 呈正比, 即[71]

$$\frac{1}{RT}\nabla_{T,P}\mu_i = -\sum_{\substack{j=1 \\ j \neq i}}^{n}\frac{x_j(u_i - u_j)}{D_{ij}}, \quad i = 1, 2, \cdots, n-1 \tag{7.25}$$

式 (7.25) 两边同乘以 x_i, 并结合 $J_i = c_i(u_i - u_t)$, 及 $N_i = J_i + u_t c_i$, 上式可写成

$$\frac{x_i}{RT}\nabla_{T,P}\mu_i = \sum_{\substack{j=1 \\ j \neq i}}^{n}\frac{x_iN_j - x_jN_i}{c_tD_{ij}} = \sum_{\substack{j=1 \\ j \neq i}}^{n}\frac{x_iJ_j - x_jJ_i}{c_tD_{ij}}, \ i = 1, 2, \cdots, n-1$$

$$\tag{7.26}$$

式中, D_{ij} 为 Maxwell-Stefan 扩散系数, 它可以理解为组分 i 和 j 分子之间的摩擦系数之倒数, 它服从 Onsager 倒易定律, 即[72]

$$D_{ij} = D_{ji}, \ i = 1, 2, \cdots, n-1 \tag{7.27}$$

结合 $\sum_{i=1}^{n}J_i = 0$, 式 (7.26) 可写成矩阵方程的形式:

$$(J) = -c_t[B]^{-1}[\Gamma]\frac{\mathrm{d}(x)}{\mathrm{d}z} \tag{7.28}$$

式中, $[\Gamma]$ 为热力学因子矩阵, 其元素为

$$\Gamma_{ij} = \delta_{ij} + x_i\frac{\partial\ln\gamma_i}{\partial x_j}, \quad i, j = 1, 2, \cdots, n-1 \tag{7.29}$$

式中, 当 $i = j$ 时, $\delta_{ij} = 1$; 当 $i \neq j$ 时, $\delta_{ij} = 0$。$[B]$ 为扩散系数的倒数矩阵, 其

元素为

$$B_{ii} = \frac{x_i}{D_{in}} + \sum_{\substack{k=1 \\ k \neq i}}^{n} \frac{x_k}{D_{ik}}, \quad i = 1, 2, \cdots, n-1 \tag{7.30a}$$

$$B_{ij} = -x_i \left(\frac{1}{D_{ij}} - \frac{1}{D_{in}} \right), \quad i, j = 1, 2, \cdots, n-1, \quad i \neq j \tag{7.30b}$$

由式（7.28）表示的普遍化 Maxwell-Stefan 有与普遍化 Fick 定律 [式（7.24）] 相同的形式，只是以 $[B]^{-1}[\varGamma]$ 取代了 $[D]$。对于二元物系，Maxwell-Stefan 扩散系数恰好等于普遍化 Fick 定律扩散系数，此时 $[B]^{-1}$ 可写为 $[D]$ 即：

$$[D] = [D][\varGamma] \tag{7.31}$$

对于理想气体混合物，$[\varGamma] = [I]$，于是两种扩散系数相等。然而，对于三元或多元物系，两种扩散系数之间的关系是比较复杂的。

应该指出，Maxwell-Stenfan 方程扩散系数除了包含热力学非理想性的影响之外，在物理上还表示了扩散组分与其他各组分之间相对运动摩擦力的影响，因此任何一个组元对扩散系数 D_{ij} 是独立于其他组分的。然而普遍化 Fick 定律扩散系数 D 的定义表明它是分子在某一个（第 n 个）组元作为"溶剂"的扩散系数，因此其值取决于该溶剂组分的选择。

7.6.3 多元传质方程的求解

多组元传质方程得求解迄今主要有两种方式：一是对 Maxwell-Stefan 方程得直接严格求解，二是基于扩散守恒方程得线性化求解。Krishna 和 Standart[73,74] 在等温、等压条件下，对理想气体混合物中的一维稳态扩散过程 Maxwell-Stefan 方程 [式（7.26）] 进行严格求解，得到在界面处传质通量的表达式：

$$(J_0) = -c_t [R]^{-1} [\varPhi] \{\exp[\varPhi] - [I]\}^{-1} (y_\delta - y_b) \tag{7.32}$$

式中，$[R]$ 为传质系数的倒数矩阵，其元素为

$$R_{ii} = \frac{x_i}{D_{in}/\delta} + \sum_{\substack{k=1 \\ k \neq i}}^{n} \frac{x_k}{D_{ik}/\delta}, \ i = 1, 2, \cdots, n-1 \tag{7.33a}$$

$$R_{ij} = -x_i \left(\frac{1}{D_{ij}/\delta} - \frac{1}{D_{in}/\delta} \right), \ i = 1, 2, \cdots, n-1 \tag{7.33b}$$

$[\varPhi]$ 为无因次传质速率因子矩阵，其元素为

$$\varPhi_{ii} = \frac{N_i}{c_t D_{in}/\delta} + \sum_{\substack{j=1 \\ j \neq i}}^{n} \frac{N_i}{c_t D_{ij}/\delta}, i = 1, 2, \cdots, n-1 \tag{7.34a}$$

$$\varPhi_{ij} = -N_i \left(\frac{1}{c_t D_{ij}/\delta} - \frac{1}{c_t D_{in}/\delta} \right), \ i, j = 1, 2, \cdots, n-1, i \neq j \tag{7.34b}$$

通常，记

$$[k_0^*] = [R]^{-1}[\Phi]\{\exp[\Phi] - [I]\}^{-1} = [k_0][\Xi_0] \tag{7.35}$$

矩阵 $[k_0^*]$ 称为有限通量传质系数，表明了传递通量对扩散过程的影响。其中，

$$[\Xi_0] = [\Phi]\{\exp[\Phi] - [I]^{-1}\} \tag{7.36}$$

于是，式 (7.32) 变为

$$(J_0) = -c_t[k_0^*](y_\delta - y_b) \tag{7.37}$$

由于无因次传质速率因子矩阵 $[\Phi]$ 和 ξ 的计算需要预先确定各分组传质通量 (N) 的值，而只有在求出各组分的扩散通量 (J) 之后才能计算出总传质通量 (N)，因此整个计算必须用试差法进行迭代。Maxwell-Stefan 方程的严格解法已应用于多种传质过程的计算中[75-79]，其算法也在实践中得到了不断的完善，如 Taylor 和 Krishnamurthy[80] 提出了改进的初值计算方法。

为了避免试差迭代方法的使用，Toor[81] 以及后来的 Krishna[77] 和 Taylor[82] 等提出了线性化求解方法，其出发点是传质过程的质量守恒方程：

$$c_t \frac{\partial x_i}{\partial t} + \nabla N_i = 0, \ i = 1, 2, \cdots, n \tag{7.38}$$

把 $N_i = J_i + u_i = J_i + x_i N_i$ 代入式 (7.38)，得

$$c_t \frac{\partial x_i}{\partial t} + \nabla (x_i N_t) = -\nabla J_i, \ i = 1, 2, \cdots, n \tag{7.39}$$

或

$$c_t \frac{\partial (x)}{\partial t} + N_t \nabla (x) = \nabla \{c_t[D] \nabla (x)\} \tag{7.40}$$

这里扩散系数 $[D]$ 是组成 (x) 的函数，因而式 (7.40) 显然是一个非线性矩阵微分方程。Toor[81] 和 Stewart、Prober[83] 假定 $c_t[D]$ 在整个扩散途径上为常量，则方程简化为

$$c_t \frac{\partial (x)}{\partial t} + N_t \nabla (x) = c_t[D] \nabla^2 (x) \tag{7.41}$$

同时假定其中 $[D]$、$[k]$、$[B]$、$[R]$ 等参数采用平均组成 $y_m = (y_0 + y_\delta)/2$ 状态下的数值[84]，即 $[D_m]$、$[k_m]$、$[B_m]$、$[R_m]$，因而式 (7.45) 转化为常系数线性微分方程。对于多组元气相中的稳态传质过程，结合边界条件，求解式 (7.41) 可得到在界面处传质通量的表达式：

$$(J_0) = -c_t[R_m]^{-1}[\Psi]\{\exp[\Psi] - [I]\}^{-1}(y_\delta - y_b)$$
$$= -c_t[k_m^*](y_\delta - y_b) \tag{7.42}$$

式中，无因次传质速率因子矩阵

$$[k_m^*] = [R_m]^{-1}[\Psi]\{\exp[\Psi] - [I]\}^{-1} = [k_m][\Xi_0] \tag{7.43}$$

无因次传质速率因子矩阵

$$[\Psi] = N_t [R_m] / c_t \tag{7.44}$$

与 Krishna 和 Standart 的严格解相同，矩阵 $[k_m^*]$ 的元素称为有限通量传质系数，表明了传质通量 N_t 对扩散过程的影响，其中，

$$[\Xi_m] = [\Psi] \{\exp[\Psi] - [I]\}^{-1} \tag{7.45}$$

式中，$[\Xi_m]$ 为校正系数矩阵。从 $[\Psi]$ 和 $[\Xi_m]$ 的定义中不难看出：

$$\lim_{N_t \to 0} [\Xi_m] = [I]$$

$$\lim_{N_t \to 0} [k_m^*] = [k_m] = [R_m]^{-1}$$

因此，通常把 $[k_0]$ 称为 0 通量传质系数矩阵。

与 Maxwell-Stefan 方程严格求解不同，线性化方法传质速率因子 Ψ、传质系数 k 是总传质通量的 N_t 的函数，这给精馏过程中的多组元传质计算带来了方便，因为精馏过程多组元传质 N_t 是趋于 0 的，特别是线性化方法校正因子 Ξ 的极限情况是 $\lim\limits_{N_t \to 0} [\Xi_m] = [I]$，使得计算得到简化。

在下列两种特殊的情况下，两种方法的结果是一致的：①当物系中各二组元对的分子扩散系数都相等，即 $D_{ij} = D$ 时；②当物系中 $n-1$ 个组分的浓度都很低，即 $y_{bi} \approx 0$ 时。

文献 [85] 检验结果表明对于多组元传质过程，两种方法在大多数情况下计算的摩尔传质通量的差别都很小，而通常的情况下，线性化方法能够得到十分准确的计算结果。

7.6.4 多元传质方程非稳态解与点效率计算

工业精馏塔板上的流体流动状况对板效率有显著影响，随着塔径的增加，这种影响显著增加。在精馏塔的工业设计中，通常是通过点效率来计算精馏塔板效率的。而点效率的计算依赖于对气-液两相间传质的准确估计。对于多组元精馏塔板点效率，则需要多组元传质的有效计算方法。

Krishna[86] 根据气、液两相间传质过程的普遍化 Maxwell-Stefan 方程，提出了精馏点效率预测的方法。宋海华等[87] 进一步发展了这一方法。这种方法特点是采用了线性化方法，同时借用了渗透理论的传质系数，避免膜厚度的计算。

王忠诚[88] 基于渗透理论以及 Maxwell-Stefan 方程的非稳态过程求解，给出了较为合理的点效率计算方法。

1. 多组分传质方程的非稳态解与渗透模型

多组元传质方程的非稳态解可以应用于一些重要场合。在等温、等压条件

下，多组分传质过程中的连续性方程可由式（7.40）给出。

根据线性化理论，并结合普遍化 Maxwell-Stenfan 方程的矩阵形式［式 (7.28)］，可得

$$c_t \frac{\partial(x)}{\partial t} + N_t \frac{\partial(x)}{\partial z} = c_t [B]^{-1} [\Gamma] \frac{\partial^2(x)}{\partial z^2} = c_t [M] \frac{\partial^2(x)}{\partial z^2} \tag{7.46}$$

记

$$[M] = [B]^{-1} [\Gamma] \tag{7.47}$$

式中，[M] 可看成扩散系数矩阵。式（7.46）的边界条件为

$$t \leqslant 0, z \geqslant 0, (x) = (x_b) \tag{7.48a}$$

$$t > 0, z = 0, (x) = (x_0) \tag{7.48b}$$

$$t > 0, z \to \infty, (x) = (x_b) \tag{7.48c}$$

式（7.46）是二元函数偏微分方程，经过变量代换以及逐次逼近等步骤并结合边界条件，文献［88］给出了式（7.46）的解为

$$\frac{d(x)}{dz}\bigg|_{z=0} = -\frac{1}{\sqrt{\pi t}} [M]^{-1/2} \exp\{-\phi^2 [M]^{-1}\} \{[I] + erf\{\phi [M]^{-1/2}\}\}^{-1} (x_0 - x_b)$$

$$\tag{7.49}$$

式中，

$$\phi = \frac{N_t}{c_t} \sqrt{t} \tag{7.50}$$

把式（7.49）代入普遍化的 Maxwell-Stefan 方程 ［式（7.28）］，可得

$$(J_{0\tau}) = c_t [k_\tau] [X] (x_0 - x_b) \tag{7.51}$$

式中

$$[X_\tau] = \exp\{-\phi^2 [M]^{-1}\} \{[I] + erf\{\phi [M]^{-1/2}\}\}^{-1}$$

$$= \exp\left\{-\frac{N_t^2}{\pi c_t^2} [k_\tau]^{-2}\right\} \left\{[I] + erf\left\{\frac{N_t}{\sqrt{\pi} c_t} [k_\tau]^{-1}\right\}\right\}^{-1} \tag{7.52}$$

$$[k_\tau] = \frac{1}{\sqrt{\pi t}} [M]^{1/2} \tag{7.53}$$

式（7.51）是任意时刻 t 时的扩散通量方程。根据精馏塔板点效率的定义，计算点效率需要知道气-液两相在塔板某一位置接触并完成传质后的总的传质通量，因此需要对式（7.51）进行时间积分。然而由于误差函数的存在，式（7.51）的积分是困难的。

精馏过程中一般可以假设相界面的净传质通量等于 0，吸收、汽提操作过程一般界面的净传质通量也很小，考察式（7.51）和式（7.52）可见，当 N_t 很小

时，影响传质通量 J 的主要参数是传质系数 k。因此如果对 k 进行时间积分，即

$$[k] = \int_0^{t_s} [k_\tau] = \frac{2}{\sqrt{\pi t_s}} [M]^{1/2} \tag{7.54}$$

并将其代入式（7.51）和式（7.52），则获得的通量

$$(J_0) = c_t [k] \exp\left\{-\frac{N_t^2}{\pi c_t^2} [k]^{-2}\right\} \left\{[I] + erf\left\{\frac{N_t}{\sqrt{\pi} c_t} [k]^{-1}\right\}\right\}^{-1} (x_0 - x_b)$$

$$= c_t [k] [X] (x_0 - x_b) \tag{7.55}$$

与对式（7.64）直接积分获得的累积通量 $\int_0^{t_s} [J_{0\tau}]$ 比较接近。通过数值积分和比较可知，在精馏（及吸收和汽提）条件下，二者之间误差一般小于 1%。由上述分析可知，传质通量 J_0 的计算实际上反映的是组元的渗透过程，式（7.54）给出的 $[k]$ 也具有渗透理论传质系数的形式。因而式（7.55）可认为是以线性化方法为基础的多组元传质方程的渗透理论解。

对于 N_t 趋于 0 的精馏过程，从 $[X]$ 的定义 [式（7.52）] 可得

$$\lim_{N_t \to 0} [X] = [I]$$

进一步可得

$$(J_0) = c_t \frac{2}{\sqrt{\pi t}} \{[B]^{-1} [\Gamma]\}^{1/2} (x_0 - x_b)$$

$$= c_t [k^*] (x_0 - x_b) \tag{7.56}$$

2. 传质通量方程

设定液相主体向气相主体的传质方向为正方向，根据能量平衡方程 $\sum_{i=1}^n N_i \lambda_i = 0$，并结合多组元传质方程的渗透理论解式（7.55），可得液相内的传质通量方程：

$$(N^L) = [\beta_0^L](J_0^L) = c_t^L [\beta_0^L][k^L][X^L](x_b - x_0) \tag{7.57}$$

气相内的传质通量方程与液相内的传质通量方程相同，对于气相来说，即便非理想性较强的物系，各二组元对分子扩散系数 D_{ij} 随物系组成 y_i 的变化也很小。此外，在常压下，可以把气相当做理想气体来处理，即 $[\Gamma^V] = [I]$，因此，气相的 Fick 定律扩散系数完全可看成常数，由此可进一步将气相内的传质通量方程简化为

$$(N^V) = [\beta_0^V](J_0^V) = c_t^V [\beta_0^V][k^V][X^V](y_0 - y_b) \tag{7.58}$$

气、液相内传质通量中各参数的表达式及其对照列于表 7.2 中。

表 7.2　传质通量方程的参数

参数	气相	液相
引导矩阵 $[\beta]$	$[\beta_0^V]$	$[\beta_0^L]$
	$\beta_{ij} = \delta_{ij} - y_{oi}\left(\dfrac{\lambda_j - \lambda_n}{\sum\limits_{k=1}^{n} y_{ok}\lambda_k}\right),$ $i,j = 1,2,\cdots,n-1$	$\beta_{ij} = \delta_{ij} - x_{oi}\left(\dfrac{\lambda_j - \lambda_n}{\sum\limits_{k=1}^{n} x_{ok}\lambda_k}\right),$ $i,j = 1,2,\cdots,n-1$
传质系数 矩阵 $[k]$	$[k^V] = \dfrac{2}{\sqrt{\pi t}}\{[B^V]^{-1}\}^{1/2}$ $B_{ii} = \dfrac{\bar{y}_i}{D_{in}} + \sum\limits_{\substack{j=1\\j\neq i}}^{n}\dfrac{\bar{y}_j}{D_{ij}}, i=1,2,\cdots,n-1$ $B_{ij} = -\bar{y}_i\left(\dfrac{1}{D_{ij}} - \dfrac{1}{D_{in}}\right),$ $i,j = 1,2,\cdots,n-1, i\neq j$	$[k^L] = \dfrac{2}{\sqrt{\pi t}}\{[B^L]^{-1}[\Gamma]\}^{1/2}$ $B_{ii} = \dfrac{\bar{x}_i}{D_{in}} + \sum\limits_{\substack{j=1\\j\neq i}}^{n}\dfrac{\bar{x}_j}{D_{ij}}, i=1,2,\cdots,n-1$ $B_{ij} = -\bar{x}_i\left(\dfrac{1}{D_{ij}} - \dfrac{1}{D_{in}}\right),$ $i,j = 1,2,\cdots,n-1, i\neq j$
校正因子 矩阵 $[X]$	$[X^V]$ $= \dfrac{\exp\{-N_t^2/(\pi(c_t^Y)^2)[k^V]^{-2}\}}{[I] + erf\{N_t/(\sqrt{\pi}c_t^Y)[k^V]^{-1}\}}$	$[X^L] = \dfrac{\exp\{-N_t^2/(\pi(c_t^L)^2)[k^L]^{-2}\}}{[I] + erf\{N_t/(\sqrt{\pi}c_t^L)[k^L]^{-1}\}}$
传质通量 方程	$(N^V) = c_t^Y[\beta_0^V][k^V][X^V](y_0 - y_b)$	$(N^L) = c_t^L[\beta_0^L][k^L][X^L](x_b - x_0)$

由于在较小的范围内、气、液平衡常数可以当成常数来处理。在气、液两相界面上，通常假定气、液两相呈相平衡状态，其组成关系为

$$(y_0) = [K^{eq}][\Gamma](x_0) + (b) \tag{7.59}$$

而对于液相主体，气、液平衡关系为

$$(y^*) = [K^{eq}][\Gamma](x_b) + (b) \tag{7.60}$$

式中，$[K^{eq}]$ 为 $n-1$ 阶对角线方阵，对角线上的元素为 K_i^{eq}。由式（7.59）、式（7.60）可得

$$(y^* - y_0) = [K^{eq}][\Gamma](x_b - x_0) \tag{7.61}$$

由于假定的相界面是一个理想的几何面，在没有化学反应的稳定传质过程中，相界面上无物质的积累，即 $(N^L) = (N^V) = (N)$，因而，由式（7.57）、式（7.58）、式（7.61）构成了一个封闭的方程组，成为计算气、液两相间传质通量的工作方程组。由式（7.57）可得

$$(x_b - x_0) = \dfrac{1}{c_t^L}[\Xi^L]^{-1}[k^L]^{-1}[\beta_0^L]^{-1}(N) \tag{7.62}$$

将式（7.62）代入式（7.61）得

$$(y^* - y_0) = \frac{1}{c_t^L}[K^{eq}][\Gamma][\Xi^L]^{-1}[k^L]^{-1}[\beta_0^L]^{-1}(N) \qquad (7.63)$$

同样由式（7.58）可得

$$(y_0 - y_b) = \frac{1}{c_t^V}[\Xi^V]^{-1}[k^V]^{-1}[\beta_0^V]^{-1}(N) \qquad (7.64)$$

将式（7.63）与式（7.64）两式相加后重新整理可得

$$(N) = c_t^V[\beta_0^V][k^{OV}][X^V](y^* - y_b) \qquad (7.65)$$

式中，

$$[k^{OV}]^{-1} = [k^V]^{-1} + \frac{c_t^V}{c_t^L}[X^V][\Gamma][X^L]^{-1}[k^L]^{-1}[\beta_0^L]^{-1}[\beta_0^V]^{-1} \qquad (7.66)$$

式（7.65）即为总的传质方程，k^{OV} 为总的传质系数矩阵。对于非理想性较强的多组原物系，由于这一方程较强的非线性性质，因而求解过程较为复杂，需要用试差法反复迭代。

3. 精馏点效率计算

这里假设，塔板为筛孔板，由于从筛孔中喷出的气体对液层的扰动作用，使得液体在垂直方向上处于全混流状态。那么在如图 7.31 所示模型的塔板上任意一点沿纵向取一薄片，并在垂直方向上取一高度为 dh 的单元体，用 G 表示组分穿过气、液两相界面的摩尔流率，对如图所示的微元体进行物料恒算得

$$dG_i = N_i a A\, dh \qquad (7.67)$$

式中，a 为单位泡沫层体积的比表面积；A 为塔板的鼓泡面积；G 可表示为

$$G_i = c_t^V u_s \alpha A(y_i - y_{i,n+1}) \qquad (7.68)$$

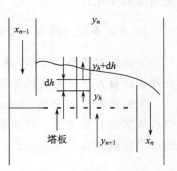

图 7.31 液体微元体示意图

式中，α 为塔截面积与塔板鼓泡面积之比；$y_{i,n+1}$ 为常数。把式（7.68）代入式（7.67）可得

$$dy_i = \left(\frac{N_i a}{c_t^V \alpha u_s}\right) dh \qquad (7.69)$$

结合边界条件对式（7.69）进行积分，即可求出离开塔板液层的气相组成，进而可求出各组分的精馏点效率：

$$E_{OGi} = \frac{y_i^O - y_i^I}{y_i^* - y_i^I} \qquad (7.70)$$

式（7.69）中，N_i 是组成的函数，因此对其积分需要用数值方法进行。

首先确定积分微元高度 Δh，假设微元体内的气相组成是均匀的，即 $\bar{y} = \frac{1}{2}(y_h + y_{h+\Delta h})$。在微元体内，气液两相间的传质通量（$N$）可由如下方法计算：

（1）进入微元体的气相组成为 y_{bh}，第一个（即 $i=1$）微元体的进口摩尔分数 $y_{bh} = y_{in}$，假定离开微元体的气相组成初值为 $(y_{bh+\Delta h})_i^{(0)}$。

（2）计算气相主体的平均组成 $\bar{y} = \frac{1}{2}(y_{bh} + y_{bh+\Delta h})$。

（3）由总的传质方程对式（7.69）进行积分，可得出 $(y_{bh+\Delta h})_i$ 的第一次计算值 $(y_{bh+\Delta h})_i^{(1)}$。

（4）比较 $(y_{bh+\Delta h})_i^{(0)}$ 和 $(y_{bh+\Delta h})_i^{(1)}$，如果满足收敛条件，则转入步骤5；否则令 $(y_{bh+\Delta h})_i^{(0)} = (y_{bh+\Delta h})_i^{(1)}$，返回步骤2。

（5）更新 h 和 i 的值，即令 $h = h + \Delta h$，$i = i + 1$，对于第 i 个微元体，其进口气相组成 $(y_{bh})_i$ 即为第 $i-1$ 个微元体的出口组成，现假定离开微元体 i 的气相组成初值为 $(y_{bh+\Delta h})_i^{(0)}$，返回步骤2。

这样依次对每个微元体进行计算，直到计算出离开液层的气相组成（y_b）为止，进而由式（7.70）可计算出各组分的精馏点效率 E_{OGi}。同时在上述计算过程中，还可得到传质通量沿液层高度的变化，以及气相组成和气相传质推动力沿液层高度的变化。

4. 点效率模型的实验验证

下面针对乙醇-异丙醇-水三组元非理想物系，采用 Oldershaw 精馏塔对上述点效率计算方法进行实验验证[88]。

实验装置为改进的 Oldershaw 精馏塔。采用 Oldershaw 精馏塔的实验是获得点效率的有效方法，在实际中被广泛采用。实验中采用的 Oldershaw 精馏塔的主要参数如表 7.3 所示。

表 7.3　塔板的主要结构参数

参数	数值
塔板直径/mm	38
塔板上方塔径/mm	64
塔板筛孔直径/mm	1.25
塔板厚度/mm	1.2
塔板开孔率/%	6.38
出口堰高/mm	15~38

实验中采用的三组元物系组成分布如图 7.32 所示。

图 7.32　实验点的分布

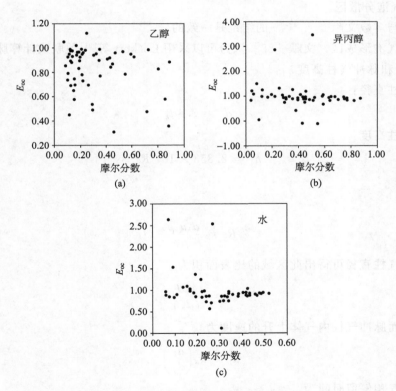

图 7.33　各组分点效率随摩尔组成的变化

（a）乙醇；（b）异丙醇；（c）水

实验测定的三个组元点效率随各自摩尔组分的变化如图 7.33 所示。从图中可以看出，乙醇和水的点效率在低浓度下出现了大于 1.0 的奇异点，而中间组分异丙醇在大范围内出现了大于 1.0 和小于 0.0 的奇异点。

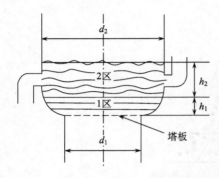

图 7.34　塔板上液层的分区

5. 点效率模型参数的确定

由式（7.54）、式（7.69）可知，为了应用式（7.70）计算点效率，需要知道气-液两相间的传质面积和接触时间等参数。为了与实验点效率进行比较，这里考虑实验中采用的 Oldershaw 精馏塔的有关参数。实验表明，在鼓泡态操作条件下，改进的 Oldershaw 塔板上的液层明显地分为两个不同的区域，如图 7.34 所示，1 区为气泡形成区；2 区为气泡分散区。

这与多数文献[86, 87, 89, 90]的结论是一致的。

在气泡形成区，文献［88］认为可以采用 Lockett 等[91]关联式计算脉冲气柱直径 d_j 和脉冲气柱高度 h_j：

气柱直径：

$$d_j = 3.4 d_h \tag{7.71}$$

气柱高度：

$$h_j = 2.853 \times 10^{-6} Re \tag{7.72}$$

式中

$$Re = \frac{d_h u_h \rho_V}{\mu_V} \tag{7.73}$$

由气柱直径可得出此区域的比表面积为

$$a = \frac{4 \varphi d_j}{(d_h)^2} \tag{7.74}$$

因而脉冲气柱内气体上升的速度为

$$u_j = u_h \left(\frac{d_h}{d_j} \right)^2 \tag{7.75}$$

则气相停留时间为

$$t_V = \frac{h_j}{u_j} \tag{7.76}$$

由实验以及经验关联可知，在 Oldershaw 精馏塔中，塔板液相中气体的体积含率大约为 50%，即两相在塔板上的滞料量大致相等，因此液体停留时间可近似表示为

$$t_L = \left(\frac{Q_V}{Q_L}\right)t_V \tag{7.77}$$

把时间 t_L 代入式（7.66），即可求出液相平均传质系数 $[k^L]$。

对于二组元气相传质系数 k^V，文献 [88] 认为气柱内的流动状态与湿壁塔内气体的流动状态接近，因而可采用湿壁塔内二组元气相传递系数的计算方法[92]：

$$k^V = 0.046\left(\frac{D^V}{d_j}\right)(Re)^{0.96}(Sc)^{0.44} \tag{7.78}$$

式中，Schmidt 数和 Reynolds 数分别为

$$Re = \frac{d_j u_j \rho_v}{\mu_V}, \ Sc = \frac{\mu^V}{\rho_V D^V} \tag{7.79}$$

结合式（7.54）多组元传质系数可得

$$[k_V] = \frac{2}{\sqrt{\pi t_V}}\{[B^V]^{-1}\}^{1/2} = \{[B^V]^{-1}\}^{1/2} \tag{7.80}$$

其中，$[B^V] = \frac{\pi t_V}{4}[B^V]$，其元素为

$$[B_{ii}^V] = \frac{y_i}{(k_{in}^V)^2} + \sum_{\substack{k=1\\k\neq i}}^{n}\frac{y_k}{(k_{ik}^V)^2}, i = 1, 2, \cdots, n-1, i \neq j \tag{7.81a}$$

$$[B_{ij}^V] = -x_i\left(\frac{1}{(k_{ij}^V)^2} + \frac{1}{(k_{in}^V)^2}\right), i = 1, 2, \cdots, n-1, i \neq j \tag{7.81b}$$

在气泡分散区，由于气泡的存在，两相流动状态变得比较复杂。一般认为，在精馏塔鼓泡操作条件下，气泡发生变形、破裂主要是由于湍流场中涡的作用[93-95]。而表面张力则阻止气泡变形，由这两个力的平衡可以确定鼓泡液层中最大的气泡稳定直径 $d_{\max}$，一般用临界 Weber 数表示[94-96]：

$$W_{ec} = \left(\frac{\tau d_{\max}}{\sigma}\right)\left(\frac{\rho_v}{\rho_L}\right)^{1/3} \tag{7.82}$$

Hesketh 等[95]通过实验测得 W_{ec} 的数值为 1.1。式中，τ 为液相的动态压力应力，根据其定义[96]，可得出塔板上气泡分散区中气泡的最大稳定直径为

$$d_{\max} = (0.5W_{ec})^{0.6}\left(\frac{\sigma}{\rho_L}\right)0.6(u_s g)^{-0.4}\left(\frac{\rho_v}{\rho_L}\right)^{-0.2} \tag{7.83}$$

根据文献 [95]，气泡的平均直径与最大稳定直径之比近似为常数：

$$\frac{d_{av}}{d_{\max}} = 0.62 \tag{7.84}$$

实验采用的筛板孔径只有 1.25mm，文献［88］建议采用气含率的关联式：

$$\frac{\varepsilon}{1-\varepsilon} = 8.5Fr^{0.5}, Fr \leqslant 4.68 \times 10^{-4}\varphi^{-0.56}$$

$$\frac{\varepsilon}{1-\varepsilon} = 1.25\varphi^{-0.14}Fr^{0.25}, Fr > 4.68 \times 10^{-4}\varphi^{-0.56} \tag{7.85}$$

其中的 Froude 数为 $Fr = \dfrac{(u_s)^2}{gh_L}$

　　因此，只要测得塔板上的泡沫层高度，用迭代法即可由式（7.85）求出塔板上的清液层高度。由式（7.85）计算得到的含气率结合气泡直径，便可求出比表面积：

$$a = \frac{6}{d_{av}} \cdot \varepsilon \tag{7.86}$$

气泡分散区内气泡的上升速度为

$$u_b = \frac{Q_V}{\frac{\pi}{4}(d)^2 \varepsilon \rho_V} \tag{7.87}$$

气体和液体停留时间分别为

$$t_V = \frac{h_2}{u_b} \tag{7.88}$$

$$t_L = \left(\frac{Q_V}{Q_L}\right)t_V \tag{7.89}$$

把时间 t_L 代入式（7.54）可得液相平均传质系数 $[k^L]$。

　　对于气相，气泡与液层间的二组元传质系数，已由 Zaritsky 和 Calvelo[97] 测得，并由 Prado 和 Fair[98] 关联成便于计算的关联式：

$$k^V = Sh \frac{D^V}{d_{av}} \tag{7.90}$$

式中，Sherwood 数的实验关联式为

$$Sh = -11.878 + 25.879(\lg Pe) - 5.640(\lg Pe)^2 \tag{7.91}$$

$$Pe = \frac{d_{av}u_b}{D^V} \tag{7.92}$$

二组元气相传递系数与多组元气相传质系数的关系与一区相同，如式（7.52）及式（7.81）所示。

　　6. 模型计算结果与实验的比较

　　用上述方法对实验物系的精馏点效率进行模拟计算，结果表明，预测结果与实验结果一致。实验与模拟结果对比列于表 7.4，其规律性与文献中的结论是一致的。

表 7.4 精馏点效率的测定和模拟结比较

实验序号	组分序号	塔板上的液相组成	精馏点效率		误差/%
			实验值	计算值	
1	乙醇	0.1366	0.9312	0.9316	−0.0053
	异丙醇	0.4360	0.8775	0.9672	0.1022
	水	0.4274	0.8934	0.9580	0.0723
2	乙醇	0.4246	0.9201	0.9562	0.0393
	异丙醇	0.1876	1.0596	1.0255	−0.0322
	水	0.3878	0.9450	0.9686	0.0250
3	乙醇	0.5273	0.9698	0.9565	−0.0137
	异丙醇	0.1288	1.2457	1.0647	−0.1453
	水	0.3439	0.9931	0.9656	−0.0277
4	乙醇	0.4333	0.8428	0.8922	0.0586
	异丙醇	0.3248	0.9914	0.8473	−0.1454
	水	0.2419	0.7433	0.9223	0.2407
5	乙醇	0.3526	0.7738	0.8386	0.0837
	异丙醇	0.4303	0.9537	0.9057	−0.0503
	水	0.2171	1.2471	1.0152	−0.1859
6	乙醇	0.1247	0.9888	0.8155	−0.1753
	异丙醇	0.6434	0.9924	0.9430	−0.0498
	水	0.2319	0.9932	0.9709	−0.0225
7	乙醇	0.0859	0.8529	0.8280	−0.0292
	异丙醇	0.7434	0.9710	0.9494	−0.0220
	水	0.1707	0.9903	0.9695	−0.0210
8	乙醇	0.4477	0.8679	0.8745	0.0076
	异丙醇	0.2209	2.8615	2.8842	0.0079
	水	0.3314	0.8558	0.9072	0.0601
9	乙醇	0.2589	0.6976	0.6771	−0.0294
	异丙醇	0.4210	−0.0846	−0.1044	0.2342
	水	0.3201	0.7732	0.7526	−0.0266
10	乙醇	0.2115	0.7807	0.8338	0.0679
	异丙醇	0.4510	1.1921	1.1591	−0.0277
	水	0.3375	0.8625	0.8984	0.0417

7.6.5 结论

本节概述了与塔板上气-液两相多组元传质的基本模型和方程，指出了普遍化的 Fick 定律和普遍化的 Maxwell-Stefan 方程的区别，介绍了多组元传质方程的求解方法，即严格解和线性解。同时讨论了非稳态解及其在多组元精馏塔板点料率计算上的应用。采用非理想三组元物系乙醇-异丙醇-水的精馏点效率实验进行了数据与点效率计算结果进行了比较。应该指出，Oldershaw 精馏塔实验条件还是较为理想的，但不能考察精馏塔板流体力学因素、界面湍动现象等较为复杂因素的影响。因而，精馏塔效率的预测仍面临诸多挑战。

参 考 文 献

[1] Yoshida H. Liquid flow over distillation column tray. Chemical Engineering Communications，1987，51：261-275.

[2] 李建隆. 大型塔板流体力学研究 [D]. 天津：天津大学，1985.

[3] Zhang M Q, Yu K T. Simulation of two dimensional liquid phase flow on a distillation tray. Chinese Journal of Chemical Engineering，1994，2（1）：63-71.

[4] 袁希钢，余国琮，尤学一. 筛孔塔板气液两相流动的速度场模拟. 化工学报，1995，46（4）：511-515.

[5] 王晓玲，曾爱武，张雅芝，等. 筛板塔塔板上流场的模拟. 高校化学工程学报，1998，12（4）：339-344.

[6] 刘春江，袁希钢，余国琮. 考虑气相影响的塔板流速场模拟. 化工学报，1998，49（4）：483-488.

[7] Krishna R, van Baten J M, Ellenberger J, et al. CFD simulations of sieve Tray Hydrodynamics. Chemical Engineering Research and Design，1999，77（A6）：639-647.

[8] Yu K T, Yuan X G, You X Y, et al. Computational fluid dynamics and experimental verification of two-phase two-dimensional flow on a sieve column tray. Chemical Engineering Research and Design，1999，77（A6）：554-560.

[9] Wang X L, Liu C J, Yuan X G, et al. Computational fluid dynamics simulation of three-dimensional liquid flow and mass transfer on distillation column trays. Industrial & Engineering Chemistry Research，2004，43，2556-2567.

[10] Hodson J S, Fletcher J R, Porter K E. Fluid mechanical studies of structured distillation packings. Institution of Chemical Engineers Symposium Series No. 142, Distillation and absorption，1997：999-1007.

[11] van Gulijk C. Using computational fluid dynamics to calculate transversal dispersion in a structured packed bed. Computers & Chemical Engineering，1998，22：S767-S770.

[12] van Baten J M, Krishna R. Gas and liquid phase mass transfer within KATAPAK-S® structures studied using CFD simulations, Chemical Engineering Science，2002，57：1531-1536.

[13] Larachi F, Petre C F, Iliuta I, et al. Tailoring the pressure drop of structured packings through CFD-simulations. Chemical Engineering and Processing，2003，42：535-541.

[14] Zhang P, Liu C J, Yuan X G, et al. CFD simulations of liquid phase flow in structured packed column. Journal of Chemical Industry and Engineering (China)，2004，55（8），1369-1373.

[15] Iliuta I, Larachi F. Mechanistic model for structured-packing containing columns：Irrigated pressure drop, liquid holdup and packing fractional wetted area. Industrial & Engineering Chemistry Research，2001，40：5140-5146.

[16] Yin F, Afacan A, Nandakumar K, et al. Liquid holdup distribution in packed columns：Gamma ray tomography and CFD simulation. Chemical Engineering and Processing，2002，41：473-483.

[17] Jiang Y, Khadilkar M R, Al-Dahhan M H, et al. CFD of multiphase flow in packed-bed reactors：

1. k-Fluid modeling issues. AIChE Journal，2002a，48（4）：701-715.

[18] Yuan Y H，Han M H，Cheng Y，et al. Experimental and CFD analysis of two-phase cross/countercurrent flow in the packed column with a novel internal. Chemical Engineering Science，2005，60（22）：6210-6216.

[19] Gu F，Liu C J，Yuan X G，et al. CFD simulation of liquid film flow on inclined plates. Chemical Engineering & Technology，2004，27（10）：1099-1104.

[20] Chen J B，Liu C J，Yuan X G，et al. CFD simulation of flow and mass transfer in structured packing distillation columns. Chinese Journal of Chemical Engineering，2009，17（3）：381-388.

[21] Raynal L，Boyer C，Ballaguet J-P. Liquid holdup and pressure drop determination in structured packing with CFD simulations. The Canadian Journal of Chemical Engineering，2004，82：871-879.

[22] Hoffmann A，Ausner J，Repke J U，et al. Fluid dynamics in multiphase distillation processes in packed towers. Computers & Chemical Engineering，2005，29（6）：1433-1437.

[23] Ataki A，Bart H J. Experimental and CFD simulation study for the wetting of a structured packing element with liquids. Chemical Engineering & Technology，2006，29（3），336-347.

[24] 刘伯潭. 流体力学传质计算新模型的研究和在塔板上的应用 [D]. 天津：天津大学，2003.

[25] Sun Z M，Liu B T，Yuan X G，et al. New turbulent model for computational mass transfer and its application to a commercial-scale distillation column. Industrial & Engineering Chemistry Research，2005，44（12）：4427-4434.

[26] 孙志民. 化工计算传质学的研究及其在精馏塔中的应用. 博士学位论文. 天津：天津大学，2005.

[27] Sun Z M，Yu K T，Yuan X G，et al. A modified model of computational mass transfer for distillation column. Chemical Engineering Science，2007，62，1839-1850.

[28] Bachmat Y，Bear J. Macroscopic modelling of transport phenomena in porous media. 1：The continuum approach. Transport Porous Media，1986，1（3），213-240.

[29] Liu G B，Yu K T，Yuan X G，et al. A numerical method for predicting the performance of a randomly packed distillation column. International Journal of Heat and Mass Transfer，2009，52：5330-5338.

[30] Liu G B，Yu K T，Yuan X G，et al. Simulations of chemical absorption in pilot-scale and industrial-scale packed columns by computational mass transfer. Chemical Engineering Science，2006，61：6511-6529.

[31] Liu G B，Yu K T，Yuan X G，et al. New model for turbulent mass transfer and its application to the simulations of a pilot-scale randomly packed column for CO_2-NaOH chemical absorption. Industrial & Engineering Chemistry Research，2006，45：3220-3229.

[32] Tontiwachwuthikul P，Meisen A，Lim C J. CO_2 absorption by NaOH，monoethanolamine and 2-amino-2-methyl-1-propanol solutions in a packed-column. Chemical Engineering Science，1992，47：381-390.

[33] Pintola T，Tontiwachwuthikul P，Meisen A. Simulation of pilot plant and industrial CO_2 MEA absorbers. Gas Separation and Purification，1993，7：47-52.

[34] Cai T J，Chen G X. Liquid back-mixing on distillation trays. Industrial & Engineering Chemistry Research，2004，43：2590.

[35] Valstar J M，van den Berg P J，Oyserman J. Comparison between twodimensional fixed bed reactor calculations and measurements. Chemical Engineering Science，1975，30（7）：723-728.

[36] 沙勇，成弘，袁希钢，等. 伴有 Marangoni 效应的传质动力学. 化工学报，2003，54（11）：1518-1523.

[37] India F, Drew D A, Lahey R T Jr. An analytical study on interfacial wave structure between the liquid film and gas core in a vertical tube. International Journal of Multiphase Flow, 2004, 30: 827-851.

[38] Yu Li-Ming, Zeng Ai-Wu, Yu Kuo Tsung. Effect of interfacial velocity fluctuations on the enhancement of the mass-transfer process in falling-film flow. Industrial & Engineering Chemistry Research, 2006, 45: 1201-1210.

[39] Sun Z F, et al. Absorption and desorption of carbon dioxide into and from organic solvents: Effects of Rayleigh and Marangoni instability. Industrial & Engineering Chemistry Research, 2002, 41: 1905-1913.

[40] Sha Y, Cheng H, Yu Y. The numerical analysis of the gas-liquid absorption process accompanied by Rayleigh convection. Chinese Journal of Chemical Engineering, 2002, 10 (5): 539-544.

[41] Ka Kheng Tan. Predicting Marangoni convection caused by transient gas diffusion in liquids. International Journal of Heat and Mass Transfer, 2005, 48: 135-144.

[42] Dijkstra H A, Drinkenburg A A H. Enlargement of wetted area and mass transfer due to surface tension gradients: The creeping film phenomenon. Chemical Engineering Science, 1990, 45: 1079-1088.

[43] Imaishi N, Fujinawa K. An optical study of interfacial turbulence accompanying chemical absorption. Internship chemical engineering, 1980, 20: 226-232.

[44] Okhotsimskii A, Hozawa M. Schlieren visualization of natural convection in binary gas-liquid systems. Chemical Engineering Science, 1998, 53: 2547-2573.

[45] 周超凡, 余黎明, 曾爱武, 等. 气液界面 Marangoni 效应对传质系数的影响. 高校化学工程学报, 2005, 19 (4): 433.

[46] Fukunaka Y, Suzuki K, Ueda A, et al. Mass-transfer rate on a plane vertical cathode with hydrogen gas evolution. Journal of The Electrochemical Society, 1989, 136 (4): 1002-1009.

[47] Sun Z F, Yu K T, Wang S Y, et al. Absorption and desorption of carbon dioxide into and from organic solvents: Effects of Rayleigh and Marangoni instability. Industrial & Engineering Chemistry Research, 2002, 41: 905-1913.

[48] 陈炜. 界面对流的测量及对气液传质影响的研究 [D]. 天津: 天津大学, 2008.

[49] Diwekar U M. Batch Distillation: Simulation, Optimal Design and Control. Washington DC: Taylor & Francis, 1995.

[50] 杨志才. 化工生产中的间歇过程. 天津: 天津大学出版社, 2002.

[51] Sorensen E, Skogestad S. Comparison of regular and inverted batch distillation. Chemical Engineering Science, 1996, 51: 4949-4962.

[52] Robinson C S, Gilliland E R. Elements of fractional distillation. 4th edition. New York: McGraw-Hill Book Co, 1950.

[53] Cui X B, Zhang Y, Feng T Y et al. Batch distillation in a column with a side withdrawal for separation of a ternary mixture with a decomposing reaction. Industrial & Engineering Chemistry Research, 2009, 48 (10): 5111-5116.

[54] Demicoli D, Stichlmair J. Separation of ternary mixtures in a batch distillation column with side withdrawal. Computers & Chemical Engineering, 2004, 28: 643-650.

[55] Wittgens B, Litto R. Sørensen E, Skogestad S. Total reflux operation of multivessel batch distillation. Computers & Chemical Engineering, 1996, 20: s1041-1046.

[56] Fidkowski Z T, Malone M F, Doherty M F. Computing azeotropes in multicomponent mixtures. Com-

puters & Chemical Engineering, 1993, 17: 1141-1155.

[57] Donis I R, Gerbaud V, Joulia X. Feasibility of heterogeneous batch distillation processes. AIChE Journal, 2002, 48 (6): 1168-1178.

[58] Lang P, Yatim P, Moszkowicz P. Batch extractive distillation under constant reflux ratio. Computers & Chemical Engineering, 1994, 189 (11-12): 1057-1069.

[59] Hickman K C D, Embree N D. Decomposition hazard of vacuum stills. Industrial & Engineering Chemistry, 1948, 40 (1): 135-138.

[60] Hickman K C D. High Vacuum Distillation. Industrial & Engineering Chemistry, 1948, 40 (1): 16-18.

[61] King R W. Distillation of heat sensitive materials part 1. British Chemical Engineering, 1967, 12 (4): 568-572.

[62] King R W. Distillation of heat sensitive materials part 2. British Chemical Engineering, 1967, 12 (5): 722-726.

[63] 翟亚锐, 崔现宝, 杨志才, 等. 带有冷存料塔釜的热敏物料间歇精馏. 化学工业与工程, 22 (1): 28-32, 66.

[64] 崔现宝, 杨志才. 带侧线出料和塔釜冷存料的热敏物料间歇精馏过程: 中国, CN1555902. 2004-12-22.

[65] 胡朋飞, 崔现宝, 杨志才. 用于热敏物料蒸馏的直接接触传热蒸发釜的研究, 化工进展, 2002, 21 (增): 158-161.

[66] 崔现宝, 郭永欣, 胡鹏飞, 等. 湿式干釜直接接触传热蒸发过程. 化工学报, 2007, 58 (7): 1656-1662.

[67] 崔现宝, 翟亚锐, 杨志才. 热敏物料的湿式干釜动态复合精馏过程: 中国, CN1583206. 2005-02-23

[68] Sherwood T K, Pigford R L, Wilke C R. Mass Transfer. New York: McGraw-Hill, 1975.

[69] Bird R B, Stewart W E, Lightfoot E N. Transport, Tansport Phenomena. New York: Wiley, 1960.

[70] Smith J M, van Ness H C. Introduction to Chemical Engineering Thermodynamics, New York: McGrawHill, 1977.

[71] Lightfoot E N, Cussler E L, Retting R L. Applicability of the stefan-maxwell equations to multicomponent diffusion in liquids. AICHE Journal, 1962, 8: 708-710.

[72] Truesdell C. Rational Thermodynamics. New York: McGraw-Hill, 1969.

[73] Krishna R, Standart G L. Multicomponent film model incorporating a general matrix-method of solution to maxwell-stefan equations. AIChE Journal, 1976, 22 (2): 383-389.

[74] Krishna R, Standart G L. Mass and energy-transfer in multicomponent systems. Chemical Engineering Communications, 1979, 3 (4-5): 201-275.

[75] Krishna R. Generalized film model for mass-transfer in non-ideal fluid mixtures. Chemical Engineering Science, 1977, 32: 659-667.

[76] Krishna, R. Simplified film model description of multicomponent interphase mass-transfer. Chemical Engineering Communications, 1979, 3: 29-39.

[77] Krishna R. Binary and multicomponent mass-transfer at high transfer rates. Chemical Engineering Journal, 1981, 22: 251-257.

[78] Krishna R, Panchal C B. Condensation of a binary vapor mixture in presence of an inert-gas. Chemical Engineering Science, 1977, 32: 741-745.

[79] Taylor R，Webb D R. Stability of the film model for multicomponent mass-transfer. Chemical Engineering Communications，1980，6：175-189.

[80] Taylor R，Krishnamurthy R. Film models for multicomponent mass-transfer - Diffusion in physiological gas—mixtures Bull. Journal of Mathematical Biology，1982，44（3）：361-376.

[81] Toor H L. Solution of the linearized equations of multicomponent mass transfer. 2. Matrix methods. AIChE Journal，1964，10（4），448：460-465.

[82] Taylor R. Film models for multicomponent mass-transfer—Computational methods. 2. The linearized theory. Computers & Chemical Engineering，1982，6（1）：69-75.

[83] Stemart W E，Prober R. Matrix calculation of multicomponent mass transfer in isothermal systems. Industrial & Engineering Chemistry Fundamentals，1964，3（3）：224.

[84] Arnold K R，Toor H L. Unsteady diffusion in ternary gas mixtures. AIChE Journal，1967，13：909.

[85] Smith J W，Taylor R. Film models for multicomponent mass-transfer—A statistical comparison. Industrial & Engineering Chemistry Fundamentals，1983，22：97-104.

[86] Krishna R. Model for prediction of point efficiencies for multicomponent distillation. Chemical Engineering Research and Design，1985，63（8）：312-322.

[87] 宋海华，王秀英，韩志群，等. 预测非理想多元混合物精馏点效率的新模型. 化工学报，1996，47（5）：571.

[88] 王忠诚. 塔板上非理想多组元物系质量传递与精馏点效率的研究 [D]. 天津：天津大学，1997.

[89] Hofhuis P A M，Zuiderweg F J. Mass transfer on valve trays with modifications of the structure of dispersions. IChemE Symp osium Series，1979，56：2.

[90] 韩志群. 多元非理想物系精馏点效率的研究 [D]. 天津：天津大学，1992.

[91] Lockett M J，Kirkpatrick R D，Uddin M S. Froth regime point efficiency for gas-film controlled mass-transfer on a 2-dimensional sieve tray. Transactions of the Institution of Chemical Engineers，1979，57，25-34.

[92] Raper J A. Hydrodynamic mechanisms on industrial sieve trays [D] Australia：The University of New South Wales，1979.

[93] Calderbank P H. Physical rate processes in industrial fermentation. Part I：The interfacial area in gas-liquid contactors with mechanical agitation. Transactions of the Institution of Chemical Engineers，1958，36：443.

[94] Walter J F，Blanch H W. Bubble break-up in gas-liquid bioreactors-Break—up in turbulent flows. Chemical Engineering Journal，1986，32，B7-B17.

[95] Hesketh R P，Russell T W F，Etchells A W. Bubble-size in horizontal pipelines. AIChE Journal，1987，33（4）：663-667.

[96] Hinze J O. Fundamentals of the hydrodynamic mechanism of splitting in dispersion processes. AIChE Journal，1955，1：289-295.

[97] Zaritsky N E，Calvelo A. Internal mass-transfer coefficient within single bubbles——Theory and experiment. The Canadian Journal of Chemical Engineering，1979，57：58-64.

[98] Prado J A，Fair J R. Fundamental model for the prediction of sieve tray efficiency. Industrial & Engineering Chemistry Research，1990，29（6）：1031-1042.

8 离子液体科学与工程基础

8.1 引   言

离子液体是一类完全由正负离子组成的、全新的室温液体物质，是离子的一种特殊存在形式。与常规分子溶剂和高温熔盐相比，离子液体具有独特的物理化学性质，近二十多年来，在化学化工领域引起前所未有的重视。离子液体具有极低的蒸气压、宽泛的液态温度范围、良好的溶解能力、适中的导电和介电性质，并具有催化性能、酸性、配位性、手性等特定功能，在化工、冶金、能源、环境、材料、生物、电化学和储能等方面展现了巨大的应用潜力[1]。这些独特的宏观物理化学性质取决于离子液体体系内独特复杂的微观结构本质（氢键网络结构和不均质的团簇结构等）和复杂的相互作用力（静电库仑力、氢键以及范德瓦耳斯力等)[2]。因此，理解阴阳离子及其协同作用如何影响其物理化学性质及反应/分离性能，以及利用这些复杂的相互作用和独特的微观结构对离子液体进行结构优化，就成为离子液体科学的研究核心。

离子液体的另一大特征就是多样性。按不同阴阳离子的排列组合，理论上，离子液体体系的种类可达 10^{18} 种之多。迄今为止，实验室合成出的种类有 1800 多种[3]，发展空间仍然很大。而合成离子液体的结构和性能呈现了极大的不同，甚至有的离子液体不互溶。因此如何从无以计数的阴阳离子组合方式中筛选或设计特定功能应用的最佳离子液体结构，就成为离子液体科学进一步发展所面临的巨大挑战。

大力发展清洁能源和清洁生产过程是 21 世纪全球面临的重要现实问题。对现有技术的重新思考定位是迅速解决这些关键问题的最有效机制[4]。离子液体，由于其独特的物理化学性质，有望替代传统的重污染介质并广泛改变传统的化学工艺。例如，可替代广泛使用的约 300 种有机溶剂（全球年排放约 1.7 亿 t、价值约 60 亿美元），包括苯（可引起白血病、致癌）、甲醛（破坏免疫功能）、二硫化碳（极易燃易爆，对神经有损害）等。德国 BASF 公司采用离子液体脱酸，效率提高约 80 000 倍[5]，离子液体溶解纤维素的优良性能，改变了应用一个多世纪的纤维黏胶工艺（使用 30 多种试剂，包括酸碱和 二硫化碳，污染重、能耗高），并获 2005 年度美国"总统绿色化学挑战奖"[6]。离子液体被公认为绿色化学化工领域的新一代介质/材料，可能形成一次新的产业技术革命，但是缺乏对工程放大、反应-传递规律的研究，限制了离子液体的工业化进程。

因此，我们围绕以上关键科学问题，从离子液体的微观结构及氢键相互作用、物理化学性质（正负离子结构、组合与性能的变化规律）、反应-传递规律（反应-传递原位研究方法以及耦合作用机制）以及三者的相互内在关系和影响机制等方面进行深入的研究，并结合本课题的研究工作，简要介绍我们在上述三个方面的主要研究进展及成果。

8.2　离子液体的微观结构及氢键相互作用

离子液体的宏观性质取决于其微观本质。通过对离子液体微观结构的研究，从本质上揭示阴阳离子的结构和相互作用对其物理化学性质的影响，从而实现根据应用定向对结构进行优化和设计的目的。传统观点认为，离子液体的性质取决于阴阳离子之间的静电作用，离子液体与高温熔盐的区别只是呈液态的温度不同，甚至简单地将离子液体看做完全电离的电解质或缔合分子。这种认识无法解释许多实验现象，如离子液体可溶解纤维素，并与水形成多相，熔盐却不能；又如宏观上看似均匀的离子液体可能在纳微和流场尺度上呈现不均质结构[7]。离子液体中形成的团簇结构，限制了单个离子的自由运动，在宏观上导致不均匀高黏度的物理化学特征，影响了离子液体在催化、分离等方面的性质。因此对离子液体体系认识不系统和不全面已成为发展离子液体理论和技术的"瓶颈"。

8.2.1　离子液体的氢键网络结构

围绕离子液体中静电是否是影响其微观结构和特殊性质的唯一决定性作用，我们采用多尺度并行的计算方法，对常规（如咪唑类、吡啶类等）和功能化（如胍类、胺类、季𬭛类、环烷酸类等）离子液体做了深入研究。研究发现[8]，氢键广泛存在于离子液体阴阳离子之间，而且可以跨越单个离子、离子对、离子簇，进而形成三维氢键网络结构。图 8.1 所示为[emim]Cl 离子液体的氢键网络结构，每个 Cl⁻ 阴离子周围存在三个咪唑阳离子，而每个咪唑阳离子周围存在三个 Cl⁻ 阴离子，在三维方向上，这种结构能够扩展形成氢键网络[5]。相似的结构也能在含氟的离子液体中观察到，例如[bmim][BF₄]和[bmim][PF₆]离子液体，咪唑阳离子通过甲基氢原子以及环的 π 电子形成锯齿链形（zigzag）模型，阴离子能够夹在这些碳链的中间，与甲基形成氢键网络结构。在液体状态下，这种氢键网络结构能够在一个较小的尺度范围内形成"超离子"结构或者离子簇[9]。这就阐明了离子液体不能被看做完全电离或者分子缔合体系的微观本质。对于大多数共价化合物，氢键是一种非常弱的作用力。但是对离子液体，氢键是除静电库仑力之外最重要的作用方式[2,8]。离子液体的许多性质取决于氢键。

氢键网络结构的存在促进了离子液体对二氧化碳的有效吸收。例如，在

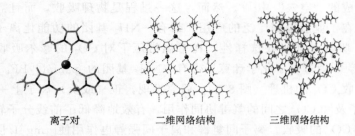

离子对　　　　　　二维网络结构　　　　　三维网络结构

图 8.1　离子液体中的氢键网络结构及其三维扩展性

本图所示为[emim]Cl 离子液体

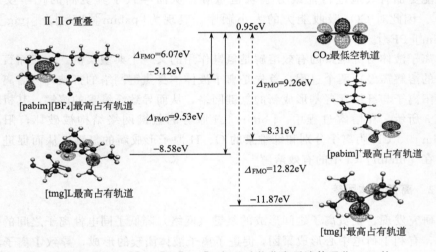

图 8.2　[pabim][BF₄]和[tmg]L 氨基功能化离子液体吸收 CO₂ 的

前线分子轨道示意图[12]

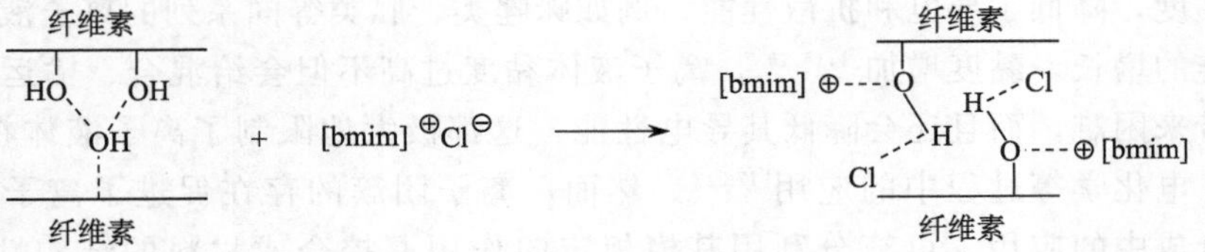

图 8.3　离子液体溶解纤维素的机理

25℃和 8.0MPa 下，CO₂ 在[bmim][PF₆]中的溶解物质的量之比达到 0.6，比常规有机溶剂（如苯、烷烃等）对 CO₂ 的吸收高约 2～5 倍[10]。模拟研究已经把这一现象归结为离子液体内部所形成氢键网络，CO₂ 分子能够很好地填充在这些氢键网络所形成的"空穴"中[11]。然而，这一过程是物理吸收，而且需要较高的压力，很难在工业上得到广泛的应用。带有—NH_2基团的功能化离子液体能有效提高 CO_2 吸收量和吸收选择性，在常温常压下对 CO_2 的摩尔吸收容量可达50％。Yu 等[12]通过量子化学计算了带有—NH_2 基团的[pabim][BF_4]和[tmg]L离子液体吸收 CO_2 的机理（图 8.2）。研究发现，正（或负）离子上—NH_2 与负（或正）离子及和 CO_2 之间的氢键协同作用，有效地降低了前线分子轨道的能量差，促进了 CO_2 的吸收。离子间氢键和离子间强静电作用使[tmg]L 阴阳离子作用能要比一些咪唑离子液体高 65.3～109.3kJ/mol；[pabim][BF_4]中氨基 N 原子上的前线分子轨道能要比[tmg]L 高 3.46eV，使其分子上的—NH_2 基团与 CO_2之间能更加有效地进行前线分子轨道重叠，从而导致了其更高的化学反应活性[12]。因此对 CO_2 吸收能力的大小顺序，表现为[pabim][BF_4]＞[tmg]L＞[bmim][PF_6]。

离子液体对纤维素的有效溶解是氢键作用的又一个典型实例。一般而言，纤维素的溶解需经历两个过程：首先是离子液体本身氢键网络的打破，然后离子液体阴阳离子与纤维素羟基形成新的氢键网络，从而导致纤维素的溶解，其机理如图 8.3 所示。在溶解过程中，[bmim]Cl 原有的氢键网络结构被破坏，阳离子[bmim]$^+$、Cl$^-$ 阴离子分别和纤维素的 O、H 原子形成新的氢键，从而促进了纤维素在 [bmim] Cl 中的有效溶解[13]。

8.2.2　离子液体团簇

研究发现，正负离子之间形成的氢键（网络）降低了同电性离子之间的排斥作用，有利于荷电中心形成聚团，促进了离子液体团簇的形成，导致了离子液体局部结构的不均一性，以及同一离子液体分子中不同位置碳原子的扩散异性，例如，链端碳原子较中心碳原子的扩散系数高 2～3 倍[14]。进一步研究表明，氢键的数目和作用强度以及不均质的团簇结构，限制了离子的自由运动，增加离子液体的黏度，降低了导电和扩散性能。例如咪唑类、胍类等同系列的离子液体，随着碳链的增长，黏度增加[1,15,16]。离子液体黏度过高不但会给混合、输运、质量传递带来困难，而且还会降低其导电性能，这都极大地限制了离子液体在分离、催化、电化学等过程中的应用[17-21]。然而，离子团簇的存在促进了离子液体在材料合成中的应用，可充分利用其模板定向作用调控合成材料的结构性能[22]。因此，研究离子液体的团簇特征及其影响因素成为其工业化应用的关键之一。

近年来，离子液体在溶液中的聚集以及溶液表面上的富集已有报道[23-30]，但是纯离子液体体系团簇的研究刚刚起步。Gregory A. Voth 率先采用分子模拟方法发现了离子液体中存在非均质结构。该研究小组采用多尺度粗粒化方法（multiscale coarse-graining，MSCG）研究了咪唑类离子液体 [图 8.4 （a）] 中的团簇现象[1,31,32]，粗粒化方法的简化模型如图 8.4（b）所示，其中 IR 表示咪唑环[14]。粗粒化方法有效地节省了计算资源，但是模拟结果与真实值存在较大偏差。这是由于该方法忽略了体系的特征基团，相对突出了烷基链的作用。前期研究表明离子液体中存在广泛的氢键网络结构[8]，离子之间通过氢键相结合，而粗粒化方法简化了特征基团上的氢原子，改变了阴阳离子的作用方式，无法体现体系的真实特性。另一方面，离子液体的电荷分散度是评价其稳定性的一个重要指标，多尺度粗粒化方法将多个原子电荷归并于一个作用单元，不能体现实际的电荷分布，因此模拟结果是趋势性的，对实验有一定的指导作用，但与真实值通常相去甚远。因此，采用联合原子力场[16]，将烷基链上的甲基与亚甲基分别简化为一个作用基团，保留离子液体的特征基团，如咪唑环，见图 8.4（c）。相对于粗粒化方法，联合原子力场模拟结果的准确性大幅度提高，而计算量也远远小于全原子力场。

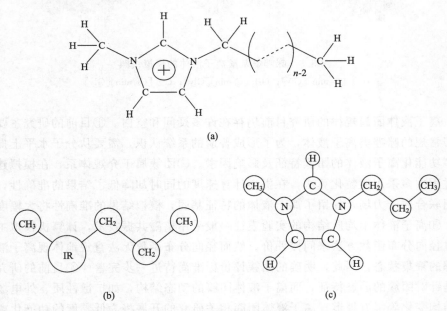

图 8.4　咪唑类离子液体的结构示意图及其简化模型
（a）结构示意图；（b）粗粒化简化模型；（c）联合原子简化模型

　　虽然已经通过计算机模拟发现离子液体的团簇结构[14]，并且该结构的存在也得到了实验证实[33]，但相关的研究仅局限于对团簇现象的观测或结构测定，缺乏对团簇形成机理和规律的系统认识，无法实现对团簇的有效调控。离子液体的阳离子是由带净电荷的极性中心与非极性的烷基链构成，碳链之间的范德瓦耳斯吸引作用与极性中心之间的静电排斥作用相互竞争，形成了团簇。图 8.5 为咪唑氨基酸离子液体[C_2mim][Gly]，[C_6min][Gly]及[$C_{10}mim$][Gly]的模拟快照，其中深色代表极性基团，由咪唑环、与咪唑环直接相连的亚甲基及阴离子构成，浅色代表不与咪唑环直接相连的烷基非极性基团。由于[C_2mim]$^+$的烷基链较短，受咪唑环的影响，烷基链存在明显的静电荷，静电相互作用使阳离子之间互相排斥，体系呈现均匀分布。随着碳链的增长，末端烷基受咪唑环的影响逐渐减小，[C_6min]$^+$及[$C_{10}mim$]$^+$的末端烷基电荷基本可以忽略不计，在范德瓦耳斯力作用下，这些电中性基团逐渐聚集，形成团簇结构。据报道，当离子液体的碳链增加到一定程度时，宏观上会呈现液晶的特性，如[$C_{12}mim$]$^{+[34]}$。

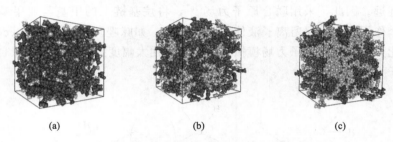

(a)　　　　　　　　　(b)　　　　　　　　　(c)

图 8.5　咪唑氨基酸离子液体的模拟快照

(a) [C_2min][Gly]；(b) [C_6min][Gly]；(c) [$C_{10}min$][Gly]

离子液体团簇规律的研究目前仍存在许多疑问和空白。①目前的研究主要集中于常规的咪唑类离子液体，为了形成普遍的系统认识，需要从分子水平上揭示更多功能化离子液体的团簇特征及影响因素。②团簇属于介观体系，在模拟建模的过程中多采用粗粒化算法，在提高计算速度的同时却降低了结果的准确性，若采用联合原子力场，保留了离子液体的特征基团，模拟结果的准确性将大幅度提高。③离子液体不均质结构的实验表征一般采用核磁共振技术，计算机模拟主要通过径向分布函数方法来间接评价。然而径向分布函数无法直观地体现离子液体内部的聚集状态，因此，明确的团簇评价标准尚待进一步完善。④目前的研究基本是针对团簇的静态特征，而离子液体团簇的动态结构，如扩散性质、外电场下的结构变化等鲜有报道。离子液体团簇相关研究的开展将为低黏度的功能化离子液体的设计，离子液体工业化应用的进一步开发提供科学的指导，具有重要的理论意义和实际应用价值。

8.2.3　离子液体中正负离子协同催化作用机制

离子液体阴阳离子形成的非水离子环境使其在催化反应中体现出了不同于传统催化剂的特性，研究离子液体正负离子协同作用机制，有助于深入理解离子液体构效关系，从而为其工业化设计和应用提供理论基础。

1. 反应方向性控制

研究发现，离子液体提供的无水离子环境可使有机合成表现出区别于在传统分子溶剂中进行的反应历程，实现更高的原子经济性或者区域选择性[35,36]。例如，工业上芳烃硝化反应主要采用硝酸、硫酸混合酸体系作为硝化试剂，硝化过度、副产物高、废水和废酸的产生是其难以克服的缺点。最近研究发现[37]，常规溶剂中甲苯硝化反应生成三种硝基甲苯产物，总收率仅为73%，而在离子液体[bmim][OTf]中，产品总收率可达100%，实现了原子经济性反应。进一步研究发现，离子液体种类可以对硝化反应实施方向性控制，从而得到不同的反应产物（图8.6)[37]。例如，在[bmim][OTf]离子液体中，反应得到的是硝基甲苯的3种同分异构体；在[bmim][OMs]离子液体中反应时，硝酸不作硝化试剂，而是作为氧化剂将甲苯氧化成苯甲酸；而在[bmim]X（X=Cl、Br、I）类离子液体中，反应却得到了高选择性的甲苯卤代产物。[bmim][OTf]和[bmim][OMs]离子液体的结构未被硝酸破坏，可重复使用。

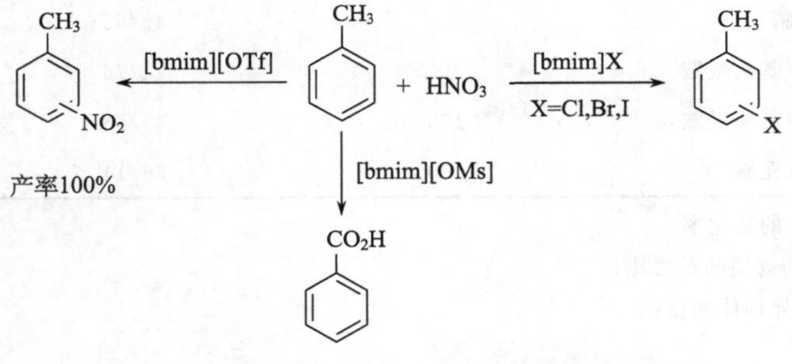

图 8.6 不同离子液体中进行的甲苯硝化反应[37]

又如 Heck 反应（钯催化的有机卤化物或三氟甲基磺酸酯和烯烃之间的偶联反应），其自 20 世纪 70 年代初期被发现以后一直保持很高的研究热潮。但是富电性烯烃分子间的 Heck 芳基化反应，一直难以获得较好的区域选择性。最近研究发现[38]，在离子液体 [bmim][BF$_4$] 中，以 Pd（OAc)$_2$/DPPP [1,3-二（二苯基膦）丙烷] 为催化剂，以三乙胺为助剂，乙烯基醚、烯胺或烯丙基三甲基硅烷和溴代、碘代芳烃的 Heck 芳基化反应，可以不需要使用银盐或铊盐等消卤试剂就可以高效完成（图 8.7，表 8.1）。而且乙烯基醚和烯胺的芳基取代几乎100%地发生在杂原子的对位；而烯丙基三甲基硅烷则得到的完全是硅原子对位芳基取代物。同样的 Heck 反应在分子溶剂，如甲苯（toluene）、二 烷（dioxane）、乙腈（acetonitrile）、N, N-二甲基乙酰胺（DMAc），N, N-二甲基甲酰胺（DMF）以及二甲基亚砜（DMSO）中进行时，产物的区域选择性较差，得到两种不同位置取代的同分异构体混合物（图 8.7，表 8.1）。研究人员认为，离子液体阴阳离子所形成的强离子环境可能促进了 Br^- 或 I^- 从催化中心钯原子上解离，导致 Heck 反应更倾向于按离子机理进行。

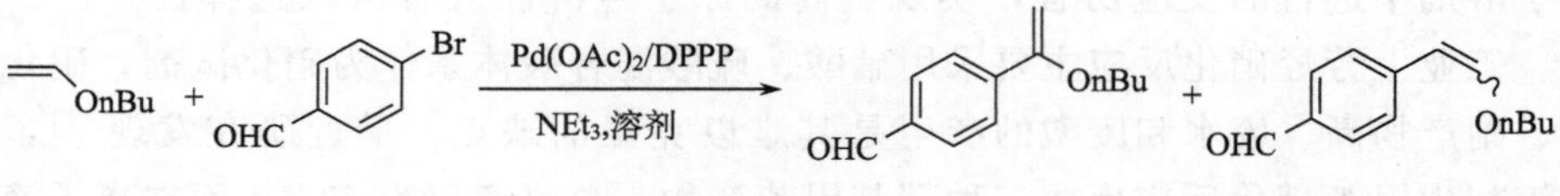

图 8.7　离子液体中 Heck 芳基化反应[38]

表 8.1　不同溶剂对 Heck 芳基化反应选择性的影响[38]

溶剂	转化率[a]/%	α/β[b]	E/Z[c]
［bmim］［BF_4］	100	＞99/1	
甲苯	18	47/53	68/32
二　烷	26	35/65	82/18
乙腈	33	45/55	63/37
N，N-二甲基乙酰胺	98	24/76	74/26
N，N-二甲基甲酰胺	100	47/53	80/20
二甲基亚砜	100	86/14	79/21

a：反应物 2a 的转化率；

b：3a 和 4a 的物质的量之比；

c：4a 的顺反异构体的比例。

2. 离子液体正负离子协同高效催化机制

阴离子为氯、溴、碘等卤族元素的离子液体具有很好的亲核性，能够作为环氧化合物和 CO_2 合成环状碳酸酯（图 8.8）的环加成催化剂。

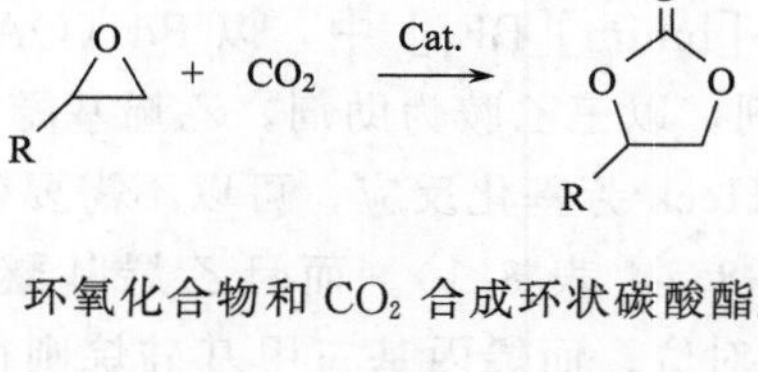

图 8.8　环氧化合物和 CO_2 合成环状碳酸酯示意图

2002 年，Caló 等[39]报道了相转移催化剂四丁基溴化铵类离子液体在无溶剂条件下可以高效催化 CO_2 与环氧化合物生成相应的环状碳酸酯。作者提出的机理认为：离子液体阴阳离子间存在协同活化环氧化合物开环的催化作用（图 8.9）。

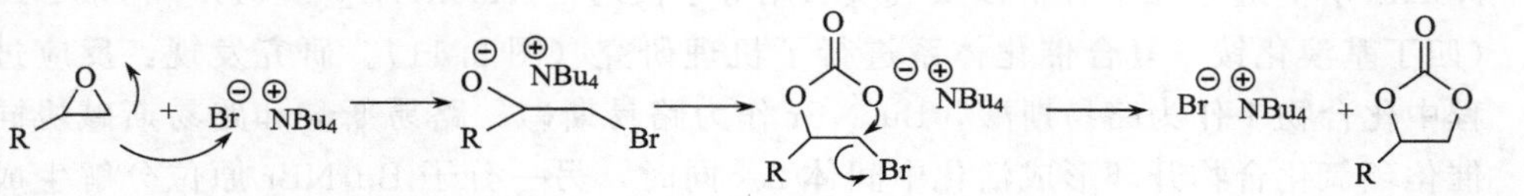

图 8.9　相转移催化剂季铵盐高效催化合成环状碳酸酯的反应机理[39]

中国科学院过程工程研究所研究发现，通过对离子液体阴阳离子结构优化（如官能团修饰），可以明显提高其协同催化反应能力。例如，开发的羟基功能化离子液体催化剂［图 8.10（a）］在无溶剂和助剂的条件下，表现出了明显高于非羟基修饰的传统离子液体催化剂的活性[40]；根据实验结果及前期报道[41-43]，研究者提出了可能的协同催化反应机理［图 8.10（b）］。该机理认为：羟基功能化离子液体中阴阳离子是两个活性中心，—OH 基团修饰的阳离子的诱导极化能力得到强化；—OH 基团通过氢键作用使环氧化合物中 C—O 键发生极化，同时卤素阴离子对环氧化合物中空间位阻较小的 β-碳原子发生亲核加成作用，—OH 基团和卤素阴离子这种从不同位置协同活化环氧化合物的作用使环氧化合物更容易开环，形成氧负离子中间体（第一步）。然后，该中间体和 CO_2 发生羧基化作用生成烷基氧负离子中间体（第二步）。最后，经过分子内消去反应后，形成了最终的反应产物环状碳酸酯，催化剂进而得到循环使用（第三步）。在反应过程中，阳离子上的—OH 基团表现出了类似于路易斯酸的作用，卤素阴离子表现出了路易斯碱的作用。

另一种观点认为，反应中离子液体阳离子同时会对 CO_2 产生活化作用。

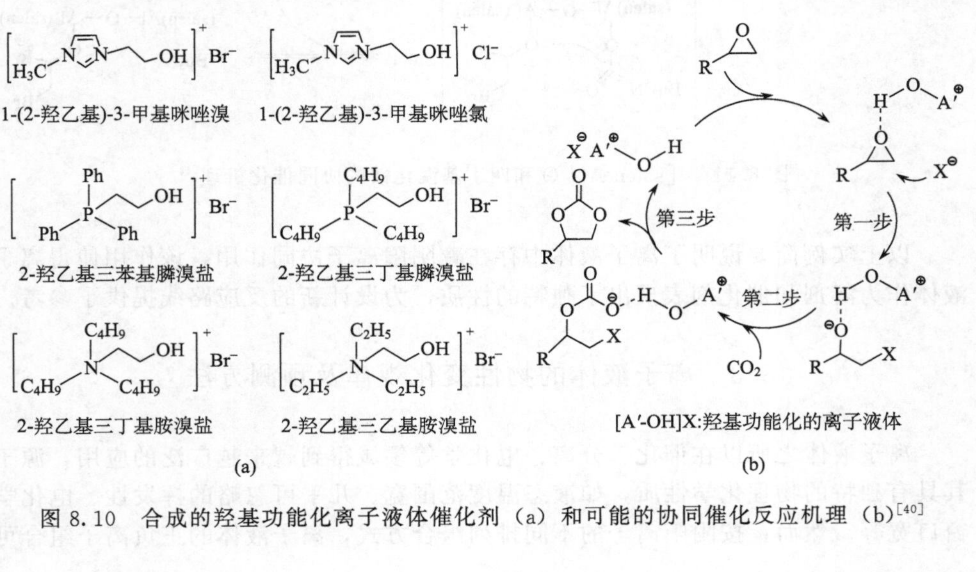

(a)　　　　　　　　　　　　　　　　　　　　(b)

图 8.10　合成的羟基功能化离子液体催化剂（a）和可能的协同催化反应机理（b）[40]

North 等[44]通过元素分析以及气质联用等手段对 [(salen)Al]₂O (1) 和 Bu₄NBr (四丁基溴化铵) 复合催化体系进行了机理研究 (图 8.11)。研究发现：反应过程中化合物 1 作为路易斯酸，Bu₄NBr 作为路易斯碱，路易斯酸和路易斯碱协同催化环氧化合物开环形成活化中间体 2。同时，另一分子 Bu₄NBr 原位分解生成 Bu₃N (三丁基胺)，与 CO_2 反应生成碳酸盐 3，继而 3 和 2 反应生成配合物 4。配合物 4 发生分子内消除反应，释放出三丁基胺，形成配合物 5。配合物 5 通过闭环反应，形成最终产物环状碳酸酯并释放出路易斯酸和路易斯碱催化剂。在反应过程中，Bu₄NBr 除了和 [(salen) Al]₂O (1) 对环氧化合物起到协同活化作用之外，还对 CO_2 起到活化作用，使催化剂活性得到大大提高，从而提高了反应效率 (图 8.11)。

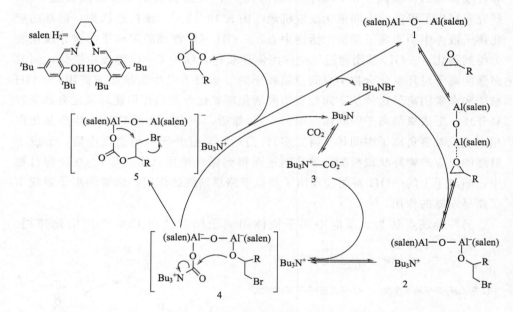

图 8.11　　[salen Al]₂O 和四丁基溴化铵的协同催化机理[44]

　　以上实例简要说明了离子液体中存在着阴阳离子协同作用，该作用使得离子液体作为溶剂和催化剂表现出了独特的性质，为设计新的反应路线提供了参考。

8.3　离子液体的物性变化规律及预测方法

　　离子液体之所以在催化、分离、电化学等领域得到越来越广泛的应用，源于其具有独特的物理化学性质，如液态温度范围宽、几乎可忽略的挥发性、电化学窗口宽等。然而，按阴阳离子的不同排列组合方式，离子液体的正负离子组合可

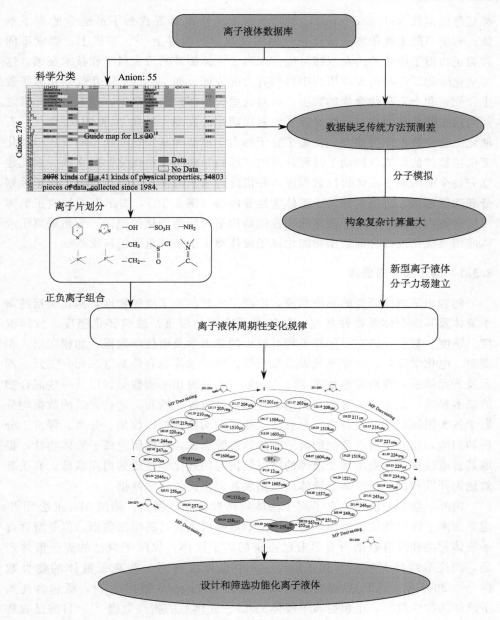

图 8.12　离子液体物性导向图

构成 10^{18} 个体系[3]。因此如何从无以计数的阴阳离子组合方式中筛选或设计特定功能应用的最佳离子液体结构就成为了离子液体科学进一步发展所面临的巨大挑战。由于缺乏科学指导，目前筛选或设计离子液体仍然只能沿袭传统的尝试法，甚至靠碰运气（hit-and-miss），人们永远无法知道是否找到了最适合的离子液体，希望只能寄托于离子液体物性预测及规律的探寻上[45]。事实上，探索不同种类正负离子组合的内在规律可能带来离子液体领域的重大科学和技术突破，这可从化学化工学科的发展历程中得到有力的佐证。如 19 世纪 60 年代，积累了数十种元素和上万种化合物的数据，面对这些大量而纷杂的数据，探索各种元素之间的内在联系和规律，最终导致了元素周期律的发现；又如 20 世纪 50 年代，石油化工物性数据库的建立，促进了分子热力学模型和基团贡献模型的发展以及化工模拟软件的形成，推动了过程开发由"经验"向"定量优化"的飞跃。因此建立完整全面的离子液体物性数据库，并借此对离子液体进行科学分类、离子片划分和功能预测，进而构建离子液体物性导向图（图 8.12），揭示不同种类正负离子组合的内在规律和离子液体的物性随结构呈周期性变化的规律，为拓展离子液体应用及优化设计合成新型功能化离子液体奠定了极其重要的科学基础。

8.3.1　离子液体数据库

随着离子液体研究的不断涌现，出现了大量的离子液体物性数据，包括纯离子液体及其混合体系物性数据。如纯离子液体的熔点、玻璃转化温度、分解温度、密度、黏度，还有一些报道相对较少的热力学及电化学数据，如相变焓、相变熵、电化学窗口、电导率及表面张力等；离子液体混合体系（二元、三元、四元及五元体系）性质则包括液-液、气-液、固-液等相平衡数据，以及一些混合物的基本参数，如密度、黏度和无限稀释活度系数等。然而，这些大量的数据均分散于各大国际期刊、报告中，只有将这些零散的数据加以收集、分类、评价、分析和归纳，建立全面而系统的离子液体物性数据库，才能研究离子液体物性，提炼其普适性规律，揭示离子液体的微观结构与物理化学性质的内在联系，真正有效地为开发和设计新型离子液体以及拓展其应用提供科学数据。

国外一些企业已经建立了离子液体物性数据库。例如，德国 Merck 公司[46]建立的离子液体物性数据库，包含了文献数据以及自己的实测数据，但是所含离子液体种类并没有囊括所有目前已报道的离子液体，仅限于自己的离子液体产品，而且不对外开放。又如，Beilstein 中也可以查到一些离子液体的物性数据[47]。2003 年，IUPAC 建立了对外开放的 ILThermo 数据库[48]，既包含纯离子液体的物性数据，也包括离子液体二元/三元体系的物性数据[49]，目前已收集339 种离子液体的 94 635 条物性数据[50]。德国 DDBST 建立的离子液体物性数据库已达 460 种离子液体，58 291 条物性数据[51]。在国内，中国科学院过程工程研究所也建立了系统的离子液体物性数据库[52]，收集了 1984 年以来 100 余种文献报道及自己实测的离子液体物性数据，目前已达 2078 种离子液体、41 种物性、54 803 条数据。

8.3.2　离子液体的分子模拟及周期性变化规律

针对传统模型无法适用或预测误差大的难题，分子模拟为实现不依赖于实验数据的预测提供了可能，但必须解决两个难题：一是如何建立离子液体分子力场；二是如何提高计算速度。由于离子液体分子较大、构象复杂，除常规咪唑盐外，缺乏大部分功能化离子液体的相应力场，且全原子力场计算耗时。结合离子液体的力学特性和结构参数，目前研究建立了系列功能化离子液体（如胍类、膦类、氨基酸等）的联合原子力场，发展了离子液体分子模拟方法，计算量仅是传统方法的 $1/6$[16]。基于新型分子力场的模拟预测方法，揭示了离子液体内聚能和性能的调控机制，获得了离子液体的结构与性能的规律性认识。

基于离子液体的科学分类和分子模拟，中国科学院过程工程研究所通过对正负离子结构特征的深入研究和系统解析，建立了数百万种离子液体的科学分类方法，提炼出由 276 种正离子和 55 种负离子组成的离子液体"导向图"，通过正负离子匹配和组合规律的系统研究，发现了离子液体的周期性规律，即随着离子液体结构参数和相对分子质量变化，其主要物性呈周期性变化的规律[53-55]。

8.3.3　离子液体的 QSPR 研究

定量结构性质关系（quantitative structure-property relationship，QSPR）采用半经验方程把物质的性质与物质的结构特点关联起来，用以预测物质的性质。如通过 QSPR 对物质的结构和性质进行关联，①可对新物质的设计和合成、从众多物质中筛选出具有某种特性的物质，以及预测物质的性质等起到指导作用；②便于更深入地研究物质的性质与其微观结构之间的关系。

以 QSPR 方法研究离子液体熔点为例。Katritzky 等曾用 QSPR 方法关联了吡啶溴盐类[56]和咪唑溴盐类[57]离子液体的熔点。Eike 等[58]对 109 种季铵盐类离子液体的熔点进行了关联预测，随后又采用类似方法研究了三种离子液体在不同溶剂中的无限稀释活度系数[59]，得到了较好的预测效果。Sun 等[54]针对双取代咪唑四氟硼酸盐和双取代咪唑六氟磷酸盐子液体的熔点进行了 QSPR 研究。近几年，用 QSPR 方法研究离子液体的其他性质也有报道，如 Tochigi 等[60]用 QSPR 预测离子液体的电导率和黏度，Coutinho 等[61]用 QSPR 关联预测了离子液体的表面张力，与实验值相符。

上述各种有关离子液体的 QSPR 研究均得到了令人满意的结果。这表明可以将 QSPR 研究方法用于离子液体结构与性质的关联和预测，并从中获得离子液体微观结构与性质之间的内在关系，从而指导合成新型功能化离子液体，避免盲目尝试。因而，建立完整全面的离子液体物性数据库，研究离子液体物性的变化规律，揭示离子液体的微观结构与物化性质的内在联系，是拓展离子液体应用及设计合成新型功能化离子液体的科学基础。

8.4　离子液体中反应-传递原位研究方法以及放大规律

迄今为止，关于离子液体工程放大、反应-传递规律方面的研究还是很少，成为离子液体产业化应用的瓶颈之一。其主要原因是离子液体体系中存在静电、氢键、缔合、溶剂化、团簇等复杂的动态结构和相互作用，呈现流动、传递、转化、相态等极其复杂的工程现象，对化学工程传统的"三传一反"规律提出了新挑战，导致离子液体体系的工程放大十分困难、周期长、风险大。基于此，中国科学院过程工程研究所[62]率先开展离子液体工程应用放大规律的研究，并建立了世界上第一套离子液体中传递-转化耦合性能原位研究装置（135L），成功地利用自主研制的阵列电极传感器把电阻层析成像系统集成到高温高压反应器，通过64 色表征构筑体系三维流场，实现了原位观测和数据/图像的实时采集。采用上述装置，对离子液体中气泡流体动力学进行系统的研究，直接观察并发现了离子液体中 CO_2、空气等气泡的形成、变形、聚并和运动的新现象，创建了新的曳力系数和气泡变形模型，为建立和发展离子液体工程放大理论提供理论基础，更重要的是为工业装置的动态监测和控制提供了科学方法，或许将对化工过程调控产生深远影响。

8.4.1　离子液体中传递-转化耦合性能的原位研究装置

针对离子液体具有适中的导电特性，中国科学院过程工程研究所[62]提出了利用离子液体和其他介质之间导电性差异研究流场动态变化的新思路，通过参考态的对比，确定真实体系的电场变化，从相邻电极依次交替激励，获得全截面的电场信息和三维流场结构（图 8.13），在国际上首次建立了具有自主知识产权的、全新的传递-转化多相耦合原位研究装置（图 8.13）。主体设备下段内径200mm，上段内径 400mm，高 2.5m，容积约为 135L，材质全部为 316L 不锈钢。系统耐高温（300℃）、高压（3.5MPa），耐腐蚀、能进行真空（5×10^{-2} Pa）操作、外有加热-冷却装置夹套，设有进液、出液口，固体加料口，进气、出气口，侧线采样口，5 个测温口，5 个测压口，4 个耐高温高压玻璃视镜和四层共 64 个电极传感探头接口等。该装置系统集成了高速成像系统，电阻层析成像系统，温度、压力和流量控制测试系统，在线分析设备等系统集成，实现了对反应-传递过程的原位监测和动态控制，可以用于离子液体工业化的前端研究，还可应用于具有不同电导率的常规介质体系过程放大规律的研究。

中国科学院过程工程研究所利用该套装置，完成了离子液体中气泡流体动力学和 CO_2 捕集实验研究，获得了离子液体中气泡上升过程中特有的运动和变形

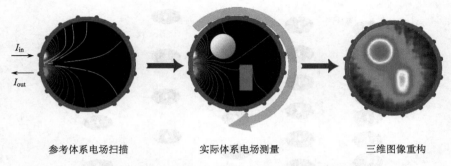

参考体系电场扫描　　　　　　　　实际体系电场测量　　　　　　　　三维图像重构

图 8.13　基于离子液体导电特性的传递-转化多相耦合原位测定原理

规律，结合实验结果和离子液体特性，改进了 VOF 模型，应用现有成熟的 Fluent 商业软件模拟了单气泡和多气泡在反应器内的运动行为，进一步对压强场、速度场和温度场进行了预测，预测结果与实验结果符合良好；研究了装置内不同因素（液体高度、分布器类型、温度和进气速度等）对气含率变化以及径向分布规律的影响，为离子液体反应器的放大和优化设计提供了理论基础。

8.4.2　离子液体中气-液传质过程的实验研究

离子液体作为一种新型介质，在化工、食品、材料和生物医学等各学科领域具有很好的应用前景。而进一步工业应用则需要大量工程数据用于离子液体操作单元的设计和放大过程。对流体力学基本知识的研究，特别是对离子液体中单气泡上升速度和变形规律的研究，对于了解这一过程具有重要理论基础意义。对于水、甘油等纯分子溶剂[63-67]，以及添加表面活性剂的水溶液[68, 69]和电解质水溶液中[70-72]气泡行为等关联模型的研究，已经有大量报道。研究者提出了预测气泡行为的多种经验或半经验关联式。由于这些研究均基于有限的气-液体系，因此不一定适合于其他体系，尤其是完全由阴阳离子组成的离子液体体系。中国科学院过程工程研究所[62]利用自行研制的基于离子液体导电特性的传递-转化耦合原位研究装置（135L）对离子液体中的气泡上升速度和变形规律，以及离子液体的阴阳离子结构对气泡在离子液体中的形成和运动过程的影响做了系统研究。

研究表明[62]，离子液体气-液体系的黏度和表面张力、气流速度、孔径大小是影响气泡变形率和气泡运动速度的主要因素。随着温度的增加、阴阳离子的变化，离子液体的黏度和表面张力的降低，会增加气泡变形稳定的距离和气泡变形率（图 8.14）。

在离子液体相不流动的连续相内，气泡脱离孔口加速上升，当气泡所受的浮力和曳力相等时，气泡以恒定的速度匀速上升。不同离子液体中气泡的大小以及

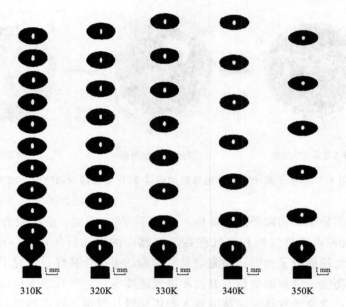

图 8.14　〔bmim〕BF$_4$ 中同一气泡的运动轨迹图

$D_O = 1.40$mm，$Q_{in} = 0.1$mL/min，$\Delta t = 0.04$s

终端气速变化如图 8.15 所示。

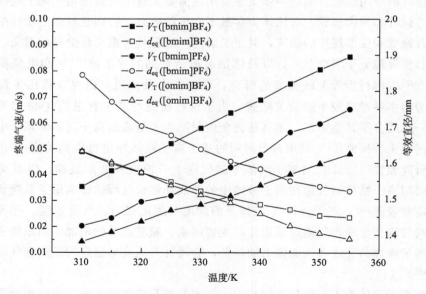

图 8.15　不同离子液体中气泡的终端气速和等效直径（$D_O = 0.17$mm，$Q_{in} = 0.1$mL/min）

从图 8.15 中可以看出，随着温度的增加，气泡的等效直径逐渐减小，而气泡的终端速度却是逐渐增加，造成这一变化趋势的主要原因是随着温度的增加，离子液体的黏度和表面张力都急剧下降。在相同的温度下，[bmim]PF$_6$ 中气泡等效直径要大于[bmim]BF$_4$ 中的气泡等效直径，这主要是因为黏度差异要远大于表面张力的差异，也就是说，较大黏度差在气泡形成过程中起到了主要的作用。而对比[bmim]PF$_6$ 和[omim]BF$_4$ 两种离子液体，可以发现其规律恰恰相反，表面张力的差异对气泡形成过程起到主导作用。尽管气泡的大小对气泡的终端速度具有一定的影响，实验结果显示，离子液体的物性参数起到了主要作用，同一温度下，气泡在三种离子液体中终端速度的大小顺序为[bmim]BF$_4$ ＞[bmim]PF$_6$＞[omim]BF$_4$。

将气泡所受曳力和附加质量力作为一个总曳力考虑，根据受力平衡，通过因次分析，提出了气泡在离子液体中稳定上升过程中的曳力系数经验关联式：

$$C_D = \begin{cases} 22.73 Re^{-0.849} Mo^{0.02} & 0.5 \leqslant Re \leqslant 5 \\ 20.08 Re^{-0.636} Mo^{0.046} & 5 < Re \leqslant 50 \end{cases} \tag{8.1}$$

关联式对实验数据的相对误差均落在±10%之间，与实验数据符合较好。

气泡的形变率主要受到气泡直径，上升速度以及液相的物性参数等影响，现有的描述常规介质中气泡变形关联式，并不能准确预测离子液体这一新型介质中的气泡行为。对于高黏度的离子液体，气泡的变形主要受到惯性力，黏性力和表面张力三者的共同作用，为此引进新的无量纲化参数用于描述气泡在离子液体中的变形情况：

$$IL = \frac{\rho_l V_T g d_{eq}^3 (\rho_l - \rho_g)}{\mu_l \sigma} \tag{8.2}$$

由此基于在三种离子液体中气泡的变形实验数据，提出了一个基于无量纲化参数的经验关联式：

$$E = \frac{1}{1 + 0.0187 IL^{0.67}} \tag{8.3}$$

利用新的无量纲化参数作为变量获得的实验结果的数据点更加集中，进而使得拟合结果更加准确，通过误差分析发现，相对偏差仅仅在±2%的范围内。

8.4.3　离子液体中气-液传质过程的数值模拟研究

计算流体动力学方法是模拟气-液两相流的有效方法之一，其数值模拟的准确性、可靠性可以克服实验过程中的一些弱点，例如周期长、安全系数低等因素。有关反应器的模拟随计算机运算速度的提高逐渐丰富。气-液两相流体的模拟计算中，最大的难点在于气-液相邻界面的准确预测。为了克服界面追踪的难点，研究者提出了各种数值模拟方法，如 VOF 方法[73-74]、水平集方法[75]和锋面追踪方法[76]等。VOF 方法是经常被采用的界面追踪方法，该方法通过计算单独的动量方程来计算两相流的运动，可以精确地预测两相间的界面形状。然而在 VOF 方法的计算域中，气-液两相共享一个速度场区域。这种共享速度场的计算方法无法准确预测两相间的相互作用力，这在多相流的模拟计算中无疑是一个局限。

　　中国科学院过程工程研究所[77]通过引入考虑离子液体性质的相间作用力源项来改进 VOF 模型，并且结合实验数据，将离子液体体系的曳力系数［式（8.1）］引入到流体模型中。研究离子液体中气泡动力学特性、气泡与气泡之间以及气泡与流场之间的相互作用规律。为了研究离子液体阴阳离子对气泡行为的影响，重点研究了三种不同离子液体[bmim]BF$_4$、[bmim]PF$_6$ 和 [omim]BF$_4$ 对离子液体中气泡上升速度、变形和等效直径的影响，并且对气泡内部以及气泡周围的压强场和速度场做出了模拟预测。

　　模拟研究表明：离子的尺寸大小，氢键、范德瓦耳斯力的相互作用对液体物

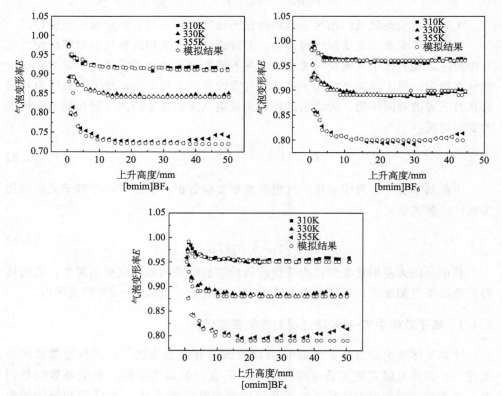

图 8.16　不同温度下气泡变形率的实验值与模拟值比较

性有很大的影响，进而影响到气泡在液体中的行为。在同一温度下，在气泡等效直径和液体黏度的共同作用下，气泡终端气速大小顺序是[bmim]BF$_4$＞[bmim]PF$_6$＞[omim]BF$_4$，表面张力的作用效果对气速影响作用不大。气泡终端气速在液体和气体黏度比［1000，3000］的范围内降低很快，在［3000，9000］范围内降低趋势比较平缓。在不同的离子液体中，温度对气泡变形率的影响的实验值和模拟结果的对比如图8.16所示。

从图8.16中可以看出，在同一温度下，气泡变形率顺序是[bmim]PF$_6$＞[omim]BF$_4$＞[bmim]BF$_4$。气泡等效直径模拟相对误差范围为［0.5％，11.4％］。应用新的数值模型对气泡上升过程中压强场进行了预测，在气泡加速上升过程中，气泡下表面的压强差比上表面的压强差要大。实验值与模拟值取得了较好的一致性，改进的 VOF 模型可以较好地预测离子液体中的气泡运动行为。

由于离子液体的种类众多，而离子液体中气泡行为的研究刚刚起步，下一步将选用更多的离子液体、更宽的物性参数和操作参数等进行系统研究，考察现有经验关联式的通用性，以及获得更宽泛黏度、密度和表面张力的离子液体体系中新的经验关联式。

8.5　结　　论

毫无疑问，离子液体的独特物性为其革新现有的过程工艺或开发全新的工程应用提供了极广阔的发展空间。然而，对于离子液体这一年轻的学科，由于没有足够多的物性和工程放大数据，迄今为止，大多数离子液体的应用仍局限于实验室或者概念研究阶段。随着对离子液体微观本质、物性变化周期律、工程放大规律的深入研究，大量物理化学和工程数据的获得，理论预测工具的优化，设计筛选离子液体能力的提高以及更多专用工艺设备及装置的开发，我们相信，在不久的将来，一个全面详尽的离子液体工业应用平台将会建立，进而推动离子液体工业化进程的飞速发展。同时我们也希望通过这一介绍，将吸引更多的工程师投入到这一令人兴奋的研究领域中来。

参 考 文 献

[1] 张锁江，吕兴梅，等. 离子液体——从基础研究到工业应用. 北京：科学出版社，2006.

[2] Werner S, Haumann M, Wasserscheid P. Ionic liquids in chemical engineering. The Annual Review of Chemical and Biomelecular Engineering, 2010, 1：203-230.

[3] Trohalaki S, Pachter R, Drake G W, et al. Quantitative structure-property relationships for melting points and densities of ionic liquids. Energy & Fuels, 2005, 19：279-284.

[4] Bara J E, Camper D E, Gin D L, et al. Room-temperature ionic liquids and composite Materials：Pat-

form technologies for CO_2 capture. Accounts of Chemical Research, 2010, 43 (1): 152-159.

[5] Rogers R D, Seddon K R. Ionic liquids—Solvents of the future. Science, 2003, 302 (5646): 792-793.

[6] Swatloski R P, Spear S K, Holbrey J D, et al. Dissolution of cellulose with ionic liquids. Journal of the American Chemical Society, 2002, 124, (18): 4974-4975.

[7] 张锁江，徐春明，等. 离子液体与绿色化学. 北京：科学出版社，2009.

[8] Dong K, Zhang S, Wang D, et al. Hydrogen bonds in imidazolium ionic liquids. The Journal of Physical Chemistry A, 2006, 110: 9775-9782.

[9] Matsumoto K, Hagiwara R. Structural characteristics of alkylimidazolium-based salts containing fluoroanions. Journal of Fluorine Chemistry, 2007, 128 (4): 317-331.

[10] Blanchard L A, Hancu D, Beckman E J, et al. Green processing using ionic liquids and CO_2. Nature, 1999, 399: 28-29.

[11] Gutowski K E, Maginn E J. A mechanistic explanation for the dramatic increase in viscosity upon complexation with CO_2 frommolecular simulation. Journal of the American Chemical Society, 2008, 130: 14690-14704.

[12] Yu G, Zhang S, Yao X, et al. Design of task-specific ionic liquids for capturing CO_2: A molecular orbital study. Industrial & Engineering Chemistry Research, 2006, 45: 2875-2880.

[13] Pinkert A, Marsh K N, Pang S, et al. Ionic liquids and their interaction with cellulose. Chemical Reviews, 2009, 109: 6712-6728.

[14] Wang Y, Voth G A. Unique spatial heterogeneity in ionic liquids. Journal of the American Chemical Society, 2005, 127: 12192-12193.

[15] Zhang S, Sun N, He X, et al. Physical properties of ionic liquids: Database and evaluation. Journal of Physical and Chemical Reference Data, 2006, 35 (3): 1475-1517.

[16] Liu X M, Zhou G H, Zhang S J, et al. Molecular simulation of guanidinium-based ionic liquids. The Journal of Physical Chemistry B, 2007, 111 (20): 5658-5668.

[17] Rey-Castro C, Vega L F. Transport properties of the ionic liquid 1-ethyl-3-methylimidazolium chloride from equilibrium molecular dynamics simulation. The effect of temperature. The Journal of Physical Chemistry B, 2006, 110: 14426-14435.

[18] Borodin O, Smith G D. Structure and dynamics of *n*-methyl-*n*-propylpyrrolidinium *bis* (trifluoromethanesulfonyl) imide ionic liquid from molecular dynamics simulations. The Journal of Physical Chemistry B, 2006, 110: 11481-11490.

[19] Cadena C, Maginn E J. Molecular simulation study of some thermophysical and transport properties of triazolium-based ionic liquids. The Journal of Physical Chemistry B, 2006, 110: 18026-18039.

[20] Cadena C, Zhao Q, Snurr R Q, et al. Molecular modeling and experimental studies of the thermodynamic and transport properties of pyridinium-based ionic liquids. The Journal of Physical Chemistry B, 2006, 110: 2821-2832.

[21] Brookes R, Davies A, Ketwaroo G, et al. Diffusion coefficients in ionic liquids: Relationship to the viscosity. The Journal of Physical Chemistry B, 2005, 109: 6485-6490.

[22] Han L J, Wang Y B, Li C X, et al. Simple and safe synthesis of microporous aluminophosphate molecular sieves by ionothermal approach. AIChE Journal, 2008, 54 (1): 280-288.

[23] Consorti C S, Suarez P A Z, Souza R F d, et al. Identification of 1, 3-dialkylimidazolium salt supramolecular aggregates in solution. The Journal of Physical Chemistry B, 2005, 109 (10): 4341-4349.

[24] Bowers J, Butts C P, Martin P J, et al. Aggregation behavior of aqueous solutions of ionic liquids. Langmuir, 2004, 20 (6): 2191-2198.

[25] Fletcher K A, Pandey S. Surfactant aggregation within room-temperature ionic liquid 1-ethyl-3-methylimidazolium *bis* (trifluoromethylsulfonyl) imide. Langmuir, 2004, 20 (1): 33-36.

[26] Anderson J L, Pino V, Hagberg E C, et al. Surfactant solvation effects and micelle formation in ionic liquids. Chemical Communication, 2003, 19: 2444-2445.

[27] Jiang W, Wang Y, Voth G A. Molecular dynamics simulation of nanostructural organization in ionic liquid/water mixtures. The Journal of Physical Chemistry B, 2007, 111: 4812-4818.

[28] Jiang W, Wang Y, Yan T, et al. A multiscale coarse-graining study of the liquid/vacuum interface of room-temperature ionic liquids with alkyl substituents of different lengths. The Journal of Physical Chemistry C, 2008, 112: 1132-1139.

[29] Dong B, Zhao X Y, Zheng L Q, et al. Aggregation behavior of long-chain imidazolium ionic liquids in aqueous solution: Micellization and characterization of micelle microenvironment. Colloids and Surfaces A: Physicochemical and Engineering Aspects, 2008, 317 (1-3): 666-672.

[30] Goodchild I, Collier L, Millar S L, et al. Structural studies of the phase, aggregation and surface behavior of 1-alkyl-3-methylimidazolium halide+water mixtures. Journal of Colloid and Interface Science, 2007, 307: 455-468.

[31] Wang Y, Jiang W, Yan T, et al. Understanding ionic liquids through atomistic and coarse-grained molecular dynamics simulations. Accounts of Chemical Research, 2007, 40: 1193-1199.

[32] Wang Y, Voth G A. Tail aggregation and domain diffusion in ionic liquids. The Journal of Physical Chemistry B, 2006, 110: 18601-18608.

[33] Xiao D, Rajian J R, Cady A, et al. Nanostructural organization and anion effects on the temperature dependence of the optical kerr effect spectra of ionic liquids. The Journal of Physical Chemistry B, 2007, 111: 4669-4677.

[34] Lopes J N C, Pádua A A H. Nanostructural organization in ionic liquids. The Journal of Physical Chemistry B, 2006, 110: 3330-3335.

[35] Wasserscheid P, Keim W. Ionic liquids-new "solvents" for transition metal catalysis. Angewandte Chemie International Edition, 2000, 39: 3772-3789.

[36] Gordon C M. New developments in catalysis using ionic liquids. Applied Catalysis A: General, 2001, 222: 101-117.

[37] Earle M J, Katdare S P, Seddon K R. Paradigm confirmed: The first use of ionic liquids to dramatically influence the outcome of chemical reactions. Organic Letters, 2004, 6 (5): 707-710.

[38] Mo J, Xu L, Xiao J. Ionic liquid-promoted, highly regioselective heck arylation of electon-rich olefins by aryl halides. Journal of the American Chemical Society, 2005, 127: 751-760.

[39] Calò V, Nacci A, Monopoli A, et al. Cyclic carbonate formation from carbon dioxide and oxiranes in tetrabutylammonium halides as solvents and catalysts. Organic Letters, 2002: 2561-2546.

[40] Sun J, Zhang S J, Cheng W G, et al. Hydroxyl-based ionic liquid: A novel efficient catalyst for chemical fixation of CO_2 to cyclic carbonate. Tetrahedron Letter, 2008, 49: 3588-3592.

[41] Huang J W, Shi M. Chemical fixation of carbon dioxide by $NaI/PPh_3/PhOH$. The Journal of Organic Chemistry, 2003, 38: 6705-6709.

[42] Akahashi T, Watahiki T, Kitazume S, et al. Synergistic hybrid catalyst for cyclic carbonate synthesis:

Remarkable acceleration caused by immobilization of homogeneous catalyst on silica. Chemical Communication, 2006 (15): 1664-1666.

[43] Zhu A L, Jiang T, Han B X, et al. Supported choline chloride/urea as a heterogeneous catalyst for chemical fixation of carbon dioxide to cyclic carbonates. Green Chemistry, 2007, 9: 169-172.

[44] North M, Pasquale R. Mechanism of cyclic carbonate synthesis from epoxides and CO_2. Angewandte Chemie International Edition, 2009, 48: 2946-2948.

[45] Rogers R D. Materials science: Reflections on ionic liquids. Nature, 2007, 447: 917-918.

[46] Merck. The ionic liquid database [EB/OL]. http://pb. merck. de/servlet/PB/menu/1061470/. 2002-9-25.

[47] Elsevier MDL. The beilstein database. MDL information system gmbH [EB/OL]. http://www. Beilstein. com. 2003-1-23.

[48] NIST Ionic Liquids Database, ILThermo. NIST Standard Reference Database 147. National Institute of Standards and Technology, Standard Reference Data Program: Gaithersburg, MD, 2006-7-23. http://ILThermo. boulder. nist. gov/ILThermo/.

[49] Dong Q, Muzny C D, Kazakov A, et al. IL Thermo: A free-access web database for thermodynamic properties of ionic liquids. Journal of Chemical & Engineering Data, 2007, 52: 1151-1159.

[50] http://ilthermo. boulder. nist. gov/ILThermo/totaldata. uix. do. 2010-5-25.

[51] http://www. ddbst. com/en/products/Spec _ Ionic _ Liq. php.

[52] Zhang S J, Lu X M, Zhou Q, et al. Ionic Liquids: Physicochemical Properties. Amsterdan, The Netherlands; Boston; London: Elsevier, 2009.

[53] 孙宁, 张锁江, 张香平, 等. 离子液体物理化学性质数据库及 QSPR 分析. 过程工程学报, 2005, 5 (6): 698-702.

[54] Sun N, He X Z, Dong K, et al. Prediction of the melting points for two kinds of room temperature ionic liquids. Fluid Phase Equilibria, 2006, 246: 137-142.

[55] Zhang S J, Sun N, Zhang X P, et al. Periodicity and map for discovery of new ionic liquids. Science in China Series B: Chemistry, 2006, 49 (2): 103-115.

[56] Katritzky A R, Lomaka A, et al. QSPR correlation of the melting point for pyridinium bromides, potential ionic liquids. Journal of Chemical Information and Computer Sciences, 2002, 42: 71-74.

[57] Katritzky A R, Jain R, Lomaka A, et al. Correlation of the melting points of potential ionic liquid (imidazolium bromides and benzimidazolium bromides) using the CODESSA program. Journal of Chemical Information Computer Sciences, 2002, 42: 225-231.

[58] Eike D M, Brennecke J F, Maginn E J. Predicting melting points of quaternary ammonium ionic liquids. Green Chemistry, 2003, 5: 323-328.

[59] Eike D M, Brennecke J F, Maginn E J. Predicting infinite-dilution activity coefficients of organic solutes in ionic liquids. Industrial & Engineering Chemistry Research, 2004, 43: 1039-1048.

[60] Tochigi K, Yamamoto H. Estimation of ionic conductivity and viscosity of ionic liquids using a QSPR model. The Journal of Physical Chemistry C, 2007, 111: 15989-15994 .

[61] Coutinho J A P, et al. Applying a QSPR correlation to the prediction of surface tensions. Fluid Phase Equilibria, 2008, 265: 57-65.

[62] Dong H F, Wang X I, Liu L, et al. The rise and deformation of a single bubble in ionic liquids. Chemical Engineering Science, 2010, 65 (10): 3240-3248.

［63］ Moore D. The rise of a gas bubble in a viscous liquid. Journal of Fluid Mechanics Digital Archive, 1958, 6 (1): 113-130.

［64］ Maxworthy T, Gnann C, Kürten M, et al. Experiments on the rise of air bubbles in clean viscous liquids. Journal of Fluid Mechanics Digital Archive, 1996, 321: 421-441.

［65］ Rodrigue D. Drag coefficient-Reynolds number transition for gas bubbles rising steadily in viscous fluids. The Canadian Journal of Chemical Engineering, 2001, 79 (1): 119-123.

［66］ Celata G, D' Annibale F, Di Marco P, et al. Measurements of rising velocity of a small bubble in a stagnant fluid in one-and two-component systems. Experimental Thermal and Fluid Science, 2007, 31 (6): 609-623.

［67］ Kelbaliyev G, Ceylan K. Development of new empirical equations for estimation of drag coefficient, shape deformation, and rising velocity of gas bubbles or liquid drops. Chemical Engineering Communications, 2007, 194 (12): 1623-1637.

［68］ Liao Y, McLaughlin J. Bubble motion in aqueous surfactant solutions. Journal of Colloid and Interface Science, 2000, 224 (2): 297-310.

［69］ Zhang Y, Finch J. A note on single bubble motion in surfactant solutions. Journal of Fluid Mechanics, 2001, 429: 63-66.

［70］ Jamialahmadi M, Zehtaban M, Müller-Steinhagen H, et al. Study of bubble formation under constant flow conditions. Chemical Engineering Research and Design, 2001, 79 (5): 523-532.

［71］ Ruthiya K, van der Schaaf J, Kuster B, et al. Influence of particles and electrolyte on gas hold-up and mass transfer in a slurry bubble column. International Journal of Chemical Reactor Engineering, 2006, 4 (4): 13.

［72］ Ribeiro C, Mewes D. The effect of electrolytes on the critical velocity for bubble coalescence. Chemical Engineering Journal, 2007, 126 (1): 23-33.

［73］ Li Y, Zhang J, Fan L S. Numerical simulation of gas-liquid-solid fluidization systems using a combined CFD-VOF-DPM method: Bubble wake behavior. Chemical Engineering Science, 1999, 54: 5101-5107.

［74］ Ginzburg, G W. Two-phase flows on interface refined grids modeled with VOF, staggered finite volumes, and spline interpolants. Journal of Computational Physics, 2001, 166: 302-335.

［75］ Son G, Dhir V K. Numerical simulation of film boiling near critical pressures with a level set method. Journal of Heat Transfer, 1998, 120: 183-192.

［76］ Unverdi S O, Tryggvason G A. Front-tracking method for viscous, incompressible, multi-fluid flows. Journal of Computational Physics, 1992, 100: 25-37.

［77］ Wang X L, Dong H F, Zhang X P, et al. Numerical simulation of single bubble motion in ionic liquids. Chemical Engineering Science (submit).

9 复杂流体分子热力学

9.1 引　　言

分离过程在化学过程工业的原材料纯化、产品提纯和废弃物处理等过程中发挥着重要作用，它是化工过程投资和能量消耗的主要环节，不同的化工分离过程及其支持系统的投资可以占到总投资的 30％～70％ 以上[1]。过程工业中使用的分离纯化技术已超过 50 余种，主要包括精馏、吸收、吸附、结晶、萃取、闪蒸、离子交换、过滤、膜渗透等。尽管这些分离过程处理的物料千差万别，涉及的物系相态也不尽相同，但这些分离技术的理论基础都与复杂物系的相平衡有关，都离不开准确可靠的相平衡及热物性数据及其定量估算[2-5]。分子热力学就是为满足上述要求而发展起来的，它是工程科学的一个分支，与化工热力学有密切关系；或者是应用科学的一个分支，类似于应用物理化学。分子热力学在分子水平上研究热力学问题，中心任务是提供分子结构与相平衡和热力学性质之间的定量关系。在工程领域，分子热力学提供的分子热力学模型，如状态方程（EoS）和超额函数表达式，都是化学工业中为过程和装备的设计、开发和优化所需要的关键信息[6]。在应用科学领域，分子热力学提供了物理性质和分子结构的关系，它们是药物和材料等的分子设计的重要基础[7]。

统计力学为研究热力学性质和相平衡与分子结构之间的定量关系提供了基本的理论手段。原则上，只要分子的结构以及两个分子间的相互作用能随距离的变化关系（势能函数）已知，统计力学就可以计算宏观物系的热力学性质和相行为，包括维里展开（virial expansion）、积分方程、微扰等都是统计力学中最常用的理论方法[8]。尽管这些方法原则上是严格的，但由于数学上的困难，一般都需要经过适当简化才能使用，包括对分子结构的简化、分子间势能函数的简化、流体结构的简化以及推导过程中数学处理上的简化等。即使这样，除了个别非常简单的流体模型（如理想气体、硬球流体、带电硬球流体、Ising 格子流体等），绝大部分情况下统计力学都难以得到简单的解析表达式，迄今还没有看到统计力学为克服数学困难取得很大突破，在可预计的将来，这种情况还将持续下去。20世纪 50 年代开始发展的计算机分子模拟为分子热力学模型的开发提供了新的推动力。在分子结构和分子间相互作用的基础上，分子模拟严格按照统计力学理论利用计算机描述一群分子的行为，可以给出热力学性质和相平衡的数值结果，其结果是如此可靠，以至可以作为检验任何理论和半经验模型的标准[9,10]。计算机分子模拟的发展和应用非常迅速，大有成为化学工程领域研究的主流手段之一的趋势[11]。但分子模拟只能为我们提供离散点上的热力学性质和相平衡的具体结果，而不能提供解析形式的便于过程模拟计算的数学表达式。下面将要介绍的现代分子热力学方法，将统计力学的严格推导与计算机分子模拟结合起来，可以构建形式简单、理论基础坚实、外推能力强的分子热力学模型。

为了构建解析形式的分子热力学模型，首先需要建立流体结构模型[12-15]。目前最常用的流体结构模型包括自由空间模型和格子模型。除了球形小分子，大部分流体的分子（含有支链的）是线型分子，另有一些分子则首尾相连形成环状分子。作为一种简化模型，可以将这些分子看作由多个球形链节依次连接而成，称为链状流体，球形小分子则可以看成只有一个链节的链状分子。链状流体的各个链节如果带有电荷，则形成电解质或聚电解质。链节间除了范德瓦耳斯相互作用外，也可以存在氢键等弱化学作用，如果是电解质或聚电解质，则还存在静电相互作用。为了理论处理的方便，通常将链状流体的分子看成是完全柔性的，即一个链节可以在与其相连的另一个链节的表面任意滑动。上述链状流体模型可将高度不对称的流体统一在同一理论框架内，所建立的分子热力学模型能同时计算小分子和高分子系统、非极性和极性系统、电解质和聚电解质溶液以及离子液体等不同类型流体的相平衡和其他热力学性质。所谓格子模型，是假设流体及其混合物是由大小完全相同的格子堆积而成的，格子的邻座数为 z（最简单的立方格子 $z=6$），分子由 r 个链节组成（$r \geqslant 1$），每个格子可以被分子的一个链节占据，也可以是空的，只有处于相邻格子上的分子链节之间才有相互作用能 $-\varepsilon$。当系统中不存在空的格子时，称为密堆积格子，为不可压缩液体，在此基础上建立的模型将不能反映压力变化对系统热力学性质和相行为的影响。如果假设系统中存在一定数量未被分子链节占据的空穴，且空穴的数量随系统压力而变化，则称为格子流体，为可压缩流体，在此基础上也可以建立描述流体 pVT 关系的状态方程，从而反映压力对系统热力学性质和相行为的影响。

尽管过去半个多世纪对分子热力学模型的研究已经取得很大进展，但建立能定量描述复杂流体及其混合物的热力学性质和相行为的分子热力学模型仍是一个艰巨的任务。复杂流体的复杂性主要表现在：首先，复杂流体往往具有复杂的分子结构，包括分子的官能团组成及其排列方式、拓扑结构、支化程度、分子刚性等；其次，分子间存在复杂的相互作用，除了范德瓦耳斯相互作用，往往还存在氢键、电子授受、芳香环间的 π-π 叠加等定向弱化学作用、长程静电相互作用以及在溶液中存在的由于溶剂效应引起的亲、疏水相互作用等；第三，分子结构和相互作用的复杂性导致的混合物中分子聚集态的复杂多样性，如氢键作用引起的多聚体、嵌段共聚高分子的微观分相结构、表面活性剂在溶液中形成的胶束和囊泡结构、不同相界面的分子组装等，这种复杂的聚集态结构往往具有多尺度的特性。如何从复杂的分子结构、分子间相互作用和微观聚集态结构出发，建立能描述这些复杂流体混合物的热力学性质和相行为的分子热力学模型，对分子热力学研究本身来说是一个巨大的挑战，对复杂材料的制备和结构控制则具有重要的实际指导意义。本文介绍近年来在复杂流体系统的分子热力学模型研究方面的进展情况，重点介绍本课题组的工作。

9.2　链状流体的状态方程

为了构建链状流体的分子热力学模型，可以从分子间具有缔合作用的球形分子流体出发。由于球形分子间存在缔合作用，在系统中可以形成二缔体、三缔体……系统达到平衡状态时，系统中球形小分子单体和不同缔合度的缔合体的数目将达到动态平衡，这种动态平衡与分子间的物理作用、弱化学缔合强度、系统温度和密度有关。对于分子间物理作用和弱化学缔合强度一定的系统，其宏观热力学性质（亥姆霍兹函数）只是系统温度和密度的函数。为了得到这种缔合流体的热力学函数表达式，Wertheim[16-19]采用热力学微扰理论进行了深入的研究，统计力学领域的其他学者对类似模型也进行了大量研究[20-24]。这些研究工作不同于处理缔合流体的化学平衡理论[25-28]，它们不需要假设系统中具体存在的缔合平衡关系，而是将弱化学缔合作用看做一种特殊形式的分子间相互作用，直接从分子间相互作用势出发，采用严格的统计力学推导，经过适当的简化后获得系统的亥姆霍兹函数等热力学性质表达式，这类处理方法统称为化学缔合统计理论。

如果分子间缔合作用能足够大，上述缔合系统中的球形分子单体在理论上将全部缔合形成不同结构的链状分子。在统计力学理论处理中加入一些限制条件，例如一个球形小分子只能与另外两个分子形成缔合作用等，就可以构作线型、支链型、环型等不同结构的链状分子流体的亥姆霍兹函数和状态方程。早期的理论工作主要针对硬球链流体[29-38]，如果进一步考虑链节间的吸引作用（主要是色散作用），则可以发展实用的链状流体的分子热力学模型。例如，Huang 和 Radosz[39,40]在 Chapman 等的统计缔合流体理论（SAFT）[29,30]的基础上引入方阱色散贡献，将 SAFT 推广到实际非缔合和缔合流体，其剩余亥姆霍兹函数由硬球排斥项、色散项、链节成链项以及缔合项构成。SAFT 已被广泛应用于小分子、聚合物、缔合流体、离子液体等复杂系统热力学性质的研究中。在 SAFT 基础上，许多研究者开展了卓有成效的工作。例如，Fu 和 Sandler[41]对 SAFT-EoS 进行了简化，用 Lee 等的软微扰硬链理论（SPHCT）模型中的方阱引力项[42]取代原始 SAFT 方程中的色散项；Gross 和 Sadowski[43]认为色散作用对亥姆霍兹函数和状态方程的贡献应考虑分子成链的影响，并依据微扰理论导得基于微扰链统计缔合流体理论的状态方程（PC-SAFT）；Tomouza 等[44,45]将 SAFT 和基团贡献法相结合，为赋予 SAFT 理论的预测功能奠定了重要基础。采用不同的分子间势能模型近似表达色散作用的贡献，并与硬球链流体的状态方程相结合，可以得到不同形式的 SAFT 型状态方程，如 L-J 势 SAFT（LJ-SAFT）、方阱势 SAFT（SW-SAFT）、Yukawa 势 SAFT（Yukawa-SAFT）等[46-53]。

　　SAFT 模型认为链节之间的色散力作用范围是固定不变的，以 SW-SAFT 方程为例，通常设定方阱色散力作用范围为 1.5σ（σ 为硬球链节直径）。然而对某些物质，系统是否存在稳定的相区与分子间相互作用的势能作用范围密切相关[54,55]。Gil-Villegas 等[56]首先觉察到 SAFT 模型的局限，并根据平均场理论获得了色散力作用范围可变化（变阱宽方阱）的链状流体状态方程（SAFT-VR），在实际系统热力学性质和相平衡的计算中取得了很好的效果。受此启发，不同研究者又开发了多种不同版本的变阱宽方阱链流体状态方程，如 Tsai 和 Chen[57]基于方阱配位数的模型，Lee 等[58]结合 Monte Carlo（MC）的模拟等。对更多的基于 SAFT 理论的状态方程及其发展，可参考相关文献[59-61]。

　　本节就本课题组多年来基于化学缔合统计理论构筑的链状流体状态方程及其在实际系统中的应用等做一介绍。

9.2.1　化学缔合统计理论框架

　　设有一混合物，由 r 元等摩尔组分（单体）S_i 构成，各单体可通过某种反应（或缔合）形成具有 r 个链节的链状分子

$$S_1 + S_2 + \cdots + S_r \longrightarrow S_1S_2\cdots S_r \tag{9.1}$$

这一链状分子的形状可以是任意的，如线型、支链型或环型，如图 9.1 所示。

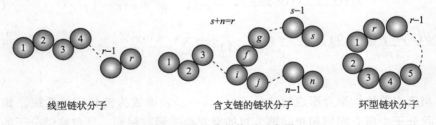

线型链状分子　　　　　　　含支链的链状分子　　　　　　环型链状分子

图 9.1　链状分子构型示意图

　　根据 Cummings 和 Stell 的缔合统计力学理论[20]，可获得由于缔合而引起的系统亥姆霍兹函数的变化为

$$\frac{\beta[A(\alpha) - A(\alpha = 0)]}{N_0} = -\frac{1}{r}\left[\alpha - \int_0^\alpha \alpha \mathrm{dln}y^{(r)}_{S_1S_2\cdots S_r}(\mathrm{L})\right] \tag{9.2}$$

式中，$\beta = 1/kT$，k 为 Boltzmann 常量，T 为系统温度；N_0 为缔合前的单体总个数；α 为系统的缔合度；$y_{s_1 s_2 \cdots s_r}^{(r)}$ 为 r 阶空穴相关函数。由热力学关系可获得由于缔合引起的系统压力的变化为

$$\frac{\beta[p(\alpha) - p(\alpha = 0)]}{r\rho_0} = -\frac{1}{r}\left[(r-1)\alpha - (r-1)\int_0^\alpha \alpha \mathrm{d}\ln y_{s_1 s_2 \cdots s_r}^{(r)}(\mathrm{L})\right]$$

$$+ \rho_0 \int_0^\alpha \left(\frac{\partial \ln y_{s_1 s_2 \cdots s_r}^{(r)}(\mathrm{L})}{\partial \rho_0}\right)\mathrm{d}\alpha$$

$$- \rho_0 \int_0^\alpha \alpha \left(\frac{\partial \ln y_{s_1 s_2 \cdots s_r}^{(r)}(\mathrm{L})}{\partial \rho_0}\right)\mathrm{d}\ln y_{s_1 s_2 \cdots s_r}^{(r)}(\mathrm{L}) \tag{9.3}$$

式中，ρ_0 为各单体 S_i 的数密度。式（9.2）和式（9.3）给出了等摩尔单体混合物中部分单体缔合形成具有 r 个链节（单体）的链状分子时系统亥姆霍兹函数变化和状态方程的表达式。

由式（9.2）和式（9.3）可知，要获得上述系统的亥姆霍兹函数和压力的变化，关键要得到 r 阶空穴相关函数。原则上，r 阶空穴相关函数可根据链节间相互作用势通过严格求解 $O\text{-}Z$ 积分方程得到，但对复杂流体，很难获得严格的解析式。为此，我们根据 Zhou 和 Stell[62] 的线性近似方法以及 Kirkwood 的叠加近似原理，将 r 阶空穴相关函数近似表示为

$$y_{s_1 s_2 \cdots s_r}^{(r)}(\mathrm{L}) = (1-\alpha)^r \prod_{i=1}^{r-1} y_{s_i s_{i+1}}^{(2e)} \prod_{i=1}^{r-2} y_{s_i s_{i+2}}^{(2e)} \tag{9.4}$$

式（9.4）第一项为缔合作用的贡献，第二项和第三项分别表示缔合体中所有相邻和相间链节对空穴相关函数的贡献。将式（9.4）分别代入式（9.2）和式（9.3），则可得由于缔合引起的系统亥姆霍兹函数和压力的变化：

$$\frac{\beta[A(\alpha) - A(\alpha = 0)]}{N_0} = \ln(1-\alpha) + \alpha(r-1)/r \tag{9.5}$$

$$\frac{\beta[p(\alpha) - p(\alpha = 0)]}{r\rho_0} = -\frac{\alpha}{r}\left[(r-1) + \rho_0 \sum_{i=1}^{r-1} \frac{\partial \ln y_{s_i s_{i+1}}^{(2e)}}{\partial \rho_0} + \rho_0 \sum_{i=1}^{r-2} \frac{\partial \ln y_{s_i s_{i+2}}^{(2e)}}{\partial \rho_0}\right]$$

$$\tag{9.6}$$

当所有单体均聚合形成链状分子时（$\alpha = 1$），即成为链状流体系统。如假设该链状分子中所有相邻和相间链节对的空穴相关函数相同，且忽略链分子的端点链节效应，由式（9.6）可得链状流体的状态方程为

$$z \equiv \frac{\beta p}{\rho_0} = rz(\alpha = 0) - \left[(r-1) + \eta \sum_{i=1}^{r_{s_i s_{i+1}}} \frac{\partial \ln y_{s_i s_{i+1}}^{(2e)}}{\partial \eta} + \eta \sum_{i=1}^{r_{s_i s_{i+2}}} \frac{\partial \ln y_{s_i s_{i+2}}^{(2e)}}{\partial \eta}\right]$$

$$\tag{9.7}$$

式中，$\eta = \pi r \rho_0 \sigma^3/6$ 为对比密度；$r_{s_i s_{i+1}}$ 为相邻链节对的数目；$r_{s_i s_{i+2}}$ 为相间链节

对的数目。系统的剩余亥姆霍兹函数由式（9.7）积分获得

$$\frac{\beta A^r}{N} = r\frac{\beta A^r(\alpha=0)}{rN} - \sum_{i=1}^{r_{s_i s_{i+1}}} \ln y_{s_i s_{i+1}}^{(2\epsilon)} - \sum_{i=1}^{r_{s_i s_{i+2}}} \ln y_{s_i s_{i+2}}^{(2\epsilon)} \qquad (9.8)$$

式中，N 为系统中总的链分子数。在式（9.7）和式（9.8）中，z（$\alpha=0$）和 $\beta A^r/rN$（$\alpha=0$）分别为单体系统的压缩因子和剩余亥姆霍兹函数。

在 SAFT 型的状态方程中，一般对硬球成链的贡献只考虑相邻链节间的相关性，上述理论框架则进一步考虑了相间链节的相关性。在推导过程中，我们既没有限定单体链节的大小和相互作用势的形式，又没有规定链状分子的结构。因此它们既适用于均聚链流体，也适用于共聚链流体，形成的链状分子可以是线型的、环状的或带有支链的，链节间的相互作用势可以是任意形式，如硬球排斥（硬球链流体）[63, 64]、带电硬球势（聚电解质和两性聚电解质溶液）[65-69]、方阱势（方阱流体）[70, 71]或 Yukawa 势（Yukawa 流体）[72]等。

9.2.2 状态方程

在上述理论框架下，我们可以进一步构筑实用的分子热力学模型或状态方程。例如，我们以硬球链流体的状态方程为基础，以 Alder 等[47]的方阱色散贡献为微扰项，构筑了能描述从球形小分子到高分子系统的热力学性质和各种复杂相行为的方阱链流体状态方程（SWCF-EoS）[73, 74]。对于水、醇、羧酸等物质，需要考虑分子间存在的氢键等特殊的弱化学相互作用，我们在黏滞球模型的基础上建立了缔合流体的分子热力学模型[75, 76]。对于共聚高分子，需要考虑不同链节的直径和相互作用能的差异，可以在非均核硬球链流体及混合物模型的基础上构建相应的分子热力学模型[77-79]。

最近，我们结合二阶微扰理论和积分方程方法将模型推广到变阱宽方阱链流体，建立了相应的状态方程（SWCF-VR），取得令人满意的结果[71,80,81]。其剩余亥姆霍兹函数和压缩因子可分别表示为

$$\frac{\beta A^{\text{SWCF},r}}{N} = \frac{\beta A^{\text{HSCF},r}}{N} + r\frac{\beta\Delta A^{\text{SW-mono}}}{rN} + \frac{\beta\Delta A_{\text{SW}}^{\Delta(\text{HS-Chain})}}{N} \qquad (9.9)$$

$$z = z^{\text{HSCF}} + r \times \Delta z^{\text{SW-mono}} + \Delta z_{\text{SW}}^{\Delta(\text{HS-Chain})} \qquad (9.10)$$

式中，z^{HSCF} 和 $\beta A^{\text{HSCF},r}/N$ 分别是硬球链流体的压缩因子和剩余亥姆霍兹函数。对于均核硬球链流体，可表示为

$$\frac{\beta A^{r(\text{HSCF})}}{N_0} = \frac{(3+a-b+3c)\eta - (1+a+b-c)}{2(1-\eta)} + \frac{1+a+b-c}{2(1-\eta)^2} - (c-1)\ln(1-\eta)$$

$$(9.11)$$

$$z = \frac{1+a\eta+b\eta^2-c\eta^3}{(1-\eta)^3} \qquad (9.12)$$

式中，a、b 和 c 为与分子链节数 r 有关的模型参数：

$$a = r\left(1 + \frac{r_{s_i s_{i+1}}}{r}a_2 + \frac{r_{s_i s_{i+1}}}{r}\frac{r_{s_i s_{i+2}}}{r}a_3\right) \tag{9.13}$$

$$b = r\left(1 + \frac{r_{s_i s_{i+1}}}{r}b_2 + \frac{r_{s_i s_{i+1}}}{r}\frac{r_{s_i s_{i+2}}}{r}b_3\right) \tag{9.14}$$

$$c = r\left(1 + \frac{r_{s_i s_{i+1}}}{r}c_2 + \frac{r_{s_i s_{i+1}}}{r}\frac{r_{s_i s_{i+2}}}{r}c_3\right) \tag{9.15}$$

$$a_2 = 0.45696, \quad b_2 = 2.10386, \quad c_2 = 1.75503$$

$$a_3 = -0.74745, \quad b_3 = 3.49695, \quad c_3 = 4.83207 \tag{9.16}$$

式 (9.9) 和式 (9.10) 中，上标 SW-mono 表示方阱作用势对系统热力学性质的贡献，其中对亥姆霍兹函数的贡献为

$$\frac{\beta \Delta A^{\text{SW-mono}}}{rN} = \left(\frac{\beta \Delta A_1^{\text{SW-mono}}}{rN}\right) + \left(\frac{\beta \Delta A_2^{\text{SW-mono}}}{rN}\right) \tag{9.17}$$

$$a_1^{\text{SW-mono}} = \frac{\beta \Delta A_1^{\text{SW-mono}}}{rN} = -4(\lambda^3 - 1)\left(\frac{\varepsilon}{kT}\right)\eta I_1(\eta, \lambda) \tag{9.18}$$

$$a_2^{\text{SW-mono}} = \frac{\beta \Delta A_2^{\text{SW-mono}}}{rN} = -2(\lambda^3 - 1)\left(\frac{\varepsilon}{kT}\right)^2 \eta K^{\text{HS}} I_2(\eta, \lambda) \tag{9.19}$$

$$K^{\text{HS}} = \frac{(1-\eta)^4}{1 + 4\eta + 4\eta^2 - 4\eta^3 + \eta^4} \tag{9.20}$$

$$I_1(\eta, \lambda) = \frac{\xi_1 \eta + \xi_2}{2\eta(1-\eta)} - \frac{\xi_2}{2\eta(1-\eta)^2} + \xi_3 \ln(1-\eta) + 1 \tag{9.21}$$

其中，

$$\begin{pmatrix} \xi_1 \\ \xi_2 \\ \xi_3 \end{pmatrix} = \begin{pmatrix} -890.366 & 2510.86 & -2629.19 & 1212.91 & -208.167 \\ -957.906 & 2722.24 & -2872.35 & 1334.96 & -230.768 \\ 943.572 & -2808.87 & 3082.31 & -1481.70 & 263.780 \end{pmatrix} \begin{pmatrix} 1 \\ \lambda^{\frac{1}{2}} \\ \lambda \\ \lambda^{\frac{3}{2}} \\ \lambda^2 \end{pmatrix} \tag{9.22}$$

$$I_2(\eta, \lambda) = \frac{\partial \eta I_1(\eta, \lambda)}{\partial \eta} \tag{9.23}$$

相应地，方阱作用势对压缩因子的贡献为

$$\Delta z^{\text{SW-mono}} = \Delta z_1^{\text{SW-mono}} + \Delta z_2^{\text{SW-mono}} \tag{9.24}$$

$$\Delta z_1^{\text{SW-mono}} = -4(\lambda^3 - 1)\left(\frac{\varepsilon}{kT}\right)\eta \frac{\partial[\eta I_1(\eta, \lambda)]}{\partial \eta} \tag{9.25}$$

$$\Delta z_2^{\mathrm{SW\text{-}mono}} = -2(\lambda^3 - 1)\left(\frac{\varepsilon}{kT}\right)^2 \eta K^{\mathrm{HS}}\left\{\frac{\partial\,[\eta I_2(\eta,\lambda)]}{\partial\eta} + \eta I_2(\eta,\lambda)\frac{\partial\ln K^{\mathrm{HS}}}{\partial\eta}\right\}$$

(9.26)

式（9.9）和式（9.10）中，上标 Δ（HS-Chain）为方阱作用势能对分子成链的影响。其中对亥姆霍兹函数的贡献为

$$\frac{\beta\Delta A_{\mathrm{SW}}^{\Delta(\mathrm{HS\text{-}Chain})}}{N} = -r_{s_i s_{i+1}}\ln\Delta y_{s_i s_{i+1}}^{\mathrm{SW(2e)}} - r_{s_i s_{i+2}}\ln\Delta y_{s_i s_{i+2}}^{\mathrm{SW(2e)}}$$

(9.27)

式中，

$$\ln\Delta y_{s_i s_{i+1}}^{\mathrm{SW(2e)}} = \ln\frac{g_{s_i s_{i+1}}^{\mathrm{SW}}(\sigma)}{g_{s_i s_{i+1}}^{\mathrm{HS}}(\sigma)}$$

(9.28)

$$g_{s_i s_{i+1}}^{\mathrm{SW}}(\sigma) = g_{s_i s_{i+1}}^{\mathrm{HS}}(\sigma) + \frac{1}{4}\left[\frac{\partial a_1^{\mathrm{SW\text{-}mono}}}{\partial\eta} - \frac{\lambda}{3\eta}\frac{\partial a_1^{\mathrm{SW\text{-}mono}}}{\partial\lambda}\right]$$

(9.29)

$$g_{s_i s_{i+1}}^{\mathrm{HS}}(\sigma) = \frac{1 - \dfrac{\eta}{2}}{(1-\eta)^3}$$

(9.30)

$$\ln\Delta y_{s_i s_{i+2}}^{\mathrm{SW(2e)}} = \frac{r-1}{r}\frac{\varepsilon}{kT}\left[\frac{\xi_a\eta + \xi_b}{2(1-\eta)} - \frac{\xi_b}{2(1-\eta)^2} + \xi_c\ln(1-\eta)\right]$$

(9.31)

$$\begin{cases}\xi_a = \dfrac{(\xi_1 + \xi_2 + 6)}{4} \\[2mm] \xi_b = \dfrac{(\xi_1 - \xi_2 + \xi_3 + 5)}{7} \\[2mm] \xi_c = \dfrac{(2\xi_1 - \xi_3 + 2)}{3}\end{cases}$$

(9.32)

相应地，对压缩因子的贡献可通过对式（9.27）求导得到

$$\Delta z_{\mathrm{SW}}^{\Delta(\mathrm{HS\text{-}Chai0n})} = -r_{s_i s_{i+1}}\eta\frac{\partial\ln\Delta y_{s_i s_{i+1}}^{\mathrm{SW(2e)}}}{\partial\eta} - r_{s_i s_{i+2}}\eta\frac{\partial\ln\Delta y_{s_i s_{i+2}}^{\mathrm{SW(2e)}}}{\partial\eta}$$

(9.33)

对于水、醇、羧酸等具有氢键缔合作用的物质，必须进一步考虑缔合作用的贡献。我们根据 Zhou 和 Stell[62] 的黏滞球理论，假设分子间缔合键长等于分子硬球链节直径，获得了缔合作用对系统亥姆霍兹函数和压缩因子贡献的具体表达式[75, 76]：

$$\frac{\beta\Delta A^{\mathrm{Asso}}}{N} = \ln(1-\alpha) + \frac{\alpha}{2}$$

(9.34)

$$\Delta z^{\mathrm{Asso}} = -\frac{1}{2}\alpha\left(1 + \eta\frac{\partial\ln y_{s_i s_{i+1}}^{\mathrm{HS(2e)}}}{\partial\eta}\right)$$

(9.35)

式中，α 为缔合度，可由式（9.36）计算：

$$a = \frac{[2\rho_0 \Delta + 1] - \sqrt{1 + 4\rho_0 \Delta}}{2\rho_0 \Delta} \tag{9.36}$$

式中，$\Delta = \pi r \omega \sigma^3 \tau^{-1} y_{S_i S_{i+1}}^{HS(2e)} / 3$，$\tau^{-1} = e^{\beta \delta \varepsilon} - 1$，$\delta \varepsilon$ 为缔合作用能，ω 为缔合体积。

9.2.3　状态方程的应用

应用于实际流体时，对非缔合流体，通常用三个方阱链流体模型参数来表征分子的结构特征，即链长（r）、链节直径（σ）和方阱位能阱深（ε），若采用变阱宽方阱链流体，需要增加对比阱宽参数（λ）；对缔合流体，除前述参数外，还需缔合体积（ω）和缔合强度（$\delta \varepsilon$）两个参数来表示分子链节间的缔合作用。这些参数一般可通过拟合纯物质的饱和蒸气压和（或）饱和液体体积获得；对于高分子、离子液体等没有饱和蒸气压的物质，可以通过拟合不同温度和压力下液体的密度获得上述参数；对某些特殊体系，也可借助混合物的性质回归得到。

1. 小分子流体相平衡

用 SWCF-EoS 对几十种小分子非缔合流体的饱和蒸气压和液体摩尔体积进行的计算表明，在较宽的温度范围内，模型能令人满意地与实验结果吻合[73]。采用简单的混合规则，只要使用一个二元可调参数，SWCF-EoS 可成功再现混合物的密度、气-液平衡、液-液平衡及固-液平衡等，显示了模型的广泛适用性[74,82]。对缔合性流体，在 SWCF-EoS 的基础上进一步考虑缔合作用的贡献，同样可获得良好的效果[75,76,83,84]。采用不同的混合规则，对用 SWCF-EoS 计算混合系统热力学性质的影响有限[85]。在近三相点至临界点的温度范围内，SWCF-VR 对 73 种不同类型的非缔合纯物质的饱和蒸气压和饱和液体摩尔体积的计算的平均偏差仅为 1.01％ 和 1.0％，且同系物的分子参数与其对应的相对分子质量有着良好的关联，说明 SWCF-VR 具有基团化的潜力[71,80]。对二元混合物，借助一个与温度无关的可调参数，SWCF-VR 可满意模拟系统的密度和气-液相平衡，并可满意预测三元混合物的性质[81]，对制冷剂系统[86]和醇胺系统[87]的计算结果也同样令人满意，显示了 SWCF-VR 的灵活性。

2. 聚合物 pVT 和相平衡

聚合物的分子参数只能通过关联其熔体的 pVT 关系来获取。计算表明，SWCF-EoS 可满意地应用于高分子系统的气-液相平衡[73,74]、纯缔合高分子系统的 pVT 关系[88]、高分子系统的液-液平衡[76]和气体在高分子熔体中的溶解度[89]等的计算。SWCF-VR 在计算聚合物 pVT 关系时具有更高的精度，对气体溶解度性质还具有一定的预测功能[80,81]。但 SWCF-EoS 和 SWCF-VR 仅限于对均聚高分子（具有相同单体的线型分子）的应用，对具有不同单体或（和）具有支链的共聚高分子系统则无能为力，它们不能区分共聚高分子复杂的结构差异。我们在获得具有不同直径的相邻和相间链节对空穴相关函数基础上构建了实际共聚物的 SWCF 模型 (copolymer-SWCF)[77-79]，模型中分子参数直接采用由相同单体组成的均聚高分子的分子参数。对纯共聚高分子，仅有一与温度无关的可调参数需由实验数据回归。这一模型可满意计算共聚高分子的比体积、气-液平衡以及共聚高分子混合物互溶窗等性质。采用不同的吸引作用微扰项，还可获得不同形式的 SWCF-EoS 和 copolymer-SWCF 模型，它们具有大致相同的关联精度[90,91]。

3. 离子液体 pVT 和相平衡

离子液体 (ILs) 作为新型绿色化学产品，在有机合成、催化反应、电化学以及功能材料制备等领域有着广阔的应用前景，对其热力学性质和相行为的研究已得到众多研究者的关注。由于 ILs 完全由阳离子和阴离子组成，且含有强烈的氢键作用，因此 ILs 的热力学性质和相行为复杂多变。我们假设 ILs 完全由正负离子链节对构成的中性链状分子组成，或者假设 ILs 是由具有不同单体的阴阳离子按共聚方式共聚而成，分别用 SWCF-EoS 和 copolymer-SWCF 模型成功地计算了 ILs 的 pVT 性质和气-液相平衡[92,93]。SWCF-VR 状态方程也被应用于 ILs 系统，对由同一阴离子与同一类型的阳离子所构成的 ILs，如果只是阳离子上的取代基长度不同，SWCF-VR 状态方程得到的 ILs 分子参数与其相对分子质量存在较好的线性关系。此外，如采用一个与温度无关的二元可调参数，SWCF-VR 还可满意计算二元 ILs 混合物的密度以及气-液相平衡[94]。

4. 表面张力

多组分液体混合物的气-液界面张力是重要的基础物性数据，我们将定标粒子理论 (SPT) 和状态方程相结合，获得了一个形式简单、计算方便的常温条件下多组分混合物气-液界面张力模型[95]：

$$\gamma_{\mathrm{m}} = \frac{\psi_{\mathrm{m}}}{\sigma_{\mathrm{m}}^2} \sum_{i=1}^{K} x_i \frac{\gamma_i \sigma_i^2}{\psi_i} \tag{9.37}$$

式中，γ_{m} 为混合物表面张力；γ_i 为纯组分 i 的表面张力；x_i 为组分 i 摩尔分数；ψ_{m} 和 σ_{m} 分别采用式 (9.38) 和式 (9.39) 计算：

$$\psi_{\mathrm{m}} = \frac{12\eta_{\mathrm{m}}}{1 - \eta_{\mathrm{m}}} + 18\left(\frac{\eta_{\mathrm{m}}}{1 - \eta_{\mathrm{m}}}\right)^2 \tag{9.38}$$

$$\sigma_{\mathrm{m}}^3 = \frac{1}{2} \sum_{i=1}^{K} \sum_{j=1}^{K} x_i x_j (1 - l_{ij})^3 (\sigma_i + \sigma_j)^3 \left[1 + 3\eta_{\mathrm{m}}\left(\frac{\sigma_i - \sigma_j}{\sigma_i + \sigma_j}\right)^2\right] \tag{9.39}$$

式中，η_{m} 为混合物的对比密度；l_{ij} 为二元可调参数。我们用此模型计算了大量包括非缔合和缔合混合体系的气-液表面张力，通过调节 l_{ij}，大多数体系的计算误差小于 1%，最大偏差为 2.5%。通过与其他模型的比较表明，我们的模型计算精度好，应用范围广，对二元和三元气-液界面张力还具有一定的预测功能。

5. 黏度

黏度是流体重要的传递性质之一。宣爱国等[96]以压力型 Erying 黏度理论为基础，结合我们的 SWCF-EoS 模型建立了一个关联和预测高压流体的黏度模型：

$$\mu = k_1 \exp(k_2 \frac{pV_m}{RT}) = k_1 \exp(k_2 z) \tag{9.40}$$

式中，z 为流体的压缩因子，由 SWCF-EoS 计算。宣爱国等[96]计算了醇、烷烃及芳香烃等纯物质高压下的黏度，最高压力达 250MPa，总的平均偏差仅有 0.76%。基于压力型 Erying 黏度理论，我们还建立了一个高压液体混合物的黏度模型[97]，经对 20 组二元体系和 1 组三元系统高压下的黏度计算表明，模型可很好地关联和预测高压下混合物的黏度。将 SWCF-EoS 与绝对速率理论结合，也可建立常压混合物的黏度模型[98]，它已被应用到离子液体混合物黏度的计算中[99,100]。

9.3　链状流体的混合亥姆霍兹函数模型

链状流体的混合亥姆霍兹函数模型通常是在格子模型的基础上建立起来的。格子模型在应用于链状分子，特别是高分子系统时，取得了巨大的成功，迄今仍是描述高分子系统热力学和相行为的最重要的模型。Flory[101]和 Huggins[102]分别于 1942 年独立建立的密堆积格子理论（Flory-Huggins 格子理论，FHT），虽然只能做到定性而非定量地描述高分子溶液的热力学性质和相行为，但它仍然为高分子溶液理论的发展奠定了理论框架。例如，在此基础上发展起来的 Wilson[103]和 NRTL[104]等局部组成型活度因子模型都在化工分离过程研究中获得了十分广泛的应用。对于链状分子，Staverman-Guggenheim[105]似晶格理论很好地考虑了链节间的连接性对混合熵的影响，严琪良的计算机模拟结果表明，它是迄今为止最好的格子流体无热混合熵的表达式[106]，很多格子模型中都采用了这一表达式，如著名的 UNIQUAC 局部组成型活度因子模型[107]和在此基础上发展起来的 UNIFAC 基团贡献模型[108]等，近年来受到广泛关注的 COSMO 方法在计算分子大小差异对活度因子的贡献时，也采用了该模型[109]。

20 世纪 70 年代后期开始，Freed 及其同事[110]提出的格子集团理论（LCT），对巨配分函数按配位数的倒数 z^{-1} 和对比交换能 ε/kT 做两重展开，得到了多项式形式的格子模型的严格解，并被进一步用于描述单体尺寸、结构、排列次序、链柔性和链刚性等对聚合物相分离的影响[111-119]。但由此得到的高分子溶液的混合亥姆霍兹函数的表达式特别复杂，实际使用的式子往往是它的截断式，即使仅仅取级数的前两次项，得到的公式也长达数个页面，使理论在工程上的应用受到极大限制。我们在 LCT 基础上进行简化，采用高分子溶液的计算机模拟数据确定简化模型中经验的普适性常数，构建了修正的 Freed 理论（RFT）[120,121]。该模型不仅形式简单，而且对短链高分子溶液[122]和三元均聚高分子溶液的液-液平衡[123,124]的计算效果并不比截断后的 LCT 差。通过引入一个与链组成相关的有效交换能参数 $\in^{eff}$ 将该模型推广至无规共聚物溶液，可以描述无规共聚物组成对液-液平衡的影响[125,126]。Bae 等[127-129]利用 RFT 的一个变异版本描述对称（即各组分链长接近）的高分子共混物，其中的参数也都是采用计算机模拟关联得到的。此外，Lambert 等[130]、Qiao 等[131]在 FHT 基础上结合计算机模拟发展了聚合物溶液的热力学模型。

然而，通过计算机模拟数据检验发现[125,132-134]，现有理论并不完全令人满意，或是理论基础不够严密，或是引入了不合理的近似或假设，或是因为公式过于复杂而得不到工程应用，特别是对二元高分子溶液临界组成和多元高分子溶液相行为的预测，与计算机模拟结果比较尚有比较大的误差，也不能很好地描述配位数和链刚性等分子特性对高分子溶液相行为的影响。针对上述问题，最近我们对基于格子的混合亥姆霍兹函数模型重新进行了审视，采用统计力学理论推导与计算机模拟相结合的现代分子热力学研究方法[135]建立了新的模型，取得令人满意的结果。

9.3.1 密堆积格子模型

高分子的摩尔质量可以从 10^3 到 10^7 或更高，相对于溶剂小分子，其显著的特点是它的长链状结构，使分子具有很大的柔性，可以几乎是任意地弯曲卷缩，从而使它比一般分子有更复杂的构型，在热力学上的表现主要在于有复杂的混合熵，这一特点使得从严格的统计力学理论出发建立高分子系统的分子热力学模型面临很大挑战。迄今有成效的高分子系统的分子热力学模型大多是先准确计算无热溶液的混合熵，然后采用随机混合近似或其他近似方法计算混合热力学能，最后由式（9.41）得到混合亥姆霍兹函数：

$$\Delta_{mix}A = \Delta_{mix}U - T\Delta_{mix}S \tag{9.41}$$

这样构筑模型隐含了一个假设，混合熵仅仅来源于不同分子的排列组合，分子间的相互作用对其没有影响。但根据 Gibbs-Helmholtz 方程 $[\partial(A/T)/(1/T)]_V = U$ 可知，$\Delta_{mix}S$ 和 $\Delta_{mix}U$ 之间并不是完全独立的。实际上，不同分子间相互作用的差异必然导致非随机混合，从而引起混合熵的变化。

根据 Gibbs-Helmholtz 方程，系统的混合亥姆霍兹函数可以由混合热力学能对温度积分得到，即

$$\Delta_{\mathrm{mix}}A/T = (\Delta_{\mathrm{mix}}A/T)_{1/T\to 0} + \int_0^{1/T} (\Delta_{\mathrm{mix}}U)\mathrm{d}(1/T) \tag{9.42}$$

式中，$(\Delta_{\mathrm{mix}}A/T)_{1/T\to 0}$ 是温度无穷大时系统的混合亥姆霍兹函数，此时链节间的相互作用对系统的热力学性质已经没有影响，所以它就是系统的无热混合熵对混合亥姆霍兹函数的贡献 $-T\Delta_{\mathrm{mix}}S_0$。按照严琪良等的结论[106]，它可以由 Staverman-Guggenheim 模型计算。式（9.42）右边的第二项即为链节间相互作用对系统混合亥姆霍兹函数的剩余贡献，它包括混合热力学能和由于链节间的相互作用引起的熵效应两部分。因此，式（9.42）可表示为

$$\Delta_{\mathrm{mix}}A = -T\Delta_{\mathrm{mix}}S_0 + \Delta A^r \tag{9.43}$$

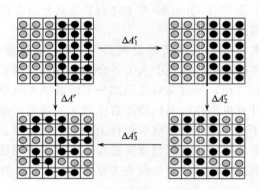

图 9.2　链状流体的混合过程示意图

为了计算剩余混合亥姆霍兹函数，我们将链状流体的混合过程设计成三个步骤（图 9.2）：第一步，不同组分的链状分子在纯物质状态下被解离成单体；第二步，不同单体之间互相混合；第三步，混合物中的单体重新缔合形成链状分子。系统的剩余混合亥姆霍兹函数为这三个假设过程的亥姆霍兹函数的变化之和，即

$$\Delta A^r = \Delta A_1^r + \Delta A_2^r + \Delta A_3^r \tag{9.44}$$

第二步是 Ising 格子的混合过程，ΔA_2^r 即为 Ising 格子的剩余混合亥姆霍兹函数。为了考察分子间相互作用对 Ising 格子混合非随机性和混合亥姆霍兹函数的影响，我们引入了一个非随机因子 Γ_{ij}（$i, j = 1, \cdots, K$）来度量混合的非随机性：

$$\frac{2N_{ii}}{N_{ij}} = \Gamma_{ij}\frac{\phi_i}{\phi_j} \tag{9.45}$$

式中，N_{ii} 和 N_{ij} 分别是混合系统中 i 分子与 i 分子相邻以及 i 分子与 j 分子相邻的分子对数目。Γ_{ij} 是温度及组成的函数，随着温度的升高，分子间相互作用的影响减小，混合将趋于随机，非随机因子趋于 1。计算机分子模拟发现，二元 Ising 格子系统的非随机因子随组成呈线性变化关系，从统计力学可以推导得到

斜率与系统对比温度的定量关系[136]。在不同温度下，多元 Ising 格子系统的非随机因子对组成也都呈现出很好的线性关系。通过对这些数据的分析，特别是对温度和斜率及截距之间关系的分析，最后得出一个多元 Ising 格子系统的非随机因子表达式[137]：

$$\Gamma_{ij} = \sum_{k=1}^{K} \phi_k \exp\left(\frac{\tilde{\varepsilon}_{ij} + \tilde{\varepsilon}_{ik} - \tilde{\varepsilon}_{jk}}{2}\right) \tag{9.46}$$

式中，$\tilde{\varepsilon}_{ij} = \varepsilon_{ij}/kT$，$\in_{ij} = \varepsilon_{ii} + \varepsilon_{jj} - 2\varepsilon_{ij}$ 为 i 和 j 组分链节的交换能。在此基础上即可推导得到多元 Ising 格子系统的混合热力学能表达式，并由 Gibbs-Helmholtz 方程积分得到混合亥姆霍兹函数[137]，扣除无热混合熵部分，剩下的就是 Ising 格子的剩余混合亥姆霍兹函数 ΔA_2^r。

第一步和第三步分别为化学键的断裂和形成，其化学键能的变化刚好相互抵消，但由于化学键的断裂和形成的环境不一样，引起的熵效应是不一样的。前者是在纯物质中，化学键断裂前后的环境没有变化，所以熵效应等于 0；后者是在混合物中，为了形成链状分子，Ising 格子混合物的单体首先必须排列成链状分子的位形，然后形成化学键，熵效应就是由于 Ising 格子混合物的单体形成链状分子的位形而产生的。为了计算这种熵效应，我们仍采用前面自由空间模型中化学缔合统计理论框架，单体缔合形成链状分子对系统亥姆霍兹函数的贡献为

$$\Delta A_3^r = -\sum_{i=1}^{K} kTN_i \ln y_i^{(r_i)} \tag{9.47}$$

$y^{(r)} = g^{(r)} \exp[\varepsilon^{(r)}/kT]$ 为 r 阶空穴相关函数，$g^{(r)}$ 为 r 阶径向分布函数。第一步和第三步的亥姆霍兹函数变化的总和为

$$\Delta A_1^r + \Delta A_3^r = -\sum_{i=1}^{K} kTN_i \ln g_i^{(r_i)} \tag{9.48}$$

$g_i^{(r_i)}$ 是 Ising 格子混合物中某个组分 i 的单体聚集体刚好形成链状分子的构形时的 r_i 阶径向分布函数。由此可见，解决 r 阶径向分布函数的计算问题是构建链状分子混合亥姆霍兹函数模型的关键。理论上，我们可以根据统计力学理论从单体间的相互作用出发进行推导，遗憾的是，由于数学上的巨大困难，迄今仍然无法纯粹运用统计力学推导出严格的 r 阶径向分布函数表达式。在自由空间模型的构筑过程中，通常采用一定的近似方法进行处理，比较著名的是 Kirkwood 的累积近似[138]，即将 $g_i^{(r_i)}$ 表示成 $(r_i - 1)$ 个 2 阶（即相邻链节间的）径向分布函数 $g_i^{(2)}$ 的累积形式 $g_i^{(r_i)} = \left[g_i^{(2)}\right]^{r_i-1}$。我们在构筑硬球链流体的状态方程时，根据计算机模拟结果还考虑了间位链节对相关性的影响，理论上还应该考虑更远距离的链节对相关性的影响，但这种影响已经很微弱，可以忽略不计[63]。假设 Kirkwood 的累积近似方法在格子模型中仍然可以采用，同时将分子内远程链节对的相关性用 λ_i 个相邻链节对的相关性近似表达，即

$$\frac{(\Delta A_1^r + \Delta A_3^r)}{N_r k T} = - \sum_{i=1}^{K} \frac{(r_i - 1 + \lambda_i)}{r_i} \ln g_i^{(2)} \tag{9.49}$$

式中，2 阶径向分布函数 $g_i^{(2)}$ 可以由非随机因子计算：

$$g_i^{(2)} = 1 \Big/ \sum_{j=1}^{K} \phi_j \Gamma_{ij} \tag{9.50}$$

最后得到完整的多元链状流体的混合亥姆霍兹函数模型为[139]

$$\begin{aligned}
\frac{\Delta_{\mathrm{mix}} A}{N_r k T} =& \sum_{i=1}^{K} \frac{\phi_i}{r_i} \ln \phi_i + \frac{z}{2} \sum_{i=1}^{K} \phi_i \frac{q_i}{r_i} \ln \frac{\theta_i}{\phi_i} + \frac{z}{4} \sum_{i=1}^{K} \sum_{j=1}^{K} \phi_i \phi_j \tilde{\varepsilon}_{ij} - \frac{z}{16} \sum_{i=1}^{K} \sum_{j=1}^{K} \phi_i \phi_j \tilde{\varepsilon}_{ij}^2 \\
&+ \frac{z}{8} \sum_{i=1}^{K} \sum_{j=1}^{K} \sum_{k=1}^{K} \phi_i \phi_j \phi_k \tilde{\varepsilon}_{ij} \tilde{\varepsilon}_{ik} - \frac{cz}{16} \Big(\sum_{i=1}^{K} \sum_{j=1}^{K} \phi_i \phi_j \tilde{\varepsilon}_{ij} \Big)^2 \\
&+ \sum_{i=1}^{K} \frac{r_i - 1 + \lambda_i}{r_i} \phi_i \ln \Big(\sum_{j=1}^{K} \phi_j \Gamma_{ij}^{-1} \Big) \tag{9.51}
\end{aligned}$$

式中，λ_i 是根据链长为 4[140] 和链长为 200[141] 的两个二元高分子溶液的临界点模拟数据关联得到的，即 $\lambda_i = z(r_i - 1)(r_i - 2)(ar_i + b)/6r_i^2$，其中，$a = 0.1321$，$b = 0.5918$[142]。

　　式（9.51）是一个比较通用的多元链状流体的混合亥姆霍兹函数模型，预测的二元高分子溶液的液-液平衡曲线、旋节线和混合热力学能与计算机模拟结果能很好地吻合，显著优于 Flory-Huggins 理论，比 Freed 理论和修正的 Freed 理论也有所改进，特别是对二元液-液平衡临界温度和临界组成的预测，明显优于其他理论和模型[142]。虽然 λ_i 是根据二元高分子溶液的 MC 模拟结果拟合得到的，但仍可以扩展至三元乃至多元高分子溶液或高分子共混物，如混合溶剂高分子溶液[143]，多元链状流体混合物[139] 等。例如，对于三元系液-液平衡的计算表明，新模型对只有一个分相区（type Ⅰ）、两个分相区（type Ⅱ）或三个分相区（type Ⅲ）的三种类型的三元相图以及三相平衡均能预测，与 MC 模拟结果能很好地吻合，明显优于其他理论模型。通过修正还可以进一步扩展至描述高分子的支化度、格子配位数、链刚性等对系统相行为的影响[144]。在大多数情况下，上述模型都能很好地定量或定性地描述各类因素对高分子系统相平衡的影响，预测精度有了很大的提高。

　　该模型还可以应用于共聚高分子系统，例如应用于随机共聚高分子溶液[145]，与陈霆等[125] 的 MC 模拟结果以及其他格子理论，如 FHT 和 RFT[126] 比较发现，能很好地表达共聚物组成对随机共聚物溶液相平衡的影响。

9.3.2　密堆积格子模型的应用

　　模型应用于实际二元高分子系统时，首先需要确定各组分的链长 r_i 和组分之间的交换能 $\in_{ij}/k$。通常对于链长较短或者摩尔体积较小的组分，我们可以将其看做溶剂，其链长设为 1，然后利用实验测得的液-液平衡临界会溶温度和临界组成确定另一个组分的链长和交换能。

对于分子间氢键等定向作用的影响，可以采用双重格子模型予以考虑[120, 121, 146]。如图 9.3 所示，格子混合物中实际存在两种 $i-j$ 分子对，一种是形成了定向相互作用的分子对（图中以粗线条相连），其定向作用能为 $-\delta\varepsilon_{ij}$。另一种是不存在定向作用的分子对（图中以虚线相连）。可以将具有定向作用的分子对看成是一种虚拟的组分，没有定向作用的分子对是另一种虚拟的组分，它们在一个虚拟的 Ising 格子空间上混合，其混合亥姆霍兹函数为 $\Delta_{sec,ij}A/N_{ij}kT$。按照双重格子模型，$i-j$ 分子对的有效作用能应为 $-\varepsilon_{ij}+\Delta_{sec,ij}A/N_{ij}kT$，只要将有效作用能取代格子模型中的 van der Waals 作用能 $-\varepsilon_{ij}$，即可将式（9.51）应用于具有定向作用的系统。由于我们并不清楚各种定向作用能的具体数值，实际计算时双重格子模型的作用相当于为有效作用能引入一个随温度变化的关系，式（9.51）中的交换能则由式（9.52）取代[146]：

$$\tilde{\varepsilon}_{ij} = \in_{ij}/kT = [\in_{(1)ij} + \delta\varepsilon_{(2)ij}/kT + \delta\varepsilon_{(3)ij}/(kT)^2]/kT \qquad (9.52)$$

式中，$\in_{(1)ij}$、$\delta\varepsilon_{(2)ij}$ 和 $\delta\varepsilon_{(3)ij}$ 可以由二元系的液-液平衡数据关联得到。

针对不同的系统，本模型都能给出很好的拟合效果[142-145, 147]。对于仅仅具有上临界会溶温度（UCST）的系统，式（9.52）取第一项或（和）第二项即可；对于具有下临界会溶温度（LCST）或环形部分互溶区的系统，则必须取到第三项。对于高分子共混物，不能指定其中的一个组分为溶剂，可以根据每个组分的 van der Waals 体积估算其分子链长，此时模型中唯一的可调参数为交换能。由二元系关联得到的模型参数可以很好地预测三元混合物的液-液共存曲线，显示出该模型良好的工程实际应用价值。由于离子液体的正负离子间

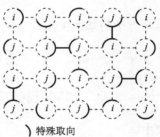

图 9.3 i 分子和 j 分子定向作用的双重格子模型示意图

存在很强的静电吸引作用，加上 N、O 和 F 等元素的存在，导致系统中存在大量的氢键，使 ILs 的相平衡和热力学性质呈现复杂的变化。我们尝试使用格子模型来描述 ILs 的相平衡，将 ILs 的正负离子对看成是中性的链状分子，将本模型应用于这种特殊的系统中，发现可以很好地描述各种离子液体的相平衡现象，包括气-液平衡、液-液平衡和无限稀释活度系数等[143,148]。在式（9.51）的基础上添加凝胶网络的弹性对系统亥姆霍兹函数的贡献后，模型还可以令人满意地应用于温度敏感型和溶剂敏感型凝胶系统溶胀平衡的计算[149,150]。

9.3.3　格子流体模型

所谓格子流体模型就是部分格位被空穴占据，空穴的多少可以反映系统的压

力变化。对于由 N_i 个 r_i 节的分子 i （$i=1, \cdots, K$）组成的高分子系统，我们设计了两步过程计算系统的混合亥姆霍兹函数[151-153]：第一步，由密堆积的纯组分混合形成密堆积的混合物；第二步，将这种密堆积混合物处理为一种虚拟的物质"a"，再与 N_0 个空穴"0"混合，形成在 T、p 下的实际混合物系统。

$$\Delta_{\mathrm{mix}} A = \Delta_{\mathrm{mix}} A_{\mathrm{I}} + \Delta_{\mathrm{mix}} A_{\mathrm{II}} \tag{9.53}$$

式中，第一步的混合亥姆霍兹函数 $\Delta_{\mathrm{mix}} A_{\mathrm{I}}$ 可以由式（9.51）计算；第二步的混合亥姆霍兹函数 $\Delta_{\mathrm{mix}} A_{\mathrm{II}}$ 也可以由式（9.51）计算，此时组分 1 为空穴，组分 2 为虚拟物质"a"，该虚拟系统的组成则与实际系统的密度有关：

$$
\begin{aligned}
\frac{\Delta_{\mathrm{mix}} A_{\mathrm{II}}}{N_r kT} = \frac{1}{\tilde{\rho}} \Bigg\{ & (1-\tilde{\rho})\ln(1-\tilde{\rho}) + \frac{\tilde{\rho}}{r_a}\ln\tilde{\rho} \\
& + \frac{z}{2}\left[-(1-\tilde{\rho})\ln[1+(q_a-1)\tilde{\rho}] + \tilde{\rho}\frac{q_a}{r_a}\ln\frac{q_a}{1+(q_a-1)\tilde{\rho}} \right] \\
& + \frac{z}{2\tilde{T}}(1-\tilde{\rho})\tilde{\rho} - \frac{cz}{4\tilde{T}^2}(1-\tilde{\rho})^2\tilde{\rho}^2 - \frac{r_a-1+\lambda_a}{r_a}\tilde{\rho}\ln\left[\frac{1+(1-\tilde{\rho})D}{1+(1-\tilde{\rho})\tilde{\rho}D}\right] \Bigg\}
\end{aligned}
\tag{9.54}
$$

由热力学的基本关系式 $p = -(\partial A/\partial V)_{T,x}$，可以得到格子流体的状态方程：

$$
\begin{aligned}
\tilde{p} = \tilde{T}\Big\{ & -\ln(1-\tilde{\rho}) + \frac{z}{2}\ln\big[\frac{z}{2}\big(\frac{1}{r_a}-1\big)\tilde{\rho}+1\big]\Big\} - \frac{z}{2}\tilde{\rho}^2 - \frac{cz}{4\tilde{T}}(3\tilde{\rho}^4 - 4\tilde{\rho}^3 + \tilde{\rho}^2) \\
& + \frac{r_a-1+\lambda_a}{r_a}\tilde{T}\tilde{\rho}^2 \frac{[1+(1-\tilde{\rho})D]^2-1}{[1+(1-\tilde{\rho})D][1+(1-\tilde{\rho})\tilde{\rho}D]}
\end{aligned}
\tag{9.55}
$$

式中，

$$D = \exp(1/\tilde{T}) - 1 ; r_a^{-1} = \sum_{i=1}^{K}\phi_i/r_i ; \varepsilon_{aa} = \sum_{i=1}^{K}\sum_{j=1}^{K}\theta_i\theta_j\varepsilon_{ij} ; \varepsilon_{ij} = (1-\kappa_{ij})\sqrt{\varepsilon_{ii}\varepsilon_{jj}} \tag{9.56}$$

$$\tilde{T} = kT/\varepsilon_{aa} ; \tilde{p} = pv^*/\varepsilon_{aa} ; \tilde{\rho} = N_r v^*/V ; \lambda_a = z(r_a-1)(r_a-2)(ar_a+b)/6r_a^2 \tag{9.57}$$

9.3.4　格子流体模型的应用

上述格子流体模型可以用于描述小分子溶剂系统、离子液体系统、高分子系统的一系列热力学性质，如 pVT 性质、气-液平衡等。

对于纯物质，模型有四个分子参数：配位数 z、单个链节的体积 v^*、链节数 r、链节间的相互作用能 $-\varepsilon$。在实际应用时，我们一般可以设定 z 为 10，v^* 为 9.75cm³/mol，能量参数 ε 可以视具体情况表示成与温度有关的函数形式。这些参数可以通过关联纯物质的饱和蒸气压或（和）饱和液体体积数据或 pVT 数据得到。格子流体模型应用于混合物系统时，仅有一个二元的参数 κ_{ij}，用于表示二元能量参数 ε_{ij} 与纯物质能量参数 ε_{ii} 和 ε_{jj} 之间的关系。对包括烷烃、烯烃、炔烃、环烷烃、环烯烃、芳香烃、卤代烃、酮类、醇类以及少量的无机物等在内的大约 70 余种小分子的气-液平衡数据的关联结果，都取得了不错的效果。对大约 40 种小分子混合物的气-液平衡数据的关联，同样有较好的效果。具体内容可以见文献[154]。对于高分子或离子液体系统，纯物质参数可以通过关联它们的 pVT 数据得到，然后通过调节二元能量参数拟合混合体系的热力学性质。研究表明，格子流体模型能够很好地描述小分子与高分子或离子液体混合物的一些热力学性质，如气-液平衡、气体的溶解度等[155,156]。

9.4　结　束　语

由于系统的复杂性，我们必须对实际分子及其相互作用、流体的微观结构做合乎逻辑的模型化处理，自由空间柔性链模型和格子模型是链状分子流体最为常用的两个模型。即使如此，在简单流体中已经比较成熟的从统计力学出发经过严格的数学推导得到解析模型的方法在复杂分子流体中也显得越来越力不从心。采用统计力学推导、合理的简化假设和计算机模拟相结合的方法发展新的分子热力学模型不失为一种有效的方法，这里的分子模拟不仅仅用其结果作为模型检验的标准，而是参与到分子热力学模型建立的过程中[135]。我们在构筑作链状流体的分子热力学模型时，充分发挥了这一方法的优势。例如在建立硬球链流体的状态方程时，我们通过统计力学推导和合理简化，得到剩余亥姆霍兹函数与单体系统的剩余亥姆霍兹函数、相邻和相间链节间空穴相关函数的近似关系，对于单体系统的剩余亥姆霍兹函数，我们采用已经过长期检验的 Carnahan-Starling 方程[157]，相邻链节间的空穴相关函数则由 Tildesly-Street 方程（它是根据哑铃球流体的计算机模拟结果关联得到）得到[158]，而假设相间链节间的空穴相关函数具有与相邻链节间空穴相关函数类似的数学表达式，其包含的普适性常数则由线型三链节硬球链流体压缩因子的计算机模拟数据[159,160]关联得到，最终得到的硬球链流体状态方程不仅形式简单，而且外推性能很好[63]。这种思想也被应用构建 Yukawa 链流体的状态方程，这里采用的是 Yukawa 二缔体的分子模拟结果[53]，得到有效的径向分布函数[72]。在建立 Ising 格子的混合亥姆霍兹函数模型时，关键是获得非随机因子随温度和组成的变化关系，我们通过 MC 模拟发现非随机因子随组成呈线性关系[136,137]。对于二元 Ising 格子，我们从统计力学出发导出了其斜率与对比温度的关系[136]；对于多元系，我们则根据二元系的结果和 MC 模拟的信息，假设了一个合适的非随机因子模型。最终得到的 Ising 格子混合亥姆霍兹函数模型不仅形式简单而且对热力学性质和相行为的预测结果与计算机模拟结果吻合得很好，比其他理论更准确[137]。在建立高分子系统的混合亥姆霍兹函数模型时，我们首先用 MC 模拟证实 Guggenheim 模型是无热混合熵最好的模型，其预测结果几乎是完美的；然后借鉴化学缔合统计力学理论构筑链状流体状态方程的方法，将剩余混合亥姆霍兹函数的计算分解成三个步骤，为了计算由单体缔合形成链状分子所引起的亥姆霍兹函数的变化，采用了 Kirkwood 的累积近似，并进一步用液-液平衡临界点的 MC 模拟结果确定了链状分子内长程相关性的贡献[142]。由此得到的高分子系统的混合亥姆霍兹函数模型不仅形式简单、预测效果好，而且具有很好的灵活性，可以很容易地拓展到枝链高分子[144]、共聚高分子[145]等更复杂的混合物系统，也能在一定程度上反映配位数和链刚性的影响[144]。

　　上述工作采用的方法，我们称之为现代分子热力学方法，它保持了统计力学的严格性，数学上的困难则利用了通常用做检验理论正确与否的分子模拟结果加以避免。这一方法的关键包括两个步骤：①基于统计力学推导，首先得到解析式。由于数学上的困难或引入的简化，式中常包含未知的函数或系数。②未知函数的形式或未知系数则由少量的计算机模拟数据来确定。最早采用这种方法构建的分子热力学模型，可能要数 Carnahan 和 Starling 于 1969 年建立硬球流体的Carnahan-Starling 方程了[157]。众所周知，在 Percus-Yevick 直接相关函数的基础上，由压力方程导得的状态方程与由压缩性方程导得的状态方程完全不同，Carnahan 和 Starling 巧妙地将两个方程线性组合，系数则由分子模拟数据确定，PY 压力方程的系数为 1/3，PY 压缩性方程的系数为 2/3，这就得到了 Carnahan-Starling 方程。Carnahan-Starling 方程是目前公认的硬球流体方程，可作为开发工程模型的可靠参照。目前，统计力学甚至都不能严格解决硬球流体的问题，更不用说更加复杂的硬球链流体了。在格子空间，统计力学也只能勉为其难地对两维 Ising 格子求解，对三维以及更复杂的 Flory-Huggins 格子就无能为力了。但统计力学与分子模拟结合，这些困难便可得到解决，所得解析式形式极为简单，且适合工程应用。

　　模型化的流体毕竟是实际流体的一种近似，以它为基础建立的分子热力学模型即使能与计算机模拟结果完全吻合，也可能与实际流体有一定的差异。这种差异可以通过采用合适的实验数据拟合模型参数的方法在一定程度上予以消除，也可以进一步引入经验或半经验的方法改进模型，例如我们通过引入双重格子模型建立交换能随温度的变化关系，使得模型能够关联高分子溶液的各种复杂的相变行为，如 LCST 型、环型以及计时沙漏型等液-液平衡相图；通过考虑凝胶网络的弹性自由的贡献，模型被扩展至凝胶系统溶胀平衡的计算，效果令人满意；通过引入空穴的方法还可以进一步反映压力对高分子系统相平衡的影响。

　　本文描述的分子热力学模型（亥姆霍兹函数模型或状态方程）虽然是针对均

匀系统相平衡和热力学性质的计算而建立起来的，它们可以为过程模拟提供可靠的相平衡、热力学和传递性质。但以此为基础通过泛函级数展开或权重密度近似，也可以获得非均匀系统的亥姆霍兹函数近似表达式，从而可以用于受限空间中复杂流体行为的计算，如 H_2、CO_2、CH_4 等气体在金属有机框架材料（MOF）中的吸附等[161,162]。我们建立的链状流体的状态方程和混合亥姆霍兹函数模型与密度泛函理论中的权重密度近似方法相结合，可以很好地描述固-液界面区高分子的密度分布和选择性吸附[163-170]，也可以用于研究悬浮于高分子溶液中的两个胶体颗粒间的有效相互作用[171]。由于不同组分间的不相溶性，高分子共混物或共聚物常常形成复杂的微观分相结构，它们对高分子材料的宏观性能有着重要的影响。如何定性或定量描述微观分相结构及其演化过程是当前高分子凝聚态物理的研究热点之一[172]。我们将 SWCF-EoS 与描述微观分相结构演化的动态密度泛函理论（DDFT）相结合，建立了基于状态方程的动态密度泛函理论（EoS-DDFT)[173-175]，首次将压力参数引入到微观分相结构演化的研究中。这一理论可以从宏观实验结果出发，通过状态方程关联得到实际系统的模型参数，并将模型参数输入到 DDFT 中进行介观模拟，进而根据模拟结果预测嵌段共聚物的微相分离行为。复杂材料的结构、形成过程及其调控，以及微观结构对材料宏观性质的影响，是产品工程研究的核心问题之一[176,177]。建立能准确描述复杂流体相平衡和物性数据的分子热力学模型，不仅是过程工程的基础，也是产品工程需要着重解决的问题。

参 考 文 献

[1] Agrawal R. Separations：Perspective of a process developer/designer. AIChE Journal, 2001, 47 (5)：967-971.

[2] Chen C C, Mathias P M. Applied thermodynamics for process modeling. AIChE Journal, 2002, 48 (2)：194-200.

[3] Prausnitz J M, Tavares F W. Thermodynamics of fluid-phase equilibria for standard chemical engineering operations. AIChE Journal, 2004, 50 (4)：739-761.

[4] Frenkel M. Global information systems in science：Application to the field of thermodynamics. Journal of Chemical & Engineering Data, 2009, 54 (9)：2411-2428.

[5] O'Connell J P, Gani R, Mathias P M, et al. Thermodynamic property modeling for chemical process and product engineering：Some perspectives. Industrial & Engineering Chemistry Research, 2009, 48 (10)：4619-4637.

[6] Prausnitz J M. Molecular thermodynamics：Opportunities and responsibilities. Fluid Phase Equilibria, 1996, 116 (1-2)：12-26.

[7] Horvath A L. Molecular Design. Amsterdam：Elsevier, 1992.

[8] Reed T M, Gubbins K E. Applied Statistical Mechanics. Boston：McGraw-Hill, 1973.

[9] 胡英, 刘国杰, 徐英年, 等. 应用统计力学. 北京：化学工业出版社, 1990.

[10] Frenkel D, Smit B. Understanding Molecular Simulation. Carolina: Academic Press, 1996.

[11] Maginn E J. From discovery to data: What must happen for molecular simulation to become a mainstream chemical engineering tool. AIChE Journal , 2009, 55 (6): 1304-1310.

[12] 胡英. 流体的分子热力学. 北京: 高等教育出版社, 1983.

[13] 胡英. 近代化工热力学. 上海: 上海科技文献出版社, 1993.

[14] 李以圭, 陆九芳. 电解质溶液理论. 北京: 清华大学出版社, 2005.

[15] Prausnitz J M, Lichetenthaler R N, de Azevedo E G. Molecular Thermodynamics of Fluid Phase Equilibria. 3rd Ed. Upper Saddle River: Prentice-Hall Inc, 1999.

[16] Wertheim M S. Fluids with highly directional attractive forces . 1. Statistical thermodynamics. Journal of Statistical Physics , 1984, 35 (1-2): 19-34.

[17] Wertheim M S. Fluids with highly directional attractive forces . 2. Thermodynamic perturbation-theory and integral-equations. Journal of Statistical Physics , 1984, 35 (1-2): 35-47.

[18] Wertheim M S. Fluids with highly directional attractive forces . 3. Multiple attraction sites. Journal of Statistical Physics, 1986, 42 (3-4): 459-476.

[19] Wertheim M S. Fluids with highly directional attractive forces . 4. Equilibrium polymerization. Journal of Statistical Physics, 1986, 42 (3-4): 477-492.

[20] Cummings P T , Stell G. Statistical mechanical models of chemical-reactions analytic solution of models of A+B reversible AB in the Percus-Yevick approximation. Molecular. Physics. , 1984, 51 (2), 253-287.

[21] Zhou Y, Stell G. Chemical association in simple-models of molecular and ionic fluids . 2. Thermodynamic properties. The Journal of Chemical Physics, 1992, 96 (2): 1504-1506.

[22] Lee S H, Rasaiah J C, Cummings P T. A model for association in electrolytes—Analytic solution of the hypernetted-chain mean spherical approximation. The Journal of Chemical Physics, 1985, 83 (1): 317-325.

[23] Bernard O, Blum L. Binding mean spherical approximation for pairing ions: An exponential approximation and thermodynamics. The Journal of Chemical Physics, 1996, 104 (12): 4756-4754.

[24] Hu Y, Jiang J W, Liu H L, et al. Thermodynamic properties of aqueous solutions: Nonsymmetric sticky electrolytes with overlap between ions in the mean-spherical approximation. The Journal of Chemical Physics, 1997, 106 (7): 2718-2727.

[25] Heidemann R A, Prausnitz J M. Vanderwaals-type equation of state for fluids with associating molecules. Proceedings of the National Academy Sciences, 1976, 73 (6): 1773-1776.

[26] Gmehling J, Liu D D, Prausnitz J M. High-pressure vapor-liquid-equilibria for mixtures containing one or more polar components—Application of an equation of state which includes dimerization equilibria. Chemical Engineering Sciences, 1979, 34 (7): 951-958.

[27] Hu Y, Azevedo E, Luedecke D, et al. Thermodynamics of associated solutions—Henry constants for nonpolar solutes in water. Fluid Phase Equilibria, 1984, 17 (3): 303-321.

[28] Ikonomou G D, Donohue M D. Thermodynamics of hydrogen-bonded molecules—The associated perturbed anisotropic chain theory. AIChE Journal, 1986, 32 (10): 1716-1725.

[29] Chapman W G, Gubbins K E, Jackson G, et al. SAFT—Equation-of-state solution model for associating fluids. Fluid Phase Equilibria, 1989, 52: 31-38.

[30] Chapman W G, Gubbins K E, et al. New reference equation of state for associating liquids. Industrial

& Engineering Chemical Research, 1990, 29 (8): 1709-1721.

[31] Chang J, Sandler S I. An equation of state for the hard-sphere chain fluid—Theory and Monte-Carlo simulation. Chemical Engineering Science, 1994, 49 (17): 2777-2791.

[32] Phan S, Kierlik E, Rosinberg M L, et al. Equations of state for hard chain molecules. The Journal of Chemical Physics, 1993, 99 (7): 5326-5335.

[33] Phan S, Kierlik E, Rosinberg M. L. An equation of state for fused hard-sphere polyatomic-molecules. The Journal of Chemical Physics, 1994, 101 (9): 7997-8003.

[34] Walsh J M, Gubbins K E. A modified thermodynamic perturbation—Theory equation for molecules with fused hard-sphere cores. The Journal of Physical Chemistry, 1990, 94 (12): 5115-5120.

[35] Amos M D, Jackson G. Bonded hard-sphere (BHS) theory for the equation of state of fused hard-sphere polyatomic-molecules and their mixtures. The Journal of Chemical Physics, 1992, 96 (6): 4604-4618.

[36] Johnson J K, Mueller E A, Gubbins K E. Equation of state for Lennard-Jones chains. The Journal of Physical Chemistry, 1994, 98 (25): 6413-6419.

[37] Ghonasgi D, Chapman W G. Theory and simulation for associating fluids with 4 bonding sites. Molecular Physics, 1993, 79 (2): 291-311.

[38] Chiew Y C. Percus-Yevick integral-equation theory for athermal hard-sphere chains . 1. Equations of state. Molecular Physics, 1990, 70 (1): 129-143.

[39] Huang S H, Radosz M. Equation of state for small, large, polydisperse, and associating molecules. Ind. Eng. Chem. Res. , 1990, 29 (11): 2284-2294.

[40] Huang S H, Radosz M. Equation of state for small, large, polydisperse, and associating molecules— Extension to fluid mixtures. Industrial & Engineering Chemical Research, 1991, 30 (8): 1994-2005.

[41] Fu Y H, Sandler S I. A simplified saft equation of state for associating compounds and mixtures. Industrial & Engineering Chemical Research, 1995, 34 (5): 1897-1909.

[42] Lee K H, Lombardo M, Sandler S I. The generalized van der Waals Partition-function . 2. Application to the square-well fluid. Fluid Phase Equilibria, 1985, 21 (3): 177-196.

[43] Gross J, Sadowski G. Application of perturbation theory to a hard-chain reference fluid: an equation of state for square-well chains. Fluid Phase Equilibria, 2000, 168 (2): 183-199.

[44] Tamouza S, Passarello J P, Tobaly P, et al. Group contribution method with SAFT EOS applied to vapor liquid equilibria of various hydrocarbon series. Fluid Phase Equilibria, 2004, 222: 67-76.

[45] Tamouza S, Passarello J P, Tobaly P, et al. Application to binary mixtures of a group contribution SAFT EOS (GC-SAFT). Fluid Phase Equilibria, 2005, 228: 409-419.

[46] Banaszak M, Chiew Y C, Lenick R, et al. Thermodynamic perturbation-theory - Lennard-Jones chains, The Journal of Chemical Physics, 1994, 100 (5): 3803-3807.

[47] Alder B J, Young D A, Mark M A. Studies in molecular dynamics . 10. Corrections to augmented van-der-Waals theory for square-well fluid. The Journal of Chemical Physics, 1972, 56 (6): 3013.

[48] Chen S S, Kreglewski A. Applications of augmented van der Waals theory of fluids . 1. Pure fluids. Berichte der Bunsengesellschaft Physical Chemistry, 1977, 81 (10): 1048-1052.

[49] Cotterman R L, Schwarz B J, Prausnitz J M. Molecular thermodynamics for fluids at low and high-densities . 1. Pure fluids containing small or large molecules. AIChE Journal, 1986, 32 (11): 1787-1798.

[50] Song Y H, Lambert S M, Prausnitz J M. Equation of state for mixtures of hard-sphere chains including copolymers. Macromolecules, 1994, 27 (2): 441-448.

[51] Feng W, Wang W C. A perturbed hard-sphere-chain equation of state for polymer solutions and blends based on the square-well coordination number model. Industrial & Engineering Chemical Research, 1999, 38 (12): 4966-4974.

[52] O'Lenick R, Chiew Y C. Variational theory for Lennard-Jones chains. Molecular Physics, 1995, 85 (2): 257-269.

[53] Wang X Y, Chiew Y C. Thermodynamic and structural properties of Yukawa hard chains. The Journal of Chemical Physics, 2001, 115 (9): 4376-4386.

[54] Hagen M H J, Meijer E J, Mooij G C A M, et al. Does C-60 have a liquid-phase. Nature, 1993, 365 (6645): 425-426.

[55] Bolhuis P, Frenkel D. Prediction of an expanded-to-condensed transition in colloidal crystals. Physical Review Letters, 1994, 72 (14) 2211-2214.

[56] Gil-Villegas A, Galindo A, Whitehead P J, et al. Statistical associating fluid theory for chain molecules with attractive potentials of variable range. The Journal of Chemical Physics, 1997, 106 (10): 4168-4186.

[57] Tsai J C, Chen Y P. Development of an equation of state for the square-well chain molecules of variable well width based on a modified coordination number model. Fluid Phase Equilibria, 2001, 187: 39-59.

[58] Lee M J, McCabe C, Cummings P T. Square-well chain molecules: a semi-empirical equation of state and Monte Carlo simulation data. Fluid Phase Equilibria, 2004, 221 (1-2): 63-72.

[59] Wei Y S, Sadus R J. Equations of state for the calculation of fluid-phase equilibria AIChE Journal, 2000, 46 (1): 169-196.

[60] Muller E A, Gubbins K E. Molecular-based equations of state for associating fluids: A review of SAFT and related approaches. Industrial & Engineering Chemical Research, 2001, 40 (10): 2193-2211.

[61] Tan S P, Adidharma H, Radosz M. Recent advances and applications of statistical associating fluid theory. Industrial & Engineering Chemical Research, 2008, 47 (21): 8063-8082.

[62] Zhou Y Q, Stell G. Chemical association in simple-models of molecular and ionic fluids . 2. Thermodynamic properties. The Journal of Chemical Physics, 1992, 96 (2): 1504-1506.

[63] Hu Y, Liu H L, Prausnitz J M. Equation of state for fluids containing chainlike molecules. The Journal of Chemical Physics, 1996, 104 (1): 396-404.

[64] 刘洪来, 胡英. 环状和支链硬球链流体的状态方程. 高校化学工程学报, 1996, 10 (4): 337-344.

[65] Jiang J W, Liu H L, Hu Y, et al. Insulin-like growth factor-1 is a radial cell-associated neurotrophin that promotes neuronal recruitment from the adult songbird ependyma/subependyma. The Journal of Chemical Physics, 1998, 108 (2): 780-784.

[66] Jiang J W, Liu H L, Hu Y. Polyelectrolyte solutions with stickiness between polyions and counterions. The Journal of Chemical Physics, 1999, 110 (10): 4952-4962.

[67] Cai J, Liu H L, Hu Y. An explicit molecular thermodynamic model for polyelectrolyte solutions. Fluid Phase Equilibria, 2000, 170 (2): 255-268.

[68] Feng J, Liu H L, Hu Y. Molecular dynamics simulations of polyampholyte solutions: Osmotic coefficient. Molecular Simulation, 2006, 32 (1): 51-57.

[69] Jiang J W, Feng J, Liu H L, et al. Phase behavior of polyampholytes from charged hard-sphere chain model. The Journal of Chemical Physics, 2006, 124 (14): 144908.

[70] Liu H L, Rong Z M, Hu Y. Equations of state for hard-sphere chain fluids and square-well chain flu-

ids. The Chinese Journal of Chemical Engineering, 1996, 4 (2): 95-103.

[71] Li J L, He H H, Peng C J, et al. A new development of equation of state for square-well chain-like molecules with variable width 1. $1 \leqslant \lambda \leqslant 3$. Fluid Phase Equilibria, 2009, 276 (1): 57-68.

[72] 冯剑, 刘洪来, 胡英. 基于化学缔合的链状 YUKAWA 流体的状态方程. 化工学报, 2003, 54 (7): 881-885.

[73] Liu H L, Hu Y. Molecular thermodynamic theory for polymer systems . 2. Equation of state for chain fluids. Fluid Phase Equilibria, 1996, 122 (1-2): 75-97.

[74] Liu H L, Hu Y. Molecular thermodynamic theory for polymer systems—III. Equation of state for chain-fluid mixtures. Fluid Phase Equilibria, 1997, 138 (1-2): 69-85.

[75] Liu H L, Zhou H, Hu Y. Molecular thermodynamic model for fluids containing associated molecules. The Chinese Journal of Chemical Engineering, 1997, 5 (3): 208-218.

[76] Liu H L, Hu Y. Equation of state for systems containing chainlike molecules. Industrial & Engineering Chemical Research, 1998, 37 (8): 3058-3066.

[77] Peng C J, Liu H L, Hu Y. Liquid-liquid equilibria of copolymer mixtures based on an equation of state. Fluid Phase Equilibria, 2002, 201 (1): 19-35.

[78] Peng C J, Liu H L, Hu Y. Modeling comblike polymer solutions using an equation of state: Application to vapor-liquid equilibria. Industrial & Engineering Chemical Research, 2002, 41 (4): 862-870.

[79] Peng C J, Liu H L, Hu Y. Calculation of pVT and vapor-liquid equilibria of copolymer systems based on an equation of state. Fluid Phase Equilibria, 2002, 202 (1): 67-88.

[80] Li J L, He H H, Peng C J, et al. Equation of state for square-well chain molecules with variable range. I. Application for pure substances. Fluid Phase Equilibria, 2009, 286 (1) 8-16.

[81] Li J L, Tong M, Peng C J, et al. Equation of state for square-well chain molecules with variable range. II. Extension to mixtures. Fluid Phase Equilibria, 2009, 287 (1) 50-61.

[82] Peng C J, Liu H L, Hu Y. Solid-liquid equilibria based on an equation of state for chain fluids. Fluid Phase Equilibria, 2001, 180 (1-2): 299-311.

[83] 周浩, 刘洪来, 胡英. 含自缔合流体混合物的分子热力学模型. 化工学报, 1998, 49 (1): 1-10 .

[84] 周浩, 刘洪来, 胡英. 缔合流体混合物的分子热力学模型. 华东理工大学学报, 1998, 24 (2): 209-215.

[85] Wang S L, Peng C J, Shi J B, et al. Equation of state for chain-like molecules using mixing rule based on two-fluid theory. Fluid Phase Equilibria, 2003, 213 (1-2) 99-113.

[86] 李进龙, 彭昌军, 刘洪来. 变阱宽方阱链流体状态方程模拟制冷剂的气液平衡. 化工学报, 2009, 60 (3): 545-552.

[87] 何清, 李进龙, 何昌春, 等. 状态方程模拟醇胺系统的密度和气液相平衡. 化工学报, 2010, 61 (4): 812-819.

[88] Peng C J, Liu H L, Hu Y. Molecular thermodynamic model for associated polymers. The Chinese Journal of Chemistry, 2001, 19 (12): 1165-1171.

[89] Peng C J, Liu H L, Hu Y. Gas solubilities in molten polymers based on an equation of state. Chemical Engineering Science, 2001, 56 (24): 6967-6975.

[90] Peng C J, Liu H L, Hu Y. Comparison of equations of state based on different perturbation terms for polymer systems. Fluid Phase Equilibria, 2003, 206 (1-2): 127-145.

[91] Peng C J, Liu H L, Hu Y. Equations of state for copolymer systems based on different perturbation

terms. Fluid Phase Equilibria, 2003, 206 (1-2) 147-162.

[92] Wang T F, Peng C J, Liu H L, et al. Description of the pVT behavior of ionic liquids and the solubility of gases in ionic liquids using an equation of state. Fluid Phase Equilibria, 2006, 205 (1-2): 150-157.

[93] Wang T F, Peng C J, Liu H L, et al. Equation of state for the vapor-liquid equilibria of binary systems containing imidazolium-based ionic liquids. Industrial & Engineering Chemical Research, 2007, 46 (12): 4323-4329.

[94] Li J L, He Q, He C C, et al. Representation of phase behavior of ionic liquids using the equation of state for square-well chain fluids with variable range. The Chinese Journal of Chemical Engineering, 2009, 17 (6): 983-989.

[95] Li J L, Ma J, Peng C J, et al. Equation of state coupled with scaled particle theory for surface tensions of liquid mixtures. Industrial & Engineering Chemical Research, 2007, 46 (22): 7267-7274.

[96] Xuan A G, Wu Y, Peng C J, et al. Correlation of the viscosity of pure liquids at high pressures based on an equation of state. Fluid Phase Equilibria, 2006, 240 (1): 15-21.

[97] 周永祥, 彭昌军, 裘德林, 等. 基于链流体状态方程的高压流体混合物的黏度模型. 华东理工大学学报, 2006, 32 (8): 953-957.

[98] 周永祥, 彭昌军, 黑恩成, 等. 用链状流体分子热力学模型计算常压流体混合物的黏度. 石油化工, 2006, 35 (11): 1063-1068.

[99] Geng Y F, Wang T F, Yu D H, et al. Densities and viscosities of the ionic liquid [C (4) mim] [PF6] + N, N-dimethylformamide binary mixtures at 293. 15K to 318. 15K. The Chinese Journal of Chemical Engineering, 2008, 16 (2): 256-262.

[100] Geng Y F, Chen S L, Wang T F, et al. Density, viscosity and electrical conductivity of 1-butyl-3-methylimidazolium hexafluorophosphate plus monoethanolamine and plus N, N-dimethylethanolamine. J. Molec. Liquids, 2008, 143 (2-3): 100-108.

[101] Flory P J. Thermodynamics of high polymer solutions. The Journal of Chemical Physics, 1942, 10 (1): 51-61.

[102] Huggins M L. Some properties of solutions of long-chain compounds. The Journal of Chemical Physics, 1942, 46 (1): 151-158.

[103] Wilson G M. Vapor-liquid equilibrium. 11. New expression for excess free energy of mixing. Journal of American Chemical Society, 1964, 86: 127.

[104] Renon H, Prausnitz J M. Local compositions in thermodynamic excess functions for liquid mixtures. AIChE Journal. , 1968, 14 (1): 135.

[105] Guggenheim E A, Mixtures. Oxford: Oxford University Press, 1952.

[106] 严琪良. 链状分子流体热力学性质的计算机模拟研究 [D]. 上海: 华东理工大学, 1997.

[107] Abrams D S, Prausnitz J M. Statistical thermodynamics of liquid-mixtures—New expression for excess Gibbs energy of partly or completely miscible systems. AIChE Journal. , 1975, 21 (1): 116-128.

[108] Fredenslund A, Jones R L, Prausnitz J M. Group-contribution estimation of activity-coefficients in nonideal liquid-mixtures. AIChE Journal. , 1975, 21 (6): 1086-1099.

[109] Lin S T, Sandler S I. A priori phase equilibrium prediction from a segment contribution solvation model. Industrial & Engineering Chemical Research, 2002, 41 (5): 899-913.

[110] Freed K F. New lattice model for interacting, avoiding polymers with controlled length distribution. Journal of Physics A: Mathematical and General, 1985, 18 (5): 871-887.

[111] Bawendi M G, Freed K F. A lattice model for self-avoiding polymers with controlled length distribu-
tions. 2. Corrections to Flory-Huggins mean field. The Journal of Chemical Physics, 1986, 84 (12):
7036-7047.

[112] Bawendi M G, Freed K F. A lattice model for self-avoiding and mutually avoiding semiflexible poly-
mer-chains. The Journal of Chemical Physics, 1987, 86 (6): 3720-3730.

[113] Bawendi M G, Freed K F, Mohanty U. A lattice field-theory for polymer systems with nearest-neigh-
bor interaction energies. The Journal of Chemical Physics, 1987, 87 (9): 5534-5540.

[114] Bawendi M G, Freed K F. Systematic corrections to Flory-Huggins theory—polymer solvent void sys-
tems and binary blend void systems. The Journal of Chemical Physics, 1988, 88 (4): 2741-2756.

[115] Dudowicz J, Freed K F, Madden W G. Role of molecular-structure on the thermodynamic properties of
melts, blends, and concentrated polymer-solutions—Comparison of Monte-Carlo simulations with the
cluster theory for the lattice model. Macromolecules, 1990, 23 (22): 4803-4819.

[116] Dudowicz J, Freed K F. Effect of monomer structure and compressibility on the properties of multi-
component polymer blends and solutions. 1. Lattice cluster theory of compressible systems. Macro-
molecules, 1991, 24 (18): 5076-5095.

[117] Dudowicz J, Freed K F. Molecular influences on miscibility patterns in random copolymer/homopoly-
mer binary blends. Macromolecules, 1998, 31 (15): 5094-5104.

[118] Buta D, Freed K F, Szleifer I. Monte Carlo test of the lattice cluster theory: Thermodynamic proper-
ties of binary polymer blends. The Journal of Chemical Physics, 2001, 114 (3): 1424-1431.

[119] Dudowicz J, Freed K F, Douglas J F. New patterns of polymer blend miscibility associated with mono-
mer shape and size asymmetry. The Journal of Chemical Physics, 2002, 116 (22): 9983-9996.

[120] Hu Y, Lambert S M, Soane D S, et al. Double-lattice model for binary polymer-solutions. Macromol-
ecules, 1991, 24 (15): 4356-4363.

[121] Hu Y, Liu H L, Soane D S, et al. Binary-liquid liquid equilibria from a double-lattice model. Fluid
Phase Equilibria, 1991, 67: 65-86.

[122] 严琪良, 姜建文, 刘洪来, 等. 链状分子系统相平衡的 Monte Carlo 模拟. 化工学报, 1995, 46 (5):
517-523.

[123] 姜建文, 严琪良, 刘洪来, 等. 三元链状分子系统液液平衡的计算机模拟. 化工学报, 1996, 47 (5):
637-641.

[124] 杨建勇, 彭昌军, 刘洪来, 等. 三元链状分子系统液液平衡的 Monte Carlo 模拟和分子热力学模型.
高校化学工程学报, 2006, 20 (5): 673-678.

[125] Chen T, Liu H L, Hu Y. Monte Carlo simulation of phase equilibria for random copolymers. Macro-
molecules, 2000, 33 (5): 1904-1909.

[126] Chen T, Peng C J, Liu H L, et al. Molecular thermodynamics model for random copolymer solutions.
Fluid Phase Equilibria, 2005, 233 (1): 73-80.

[127] Chang B H, Ryu K R, Bae Y C. Chain length dependence of liquid-liquid equilibria of binary polymer
solutions. Polymer, 1998, 39 (8-9): 1735-1739.

[128] Chang B H, Bae Y C. Molecular thermodynamics approach for liquid-liquid equilibria of the symmetric
polymer blend systems. Chemical Engineering Science, 2003, 58 (13): 2931-2936.

[129] Chang B H, Bae Y C. Phase behaviors of symmetric polymer blend systems. Journal of Polymer Sci-
ence Part B: Polymer Physics, 2004, 42 (8): 1532-1538.

[130] Lambert S M, Soane D S, Prausnitz J M. Liquid-liquid equilibria in binary-systems—Monte-Carlo simulations for calculating the effect of nonrandom mixing. Fluid Phase Equilibria, 1993, 83: 59-68.

[131] Qiao B F, Zhao D L. A theory of polymer solutions without the mean-field approximation in Flory-Huggins theory. The Journal of Chemical Physics, 2004, 121 (10): 4968-4973.

[132] Houdayer J, Müller M. Phase diagram of random copolymer melts: A computer simulation study. Macromolecules, 2004, 37 (11): 4283-4295.

[133] Liang H J, He X H, Jiang W, et al. Monte Carlo simulation of phase separation of A/B/A-B ternary mixtures. Macromolecular Theory and Simulations, 1999, 8 (3): 173-178.

[134] Jiang J W, Yan Q L, Liu H L, et al. Monte Carlo simulations of liquid-liquid equilibria for ternary chain molecule systems on a lattice. Macromolecules, 1997, 30 (26): 8459-8462.

[135] Hu Y, Liu H L. Participation of molecular simulation in the development of molecular-thermodynamic models. Fluid Phase Equilibria, 2006, 241 (1-2),: 248-256.

[136] Yan Q L, Liu H L., Hu Y. Analytical expressions of Helmholtz function of mixing for Ising model. Fluid Phase Equilibria, 2004, 218 (1): 157-161.

[137] Yang J Y, Xin Q, Sun L, et al. A new molecular thermodynamic model for multicomponent Ising lattice. The Journal of Chemical Physics, 2006, 125 (16): 164506.

[138] Kirkwood J G, Lewinson V A, Alder B J. Radial distribution functions and the equation of state of fluids composed of molecules interacting according to the Lennard-Jones potential, 1952, The Journal of Chemical Physics, 20 (6): 929-938.

[139] Xin Q, Peng C J, Liu H L, et al. Molecular thermodynamic model of multicomponent chainlike fluid mixtures based on a lattice model. Industrial & Engineering Chemical Research, 2008, 47 (23): 9678-9686.

[140] Yan Q L, Liu H L, Hu Y. Simulation of phase equilibria for lattice polymers. Macromolecules, 1996, 29 (11): 4066-4071.

[141] Panagiotopoulos A Z, Wong V. Phase equilibria of lattice polymers from histogram reweighting Monte Carlo simulations. Macromolecules, 1998, 31 (3): 912-918.

[142] Yang J Y, Yan Q L, Liu H L, et al. A molecular thermodynamic model for binary lattice polymer solutions. Polymer, 2006, 47 (14): 5187-5195.

[143] Liu H L, Yang J Y, Xin Q, et al. Molecular thermodynamics of mixed-solvent polymer solutions. Fluid Phase Equilibria, 2007, 261 (1-2): 281-285.

[144] Yang J Y, Peng C J, Liu H L, et al. A generic molecular thermodynamic model for linear and branched polymer solutions in a lattice. Fluid Phase Equilibria, 2006, 244 (2): 188-192.

[145] Xin Q, Peng C J, Liu H L, et al. A molecular thermodynamic model for random copolymer solutions. Fluid Phase Equilibria, 2008, 267 (2): 163-171.

[146] Hu Y, Liu H L, Shi Y H. Molecular thermodynamic theory for polymer systems . 1. A close-packed lattice model. Fluid Phase Equilibria, 1996, 117 (1-2): 100-106.

[147] Yang J Y, Peng C J, Liu H L, et al. Liquid-liquid equilibria of polymer solutions with oriented interactions. Fluid Phase Equilibria, 2006, 249 (1-2): 192-197.

[148] Yang J Y, Peng C J, Liu H L, et al. Calculation of vapor-liquid and liquid-liquid phase equilibria for systems containing ionic liquids using a lattice model. Industrial & Engineering Chemical Research, 2006, 45 (20): 6811-6817.

[149] Huang Y M, Jin X C, Liu H L, et al. A molecular thermodynamic model for the swelling of thermo-sensitive hydrogels. Fluid Phase Equilibria, 2008, 263 (1): 96-101.

[150] Zhi D Y, Huang Y M, Han X, et al. A molecular thermodynamic model for temperature- and solvent-sensitive hydrogels, application to the swelling behavior of PNIPAm hydrogels in ethanol/water mixtures. Chemical Engineering Science, 2010, 65 (10): 3223-3230.

[151] Hu Y, Ying X G, Wu D T, et al. Molecular thermodynamics of polymer-solutions. Fluid Phase Equilibria, 1993, 83: 289-300.

[152] Hu Y, Ying X G, Wu D T, et al. Liquid-liquid equilibria for solutions of polydisperse polymers—Continuous thermodynamics for the lattice fluid model. Fluid Phase Equilibria, 1994, 98: 113-128.

[153] Hu Y, Ying X G, Wu D T, et al. Continuous thermodynamics for polymer-solutions. 2. Lattice-fluid model. The Chinese Journal of Chemical Engineering, 1995, 3 (1): 11-22.

[154] Xu X C, Liu H L, Peng C J, et al. A new molecular-thermodynamic model based on lattice fluid theory: Application to pure fluids and their mixtures. Fluid Phase Equilibria, 2008, 265 (1-2): 112-121.

[155] Xu X C, Peng C J, Cao G P, et al. Application of a new lattice-fluid equation of state based on chemical-association theory for polymer systems. Industrial & Engineering Chemical Research, 2009, 48 (16): 7828-7837.

[156] Xu X C, Peng C J, Huang Y M, et al. Modeling pVT properties and phase equilibria for systems containing ionic liquids using a new lattice-fluid equation of state. Industrial & Engineering Chemical Research, 2009, 48 (24): 11189-11201.

[157] Carnahan N F, Starling K E. Equation of state for nonattracting rigid spheres. The Journal of Chemical Physics, 1969, 51 (2): 635.

[158] Tildesley D J, Streett W B. An equation of state for hard dumbbell fluids. Molecular Physics, 1980, 41 (1): 85-94.

[159] Amos M D, Jackson G. BHS theory and computer-simulations of linear heteronuclear triatomic hard-sphere molecules. Molecular Physics, 1991, 74 (1): 191-210.

[160] Muller E A, Gubbins K E. Simulation of hard triatomic and tetratomic molecules—A test of associating fluid theories. Molecular Physics, 1993, 80 (4): 957-976.

[161] Liu Y, Liu H L, Hu Y, et al. Development of a density functional theory in three-dimensional nano-confined space: H-2 storage in metal-organic frameworks. The Journal of Physical Chemistry B, 2009, 113 (36): 12326-12331.

[162] Liu Y, Liu H L, Hu Y, et al. Density functional theory for adsorption of gas mixtures in metal-organic frameworks. The Journal of Physical Chemistry B, 2010, 114 (8): 2820-2827.

[163] Cai J, Liu H L, Hu Y. Density functional theory and Monte Carlo simulation of mixtures of hard sphere chains confined in a slit. Fluid Phase Equilibria, 2002, 194: 281-287.

[164] Zhang S L, Cai J, Liu H L, et al. Density functional theory of square-well chain mixtures near solid surface. Molecular Simulation, 2004, 30 (2-3): 143-147.

[165] Ye Z C, Cai J, Liu H L, et al. Density and chain conformation profiles of square-well chains confined in a slit by density-functional theory. The Journal of Chemical Physics, 2005, 123 (19): 194902.

[166] Ye Z C, Chen H Y, Cai J, et al. Density functional theory of homopolymer mixtures confined in a slit. The Journal of Chemical Physics, 2006, 125 (12): 124705.

[167] Chen H Y, Ye Z C, Peng C J, et al. Density functional theory for the recognition of polymer at nanop-

atterned surface. The Journal of Chemical Physics, 2006, 125 (20): 204708.

[168] Chen H Y, Ye Z C, Cai J, et al. Hybrid density functional theory for homopolymer mixtures confined in a selective nanoslit. The Journal of Physical Chemistry B, 2007, 111 (21): 5927-5933.

[169] Chen H Y, Chen X Q, Ye Z C, et al. Competitive Adsorption and Assembly of Block Copolymer Blends on Nanopatterned Surfaces. Langmuir, 2010, 26 (9): 6663-6668.

[170] Chen X Q, Sun L, Liu H L, et al. A new lattice density functional theory for polymer adsorption at solid-liquid interface. The Journal of Chemical Physics, 2009, 131 (4): 044710.

[171] Chen X Q, Cai J, Liu H L, et al. Depletion interaction in colloid/polymer mixtures: Application of density functional theory. Molecular Simulation, 2006, 32 (10-11): 877-885.

[172] 黄永民, 韩霞, 肖兴庆, 等. 嵌段共聚物自组装的研究进展. 功能高分子学报, 2008, 21 (1): 102-116.

[173] Xu H, Liu H L, Hu Y. The effect of pressure on the microphase separation of diblock copolymer melts studied by dynamic density functional theory based on equation of state. Macromolecular Theory and Simulations, 2007, 16 (3): 262-268.

[174] Xu H, Liu H L, Hu Y. Dynamic density functional theory based on equation of state. Chemical Engineering Science, 2007, 62 (13): 3494-3501.

[175] Xu H, Wang T F, Huang Y M, et al. Microphase separation and morphology of the real polymer system by dynamic density functional theory, based on the equation of state. Industrial & Engineering Chemical Research, 2008, 47 (17): 6368-6373.

[176] Hill M. Product and process design for structured products. AIChE Journal, 2004, 50 (8): 1656-1661.

[177] Costa R, Moggridge G D, Saraiva P M. Chemical product engineering: An emerging paradigm within chemical engineering. AIChE Journal, 2006, 52 (6): 1976-1986.

10   多相流动的数值模拟
——离散单元法及其在炼铁高炉中的应用

10.1   引   言

10.1.1   颗粒-流体流动的数值模拟概述

颗粒流动通常伴随着流体（气体或液体）的流动。实际上，在几乎所有类型的工业过程中都存在相互耦合的颗粒-流体流动。了解颗粒-流体流动的基本原理，归纳适当的控制方程和本构关系对流动过程的发展和控制策略极为重要。这就需要一种多尺度方法在不同的时间和长度尺度上来模拟并了解颗粒-流体流动的基本现象[1-5]。在过去，研究者在与热力学和动力学有关的原子/分子尺度上或者与宏观的过程操作有关的大尺度上作了许多研究。但是，迄今为止，这些研究仍缺乏在微观结构上对诸如颗粒、液滴或者气泡的行为所进行的定量描述，因而难以产生一个通用的方法来可靠地进行过程尺度放大和过程设计控制。因此，在颗粒尺度上对颗粒-流体流动的数值模拟是过去十多年中一个研究的焦点。

原则上来说，任何颗粒-流体流动系统的模拟都可以用牛顿定律来描述离散颗粒的运动，用 Navier-Stokes 方程以及相应的边界和初始条件来描述连续介质流体的流动。但实际上，颗粒-流体流动系统中通常有庞大的颗粒数目，需要求解大量的颗粒控制方程，并采用足够精细的网格来考虑连续介质通过颗粒间的空隙。取决于实际需要，可以根据不同的长度尺度和时间尺度来简化模型。通常来说，对于颗粒的流动，目前有两种模型可以来描述：宏观下的连续介质模型和微观下的离散模型。在连续介质模型中，颗粒相假定是连续的，其流动特点与流体类似。颗粒相有其特有的流动参数，如颗粒黏度、压力等，其控制方程组包括质量守恒和动量守恒。然而，此模型有效的运用取决于怎样建立可靠的本构关系来封闭颗粒相控制方程组和描述不同类型颗粒间的动量传递。虽然许多关系式或方程已经推导和建立起来，但是它们的可用性通常随着研究的条件和对象而改变。例如，目前有很多理论来描述不同的颗粒流动形态，如准静态流动、快速流动以及位于其间的过渡流动，可至今还没有一个通用的理论适用所有的流动条件或状况。实际上，发展一套普遍的理论来描述颗粒的流动还是一个极具挑战性的研究领域[6,7]。因此在目前的工作中，一般要对颗粒相做出各种假设来获得封闭方程和边界条件，而这些假设通常只是有限制的使用[8-11]。

另一种模型是微观下的离散模型。该模型对颗粒的描述主要是根据牛顿第二运动定律而建立在单个颗粒的运动分析基础之上。相对于连续介质模型，它的优点是不需要做一些假设或本构关系来描述颗粒的稳态流动或者封闭方程。多种离散方法已经发展应用，其中最常用到的一种方法是离散单元法（discrete element method，DEM）[12]。离散单元法模型考虑了接触或者非接触力而引起的有限个颗粒的运动，系统中每一个颗粒都要采用牛顿第二定律进行描述。离散单元法的基本原理类似于分子动力学模拟（molecular dynamic simulation，MDS），但两者所用到的力处在不同的时间和长度尺度上。

如果考虑颗粒流动的同时考虑流体的流动，还要进一步对流体相进行描述。根据模拟的时间尺度和长度尺度的不同，流体相的描述可以有多种方法，其中包括离散方法〔如分子动力学模拟、Lattice-Boltzmann（LB）、拟颗粒模型（pseu-do-particle method，PPM）〕、连续方法〔如直接数值模拟（direct numerical simulation，DNS）〕、大涡模拟（large eddy simulation，LES）和传统上的计算流体力学（computational fluid dynamics，CFD）。理论上这些模拟流体的方法都可以和离散单元法相耦合来描述颗粒-流体的流动，如 LB-DEM [13]、PPM-DEM [14-16]、DNS-DEM [17,18]、LES-DEM [19-21] 和 CFD-DEM 等。其中，CFD-DEM 是一种比较常用的数值方法，后面还要谈到。表 10.1 列举了几个典型的在

表 10.1　典型的颗粒-流体耦合模型及其优缺点[22]

模型类型	流体长度尺度	亚颗粒（离散或连续）	拟颗粒（离散）	计算单元（连续）	计算单元（连续）
	颗粒长度尺度	颗粒（离散）	颗粒（离散）	颗粒（离散）	计算单元（连续）
	耦合特性	离散＋离散或连续＋离散	离散＋离散	连续＋离散	连续＋连续
	举例	LB-DEM 或 DNS-DEM	PPM-DEM	CFD-DEM	TFM
方程组封闭		是（但可能由于系统中颗粒-颗粒的强相互作用而引起数值计算困难）	否（难以确定拟颗粒的物理性质）	是	否（没有通用的关系式来描述颗粒相以及颗粒相间的相互作用的本构关系）
考虑固相离散分布的特性		是	是	是	否
计算成本		极为费时	很费时	费时	可以接受
适用于工程过程模拟和控制		极为困难	很困难	困难	容易
适用于颗粒物理学的基础研究		大都可以接受（颗粒-流体相互作用力可以直接确定，可以用于 CCDM）	可以接受（但仅适用于定义明确的 PPM 系统）	可以接受	否

不同长度尺度上建立起来的颗粒-流体耦合模型以及他们各自的优缺点。就流体相来说，模型可以分为三大类：亚颗粒长度尺度、拟颗粒长度尺度和计算单元长度尺度[22]。这些方法的优缺点可以用三种比较流行的模型来讨论：双流体模型（two fluid model，TFM）、DNS-DEM 和 CFD-DEM。

双流体模型 在这个模型中，颗粒相和流体相在计算单元长度尺度上都是连续介质，而且两相相互渗透和作用。计算单元长度尺度通常远大于颗粒的尺寸，但远小于整个系统尺寸[23]。双流体模型最早在 20 世纪 60 年代提出[23]，并得到不断的完善和发展[24-27]。由于这类模型计算方便且效率较高，一般应用于过程模拟和应用研究。双流体模型在模拟气-固流化床方面得到了最广泛的应用[25,28,29]。但正如前面提到的，这类模型有效的应用还非常依赖于可靠的颗粒相本构关系或方程的建立。

DNS-DEM 耦合模型 在该模型中，流体相在颗粒尺度上求解，而颗粒被当作是离散的移动边界[17]。这个方法的一个重要特点是用一个弱耦合的关系来隐性地考虑颗粒-流体系统。DNS 直接数值模拟的潜力在于其能够产生详细的颗粒-流体相互作用动力学的信息[18]。但是这个模型的一个主要弱点是其处理颗粒-颗粒碰撞的能力。在早期的模型中，颗粒间的碰撞并没有考虑，当两个相互接近的颗粒间的距离小于一个事先设定的值，模拟就停止[18]。但最近的模型中，在动量方程中引入了一个相互排斥的力来防止颗粒间可能发生的碰撞[30,31]。因此，迄今为止，DNS 或以 DNS 为基础的模型主要应用于液体-颗粒系统中，因为在这样的系统中流体相互作用占统治地位，而颗粒-颗粒相互作用不是很激烈。这就限制了它在气体流化床中的应用，因为在气体流化床中，颗粒碰撞以及相互作用力比较显著。从这个角度考虑，LB-DEM 耦合模型更为优越。

CFD-DEM 耦合模型 在该模型中，离散颗粒的运动用牛顿第二运动定律来描述，而连续流体通过流体单元格或者计算网格进行描述[32-35]。CFD-DEM 方法近些年得到了广泛的发展和应用[36,37]。目前，颗粒-流体的流动模拟的困难主要取决于颗粒相，而不是流体相。因此，相对于 DNS-DEM 或者 LB-DEM 耦合模型，CFD-DEM 耦合模型由于其计算效率高而更有吸引力，而且相对于双流体模型比较而言，CFD-DEM 更适合于分析颗粒间的物理行为。CFD-DEM 耦合模型已经广泛应用于许多领域，包括过程工程、采矿、地质等，是一种得到了广泛承认并行之有效的方法，尤其是用来探讨颗粒行为的基本机理。除了模拟颗粒-流体的耦合流动，这个方法最近被进一步延伸至模拟颗粒-颗粒、颗粒-流体间的热量传递和各种复杂的化学反应[21,38-46]。

由上所述，虽然存在许多模型来模拟颗粒-流体的流动，但在目前还主要以双流体模型 TFM 和 CFD-DEM 耦合模型为主。双流体模型应用的主要局限性在于难以获得可靠的颗粒相的本构关系来封闭其控制方程组。近年来，一些研究者尝试了一种以 DEM 为基础的平均方法来建立颗粒相的本构关系[47-51]。其主要特点是利用 CFD-DEM 产生的微观数据（如颗粒-颗粒碰撞力、颗粒-流体相互作用力、空隙率、颗粒速度等）通过一种平均方法来获取颗粒-流体流动的宏观数据（如颗粒相的应力、黏度等）。通过分析这些宏观的数据，一方面可以验证文献中双流体模型常用的本构关系方程的可用性，另一方面也可以为归纳新的理论提供可靠的数据。

10.1.2　高炉内的多相流动概述

在冶金工业中，高炉冶炼是一个把铁矿石还原成生铁的连续生产过程（图10.1）。铁矿石、焦炭和熔剂等固体原料按规定配料比由炉顶料钟或无料钟装料

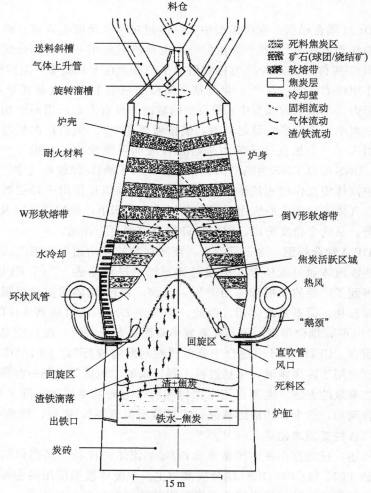

图 10.1　高炉内多相流动及内部结构示意图

装置分批送入高炉，并使炉喉料面保持一定的高度。焦炭和矿石会在高炉内形成交替分层结构。矿石料在下降过程中将逐步被还原，熔化成铁和渣，聚集在炉缸中，然后定期从出铁口、渣口放出。鼓风机送出的冷空气在热风炉中被加热到800～1350℃以后，经风口连续而稳定地进入炉缸，热风使风口前的焦炭燃烧，会产生2000℃以上的炽热还原性煤气。上升的高温煤气流将加热铁矿石和熔剂，使之成为液态；并使铁矿石完成一系列物理化学变化，然后煤气流逐渐冷却。期间下降料柱与上升煤气流之间进行剧烈的传热、传质和动量传输过程。由此可见，高炉是一个密闭的连续的逆流反应器，其中涉及复杂的多相流动并且伴随着复杂的物理化学反应[52]。

根据对高炉解剖的研究发现，高炉物料下降过程的分布是呈层状的，直至下部熔化区域；物料中的焦炭在燃烧前后始终处于固体状态而非软化熔化。一般而言，高炉的内部结构可分为以下几个主要区域[53]：①上部是矿石与焦炭分层的干区，称为块状带，没有液体。在这个区域，固体物料（焦炭和矿石等）在重力作用下下降，煤气在强制鼓风作用下上升。②中部为由软熔层和焦炭夹层组成的软熔带，矿石在这个区域从开始软化直至完全熔化。③中下部是液态渣和铁的滴落带，带内只有焦炭是固体。④风口回旋区。焦炭在这个区域强烈地回旋和燃烧。这里是炉内热量和气体还原剂的主要产生地。如果应用煤粉喷吹技术（PCI），未燃烧煤粉最终将被气体带走，离开风口回旋区进入炉内。在有些情况下，这些极细颗粒煤粉的阻塞或停滞将严重影响高炉的透气性能[54]。⑤铁水和炉渣存放的炉缸区。出铁时，铁水和炉渣做环流运动，浸入渣铁中的焦炭随渣铁做缓慢的沉浮运动，部分焦炭被挤入风口燃烧带软化。

10.1.3　高炉多相流动的数值模拟

由上可见，高炉炼铁过程是一个非常复杂的过程，它涉及多相流动（气相、颗粒相、液相和粉体），还伴随着各种化学和物理反应。探究炉内的现象对进一步优化高炉操作和延长高炉寿命是一个首要条件。然而，由于高炉内条件异常复杂并常伴随着高温等，直接观测炉内状况非常困难。正因如此，对高炉的研究一般通过实验室物理模型或者计算机模拟来进行。

双流体模型已经应用于高炉的多相流动的模拟[55,56]。例如，Yagi[55]在1993年综述了早期高炉内多相流动的一些研究，概括了高炉内四相流体模型的发展。Dong等[56]在此基础上又系统地概述了近些年来的进一步发展。如能设置适当的起始和边界条件，这些模型可以很好地用来描述一个简化的高炉内发生的一些宏观现象[57-73]，如炉内的固体物料的流动、粉相流动和液体流动。与此同时，他们还证实了这些模型在描述局部区域，如风口回旋区、软熔区等的局限性。通过这类模型，很难获得微观信息进而建立固体流动的封闭模型，同时考虑相与相间的相互作用，如液体相和煤粉相。过去十年来，随着计算机技术的发展，一些重要的发现可用来克服这些缺陷。例如，有些数学模型被发展来描述软熔带局部区域的液相和死料区、风口回旋区的气-固流动以及炉缸内颗粒的行为和非常态流动，如物料悬挂、煤粉流动和堆积等。现在可对高炉内三维瞬时流动进行模拟。

近年来，离散单元法和计算流体力学耦合的方法已经应用于高炉内的多相流动模拟，其中包括高炉上部炉喉的物料分布[74-82]、炉身的气-固两相流动[83-89]、风口回旋区的气-固两相流动[90-98]和炉缸内的颗粒行为[87,99,100]。本文的主要内容是先对所用到的数学模型进行简单描述，其中包括离散单元法、流体相控制方程、CFD 与 DEM 的耦合、传热模型以及平均方法，然后概述这些数学模型是如何应用于高炉研究和描述已经获得的结果和发现。

10.2　数学模型描述

10.2.1　颗粒相控制方程-离散单元法 DEM

颗粒流动中单个颗粒一般有两种运动方式：平动或者转动。在其运动过程中，它可以和周围的颗粒或者壁面或者周围的流体相互作用，交换动量和能量。严格地来说，这种运动不仅受周围颗粒或流体的影响，而且也被远处的颗粒或流体通过扰动波的传播所作用。这种过程的复杂性使模拟这个问题的尝试很困难。在离散单元法中，这个问题可以通过选择一个足够小的数值时间步长来解决。在这个时间步长内，任何扰动不能够比其周围颗粒和邻近流体传播得更远。因此，对于一个粗颗粒体系，任何时间内作用在一个颗粒上的合力可以由该颗粒与其相接触的颗粒和邻近流体的相互作用来决定。对于一个细颗粒体系，非接触力，如范德瓦耳斯力和静电力，也必须要考虑。基于这些考虑，可用牛顿运动第二定律来描述颗粒的运动。对于一个质量为 m_i，惯性扭矩为 I_i 的粗颗粒 i，其平动和转动控制方程可以写为

$$m_i \frac{\mathrm{d}\boldsymbol{v}_i}{\mathrm{d}t} = \boldsymbol{F}_{f,i} + \sum_{j=1}^{k_c} (\boldsymbol{F}_{c,ij} + \boldsymbol{F}_{d,ij}) + m_i \boldsymbol{g} \tag{10.1}$$

$$I_i \frac{\mathrm{d}\boldsymbol{\omega}_i}{\mathrm{d}t} = \sum_{j=1}^{k_c} (\boldsymbol{M}_{t,ij} + \boldsymbol{M}_{r,ij}) \tag{10.2}$$

式中，$\boldsymbol{v}_i$ 和 $\boldsymbol{\omega}_i$ 分别是颗粒的平动速度和转动速度；k_c 是与所研究颗粒相互作用的颗粒数目。引入的相关力包括颗粒与流体相互作用力 $\boldsymbol{F}_{f,i}$ 和颗粒重力 $m_i \boldsymbol{g}$，颗粒-颗粒相互作用力包括弹性力 $\boldsymbol{F}_{c,ij}$ 和黏性力 $\boldsymbol{F}_{d,ij}$。颗粒-颗粒相互作用力在接触点可以分解为法向和切向两部分。作用在颗粒上的转矩也包括两部分：由切向力引起的转矩 $\boldsymbol{M}_{t,ij}$ 和由因法向力分布不均减缓颗粒间的相对的转动而引起的转动

摩擦转矩 $M_{r,ij}$（图 10.2）。一个颗粒可与多个颗粒相互作用，由此产生的作用力和转矩需叠加在一起。颗粒-颗粒间的相互作用力和转矩可以用多种方法来计算，如线性模型和非线性模型[12,36,101]。我们的工作中主要用了非线性模型，为方便起见，将这些方程列于表 10.2。

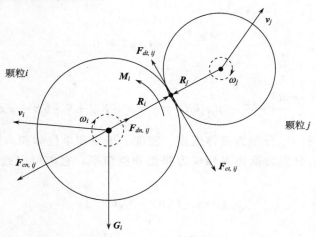

图 10.2　颗粒 j 作用在颗粒 i 上的力和转矩的二维示意图

表 10.2　作用在颗粒上的力和转矩的计算模型

力和转矩	符号	方程
法向弹性力	$F_{cn,ij}$	$-\dfrac{4}{3}E^{*}\sqrt{R^{*}}\,\delta_n^{3/2}\boldsymbol{n}$
法向阻尼力	$F_{dn,ij}$	$-c_n\left(8m_{ij}E^{*}\sqrt{R^{*}\delta_n}\right)^{\frac{1}{2}}V_{n,ij}$
切向弹性力	$F_{ct,ij}$	$-\mu_s\left|F_{cn,ij}\right|\left[1-(1-\delta_t/\delta_{t,\max})^{3/2}\right]\hat{\boldsymbol{\delta}}_t$ $(\delta_t<\delta_{t,\max})$
切向阻尼力	$F_{dt,ij}$	$-c_t\left(6\mu_s m_{ij}\left|F_{cn,ij}\right|\sqrt{1-\left|v_t\right|/\delta_{t,\max}/\delta_{t,\max}}\right)^{1/2}V_{t,ij}$ $(\delta_t<\delta_{t,\max})$
库仑摩擦力	$F_{t,ij}$	$-\mu_s\left|F_{cn,ij}\right|\hat{\boldsymbol{\delta}}_t$ $(\delta_t\geqslant\delta_{t,\max})$
切向力转矩	$M_{t,ij}$	$R_{ij}\times(F_{ct,ij}+F_{dt,ij})$
转动摩擦力转矩	$M_{r,ij}$	$\mu_{r,ij}\left|F_{n,ij}\right|\bar{\boldsymbol{\omega}}_{t,ij}^{n}$
压力梯度力	$F_{\nabla p,i}$	$-V_i\cdot\nabla p$
曳力[102]	$F_{d,i}$	$0.125C_{d0,i}\rho_f\pi d_{pi}^{2}\varepsilon_i^{2}\left|\boldsymbol{u}_i-\boldsymbol{v}_i\right|(\boldsymbol{u}_i-\boldsymbol{v}_i)\varepsilon^{-\chi}$

$\dfrac{1}{m_{ij}}=\dfrac{1}{m_i}+\dfrac{1}{m_j}$，$\dfrac{1}{R^{*}}=\dfrac{1}{\left|R_i\right|}+\dfrac{1}{\left|R_j\right|}$，$E^{*}=\dfrac{E}{2\,(1-v^2)}$，$\bar{\boldsymbol{\omega}}_{t,ij}=\dfrac{\boldsymbol{\omega}_{t,ij}}{\left|\boldsymbol{\omega}_{t,ij}\right|}$，$\hat{\boldsymbol{\delta}}_t=\dfrac{\boldsymbol{\delta}_t}{\left|\boldsymbol{\delta}_t\right|}$，$\delta_{t,\max}=\mu_s\dfrac{2-v}{2\,(1-v)}$

δ_n，$V_{ij}=V_j-V_i+\boldsymbol{\omega}_j\times R_j-\boldsymbol{\omega}_i\times R_i$，$V_{n,ij}=(V_{ij}\cdot\boldsymbol{n})\cdot\boldsymbol{n}$，$V_{t,ij}=(V_{ij}\times\boldsymbol{n})\times\boldsymbol{n}$。注意当 $\delta_t\geqslant\delta_{t,\max}$ 时切向力（$F_{ct,ij}+F_{dt,ij}$）被 $F_{t,ij}$ 所代替。$\chi=3.7-0.65\exp\left[-(1.5-\lg Re_i)^2/2\right]$，$c_{d0,i}=(0.63+4.8/Re_i^{0.5})^2$，$Re_i=\rho_f d_i\varepsilon_i\left|\boldsymbol{u}_i-\boldsymbol{v}_i\right|/\mu_{f}$。其中，$d_{pi}$ 为颗粒直径，$C_{d0,i}$ 和 Re_i 分别为颗粒阻力系数和雷诺数

10.2.2　流体相控制方程-计算流体力学

连续介质流体的流场可以用连续方程和 Navier-Stokes 方程来描述。其控制方程可以表述为[23]

连续方程

$$\frac{\partial \varepsilon_f}{\partial t} + \nabla \cdot (\varepsilon_f \boldsymbol{u}) = 0 \tag{10.3}$$

动量方程

$$\frac{\partial (\rho_f \varepsilon_f \boldsymbol{u})}{\partial t} + \nabla \cdot (\rho_f \varepsilon_f \boldsymbol{u}\boldsymbol{u}) = -\nabla p - \boldsymbol{F}_{fp} + \nabla \cdot \varepsilon_f \boldsymbol{\tau} + \rho_f \varepsilon_f \boldsymbol{g} \tag{10.4}$$

式中 $\boldsymbol{u}$，ρ_f，p 和 $\boldsymbol{F}_{fp}$ 分别为流体速度、密度、压力和单位体积内颗粒-流体相互作用力，$\boldsymbol{\tau}$ 和 ε_f 分别为流体黏性应力张量和空隙率，它们可以通过以下方程来计算：

$$\boldsymbol{\tau} = \mu_e \big[(\nabla \boldsymbol{u}) + (\nabla \boldsymbol{u})^{-1} \big] \tag{10.5}$$

$$\varepsilon_f = 1 - \sum_{i=1}^{k_c} V_i / \Delta V \tag{10.6}$$

式中，V_i 为颗粒的体积（或者部分体积，如果颗粒不完全位于其所在的流体网格内），k_c 为流体计算网格（其体积为 ΔV）内颗粒的数目，μ_e 为流体有效黏度，可以通过标准的 k-ε 湍流模型来计算。其控制方程和计算方法可以参见文献 [103，104]。

在一个流体计算网格内，当作用在颗粒上的压力梯度力 $\boldsymbol{F}_{\nabla p,i}$ 和流体产生的曳力 $\boldsymbol{F}_{d,i}$ 都已知，则在这个网格内单位体积内的颗粒-流体相互作用力也随之决定，可以写为

$$\boldsymbol{F}_{fp} = \Big[\sum_{i=1}^{k_c} (\boldsymbol{F}_{d,i} + \boldsymbol{F}_{\nabla p,i}) \Big] / \Delta V \tag{10.7}$$

方程（10.7）满足牛顿第三定律，即流体作用在网格内颗粒上的力也反作用于颗粒内的流体，两者大小相等，方向相反。

10.2.3　传热模型

如果考虑颗粒-流体系统中的热态行为，则颗粒和流体相有其各自的能量控制方程。系统中每一个颗粒，其能量控制方程可以写为

$$m_i c_{p,i} \frac{\mathrm{d} T_i}{\mathrm{d} t} = \sum_{j=1}^{k_i} Q_{i,j} + Q_{i,f} + Q_{i,\mathrm{rad}} + Q_{i,\mathrm{wall}} \tag{10.8}$$

式中，$Q_{i,j}$ 为颗粒-颗粒间的传导热流量；$Q_{i,f}$ 为颗粒-流体间的对流热流量；$Q_{i,\mathrm{rad}}$

为颗粒与周围环境的辐射换热；$Q_{i,\mathrm{wall}}$ 为颗粒-壁面换热量；$c_{p,i}$ 为颗粒常压下的比热；k_i 为与颗粒 i 交换热量的颗粒的数目。

流体的能量方程可以写为

$$\frac{\partial\,(\rho_f\,\varepsilon_f\,c_p\,T)}{\partial t} + \nabla\cdot(\rho_f\,\varepsilon_f\,\boldsymbol{u}c_p\,T) = \nabla\cdot(c_p\Gamma\nabla T) + \sum_{i=1}^{k_V} Q_{\mathrm{f},i} + Q_{\mathrm{f,wall}} \quad (10.9)$$

式中，Γ 为流体热扩散系数，定义为 μ_e/σ_T，σ_T 为湍流 Prandtl 数；$Q_{\mathrm{f},i}$ 为流体与位于其计算单元格内的颗粒 i 间对流换热；$Q_{\mathrm{f,\ wall}}$ 为流体与壁面的换热量。

式 (10.8) 和式 (10.9) 涉及的各种热流量可以用不同的模型来描述，其中包括颗粒-流体的对流换热、颗粒间的传导换热以及辐射热。

1. 颗粒-流体和流体-壁面之间的对流换热

颗粒-流体之间的对流换热早在 20 世纪 50 年代已经广泛地研究过，提出各种不同的方程来描述流体和固定床之间的对流换热系数[105-108]。一般来说，颗粒和流体间的热流量可以根据 $Q_{i,\mathrm{f}} = h_{i,\mathrm{conv}} \cdot A_i \cdot (T_{\mathrm{f},i} - T_i)$ 来计算。式中，A_i 为颗粒表面积；$T_{\mathrm{f},i}$ 为计算单元格内流体温度；$h_{i,\mathrm{conv}}$ 为对流换热系数。$h_{i,\mathrm{conv}}$ 和 Nusselt 数有关，是雷诺数和气体 Prandtl 数的函数，可以写为

$$Nu_i = h_{i,\mathrm{conv}}d_{pi}/k_{\mathrm{f}} = 2.0 + aRe_i^b Pr^{1/3} \quad (10.10)$$

式中，k_{f} 和 d_{pi} 分别为流体热传导系数和颗粒直径；Re_i 为雷诺数（表 10.2）。a 和 b 是两个常数，应该根据不同的研究对象进行选择。流体与壁面间可以根据 $Nu_D = h_{\mathrm{f,wall}}D/k_{\mathrm{f}} = 0.023Re^{0.8}Pr^n$ 来计算对流换热系数 $h_{\mathrm{f,wall}}$。式中，D 为当量水力直径；指数 n 在加热系统中为 0.4，在冷却系统中为 0.3[109]。

2. 颗粒-颗粒传导换热

颗粒-颗粒间的传导换热有许多机理[110,111]。如图 10.3 所示，在两个颗粒间的传导换热的主要机理包括：①通过颗粒-流体-颗粒通道换热；②通过颗粒-颗粒直接接触换热。对颗粒-颗粒间的传导机理已经做了许多研究，如文献 [111] 提出一个较为复杂的模型来研究这个问题。在这里，我们对在离散单元法中要用到的传导传热模型做一简要的介绍。

通过颗粒-流体-颗粒通道传导的热量：

$$Q_{i,j} = (T_j - T_i)\int_{r_{ij}}^{r_{sf}} \frac{2\pi\cdot r\mathrm{d}r}{\left[\sqrt{R^2-r^2} - r(R+H)/r_{ij}\right]\cdot(1/k_{pi}+1/k_{pj}) + 2\left[(R+H) - \sqrt{R^2-r^2}\right]/k_{\mathrm{f}}}$$

$$(10.11)$$

通过颗粒-颗粒直接接触传导的热量又可以分为两部分：一部分由于颗粒-颗粒间的静接触（主要发生在固定床），另一部分是由于颗粒-颗粒间的碰撞来引起

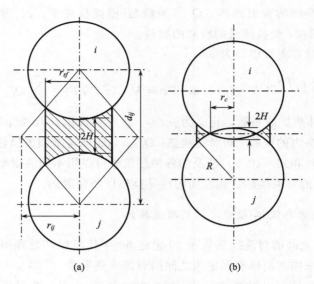

图 10.3　两个球体颗粒间的相对位置

(a) 无接触；(b) 接触且有重叠

的换热（主要发生在流化床）。这两种传热传递的热量可以分别写为[111-114]

$$Q_{i,j} = \frac{4r_c(T_j - T_i)}{(1/k_{pi} + 1/k_{pj})} \tag{10.12}$$

$$Q_{i,j} = c' \frac{(T_j - T_i)\pi r_c^2 t_c^{-1/2}}{(\rho_{pi} c_{pi} k_{pi})^{-1/2} + (\rho_{pj} c_{pj} k_{pj})^{-1/2}} \tag{10.13}$$

关于这些方程的详细信息可以参阅文献 [111-114]。

3. 颗粒辐射换热

在固定床或者流化床中，一个颗粒的周围环绕着流体和其他颗粒。假定存在一个密闭的空间，其温度可以假定为这个颗粒周围的环境温度，则颗粒与周围环境的辐射热量可以写为[45]

$$Q_{i,\mathrm{rad}} = \sigma\varepsilon_{pi}A_i(T_{\mathrm{local},i}^4 - T_i^4) \tag{10.14}$$

式中，σ 为 Stefan-Boltzmann 常量 $[5.67\times10^{-8}\mathrm{W}/（\mathrm{m}^2 \cdot \mathrm{K}^4）]$；$\varepsilon_{pi}$ 为球体发射率，而气体发射率很小，其辐射一般不予考虑。

10.2.4　耦合计算方法

离散单元法和计算流体力学的计算方法发展较为成熟[12,34,36,115,116]。为方便起见，这里对这两种方法做简要的描述。离散单元法中颗粒的平动和转动方程直接通过显示积分格式来求解[12]。流体相可用传统的 SIMPLE 算法来求解流体的流场[115]。两者的耦合方法可以参见图 10.4。在每一个时间步长，DEM 计算出每个颗粒的位置和速度，然后在流体网格内计算空隙率和单位体积的颗粒-流体相互作用力，CFD 用这些数据来计算流体流场，进而获得流体作用在单个颗粒上的曳力，这些再应用于 DEM 中为下一个时间步长去产生颗粒运动的信息。

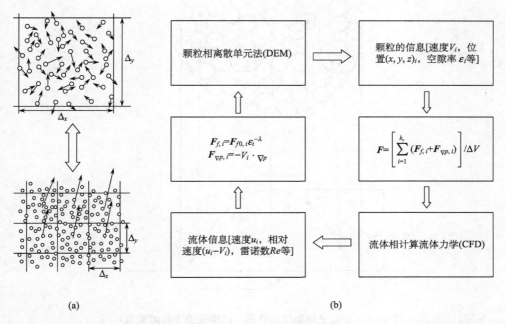

图 10.4　位于流体计算网格内的颗粒速度、流体速度示意图 (a) 和 CFD-DEM 耦合方法和交换数据信息示意图 (b)[36]

10.2.5　平均方法[117]

通过一种合适的平均方法，离散的颗粒系统可以转变成的连续介质系统（图 10.5）。很多的平均方法已经提出来描述颗粒连续系统的平衡方程。早期的一些模型没有考虑颗粒转动的影响，因此推出的平衡方程仅局限于质量和线性动量方程。最近的研究表明，无论通过哪种方法，所获得的平衡方程和经典连续介质力学中的方程是一样的。基于这种考虑，需要一个额外方程来描述颗粒的转动。因此对于一个颗粒系统，完整的平衡方程包括质量、线性动量和转动动量方程。它们可以写作以下形式：

$$\frac{\partial \rho_p}{\partial t} + \nabla \cdot (\rho_p \boldsymbol{u}_p) = 0 \tag{10.15}$$

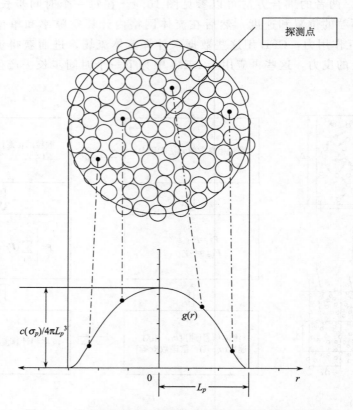

探测点

$c(\sigma_p)/4\pi L_p^3$

$g(r)$

0

L_p

r

图 10.5　空间平均加权示意图（同样适用于时间平均）[117]

$$\frac{\partial(\rho_p \boldsymbol{u}_p)}{\partial t} + \nabla \cdot (\rho_p \boldsymbol{u}_p \boldsymbol{u}_p) = \nabla \cdot \boldsymbol{T}_p + \boldsymbol{F}_{pf} + \rho_p \boldsymbol{g} \tag{10.16}$$

$$\frac{\partial(\rho_p \boldsymbol{\psi}_p)}{\partial t} + \nabla \cdot (\rho_p \boldsymbol{\psi}_p \boldsymbol{u}_p) = \nabla \cdot \boldsymbol{M}_p + \boldsymbol{M}'_p \tag{10.17}$$

式中，ρ_p 为质量密度；$\boldsymbol{u}_p$ 为平动速度；$\boldsymbol{\psi}_p$ 为内部旋转密度；$\boldsymbol{T}_p$ 为应力张量；$\boldsymbol{M}_p$ 为耦合应力张量；$\boldsymbol{F}_{pf}$ 为颗粒-流体相互作用力。这些方程类似于干燥颗粒流动的控制方程。唯一的区别在于线性动量方程中颗粒-流体相互作用力项，而在干燥颗粒方程中却没有。除了颗粒与流体相互作用项，关联离散和连续介质方法的方程也类似于干燥颗粒的方程。这些关联方程列于表 10.3。

表 10.3 关联离散变量和连续变量的方程

宏观变量	方程
质量密度	$\rho = \int_{T_t} \sum_i h_i m_i \mathrm{d}s$
平动速度	$\boldsymbol{u} = \dfrac{1}{\rho} \int_{T_t} \sum_i h_i m_i \boldsymbol{v}_i \mathrm{d}s$
转动速度	$\boldsymbol{\omega} = \dfrac{1}{\lambda} \int_{T_t} \sum_i h_i I_i \boldsymbol{\omega}_i \mathrm{d}s$
应力	$\boldsymbol{T} = -\int_{T_t} \sum_i h_i m_i \boldsymbol{v}_{i}' \otimes \boldsymbol{v}_{i}' \mathrm{d}s + \int_{T_t} \sum_i \sum_{j>i} g_{ij} \boldsymbol{d}_{ij} \otimes \boldsymbol{f}_{ij} \mathrm{d}s + \int_{T_t} \sum_i g_i^b \boldsymbol{d}_i^b \otimes \boldsymbol{f}_i^b \mathrm{d}s$
耦合应力	$\boldsymbol{M} = -\int_{T_t} \sum_i h_i I_i \boldsymbol{v}_i' \otimes \boldsymbol{\omega}_i \mathrm{d}s + \dfrac{1}{2} \int_{T_t} \sum_i \sum_{j>i} g_{ij} \boldsymbol{d}_{ij} \otimes (\boldsymbol{m}_{ij} - \boldsymbol{m}_{ji}) \mathrm{d}s + \int_{T_t} \sum_i g_i^b \boldsymbol{d}_i^b \otimes \boldsymbol{m}_i^b \mathrm{d}s$
流体 - 颗粒相互作用力	$\boldsymbol{F}_{pf} = \int_{T_t} \sum_i h_i \boldsymbol{f}_i^f \mathrm{d}s$
非接触力	$\boldsymbol{F}_{nc} = \int_{T_t} \sum_i \sum_k h_i \boldsymbol{f}_{ik}^{nc} \mathrm{d}s$

表 10.3 中，$\lambda = \int_{T_t} \sum_i h_i I_i \mathrm{d}s$. $\boldsymbol{v}_{i'} = \boldsymbol{v}_i - \boldsymbol{u}$，是与平均速度有关的颗粒脉动速度，$h_i = h(\boldsymbol{r}_i - \boldsymbol{r}, s - t)$，$\boldsymbol{r}$ 和 t 分别为位置矢量和所考虑变量平均的时间，$\boldsymbol{r}_i$ 为颗粒 i 的位置矢量；s 为加于平均量上的时间 $T_t = [T_0 + t, T_1 + t]$。g_{ij} 是由加权函数所决定的加权系数，可以通过 $g_{ij} = \int_0^1 h(\boldsymbol{r}_i + r\boldsymbol{d}_{ij} - \boldsymbol{r}, s - t) \mathrm{d}r$ 来计算。如果 $\boldsymbol{r}_i - \boldsymbol{r} \in \Omega_p$ 则 $\bar{\boldsymbol{r}}_i = \boldsymbol{r}_i$；否则 $\bar{\boldsymbol{r}}_i$ 是矢量 $\boldsymbol{d}_{ij}$ 和区域 Ω_p 的边界 $\partial \Omega_p$ 交汇点的位置矢量。$\boldsymbol{d}_{ij}$ 是连接颗粒 i 质量中心和颗粒 j 质量中心在区域 Ω_p 的部分矢量。$\boldsymbol{f}_i^b$ 和 $\boldsymbol{m}_i^b$ 是壁面作用于颗粒的接触力和力矩。

加权函数 $h = h(\bar{\boldsymbol{r}}, \bar{t})$ 可以写为

$$h(\bar{\boldsymbol{r}}, \bar{t}) = \begin{cases} \dfrac{1}{2\pi\sqrt{2\pi}} \dfrac{cL_t}{(L_t^2 - \bar{t}^2) L_p (L_p^2 - \bar{r}^2)} \exp\left[-\dfrac{1}{2} \left(\ln^2 \dfrac{L_t + \bar{t}}{L_t - \bar{t}} + \ln^2 \dfrac{L_p + \bar{r}}{L_p - \bar{r}} \right) \right], & (\bar{\boldsymbol{r}}, \bar{t}) \in \Omega \\ 0, & \end{cases}$$

式中，c 是加权函数的无量纲常数，区域 Ω 由 L_t 和 L_p 决定。

10.3 应 用 举 例

如前所述，离散单元法与计算流体力学的耦合方法已经广泛应用于颗粒-流体系统的模拟。高炉是一个典型的复杂的多相流动系统，其中包括颗粒流动（焦炭和铁矿石），气体从风口回旋区到高炉炉体到上部的流动，液体从软熔带到炉缸的流动以及渣铁在炉缸内到出铁口的流动，以及未燃煤粉在炉内的流动。而且这种多相流动伴随着复杂的物理和化学反应。CFD-DEM 模型已经在这个流动系统中得到了很多应用。下面我们从四个方面来介绍：高炉上部物料分布的模拟、炉体内颗粒的流动、风口回旋区气-固两相流动以及炉缸内颗粒的行为。

10.3.1　高炉上部物料分布的模拟

优化高炉炉喉物料分布可以用来控制高炉合理的煤气分布，保证高炉顺行，最大限度地利用煤气的热能和化学能。物料的分布一般通过一个可以旋转角度和速度的旋转溜槽来实现（图 10.6）。当矿石物料作用在焦炭层上时，高密度和高动量地冲击焦炭颗粒，这样在表面形成沟槽和塌陷现象。同时，矿石物料的不同组分（如球团、块状物料或者烧结矿）沿着炉喉半径发生颗粒偏析现象，造成矿石的化学成分沿半径而分布不均 [图 10.6（a）]。这种差异对矿石层的软化和熔化性能以及产生的软熔带的位置和形状、气体的分布都有很大的影响。离散单元法对炉喉的物料分布已经进行了一些研究[74-82]。

图 10.6（b）显示了一个无料钟物理实验装置，图 10.6（c）是其相应的数值模拟设置。适当地调整模拟参数，计算获得的从旋转溜槽出来的焦炭或烧结矿石颗粒的轨迹可以很好地与实验相一致 [图 10.6（d）]。

图 10.6（a）显示，颗粒流从旋转溜槽出来后会冲击已经形成的物料表面，然后在表面形成焦炭层崩塌或者沟槽现象。文献 [76] 通过实验和模拟研究了这一现象，如图 10.7 所示。结果显示实验结果和模拟结果较一致。该研究结果表明物料的分布受颗粒密度、颗粒大小、旋转溜槽角度以及料仓和旋转溜槽之间距离的影响，尤其物料密度的影响极为严重。密度越大，更多的颗粒将被推向左侧的壁面，产生的沟槽越深（图 10.8）。当溜槽角在 33°时，颗粒被推向两边，但在 45°时，仅推向左边。溜槽和料仓的距离越远，越多的颗粒被推向左侧。

文献 [79] 进一步用高炉无钟炉顶装置来分析颗粒的行为，主要着重于旋转溜槽角度对颗粒流动或者偏析的影响，如图 10.9 所示。在物料分布区域，物料质量随装料的批数增加而增加，物料沿径向方向向高炉中心展开，这是因为颗粒会沿着已经形成的料堆而向下滑动。焦炭层被后来的物料所挤压向高炉中心移动。模拟结果表明，严重的焦炭层塌陷发生在装载 16 批料后，其对应旋转溜槽的角度为 36.9°和 43.1°（图 10.10）。文献 [82] 对不同颗粒直径的偏析做了分析，结果表明，颗粒在旋转溜槽内已经发生了偏析现象，小颗粒在旋转流槽的底部，而大颗粒位于小颗粒的上面。

文献 [77] 对于中心加料情况做了研究，着重于冲击坑形成的过程机理的分析（图 10.11）。在沟槽形成的过程中，沟槽的深度很快地达到最大，而沟槽宽度逐渐增加经历的时间较长（图 10.12）。这种现象可以从模拟的颗粒速度场和颗粒-颗粒作用力场的分布以及底部作用在底部壁面正向应力可以表现出来。在冲击坑形成的过程中，我们可以来分析冲击过程中系统能量的变化。一般来说，颗粒系统的总机械能包括动能（平动和转动）和势能（重力势能和弹性势能）。在颗粒冲击过程中，机械能主要通过颗粒-颗粒或颗粒-壁面的碰撞和颗粒-颗粒或颗

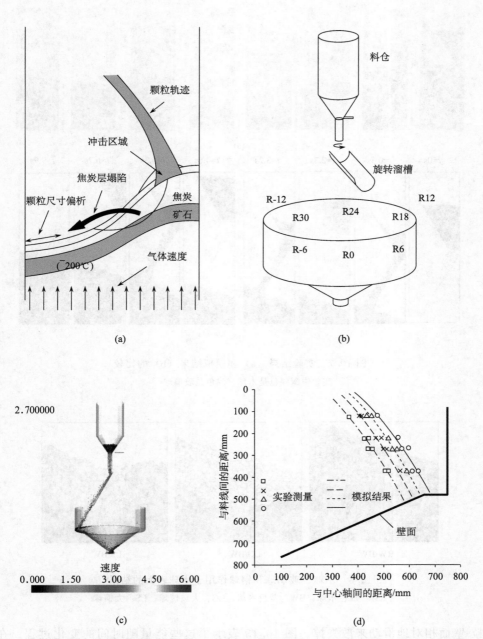

图 10.6　物料分布示意图（a）、无料钟物理实验装置（b）、数值模拟设置（c）和颗粒
轨迹的实验测量与模拟结果比较（d）

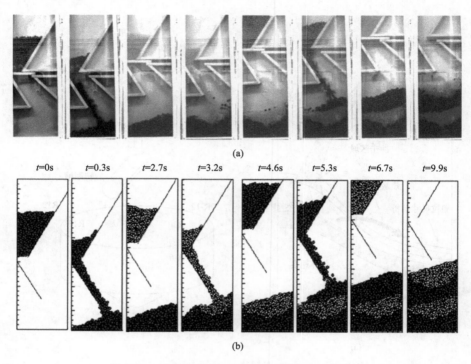

$t=0s$　　$t=0.3s$　　$t=2.7s$　　$t=3.2s$　　$t=4.6s$　　$t=5.3s$　　$t=6.7s$　　$t=9.9s$

(b)

图 10.7　实验结果（a）和模拟结果（b）的比较

实验中深颜色是木球，浅色是玻璃球[76]

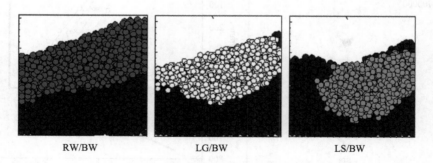

RW/BW　　　　　　　　LG/BW　　　　　　　　LS/BW

图 10.8　木球、玻璃球和钢球作用于木球表面的结果[76]

RW：红色木球；BW：蓝色木球；LG：大玻璃球；LS：大钢球

粒-壁面相对地滑动来散失掉。图 10.13 表示了这些能量随时间的变化过程。在开始时整个系统 99.5% 的能量是重力势能，0.5% 是弹性势能。在冲击过程中，一些重力势能转化成颗粒的动能，但所占的比例相对来说较小。颗粒动能在 0.21s 达到最大（约占初始总能量的 18%），对应于玻璃球到达底部颗粒表面的

(a) 第4批布料   (b) 第8批布料

(c) 第12批布料   (d) 第16批布料

图 10.9　旋转溜槽在 43.1°时的布料截面图[79]

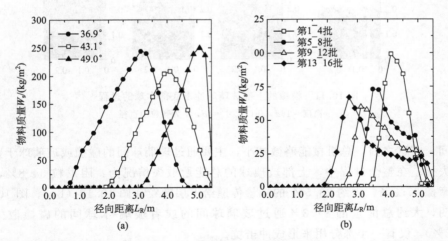

图 10.10　布料第 16 批后对不同旋转溜槽角度的物料质量和径向坐标的关系（a）及在旋转溜槽角度为 43.1°时每布第 4 批料后物料质量和径向坐标的关系（b）[79]

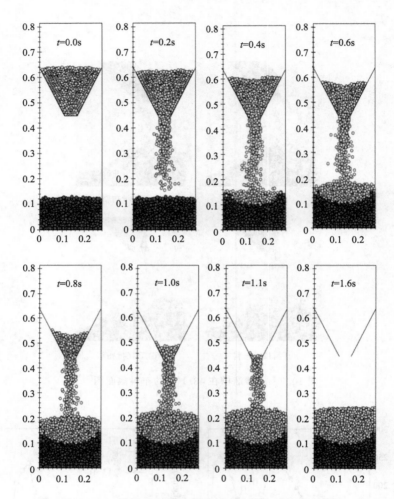

图 10.11　模拟的上部玻璃球冲击底部木球的过程[77]
高度＝16d，开口尺寸＝4d，d 为颗粒的直径

时间。在这之前，总机械能略微减小，主要通过玻璃球间的碰撞或玻璃球于壁面散失掉。在整个过程中，上部玻璃球的总能量散失情况为：阻尼粒 34.8%，滑动摩擦 37.2%，大约 23.5% 的能量传递给下层颗粒 [图 10.12 (b)]。图 10.13 表明，大约总能量的 91.3% 通过玻璃球间的或者玻璃-木球间的碰撞散失掉（72%），仅有一小部分用来形成冲击坑。

　　文献 [77] 进一步分析了冲击坑的尺寸与能量的关系。从理论上讲，冲击坑的尺寸应该与上部颗粒的输入能量成正比，而与下部颗粒的惯性能量成反比。但是冲击坑的尺寸也取决于开口的大小。开口大，形成的坑的宽度也越宽，但并不

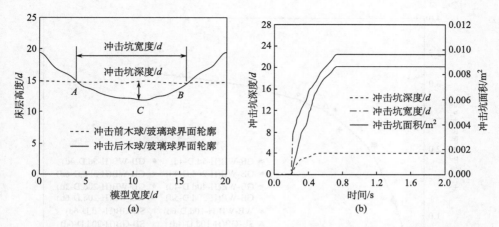

图 10.12 冲击坑的高度、宽度（a）、深度以及面积（b）随时间的变化情况[77]

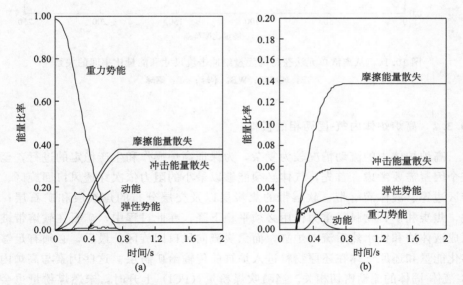

图 10.13 在冲击坑形成过程中能量的散失（高度＝20d，开口尺寸＝5d，d 为颗粒的直径）[77]
(a) 上部冲击颗粒层的能量；(b) 下部被冲击颗粒层的能量（base layer）

一定深。研究发现，冲击坑的尺寸与上部输入能量，下部惯性能量，颗粒尺寸的大小，开口的大小有关，如图 10.14 所示。这个关系式可以写为 $S_{crater} = 3.54 e^{-20.83/E_{ratio}}$。式中，能量比率定义为 $E_{ratio} = (0.5 m_t v^2 + m_t g H) / (m_b g d_b)$。根据图 10.11，要形成一个可见的冲击坑，能量比率 E_{ratio} 应该大于一个约 2.0 的临界值。

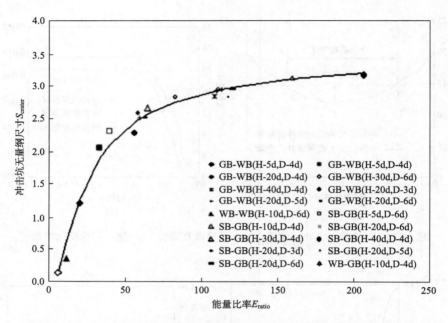

图 10.14　从离散单元法获得的无量纲冲击坑尺寸和能量比率间的关系[77]

GB：玻璃球；WB：木球；SB：钢球

10.3.2　高炉炉体内气-固两相的模拟

　　高炉炉体内的流动情况较为复杂，为保证高炉操作和生产稳定的进行，至少三个因素需要考虑。首先，气体必须能够以最小的阻力依次穿透风口回旋区、回旋区边界、液体滴落带、软熔带的焦炭层以及交层分布的焦炭层和矿石层；其次，焦炭和矿石物料靠重力作用必须平稳下降，在此过程中，矿石在软熔带被还原成液体渣和铁水然后流向炉缸，而焦炭流向风口回旋区；最后，必须有足够的熔化能量和还原气体在还原物料进入炉缸前传输给矿石层。这些因素与高炉内气体-液体-固体的流动密切相关。当喷吹煤粉量（PCI）上升时，未燃煤粉量也会升高。因此，现代高炉是一个高温多相流动，包括固体物料（焦炭和矿石等）的流动、气体从回旋区到高炉上部的流动、液体（渣和铁水）从滴落带到炉缸以及到出铁口的流动、未燃煤粉从风口回旋区到高炉炉体的粉体流动。在这个四相流动中，气-固流动起着决定性的作用，因此这方面进行了大量的研究。离散单元法是一个行之有效的用来研究颗粒流动行为的方法，它可以成功获得高炉内颗粒流动区域的划分以及颗粒流动的微观信息，如流动结构，包括颗粒速度、空隙率、配位数以及力的结构分布。这些微观结构信息有助于进一步理解高炉内颗粒的流动行为。

图 10.15 显示的是在一个简化的二维物理模型上颗粒层流动形态的实验结果和模拟结果的比较。结果表明，两者在颗粒的流动形态上相一致。物料在炉体流动过程中形成四个主要的流动区域：上部是活塞流动，颗粒物料层几乎均匀地下降。在中下部形成的是死料区，在这个区域的颗粒将始终维持不动，死料区的形状和大小也随之固定。在死料区和上部活塞流动之间是一个被称做准死料区的区域，在这个区域，颗粒流动非常缓慢，而且慢慢流向风口回旋区域的方向。在风口回旋区的上方以及壁面和准死料区之间，是一个颗粒流动非常快速的区域，一般被称为快速流动区域。由于颗粒不断地在风口回旋区被消耗，因此回旋区的颗粒不断地被上部的颗粒所填充。在模拟的过程中，颗粒的消耗是通过不断地从风口区域移走颗粒来实现的。但值得指出的是，图 10.15 显示的一个重要的发现是死料区的形成是自然而然发生的，它表明离散单元法成功地克服了连续介质模型中如何来描述死料区的大小和形状的难题。文献 [89] 在一个更大规模的高炉模型中模拟了颗粒的流动行为，如图 10.16 所示。这个模型考虑了物料在上部的布料，和实验做了比较，结果相一致。

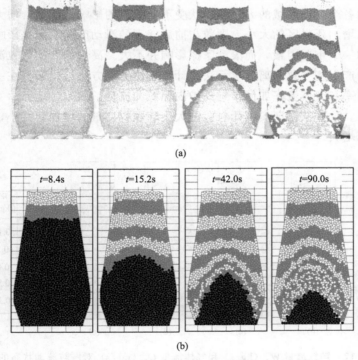

图 10.15　二维物理模型上颗粒层流动形态的比较[84]

（a）实验观测；（b）模拟结果

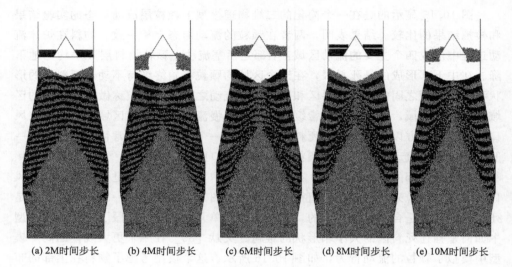

(a) 2M时间步长　　(b) 4M时间步长　　(c) 6M时间步长　　(d) 8M时间步长　　(e) 10M时间步长

图 10.16　物料下降过程中的颗粒行为[89]

影响高炉内气-固流动的因素很多，主要有颗粒的物理性质以及操作参数等。模拟获得的各个流动区域的大小和形状受不同参数的影响。例如，增大移走颗粒的速度可以增加死料区的大小。颗粒与前后壁面的滑动摩擦系数是影响死料区大小和形状的一个重要因素，而滚动摩擦影响并不大。高炉内高的颗粒流率和气体流率和高的产出相一致。离散单元法和计算流体力学方法可以耦合在一起来研究高的颗粒流率和气体流率如何影响高炉内颗粒的流动。图 10.17 显示了一些典型的模拟结果。这些结果证实了死料区的大小随颗粒流量的增加而减小，随气体流量的增加而增大。

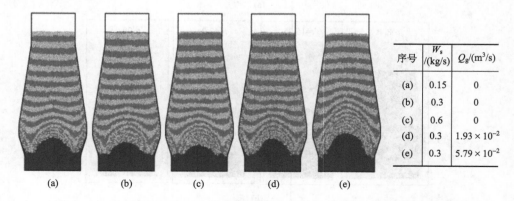

序号	W_s /(kg/s)	Q_g/(m³/s)
(a)	0.15	0
(b)	0.3	0
(c)	0.6	0
(d)	0.3	1.93×10^{-2}
(e)	0.3	5.79×10^{-2}

(a)　　　　(b)　　　　(c)　　　　(d)　　　　(e)

图 10.17　颗粒流量 W_s（kg/s）和气体流量 Q_g（m³/s）对颗粒流动状态的影响

　　软熔带是一个矿石软化和熔化的区域。高炉煤气上升时的阻力有 70% 发生在这个区域。软熔带的位置、形状及尺寸，对高炉顺行、产量、燃料消耗量及铁水成分影响很大。在离散数值模拟中，可考虑软熔带和炉缸的存在，如图 10.18 所示。这个模型的主要特点包括：①焦炭和矿石颗粒层的交错分布；②倒 V 形、V 形和 W 形三种形状的软熔带；③矿石颗粒在软熔带的还原通过其颗粒变小来实现；④软熔带中焦炭和矿石层的自动探测以及气-固瞬时流动；⑤焦炭在风口回旋区的消耗；⑥炉缸的液体作用。离散单元法对这个复杂的系统进行了模拟，结果显示，主要的流动形态可以模拟出来。尤其是在软熔带区域。

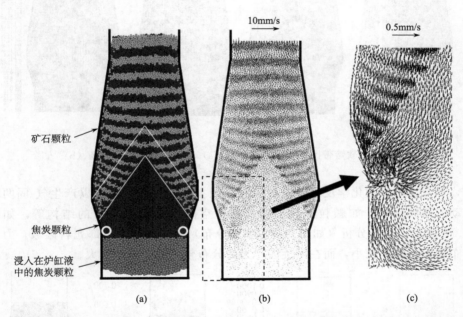

图 10.18　颗粒流动形态 (a)、颗粒速度矢量 (b) 及风口回旋区的颗粒速度矢量 (c)[87]

　　图 10.19 分别显示了高炉软熔带颗粒流动的状况及其相应的气流流场。高炉软熔带是由于铁矿石的软化和熔化而形成的，其对高炉内颗粒流动也有影响。图 10.19 显示了在倒 V 形状软熔带情况下的一组模拟结果。结果显示，软熔带中铁矿石层的位置随时间而改变，颗粒流动是瞬时的。与之相对应，气体流动也是瞬时的，软熔带起着气流分布器的作用。这种瞬时的颗粒和气相流动将影响到高炉的操作，这种研究在过去研究中还非常少。

　　图 10.19 所示的模拟结果表明，高炉内复杂的多相流动可以用 CFD-DEM 耦合的方法来模拟。其最主要的优点是流动的微观信息（如颗粒速度和力等）可以产生，然后用来分析颗粒流动的机理。这个方法可以进一步地考虑高炉热态行

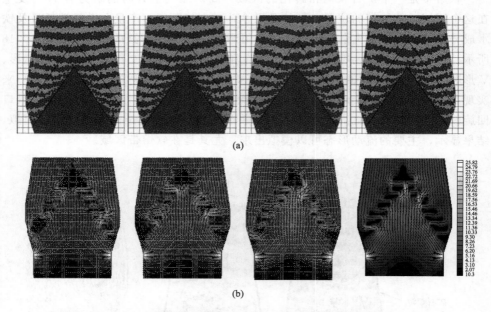

(a)

(b)

图 10.19　软熔带区域颗粒流动形态 (a) 以及相应的气体流场 (b)[87]

为，如考虑传热和化学反应。离散单元法最主要的优点是其可以产生气-固两相流动的微观参数，如颗粒速度、配位数、空隙率分布以及力的结构等，如图 10.20 所示。微观分析（如力和空隙率的分布）表明，在中下部死料区域，力的分布较大空隙率较小，而在回旋区，力的分布较小而空隙率较大。

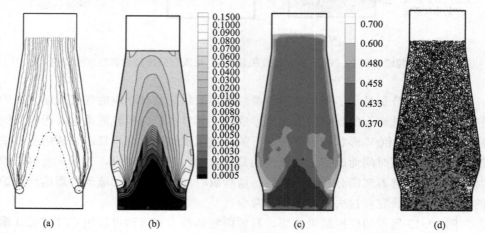

(a)　　　　　　　(b)　　　　　　　　(c)　　　　　　　　　(d)

图 10.20　颗粒从高炉模型上部到下部的运动轨迹 (a)、颗粒的速度场 (b)、空隙率
分布 (c) 以及颗粒-颗粒正向接触力空间分布 (d)[84]

通过一种平均方法，对从离散单元法所得到的微观参数（如颗粒-颗粒相互作用力）进行平均，可以得到相应的宏观参数。所用的平均方法在前面已经详细介绍过。图 10.21 显示了高炉模型内正向力和切向力的空间分布。应力在不同的流动区域有不同的分布。大的正向应力主要分布在死料区域，而小的正向应力分布在快速流动区域和风口回旋区域。在上部活塞流动区域，垂直方向上的应力随水平方向在中心区域变动不大，但在靠近壁面区域减小。正向应力在水平方向上分布较为均匀。切向应力在靠近死料区域有随大值，呈对称分布。然后随远离死料区而减小。在风口回旋区和最上部区域，切向应力有最小值。

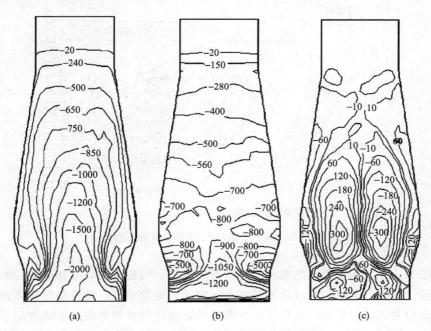

图 10.21 高炉模型内正向力和切向力的空间分布

(a) 正向应力在垂直方向上的分布（T_{zz}）；(b) 正向应力在水平方向上的分布（T_{xx}）；

(c) 切向应力的空间分布（T_{zx}）[86]

10.3.3 风口回旋区气-固流动的模拟

风口回旋区是一个强烈的气-固两相流动（气体速度超过 200m/s）以及热量交换（温度超过 2000℃）区域。回旋区的模拟非常重要，它决定了还原气体的初始分布（图 10.22）。高炉风口回旋区内焦炭的燃烧为铁矿石的熔化过程提供热量和还原性气体。探究固体颗粒在风口回旋区的流动行为非常重要。另外，煤粉喷吹技术的应用需要新的数学模型来代替昂贵而且困难的物理实验，用来评估

不同煤粉喷吹条件下煤粉的性能。这项任务非常困难，例如，风口回旋区的边界
条件随时间和空间而改变，这严重影响着气体和固体（焦炭和煤粉或者煤焦）的
流动，而且煤粉和焦炭颗粒之间在回旋区的碰撞，在很大程度上控制着颗粒的回
旋流动。现有的连续介质数学模型不能够可靠地预测颗粒的流动行为以及煤粉/
煤焦在回旋区的停留时间和热化学行为。而离散单元法提供了一种有效的手段来
达到这个目的。迄今为止，虽然离散单元法在很大程度上还在模拟流动行为，但
它的应用为进一步来模拟热态行为提供了很大的发展空间。

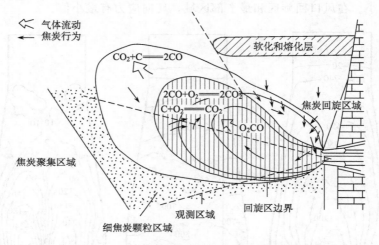

图 10.22　风口回旋区气-固两相流动示意图

　　图 10.23 显示了模拟结果和实验结果的比较，颗粒流动状态和回旋区的大小
相一致。图 10.24 进一步显示了颗粒在回旋区的流动状态，其流动与气体速度大
小密切相关。模拟显示，在气流前方落下的颗粒被气流带走向后运动作用于回旋
区壁面，然后跟随气流向上偏斜运动到回旋区的顶部，在这里，大量的气体通过
颗粒间的空隙向周围流走，而颗粒沿壁面由于重力作用下落重新进入喷入的气
流。风口回旋区的主要特点是在中心是高空隙率区域和沿回旋区的边界颗粒的反
方向的回旋区域。虽然回旋区的颗粒和周围的床层有一些交换，但回旋区的大小
几乎不变。然而，随着气流的增大，回旋区的颗粒行为也有所改变。如图 10.24
（b）所示，被气流带走流向回旋区顶部的颗粒越过顶部。一段时间后，一些越
过顶部的颗粒开始从顶部脱离而下降，然后从新在回旋区中部被气体带走又向上
以反方向运动穿越回旋区顶部。这种脱离又穿越的结果是回旋区周期性地压缩和
膨胀。气体流线显示在回旋区内部气体没有作回旋运动，这可能是因为相对于流
体计算网格回旋区太小，因此，颗粒的回旋运动不仅仅是气体和颗粒的间相互作
用引起的，也是颗粒-颗粒相互作用的结果。在实际过程中，回旋区更大，可以

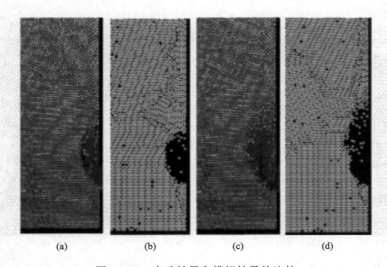

图 10.23　实验结果和模拟结果的比较

(a) 实验结果，气体速度 25m/s；(b) 模拟结果，气体速度 25m/s；
(c) 实验结果，气体速度 26m/s；(d) 模拟结果，气体速度 26m/s

促进气体的回旋运动，因而更有效地引起颗粒的回旋运动。

在此基础上，研究进一步延伸到非常复杂的颗粒流动现象。例如，压降和气流速度关系的滞后现象（图 10.25），由液体引起的表面应力和黏性应力对颗粒流动的影响，以及固体压力和焦炭燃烧对流动的影响。在颗粒层次进行的研究，可以使我们获得风口回旋区气-固两相流动的微观机理。例如，如图 10.18 所示，大的颗粒-颗粒作用力主要发生在回旋区的边界区域，然后进一步地以一种比较复杂的方式传播到整个颗粒相。结果表明，颗粒的破碎或者细颗粒的产生可能发生在风口回旋区内或者邻近的区域，因而提供了一种解释：为什么在高炉实际操作中和实验室的实验中，焦炭细颗粒被发现在风口回旋区的周边。另一方面，图 10.26 显示了流体曳力的空间分布。可以看到，大的流体作用力存在于回旋区的上部，表明回旋区的上部主要由流体对颗粒的作用力来支撑。

在风口回旋区焦炭的燃烧及与其密切相关的颗粒流动可以用从颗粒床的下部不断地抽取颗粒来模拟。颗粒床的高度或者上部颗粒压力的影响可以用对颗粒床上部的颗粒施加垂直向下的方法来考虑，如图 10.27 所示，取决于所加压力的大小或者抽取颗粒的快慢，颗粒床可以从流化的状态转变到固定的状态，或者反之。这些结果表明，风口回旋区的形成由一系列参数共同决定，应该进一步地定量来研究。

文献 [95] 模拟了一个尺寸和实际高炉一样的风口回旋区的颗粒和气体流动，同时用 Monte-Carlo 方法考虑了煤粉的流动以及熔化区域的影响［图 10.28

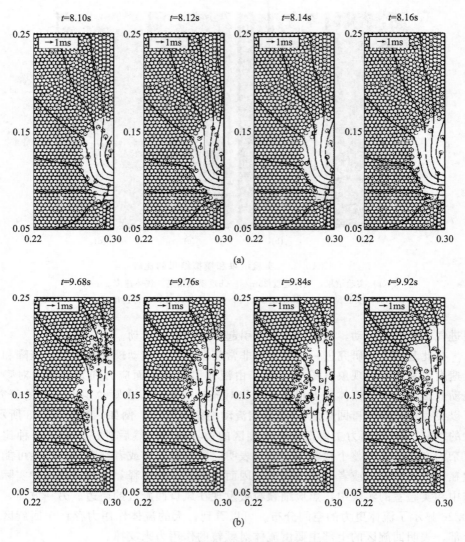

图 10.24　颗粒在回旋区的流动状态

（a）气体速度 25m/s；（b）气体速度 26m/s

（a）]。模拟结果表明了风口回旋区是动态的而且不稳定。气体速度不稳定区域在靠近炉的壁面附近，因此焦炭和煤粉颗粒以及熔化区都将使高炉不稳定。计算结果显示了高炉内异常现象，例如异常的高气流速度区域在高炉壁面附近，其形成原因是由于软熔区域的存在以及小的焦炭颗粒在炉内中心处堆积聚集 [图 10.28（b）]。文献 [96] 进一步模拟了风口回旋区的大小和形状，其随时间而改变，显示

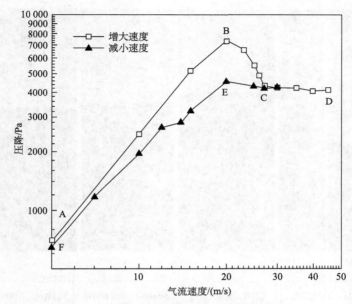

图 10.25　模拟的压降和气体速度的关系[92]

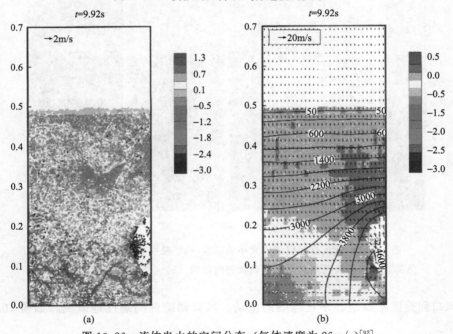

图 10.26　流体曳力的空间分布（气体速度为 26m/s）[92]

（a）颗粒速度矢量和颗粒-颗粒相互作用力的空间分布；（b）气体速度矢量、

等压线、颗粒-流体阻力空间分布

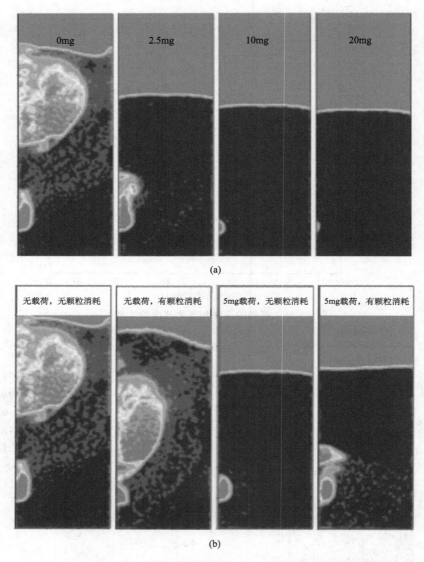

(a)

(b)

图 10.27　载负荷对回旋区大小的影响（a）及在有载负荷和没有载
负荷条件下颗粒消耗对颗粒流动状态的影响（b）（气体速度为 30m/s）[93]

了风口回旋区不稳定且不是稳态的流动。风口回旋区周期性地改变，如图 10.29
所示。

　　文献［97］模拟了风口直吹管向下的角度（0°，3°，7°，11°）对气流和颗粒
的影响。向下倾斜的角度意味着气流需要更大的压力，这将稳定气流和风口回

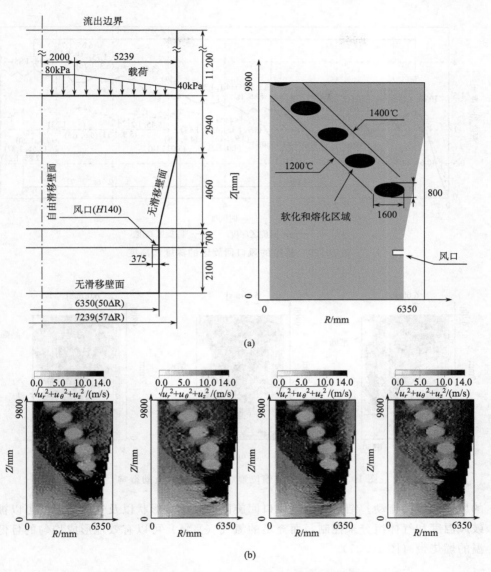

图 10.28　模型设置（a）和不同时间的气体速度分布图（b）[95]

旋区。但角度不能太大，否则在高炉下部流动将会变得不稳定，最大在 7°附近。同时也模拟了结痂位置对气体和颗粒流动的影响，如图 10.30 所示。结痂的存在使颗粒的流动区域变窄，越靠近风口区，影响越剧烈。风口不是球形，变得更不稳定。靠近软熔区域的结痂严重影响着气体的流动。

　　前面所讨论到的模拟都是冷态的模型。文献［94］用离散单元法模拟了热态

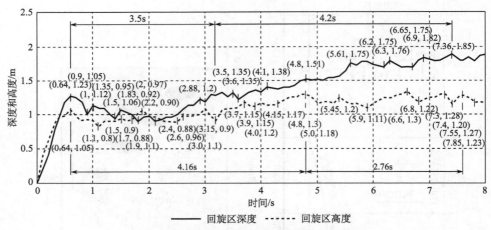

图 10.29　模拟的风口回旋区的深度和高度

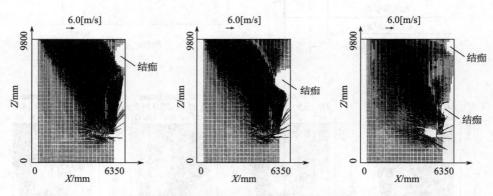

图 10.30　模拟的结痂位置对气体和颗粒流动影响[97]

的风口回旋区流动。结果表明，风口回旋区的大小和形状以及气体的温度可以被鼓风温度和气体组分来控制，而充足的氮气（富氮）可以有效地形成均匀的且低温的燃烧带（图 10.31）。

10.3.4　炉缸内颗粒行为的模拟

　　炉缸是铁水和炉渣存放的区域。出铁时，铁水和炉渣做环流运动，浸入渣铁中的焦炭随渣铁做缓慢的沉浮运动，部分被挤入风口燃烧带软化。这种现象可以用离散单元法方便地模拟。炉缸内颗粒的流动由向下的颗粒重力和向上的液体浮力共同作用而引起。这可以从简单的实验来观测到，如图 10.32 所示。液面的高度和颗粒抽取位置严重地影响到颗粒的流动。离散单元法可以成功地模拟这一现象。

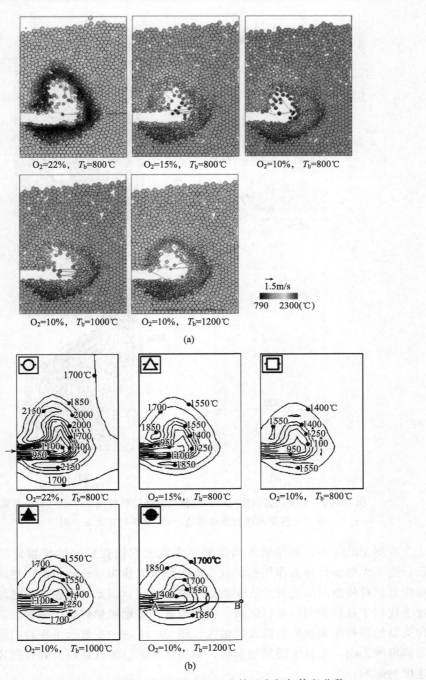

图 10.31 模拟的风口回旋区形状（O_2 为鼓风中氧气体积分数；
T_b 为鼓风温度）（a）和气体温度分布（b）[94]

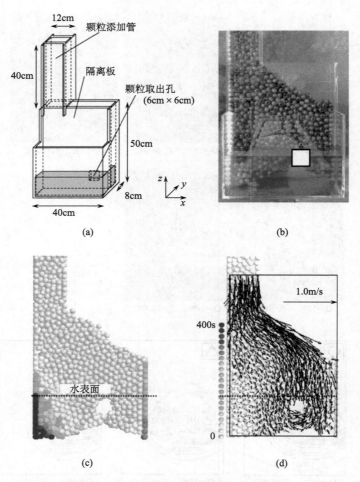

图 10.32　实验设置模型（a）、实验观测到的颗粒流动形态（b）、离散
单元法模拟的颗粒流动形态（c）及颗粒速度场（d）[100]

　　在图 10.33 中，颗粒被不同的颜色来代表它们在炉缸的停留时间。结果显示，由于大的液体浮力作用在炉缸角落内形成无焦炭（coke-free）空间。白色颗粒附近颗粒停留时间的突然改变类似于准死料区。因此，白色颗粒区域在很大程度上代表了高炉所谓的死料区域。模拟被进一步地延伸到整个高炉，其中包括两种类型的颗粒焦炭和矿石以及软熔区。图 10.34 进一步显示了颗粒的流动被液面的高度所影响，而且也受其他参数，如气体在风口的流量以及颗粒在风口的消耗速度的影响。

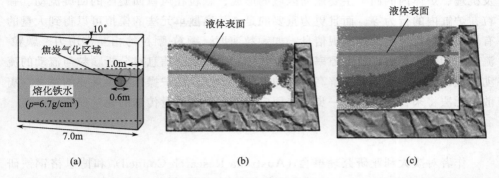

图 10.33 炉缸模拟尺寸（a）以及颗粒停留时间在浅炉缸（b）、深炉缸（c）的空间分布[100]

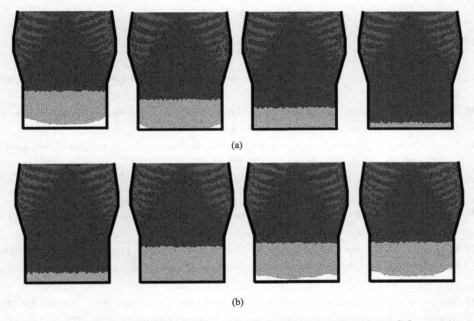

图 10.34 焦炭床随液面上升（a）下降（b）时的颗粒流动形态[87]

10.4 总 结

离散单元法（DEM）和流体计算力学（CFD）相耦合的方法已经应用于高炉内复杂的多相流动的研究。研究主要集中在高炉上部的布料分布、气-固两相在炉体内的流动、风口回旋区的气-固两相流动以及炉缸内颗粒的流动行为。模拟的结果和实验结果较为一致。模拟结果表明，高炉内的多相流动的主要特点能够很好地通过离散单元法显示出来，其中包括高炉上部装料时冲击坑的形成过程及机理、炉体内的四个主要流动区域的形成、颗粒在风口回旋区的回旋流动、颗粒在炉缸内的行为等。而且更为重要的是，从离散单元法的模拟可以得到大量的有用的在颗粒尺度上的微观信息，如颗粒速度、颗粒-颗粒的相互作用力、颗粒-流体的相互作用力以及空隙率、配位数等。这些微观信息对分析颗粒与流动的流动机理，进一步懂得和了解高炉内的多相流动以及高炉操作有很重要的意义。离散单元法将来在高炉上进一步的应用应包括热量和质量传输的化学反应。

致谢

作者对澳大利亚研究理事会（Australia Research Council）和博思格钢铁研究院（Bluescope Steel Research）所提供的资助致以真挚的感谢。

参 考 文 献

[1] Villermaux J. New horizons in chemical engineering//Proceeding of 5th World Congress of Chemical Engineering. San Diego, USA, 1996: 16-23.

[2] Li J H. Compromise and resolution—Exploring the multi-scale nature of gas-solid fluidization. Powder Technology, 2000, 111: 50-59.

[3] Kuipers J A M. Multilevel modelling of dispersed multiphase flows. Oil & Gas Science and Technology-Revue De L Institut Francais Du Petrole, 2000, 55: 427-435.

[4] Li J H, Kwauk M. Exploring complex systems in chemical engineering—The multi-scale methodology. Chemical Engineering Science, 2003, 58: 521-535.

[5] Bi H, Li J H. Multiscale analysis and modelling of multiphase chemical reactors. Advanced Powder Technology, 2004, 15: 607-627.

[6] Jaeger H M, Nagel S R, Behringer R P. Granular solids, liquids, and gases. Reviews of Modern Physics, 1996, 68: 1259-1273.

[7] de Gennes P G. Granular matter: A tentative view. Reviews of Modern Physics, 1999, 71: 374-382.

[8] Hutter K, Rajagopal K R. On flows of granular-materials. Continuum Mechanics and Thermodynamics, 1994, 6 (2): 81-139.

[9] Campbell C S. Granular material flows—An overview. Powder Technology, 2006, 162 (3): 208-229.

[10] Goldhirsch I. Introduction to granular temperature. Powder Technology, 2008, 182 (2): 130-136.

[11] Iddir H, Arastoopour H. Modeling of multitype particle flow using the kinetic theory approach. Aiche Journal, 2005, 51 (6): 1620-1632.

[12] Cundall P A, Strack O D L. Discrete numerical model for granular assemblies. Geotechnique, 1979, 29 (1): 47-65.

[13] Cook B K, Noble D R, Williams J R. A direct simulation method for particle-fluid systems. Engineering Computations, 2004, 21: 151-168.

[14] Ge W, Li J H. Macro-scale pseudo-particle modeling for particle-fluid systems. Chinese Science Bulletin, 2001, 46 (18): 1503-1507.

[15] Ge W, Li J H. Macro-scale phenomena reproduced in microscopic systems-pseudo-particle modeling of fluidization. Chemical Engineering Science, 2003, 58 (8): 1565-1585.

[16] Ge W, Li J H. Simulation of particle-fluid systems with macro-scale pseudo-particle modeling. Powder Technology, 2003, 137 (1-2): 99-108.

[17] Hu H H. Direct simulation of flows of solid-liquid mixtures. International Journal of Multiphase Flow, 1996, 22: 335-352.

[18] Pan T W, Joseph D D, Bai R, et al. Fluidization of 1204 spheres: Simulation and experiment. Journal of Fluid Mechanics, 2002, 451: 169-191.

[19] Zhou H, Flamant G, Gauthier D, et al. Numerical simulation of the turbulent gas-particle flow in a fluidized bed by an LES-DPM model. Chemical Engineering Research Design, 2004, 82 (A7): 918-926.

[20] Zhou H S, Flamant H S, Gauthier D. DEM-LES of coal combustion in a bubbling fluidized bed. Part I: Gas-particle turbulent flow structure. Chemical Engineering Science, 2004, 59 (20): 4193-4203.

[21] Zhou H S, Flamant G, Gauthier D. DEM-LES simulation of coal combustion in a bubbling fluidized bed Part II: Coal combustion at the particle level. Chemical Engineering Science, 2004, 59 (20): 4205-4215.

[22] Yu A B. Powder processing—Models and simulations//Bassani F, Liedl G L, Wyder P. Encyclopedia of Condensed Matter Physics. vol 4 Oxford: Elsevier, 2005: 401-414.

[23] Anderson T B, Jackson R. A fluid mechanical description of fluidized beds. Industrial & Engineering Chemistry Fundamentals, 1967, 6 (4): 527-539.

[24] Enwald H, Peirano E, Almstedt A E. Eulerian two-phase flow theory applied to fluidization. International Journal of Multiphase Flow, 1996, 22: 21-66.

[25] Gidaspow D. Multiphase Flow and Fluidization. San Diego: Academic Press, 1994.

[26] Ishii M. Thermo-fluid dynamics theory of two-phase flow. Paris : Eyrolles, 1975.

[27] Jackson R. Locally averaged equations of motion for a mixture of identical spherical particles and a Newtonian fluid. Chemical Engineering Science, 1997, 52 (15): 2457-2469.

[28] Arastoopour H. Numerical simulation and experimental analysis of gas/solid flow systems: 1999 Fluor-Daniel Plenary lecture. Powder Technology, 2001, 119 (2-3): 59-67.

[29] Kuipers J A M, van Swaaij W P M. Application of computational fluid dynamics to chemical reaction engineering. Reviews in Chemical Engineering, 1997, 13: 1-118.

[30] Glowinski R, Pan T W, Hesla T I, et al. A distributed Lagrange multiplier/fictitious domain method for the simulation of flow around moving rigid bodies: Application to particulate flow. Computer Methods in Applied Mechanics and Engineering, 2000, 184: 241-267.

[31] Singh P, Joseph D D, Hesla T I, et al. A distributed Lagrange multiplier/fictitious domain method for viscoelastic particulate flows. Journal of Non-Newtonian Fluid Mechanics, 2000, 91: 165-188.

[32] Tsuji Y, Tanaka T, Ishida T. Lagrangian numerical simulation of plug flow of cohesionless particles in a horizontal pipe. Powder Technology, 1992, 71: 239-250.

[33] Hoomans B P B, Kuipers J A M, Briels W J, et al. Discrete particle simulation of bubble and slug formation in a two-dimensional gas-fluidised bed: A hard-sphere approach. Chemical Engineering Science, 1996, 51 (1): 99-118.

[34] Xu B H, Yu A B. Numerical simulation of the gas-solid flow in a fluidized bed by combining discrete particle method with computational fluid dynamics. Chemical Engineering Science, 1997, 52: 2785-2809.

[35] Xu B H, Yu A B. Comments on the paper numerical simulation of the gas-solid flow in a fluidized bed by combining discrete particle method with computational fluid dynamics—Reply. Chemical Engineering Science, 1998, 53: 2646-2647.

[36] Zhu H P, Zhou Z Y, Yang R Y, et al. Discrete particle simulation of particulate systems: Theoretical developments. Chemical Engineering Science, 2007, 62 (13): 3378-3396 .

[37] Zhu H P, Zhou Z Y, Yang R Y, et al. Discrete particle simulation of particulate systems: A review of major applications and findings. Chemical Engineering Science, 2008, 63 (23): 5728-5770.

[38] Feng Y T, Han K, Owen D R J. Discrete thermal element modelling of heat conduction in particle systems: Pipe-network model and transient analysis. Powder Technology, 2009, 193 (3): 248-256 .

[39] Feng Y T, Han K, Li C F, et al. Discrete thermal element modelling of heat conduction in particle systems: Basic formulations. Journal of Computational Physics, 2008, 227 (10): 5072-5089.

[40] Rong D G, Horio M. DEM simulation of char combustion in a fluidized bed. Second International Conference on CFD in the Minerals and Process Industries. Melbourne, Australia, 1999: 65-70.

[41] Peters B. Measurements and application of a discrete particle model (DPM) to simulate combustion of a packed bed of individual fuel particles. Combustion and Flame, 2002, 131: 132-146.

[42] Li J T, Mason D J. A computational investigation of transient heat transfer in pneumatic transport of granular particles. Powder Technology, 2000, 112: 273-282.

[43] Li J T, Mason D J. Application of the discrete element modelling in air drying of particulate solids. Drying Technology, 2002, 20: 255-282.

[44] Kaneko Y, Shiojima T, Horio M. DEM simulation of fluidized beds for gas-phase olefin polymerization. Chemical Engineering Science, 1999, 54: 5809-5821.

[45] ZhouZ Y, Yu A B, Zulli P. Particle Scale Study of Heat Transfer in Packed and Bubbling Fluidized Beds. Aiche Journal, 2009, 55 (4): 868-884.

[46] Zhou Z Y, Yu A B, Zulli P. A new computational method for studying heat transfer in fluid bed reactors. Powder Technology, 2010, 197 (1-2): 102-110.

[47] Zhao Y Z, Jiang M Q, Liu Y L, et al. Particle-scale simulation of the flow and heat transfer behaviors in fluidized bed with immersed tube. Aiche Journal, 2009, 55 (12): 3109-3124.

[48] Zhu H P, Yu A B. Averaging method of granular materials. Physical Review E, 2002, 66: 021302 .

[49] Luding S, Latzel M, Volk W, et al. From discrete element simulations to a continuum model. Computer Methods in Applied Mechanics and Engineering, 2001, 191: 21-28.

[50] Babic M. Averaging balance equations for granular materials. International Journal of Engineering Science, 1997, 35: 523-548.

[51] Walton O R, Braun R L. Stress calculations for assemblies of inelastic spheres in uniform shear. Acta Mechanics, 1986, 63: 73-86.

[52] Omori Y. Blast Furnace Phenomena and Modeling. London: Elsevier Applied Science, 1987.

[53] 包燕平，冯捷. 钢铁冶金学教程. 北京：冶金工业出版社，2008.

[54] Burgess J. Ironmaking—An overview. Australian Coal Journal, 1993, 42: 29-35.

[55] Yagi J I. Mathematical-modeling of the flow of 4 fluids in a packed-bed. ISIJ International, 1993, 33 (6): 619-639.

[56] Dong X F, Yu A B, Yagi J I, et al. Modelling of multiphase flow in a blast furnace: Recent developments and future work. ISIJ International, 2007, 47 (11): 1553-1570.

［57］ Takahashi H, Kushima K, et al. Two-dimensional analysis of burden flow in blast-furnace based on plasticity theory. ISIJ International, 1989, 29 (2): 117-124.

［58］ Shibata K, Shimizu M, Inaba S, et al. Pressure loss and hold-up powders for gas-powder 2 phase flow in packed-beds. ISIJ International, 1991, 31 (5): 434-439.

［59］ Wang G X, Chew S J, Yu A B, et al. Modeling the discontinuous liquid flow in a blast furnace. Metallurgical and Materials Transactions B-Process Metallurgy and Materials Processing Science, 1997, 28 (2): 333-343.

［60］ Wang G X, Chew S J, Yu A B, et al. Model study of liquid flow in the blast furnace lower zone. ISIJ International, 1997, 37 (6): 573-582.

［61］ Yamaoka H. Mechanisms of hanging caused by dust in a shaft furnace. ISIJ International, 1991, 31 (9):939-946.

［62］ Chew S J, Wang G X, Yu A B, et al. Experimental study of liquid flow in blast furnace cohesive zone. Ironmaking & Steelmaking, 1997, 24 (5): 392-400.

［63］ Takatani K, Inada T, Ujisawa Y. Three-dimensional dynamic simulator for blast furnace. ISIJ International, 1999, 39 (1): 15-22.

［64］ Dong X F, Pham T, Yu A B, et al. Flooding diagram for multi-phase flow in a moving bed. ISIJ International, 2009, 49 (2): 189-194.

［65］ Dong X F, Pinson D, Zhang S J, et al. Modelling of gas-powder flow in a blast furnace. Steel Research International, 2003, 74 (10): 601-609.

［66］ Dong X F, Yu A B, Burgess J M, et al. Modelling of multiphase flow in ironmaking blast furnace. Industrial & Engineering Chemistry Research, 2009, 48 (1): 214-226.

［67］ Dong X F, Zhang S J, Pinson D, et al. Gas-powder flow and powder accumulation in a packed bed II: Numerical study. Powder Technology, 2004, 149 (1): 10-22 .

［68］ Shen Y S, Guo B Y, Yu A B, et al. Three-dimensional modelling of coal combustion in blast furnace. ISIJ International, 2008, 48 (6): 777-786.

［69］ Shen Y S, Guo B Y, Yu A B, et al. A three-dimensional numerical study of the combustion of coal blends in blast furnace. Fuel, 2009, 88 (2): 255-263.

［70］ Shen Y S, Guo B Y, Yu A B, et al. Model study of the effects of coal properties and blast conditions on pulverized coal combustion. ISIJ International, 2009, 49 (6): 819-826.

［71］ Guo B Y, Zulli P, Rogers H, et al. Three-dimensional simulation of flow and combustion for pulverised coal injection. ISIJ International, 2005, 45 (9): 1272-1281.

［72］ Guo B Y, Paul Z, Daniel M, et al. Modelling of titanium compound formation in blast furnace hearth. Journal of Iron and Steel Research International, 2009, 16: 851-856.

［73］ Guo B Y, Maldonado D, Zulli P, et al. CFD modelling of liquid metal flow and heat transfer in blast furnace hearth. ISIJ International, 2008, 48 (12): 1676-1685.

［74］ Pinson D, Wright B, Yu A B. 8th international conference on bulk materials storage. handling and transportation. Wollongong, Australia, 2004: 294.

［75］ Kajiwara Y, Inada T, Tanaka T. 2 dimensional analysis on the formation process of burden distribution at blast-furnace top. Transactions of the Iron and steel Institute of Japan, 1988, 28 (11): 916-925.

［76］ Ho C K, Wu S M, Zhu H P, et al. Experimental and numerical investigations of gouge formation related to blast furnace burden distribution. Minerals Engineering, 2009, 22 (11): 986-994.

[77] Wu S M, Zhu H P, Yu A B, et al. Numerical investigation of crater phenomena in a particle stream impact onto a granular bed. Granular Matter , 2007 , 9 (1-2): 7-17.

[78] Mio H, Akashi M, Shimosaka A, et al. Speed-up of computing time for numerical analysis of particle charging process by using discrete element method. Chemical Engineering Science, 2009 , 64 (5): 1019-1026.

[79] Mio H, Komatsuki S, Akashi M, et al. Effect of chute angle on charging behavior of sintered ore particles at bell-less type charging system of blast furnace by discrete element method. ISIJ International, 2009 , 49 (4): 479-486.

[80] Akashi M, Mio H, Shimosaka A, et al. Estimation of bulk density distribution in particle charging process using discrete element method considering particle shape. ISIJ International, 2008 , 48 (11): 1500-1506.

[81] Mio H, Matsuoka Y, Shimosaka A, et al. Analysis of developing behavior in two-component development system by large-scale discrete element method. Journal of Chemical Engineering of Japan, 2006 , 39 (11): 1137-1144.

[82] Mio H, Komatsuki S, Akashi M, et al. Validation of particle size segregation of sintered ore during flowing through laboratory-scale chute by discrete element method. ISIJ International, 2008 , 48 (12): 1696-1703.

[83] Kawai H, Takahashi H. Solid behavior in shaft and deadman in a cold model of blast furnace with floating-sinking motion of hearth packed bed studied by experimental and numerical DEM analyses. ISIJ International, 2004 , 44 (7): 1140--1149.

[84] Zhou Z Y, Zhu H P, Yu A B, et al. Discrete particle simulation of solid flow in a model blast furnace. ISIJ International, 2005 , 45 (12): 1828-1837.

[85] Zhou Z Y, Zhu H P, Yu A B, et al. Discrete particle simulation of gas-solid flow in a blast furnace. Computers & Chemical Engineering, 2008 , 32 (8): 1760-1772.

[86] Zhu H P, Zhou Z Y, Yu A B, et al. Stress fields of solid flow in a model blast furnace. Granular Matter, 2009 , 11 (5): 269-280.

[87] Zhou Z Y, Zhu H P, Yu A B, et al. Numerical investigation of the transient multiphase flow in an ironmaking blast furnace. ISIJ International, 2010, 51 (4): 515-523.

[88] Nouchi T, Sato T, Sato M, et al. Stress field and solid flow analysis of coke packed bed in blast furnace based on DEM. ISIJ International, 2005 , 45 (10): 1426-1431.

[89] Mio H, Yamamoto K, Shimosaka A, et al. Modeling of solid particle flow in blast furnace considering actual operation by large-scale discrete element method. ISIJ International, 2007 , 47 (12): 1745-1752.

[90] Xu B H, Yu A B, Chew S J, et al. Numerical simulation of the gas-solid flow in a bed with lateral gas blasting. Powder Technology, 2000 , 109 (1-3): 13-26.

[91] Xu B H, Feng Y Q, Yu A B, et al. A numerical and experimental study of the gas-solid flow in a fluid bed reactor. Powder Handling & Processing, 2001 , 13: 71.

[92] Yu A B, Xu B H. Particle-scale modelling of gas-solid flow in fluidisation. Journal of Chemical Technology & Biotechnology, 2003 , 78 (2-3): 111-121.

[93] Feng Y Q, Pinson D, Yu A B, et al. Numerical study of gas-solid flow in the raceway of a blast furnace. Steel Research International, 2003 , 74 (9): 523-530.

[94] Nogami H, Yamaoka H, Takatani K. Raceway design for the innovative blast furnace. ISIJ International, 2004, 44 (12): 2150-2158.

[95] Yuu S, Umekage T, Miyahara T. Predicition of stable and unstable flows in blast furnace raceway using numerical simulation methods for gas and particles. ISIJ International, 2005, 45 (10): 1406-1415.

[96] Umekage T, Yuu S, Kadowaki M. Numerical simulation of blast furnace raceway depth and height, and effect of wall cohesive matter on gas and coke particle flows. ISIJ International, 2005, 45 (10): 1416-1425.

[97] Umekage T, Kadowaki M, Yuu S. Numerical simulation of effect of tuyere angle and wall scaffolding on unsteady gas and particle flows including raceway in blast furnace. ISIJ International, 2007, 47 (5): 659-668.

[98] Singh V, Gupta G S, Sarkar S. Study of gas cavity size hysteresis in a packed bed using DEM. Chemical Engineering Science, 2007, 62 (22): 6102-6111.

[99] Nouchi T, Takeda K, Yu A B. Solid flow caused by buoyancy force of heavy liquid. ISIJ International, 2003, 43 (2): 187-191.

[100] Nouchi T, Yu A B, Takeda K. Experimental and numerical investigation of the effect of buoyancy force on solid flow. Powder Technology, 2003, 134 (1-2): 98-107.

[101] Di Renzo, Di Maio F P. Comparison of contact-force models for the simulation of collisions in DEM-based granular flow codes. Chemical Engineering Science, 2004, 59 (3): 525-541.

[102] Di Felice R. The voidage function for fluid-particle interaction systems. International Journal of Multiphase flow, 1994, 20: 153-159.

[103] Launder B E, Spalding D B. The numerical computation of turbulent flows. Computer Methods in Applied Mechanics and Engineering, 1974, 3: 269-289.

[104] Zhang S J, Yu A B, Zulli P, et al. Modelling of the solids flow in a blast furnace. ISIJ International, 1998, 38 (12): 1311-1319.

[105] Kunii D, Levenspiel O. Fluidization Engineering. Boston: Butterworth-Heinemann, 1991.

[106] Botterill J S M. Fluid-Bed Heat Transfer. New York: Academic Press, 1975.

[107] Wakao N, Kaguei S. Heat and Mass Transfer in Packed Beds. New York: Gordon and Breach, 1982.

[108] Molerus O, Wirth K E. Heat Transfer in Fluidized Beds. London: Chapman and Hall, 1997.

[109] Holman J P. Heat Transfer. 5th edition. New York: McGraw-Hill Company, 1981.

[110] Yagi S, Kunii D. Studies on effective thermal conductivities in packed beds. AIChE Journal, 1957, 3: 373-381.

[111] Cheng G J, Yu A B, Zulli P. Evaluation of effective thermal conductivity from the structure of packed bed. Chemical Engineering Science, 1999, 54: 4199-4209.

[112] Batchelor G B, O'Brien R W. Thermal or electrical conduction through a granular material. Proceedings of the Royal Society of London Series A-Mathematical and Physical Sciences, 1997, 355: 313-333..

[113] Sun J, Chen M M. A theoretical analysis of heat transfer to particle impact. International Journal of Heat and Mass Transfer, 1988, 31: 969-975.

[114] Zhou J H, Yu A B, Horio M. Finite element modeling of the transient heat conduction between colli-

ding particles. Chemical Engineering Journal, 2007, 139: 510-516.

[115] Patankar S V. Numerical heat transfer and fluid flow. Washington: Hemisphere Pub Corp; New York: Mc Graw-Hill, 1980.

[116] Feng Y Q, Yu A B. Assessment of model formulations in the discrete particle simulation of gas-solid flow. Industrial & Engineering Chemistry Research, 2004, 43 (26): 8378-8390.

[117] Zhu H P, Yu A B. Averaging method of granular materials. Physical Review E, 2002, 66 (2): 021302.

[118] Zhu H P, Yu A B. Steady-state granular flow in a 3D cylindrical hopper with flat bottom: macroscopic analysis. Granular Matter, 2005, 7 (2-3): 97-107.

11 反应粉碎过程原理及应用

机械操作与化学反应过程耦合是过程工业开发的重要领域，它包括反应分离、反应挤出、反应粉碎以及流化床反应辅助造粒等。反应粉碎[1]（reactive comminution）是一种新型的机械操作与化学反应集成过程，已经在粉体材料合成中得到广泛应用，其原理是：利用机械作用力产生的能量和热量对粉体颗粒进行破碎，在破碎过程中，同时通过热化学作用使分体颗粒之间发生化学反应，实现化学合成与粉碎过程的有效耦合。

机械粉碎在传统的矿产加工中早已广泛应用，但由于矿石粉碎的颗粒较大，粉碎过程中并不发生化学反应。长期以来，粉碎只被看成是一个机械力作用下的物理过程。Ostwald[2]首次提出了由机械力诱发化学反应的机械化学反应概念，机械能对化学反应过程的影响才开始受到关注。但他只是从化学分类学角度提出机械化学分支，对机械化学基本原理尚不十分清楚。20 世纪 50 年代，Peters 研究小组做了大量关于机械力诱发化学反应的研究工作，并在 1962 年举办的第一届欧洲粉体会议上发表了题为"机械力化学反应"的论文。该论文介绍了当时机械化学领域的研究成果，阐述了粉碎过程与机械化学反应的关系，指出机械化学反应是由机械力诱发的化学反应，强调了这一过程中机械力的作用[3]。此后，人们把这种凝聚状态下的物质受到机械力作用而发生化学或物理化学变化的现象称为"机械化学现象"，这个过程定义为"反应粉碎"。Heegn[4]对反应粉碎过程的基本原则进行了详细论述。现在，反应粉碎作为一种典型的工业过程，已经在化工、冶金和新材料制备领域展现出良好的应用前景。

11.1 反应粉碎的特点与机理

11.1.1 反应粉碎特点

（1）粉碎技术能够引发用热化学难以或无法进行的化学反应。例如：常规方法合成 NH_4CdCl_3 类化合物要数年之久，而通过反应粉碎过程就相当容易；

（2）反应粉碎与热化学反应的机理不同，产物也不一样。如 $NaBrO_3$ 在加热分解反应时产生 $NaBr$ 和 O_2，而机械力作用下的反应粉碎产物则是 Na_2O、O_2 和 Br_2；

（3）反应粉碎受温度、压力等因素的影响较小，某些情况下反应速率比热反应要快。

研究发现，许多物料进行粉碎时会发生一些很奇怪的现象，如食盐粉碎过程中会产生氯气，碳酸盐粉碎时会产生二氧化碳气体，石膏细磨时发生脱水，金属氢氧化物与 α-FeOOH 的混合物经细磨可以形成尖晶石等。表 11.1 列出了部分典型的反应粉碎过程[5,6]。

表 11.1　部分典型的反应粉碎过程

反应类型	化学反应式
合成反应	$MgO + SiO_2 \longrightarrow MgSiO_3$
	$Ca(H_2PO_4)_2 + 2Ca(OH)_2 \longrightarrow Ca_3(PO_4)_2 + 4H_2O$
	$Ca_8HPO_4(PO_4)_5OH + CaF_2 \longrightarrow Ca_{10}(PO_4)_6F_2 + H_2O$
分解反应	$M_xCO_3 \longrightarrow M_xO + CO_2$　$(M = Na^+，K^+，Mg^{2+}，Ca^{2+}，Fe^{2+})$
氧化还原反应	$2xM + yO_2 \longrightarrow 2M_xO_y$　$(M = Ag^+，Cu^+，Zn^{2+}，Ni^{2+}，Co^{2+})$
	$4Au + 3CO_2 \longrightarrow 2Au_2O_3 + 3C$
	$3TiO_2 + 4Al \longrightarrow 2Al_2O_3 + 3Ti$
晶型转化	$\alpha\text{-}PbO_2 \longrightarrow \beta\text{-}PbO_2$

在实际应用中，反应粉碎过程有很多优点。首先，经粉碎设备处理过的原料颗粒度小，比表面积大，反应活性提高，后续热处理过程所需温度大幅度降低；其次，由于机械处理伴随着混合作用，多组分的原料在颗粒细化时得到了均匀化，特别是微均匀化程度大大提高，所制备产品性能更好。反应粉碎过程不足之处是研磨时间长，能量消耗大，粉碎介质的磨损，颗粒表面的破坏[7]等。

11.1.2　反应粉碎机理

由于粉碎过程中机械力对颗粒的影响非常复杂，能量的供给和耗散机理尚不十分明确，到目前为止还没有一种理论能定量地对此过程进行分析。主要存在以下两种理论：第一种是由 Thiessen 等提出来的等离子模型，它在一定程度上解释了为什么通过反应粉碎能进行通常条件下热化学不能发生的反应。这一假说认为粉碎时的机械力作用导致晶格松弛与结构裂解，激发出的高能电子和离子形成等离子区，高激发状态诱发的等离子体产生的电子能量可以超过 10eV，而一般热化学反应在温度高于 1000°C 时的电子能量也只有 4eV，即使光化学的紫外电子的能量也不会超过 6eV。所以以反应粉碎方法能够使固态物质的热化学反应温度降低，反应速度加快，从而有可能进行通常情况下热化学所不能进行的反应。图 11.1 简单描述了 Thiessen 机理模型，左侧表示颗粒的粉碎过程，右侧表示粉碎过程中颗粒晶格能的变化。另一种理论认为机械能转变为化学能的过程中借助热能作为中间步骤，机械活化时固体物质内部迅速发展的裂纹顶端温度和压力迅速增高，其顶点温度可达 1300 K 以上，从而激发了化学反应[8]。

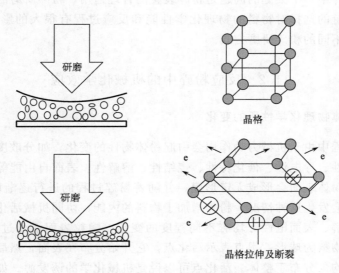

图 11.1　Thiessen 机理模型

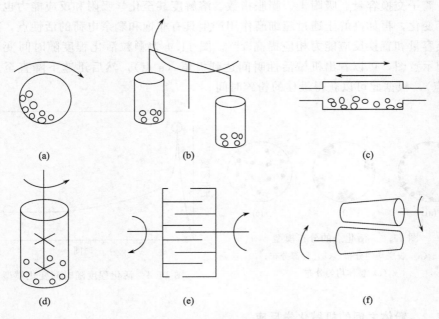

图 11.2　不同的研磨粉碎方式[9]

（a）球磨；（b）行星式研磨；（c）振动式研磨；（d）搅拌式研磨；（e）棒式研磨；

（f）碾压式研磨

反应粉碎中一个关键的问题是粉碎装置的合理运用，粉碎研磨的装置有很多种，粉碎装置的选择对物料的物理化学性能和反应过程有很大的影响。图 11.2 列举了各种不同的粉碎研磨方式。

11.2　反应粉碎中的机械化学效应

11.2.1　粉体物理化学性质的变化

粉碎过程中由于机械力的作用会引起粉体物性的变化，如分散度、密度、吸附性、团聚性、导电性、催化特性、烧结性、溶解性、表面自由能等。如在空气中粉碎时，粉体表面会形成无定形膜，并随着粉碎过程的进行逐渐增厚。石英、锐钛矿等都会发生这种情况。粉碎增加了物料的内能，协同机械活化作用，粉体的吸附、溶解、表面电性等均有不同程度的变化，颗粒表面活化过程如图 11.3 所示，假设物料为球形，黑点表示活化点，它开始分布在表面，然后集中于局部区域，最后均匀分布于整体。活化点可以说是机械化学的诱发源。如黑云母经过超细磨后显著提高了对表面活性剂烃基十二胺的亲和力。黏土矿物经过粉碎细磨后，离子交换容量、吸附量、膨胀指数、溶解度甚至化学吸附和反应能力也都发生了变化，再如高岭土通过超细磨作用产生具有非饱和剩余电荷的活性点，离子交换容量和置换反应能力相应提高[6,10]。图 11.4 为颗粒活化程度随时间变化的模型示意图，可以看出机械活性瞬间达到极值（a 点），然后迅速下降直至平稳（b 点），根据此可以获得最佳的粉碎时间。

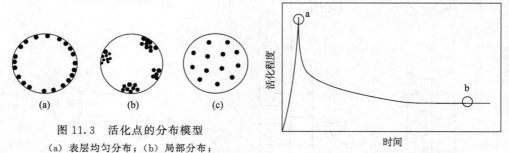

图 11.3　活化点的分布模型
（a）表层均匀分布；（b）局部分布；
（c）整体均匀分布

图 11.4　活化程度随时间变化模型

11.2.2　粉体之间的机械化学反应

一般情况下，反应 $CoO + TiO_2 \longrightarrow CoTiO_3$ 要在 900～1200℃才能进行；久保辉一郎等研究发现，将 CoO 和 TiO_2 分别粉磨 48 h，再以 1∶1 混合，可使上述反应在 700～1200℃范围内进行；若将 CoO 和 TiO_2 以 1∶1 混合粉磨 48h，

上述反应在 600～830℃ 范围内即可完成。可见氧化钴和氧化钛经混合粉磨后，生成 CoTiO₃ 所需的固相反应温度降低 200℃。究其原因主要是因为粉磨使粉体晶格扭曲、形成晶体缺陷、发生微塑性变形等，这些过程都伴随能量的储存，使得固体粉料的活性增加[5]。Kostova 等将 β-沸石和 HPMo 进行球磨制备了含钼 β-沸石，在其粉碎状态下催化加氢脱硫反应的活性比 HPMo 和 β-沸石的直接注入法高 50%[11]。Delogu 将 Ag 和 Cu 在一定研磨速度和时间范围内进行球磨获得了 $Ag_{50}Cu_{50}$[12]。

11.2.3　粉体晶体结构的变化

粉碎过程中，粉体颗粒因机械力会发生以下晶体结构变化：①结晶粒子的表面或晶体内部发生局部结晶格子畸变，晶格点阵中粒子排列部分地失去周期性，形成晶格缺陷，并主要以错位形式的残缺陷存在；②结晶构造整体结构逐渐变形，这一现象几乎在所有具有层状构造的物质中都会发生；③由于机械粉碎力的作用，结晶颗粒表面的结晶构造受到强烈破坏形成非晶态层，并随着粉碎的连续进行逐渐变厚，最后导致整个结晶颗粒的无定形化；④在机械变形力的作用下，某些特殊结构的晶体可以发生晶型转变[13]。Juhasz 研究了固体材料如无定形硅酸盐在空气中超细粉碎时发生的晶体结构变化。通过用 X 射线衍射分析粉碎产物的机械张力，氧化物（Al_2O_3、SiO_2、MgO 等）的氧含量以及反应活性[14]，证明了无定形硅酸盐在分催过工程中结构和化学性质都发生了变化。

11.2.4　发生固相反应

固相间的机械力化学反应，一般发生在原子、分子水平的相互扩散过程中及平衡时。但由于固相间的扩散、位移密度、晶格缺陷分布等都依赖于机械活性，通常进行速度非常缓慢，以至于机械力化学反应很难发生。影响固体内扩散速率的主要因素为位错数量和位错运动，而位错数量和位错运动又分别与晶格变形和塑性变形有着密切关系。机械力作用可以直接增加自发的导向扩散速率，从而使得反应有可能进行。另一方面，反应的聚集程度由于压缩、互磨、摩擦、磨损等作用得到加强，反应物间的距离减少，反应产物更容易从固相表面移开。因此，在室温下，粉碎过程中的机械力就有可能诱发固体间的反应[10]。比如，纯 $Mg(OH)_2$ 即使经几百小时的剧烈粉磨仅仅有很少的失水，而如果让它与 SiO_2 以一定比例混合粉磨时经过几小时便发生脱水，其可能的化学反应机理如图 11.5 所示。图中（a）为 $Mg(OH)_2$ 表面上的两个 OH 离子；（b）表示借助 SiO_2 表面的质子作用，使 $Mg(OH)_2$ 脱水，图中小黑点表示质子；（c）表示脱水后使 MgO 和 SiO_2 结合起来，并分离出水分子。

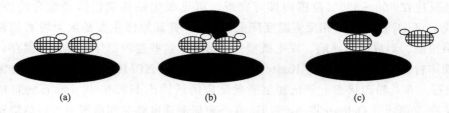

(a)　　　　　　　　　　(b)　　　　　　　　　　(c)

图 11.5　粉碎反应的化学反应机理

11.3　反应粉碎的应用及研究现状

11.3.1　粉体表面改性

　　超细粉体技术是许多高新技术的重要基础，但由于超细粉体存在着极易团聚等缺点，物化特性的发挥受到了严重限制。因此，表面改性就显得尤为重要，是当今粉体技术的重要发展方向，也是产品进入市场最有竞争力的技术手段。机械化学的应用研究成果为粉体的表面改性提供了新方法，即在使粉体超细化的同时达到表面改性的目的。利用机械化学法进行表面改性主要是基于在超细磨过程中，新鲜和高活性表面的出现及微观结构变化引起的表面能量增高[15]。Kunio等曾尝试在超细粉碎 TiO_2 的同时用硬脂酸进行表面改性处理。Zhao 等经机械化学方法用顺丁烯二酸酐和苯乙烯合成了改性的聚氯乙烯新材料[16]。Hasegawa 等在振动棒磨机湿法研磨石英、石灰石的条件下实施了矿物表面改性的方法，结果表明：磨 10h 后石英的比表面积增大了 40～50 倍。在超细粉碎石英的同时，亚硫酸氢钠作为引发剂实现了体系内甲基丙烯酸甲酯的聚合反应并黏附于矿物表面。丁浩、郑桂兵等在超细粉碎 $CaCO_3$ 时用硬脂酸钠作改性剂进行表面改性；李冷等采用机械化学原理对硅灰石进行表面改性，都取得了较好的效果[15]。

11.3.2　粉体活化

　　很多材料在进行粉碎活化后物理化学性能大大提高。如在氩气中将金属镍粉通过振动磨细磨 50min 后，比表面积从 $0.3m^2/g$ 增大到 $0.48m^2/g$，活性提高，其在苯-氢加成反应中的催化能力得到增强。Agliett 等把结晶完好的平均粒度为 $1\mu m$ 的高岭土进行振动研磨，结果表明：冲击和摩擦作用会引起高岭土机构的紊乱、结晶网络的断裂或错动，长时间磨矿会形成非结晶态物质，提高了高岭土的表面吸附性能和离子交换容量。Cases 等研究了细磨对黑云母（纯度＞97％）晶体结构的影响，表明细磨尤其是干式细磨改变了其晶体结构[13]。Bade 等搭建了一套化学发应和粉碎同时进行的振动粉碎装置并命名为"反应粉碎（机）"，其能承受的温度和压力分别为 450℃和 2MPa（图 11.6）。在反应粉碎过程中，金属硅通过氢氯化反应以 SiH_xCl_{4-x} 的形式形成氯硅烷，其中三氯硅烷和四氯硅烷是主要产物，$FeCl_2$ 为副产物。实验表明通过粉碎和氢氯化过程的结合，反应（氢氯化反应）所需的引发时间大大缩短，此外，从根本上解决了引发温度过低的问题（即温度条件可以适当放宽）。作者认为以下原因可以解释这一点，一是粉碎使反应物表面积增大；二是金属硅被机械活化了。此外，粉碎过程中反应所生成的抑制剂 $FeCl_2$ 得到及时移除，有利于反应进行[17]。

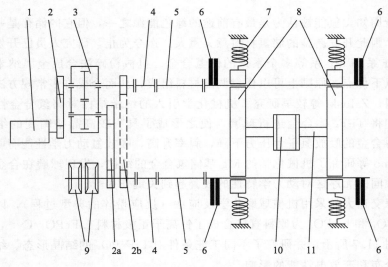

图 11.6　振动粉碎装置设计图[17]

11.3.3　机械合金化

20 世纪 60 年代后期美国 INCO 公司的 Benjamin 成为机械合金化（MA）的先驱者[18]，它将不同成分的粉体在高能球磨机中长时间球磨，利用机械驱动力使非平衡相形成和转变，促使粉末的组织结构逐步细化，不同组元原子相互渗入和扩散，最终在固态下合金化。长久以来，金属间化合物作为结构材料的主要问题是脆性，利用 MA 技术可通过超微晶化结构的形成提高其形变能力，从而在烧结时可获得接近 100% 理论密度的烧结体，应用前景十分广阔。MA 法现已成为一种新的先进合金粉末材料加工技术，广泛应用于制备氧化物弥散强化合金（oxide dispersed strengthened alloy，ODS）、磁性材料、超导合金、非晶态合金及金属间化合物，其中 ODS 合金是利用粉末冶金法加入陶瓷粉末经高能球磨再成型和结晶，代表了当代高温合金的最高水平[19]。Liu 等研究了具有不同 V 含量的机械化学合成纳米晶 Nd-Fe-B-V 合金及其氮化物的物相组成与磁性能[3]。

Varga 等利用球磨法制备了高性能 Cu-MgO 催化体系，在碳氧双键的氢化反应中表现出很好的催化活性[20]。Orimo 和 Fujii 利用机械研磨法合成了一种含 H 质量分数为 1‰～6‰的合金材料（$Mg_2NiH_{1.8}$），并利用高分辨率的电子显微镜剖析了该材料，发现该材料的结构主要由大小为 15nm 的 $Mg_2NiH_{1.8}$ 纳米微粒构成[21]。

11.3.4　能源材料制备

众所周知，氢能被认为是最有前途的绿色能源之一，但它的储存是一个很大的问题，因此开发新型的储氢材料意义重大。迄今为止，研究人员已开发出了稀土系、Zr 系和 Mg 系等多个系列的储氢合金。机械粉碎法合成金属纳米金储氢材料有以下优点：原则上可以任意调配材料组成，从而合成许多常规方法难以制备的材料。Zaluski 等较早研究了机械化学引入的纳米结构对储氢合金性能的影响，他们将 Ti-Fe 体合金进行球磨，使之形成了具有较高晶格畸变的纳米晶结构，使得合金的吸放氢平台压力下降，斜率升高，吸放氢动力学性能有明显的改善。Orimo 等研究了机械化学的 Mg 基储氢合金的结构，发现球磨在合金中引入纳米晶粒间的无序区对动力学特性的改善起到关键作用[3]。

上海交通大学采用机械球磨化学反应法（反应粉碎的典型过程），以金属铁 Fe、$FePO_4$ 和 Li_3PO_4 为原料直接合成了锂离子正极材料 $LiFePO_4/C$[22]，其合成路线如图 11.7 所示，并研究了不同工艺条件对 $LiFePO_4$ 的结晶形态、结构、粒径及其分布和充放电性能的影响[23]。

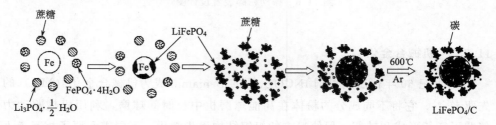

图 11.7　用球磨技术制备 $LiFePO_4/C$ 颗粒的机理图[23]

经过实验室研究和化工过程放大试验，设计开发了一条年产 15t 的 $LiFePO_4/C$ 正极材料生产过程，其制备流程如图 11.8 所示。中试所得产品的性能与实验室样品基本一致，经过相关检测机构测定，在 1C 倍率充放电时，首次放电容量可达 135～145mAh/g，符合企业制定的标准。中试过程获得的 $LiFePO_4/C$ 正极材料开发成为不同类型的动力电池，包括 36V12AH、44V10AH 和 24V9AH 三种类型的磷酸铁锂动力电池，经过车载试验，已经进入电动自行车应用。另外，$LiFePO_4/C$ 正极材料还将设计制作各种规格的储能型动力电池，应用到智能电网和物联网的储能装置中，并在风电、太阳能发电中发挥作用。随着 LiFePO$_4$ 动力电池市场不断的成熟，LiFePO$_4$/C 正极材料需求不断扩大。试验证明，原料混合均一性对于成品质量影响至关重要，需要继续改进混料过程与相关装备，不断完善 LiFePO$_4$/C 正极材料制备过程，优化生产工艺。

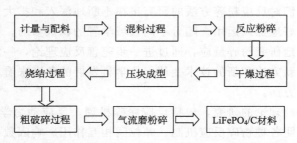

图 11.8 反应粉碎与烧结过程复合的 LiFePO$_4$/C 正极材料制备流程[24]

11.3.5 污染物处理

澳大利亚的一个科研小组开展了用机械化学法处理剧毒有机物的研究——将 15gPCB 或 DDT 放入振动球磨机内，直径 12mm 的钢球作为磨介质，再加入一定量的镁、钙和氧化钙，然后在密闭状态下进行研磨。气相色谱和质谱联合分析表明：研磨 3h 上述有机物即开始分解，12h 后氯苯和 PCBs（卤代芳烃）的含量分别降至 1×10^{-6} 和 2.6×10^{-4} [25]。Annalisa Napola 等进行了利用球磨粉碎方法从被污染的土壤中去除菲的研究，结果表明，用研磨法从固态土壤中除去菲效率较高[26]。此外，许多塑料制品经粉碎化学反应处理后，发生机械化学分解，聚合度可下降 80%，可以有效减少污染。

11.3.6 反应粉碎过程模拟

除了上述对反应粉碎方法的实验研究与应用，为了更好地确定该过程的影响因数与实验条件，很多的模拟工作也正在开展。一个优秀的模型能够预测实验的条件和结果，这无疑将给研究工作带来极大的方便[27]。Urakaev 等基于非线性弹塑性理论建立了描述固体颗粒之间碰撞（过程）的模型，计算得到了一系列（粉碎）装置壁面与被处理材料之间的相互作用参数，如不同种类的球磨机、粉碎机等。同时计算了温度和压力对被处理颗粒的影响，推导出了粉碎过程中物质的机械反应和机械活化作用的基本方程[28]。

11.4　反应粉碎过程发展趋势

反应粉碎作为一种新型的工业过程，需要对其理论和应用基础进行深入研究。近年来，人们对反应粉碎方法的研究正在不断地深入和扩大，旨在揭示其物理化学原理并更好地加以运用。随着不同领域学者的积极参与，可以预见不久的将来能实现定量地研究粉碎反应，通过进一步完善反应理论，一定会产生一些新思路、新概念、新方法和新的技术变革。从学科发展的角度来看，今后的工作应着眼于以下几个方面：

（1）重视基础理论的研究，包括反应粉碎机理，反应动力学和热力学理论、传递特性等。阐明各种粉碎反应机制、颗粒间相互作用影响因数、机械力如何转化为其他力、转换程度如何、这种转换的能量又如何能够充分利用起来等，以为实际应用提供依据和理论指导。

（2）非平衡相的粉碎反应合成机理。包括反应粉碎方法在超饱和固溶体、准晶体、非晶体、纳米晶体材料的合成中的运用及其引发非晶晶化的机理。

（3）结合实际应用开展材料制备的新技术研究，确定适合于超细和纳米粉末制备的固相反应体系及其规律，探索进行中间过程控制的可能途径与方法，研究超细颗粒的稳定与后处理技术，合成出一般化学和加热方法不能得到的具有特殊性能的材料，如制备锂离子电池正负极材料、燃料电池电催化剂等。

（4）加强反应粉碎方法合成亚稳态、非晶态粉体材料的研究，尤其是机械合金化制备高性能功能材料的研究。

（5）研究反应粉碎过程中无机物与有机物的相互作用机理并应用到粉体改性、粉体活化和复合材料制备中。继续进行用反应粉碎法有效地处理低品位复杂矿和有毒废弃物的研究，对资源高效综合利用和深加工以及可持续发展具有重要的现实意义。

（6）加强反应粉碎过程系统仿真、建模和预测的研究。反应粉碎过程的计算机模拟，用计算机模拟计算粉碎反应能量、粉末受力情况和机械化学进程，以指导新工艺、新材料的开发研究。

参 考 文 献

[1] Ulrich Hoffmann, Christian Horst, Ulrich Kunz. Reactive Comminution, in Integrated Chemical Processes, Weinheim, Germany: WILEY-VCH, Verlag GmbH & Co. KGaA, 2005, 407-436.

[2] Ostwald W. Studien uber die bildung und Umwandlung fester Korper. Z. Phys. Chem., 1897, 22: 289.

[3] 杨华明, 欧阳静. 机械化学合成纳米材料的研究进展. 化工进展, 2005, 24 (3): 239-244.

[4] Heegn H. Mechanische Aktivierung von Festkorpern. Chem. Ing. Tech., 1990, 62 (6): 458.

［5］ 邓彬，王树林，周华江. 机械化学的研究现状及其应用. 中国科技成果，2004，(11)：26-29.

［6］ 杨华明，邱冠周，王淀佐. 超细粉碎机械化学的发展. 金属矿山，2000，(9)：21-31.

［7］ Middlemiss S. Surface Damage Effects in Single Particle Comminution. International Journal of Mineral Processing，2007，84 (1-4)：207-220.

［8］ 杨家红，李洪桂等. 矿物机械活化基础理论的研究进展. 稀有金属与硬质合金，1996，127：38-43.

［9］ Balaz P, Alacova A, Achimovicova M, Ficeriova J, Godocikova E. Mechanochemistry in hydrometallurgy of sulphide minerals. Hydrometallurgy，2005，77 (1-2)：9-17.

［10］ 吴其胜，张少明. 无机材料机械力化学研究进展. 材料科学与工程，2001，19 (1)：137-142.

［11］ Kostova N G, Spojakina A A, Dutkova E, Balaz P. Mechanochemical approach for preparation of Mo-containing β-zeolite. Journal of Physics and Chemistry of Solids，2007，68 (5-6)：1169-1172.

［12］ Delogu F. Mechanochemical effects in the formation of $Ag_{50}Cu_{50}$ solid solutions by mechanical alloying. Material Cheminstry and Physics，2009，115 (2-3)：641-644.

［13］ 郝保红，姚斌等. 粉碎过程中机械化学效应的形成发展与研究范畴. 北京石油化工学院学报，1999，7 (1)：21-24.

［14］ Zoltan Juhasz A. Aspects of mechanochemical activation in terms of comminution theory. Colloids and Surfaces A：Physicochemical and Engineering Aspects，1998，141 (3)：449-462.

［15］ 李希朋，陈家镛. 机械化学在资源和材料化工及环保中的应用. 化工冶金，2000，21 (4)：443-448.

［16］ Zhao J R, Feng Y, Chen X F. A new kind of materials obtained by the mechanochemistry reaction-Modified CPE with maleic anhydride and styrene. Materials Letters，2002，56 (4)：543-545.

［17］ Bade S, Hoffmann U, Schonert K. Mechano-chemical reaction of metallurgical grade silicon with gaseous hydrogenchloride in a vibration mill. International Journal of Mineral Processing，1996，44-45：167-179.

［18］ Delogu F, OrrùR, Cao G. A novel macrokinetic approach for mechanochemical reactions. Chemical Engineering Science，2003，58 (3-6)：815-821.

［19］ 章桥新，张东朋. NbC 粉末的机械合金化合成. 中国有色金属学报，1995，5 (1)：87-89.

［20］ Varga M, Molnar A, Mulas G, Mohai M, Bertoti I, Cocco G, Cu-MgO Samples Prepared by Mechanochemistry for Catalytic Application. Journal of Catalysis，2002，206 (1)：71-81.

［21］ Kitano Y, Fujikawa Y. Electron microscopy of Mg2Ni-H alloy synthesized by reactive mechanical grinding. Intermetallics，1997，5 (2)：97-101.

［22］ Liao X Z, Ma Z F , Wang L, Zhang X M, Jiang Y, He Y S. A Novel Synthesis Route for $LiFePO_4$/C Cathode Materials for Lithium-Ion Batteries. Electrochemical and Solid-State Letters，2004，7 (12)：A522-525.

［23］ Liao X Z, Ma Z F, He Y Sh, Zhang X M, Wang L, Jiang Y. Electrochemical Behavior of $LiFePO_4$/C Cathode Material for Rechargeable Lithium Batteries, Journal of the Electrochemical Society，2005，152 (10)：1969-1972.

［24］ 李景坤，廖小珍，马紫峰. $LiFePO_4$ 正极材料制备过程研究进展. 化工进展，2010，9 (8)：1010-1014.

［25］ Millet P, Calka A, Williams J S. Formation of Gallium Nitride by a Novel Hot Mechanical Alloying Process, Applied Physics Letters，1993，63 (18)：2505-2507.

［26］ Annalisa Napola, Maria D. R. Pizzigallo, Paola Di Leo, Matteo Spagnuolo, Pacifico Ruggiero. Mechanochemical approach to remove phenanthrene from a contaminated soil. Chemosphere，2006，65 (9)：

　　　1583-1590.

[27] Suryanarayana C. Mechanical alloying and milling. Progress in Materials Science, 2001, 46 (1-2):
　　　1-184.

[28] Urakaev F Kh, Boldyrev V V. Mechanism and kinetics of mechanochemical processes in comminuting
　　　devices- 1. Theory. Powder Technology, 2000, 107 (1-2): 93-107.

12　专业数据和计算资源的网络化共享
——构建未来虚拟研究环境的基础

12.1　引　言

1995年以来，随着Internet的快速普及和由此带来的化学信息网络化的发展，对与化学相关的研究产生了深刻影响。美国化学会会刊（Journal of the American Chemical Society，JACS）在2003年庆祝其创刊125周年时曾发表社评[1]（editorial）并指出，Internet已经改变了化学的研究方式、成果传播方式以及学生的学习方式。Internet已经取代图书馆，发展为获取各种化学信息的首选途径，常常也是仅有的途径[2]；网络也成为化学相关日常的科学活动中不可缺少的平台。构建以网络为平台、支持开展科研活动的数字化基础设施和服务的探索开始出现，如英国已经开始的eScience[3]、虚拟研究环境（virtual research environments)[4,5]计划，美国国家科学基金会NSF2003年的Cyberinfrastructure专家咨询报告[6]则认为由计算、信息、通信技术推动的科研新时代即将迎来黎明，估计需要每年投入10亿美元以建立美国的领先优势，并建议快速付诸行动。

目前，人们对虚拟研究环境或eScience的含义及其构建尚未有定论，因不同学科的特点不同，虚拟研究环境相应的内涵及应用也当有所不同。很显然，支持化学化工相关的虚拟研究环境应能针对学科的特点，如英国的eScience计划所支持的化学相关的项目CombeChem[7,8]。通过考察、回顾化学化工相关的网络化发展现状、趋势及其特点，可以帮助我们更有效、合理地构建面向未来的虚拟研究环境。

12.2　网络化专业数据的共享

化学是通过物质转化创造新物质、并试图了解物质性质的学科。化学数据、信息的获取和积累是化学研究、也是过程工程及其他相关学科（如农业、生物、医药、材料、环境、电子、冶金、地质等）的基础。

由于物质种类（在美国化学文摘登录的有机和无机化合物已经超过5200万[9]）及其性质的多样性，产生了数量巨大的化学数据、信息。最权威的化学学术组织美国化学学会（American Chemical Society，ACS）所出版的30余种期刊中，有一种（*Journal of Chemical ＆ Engineering Data*）专门出版数据，已有 60 多年的历史；美国国家标准与技术研究院 （National Institute of Standards and Technology，NIST） 也出版化学相关的数据期刊 （*Journal of Physical and Chemical Reference Data*），2007 年该期刊的影响因子是 3.3。在 Internet 普及之前，化学相关的数据手册以及电子化的化学数据库的数据主要由人工收集自纸质文献并经过长期积累而成。我国因经济等条件的限制、化学相关的基础数据积累与发达国家相比差距甚大，所出版的化学相关的数据手册以及逐步建成的化学数据库只占全球数据库的很小部分。目前在 Internet 上可以公开访问的化学数据库主要源自欧美、日本等发达国家。化学信息的网络化主要包括化学数据库的网络化、化学文献的电子化。Internet 的开放性为我国与欧美国家在网络化学信息利用方面提供了前所未有和相对平等的机遇，使得为支持日常化学相关科学活动而构建的化学数据和信息大规模获取、积累的工具成为可能。考察化学数据网络化共享现状和发展趋势是合理构建一个以网络为基础、面向化学相关领域的虚拟研究环境的基础。

12.2.1　单一的化学数据库的网络化基本成熟

经过约 10 年的快速发展，发达国家已建立的化学数据库基于 Web 的网络化、期刊的电子化等已趋于成熟，甚至出现了借助网络共享实验设备的应用[10, 11]。

我国科学数据库工程支持的化学化工数据库也已实现了基于 Web 的网络化，如中国科学院过程工程研究所的工程化学数据库[12]、中国科学院上海有机化学研究所的化学专业数据库[13]。化学数据库网络化共享的主要模式是实现远程检索，主要实现了一个独立的化学数据库资源的远程利用，使用方式是向网络上的某个单一的化学数据库提交检索请求，继而获得检索结果。

12.2.2　发展趋势：多个网络化学数据库的统一检索

利用一个查询能同时检索分布在网上的、不同的 Web 化学数据库是人们近年来努力的方向。由于化合物种类的多样性[9]及其性质的多样性，一个 Web 化学数据库对化合物范围和数据种类的覆盖（取决于建库的目标）是有限的，再加上数据库的平台和结构的差异，利用一个查询同时检索多来源 Web 化学数据库是一项极具挑战性的工作。

1. 同一机构多数据库的统一检索

利用一个查询能同时检索分布在网上的 Web 化学数据库稍早的成果是实现同一个机构内多个数据库数据的集成检索，如美国 NIST 的多个化学数据库的统一检索入口 NIST Chemistry WebBook[14]、美国国立健康研究院 （National Institutes of Health，NIH）的多种毒性及健康数据库的统一检索入口 ChemIDPlus Lite[15]。由于被检索的各数据库的结构已知，这类集成检索相对容易实现。

我国科学数据库工程支持的化学化工数据库工作近年来也致力于同一单位已经建立的不同数据库的联合检索，如中国科学院上海有机化学研究所的化学专业数据库中最近实现的化学数据综合检索功能[13]。科学数据库工程项目还试图通过制订科学数据库元数据标准推动国内项目参加单位的数据库元数据的统一检索[16]。这一思路应用于全球的化学数据库时，在所有数据库采用相同或类似的元数据标准的前提下可实现多数据库元数据的统一检索，但是目前这一前提尚不存在。

2. 基于库索引提交生成多来源的化合物统一索引

最近五年，通过提交索引、建立多库化合物统一索引的方法得到了快速发展，即分属于不同机构各个 Web 化学数据库将自己库的化合物化学结构索引提交（deposit）到一个中心站点，中心站点将各库索引处理后形成一个能链接多库的化合物的统一索引。最引人注目的是美国 NIH 于 2004 年 9 月 16 日推出的小分子活性数据库 PubChem[17]，它是 NIH 分子库计划 MLI[18] 的阶段性成果，由多种来源（不少是化学试剂目录）的数据库将其化合物标识（以化学结构信息为主）索引上传到中心库（PubChem Substance），经化学结构唯一化处理后形成有机小分子库 PubChem Chemical，PubChem Bioassay 则提供小分子生物活性筛选数据；PubChem 实现了与 NIH 生命科学数据库系列以及提交索引的各化学数据库化合物索引的链接，并通过一些计算软件以化学结构信息为基础自动生成了化合物的多种命名和编码，如 IUPAC International Chemical Identifier（In-ChI）[19]、Simplified Molecular Input Line Entry System（SMILES）[20] 唯一码等。PubChem Chemical 在较短的时间里形成了超过 2600 万的化合物索引（unique structures），给商业运营的美国化学文摘的物质注册库（CAS Registry）[9] 带来了潜在的威胁，引发了 NIH 与 CAS 之间的争执[21]。与 PubChem 类似的系统还有两个，分别是 2005 年 11 月 18 日推出的 eMolecule[22]（推出时原名为 Chmoogle，迫于 Google 的压力更名为 eMolecule）和 2007 年 3 月 24 日推出的 ChemSpider[23]。eMolecule 最初只能以化合物的 SMILES[20] 码检索，陆续增加了化合物的名称等标识信息的检索，目前索引化合物的规模目前为 900 万；ChemSpider 索引化合物的规模超过 1700 万。

另外，美国 CambridgeSoft 公司曾经推出过一个有限制的免费服务 Chem-Finder，具有对不同来源的免费化学数据库和一些 Web 页面中的数据同时检索的功能。该系统的免费服务已经终止并转为收费服务，系统的实现方法未发表。如果考虑到 CambridgeSoft 公司多年来在化学品目录数据库方面的产品线，那么

ChemFinder 建立索引的方法应该与上述 3 个系统的方法类似。

通过提交库的索引，可以在中心站点很快形成规模很大的化合物索引，但仅限于库的化合物索引，而非化学数据库的化合物数据的索引，用户通过检索能够获知哪个库中有被查询的化合物，其数据的情况仍需单独访问各个库后才可以进一步确定。由于利用了各库提交的化合物索引，检索各库化合物所提交的查询请求是已知的，技术上的挑战主要是处理大规模数据的效率问题。考虑到已有的数据库大多是在花费大量人力和物力、长期积累形成的，数据库的知识产权是数据共享时的敏感问题，利用这种方式建立化合物数据的索引的可能性比较小。

3. 基于化学深层网的多来源数据结构挖掘

实现多个 Web 化学数据库统一检索的另一种可能的方法是基于深层网（deep web）的深层数据结构挖掘。深层网是相对于基于链接分析（hyperlink analysis）的搜索引擎定义的。Web 数据库中的数据不同于一般的 Web 页面，仅当用户向远方的 Web 数据库提交一个检索数据的查询请求（query）后，包含查询结果（检索的目标数据）的 Web 页面才由该库服务器端的数据库接口程序自动生成后返回给用户，此结果页面在查询前并不在服务器端存在，查询后也不在服务器端保存。因此基于链接分析的搜索引擎所搜索的内容被称为浅层网，无法被基于链接分析的搜索引擎所索引的 Web 数据库的集合组成的集合被称为深层网[24,25]。相应地，我们将 Web 化学数据库的集合称为"化学深层网"（chemistry deep web）。

中国科学院过程工程研究所在发展化学浅层网检索工具包括国家科学数字图书馆化学学科信息门户 ChIN，以及化学专业搜索引擎的基础上[26,27]，采用基于 Extensible Markup Language（XML）的方法对化学深层网数据自动提取方法进行了研究。其技术路线是先自动构造查询的检索式并将其自动提交到网络上多个 Web 化学数据库的检索接口，接收各个库返回的 HTML 检索结果页面并转换为 XHTML，然后利用 XPath 书写的数据提取模板作用于 XHTML，通过 XSLT 实现目标数据的提取。目标数据的 XML 结果文件可利用 XML-DBMS 进一步映射到数据库，并实现基于 XML 的多个化学数据库数据的检索结果显示[26-32]。在方法研究的基础上，已建立了化学深层网统一检索引擎 ChemDB Portal 原型系统[33]，该系统已上线试运行。ChemDB Portal 是一个利用深层网检索技术在线检索分属不同机构的多来源数据库的化学检索引擎。目前的通用搜索引擎如 Google 等还不具备这一功能。利用 ChemDB Portal，用户仅需输入一次查询请求，该系统就可自动检索网络上的多个专业数据库［包括物化性质、化合物安全数据表 Material Safety Data Sheet（MSDS）、供应商等］，把从各库检索得到结果统一返回给用户。随着系统的不断扩展，有望逐步达到一次检索、遍搜各库的目标。

　　基于化学深层网的深层数据结构挖掘的方法不仅可以建立化合物的索引，而且因其对检索得到的结果页面进行了动态的数据提取，如果将数据提取结果进行缓存，则可以进一步建立化合物数据的索引，并实现同一种物性不同来源数据值的比较、集成。

12.2.3　原始实验数据的数字化共享与保藏

　　化学是一门建立在实验基础上的科学，化学科研成果的产业化（过程工程）也主要建立在小试、中试等放大实验的基础之上。在进入数字化时代的今天，实验室日常的实验工作仍主要使用纸质实验记录本对实验过程、原始实验数据进行记录。纸质实验记录本的特点是使用方便、灵活，可记录实验意图、步骤、流程图、测量数据等，也是知识产权的原始证明材料。在 eScience 的大背景下，这种方式存在很大的问题，成为原始实验数据借助计算机进一步处理（从数据中挖掘知识）、发表和长期积累的瓶颈（障碍），建立数字化实验记录系统（electronic lab-book）是解决这一问题的方向。已经有许多替代纸质实验记录本的努力[34]，包括商品化的软件和学术研究的项目。如着重强调知识产权保护的系统 Patent-Pad，专门用于特定实验过程的系统如美国华盛顿大学面向细胞生物学的 Lab-scape[35]。

　　建立数字化实验记录系统的难度在于数字化的系统能否支持纸质实验记录本的功能并发挥数字化的优势，特别是在网络环境下，还需要解决互操作（interoperability，与其他资源集成、无缝访问的基础）、安全性（security，数据安全与保密）、来源说明（provenance，如知识产权的保护）、元数据提取（metadata extraction）等。尽管数字化实验记录系统并不是一个新概念，但是目前已有的系统尚不能满足上述要求，因此数字化实验记录系统成为英国 eScience 支持的项目中化学工具的重要组成部分[34]，也应该是未来构建虚拟研究环境应该发展的基础性工具。

12.3　计算资源的网络化共享

　　与化学数据的网络化进程类似，化学计算资源的共享最先实现的是程序包括开源软件（开放源代码的软件）的免费下载；逐步又出现了一些在线计算的应用，这些应用目前还比较简单，主要是化学信息学领域的一些基础应用。如英国剑桥大学 Peter Murray Rust 研究组的 World Wide Molecular Matrix（WWMM）[36,37]。该组是化学标记语言 Chemical Markup Language（CML）[38]的提出和推动者。WWMM 是应用化学标记语言 CML 的示范性系统，可提供

CML 与 2D 分子结构其他格式的在线转换和基于远程提交的分子模拟 (MOPAC) 计算服务；也可利用 Web Service 提供 CML 相关应用程序的开放调用接口。欧盟 INTAS 基金资助的欧洲多国合作项目"虚拟计算化学实验室" Virtual Computational Chemistry Laboratory（VCCLAB）[39] 的成果除了两个可以下载的程序外，所实现的在线计算应用也是非常基础的部分，包括分子结构多种格式之间的转换、分子描述符的在线计算以及一些常用的数据处理算法程序。美国北卡罗来纳大学和 IBM 合作实现了基于网格的定量结构活性关系 Quantitative Structure-Activity Relationship（QSAR）方法的自动计算[40,41]。这些化学计算应用的计算量相对较小，更加专门的计算如分子模拟计算的在线应用、可被远程调用的计算程序还不多见。

将网格技术用于分子模拟计算中大强度计算的研究因其可能达到的计算规模在过去是无法想象的而引人注目，如计算组合化学。面向药物设计的计算组合化学虚拟库筛选的一个主要方法是基于靶酶结构、利用分子对接方法进行筛选，比较适合于分布式计算。牛津大学的 W. Graham Richard 等[42] 于 2001 年开展使用普通 PC 进行有关癌症和炭疽病因的蛋白靶酶虚拟筛选的全球合作项目，仅一年时间，通过互联网在全球志愿者的协助下构建了一个相当于 65 teraflops 的虚拟超级计算机，筛选了超过 300 万个化合物结构。此后，网格计算在分子对接和分子模拟研究中的应用受到重视，并取得长足的进步[43-45]。

国内化学计算资源的网络化共享正在兴起，2004 年底由中国科学院上海药物研究所及其合作者建立了"新药研发网络"[46,47]。该网络初步提供使用分子对接进行新药筛选服务，同时配备了 200 多万化合物三维结构和药物信息数据库资源。中国科学院计算机网络信息中心组织的"计算化学虚拟实验室"则向国内的多家单位提供其超级计算机上计算化学程序的远程计算服务。

作为国家自然科学基金委"以网络为基础的科学活动环境研究"重大研究计划的参与者，中国科学院过程工程研究所与中国科学院化学研究所、北京大学合作，进行了将分子模拟程序向网格化环境移植的探索[48]。采用了 JNI 技术与 Globus Toolkit 4 工具箱相结合的方法对合作单位拥有的、典型的分子力学 C++ 计算程序和组合化学虚拟筛选中药物分子 ADME/T 性质预测程序进行封装，基于 Java 语言和 Web Service 实现了它们的网格化，对计算程序的内部核心未做改动。这一技术路线可用于其他计算化学软件向网络方便、有效的移植。

化学计算资源网络化共享的模式可以是在线应用、根据需要可被远程调用的计算程序、或利用分布式计算机空闲的处理能力完成大强度计算等，发展趋势主要为基于网格的分布式计算。

12.4 化学数据和计算资源的网络化集成

面向化学学科或某个领域，对不同来源的数据和计算资源进行有效聚合和广泛共享，构建不仅能共享远程资源并且能够一起工作（working together）的网络协同工作环境或"虚拟实验室"代表着未来进一步探索的方向。

美国能源部自 2000 年开始了一项以燃烧为研究对象、基于网络协同工作的化学信息基础设施（collaboratory for the multi-scale chemical science）的研究，简称为 CMCS[49-51]，经费投入超过 300 万美元[52]。CMCS 的数据集成示范应用包括用手工或应用程序将与燃烧有关的各种数据、计算结果上传到中心库（repository），并利用平台的元数据工具对上传数据进行完整描述。CMCS 计算工具共享的示范应用包括在平台中集成了量化计算、热力学计算、反应动力学计算的工具，以及一些基础性工具如显示分子图形、数据表格的 XY 坐标图的程序。

作为英国国家数字化科学项目（e-science）[3]的一部分，英国工程与自然科学研究理事会 EPSRC 支持了一个组合化学网格项目 CombeChem[8,53,54]，已投入 220 万英镑。CombeChem 示范性成果有：开发了一个数字化实验记录原型系统，建立了一个组合化学智能程序 Comberobots，它可扫描一个物性数据库中缺少数据的字段，并自动提交给分子模拟程序计算所缺数据。计算利用了南安普敦大学校园内空闲的 PC 机计算资源。还利用网格技术针对与疟疾有关的目标蛋白质筛选小分子，小分子的晶体数据来自 EPSRC 的国家晶体学网络服务，该库是一个基于高通量筛选样品、自动确定晶体结构的系统，向英国全国的学术界开放，也是 CombeChem 项目最成功的部分。

美国的 CMCS 和英国的 CombeChem 都是基于网络的示范性应用，英国的 CombeChem 更注重于化学信息学方法的探索，如数据描述采用 RDF（resource description framework）；美国的 CMCS 更注重实用性，例如采用较为成熟的 Dublin Core 元数据标准，注重开源工具的集成；平台功能比较完善，如为合作者提供了项目组成员管理、文档共享、实时交流等功能，这些平台工具是开放的。

CMCS 和 CombeChem 的共同点是均重视对共享数据的详细、全面的描述和数据家谱，这不仅是计算程序自动利用可共享数据之所需，同时也应该看到最原始的实验数据是宝贵资源，其共享是十分敏感的问题。共享数据的完整描述为有效地保护数据的知识产权提供了技术措施。另一个共同点是平台示范应用的建立均需要综合运用多种计算机语言、工具，非简单的编程所能胜任。

微软于 2008 年支持了一个 eChemistry 的研究与示范项目[55]，项目研究的目标是考察化学如何从 Internet 上可公开访问数据的共享中获益。项目承担单位包括英国剑桥大学、美国印第安纳大学等，项目的研发内容包括对已有的网络数据库和文献档案进行索引和检索以及解决如何对实验室的原始实验数据进行记录和保存的问题。

中国科学院过程工程研究所也曾进行建立过程工程虚拟研究中心[56]的尝试，实现了李静海院士、郭慕孙院士提出的用于计算气-固两相流体流动的EMMS 模型的远程计算服务；还实现了包括跨区域组建研究小组合作项目的管理工具，基于"虚拟建筑"、支持白板和音频及视频的实时交流工具，网络会议系统等功能。这些工具要发挥应有的作用还依赖于研究人员日常工作方式的进一步转变。

12.5　结　　语

在构建化学相关的虚拟研究环境的探索方面，英国和美国一直走在前列，英国剑桥大学的联合利华分子科学信息学中心（英国 eScience 化学语义网络的承担单位）的工作非常系统。国内已经有相关的研发探索，但可供大规模、网络化共享的化学数据和计算资源仍十分有限，除个别系统外，影响力与国外的同类系统尚难以相比。中国科学院过程工程研究所在化学数据库的网络化[12]、化学浅层网检索工具[26,27,57-71]、化学深层网数据提取及统一检索方法[26-33]、分子模拟计算程序的网络化[48]、过程工程虚拟研究环境[56]探索等方面有较多积累，其中网络化学化工资源导航系统 ChIN[26-27,57-62]是国内唯一被国际承认、国内权威的系统，被专业人员的广泛使用。

除了化学文献信息的网络化访问、共享，构建虚拟研究环境最主要的内容可以归结为化学相关的数据和计算资源的共享，共享的理想模式是数据或计算资源可被任何应用根据需要自动地访问（on demand）。

在利用已有的化学数据方面，正在由单一化学数据库的网络化向多个化学数据库的统一检索以及不同数据库之间的相关内容实现无缝连接的方向发展，通过提交单库化合物索引可以快速构建一个大规模的多库化合物索引；利用化学深层网数据提取的方法则可以进一步构建化合物数据的索引。

在利用化学相关的计算资源方面，从单一计算程序的免费下载［包括开源（open source）化学软件工具包］向基于 Web 的在线计算发展，目前的在线计算的计算量都比较小；基于网格的应用在利用加盟计算机的计算能力形成超大规模计算能力的应用引人瞩目，另外分子模拟等计算程序的网格化为计算程序根据需要被自动调用提供了可能。

总之通过将化学相关的、多来源的、数据和计算资源根据需要自主集成、形成不同层次的支持协同工作的虚拟研究环境是未来的发展方向。随着研究人员日常工作方式的进一步转变，相关的工具将发挥越来越重要的作用。

参 考 文 献

[1] Editorial. Journal of the American Chemical Society, 2003, 125 (1): 1-8.

[2] Peter Murray-Rust et al. Representation and use of chemistry in the global electronic age. Organic & Biomolecular Chemistry, 2004, 2 (22): 3192 - 3203.

[3] Research Councils, UK, eScience. http://www. rcuk. ac. uk/escience/default. htm.

[4] Michael Fraser. Virtual Research Environments: Overview and Activity. Ariadne Issue 44, 30-July-2005. http://www. ariadne. ac. uk/issue44/fraser/.

[5] Joint Information Systems Committee (JISC), UK. Virtual Research Environments programme. http://www. jisc. ac. uk/whatwedo/programmes/programme _ vre. aspx.

[6] Blue Ribbon Advisory Panel on Cyberinfrastructure, National Science Foundation, USA. Revolutionizing Science and Engineering through Cyberinfrastructure, 2003. http://www. nsf. gov/od/oci/reports/ExecSum. pdf.

[7] e-Science Funded Projects - EPSRC Programme http://www. epsrc. ac. uk/about/progs/rii/escience/Pages/fundedprojects. aspx.

[8] Combechem Project Home. http://www. combechem. org/ .

[9] Chemical Abstracts Service. The Latest CAS Registry Number and Substance Count. http://www. cas. org/cgi-bin/cas/regreport. pl.

[10] David W Hoyt et al. Expanding your laboratory by accessing collaboratory resources. Analytical and Bioanalytical Chemistry, 2004, 378 (6): 1408-1410 .

[11] Chemistry 'collaboratory' works online, off campus. http://www. udel. edu/PR/Messenger/03/4/ttchemistry. html.

[12] 中国科学院过程工程研究所, 工程化学数据库. http://www. enginchem. csdb. cn/.

[13] 中国科学院上海有机研究所, 化学专业数据库. http://202. 127. 145. 134/scdb/.

[14] NIST Chemistry WebBook. http://webbook. nist. gov/chemistry.

[15] ChemIDPlus. http://chem. sis. nlm. nih. gov/chemidplus/chemidlite. jsp.

[16] 中国科学院科学数据库元数据应用实例之一: 生物信息学. http://www. csdb. cn/metalist/viewRecord. jsp? URI=cn. csdb. bioinformatics. rice.

[17] National Institute of Health. PubChem. http://pubchem. ncbi. nlm. nih. gov/ .

[18] Austin C P, Brady L S, Insel T R. Collins FS. Science, 2004, 306 (5699): 1138 - 1139.

[19] IUPAC International Chemical Identifier (InChI). http://www. iupac. org/inchi/ .

[20] Daylight Chemical Information Systems, Inc. SMILES (Simplified Molecular Input Line Entry System), http://www. daylight. com/dayhtml/doc/theory/theory. smiles. html.

[21] Morrissey S R. Preparing for a job in industry. Chem. & Eng. News, 2005, 83 (24): 23-25.

[22] eMolecules, Inc. eMolecules. http://www. emolecules. com/ .

[23] ChemSpider, http://www. chemspider. com/.

[24] Rajaraman A AAT 3028157: [PhD Thesis]. Stanford: Stanford University. 2001, 139.

[25] Chang K C C, et al. . Sigmod Record, 2004. 33 (3): 61-70.

[26] 李晓霞，郭力，袁小龙，夏诏杰，聂峰光. Internet 推动的化学信息学重要进展. 化学进展, 2008,

20 (12):1849-1859.

[27] 李晓霞，袁小龙，夏诏杰，聂峰光，唐武成，郭力. Internet 化学信息的系统挖掘工具. 计算机与应用化学，2008，25 (9)：1079-1082 .

[28] 储春梅，李晓霞，郭力. 定向查询引擎在 Web 化学数据库集成检索中的应用. 计算机与应用化学，2005，22 (8)：659-666.

[29] 卓流艺，李晓霞，郭力. XML 技术在化学深层网数据提取中的应用. 计算机与应用化学，2006，23 (11):1137-1141.

[30] 刘增才，李晓霞，袁小龙，郭力. 基于 SSH＋ExtJS 架构的化学数据知识框架管理. 计算机与应用化学，2008，25 (9)：1147-1151.

[31] 袁小龙，李晓霞，郭力，聂峰光. 开源软件在化学数据库分子结构检索中的应用. 计算机与应用化学，2008，25 (9)：1143-1146.

[32] 李海波，李晓霞，袁小龙，郭力. Internet 上多来源 MSDS 的统一检索方法. 计算机与应用化学，2009，26 (06)：828-832 .

[33] 化学深层网统一检索引擎 ChemDB Portal. http://www. chemdb-portal. cn .

[34] Gareth Hughes, Hugo Mills, David De Roure, Jeremy G. Frey et al. The semantic smart laboratory: a system for supporting the chemical eScientist. Organic & Biomolecular Chemistry, 2004, 2: 3284-3293.

[35] The Labscape Project, Ubiquitous Computing in the Cell Biology Laboratory. http://labscape. cs. washington. edu/.

[36] World Wide Molecular Matrix (WWMM). http://wwmm. ch. cam. ac. uk/gridsphere/gridsphere? cid＝inchi&JavaScript＝enabled.

[37] WWMM Portal. http://wwmm. ch. cam. ac. uk/moin/WwmmPortal.

[38] Chemical Markup Language (CML). http://www. xml-cml. org/.

[39] Virtual Computational Chemistry Laboratory VCCLAB. http://www. vcclab. org/.

[40] Scott Oloff et al. Novel automated, grid based, web accessible technology for computer-aided drug discovery. Technology for Life: North Carolina Symposium on Biotechnology and Bioinformatics - 2004 Proceedings, 2004, 141-152.

[41] UNC delivers real time research results using IBM Web services. ftp://service. boulder. ibm. com/ software/studies/unc. pdf .

[42] Richards W G. Virtual screening using grid computing: the screensaver project. Nature Reviews Drug Discovery, 2002, 1 (7): 551-555.

[43] Buyya R, Branson K, Giddy J et al. . The Virtual Laboratory: a toolset to enable distributed molecular modeling for drug design on the World-Wide Grid. Concurrency and Computation-Practice & Experience, 2003, 15 (1): 1-25 .

[44] Sudholt W, Baldridge K K, Abramson D, et al. Application of grid computing to parameter sweeps and optimizations in molecular modeling. Future Generation Computer Systems, 2005, 21 (1): 27-35.

[45] Tantoso E, Wahab H A, Chan H Y. Molecular docking: An example of Grid enabled applications. New Generation Computing, 2004, 22 (2): 189-190.

[46] 药物研发网格. http://www. ddgrid. ac. cn/p-grid/.

[47] Chen S D, Zhang W J, Ma F Y et al. A novel agent-based load balancing algorithm for Grid computing. Lecture Notes In Computer Science, 2004, 3252: 156-163.

［48］ 郭力，李晓霞，袁小龙，杨小震，乔学斌，徐筱杰. 化学计算软件网格化方法研究. 计算机与应用化学，2008，25（9）：1075-1078.

［49］ CMCS Project Home. http：//cmcs. org/ .

［50］ James D. Myers et al. "A Collaborative Informatics Infrastructure for Multi-scale Science". Proceedings of the Challenges of Large Applications in Distributed Environments (CLADE) Workshop, Honolulu, June 7, 2004.

［51］ Carmen Pancerella et al. Metadata in the Collaboratory for Multi-Scale Chemical Science. Proceedings of the 2003 Dublin Core Conference：Supporting Communities of Discourse and Practice - Metadata Research and Applications, Seattle, WA, 28 Sep. - 2 Oct. 2003.

［52］ DOE R&D Project Summaries. http：//rd. osti. gov/.

［53］ Fran Berman, Geoffrey Fox, Tony Hey. Grid Computing - Making the Global Infrastructure a Reality, Section 42, Combinatorial chemistry and the Grid, 945- 962, John Wiley & Sons, 2003.

［54］ Kieron Taylor et al. A Semantic Datagrid for Combinatorial Chemistry. http：//eprints. ecs. soton. ac. uk/11778/1/semanticdatagrid. pdf.

［55］ Microsoft ventures into open access chemistry, 29 January 2008. http：//www. rsc. org/chemistryworld/News/2008/January/29010803. asp.

［56］ 郭力，聂峰光，李晓霞，杨宏伟，李静海. 合作研究和过程工程虚拟研究中心，国家自然科学基金委员会国际合作发展战略研讨及成果交流会，2-5-1～2-5-3，北京，2002 年 9 月 23 日.

［57］ 李晓霞，袁小龙，聂峰光，郭力. 化学信息门户 ChIN 十年回顾. 计算机与应用化学，2007，4（1）. 125-129.

［58］ 国家科学数字图书馆：化学学科信息门户 ChIN. http：//chin. csdl. ac. cn/.

［59］ 日本同行建立的 ChIN 的日文版. http：//mis. tutkie. tut. ac. jp/～chin/.

［60］ 介绍和推荐 ChIN 的 12 部专著目录. http：//chin. csdl. ac. cn/SPT--LinkChIN. php.

［61］ ChIN 访问统计. http：//chemport. ipe. ac. cn/stat2/Report. html.

［62］ ChIN 论坛. http：//www. chinweb. com. cn/phpBB2/index. php.

［63］ Xia Z J, Guo L, Li X X, Yang Z Y. Focused Crawling for Retrieving Chemical Information. Advances in Soft Computing, Innovations in Hybrid Intelligent Systems, ASC 44, Berlin Heidelberg：Springer-Verlag, 2007, 433-438.

［64］ Chun Y L, Li G, Zhao J X, Feng G N, Xiao X L, Liang S, Zhang Yuan Yang. Dictionary-based text categorization of chemical web pages. Information Processing & Management, 2006, 42（4）1017：1029. .

［65］ 夏诏杰，梁春燕，郭力. 化学主题网络爬虫的设计和实现. 计算机工程与应用，2006，42（10）：204-205.

［66］ 祝宇，夏诏杰，聂峰光，郭力. 支持向量机在化学主题爬虫中的应用. 计算机与应用化学，2006，23（4）：329-332.

［67］ 祝宇，聂峰光，郭力. 利用未标记数据提高 SVM 分类器性能的研究. 计算机工程与应用，2006，（27）166-167 .

［68］ Chunyan Liang, Li Guo, Zhaojie Xia, Xiaoxia Li, Zhangyuan Yang. Dictionary-Based Voting Text Categorization in a Chemistry-Focused Search Engine. Lecture Notes in Computer Science（LNCS），2005，3806：601-602.

［69］ 苏亮，聂峰光，郭力，李晓霞，梁春燕. 隐含语义检索系统词条权重的处理. 计算机与应用化学，

　　　 2005, 22 (11)：972-976.

[70] 梁春燕，郭力，夏诏杰，杨章远. 网络搜索引擎的性能优化策略和相关技术. 计算机工程与应用，
　　　 2004, 40 (36)：179-182.

[71] 梁春燕，夏诏杰，郭力. 面向化学领域网络资源的自动分类算法. 华南理工大学学报 (自然科学版)
　　　 (增刊)，2004, 32：52-56.

13 计算机辅助化学产品设计

13.1 引 言

人类社会可持续发展面临的种种问题（能源、水资源、环境、粮食安全、人口与健康、恐怖主义和战争威胁……）向过程工程提出了新的需求和挑战[1,2]。这些挑战促使过程工业的产业结构和增长模式发生深刻的变革，这种变革也使过程工业比以往任何时期都更加关注新产品的开发[3-6]。

进入 21 世纪以来，化学工业依靠扩大生产规模和高度集成的大型装置，以降低成本，维持大宗单一产品的生产并保持盈利的时代已经成为过去。与此同时，市场对性能专门化、高技术含量、高附加值的专用化学品的需求不断增长，这使越来越多的企业更加专注于以较小的规模生产具有高附加值的专用化学品。近 10 年来，专用化学品在发达国家已经构成了化学品市场 50% 以上的份额[7]。新产品开发也更加关注高度专门化的材料、活性组分和特效化学品。Grossmann 等[8]和 Moggridge 等[9]将化学工业的这种转变概括为：大宗产品的生产逐渐成为化学工业的"保值"部分，需通过降低成本、提高效率和产品质量达到保值的目的。特种化学品、生物技术产品、药物等高附加值产品的生产将成为化学工业的"增值"部分，必须通过新产品的开发满足社会和消费者灵活多变的需要。

化工产业结构和增长模式的转变意味着过程工程不能只关心如何将原料转变为产品的制造工艺，同时更要关心如何开发具有市场前景的产品，即在回答 "How to manufacture" 之前，首先要回答 "What to manufacture"[10,11]。以市场需求为导向进行化学品开发成为化学工程的一个重要发展趋势。虽然化学工业发展趋势的转变并未导致化工研究人员知识体系的彻底改变[8]，但是依据目前的理论研究和技术基础，人们尚无法做到对产品的设计和生产进行完整的、根本性的科学阐述，这对化工研究人员提出了新的挑战[12]。如何通过化学、工程和系统科学的方法设计满足市场需要的产品，如何以最快的速度、最高的效率组织现有的资源进行生产，成为"化学产品工程"所要解决的关键问题。

13.2 化学产品工程

20 世纪初，化学工程确立了最初的研究范式（paradigm），将单元操作作为化学工程技术研究的基础。20 世纪 50 年代，传递过程成为化学工程发展的又一个里程碑[13-15]。20 世纪末至 21 世纪初，化学工程学科开始探索新的发展方向[10, 11, 16-23]。化学产品工程将可能成为化学工程发展的一个新的研究范式[3, 24]，为化学工业提供技术推进和新的经济增长点。关于化学产品工程及其在化学工程未来发展中的作用已有多种阐述[11, 13, 25]。

13.2.1　化学产品工程的知识结构

专用化学品面临着投入市场时间、产品特定功能和灵巧设计、通用设备选择、非专用工厂等来自技术和市场的挑战。传统的单元操作逐渐扩展到与配方产品生产相关的乳化、挤出、涂层、结晶和颗粒加工等操作。这些新的问题要求在产品导向的开发框架中对化学工程理论进行深入研究，寻求有效的方法。

Cotsa 等[3]曾就化学产品工程的知识结构提出了一个概念模型（图 13.1）。化学产品工程可以分为紧密结合的三个方面：①化学产品金字塔（chemical product pyramid）；②产品设计与工艺设计的结合；③多尺度方法。设计一种新的化学品，不仅要考虑产品的属性和功能，同时还要结合产品的制造工艺。通过化学产品金字塔与工艺设计的有效结合，可以生产出满足市场需求的产品，同时这又需要对产品和工艺进行多方面的研究。

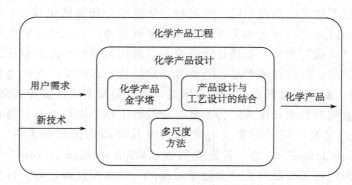

图 13.1　化学产品工程的体系结构[3]

13.2.2　化学产品金字塔[3]

化学产品的一个显著特点是：用户往往不是根据技术含量评价产品的优劣，而倾向于从产品的功能和性能做出判断。从用户的角度表达产品质量的指标称为质量因子（quality factors）。由于质量因子通常是主观的和定性的，因此需要采用客观的参数和模型对其进行表征，这称为性能指标（performance indices）。决定性能指标的因素来自三个方面：①原料的组成和物理化学性质；②制造过程的产品化学结构；③产品的使用条件。性能指标与以上三者之间的依赖关系可通过性质函数（property function）进行表达。

作为产品来说，化学结构对化学品的功能和特性起着主导作用。期望的化学结构需要对产品的配料进行合理地选择，这往往在很大程度上取决于制造过程。例如，巧克力的口感取决于可可脂的晶体结构，而可可脂的晶体结构则是由生产中的回火工艺决定的。因此，与性质函数类似地，可以定义工艺函数（process function），以定量描述制造过程的工艺条件对产品化学结构的影响。

除此之外，使用条件也将对化学品的性能产生影响，但产品开发人员和产品制造商无法直接控制产品的使用方法和使用条件。在 Taguchi 标记方法[26]中，这些因素通过噪声因子（noise factor）影响产品的性能。同样可以定义使用函数（usage function）来表征使用方法和使用条件对产品性能的影响。

图 13.2 所展示的化学产品金字塔系统地阐述了产品配方、原料的物理化学性质、生产工艺、产品的化学结构、产品的使用条件与质量因子之间的关系。金字塔底部的三个顶点分别表示原料、生产工艺和使用条件，这三个顶点分别通过性质函数、工艺函数和使用函数实现与金字塔尖端的联系，共同决定了金字塔的

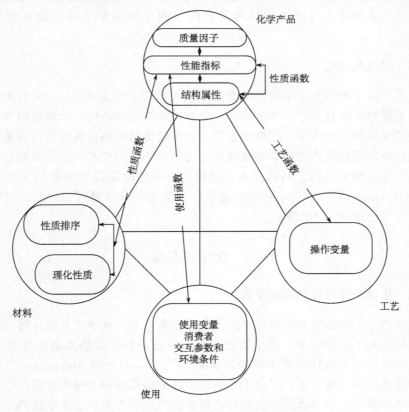

图 13.2　化学产品金字塔[1]

尖端——化学产品。这个金字塔反映出化学产品工程的技术核心。换言之，化学产品工程的基本原理是性质函数、工艺函数和使用函数的开发与应用，通过模拟和优化，设计并制造出满足终端用户需求的产品。

13.2.3　产品设计与工艺设计的结合[3]

表面上看，化学产品工程与过程工程遵循两套相互完全独立的原理，但它们之间的联系非常紧密[3]。化学产品工程通过各种技术的合理应用，开发满足市场需要的产品，而产品的特性在很大程度上受到制造工艺的影响。因此，新产品开发必然需要产品设计与工艺设计的紧密结合。

产品工程与过程工程的不同之处在于，产品工程不仅注重单元和过程的效率，更需要以产品的功能符合用户要求为目标。产品工程注重生产规模小、生命周期短、附加值高的产品，这就要求产品开发人员能在尽可能短的时间内完成新产品的开发并使之进入市场。传统大宗产品生产厂的设计方法往往不适用于生产规模小、产品附加值高的化学品的生产工艺设计。因此，如何高效地进行产品开发和生产工艺设计，对这类化学产品在激烈的市场竞争中的成功起着重要的作用。

13.2.4　多尺度方法

化学产品工程中另一个重要概念是多尺度研究，它是图 13.1 所示知识体系的一个重要组成部分[8, 11, 17, 18, 23, 27-33]。化学产品的微观结构、介观结构和宏观制造过程都关系到产品的质量和市场竞争力。多尺度研究的目的是将性质函数、工艺函数和使用函数表达的模型和规律转化为产品的生产技术。这需要充分理解产品宏观性能与微观结构之间的关系，分析综合不同时间尺度和空间尺度上的问题。Charpentier 等[17]认为，化学产品工程实际上是分子过程、产品、过程工程三位一体（triplet）的产物。

13.3　化学产品设计

13.3.1　化学产品设计的基本步骤

化学产品工程是整套生产化学产品的科学和艺术，化学产品设计可以认为是一套方法论和工具的框架，用于快速、高效地设计满足市场需求的产品[3, 34-41]。化学产品设计的突出特点在于市场的驱动[42-44]。Cussler 和 Moggridge[45]总结了化学产品设计的开发策略，提出了产品设计所应遵循的四个基本步骤：①发现市场对产品的需求；②寻找潜在的满足市场需求的产品方案；③从中选择出最能满足要求的方案；④开发产品的生产工艺。

　　如图 13.3 所示，第①步可以认为是预设计过程，第②步与第③步的结合可以表示两类设计问题——分子设计和混合物（mixture/blend）设计，第④步主要是工艺设计[12]。

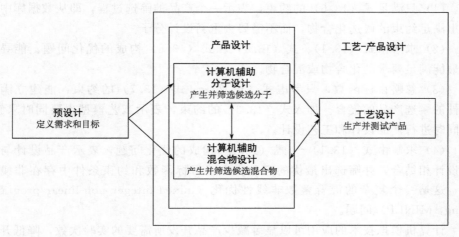

图 13.3　产品设计的过程[1]

　　Gani[12]认为，化学产品设计可以归结为用以下数学模型表述的优化问题：

$$F = \max\{\mathbf{C}^{\mathrm{T}}y + f(x)\} \tag{13.1}$$

$$h_1(x) = 0 \tag{13.2}$$

$$h_2(x) = 0 \tag{13.3}$$

$$h_3(x, y) = 0 \tag{13.4}$$

$$l_1 \leqslant g_1(x) \leqslant u_1 \tag{13.5}$$

$$l_2 \leqslant g_2(x, y) \leqslant u_2 \tag{13.6}$$

$$l_3 \leqslant \mathbf{B}y + \mathbf{C}x \leqslant u_3 \tag{13.7}$$

式中，x 为连续变量（如流率、混合物组成、操作条件、设计参数等）；y 为 0-1 整型变量（如单元操作选择、化合物选择、基团选择等）。$h_1(x)$ 为与工艺设计规格相关的等式约束集合（如回流率、操作压力、附加热量等）；$h_2(x)$ 为与工艺模型相关的等式约束集合（如质量和能量平衡方程）；$h_3(x, y)$ 为与分子结构和性质相关的等式约束集合；$g_1(x)$ 为与工艺设计规格相关的不等式约束集合；$g_2(x, y)$ 为与环境相关（如毒性、全球气候变化等）的不等式约束集合或其他与化学产品设计相关的约束；$f(x)$ 为产品设计问题的目标函数，根据问题的不同可能是线性或非线性函数。式（13.1）和式（13.7）中其他包含整型变量的项一般是线性的，用于表示逻辑关系。在工艺优化问题中，$f(x)$ 往往是非线性的且包含多个非线性项。

上述模型中变量和约束的不同组合，可以表达不同的化学产品设计问题以及求解方法，例如：

（1）只满足式（13.6）的约束，表示一个产品的筛选过程，即从数据库中筛选出满足约束的候选化合物，而不需要去重新设计分子。

（2）求解由式（13.1）、式（13.4）和式（13.6）构成的优化问题，能寻找出最能满足要求的化合物或混合物。

（3）忽略目标函数，只考虑式（13.2）～式（13.7）的约束，能建立满足条件的候选产品的集合。加入式（13.3）的约束，表示工艺模型也要同时求解，即同时进行产品设计和工艺设计。

（4）求解由式（13.1）～式（13.7）构成的优化问题，表示产品设计与工艺设计相结合，并筛选出最优的产品。由于目标函数和约束条件中存在非线性项，这是一个复杂的混合整数非线性优化（mixed integer non-linear programming，MINLP）问题。

计算机模拟技术的应用可以显著减少产品开发所需要的实验次数，降低开发成本，缩短开发周期。因此，计算机模拟技术成为化学产品设计知识体系的重要组成部分。计算机辅助求解方法和工具的应用，使上述问题成为计算机辅助分子设计（computer aided molecular design，CAMD）和计算机辅助混合物设计（computer aided mixture design，CAM^{b}D）问题，两者一起并称为计算机辅助产品设计[12, 46]。计算机辅助产品设计问题是一个从产品需求的目标出发直至获得目标产品的"设计—分析—筛选"的循环过程。

13.3.2　计算机辅助分子设计和混合物设计[12]

计算机辅助分子设计的最终目标是选择满足特定性质要求的分子，它要在合理的时间内从大量可能的候选分子中筛选出最佳产品。一般地，CAMD需要从正、反两个方面进行。一方面，建立反映分子结构和分子间相互作用与化合物宏观性质之间的关系模型（构效关系模型），通常称为正问题；另一方面，在建立构效关系模型的基础上，优化满足性质要求的分子结构，称为反问题。后者是一个典型的混合整数非线性优化问题。

一般地，分子结构优化的基本过程为：选定一组与性能相关的基团（或结构片段），通过基团（或结构片段）的组合或拓扑产生分子结构，同时考虑基团（或结构片段）连接的可行性和化学合理性，以避免组合爆炸和谬误结构的出现。采用构效关系模型预测产生的化合物性质，通过与期望值的比较来判断是否符合使用要求。进一步，根据一定的准则对分子结构进行优化，包括添加或替换取代基（或结构片段）、分子结构的重排或异构化、分子的交联等。

与 CAMD 类似，计算机辅助混合物设计的最终目标是选择满足特定性质要求的混合物，即配方产品。此类问题中，满足要求的化学组分及其组成是未知的，已知的是候选物质的分子结构。化学品市场对于具备特定功能和性质的复合组分配方产品的需求不断增长，如各种新型表面活性剂、化妆品、洗涤剂、包覆材料、药物、农用化学品等。与基础化学品相比，这类产品的分子结构更加复杂，质量和性质也不仅仅取决于分离操作所达到的浓度或纯度，更取决于产品的结构和物理性质。这类体系通常具有多组分、复杂和非连续的结构特征，产品具有特定的流变和动力学特性。

CAM^{b}D 包含了化学产品（配方）设计的很多问题，例如：①溶剂；②低成本添加剂；③聚合物配方；④油品调和；⑤特殊化学产品的添加剂。虽然很多配方产品已经存在了很长时间，但对配方（化学）产品系统性的设计和分析还是非常有限的，现有 CAM^{b}D 方法涉足的主要应用领域是制冷剂设计[47]和溶剂设计[48-53]。

13.3.3　化学产品设计的方法体系

按照 Cussler 和 Moggridge 提出的化学产品设计的四步原则[45]，产品设计是由产品设计目标所驱动的问题，通常从正、反两个方面进行。正问题是运用各种模拟和实验方法，寻求产品的设计参数、使用条件等因素与产品性能的关系，并建立由式（13.2）～式（13.7）所表达的约束集合；反问题是根据对化学产品的性能要求建立由式（13.1）所表达的目标函数，并求出满足正问题建立的约束集合的解，即得到满足条件的产品。

采用过程模拟技术可获得式（13.2）、式（13.3）和式（13.5）所表达的约束。过程模拟技术通过建立数学模型，描述产品的性能指标与其设计参数、生产过程、使用条件之间的关系。通过对模型的求解模拟产品的生产和使用过程，实现从实验室到实际生产和使用环境的放大，进而找出影响产品性能的关键指标。应用过程模拟技术可显著降低开发产品所需的实验工作量，从而缩短产品开发周期，降低开发成本。化学产品设计与工艺设计的结合也向过程系统工程提出了新的挑战[30]。

采用分子模拟技术可获得式（13.4）和式（13.6）所表达的约束。分子模拟将计算机图形处理技术与科学的模拟计算工具相结合，利用分子模型描述现实世界的物理和化学过程。分子模拟技术的主要方法涵盖了量子力学、分子力学、分子动力学、统计力学等多个领域的成就，已经成为产品设计的有力工具和手段[54]。应当指出的是，成功的分子模拟往往并不是单一方法所能实现的，而需要多种方法的结合。

配方产品中的一个重要问题是由分子聚集而成的、空间尺度介于微观与宏观之间的微相结构（10 ～ 1000 nm），即所谓介观体系的问题。介观结构的形成及演化将对产品的性质产生重要影响。制备和加工过程中，由于介观相分离的时间和空间尺度都很小，从实验上准确把握介观结构的形成机制目前仍是十分困难的。就分子模拟技术而言，介观结构形成过程的时间和空间尺度又超过了目前所能模拟的范围。因此，以动力学密度泛函（MesoDyn）[55]和耗散粒子动力学（dissipative particle dynamics，DPD）[56-58]为代表的介观模拟方法获得了快速发展。

式（13.4）和式（13.6）表达的约束中包含 0-1 整型变量（如单元操作选择、化合物选择、基团选择等），因此化学产品设计的反问题是一个混合整数非线性优化（MINLP）问题。分支定界法和外近似法[59]是目前求解凸 MINLP 问题的主要方法，分别对应于商业求解器 SBB[60]和 DICOPT[61]。对于实际的化学产品设计问题，目标函数可能是非凸函数，约束集也可能是非凸集，因此化学产品设计对应的是一个非凸 MINLP 问题。全局优化（即非凸优化）问题无法使用传统的非线性优化技术求解，分支定界法是现有求解这类问题的主要方法[62]。

13.4　化学产品设计中的分子模拟

分子模拟技术是对"模型分子"进行"计算机实验"的方法的总称。这里，所谓"模型分子"是对真实分子的合理近似，"计算机实验"则是在模拟方法上对分子运动和相互作用的逼近。应用分子模拟技术不仅能模拟分子的静态结构，也能模拟分子的动态行为，并给出分子结构与宏观性质之间的定量结果。分子模拟甚至能模拟现代实验手段尚难以考察的物理现象与过程，进而发展新的理论，研究化学反应途径、过渡态和反应机理等问题。分子模拟也可用于分子体系的多种分析检测结果的模拟，这不仅能使实验结果获得更为合理的解释，而且可用于产品的结构解析。

就模拟对象的尺度而言，分子模拟可分为微观尺度模拟和介观尺度模拟。

13.4.1　微观尺度模拟

微观尺度模拟是以单个或少数原子/分子为对象，从微观的角度研究物质的运动和行为特性。在实际体系中，大多数宏观性质是原子或分子的群体行为的宏观表现。因此，对原子/分子簇的模拟是更具实际意义的研究。

量子力学、分子力学、分子动力学是微观尺度模拟中最重要的基本方法[63]。量子力学方法的核心是通过求解薛定谔方程，获得与电子分布有关的性质、与分子结构有关的性质和热力学性质，这些性质包括电离势、偶（多）极矩、电子密度分布、分子轨道（HOMO/LUMO）、键级、静电势、构象的相对能量及能垒、生成焓等。实际上，精确求解薛定谔方程往往在实际应用中遇到困难，因此，在应用中也发展了一系列半经验方法。常用的量子力学方法包括 *ab initio*（或称从头算）和一系列半经验方法。

分子力学的实质是采用经典力学方法描述分子的运动和分子间相互作用，将分子简化描述为由"简振弹簧"（键）连接的"球"（原子）。分子力学将分子势能表达为键的振动（包括伸缩、弯曲、扭曲）和非键（包括静电和 van der Waals）相互作用两方面的贡献[63]。应用分子力学能够获得生成焓、分子构象的相对能量及能垒、分子光谱、分子间相互作用等性质。由于分子力学不考虑分子系统中的电子效应，计算量相对较小，但其局限性也在于此，许多力场难以处理电子效应占主导地位的化学问题。

分子动力学方法的实质是采用经典运动学方程描述分子的运动，获得分子运动轨迹。应用分子动力学能够获得与时间相关的性质和信息，包括传递性质、分子构象随时间的变化、胶束形成和吸附过程等，这也是分子动力学最突出的特点。分子动力学可用于构象搜索、分子运动分析、体系能量、热力学、结构及动力学的性质等方面的模拟。同时，分子动力学还可对非零温度下的分子运动行为进行模拟，为宏观性质提供微观解释，这往往是实验方法难以实现的。

分子设计的核心问题是在分子结构的变化上做文章。按照分子结构变化的程度可分为两类问题。一类是在原有化合物结构骨架不变的基础上进行修饰，多数只是改变某些取代基，这种设计被称为"结构优化"；另一类是产生新的化合物结构骨架，这种结构上大的变动称为"结构衍化"或"结构产生"。全新结构设计（*de novo* design）的需要促进了相关方法的形成。Harper 和 Gani[65]曾提出结合基团贡献法和分子模拟技术的计算机辅助分子设计方法，Sundaram 等[66]也曾提出用于燃料添加剂分子设计的结构进化调优方法。近年来，不仅基于三维定量构效关系（quantitative structure-activity relationship，QSAR）的分子设计方法已用于复杂分子的设计[67, 68]，分子动力学结合全局优化技术的分子设计方法也已在聚合物、蛋白质等复杂分子的设计中获得应用[69-71]。

13.4.2 介观尺度模拟

区别于以原子为基本单元的微观尺度模拟，介观模拟（10～100 nm）使用比原子/分子更大尺度的基本单元描述固体和流体，通过动力学模拟确定这些体系的结构、性质和动力学演变过程。因此，介观模拟方法将在比分子模拟大得多的空间和时间尺度上描述介于微观和宏观之间的介观体系。

介观模拟方法有助于解决配方化学、聚合物和化学工程所涉及的复杂体系和过程，包括胶束构型、乳化过程、流变学等问题。介观模拟方法能够模拟真实条件（压力、温度、时间等）下，聚合物或胶体的化学结构、微观形貌、相分离及流变性等，为复杂流体的研究提供了强有力的理论预测工具。介观模拟之所以引起人们关注的原因在于介观模拟在快速变化的分子运动与缓慢变化的宏观性质（热力学松弛）之间架起了桥梁。介观模拟的主要方法是以平均场密度泛函理论[72-76]为基础的动力学密度泛函（MesoDyn）[55]和耗散粒子动力学（DPD）[56-58]。

MesoDyn 将分子团近似表达为由各种类型的"珠子"构成的"珠群"，珠子间相互作用用简谐振动势描述，其他相互作用采用平均场势能描述。模拟的目的是试图获得各种珠子的密度分布并描述流体的形态。MesoDyn 与经典 Ginzburg-Landau 理论最主要的区别在于引入了分子模型。MesoDyn 通过求解 Langevin 方程得出不同时刻各个化学组分的密度，进而进行体系的动力学过程和热力学量的计算。

DPD 直接在运动方程中引入长程流体力学力，从而更真实地模拟相分离的动力学过程和其他依赖于长程相互作用的过程。不同于 MesoDyn，DPD 用流体中的小区域表达"珠子"，相当于分子动力学中的原子和分子。在珠子之间存在三种相互作用，即简谐守恒相互作用（保守力）、珠子之间的黏滞阻力（耗散力）和对系统的能量输入（随机力），使得每个珠子对保持线性动量守恒。适当选择珠子间相互作用的相对大小，可获得对应于 Gibbs-Carno 系统的稳定态。与分子动力学相比，DPD 的优势在于能够实现对具有更大时间和空间尺度的对象的模拟。DPD 方法已经广泛用于嵌段共聚物、表面活性剂、胶体体系的模拟[77-85]，最近的发展已经使 DPD 方法能够用于研究含固体颗粒的油品和重质油等复杂体系的性质[86, 87]。

13.5　化学产品设计中的全局优化问题

化学产品设计的反问题可以归结为一个优化问题，优化的目标为期望的产品性能指标，约束集中包含设计参数、使用条件、生产工艺等影响产品性能指标的因素。由于决策变量中含有单元操作选择、化合物选择、基团选择等 0-1 整型变量和化工问题的非线性，因此计算机辅助化学产品设计对应的是一个混合整数非线性优化（MINLP）问题。实际的化学产品设计中，会遇到大量的 MINLP 问题，这些问题往往包含非凸的目标函数或约束，使之成为全局优化问题。

全局优化的求解方法主要有确定性和非确定性两类方法。对于确定性方法而言，分支定界法是求解全局优化问题的基本方法。分支定界法的思想与用于求解整数规划的分支定界法类似，求取搜索空间子域上目标函数值的上、下界，动态更新子域的上、下界，删去不需要分支的子域，最终求得最优解。这种方法成功的关键在于界的精确度。图 13.4 给出了求解全局优化问题的分支定界法的基本思想[88, 89]。通过对非凸问题 P 进行松弛，增大问题的可行域或低估方式得到非凸问题 P 的松弛问题 R。松弛问题可用凸优化技术得到全局最优解。求解松弛问题可以得到非凸问题 P 的一个下界 L。将松弛解作为初值求得局部最优解，可得到非凸问题 P 的一个上界 U。非凸问题 P 的全局最优解介于 L 与 U 之间，如果 L 与 U 足够接近，算法终止。否则，将可行域以松弛解为界，分解为左、右两部分，分别求解子域的松弛问题。子域的松弛变得更紧，上、下界也更为接近，如图 13.4（c）所示。对每个子域重复上述操作，直到所产生的下界大于或足够接近已知问题 P 的可行解。这种方法可以对搜索树进行遍历，树的结点对应于一个松弛问题，如图 13.4（d）所示。通过比较上、下界，删去不需要遍历的结点。

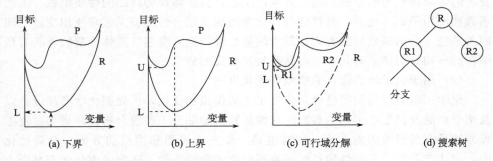

图 13.4 连续全局优化问题分支定界法[88,89]

化工领域的全局优化问题最早可追溯到 Stephanopoulos、Westerberg 和 Shah 的工作[90,91]，寻找全局最优解的研究随后由 Floudas 等[92-94]继续推进。Swaney 研究了用于求解全局优化的分支定界法[95]，Quesada 和 Grossmann 结合凸低估和分支定界法求解线性分式和双线性问题[96,97]，Manousiouthakis 和 Sourlas 研究了一系列反向凸问题的重构[98]，Tsirukis 和 Reklaitis 提出了一种约束全局优化问题的分割方法[99]，Maranas 和 Floudas 提出一种新的分支定界方法结合了 DC 变换[100]，并应用于计算化学中的分子构型问题。Liu 和 Floudas 从理论上证明了全局优化技术可以用于更具一般性的非线性优化问题[101,102]，这个重要结果将全局优化扩展到包含二次连续可微的非线性目标函数或约束的问题。Androulakis 等提出了 αBB 方法[103]，可用于求解包含非凸目标函数和约束的连续性问题。这种方法将非凸分为特殊或一般形式，基于问题的凸松弛和分支定界方法进行求解。Floudas 总结了确定性全局优化主要的研究方向和常见的问题[62]：① 确定目标函数 f 在约束集 S 上的全局最小值；② 确定目标函数 f 在约束集 S 上的下界和上界；③确定距全局最优点较近的局部最优解的质量；④寻找满足一组等式或不等式约束的所有解；⑤ 证明约束非线性问题有解或无解。

求解全局优化问题的确定性方法主要有：①Lipschitzian 方法；②分支定界

法；③切平面方法；④Dierence of convex（DC）方法和反向凸方法；⑤外近似方法；⑥重构线性化方法（reformulation-linearization）；⑦间隔方法（interval methods）。这些方法的主要思想是基于对全局优化问题的子问题进行松弛或低估。

13.6　化学产品工程中的机遇和挑战

Costa 等曾针对化学产品工程归纳了五个方面的机遇和挑战[3]：

（1）将消费者需求转化为技术规范的工具。新化学产品的开发中，需要将消费者的需求转化为确定的产品及其生产工艺，具体体现为产品的性质函数、工艺函数和使用函数。化学产品性能与其化学组成、组分性质、工艺和使用变量之间的关系是一个迅速发展的方面，其中的挑战性问题是囊泡、胶体、凝胶等具有微结构的多相介稳体系对化学产品具有特别重要的意义。

（2）用于化学产品设计的模拟和优化方法

化学工程关注的问题已经从生产工艺的模拟和优化，扩展到化学产品设计以及化学产品及其生产工艺的集成。这使计算机辅助分子和混合物设计成为过程工程领域具有发展潜力的方面，同时也是一个充满机遇和挑战的方面。全局优化中，表达产品和工艺特性的目标函数不仅要考虑经济性，还要考虑化学产品全生命周期的风险性、不确定性[104]、环境影响[105]、质量成本[106]、安全性和社会影响。

（3）化合物和混合物物性的预测能力

计算机辅助分子和混合物设计中，为有效地获得具有期望性质的化合物和混合物，需要对候选化合物和混合物的性质做出准确的预测[107]。实际上，现有热力学模型尚不具备对更复杂的化学产品性质进行预测的能力[34]。因此，在化学产品工程中应用热力学的研究也是一个颇具潜力的方面[108]。

（4）支持化学产品设计的系统方法

不同于大量消耗财力和时间进行反复尝试的传统化学产品开发方法，化学产品工程的主要挑战之一是在一致的工具、方法学、作业流和数据流的基础上，构建进行化学产品设计的系统性的集成框架[12, 29]，以求在化学产品工程的工业应用和教学中发挥作用。

（5）有效联系化学产品发明和开发的框架

在化学产品开发过程中，优化研发工作计划和进度以加强各环节之间的协调的作用已经日益显现[29, 109-111]。

参 考 文 献

[1] Mohanty K K. The Near-term Energy Challenge. AIChE J, 2003, 49 (10): 2454-2460.

[2] Committee on Challenges for the Chemical Sciences in the 21st Century, Board on Chemical Sciences and Technology, National Research Council of the National Academies. Beyond the Molecular Frontier — Challenges for Chemistry and Chemical Engineering. Washington, D C: The National Academies Press, 2003.

[3] Costa R, Moggridge G D, Saraiva P M. Chemical Product Engineering: An emerging paradigm within chemical engineering. AIChE J, 2006, 52 (6): 1976-1986.

[4] Rosenau M D, Griffin A, Castellion G A, et al. The PDMA Handbook of New Product Development. New York: Wiley, 1996.

[5] Dym C L, Little P. Engineering Design: A Project Based Introduction. New York: Wiley, 2000.

[6] Ulrich K, Eppinger S. Product Design and Development. 3rd ed. New York: McGraw Hill, 2007.

[7] 杨锦宗, 张淑芬. 世界精细化工现状与展望. 精细化工, 1997, 14 (2): 14-19.

[8] Grossmann I E. Westerberg A W. Research Challenges in Process Systems Engineering. AIChE J, 2000, 46 (9): 1700-1703.

[9] Moggridge G D. Cussler E L. An Introduction to Chemical Product Design. Trans. IChemE, Part A, 2000, 78: 5-11.

[10] Charpentier J C. The triplet "molecular processes-product-process" engineering: The future of chemical engineering. Chem. Eng. Sci., 2002, 57 (22-23): 4667-4690.

[11] Wintermantel K. Process and product engineering—Achievements, present and future challenges. Chem. Eng. Res. Des., 1999, 77 (A3): 175-188.

[12] Gani R. Chemical product design: Challenges and opportunities. Comput. Chem. Eng., 2004, 28 (12): 2441-2457.

[13] Favre E, Marchal-Heusler L, Kind M. Chemical product engineering: Research and educational challenges. Chem. Eng. Res. Des., 2002, 80 (A1): 65-74.

[14] Cussler E L, Wei J. Chemical product engineering. AIChE J, 2003, 49 (5): 1072-1075.

[15] Voncken R M, Broekhuis A A, Heeres H J, et al. The many facets of product technology. Chem. Eng. Res. Des., 2004, 82 (A11): 1411-1424.

[16] Charpentier J C. The future, of chemical engineering: Did you say the triplet "processus-product-process" engineering. Chimia, 2002, 56 (4): 119-125.

[17] Charpentier J C, McKenna T F. Managing complex systems: Some trends for the future of chemical and process engineering. Chem. Eng. Sci. 2004, 59 (8-9): 1617-1640.

[18] Charpentier J C, Trambouze P. Process engineering and problems encountered by chemical and related industries in the near future. Revolution or continuity. Chem. Eng. Processing, 1998, 37 (6): 559-565.

[19] Costa R, Elliott P, Saraiva P M, et al. Development of sustainable solutions for zebra mussel control through chemical product engineering. Chin. J Chem. Eng., 2008, 16 (3): 435-440.

[20] Edwards M F. Product engineering—Some challenges for chemical engineers. Chem. Eng. Res. Des., 2006, 84 (A4): 255-260.

[21] Favre B, Bousquet J. Engineering for products: Perspectives and challenges of chemical engineering for product design. Actualite Chimique, 2004: 28-35.

[22] Moggridge G, Costa R, Saraliva P. Chemical product engineering: The, future. Tce, 2006, (785): 25-27.

［23］Villermaux J. Future challenges in chemical-engineering research. Chem. Eng. Res. Des., 1995, 73 (A2): 105-109.

［24］Costa R, Moggridge G, Saraiva P M. Chemical product engineering—A future paradigm. Chem. Eng. Prog., 2006, 102 (8): 10-14.

［25］Wesselingh J A. Structuring of products and education of product engineers. Powder Technol, 2001, 119 (1): 2-8.

［26］Phadke M S. Quality Engineering Using Robust Design. Upper Saddle River: Prentice Hall, 1989.

［27］Sapre A V, Katzer J R. Core of chemical-reaction engineering—One industrial view. Ind. Eng. Chem. Res., 1995, 34 (7): 2202-2225.

［28］Kind M. Product engineering. Chem. Eng. Processing, 1999, 38 (4-6): 405-410.

［29］Grossmann I E. Challenges in the new millennium: Product discovery and design, enterprise and supply chain optimization, global life cycle assessment. Comput. Chem. Eng., 2004, 29 (1): 29-39.

［30］Wei J. Design and integration of multi-scale structures. Chem. Eng. Sci., 2004, 59 (8-9): 1641-1651.

［31］Li J H, Kwauk M. Multiscale nature of complex fluid-particle systems. Ind. Eng. Chem. Res., 2001, 40 (20): 4227-4237.

［32］Li J H, Kwauk M. Exploring complex systems in chemical engineering—The multi-scale methodology. Chem. Eng. Sci., 2003, 58 (3-6): 521-535.

［33］Li J H, Ge W, Zhang J, et al. Multi-scale compromise and multi-level correlation in complex systems. Chem. Eng. Res. Des., 2005, 83 (A6): 574-582.

［34］Abildskov J, Kontogeorgis G M. Chemical product design—A new challenge of applied thermodynamics. Chem. Eng. Res. Des., 2004, 82 (A11): 1505-1510.

［35］Moggridge G D, Cussler E L. Wider usage is coming—Chemical product design. Chem. Eng., 2002, 109 (8): 133.

［36］Saraiva P M, Costa R. A chemical product design course with a quality focus. Chem. Eng. Res. Des., 2004, 82 (A11): 1474-1484.

［37］Chen C C. Toward development of activity coefficient models for process and product design of complex chemical systems. Fluid Phase Equil, 2006., 241 (1-2): 103-112.

［38］Gani R. Integrated chemical product-process design: CAPE perspectives. European symposium on computer-aided process engineering-15, 20A and 20B, 2005, 20a-20b: 21-30.

［39］Gani R, Abildskov J, Kontogeorgis G M. Application of property models in chemical product design. computer aided property estimation for process and product design, 19, 2004, 19: 339-369.

［40］Qian Y, Wu Z H, Jiang Y B. Integration of chemical product development, process design and operation based on a kilo-plant. Prog. Natural. Sci., 2006, 16 (6): 600-606.

［41］Sales-Cruz M, Gani R. Computer-aided modeling of short-path evaporation for chemical product purification, analysis and design. Chem. Eng. Res. Des., 2006, 84 (A7): 583-594.

［42］Hill M. Product and process design for structured products. AIChE J, 2004, 50 (8): 1656-1661.

［43］Westerberg A W, Subrahmanian E. Product design. Comput. Chem. Eng., 2000, 24 (2-7): 959-966.

［44］Wibowo C, Ng K A. Product-centered processing: Manufacture of chemical-based consumer products. AIChE J, 2002, 48 (6): 1212-1230.

［45］Cussler E L, Moggridge G D. Chemical Product Design. USA: Cambridge University Press, 2001.

[46] Gani R. Computer-aided methods and tools for chemical product design. Chem. Eng. Res. Des., 2004, 82 (A11): 1494-1504.

[47] Duvedi A, Achenie L E K. On the design of environmentally benign refrigerant mixtures: A mathematical programming approach. Comput. Chem. Eng., 1997, 21 (8): 915-923.

[48] Sinha M, Achenie L E K, Gani R. Blanket wash solvent blend design using interval analysis. Ind. Eng. Chem. Res., 2003, 42 (3): 516-527.

[49] Karunanithi A T, Achenie L E K, Gani R. A new decomposition-based computer-aided molecular/mixture design methodology for the design of optimal solvents and solvent mixtures. Ind. Eng. Chem. Res., 2005, 44 (13): 4785-4797.

[50] Folic M, Adjiman C S, Pistikopoulos E N. Design of solvents for optimal reaction rate constants. AIChE J, 2007, 53 (5): 1240-1256.

[51] Folic M, Gani R, Jimenez-Gonzalez C, et al. Systematic selection of green solvents for organic reacting systems. Chin. J Chem. Eng., 2008, 16 (3): 376-383.

[52] Gani R, Gomez P A, Folic M, et al. Solvents in organic synthesis: Replacement and multi-step reaction systems. Comput. Chem. Eng., 2008, 32 (10): 2420-2444.

[53] Modarresi H, Conte E, Abildskov J, et al. Model-based calculation of solid solubility for solvent selection—A review. Ind. Eng. Chem. Res., 2008, 47 (15): 5234-5242.

[54] Harper P M, Gani R, Kolar P, et al. Computer-aided molecular design with combined molecular modeling and group contribution. Fluid Phase Equil, 1999, 160: 337-347.

[55] Fraaije J G E M, van Vlimmeren B A C, Maurits N M, et al. The dynamic mean-field density functional method and its application to the mesoscopic dynamics of quenched block copolymer melts. J Chem. Phys., 1997, 106 (10): 4260-4269.

[56] Hoogerbrugge P J, Koelman J M V A. Simulating microscopic hydrodynamic phenomena with dissipative particle dynamics. Europhys. Lett., 1992, 19 (3): 155-160.

[57] Espanol P, Warren P. Statistical-mechanics of dissipative particle dynamics. Europhys. Lett., 1995, 30 (4): 191-196.

[58] Groot R D, Warren P B. Dissipative particle dynamics: Bridging the gap between atomistic and mesoscopic simulation. J Chem. Phys., 1997, 107 (11): 4423-4435.

[59] Bonami P, Biegler L T, Conna A R, et al. An algorithmic framework for convex mixed integer nonlinear programs. Discrete. Optim., 2008, 5 (2): 186-204.

[60] GAMS Development Corporation. GAMS/SBB. http://www. gams. com/solvers/solvers. htm #SBB.

[61] GAMS Development Corporation. GAMS/DICOPT. http://www. gams. com/solvers/ solvers. htm #DICOPT.

[62] Floudas C A, Akrotirianakis I G, Caratzoulas S, et al. Global optimization in the 21st century: Advances and challenges. Comput. Chem. Eng., 2005, 29 (6): 1185-1202.

[63] Leach A R. Molecular Modeling: Principles and applications. London: Addison Wesley Longman Ltd., 1996.

[64] Gaussian Inc. Official Gaussian Website. http://www. gaussian. com/index. htm.

[65] Harper P M, Gani R. A Multi-step and multi-level approach for computer aided molecular design. Comput. Chem. Eng., 2000, 24 (2-7): 677-683.

[66] Sundaram A, Ghosh P, Caruthers J M, et al. Design of fuel additives using neural networks and evolutionary algorithms. AIChE J, 2001, 47 (6): 1387-1406.

[67] Sippl W. Development of biologically active compounds by combining 3D QSAR and structure-based design methods. J Comput. Aid Mol. Des., 2002, 16 (11): 825-830.

[68] Sippl W, Contreras J M, Parrot I, et al. Structure-based 3D QSAR and design of novel acetylcholinesterase inhibitors. J Comput. Aid Mol. Des., 2001, 15 (5): 395-410.

[69] Camarda K V, Maranas C D. Optimization in polymer design using connectivity indices. Ind. Eng. Chem. Res., 1999, 38 (5): 1884-1892.

[70] Duvedi A P, Achenie L E K. Designing environmentally safe refrigerants using mathematical programming. Chem. Eng. Sci., 1996, 51 (15): 3727-3739.

[71] Klepeis J L, Floudas C A. Deterministic global optimization and torsion angle dynamics for molecular structure prediction. Comput. Chem. Eng., 2000, 24 (2-7): 1761-1766.

[72] Fraaije J G E M, Maurits N M. Modeling of dynamic mesoscopic processes in biological complex fluids using dynamic density functional methods. Z Angew Math Mech, 1996, 76 (Suppl 1): 475.

[73] van Vlimmeren B A C, Maurits N M, Zvelindovsky A V, et al. Micro-phase separation kinetics in concentrated aqueous solution of the triblock polymer surfactant $(EO)_{13}(PO)_{30}(EO)_{13}$: An application of dynamic mean-field density functional theory. Macromolecules, 1999, 32 (3): 646-656.

[74] Maurits N M, Zvelindovsky A V, Fraaije J G E M. Equation of state and stress tensor in inhomogeneous compressible copolymer melts: Dynamic mean-field density functional approach. J Chem. Phys., 1998, 108 (6): 2638.

[75] Chakin P M, Lubensky T C. Principles of Condensed Matter Physics. Cambridge: Cambridge University Press, 1995.

[76] Cross M C, Hohenberg P C. Pattern formation outside of equilibrium. Rev. Modern Phys., 1993, 65 (3): 851-1112.

[77] Revenga M, Zuniga I, Espanol P, et al. Boundary Models in DPD. Int. J Mod. Phys. C, 1998, 9 (8): 1319-1328.

[78] Groot R D, Madden T J. Dynamic simulation of diblock copolymer microphase separation. J Chem. Phys., 1998, 108 (20): 8713-8724.

[79] Groot R D, Madden T J, Tildesley D J. On the role of hydrodynamic interactions in block copolymer microphase separation. J Chem. Phys., 1999, 110 (19): 9739-9749.

[80] Espanol P, Serrano M. Dynamical regimes in the dissipative particle dynamics model. Phys. Rev. E, 1999, 59 (6): 6340-6347.

[81] Spenley N A. Scaling laws for polymers in dissipative particle dynamics. Europhys. Lett., 2000, 49 (4): 534-540.

[82] Groot R D. Electrostatic interactions in dissipative particle dynamics—Simulation of polyelectrolytes and anionic surfactants (vol 118, 11 265, 2003). J Chem. Phys., 2003, 119 (19): 10 454-10 454.

[83] Wu H, Xu J B, He X F, et al. Mesoscopic simulation of self-assembly in surfactant oligomers by dissipative particle dynamics. Colloid Surface A, 2006, 290 (1-3): 239-246.

[84] Xu J-B, Wu H, Lu D-Y, et al. Dissipative particle dynamics simulation on the meso-scale structure of diblock copolymer under cylindrical confinement. Mol. Simul., 2006, 32 (5): 357-362.

[85] 徐俊波, 吴昊, 陆冬云, 等. 双嵌段共聚物薄膜介观结构的耗散粒子动力学模拟. 物理化学学报,

2006，22（1）：16-21.

[86] 魏克成，陆冬云，周涵，等. 丁二酰亚胺类分散剂体系的介观模拟研究. 物理化学学报，2004，20（6）：602-607.

[87] 张胜飞，孙丽丽，徐俊波，等. 重质油胶体聚集结构的耗散粒子动力学模拟. 物理化学学报，2010，26（1）：57-65.

[88] Adjiman C S, Dallwig S, Floudas C A, et al. A global optimization method, alpha BB, for general twice-differentiable constrained NLPs I: Theoretical advances. Comput. Chem. Eng., 1998, 22 (9): 1137-1158.

[89] Adjiman C S, Androulakis I P, Floudas C A. A global optimization method, alpha BB, for general twice-differentiable constrained NLPs II: Implementation and computational results. Comput. Chem. Eng., 1998, 22 (9): 1159-1179.

[90] Stephanopoulos G, Westerberg A W. The use of Hestenes' method of multipliers to resolve dual gaps in engineering system optimization. J Optim. Theory Appl., 1975, 15 (3): 285-309.

[91] Westerberg A W, Shah J V. Assuring a global optimum by the use of an upper bound on the lower (dual) bound. Comput. Chem. Eng., 1978, 2 (2-3): 83-92.

[92] Floudas C A, Aggarwal A, Ciric A R. Global optimum search for nonconvex NLP and MINLP problems. Comput. Chem. Eng., 1989, 13 (10): 1117-1132.

[93] Floudas C A, Visweswaran V. A global optimization algorithm (gop) for certain classes of nonconvex NLPs 1: Theory. Comput. Chem. Eng., 1990, 14 (12): 1397-1417.

[94] Visweswaran V, Floudas C A. A global optimization algorithm (gop) for certain classes of nonconvex NLPs 2: Application of theory and test problems. Comput. Chem. Eng., 1990, 14 (12): 1419-1434.

[95] Swaney R E. Global solution of algebraic nonlinear programs. Annual AIChE Meeting, Chicago, 1990.

[96] Quesada I, Grossmann I E. Global optimization algorithm for heat-exchanger networks. Ind. Eng. Chem. Res., 1993, 32 (3): 487-499.

[97] Quesada I, Grossmann I E. A global optimization algorithm for linear fractional and bilinear programs. J Global Optim., 1995, 6 (1): 39-76.

[98] Manousiouthakis V, Sourlas D. A global optimization approach to rationally constrained rational programming. Chem. Eng. Commun., 1992, 115: 127-147.

[99] Tsirukis A G, Reklaitis G V. Feature extraction algorithms for constrained global optimization I and II. Annals of Operations Research, 1993, 42: 275-312.

[100] Maranas C D, Floudas C A. A deterministic global optimization approach for molecular-structure determination. J Chem. Phys., 1994, 100 (2): 1247-1261.

[101] Liu W B, Floudas C A. A remark on the gop algorithm for global optimization. J Global Optim., 1993, 3 (4): 519-521.

[102] Liu W B, Floudas C A. Convergence of the (gop) algorithm for a large class of smooth optimization problems. J Global Optim., 1995, 6 (2): 207-211.

[103] Androulakis I P, Maranas C D, Floudas C A. Alpha BB: A global optimization method for general constrained nonconvex problems. J Global Optim., 1995, 7 (4): 337-363.

[104] Bernardo F, Saraiva P. Value of information analysis in product/process design. Comput. Chem. Eng., 2004, 28: 151-156.

[105] Allen D, Shonnard D. Green chemistry—Environment conscious design of chemical processes. Upper

Saddle River: Prentice Hall, NJ, 2002.

[106] Bernardo F, Pistikopoulos E, Saraiva P. Quality costs and robustness criteria in chemical process design optimization. Comput. Chem. Eng., 2001, 25: 27-40.

[107] Sinha M, Ostrovsky G, Achenie L E K. On the solution of mixed-integer nonlinear programming models for computer-aided molecular design. Comput. Chem., 2002, 26: 645-660.

[108] Prausnitz J M. Thermodynamics and the other chemical engineering sciences: Old models for new chemical products and process. Fluid Phase Equil, 1999, 158-160: 95-111.

[109] Blau G, Mehta B, Bose S, et al. Risk management in the development of new products in highly regulated industries. Comput. Chem. Eng., 2000, 24: 659-664.

[110] Maravelias C T, Grossmann I E. Simultaneous planning of new product development and batch manufacturing facilities. Ind. Eng. Chem. Res., 2001, 40: 6147-6164.

[111] Subramanian D, Pekny J F, Reklaitis G V, et al. Simulation-optimization framework for stochastic optimization of R&D pipeline management. AIChE J, 2003, 49: 96-112.

14 过程系统工程

——"两化融合"发展与 PSE：挑战和前景

胡锦涛总书记在党的十七大报告中指出："全面认识工业化、信息化、城镇化、市场化、国际化深入发展的新形势、新任务"，"加快转变经济发展方式，推动产业结构优化升级……发展现代产业体系，大力推进信息化与工业化融合，促进工业由大变强……"这种新的、不同于十六大报告的提法体现了中央深思熟虑的战略方针。而且国务院进行机构改革，成立了"工业和信息化部"，先从组织上实现了"两化融合"，代表中央推进信息化与工业化融合的决心，这必将把信息化工作推向一个新阶段。

14.1 "两化融合"发展的必要性

14.1.1 我国的工业化进程

我国工业化已经取得了很大成绩，但也积累了很多问题。首先，中国工业生产的规模已经很大，中国现在制造业规模全世界第三，原煤、粗钢、钢材和水泥产量均占世界第一，粗钢产量占世界总产量的 1/3，煤炭产量占世界总产量的 38%，水泥产量超过 45%。而信息、电子产业的规模已经超过了日本，位于全世界第二。我们有很多工业产品的产量已经占世界市场的 50%以上，现在全世界有 30%的日用工业品是从中国进口的，而像电风扇、电视机、拖拉机、挡车机械等，中国占世界市场的份额都已经超过了 40%甚至 50%。截至 2008 年，产量居世界第一的工业产品已有 210 种[1]。

但是另外一方面，世界发达国家已进入后工业化的信息化社会，中国仍旧处在传统工业化的老路上，表现为"三高两低"：就是物耗高、能耗高、环境污染代价高，而人均劳动生产率和产品附加值低。建国 60 多年来，我国 GDP 增长了10 多倍，但矿产资源消耗增长了 40 多倍。而进入 21 世纪以来，能源消费年均增长已经超过了国民经济增长率。2006 年中国的 GDP 占世界的 5.5%，可是能源消耗量约占世界的 15%。钢的表观消耗量达 3.88 亿吨，占世界的 30%，水泥消耗 12.4 亿吨，占 54%。这样的工业化不仅自己感到难以为继，世界其他国家也难以接受。2007 年我国的人均 GDP 为 2490 美元，大概是美国的 1/19[2,3]。

此外，环境保护的要求也不能容忍目前这种经济增长方式继续。我国每年排放的二氧化碳和二氧化硫的总量已经位居世界第一位，在世界可持续发展方面所承担的压力很大；而且这种传统经济的边际收益递减规律决定了既定资源下的收益率越来越低，加上中国的劳动力升值和人民币升值使我国企业竞争力下降，企业也必须找寻新的途径；这些数据都说明传统工业化的老路已经走到极限了，不改弦更张是没有出路的。

14.1.2　信息化的含义[3,4]

信息化指的是信息技术和信息产业在国民经济和社会发展中的作用日益增强并发挥主导作用的进程。也有人认为：信息化是指智能化信息技术作为一种新生产力要素投入国民经济各个领域，深入开发并广泛应用各种信息资源，对整个社会全面渗透，同时信息产业成为国民经济主导产业的过程。

有一种简单化的信息化指标："信息产业在 GDP 中的比重来衡量一个国家或地区的信息化程度。"但是，这种指标似乎过分简单化了，我们衡量信息化程度还应当从多方面来看，才能反映出"信息"对国民经济和社会生活渗透的程度。例如，网络普及水平、信息资源开发和利用水平、信息技术的利用水平、信息基础设施的完善程度和信息安全的保障水平等。

21 世纪以来我国信息化工作进展还是比较快的，截至 2008 年年底，中国网民数量达到 2.98 亿人，比 2007 年同期增长了 9100 万人。中国网民规模已跃居世界第一位。但是，我们的信息化支撑产业还不强，四大核心技术和产业：微电子产业、计算机产业、通讯产业和软件产业，虽然发展比较快，但均不能满足国内信息化发展需要，像集成电路、软件等，还是主要依靠进口。

所以总体来说，我国信息化总体发展水平仍处于初级阶段，而且地区间信息化水平差距较大。

14.1.3　"两化融合"发展是中华民族崛起的战略抉择[3,5,6]

工业化是几代中华儿女为之奋斗的梦想，要想中华民族崛起成为强国，没有工业化是不行的。但是考查各个国家、各个时期工业化的道路，可以发现"工业化"是一个动态发展的概念，不同时期其核心内容是不相同的：从 1775 年发明蒸汽机开始，当时的工业化核心是机械化；到了 1920 年左右电力开始广泛应用，核心成了电气化；到了 20 世纪四五十年代，电子技术迅猛发展，电子计算机出现，这时的工业化核心技术成了以电子技术和计算机为标志的自动化，当然还有石油化工的大发展；到七八十年代，自从 CAD 用于产品设计开始，也随着计算机网络的广泛应用，工业化与信息化日益融合成了新趋势。这种情形如图 14.1 所示。

诚然，我国的工业化还处于发展中期，一些工业发达国家已完成的任务我们还刚开始。例如我们人均消费的化学品量（如人均乙烯用量）、人均拥有计算机

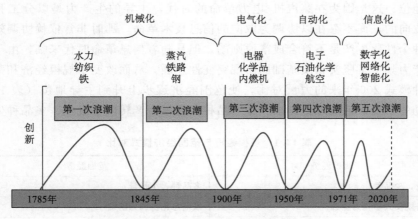

图 14.1 工业化发展的不同阶段的特点

台数等指标还比较落后，但在目前全球已进入信息化时代的时刻，我们应该走什么样的道路才行呢？从世界历史来看，只有把当时最有希望的技术与本国工业发展相结合的国家，才能创造出具有伟大历史意义的民族崛起高潮。18 世纪的英国在蒸汽机的基础上进行的工业革命；1876 年美国的爱迪生发明了电话和白炽灯，又第一个建成了以发电机为核心的供电系统，开启了电器化时代；我国在21 世纪明确提出"两化融合"发展，正是要抓住信息化发展的机遇，推动中华民族迅速崛起，为人类文明发展做新贡献。

14.2 化学工业"两化融合"的发展趋势

14.2.1 从规模经济逐步向范围经济过渡[4,7]

在工业化的过程中一直存在规模经济和范围经济两种模式的基本矛盾（图14.2）。规模经济指的是品种少、规模越大成本越低的经济，它以装备规模大型化为基础，理念是"做大才能做强"；而范围经济指的是品种越多成本越低的经济模式，又称"长尾经济"，它以信息化协调为基础，遵循"隐形冠军、利润为先"的理念。范围经济的经济性来源于"同一范围内共享资源、均摊成本"，例如多个品种设计共享同一模板，中小企业共享同一生产园区的基础设施和制度等，这种经济优势在很大程度上取决于协调发展。

长期以来规模经济都处于矛盾的

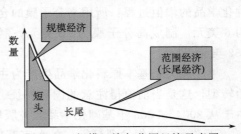

图 14.2 规模经济与范围经济示意图

主导地位，这是因为在蒸汽机/电力革命的时代，主导的生产力是以分工和专业化为取向的，尚不存在以协调为取向的信息技术革命，那时非常依赖协调效应的多品种个性化生产是不符合成本原则的。但是随着信息革命时代来临，由于协调型生产力具备了坚实物质基础而出现突变性发展，从而改变了规模经济和范围经济两种模式 200 年来的力量对比，使范围经济逐步上升到主导地位（表 14.1）。托夫勒的第三次浪潮理论指出：单一品种大规模生产转向小批量、多品种生产。

表 14.1　规模经济与范围经济模式对比

规模经济	范围经济
大批量，少品种	多品种，小批量
以装备规模大型化为基础	以信息化协调为基础
理念：规模与成本成反比	小的就是好的
目标追求：做大做强	隐形冠军、利润为先
前信息社会的主要生产方式	信息社会逐步取得主导地位

我国的炼油化工行业在规模经济发展上已经取得很大的成就：炼油加工能力从 1978 年的不到 1 亿吨/年发展到 2007 年的 3.7 亿吨/年，成为仅次于美国的世界第二大炼油国；乙烯产量位居世界第二位；合成纤维占世界产量 1/2 以上，居世界第一。这种资源密集/资金密集型的制造业发展到今天，供大于需的矛盾已经显现，"三高两低"的矛盾加剧。是继续沿着大规模、高产值的重化学工业化道路前进，还是应该考虑一些新的发展思路？

对于化学工业来说，这种范围经济也就是精细化工。我国所说的精细化工包括了功能化学品和特种化学品，在化学工业的价值链中处于后端位置，具有专用性强、功能性强、技术密集、附加价值高、经济效益好的特点。而且越是朝特种化学品的用户接近，其价值越高，其科研开发费用也越高，技术密集程度也提高。从 Hegedus 关于化学工程未来分析可以看到（图 14.3），越是朝特种化学品的用户接近，其科研开发费用就越高，技术密集程度也提高。如果以每千瓦（kW）质子传导燃料电池功能材料的价格链为例，可以体会到从大宗原料到特种化学品的增值过程：所用高分子膜的合成单体价如为 1 美元，则制成合成材料为 6 美元，制成高分子膜为 56 美元，制成膜-电极装配（包括催化剂）成品要152 美元[8]。

单纯靠大宗基本原料化学品生产为主业的特大型化工公司到 21 世纪纷纷开始转型，这是当前值得注意的国际特征。世界第二大的化学公司 Dow Chemical由于从 2004～2008 年基础化学品业务版块持续下降，利润从 16 亿美元降到只有1500 万美元。他们发现只靠一条大宗基础化学品为主业线是难以为继的，必须

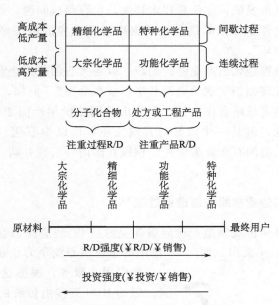

图 14.3 Hegedus 关于化学工程未来分析

转向精细化工。从 2008 年就与 Rohm & Haas 公司谈判并购事宜，2009 年 4 月 1 日正式宣布美国最大的化学公司 Dow Chemical 并购 Rohm & Haas 公司完成。Dow Chemical 付出 188 亿美元现金，实现强强联合，使得 Dow Chemical 完成战略转型，成为世界上最大的高价值、多样化化学品及新型材料公司。

精细化工是一个国家综合技术水平的标志之一，20 世纪 80 年代发达国家精细化工率为 45%～55%，21 世纪初已达到 60% 以上。目前，世界精细化学品品种已超过 10 万种。我国精细化工经过五十多年的发展，形成了约 20～25 个门类，其中农药、染料、涂料、试剂、感光材料、化学医药等已经有了相当规模，在化学工业内部已经形成了独立的行业；饲料添加剂、食品添加剂、工业表面活性剂、水处理化学品、造纸化学品、皮革化学品、油田化学品、电子化学品、胶黏剂、生物化工、功能高分子等也已初具规模。据不完全统计，目前我国已有精细化工生产企业约 8000 多家，产品品种数达 30 000 种以上，年生产量约 1300 多万吨，年产值约 3900 亿元，精细化率约为 35%～40%。

我国精细化工生产虽然有了很大发展，但比起炼油、乙烯等大宗化学品相差较远。我国的精细化工生产之所以落后，主要存在以下问题：①科研开发投入严重不足，自主创新品牌和高端产品少，国际竞争力差；②没有解决投资主体的问题，难以形成有自主品牌的"旗舰"，世界排名 100 强之内的特大公司基本没有出资，只能靠"门槛低、投资少、增值高、批量小"的特点，吸引社会和民间零散资金，自生自灭地发展；③信息技术缺失，生存尚成问题，如何有能力关心企业信息化？因而这种十分依赖信息技术支撑协调效应的范围经济，难以发挥优势，造成"恶性循环"。

我们应该积极推进化工产业链的创新，以各大石油化工企业下游化工园区为依托，通过经营管理创新实现"资源共享，成本分摊"。例如，2009 年北京市与中石化燕山石化签署战略合作协议，在房山共同建设年产值 2000 亿元的石化新材料科技产业基地，就是一个很好的开端。还可以以中石化、中石油、中化国际、中化工等特大型国有企业为依托，积极在国内外实现并购，培育世界顶级精细化工企业。

14.2.2　从传统制造业向服务制造业过渡[9,10]

最早领悟到要从传统制造业转向服务业的是 IT 制造商，引领该潮流的 IBM 公司前总裁 Gerstner 提出：面向 21 世纪的企业核心竞争力正在从技术、产品转

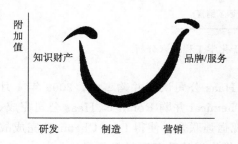

向应用、服务。根据这种战略思路改造后的 IBM 逐步由传统的硬件制造商转变为以应用服务为主的新型公司，从而使其在美国高科技不景气的年代"一枝独秀"，保持稳定的利润率。

台湾宏碁公司创始人施振荣提出了著名的微笑曲线（图 14.4），他认为在整个制造产业链中（包括产品设计、原料采购、仓储运输、产品制造、订单处理、

图 14.4　施振荣的微笑曲线

批发经营以及终端零售等 7 个环节），产品制造处于曲线的底部，赚钱最少。我国的制造业如果不从整合产业链下工夫，只管自己"Made in China"这一小块，我们岂不是吃了大亏吗？

从宏观层面上来看，发展化工制造业的应用与服务是未来化工企业的核心竞争力，可以有不同的途径：

一种是制造商主业（核心竞争力）的拓展：例如一些特大型能源化工（重化工）集团公司从只生产化工原料（如乙烯、合成树脂）向下游精细化工、日用化工产品延伸从而更加接近最终用户。世界著名的美国最老牌的化工公司 DuPont 公司每年均开发出 1000 种以上的化工新产品，2007 年其五年之内的新产品销售额占总销售额的 1/3 以上。

另一种是制造商将原来为自己服务的生产服务部门独立出来，形成为社会服务的自负盈亏的生产服务公司：例如，中国石化集团公司与香港电讯盈科公司合资于 2002 年成立的石化盈科信息技术公司，就是由原来中国石化信息中心的人

员分离出来成立的，希望利用香港母公司的管理经验和中国石化的项目市场打造中国流程行业领先的 IT 服务商，2007 年已接近 500 人，销售额达到 4 亿左右。

14.2.3 从高能耗高污染的重化经济向绿色生态经济（特别是低碳经济）逐步过渡[9]

生态环境和气候变化问题是 21 世纪人类社会面临的最大挑战，而以低能耗、低污染为基础的绿色生态经济（包括低碳经济）为我们提供了一个最新的解决方案，将成为减缓气候变化与实现可持续发展的主要途径和必由之路。

生态工业是指仿照自然界生态过程物质循环的方式来规划工业生产系统的一种工业模式，在生态工业系统中各生产过程不是孤立的，而是通过物料流、能量流和信息流互相关联。生态工业追求的是系统内各生产过程从原料、中间产物、废物到产品的物质循环，一个生产过程的废物可以作为另一过程的原料加以利用，达到资源、能源、投资的最优利用。生态工业园区（eco-industrial park，EIP）是生态工业的实践。20 世纪 70 年代初从丹麦建立 Kalundborg 工业园区开始，到 1993 年初，美国有 20 个城市市政当局与大公司合作规划建立生态工业园区；法国作为欧洲环境合作伙伴组织的发起机构之一，正致力于它的 PALME 计划，该计划旨在为生态工业园区的建立提供技术支持和规范。到 2000 年，已有 Sophia Esterel 等 4 个工业区在 PALME 计划指导下建成。

生态产业链的构建就是要在企业内部、企业之间建立产业链乃至更大范围的生态产业网络，以实现对物料和能量的更有效利用。生态产业链是生态产业园的骨架，是生态产业系统构建的关键。最具代表性的产业共生网络运作模式主要包括依托型、平等型、嵌套型和虚拟型四种：①依托型产业共生网络可以分为单中心依托型和多中心依托型。广西贵糖集团和鲁北化工集团为典型的单中心依托型共生网络，丹麦 Kalundborg 工业共生体是多中心依托型的典型代表；②平等型共生网络是指一家企业会同时与多家企业进行资源的交流，企业之间不存在依附关系，在合作谈判过程中处于相对平等的地位，依靠市场调节机制来实现价值链的增值，其中最为成功的是加拿大波恩赛德工业园；③嵌套型工业共生网络是一种复杂网络组织模式，由多家大型企业和其吸附企业通过各种业务关系而形成的多级嵌套网络模式，奥地利 Styria 生态产业园是其典型代表；④虚拟型共生网络借助于现代信息技术手段，用信息流连接价值链建立开放式动态联盟，运营的动力来自多样化、柔性化的市场需求，以市场价值的实现作为目标，整个区域内的产业发展形成灵活的梯次结构，因此具有极强的适应性。如美国得克萨斯州和墨西哥交界处的 Brownsville 生态工业园，通过计算机模型和数据库，在计算机上建立起不同地区成员间的物料或能量联系，虚拟 EIP 可以省去一般建园所需的昂贵购地费用，避免困难的工厂迁址工作，具有很大的灵活性。其缺点是可能要承担较高的运输费用。

生态产业是一种信息强度很大的产业，无论是进行生命周期分析还是生态产业园的建设，所需要的信息量都是巨大的，必须利用现在的网络技术建立灵敏的信息网络。生态产业园建设中需要的信息量要比传统的工业园大，因为它需要企业在相互充分了解的基础上进行密切的合作。特别是虚拟型共生网络 EIP 更完全是建立在充分信息化基础上的新模式，这些均需要信息技术的强大支撑，也是两化融合的重点方向。

我国从 2001 年开始陆续开展 EIP 的建设，截至 2009 年 2 月，由环境保护部批准建设的国家级生态工业示范园区有 33 个，连同各地兴建的化工园区，已有200 多个。

"低碳经济"（low carbon economy）一词最早正式出现于 2003 年的英国能源白皮书《我们能源的未来：创建低碳经济》，是指以低能耗、低污染为基础的绿色生态经济。

我国是全球温室气体排放大国，由此面临控制温室气体排放的巨大压力。2007 年 9 月 8 日，国家主席胡锦涛在亚太经合组织（APEC）第 15 次领导人会议上郑重提出了 4 项建议，明确主张"发展低碳经济"，令世人瞩目。当前发展低碳经济的主要措施有：①调整产业结构，发展资源回收利用的"静脉"产业。全世界每年产生的废物超过 20 亿吨，按现在的趋势发展，到 2030 年我国每年将产生 5 亿吨固体废物，印度为 2.5 亿吨。如果提高废料、废渣回收率，既可以显著节能减排，又能变废为宝；②调整能源结构。我国的能源结构以煤为主，这是造成我国高碳排放的主要原因之一。国际能源机构估算，2001～2030 年，我国能源部门需要投资 2.3 万亿美元，其中 80% 用于电力投资，约 1.84 万亿美元。如此大规模的建设计划，如果只使用当前以火力发电为主的技术，对于环境的伤害是不可逆转的。核能在扣除核材料生产和废物处理过程中所消耗能量后可视为无碳排放能源，我国应加大核电站的建设。生物质能源、风能、地热能、潮汐能等可再生能源都应作为低碳能源进行重点开发；③通过产业链耦合或工业共生优化产业链是循环经济新的发展方向。例如，英国的工业共生项目有超过 8000 家公司参与，400 多万吨的工业废物被循环利用，消除了 35 万吨有害废料，减少了 900 万吨废物，以及少利用 630 万吨天然原材料，减排 450 万吨二氧化碳，而参与者的销售增加了 2.08 亿美元，节省开支 1.7 亿美元；④通过发展 CO_2 利用技术推进低碳经济。目前许多以 CO_2 为原料的新工艺正在开发之中，例如 CO_2 合成碳酸二甲酯、用焦炭还原 CO_2 生产 CO 的工艺、通过 CH_4 和 CO_2 的直接催化转化制取高附加值产品等。

14.3 "两化融合"的发展提出的挑战

化工制造业要想由大变强，我们面临哪些挑战？除了经济体制方面的问题之外，从技术层面上看，至少可以列出以下必须解决的问题：

（1）具有强的新化学产品和技术的创新研发能力，体现在每年申报的新产品/新技术专利据于国际领先地位。试想，如果我们只能大量生产少数"短头经济"的化学品（如炼油、乙烯、合成氨等），而自己具有知识产权的产品很少，高功能化学品主要靠进口，这只能算是化工原料的制造大国，能称为化学工业强国吗？这当然需要有巨额研发费用的投入，例如美国在化学工业 R/D 投入，20 世纪末已达到每年 200 亿美元以上[10]。

（2）每年投产的新化学产品多，能够最大限度地满足其他工业部门及第一、第三产业和人民生活对化学品的需要。这也就是"长尾经济"发展的需要，其目标是最终满足人民币生活质量提高的要求。这一方面要求精细化工率提高（达到60％以上）；另一方面，要求工业放大生产的能力强，有了好的专利发明还要能加快实现工业化生产。

（3）能够以有限的资源和能源，实现价值链的最大增值，即是消耗少、利润高。只有这样，企业才能有国际竞争能力。这一方面要求降低成本、节能节水降耗；另一方面，要学会加工劣质原料，以最低的成本取得最高的收益。

（4）产品/服务的品牌出众，应用服务做得到位，使客户满意，并对客户市场的需求足够敏感、了解及时，成为全球客户欢迎的品牌。须知：21 世纪企业的核心竞争力已由产品"质量和技术"转向"应用和服务"，如果我们的化工企业不认识这一点，或没有采取相应措施，必然在全球性竞争中打败仗。

（5）环境保护和可持续发展战略明确落实，节能减排、责任关怀做得到位，对社会发展贡献大，获得社会赞扬。为此，除了满足当前环保要求的炼油化学产品（例如，我国Ⅳ阶段排放标准的清洁汽油）外，必须具有长远眼光，即早部署替代能源及非常规能源的开发利用（如生物柴油、生物质制乙烯、纤维质制甲醇等）。

14.4 过程系统工程可以提供的支撑技术

14.4.1 产品工程和纳米过程系统工程为产品创新和精细化工发展提供支持[11-15]

过去过程设计讲的是制造工艺过程的设计，而到 21 世纪则强调产品设计，而把过程设计看成是产品设计中的一个子课题。而且，从产品设计观点，化学产品可以分成三大类：基础化学品、工业化学品和组型消费品（图 14.5）。基础化学品通常涉及完全确定的分子和分子混合物，这种化学品的制造过程设计和产品设计均在 20 世纪研究得比较成熟，有一系列流程模拟和计算机辅助分子设计软件工具可以使用。工业化学品的性质一部分可以用热物理和传递性质表示，但另一些性质则是要满足客户要求的，如微观结构、粉体颗粒度分布、流变学性质等。这类产品像基础化学品一样也很少由最终消费客户购买。最后一类组型消费品（configured-consumer products）是由基础化学品或工业化学品制造的，包括透析设备、太阳能脱盐设备、洗涤剂、缓释药剂、化妆品、燃料电池等。这类产品会直接销售给消费客户，而且往往其三维形态也至关重要。

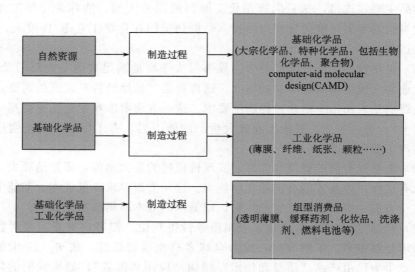

图 14.5　三类不同的化工产品开发的不同要求

从上面介绍可以看到：不同类型的化学品开发过程是不完全相同的，有人提出了一套"级-门产品开发过程 SGPDP"，将整个过程分为五级：概念—可行性研究—开发—制造—产品推介。很显然，只有第一类产品有比较成熟的计算机辅助工具，而第二、第三类产品设计还缺乏模型化的工具，而这正是当前研究的热点。但是以下两类产品的设计与开发手段均已投入很大力量，正在完善之中[14]：一类是能量相关产品：如燃料电池、太阳能电池、生物燃料电池及氢存储；另一类是环境相关产品：如新吸收剂、去色剂、絮凝剂、反渗透膜等。这种新开发的计算机辅助产品设计平台，它应是开放式结构、用户界面友好的工具软件包。它是能快速"接入"不同来源的数据和工具的集成平台，可以用于：

- 对指定的分子结构产品，快速选择化学反应合成路线；
- 物性数据库（热力学、动力学和传递过程）以及对重要工业化系统进行数值计算；

• 对能满足指定性能的产品快速筛选，并对其工艺制造过程的经济性能、环境问题及安全问题进行快速评估和优选；

• 固态物加工计算。

开发能从类似的产品预测未来产品性能的化工产品数据库及技术，它应能支持对指定产品性能时搜索可能满足要求性能的化合物群。例如，通过以现有材料性能为基础的数据库来预测新材料的性能[15]。

微化工系统已得到长足发展，在快速分析、化学筛选实验乃至特种化学品商业化生产方面均已发挥显著作用[17-19]。

纳米技术是 20 世纪末发展起来的最重要、影响最广泛深远的高新技术。所谓纳米技术，就是在单个原子、分子乃至分子团的层次上了解、控制和调节物质结构的能力，其目的是创造由其微观结构决定的本质上新的性质和功能的材料、设备或系统。2005 年麻省理工学院（MIT）的 Stephanopoulos 提出"分子工厂"作为下一代加工尺度前沿[16]，他们提出纳米过程系统工程，要对于这种"纳米尺度加工厂"的设计、模拟、操作和控制，研究一整套理论和工具，当然现在仅仅是开始。

纳米过程系统具有与常规尺度不同的特点，因此带来新的挑战。例如，生物细胞可以看成为一个典型的纳米过程系统——"分子团工厂"：在一个真核细胞中，原生质细胞膜定义了工厂的边界，它允许选择性的分子流进和流出，而细胞器（也就是细胞核、原生质网膜、核内体、线粒体和溶酶体等）代表"分子团单元操作"。以这种"分子工厂"为对象的纳米过程系统工程受到以下几个方面挑战：① 描述分子工厂的尺度精确度与常规工厂差别巨大，其位置精度要达到几埃至几纳米。② 物料的性质特征描述不再能用平均值，因那是基于"物料连续性"假定。而对于纳米过程，当液体厚度尺寸为 10 个分子以上时，"物料连续性"假定还可以适用，而当用分子团单元操作构造分子工厂时，就不再能用连续性假定，而只能用单个原子或分子来描述了。③ 设计和制造的方法论原理不同。常规加工过程设计与制造均是"自上而下"（top-down）的多层递阶模式，而纳米加工过程则是"由底而上"（bottom-up）的自装配（self-assembly）、自组织（self-organization）过程。显然，自上而下无法达到这么精细的精确度。④ 操作控制原理不同。常规加工过程的时间特征常数通常以分钟计，而操作循环周期为几个小时或更长；到微化工厂时间特征常数为几秒，操作循环周期只有几分钟，其控制方法多为多变量中央集中控制/分布控制回路——中央协调控制；但对于纳米过程时间特征常数加快到毫秒，而操作循环周期只有几秒，只能用自调节控制（self-regulation control）。⑤ 制约纳米过程的规律不同。传统过程系统工程规律不能适用于纳米尺度的过程，从本质上来说，那些自装配、自组织、自调节的纳米过程属于复杂系统的研究范畴[19]。

14.4.2　间歇过程系统工程为多产品、多目标的间歇过程设计和操作提供理论基础[20-22]

与长期传统观念认为只有连续过程才是先进的相反，间歇生产过程并非落后的生产方式，而是随着精细化工发展用得越来越多的方式。根据统计，按产值计算，化工行业生产方式的 45% 为间歇过程，55% 为连续过程，食品与饮料间歇过程占 65%，而制药行业间歇过程竟高达 80%。因此，这类生产过程的研究具有本质的重要性。

间歇生产过程由于有以下特点，所以常规连续过程的设计和操作规律往往不能适用：① 不确定性：生产三要素为产品市场、制造工艺以及完成这一工艺的设备，这在连续生产中设计时就固定好的，但在间歇生产中三个要素都是经常变化的；② 不连续性：操作按处方规定的顺序进行，使过程的工艺条件总在改变；③ 非稳态性：对动态过程的控制带来挑战；④ 多种生产共享资源，优化利用问题突出：一个设备在不同时间段要生产不同的产品，在不同的时间段要形成不同的设备组合。因此，优化调度问题突出。

间歇过程系统最优化问题主要分为两类：一是设计（design）问题，另一类是生产进度安排，或称排序（schedule）问题。间歇过程设计是指：给定总生产时间以及要生产的产品种类、产量、价格，求出满足要求且在经济上最优的设备配置，常见的目标函数是使设备投资最小，要确定的变量有设备的类型、尺寸、数量等，甚至还包括一个可行的生产进度表。间歇过程的生产进度安排问题是在给定设备配置（如设备尺寸、数量、类型）和各产品的需求量的情况下，确定一个最佳的生产策略，使某个目标最大或最小。常见的目标函数有：使生产所有产品的总时间（makespan）最短，总的平均拖期（产品生产时间与交货时间之差）最短等。要确定的主要是各产品的加工顺序，各加工步骤的起始时间和完成时间等。

间歇过程的最大优势是它能够在同一套装置上通过设备、时间、原料和能量等的共享而灵活方便地生产多个产品。因此特别适合于多品种、小批量、工艺复杂和附加价值高的化学品。与此同时，由于间歇过程以分批的方式生产多个产品，其设备和时间等的利用率比较低，同时，在生产中不同产品或者同一产品的不同批次可能会同时对某些设备提出加工要求，因此，如何有效地安排生产过程，妥善地根据市场需求或生产任务分配设备及时间，以提高设备利用率，缩短设备闲置时间，从而缩短总生产时间，提高间歇过程的生产效率和经济效益成为了间歇过程最优化中的重要问题，亦即间歇过程的生产排序问题（亦称生产计划和调度问题）。这一问题的定义为：在一定的设备（反应器、分离装置、中间储罐等）和其他限制条件下，确定各产品在不同设备上的加工次序和时间以使某个经济-技术指标达到最优，如总生产时间最短或产品交货的脱期最短。

间歇过程生产调度问题是一种复杂的优化问题，因为其影响因素很多（自由度大），涉及多产品、多目标优化问题，而且不确定性因素也比较多，其复杂性可见表 14.2。

表 14.2 间歇过程调度问题分类[21]

① 过程流程：续贯式（单级，多级） 　　　　　网络式（任意的）	⑦ 间歇处理时间：固定的 　　　　　　　可变的（依单元设备尺寸）
② 设备配置：固定的 　　　　　可变的	⑧ 需求模式：订单日期（单产品；多产品） 　　　　　调度水平（固定要求；最小/最大）
③ 设备连接：部分连接（受约束的） 　　　　　全部连接	⑨ 制度改变：没有 　　　　　依单元而异 　　　　　依顺序而异
④ 仓储策略：无限中间储槽（unlimited interme- 　　　　　diate storage，UIS） 　　　　　无中间储槽（NIS） 　　　　　有限中间储槽（finite intermediate 　　　　　storage，FIS） 　　　　　零等待（ZW）	⑩ 资源限制：没有（仅取决于设备能力） 　　　　　分散式 　　　　　连续式
⑤ 物料传输：即刻的（可忽略） 　　　　　费时的［管道，储罐（无管道）］	⑪ 成本：设备 　　　　公用工程 　　　　仓储 　　　　制度变化
⑥ 间歇尺度：固定的 　　　　　可变的（有混合与分割）	⑫ 不确定性：确定的 　　　　　随机的

为了进一步理解其复杂性，下面通过一个案例说明。

美国 Purdue 大学开发了一个 SimOpt 软件平台，提供间歇过程供应链的通用计算软件[23]。这是以三大模块为基础的集成平台：以 Monte Carlo 模拟处理各种不同不确定性的模拟模块、以数学规划及直观推断法等优化资源配置的确定性优化模块（deterministic optimization module，DOM）及以在实体和加工能力之间协调进行高层决策的随机性优化模块（stochastic optimization module，SOM），如图 14.6 所示。用这套方法来解决一个间歇生产的三级供应链的例子：考虑三个产品，一个在生产，两个在包装和仓储；生产与仓储均有不确定性（市场需求不确定），如图 14.7 所示。

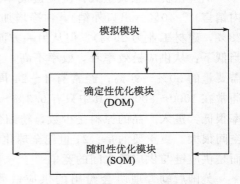

图 14.6 以模拟为基础的供应链
优化软件包 SimOpt 框架

优化目标：设定仓储水平使产品滞留成本最少。生产条件：有七种生产方案，有些任务同时需要多种设备，有 10 个多目的设备，生产准备和清洗花费较多时间，有些任务需要持续数月时间，加工时间不确定。对于这样一个不太大的课题，一般应用的 SimOpt 计算成本是很高的：用 SOM 寻找 $10^3 \sim 10^4$ 个决策点，每一个决策需要 $10^3 \sim 10^4$ 迭代，每一个迭代需要几秒到几分钟时间完成。这样一来，计算时间 $= 10^4 \times 10^3 \times 1\text{min} = 1000$ 万 min，显然用普通电脑是无法完成的。

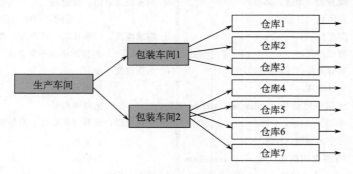

图 14.7　三级间歇生产案例

　　总体来说，间歇过程系统工程的发展比连续过程差距大，还不能满足精细化工发展的需要，究其原因是两个方面：一方面，由于间歇过程系统本质上比连续过程系统复杂，如上所述；另一方面，由于传统的规模经济以连续过程为主导，科研投入自然向研究连续过程倾斜，间歇生产过程的研究就长期比较薄弱。这种状况是到了应改变的时候了。

14.4.3　供应链的优化与协同研究为企业做强提供竞争力[24-29]

　　供应链优化意义重大：供应链成本约占化学工业公司销售总额的 10%（国内销售）～40%（出口外销），占净增加值的 37%（比其他行业高，例如汽车为 28%，建材工业为 26%）。但从另一方面看，炼油化工行业的供应链优化程度相当低下：从供应链效率看，效率不高，仓储量高，供应链上的各环节存货量占年需要量的 30%～90%；经常有 4～24 周的最终产品压在链途上；循环周期长：通常在 1000～8000h，其中只有 0.3%～5%涉及增值操作；供应链中原料利用效率很低：进入产品的原料是少数，精细化工和制药业只有 1%～10%，所以优化空间很大。更重要的是：21 世纪全球化时代，企业的竞争已不是一对一的竞争，而是供应链与供应链之间的竞争[25]。

　　美国后勤管理协会给出的供应链管理（supply chain management，SCM）定义为："SCM 包括后勤管理的全部活动，特别重要的是：它也包含与渠道合伙人（可能是供应商、中间商、第三方服务商或用户）的合作与协调。归根结底，

SCM 就是把供应和需求管理在公司内部及跨公司之间集成在一起"。这种宽泛的 SCM 包括 11 大功能，如表 14.3 所示[26]。

表 14.3　供应链管理（SCM）的 11 大功能

①商务优化	⑦后勤网络战略及运用
②需求计划	⑧流动资产管理
③供应及材料计划	⑨运输管理
④供需平衡	⑩货运车船及货款支付
⑤生产调度	⑪订单管理
⑥储目标设定及运用	

2005 年 Accenture 公司在全球 250 个化学公司做了供应链最佳实践的调查，其结果表明：①现在可行的信息支撑技术只有一部分被使用，认为用得好的不到 10%；②虽然有 70% 的公司宣布已应用订单管理和商务优化集成，但涉及 11 个功能均有应用的公司不到 30%；③化学工业中协同（collaboration）应用是比较差的，本来可以在供应商-运输商-制造商-销售商-客户之间进行信息协同的，但化学工业中却很少这么做，供应链两端开展协同还处于"摇篮阶段"；④在需求预测方面，通常最佳实践已做到误差小于等于 10%，而化学工业中误差尚有 20%～40%；⑤虽然有 70% 公司已与 ERP 系统集成，但 80% 均需要手工操作，没有实现自动化。

当前需求拉动时代的 SCM 要求建立自适应需求驱动网络（adaptive demand driven networks），也就是要把过去线性供应链变成一个需求驱动的适应性的后勤网络。这种由"链"到"网络"至少包括三维向的协同，并且要压缩网络内部的连接时间。这种三维协同空间包括：垂直供应链维——公司的供应—生产—配送—客户；水平协同维——同类公司之间的协同，包括交换交易（swap arrangements）、后勤资源合伙联营、运输工具的回程载荷；第三方服务供应商维。如图 14.8 所示[24]。

14.4.4　多尺度过程集成为全企业优化运营提供支撑[30-42]

现代过程集成已经由传统的常规尺度、以单元操作设备为基础的集成扩大成多学科、多尺度的、从小到生物基因直到整个供应链的集成。这就要求过程模型化跨越多学科：从量子化学、计算化学、物理化学、反应动力学、传递理论直到化学反应工程、大系统理论，还要涉及复杂性理论。按时间尺度看，可以由微微秒（10^{-15} s），对应一个分子在化学反应时的原子行为，到描述分子振动的纳秒，到工业操作的几小时，直到环境中污染物的降解过程要几年时间（10^8 s）或更长。从长度来看，从纳米（10^{-9} m）尺度为研究对象的纳米过程系统工程到以大

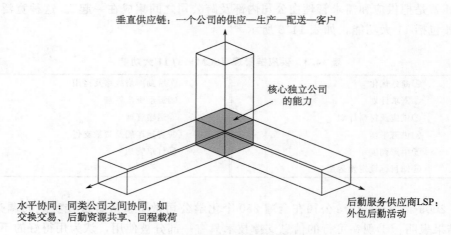

图 14.8　自适应需求驱动网络三维协同

气、海洋及土壤与过程工业关系为研究对象的绿色过程系统工程，这种多尺度过程集成的关系如图 14.9 所示[38,39]。

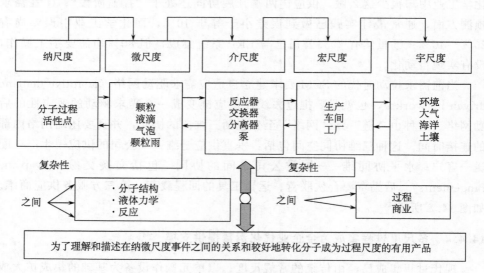

图 14.9　多尺度过程系统集成的框架示意图

基于这种多尺度过程集成的技术使得新世纪新的分子管理运营优化技术得以实现，其目的是要使每个进入企业的原料分子，在流经整个供应链中达到最大的增值。Exxon-Mobile 公司开发了一套"原油指纹系统"，从原油开始就建立分子水平的"指纹信息"，目的是"把正确的分子，在正确的时间放到供应链的正确位置上"，从而使每桶不同的原料油产生最大的价值[36]。原油指纹信息的生成是用原油采样放进光谱分析仪中，通过光照射产生一个特定的光谱图，然后将此光谱图输入计算机中，与已有的图谱模型进行比对，从而得出其分子组成。这种分子管理的一个关键特点是：一方面要改进下游加工效率；一方面要提高所有炼化装置的利用率（开车率）。这就要求按照每个炼油和化工厂的现场实际来建模，以便把装置数学模型、操作人员的装置最佳性能知识和销售部门的市场经济模型结合起来，从而得到一个现场提高运行效率，使高产值产品收率最大化的特定运行计划。这种分子管理在全球及区域实施还要使配送网络优化，包括原油采购分送、仓储管理及水运船只/运输车辆的调度优化。

这套分子管理系统投入运行后，已使公司 2007 年全球下游炼油化工业务部获得 7.5 亿美元的税前效益[41]。

14.4.5　绿色过程系统工程为企业的可持续发展和生态工业园区建设提供支持[43-51]

日益严格的环保和节能要求，促进绿色过程系统工程的发展，要求过程系统工程不仅在技术和经济上实现优化，还要在环保和节能节水减排方面实现优化。笔者在 2003 年就提出发展绿色过程系统工程[43]，这几年已有了不少进展。下面仅就几个热点简要介绍如下：

1）热交换网络 HEN 和质交换网络 MEN

热交换网络 HEN 和质交换网络 MEN 的方法在节能节水减排中获得广泛应用[45-47]，以夹点技术为基础的能量集成已从设备装置发展到全局系统能量集成，在节能减排中取得了显著效益[46]。而在质交换网络 MEN 方面，首先是围绕节水减排的水网络优化也取得了很大实效[47]。根据我们对十多个企业节水项目的经验，国内炼油化工企业的节水减排的水网络优化空间相当大，对炼油企业而言，可以节水 15%～20%，对化工企业可达 20%～30%，对于精细化工、食品/饮料企业甚至可达 40%～50%。

2）热力学分析方法——用分析和㶲分析

Bakshi 提出了一个把工业生产系统与生态系统流一起来进行热力学分析的框架方法。生态学家 Odum 于 20 世纪 80 年代首创把热力学分析方法运用于自然生态系统及国民经济系统，提出㶲（emergy）分析理论。㶲为任何资源、商品或劳务在形成过程中直接或间接使用的太阳能。Odum 等利用㶲定义出的一系列新的反应系统效益的指标，如㶲投资率、㶲产出率、环境的负荷率、系统可持续发展指数等[48]。

热力学第二定律分析方法首创于 20 世纪 70 年代，到 80 年代达到高潮，开辟了热经济学方法。但到 90 年代似乎就开始走下坡路，在将热力学方法用于环境影响分析方面缺乏新突破，意大利的 Sciubba 虽然提出了扩展火用计量（extended exergy accounting，EEA）的概念，也就是要将环境修复的费用打进成本，但距离实际应用计算还有一段距离[48,49]。我们期望 21 世纪在这方面能有突破。

3）生命周期分析方法

生命周期分析方法（life cycle analysis，LCA）通过识别和量化所用的能量、原材料以及废物排放来评价与产品及其行动有关的环境责任，从而得到这些能量和材料应用以及排放物对环境的影响，并对改善环境的各种方案做出评估。评价包括产品的整个生命周期，即从获取原材料、生产、使用直至最终处置的全过程。LCA 已被纳入即将全面推行的 ISO14000 环境管理体系，将成为 21 世纪最有效的环境管理工具之一[45]。

工业生态系统分析方法与 LCA 相似，有研究者甚至认为 LCA 是工业生态系统的一种简单形式，因此 LCA 的许多研究方法和模型可以为工业共生系统集成借鉴和应用。当然，应该强调的是，LCA 与工业生态系统研究还是有不同的地方，前者是面向产品、资源和服务，而后者是研究工业系统间物料和能量流。

近年来清华大学还将现有的 LCA 方法加以扩展，从产品的环境评价扩展到包括经济、环境和社会的多层面可持续发展评价模型。他们将产品生命周期分成五个阶段：原料获取→生产过程→运销过程→使用过程和循环过程，然后在每个阶段内部为每个因素都建立多个评价指标。然后利用多指标综合得到经济总指标、环境总指标、社会总指标及综合指标[51]。

为了推动 LCA 的广泛应用，各国（主要是欧洲）研究机构商业咨询公司已开发了不少通用和专用的计算机软件包，文献 [50] 的表 10-1 列举了 20 种，其中著名的有英国的 LIMS、荷兰的 SimaPro、美国的 Matrix Approach 等。

4）生态工业园集成设计及管理[50-52]

一个生态工业园（eco-industrial parks，EIPs）集成设计及管理包括以下几个方面的集成：

• 物质集成：这是生态工业系统的核心，通过产品体系规划、元素集成分析、生态工业物质链的构建等，以实现物质的最优循环和利用；

• 能量集成：特别是跨装置、跨企业的能量集成，这是全局系统能量集成的研究领域；

• 水系统集成：包括企业层次的水网络优化和整个园区的水网络优化，而后者更是当今研究的重点。例如，美国得克萨斯州立大学利用地理信息系统 GIS 研究了 20 个不同工业设施的水网络，优化配置后总新鲜水用量可以下降 90%，水成本下降 20%；

• 信息系统集成：为了便于实现这种生态工业园集成设计，美国环境保护总署已开发了一些工具软件包。例如：

设备协调工具（facility synergy tool，FaST）：规划者通过输入和输出，用以识别非产品输出的潜在匹配；

设计工业生态系统工具（designing industrial ecosystems tool，DIET）：按照 FaST 输出结果，根据环境影响、成本因素、产生工作职位给出权重，计算出设备配置、尺寸大小、连接、生成的职位数等；

法规经济和后勤工具（regulatory economic and logistics tool，REaLiTy）：核查 FaST 和 DIET 的结果与内装的数据库，看在三废处理方面是否违反环保法规，经济上是否合理，季节或市场波动的承受力如何等。

但是这些软件工具尚不具备系统优化和智能化的功能，从过程系统工程角度看，还有很大的改进空间。

14.5 结 束 语

我们已迎来了"加快转变经济发展方式，大力推进信息化与工业化融合，促进工业由大变强"的新时期，这个新时期给化学工业的发展提供了新的机遇，要求我们的企业向着精细化、服务化、可持续化的方向转变，我们的企业将面临一系列的挑战。过程系统工程 PSE 是过程工业信息化的理论基础，作为一门学科对化学工业的两化融合发展起了关键的作用，应当为迎接这些挑战做出自己的贡献。同时时代的战略任务也为我们学科发展提供了宏伟的舞台。我们应当抓住这个难得的机遇，为我国的 PSE 发展做出更大的贡献，也为国际 PSE 界做出自己的贡献。

参 考 文 献

[1] 李毅中. 我国工业和信息化发展的现状与展望. 科技日报；新华文摘，2009，（24）：48-52. 2009-10-11.

[2] 潘云鹤. 实现信息化与工业化的融合. 文汇报；新华文摘，2009，（2）：112-114. 2008-11-12

[3] 周宏仁. 论工业化和信息化的融合. 中国信息化报告会论文. 北京：国家信息中心，2009.

[4] 姜奇平. 范围经济是工业化与信息化融合的有效方式. 中国制造业信息化，2008，（1）：13-16.

[5] 王旭东. 工业化与信息化已到相互渗透新阶段. 中国制造业信息化，2008，（1）：12-13.

[6] 杨海成. 集团型企业发展现代制造服务业的认识和思考. 中国制化，2009，（2）：11-14.

[7] 杨友麒. 促进"两化融合"，发展精细化工. 精细与专业化学品，2009，17（1）：3-4.

[8] Hegedus L L. Chemical engineering research of future：An industrial perspective. AIChE J，2005，51（7）：1870-1871.

[9] 杨友麒. 21 世纪制造业的发展趋势. 中国化工信息，2009，（11）：4-5.

[10] ACS，AIChE，Technology Vision 2020—The U. S. Chemical Industry. O. H. ：American Chemical Society，1996.

[11] 钱宇，潘吉铮，江燕斌，章莉娟，纪红兵. 化学产品工程的理论和技术. 化工进展，2003，22（3）：

217-224.

[12] Zhao C, Venkatasubramanian V, Reklaitis G V. Pharmaceutical informatics: A novel paradigm for pharmaceutical product development and manufacture, european symposium on computer aided process engineering - 15 L. Puigjaner and A. Espuña (Editors), Elsevier Science B. V, 2005.

[13] Hill M. Chemical product engineering—The third paradigm. Computers and Chemical Engineering, 2009, 33: 947-953.

[14] Seider W, Seader J D, Lewind D R. Perspectives on chemical product and process design. Computers and Chemical Engineering, 2009, 33: 930-935.

[15] Song J, Song H. Computer-aided molecular design of environmentally friendly solvents for separation processes. Chem. Eng. Technol., 2008, 31 (2): 177-187.

[16] Stephanopoulos N, Solis E O P, Stephanopoulos G. Nanoscale process systems engineering: Toward molecular factories, synthetic cells, and adaptive devices. AIChE J, 2005, 51 (7): 1858-1869.

[17] 陈光文, 袁权. 展望 21 世纪的化学工程. 北京: 化学工业出版社, 2004: 57-71.

[18] Roberge D M, Ducry L, Zimmermann B. Microreactor technology: A revolution for the fine chemical and pharmaceutical industries. Chem. and Engineering Tech., 2005, 28 (3): 318-323.

[19] Yang Y Q. Microscale and nanoscale process systems engineering: Challenge and progress. The Chinese Journal of Process Engineering, 2008, 8 (3): 616-624.

[20] 姚平经, 等. 过程系统工程. 上海: 华东理工大学出版社, 2009.

[21] M'endez C A, Cerd'J, Grossmann I E, Harjunkoski I, Fahl M. State-of-the-art review of optimization methods for short-term scheduling of batch processes. Computers and Chemical Engineering, 2006, 30: 913-946.

[22] Samsatli N J, Sharif M, Shah N, Papageogiou L G. Operational envelopes for batch Processes. AIChE Journal, 2001, 47: 10.

[23] Wan X, Orcun S, Pekny J F, Reklaitis, G V. A simulation based optimization framework to analyze and investigate complex supply chains. B. Chen. Proceedings of Process Systems Engineering. Amsterdam: Elsevier, 2003: 630-635.

[24] EPCA, Cefic. Supply Chain Excellence in the European Chemical Industry, 2004.

[25] Shah N. Process industry supply chains : Advances and challenges. Comp. & Chem. Eng., 2005, 29: 1225-1235.

[26] Dean Kassmann, Russell Allgor. Supply chain design, management and optimization. W. Marquardt. 16th European Symposium on Computer Aided Process Engineering and 9th International Symposium on Process Systems Engineering. Elsevier B. V.

[27] Lange C F. Best Practices in the global Chemical Industries. Supply Chain Europe, 2006, 15 (3): 22-25.

[28] Puigjaner L, Guillen-Gosalbez G. Towards an integrated framework for supply chain management in the batch chemical process industry. Comp. & Chem. Eng., 2008, 32: 650-670.

[29] Lasschuit W, Thijssen N. Supporting supply chain planning and scheduling decisions in the oil and chemical industries//Grossmann I E. Proceedings of FOCAPO. Austin: CACHE, CAST Division of AIChE, CACHE Corp., 2003: 37-44.

[30] 孙宏伟. 化学工程的发展趋势——认识时空多尺度结构及其效应. 化工进展, 2003, 22 (3): 224-227.

[31] Pablo J J. Molecular and multiscale modeling in chemical engineering—Current view and future per-

spective. AIChE J, 2005, 51 (9): 2372-2376.

[32] Gani R. Integrated Chemical Product-Process Design: CAPE Perspectives, European Symp. On Computer Aided Process Engineering—15. L. Puigjaner. Proceedings of ESCAPE. Elsevier Science, 2005.

[33] Ng K M, Wibowo C. Beyond process design: The emergence of a process development focus. Korean J. Chem. Eng., 2003, 20 (5): 791-798.

[34] Christofides P D, Armaoub A. Control and optimization of multiscale process systems. Computers and Chemical Engineering, 2006, 30: 1670-1686.

[35] Vlachos D G, Mhadeshwar A B, Kaisare N S. Hierarchical multiscale model-based design of experiments, catalysts, and reactors for fuel processing. Computers and Chemical Engineering, 2006, 30: 1712-1724.

[36] Exxon-Mobile Corporation. Molecular management starts with a fingerprint. The Lamp , 2006, 189: 11-12. available at http: //www. exxonmobil. com/Corporate/about. aspx.

[37] Gani R. Integrated chemical product-process design: CAPE perspectives//Puigjaner L. European Symposium on Computer Aided Process Engineering - 15 . Elsevier Science B. V., 2005.

[38] Charpentier J C, McKennab T F. Managing complex systems: Some trends for the future of chemical and process engineering. Chemical Engineering Science, 2004, 59: 1617 - 1640.

[39] Charpentier J C. Perspective on multiscale methodology for product design and engineering. Computers and Chemical Engineering, 2009, 33: 936-946.

[40] Grossmann I. Enterprise-wide optimization: A new frontier in process systems engineering. AIChE J, 2005, 51 (7): 1846-1857.

[41] Exxon-Mobile Corporation. Summary Annual Report. 2007. available at http: //www. exxonmobil. com/Corporate/about. aspx.

[42] Reklaitis R. Enterprise-wide decision support systems: PSE contributions & promise//Puigjaner L. European Symposium on Computer Aided Process Engineering - 15 Elsevier Science B. V., 2005.

[43] 杨友麒，成思危. 现代过程系统工程. 北京：化学工业出版社，2003.

[44] Shi L, Yang Y. Green process systems engineering: Challenges and perspectives//Chen B. Proceedings of PSE' Part A. Amsterdam: Elsevier Science, 2003: 600-611.

[45] 龚俊波，杨友麒，王静康. 可持续发展时代的过程集成. 化工进展，2006, 25 (7): 721-728.

[46] 杨友麒. 节能减排的全局过程集成技术的研究和应用进展. 化工进展 2009, 28 (4): 540-548.

[47] 冯霄，刘永忠，沈人杰，王黎. 水系统集成优化. 北京：化学工业出版社，2008.

[48] Jo Dewulf H, Bakshi B R, Sciubba E. Exergy: Its potential and limitations in environmental science and technology, environ. Sci. Technol. , 2008, 42 (7): 2221-2232.

[49] Hau J L, Bakshi B R. Promise and problems of emergy analysis. available at http: //www. chem. eng ohio-state. edu/%7Ebakshi.

[50] 张锁江，张香平. 绿色过程系统集成. 北京：中国石化出版社，2006.

[51] 金涌，Jacob de Swaan Arons. 资源、能源、环境、社会——循环经济科学工程原理. 北京：化学工业出版社，2009.

[52] 潘强，方佳，马晓虎. 克拉玛依石化生态工业园的信息化应用实践. 第十二届中国化工学会信息技术应用专业委员会年会论文集，北京，2009.

15　过程工业与循环经济
——在过程工业中推进循环经济发展

近 30 年来我国经济高速发展，钢铁、水泥、化肥等诸多初级产品和电视机、冰箱、空调等近 30 种家电产品产量世界第一；2009 年对外贸易额已居世界首位，汽车产销量也首次跃居世界第一；2010 年 GDP 即将超过日本居世界第二位。但另一方面，这些成果多是通过资源能源高消耗、环境高污染的粗放型经济增长方式获得的，为此我国付出了高昂的代价。

目前我国工业化已进入中后期阶段，工业结构以钢铁、石化、建材、机械等"重工业"，以及汽车、家用电器等耐用消费品制造产业为主导。重工业产品的生产对资源需求总量大，其发展受到资源供应的限制。而我国已面临多种资源紧缺的情形，石油、天然气、铁、铜矿石和铝土矿等原生资源人均储量分别仅为世界人均水平的 1.8％、0.7％、9％、5％和 2％；石油对外依存度已经高于 50％，并已经成为净煤炭进口国；2008 年我国铁矿对外依存度超过 60％，铜超过 70％，约 2/3 矿种短缺，铬、钾、镍等重要元素主要依靠进口。与此同时，重工业产品生产过程废弃物产生量巨大，2008 年全国工业固废产生量为 19 亿吨，比 2007 年增加 8.3％。大量耐用消费品在结束其使用周期后，转变成废旧汽车、废家电、废轮胎、废塑料、电子垃圾等巨量的现代城市废弃物，如不加以回收利用，将造成严重的资源浪费和环境污染。如到 2011 年我国手机保有量将超过 8 亿部，年报废量将达 3 亿部。换一角度看这些城市垃圾就是"城市矿产"。仍以手机为例，如果 3 亿部报废手机全部资源化，可回收金 9 吨、银 60 吨、钯 3 吨、铜 3000 吨，但如废弃后处置不当，则造成严重污染。

所以在工业化中后期，社会经济发展的首要矛盾是产业增长与资源、环境之间的矛盾。要解决这一矛盾，必须下大力气调整经济结构、转变发展方式，改变过度消耗自然资源的状况，改变传统的单一末端治理方式，向源头和全过程控制转变。在这一过程中，国内外实践表明，以循环经济理念指导产业创新是最现实的选择。

15.1　循环经济关键理论

自 1998 年国内学者[1]借鉴德国循环经济法将循环经济概念引入国内算起，至今我国的循环经济发展已超过了 10 个年头。大多数学者把循环经济定义为在自然生态规律（系统论、物质循环论）指导下的一种经济发展模式。德国、日本的循环经济重点放在消费后废弃物的资源化上，国内学者冠名以"垃圾经济"[2]或"狭义循环经济"。中国的循环经济有着更为丰富的内涵，其涉及产品生命周期各环节，需要生产方式和生活模式的整体变革，被冠名以"广义循环经济"。

自然科学原理告诉我们，全宇宙、太阳系、地球万物的构成和运行是属于和遵循耗散结构基本原理的，至今没有可循环往复的根据，所以自然科学是没有自发支撑循环经济运行的根据的。只有工程科学，或者说工程是以能量付出为代价，可以在一定界区、一定时间范围内构造物质的循环运行（图15.1）。循环经济并不是挑战耗散结构等自然科学规律，而是可以在一定技术条件下和一定范围内实施的生产和生活模式，是有代价的。因此物质循环利用必须是经济的，追求完全循环的思想是不经济的，更不是循环经济。

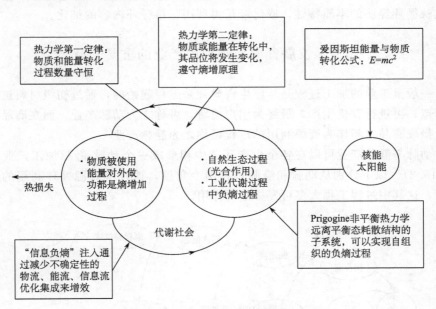

图 15.1　循环经济学的科学基础

1996 年生效的德国《循环经济与废物管理法》，对待废物问题的优先顺序为避免产生、反复利用和最终处置。这一框架被提炼为清洁生产的 3R 原则，即减量化（reduce）、再利用（reuse）和再循环（recycle），并进一步被循环经济所采用。各原则的作用为：

减量化是尽量减少"生产——消费——再生"流程中的物质消耗量和污染排放量，从源头节约资源，而不降低社会的生活质量，这由科技水平所决定的。我国现阶段工业生产是大、中、小规模并存，先进与落后技术并存，所以当前通过创新淘汰落后技术，实现减量化应作为推进循环经济的最大着力点。

再利用是在生产过程中做到原料和中间废物套用、共生资源的综合利用、能量梯级利用、中水回用等，在消费过程做到可修复产品的再利用，装置的模块化，易损零件的更换和修复，提倡租赁业、信托业、修理业的发展，使资源利用率提高。

再循环是指在物品完成使用功能后，分解熔炼，重新在生产中使用，如废纸张、塑料、钢铁等的回收利用，又称为再资源化，在发达国家这一过程受到重视。

毫无疑问，3R 原则对国内发展循环经济的影响很大，它是 2009 年生效实施的《循环经济促进法》的核心框架。国内曾提出再思考（rethinking）、再修复（repair）、再制造（remanufacture）等 4R、5R、6R 原则，但仔细思考，它们或不反映循环经济的本质特性，或已经是再利用、再循环内容的细化。

15.2　发展资源循环利用产业的重要领域

一般重工业的加工过程是从原生资源开采过程起始的，通过初级材料进行零件制造，再进行整机生产，最终为用户消费，可称之为动脉产业。而在商品使用后，报废商品重新作为资源利用的过程可称之为静脉产业[3]。

动脉与静脉产业可以在各个生产环节中相形成一个动脉-静脉加工产业网络（图 15.2）。以下分别从动脉和静脉过程两个角度，谈几个资源循环利用的重要方面，这其中过程工程大多可发挥重要作用。

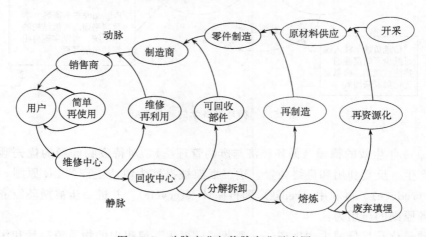

图 15.2　动脉产业与静脉产业示意图

15.2.1　对动脉产业过程中未充分利用的资源的利用

（1）**共伴生有色金属矿产资源综合利用**　我国已探明的矿产资源总量中共伴生资源比例占 80%，特别是有色金属中的稀有和贵金属几乎为共伴生资源，许多是战略性资源。由于我国矿产资源禀赋差和贫细杂的特点以及选矿、冶炼综合回收技术和装备尚不完善等原因，部分共伴生资源的综合回收率低。如果在分离和回收工艺技术与装备方面有新的突破，综合利用率就能大幅提高。如我国钛资源居世界之首，但由于未能解决富含钙镁的高钛渣氯化技术，目前高档钛白产品绝大多数依赖进口，2007 年进口额达 50 多亿元。如能突破这一技术，不仅可替代进口，还可抢占全球市场。又如稀土中的镝、铽、铕、钕等都是重要战略资源，我国初级产品产量和供应量均超过世界总量的 90%，可制造永磁、发光、催化和储氢材料等，是新能源和磁悬浮列车中不可或缺的。但由于缺乏稀土绿色高纯提取和自主知识产权的稀土功能材料制造技术，高端产品还要依赖进口。如果技术攻关成功，不仅能形成 200 多亿元的产值，相当于再造一个稀土产业，还可带动上千亿元的高端功能材料产业的发展，掌握这一领域的国际定价权。

（2）**脱硫石膏综合利用**　2008 年年底，我国火电脱硫装机容量达 3.79 亿千瓦，脱硫副产石膏超过 3000 万吨，2010 年将达 5000 万吨以上。目前利用量只有 800 万吨左右，同时占用大量土地，造成环境污染。这些脱硫石膏经过处理，完全可以取代天然石膏。当前急需加快脱硫石膏干燥、煅烧工艺装备以及大型纸面石膏板装备的国产化，规范脱硫电厂机组运行，严格控制氯离子含量，提高脱硫石膏品位，实现脱硫石膏资源化、商品化。同时，研究以脱硫石膏改良土壤等多种利用方式。如能达到 50% 的利用量，年产值将超过 500 亿元。

（3）**污泥资源化利用**　2008 年年底，我国城镇污水处理能力为 9700 万吨/日，在建规模为 5600 万吨/日，年污泥产生量已达 2600 多万吨，目前只有 200多万吨得到安全处置，其中资源化更少，其他大多随意堆放，并含有 COD 及重金属等污染物，二次污染隐患严重。而污泥经固化稳定后，完全可用于干化焚烧、制建材产品和土地稳定化利用等。如能实现 50% 污泥资源化利用，年产值将超过 200 亿元。目前干化技术装备和焚烧优化技术工艺、发酵和堆肥成套技术装备国产化等方面仍有待突破。

除了上述提到的这些资源，还有尾矿、煤层气、赤泥、道路沥青、秸秆等的资源化利用，也有许多亟待解决的问题，产业发展潜力很大。

15.2.2　静脉产业过程中的再生资源利用

目前，我国再生资源回收利用与传统的废旧物资回收已有很大不同，一是种类不同，消费升级使废旧家电、汽车、电子产品废弃量大幅增加；二是拆解利用技术和环保要求不断提高。以下重点谈四个方面。

（1）**再制造产业**　　再制造是指将废旧汽车零部件和废旧机电产品，运用高科技进行专业化修复，使其恢复到与新品一样或优于新品的批量化制造过程。以汽车发动机再制造为例，与制造新品相比，可节能 60％，节材 70％，降低成本 50％。用于维修高效快捷，而且安全环保。在欧美发达国家，再制造已有 50 多年历史，2005 年美国再制造业产值达 800 亿美元，从业人数超过 100 万人，美国再制造发动机占发动机维修配件市场的 85％以上。2008 年，世界 500 强的美国卡特彼勒公司汽车零部件和工程机械等再制造产值超过 100 亿美元，占总产值的 20％。我国再制造产业刚刚起步，产值不足 20 亿元，但已研发和示范应用再制造技术，如济南复强公司应用装甲兵工程学院研发的、具有国际领先水平的自动化纳米电刷镀等技术，具备了 2 万台的汽车发动机再制造能力。

我国再制造市场潜力巨大。以汽车零部件再制造为例，预计 2012 年我国汽车报废量将达 350 万辆，如果零部件再制造比例达 50％，年产值可达 800 亿元。目前国内几大汽车厂家积极性很高，但存在一些制约因素：一是旧件剩余寿命检测、绿色清洗等技术的研发不够；二是政策不完善。除国家循环经济试点外，回收拆解的汽车五大总成必须回炉，同时由于对进口旧件有严格限制，造成旧件来源不足。美国卡特彼勒公司原计划在上海投资 50 亿元建设再制造厂，由于遇到政策障碍，无法实施，而在新加坡却得到免税优惠，并且也收到印度发放的许可证，可从国际市场进口旧件，吸引了该公司再制造产业转移。

（2）**再生金属高值利用**　　一是从废旧机电、电线电缆、易拉罐等产品中回收再生有色金属。2008 年我国再生有色金属超过 600 万吨，主要是铜、铝等，还有一些稀有金属。年产 30 万吨以上再生有色金属的企业和园区共 10 多家；再生有色金属产量占全国有色金属总产量的近 20％，实现产值 2209 亿元，并解决了 100 多万人的就业。当前急需开发的技术有易拉罐有效组分分离及去除表面涂层技术、推广回收废铅蓄电池铅膏脱硫技术等。预计 2015 年，我国再生有色金属产量将达 1100 万吨，相当于少开采近 2 亿吨矿，实现产值 4500 亿元。二是废弃电器电子产品回收利用。2009 年我国废旧电视、冰箱、空调、洗衣机和电脑的废弃量近 9000 万台，手机近 2 亿部。当前急需组织资源化利用专用设备和拆解物深度加工技术研发，推动整机拆解和电路板资源化技术的产业化和推广，完善回收机制。如这些问题得到解决，到 2015 年回收利用产值可达 500 亿元，同时促进 20 万人就业。

我国矿产资源不足，每年大量进口矿石，而发达国家有大量废旧机电产品、电器电子产品、废塑料等再生资源，由于人工成本高，回收利用竞争优势不大，进口再生资源应成为我国重要的资源补充渠道。这种在不同国家之间以再生资源循环的形势也被称为"国际大循环"[4]。以钢材为例，假定它的平均使用寿命为

25 年，数据显示，1983 年我国钢铁产量只有 4×10^7 万吨，即使在 25 年后（2008 年）全部回炼，还是不能满足国内需求，仍需进口废钢（图 15.3）。

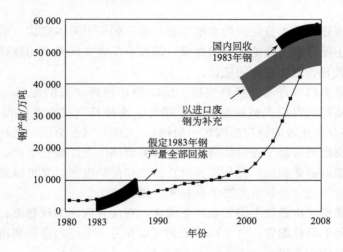

图 15.3　进口废钢弥补国内资源不足

（3）**废塑料回收利用**　2008 年我国主要塑料制品的消费量为 5100 多万吨，废弃量达到 1800 万吨，回收率不足 50%。存在的主要问题是分拣、处理技术落后，核心技术和装备都在发达国家，国内降级使用和二次污染现象严重。当前急需研发具有自主知识产权的"深层清洗"、温和解聚等技术和装备，同时完善回收体系。到 2012 年，塑料废弃量将达到 3000 多万吨，回收利用率若能提高 10 个百分点，将增加废塑料利用量 900 多万吨，新增产值 360 多亿元，提供近 200 万个就业岗位，相当于节约石油 4000 多万吨。

（4）**餐厨垃圾资源化、无害化利用**　2008 年，我国仅餐饮业的餐厨垃圾年产生量超过 6000 万吨，如能实现资源化利用，将是一个很大的市场，但由于缺乏规范管理，基本没有妥善处置，引发了"垃圾猪"、"泔水油"等问题，严重威胁饮食卫生和食物链安全。目前，国内已有资源化利用技术，并建设了一批示范工程，但技术还需进一步规范化，关键是要解决蛋白质同源问题。国家应下决心在大中城市实施餐厨垃圾资源化行动，加快研发干热和厌氧发酵技术，推广示范湿热处理和好氧发酵等资源化利用成套技术装备，规范收运体系，每年可生产 200 多万吨生物柴油和 600 多万吨饲料原料，实现产值 200 多亿元，解决 8 万人就业。

目前，国家发改委已提出在全国范围内组织实施"城市矿产"工程，对废旧机电产品、废旧家电、电子产品、办公设备、塑料制品等进行大规模回收利用，推动再制造试点，这将加快我国资源循环利用这一新的经济增长点的产业化进程。

15.3　我国资源循环利用的现状与存在问题

循环经济建设是十分复杂的系统工程，非一朝一夕可以完成，需要 3 个平台作为支撑：①循环经济理论平台的建设；②相应工程实践平台的建设；③生态法律、规章、教育、道德平台的建设。

出于领导部门推进循环经济实践、组织循环经济试点的需要，在操作层面上，循环经济的建设层次被概括为三个循环：小循环（在企业内部组织循环经济），中循环（在企业间或生态园区内组织），大循环（在全国、全社会内组织）。

在企业层次要求每个企业都应该力争做到清洁生产、绿色生产，既能充分实现物料、能源的高效利用，并从源头防止污染和保护生态，又可以提高生产的利润和效率，这当然也必须有先进的科技来支撑。

在企业集群层次建设生态工业产业园区，在此界区内实现物流、能流、信息流、资金流等的最佳配置，这个厂的废物可以在另一个厂内得到利用，这需要系统工程、软科学的支撑。

在社会层次要求建设循环经济型社会则必须有相应的法律规章、制度机制、宣传教育、道德养成的建设来支撑加以维护。循环经济建设的平台支撑与层次之间的关系如 15.4 所示。

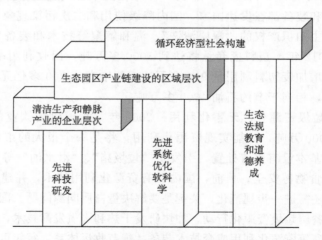

图 15.4　循环经济建设的 3 个平台支撑与 3 个层次

我国的过程工业对资源资源循环利用已有较好基础。一是利用规模大。2008年，工业固体废物综合利用量达 11 亿吨，钢、有色金属、纸浆等产品 1/5～1/3左右的原料来自再生资源。二是我国已开发推广一批先进适用的综合利用技术，某些领域已取得突破。三是一批企业、园区按照循环经济理念建设和改造，提高了资源利用效率，减少了对环境的影响；一些企业资源综合利用产值和利润已占"半壁江山"；四是我国初步建立了资源循环利用的政策法规体系。

资源循环利用具有广阔的产业化发展前景。2008 年，我国资源循环利用产业总产值超过 8000 亿元，到 2012 年可达 1.4 万亿元。随着经济规模的扩大，资源蓄积量的增加，产业规模将不断扩大；同时我国废金属、废塑料等八大类再生资源回收总量已达 1.23 亿吨，相当于节约原生资源 5 亿吨；我国仅生产建材产品综合利用的固体废物就达 5.7 亿吨，节地 90 万公亩（非法定计量单位，1 公亩＝100m²）；城市再生水利用量达 33.6 亿立方米；近两年，国家支持的余热余压发电装机达 600 多万千瓦，可节约标准煤 1000 多万吨，减少二氧化碳排放 2400 多万吨，也可提高企业的竞争能力。如贵州通过利用低品位磷矿石、产生的磷石膏制建材、黄磷尾气制甲酸等，提高了企业抗风险能力。在国外，资源循环利用也已成为发展趋势。2005 年，美国再生资源产业规模达 2400 亿美元，回收利用废旧资源 1.25 亿吨。欧洲将脱硫石膏全部应用在建材行业。2009 年 4 月，日本提出应对金融危机的第二轮经济刺激计划，目标之一是要变"资源小国为资源大国"，提出开发"城市矿山"，即从废旧汽车、家电、电器电子等产品中回收蓄积的金属等资源。日本还多次向我国提出，希望我国允许出口废弃电子线路板和处理残渣，目的就是利用其技术优势提取贵重金属资源。

我国资源循环利用尚有巨大潜力。我国累计堆存工业固体废物近 70 亿吨，产业化发展还有相当大的市场空间；大量的废旧资源没有得到充分回收利用，随着蓄积量不断增加，可以说有无穷大的市场。发展循环经济、推进节能减排和应对气候变化都将促进形成产业发展的市场需求，对过程工业的技术创新也提出了相应的要求。

存在的主要问题：一些领域共性和关键技术亟待攻关和产业化示范；产业规模小，集中度低；政策扶持力度不够，相关标准不健全；回收体系急需规范完善。发展资源循环利用产业主要靠技术创新和政策扶持，如果在这两方面有大的突破，就能实现大规模的资源循环利用。

15.4　结　　语

资源循环利用作为循环经济的重要载体和有效支撑，既是当前应对国际金融危机、扩内需、保增长、调结构、惠民生的重要方面，也是从根本上缓解资源环境约束，实现科学发展的重要措施。为促进其产业化过程，笔者有几点建议：

（1）在过程工业发展过程中彻底贯彻循环经济理念进行科技创新，是促进资源循环利用产业发展的根本。

（2）完善再生资源的回收体系，建设和完善政策鼓励机制，全面贯彻《循环经济促进法》的落实。

（3）推动再生资源国际大循环。我国矿产资源不足，每年大量进口矿产，而发达国家有大量废旧再生资源，我国有发展劳动密集型产业的比较优势，可以有步骤有计划的进口再生资源，成为既可在加工过程节约能源，又可成为我国资源补充的重要渠道，与此同时要重视加强管理监督防止污染转移，可以达到自然资源可持续利用的目的。

参 考 文 献

[1] 诸大建. 可持续发展呼唤循环经济. 科技导报，1998，(9)：39-42.

[2] 诸大建. 循环经济不是垃圾经济. 有色金属再生与利用，2006，(3)：50.

[3] 新华社. 静脉产业在日本悄然兴起. 世界科技研究与发展，2001，(5)：48.

[4] 尤麟. 再生资源进口与国际大循环经济——访环境保护部科技委员、原国家环保局副局长王扬祖. 再生资源与循环经济，2008，(7)：1-2.

专　业　篇

篇业产

16　石化技术自主创新的崎岖之路

胡锦涛总书记在党的十七大报告中提出：促进国民经济又好又快发展，要提高自主创新能力，建设创新型国家。这是国家发展战略的核心，是提高综合国力的关键。2009 年 10 月 30 日，中共中央政治局委员、国务委员刘延东在中国科学院建院 60 周年纪念会上也讲到："以胡锦涛同志为总书记的党中央，要求中科院坚持以追赶世界先进水平谋划科技创新，以提高国际竞争力推进技术创新，不仅要创造一流的成果、一流的效益、一流的管理，更要造就一流的人才。"

国际上也十分重视创新（innovation）。创新被认为是企业在世界市场竞争中取胜的主要因素。过去认为科技研发是一种消费支出（expense），现在认为这是企业对未来的投资（investment）。这种认识的改变使企业增加了对科技研发的投入。

因此，我们每个人，每个单位都要努力去创新。自主创新包括原始创新、集成创新和引进装置消化吸收再创新。

回顾 50 多年创新的体会，特别是近年来自主创新的体会，有下列四点体会[1]：①在自主创新中，原始创新最为重要。原始创新必须转移现有技术的科学知识基础。②如何实现原始创新？新构思往往来自联想，而联想源于博学广识和集体智慧。③有了新构思，还要在实验中加以验证，进而实现工业化，道路崎岖险阻；④必须有成员各尽所能的团队精神，不断战胜困难坚持到底的精神，才能最终实现自主创新构思的工业化。

16.1　原始创新要转移现有技术的科学知识基础

1986 年，Richard Foster 在 *Innovation：The Attacker's Advantage*（《创新：进攻者的优势》）一书中首先提出 "S 形曲线的技术进步规律"[2]。他总结了1930~1980 年间化学工业重大新技术的进步规律，发现技术的进步一般都要经历一个 S 形曲线的发展周期，如图 16.1 所示。

在开发一个新产品或新工艺的初期，投入人力、物力后，技术进展比较缓慢，直到发现了一个有意义的开端，技术进步才开始加快；之后，技术不断改进，取得连续式的技术进步，达到较高的技术水平；最后技术进步又会变得困难，进展速度减慢，接近或达到其发展极限。当技术接近或达到其发展极限时，技术进步就需要转移到一个全新的、科学知识基础上去取得，这就形成了对现有

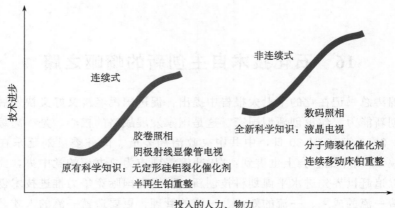

图 16.1　化工技术进步的 S 形曲线

技术的非连续式技术进步。在日常生活中不乏非连续式技术进步的例子，如从胶卷照相到数码照相，从阴极射线显像管电视到液晶电视等。炼油工业中也有非连续式技术进步的例子。20 世纪 60 年代，裂化催化剂从无定形硅铝发展到分子筛，开辟了催化科学从表面催化到晶内催化的新纪元。分子筛裂化催化剂代替无定形硅铝应用于移动床催化裂化装置后，催化裂化的转化率由 49.5％提高到 73.4％，汽油产率从 32.9％增加到 48.7％。这一成就被誉为"60 年代炼油工业的技术革命"。铂重整为了提高芳烃产率，把半再生铂重整反应压力降低，以达到烷烃的芳构化；压力降低后，催化剂迅速结焦，于是开发了连续移动床铂重整。这是通过转移反应工程的科学知识基础来实现的。

16.2　新构思来自联想，而联想源于博学广识和集体智慧

　　既然原始创新是非常重要的，那么原始创新的构思从哪里获得呢？2006 年，我与来自重庆的画家古月闲谈民国初年四川的往事。出于对美术创作的好奇，我问他："您在绘画中是如何创新的？"他告诉我要广泛写生，四川的名山大川，如峨眉山、青城山、都江堰、三峡等他都去过多次。他在创作一幅画时，灵感突现，就会把在这些写生中所见的险峻的奇峰、陡峭的崖壁、奔腾的江流、壮阔的瀑布等联想起来，组成他的创作。所以他归纳为创新来自联想。另外，他还送了我一册《古月画集》。古月是西南师范大学建筑艺术研究所所长。在他的画集中，我还读到"艺术的力量源于传情的深度"，"山水画必须给人以美"，要"大量临摹古代、近代和现代画坛大家的作品，从中汲取精华；游历名山大川，师法自然，将独特感受融入到作品之中。"这里经他同意，我把他的一幅作品翻印下来，

放在本文中，如图 16.2 所示。

通向远方的道路100×65　1982　　　　　　　　　　　　　The Path to the Distance

图 16.2　通向远方的道路

　　古月告诉我，这幅画并非具体写生，而是对西南众多索道的感悟，不仅表达了自己对祖国发展的欢欣，同时也表达了对边疆人民的祝福和寄予。在我看来，这画非常质朴，没有说教，没有喧哗，却蕴藏着时代的步伐和感人的乡土之情。

　　在这次看似平凡的对话之后，我也想到在石油化工技术研发中，相比于画家对古今中外名画的临摹，我们要博览古今中外的论文、专利、著作，汲取精华，并清楚自己科研的起点是"详人之不详，补人之所缺"，还是自主开拓创新。我们不是去"游历名山大川，师法自然"，而是到国家政府部门、技术市场、企业工厂、产品用户中去了解国家和市场的需求，然后设想开展什么研究课题，并安排好近、中、远的研究课题。在石油化工领域，新催化材料、新反应工程、新反应都是应该研究的重点，因为新催化材料是创造发明新催化剂和新工艺的源泉；新反应工程是开发新工艺的必由之路；新反应的发现是发明新工艺的基础；新催化材料与新反应工程的组合往往带来集成创新。

　　下面将通过分子筛裂化催化剂、异丁烷/丁烯烷基化、喷气燃料脱硫醇、氢-铝交联累托石层柱分子筛四个案例，来阐明原始创新构思的形成过程，说明创新来自联想，联想源于博学广识和集体智慧。

16.2.1　分子筛裂化催化剂[3]

　　分子筛裂化催化剂新构思的形成是从文献启发和研究人员集体讨论中形成

的。分子筛裂化催化剂发明人之一 Plank 曾在《美国多相催化历史选编》(*Heterogeneous Catalysis：Selected American Histories*)一书中介绍了他在美孚研究与工程公司工作时发明分子筛裂化催化剂的经过。当 Plank 开始从事催化裂化催化剂研究时，催化裂化催化剂已由天然白土催化剂发展到人工合成的硅铝裂化催化剂。当时，他们催化裂化催化剂科研工作的目的就是要改进硅铝裂化催化剂。如果能通过这种改进来降低催化剂裂化的气体和焦炭产率，使汽油产率提高1%，那么，每年就可以为美孚石油公司增加利润 100 万美元。所以，研究目标就是要通过提高催化裂化催化剂的选择性来减少气体和焦炭，以增产汽油。一天，Plank 阅读了 Blanding 在 1953 年发表的一篇论文。Blanding 研究了白土催化剂和硅铝催化剂在 454℃ 下的瞬时裂化活性（反应速率常数）与反应时间的关系。反应 0.01s 时的活性为反应 20min 后活性的 750 倍。这种活性下降是催化剂上积炭造成的，裂化反应开始时催化剂的活性高、积炭快，到反应终了时催化剂活性低、积炭慢。虽然 Plank 对这些现象早已知道，但是缺乏数量上的概念。对比了硅铝裂化催化剂与白土催化剂活性下降的情况后，认识到它们的初始活性基本相等，但是积炭达到平衡后，硅铝裂化催化剂的活性约为白土催化剂活性的两倍，这也说明尚有可能找到比硅铝更好的催化剂。Blanding 的数据给予他的启发是：应该寻找一种比现有硅铝催化剂积炭更少的催化剂，使催化剂的活性维持在一个更高的水平。1956 年下半年，Plank 与 Rosinski 讨论，他们一致认为，理想的催化剂应是孔径要比裂化原料分子稍大的中孔催化剂，孔中存在活性中心。之后他们受 Dickey 和 Pauling 发表的分子模板概念制备吸附剂的启发，用上述概念制备了分子筛和硅铝凝胶，发现分子筛具有更好的裂化活性和稳定性，最终促成了分子筛裂化催化剂的发明。

16.2.2 异丁烷/丁烯烷基化[4]

低碳烃的烷基化是从异常实验现象中偶然发现的。基于烷基化在历史上的重大意义，《催化展望》中的《不列颠之战：催化剂代表胜利》一文有如下生动的介绍："在 1940 年间英伦战役中所用的辛烷值 87 的燃料，能使英国飞机爆发加速能力提高 50%，用同样的飞机，采用了这种新的燃料，英国飞行员能够飞得更高，从而更机动地战胜敌人。"

1930 年，Pines 在美国环球油品公司（UOP 公司）分析化验室从事日常控制分析工作，负责测定热裂化过程所产汽油的不饱和烃含量。当时他使用的分析方法是磺化法：先将汽油样品与定量的 96% H_2SO_4 加入带有活塞的刻度量瓶，再把量瓶浸入冰水中，然后振荡。振荡一段时间后，从量瓶上读出油层减少的体积，此即与硫酸反应的烯烃量。

一日，他把量瓶长时间放置在冰水中，发现油层增加。当时他认为这是原来与硫酸反应的烯烃或者原来溶解于硫酸中的烯烃分离出来的缘故。为了证实上述解释，他又将量瓶振荡了一段时间，并未发现油层体积变化。根据这一观察结果，他认为在硫酸层中必定有更深入的烃类分子重排（deep-seated rearrangement）发生，于是认为多年来采用的这种分析热裂化汽油中烯烃含量的方法有误差，并向领导作了汇报，但是他的这一看法未被领导接受。

1930 年 9 月，Ipatieff 到 UOP 公司工作，Pines 向他报告了自己的发现，得到支持。Ipatieff 决定用纯烯烃和含有烯烃和烷烃的混合物对此进行系统研究。

他们首先用纯烯烃与 96% H₂SO₄ 进行实验，发现硫酸能引起烯烃歧化反应。从烯烃歧化反应的发现认识到烯烃可以生成烷烃，于是他们又设想在强酸存在下，烷烃可能也是不稳定的，逆反应也可能发生。他们进而设想在强酸存在下，烯烃还可能与烷烃反应，于是在搅拌情况下，将乙烯和盐酸通入到戊烷和三氯化铝中，结果发现乙烯被吸收，产物是烷烃。当时十分幸运，碰巧第一次实验所用戊烷是正戊烷与异戊烷的混合物。后来的实验才发现，只有异构烷烃才与烯烃反应，而正构烷烃不反应。上述比较系统的研究，使他们发现了异构烷烃与正构烯烃之间的烷基化反应。

在烷基化发现后，以此为基础，硫酸法和氢氟酸法异丁烷-正丁烯烷基化制高辛烷值汽油组分的新工艺被开发出来，成为炼油工业中提高汽油辛烷值的一种重要工艺。

16.2.3　喷气燃料脱硫醇

直馏喷气燃料馏分的主要质量问题是硫醇含量超标，特别是加工高含硫的中东原油，直馏喷气燃料中的硫醇含量更高。硫醇是喷气燃料中的有害杂质，油品中的少量硫醇会使油品发出臭味，它对飞机发动机材料有腐蚀作用，并且影响喷气燃料的热安定性。喷气燃料脱硫醇的工艺主要是催化氧化脱硫醇法，把磺化酞菁钴催化剂分散于苛性碱液中，与喷气燃料接触，通入空气，将硫醇氧化为烷基二硫化物，溶于喷气燃料中达到脱硫醇的目的，然后通过水洗、脱色等工序生产出合格的喷气燃料。同时也产生废碱、废渣排放，污染环境。后来，国外为了不排放液碱，减少对环境污染，开发了无苛性碱氧化工艺。以氨代替苛性碱，以负载磺化酞菁钴的活性炭为催化剂，反应在常温常压下进行。为了维持催化剂的活性，要连续注入活化剂、氨和少量水，最后仍要经过水洗、矿盐和白土过滤。

1996 年，跟踪国外这一新进展，石油化工科学研究院承担了开发喷气燃料无苛性碱脱硫醇新工艺的任务，要求当年完成中试。虽然将磺化酞菁钴负载于 Hydrotalcite-Derived 固体碱上的具有优良初活性的双功能催化剂研发成功，但长期运转，催化剂只有 800h 即失活。形势十分被动，眼看年底不能完成任务。

对于喷气燃料的加氢精制，石油化工科学研究院早已开发有工业化的工艺，其目的是加氢脱硫、脱氮及使部分芳烃饱和，以改善喷气燃料的燃烧性能。石油化工科学研究院采用 W-Ni 催化剂，开发了加氢精制工艺。在加氢过程中，脱除了喷气燃料中的硫醇（RSH）、硫醚（RSR）、二硫化物、噻吩系、硫芴等化合物。一天灵感突现，根据硫醇是在所有这些硫化物中最容易脱除的，应该可以采取十分缓和的加氢条件脱除。于是组织开展开拓性探索实验，筛选出合适的催化剂，优化了工艺[5,6]。新工艺获得成功，摆脱了困境。表 16.1 列出了喷气燃料临氢脱硫醇新工艺与喷气燃料加氢精制工艺条件的对比，充分说明新工艺大大降低了压力、温度和氢/油体积比。

表 16.1　临氢脱硫醇与加氢精制工艺条件对比

工艺	临氢脱硫醇	加氢精制
压力/MPa	0.7	3.6
温度/℃	240	321
氢/油体积比	40	500
体积空速	4.0	1.55
WO_3＋NiO 含量/%	≥10	≥25

喷气燃料临氢脱硫醇技术不仅工艺条件缓和、对原料油有较好的适应性、投资及操作费用低，而且环境友好，是绿色技术。目前已建成 12 套 30 万～100 万 t/a 的工业装置，总加工能力 600 万 t/a。

16.2.4　氢-铝交联累托石层柱分子筛

1980 年国际催化会议上，层柱分子筛被认为具有开放的孔结构，是最有发展前景的渣油裂化催化新材料。

跟踪这一报道，我们试制了氢-铝-蒙脱土（H-Al-C），发现它具有优异的渣油裂化性能，但水热稳定性不好。研究其水热稳定性不好的原因后，认识到要提高水热稳定性，必须找到具有下列性质的原土：①层结构必须十分稳定，同时又能膨胀；②四面体层中应有较多的 Al^{3+} 取代 Si^{4+}。于是就四处寻找这种材料。铝交联累托石和铝交联蒙脱土的结构示意图如图 16.3 所示。

根据上述原则，研究院题目组长东奔西走，多次去中国科学院以及地质部的科研单位咨询。后来她在江西南昌参加了一次黏土矿物讨论会，在会议上报道了当时在广西中越边境军事管制区发现了一种累托石矿，她发现这正是我们要找的黏土矿石，于是不怕危险，赶去边界，自己找矿，带回样品来做实验。制备出铝交联累托石，经过水热处理的铝-交联累托石的活性高于 REY 裂化催化剂，这说明铝交联累托石的水热稳定性比 REY 裂化催化剂还好[7]。这项成果申请了中

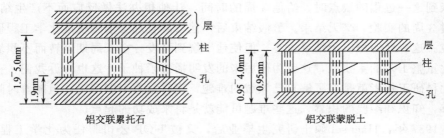

图 16.3　铝交联累托石和铝交联蒙脱土

国发明专利，也申请并获得了欧洲专利和美国专利。这是我国石油化工领域首次在国外申请的专利。1988 年 2 月的《今日催化》（*Catalysis Today*）中的一篇名为"层柱黏土——历史回顾"的综述对这一进展给予了高度评价，认为中国申请的双层累托石欧洲专利，使层柱分子筛用于渣油裂化催化剂有了前景。从上述四个案例可以看出原始创新构思的形成：有的来自文献的启发，有的来自实验中的意外发现，有的来自已有科学知识的新应用，有的来自参加其他行业会议得到的信息。在石油化工科技的发明中，还有其他多种渠道。西谚云"条条道路通罗马"，这里可谓"条条道路通创新"。

16.3　验证新构思，实现工业化的道路曲折、崎岖

新构思的产生已非易事，验证新构思，将之工业应用的道路就更加艰难。下面各举一个国内外的实例加以说明。

16.3.1　铂重整工艺的发明[8]

催化重整是炼油厂提高汽油辛烷值和生产芳烃的骨干工艺，同时还副产氢气，目前在炼油工业中普遍采用。铂重整发明中的原始创新是把催化重整的科学知识基础由原来临氢钼重整的 MoO_3 催化剂和加压流化床循环再生反应器转化为 Pt/Al_2O_3 催化剂和固定床反应器，形成被 UOP 公司命名为铂重整（platforming）的工艺。Pt/Al_2O_3 催化剂的活性比 MoO_3/Al_2O_3 催化剂高十多倍，而且催化剂的选择性好，液体产品收率高，稳定性好，运转周期长，大大地简化了流程，降低了生产成本。

Haensel 第一次介入催化重整是在 1935 年夏天。那时他刚从西北大学毕业，在 UOP 公司催化实验室做暑假临时工。当时催化重整使用的是 Cr_2O_3/Al_2O_3 催化剂，这是一种刚出现的烷烃脱氢环化催化剂。在常压、不临氢的条件下运转，催化剂很快结焦，需要经常再生。某日，UOP 公司研究室主任来到实验室，与

他谈到这一过程的缺点时，给他 3 周的时间，让他想办法做反应而不产生结焦。经过 3 周的实验，毫无结果。暑假结束后，他去麻省理工学院攻读化学工程硕士学位。这一经历虽以无结果告终，但使他了解到开发一个长周期运转而不积炭的催化重整工艺的重要性，这就为他后来的发明播下了种子。这也告诉我们，一个催化科研工作者就是要了解自己领域的难题，当时虽然不能解决，但随着时间的推移，知识和经验的积累，这些难题可能就是将来成功的起点。

1937 年，Haensel 硕士研究生毕业后，又被 UOP 公司聘任为化学工程师。几年后，他开始研究精制脱硫后煤油的加氢裂化。在对加氢裂化汽油中的环烷烃含量进行分析时，需将样品在很低空速下，通过一个铂/活性炭催化剂，使六元环烷烃脱氢转化为芳烃，然后用硫酸处理样品以除去芳烃，从而测得六元环烷烃含量。再通过测定剩余样品的折光指数来确定馏分中五元环的烷烃含量。

由于催化重整中最重要的反应是环烷烃脱氢反应，这一分析方法使他受到启发，产生了利用铂催化剂去催化重整的想法，于是用铂催化剂来处理脱硫的汽油。他采用各种载体试制铂催化剂，然后进行实验。正如预期的那样，这些催化剂可将部分环烷烃转化成芳烃，但是汽油辛烷值的提高却不明显。于是他提高温度，结果催化剂完全失活。为了防止催化剂失活，后来在中等压力下同时通入氢气，结果虽不特别惊人，但是催化剂在这一苛刻条件下却不失活。于是，继续提高温度，果然得到较高的转化率。此时实验一直采用脱硫的直馏汽油作原料，结果令人十分惊奇，催化剂甚至可以连续运转，并且保持了较高的转化率。此时采用的实验条件是：反应温度为 450°C，反应压力为 3.45MPa，氢/油摩尔比为 5。这一反应温度比铂催化剂常用的温度高出了 200°C。这时他已取得了先前用 MoO_3/Al_2O_3 作催化剂一样的效果，而且催化剂上只有少量的焦炭生成。当时使用的是 3％的铂载于二氧化硅上的催化剂，相当昂贵。同时还发现，铂载于硅铝载体上的催化剂虽然对提高辛烷值更好，但不能很好地控制加氢裂化。所以又改用具有中等酸性的氧化铝作载体，结果相当好，特别是能够连续操作数日而没有较多地丧失活性。这时，他想出了各种方案，把铂载到氧化铝上，并且努力去降低铂含量。同时他得到了一个十分肯定的结论：用硝酸铝制备的氧化铝不如用三氯化铝为原料制备的好。这曾是一个十分费解的问题，直到他观察到将三氯化铝与氨水沉淀的氢氧化铝滤饼少洗几次还能制备出性能更好的催化剂时才解开了这个谜，这是由于氧化铝中残存的 Cl^- 引起的。后来他发现，在装置出口的气体中有微量的酸性物质，这来源于胶体中的氯。他设想，如果胶体中的氯是活泼的，而且会损失的话，那么氟就更活泼，更稳定。由第一个氧化铝中含氟的铂催化剂所得到的产品的辛烷值是在以往他所得到的产品中辛烷值最高的一种。

自此以后，这项研究受到了 UOP 公司的高度重视。在一年中，该公司约有 100 人从事这项研究，首先致力于催化剂的研究与开发。1949 年，UOP 公司宣布开发成功了铂重整过程。

16.3.2　非晶态合金的研发[9]

　　非晶态合金作为磁性材料早已广泛应用在电子工业等行业中。其表面缺陷多，形成的催化活性中心数目多，表面原子配位不饱和度高、催化活性高。所有金属和类金属均可以形成非晶态合金，组成变化范围大。1985 年，我们决定选择非晶态合金作为一个新催化材料开展研究。

　　我们先是开展用急冷法制备 Ni-P 非晶态合金的研究。除研究镍磷非晶态合金的制备和加氢性能外，还采用程序升温还原反应（TPR）、X 射线光电子能谱（XPS）、俄歇电子能谱研究了催化剂表面活性中心的性质，此外，还研究了氢的吸附态及其与乙烯的反应宏观动力学。

　　这一阶段取得的重要的创新性成果证实非晶态 Ni-P 的苯乙烯加氢活性（160℃）高于晶态 Ni-P 合金；说明非晶态合金作为新催化材料具有发展前景。后又认识到 Ni-P 非晶态合金的催化活性与预处理条件有关，要经过酸洗、氧化、氢还原等预处理过程后，才表现出优良的加氢活性，表面氧化的 Ni 和 P 在催化反应中起重要作用；发现 Ni-P 非晶态合金中加入稀土元素 Y 能稳定催化剂表面氧化态的作用，表面 Ni-P-O 还原的温度由 Ni-P 的 480℃ 提高到 Ni-P-Y 的510℃。这对 Ni-P 非晶态合金的稳定性有重要启示。

　　但是 Ni-P 非晶态合金只有小于 $1m^2/g$ 的比表面积，必须提高比表面积，扩大孔体积，制成非晶态的多孔、骨架镍合金。

　　之后又开始试制 Ni-Al 体系合金，遇到的困难是这一类合金熔点高，是一个黏稠、易氧化的体系。于是与东北大学材料系合作，首先开发了适于这种 Ni-Al 体系的急冷法关键设备，如坩埚、喷嘴、铜辊等，制备出非晶态 Ni-Al 合金。采用化学法抽铝，形成非晶态骨架镍合金。此外，还加入稀土混合物以提高非晶态合金的热稳定性，通过预处理来提高非晶度。试验结果令人振奋，其物化性能与甲苯加氢活性明显高于常规使用的雷尼镍催化剂。后来又利用抽铝产生的废液来合成 Y 型分子筛，使整个生产过程绿色化。

　　此时，非晶态合金催化剂的研制已经过去十年，非晶态合金催化剂已经完成基础研究和试制，需要进行工业试生产。当时巴陵石化鹰山石油化工厂使用的雷尼镍催化剂是从国外进口的，价格昂贵，非晶态合金催化剂的工业应用得到了鹰山石油化工厂的大力支持。首次试用时，由于催化剂竟然从反应器里漏掉，反应没有活性，第二次试用才成功了。可是一周后，催化剂就失活了。后来查明原因，是进料的己内酰胺中杂质增多引起的。历经挫折后，证明非晶态合金代替原有雷尼镍后，优质产品率提高了，产生了更大的经济效益。

16.4　《西游记》主题歌的启示——团队精神的重要性

创新的历程通常都是艰难、坎坷的。因此我非常推崇《西游记》主题歌中所表现出的精神。

《西游记》的主题歌是："你挑着担，我牵着马，迎来日出送走晚霞。踏平坎坷成大道，斗罢艰险又出发，又出发。你挑着担，我牵着马，翻山涉水两肩霜花。风云雷电任叱咤，一路豪歌向天涯，向天涯。啦……啦……一番番春秋冬夏，一场场酸甜苦辣。敢问路在何方，路在脚下。"

这里面有两种精神，一是"你挑着担，我牵着马"的各尽所能的团队精神；二是"迎来日出送走晚霞。踏平坎坷成大道，斗罢艰险又出发，又出发"、"翻山涉水两肩霜花，风云雷电任叱咤"和"一番番春秋冬夏，一场场酸甜苦辣"的坚持到底的精神。这是我们走自主创新之路，攀登科技高峰不可缺少的。

在我们的开发案例中，"非晶态合金催化剂和磁稳定床反应工艺的创新与集成"历时二十年，"己内酰胺成套技术开发"也历时十几年。在这些项目的研发过程中，都遇到过人员组织、条件等困难，还有技术上的失败和挫折。因此我写了一首打油诗回味这二十年来的酸甜酸苦辣：

市场需求，好奇推动，苦苦思索，趣味无穷。

灵感突现，豁然开朗，发现创新，十分快乐。

高兴之余，烦恼又起，或为人员，或为条件。

有实验挫折，更有竞争对手的抗阻，好似吃"麻辣烫"，又辣又爱，坚持下去，终获成果。

在当今重视创新、尊重知识、尊重人才的时代里，我国科技人员有信心、有决心、有能力去走科技自主创新之路，同时我国也有走自主创新的独特途径和优势。在自主创新过程中，我国科研人员一定要各尽所能、发挥优势、团结协作、克服失败挫折、坚持到底，这样才能取得自主创新的新胜利。

参 考 文 献

[1] 闵恩泽. 石油化工——从案例探寻自主创新之路. 北京：化学工业出版社，2008.

[2] Foster R. Innovation：The Attacker's Advantage. New York：Summit Books，1986.

[3] Plank C J. The invention of zeolite cracking catalysts：A personal viewpoint//Davis B H, Hettinger W P Jr, Eds. Heterogeneous Catalysis：Selected American Histories, ACS Symposium Series 222. Washington DC：American Chemical Society，1983：253-271.

[4] Haensel V. The development of the platforming process—some personal and catalytic recollections//Davis B H, Hettinger W P Jr, Ed. Heterogeneous Catalysis：Selected American Histories, ACS Symposium Series 222. Washington DC：American Chemical Society，1983：141.

[5] 夏国富，朱玫，聂红，等. 喷气燃料临氢脱硫醇 RHSS 技术的开发. 石油炼制与化工，2001，32（1）：12-15.

[6] 杨克勇，庞桂赐，李燕秋，等. 喷气燃料低压临氢脱硫醇工艺的评价. 石油炼制与化工，2000，32（12）：28-32.

[7] Guan Jingjie, Min Enze, Yuzhiqing Class of pillared inter layered clay molecular sieve products with regularly interstratified mineral structure. US, 4757040A. 1988-07-12.

[8] Davis B H, Hettinger W P Jr. Heterogeneous Catalysis: Selected American Histories, ACS Symposium Series 222. Washington DC: American Chemical Society, 1983: 141.

[9] 谢文华，宗保宁. 磁性催化剂与磁稳定床反应器. 化学进展，2009，21（11）：2474-2482.

17　超重力反应过程强化原理与工业应用

17.1　超重力技术概念与发展历史

17.1.1　超重力技术的基本概念

所谓超重力指的是在比地球重力加速度（9.8m/s²）大得多的环境下物质所受到的力。研究超重力环境下的物理和化学变化过程的科学称为超重力科学，利用超重力科学原理而创制的应用技术称为超重力技术。在比地球重力场大数百倍至千倍的超重力环境下，不同物料在多孔介质或孔道中流动接触，强大的剪切力将液相物料撕裂成微米级甚至纳米级的膜、丝和滴，产生巨大的和快速更新的相界面，使相间传质速率比在传统的塔器中提高1～3个数量级，微观分子混合和传质过程得到高度强化。同时，气体的线速度也可以大幅度提高，这使单位设备体积的生产效率提高1～2个数量级，设备体积大幅缩小。因此，超重力技术被认为是强化传递分离和多相反应过程的一项突破性技术。

在地球上，实现超重力环境的简便方法是通过旋转产生离心力而模拟实现。这样特殊设计的旋转设备被称为超重力装备或超重力机，又称为旋转填充床（rotating packed bed，RPB）或 Higee（High 和 "g" 的组合）。

当超重力机用于气-液多相过程时，气相为连续相的气-液逆流接触的超重力机的基本结构如图 17.1 所示。它主要由转子、液体分布器和外壳组成。机器的核心部分为转子，主要作用是固定和带动填料旋转，以实现良好的气-液接触。超重力机的工作原理如下：

气相经气体进口管引入超重力机外腔，在气体压力的作用下由转子外缘处进入填料。液体由液体进口管引入转子内腔，在转子内填料的作用下，周向速度增加，所产生的离心力将其推向转子外缘。在此过程中，液体被填料分散、破碎形成极大的、不断更新的微元，曲折的流道进一步加剧了界面的更新。液体在高分散、高湍动、

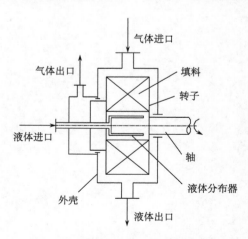

图 17.1　逆流旋转填充床结构示意图

强混合以及界面急速更新的情况下与气体以极大的相对速度逆向接触，极大地强化了传质过程。而后，液体被转子甩到外壳汇集后经液体出口管离开超重力机，气体自转子中心离开转子，由气体出口管引出，完成整个传质和（或）反应过程。

旋转填充床所处理的物料可以是气-液、液-液两相，或气-液-固三相；气-液可以并流、逆流或错流。无论采用何种形式，超重力机总是以气-液、液-液两相或气-液-固三相在模拟的超重力环境中进行传递、混合与反应为其主要特征。

超重力机具有如下特点：设备尺寸与质量大幅缩小；分子混合与传递过程高度强化；物料在设备内的停留时间极短（100ms～1s）；易于操作、开停车、维护与检修方便等。基于以上特点，超重力技术可应用于以下工业过程：热敏性物料的处理、昂贵物料或有毒物料的处理、选择性吸收分离、高质量纳米材料的生产、快速反应过程、聚合物脱除单体等挥发物等。

17.1.2　超重力技术的发展历史

1979 年英国帝国化学公司（ICI）Colin Ramshaw 博士等率先提出在旋转设备的转子内填充玻璃珠或丝网等高比表面积填料，以促进传质的设想，并公开了超重力机方面的第一个专利[2-7]。这些专利激起了学术界和工业界对超重力技术的浓厚兴趣，相关基础研究和应用研究随之展开。基础方面的研究主要包括超重力机内的传质、传热、流体分布和持液量、停留时间、液泛、压降、功耗、内构件等，应用方面的研究则集中在分离方面。

至 20 世纪 80 年代末，ICI 公司广泛进行了超重力吸收、解吸、精馏的研究，并报道了工业规模的超重力机平行于传统板式塔进行乙醇与异丙醇分离和苯与环己烷分离工作，成功运转数千小时的情况，肯定了这一新技术的工程与工艺可行性[8]。超重力机的传质单元高度仅为 1～3cm，较传统填料塔的 1～2m 下降了两个数量级，从而显著降低了投资和能耗，显示出重大的经济价值和巨大的工业应用潜力。

20 世纪 90 年代，超重力技术的研究逐步从实验室迈向工业应用。1994 年北京化工大学突破超重力技术囿于分离领域的局限性，原创性地提出了超重力强化分子混合与反应结晶过程的新思想与新技术，并公开了相关专利[9-11]。1997 年建立了超重力反应结晶法合成纳米颗粒材料的中试线；1998 年在国际上率先将超重力水脱氧技术实现了商业化应用，将海水处理能力为 250t/h 的超重力机成功应用于胜利油田埕岛二号海上平台；1999 年美国 Dow 化学公司在与北京化工大学的技术合作下，将超重力技术应用于次氯酸的工业生产过程，使吸收、反应和分离等多个单元操作耦合在超重力机中进行，次氯酸产率提高 10% 以上，氯气循环量降低 50%，设备体积缩小 70% 以上，取得了显著的强化效果。

进入 21 世纪以来，超重力技术的应用领域进一步拓展。北京化工大学发展建立了 4 条超重力法制备纳米碳酸钙的工业生产线，产能达 2.6 万吨/年，并将超重力技术应用于宁波万华聚氨酯有限公司二苯甲烷二异氰酸酯（MDI）的生产过程，使其产能从 16 万吨/年提高到 30 万吨/年。超重力技术还被用于纳米药物、纳米分散体、丁基橡胶和石油磺酸盐等产品的制备，以及油溶性维生素的乳化、聚合物脱挥等工业过程。它已发展成为一种能显著强化分子混合和传质过程的新一代反应与分离工业性技术，展现出广阔的工业应用前景。

17.2　超重力环境下的流体流动

17.2.1　超重力环境下流体流动形态及分布

对液体在超重力机填料中的流动状态的了解是建立超重力环境下传递和混合理论的物理基础。利用摄像机或高速频闪照相实验技术可直接观察超重力机中液体的流动过程和流动状态。

郭锴[12]、Burns 等[13]和张军[14]对超重力机中液体流动进行了观察，发现在低转速下（300～600r/min，15～60g），液体在填料中以填料表面上的液膜和覆盖填料孔隙的液膜两种状态存在（图 17.2），而在高转速下（800～1000r/min，>100g）由于液体在填料中的运动速度加快、液体的湍动加剧，因此填料中的液体主要是以填料表面上的膜与孔隙中的液滴两种形式流动（图 17.3）。另外，在实验范围内没有观察到气体加入对液体流动形态有明显的影响。

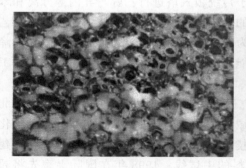　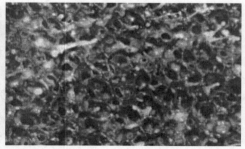

图 17.2　低转速时的液体流动形态　　　　图 17.3　高转速时的液体流动形态

Burns 等[13]用高速频闪照相的方法对液体在填料中的分布问题进行的研究表明，液体在填料中的分布很不均匀，液体以放射状螺旋线沿填料的径向流动，向周向的分散很小（图 17.4）。

当使用液体分布器将液体引入填料，并将填料内圈一些部分用挡板挡住，使液体不能从此部分进入填料时，结果发现，从这部分开始的扇面的填料是干的，说明液体基本上沿径向运动，而周向分散很小（图17.5）。从这一结果可看出，液体最初的分布好坏对整个填料层的液体分布质量的影响至关重要。

图17.4　液体在填料中的不均匀分布

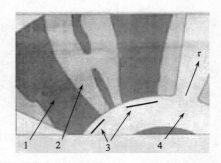

图17.5　液体在填料中的不均匀流动分析
1. 干填料；2. 湿填料；3. 金属衬垫；
4. 有机玻璃支架

17.2.2　超重力环境下流体力学特性

1. 液体流动模型[12,14,15]

由于旋转造成高的剪切力，使液体在填料上的膜很薄，仅有几十微米或更小，所以雷诺数 Re 很低（小于30），故液体在填料上的流动可按层流处理。虽然超重力机内局部位置上填料丝的位向随机性很强，但其上的液体流动均可简化看作呈膜状沿填料的轴向与周向流动的合成。基于以上分析可建立液体在填料内流动的物理模型和数学模型。

液体流动物理模型的假设如下：

（1）填料内的液体分为填料丝上的液膜和空间的液滴两部分；

（2）填料上的液膜流动分为沿填料丝轴向的降膜与沿周向的绕流两种；

（3）填料上的液膜流动为层流；

（4）液滴通过下层填料丝时即被捕获重新形成新的液滴。

利用简化的 Navier-Stokes 方程，可得到液体轴向降膜与周向绕流流动（图17.6）的速度方程分别为

$$u_z = \frac{1}{\nu}\omega^2 R_i \left[\frac{1}{4}\left(r_0^2 - r^2\right) + \frac{1}{2}\left(r_0 + \delta\right)^2 \ln\left(\frac{r}{r_0}\right) \right] \qquad (17.1)$$

$$u_\theta = \frac{1}{3\nu}R_i\omega^2 \sin\theta \left(\frac{r_0^3 + 2r_1^3}{r_0^2 + r_1^2}r + r_0^2 r_1^2 \frac{r_0 - 2r_1}{r_0^2 + r_1^2} \cdot \frac{1}{r} - r^2 \right) \qquad (17.2)$$

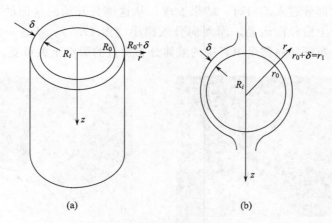

图 17.6　液体轴向降膜与周向绕流流动的示意图

式中，u_z 为液体在填料丝上的轴向流速；R_i 为第 i 层填料半径；u_θ 为液体在填料丝上的周向流速；ν 为运动黏度；ω 为角速度。

2. 液膜厚度

Munjal、竺洁松等[16,17] 基于对旋转圆盘和叶片上的液膜厚度进行分析研究来估计填料上的液膜厚度，得到

$$\delta = \left[\frac{3\nu Q_w}{R\omega^2} \right]^{\frac{1}{3}} \tag{17.3}$$

式中，Q_w 为单位宽度表面上的液体流量；ν 为动力黏度；R 为转子半径；ω 为角速度。

估算得到的液膜厚度为 8×10^{-5} m（600r/min）和 5×10^{-5} m（1200r/min）。

郭奋等[15] 结合式（17.1）、式（17.2）和郭锴[12] 的实验观测结果，得到液膜厚度的表达式为

$$\delta = 4.20 \times 10^8 \frac{\nu L}{a_f \omega^2 R} \tag{17.4}$$

式中，ν 为动力黏度；R 为转子半径；ω 为角速度。

利用上式可计算丝网填料上的平均液膜厚度。

3. 液滴直径

床层半径 R 处填料丝网空隙中的最大液滴直径可由液滴的受力分析得出（图 17.7）。

对于丝网上的液体，离心力是主要的支配力量，故忽略重力及气体曳力的影响，因此液滴主要受两个力作用，一个是离心力：

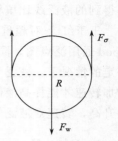

$$F_w = \frac{1}{6}\pi d_{mi}^3 R\omega^2\rho \qquad (17.5)$$

式中，d_{mi} 为最大液滴直径；R 为液滴所在位置的床层半径；ω 为角速度；ρ 为液体密度。

另一个是表面张力：

图 17.7　液滴的受力分析

$$F_\sigma = \sigma\pi d_{mi} \qquad (17.6)$$

式中，σ 为表面张力；d_{mi} 为最大液滴直径。

能够维持不被离心力撕碎的最大液滴直径由上述两个力平衡决定，即

$$F_w = F_\sigma$$

$$\frac{1}{6}\pi d_{mi}^3 R\omega^2\rho = \sigma\pi d_{mi}^3$$

$$d_{mi} = \sqrt{6}\left(\frac{\sigma}{\omega^2 R\rho}\right)^{\frac{1}{2}} \qquad (17.7)$$

式中，R 为液滴所在位置的床层半径；ω 为角速度；ρ 为液体密度；σ 为表面张力。

则液滴的平均直径可表述为：

$$d_i = B\left(\frac{\sigma}{\omega^2 R\rho}\right)^{\frac{1}{2}} \qquad (17.8)$$

式中，R 为液滴所在位置的床层半径；ω 为角速度；ρ 为液体密度；σ 为表面张力；B 为常数，可由照相分析结果得出。

4. 持液量

Basic 等[18]用电导的方法对填料层的持液量进行了研究。通过建立简化的物理模型得到了计算径向平均持液量的数学模型。郭锴[12]也用电导的方法对床层中的持液量进行了研究，结果表明持液量随液量的增加而增大，随转速的升高而减小。

5. 液泛

Munjal 等[16]认为，超重力机中出现液泛的标志是在转子的中心出现雾状液滴，大量液体从气体出口管喷出，气体压降急剧增加。

朱慧铭[19]认为当压降开始有较大幅度的波动和液体出现脉冲夹带时超重力机产生液泛。根据实验结果，以填料层内径处的两相流速和离心加速度为基准计

算得到的液泛线比填料塔中的整砌拉西环的液泛线高 40％左右。

王玉红[20]对超重力机中的液泛特性进行了研究，得到了超重力机中 Sherwood 通用泛点图。同时，还研究了泛点气量与转速的关系。结果表明：在转速一定的情况下，液泛气速随液量的增加而减小；在气体流量一定的情况下，必须增加转速才能提高液体处理能力；在液体流量一定的情况下，液泛气速随转速线性升高，转速对液泛气速的影响相当明显。

6. 气相压降

气体通过设备的压降是衡量设备性能的最主要指标之一。

Kumar 等[21]以空气-水为系统，对以金属丝网为填料的超重力设备的压降进行了实验和模型化研究，认为压降分为三个部分，

$$\Delta P = \Delta P_c + \Delta P_f + \Delta P_k \tag{17.9}$$

分别是由离心力产生的 ΔP_c，由摩擦力产生的 ΔP_f 和气相速度改变引起的 ΔP_k。其中，

$$\Delta P_c = \frac{1}{2}\rho_g(K_s\omega)^2(R_2^2 - R_1^2) \tag{17.10}$$

$$\Delta P_f = \frac{1}{2}(K_a f)^2 R_2^2 \frac{G^2 a_p(1-\varepsilon)}{\rho_g\varepsilon^3}\Delta I \tag{17.11}$$

$$\Delta I = I(R_2 - R_1) \tag{17.12}$$

$$I(R) = 3C^{-\frac{3}{2}}\left\{\frac{1}{16}\ln\left[\frac{r^{\frac{1}{3}} + C^{\frac{1}{2}}}{r^{\frac{1}{3}} - C^{\frac{1}{2}}}\right] - \frac{1}{8}C^{\frac{1}{2}}r^{\frac{1}{3}}\frac{r^{\frac{2}{3}} + C}{(r^{\frac{1}{3}} - C)^2}\right\} \tag{17.13}$$

$$C = \frac{n}{\varepsilon H}\left[\frac{3\mu_l L}{2\pi\rho_l^2\omega^2 n}\right]^{\frac{1}{3}} \tag{17.14}$$

气相速度改变引起的 ΔP_k 可忽略。

李振虎等[22]对将旋转床的压降分段进行了实验和模型化研究。结果表明：进口段压降和外腔压降只与气量有关，填料层压降随气速和气量的增大而增大，当液体加入时先逐渐减小后有所增加，但变化不大。内腔压降随气量和转速的变化不大，出口段压降随气量的增大而增大，随转速的增大而减小，液体加入时迅速增大。

与传统的填料塔相比，旋转床的流体流动更复杂，目前还没有比较通用的计算压降的关系式。一般情况下设备的整体压降不高于传质效果与之相当的填料塔或筛板塔。

17.3 超重力环境下的传递规律及模型化

超重力设备依靠旋转产生的离心力和剪切力使得液体在多孔介质中高度分散，大大提高了两相间的接触面积和湍动强度及两相间的相对运动速度，从而达到加快相间传质的目的。对于超重力设备传质特性的研究，早期的研究者，如 Keyvany 等[23]，Kumar 等[21]对旋转床内 CO_2-H_2O 体系的液相总体积传质系数进行了研究。由于当时缺少有关液膜厚度和液滴直径等液体在填料上流动的基础数据，所以只能将 α 和 k_L 一起处理，求出床层的平均液相体积传质系数 K_{La}。随着研究工作的逐渐深入，研究者对 α 和 k_L 分开进行了研究。

17.3.1 相界面积

在超重力环境作用下，液体被旋转的填料高度分散，在填料表面形成液膜和空隙中的液滴，使相界面积增加。Tung 等[24]借助填料塔中有效传质比表面计算的两个公式对超重力旋转床内的 α_e/α_t 进行了计算。针对铜网填料和玻璃珠填料，得到 α_e/α_t 范围在 $0.23\sim0.38$ 之间。

$$\frac{\alpha_e}{\alpha_t} = 1 - \exp\left[-1.45\left(\frac{\sigma_c}{\sigma}\right)Re^{0.1}Fr^{-0.05}We^{0.2}\right] \tag{17.15}$$

$$\frac{\alpha_e}{\alpha_t} = 1.05Re^{0.047}We^{0.135}\left(\frac{\sigma}{\sigma_c}\right)^{-0.206} \tag{17.16}$$

Munjal 等[16,25]通过化学方法对玻璃珠填料和商业填料的有效传质比表面进行了测量，得到的结果为

$$\alpha \propto \omega^{0.28\sim0.42}, \ \alpha \propto Q^{0.26\sim0.30} \tag{17.17}$$

陈海辉等[26,27]用化学吸收法测定了碟片旋转填充床的有效相界面积。由试验结果分析，有效相界比表面积 α 随转速 ω 和液流量 Q 的增加呈明显的增长趋势，其关系分别为

$$\alpha \propto \omega^{0.245}, \ \alpha \propto Q^Z \tag{17.18}$$

其中，Z 在 $0.2\sim0.4$ 之间。

17.3.2 传质系数

陈海辉等[26,27]用化学吸收法对离心雾化旋转床的体积传质系数试验表明，旋转床的体积传质系数比传统的填料塔提高一个数量级，k_L 随液体流量增大呈平稳增大趋势，实验测得的 k_L 大小在 8×10^{-4} m/s 左右。

Munjal 等[16,25]研究了旋转圆盘与旋转叶片上的流体流动和传质过程，将旋

转床中的填料简化为旋转圆盘和旋转叶片，并且利用溶质渗透模型推导出重力场下的传质系数方程，推导出了旋转床内传质系数的关系式：

$$k_L = 2.6 \left(\frac{Q_W}{\Delta x} \right) S_c^{-1/2} Re^{-2/3} Gr_{avg}^{1/6} \tag{17.19}$$

其中，

$$Gr = \left(\frac{r+R}{2} \right) \cdot \omega^2 \cdot (r-R)^3 / v^2 \tag{17.20}$$

Tung 等[24]用溶质渗透理论预测了重力场下玻璃珠填料的传质系数，以离心加速度代替重力加速度，得到的结果误差在 25% 以内，他们认为该理论没有阐明离心加速度对传质系数的影响。

郭奋等[28]在旋转床中采用氨法吸收 SO_2 体系对体积传质系数进行了研究，氨法吸收 SO_2 为气相控制传质过程，因此总传质系数可用气相传质分系数计算。利用表面更新模型，得到计算传质系数的公式为

$$k_g = \sqrt{DS} \tag{17.21}$$

式中，k_g 为以压差为推动力的气相传质系数；S 为表面更新率；D 为扩散系数。

假设气体的表面更新率 S 与气速的平方成正比，得到 $k_y a$ 的计算式：

$$k_y a = p k_g a = p u_g \sqrt{K_s D} \tag{17.22}$$

式中，$k_y a$ 为气相体积传质系数；p 为气相总压；K_s 为比例常数；u_g 为空床气速；a 为传质总比表面积。

研究结果表明，旋转床的传质单元高度基本在 $0.025 \sim 0.06 m$ 之间，充分说明了超重力旋转床高效的传质效率。

在可视化研究的基础上，张军[14]和张政等[29]建立了填料空间内飞行液滴、液膜和液线的运动和传质方程，通过求解数理方程，分别得到了以上形式存在的空间液体的传质系数的表达式。

当液体为填料空间飞行的液滴时，随液滴半径 r 和时间 t 变化的传质方程为

$$\frac{\partial c}{\partial t} = \frac{D_{AB}}{r^2} \frac{\partial}{\partial r} \left(r^2 \frac{\partial c}{\partial r} \right) \tag{17.23}$$

边界条件为

$$c = c_e (r = r_i) ; \frac{\partial c}{\partial r} = 0 (r = 0) \tag{17.24}$$

初始条件为

$$c = c_0 (t = 0) \tag{17.25}$$

对于飞行液线和液膜，对流动过程进行相应简化，也分别列出数学物理方程来求解液相传质系数。他们的计算结果表明旋转填料床内的传质过程应综合考虑

填料表面液膜、填料空间液滴和液膜上的传质，并在不同的操作条件和填料几何结构条件下，上述的空间液体的不同存在形式的比例有所不同。

竺洁松[30]在溶质渗透理论的基础上，建立了旋转床中旋转填料空间内的飞行液体的传质模型，他得到的液滴的传质系数的计算公式为

$$k_i = 2\sqrt{\frac{D_{AB}}{\pi\theta_i}} \tag{17.26}$$

式中，k_i 为第 i 层填料内飞行液滴的传质系数；D_{AB} 为液体的分子传质系数；θ_i 为液滴在填料层间飞行的时间。

通过模型计算得到如下结论：①旋转床对气液传质过程进行强化，不仅体现在其快速更新的表面，使得传质系数与重力加速度的某一小于 1 的正数次幂成正比，更主要是体现在高速旋转的填料层对液体的强烈雾化作用上，形成极大的传质比表面；②气液相间的传质，不仅发生于填料表面，更主要地发生于飞溅的微小的液滴表面，在一定操作条件下，填料的比表面积不是旋转床中质量传递的敏感参数；③气液相间的质量传递，既发生于填料层中，且发生于转子与外壳之间的空腔区，在转子填料层中又主要发生于靠近内径处。

许明等[31,32]对超重力旋转床内水脱氧过程进行了传质的模型化研究，分别采用欧拉法和拉格朗日法研究了气相和液相的流动，计算出了液相传质系数。对液相的研究中，假设液体的流动状态为液滴，忽略液滴内部运动，并假设液滴初始浓度均匀，模型方程与张军[14]文献中研究填料空间飞行液滴的模型方程一致，模型结果与实验吻合良好。

然而，前人关于超重力设备传质过程的模型化研究，更多的是采用均匀化的方式，忽略了端效应区的特殊性，为定量研究旋转填料床内沿程液滴尺度变化对传质系数的影响规律。易飞等[33,34]提出了一个变液滴传质模型，模型假设液体在较高的超重力水平下仅以球形液滴的形式存在，且液滴尺寸沿床内呈现规律性变化，结合张军[14]的可视化结果，以本菲尔溶液吸收二氧化碳传质过程为工作体系，对超重力旋转床传质过程进行了模拟研究，模型方程如下：

单个液滴内的质量衡算为

$$\frac{\partial c}{\partial t} = \frac{D_L}{R^2}\frac{\partial}{\partial R}\left(R^2\frac{\partial c}{\partial R}\right) - k_1(c - c_e) \tag{17.27}$$

通过简化，得到常微分方程：

$$\frac{D_L}{R^2}\frac{\mathrm{d}}{\mathrm{d}R}\left(R^2\frac{\mathrm{d}c}{\mathrm{d}R}\right) - k_1(c - c_e) = 0 \tag{17.28}$$

结合边界条件

$$c\left(\frac{d}{2}\right) = c_0; \ \frac{\mathrm{d}c}{\mathrm{d}R}\bigg|_{R=0} = 0 \tag{17.29}$$

求解得到液滴内物质（二氧化碳）浓度：

$$c = (c_0 - c_e) \frac{d}{2R} \frac{\sinh\left[\sqrt{\left(\dfrac{k_1}{D_L}\right)}R\right]}{\sinh\left[\sqrt{\left(\dfrac{k_1}{D_L}\right)}\left(\dfrac{d}{2}\right)\right]} + c_e \tag{17.30}$$

式中，c_0 是气液界面处 CO_2 溶解在液相中的浓度。

计算结果如图 17.8 所示，二氧化碳浓度从界面迅速降低到平衡浓度 c_e，二氧化碳主要在靠近界面的薄层内被消耗掉。

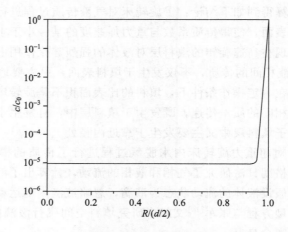

图 17.8　二氧化碳在单个液滴内的浓度变化

又由公式

$$k_L (c_0 - c_e) = D_L \frac{\mathrm{d}c}{\mathrm{d}R}\bigg|_{R=d/2} \tag{17.31}$$

得到 k_L 的表达式：$k_L = D_L\left[\sqrt{\dfrac{k_1}{D_L}} \Big/ \tanh\left(\sqrt{\dfrac{k_1}{D_L}}\dfrac{d}{2}\right) - \dfrac{2}{d}\right] \tag{17.32}$

由于旋转床内关于气相传质分系数的数据缺乏，利用常规填料塔中的气相传质分系数 k_G 来计算，即

$$\frac{k_G RT}{a_t D_G} = 2Re_G^{0.7} Sc_g^{1/3} (a_t d_p)^{-2.0} \tag{17.33}$$

以及

$$\frac{1}{K_G} = \frac{1}{k_G} + \frac{H}{k_L} \tag{17.34}$$

持液量可由 Burns 等[35]回归的关联式计算得到

$$\varepsilon_L = 0.039 \left(\frac{\omega^2 r}{g_0}\right)^{-0.5} \left(\frac{u}{u_0}\right)^{0.6} \left(\frac{\upsilon}{\upsilon_0}\right)^{0.22} \tag{17.35}$$

根据张军[14] 的观察结果，定义 d_1 为端效应区和主体区分界点处的球形液滴直径。通过实验发现，填料内缘处球形液滴直径为 $0.826d_1$。假设在端效应区内球形液滴直径按线性增长，表达式为

$$d = [0.826 + 17.4(r - r_i)]d_1, r - r_i < 0.01 \text{ m} \tag{17.36}$$

填料的主体区的球形液滴直径根据张军[14] 得到的关联式计算：

$$d = 12.84 \left(\frac{\sigma}{\omega^2 r\rho}\right)^{0.630} u^{0.201}, \quad r - r_i \geqslant 0.01 \text{ m} \tag{17.37}$$

图 17.9 为由式（17.36）和式（17.37）针对实验用到的旋转床计算得出的球形液滴直径沿填料半径的分布规律。

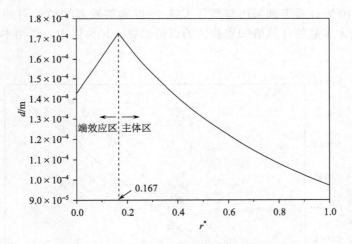

图 17.9　球形液滴在旋转床内的直径变化曲线

单位体积内 CO_2 的吸收速率为

$$N_{CO_2} = K_G a (Py - c_e H) = K_G \frac{6\varepsilon_L}{d}(Py - c_e H) \tag{17.38}$$

在列出旋转床的整体质量守恒方程前，做出如下假设：
① 本模型为稳态模型；
② 忽略气相中的水含量；
③ 气、液均假设为平推流流动；
④ 忽略旋转床内的压降；
⑤ 吸收过程为等温吸收。
由以上假设，可得 CO_2 在气相中的质量守恒方程：

$$G_{N_2} d\left(\frac{y}{1-y}\right) = N_{CO_2} 2\pi rh\,dr \tag{17.39}$$

在液相中，碳酸钾通过反应生成碳酸氢钾，故按化学反应计量系数，可分别达到碳酸钾和碳酸氢钾的质量守恒方程：

$$d(Qc_{CO_3^{2-}}) = -N_{CO_2} 2\pi rh\,dr \tag{17.40}$$

$$d(Qc_{HCO_3^-}) = 2N_{CO_2} 2\pi rh\,dr \tag{17.41}$$

为了简化计算，陈建峰针对碳酸钾在较低转化率的实验进行模拟。在较低转化率下，吸收液沿填料径向流动因吸收 CO_2 导致的 Q 增量可忽略，从而 Q 可视为常数。式（17.40）和式（17.41）可化简为

$$Qdc_{CO_3^{2-}} = -N_{CO_2} 2\pi rh\,dr \tag{17.42}$$

$$Qdc_{HCO_3^-} = 2N_{CO_2} 2\pi rh\,dr \tag{17.43}$$

图 17.10 为计算得到的出口气体 CO_2 浓度和实验真实值的对角线图。从图中可知，绝大多数的计算值和实验值的误差都在 $\pm10\%$ 以内，说明本模型较符合实际情况。

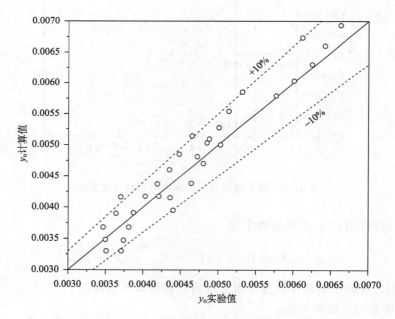

图 17.10　y_o 计算值和 y_o 实验值的对角线图

图 17.11 和图 17.12 分别给出了不同液体流量和不同气体流量下通过模型计算的总传质系数（K_Ga）沿填料径向的变化情况，从图中可以看到端效应区对传质过程的重要贡献，端效应区的总传质系数明显大于床内主体区的总传质系数，

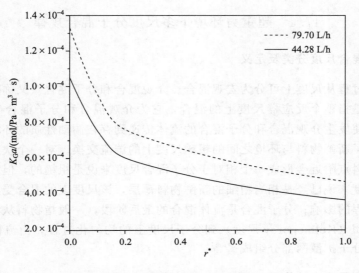

图 17.11 液体流量对 $K_G a$ 的影响

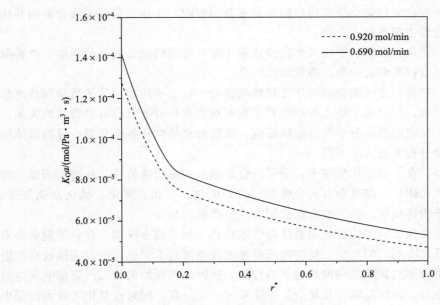

图 17.12 气体流量对 $K_G a$ 的影响

首次从理论上成功解释了旋转床内端效应区强化传质的实验现象，为旋转床的内部结构优化设计提供了理论基础，陈建峰等[36]据此提出了具有多端效应区的新型旋转床结构设计。

17.4　超重力环境下多尺度分子混合规律

17.4.1　混合尺度分类及定义

混合过程从尺度上可分为宏观混合、介观混合和分子混合（又称微观混合）。宏观混合是指整个反应器尺度上的混合，它为介观混合和分子混合确定环境浓度，同时使发生介观混合和分子混合的流体传递到存在湍动性质的环境中；介观混合反映了新鲜物料与环境之间的粗糙尺度上的湍流交换。对一个快速的化学反应，在加料点附近会形成一个相对于分子混合尺度来说是粗糙的，但相对于整个系统的尺度来说已经是相当精细的新鲜物料薄层，该尺度上的混合受到大旋涡惯性对流过程的影响；分子混合是流体混合的最后阶段，一般指物料从湍流分散后的最小微团（Kolmogorov 尺度）到分子尺度上的均匀化过程，由流体微元的黏性变形和分子扩散两部分组成[37,38]。

17.4.2　分子混合的作用

分子混合对快速化学反应过程有着重要的影响。工业上受分子混合影响的快速反应过程主要有以下几种：

（1）燃烧：燃料的燃烧效率直接依赖于氧气与燃料混合的充分程度，改善混合效果可以提高燃烧效率，降低环境污染。

（2）聚合：分子混合的好坏直接影响聚合产物的平均相对分子质量和相对分子质量分布；反应器中热点的产生及多重态现象也与分子混合有着密切的关系。

（3）反应结晶：分子混合影响反应、成核及晶体生长各个步骤，导致晶体粒度大小及分布有很大的不同。

此外，在一些生化反应中，分子混合影响氧和基质的传递，从而影响微生物的生长和代谢；一些复杂有机合成反应，如氧化、中和、卤化、硝化及偶氮等，也都属于快速反应，分子混合直接影响反应产物的分布。

这些快速反应的特征速率通常高于或相当于分子混合速率，在分子混合尚未达到分子尺度的均匀之前，反应就已经发生甚至接近于完成，也就是说这类反应是在物质局部离集的非均匀状态下进行的。这种局部非均匀状态严重影响反应器的生产能力、操作稳定性及复杂反应体系的产物分布，同时也是化工放大过程中产生放大效应的主要原因。

鉴于分子混合对快速复杂反应过程（如沉淀、聚合、复杂有机合成反应等）的重要影响，为了提高反应的选择性和产物质量，对反应器的分子混合性能进行研究，进一步针对具体反应选择合适的反应器，对于优化化学工业过程，减少消耗，谋求最大经济效益，都不无益处。因此对化学反应器的分子混合性能进行研究是十分重要和必需的。

17.4.3　旋转床内多尺度作用下分子混合性能研究

北京化工大学的研究人员率先对超重力设备中的分子混合性能进行了系统性的研究。刘骥等[39,40]采用偶氮化反应体系研究了操作参数（旋转床转速、反应物浓度、反应物体积比）对分子混合的实验影响规律。结果表明，体积比较小时，分子混合影响很小，过程处于化学反应控制区；在分子混合控制区域，提高转速、增加流量都能促进分子混合。在实验研究的基础上，采用 Curl[41] 的聚并-分散模型描述了旋转床内的分子混合状况，初步模拟了转速和流量对偶氮化反应体系产物分布的影响规律。

陈建峰等[42,43]又通过采用碘化物-碘酸盐体系对旋转床内的分子混合进行了研究，系统考察了填料厚度、转速、液体流量、反应物浓度等因素对分子混合的影响，并通过团聚模型计算出旋转床的分子混合时间在 10^{-4}s 数量级。

陈建峰等[44,45]针对无预混物料在超重力旋转床丝网填料上的湍流混合、扩散及反应行为进行了数值模拟研究。通过对丝网合理简化，建立了旋转床内液体微元流动的物理模型，应用 $k\text{-}\varepsilon$ 湍动模型进行模拟计算。对于所涉及的化学反应过程，建立了瞬时封闭模型。模拟结果与报道的实验结果进行了比较，两者吻合良好。

物料进入旋转填充床反应器后，经历了宏观、介观和分子混合过程，从 Burns 等[13]的可视化研究及刘骥等[40]的模型化研究结果可知，旋转床内的宏观混合不均匀会影响分子混合的环境，从而降低分子混合效率。造成宏观混合不均匀的一个原因是物料的非预混进料方式，如图 17.13 所示。这一进料方式具有两个缺点：一方面，物料进入填料层前可能没有发生碰撞，从而在旋转床内局部形成不均匀的分布；另一方面，采用非预混进料，工业放大较困难。陈建峰等[46]提出采用如图 17.14 所示的预混进料，来增强物料在旋转床局部的混合状况，进而改善分子混合环境，提高分子混合效率。

通过采用碘化物-碘酸盐反应体系，对采用预混进料的旋转床进行表征，得到如图 17.15 所示实验结果。由图可知，在实验条件相同的情况下，采用预混合进料后，旋转床中的离集指数大大下降，表明了这种进料方式的分子混合性能好。其根本原因是，通过预混进料，改善了旋转床的宏观混合和介观混合性能，从而提高了分子混合效率。

17.4.4　分子混合对反应结晶的影响与模型化

超重力反应结晶法制备纳米颗粒材料实质上就是在旋转填充床反应器中，利

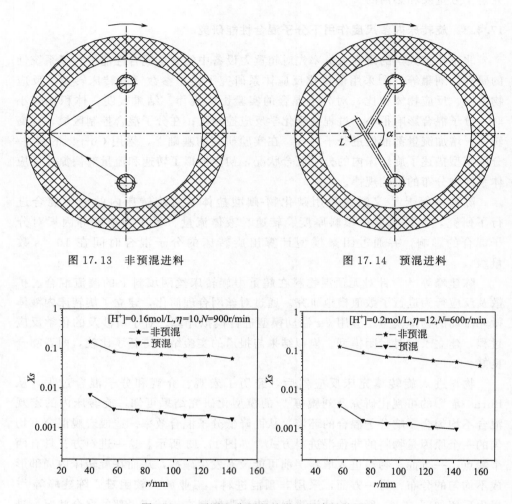

图 17.13　非预混进料　　　　　　　　图 17.14　预混进料

图 17.15　预混和非预混的微观混合性能对比

用超重力环境，实现液相沉淀反应，生成纳米颗粒，制备纳米材料。从前述对旋转填充床的流动及混合的研究结果可知，在超重力环境下，巨大的剪切力使液体撕裂为膜、丝和滴，产生巨大和快速更新的相界面，分子混合与传质过程得到极大强化[47]。这可使成核过程在分子混合均匀的环境中进行，从而使成核过程可控，粒度分布窄化。为了解该过程机制，有必要对超重力设备的分子混合过程进行模型化研究。

1. 旋转床的分子混合反应结晶模型

由于液体进入旋转填充床后不完全是以连续相的形式存在，不存在一个支持包括扩散模型、涡旋卷吸模型等在内的分子混合模型所需的连续相环境。Curl[41]早期所提出的聚并-分散模型，原本用于处理液-液悬浮体系中不互溶液滴之间的混合作用，这些液滴与旋转填充床内液体微元所处环境基本类似。因此，陈建峰等在前人对旋转填充床中液体流动情况及分子混合研究成果的基础上进行合理假设，提出了描述填料层内流体流动、混合、反应、成核与晶体生长过程的聚并-分散-反应模型。以期通过该模型预测过程中各操作条件对粒度分布的影响规律，提出控制粒度分布策略和工业化旋转填充床结构优化设计的理论基础。

1）物理过程的描述

（1）转子填料层是由同轴的、几何结构确定的 N_L 层丝网填料缠绕而成，如图 17.16 所示。

（2）根据张军[14]可视化研究结果，液体进入旋转床后，被高速旋转的丝网填料切割分散，且在进口端效应区液体主要以离散液滴形态存在，因此模型假定液体在填料层内全部以离散液滴的微元形式存在。

（3）液体进入填料层后，在初始速度和离心力的作用下，从内侧向外侧流动过程中，忽略径向返混、液体与旋转填料相遇时可能出现的飞溅等行为的影响。

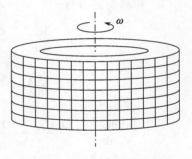

图 17.16 丝网填料结构简图

（4）填料层内液滴之间的混合过程采用 Curl 提出的聚并-分散模型描述，液滴一旦被丝网填料捕获即出现的两两聚并-分散，液滴在相邻填料层间的飞行过程中，发生反应、成核与晶体生长，如图 17.17 所示。模型参数——聚并概率 p（定义为每层填料上参加聚并-分散过程液滴的百分数）表示填料层上液体微元的混合强度。聚并概率 $p=0$，表示完全离集；$p=100\%$，表示达到最大混合状态。

2）数学模型

采用聚并-分散模型来描述液滴间的分子混合状况时，除填料层上参与聚并-分散过程外，液滴在填料空隙的飞行过程中仅发生反应、成核及生长，与其他液滴不发生耦合作用，其状态等同于一个个的微小全混釜。以下面的液相沉淀反应为例推导旋转填充床内反应结晶过程的数学模型。

$$A + B \longrightarrow P\downarrow \qquad\qquad (17.44)$$

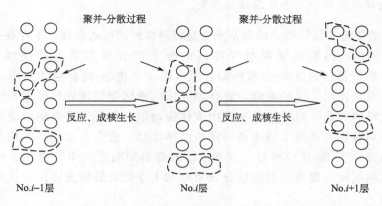

图 17.17　液滴在填料层上聚并-分散和相邻填料层间反应、成核生长过程示意图

① 物料衡算方程：

$$\frac{\mathrm{d}C_A}{\mathrm{d}t} = \frac{Q_{in}C_{A,in} - Q_{out}C_A}{V} - k_r C_A C_B \tag{17.45}$$

$$\frac{\mathrm{d}C_B}{\mathrm{d}t} = \frac{Q_{in}C_{B,in} - Q_{out}C_B}{V} - k_r C_A C_B \tag{17.46}$$

$$\frac{\mathrm{d}C_P}{\mathrm{d}t} = \frac{Q_{in}C_{P,in} - Q_{out}C_P}{V} + k_r C_A C_B - \frac{\rho_P k_v}{M_P}(3Gm_2 + BL_0^3) \tag{17.47}$$

式中，Q_{in} 为进入液滴流股的体积流量；Q_{out} 为离开液滴流股的体积流量；ρ_P 为产物粒子密度；k_v 为粒子的体积形状因子；M_P 为粒子的相对分子量；G 为晶体的生长速率；B 为成核速率；m_2 为晶体粒数密度的二阶矩；L_0 为晶核尺度。

② 粒数衡算方程：

$$\frac{\mathrm{d}m_0}{\mathrm{d}t} = \frac{Q_{in}m_{0,in} - Q_{out}m_0}{V} + B \qquad （0 \text{阶矩} \cdots） \tag{17.48}$$

$$\frac{\mathrm{d}m_j}{\mathrm{d}t} = \frac{Q_{in}m_{j,in} - Q_{out}m_j}{V} + jGm_{j-1} \qquad （j = 1,2,3\cdots） \tag{17.49}$$

③ 过饱和度及矩量

通过对上面建立的物料衡算方程、粒数衡算方程及结晶动力学方程进行联立求解，得到液滴内组分浓度、各阶矩量等变量，从而可计算出填料层上组分平均浓度及各阶矩量分布，如第 k 层填料上的组分平均浓度和矩量分别表示为

$$\overline{C}_{i,k} = \frac{\sum\limits_{g=1}^{N_D} C_{i,k,g}\nu_g}{\sum\limits_{g=1}^{N_D} \nu_g} \tag{17.50}$$

$$\overline{m}_{j,k} = \frac{\sum\limits_{g=1}^{N_D} m_{j,k,g}\nu_g}{\sum\limits_{g=1}^{N_D} \nu_g} \tag{17.51}$$

式中，N_D 为填料层上的液滴数；ν 为液滴体积。通过上面的方程式就可计算出，人们最关心的粒度分布的两个特征值：平均粒径与方差。

2. 反应结晶实验及模拟

旋转填充床的基础研究表明，流体的混合与反应是在三个区域进行的，即端效应区、主体区和外空腔区，特别是端效应区（填料内缘约 10mm 厚度的这一区域）在旋转床的传质及混合中起着极其重要的作用，因此陈建峰等设计了一台能够实现沿程取样的旋转填充床（图 17.18）来验证端效应区对液相反应结晶过程的重要作用。

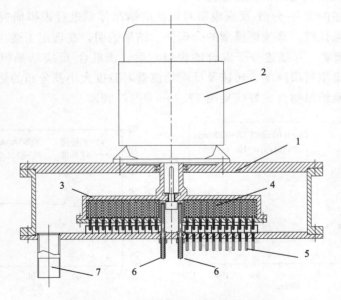

图 17.18 旋转填充床基本结构示意图

1. 外壳；2. 电动机；3. 转子；4. 填料；5. 取样管；6. 液体分布器；7. 出口

1）工作体系的确定

为了研究分子混合的影响，希望成核为初级均相或非均相成核控制，且尽量减小固相粒子间的相互作用，这样只能选择难溶盐稀溶液沉淀反应体系。硫酸钡、草酸钙、苯甲酸等反应结晶体系都可用于科学研究，相对来说，硫酸钡的结晶动力学研究较为充分，众多研究者把硫酸钡结晶体系作为首选的工作体系应用于混合对反应结晶过程的研究。因此，选用氯化钡与硫酸钠反应生成硫酸钡作为工作体系，其反应方程式为

$$BaCl_2 + Na_2SO_4 \longrightarrow BaSO_4 \downarrow + 2NaCl \qquad (17.52)$$

2）实验及模拟结果

向阳等[48]以硫酸钡沉淀反应为工作体系进行了实验研究，考察了填料厚度、转速、流量等因素对粒度大小及分布的影响。实验结果表明：

（1）旋转填充床进口端效应区混合对液相反应结晶过程至关重要，在本文实验条件下所需要的填料径向厚度约为 $40\sim50$mm（图 17.19）。这一结果可以指导工业应用的旋转填充床设计，特别是对填料径向厚度的优化，有利于减小旋转床的尺寸和运行能耗。

（2）提高转速、增加流量均能促进旋转填充床内的分子混合，降低分子混合时间，产物颗粒粒径减小、分布变窄。

采用上述的聚并-分散-反应模型对该反应结晶体系进行模拟研究，将模拟结果与实验结果比较，来验证模型的合理性。结果表明，在选定了适当的模型参数（聚并-分散频率——描述分子混合的快慢）后，该混合-反应结晶模型基本上能合理地反映出填料层厚度、转速及反应物流量对粒度大小及分布的影响规律，模拟结果与实验结果吻合良好（见图 17.20～图 17.22）。

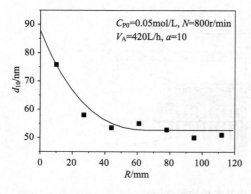

图 17.19　沿程 $BaSO_4$ 颗粒的粒径分布

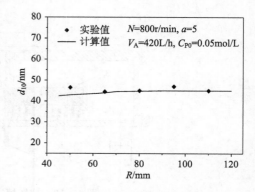

图 17.20　填料厚度对粒径的影响

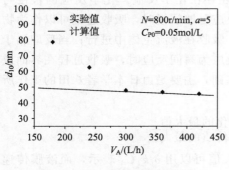

图 17.21　流量对粒径的影响

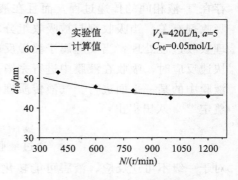

图 17.22　转速对粒径的影响

17.5　超重力反应强化原理、新工艺与工业应用

17.5.1　超重力反应过程强化原理

1. 化学反应与分子混合、传递过程的关系

化学反应器中发生化学反应的同时伴随着物理过程（包含混合、传质、传热等过程）。物理过程和化学过程相互影响、相互作用，因此整个反应系统相当复杂。对于整个化学反应系统来说，其控制因素可能是动力学、混合、传递三者之一，或其组合。

化学反应只有在反应物实现分子尺度上的相互接触，才有可能发生。而这种接触只有依靠不同尺度上的混合作用（整个反应器尺度上的宏观混合与最小运动尺度上的分子混合）才能实现。因此化学反应与流动、混合密切相关。反应与混合的关系因其相对速度的不同分成不同的类型。表示二者相对速率的参数，常用反应特征时间 t_r 与混合特征时间 t_m 的比值 t_r/t_m（Damkohler 数），按照这一比值的大小，可分为以下三种情况：

$$Da = \frac{t_r}{t_m} \geqslant 1 \qquad 慢反应$$

$$Da = \frac{t_r}{t_m} \approx 1 \qquad 中速反应$$

$$Da = \frac{t_r}{t_m} \leqslant 1 \qquad 快速反应$$

对于包含传递过程的体系，特别是液体对气体进行吸收的过程，气体需要首先溶解在液相中，反应才能在液相中进行。因此在气-液反应吸收过程中，不仅存在气-液相间的传递过程，而且在液相中还存在化学反应。化学反应的快慢与吸收剂有关。当吸收剂与被吸收组分之间反应足够缓慢时，吸收过程可以作为物理吸收过程处理；当反应属于缓慢反应时，吸收在液流主体中进行；当反应属于快速反应时，吸收在液膜中进行完毕；当反应为瞬间反应时，吸收过程在界面或液膜中的某一平面进行。气液传质理论的基础，主要是由日本学者八田的工作所奠定[49]，八田提出：

$$\gamma^2 = \frac{液膜可能转化的最大值}{通过液膜可能传质的最大值}$$

对于一级不可逆反应，液膜可能转化的最大值可以用 $\delta_L k_1 C_{Ai}$ 表示，而液膜传递能力可以用 $k_L C_{Ai}$ 表示，则 $\gamma^2 = \dfrac{D_L k_1}{k_L^2}$ ：

当 $\gamma < 0.02$ 时，　　　　极慢反应,过程受反应本征动力学控制

当 $0.02 < \gamma < 2$ 时，　　中速反应,同时受本征动力学和传递过程控制

当 $\gamma > 3$ 时，　　　　　　快速反应,过程受传递过程控制

对于受到本征动力学控制的过程，为了强化反应速率，可以相应调整反应物浓度、温度等条件；当受到分子混合控制时，混合质量的好坏决定了化学反应的进程，此时为了强化反应过程，应相应地增强混合效果，特别是分子尺度上的分子混合效率，如通过搅拌促进流体混合，在化学反应器内设置扰流元件，选择分子混合效率高的反应器等；当受到传递控制时，为了强化反应过程，一切能促进传递过程的因素都能促进反应过程，如增加流体的传递界面、促进流体表面的更新、减少传递过程阻力等。

2. 超重力设备强化反应过程原理

在超重力环境下，不同大小分子间的分子扩散与相间传递过程均比常规重力场下的要快得多，气-液、液-液两相及液-固两相在比地球重力场大数百倍至数千倍的超重力环境下的多孔介质或孔道中产生流动接触，巨大的剪切力将液体撕裂成众多纳微尺寸的微元，分子扩散达到分子级混合的距离大大缩短，同时液-液微元在旋转床内进行的剧烈的相互碰撞过程也大大强化了分子间的混合过程。因此，将超重力反应器用于受到分子混合过程限制的液-液间快速或瞬间反应过程，其过程将得到极大的强化，可大幅度提高反应的转化率和产物的选择性。

另外，高速旋转的填料将液体撕裂成微纳尺寸的微元，使得分子扩散的距离大大缩短，极小的微元尺寸也大幅度提高了气液间的有效传质面积；同时，高速旋转的填料和填料弯曲的孔道促使液体表面迅速更新，大大增加了液体的湍动；另外，在高速旋转的填料的作用下，气-液间的相对速度比常规设备提高 10 倍以上。这几点的综合作用使得超重力设备内的传质效率比传统反应器要提高 1~2

个数量级。因此，超重力设备也适用于受到传递过程限制的气-液多相反应，特别是快反应和瞬间反应过程。

3. 超重力反应器设备与其他类型设备的比较

超重力旋转床与其他反应器的分子混合性能对比如表 17.1 所示，与其他设备在传质效率和分子混合方面的性能比较如图 17.23 所示。

表 17.1　反应器分子混合性能对比

反应器	操作方式	研究者	分子混合时间 t_m/ms
搅拌釜	间歇式	Guichardon 等[50]	1～200
Kenics 静态混合器	连续式	Fang 等[51]	≥1
浸没循环撞击流反应器	间歇式	Wu 等[52]	87～192
Couette 反应器	连续式	Liu 等[53]	0.1～1
转子-定子混合器	间歇式	Bourne 等[54]	0.5～2
超声强化反应器	连续式	Monnier 等[55]	≥1
旋转填充床	连续式	Yang 等[42]	0.01～0.1

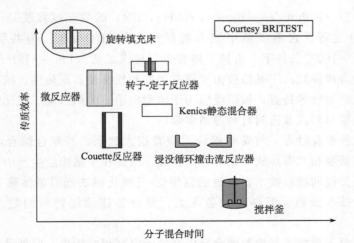

图 17.23　超重力设备与其他类型反应器在分子混合
时间及传质效率方面的比较

由图 17.23 可以看出，无论是在强化传质方面还是在强化分子混合方面，超重力设备都位于最好的强化设备之列，这充分表明超重力技术是一项高效的过程强化技术，可广泛应用在需要强化传递和分子混合的工艺过程或单元操作上，如下述典型应用实例所示。

17.5.2　受分子混合限制的反应过程超重力强化新工艺

1. 超重力聚合反应新工艺

1）阳离子聚合反应

阳离子聚合是指活性中心为阳离子的连锁聚合反应。阳离子聚合反应具有极快的反应速度，同时对微量的助催化剂和杂质非常敏感，极易发生各种副反应。因此为获得高相对分子质量的聚合物，通常使反应在溶剂中进行，用溶剂化效应来调节聚合反应过程；或在较低的温度（约−100℃）下反应，以减少各种副反应和异构化反应的发生，这就决定了在高分子合成工业中，阳离子聚合往往采取溶液聚合方法及原料和产物多级冷凝的低温聚合工艺。

从 20 世纪 90 年代至今，在阳离子聚合控制的理论与实践上都有了更深入的研究与理解，尤其是阳离子聚合与大分子工程的结合，使通过阳离子聚合方法合成遥抓聚合物、嵌段共聚物、热塑性弹性体、支化与超支化树枝形聚合物等一些新型聚合物的研制更逐步向纵深发展，显示了阳离子聚合反应广阔的应用前景[56]。

丁基橡胶（isobutylene-isoprene rubber，IIR）的生产过程就是一个典型的阳离子聚合过程。它是以氯甲烷为稀释剂，以 $H_2O/AlCl_3$ 为共引发体系，在−90℃～−100℃条件下，由异丁烯和少量异戊二烯（1%～5%）经阳离子共聚合生成的合成橡胶。丁基橡胶由于具有优良的气密性、耐热性、抗老化性、抗腐蚀性和电绝缘性等特点，被广泛应用于轮胎内胎、医用瓶塞、硫化胶囊、减震材料、电绝缘材料以及密封材料等诸多领域。

丁基橡胶聚合过程，与常规聚合反应有很大区别，其聚合综合活化能为负值，具有超低温和"爆炸式"聚合两大特点。因此在丁基橡胶生产中，聚合反应合成工艺是关键的核心技术。传统的氯甲烷-三氯化铝法低温淤浆聚合工艺虽然历史悠久、技术成熟、但存在设备庞大、聚合釜连续运转时间短、能耗高等缺点。

国内外对于新型丁基橡胶聚合反应器的研究则相对较少。国外虽然已经开发出轴流式强制循环列管式反应器和多层多向搅拌内冷列管式反应器等反应器技术，但是这几种反应器技术不仅都被跨国公司垄断，对我国实行技术封锁，而且这些列管式反应器存在物料停留时间较长（30～60 min），能耗高等缺点。

结合丁基橡胶聚合反应和旋转填充床各自的特点，将超重力反应器应用于丁基橡胶的阳离子聚合过程，可以充分发挥超重力反应器极大地强化分子混合过程及物料在设备内停留时间短的优势，一方面能够显著缩小设备的尺寸与质量，较大幅度地降低生产过程中的能耗；另一方面，结合阳离子聚合的特点，对旋转填充床反应器的结构进行设计，能够对产品的质量进行控制，达到高效节能（生产过程中的能耗低）、产品质量可控（对物料在反应器中的停留时间可控）的目的。

2）超重力法制备丁基橡胶新工艺[57,58]

图 17.24 为超重力法合成丁基橡胶的工艺流程图。低温下将异丁烯、异戊二烯单体与精馏后的二氯甲烷按一定比例配成一定体积的混合溶液，在氮气的保护下加入储罐 3 中，制冷至指定温度。再以同样的方法将催化剂（AlCl₃）与精馏后的二氯甲烷按一定比例配成一定体积的混合溶液，加入储罐 4 中，制冷至指定温度。开启旋转填充床，并用制冷剂将旋转填充床预冷至反应温度，再将单体与催化剂溶液按一定比例同时打入旋转填充床中进行聚合反应。

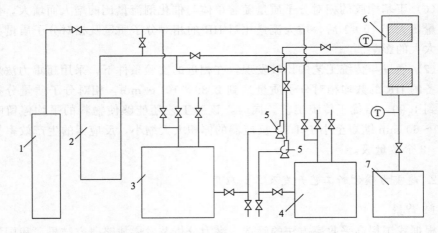

图 17.24 丁基橡胶合成的工艺流程图

1. 氮气钢瓶；2. 制冷剂储罐；3. 异丁烯、异戊二烯和二氯甲烷储罐；4. 三氯化铝和二氯甲烷储罐；5. 计量泵；6. 旋转填充床；7. 丁基橡胶产物罐

单体和催化剂溶液分别由不同的进料管进入转子内腔，并在填料内接触、混合并发生聚合反应，进入填料的液体被高速旋转的丝网填料剧烈地微液滴化后，分布于旋转丝网填料的表面及填料空间，并在离心力的作用下向外运动，最终从转子的外缘甩出，由机壳汇集后经出料管排出，整个聚合反应过程平均停留时间小于 1 s。收集聚合产物并经后处理可得到丁基橡胶产品。

实验结果表明：

（1）采用旋转填充床制备丁基橡胶时，聚合温度对产物的相对分子质量影响明显，随着温度的降低，相对分子质量急剧上升；但聚合温度对产物的相对分子质量分布影响很小，而在传统工艺中温度对相对分子质量分布影响比较大。因此采用旋转填充床制备 IIR 时可在不影响产物相对分子质量分布大小的情况下，可通过调节聚合温度的方法来控制产物相对分子质量的大小。

（2）随着旋转填充床转子转速的提高，聚合产物 IIR 的数均相对分子质量升高，相对分子质量分布变窄。但当转子转速提高到 1200 r/min 后，再提高转速对产物性能的影响不大。在实验中选取最佳转速为 1200 r/min。

（3）催化剂浓度的大小对产物的相对分子质量影响不大，而对相对分子质量分布有较大影响，理想的催化剂浓度大小与单体浓度有关。

（4）随着异丁烯单体浓度的增加，聚合产物 IIR 的数均相对分子质量升高。但是当异丁烯浓度超过一定值后，其浓度变化对 IIR 的相对分子质量没有影响。

（5）丁基橡胶的相对分子质量随着异戊二烯浓度的升高而降低。丁基橡胶的不饱和度可以借助单体中异戊二烯的用量加以调节。

（6）丁基橡胶的相对分子质量随着单体与催化剂流量比的增大而增大，但是当流量比大于 10∶1 后，增大流量比对 IIR 的相对分子质量及相对分子质量分布没有太大的影响。

（7）通过与传统工艺的比较发现，在相近的实验条件下，采用超重力法新工艺制备的 IIR 的数均相对分子质量达到 2.89×10^5 g/mol，相对分子质量分布指数达到 1.99，略优于传统工艺。同时，该新工艺还能够使物料的平均停留时间从 30~60 min 缩短至小于 1 s，反应器的体积大大缩小，反应器的生产效率提高了 2~3 个数量级。

2. 超重力磺化新工艺开发及工业应用

1）背景

根据我国提高采收率方法的筛选、潜力分析及发展战略研究结果，我国注水开发油田（其储量及产量占全国的 80% 以上）提高采收率的方法主要为化学驱方法，覆盖地质储量达 6×10^9 t 以上，可增加可采储量 1×10^9 t，为各种提高采收率方法潜力的 76%，是我国三次采油提高采收率研究的主攻方向。

表面活性剂的性能和价格是影响化学驱技术经济效果的关键，也是限制该技术工业化应用的关键技术瓶颈。强化驱油技术的发展对表面活性剂的要求越来越高，不仅要求它具有低的油水界面张力和低吸附值，而且要求它与油藏流体配伍和廉价[59]。目前国内外应用量最大的表面活性剂是烷基苯磺酸盐和石油磺酸盐。其中，石油磺酸盐最大的优势是可利用本地原料进行合成，来源广、数量大，成本低廉，与原油的匹配性好，合成工艺较为成熟，易工业化生产，这一点在克拉玛依油田和大庆油田已得到充分证实[60-64]。

自 1875 年美国开发了第一个石油磺酸盐产品以来，发展至今国内外研发生产石油磺酸盐有大量文献报道。20 世纪 70 年代中期美国 Marthon 公司在罗宾逊炼油厂建成石油磺酸盐生产装置，产品供驱油使用，这标志着石油磺酸盐的研究由室内走上大规模的工业化生产。现阶段对石油磺酸盐的研究工作主要集中在扩大磺化原料、优化工艺条件和不断改进磺化反应器三个方面。

2）磺化反应的特性及反应器开发

磺化反应属于气-液或液-液快速反应，由于磺化剂性质非常活泼，反应瞬间放出热量大，反应物料黏度高而传质移热困难。为了使反应能够均匀进行，必须在反应器设计和工艺条件优化上采取相应的措施，力求使气液两相不仅在宏观上而且在微观上能够瞬间均匀混合，力求加快相间传质速率的同时能够减少反应物在反应器内的停留时间，迅速移热。

目前比较成熟且被工业化的制备石油磺酸盐表面活性剂的磺化反应器是搅拌釜式反应器[65-68]。此种反应器虽然有诸多优点，但其缺点也非常明显：反应器效率低、副产物多；设备体积大，制备费用、能耗高。降膜式磺化反应器[69-72]近年来发展很快，有单管式、多管式、双套筒式等。但其结构复杂，设备加工制造安装要求精度高，工艺条件要求严格，因其冷却能力有限故易出现局部过热。当应用于具有较高黏度的馏分油的磺化时易出现结焦现象，若使用溶剂，在大气量和气速条件下易使溶剂大量挥发，带来尾气处理和溶剂回收等问题。至于喷射式磺化反应器，文献中鲜有关于其应用于具有较高黏度的馏分油的磺化的相关研究报道。

超重力反应器能够显著强化两相间的分子混合过程和传递过程，可以满足驱

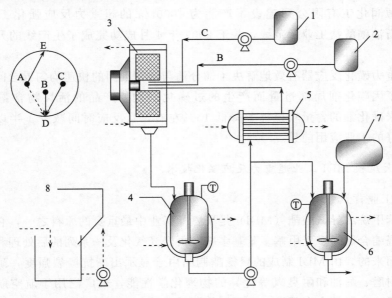

图 17.25 超重力液-液磺化反应装置

1. 原料油储罐；2. 磺化剂储罐；3. 超重力反应器；4. 循环罐；5. 换热器；6. 中和搅拌罐；7. 氨水储罐；8. 循环冷却系统

油用石油磺酸盐表面活性剂的合成工艺的要求。

3）超重力反应强化技术在驱油用石油磺酸盐表面活性剂合成中的应用

北京化工大学教育部超重力工程研究中心的研究人员以馏分油为原料，分别采用半连续和连续操作方式进行了超重力法合成石油磺酸盐的工艺研究[73]。流程图如图 17.25 所示。

超重力磺化反应与工业规模釜式磺化反应的效果比较如表 17.2 所示。

表 17.2　超重力与釜式磺化反应器性能比较

原料	发烟硫酸	稀释的液态 SO_3	稀释的液态 SO_3
反应器	RPB	RPB	STR
操作方式	液-液半连续	液-液连续	液-液半连续
活性物质质量分数/%	32.9	45.3	30.2
未磺化油质量分数/%	27.6	23.5	39.8
无机盐质量分数/%	8.2	6.2	5.0
挥发份质量分数/%	25.0	25.0	25.0
酸渣质量分数/%	6.3	0	0
平均停留时间	10 min	15 min	6 h

在实验室研究工作的基础上，经过工艺优化和理论模拟，北京化工大学在胜利油田源润化工有限公司建设了产能为 1000t/a 的超重力反应强化工程化技术——石油磺酸盐工业示范线，并于 2009 年 4 月成功完成了生产线的开车和工业实验。

超重力磺化反应器有效地解决了馏分油与磺化剂间的快速均匀混合问题，有效抑制了因磺化剂局部过量而产生的过磺化问题，产品的活性物含量达到约 45%，未磺化油的含量较搅拌釜降低 15% 左右，且反应时间减少 1 半以上，显示出良好的工业应用前景。

3. 大规模 MDI 工业超重力反应强化技术

1）工业背景

二苯甲烷二异氰酸酯（MDI）是聚氨酯工业中最重要的原料之一，它是由苯胺与甲醛缩合制得多亚甲基多苯基多胺，再经光气化及一系列的后处理和分离过程制备而来的。由 MDI 制成的聚氨酯制品由于显示出高抗撕裂强度，耐低温柔韧性，耐磨、耐油和耐臭氧等优异的物理化学性能，被广泛用于航空航天、建筑、车船、冷藏等众多领域，主要用作硬质泡沫、软质泡沫、弹性体耐磨材料、密封材料、纤维、皮革、胶黏剂和涂料等[74,75]。2007 年国内 MDI 产能总和是 77 万吨，截至 2008 底已达到 123 万吨，到 2010 年，我国 MDI 产能将达到 199 万吨[76]。据 SRI 咨询公司预测，未来 5 年内，全球 MDI 需求的年增长率为 5.4％，2011 年需求量将超过 480 万吨。增长速度以亚洲最快，年增长率约 7％，这主要由于中国需求的年增长率约为 10％的缘故[77]。

随着构建节约型社会的深入，聚氨酯保温节能的优异性能使之会有更广阔的发展空间，中国的 MDI 市场需求量仍将保持高速增长。鉴于 MDI 巨大的市场潜力和高额的生产利润，几大跨国公司均斥巨资加强 MDI 制造技术的开发，并且在世界各地通过收购、兼并、控股等手段建立大规模的跨国公司，垄断世界 MDI 市场。目前世界上仅美国、德国、日本和中国等少数几个国家和公司拥有 MDI 的生产制造技术。

目前，MDI 的制备方法主要有光气法和非光气法两种。光气法是目前国内外工业上生产 MDI 的核心方法，MDI 的光气化生产是以苯胺与甲醛在酸性情况下进行缩合反应，先得到二苯基甲烷二胺及多胺（DAM），再经光气化后制得 MDI。该法的缺点是使用剧毒的光气，具有安全隐患；非光气法安全隐患较小、收率高，但由于各种原因至今尚未能实现工业化。

因此，国际上 MDI 生产技术的研究，一方面着眼于非光气法生产技术的开发，另一方面是不断发展和完善光气法生产技术，通过系统集成、新设备和新工艺的开发来提高产品的收率和提高生产过程的安全性。

多亚甲基多苯基多胺（DAM，简称多胺）是 MDI 制造过程的中间体。它是在盐酸存在下由苯胺与甲醛缩合产生的。由于 DAM 的组成决定了最终产品 MDI 的组成，所以，DAM 的合成是 MDI 制造过程的关键技术之一，也是 MDI 制造过程中的难点和关键点，多年来一直是世界各大 MDI 制造商研究和开发的重点。

缩合反应是在盐酸存在的条件下，甲醛和苯胺按一定比例混合反应生成多胺的过程。如果甲醛和苯胺不能在短时间内实现分子级分子混合，则容易产生局部甲醛过量，导致副产物和网状高聚物的产生，严重影响多胺质量。同时反应物系黏度高，物料之间的混合效果很差，极易出现局部过热问题，导致副产物增加，质量波动，严重时会出现管路堵塞，被迫停车。同时，缩合反应过程中生成的杂质还会在 MDI 生产的下一步工序（光气化工序）中继续与光气反应生成其他难溶解的杂质，导致最终产品劣化，甚至会堵塞管道而出现爆炸或光气泄露等严重安全问题。因此，解决缩合过程中的混合问题，就疏通了 MDI 生产的瓶颈，极大地改善 MDI 生产过程中的安全和产品质量波动等一系列问题。

2）超重力反应技术在 MDI 生产中的应用

北京化工大学与宁波万华聚氨酯有限公司合作，从化学工程、化工机械、流体力学和材料等多学科相结合的角度出发，根据缩合反应的特点对反应过程中"三传一反"规律进行研究，进行了超重力缩合反应器的开发、结构设计与研制，并开展工艺条件研究及过程模拟优化，在此基础上完成了工程放大规律研究，并于 2007 年在工业装置上获得成功应用，工业装置如图 17.26 所示。

图 17.26　超重力反应器在 MDI 生产中的应用照片（产量：24 万 t/a）

　　超重力缩合反应器有效地解决了甲醛与苯胺间的快速均匀混合问题，突破了原来反应工艺的瓶颈，成套设备的生产负荷至少可提高 20%；超重力缩合反应器的使用有效抑制了高负荷运转下甲醛局部过量的问题，解决了原工艺存在的反应线路清堵频繁的工程问题，生产效率明显提高；缩合工序的反应温度由原来的 40℃可提高到 55℃，反应速度比原来提高 1 倍，反应系统的冷却循环水可减少 40%，后续的升温阶段，蒸汽消耗减少 20%，节能降耗效果明显。

17.5.3　受传递过程限制的多相反应过程超重力强化新工艺

1. 高碱值石油磺酸钙超重力法制备新工艺与工业应用

　　高碱值石油磺酸钙是由中性石油磺酸钙、纳米碳酸钙、中性油组成的胶体溶液，其有效活性成分是油溶性中性石油磺酸钙与纳米碳酸钙组成的复合胶粒，其结构如图 17.27 所示，在润滑油中主要起中和和清净作用，即用来中和润滑油在使用过程中因氧化产生的无机和有机酸，阻止油品进一步氧化变质，消除和减少对机件的腐蚀；同时，中性磺酸钙是一个良好的表面活性剂，它对润滑油在热氧化过程中生成的积炭具有很强的溶解清洗作用，使活塞和汽缸壁表面保持清洁，消除结焦引起的表面摩擦与磨损。目前国内生产的高碱值磺酸钙产品质量与国外进口产品存在质量差异，产量的缺口也较大，每年都要从国外进口产品，急需要提高该类产品的产量、质量和生产技术。在高碱值磺酸钙中纳米碳酸钙的粒径、晶型及其分布是影响产品性能的主要因素，一般来说，粒径越小、分布越均匀、无定型成分越多，胶体结构稳定性越好，微粒的纳米效应就越显著，表现出来的反应活性就越高，胶体的光学透明性及流动性就越好，清净剂的使用性能就越好。

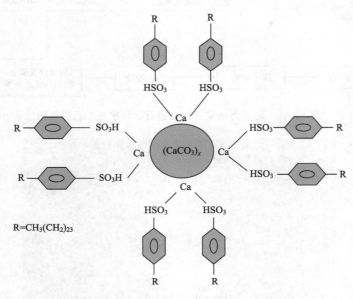

图 17.27   高碱值石油磺酸钙的胶束结构示意图

目前国内外生产的主要设备是传统的搅拌反应釜，存在的主要问题是效率低、碳酸化反应时间长（一般要 $110 \sim 150 min$），物耗、能耗高，生产过程不易控制，重复性差；所得产品光学透明性差、浊度大、流动性和稳定性差、清净性能也差。其主要原因是由于鼓泡搅拌混合和传质的非均相化导致纳米碳酸钙的生成速度与在有机相体系中的相转移速度的不匹配，相当量的纳米碳酸钙无法实现在微乳液中心的原位生成与同步转相，从而随着碳酸化反应的进行，原位生成的纳米碳酸钙凝聚成较大颗粒，造成碳酸钙粒径大、分布宽。

利用超重力旋转床具有强化传质和分子混合的特性，用其代替传统的搅拌反应釜，合成高碱值石油磺酸钙，所用工艺流程如图 17.28 所示。反应原料初步混合均匀后，在旋转床中充分混合、中和及升温，当温度达到所需温度后，通入 CO_2 气体进行碳化反应，当反应达到终点后，对悬浮液进行闪蒸处理，除去部分溶剂及促进剂，补加溶剂，高速离心除去钙渣，离心液闪蒸脱出溶剂，得到高碱值石油磺酸钙产品[78]。

在实验室和中试研究工作基础上，我们成功建成了年产 1000t 的工业示范生产线（图 17.30）。与常规方法相比，产品微观结构的质量及工艺参数都有了明显改善。图 17.29 为超重力法和传统釜式法制备的高碱值石油磺酸钙产品中碳酸钙颗粒的大小对比。可见碳酸钙的粒径变小，分布变窄，分散性得到明显改善。

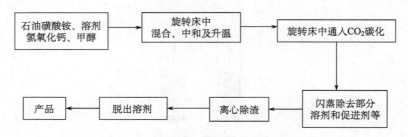

图 17.28　超重力法制备高碱值石油磺酸钙工艺流程图

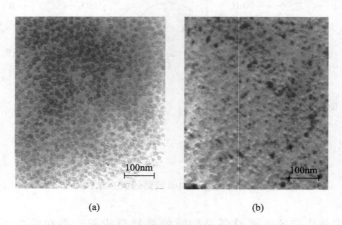

图 17.29　高碱值石油磺酸钙中碳酸钙颗粒大小对比
（a）超重力法制备；（b）传统釜式法制备

通过红外光谱检测，表明产品中的碳酸钙全部是无定形结构。表 17.3 为超重力法制备的产品性能指标，可见产品全部达到或超过通用的标准，并且通过了台架试验。产品的收率提高约 15％以上，碳酸化反应效率提高 50％以上，CO_2 的利用率提高 31％，钙渣量大幅度下降。

表 17.3　超重力法制备的产品性能指标

分析项目	通用指标	产品	试验方法
密度（20℃）/（kg/m³）	1100～1200	1157	GB/T2540
运动黏度（100℃）/（mm²/s）	≮100	60.97	GB/T265
闪点（开口）/℃	≮180	200.6	GB/T3536
总碱值/（mgKOH/g）	≮290	305.1	GB/T0251
水分/％	≯0.08	痕迹	GB/T260
机械杂质/％	≯0.08	0.00	GB/T511
有效组分/％	≮48	52.3	SH/T0034
钙含量/％	≮9.0	11.6	SH/T0297
浊度 JTU/％	≯100	21.2	SH/T0028

图 17.30 1000t/a 超重力法制备高碱值石油磺酸钙工业示范生产线

2. 超重力 CO_2 反应吸收捕集新工艺

CO_2 排放引起的全球气候变化造成的各种全球性环境问题已向人类敲响了警钟，成为全世界关注的焦点问题和科技热点[79,80]。CO_2 减排已成为全球关注的科技前沿问题。在当前的技术发展水平下，CO_2 的减排可以通过以下三种方式实现[81]：一是大力开发替代能源和可再生能源，如太阳能、水能、核能、风能、生物质能等；二是提高工业和其他人类活动的能源利用效率；三是进行 CO_2 的捕集和资源化利用。由于受客观条件和现有科技水平的限制，能源利用效率难以得到大幅度提高，其他能源的开发也很有限，人类摆脱化石能源尚需时日。碳捕集封存或资源化利用途径快捷、见效显著，是实现 CO_2 减排的必需的重要途径。联合国政府间气候变化专业委员会（IPCC）确定的降低 CO_2 排放的几种方法中也包括了 CO_2 的捕集、封存与资源化利用，认为是实现二氧化碳减排的最快捷有效的途径，其可对 2100 年之前世界累积减排量的贡献达 15%～55%[82]。

世界范围内对 CO_2 捕集的研究越来越受到研究者的重视。从报道情况来看，现阶段 CO_2 捕集技术主要有化学/物理吸收法、吸附法、膜法、生物法、低温蒸馏法、富氧燃烧技术和化学链燃烧技术等。国内外学者普遍认为化学/物理吸收法和吸附法是今后二、三十年内在 CO_2 捕集分离方面可以得到大面积应用的技术[83]。综合考虑吸收效果、成本和技术工艺的成熟性等问题，化学吸收法对 CO_2 的脱除相对而言是一种比较好的选择。

化学吸收法脱除 CO_2 的实质是利用碱性吸收溶液与混合气体接触并与其中的 CO_2 发生化学反应，形成不稳定的盐类，而盐类在一定的条件下会逆向分解

释放出 CO_2 而再生，从而达到将 CO_2 从混合气体中脱除并回收的目的[84]。

目前，美国、日本、印度、巴西和澳大利亚均有从电厂烟道气中捕集分离 CO_2 的商业化装置。以单乙醇胺（MEA）水溶液为吸收剂，CO_2 处理量通常在 $90\sim800t/d$，其难以推广应用的主要原因是费用过高。如果在目前的发电厂增加 CO_2 吸收装置，捕集 90% 的 CO_2，发电厂需要增加 30% 以上的成本[82]。因此，降低成本是 CO_2 捕集纯化技术研究与开发的发展方向。

降低运行费用中的能耗支出是降低 CO_2 捕集费用的关键。能耗取决于吸收剂、工艺和设备 3 个方面。吸收剂决定了吸收负荷、溶液循环量、解吸热、溶剂挥发热等，是降低成本的关键。工艺过程和传质设备的强化研究以及和吸收剂的配合等，也是降低成本的主要研究方向[85,86]。

目前，国内外的研究机构大多把研究的重点放在开发新型高效的吸收剂或者开发新型的填料上，而很少有人认识到传统塔器设备的局限性，如在正常的重力场情况下传质效率低、处理量受到液泛、雾沫夹带等流体现象的影响等。正是基于这一点，北京化工大学等单位提出了将超重力技术应用于传统的化工流程中，取代传统的塔器设备的新思想，给传统化工流程的改造提供了一个新的选择。

郭锴等[87]用 N_2 和 CO_2 的混合气体模拟变换气，采用苯菲尔溶液为吸收液进行了超重力法脱除 CO_2 的实验研究。易飞等[33,34]以本菲尔溶液为吸收液，在旋转床内进行了脱除二氧化碳的实验研究，并在此基础之上建立了一描述旋转床内气液传质的模型，为超重力设备中二氧化碳回收方面的工业化应用奠定了实验和理论基础。

台湾学者 Lin 等[88]对超重力场 NaOH、AMP 以及 MEA＋AMP 三种不同碱性液体吸收 CO_2 进行了研究，结果表明旋转床的气相总传质系数 K_Ga 和填料塔（填料为 EX）不相上下，这表明用旋转床反应器代替普通的填料塔吸收 CO_2 是完全可行的。

陈建峰等[36]基于端效应区传质机制的研究，发明了一种用于二氧化碳捕集纯化的新型结构的超重力旋转床装置。研究表明：与传统塔设备相比，设备投资可节约 30%，占地面积和空间减少 50% 以上，且操作弹性较大，具有工业使用的实际价值。采用该装置，二氧化碳的吸收率较常规超重力设备可提高约 10%。在此基础上，北京化工大学联合中国石油化工股份有限公司胜利油田分公司、中国石油化工股份有限公司华东分公司等单位，共同承担了"十一五"国家科技支撑计划重点项目"超重力法二氧化碳捕集纯化技术及应用示范"，以二氧化碳减排和资源化利用为目标，开发烟气、过程气二氧化碳超重力法捕集纯化工业化技术，将为超重力技术在二氧化碳捕集纯化方面的推广应用提供示范。

17.6　展　　望

　　超重力技术经过 30 年的研究、开发和应用，已被证明是一项极富前景和竞争力的过程强化技术，具有微型化、高效节能、产品高质量和易于放大等显著特征，符合当代过程工业向资源节约型、环境友好型可持续发展模式转变的发展潮流。

　　目前超重力技术推广应用的主要障碍，来自于人们对该动设备长周期工业可靠性运行方面的疑虑。但已有的工业装置运行结果表明（陈建峰研究组开发的纳米碳酸钙生产用超重力反应器已工业运行 6 年以上）：超重力设备操作简单、可长周期稳定运行，是一种可以信赖的工业设备。

　　超重力强化技术，在传质和/或分子混合限制的过程及一些具有特殊要求的工业过程（如高黏度、热敏性或昂贵物料的处理）具有突出优势，可广泛应用于吸收、解吸、精馏、聚合物脱挥、乳化等单元操作过程及纳米材料制备、纳米药物制备、磺化、聚合、缩合等反应过程和反应结晶过程[89,90]。随着国家节能减排政策的深入贯彻执行，可以相信，超重力过程强化技术将在化工、能源、环境、制药、生物化工等工业中发挥重要作用，在不久的将来得以广泛的工业应用，以充分发挥超重力技术强化传递和分子混合的优势，大幅度地提高生产效率、降低生产成本、提高产品质量，产生显著的经济效益和社会效益，造福人类。

参 考 文 献

[1] Petersson S, Eriksson B, Petersson S, Eriksson B. A method for working-up arsenic-containing waste products. European Patent：WO81002568，1981-09-17.

[2] Alasaarela Eija, et al. Bed material for use in a combustion process. European Patent：WO0023745，2000-04-27.

[3] Takeuchi Tetsuya, et al. Improved far-field nitride based semiconductor device. European Patent：WO0024097，2000-04-27.

[4] Toms derek john, et al. The removal of hydrogen sulphide from gas streams. European Patent：EP0084410，1983-07-27.

[5] Ramshaw Colin, et al. Mass transfer process. US. Patent：US4283255，1981-08-11.

[6] Jensen James D, et al. Pb1-WCdWS Epitaxial thin film. US. Patent：US4382045，1981-08-04.

[7] Wem James W, et al. Centrifugal gas-liquid contact apparatus. US. Patent：US4382900，1983-05-10.

[8] Short H. New mass transfer find is a matter of gravity. Chem. Eng.，1983，21：23-29.

[9] 陈建峰，周绪美，郑冲. 超细颗粒的制备方法. 中国专利：95105344. 2，1995.

[10] 陈建峰，周绪美，王玉红，郑冲. 超细碳酸钙的制备方法. 中国专利：95105343. 4，1995.

[11] 周绪美，郭锴，陈建峰，郭奋，郑冲. 错流旋转床超重力场装置. 中国专利：95107423. 7，1995.

[12] 郭锴. 超重机转子填料内液体流动的观测与研究. [学位论文]. 北京：北京化工大学，1996.

[13] Burns J R, Ramshaw C. Process intensification: Visual study of liquid maldistribution in rotating packed beds. Chem. Eng. Sci., 1996, 51: 1347-1352.

[14] 张军. 旋转床内流体流动与传质的实验研究和计算模拟. [学位论文]. 北京：北京化工大学，1996.

[15] Fen Guo, Chong Zheng, Kai Guo, Yuanding Feng and Nelson C. Gardner. Hydrodynamics and mass transfer in cross-flow rotating packed bed. Chem. Eng. Sci., 1997, 52 (21/22): 3853-3859.

[16] Munjal S, Dudukovic M P, Ramachandran P A. Mass-transfer in rotating packed beds-I. Development of gas-liquid and liquid-solid mass-transfer correlations. Chem. Eng. Sci., 1989, 44 (10): 2245-2256.

[17] 竺洁松. 旋转床超重力场中传质特性的研究. [学位论文]，北京：北京化工大学，1994 .

[18] Basic A, Dudukovic M P. Liquid Holdup in Rotating Packed Bed: Examination of the Film Flow Assumption. AIChE J, 1995, 41: 301-316.

[19] 朱慧铭. 超重力场传质的研究及在核潜艇内空气净化中的应用. [学位论文]. 天津：天津大学，1991.

[20] 王玉红. 旋转床超重力场装置的液泛和传质研究. [学位论文]. 北京：北京化工大学，1992.

[21] Kumar M P , Rao D P. Studies on a High-Gravity Gas-Liquid Contactor. Ind. Eng. Chem. Res., 1990, 29 (5): 917-920.

[22] 李振虎，郭锴，陈建铭，周绪美，郑冲. 旋转填充床气相压降特性研究. 北京化工大学学报，1999，26 (4): 5-10.

[23] Keyvany M, Gardner N C. Operating Characteristics of Rotating Beds. Chem. Eng. Progress, 1989, 9: 48-52.

[24] Tung H H, Mah R S H. Modeling Liquid Mass Transfer in HIGEE Separation. Chem. Eng. Commun., 1985, 39: 147-153.

[25] Munjal S, Dudukovic M P, Ramachandran P A. Mass-transfer in rotating packed beds-II. Experimental results and comparison with theory and gravity flow. Chem. Eng. Sci., 1989, 44 (10): 2257-2268.

[26] 陈海辉，邓先和，张建军，张亚军. 化学吸收法测定多级离心雾化旋转填料床有效相界面积及体积传质系数. 化学反应工程与工艺，1999，15 (1): 91-96.

[27] 陈海辉，简弃非，邓先和. 化学吸收法测定旋转填料床有效相界面积. 华南理工大学学报，1999，27 (7): 32-38.

[28] 郭奋，郑冲，李振虎. 燃煤烟气脱流技术交流会论文集. 青岛：中国环境科学学会，1998. 111-119.

[29] 张政，张军，郑冲. 旋转床填料空间液体的液相传质分析. 工程热物理学报，1998，19 (1): 86-89.

[30] 竺洁松. 旋转床内液体微粒化对气液传质强化的作用. [学位论文]. 北京：北京化工大学，1997.

[31] 许明. 超重力旋转床中的气液两相流体流动和传质过程的数值模拟研究. [学位论文]. 北京：北京化工大学，2004.

[32] 许明，张建文，陈建峰，赵瑾，沈志刚. 超重力旋转床中水脱氧过程的模型化研究. 高校化学工程学报，2005，19 (3): 309-314 .

[33] 易飞. 超重力技术脱出二氧化碳的实验和模拟研究. [学位论文]. 北京：北京化工大学，2008.

[34] Fei Yi , Hai-Kui Zou, Guang-Wen Chu, Lei Shao, Jian-Feng Chen. Modeling and experimental studies on absorption of CO_2 by Benfield solution in rotating packed bed. Chemical Engineering Journal, 2009, 45: 377-384.

[35] Burns J R, Jamil J N, Ramshaw C. Process intensification operating characteristics of rotating packed beds-determination of liquid hold-up for a high-voidage structured packing. Chemical Engineering Sci-

ence, 2000, 55: 2401-2415.

[36] 陈建峰, 初广文, 邹海魁. 一种超重力旋转床装置及在二氧化碳捕集纯化工艺的应用. 中国专利: 200810103231. X, 2008.

[37] Baldyga J, Bourne J R. Turbulent mixing and chemical reactions. New York: John Wiley & Sons, 1999, 1-6.

[38] Baldyga J, Bourne J R. Interactions between mixing on various scales in stirred tank reactors. Chem. Eng. Sci., 1992, 47: 1839-1848.

[39] 刘骥, 陈建峰, 宋云华等. 旋转填充床中微观混合实验研究. 化学反应工程与工艺, 1999, 15 (3): 327-332.

[40] 刘骥, 向阳, 陈建峰等. 用聚并分散模型研究旋转填充床中微观混合过程. 北京化工大学学报, 1999, 26 (4): 19-22.

[41] Curl R L. Dispersed Phase Mixing: I. Theory and Effects in Simple Reactors. AIChE J, 1963, 9 (2): 175-181.

[42] Yang H J, Chu G W, Xiang Y, et al. Characterization of micromixing efficiency in rotating packed beds by chemical methods. Chem. Eng. J., 2006, 121: 147-152.

[43] Yang H J, Chu G W, Zhang J W, et al. Micromixing efficiency in a rotating packed bed: experiments and simulation. Ind. Eng. Chem. Res., 2005, 44: 7730-7737.

[44] 梁继国, 陈建峰, 张建文. 旋转填充床内微观混合的数值模拟. 化工学报, 2004, 55 (6): 882-887.

[45] 梁继国. 旋转填充床内微观混合的模型化研究. [学位论文]. 北京: 北京化工大学, 2003.

[46] Yang K, Chu G W, Shao L, Chen J F, et al. Micromixing efficiency of rotating packed bed with premixed liquid distributor. Chem. Eng. J, 2009, 153: 222-226.

[47] 陈建峰. 超重力技术及应用——新一代反应与分离技术. 北京: 化学工业出版社, 2003.

[48] Yang Xiang, Li-Xiong Wen, Guang-Wen Chu, Lei Shao, Guang-Ting Xiao, Jian-Feng Chen. Modeling and experimental validation for the precipitation process in a rotating packed bed. Chinese Journal of Chemical Engineering, 2010, 18 (2): 1-9..

[49] 张成芳. 气液反应和反应器. 北京: 化学工业出版社, 1985.

[50] Guichardon P, Falk L. Characterization of micromixing efficiency by the iodide-iodate reaction system. Part I: experimental procedure. Chem. Eng. Sci., 2000, 55: 4233-4243.

[51] Fang J Z, Lee D J. Micromixing efficiency in static mixer. Chem. Eng. Sci., 2001, 56: 3797-3802.

[52] Wu Y, Xiao Y, Zhou Y X. Micromixing in the submerged circulative impinging stream reactor. Chinese J. Chem. Eng., 2003, 11 (4): 420-425.

[53] Liu C L, Lee D J. Micromixing effects in a couette flow reactor. Chem. Eng. Sci., 1999, 54: 2883-2888.

[54] Bourne J R, Garic R J. Rotor-stator mixers for rapid micromixing. Chem. Eng. Res. Des., 1986, 64: 11-17.

[55] Monnier H, Wilhelm A M, Delmas H. Effects of ultrasound on micromixing in flow cell. Chem. Eng. Sci., 2000, 55: 4009-4020.

[56] 武冠英, 吴一弦. 控制阳离子聚合及其应用. 北京: 化学工业出版社, 2005.

[57] Jian-Feng Chen, Hua Gao, Hai-Kui Zou, Guang-Wen Chu, Lei Zhang, Lei Shao, Yang Xiang and Yi-xian Wu. Cationic Polymerization in Rotating Packed Bed Reactor: Experimental and Modeling. AIChE Journal, 2010, 56 (4): 1053-1062.

[58] 高花. 超重力法制备丁基橡胶新工艺及其模型化研究. [学位论文]. 北京：北京化工大学，2009.

[59] 韩冬，沈平平. 表面活性剂驱油原理及应用. 北京：石油工业出版社，2001.

[60] Malmberg E W，Gajderowicz C C，et al. Characterization and oil recovery observations on a series of synthetic petroleum sulfonates. Society of Petroleum Engineers Journal，1982，4：226-236.

[61] Hsieh Wen-Ching，et al. Process for enhanced oil recovery employing petroleum sulfonate blends. US Patent：US4446036，1984-05-01.

[62] Nuckel B，et al. Surfactant compositions useful in enhanced oil recovery process. US Patent：US453205，1985.

[63] 王雨，乔琦，董玲，雷小疆. 克拉玛依油田 ASP 驱工业扩大试验廉价配方研究. 油田化学，1999，16 (3)：247-250.

[64] 王健，罗平业，郑焰，廖广志，牛金刚，李华斌. 大庆油田条件下疏水缔合两性聚合物三元复合驱和聚合物驱体系的应用性能. 油田化学，2000，17 (2)：168-170.

[65] 周晴中. 磺化反应和技术. 精细化工，1995，12 (3)：59-63.

[66] 孟明扬，马瑛，谭立哲，杨文东. 磺化新工艺与设备. 精细与专用化学品，2004，12 (12)：8-10.

[67] Jack Douglas S，et al. Continuous process for highly overbased petroleum sulfonates using a series of stirred tank reactors. US Patent：US4541939，1985-09-17.

[68] Schroeder Jr Donale E，et al. Sulfonation of crude oils with gaseous SO_3 to produce petroleum sulfonates. US Patent：US4614623，1986-09-30.

[69] 范维玉，张数义，李水平，南国枝，于芳. 降膜式磺化工艺合成驱油用石油磺酸盐的研究. 中国石油大学学报，2007，31 (2)：126-130.

[70] Gutierrez，Gonzalez J，Mans，Teixido C，Costa，Lopez J. Sulfonation in a Falling Film Reactor：Comparison of Experimental Results with Mathematical Model Predictions. J. Dispersion Sci. Technol.，1984，6 (3)：303-315.

[71] Koepke Jeffery W. Process for producing petroleum sulfonates. US Patent：US4847018，1989-07-11.

[72] Rene F Duveen. High Performance gas liquid reaction technology. The Royal Society of Chemistry，Applied Catalysis Group. Billingham，1998，1-14.

[73] 陈建峰，张迪，张鹏远，王建华，张建，毋伟，初广文，邹海魁，朱中武，关晓明. 一种驱油用阴离子表面活性剂的制备方法. 中国专利：200810116805. 7，2008-12-10.

[74] 李洪波，郝爱友，马德强. 多胺光气化制 MDI 过程中化学问题的探讨. 聚氨酯工业，2004，19 (1)：41-44.

[75] 郑志花，曹端林，李永祥. MDI 的合成及市场概况. 华北工学院学报，2004，25 (4)：285-288.

[76] 化工科技市场. 2008 年国内 MDI 市场行情综述，2009，32 (1)：54.

[77] 于剑昆，MDI 市场概况及工艺进展. 化学推进剂与高分子材料，2008，6 (5)：7-11.

[78] 罗来龙，陈建峰，钱铮，毋伟，白生军，初广文，牛春革，宋云华，孟祥胜，宋继瑞，欧阳波，韩韫. 高碱值磺酸钙润滑油清净剂的制备方法. 中国专利：200410037885. 9，2005-11-16.

[79] Chu S. Carbon Capture and Sequestration. Science，2009，325：1599.

[80] Haszeldine R S. Carbon capture and storage：how green can black be? Science，2009，325：1647-1651.

[81] 王明明，徐磊，段雪，贺雅丽. 中国二氧化碳资源化有效利用的战略选择. 资源科学，2009，31 (5)：829-835.

[82] 政府间气候变化专门委员会. 二氧化碳捕获和封存-决策者摘要和技术摘要. 剑桥大学出版社，2005.

[83] US Department of Energy，Office of Fossil Energy，National energy Technology Laboratory. Carbon

Sequestration Technology Roadmap and Program Plan. 2006.

[84] 晏水平，方梦祥，张卫风，骆仲泱，岑可法. 烟气中 CO_2 化学吸收法脱除技术分析与进展. 化工进展. 2006, 25 (9)：1018-1025.

[85] White C M, et al. Separation and Capture of CO_2 from Large Stationary Sources and Sequestration in Geological Formations—Coalbeds and Deep Saline Aquifers. Journal of the Air & Waste Management Association, 2003, 53 (6)：645.

[86] Gupta M, et al. CO_2 capture technologies and opportunities in Canada. 1st Canadian CC&S Technology Roadmap Workshop, 18-19 Sept., 2003, Calgary, Alberta, Canada.

[87] 郭锴，李幸辉，邹海魁，初广文，杨春基，陈建峰. 超重力法脱除变换气中的 CO_2. 化工进展. 2008, 7：1070-1073.

[88] Lin C, Liu W T, Tan C S. Removal of Carbon Dioxide by Absorption in a Rotating Packed Bed. Ind. Eng. Chem. Res., 2003, 42 (11)：2381-2386.

[89] Zhao H, Shao L, Chen J F. High-gravity process intensification technology and application. Chem. Eng. J, 2010, 156：588-593.

[90] Trent D. Chemical processing in high-gravity fields. In：Stankiewicz, A., Moulijn, J. A. (ed.), Re-engineering the chemical processing plant：Process intensification. New York：Marcel Dekker, 2004. 33-67.

18 铁矿气相还原原理及应用

18.1 引 言

铁元素约占地壳质量的5.1%，仅次于氧、硅和铝，居地壳元素分布的第四位。铁矿石在自然界分布极广，但人类发现和利用铁却比黄金和铜要晚，一方面是由于自然界中以单质状态存在的铁极少，另一方面也因为铁的熔点高于铜，比铜更难冶炼。铁冶炼是将氧化铁还原为单质铁的过程，目前主要采用高炉来冶炼铁矿，即在融熔状态下，氧化铁被焦炭还原为金属铁。尽管经过不断改进，现代高炉炼铁过程十分高效。但高炉炼铁在我国也还面临一些瓶颈问题，如：

(1) 优质铁矿石资源短缺：我国铁矿石资源品位低，平均铁品位仅33%，比世界平均值低11%左右。这些铁矿石大多需要细磨、选矿富集才能得到达到入炉要求的粉矿，而粉矿还需要再经球团、烧结处理才能得到高炉所需的"块矿"。即使如此，国内生产的铁精矿也远远不能满足需求，2009年我国进口铁精矿6.3亿吨，铁矿石对外依存度达到69%。对国外铁矿石的过度依赖使我国钢铁工业受制于人，危及国民经济的健康、稳定运行。降低我国铁矿石对外依存度的根本途径是加大国内铁矿石的供应，这就需要大力开发那些重选、磁选、浮选等常规技术难以利用的复杂难选铁矿石资源，对于复杂难选铁矿石资源的利用，铁矿石的气相还原（磁化焙烧）可发挥大作用。

(2) 难以有效处理复杂铁矿石资源：我国铁矿石资源的另一个重要特点是组成复杂、多元素共生。如攀西地区的钒钛磁铁矿资源，储量有100多亿吨，除铁外尚含有钒、钛、钴、镍、铬等金属元素。钛等元素在高炉炼铁时，被当做"有害"元素，因为这些元素的化合物会影响高炉的顺行。再如高磷铁矿在鄂西及云南等地的储量有50亿吨之多，磷也是高炉炼铁过程的"有害元素"，在高炉冶炼时会进入铁水，因此用高炉冶炼高磷矿难以得到合格的生铁，这些高磷铁磷石资源也因此一直得不到利用。除高炉冶炼外，还可采用直接还原-熔分工艺来冶炼铁矿石，即所谓的短流程炼铁工艺。铁矿石先经过气相还原至一定的金属化率，然后再通过熔化实现渣铁分离。采用直接还原工艺处理钒钛磁铁精矿时，熔分过程中 TiO_2 一般不会被还原为 TiO 或者 TiC，无需加入大量的熔剂来促进渣铁分离，因此在分离铁的同时可使钛富集，得到 TiO_2 品位大于45%的钛渣（接近甚至超过钛精矿的品位），为后续钛利用创造有利条件；而对于高磷铁矿采用直接还原工艺处理时，磷酸钙在直接还原温度下不会被还原为单质磷，后续熔化过程中磷酸钙富集在渣相，这样可在得到合格生铁的同时还得到富含磷的炉渣，此炉渣可作为磷资源加以利用。就目前的技术现状来看，短流程炼铁技术尚有很长的路要走，其关键瓶颈之一是如何高效地实现氧化铁的气相预还原（预还原）。因为只有预还原效率大幅提高，短流程炼铁技术才有可能在经济上与高炉炼铁竞争。

综上所述，尽管高炉炼铁技术已十分成熟，并且已将其在效率及成本上的优势发挥至极致，但高炉尚不能很好地处理如钒钛磁精矿、高磷铁矿等我国大量存在的多元素共生复杂铁矿石。发展基于铁矿气相还原的短流程炼铁技术，不仅可促进我国上述特色资源的利用，提高各种伴生金属的利用率，还可在未来焦炭资源紧张的情况下替代高炉炼铁。另一方面难选铁矿磁化焙烧技术因需高温焙烧，与常规选矿技术相比经济性上处于劣势，提高焙烧过程效率、降低焙烧过程成本是其大规模利用的前提。所有这些都依赖于铁矿气相还原工艺及技术方面的进步，以进一步提高效率，降低成本。

18.2　基本原理

自然界中存在的铁氧化物包括：磁铁矿，主要含铁矿物为 Fe_3O_4；赤铁矿，主要含铁矿物为 Fe_2O_3；褐铁矿，主要含铁矿物为含有结晶水的赤铁矿，可表示为 $nFe_2O_3 mH_2O$，可细分为针铁矿（$FeOOH$）、水针铁矿（$FeOOH \cdot nH_2O$）等；菱铁矿，主要含铁矿物为 $FeCO_3$；钛铁矿，主要含铁矿物可表示为 $nFeO \cdot mTiO_2$。铁在这些矿物中以二价或三价与氧和其他伴生元素相结合，铁矿气相还原过程实际上是将三价铁还原为二价及零价铁的过程，下面从气相还原热力学及动力学两方面对铁矿还原的基本原理作简要介绍。

18.2.1　氧化铁气相还原热力学

三氧化二铁还原过程遵循 $Fe_2O_3 \longrightarrow Fe_3O_4 \longrightarrow FeO \longrightarrow Fe$ 的路径，铁的价态从三价降至二价，再到零价。氧化铁气相还原热力学过程已研究的十分清楚，下面分三氧化二铁还原至氧化亚铁及氧化亚铁还原至金属铁两方面来介绍。

1. 三氧化二铁还原至氧化亚铁

气相还原的还原剂一般为 H_2 或 CO，Fe_2O_3 还原为 FeO 可表示为

$$Fe_2O_3 + H_2 \Longrightarrow 2FeO + H_2O(g) \tag{18.1}$$

$$Fe_2O_3 + CO \Longrightarrow 2FeO + CO_2 \tag{18.2}$$

　　根据文献［1］提供的热力学数据计算，Fe_2O_3 还原至 FeO 即使在低温、标准状态下也为自发过程。根据吉布斯自由焓计算得到的平衡常数如图 18.1 所示。低温下式（18.1）的平衡常数较小，600K 时的平衡常数约在 20 左右，且随温度升高而增大，1000K 左右时在 200 左右。与此相反，采用 CO 还原时，低温平衡常数较大，600K 时在 530 左右，随着温度升高而降低，在 1000K 时降至 300 左右。

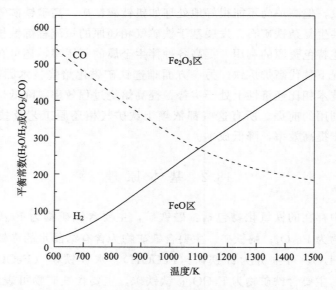

图 18.1　Fe_2O_3 还原为 FeO 平衡常数与温度的关系

　　为了更好地说明反应式（18.1）及式（18.2）对还原气体的要求，将图 18.1 进行变换，以平衡时还原气体浓度对反应温度作图得到图 18.2。图中线的上方表示还原气体浓度大于平衡所需浓度，是 FeO 稳定存在的区域。图 18.2 显示，对 H_2 而言，即使是在 600K 左右的低温，维持平衡所需的 H_2 浓度也仅为 6% 左右。H_2 平衡浓度随温度的升高而减小，到 800K 左右时已降到 1% 以下。对于 CO，在 600～1500K 的温度范围内，维持平衡所需的 CO 浓度都在 1% 以下，说明无论是以 H_2 还是 CO 为还原剂，在微弱的还原性气氛下就可将 Fe_2O_3 还原到 FeO，对气体的要求都很低，还原气体的热力学利用率可以达到很高。

　　图 18.1 还说明 H_2 还原 Fe_2O_3 至 FeO 为吸热反应，而 CO 还原 Fe_2O_3 至 FeO 为放热反应，反应焓与温度的关系如图 18.3 所示。总体来说热效应并不大，H_2 还原时为微吸热，而 CO 还原时为微放热。

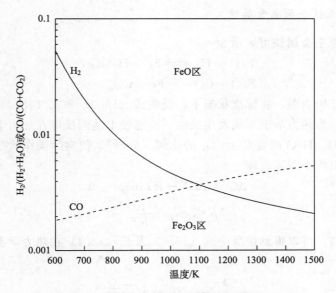

图 18.2　Fe_2O_3 还原为 FeO 平衡 H_2 和 CO 浓度

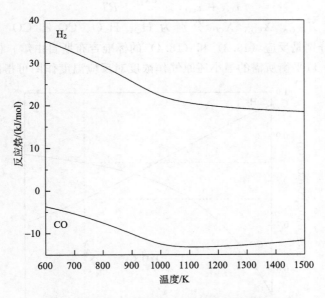

图 18.3　Fe_2O_3 还原为 FeO 反应焓与温度的关系

2. 氧化亚铁还原至金属铁

FeO 还原至金属铁可表示为

$$FeO + H_2 \rightleftharpoons Fe + H_2O(g) \tag{18.3}$$

$$FeO + CO \rightleftharpoons Fe + CO_2 \tag{18.4}$$

热力学分析表明,在标准状态下,反应式(18.3)和式(18.4)的吉布斯自由焓大于零,为热力学上不能发生反应。要想使上述两反应在热力学上可行,需要通过改变 H_2/H_2O 或者 CO/CO_2 的比例(分压),使实际操作状态下反应的总体吉布斯自由焓小于零,即

$$\Delta G = \Delta G^{\ominus} + RT\ln kp \leqslant 0 \tag{18.5}$$

$$kp \leqslant \exp(\frac{-\Delta G^{\ominus}}{RT}) \tag{18.6}$$

经过变换,可以得到使反应式(18.3)及式(18.4)在热力学上可行的条件分别为

$$\frac{x_{H_2}}{x_{H_2O} + x_{H_2}} \geqslant \exp(\frac{-\Delta G_{01}}{RT}) \tag{18.7}$$

$$\frac{x_{CO}}{x_{CO} + x_{CO_2}} \geqslant \exp(\frac{-\Delta G_{02}}{RT}) \tag{18.8}$$

式中的 X_{H_2}、X_{H_2O}、X_{CO}、X_{CO_2} 分别为 H_2、H_2O、CO 和 CO_2 的摩尔分数;ΔG_{01} 和 ΔG_{02} 分别是反应(18.3)和(18.4)的标准吉布斯自由焓。根据式(18.7)及式(18.8),以平衡所需的最小还原气作浓度对反应温度作图可得图18.4。图中

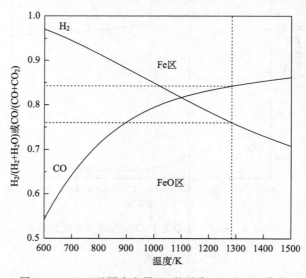

图 18.4　FeO 还原为金属 Fe 的平衡 H_2 和 CO 分率

线的上方为金属铁稳定存在的区域，线的下方为氧化亚铁稳定存在的区域。FeO 还原为 Fe 对还原气体浓度要求较高，例如在 600K 时，维持平衡所需的 H_2 浓度在 97% 左右，之后随着温度升高，平衡 H_2 浓度逐渐降低，但即使是 1300K 下平衡 H_2 浓度也需 75% 左右。600K 时，CO 的平衡浓度在 55% 左右，CO 的平衡浓度随温度升高而增大。在 1300K 时，维持平衡所需的 CO 浓度在 84% 左右。当然，CO 与 FeO 还可能发生其他反应，多反应竞争下的化学平衡会比反应（4）要复杂些，但图 4 可以较为清楚地显示还原过程 CO 及 H_2 可以达到的最高热力学气体利用率。

H_2 还原 FeO 至金属铁的过程为微吸热反应，CO 还原 FeO 至金属铁过程为微放热反应，吸热及放热量大体与图 18.3 所示相当。

18.2.2 氧化铁气相还原动力学

对氧化铁气相还原动力学已有很多研究，通常采用 TG、TPR 等来获得还原过程质量变化及还原过程气体组成变化，再对实验数据进行拟合求得活化能、反应级数等参数，拟合所采用的模型包括缩核模型、扩散模型、随机成核模型、核生长模型等。不同的研究者拟合得到的反应活化能相差悬殊，如表 18.1 所示。对 Fe_2O_3 到 Fe_3O_4 反应，从 18.0kJ/mol 到 246kJ/mol 不等，FeO 到 Fe 的活化能从 14.3kJ/mol 至 115.9kJ/mol 不等。造成这种现象的原因有以下几点：①氧化铁还原过程较为复杂，有 Fe_3O_4、FeO、Fe 等产物，这些产物的出现顺序与还原温度有关，大致的还原顺序如图 18.5 所示。Fe_2O_3 先还原生成 Fe_3O_4，根据还原温度的不同，在小于 450℃ 时直接还原为 Fe，在大于 570℃ 时，Fe_3O_4 还原为浮士体，再经浮士体还原为金属铁；而在 450℃～570℃ 之间浮士体会歧化生成 Fe_3O_4 与 Fe，所以存在 Fe_3O_4、$Fe_{(1-x)}O$ 与 Fe 的混合物，而最终还原为金属铁。由于反应生成物的这种差异，若在拟合数据时不能正确区分不同的阶段，则会产生很大的偏差；②测定的多为宏观动力学，因测定条件不同，传递的影响程度不同，进而会得出不同的表观活化能。实际上缩核模型等模型也是考虑不同传递模式后推导出的宏观动力学模型。若选择的模型与实际情况不符，也会造成拟合参数的偏差。由于宏观动力学受传递影响，而实际条件的传递过程与测定时又很难一致，宏观动力学实用意义并不是很大。为了解决这些问题，一般要先测定反应的本征动力学，再对传递过程进行模型化，两者相结合得到较符合实际的宏观动力学。已有的氧化铁动力学研究，鲜有在消除内外扩散条件下得到的本征动力学。

表 18.1　氧化铁还原活化能

活化能/(kJ/mol)		方法及气氛	文献
三氧化二铁还原至四氧化三铁			
1	89.4	TGH$_2$	Sastri 等[2]
2	246	TPR H$_2$＋Ar	Munteanu 等[3]
3	124	TPR H$_2$＋Ar	Wimmers 等[4]
4	94	TPR	Heidebrecht 等[5]
5	113.7/92	H$_2$＋CO	Tsay 等[6]
6	66.5	C	Srinivasan 等[7]
7	69/63	CO/H$_2$	Trushenski 等[8]
8	18.0	H$_2$	Mazanek 等[9]，Pineau 等[10]
9	94.8/114.1	TG H$_2$/CO	Pineau 等[10]
氧化亚铁还原至金属铁			
1	47.61/17.6	C	Srinivasan 等[7]
2	14.13	TG CO	Mondal 等[11]
3	115.94	TGA	Trushenski 等[8]
4	92	H$_2$	Warner 等[12]
5	63.6/69.5	H$_2$/CO	Tsay 等[6]
6	18～33	TPR	Heidebrecht 等[5]
7	104	TPR	Jozwiak 等[13]

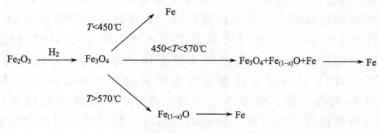

图 18.5　氧化铁的还原机制[10]

　　实际生产中铁矿还原大多在 800℃ 以上的高温进行，让很多人误以为氧化铁还原动力学较慢，需要高温才可较快地进行，实际上 Fe$_2$O$_3$ 在化学动力学控制下，还原速度非常快。图 18.6 是 Pineau 等测定的 1～2μm Fe$_2$O$_3$ 粉体 H$_2$ 下的还原动力学，即使是在 400℃ 左右的低温，Fe$_2$O$_3$ 还原至 Fe$_3$O$_4$（还原度 11%）所需的时间也不超过 2min，在 515℃ 下，Fe$_2$O$_3$ 还原至金属铁也仅需 2.5min。实际应用中不太可能将铁矿磨至 1～2μm 的粒级，一般都采用比较粗的颗粒，有些达到几十毫米（如采用竖炉作为还原反应器时），这时反应为严重的内扩散控制，总体反应速度远远低于化学动力学控制时的反应速度。图 18.7 是作者模拟颗粒大小对 Fe$_2$O$_3$ 还原

至 Fe_3O_4 还原时间影响的结果，500℃下，1.5mm 的 Fe_2O_3 颗粒完成磁化焙烧反应需要大约 2h，磁化焙烧反应速度随着颗粒粒径降低而显著加快，在 0.074mm 时，仅需 10min 左右即可完成磁化焙烧反应。模拟计算显示粒径是影响宏观反应速度的决定性因素，降低粒径可大幅提高反应速度，该结论也为实验结果所证实，图 18.8 是作者采用流化床反应器在 H_2 气氛下还原平均粒径 0.239μm 铁红的实验结果，550℃下用 66％ H_2＋34％ Ar 还原该超细 Fe_2O_3，10min 就可得到金属化率超过 90％的直接还原铁。

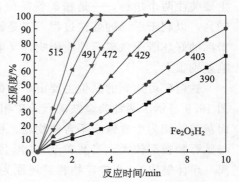

图 18.6 Pineau 等测定的 H_2 下 Fe_2O_3 低温还原曲线[10]

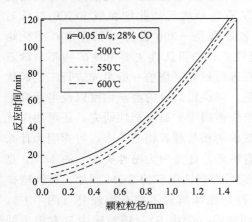

图 18.7 颗粒粒度对磁化焙烧 反应时间的影响

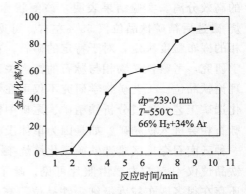

图 18.8 550℃下亚微米三氧化二铁 颗粒还原转化曲线

由此可见氧化铁气相还原速度还是比较快的，实际过程中多采用粗颗粒，因内扩散严重而大大降低了总体还原速度，强化 Fe_2O_3 还原过程最有效的办法就是降低颗粒粒径。我国通过磁选、浮选得到的铁精矿颗粒大都在－200 目占 60％以上。对于这样粒级的铁矿，在 900℃左右还原时，也仅需 20min 左右可获得 90％以上的金属化率。

18.2.3 铁矿石的可选性

将铁矿石中弱磁性的铁氧化物还原为强磁性的 Fe_3O_4，再通过磁选实现 Fe_3O_4 与脉石的分离（磁化焙烧-磁选），是难选铁矿分选的重要手段。实际过程主要关注两个指标,一是精矿铁品位,一般希望铁品位大于 60%,甚至是高于 63%,以利于后续的炼铁过程;二是铁回收率,希望铁回收率尽可能的高。选别指标的好坏既受铁矿石性质影响,又取决于焙烧的好坏,但两者对选别指标的影响差别很大。

铁精矿可达到的品位主要由矿石的性质决定,与磁化焙烧的好坏关系不大。图 18.9 显示了两种典型铁矿石的矿相结构,图中白色的物相为含铁量高的物相,而灰黑物相为少含铁或不含铁物相。图 18.9(a)是一种典型的赤铁矿,铁物相与脉石颗粒都较大,当磨矿至-100 目左右时已可基本实现铁物相与脉石相的分离(单体解离);当铁矿物相被还原为 Fe_3O_4 后,由于 Fe_3O_4 颗粒较大,通过弱磁选很容易获得高的铁品位和铁回收率,该种铁矿石可选性较好。图 18.9(b)是典型鲕状赤铁矿矿相结构图,脉石相与铁矿物相以几微米的粒度相互嵌布,若要实现单体解离,需要将矿石磨至 $10\mu m$ 以下。且不说磨矿能耗很高,即使焙烧后磨至单体解离,常规的磁选工艺也无法有效地实现如此细粒级 Fe_3O_4 与脉石的高效分离。实验结果表明,该鲕状赤铁矿磨至-200 目占 80% 左右,磁化焙烧-磁选后精矿铁品位仅 55% 左右。可见铁矿石的可选性主要由铁矿物相与脉石相的嵌布粒度决定,对于特定的矿石,在进行磁化焙烧前一般可先进行工艺矿物学研究,考察铁矿物相与脉石的镶嵌关系,以决定适合的磨矿细度以及可达到的理论铁品位。工艺矿物学研究不仅可在焙烧前用于矿石可选性研究,还可用于优化选矿工艺,通过分析铁精矿、尾矿中铁矿物相与脉石相的分布,可探明为什么脉石相会进入铁精矿?如是因为单体没有解离,还是因为磁性夹杂?图 18.10 是一种云南召夸地区难选铁矿磁化焙烧-磁选后得到铁精矿的 SEM 照片,该铁精矿铁品位仅 46% 左右。由照片可见,除了存在单体解离不完全颗粒外(图中 C),还存在很多嵌布粒度极细、铁品位不高的颗粒(图中 B),铁精矿中只有很少的

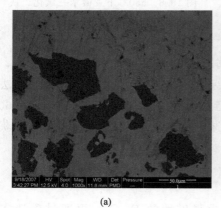
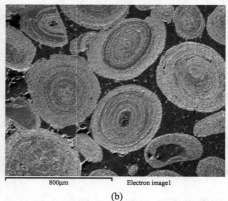

(a)　　　　　　　　　　　　　　　　(b)

图 18.9　两种赤铁矿微观结构 SEM 照片

铁品位较高的颗粒（图中 A），这种铁矿石资源可选性被判定为很差。另一方面，通过对尾矿的分析，也可寻找铁矿物相进入尾矿的原因，比如，颗粒太小、大颗粒脉石上的小连生体、夹杂等，根据这些研究，对选矿工艺进行优化，以提高精矿铁品位和铁回收率。

磁化焙烧效果的好坏，很大程度上只影响铁回收率（假设磁选过程已优化），磁化焙烧的最佳状态是使矿石中的铁矿物相都正好转化为强磁性的 Fe_3O_4。实际工艺中可能出现部分尚未被还原（Fe_2O_3），而部分已经过还原为

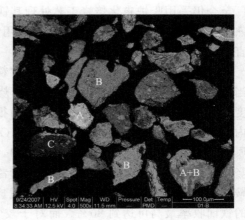

图 18.10　云南召夸地区某褐铁矿焙烧-磁选精矿 SEM 照片

FeO 了。由于 Fe_2O_3 和 FeO 都为弱磁性矿物，未被还原及过还原产物在后续的磁选中就可能进入尾矿而流失了，从而影响铁的回收率。

18.3　还原反应器

铁矿气相还原基本原理已较为清楚，还原化学反应也比较简单，但铁矿气相还原工业化却并不如还原化学反应所表示的那样简单，工业上主要需要解决还原反应器的大型化及相关工程化问题。可用于铁矿还原的反应器主要有竖炉、回转窑和流化床三类，下面简单介绍这三类反应器。

18.3.1　竖炉

竖炉相当于移动床反应器，铁矿与还原气体逆向运动，铁矿石从竖炉顶部加入，在下移过程中逐渐被加热、还原，并在出炉之前被部分冷却。还原性气体从竖炉下部进入，首先与还原好的铁矿换热，上升至还原段时与铁矿石发生还原反应，进一步上升至燃烧段后通过燃烧回收未反应还原气体的化学能，最后与上部进入的冷铁矿石换热后排出。由于采用移动床方式操作，为了保持物料的流动性及透气性，要求采用 15~75mm 的粗颗粒，还原反应的内传质阻力较大，所以竖炉铁矿气相还原一般需要较长时间。

竖炉气相还原铁矿的突出优点是技术成熟，早在 1926 年国内鞍山地区就开始采用竖炉进行磁化焙烧，俗称"鞍山式竖炉"，先后发展了 $50m^3$、$70m^3$ 和 $100m^3$ 三种磁化焙烧竖炉，单台处理能力最高可达 20 万 t/a。我国曾有 130 多座竖炉进行磁化焙烧生产，每年处理难选铁矿石 1300 多万吨。酒泉钢铁公司选矿

厂至今仍采用竖炉磁化焙烧工艺处理其铁矿石。竖炉铁矿直接还原工艺也比较成熟，国际上以 Midrex 工艺为代表，采用天然气重整气作为还原气体，每年生产直接还原铁 4000 多万吨。

竖炉最大的不足是不能直接处理"粉矿"，对于粉矿需要先造球，烧结到适当的强度方可利用。这个不足在磁化焙烧上显得尤为突出，因为磁化焙烧反应速度很快，对于 15～75mm 的铁矿，表面很快就会被还原至 Fe_3O_4，而此时铁矿石内部尚未被还原。而当内部还原至 Fe_3O_4 时，表面已被还原至 FeO、甚至是金属铁，即会存在严重的内外还原不均匀，影响铁回收率。已有的生产结果表明，竖炉磁化焙烧对富含石英的铁矿石，或者在升温过程中易产生裂纹的铁矿石，如鞍山地区的赤铁矿，酒泉地区铁矿等适应性较好，这些铁矿石竖炉焙烧-磁选后的铁回收率最高可达到 80%。而对于较为致密的铁矿石，竖炉磁化焙烧适应性就较差，如包头钢铁公司曾用"鞍山式"竖炉对白云鄂博铁矿进行磁化焙烧，结果铁回收率只能达到 71% 左右。另外酒泉钢铁公司的实践表明，矿石开采及破碎后，仅有 60% 左右的粒度适合竖炉处理，40% 为竖炉无法处理的"粉矿"。对这些"粉矿"酒泉钢铁公司采用强磁选工艺分选，得到的精矿铁品位仅为 47% 左右，且铁回收率也不高。

18.3.2　回转窑

回转窑也是一种常见的反应器，物料从窑头加入，随着窑体旋转而逐渐下移而经过预热、反应、部分冷却后从窑尾排出，气体可以和矿石顺流而下，也可逆流而上，通过燃烧一部分气体提供反应所需热量。回转窑在工业上有广泛的应用，用于铁矿气相还原在技术上也较为成熟，$\phi3.6m\times5.0m$ 的回转窑用于磁化焙烧时处理能力可达 40 万 t/a。新西兰的 Bluescope 钢铁集团公司，用 $\phi4.6m\times$ 65m 的回转窑进行海砂矿的直接还原，单条窑生产能力为 15 万吨直接还原铁，该回转窑已稳定运行三十多年。

回转窑用于铁矿气相还原的不足主要表现在以下三方面：①是气-固接触效率低，气体大部分从上部通过，与粉体接触不充分，所以用回转窑还原铁矿一般热耗都比较高，磁化焙烧的热耗平均在 70kgce 左右，远高于竖炉和流化床。也许正因为如此，铁矿回转窑磁化焙烧或直接还原通常都是直接用煤还原，这样煤的热解可为反应提供一些还原性气体；②是易"结圈"，尤其是用于磁化焙烧时较为突出，主要因为回转窑磁化焙烧温度较高（如 800℃），而很多铁矿在该温度下极易烧结而"结圈"；③是动态密封较为困难，通常都采用微负压操作，以避免还原性气体泄漏至工作环境中去。

18.3.3 流化床

流化床适合处理－200 目左右的细粉矿，在铁矿直接还原方面一般流化床处理的粒度为 0.1～8mm。流化床用于铁矿气相还原的优点为：①气-固接触效率高，与竖炉及回转窑相比，可在更低的温度及更短的时间达到同样的转化率。以磁化焙烧为例，采用流化床反应器即使在 500～550℃下、5～30min 就可完成磁化焙烧反应，而竖炉和回转窑则通常需要 800℃左右、几小时的时间才能完成磁化焙烧反应。从现有的数据来看，流化床磁化焙烧的热耗比竖炉低 15% 左右，比回转窑的平均热耗可低 60% 左右；②适合处理细粉矿，流化床适合处理竖炉及回转窑都难以有效处理的细粉矿，对矿石粒度具有更好的适应性。

与竖炉及回转窑相比，流化床铁矿还原也存在一些不足，主要表现为：①需要烘干。湿的细粉矿难以直接进入流化床，需要先烘干，不仅增加进入系统的复杂性，也增加了系统的能耗。据估算，将含水 10% 的粉矿烘干能耗在 15kgce 左右；②流化床焙烧电耗稍高：由于操作压力高于竖炉及回转窑，流化床焙烧过程电耗要高于竖炉及回转窑。以磁化焙烧为例，竖炉及回转窑焙烧电耗约在 5kW·h/t 原矿左右，流化床磁化焙烧电耗约在 7kW·h/t 原矿左右。

18.3.4 磁化焙烧技术对比分析

前已述及，磁化焙烧反应原理比较简单，各种反应器都可完成磁化焙烧反应，但各种反应器对矿石的适应性、操作条件、反应效率相差较大，最终会影响焙烧-磁选的经济性。因此，对各种焙烧技术进行综合经济性评价，以比较各种磁化焙烧技术的适应性及优劣。

由于处理矿石差别较大，并且实际生产运行的详细数据多难以得到，要对各种技术进行严格、准确的经济性比较，尚难以完全实现。幸运的是，对于包头白云鄂博铁矿，文献中有采用竖炉磁化焙烧的工业运行数据，以及流化床及回转窑处理白云鄂博铁矿实验室连续扩大数据，运行数据见表 18.2[14-17]。

表 18.2 包头白云鄂博铁矿竖炉、回转窑及流化床焙烧-磁选数据

	竖炉	回转窑	流化床
处理量/(t/h)	9.3	0.02	1.2
原矿品位/%	31.9	31.76	36.99
精矿品位/%	59.6	65.65	62.21
铁回收率/%	71.28	85.7	89.66
热耗/(GJ/t)	1.338	—	—
热耗/(kgce/t)	45.73	—	—
电耗/(kW·h/t)	5	—	—

为此选择白云鄂博铁矿作为综合比较的矿石，比较时假设：

（1）原矿铁品位设定为 31%，精矿铁品位设定为 60%，回转窑及流化床铁回收率都假定为 85%；

（2）电费 0.6 元/度；

（3）三种技术磁选过程完全一样，差别主要体现在烘干热耗及电耗、焙烧热耗及电耗上。根据当前选矿成本，假设除此之外每吨原矿的处理成本都为 63 元/吨；

（4）回转窑热耗按工业生产平均数据 67kece 计算，流化床热耗按照已建成 10 万吨循环流化床磁化焙烧初步试验结果 35kgce 计算。同时假设煤气发生炉的效率为 0.85，则流化床的实际煤耗为 41.2kgce、竖炉的实际煤耗为 52.9kgce；

（5）烘干热耗按照 14kgce 计算；

（6）竖炉、流化床采用煤气发生炉产生的煤气焙烧，回转窑直接用煤-矿混合焙烧。

（7）标准煤假设按 1000 元/吨计算。

在上述假设下，三种技术的对比数据见表 18.3，下面就三种焙烧综合热耗和电耗进行分析：

表 18.3　竖炉、回转窑、流化床磁化焙烧-磁选对比

	流化床	竖炉	回转窑
烘干热耗/(kgce/t)	14	0	0
烘干电耗/(kW·h/t)	4	0	0
焙烧热耗*/(kgce/t)	41.2	52.9	67
煤气发生电耗/(kW·h/t)	7	7	0
磨矿磁选电耗/(kW·h/t)	20	20	20
焙烧电耗/(kW·h/t)	7	5	5
其他	63	63	63
吨原矿总成本/元	141.9	135.1	145.0
回收率%	0.85	0.71	0.85
选比	2.28	2.73	2.28
精矿生产成本/(元/吨)	321.1	368.4	330.2
与流化床生产成本差/(元/吨)	0	47.3	9.1

* 考虑煤气发生炉气化效率后的实际热耗。

（1）综合热耗：虽然流化床焙烧热耗较低，仅 35kgce，但加上烘干热耗后达到 49kgce，比竖炉的 45kgce 还高出 4kgce；综合热耗最高的是回转窑，达到 67kgce。

（2）总电耗：电耗最高的是流化床，达到 48kW·h/t，一方面由于增加了

煤气发生、烘干等工序，另一方面也由于流化床操作压力高，压缩煤气功耗高。竖炉操作的电耗为 32kW·h/t，电耗最低的是回转窑，25kW·h/t。

　　根据上述综合热耗及电耗数据，以及前面的各种假设，计算得到了三种磁化焙烧技术处理每吨原矿的成本如表 18.3 所列。处理每吨原矿成本最低的是竖炉，为 135.1 元/吨；而成本最高的是回转窑，达到了 145.0 元/吨；流化床焙烧介于两者之间，为 141.9 元。根据铁回收率和选比折算成为每吨精矿成本由高到低为：流化床、回转窑、竖炉，分别为 321.1 元、330.2 元和 368.4 元。可见尽管竖炉每吨原矿焙烧成本最低，但由于铁回收率低，实际每吨铁精矿综合成本最高。上述比较清楚地表明，流化床焙烧具有最好的经济性，与回转窑及竖炉相比，每吨精矿成本分别低 9.1 元和 47.3 元。

18.4　流化床磁化焙烧

　　磁化焙烧是难选铁矿利用的共性技术，流化床是最为高效的磁化焙烧反应器，从 20 世纪中叶开始，国际上曾出现过流态化磁化焙烧研发的热潮，后终因大量富铁矿的发现而停止。我国铁矿石资源禀赋较差，平均品位仅 33% 左右，比世界平均水平低 11%。针对我国铁矿石资源"贫"、"杂"、"细"的特点，原中国科学院化工冶金研究所（现中国科学院过程工程研究所）提出我国铁矿石需要通过磁化焙烧处理才可实现高效的分选，并选择了流化床磁化焙烧为主攻方向，于 1958 年在国内成立了第一个流态化实验室（为多相复杂系统国家重点实验室的前身），专门从事难选铁矿流态化磁化焙烧基础及应用基础研究。先后对鞍山赤铁矿、南京凤凰山赤铁矿、酒泉菱铁矿和镜铁矿、河北宣化鲕状赤铁矿、包头白云鄂博铁矿等进行过系统的实验室小型实验和 1.2t/d 扩大实验研究，在提高精矿铁品位和铁回收率方面都取得了满意的结果。略举一例说明：对 TFe 36.99%，F 7.38%，Re_2O_3 3.29% 白云鄂博含稀土铁矿，在 1.2t/d 的实验室扩大装置上进行了连续 58h 试验。铁矿在富含 H_2 的气氛中，550℃下还原 10～30min 后弱磁选，获得精矿铁品位 62.21%，F 1.95%，Re_2O_3 0.62%；尾矿 TFe 6.62%，F 17%，Re_2O_3 7.36%，铁回收率 94.46%，扣除吹损 4.8% 后，实际铁回收率达到 89.66%。通过流化床磁化焙烧，实现了白云鄂博铁矿中铁与稀土元素的分离，为后续铁及稀土回收利用创造了良好的条件。

　　在实验小试及扩大实验的基础上，20 世纪 60 年代初中国科学院化工冶金研究所获当时的国家科学技术委会员支持，在马鞍山矿山研究院建立了 100t/d 的流化床磁化焙烧半工业试验装置。于 1966 年初完成了安装和调试，先后对鞍山赤铁矿、酒钢镜铁矿、宣化鲕状赤铁矿等进行试验，均取得良好的结果。如 1966 年 5 月至 11 月针对酒泉粉矿进行了五次中试，约用粉矿 1000t，对 TFe

38.78%的原矿，在 552~570℃下流态化焙烧后磁选，获得精矿铁品位 61.89%，尾矿含铁 7.38%，铁回收率 93.82%，扣除吹损 8.2%，铁实际回收率 86.1%。1966 年 11 月以后，因文化大革命未能进行进一步的试验研究，该装置在 20 世纪七十年代因援助阿尔巴利亚红土矿项目被整体搬迁至上海。在此后的很长一段时间，国内流态化磁化焙烧研发也处于停止状态。

2000 年以来，我国铁矿石供应形势日益严峻，中国科学院过程工程研究所多相复杂系统国家重点实验室从 2005 年起又开始进行难选铁矿的磁化焙烧研究，主要针对云南曲靖地区的褐铁矿、武定鱼子甸鲕状赤铁矿、东川包子铺铁矿、昆钢新平大红山弱磁尾矿、澜沧县惠民铁矿（储量 20 亿吨）等开展了实验室小试研究，获得了初步的可选性认识，具体结果如表 18.4 所示。在这些实验室小试的基础上，与云南越钢集团有限公司合作，从 2007 年年初开始进行 10 万吨级难选铁矿循环流化床磁化焙烧示范工程设计、设备制作/选型、安装、调试工作，该示范工程外景如图 18.11 所示。

表 18.4　云南地区难选铁矿可选性实验结果

序号	产地	矿种	原矿品位/%	精矿品位/%	铁回收率/%
1	马龙纳章	褐铁矿	37.37	60.41	93.60
2	召夸	赤铁矿	26.78	52.39	72.21
3	武定鱼子甸	鲕状赤铁矿	44.64	56.97	87.98
4	大红山	弱磁扫选精矿	43.13	64.75	92.02
5	东川包子铺	褐铁矿	41.13	64.88	84.86
6	惠民富氧化矿	赤褐铁矿	40.21	59.25	81.68

至 2008 年 7 月完成了冷热态调试，并在 2008 年 7 月至 9 月间进行了试生产，期间共处理了约 6000t 褐铁矿。试生产结果表明，品位为 33%~38%左右的褐铁矿，经该循环流化床磁化焙烧后磁选，精矿品位在 53%~57%之间，平均铁回收率 85.4%。试生产结果表明，循环流化床焙烧效果较好，但所得精矿铁品位不高，研究表明，主要系因采用铁矿石嵌布粒较细所致。

从 2008 年 9 月开始，因金融危机影响，该生产线停止生产，目前铁精矿价格已大幅回升。云南越钢集团有限公司于 2010 年初决定重启该生产线，但在筹备恢复生产过程中，云南曲靖地区

图 18.11　10 万吨循环流化床磁化
焙烧示范工程外景

干旱日益严重,不仅缺水,电力供应十分紧张,目前只能等待干旱缓解,电力不紧张后才可进行重启生产。

18.5　流态化铁矿直接还原

铁矿气相还原成金属铁,一方面可以用于生产直接还原铁,另一方面也是非高炉炼铁(又称"短流程炼铁")的重要组成部分(俗称预还原)。直接还原与高炉炼铁相对应,都是将氧化铁还原为金属铁,但由于直接还原温度远低于高炉炼铁,与高炉炼铁相比,还原反应速度要慢得多,单就氧化铁还原过程而言,目前似乎没有一种直接还原技术在效率上可与高炉炼铁相比,因此直接还原研发的一个中心任务是如何提高直接还原/预还原过程的效率,以期在省去球团、烧结、炼焦等过程后,基于直接还原-熔分的短流程炼铁技术可比传统的高炉炼铁技术效率更高。

在本章反应原理部分已经指出氧化铁气相还原速度很快,实际过程由于受严重内传质控制速度较慢,降低铁矿石粒径可大幅降低内传质阻力,提高反应速度。在各种反应器中,流化床对细粉具有最好的适应性,被认为是铁矿直接还原/预还原最佳的反应器,从 20 世纪 60 年代开始受到人们的广泛在重视,也进行过很多的研究。但是到目前为止,通过流化床生产的直接还原铁只占总产量的 1% 左右,采用流化床进行铁矿预还原的也仅有韩国浦项制铁的 FINEX 工艺。

失流是流化床气相还原铁矿石过程面临的一个主要难题,国内外对失流机理进行过很多研究。郭慕孙先生 1977 年在《化工冶金》上对氧化铁流态还原过程的"黏结失流"进行过总结[18]。引起失流的原因包括颗粒间的附着(adhesive)、烧结(sintering)、结块(caking)、晶须生长(whisker)等,虽然其后也还有不少新的研究,但在失流机理方面也未能提出更新的理论,至今人们对铁矿流态化还原过程的失流规律尚缺乏深入的认识。众多的实验结果表明,失流与铁矿的组成、粒度、还原温度、还原气氛、金属化率等多种因素有关,定性的结论是:铁矿的"熔点"越低、粒度越小、金属化率越高、温度越高就越容易失流。基于这些定性认识,人们也发展了一些防止失流的方法,包括:①采用低温还原,如早期研究有选择在 540℃ 左右的低温下还原铁矿石。低温下为了提高速度,往往采用高压操作,但压力对反应速度的影响远没有温度显著,因此为了提高设备的产率和反应效率,还原过程还是在高温下操作为宜;②析炭或渗炭,如采用 CH_4 等烃类,在颗粒表面析炭可有效防止失流,然而铁矿还原过程总体为吸热过程(矿石升温、反应吸热、散热)。工业生产中对该过程供热本来就不易,再加上强吸的热烃类裂解反应,将使供热变得更加困难;③添加惰性物料,在铁矿粉中加入焦炭粉、MgO、CaO 等物质也可防止失流，如果目标是生产直接还原铁，这些物质的加入对产品将会有是不利的影响，一般需要将加入的"惰性"物质去掉。但如果是作为融熔还原的预还原过程，由于后续的熔分过程也需要加入这些物质，焦炭粉、MgO、CaO 等物质的加入一般不会产生不利影响，但很多实验室研究时采用的刚玉、石英砂则不宜加入；④采用粗的铁矿石颗粒，比如现有实现工业化生产的 FINEX、FINMET、Circored 等工艺都对入炉铁矿石粒度有严格的要求，一般要求在 0.1～8mm 之间，小于 0.1mm 的"细粉矿"需要造粒后方可进入流化床。采用粗颗粒虽可抑制还原过程中的失流，但会大大降低总体反应速度，对于 5～8mm 的粗颗粒，流化床气相还原在总体反应速度上与竖炉还原相比优势不明显。

　　虽然采用流化床气相还原氧化铁的研究很多，但真正在工业规模上实现的却不多，仅 FIOR/FINMET、Circored 和 FINEX，表 18.5 列出这三种工艺的主要参数。这三种工艺主要都是采用粗颗粒来避免还原过程中的失流，无法处理 0.1mm 以下的细粉矿。开发可处理 0.1mm 以下细粉矿的流态化直接还原技术对我国来说显得尤为重要，因为我国的铁精矿基本都是通过选矿工艺获得，粒度一般在−200 目占 60％以上，如果能够直接使用这些细粉矿，不仅可省去造球、烧结等过程，还可充分发挥流化床的优势，提高直接还原的效率。因此开发细粉铁矿的直接还原技术应是流态化直接还原的重要研究方向。一方面仍需进一步研究还原过程失流机理，另一方面更应大力探索破碎黏结聚团的方法，因为黏结成团过程在热力学及动力学上都是自发的过程，若找不到破碎这些自发形成黏结聚团的有效方法，将难以从根本上解决铁矿还原过程的失流问题。

表 18.5　FINMET、FINEX 及 Circored 工艺对比

项目	FINMET	FINEX	Circored
反应器	四级流化床	四级流化床	循环床＋鼓泡床
还原气体	天然气重整气	熔融气化炉造气	天然气重整气
颗粒粒径要求	0～7mm，＜0.15mm 不大于 20%	0.25mm 占 22%；0.25～1.0mm 占 28%；1.0～5.0mm 占 50%	0.1～8mm；小于 0.1mm 要造粒
反应温度/℃	800	800～900	循环床 950～1000；鼓泡床 850
反应压力/atm	11～13	2.3～4.0	5
产品金属化率/%	93	～70	93
产量/(万吨/年)	100	150	50
防黏结措施	粗颗粒，高黏结温度铁矿	粗颗粒，附碳	粗颗粒

注：atm 为非法定计量单位，1atm＝1.013 25×10^{5}Pa。

18.6 展　　望

将铁矿石中弱磁性的铁氧化物转化为强磁性的四氧化三铁，可增加难选铁矿石资源中铁矿物相与脉石的可分离性，是难选铁矿石资源利用的重要手段。作为最为高效的磁化焙烧反应器，流化床磁化焙烧已完成了 3 万吨/年及 10 万吨/年的工程示范，下一步应当大力推动 10 万吨级技术的推广，并开发 50～100 万吨级循环流化床磁化焙烧技术。先进的流化床磁化焙烧技术将在以下两方面发挥重要作用，一是促进我国现有技术难以有效利用的大量铁矿石资源的高效利用。目前我国已探明的难以被传统重选、浮选及磁选有效处理的难选铁矿石资源有 200 多亿吨，这些铁矿石的利用将可使我国可用铁矿资源扩大 2 倍以上。假设每年用此技术处理难选铁矿 1 亿吨，将可生产铁精矿 4600 万吨，这不仅可大幅缓解我国铁矿石供应紧张的局面，还可极大地增加与三大矿山的议价能力，保障供应安全；二是提高赤铁矿资源的利用效率。目前我国有大量的赤铁矿采用浮选工艺（如弱磁-强磁-反浮选）分选，铁回收率仅 70％左右，如果采用先进的流化床磁化焙烧技术处理，铁回收率可提高到 85％以上，铁回收率从 70％提高到 85％，每千万吨 35％品位的原矿可多回收 60％品位铁精矿 87 万吨，资源利用效率将大幅提高。

基于直接还原-熔分的短流程炼铁是未来炼铁技术的重要发展方向之一，国外在短流程炼铁方面已研发了几十年，发展了多种短流程炼铁工艺。我国的宝钢也从奥钢联引进了采用竖炉预还原的 Corex3000 技术。韩国浦项制铁公司则在引进 Corex 技术基础上，将竖炉预还原改为流化床预还原，发展了更为先进的 FINEX 技术，但仍未完全解决细粉流态化预还原问题。采用流化床直接还原细粉铁矿，不仅可大大提高预还原效率，也符合我国铁矿资源以粉矿为主的特点，应当加大这方面的研发力度，不仅在黏结失流机理等基础研究方面，更应重视工程化研究。另外，除了普通铁矿外，更应优先发展多元素共生矿，如钒钛磁铁矿、高磷铁矿、白云鄂博含稀土铁矿等铁矿的直接还原-熔分技术，促进这些多元素共生矿的高效利用。

参 考 文 献

[1] Chase M W Jr, Davies C A, Downey J R, Frurip D J Jr, McDonald R A, Syverud A N. JANAF thermochemical tables (3rd edition). Journal of Physical and Chemical Reference Data, 1985, 14 (s. 1).

[2] Sastri M V C, Viswanath R P, Viswanathan B. Studies on the reduction of iron oxide with hydrogen. International Journal of Hydrogen Energy, 1982, 7: 951-955.

[3] Munteanu G, Ilieva L, Andreeva D. Kinetic parameters obtained from TPR data for a-Fe_2O_3 and Au/a-Fe_2O_3 systems. Thermochimica Acta, 1997, 291: 171-177.

[4] Wimmers O J, Arnoldy P, Moulijn J A. Determination of the reduction mechanism by temperature-programmed reduction: application to small iron oxide (Fe₂O₃) particles. J. Phys. Chem., 1986, 90: 1331-1337.

[5] Heidebrecht P, Galvita V, Sundmacher K. An alternative method for parameter identification from temperature programmed reduction (TPR) data. Chemical Engineering Science, 2008, 63: 4776-4788.

[6] Tsay Q T. The modeling of hematite reduction with hydrogen plus carbon monoxide mixtures: Part I. The behavior of single pellets. AIChE Journal, 1976, 22: 1064-1072.

[7] Srinivasan N S. Reduction of iron oxides by carbon in a circulating fluidized bed reactor. Powder Technology, 2002, 124: 28-39.

[8] Trushenski S, Li K, Philbrook W. Non-topochemical reduction of iron oxides. Metallurgical and Materials Transactions B, 1974, 5: 1149-1158.

[9] Mazanek E, Wyderko M. Kinetics and phase transitions during reduction of low-porous iron ores. Met-Odlew. Met., 1974, 22: 55-64.

[10] Pineau A, Kanari N, Gaballah I. Kinetics of reduction of iron oxides by H₂: Part I: Low temperature reduction of hematite. Thermochimica Acta, 2006, 447: 89-100.

[11] Mondal K, Lorethova H, Hippo E, Wiltowski T, Lalvani S B. Reduction of iron oxide in carbon monoxide atmosphere-reaction controlled kinetics. Fuel Processing Technology, 2004, 86: 33-47.

[12] Warner N A. Reduction kinetics of hematite and the influence of gaseous diffusion. Transactions of the metallurgical society of AIME, 1964, 230: 163-176.

[13] Jozwiak W K, Basinska A, Goralski J, Maniecki T P, Kincel D, Domka F. Reduction requirements for Ru (Na) /Fe₂O₃ catalytic activity in water-gas shift reaction. Studies in Surface Science and Catalysis. Amsterdam: Elsevier, 2000. 3819-3824.

[14] 王运敏, 田嘉印, 王化军, 冯泉. 中国黑色金属矿选矿实践. 北京: 科学出版社, 2008. 415-417.

[15] 朱俊士. 选矿手册第十四篇——磁选. 北京: 冶金工业出版社, 1991. 50-64.

[16] 朱俊士. 选矿试验研究与产业化. 北京: 冶金工业出版社, 2004. 442.

[17] 中科院化冶所三室. 包头铁矿流态化磁化焙烧实验报告. 北京: 中国科学院化工冶金研究所, 1973.

[18] 郭慕孙. 氧化铁在还原过程中的失流与粘结有关的物理、化学. 化工冶金, 1977, 2: 2-114.

19 基于复杂反应过程的材料化工

19.1 引　言

　　材料是人类文明进化程度的重要标尺。人类社会在大约 1 万年的进化历程中，有超过一半的时间只能依赖从自然界直接获得天然材料，经过较为简单的物理加工后，制得各式各样的生产工具和生活用具[1]。这些原材料包括各种天然矿石、木材、动物骨骼和陨石等，它们是自然界中的物质发生复杂物理和化学变化后的产物。在对这些天然材料从粗糙到精细的物理加工过程中，人类最终也掌握了对原材料进行化学加工的方法，以获得自然界所不能提供的原材料，并制备出性能更加优良的工具。陶、瓷、铜、铁、玻璃、塑料等人工合成材料的发明和广泛使用，在短短几千年的时间里，使人类文明达到我们今天这样的发展高度和技术水平。

　　利用化学反应和传递等化工过程制备的合成材料已成为绝对主体，这些材料的外观形貌和内在性质，与合成它们的原材料相比，可能相差悬殊，甚至判若云泥，如坚硬透明的金刚石膜与其合成原料甲烷相比、半导体硅片与其合成原料石英砂相比等。究其原因，是人类越来越擅长于利用复杂的化学反应过程来制备具有特定结构和性质的材料。例如，利用黏土烧制陶器只需要简单的高温空气氧化反应，而铜和铁的冶炼就需要空气氧化再加上碳与 CO 的还原反应，碳纤维的合成则需要聚丙烯腈和中间相沥青等的合成、高分子热缩聚、部分氧化、碳化和脱氮反应等复杂的化工过程。

　　人们越来越广泛地依靠复杂反应过程来制备材料的动因是多方面的，其中永无止境地追求新类型的材料和实现材料更好的性能是主要原因，例如从生铁制作发展到研制生产各种各样的合金材料，从利用天然纤维到合成纤维，从中草药到合成药物和基因药物等。单一的化学反应，甚至多步骤的链式反应都不能完成这样的合成过程，不能得到高性能的产品。另外一个原因是来自自然界的制约。随着易加工优质原料的日益短缺，人们不得不利用难以加工的"劣质"原料。为得到相同品质的最终材料和产品，就需要更为繁琐和复杂的加工过程，例如为了使用低品位铁矿石来炼铁，就需要预先进行还原焙烧，以获得部分磁性以助分离[2]。同样的问题还出现在多金属元素共生矿土的利用、生物质制取油品、烟煤的液化等。其他方面的原因还有很多，其中出于对自然界中自发的复杂反应过程生成材料的好奇心，人们也越来越希望能够人工地"复现"这些反应过程，例如利用复杂的生物和生命化学反应来制造活体组织材料等。

因此，基于复杂化学反应过程的材料化工技术已广泛应用到许多材料的合成制造中，如何调控复杂的化学反应过程实现材料特定结构和性能，如何最大限度地降低和减少副反应，以提高合格材料产品的收率，如何设计和组织一个复杂反应体系以制备结构功能一体化的多相结构新材料，其中的技术方法和科学问题无疑将是未来材料科学与工程学科发展的重要方向。

纵观六十多年来材料科学与工程学科的发展历史，特别是进入 21 世纪以来材料研究呈现出的发展趋势，就会发现新材料新技术正在加速涌现：纳米材料逐渐走向实用化，新能源材料和生物医药材料方兴未艾，高性能合金和轻质高强材料研究如火如荼，超高温材料应用领域迅速扩展等。蕴藏在这些变化背后的一个很重要的推动力，就是随着人们越来越多地有意识有目的地采用复杂反应过程来制备化工新材料，特别是功能材料的合成技术和研究方法正在发生很大的变化。随着材料的研究和开发模式越来越转向以应用为导向，材料的加工-结构-性能一体化的设计加工制造技术，受到越来越多的关注。由原材料的加工过程（processing）到材料的结构控制（structure）、到性能的实现（properties）和满足应用要求（performance），这四大要素构成的线性的、单向的材料制造工程（图 19.1）[3,4]，正在向着以应用为核心，加工、结构和性能控制过程相互交叉、循环反馈的方式转变（图 19.2）。材料研究的重点也相应地从加工工程向化学合成工程转移。通过化学反应工程（如基因工程、化学沉积、反应成型、有机-无机反应转化等）制备的高性能陶瓷基复合材料、树脂基复合材料、高性能碳/碳化硅等无机纤维、生物医药材料和制品、直接还原海绵钛、铁、镁合金、组织工程材料等新型结构功能一体化材料，正在成为下一代运载火箭、先进飞机、高超

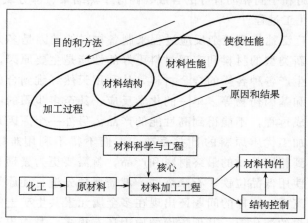

图 19.1　传统材料学的研究方法与材料制造过程[3,4]

声速飞行器、风电和太阳能利用、人体组织等的关键材料。材料的研究和制造工程的焦点将是复杂反应和传递过程中材料多尺度结构的形成,材料制造的关键是跨尺度结构的定向控制与特定功能实现。随着这种循环反馈式研发模式的逐渐形成,人们也开始注重材料自身的可持续发展与环境保护问题,例如开发同质异构材料和降解回收技术等。

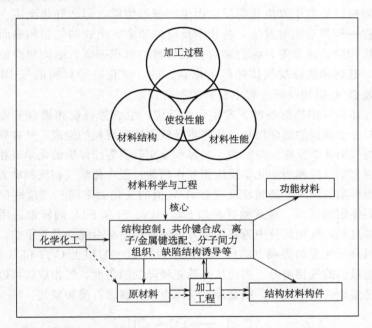

图 19.2 以结构控制为核心的材料学研究方法与相应的材料制造过程

与其他反应体系比较,气-固相反应往往涉及由众多基元化学反应构成的复杂自由基反应体系,它们对材料的制备过程的影响更为复杂,如化学成分、组织结构、产品收率、副产品和废物等。另一方面,基于复杂气-固相反应的化工材料制备技术应用十分广泛。如煤的热解、矿石的热分解、颗粒材料的燃烧合成、薄膜的气相沉积等。制备的材料种类多种多样,如碳纤维、多晶硅、热解炭、各种粉体颗粒材料、薄膜和复合材料等。这些材料的制备工艺和设备也各不相同,如 CVD、等离子增强 CVD、燃烧合成、流化床沉积、爆炸反应喷涂等。本章只剖析有限的几个例子,简要归纳总结复杂气-固相反应过程对材料合成过程以及材料结构的跨尺度调控等共性方法。鉴于这一学科远未成熟,以下的论述分析只期盼起到抛砖引玉的作用。

19.2　复杂气-固相反应与材料制备技术

　　固体物质从气相中发生物理析出需要一定的过饱和度，才能够通过非均相形核和晶体缺陷诱导的生长过程，长大成不同颗粒度或者晶粒度的固体材料[5,6]。如果固体的析出是由于发生化学反应而生成新的物质，那么气相反应、表面反应和物理过程一般都是同时发生，各化学反应的速率、生成的气相和表面吸附产物浓度、形核和生长速率等，都会影响生成材料的沉积速率、结构和性能。下面以碳氢气体、硅烷和碳硅烷气体热解生成碳、硅、碳化硅等材料的气-固相反应为例，说明复杂气-固相反应过程中材料的制备技术。

　　烃类气体在气相热解条件下发生化学反应，生成芳香烃和聚合芳香烃，随着生成物相对分子质量的逐渐增加，最终将导致固体碳颗粒的生成，并在颗粒的表面发生复杂的表面化学反应。热解炭、炭黑和金刚石膜等固体碳的化学气相沉积都是复杂的气相化学反应和表面化学反应相互作用的过程。化学气相沉积动力学受温度和气体浓度影响的同时，还随着反应器 A/V 值的变化而不同[5]。这些反应过程不但适用于固体碳的沉积，对其他材料如 SiC、BN、Si 和 SiO_2 同样也适用。在碳氢气体的热解过程，气相组分中芳香烃类分子的吉布斯自由能均低于甲烷、乙烯、丙烷等低相对分子质量的烃类（C_2H_2 除外），而在 2200℃ 以上 C_2H 和 C_2H_2 成为吉布斯自由能最低的气相组分。因此从体系能量降低的角度，气相成碳可以通过两种不同的途径实现。其中之一，就是烃类气体直接分解成石墨和氢气：

$$C_xH_y =\!\!= xC + \frac{y}{2}H_2 \tag{19.1}$$

　　另外一个途径，就是烃类气体通过气相反应生成相对分子质量更大和吉布斯自由能更低的芳香化合物，并最终转化为具有乱层结构的炭材料、具有三维晶格结构的石墨和氢气，以实现体系能量的逐步减小：

$$C_xH_y \longrightarrow C_{x+m}H_{y+n} \longrightarrow \cdots \longrightarrow C_s + H_2 \tag{19.2}$$

　　实践证明，烃类气体的热解和成碳是同时发生、竞争进行的，上述两种途径都有不同程度的贡献。低温条件时发生的化学气相沉积（<1400℃），气相中的热力学平衡组分主要是芳香化合物和甲烷。

　　总结各种烃类气体的热解化学反应，以各种烃类气体为原料气的热解炭的化学气相沉积可以用较简单的反应式表示。

　　以 C_2H_4 和 C_2H_2 为原料气时可以简化为：

$$CH_4 =\!\!= \underline{C_2H_4} =\!\!= C_2H_2 =\!\!= C_4H_x =\!\!= C_6H_6 =\!\!= PAH$$
$$\downarrow\downarrow\downarrow\downarrow\downarrow \tag{19.3}$$
$$C_\inftyC_\inftyC_\inftyC_\inftyC_\infty$$

$$CH_4 \Longrightarrow C_2H_4 \Longrightarrow \underline{C_2H_2} \Longrightarrow C_6H_6 \Longrightarrow PAH$$
$$\downarrow \qquad\qquad \downarrow \qquad\qquad \downarrow \qquad\qquad \downarrow$$
$$C_\infty \qquad\quad C_\infty \qquad\quad C_\infty \qquad\quad C_\infty \tag{19.4}$$

以 C_3H_6 为原料气时：

$$\underline{C_3H_6} \Longrightarrow C_2H_x + CH_4 \Longrightarrow C_4H_x \Longrightarrow C_6H_6 \Longrightarrow PAH$$
$$\downarrow \qquad\qquad \downarrow \qquad\qquad\qquad \downarrow \qquad\qquad \downarrow \qquad\qquad \downarrow$$
$$C_\infty \qquad\quad C_\infty \qquad\qquad\quad C_\infty \qquad\quad C_\infty \qquad\quad C_\infty \tag{19.5}$$

以 C_4H_6 为原料气时：

$$\underline{C_3H_6} \Longrightarrow C_2H_x + CH_4 \Longrightarrow C_4H_x \Longrightarrow C_6H_6 \Longrightarrow PAH$$
$$\downarrow \qquad\qquad \downarrow \qquad\qquad\qquad \downarrow \qquad\qquad \downarrow \qquad\qquad \downarrow$$
$$C_\infty \qquad\quad C_\infty \qquad\qquad\quad C_\infty \qquad\quad C_\infty \qquad\quad C_\infty \tag{19.6}$$

以 CH_4 为原料气时：

$$CH_4 \Longrightarrow C_2H_6 \Longrightarrow C_2H_4 \Longrightarrow C_2H_2 \Longrightarrow C_4H_x \Longrightarrow C_6H_6 \Longrightarrow PAH$$
$$\downarrow \qquad\quad \downarrow \qquad\quad \downarrow \qquad\quad \downarrow \qquad\quad \downarrow \qquad\quad \downarrow$$
$$C_\infty \qquad C_\infty \qquad C_\infty \qquad C_\infty \qquad C_\infty \tag{19.7}$$

以 C_2 烃为原料气时，并不会生成大量 C_3 组分；以 C_4 为原料气时，也不是通过 C_3、C_2 然后生成 CH_4，以 C_6H_6 为原料气时只生成少量的 CH_4，而不生成 C_3 等组分。同时也可以发现：当沉积温度低于 1200℃ 时，CH_4、C_2、C_3 和 C_4 等直链烃，以及环戊二烯、苯等单环芳香化合物热解并在固体表面沉积热解炭的过程，总是伴随发生复杂的均气相反应，随着时间的延长，气相组分趋向生成高浓度的稠环芳香化合物（图 19.3）。因为表面反应的速率常数一般均随着烃相对分子质量的增大而增大（相同 C/H 比），因此直链烃和单环芳系化合物热解并生成热解炭的化学过程具有相似特征，可以如下表示：

$$A(g) \xrightarrow{k_1} B(g) \xrightarrow{k_i} \cdots\cdots \xrightarrow{k_j} C(g)$$
$$\downarrow k_{\rm I} \qquad\quad \downarrow k_{\rm II} \qquad\qquad\quad \downarrow k_{ii} \qquad\quad \downarrow k_{jj}$$
$$C_\infty \qquad\quad C_\infty \qquad\qquad\quad C_\infty \qquad\quad C_\infty \tag{19.8}$$

硅和碳化硅的化学气相沉积也是复杂气相化学反应和表面反应相互作用的过程（气相反应的热力学平衡相浓度见图 19.4）。以氯硅烷为原料气沉积 SiC 时往往伴随着游离硅的生成，关于 SiC 和 Si 共沉积的化学机理，以前都认为是含硅的气体分子（$SiCl_2$）和含碳的自由基（CH_3）发生表面化学反应的速率差异造成的，而最近的实验证明硅和碳化硅的共沉积更有可能是通过气相合成反应和表面化学反应同时发生和进行的。以三氯甲基硅烷和氢气为原料气的气相热解化学反应大致可以分成下面三种类型的反应过程[7,8]：

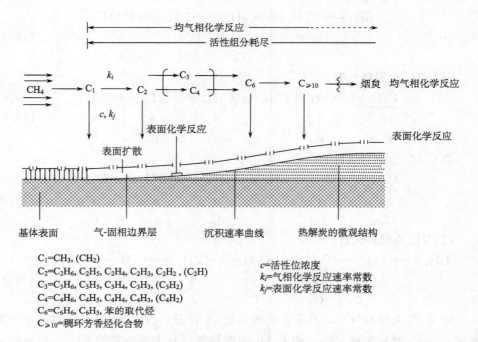

C₁=CH₃, (CH₂)
C₂=C₂H₆, C₂H₅, C₂H₄, C₂H₃, C₂H₂ , (C₂H)
C₃=C₃H₆, C₃H₅, C₃H₄, C₃H₃, (C₃H₂)
C₄=C₄H₆, C₄H₅, C₄H₄, C₄H₃, (C₄H₂)
C₆=C₆H₆, C₆H₅, 苯的取代烃
C₍>10₎=稠环芳香烃化合物

c=活性位浓度
k_i=气相化学反应速率常数
k_j=表面化学反应速率常数

图 19.3　热解炭的化学气相沉积是气相化学反应和表面化学反应共同作用的结果

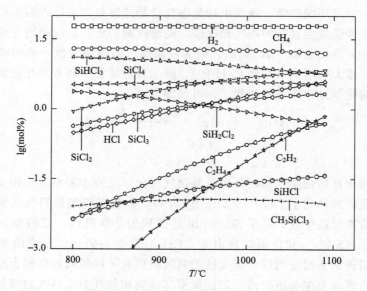

图 19.4　CH₃SiCl₃（浓度 20％）在氢气气氛中和不同温度条件
下热解产物的化学热力学平衡组成

A）三氯甲基硅烷热解引发的化学反应：

$$CH_3SiCl_3 \longrightarrow CH_3^* + SiCl_3^* \tag{19.9}$$

$$CH_3SiCl_3 \longrightarrow Cl_2Si = CH_2 + \underline{HCl} \tag{19.10}$$

$$CH_3SiCl_3 \longrightarrow ClCH_3 + SiCl_2^{**} \tag{19.11}$$

B）三氯甲基硅烷热解的连续化学反应：

$$CH_3^* + H_2 \longrightarrow \underline{CH_4} + H^* \tag{19.12}$$

$$CH_3^* + CH_3SiCl_3 \longrightarrow \underline{CH_4} + Cl_3SiCH_2^* \tag{19.13}$$

$$SiCl_3^* + CH_3SiCl_3 \longrightarrow \underline{HSiCl_3} + Cl_3SiCH_2^* \tag{19.14}$$

$$2SiCl_3^* \longrightarrow \underline{SiCl_4} + SiCl_2^{**} \tag{19.15}$$

$$ClCH_3 + H_2 \longrightarrow \underline{CH_4} + \underline{HCl} \tag{19.16}$$

$$nCl_2Si = CH_2 \longrightarrow \left[\begin{matrix} Cl & H \\ Si - C \\ Cl & H \end{matrix}\right]_n \tag{19.17}$$

$$nSiCl_2^{**} \longrightarrow \left[\begin{matrix} Cl \\ Si \\ Cl \end{matrix}\right]_n$$

$$Cl_3SiCH_2^* + SiCl_3^* \longrightarrow Cl_3SiCH_2SiCl_3 \tag{19.18}$$

C）三氯甲基硅烷完全分解后的接续化学反应：

$$\underline{HSiCl_3} \longrightarrow SiCl_2^{**} + \underline{HCl} \tag{19.19}$$

$$\underline{SiCl_4} + H_2 \longrightarrow \underline{HSiCl_3} + \underline{HCl} \tag{19.20}$$

$$SiCl_2^{**} + \underline{CH_4} \longrightarrow ClSiCH_3^{**} + \underline{HCl} \tag{19.21}$$

$$nClSiCH_3^{**} \longrightarrow \left[\begin{matrix} CH_3 \\ Si \\ Cl \end{matrix}\right]_n \longrightarrow \left[\begin{matrix} H & H \\ Si - C \\ Cl & H \end{matrix}\right]_n \tag{19.22}$$

上面的均气相化学反应途径，可以很好地解释不同沉积温度下 A/V 值对沉积速率和固体组成的影响（图 19.5 和图 19.6）。低温时（800~1000℃）小的 A/V 值有利氯硅烷和聚氯硅烷的生成，并由这些气相组成沉积出过量的硅。高温时（>1000℃），特别是在气体的停留时间延长后，原料气三氯甲基硅烷完全分解，$HSiCl_3$ 和 $SiCl_4$ 是气相中氯硅烷和聚氯硅烷的原料气体，但是这些气体容易和甲烷反应生成氯碳硅烷和聚氯碳硅烷，并发生表面反应沉积碳化硅。因此提高 A/V 值在减小化学气相沉积速率的同时，也能够减少游离硅的共沉积。

六方氮化硼和石墨具有相似的晶体结构，主要用于制造半导体材料和贵重金属的熔炼坩埚，或者作为纤维增强陶瓷的界面材料和基体材料（例如碳化硅纤维/氮化硼复合材料）使用，是一种有广泛应用领域的重要的抗氧化高温材料。由 BCl_3 和 NH_3 为原料气体制备氮化硼，也是一个由复杂气相化学反应和表面化学

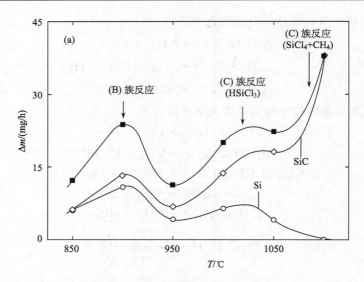

图 19.5　CH₃SiCl₃（浓度 20％）在氢气气氛中和不同温度
条件沉积速率与相应的产物组成和对应的反应过程
（B）族反应和（C）族反应见本章化学反应（19.22）

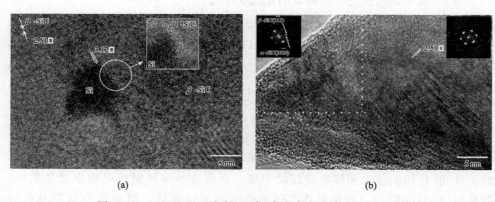

$$(a) \qquad\qquad\qquad\qquad (b)$$

图 19.6　CH₃SiCl₃（浓度 20％，氢气气氛）在 1000℃（a）
和 1100℃（b）沉积固体产物的高分辨电子显微镜物相分析

反应共同控制的化学气相沉积过程。氮化硼和碳化硅的总的生成反应相类似：

$$CH_3SiCl_3 \xrightarrow{H_2} SiC + 3HCl \qquad\qquad (19.23)$$

$$BCl_3 + NH_3 \xrightarrow{H_2} BN + 3HCl \qquad\qquad (19.24)$$

实际上这个总反应是由现在已经知道的上百个基元化学反应组成的，其中速率常数较大的几个基元化学反应是：

$$BCl_3 \longrightarrow BCl_2 + Cl \tag{19.25}$$

$$BCl_2 \longrightarrow BCl + Cl \tag{19.26}$$

$$NH_3 + M \longrightarrow NH_2 + H + M \tag{19.27}$$

$$NH_3 + M \longrightarrow NH + H_2 + M \tag{19.28}$$

$$NH_3 + NH_2 \longrightarrow N_2H_3 + H_2 \tag{19.29}$$

$$BCl_3 + NH_3 \longrightarrow Cl_2BNH_2 + HCl \tag{19.30}$$

$$Cl_2BNH_2 + M \longrightarrow ClB\,NH + HCl + M \tag{19.31}$$

简单基元化学反应的速率常数都已经通过光解反应或者激波管式反应器测定[9]。六元环化合物 Cl_2BNNH_2 的缩合反应和它们的表面反应速率常数仍然未知，化学气相沉积过程中气相反应和表面反应一起控制了生成的氮化硼结晶程度和性能，这些过程和机理仍然有待深入地研究。

19.3　反应过程中材料结构的跨尺度调控

材料内部各组成单元之间相互联系和作用构成材料的结构，而材料的多层次结构赋予其各种各样的性能，结构与性能的构效关系一直是材料学研究的核心。从存在形式上讲，材料结构可以分为晶体结构、非晶体结构、孔隙结构以及它们间的组合或复合。从空间尺度上讲，材料结构可以分为微观结构（microstructure）、亚微观结构（sub-microstructure）、织态（显微）结构（texture）和宏观结构（macrostructure）等不同的层次。如果以原子或分子作为材料组成的最小结构单位，理论上讲，材料某一尺度的结构特征和形貌取决于它下一尺度的结构。换言之，材料的宏观结构和形貌可以由组成它的原子或分子的排列组合而确定。对于晶体材料，确实如此。例如，碳原子以 sp^2 和 sp^3 杂化轨道成键，可以生成石墨和金刚石。其中以 sp^2 杂化轨道成键时，由于原子密排方式的不同又可以构成六方或者单斜的同素异形体石墨。单质晶体如此，多种原子构成的晶体材料就更加复杂，如石英、碳化硅等，同素异形体结构多达几十种。对于多晶材料，情况就越加复杂，多晶型、晶界和缺陷结构使物质世界变得纷繁多样，材料的微观结构与宏观形貌之间形成错综复杂的关系。因此，在材料制备过程中，往往只能在极为有限的尺度范围内才有可能实现结构的定量控制，如晶粒细化、沉淀硬化、位错钉扎、定向结晶、均匀扩散、完整包覆等。原子和分子间的相互作用包括化学键、离子键、金属键和分子间力等多种形式。通过化学键、离子键的方向性和配位性，人们很早就实现了对某些材料的多尺度结构调控，如嵌段高分子的合成、各种人工晶体和精细陶瓷等。最近十几年来，人们受到生物反应过程的启发，开始大量利用分子间的强和弱相互作用，实现材料的自组装，以制备纳米结构材料[10]。在复杂的反应和扩散过程中，实现材料结构的逐层次组装和跨尺度定向成型，也已经引起研究人员越来越多的关注，成为近些年来研究的热点。纳微颗粒材料的结构调控、传统结构材料的纳微结构改性、大型复合材料构件的原位成型、人体组织工程材料的生物制造等，都表明了人类在材料全尺度结构控制方面的努力。

对比上述结晶材料，人们对于非晶体材料的结构控制方面积累的知识就更少一些。随着越来越多的非晶体材料开始大规模的使用，人们必须建立对这类材料结构控制的技术和知识。如太阳能光伏转化的非晶硅薄膜，因为材料使用量少而受到越来越多的重视，但是因为非晶硅中存在大量的氢原子和不饱和键，在空气中使用时非晶硅的光伏转化效率会出现大幅度的衰减，为此人们开发了在化学气相沉积过程中实现微晶和非晶的跨尺度结构调控，从而实现较高的光伏转化效率和高的稳定性。

热解炭是由碳原子构成的非晶材料，近些年来人们利用改进的 X 射线衍射、拉曼光谱和高分辨电子显微镜技术，更加深入和全面地研究了各种固体碳材料的微观结构。对于低温热解炭，一个重要的研究发现是采用不同的烃类气体在大致相同的温度条件下沉积得到的热解炭，其纳米尺度的结构相差并不大，材料微观结构的差异主要表现为乱层结构组织的空间取向程度，即亚微米结构（100～1000nm）。按照电子衍射得到的定向角划分，低温热解炭亚微米结构可以分为高织构（HT）、中织构（MT）、低织构（LT）和各向同性（ISO）四种（图 19.7）。具有不同织态结构的热解炭的密度、导热、导电、力学性能等差别很大，其石墨化难易程度相差悬殊，能够通过工艺控制生产出微观结构完全可控的热解炭材料，在工业生产中具有迫切和现实的要求。热解炭是烃类气体发生的气相化学反应、气-固相化学反应和固相化学反应共同作用的结果，因此热解炭微观结构的生成机理应该包括以下四个方面：

① 生成热解炭芳香碳平面的气体的种类（气相反应）；

② 芳香碳平面内缺陷的形成机理（表面反应）；

③ 多个芳香碳平面形成热解炭乱层结构组织的机理（固相反应）；

④ 热解炭织构形成的机理（表面反应）。

对于能够通过表面反应直接生成热解炭的气体分子或者自由基的具体种类，目前仍然还不是很清楚。根据气相反应和表面反应过程分析，可以认为烃类气体分子（C_2H_2、C_6H_6 等）或者自由基（C_2H_3、C_2H_6 等）都可以通过表面吸附-脱除氢而生成固体碳。

因此，热解炭的多尺度结构的形成过程可以分解如下：热解炭微观结构生成的第一步，是碳氢气体组分与固体表面的碳原子之间通过 sp^2 杂化轨道成键，生成有缺陷的芳香碳平面；其中非平面缺陷结构的生成是化学动力学控制的必然结

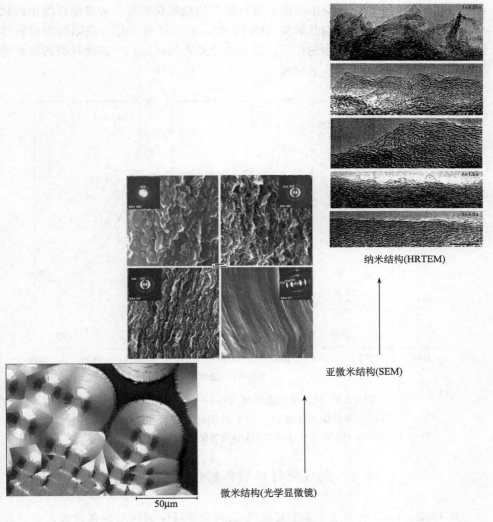

纳米结构(HRTEM)

亚微米结构(SEM)

微米结构(光学显微镜)

图 19.7　热解炭的多尺度结构

果和明显特征，例如稳定的五元碳环的形成将导致芳香碳平面的弯曲和断开，形成一定程度的空间取向，这应该算是同步发生的微观结构生成的第二步；空间取向相同或相近的芳香碳平面在范德华力的作用下发生自组织，形成类似基本结构单元（BSU）与区域分子结构组织（LMO）的纳米结构，并最终完成热解炭织态结构的形成。可以发现，芳香碳平面中的原子缺陷（化学缺陷）的形成和传递，是热解炭从原子尺度结构向亚微米结构转化的介质和桥梁。为验证上述推测，采用动态热膨胀法和激光拉曼光谱法测量了聚丙烯腈碳纤维、高织构热解炭和低织构热解炭中的化学缺陷浓度，发现低织构热解炭和聚丙烯腈碳纤维中的化学缺陷浓度都远大于高织构热解炭（图 19.8），初步证明了化学缺陷的形成和传递在跨尺度结构调控过程中的作用，这一结论是否同样适用于其他种类的强共价键材料，尚待今后更加深入的研究。

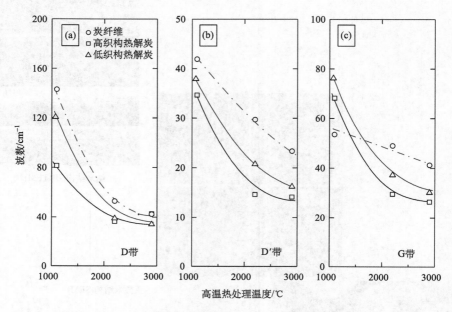

图 19.8　聚丙烯腈碳纤维（fiber）、高织构热解炭
（HT）和低织构热解炭（LT）的激光拉曼光谱定量表征
（a）D 带、（b）D′带和（c）G 带的半高宽度（宽度越大，缺陷越多）

19.4　大规模材料制备的过程工程问题

　　如 19.2、19.3 节所述，基于复杂气-固相化学反应的材料制备过程，必然伴随着大量副产物的生成。随着主产品材料产量的扩大，就需要对副产物进行回收利用，从而出现材料制备的过程工程问题。氯化法生产二氧化钛粉体（钛白粉）、部分燃烧法生产炭黑、西门子法生产多晶硅等材料化工过程都存在氯气、氢气、烃类气体的回收和循环利用，或者通过多种材料的联产实现物料的循环利用。以目前最为突出的氯硅烷生产太阳能级多晶硅的生产过程为例，其主要反应为：

$$HSiCl_3 + H_2 \xrightarrow{\text{热量}} Si + 3HCl \tag{19.32}$$

　　如前所述，三氯氢硅的热裂解和硅的表面化学沉积过程是复杂的多相反应过程，涉及数量众多的基元反应，导致表面反应的沉积效率低（依赖于反应器的

A/V 值，一般不超过 30%），并且生成数量大、种类多的各种液态和气态副产物，主要是氯化氢、四氯化硅等，同时混合有未反应完全的三氯氢硅和氢气。当硅材料产量较小且产品的附加值很高时，反应器之后的气体产物可以通过碱液吸收作为废物处理。但是随着硅产量的增加（如年产千吨级），四氯化硅、氢气和氯化氢等物料就必须加以回收利用，否则不但会造成产品成本高，还会造成严重的环境污染（图 19.9）。通过冷冻分离、膜分离、选择性液相吸收、四氯化硅氢化等化工过程，可以实现氯化氢和氢气的循环利用，从而实现从冶金级硅到太阳能级多晶硅的清洁转化（图 19.10）。其中四氯化硅的氢化转化是核心，下面略加深入分析。类似的过程也许可以适用于天然气等烷烃转化过程，通过气相成碳的复杂反应过程，生成有用的炭材料、氢气、乙炔和芳香烃，实现炭材料-二氧化碳减排-气体化工的综合利用过程工程。

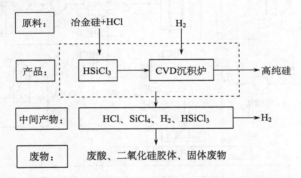

图 19.9 太阳能级多晶硅生产过程的主要原料、产品和废物

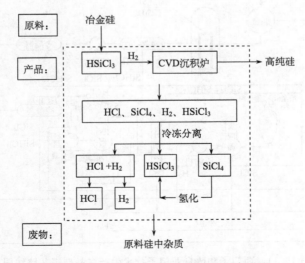

图 19.10 太阳能级多晶硅的清洁生产过程

19.4.1　西门子法生产多晶硅

　　1955 年西门子公司的 E. Spenke 等研究成功在硅棒发热体上用氢气还原三氯氢硅来制备多晶硅，并于 1957 年开始规模化工业生产（图 19.11）。第一代西门子技术和改良西门子法是目前生产太阳能级和电子级多晶硅的主要技术，占 2007 年世界多晶硅生产能力的 80% 以上。西门子法的关键生产设备——化学气相沉积（CVD）反应器外壁为水冷的不锈钢壁面，电极将硅棒加热到高于

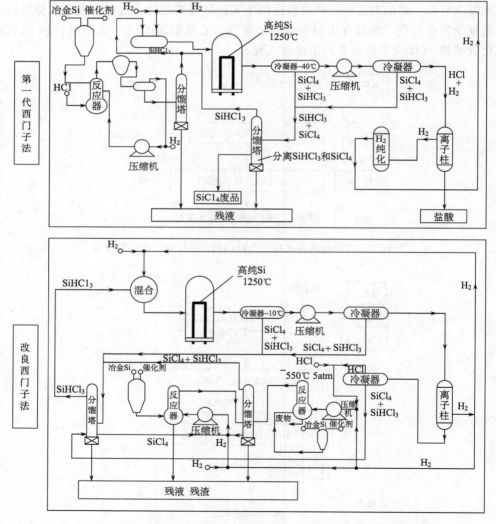

图 19.11　西门子和改良西门子技术生产多晶硅工艺路线图

1200℃，反应前驱体 $SiHCl_3$ 在硅棒表面分解，沉积出晶体硅。在该生产工艺中，由于反应器的表面积/体积比（A/V 值）非常小，化学气相沉积效率低，同时容易发生气相成核进一步降低三氯氢硅的转化效率。同时由于化学热力学原因，该工艺产生大量四氯化硅副产品（产品/副产品约 1：12），必须加以回收利用，否则将造成严重环境污染并导致产品成本高昂。改良西门子技术增加了四氯化硅氢化转化装置，其主要反应原理是：

$$SiCl_4 + Si + H_2 \longrightarrow HSiCl_3 \qquad (19.33)$$

该转化是非均相的催化反应过程，需要在高温高压热反应釜中进行，转化率一般在 20% 左右。

19.4.2 四氯化硅的氢化技术

目前，将四氯化硅与氢气反应生产三氯氢硅的工艺路线，主要是上述改良西门子法和高温氢化法。高温氢化法是利用四氯化硅与氢气在 1200℃ 以上的热转化反应，由于该反应的热力学平衡转化率很低，能量浪费十分严重。改良西门子法则是通过四氯化硅的非均相催化氢化反应得以实现，原理是基于以铜基催化剂、四氯化硅与多晶硅的反应过程如式（19.33）所示。

中国科学院过程工程研究所采用微波等离子技术实现了对四氯化硅的均相氢化反应[11]。其主要原理是利用微波等离子体产生的氢等离子流与四氯化硅反应，生成三氯氢硅和氯化氢（图 19.12）。该过程为非平衡热力学过程，由于在非平衡等离子体系中存在大量的自由电子和活性离子，使反应的历程发生变化，能够使很多常规热力学控制条件下不能实现的反应得以进行（图 19.13）：

$$H_2 = H^* - H^* \qquad (19.34)$$

$$H^* - H^* + SiCl_4 \Longrightarrow HSiCl_3 + HCl \qquad (19.35)$$

图 19.12 四氯化硅微波等离子均相氢化转化装置

1. 微波发生器；2. 等离子氢化反应器；3. 气体控制；4. 产物分析；5. 产物分离；6. 废气吸收

采用 2450MHz 微波等离子，石英管式反应器中气体总压为 0.7 大气压时（500～600mmHg，1mmHg＝1.333 22×10²Pa），四氯化硅生成三氯氢硅的转化率约为60％（图 19.14），是非均相催化反应转化率的三倍以上。同时因为是无电极的均相反应，转化过程不引入杂质，生成的三氯氢硅纯度高，无需后续精馏提纯操作。

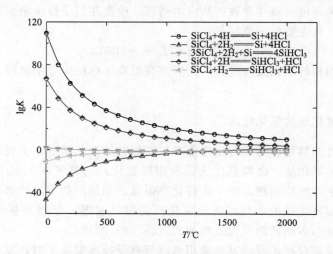

图 19.13　几种四氯化硅氢化反应的热力学平衡常数随温度的变化关系

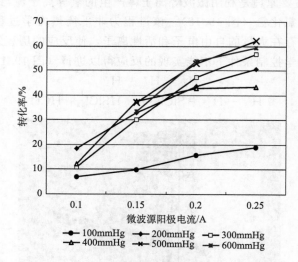

图 19.14　不同压力条件下微波等离子氢化过程中
四氯化硅转化率随微波功率（电流密度）的变化关系

19.4.3　硅烷法流化床沉积多晶硅

为克服西门子法生成多晶硅技术的不足，人们也开发了新硅烷法、流化床法、金属置换法与物理冶金法等替代技术，其中新硅烷法和流化床法已经获得工业应用。美国 UCC 等公司开发的新硅烷法以 SiH_4 代替 $HSiCl_3$，因为沉积温度低，容易与流化床技术结合，从根本上克服了西门子法的弊端。流化床技术能够大幅度提高反应器的表面积/体积比（A/V 值），使化学气相沉积效率提高到接近 100%，从而大幅度降低能耗和成本。目前低成本、高纯度硅烷的大规模化工合成是关键。

硅烷（SiH_4）气体的制造工艺均采用复杂化学反应过程，大体可分为：

1）硅化镁法

在液氨溶剂中，Mg_2Si 与 NH_4Cl 反应可以生成 SiH_4 和 $MgCl_2 \cdot 6NH_3$。原料 Mg_2Si 可以在氢气环境中通过硅粉和镁粉的化合反应生成，反应温度 500～600℃。由于反应中所用的液氨对各种金属离子有络合作用，因此，生成的 SiH_4 金属含量低，经过气体精馏或吸附、络合、吸收等净化工艺，可以制造高纯度的气体 SiH_4。该方法是最早实现工业化的工艺，以前主要受金属镁回收技术的制约，产量一直不大。近年来随着六氨氯化镁电解回收金属镁技术的成熟，该工艺可以形成大规模的循环工艺路线，主要反应如下：

$$\text{原料合成：} Mg + 2Si \longrightarrow MgSi_2 \tag{19.36}$$

$$Cl_2 + H_2 + 2NH_3 \longrightarrow 2NH_4Cl \tag{19.37}$$

$$\text{氨解：} Mg_2Si + 4NH_4Cl \longrightarrow SiH_4 + 2MgCl_2 + 4NH_3 \tag{19.38}$$

$$\text{热解：} MgCl_2 \cdot 6NH_3 \longrightarrow MgCl_2 + 6NH_3 \tag{19.39}$$

$$\text{电解：} MgCl_2 \longrightarrow Mg + Cl_2 \tag{19.40}$$

$$\text{总反应：} Si(\text{冶金}) + H_2 \longrightarrow SiH_4 \tag{19.41}$$

2）氢化铝锂法

采用强还原剂 $LiAlH_4$ 在二甲醚四氢呋喃溶剂中还原四氯化硅，可以生成硅烷气体：

$$SiCl_4 + LiAlH_4 =\!=\!= SiH_4 + LiCl + AlCl_3 \tag{19.42}$$

该法反应可以直接使用四氯化硅，但是 $SiCl_4$ 和 $LiAlH_4$ 化学反应剧烈，难以实现大规模生产。

3）四氯化硅均相转化法

该工艺以四氯化硅为原料，包括氢化、歧化、热分解、氢回收等，且呈闭路循环，几乎无副产物排出。主要反应过程为：

$$SiCl_4 + H_2 + Si \longrightarrow SiHCl_3 \tag{19.43}$$

$$SiHCl_3 \longrightarrow SiH_2Cl_2 + SiCl_4 \tag{19.44}$$

$$SiH_2Cl_2 \longrightarrow SiH_4 + SiHCl_3 \tag{19.45}$$

该工艺同样涉及四氯化硅氢化合成 $SiHCl_3$ 的反应过程，$SiHCl_3$ 进行离子树脂催化歧化反应生成 SiH_2Cl_2，SiH_2Cl_2 再进行歧化转化为 SiH_4。由于可以同时实现三种硅源气体（SiH_4、SiH_2Cl_2、$SiHCl_3$）的联合连续化生产，SiH_4 制造成本较低，是目前国外大规模生产硅烷和重要的有机硅中间体 SiH_2Cl_2 的主流技术，而该技术在我国尚属空白。

参 考 文 献

[1] Stavrianos L. A Global History：From Prehistory to the 21 Century. 7th edition. Beijing：Peking University Press, 2004：1-147.

[2] 郭慕孙. 随笔：天然气流态化还原铁矿——还原-造气-动力综合流程. 北京：中国科学院过程工程研究所（内部资料），1976.

[3] Olson G B. Designing a new material world. Science, 2000, 288 (5468)：993-998.

[4] Olson G B. Computational design of hierarchically structured materials. Science, 1997, 277 (29)：1237-1242.

[5] Huettinger K J. CVD in hot wall reactors：The interaction between homogeneous gas-phase and heterogeneous surface reactions. Adv. Mater. -CVD, 1998, 4 (4)：151-158.

[6] Hitchman M. Chemical Vapor Deposition. London：Academic Press Limited, 1993：1-3.

[7] Zhang W G, Huettinger K J. Chemical vapor deposition of SiC from methyltrichlorosilane Part I：Deposition rate. Adv. Mater. -CVD, 2001b, 7 (4)：167-172.

[8] Zhang W G, Huettinger K J. Chemical vapor deposition of SiC from methyltrichlorosilane Part II：Composition of the gas phase and the deposit. Adv. Mater. -CVD, 2001, 7 (4)：173-181.

[9] Allendorf M D, Melius C F, Osterheld T H. A model of the gas phase chemistry of boron nitride CVD from BCl_3 and NH_3. Mater. Res. Soc. Proc. , 1996, 410：459.

[10] Whitesides G M, Mathias J P, Seto C T. Molecular self-assembly and nanochemistry：A chemical strategy for the synthesis of nanostrucures. Science, 1991, 254 (5036)：1312-1319.

[11] 张伟刚，卢振西. 用微波等离子氢化四氯化硅制三氯氢硅和二氯氢硅的方法. 中国发明专利：200910238263. 5, 2009.

20 纳米材料结构调控及过程工程特征

近年来，人们制备了多种不同形态和结构的纳米材料，比如纳米管、纳米笼、纳米线、纳米棒、纳米电缆、纳米带及纳米复合材料等，但是真正实现工业化和应用的产品极少。在物理学上，深入研究了纳米材料结构及其与性能的关系；在材料学领域，研究了纳米材料制备和应用特性；而通过化学学科的研究，建立了纳米材料的合成方法，以及合成体系特性同材料形态的关系。虽然，也有极少数种类的纳米材料实现了规模化生产，但是总体来说，绝大多数纳米材料的制备仍停留在实验室规模阶段。导致这一现状的根本原因在于，实验室开发的技术目前仍难于实现规模化放大。为了推进纳米材料的规模化生产，必须针对其规模生产加工和改性过程，开发可供工业化实施的纳米材料制备新方法，并进行相关化工基础问题及成核生长机理的研究，解决规模放大过程的基本规律。美国纳米科学与工程技术小组（The Interagency Working Group on Nanoscience, Engineering and Technology, IWGN）对全球纳米科技研究现状进行调研之后，指出纳米材料制备及应用过程的工程放大和过程控制仍是将来亟待解决的关键问题。本章将以纳米材料的燃烧合成及液相沉淀反应合成过程为典型案例，分析说明纳米材料制备过程的工程特征。

20.1 纳米材料制备过程的特殊性

纳米材料的应用性能不仅取决于其化学组成，而且取决于其形态结构和物理组成。纳米材料制备过程的关键是控制其形态结构和物理组成，包括纳米材料的晶体结构、表面及体相组成等。纳米材料制备过程与常规的工业反应过程相比较，主要差别是生产成本中的原料所占的比例相对减少，纳米材料的功能确定了产品的高附加价值，而功能在很大程度上取决于产物的形态结构。因此，在纳米材料生产过程的开发与研究中，应将产物形态作为主要控制指标。通过对工艺参数的调节，有效地控制纳米材料的形态结构是工业生产的关键。纳米材料制备过程的工程问题解决，是对工艺参数有效控制及过程放大的前提，纳米材料化学合成过程规律的掌握是解决工程问题的基础。

化学学科侧重于从分子和原子等微观尺度研究物质的合成及控制，传统化学工程学科更加重视制备体系的宏观和微观特性，然而纳米材料的制备和控制在很多方面处于微观和宏观之间的介观领域。因此，传统化工过程的开发方法及相关理论在应用于纳米材料制备过程时，需要根据纳米材料制备过程的特殊性进一步地完善和发展。一方面，纳米材料制备过程控制和优化的目标是材料的形态和结构，而不是传统意义上的转化率和收率；另一方面，纳米材料制备过程成核生长与工程问题之间交互影响和交互作用，使得过程研究更加复杂。一般化工过程，其生产涉及物质、过程速率和生产条件三要素，产物的化学组成决定其应用性能，人们研究和控制的目标是过程的选择性和收率。纳米材料制备及加工过程，其生产涉及物质、形态、过程速率和生产条件四要素，如图 20.1 所示。而一般地，无论是纳米材料的气相还是液相制备方法，其反应体系都是一些快速的、转化率很高的过程，因此相对来说，单位产品原料消耗的优化潜力已不大。相反地，作为一种新型材料，其功

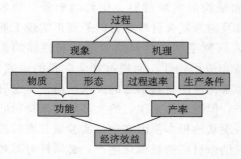

图 20.1　纳米材料制备及加工过程的四要素

能的优劣，却极其显著地影响着产品的附加价值，亦即材料的性能和产率决定了过程的经济效益。纳米材料的功能不但取决于其化学组成，而且取决于其形态和物理组成。因此，纳米材料制备过程的控制目标是材料最终的形态结构和应用性能。另一方面，在纳米材料制备过程中，流动混合、热质传递等工程问题往往和结晶化学、材料生长动力学问题结合在一起，使得过程更加复杂。传统化学工程的某些理论应用于纳米材料制备与组装过程时存在困难，需要进一步完善和发展。欧洲化学工程联合会主席 Charpentier 教授指出："多尺度控制是化学及过程工程今后的发展方向，材料的纳米加工和结构控制是化学工程学家必须关注的重要问题"[1]。美国西北大学著名教授 Harold H. Kung 指出："纳米科学与技术为化学工程带来了新的机遇，化学工程专家应发展化学及过程工程知识并应用于纳米体系"[2]。

在纳米材料化学合成过程中，反应物通过化学反应生成前驱体——分子、原子或离子等，在一定的过饱和度下经过成核和生长生成纳米材料。化学反应的主要影响因素是反应场所的温度和浓度。由于纳米材料在制备过程中，涉及的绝大多数是快速瞬间反应过程，因此常常受传递控制。成核既是一个温度敏感过程，也是一个浓度敏感过程，成核速率、晶核的形状和晶型决定了最终产物的形态和结构。晶核通过对产物单体的吸附重建，或者通过反应原料及反应中间体的吸附反应，生长为最终的产物。成核生长与化学反应各步骤对材料形态结构的影响各不相同，而且各步骤之间交互影响，是一个复杂的串并联过程。为了实现过程和产物形态的有效控制，必须掌握各基元步骤的动力学规律及其对纳米材料形态结构的影响。同时，化学反应、成核生长会受到物料、能量和动量传递规律影

响，纳米材料的生成也会影响到混合、热质传递等特征。随着生产规模的扩大，纳米材料制备过程中会派生出各种工程问题，这些问题与纳米材料的成核生长相互关联。

· 进料方式与微观混合：反应成核是快速的瞬间过程，成核速率又与过饱和度存在很强非线性关系，必须使反应物在反应器内瞬间达到分子级的均匀，即实现微观混合，才能避免反应器内过饱和度的非均匀性，使纳米材料形态结构尽可能一致。因此，必须采用特殊的进料与混合方式达到微观混合效应，并在反应器放大过程中保持一致。

· 化学反应与热质传递：随着化学反应的进行和纳米材料的生成，体系的流动特征及流变行为处于瞬变过程。这种变化导致反应不同阶段及反应器内不同空间，物系黏度发生显著变化，极大地影响化学反应及成核生长的均匀性。

· 流动与搅拌：流动和搅拌不仅是压降或功率计算问题，更重要的是影响浓度和温度分布。物料的停留时间分布、混合程度都制约着颗粒的形态结构，因此反应装置中物料流动和混合规律的研究及反应装置的开发极为关键。对于釜式反应器和具有高度剪切稀化的反应体系，这些工程问题更为复杂。

· 反应器型式：不同型式的反应器，流动、传热和传质特征各不相同，反应器内浓度、温度及停留时间分布也存在很大差异。通过影响化学反应、成核生长过程的相对速度，反应器结构也会影响最终纳米材料产物的形态结构和应用性能。研究含有纳米材料在不同反应器中的气、液、固多相传质、传热及流动规律，并与纳米材料多相体系本身的特征，如流变学、悬浮体特征等结合，对纳米材料制备过程的工程放大具有重要意义。

· 操作方式：间歇、连续、半连续、一次进料或分批分段加料，以及预混、非预混加料，显著影响反应器中各场所局部颗粒的成核生长，从而影响着产物的最终性能。这些影响因素随反应器尺寸放大的变化规律，是工业生产过程中必须控制的。

· 表面处理：在纳米材料的表面处理、表面修饰过程中，同样涉及微观混合、热质传递等问题。在表面处理过程中，反应器内任何微区浓度或温度的不均匀性，都会导致最终产品性能的不稳定。均相成核和成膜相对速率的控制，也是表面改性过程中所要解决的关键问题。

对于纳米材料的规模化制备，各种工程因素都会影响化学反应和成核生长，进而影响纳米材料的形态结构及其应用性能。纳米材料的成核生长和形态结构变化，也会影响流体的流动、混合和热质传递等工程特征。这使得纳米材料制备过程中的工程问题更加复杂，表现为多影响因素和这些因素之间的交联作用，以及变量的非线性关系和传热、传质、流动阻力所导致的各种分布。这些交联作用使反应过程中各有关变量的分布极为重要，而不能以它们的平均性质表示。这些分布包括浓度分布、温度分布以及物料的停留时间分布，正是传热、传质和流动等工程因素以及化学反应的复杂性，导致过程放大困难。纳米材料制备过程存在着两种意义上的放大，各有重要性。其一，维持在适当浓度和温度分布上的扩大装置。这是一般工程学意义上的放大问题，主要追求最终宏观结果（转化率、选择性等）与小试相当。纳米材料制备迫切需要提高反应装置的效率及产品性能的稳定性，故在这种意义上的放大具有很大的潜力。其二，小尺度装置上合成的纳米材料的形态与结构，在规模化生产装置中得到实现。这种意义上的放大是纳米材料对化学工程学科提出的新问题。

纳米材料形态结构是制备过程控制和优化的最重要指标；低成本、大规模制备技术的开发，制备过程化工基础问题的研究和规模放大基本规律的建立，是规模化生产的前提；纳米材料表面处理技术的开发和规模放大，是其真正获得应用的必要条件。然而，纳米材料制备过程和传统化工过程存在很大差别，纳米材料的成核生长与工程问题之间存在交互影响和交互作用，使得过程研究更加复杂。考虑纳米材料制备过程的特殊性，必须对传统化工过程的研究方法及其基础理论进行完善和发展，从微观介观角度更深入地研究纳米材料制备过程的化工基础问题。

20.2　纳米材料化学合成与结构调控

对于纳米材料制备过程而言，关键是控制其基本构成单元的尺度、组成及结构，以及材料中基本组成单元的界面特性和组分分布。对于纳米材料的制备过程，材料的形态和结构仍取决于其中的热力学和动力学特征；不同于一般的化工过程，纳米材料的制备过程在"三传"（质量传递、热量传递和动量传递）、"一反"（化学反应）的基础上，引入了成核和生长动力学特征，而且纳米材料的形态和结构也主要由生长环境的条件决定。因此，借助于化学工程的基本原理和方法，通过热质传递和化学反应过程控制可以实现纳米材料形态和结构的调控。

20.2.1　气相燃烧合成纳米材料

气相燃烧合成纳米材料一般是指利用气体燃料燃烧提供高温，通过物理或者化学过程制备纳米材料的过程。气相燃烧法制备的颗粒粒径分布均匀、分散性能好，过程快速高效，是制备颗粒材料的重要方法，也是最有工业化前景的方法之一。气相燃烧过程中纳米材料生成的基本过程如图 20.2 所示[3]。通常前驱体以气体、液滴或固体颗粒的形态注入反应区，液态和固态前驱体遇到高温火焰后迅速蒸发汽化，汽化的前驱体发生反应生成产物的分子或分子簇。这些分子或分子簇很快生长团聚（有时也伴随有表面反应）成核为纳米颗粒；这些纳米颗粒之间发生相互碰撞、凝并以及产物蒸汽在一次粒子表面的凝结使粒子生长形成最终产品。

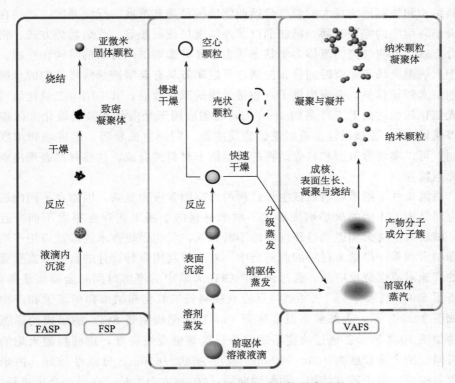

图 20.2 气相燃烧合成纳米颗粒的形成过程

按照前驱体的加入方式，气相燃烧合成可分为气相燃烧（vapor-fed aerosol flame synthesis，VAFS）、火焰辅助喷雾分解（flame assisted spray pyrolysis，FASP）和火焰喷雾燃烧（flame spray pyrolysis，FSP）等。气相燃烧是指前驱体和燃料全部以气态的方式加入燃烧反应器并点燃形成射流火焰，最终得到纳米材料的过程；火焰辅助喷雾分解是指将前驱体溶液雾化后通入火焰内部，利用燃烧产生的高温使雾滴分解生成产物纳米材料的方法；火焰喷雾燃烧的基本过程与火焰辅助喷雾分解相似，区别在于前驱体溶液的溶剂作为燃料参与反应，因而反应温度更高，同时由于燃烧过程中雾滴的更容易破碎，因而可以制备粒径更小的纳米材料。由于前驱体采用溶液进料，不仅解决了前驱体的汽化和计量等方面的难题，可以制备复杂组分的氧化物或者非氧化物体系，使其更广泛的应用于电子、生物等领域，还可以通过控制雾滴在火焰中的汽化和分解速率，制备出各种具有空心结构或者核壳结构的纳米材料，大大地扩展了气相燃烧合成的应用领域。

　　在气相燃烧过程中许多因素对产物纳米材料的结构和性能都有影响。对纳米材料结构和性能影响最大的参数包括前驱体的种类和浓度、反应温度、产物在高温火焰环境中的停留时间、添加剂以及外加电场或磁场等。火焰燃烧方式、物料混合方式、反应气流的流体力学状态等也会显著影响纳米材料的结构和性能。借助于火焰温度场和停留时间分布控制，可以制备具有典型链状网络结构的金属氧化物纳米颗粒材料，表现出量子点和量子线的双重效应，其中纳米二氧化钛可见光光催化活性达到 P25 产品的 3～6 倍，可望应用于光催化和染料敏化太阳能电池等领域[4,5]。通过设计多重射流燃烧反应器，利用射流卷吸、温度场和浓度场控制，可以实现弥散型和核壳结构的新型纳米材料的合成，这些材料表现出新奇的光电特性。

　　高温条件下纳米材料成核生长过程的影响因素极为复杂，因而在不同的燃烧反应器结构、不同的火焰燃烧形式下纳米材料的制备工艺存在很大不同。近年来，随着人们对火焰燃烧过程理解的不断深入，气相燃烧技术逐渐被应用于纳米棒和纳米线等一维纳米材料的制备当中。刘杰等利用自行设计的具有多重套管结构的高速射流燃烧反应器，通过调节产物在火焰中的停留时间和金属离子掺杂，制备了 SnO_2 纳米棒[6]。气相燃烧反应直接制备二氧化锡纳米棒的装置和产物形貌如图 20.3 所示，火焰最高温度达到 1500℃，燃烧制备 SnO_2 纳米棒的形态和结构如图 20.4 所示。通过改变不锈钢管长度调整火焰高度，进而控制火焰的停留时间。纳米棒长度为 100～300nm，宽度为 40～60nm，分散性较好。纳米棒由单晶构成，属于四方结构，颗粒轴向沿 [001] 方向生长。在燃烧合成过程中，

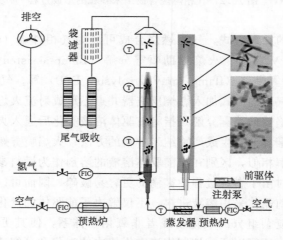

图 20.3　高速射流火焰气相燃烧合成纳米材料装置

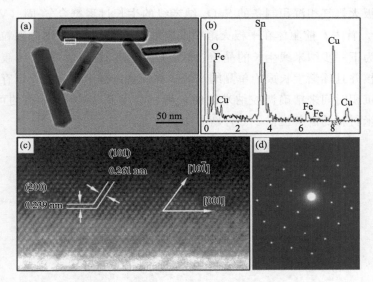

图 20.4　（a）2.5％ Fe 掺杂 SnO$_2$ 纳米棒的 SEM 照片；（b）～（d）与
（a）对应区域的 EDS 分析、HRTEM 照片和 SAED 图谱

Fe 相对于 K、Na、Zn 等元素具有更好的趋向诱导作用；通过延长颗粒在火焰中的停留时间，可以为材料的取向生长提供充分的时间和环境。该方法同工业气相燃烧工艺基本一致，能够连续规模化制备这种材料，极具工业化生产前景。

　　刘杰等利用平板火焰气相沉积反应装置制备了 SnO$_2$ 纳米线，如图 20.5 所示[7]。随着沉积时间的增加，产物逐渐从颗粒生长成为规则的纳米线状结构，沉积时间为 40min 时，纳米线长度达到 4μm 左右，直径为 40nm，长径比达到 100，且尺寸较均匀。纳米线的尖端部分均存在一个四方二氧化锡颗粒，这一现

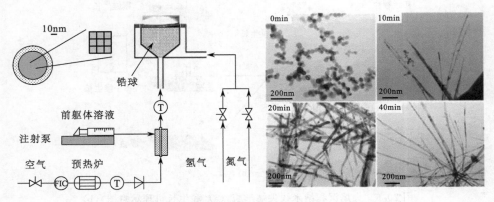

图 20.5　平板火焰气相沉积装置示意图和 SnO$_2$ 纳米线形貌

象说明平板火焰气相沉积制备的 SnO_2 纳米线的生长过程符合气-固（V-S）机理（图 20.6）。首先，前驱体在平板火焰中反应形成 SnO_2 颗粒，部分颗粒沉积到基板上，成为下一步纳米线生长的晶核；然后燃烧所形成 SnO_2 分子团簇在颗粒表面异质形核并且逐渐生长成为单晶纳米线。在制备过程中没有催化剂存在，并且可以通过沉积时间来精确调控纳米线的长度，实现了 SnO_2 纳米线的可控制备，为一维纳米材料的制备提供了一种新方法。

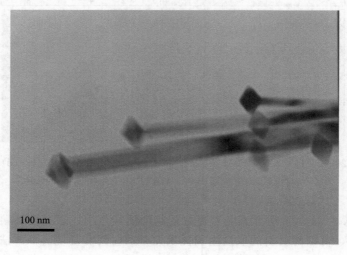

100 nm

(a)

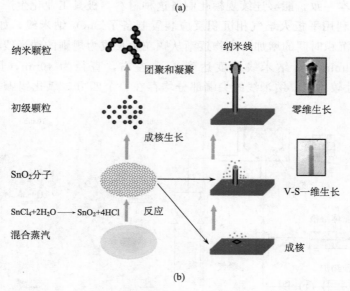

纳米颗粒　　　　　　　　　　　　　　　　纳米线

团聚和凝聚

初级颗粒　　　　　　　　　　　　　　　　　　　　　　零维生长

成核生长

SnO_2分子　　　　　　　　　　　　　　　　　　　　　V-S一维生长

$SnCl_4 + 2H_2O \longrightarrow SnO_2 + 4HCl$　反应

混合蒸汽　　　　　　　　　　　　　　　　　　　　成核

(b)

图 20.6　火焰沉积纳米线尖端形貌（a）和生长机理示意图（b）

此外，还有很多研究者利用气相燃烧反应制备一维纳米结构阵列。例如 Rao 等[8]利用平板预混火焰燃烧反应器，在无催化剂的情况下制备了 Fe_2O_3 和 CuO 纳米晶须及纳米线阵列，其形貌如图 20.7 所示。在反应过程中没有催化剂的加入，仅通过调整金属棒的加入位置和火焰的燃烧状态，就可以获得大量规则取向生长的纳米晶须阵列结构，这种在金属上直接生长的阵列结构在纳米器件的制备领域有着潜在的应用价值。

图 20.7 平板预混火焰燃烧反应器合成 Fe_2O_3 和 CuO 纳米晶须阵列形貌

20.2.2 液相反应合成纳米材料

液相反应是纳米材料合成最为常见的方法，借助于反应体系微区的传质及反应控制，可以实现多种新颖结构纳米材料合成和材料结构调控。基于溶液化学方法，以沸腾回流产生的气泡作为聚集中心，采用硝酸锌和硫代乙酰胺合成结构可裁减的空心硫化锌材料，空心球由粒径约 21nm 的硫化锌晶粒聚集而成[9]。基于液相回流制备梭形氧化铕（Eu_2O_3）的前驱体，并通过热处理得到了具有介孔结构的梭形 Eu_2O_3 纳米材料[10]，孔壁由结晶性良好的纳米晶组成，在红光区域表现出良好的发光特性。基于碳纳米管表面存在的缺陷，控制反应体系中碳纳米管表面微区的温度、浓度场和化学反应，成功制备了新颖的具有独立、规整包覆段的碳纳米管/硫化锌核壳式纳米异质结构[11]，其中硫化锌层由粒径仅为 3nm 的晶粒组成，且层厚在 $12\sim25$nm 间可控。利用水热法合成了花球状和领结状 Y_2O_3：Eu^{3+} 等多种新颖结构，发现晶体生长习性对其结构起到关键作用[12]。

江浩等[13]采用水热合成方法，通过选用不同的结构导向剂和溶剂合成出直径可控的均一单分散 ZnO 微球（以三乙醇胺为导向剂，水为溶剂）、表面光滑的 ZnO 微球（以无水乙二胺为导向剂，无水乙醇为溶剂）以及由尖的纳米棒组装成的似海胆状球形结构（以六亚甲基四胺为导向剂，水为溶剂）。图 20.8 为制备的均一单分散的 ZnO 微球的 SEM 照片，分别得到了粒径 670nm、820nm 和 1150nm 的氧化锌胶质微球，氧化锌微球由直径几十纳米左右的小颗粒组成。纤锌矿 ZnO 微球的形成是一个以 TEA 为导向的成核-聚集过程。体系中不加入

TEA 时得不到产物，在很低的 TEA 浓度下仅能得到 ZnO 纳米晶，随着 TEA 浓度的增加，ZnO 颗粒聚集体从椭圆状结构变成球形结构，表明了 TEA 浓度在 ZnO 小颗粒聚集成微球的过程中起到了至关重要的作用。在单分散纳米晶的合成中，高稳定的表面活性剂常常被用来稳定体系中所形成的纳米颗粒。假如在合成体系中，配体的稳定能力较弱，所形成的颗粒将会彼此吸附在一起。弱配体化合物 TEA 能够包围在纳米晶的表面，使其具有较高的表面能，为 ZnO 纳米颗粒聚集成微球提供驱动力。

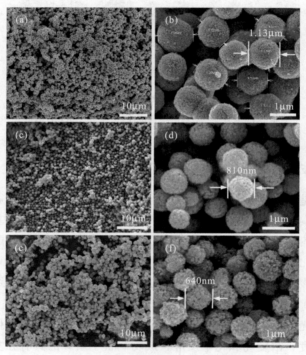

图 20.8　不同反应温度下制备的 ZnO 微球 SEM 照片
(a)，(b) 180℃；(c)，(d) 190℃；(e)，(f) 200℃

当以六亚甲基四胺为导向剂、水为溶剂时，制备了由尖的纳米棒组装成的海胆状球形结构，如图 20.9 所示[14]。大量的 ZnO 纳米棒从中心接点出发向四周发散生长成一个三维的海胆状纳米结构，作为自组装结构单元的 ZnO 纳米棒，具有很尖的端部且大小均一。组成结构单元 ZnO 纳米棒是单晶棒，且沿着 [001] 方向生长（图 20.10），海胆状 ZnO 纳米结构可能是"成核-生长-组装"的生长过程。ZnO 具有良好的化学与热稳定性、高的熔点和热导率、小的介电常数、大的载流子迁移率和高的击穿电压，且电子亲和势很小甚至是负值，因此纳米 ZnO 成为一种发展前景良好的场致发射冷阴极材料。一维 ZnO 纳米结构具有很好的场发射性能，甚至能与碳纳米管相比拟。海胆状 ZnO 纳米结构的场发射开启电场约为 $3.7V/\mu m$，阈值场强约为 $4.8V/\mu m$。海胆状 ZnO 极低的开启电场和阈值场强被认为主要源于其纳米级的尖端，致使电子场集中的分布在尖端。因此，即使施加较低的电压也能够发射出电子。当电流密度为 $10\mu A/cm^2$ 时，电场低至 $3.7V/\mu m$，这个值完全可以达到场发射平板显示器所要求的亮度。而且海胆状 ZnO 的场发射电流稳定性优于很多已报道的 ZnO 纳米结构。

图 20.9 海胆状 ZnO 纳米结构的 SEM 照片

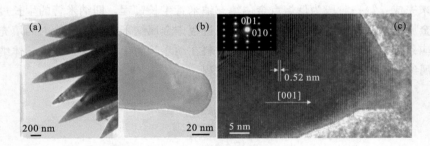

图 20.10 海胆状 ZnO 纳米结构的 TEM 照片

20.3 纳米材料组装、结构调控及光电性能

纳米材料组装体系具有特异的理化及光电性能，在电子、生物等方面具有重要应用。纳米管反应组装、介孔孔道反应组装以及树状大分子封装等，对于制备具有特异性能的主-客体复合材料具有重要的意义。材料的结构不但取决于其本身的理化性能和成核生长规律，而且还取决于微区中的混合、反应及传递特征。目前许多研究都借助于模板实现组装和结构控制，但是从微区混合、热质传递及反应控制出发，也可以实现多种新型主-客体复合材料的合成和结构控制，这也为新型复合材料制备提供了新的思路。利用介孔材料、纳米管组装主-客体复合材料时，如何实现有效和有序组装仍是目前偿未能解决的难题。因为组装过程一

般是内传质控制，而且表面反应成核堵塞孔道的问题也难以解决。将反应与传质解耦并强化传质，为限域反应和成核生长制备主-客体复合材料提供了基础。

20.3.1　纳米管组装半导体

　　碳纳米管可以用做纳米反应器，让反应物进入纳米管内，使设计的化学反应在管内进行，可以合成出有碳纳米管薄层保护的纳米线，使得纳米线在空气或其他环境中能够稳定存在。而且纳米管内限域反应为一维纳米线异质结的构筑提供了基础。Mg_3N_2 是一种非常重要的高温半导体材料，由于它在空气中特别容易分解，所以合成 Mg_3N_2 纳米线一直是一项具有挑战性的工作。胡俊青等以 ZnS、Ga_2O_3 和 SiO 为原料，通过高温反应制备了 SiO_2 纳米管内组装的 ZnS/Ga 纳米线异质结[15]（图 20.11）；并进一步采用碳纳米管构筑纳米反应器，通过碳热还原 MgB_2 和 Ga_2O_3 合成了碳纳米管封装 Mg_3N_2/Ga 的半导体-金属纳米线异质结，异质结面积达到 $8000nm^2$，可望在电子束和温度传感器等方面获得应用[16]。纳米管起到双重作用：第一，作为纳米反应器或模板以使低熔点金属和半导体纳米线在纳米管内生长；第二，充当形成的金属-半导体纳米线异质结的保护膜。合成过程可由两个阶段来完成：第一阶段为低熔点金属填充纳米管生长过程，即纳米管的生长过程伴随着金属纳米线在纳米管内的生长或填充过程，金属纳米线在纳米管内的填充量将由反应条件来控制；第二阶段为半导体材料在纳米管的生长过程，即半导体纳米线和金属纳米线的轴向组装形成异质结的过程。

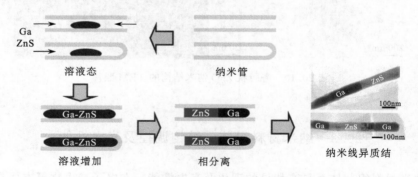

图 20.11　碳纳米管组装 ZnS/Ga 异质结过程示意图

20.3.2　树状大分子组装纳米材料

　　树状大分子的相对分子质量、结构和形状是精确控制的，利用树状大分子的隔离效应可以实现金属等量子点的精确控制合成。朱以华等[17,18]利用树状大分子表面季胺化抑制铂离子结合，强化内传质，将铂离子引入树状大分子孔腔，利用还原反应限域合成了金属铂的量子点（图 20.12）。采用电化学掺杂方法得到了 Pt-PAMAM/PPy 复合材料，通过固定不同结构的酶制备了酶生物传感器；发现树状大分子封装铂纳米粒子，表现出良好的导电性和宏观量子隧道效应，使得构筑的酶生物传感器具有高灵敏度和稳定性。利用层层自组装方法将上述复合材料与碳纳米管复合，可以制备新型电化学生物传感器，表现出良好的循环伏安特性和重复性。

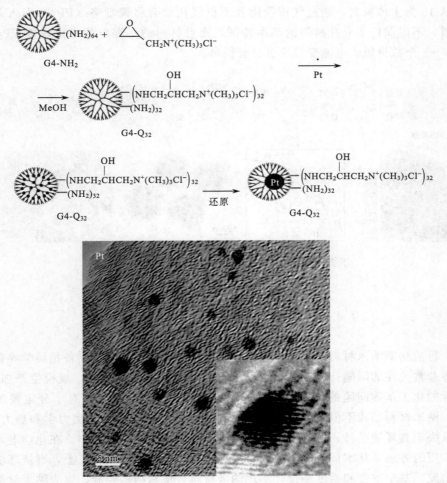

图 20.12 树状大分子 PAMAM 空腔组装 Pt 量子点及其结构

20.3.3 介孔限域组装纳米复合材料

借助于介孔材料孔道的限域效应可以实现金属、半导体及聚合物的组装，制备多种新颖结构的主-客体复合材料。朱以华等[19,20]从介孔孔道限域反应及控制入手，制备了介孔材料/半导体、介孔材料/导电聚合物等多种新颖结构的主-客体复合材料，并探讨了其在传感器、电流变及超级电容器中的应用。以介孔二氧化硅为模板，扩孔后利用 Cd^{2+} 在介孔孔道内与 $NaSeSO_3$ 反应实现了 CdSe 量子点组装，并发现 CdSe 纳米晶沿着孔道结构生长，CdSe/MS 复合体系兼有 CdSe 纳米颗粒和介孔固体的独特性能（图 20.13）。程起林等[21,22]以 MCM-41 与 SBA-15 为主体材料，通过气相吸附及原位氧化聚合将聚吡咯（PPy）引入介孔孔道，不但保持了介孔材料的基本特征，而且材料的室温电导率比块体 PPy 降低 7～8 个数量级，电流变效应也显著提高。

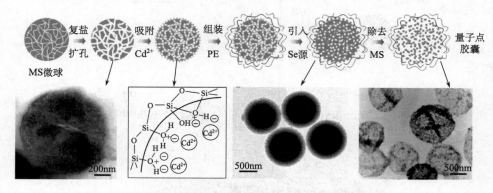

图 20.13　介孔硅孔道内组装 CdSe 量子点的过程

20.4　纳米材料制备工程特征与过程放大

目前功能纳米材料逐步进入实用化阶段，低成本、大规模制备是科学界和企业界非常关注的问题。因此，纳米材料规模制备新技术的开发，规模生产加工、改性的化工基础问题的研究，以及规模放大基本规律的建立具有十分重要的意义。纳米材料结构不但取决于其合成过程的本征规律，如化学动力学和热力学，还取决于其环境条件，如温度和浓度分布，特别是规模反应器中。在化学上，经常采用的方法是从本征规律出发，合成和控制材料结构。在化工上，则从环境条件出发，基于浓度和温度场设计实现纳米材料合成和结构控制，也为纳米材料工业化放大奠定了基础。

20.4.1　纳米材料燃烧合成工程特征及过程放大

利用氢氧焰燃烧制备纳米材料，主要包括前驱体高温水解、颗粒絮凝和颗粒脱酸三部分。其中前驱体高温水解是技术核心，高温水解反应器是关键设备。在水解反应器内，氢气与空气中的氧气燃烧形成的火焰，为前驱体水解反应提供必需的水蒸气，同时还为水解反应制造了适宜的高温和其他流体力学条件。气相法纳米颗粒的形态结构不仅取决于前驱体的水解反应和纳米颗粒成核生长动力学，同时还受水解反应器内物料的流动混合、热质传递等多种工程因素的影响。前驱体高温水解反应和纳米颗粒成核生长的内在规律是不变的，但反应器内部物料的流动、热质传递过程却因反应器的结构和规模而大相径庭。一个性能优良的水解反应器结构，应能根据动力学规律提供相应的流体流动和热质传递过程，控制纳米材料的形态与结构。换言之，燃烧反应器的研发，就是根据前驱体水解反应和纳米材料成核生长动力学的特点，寻找能够提供适当的浓度、温度和速度分布，从而制得符合要求的纳米材料的反应器结构。

1. 射流火焰的空气动力学特征

气体以自由射流形式从烧嘴高速喷出并点燃，形成自由射流火焰，射流火焰会对周围（即燃烧室内）的气体产生卷吸。由于射流边缘与周围气体的速度梯度很大，必产生强烈湍动，使射流与周围气体相混合；周围气体被射流卷吸向下流动，射流逐渐扩散，直径变大，速度降低，最后消失，如图 20.14 所示。因为是自由射流，无固体边界束缚，射流刚离开烧嘴时速度分布是均一的。随着向下流动，不断卷入周围气体，卷入周围气体的射流边缘区域速度降低并不断向射流内部深入；但在射流中心存在一个楔形区，其中气体速度保持起始速度不变，流体黏性可忽略不计，称为势流核心区。在势流核心区内，并无卷入周围气体，温度场和浓度场都是均一的。势流核心区的直径逐渐缩小，其长度一般不大于烧嘴直径的 6 倍。以上分析没有考虑燃烧的影响，燃烧时会放出大量的热量导致气体膨胀，情况更加复杂，但是只要是没有固体边界约束的自由射流就一定会有势流核心区存在。

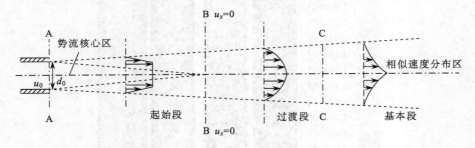

图 20.14 高速射流的空气动力学特征

多重射流的火焰结构可以极大地减少中心射流火焰对周围气体的卷吸，增大势流核心区的范围。为简明地说明这一问题，假设环形射流火焰与中心射流火焰的速度相同,从而可把双重射流火焰视为一个直径较大的圆形自由射流火焰,火焰周围的气体是静止的。该双重自由射流对周围气体的卷吸情况应与简单射流相似,但是由于自由射流直径增大,楔形势流核心区的面积和长度都显著增加。特别是由于环形射流火焰的存在,中心射流火焰直到断面 B-B 才开始受到干扰,在长度为 L_0 的范围内,温度、浓度和速度维持不变。同样道理,环形火焰外面空气射流的存在,会减少环形火焰的卷吸作用,亦可使势流核心区的范围进一步增加。

图 20.15 显示了多重射流对燃烧室内流场分布的影响。(a) ～ (d) 分别对应单一自由射流、同轴双重射流、三重射流和四重射流时燃烧室内气体的速度分布,浅色代表气流速度较高的区域,深色代表速度较低的区域。射流的初始速度从中心射流到四环射流分别为 70m/s、50m/s、30m/s、10m/s。随着多重射流的增加,中心射流的速度衰减逐渐减小,势流核心区的长度逐渐增加。在外面三重射流的保护下,中心射流在相当长的距离内保持了原有的速度,有利于减少与周围气流的混合,这一点对于多重射流燃烧反应器制备纳米颗粒提供尽可能均匀的温度场和浓度场有着重要意义。

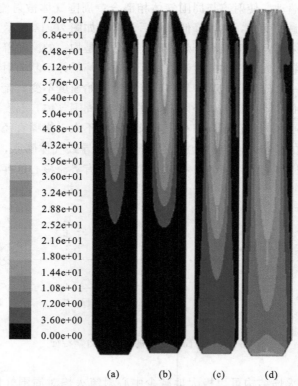

图 20.15　多重射流对燃烧室内流场的影响[23]

2. 多重射流燃烧反应器的设计与放大

利用氢氧焰燃烧反应器制备纳米材料时，良好的浓度、温度和停留时间分布是制备粒度分布均匀的纳米颗粒的必要条件。在反应器设计时，必须保证其具有良好的温度、浓度和停留时间分布。设计预混合多重射流氢氧焰燃烧反应器，其思想及反应器结构如图 20.16 所示。

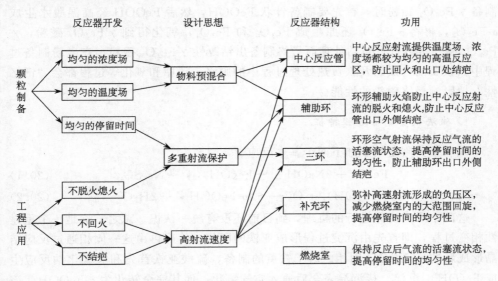

图 20.16　多重射流燃烧反应器设计思想

为解决反应区的温度和浓度的均匀分布问题，在氢气燃烧和四氯化硅水解反应之前，将氢气、空气和四氯化硅蒸气三种气体充分混合，使反应速率不受氧气和四氯化硅扩散速率的控制，可以极大地提高反应火焰的温度和浓度的均匀性，为制备粒度均匀的高质量纳米二氧化硅颗粒提供良好条件。

为解决预混合火焰的燃烧稳定性问题，并进一步提高反应区的温度场、浓度场和停留时间的均匀性，利用同轴多重射流的空气动力学特性，采用环形辅助火焰和环形空气射流对中心反应区进行"保护"。环形辅助火焰可以保证中心反应管火焰燃烧的稳定性，同时和环形空气射流配合可以减少中心反应区对外界冷空气的卷吸，增大势流核心区的范围，可以进一步提高反应区温度场、浓度场和停留时间的均匀性。

为解决中心反应管的回火问题和射流烧嘴的结疤问题，对中心反应射流、环形辅助火焰和环形空气射流均采用较高的操作气速。中心反应射流的高气速可以防止回火现象，各射流的高动量可以防止烧嘴出口的新生态颗粒附着堆积从而避免结疤现象。

20.4.2　针状 FeOOH 合成过程的工程特征及过程放大[24]

液相沉淀法是制备 $\gamma\text{-Fe}_2\text{O}_3$ 磁粉的主要方法，其基本过程是在一定条件下以 FeSO_4 或 FeCl_2 为原料，以 NaOH 或 Na_2CO_3 为沉淀剂，通空气氧化沉淀物得到 $\alpha\text{-FeOOH}$、$\gamma\text{-FeOOH}$ 等产物，经过一定的热处理得到 $\gamma\text{-Fe}_2\text{O}_3$ 磁粉。液相沉淀制备 $\gamma\text{-Fe}_2\text{O}_3$ 磁粉时，首先要制备针状 FeOOH，然后 FeOOH 经高温脱水生成 $\alpha\text{-Fe}_2\text{O}_3$，再将 $\alpha\text{-Fe}_2\text{O}_3$ 还原生成 Fe_3O_4 和 Fe_3O_4，氧化得到 $\gamma\text{-Fe}_2\text{O}_3$ 磁粉，$\gamma\text{-Fe}_2\text{O}_3$ 磁粉可以进行包钴处理而最终制备出钴改性 $\gamma\text{-Fe}_2\text{O}_3$ 磁粉。在磁粉制备过程中，铁黄的合成以及铁黄热处理过程中的脱水、还原和氧化等过程都会"记忆性"地影响最终磁粉的性能。

1. 碱法铁黄制备过程特征

碱法铁黄制备基于如下两个基本反应[25]：

$$\text{FeSO}_4 + 2\text{NaOH} \longrightarrow \text{Fe(OH)}_2 \downarrow + \text{Na}_2\text{SO}_4 \tag{20.1}$$

$$4\text{Fe(OH)}_2 + \text{O}_2 \longrightarrow 4\alpha\text{-FeOOH} \downarrow + 2\text{H}_2\text{O} \tag{20.2}$$

这两个反应实际进行的机理，到目前还没有统一认识。总之，这是一个重建性相变过程，即首先由沉淀过程形成亚铁的固相，然后再由这一固相通过反应结晶形成新的 $\alpha\text{-FeOOH}$ 固相。对于铁黄的制备，硫酸亚铁首先和氢氧化钠反应生成 Fe(OH)_2 沉淀。待沉淀完全后通入空气氧化，使其完全转化为 $\alpha\text{-FeOOH}$。该过程包括以下基元步骤：

① Fe^{2+} 与 OH^- 的混合与反应；

② Fe(OH)_2 的成核与生长；

③ 空气中的氧在气-液相间和液相主体的传递；

④ Fe(OH)_2 氧化反应；

⑤ $\alpha\text{-FeOOH}$ 的成核与生长。

掌握这些过程对铁黄粒子晶型粒度及分布的影响规律，是解决铁黄制备过程重复性控制和过程放大的关键。根据成核生长理论，决定 $\alpha\text{-FeOOH}$ 性能的主要因素来自两个方面：一是 $\alpha\text{-FeOOH}$ 前驱体的过饱和度，它直接决定 $\alpha\text{-FeOOH}$ 粒子的大小和分布；二是 $\alpha\text{-FeOOH}$ 的生长环境，它决定铁黄粒子的结构和晶型。对于特定的铁黄制备工艺，铁黄生长环境是确定的，因此影响 $\alpha\text{-FeOOH}$ 粒子的因素可归结为 $\alpha\text{-FeOOH}$ 的过饱和度。由成核生长理论知成核速率可以表示为

$$J = A\exp\left(\frac{-C\sigma^3}{T^3\ln^2 S}\right) \tag{20.3}$$

式中，A 为指前因子；T 为铁黄合成体系的温度；σ 为界面张力；S 为过饱和度，$S=C/C^*$，C 和 C^* 分别为溶液的实际浓度和溶液达到平衡时的浓度。从晶体生长扩散理论出发，生长速率为

$$\frac{\mathrm{d}m}{\mathrm{d}t} = \frac{D}{\delta}S_A(C-C^*) = \frac{S_A D}{\delta C^*}(S-1) \tag{20.4}$$

式中，D 为结晶组分扩散系数；δ 为粒子扩散层厚度；S_A 为粒子表面积。分析式（20.3）和式（20.4）可以发现，铁黄合成体系中前驱体的过饱和度同时影响成核速率和生长速率，而且成核速率相对于生长速率而言更加强烈地依赖于体系中的过饱和度。对于具有化学反应的粒子形成过程，产物单体的过饱和度主要取决于反应速率的大小。在粒子生长环境确定的前提下，要控制粒子大小、形态以及过程的重复性，必须控制 $\alpha\text{-FeOOH}$ 前驱体的形成速率。显然，这一速率取决于 $Fe(OH)_2$ 的氧化速率。因而在铁黄合成过程工业放大中，要使合成的铁黄粒子的形态重复小试结果，必须使工业反应器铁黄合成过程的速率特征完全重复铁黄合成小试反应釜中的反应速率特征，这就是铁黄合成过程放大的依据和关键。

$Fe(OH)_2$ 沉淀氧化生成 $FeOOH$ 是一个重建性相变过程，它涉及氧气的溶解、传质、氧化、成核生长等诸多过程。$Fe(OH)_2$ 在反应液中的氧化可以分解为如下几个过程（图 20.17）：

① 空气中的氧气从气-液界面扩散进入液膜；

② 氧气通过液相主体扩散进入 $Fe(OH)_2$ 表面液膜 Fe^{2+} 的扩散层中；

③ $Fe(OH)_2$ 表面 Fe^{2+} 在扩散层中被氧化；

④ 反应物进一步生成 $\alpha\text{-FeOOH}$ 前躯体并进入液相主体。

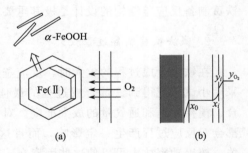

图 20.17 Fe(Ⅱ) 氧化过程基元步骤

实验研究表明，$Fe(OH)_2$ 氧化反应在氧气充分的条件下很容易进行，亦即反应速率很快，Tamaura 等[26] 测定出该氧化反应的本征反应速率常数为 $k=5.4\times10^3\,\text{s}^{-1}$，实际反应体系中宏观反应速率受传质控制，因而可以假设 O_2 在液膜内的浓度为零，则氧传质速率为

$$-\frac{\mathrm{d}C_{o_2}}{\mathrm{d}t} = K_L a C_{es} \tag{20.5}$$

式中，C_{es} 为 O_2 在碱液中的饱和溶解度；$K_L a$ 为传质系数。对非牛顿流体中的传质行为研究表明，传质系数 $K_L a$ 同流体的表观黏度有直接关系，表观黏度增大，气体传质系数减小[27]。根据这些研究报道，非牛顿流体中氧传质系数与表观黏

度的关系可以表示为

$$K_{L}a \propto \mu_{a}^{-0.78}(n')^{2.51}(1-n')^{0.160}f(n',\mu_{a}) \tag{20.6}$$

式中，μ_{a} 为表观黏度；n' 为特性流体指数。由式（20.6）可以发现，随流体黏度增大，氧传质系数会显著减小；特性流体指数 n' 越小，传质系数也越小。对于碱法纯铁黄合成过程，随着反应进行，体系特性流体指数 n' 减小，同时在一定剪切速率下，表观黏度增大，因此氧传质速率较小，反应速率会随之下降。反应初期，铁黄合成体系黏度由 0.005Pa·s 迅速增大到 0.08Pa·s 以上（100s^{-1}），特性流体指数明显减小，因此氧传质速率（即反应速率）会随反应进行而明显降低（$0 \leqslant x \leqslant 0.5$）。在反应中后期，体系的表观黏度和特性流体指数基本不变（$0.5 \leqslant x \leqslant 0.95$），因此传质速率变化不大。

碱法铁黄合成过程是一个气-液-固三相反应过程，铁黄粒子形成是一个重建性相变过程。铁黄合成可以简单地分为两个步骤：第一步为 $FeSO_4$ 和 $NaOH$ 均相反应生成 $Fe(OH)_2$ 沉淀，第二步为含有 $Fe(OH)_2$ 胶体的溶液与氧气发生气-液-固的三相化学反应，通过重建性相变生成铁黄粒子。对于碱法铁黄合成过程，特性流体指数 n' 在 0.3 左右，远远偏离 1.0，表现出很强的剪切稀化特征，这一特征对反应釜中传质的均匀性影响很大。距离桨叶越近，由于剪切应力大造成稀化程度严重，气体越容易进入该区；而距离桨叶越远，液体越稠，气含量也越小。铁黄合成反应釜越大，这种效应也越显著，所以本研究对于揭示工业规模的铁黄制备反应釜结构的设计是极其重要的。

2. 碱法铁黄制备过程放大

在铁黄合成过程的放大时，反应釜结构和搅拌浆结构等设备均与小试相似，采用小试研究得到铁黄合成过程的最佳工艺。在此基础上，还需要确立进料混合、搅拌转速和通气量的放大准则。对于铁黄合成过程，传质系数、界面面积等都会对反应过程产生一定影响，而且这些因素一般都与单位体积的搅拌功率有关，按等功率放大可以使这些因素在工业反应釜和小试反应釜中保持一致。如果铁黄合成的工业反应釜和小试铁黄合成反应釜相似，按等功率放大时存在关系式[28]：

$$\frac{n_{F}}{n_{E}} = \left(\frac{D_{E}}{D_{F}}\right)^{\frac{2}{3}} = \left(\frac{V_{E}}{V_{F}}\right)^{\frac{2}{9}} \tag{20.7}$$

式（20.7）中 D_E 和 V_E 分别为小试反应釜的直径和体积；D_F 和 V_F 分别为工业化反应釜的直径和体积；n_E 和 n_F 分别为小试反应过程的搅拌转速和工业化反应过程的搅拌转速。

对于氧传质过程的放大，不但要考虑搅拌转速、氧传质系数的因素，而且要考虑到空气中氧分率随停留时间的不同而变化。这时，氧传递的放大既不符合等表观气速的放大判据，也不符合等体积气含率的放大判据。研究发现，其符合如下关系式：

$$\frac{Q_F}{Q_E} = \frac{1}{2}\left(\frac{D_F}{D_E}\right)^2 + \frac{1}{2}\left(\frac{V_F}{V_E}\right) = \frac{1}{2}\left(\frac{D_F}{D_E}\right)^2\left(1 + \frac{D_F}{D_E}\right) \tag{20.8}$$

式中，D_E 和 V_E 分别为小试反应釜的直径和体积；D_F 和 V_F 分别为工业化反应釜的直径和体积；Q_E 和 Q_F 分别为小试反应过程的通气量和工业化反应过程的通气量。根据上述放大条件，在小试优化工艺的基础上得到工业化实验和生产的工艺条件，利用在符合放大准则条件下制备的铁黄，通过热处理后得到的磁粉的磁性能，也可达到并能重复小试研究结果。

20.5 纳米材料制备过程的工程问题

在纳米材料的规模制备过程中，由于纳米材料的成核生长、形态结构变化和流动混合、热质传递等工程因素交互影响，因此在纳米材料的规模化制备中，仍需解决如下具有共性的关键问题：

(1) 纳米材料成核生长、结晶习性、微区环境与其形态结构的关系。纳米材料的不同结构和形态对应于其不同的应用性能。例如，磁记录用纳米三氧化二铁为针形结构，而磁流体中应用的纳米四氧化三铁则为球形；用于硅橡胶的纳米二氧化硅表面对吸附羟基具有特定要求。纳米材料的形态结构，由其本身生长的结晶习性、结晶环境决定，因此要控制纳米材料的形态结构，从微观研究纳米材料的成核生长机理、原子分子在微区的传递行为、各晶面取向与形态间的关系是十分必要的，这可以为纳米材料形态调节剂的设计、形态控制策略的制定等提供理论依据。

(2) 纳米材料的前驱体结构特征及其结构变化规律。在纳米材料的化学制备过程中，首先形成尺度更小的前驱体，然后前驱体通过结构变化生成最终产物[24]。随着粒子尺度的减小，在纳米材料前驱体中，表层原子所占比例显著增加，这些原子的排列不同于体相原子。并且，纳米材料前驱体经常存在各种缺陷，甚至有不同的亚稳相存在。基于上述原因，纳米材料前驱体表面活性大，易于吸附气相和液相主体中的杂质离子，易于在轻度热环境中发生烧结和相变，也可能会影响纳米材料附近微区环境内的热质传递。研究纳米材料前驱体原子键合特性、缺陷结构成因、离子速运性质等，对于探明纳米材料制备的最佳条件，实施在线优化控制，具有理论指导意义。

(3) 纳米材料制备的热力学和动力学特性。纳米材料的成核生长需要一定的热力学和动力学条件，例如合成体系的过饱和度，会在很大程度上影响成核生长动力学特性，进而决定纳米材料的形态和应用性能。同时，反应动力学、成核生长动力学研究是工程研究和反应器设计的基础。研究纳米材料制备体系热力学和动力学，为制备过程在线控制、过程优化和工程研究奠定基础。

纳米材料的绝大多数制备方法在实验室开发成功后，难以进一步实现工业化放大。对制备过程化工基础问题研究的不深入，以及目前尚未掌握规模放大的基本规律，是导致这一现状的主要原因。因此，迫切需要将化学工程的理论和方法，与纳米材料制备相结合，开展纳米材料制备过程基本工程规律与放大规律的研究。

（1）对于化学合成纳米材料，化学反应、成核生长是具有共性的基本步骤，化学反应和成核速率极快，反应、成核、生长又相互交联在一起。为使纳米材料产物形态结构均一可控，必须尽可能在反应器内，使反应物达到分子级的均匀，即微观混合。因为反应器内，任何微区内温度和浓度的非均匀性，都会导致最终纳米材料形态结构的不均匀性。而迄今为止，传统的混合理论还没有能够与纳米材料的成核生长动力学结合，因而还未探明这一重要工程因素对纳米材料形态结构的影响规律。

（2）在纳米材料制备反应器中，随着反应的进行，新生的固相含量不断增加，且伴随着新相的形成，成核生长的相对速率、固相颗粒的形状及颗粒介质的环境在发生变化，导致体系的性质一直处于瞬变过程。比如，在利用液相反应合成纳米材料时，合成体系的流变行为一直处于变化之中。这种变化导致不同阶段及反应器不同空间的热质传递性质发生显著变化，极大地影响反应及新相成核、生长的均匀性，且随着反应器尺寸的扩大，其影响越加显著。显然，合成体系流变学规律的掌握及其行为控制，对实现纳米材料制备过程的工业放大是极其重要的。

（3）纳米材料制备多相体系的传质问题亟待解决。纳米材料的化学合成是高速源速率过程，无机纳米材料的形成过程大都属于传质控制过程。其中，初始纳米晶和与介质主体、反应气体在液膜或气膜内的传质过程，皆对化学工程工作者提出了新问题。与常规化工体系显著不同的是，这类体系中固体颗粒的尺度远小于液膜或气膜厚度，导致一系列不同的传质行为，影响最终产物的形貌。显然，阐明该影响规律对于纳米材料的形态结构优化和控制，以及纳米材料的制备过程的规模化放大具有重要意义。

（4）为在工业化装置中重现小试结果，必须研究纳米材料合成反应器中的成核生长动力学规律，并与反应器中的传递规律相结合，建立产物形态结构为目标函数的模型，为纳米材料制备在线控制、过程设计和设备结构优化提供理论指导。

为使纳米材料获得应用，必须解决其分散体系稳定化问题，另一方面，必须根据应用需要，在制备过程中对其表面进行修饰，以改善其热、电、声、光及烧结性能,或者使其具有在一定介质中的分散稳定性等。表面处理的措施包括有机物、无机离子在颗粒表面的物理、化学吸附,小分子齐聚体在颗粒表面的接枝,以及第二相在颗粒表面的均匀包覆等。因此,纳米材料的推广应用,不但要研究表面处理工艺及理论,而且要重点解决其中涉及的化工基础问题,建立规模化放大的基本规律,为表面处理过程的放大和过程控制奠定基础。对于表面处理需重点研究如下问题:

（1）颗粒表面活性位种类、数量以及晶格结构等颗粒表面性质与处理剂分子结构间的匹配,处理剂在颗粒表面的吸附构型、吸附行为及其与颗粒理化性能的关系。颗粒与处理剂之间的界面作用机制等,构成了表面处理技术以及处理剂分子设计的理论基础。

（2）对于颗粒表面第二项的均匀沉淀处理过程,颗粒度/反应介质过渡区域的电性质,第二项组分均相成核、生长动力学,第二项沉淀反应的过饱和度控制等理论问题的解决,对于实现纳米材料表面均匀包覆至关重要。

（3）在纳米材料表面处理和改性过程中,既存在非均相成核和非均相成膜过程,又存在均相成核过程,其相对速率大小决定颗粒表面的包覆结构。因此必须深入研究该过程的成核和成膜的竞争机制,以实现包覆结构的控制。

（4）纳米材料表面处理过程的工程放大,也是亟待解决的关键问题。必须针对纳米材料表面处理过程,研究其中涉及的化工基础问题,建立过程放大的基本规律,为其产业化实施奠定基础。

总之,纳米材料的制备和应用,给化工领域的工作者提出了新的机遇和挑战。首先,最为重要的是控制纳米材料的制备过程,使纳米材料形态结构在生产中保持良好的重现性,并能进行规模化放大。其次,纳米材料制备过程的在线和离线控制,最终获得形态结构和应用性能优良的纳米材料。第三,纳米材料的形态结构与生产过程的关系,保证能通过生产过程控制得到理想的产物。第四,建立纳米材料制备和表面处理过程的控制模型,使生产达到最优化操作。

参 考 文 献

[1] Charpentier J C. The triplet "molecular processes-product-process" engineering: The future of chemical engineering. Chemical Engineering Science, 2002, 57: 4667-4690.

[2] Kung H H. Nanotechnology: Opportunities for chemical engineering. Journal of the Chinese Institute of Chemical Engineers, 2006, 37: 1-7.

[3] Strobel R, Pratsinis S E. Flame aerosol synthesis of smart nanostructured materials. Journal of Materials Chemistry, 2007, 17: 4743-4756.

[4] Zhao Y, Li C Z, Gu F. Zn-doped TiO_2 nanoparticles with high photocatalysis activity synthesised by hydrogen-oxygen diffusion flames. Applied Catalysis B, 2008, 79 (3): 208-215.

[5] Zhao Y, Li C Z, Liu X H, et al. Highly enhanced degradation of dye with well-dispersed TiO_2 nanopar-

ticles under visible irradiation. Journal of Alloys and Compounds, 2007, 440 (1-2): 281-286.

[6] Liu J, Gu F, Hu Y J, Li C Z. Flame synthesis of tin oxide nanorods: A continuous and scalable approach. The Journal of Physical Chemistry. C, 2010, 114 (13): 5867-5870.

[7] Liu J, Hu Y J, Gu F, et al. Arrow-like SnO$_2$ Nanowires: 1D and 0D growth via large-scale flat flame deposition. (prepared)

[8] Rao P M, Zheng X L. Rapid catalyst-free flame synthesis of dense, aligned alpha-Fe$_2$O$_3$ nanoflake and CuO nanoneedle arrays. Nano Letters, 2009, 9 (8): 3001-3006.

[9] Gu F, Li C Z, Wang S F, et al. Solution-phase synthesis of spherical zinc sulfide nanostructures. Langmuir, 2006, 22 (3): 1329-1332.

[10] Wang S F, Gu F, Li C Z, et al. Synthesis of mesoporous Eu$_2$O$_3$ spindles. Crystal Growth & Design, 2007, 7 (12): 2670-2674.

[11] Gu F, Li C Z, Wang S F. Solution-chemical synthesis of carbon nanotube/ZnS nanoparticle core/shell heterostructures. Inorganic Chemistry, 2007, 46 (13): 5343-5348.

[12] Chen J T, Gu F, Li C Z. Influence of precalcination and boron-doping on the initial photoluminescent properties of SrAl$_2$O$_4$: Eu, Dy phosphors. Crystal Growth & Design, 2008, 8 (9): 3175-3179.

[13] Jiang H, Hu J Q, Gu F, et al. Large-scaled, uniform, monodispersed ZnO colloidal microspheres. Journal of Physical Chemistry C, 2008, 112 (32): 12138-12141.

[14] Jiang H, Hu J Q, Gu F, et al. Hydrothermal synthesis of novel In$_2$O$_3$ microspheres for gas sensors. Chemical Communications, 2009, 24: 3618- 3620.

[15] Hu J Q, Bando Y, Zhan J H, et al. Mg$_3$N$_2$-Ga: Nanoscale semiconductor-liquid metal heterojunctions inside carbon nanotubes. Advanced Materials, 2007, 19: 1342-1346.

[16] Hu J Q, Sligar A, Chang C H, et al. Carbon nanotubes as nanoreactors for fabrication of single-crystalline Mg$_3$N$_2$ nanowires. Nano Letters, 2006, 6: 1136-1140.

[17] Tang L H, Zhu Y H, Yang X L, et al. An enhanced biosensor for glutamate based on self-assembled carbon nanotubes and dendrimer-encapsulated platinum nanobiocomposites - doped polypyrrole film. Analytica Chimica Acta, 2007, 597 (1): 145-150.

[18] Tang L H, Zhu Y H, Xu L H, et al. Amperometric glutamate biosensor based on self-assembling glutamate dehydrogenase and dendrimer-encapsulated platinum nanoparticles onto carbon nanotubes. Talanta, 2007, 73 (3): 438-443.

[19] Li Y X, Zhu Y H, Yang X L, et al. Mesoporous silica spheres as microreactors for performing CdS nanocrystal synthesis. Crystal Growth & Design, 2008, 8 (12): 4494-4498.

[20] Wang P, Zhu Y H, Yang X L, et al. Synthesis of CdSe nanoparticles into the pores of mesoporous silica microspheres. Acta Materialia, 2008, 56 (5): 1144-1150.

[21] Cheng Q L, Pavlinek V, Lengalova A, et al. Conducting polypyrrole confined in ordered mesoporous silica SBA-15 channels: Preparation and its electrorheology. Microporous and Mesoporous Materials, 2006, 93 (1-3): 263-269.

[22] Cheng Q L, Pavlinek V, Lengalova A, et al. Electrorheological properties of new mesoporous material with conducting polypyrrole in mesoporous silica. Microporous and Mesoporous Materials. 2006, 94 (1-3): 193-199.

[23] 胡彦杰. 多重射流燃烧反应制备纳米材料的结构与性能 [D]. 上海: 华东理工大学, 2007.

[24] Li C Z, Cai S Y, Fang T N. Rheological behavior of aciculate ultrafine α-FeOOH particle preparation

system under alkaline conditions. Journal of Solid State Chemistry, 1998, 141: 94-98.

[25] Sada E, Kumazawa H, Aoyama M. Reaction kinetics and controls of size and shape of goethite fine particles in the production process by air oxidation alkaline suspension of ferrous hydroxide. Chemical Engineering Communications, 1988, 71: 73-82.

[26] Tamaura Y, Perlas V B, Takushi K. Study on the oxidation of iron (Ⅱ) ion during the formation of Fe_3O_4 and α-FeO(OH) by air oxidation of Fe(OH)$_2$ suspensions. Journal of the Chemical Society, Dolton Transaction, 1981, 197 (9): 1807-11.

[27] Randolph A D. The mixed suspension, mixed product removal crystallizer as a concept in crystallizer Design. AIChE Journal, 1965, 11 (3): 424.

[28] 陈仁学. 化学反应工程与反应器. 北京：国防工业出版社，1988.

21　功能纳米铁氧化物粉体的合成和应用

21.1　引　言

信息产业的飞速发展带动了办公自动化终端输出激光打印技术的发展，所用的粉体耗材-激光打印机用墨粉（下称激光打印粉）的需求随之激增，但我国尚缺乏生产激光打印粉的关键技术，全部从国外进口。在价格昂贵、国外生产技术保密的背景下，从 2000 年开始，中国科学院过程工程研究所开展了激光打印粉、彩色激光打印机用墨粉（下称彩色激光粉）、耐久性防伪彩色激光打印粉（下称耐久性防伪彩色激光粉）和关键原料高性能磁粉、纳米铁红、纳米铁黄以及关键技术设备的研制。

粉体的形貌通常与反应体系的种类、添加剂和制备工艺有关。宋宝珍等[1]进行了 Fe_3O_4 的合成研究，用氢氧化钠和铁盐合成了立方体形 Fe_3O_4，用 NH_4OH 和铁盐合成椭球形 Fe_3O_4。对于有应用目标的 Fe_3O_4 高磁性粉，其形貌为准球形，饱和磁化强度的指标高达 90emu/g，密度 $1.35g/cm^3$ 等。以氢氧化钠为反应物制备的立方体形 Fe_3O_4，其饱和磁化强度的本征值是 85emu/g，用氢氧化铵合成的椭球形 Fe_3O_4，饱和磁化强度本征值小于 85emu/g，不能达到目标产品的技术指标。因此必须进行制备技术的创新。

纳米粒子由于尺寸效应、表面效应而呈现出许多不同于体相材料的物理化学性质，在光、电、磁、催化以及传感等领域具有广阔的应用前景。纳米粒子的性质强烈地依赖于尺寸、形态和结构。因此，对纳米粒子的尺寸、形貌以及尺寸分布的有效控制就成了纳米粒子研究的热点。

在单分散粒子的制备方面，Matijevic[2]利用强制水解法，成功地制备了金属的氢氧化物、氧化物以及一些高分子类的单分散粒子。Sugimoto 等[3]用凝胶溶胶法，可制得尺寸形貌均一的 α-铁红。Chen 等[4]利用水热法制得 50～100nm 的 α-氧化铁红粒子；Hiroaki 等[5]用微波辐射法制得平均粒径为 31nm 的 α-氧化铁红粒子。在工业上对于 α-氧化铁红的合成主要有空气氧化法、氯酸钾氧化法和羰基铁氧化法[6]。这些单分散 α-铁红粒子制备的不足之处在于合成周期长、制备工艺复杂，尤其是存在分散性能差、生产成本高的问题，给单分散纳米 α-铁红粒子的研究带来很大的困难，并抑制纳米粉体材料的应用。

因此，从基础研究和工业应用出发，开发新的单分散纳米 α-铁红、α-铁黄粒子的制备方法是势在必行。

21.2 实　　验

21.2.1　试剂与设备

所用试剂：氮气（99.5%），空气，$K_2Cr_2O_7$（化学纯），NH_4HCO_3（化学纯），$SnCl_2$（化学纯），$FeCl_3 \cdot 6H_2O$（分析纯），油酸（分析纯），NaH_2PO_4（分析纯），HCl（分析纯），NaOH（分析纯），NH_4OH，$FeSO_4$，铁氰化钾，乙酸乙酯（分析纯），硝酸银；设备：ORION pH 计，分析天平，精密电动搅拌器，高速离心机，马弗炉。

21.2.2　实验装置与实验步骤

1. 铁氧化物合成反应器研制

高磁性 Fe_3O_4 磁粉、纳米 α-铁红（α-Fe_2O_3）都要求均匀的颗粒、优良的分散性能，宋宝珍等进行了铁氧化物合成反应温度、气体流量、反应物初始浓度、时间、表面改性等反应动力学因素的实验，得到反应表现活化能为 2.88kcal/mol，证实了在高黏度的气、液、固三相反应中，气体的扩散控制着反应速率的过程，因此反应器的形式对于产品的质量起着重要的作用。

为此进行反应器的设计，研究搅拌桨型对体系反应的影响[7]，在反应器内装有涡轮搅拌桨和圆盘透平桨相间的桨型，在搅拌桨之间设特定的间距，在反应器内壁装有挡板，底部装环形气体分布器。使通入的气体在高黏度体系中由搅拌桨的旋转使反应气体均匀分散，过程中气泡不发生合并长大，同时使流体的湍流和循环流达到最优耦合，使气-液-固三相体系混合均匀，研制了适合 2000cP 高黏度条件的新型气-液-固三相反应器，如图 21.1 所示，对最终生成的纳米 α-铁红、超细磁粉颗粒的均匀起着重要的作用。

2. 热处理纳米铁氧化物的流化床反应器设计

由于纳米铁氧化物的严重团聚，热处理时严重影响产品的质量，因此对纳米铁氧化物颗粒的热处理过程进行了多层流化床反应器的设计研究[8-10]（图 21.2）。

根据郭慕孙的研究报告[9]，进行了流态化床反应器的设计。

根据反应动力学公式：

$$\frac{dX}{d\theta} = -K_0\left(1 - \frac{Y_x}{Y^*}\right)X_x \tag{21.1}$$

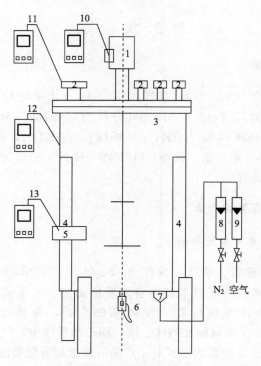

图 21.1　磁粉合成反应器

1. 搅拌马达；2. 加料口；3. 反应器；4. 挡板；5. 加热器；6. 下料阀；
7. 气体入口；8. 氮气流量计；9. 空气流量计；10. 调速器；11. 流体流量
计；12. pH 测量计；13. 温度测量计

积分得

$$\frac{1-\dfrac{X_i}{X_x}}{1-\dfrac{Y_x}{Y^*}}=-K\theta \tag{21.2}$$

式中，Y^* 为似平衡含水量（分子分数），约为化学平衡的 1/3。

设每层气-固为全混则可写出物料平衡式：

$$一层:Y_1 = Y_i + \frac{SX_0}{G}(X_i - X_4) \tag{21.3}$$

$$二层:Y_2 = Y_i + \frac{SX_0}{G}(X_1 - X_4) \tag{21.4}$$

$$三层:Y_3 = Y_i + \frac{SX_0}{G}(X_2 - X_4) \tag{21.5}$$

四层：$Y_4 = Y_i + \dfrac{SX_0}{G}(X_3 - X_4)$ （21.6）

式中，S 为固体流量，kg/h；G 为气体流量，kmol/h；X_0 为固体中氧化铁初始氧量，katom/kg。

将这些平衡式代入式（21.2），得

多层反应式：

一层：$\dfrac{1 - \dfrac{X_0}{X_1}}{1 - \dfrac{1}{y^*}\left[y_i + \dfrac{SX_0}{G}(X_0 - X_4)\right]} = -K\theta$

二层：$\dfrac{1 - \dfrac{X_1}{X_2}}{1 - \dfrac{1}{y^*}\left[y_i + \dfrac{SX_0}{G}(X_1 - X_4)\right]} = -K\theta$

三层：$\dfrac{1 - \dfrac{X_2}{X_3}}{1 - \dfrac{1}{y^*}\left[y_i + \dfrac{SX_0}{G}(X_2 - X_4)\right]} = -K\theta$

四层：$\dfrac{1 - \dfrac{X_3}{X_4}}{1 - \dfrac{1}{y^*}\left[y_i + \dfrac{SX_0}{G}(X_3 - X_4)\right]} = -K\theta$

设每层的存料量相等则每层的停留时间（θ）相同，即可算出每层料的停留时间：小时（θ）及铁氧化物的含氧量：（$X_1 X_2 X_3$）。

再设每层的床高与直径相等，就可以算出床高，则可以算出反应器尺寸，见表 21.1。

通过对床层分布板和内部构件的设计可得到，对于 500t/a、1000t/a、3000t/a 的反应器，床料高度分别为 2m、3m、4m，直径分别为 ϕ470mm、ϕ700mm、ϕ1m。

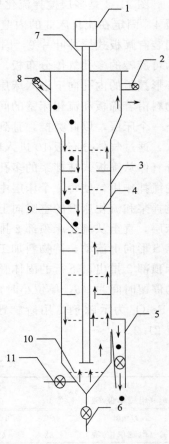

图 21.2 多层搅拌流化床反应器示意图

1. 搅拌马达；2. 出气口；3. 流化床；4. 环形挡板；5. 下料口；6. 底阀；7. 搅拌轴；8. 加料口；9. 筛板式搅拌叶片；10. 分布板；11. 进气口

表 21.1 反应器尺寸

名称	反应器 1	反应器 2	反应器 3
床密度实测值/(kg/m³)	200	200	200
产量（预先确定值）/(t/a)	500	1000	3000
$\Sigma\theta$/h	1.0	1.4	2.0
床直径/m	0.47	0.70	1.0
总床高/m	2.0	3.0	4.0

图 21.2 是多层搅拌流化床反应器的结构示意图，在流化床内部装有环形挡板 4，固定在流化床 3 的内壁上，邻近的两块环形挡板构成一个床层，每个床层间装有筛板式搅拌叶片 9，固定在搅拌轴 7 上，在搅拌马达 1 的带动下旋转，成为可旋转的多孔气体分布板。物料从流化床的顶部 8 加入，从一个床层的上部由环形挡板的内孔向下进入床层，在一个床层中，由于搅拌叶片 9 的作用，大部分物料沿着筛板和流化床壁的间隙向下流动，进而物料又沿着环形挡板的内孔流入下一个床层，以此类推，直到从下料口 5 排出床外；气体由流化床的下部 11 通入，通过气体分布板 10 进入床内，从底部环形挡板的内孔向上进入床层，一部分气体从筛板式搅拌桨的多孔进入床层，使床层内部的颗粒流化，加上旋转筛板的搅拌作用，使每一个床层中的颗粒形成一个微区域的全混，另一部分气体沿着搅拌桨和流化床壁的空隙向上流动，然后气体从微区上部挡板的内孔进入上一个床层，直至从流化床顶部 2 排出床外。物料在床内呈 S 形的方式向下流动，气体呈 S 形向上流动，待物料加工完毕，将物料从流化床的底部 5 排出，气体从流化床顶部 2 排出，下行的固体颗粒和上行的气体走同一通道。设定物料在流化床内的停留时间为（θ，单位小时），对设计的流化床反应器使用 α-铁红为固体介质，γ-Fe$_2$O$_3$ 为示踪剂，用阶梯改变法进行了停留时间分布的测定，测得数据见表 21.2。

表 21.2　物料流动的测定数据表

t/min	1	20	30	40	50	60	70	80
σ_s（电磁单位/克）	0	0	0	1	2	4	7	17
t/min	90	100	110	120	130	140	150	160
σ_s（电磁单位/克）	32	42	49	54	58	62	64	66
t/min	170	180	190	200	210	220		
σ_s（电磁单位/克）	67	68	69	69	70	70		

σ_s（电磁单位/克）为 γ-Fe$_2$O$_3$ 示踪剂的饱和磁化强度。

用 σ^2 评估颗粒分布的离散程度

$$\sigma_t^2 = \sum t^2 E(t) / \sum t E(t) - \left[\sum t E(t) / \sum E(t) \right]^2 \tag{21.7}$$

$$\sigma_s = \sigma_t^2 / T^2 \tag{21.8}$$

实验计算得，$\sum E(t) = 7.0,$　$\sum t E(t) = 739,$　$\sum t^2 E(t) = 85\,190$

$$\tag{21.9}$$

所以　$\sigma_t^2 = 85190/7 - (739/7)^2 = 1024$　　　　　　　(21.10)

$T = 150\text{kg}/1.5\text{kg}/\text{min} = 100\text{min}$

计算得到的停留时间分布曲线如图 21.3 所示。

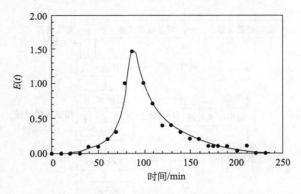

图 21.3　流化床中颗粒停留时间分布曲线

$$\sigma^2 = \sigma_t^2 / t^2 = 1024/100^2 = 0.1024$$

对测量值计算得 $\sigma^2 = 0.1024$，接近 0（当 $\sigma^2 = 1$ 时流动为全混，$\sigma^2 = 0$ 时为活塞流），因此颗粒在流化床中的整体的流动接近活塞流流动。

由于每一个微区床层的物料为全混状态，这种设计发挥了流化床传热、传质均匀的优势，从而避免了产品的不均匀；由于下行的物料和上升的气体经过同一个通道，一改传统多层流化床所用内溢流管或外溢流管下料时物料的架桥或堵塞造成操作不稳定的高难度技术问题；又由于物料在床层间以 S 形向下流动，改善了粗颗粒在床内短路和细颗粒的返混，使超微颗粒在流化床中的气-固相加工实现连续稳定的操作。

本流化床的设计可用于微颗粒的还原、氧化和脱水干燥等热处理，在本章中，用于纳米和超微磁粉颗粒的热处理。

3. 高磁性粉合成工艺流程图

合成高磁性四氧化三铁磁粉（Fe_3O_4）的工艺流程如图 21.4 所示。

操作规程如下：首先将精制的硫酸亚铁加入反应器，并向反应器通氮气，升温到反应温度 T_1，在氮气的保护下边搅拌边向反应器加入液碱和氨水的混合液，加料完毕后，继续搅拌直到完全生成 $Fe(OH)_2$ 乳白色沉淀物；然后切换氮气通空气，气量为 Q_1，直至完全生成 Fe_3O_4，此时再向反应器加大空气流量 Q_2，控制其中一部分 Fe_3O_4 氧化成 γ-Fe_2O_3，完成第一次反应；过滤、水洗后，再进行第二次反应，边通氮气边搅拌边升温到 T_2，继续向反应器加精制的硫酸亚铁和液碱，直到完全生成 Fe_3O_4，后经水洗、干燥、粉碎得到高磁性 Fe_3O_4 成品。废水集中处理，完成高磁性 Fe_3O_4 磁粉的制备。

4. 测试方法

实验过程中每隔一定的时间取样，利用重铬酸钾（$K_2Cr_2O_7$）滴定法测定体

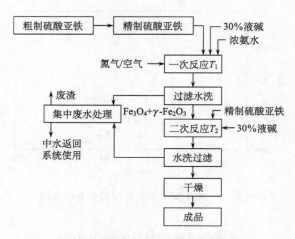

图 21.4　高磁性粉制备工艺流程图

系中亚铁（Fe^{2+}）及全铁（Fe）的浓度以此确定反应的进程。滴定完毕计下消耗重铬酸钾（$K_2Cr_2O_7$）溶液的体积数 V_1。可以根据读数计算出亚铁（Fe^{2+}）的浓度。测定全铁的浓度同样也是重铬酸钾（$K_2Cr_2O_7$）滴定法，滴定完毕计下消耗重铬酸钾溶液（$K_2Cr_2O_7$）的体积数 V_2。用下面的式（21.11）计算铁的转化率，确定反应的进程。

$$转化率=（V_2-V_1）/V_1\times100\% \tag{21.11}$$

样品的结构分析实验在日本产 RIDAKUD/Max-2500X 射线衍射仪上进行，样品的尺寸及形貌分析采用日本产 H-700 型透射电子显微镜，样品的红外光谱采用英国的 SpectrumGXⅡ 傅里叶转换红外光谱仪。

5. 主要化学反应

通过双碱（氢氧化钠、氢氧化铵）体系—多重晶型转化—可控性氧化的新工艺技术制备高磁性 Fe_3O_4 磁粉，反应机制为

$$Fe^{2+}+OH \longrightarrow Fe(OH)_2 \tag{21.12}$$

$$Fe(OH)_2+O_2 \longrightarrow Fe_3O_4+H_2O \tag{21.13}$$

$$Fe^{2+}+O_2 \longrightarrow \gamma\text{-}Fe_2O_3 \tag{21.14}$$

$$Fe^{2+}+OH \longrightarrow Fe(OH)_2 \tag{21.15}$$

$$Fe_2O_3+Fe(OH)_2 \longrightarrow Fe_2O_3+FeO+H_2O \tag{21.16}$$

$$Fe_2O_3+FeO \longrightarrow Fe_3O_4 \tag{21.17}$$

21.3 结果与讨论

21.3.1 α-铁黄的碱法制备

α-铁黄（α-FeOOH）的碱法制备，即在碱溶液中加亚铁盐溶液，沉淀出白色六角状氢氧化亚铁。控制溶液的 pH≥13。将氢氧化亚铁悬浊液老化一段时间后，通空气氧化即可得到产物 α-铁黄。控制不同的氧化条件，可得到尺寸、形貌不同的产物。该方法主要涉及如下反应：

$$Fe^{2+} + 2OH^- \longrightarrow Fe(OH)_2 \downarrow \qquad (21.18)$$

$$4Fe(OH)_2 + O_2 \longrightarrow 4\alpha\text{-}FeOOH + 2H_2O \qquad (21.19)$$

通常碱法制备的 α-铁黄在粒子形貌、均匀性等方面均优于酸法，但是碱法对操作条件的要求较高。对于碱法制备 α-铁黄的生成机理，存在着两种不同的见解。Yutaka 等[11]认为该反应是通过绿锈 [Fe(OH)_2·FeOOH] 粒子表面氧化而生成，有如下反应历程，其中氢氧化亚铁 [Fe(OH)_2]（固相）与溶解 O_2 的反应是一个液-固非均相反应。整个过程可用如下反应方程表示：

$$O_2 \longrightarrow O_2(aq) \qquad (21.20)$$

$$Fe(OH)_2(s) + 1/4O_2(aq) + 1/2H_2O \longrightarrow Fe(OH)_3(s) \qquad (21.21)$$

$$Fe(OH)_3(s) + OH^- \longrightarrow Fe(OH)_4^-(aq) \qquad (21.22)$$

$$Fe(OH)_4^-(aq) \longrightarrow \alpha\text{-}FeOOH(s) + H_2O + OH^- \qquad (21.23)$$

而 Misawa[12]等则认为是经过了下述反应历程，其中氢氧化铁 [Fe(OH)_3] 与溶解 O_2^- 的反应是一个液相均相反应。整个过程为：

$$O_2 \longrightarrow O_2(aq) \qquad (21.24)$$

$$Fe(OH)_2 + OH^- \longrightarrow Fe(OH)_3^-(aq) \qquad (21.25)$$

$$Fe(OH)_3^-(aq) + 1/4O_2(aq) + 1/2H_2O \longrightarrow Fe(OH)_3(aq) + OH^-$$

$$\qquad (21.26)$$

$$Fe(OH)_3(aq) \longrightarrow \alpha\text{-}FeOOH(s) + H_2O \qquad (21.27)$$

通过上文的分析，采用碱法制备 α-铁黄，同时通过调整工艺参数对最终产物的平均粒径以及粒子的分散性能进行控制，并对调控的机理进行探讨。对所制备的样品的物相组成与形貌特征进行了表征。从图 21.5（a）中样品的 X 射线衍射图可以发现，样品各衍射峰与 α-铁黄标准样（PDF♯29-0713）的衍射峰基本上是相互对应，并且无杂峰，表明所制备的样品确为纯的 α-铁黄。样品的 XRD 峰比较宽，这可能是由于晶体尺寸变小部分晶格发生畸变所导致。

样品的形貌通过透射电镜进行分析，如图 21.5（b）所示，所制备的样品为针状，横轴达到了纳米级，长短轴之比在 8～10。

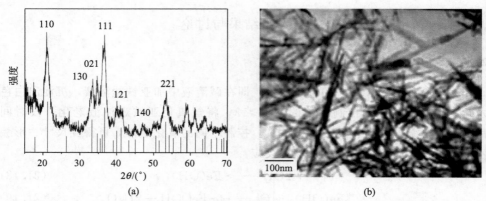

(a)　　　　　　　　　　　　　　　　　　　　　　　(b)

图 21.5　（a）样品 X 射线衍射峰与 α-铁黄（α-FeOOH）标准衍射峰对照图；

（b）针状 α-铁黄（α-FeOOH）的透射电镜图

21.3.2　α-铁红的制备

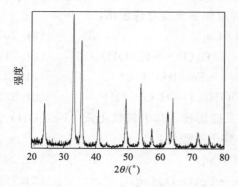

图 21.6　α-Fe₂O₃ 的 X 射线衍射峰

将制得的针状 α-铁黄放在马弗炉里 500℃下焙烧两小时，冷却研磨即得纳米 α-铁红粒子。通过 X 射线衍射分析发现，煅烧后样品的 XRD 衍射峰与 α-铁红的标准样品峰（pdf♯33-0664）一一对应如图 21.6 所示。

由实验现象及不同阶段样品的组成、形貌图，推断整个反应的历程。

α-铁红的整个形成历程可用下式表示为：

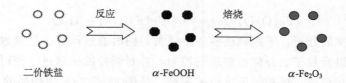

二价铁盐　　　　　　　α-FeOOH　　　　　　　α-Fe₂O₃

　　二价的铁盐在碱性溶液中先形成大量的氢氧化亚铁 [Fe(OH)₂] 晶核。氢氧化亚铁 Fe(OH)₂ 在含有 O₂ 的悬浮液中溶解析出六角状的绿锈。吸附态的氧解离后并入绿锈表面的晶格，使得 α-铁黄晶核在绿锈表面析出。α-铁黄晶核形成后，由绿锈溶解产生的氢氧化亚铁 [Fe(OH)₂⁺] 经氧化后沿 α-铁黄表面外延生长。α-铁黄焙烧脱水是一个吸热过程，脱水相变首先起源于表层某些缺陷部位或棱角以及表面的台阶部位。随着温度的升高，先是将物理吸附水脱除掉，然后将表面不饱和配位三价铁离子（Fe^{3+}）化学结合的羟基脱除，为 α-铁黄相变提供了新生界面，同时也为水分的逸出提供了通路。最后温度进一步升高，本体的羟基脱除使得晶型发生了转变，最终形成了红色的纳米 α-铁红粒子[13]。

21.3.3　α-铁红纳米粒子的尺寸控制

通过调节工艺参数来调节最终产物的尺寸形貌是纳米粉体制备的一个重要努力方向。对于纳米氧化铁的制备，通常考察工艺参数如铁盐与碱液的浓度、温度以及老化时间对最终产物的影响，而加料速率对于纳米氧化铁制备的影响却很少报道。本研究在实验中发现加料速率的大小对产物尺寸的影响很大。粒子大小的控制很大程度上取决于粒子的成核期。本章选择不同的加料速率来考察加料速率对粒子成核的影响，进而得到对粒子大小的影响。从图 21.7 可以看出，随着加料速率的增大，粒子的尺寸逐渐减小，特别是图 21.7（a）与 21.7（c）的对比比较明显。

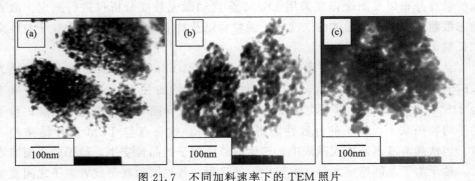

图 21.7　不同加料速率下的 TEM 照片

(a) 7.5×10^{-3} mol/min；(b) 3.75×10^{-3} mol/min；(c) 2.5×10^{-3} mol/min

通常，溶液中晶核的形成以及生长历程可以用 Lamer 图来表示（图 21.8）。其纵坐标为浓度 c，横坐标为时间 t。由图 21.8 中曲线（Ⅱ）与曲线（Ⅰ）对比可以看出，反应物初始浓度升高，使全程析出组分的生成速率加大，这就导致闭合曲线 $P_1PP_MP_2Q$ 所包围的面积增大，即单位体积内生成的晶核总数 $\Delta N/\Delta V$ 增大。相同转速条件下，当加料速率大时会导致反应溶液的局部浓度过大，这样就会使得单位体积内生成的晶核总数增多。当所加物料的总的物质的量一定时，单位体积内初始晶粒数增多就会使得粒子的粒径下降。

21.3.4　α-铁红纳米粒子分散性能的控制

化学沉淀法制备纳米粉体工艺中常会出现粒子的团聚，这样就使得由纳米效应产生的物化性质的提高变得不明显。为此进行了改善粒子间的团聚的研究。粉

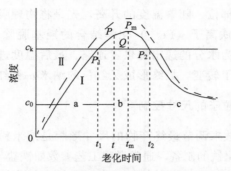

图 21.8　单分散颗粒形成的 Lamer 模型

曲线 I 对应低的起始浓度，曲线 II 对应高的曲线浓度

c_0，沉淀组分的溶解度；c_k，临界成核浓度；t_1 和 t_2，对应着两个临界点 P_1 和 P_2 的老化时间；

t_m，对应着最大浓度点 P_m 的老化时间；a，成核前阶段；b，成核阶段；c，晶核生长阶段

体的粒度分布以及团聚程度采用 LS230 全自动激光粒度分析仪进行测定。激光动态散射法可以测定粉体的二次粒子的粒径以及粒度分布，通过二次粒子粒径来表征粒子之间的团聚程度。

从图 21.9 可得，加料速率为 $7.5 \times 10^{-3} \, \text{mol/min}$ 时，α-铁红的平均粒径为 $0.875 \, \mu\text{m}$；加料速率为 $3.75 \times 10^{-3} \, \text{mol/min}$ 时平均粒径为 $0.925 \, \mu\text{m}$；加料速率为 $2.5 \times 10^{-3} \, \text{mol/min}$ 时平均粒径为 $1.086 \, \mu\text{m}$。也即随着加料速率的增加，粒子的平均粒径减小，粒子的分散性能得到了改善，这一点与 TEM 照片结果相一致。当铁盐溶液迅速加入碱液中，产生的原级粒子的晶粒变小，粒子的表面能增大。粒子为了能够稳定地存在溶液中，就吸附一些周围的离子或者粒子之间发生团聚来降低表面能。在晶粒形成时，碱液在反应的同时会在新生晶粒周围产生相当数量的 NH_4^+，这样晶粒表面就通过吸附 NH_4^+ 来降低表面能。由 DLVO 理论，粒子表面能越大，其吸附的离子数越多，粒子表面的电位就越高，使得颗粒之间的排斥能增大，所形成的粒子的分散性能就越好。在相同的反应条件下，加料速率越大，粒子的分散性能就越好。

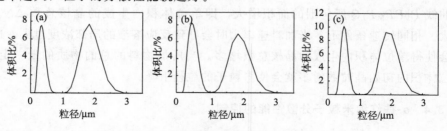

图 21.9　不同加料率下的粒子二次分布图

(a) $7.5 \times 10^{-3} \, \text{mol/min}$；(b) $3.75 \times 10^{-3} \, \text{mol/min}$；(c) $2.5 \times 10^{-3} \, \text{mol/min}$

粒子尺寸的均一性可以通过不同累计体积下的粒子直径来表征，即 $d_{25\%}/d_{75\%}$。从表 21.3 中的数据可以看出，随着加料速率的增大，粒子的均一性有所下降。这可能是由于加料速率增大，在溶液的局部爆炸式形成晶核，当再加料时所生成新相被生的粒子强烈地吸附于其表面，使得原生粒子长大，而在局部浓度不大的区域，粒子依然很小，这样就造成了粒子的粒径分布变宽。因此，在选择加料速率时，一方面要尽量保证所形成的粒子的尺寸减小，另一方面也要兼顾有一个较窄的粒子尺寸分布。

表 21.3　不同加料速率下粒子的粒度分布

加料速率	$7.5 \times 10^{-3}/(\text{mol/min})$	$3.75 \times 10^{-3}/(\text{mol/min})$	$2.5 \times 10^{-3}/(\text{mol/min})$
平均粒径	0.875	0.925	1.086
$d_{25\%(\text{体积分数})}/\mu\text{m}$	0.303	0.414	0.487
$d_{75\%(\text{体积分数})}/\mu\text{m}$	1.706	1.655	1.873
$d_{25\%}/d_{75\%}$	0.178	0.25	0.26

21.3.5　α-铁红的热形成机理

迄今为止，α-铁黄向 α-铁红的热转化机理大致有两种，一种是直接转化，另一种为间接转化机理。Watari 等[14]认为 α-铁黄在受热条件下没有形成中间产物而是直接形成了 α-铁红。他们的高分辨透射电镜照片显示首先是在 α-铁黄粒子的表面形成 α-铁红，最后形成多孔的产物。而 Wolska[15]等根据 X 射线衍射图和红外光谱数据认为，α-铁黄首先转化为原生 α-铁红（protohematite），随着温度的升高再转化为水合 α-铁红（hydrohematite），最后形成了 α-铁红。另一方面，Özdemir[16]和 Dunlop 等利用低温诱导磁力显微镜与 X 射线仪对整个过程进行分析，他们认为反应过程先是形成了中间产物四氧化三铁，再进一步转化为 α-铁红。

他们对这个热转化过程进行了大量的研究，但是对于转化的本质阐述不够，因此得出的结论不能统一。热转化动力学的研究将有助于解释固相反应的热转化机理。以前的大量研究工作集中于热转化过程中样品的微观结构变化，很少能将热动力学分析结果与微观结构变化相结合来考察这个热形成机理。Goss 等[17]通过动力学分析，认为这个固态反应为二维相边界所控制，整个反应由反应界面处质子或者铁离子的转移速率所决定。Diamandescu 等[18]研究发现固相反应中新相的成核在本质上符合一级反应动力学。尽管这些学者对这个过程的热动力学进行了研究，由于这些动力学结果是在等温条件下得到的，但是实际的热转化过程是在非等温条件下进行，因此他们的动力学结果不能外推到较宽的温度范围。因此研究这个转化过程的非等温动力学将有助于探讨整个热转化的本质。

　　下面，将在非等温条件下利用热重动力学方法对这个热转化过程的动力学进行分析，同时监控反应过程中样品的微观结构变化，将两者的最终结果进行综合，最后提出一种较为可行的 α-铁红热形成机理。

21.3.6　热分析动力学原理

　　热分析动力学是指用化学动力学的知识解析用热分析方法测得的物理量（如质量、温度、热量、模量、尺寸等）的变化速率与温度的关系。这种动力学分析不仅可用于研究各类反应，也可用于分析各类转变和物理过程（如结晶、扩散等的速率过程）。通过动力学分析可更加深入地了解各类反应的过程和机制，或预测低温下的反应速率。

　　热分析方法中，热重、差热分析与差式扫描量热法常被用来进行热动力学分析，其中热重动力学最为常用。热重法在测定动力学参数方面，不仅应用领域宽，而且研究的反应类型比较多如热分解反应、脱水反应、结晶反应等。在实验方法、数据处理和理论方面的发展，为热重法研究反应动力学打下了的基础。热重法动力学研究速度快、试样用量少、对反应物和反应产物不需进行分析，可以对反应的全过程进行研究。

　　1. 热重动力学的基本表达式

　　设热分解反应方程式为：

$$A(固) \longrightarrow B(固) + C(气)$$

　　图 21.10 是由热重法测得的典型热重曲线。m_0 为起始质量；m 为 $T(t)$ 时的质量；m_∞ 为最终质量；Δm 为 $T(t)$ 时的质量损失量；Δm_∞ 为最大质量损失量。

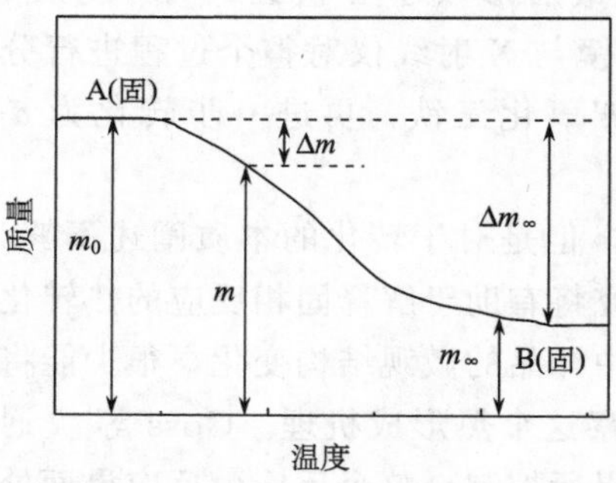

图 21.10　典型热重曲线

　　根据热重曲线，先求出变化率 α：

$$\alpha = \frac{m_0 - m}{m - m_\infty} = \frac{\Delta m}{\Delta m_\infty} \quad (21.28)$$

　　则分解速率为：

$$\frac{\mathrm{d}\alpha}{\mathrm{d}t} = kf(\alpha) \quad (21.29)$$

式中，k 为速率常数。

　　根据 Arrhenius 公式：

$$k = A\mathrm{e}^{-\frac{E}{RT}} \quad (21.30)$$

式中，A 为频率因子；E 为活化能；R 为摩尔气体常量。

　　式（21.29）中的函数 $f(\alpha)$ 取决于反应机理。对于简单反应，

$$f(\alpha) = (1-\alpha)^n \tag{21.31}$$

式中，n 为反应级数，将式（21.30）和式（21.31）代入式（21.29），则

$$\frac{d\alpha}{dt} = Ae^{-\frac{E}{RT}}(1-\alpha)^n \tag{21.32}$$

在恒定的升温速率 ϕ（$\phi = \frac{dT}{dt}$）下，则

$$\frac{d\alpha}{dT} = \frac{A}{\phi}e^{-\frac{E}{RT}}(1-\alpha)^n \tag{21.33}$$

2. 反应动力学的非等温实验

反应动力学的非等温实验又称为动态实验。一次动态热重法实验相当于无数次等温热重实验，这样大量的实验数据可以在同一个样品上得到，消除了样品的误差。用动态法热重实验来研究动力学过程有几个优点：只要少量的实验样品；能在反应开始到结束的整个温度范围内连续计算动力学参数；只需一个样品；节省实验时间。Sharp 等[19] 的非等温热动力学实验，根据数学处理方法可以分为积分法和微分法。但是这两种方法均需要先根据经验假定一个反应的机理，然后选取对应的数学表达式，再对计算出来的动力学参数进行分析，若得到不合理的数据还要用试差法再计算，这会耗费大量的时间。因此，本研究选取一种新的方法，即首先根据微分热重曲线的形状来选取一种可能的机理，再根据前人总结的最大分解速率与活化能之间的关系判别这个机理的正确性来确定最终的反应机理。同时将得到的活化能数据与前人的研究结果进行对照，如果在合理的范围内，就可以认定反应的动力学路径。

在通过微分热重曲线的形状来分析热动力学参数之前，需要定义几个参数。在变化率 α 与温度 T 的关系曲线中 ［图 21.11（a）］有一个瑕点，在这个点上变化率对温度的二阶导数为零。这一点对应的变化率称之最为大分解速率 α_{max}，相应的温度为最大分解温度 T_{max}。图 21.11（b）是相应的微分热重曲线，这里界定一下这种曲线的形状。对于初始温度可以记为 T_i，而最终温度记为 T_f。从图中可以看到，在 T_i 到 T_{max} 阶段，如果变化率 α 随着温度的增加而快速增加，那么，认为初始温度很陡峭，记作 $T_{i(s)}$，反之认为很平缓记为 $T_{i(d)}$。在 T_{max} 到 T_f 阶段，如果变化率 α 随着温度的增加而迅速下降，那么，就认为最终温度很陡峭，记作 $T_{f(s)}$，反之认为很平缓记为 $T_{f(d)}$。在微分热重曲线中，初始温度与最终温度之间连接一条线作为基线。由曲线中的最高点 O，也就是对应于最大分解温度点，相对于这条基线引一条垂线，交基线于 A 点，那么线 OA 的一半高度处所对应的微分热重曲线的宽度可以定义为半高宽[19]。

从图 21.11 可以看出，首先通过热重（TG）或者微分热重（DTG）曲线得

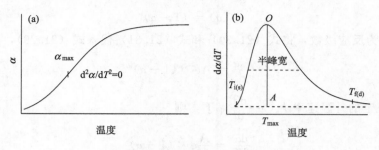

图 21.11　微分热重曲线中特征参数的示意图

到最大分解速率 α_{max}。根据最大分解速率的大小可以从动力学机理表达式选择一组可能的反应机理。再由图中反应机理代号的意义找到对应的数学表达式。然后根据初始温度和最终温度重复上述实验和热重分析，将结果进一步筛选，得到较合理的反应机理。最终，根据最大半高宽的值可以确定最合理的反应机理。

3. α-Fe_2O_3 的热形成动力学分析

将制备出来的 α-铁黄样品进行热分析。热分析实验在 TA-5000 型热分析仪上进行，升温速率为 10K/min。图 21.12 为 α-铁黄样品的差热分析曲线。从图中可以看出，在 410K 处有一个大的宽的吸热峰以及 548K 处的一个尖锐的吸热峰，这表明了热反应发生在这个温度范围。图 21.13 为 α-铁黄样品的热重曲线和微分热重曲线。从图 21.13（a）中可以看出在实验范围内变化率 α 随着温度的增大而增加，并且在变化过程中有一个瑕点。

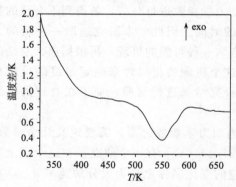

图 21.12　铁黄粒子的差热分析曲线

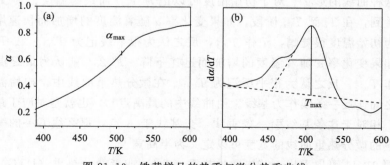

图 21.13　铁黄样品的热重与微分热重曲线

从图 21.13（b）中可以看到只有一个单峰，结果不同于 Frost 等[20,21] 的结果，他们的图中有一个大吸热峰和两个小的吸热峰。这表明在实验条件下，α-铁黄的热转化是单步转化。从图 21.13（a）中可以得到 α_{max} 的值为 0.647。根据 Walter[22] 的动力学机理流程图和动力学机理数学表达式的汇总，三维（three dimensional）扩散就被选择为最可能的反应机理和选择。$f(\alpha)$ 1.5 $[1-(1-\alpha)^{1/3}]^{-1}(1-\alpha)^{2/3}$ 为相应的数学表达式。

采用 Criado 等[23] 的单曲线微分法对这个热过程进行分析，速率方程与 Arrhenius 方程表述如下：

$$\frac{d\alpha}{dt} = kf(\alpha) \tag{21.34}$$

$$k = A\exp\left(-\frac{ER}{T}\right) \tag{21.35}$$

式中，α 为变化率，也称为分解速率；$f(\alpha)$ 为 α 的某种形式的函数；k，A，E 和 R 分别为速率常数、频率因子、活化能和摩尔气体常量。

由于温度随着时间线性增加，那么：

$$T = T_0 + \beta t \tag{21.36}$$

式中，β 为升温速率。将式（21.34）、式（21.35）和式（21.36）合并然后取对数可得

$$\ln\left[\left(\frac{1}{f(\alpha)}\right) \cdot \left(\frac{d\alpha}{dT}\right)\right] = \ln\left(\frac{A}{\beta}\right) - \frac{E}{RT} \tag{21.37}$$

根据三维扩散机理，从 Walter 等[22] 的动力学机理流程图和动力学机理数学表达式的汇总，可以得到 $f(\alpha)$ 的数学表达式：

$$f(\alpha) = 1.5[1-(1-\alpha)^{1/3}]^{-1}(1-\alpha)^{2/3} \tag{21.38}$$

将式（21.37）和式（21.38）合并，得

$$\ln\left[\left(\frac{1}{1.5[1-(1-\alpha)^{1/3}]^{-1}(1-\alpha)^{2/3}}\right) \cdot \left(\frac{d\alpha}{dT}\right)\right] = \ln\left(\frac{A}{\beta}\right) - \frac{E}{RT} \tag{21.39}$$

将实验数据带入上式，以式左端为纵轴对 $1/T$ 作图，可以求出相应的热动力学参数。由于在 308K 到 574K 这段温度范围内发生热转化，就选取这个温度段来计算动力学参数。根据回归曲线的斜率可以计算出活化能 E，从回归线的截距可以求出频率因子。图 21.14 中所得回归曲线的标准偏差为 0.38。从速率方程中计算可得反应的活化能为 112.8kJ/mol。

为了确保反应机理的正确，通过最大分解速率 α_{max} 和动力学机理之间的联系来检验它。Ainsworth 等[24] 研究发现，如果一定的温度下活化能在一个合理的范围内（表 21.4），那么 α_{max} 的值只与反应机理有关，而与指前因子和活化能无关。从表 21.4 可以看出，当 T_{max} 为 473.15K 时，活化能应当大于 78.96kJ/mol；T_{max} 为 573.15K 时，活化能应大于 95.30kJ/mol。而 T_{max} 为 506K，可以用这个方法来校正反应机理。

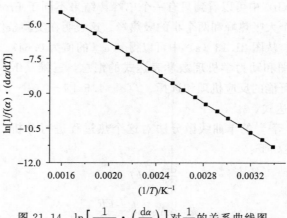

图 21.14　$\ln\left[\dfrac{1}{f(\alpha)}\cdot\left(\dfrac{\mathrm{d}\alpha}{\mathrm{d}T}\right)\right]$ 对 $\dfrac{1}{T}$ 的关系曲线图

表 21.4　不同 $T_{\max}$ 下可接受的活化能的范围

$T_{\max}$/K	E/(kJ/mol)	$T_{\max}$/K	E/(kJ/mol)
373.15	>62.05	973.15	>161.82
473.15	>78.68	1073.15	>178.32
573.15	>95.30	1173.15	>194.93
673.15	>111.91	1273.15	>211.7
773.15	>128.56	1373.15	>228.33
873.15	>145.69		

相应的 $\alpha_{\max}$ 的表达式：

$$\alpha_{\max}=1-(3/2-RT_{\max}/E)^{-3} \tag{21.40}$$

通过式（21.40）的计算得到 $\alpha_{\max}$ 为 0.68，与实验值 0.647 比较接近，因此可以判定该过程为三维扩散机理。更进一步，Füglein 等[25]发现该过程的活化能范围在 107～137.8kJ/mol 之间，而计算的活化能为 112.8kJ/mol，与文献报道的数值比较一致，也佐证了结果的正确性。

21.3.7　热形成过程中微观结构的变化

为了考察 α-铁黄样品在受热条件下的微观结构变化，在最大吸热峰的两侧分别选择一个温度点，513K 和 573K。然后在每个温度点下将样品各自老化 5h，再通过红外光谱仪和透射电镜对样品的组成和形貌进行分析检测。从图 21.15（a）看出，α-铁黄样品在 3411cm^{-1} 和 3195cm^{-1} 处有两个羟基伸缩振动谱带，在 1624cm^{-1} 的为表面吸附水的振动谱带，892cm^{-1} 和 796cm^{-1} 处有两个羟基弯曲振动谱带，611cm^{-1} 处为羟基的转动谱带，428cm^{-1} 处为 Fe-O 振动谱带，这些结果与 Ruan 等[26]的结果相吻合。而且，两个谱带在 892cm^{-1}（δ-OH）和 795cm^{-1}（γ-OH）是 α-铁黄的重要特征谱带。随着温度的升高，α-铁黄的特征谱带逐渐消失。同时，在 α-铁黄向 α-铁红的热转化过程中，α-铁红在 528～538cm^{-1} 和 442～445cm^{-1} 处的 Fe-O 振动特征谱带出现并随着温度的升高变得尖锐。

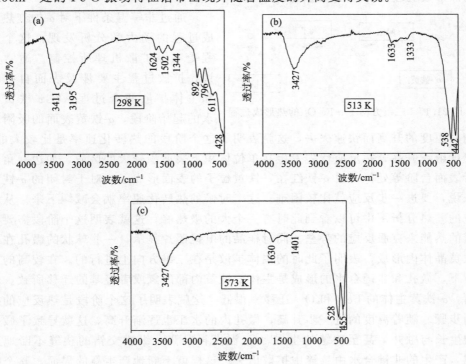

图 21.15　不同温度下铁黄样品的红外光谱图

从样品的透射电镜照片（图 21.16）可以看出，在 513K 温度下，针状 α-铁黄内部出现了一些小孔。当温度继续升高达到 573K 时，这些微孔发生融并然后形成了细缝。同时还可以发现针状 α-铁黄的末梢开始变得圆滑。最后当温度升到773K 时，球状粒子就形成了。

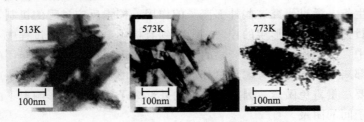

图 21.16　不同温度下铁黄样品的透射电镜照片

21.3.8　α-铁红的热形成机理

基于非等温热动力学分析结果与样品随温度的微观结构变化，提出了α-铁红的热形成机理，整个形成过程见图 21.17。

图 21.17　三维方向上 α-Fe$_2$O$_3$ 的热形成过程

通过非等温条件下对α-铁红热形成过程的动力学分析发现，这个过程受三维扩散机理所控制。通常来说，扩散过程主要涉及表面自扩散和主体扩散两个过程。在 α-铁黄脱水的起始阶段，α-铁黄表面的吸附水随着温度的升高而快速失去，这就表明了这个阶段的热转化速率是比较大的。温度继续升高，热反应优先发生在单位体积下表面积较大的区域，如边、角或者表面台阶等处。一旦 α-铁红在 α-铁黄粒子的表面形成了，对于封闭的 α-铁黄来说，要进一步反应就比较困难。这个时候的热转化速率就会减缓下来。从相应的差热分析图中可以看到此时有一个大的吸热峰，这就表明这个阶段需要大量的热能来克服反应的势垒。同时样品的电镜照片显示，一些球状的微孔在 α-铁黄晶体内形成，表明了此时的主体扩散是在三维方向上进行的。在较高的温度下，微孔和非键合水的形成是主体 α-铁黄内部的氢或者羟基的迁移所致。然而，α-铁黄主体的 Fe^{3+} 和 O^{2-} 迁移率很低。这就表明了这个阶段是热反应的控制步骤。随着温度的进一步升高，微孔内的水压也逐渐升高，这就导致了微孔的生长与融并，甚至狭缝的生成[27]。温度再升高，纵横交错的狭缝不断地形成，产生的非键合水由狭缝中扩散出去。这样就不断地产生新的界面，整个扩散过程又从主体扩散转为表面自扩散。同时，具有周期性结构的 α-铁红逐渐形成。为了降低表面能，在重结晶的作用下，α-铁红的形貌发生了改变。最终球状 α-铁红粒子得以生成。

21.3.9　诱导合成法新思路的提出

在前人探索的基础上，发现将外部离子加入反应体系当中可以影响产物粒子的成核与生长。通过研究这些外部离子的作用，探索反应过程的机制，可以更好地指导对目标产物尺寸形貌的控制。考虑到有机阴离子在反应过程中不进入到产物的晶格中，从而保证了最终产物的纯度，为此选择含有特定官能团的物质作为添加的外部离子。同时，考虑到单分散纳米粒子的合成中要保证粒子成核后初生粒子之间要尽量避免团聚，因此，加入的外部离子不仅要能影响离子的成核还要能防止粒子间的团聚。

21.3.10　单分散 $\alpha\text{-Fe}_2\text{O}_3$ 粒子合成机理的研究

单分散 α-铁红粒子合成的流程如图 21.18 所示。在预实验中，选用羧酸的衍生物来考察它们对氧化铁制备的影响。从预实验结果中发现，乙酸乙酯对氧化铁的成核生长影响比较大，同时这种有机物毒性小，价格低而且易得。另外，在碱液中，碳酸氢铵生产成本较低，易于今后的工业放大。因此，就选定了三价铁盐、碳酸氢铵与乙酸乙酯的反应体系。通过诱导合成法分别制得单分散的 α-铁红和 β-铁黄纳米粒子。

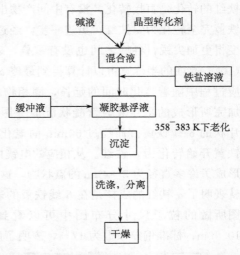

图 21.18　单分散氧化铁粒子的制备流程图

诱导合成法制备氧化铁可以在溶液中一步完成，省去了传统方法中的煅烧步骤，并且整个反应的时间通过有机离子的诱导作用而显著的缩短，从而大幅度地降低了生产的成本。另外，还可以通过调整宏观的工艺参数对最终粒子的尺寸与形貌在一定范围内进行调控。由于反应在溶液中完成，粒子表面的官能团较多，还可以很方便地对粒子进行原位表面改性。

下面就通过分阶段取样分析以及空白对比实验对这两种氧化铁的形成机理进行探讨，给后续的尺寸形貌调控提供理论支持。

为了得到样品的物相组成，通过 X 射线衍射仪对其进行了分析，不同老化时间下样品的 X 射线衍射数据如图 21.19 所示。

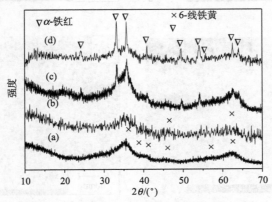

图 21.19　不同老化时间下样品的 X 射线衍射图

(a) 老化 30min；(b) 老化 60min；(c) 老化 85min；(d) 老化 120min

从图 21.19 中可以发现，老化 30min 的样品显示出了 6-线铁黄的衍射峰，表明此时的样品为 6-线铁黄。经过 60min 老化的样品，它只保留了 6-线铁黄的（113）晶面和（300）晶面的峰，其余的峰可以归属为 α-铁红。这表明了从 6-线铁黄到 α-铁红的转化是直接转化，没有中间产物出现。经过 85min 的老化，样品已经由 6-线铁黄完全转化为 α-铁红。更进一步，经过 120min 的老化，α-铁红的 X 射线衍射峰变得更加尖锐，各峰之间也没有重叠，表明样品的结晶性很好。根据谢乐公式从（104）晶面的半峰宽可以计算得到最终 α-铁红样品的平均晶粒尺寸为 10.4nm。反应过程中随着老化时间的延长，固相物的形貌变化如图 21.21 所示。反应物料添加完所形成的悬浮液为絮凝状沉淀［图 21.20（a）］。经过 30min 的老化形成了片状的 6-线铁黄。而经过 60min 的老化后，从 X 射线的衍射图中可以知道 6-线铁黄开始转化为 α-铁红。从相应的电镜照片中可以看到，在 6-线铁黄薄片的边缘形成了许多直径为 3～4nm 的点状物，这些应该是刚形成的 α-铁红的初生粒子，这就表明了 α-铁红的成核是在 6-线铁黄的表面进行的。从基于图 21.20（d）的电镜图所做的粒子尺寸分布图中可以看到（图 21.21），最终粒子的平均粒径为 10.9nm，标准偏差系数为 17%，表明了所制备的 α-铁红粒子是单分散的。

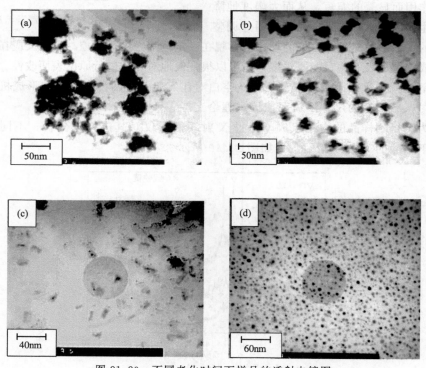

图 21.20　不同老化时间下样品的透射电镜图
（a）老化 0min；（b）老化 30min；（c）老化 60min；（d）老化 120min

为了更好地理解有机阴离子在反应过程中所起的作用，采用红外光谱对不同老化阶段样品以及空白样品进行分析，通过红外光谱提供的信息来考察有机阴离子与氧化铁之间的相互作用。不同条件下样品的红外光谱图如图 21.22 所示。

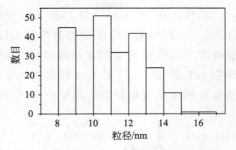

图 21.21　α-Fe$_2$O$_3$ 纳米粒子尺寸分布图

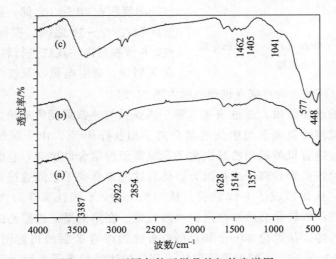

图 21.22　不同条件下样品的红外光谱图

(a) 没有添加乙酸乙酯的最终样品；(b) 添加乙酸乙酯老化 60min 的样品；
(c) 添加乙酸乙酯的最终样品

从图 21.22（a）中可以看到，在 1514cm^{-1} 和 1357cm^{-1} 的两个谱带可以分别归属为羧基的不对称伸缩与对称伸缩振动谱带。对于这个空白的样品来说，反应体系中只有油酸，因此这两个谱带对应着的是油酸中羧基的特征谱带。在反应体系中添加了乙酸乙酯并将样品老化 60min，这时在 1405cm^{-1} 就会有一个新的谱带出现，它可以归为乙酸根中羧基的对称伸缩振动谱带。这就表明了乙酸乙酯开始水解，其水解产物乙酸根吸附在无机粒子的表面。根据羧基对称伸缩振动与不对称伸缩振动谱带的波数差，可以推断出羧基与无机粒子表面的键合方式。而乙酸根中的这种波数差为 109，表明了它是以双配位的形式键合在无机粒子表面的，这种配合物的结构式如图 21.23 所示。

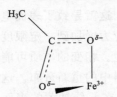

图 21.23　铁和乙酸根配合结构式

此外，在 1041cm^{-1} 和 1462cm^{-1} 还有两个谱带，它们可以分别归属为乙氧基（C_2H_5O-）的 C—O 振动和其中的 CH_2 剪切振动，这表明乙酸乙酯水解产生的醇吸附于无机粒子表面，并通过化学键紧密相连。而在图 21.22（c）中可以发现在 448 和 577cm^{-1} 处有 α-铁红的两个特征谱带，这两个谱带尖锐而突出表明已制备出的样品有很好的结晶度。

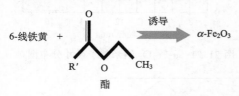

6-线铁黄 + 酯 → 诱导 → α-Fe$_2$O$_3$

图 21.24　α-铁红（α-Fe$_2$O$_3$）诱导成
合机理

综合以上的分段取样分析以及空白对照实验结果，可以对整个反应的历程进行推断。首先从氧化铁的溶度积来看，α-铁红的溶度积在 40～43 之间，而 6-线铁黄的溶度积在 37～39 之间，根据热力学的观点，6-线铁黄向 α-铁红进行转化是可行的。在 X 射线、透射电镜以及红外光谱分析的基础上，可以将整个诱导成合机理表示为图 21.24。

在反应的起始阶段，通过快速水解 6-线铁黄与 β-铁黄竞争成核。而对于 β-铁黄的形成常常需要氯离子与生长的聚合离子相互作用[32]。由于碱性的不同，反应体系中的短链有机酸根与乙氧根离子比氯离子的键合性更强，它们可以取代氯离子而与三价铁的聚合离子进行结合，然后这些聚合离子之间通过聚合反应形成氢键与氧桥，从而形成了 6-线铁黄。从结构上看，6-线铁黄含有大量的水和羟基，它向 α-铁红的转化必然要经过脱水的过程。在溶液里，乙酸乙酯开始水解生成了乙酸和乙醇。从老化 60min 样品的红外光谱图与 X 射线衍射图中可以看到，α-铁红已经开始成核，乙酸根离子取代了部分的油酸根离子吸附于无机粒子的表面。乙酸根阴离子的化学吸附是通过下面的反应而进行[33]：

$$Fe^{3+}\square + CH_3COO^- + Fe^{3+}O^{2-} + H^+ \longrightarrow Fe^{3+}CH_3COO^- + Fe^{3+}OH^-$$

$$\tag{21.41}$$

式中，□代表着 6-线铁黄的表面空位。

如式（21.41）所示，由于乙酸根的吸附，6-线铁黄粒子表面的电荷分布发生变化，粒子表面的正电性下降使得溶液中的 H$^+$ 离子很容易与铁氧化物中的 O^{2-} 进行键合，使得 6-线铁黄表面的羟基含量增加。更进一步，随着表面羟基的增多，羟基之间互相排斥并且使表面铁的配位数下降，这就导致了表面电荷的不平衡同时产生了结构应力。当这种电荷不平衡与结构应力增加到一定限度，没有更多的表面缺陷包容这些的时候，结构的重排就会发生。相变的本质可能涉表面羟基的脱质子化形成氧桥以及三价铁离子在氧离子晶格中的重新分布，这样就产生了 α-铁红晶核。从电镜照片上看，α-铁红的成核发生在 6-线铁黄的表面，这也间接地证明了乙酸根的诱导作用。同时，在乙酸根以双配位的形式与 6-线铁黄连接的条件下，随着表面吸附的乙酸根增多，铁黄表面的铁氧键就被弱化直至断裂，这样表面的铁黄就会溶解并且三价铁与乙酸根发生络合。这种络合可以控制溶液中三价铁的过饱和度，避免了再次成核。另外，反应的过程中产生的乙醇也会以乙氧基的形式键合于 α-铁红的晶核上。溶液中少量的油酸根也会吸附于新生粒子的表面。这些有机物的吸附可以减少粒子的表面能使得粒子能够稳定的存在，还可以避免粒子间的团聚，也延缓了粒子尺寸的增加。

21.3.11 单分散 β-铁黄粒子合成机理的研究

对制备的样品进行物相分析，所制备样品的 X 射线衍射数据如图 21.25 所示。

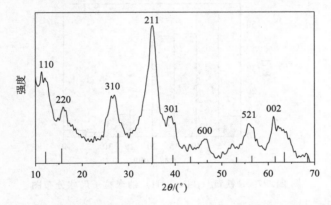

图 21.25 样品的 X 射线衍图与 β-铁黄（β-FeOOH）标准 X 射线衍射峰对照图

从图 21.25 可以看到所制备样品的 X 射线衍射峰与 β-铁黄的标准 X 射线衍射峰（pdf♯34-1266）一一对应，表明了样品确为 β-铁黄。衍射峰变宽可能是颗粒尺寸变小所导致。从样品的 X 射线衍射图中可以看到，代表（211）面的峰的强度比（310）面的峰强度要大。这正像柠檬酸根离子对 β-铁黄粒子生长的影响一样[35]，反应中水解生成的醇以及体系中的有机酸根离子可能在反应过程中吸附在（310）面上，阻碍了这个晶面的生长。

随着温度的升高固体相的形貌变化见图 21.26。刚开始在 353K 时样品为细的絮凝状凝胶［图 21.26（a）］，然后当在 373K 下保持 10min 时，样品转化为球形［图 21.26（b）］。从最终样品的电镜照片中可以看到，β-铁黄粒子为球状，其平均粒径为 14.7nm。与图 21.26（b）比较，当不在体系中加入乙酸乙酯并且保持其他条件不变，最终的产物呈现无定形［图 21.26（c）］。图 21.27 为基于图 21.26（b）的 β-铁黄粒子的尺寸分布图，粒子尺寸分布的标准偏差为 7.0%，表明了样品具有较窄的尺寸分布。

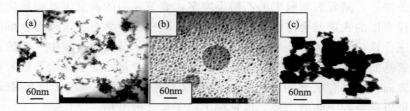

图 21.26　不同反应条件下固相物的形貌变化图

（a）$T=353K$；（b）$T=373K$ 下保持 10min；（c）反应体系中不添加乙酸乙酯的最终产物

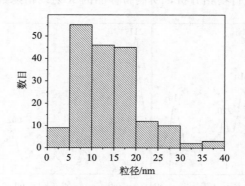

图 21.27　β-铁黄（β-FeOOH）纳米粒子尺寸分布图

　　反应体系中未加入乙酸乙酯与加入了乙酸乙酯条件下最终产物的红外光谱图分别见于图 21.28（a）与图 21.28（b）。

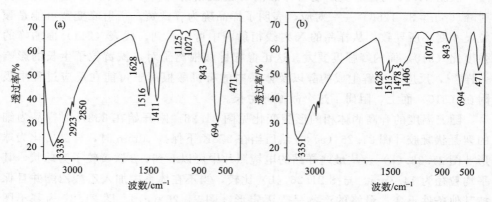

图 21.28　（a）没有添加乙酸乙酯条件下最终产物的红外光谱图；

（b）添加乙酸乙酯条件下最终产物的红外光谱图

波数在 847cm^{-1}、696cm^{-1} 和 420cm^{-1} 处的谱带为含氯 β-铁黄的特征谱带。从图 21.28 可以看出，波数在 843cm^{-1} 和 694cm^{-1} 为两个 O—H—Cl 键的变形振动谱带。另一个在波数为 471cm^{-1} 的谱带可以归为 Fe—O—Fe 的对称伸缩振动。最终产物的红外光谱进一步证明了所制备的样品为 β-铁黄，这与样品的 X 射线衍射结果相一致。在图 21.28 (a) 中，波数为 1516cm^{-1} 和 1411cm^{-1} 分别为羰基的不对称伸缩振动和对称伸缩振动，两者表明了油酸根离子与 β-铁黄是以螯合形式相连接的。羰基的不对称伸缩振动和对称伸缩振动之间相差的波数与油酸根以双配位形式连接三价铁的情况相似。其他两个在 2850cm^{-1} 和 2921cm^{-1} 的谱带对应着 CH$_2$ 的对称伸缩振动和不对称伸缩振动。β-铁黄中所含结构水的红外谱带在 1628cm^{-1}。在 3338cm^{-1} 处的一个较宽的强的谱带可以归为主体 OH 的伸缩振动。而 Fe—O(H)—Fe 的变形振动出现在 1027cm^{-1}。羰基侧链的 C—C 伸缩振动出现在 1125cm^{-1}。与图 21.28 (a) 相比较，在图 21.28 (b) 中的油酸根离子的特征谱带的强度下降，这表明了吸附在 β-铁黄粒子表面的油酸根离子的量已经减少。同时发现三个新的谱带在 1475cm^{-1}、1406cm^{-1} 和 1074cm^{-1} 位置出现。在 1475cm^{-1} 处的谱带可以归为 CH$_2$ 的面内 OH 混合振动，1406cm^{-1} 为 CH$_3$ 面内 OH 混合振动，1074cm^{-1} 处为 C—O 键的伸缩振动，这三个谱带均为乙醇的红外特征谱带。另外，在 3351cm^{-1} 处的谱带可以归结为乙醇的 OH 振动谱带。基于以上分析，可以推断所制样品表面吸附了由乙酸乙酯水解产生的乙醇。更进一步，图 21.28 (b) 中 1628cm^{-1} 处的水的谱带强度增强，从吸附物质的极性大小考虑也能间接地证明粒子表面油酸根吸附量的减少以及乙醇吸附量的增加。然而没有发现乙酸或者乙酸乙酯的特征谱带，这是因为在酸性较强的溶液中乙酸乙酯发生水解而形成的乙酸根也与溶液中的氢离子结合形成了乙酸。

从样品的电镜照片以及红外光谱分析，可以推测球状 β-铁黄粒子的形成过程。一般三价铁盐水解会形成少量的 β-铁黄与氢氧化铁，两者之间存在着动态平衡，在含氯的水溶液中随着水解的进一步发生，氢氧化铁转化为 β-铁黄。在酸性溶液中，乙酸乙酯和铁盐发生水解在局部消耗了溶液中的水，这样就诱导了 β-铁黄的成核与生长。另一方面，水解产生的乙醇以及少量的油酸根离子强烈地吸附在 β-铁黄粒子的表面，阻止了初生粒子的进一步生长，为球状纳米粒子的良好分散提供了保证。

21.3.12 单分散氧化铁纳米粒子尺寸的控制

粒子的尺寸可以通过调整反应的参数，如时间、温度、反应物的浓度以及表面活性剂来控制。从 Lamer 模型可以看出，如果起始反应物的量一定，那么粒子的尺寸会随着成核数目的增加而降低。而且相对于粒子的生长时间来说，缩短粒子的成核时间对于减小粒子的尺寸也是行之有效的。

1. α-铁红（α-Fe$_2$O$_3$）的尺寸控制

由于具有大规模生产的潜力并且方法简单，因此化学合成法被广泛地用于制备纳米材料。通常控制粒子的尺寸可以采用控制成核的数目与加入晶种的办法。前者是通过控制反应的条件来控制晶核的数目，而后者是采用向反应体系引入晶种来控制核的数量。对于单分散纳米粒子来说，大量快速地成核以及控制生长是制备的关键。粒子尺寸的增加也可以在高温条件下通过 Oswalt 熟化作用进行，老化过程中，小的粒子逐渐溶解而大的粒子逐渐增大，最终粒子的尺寸达到比较均一的程度。

为了控制 α-铁红的粒径大小，采用了如下的实验条件：选用 0.25mol/L Fe^{3+} 与 1.2mol/L 的碱液混合，同时加入乙酸乙酯，一边加料一边剧烈搅拌。另外加入磷酸二氢钠可以控制最终粒子的形貌也可以适当地减缓粒子的生长。物料混合完毕用体积比为 1∶1 的稀盐酸将上述形成的悬浮液的 pH 调为 7，然后加热老化可以得到最终的产品。

在采用诱导合成法制备单分散 α-Fe$_2$O$_3$ 纳米粒子的过程中，成核期指的是从物料的加入混合开始一直到 6-线铁黄的生成。由于成核过程与生长过程相分离，因此粒子的尺寸控制也必须在成核阶段完成。100mL 浓度为 1.2mol/L 碳酸氢铵溶液以不同的方式加入到反应体系中可以得到的不同粒径的 α-Fe$_2$O$_3$ 纳米粒子。

图 21.29（a）对应着 100mL 的铁盐溶液以 1.67mL/s 的速率加入到碱液中，得到平均粒径为 35nm 的粒子。改变加料顺序，图 21.29（b）为将等体积的碱液以 1.67mL/s 的速率加入铁盐溶液当中，粒径变为 42nm。改变加料的顺序，溶液中局部的 pH 更高从而引发了粒子的快速成核，使得粒子的最终平均粒径变小。将加料速率从 1.67mL/s 减至为 0.33mL/s，图 21.29（c）对应着将 100mL 的碱液以 0.33mL/s 的速率加入铁盐溶液中，粒径从 42nm 增加为 60nm。这就证实了加料速率变小的时候三价铁盐溶液局部的 pH 没有较大增加，不会引发 6-线铁黄的快速成核，从而导致平均粒径的增加。

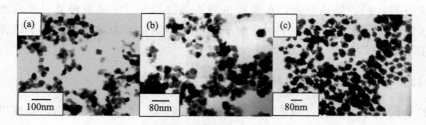

图 21.29　不同粒径的 α-铁红（α-Fe$_2$O$_3$）纳米粒子

（a）35nm；（b）42nm；（c）60nm

2. β-铁黄（β-FeOOH）的尺寸控制

在制备 β-铁黄的过程中，也对它的粒子尺寸调控进行了尝试。选用的实验条件为 0.1mol/L 的三价铁盐溶液与碳酸氢铵碱液混合，加入适量的乙酸乙酯，然后用 1∶1 的盐酸将所得悬浮液的 pH 调为 1～2，加热老化制得样品。将上述的反应液在 373K 下分别老化 7min 和 10min，可以得到平均粒径为 10nm 和 15nm 的 β-铁黄粒子，它们的透射电镜照片如图 21.30 所示。根据 Oswalt 熟化作用机理，老化时间增加，小的粒子逐渐溶解而大的粒子逐渐增大，最终粒子的尺寸达到比较均一。从图 21.30 中可以看出，老化时间短的时候粒子的尺寸差异大一些；而相对延长老化时间，如图 21.30（b）所示，粒子的平均粒径变得更加均一。

图 21.30　不同粒径的 β-FeOOH 纳米粒子
(a) 10nm；(b) 15nm

21.3.13　单分散氧化铁纳米粒子形貌的控制

具有不同形状的粒子有着不同的物理化学性质。郑燕青等[27]研究表明柱状、线状等不同形状的半导体纳米晶相对于球形来说具有不同的光学性质；磁性材料也常常将其长轴选做易磁化轴。另外，胶体晶粒的形貌演化也可以很灵敏地反映出结晶的全过程。因此，纳米晶的形貌控制成为当前研究的一个焦点。至今结晶过程中形貌控制的本质仍不清楚。无论粒子是通过气相还是液相过程合成，所获得的粒子的形貌都是由生长速率的差异或者平衡的需要所决定的。通过添加一种外部离子，它可以强烈地吸附于某个特定的晶面以此来控制特定晶面法线方向的生长速率，从而改变了粒子的形貌。

1. α-铁红（α-Fe$_2$O$_3$）的形貌控制

为了控制 α-Fe$_2$O$_3$ 粒子的形貌，我们采用了如下的实验条件：选用 0.01mol/L Fe^{3+} 与一定浓度的碱液混合，加入乙酸乙酯，一边加料一边剧烈搅拌。同时加入磷酸二氢钠可以控制最终粒子的形貌。物料混合完毕用体积比为 1∶1 的稀盐酸将上述形成的悬浮液的 pH 调为 7，然后加热老化得到最终的产品。在加入与不添加磷酸二氢钠这两种条件下可以制得球状和拟立方状两种 α-铁红粒子，这两种粒子的形貌示于图 21.31。当不添加磷酸二氢钠时，最终粒子为球状。反应的初期先形成前生物 6-线铁黄，然后经过诱导成核形成 α-铁红粒子。前生物的成核生成是一种均匀的成核过程。同时 6-线铁黄对于控制 α-铁红粒子的成核与生长来说是一种储存剂。α-铁红粒子的晶核形成后，溶液中的可溶性物种从各个方向键合在晶核上，最终产生了球状的 α-铁红粒子。对于拟立方状 α-铁红粒子的形成可以归为溶液中的磷酸二氢根离子吸附在粒子的（012）面上，阻碍了晶体（012）面法线方向的生长。由于外部离子的吸附，使得 α-铁红粒子的晶核的外延生长沿着二维方向进行，最终形成了拟立方状。

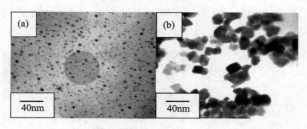

图 21.31　不同形貌的 α-Fe$_2$O$_3$ 纳米粒子
(a) 球状；(b) 拟立方状

2. β-铁黄（β-FeOOH）的形貌控制

为了控制 β-铁黄粒子的形貌，采用了如下的实验条件：选用 0.1mol/L Fe^{3+} 与一定浓度的碱液混合，加入不等量的乙酸乙酯，一边加料一边剧烈搅拌。物料混合完毕用体积比为 1:1 的稀盐酸将上述形成的悬浮液的 pH 调为 1~2，然后加热老化得到最终的产品。在反应体系中加入 2mL 的乙酸乙酯，可以得到纺锤状 β-铁黄；而加入 10mL 乙酸乙酯时，粒子的形貌变成了球状。通常 β-铁黄为沿 c 轴方向的柱状物，当反应体系中存在着醇或者有机酸根离子，它们将会吸附在（310）晶面，阻碍这个晶面法线方向上的生长。有机物加入量不大时，粒子的形貌变为纺锤状；继续加大外部离子的量，最终就会生成球状的 β-铁黄粒子如图 21.32 所示。

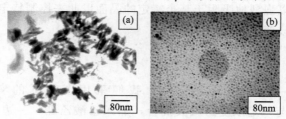

图 21.32　不同形貌的 β-铁黄（β-FeOOH）纳米粒子
(a) 纺锤状；(b) 球状

21.3.14 高饱和磁化强度 Fe₃O₄ 磁粉性能测试

图 21.33 是研制的高饱和磁化强度磁粉与国外磁粉样品、传统模拟复印粉用磁粉的透射电子显微镜照片对比以及研制样品的 X 射线衍射图。

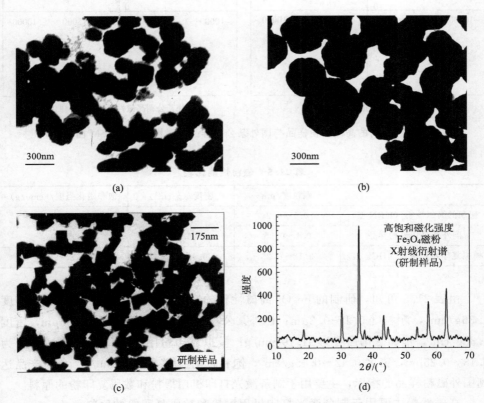

(a)　　　　　　　　　　　(b)

(c)　　　　　　　　　　　(d)

图 21.33　磁粉的透射电镜照片及研制高磁性粉样品的 X 射线衍射谱图
（a）研制高磁性磁粉；（b）国外某公司高磁性粉；（c）研制模拟复印粉用磁粉（HCF 型）；
（d）研制高磁性粉的 X 射线衍射谱

由图 21.33 中电镜照片可知，研制的高磁性粉 Fe₃O₄ 磁粉样品的颗粒度为 $0.1\sim0.2\mu m$，国外样品的颗粒度为 $0.1\sim0.35\mu m$，形貌皆为准球状，分散良好，国产样品颗粒比较均匀；模拟复印粉所用磁粉颗粒的颗粒度为 $0.18\sim0.25\mu m$，形貌为立方状晶体。样品经振动样品磁强机测量的磁性能曲线如图 21.34 所示。

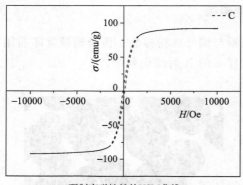

研制高磁性粉的VSM曲线

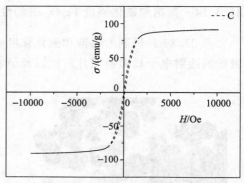

国外某公司高磁性粉样品VSM曲线

图 21.34　研制的高磁性粉样品与国外某公司样品的磁性能——VSM 曲线比较

表 21.5　磁粉性能比较

	颗粒度/μm	密度/(g/cm³)	饱和磁化强度/(emu/g)
研制的高磁性粉（HRN 型）	0.1～0.2	1.36	92.92
国外某公司磁粉样品	0.1～0.35	1.35	91.19
模拟复印粉用磁粉（HCF 型）	0.18～0.25	0.42～0.45	78～82

由表 21.5 可知，研制的 Fe_3O_4 高磁性粉的饱和磁化强度 92.92emu/g，密度 1.36g/cm³，颗粒度 0.1～0.2μm；国外某公司磁粉的粒径为 0.1～0.35μm，密度 1.35g/cm³，饱和磁化强度为 91.19emu/g；模拟复印粉用磁粉（HCF 型）粒径为 0.18～0.25μm，密度 0.42～0.45g/cm³，饱和磁化强度 78～82emu/g。研制产品达到国外磁粉样品的指标，主要用于制备激光打印机用墨粉和数码复印粉的原料。

高磁性粉主要用于制备激光打印机用墨粉和数码复印粉的原料。

在进行了高磁性粉 Fe_3O_4 磁粉、纳米 α-铁红、α-铁黄研制的基础上，分别作为关键原料，通过反应器和关键工艺研制，进行了数码复印粉、彩色激光粉、耐久性防伪彩色激光粉的研制。

21.4　彩色激光打印机碳粉

迅速、清晰地打印和传输逼真、多姿多彩的文化信息、电子政务、电子商务是高科技时代的重要特征。在国外已普遍使用，彩色激光粉是实现此目的高技术产品，国外产品垄断了市场，我国尚无生产彩色激光粉的技术。

由于彩色激光粉的生产工艺复杂，国外技术保密，我国虽有多家科研单位长期攻关探索，但始终未能掌握优质彩色激光粉的生产技术，所以一直依赖进口，但价格昂贵，价格为2000元/千克，影响了彩色激光打印机的普及应用；而且国际上尚无长久保存和防伪双重功能的耐久性防伪彩色激光粉，在迅速发展的信息时代，党政军企事业单位重要的电子信息、电子签章、重要文件的长久保存和安全应用存在重大隐患。

在这样的背景下，中国科学院过程工程研究所，开展了彩色激光粉、耐久性防伪彩色粉及关键原料的研制。

21.4.1 基本原理

彩色激光打印粉有红、黄、青、黑4种基本颜色组成，通过色减原理将4种彩色按原彩色图像组成多种色彩、根据印刷相似原理、显影相似原理，采用页面描述技术、成像核心技术、色彩分层技术，网络传输技术，通过转印、定印等过程，最终由电脑输出，用彩色激光粉在激光打印机上完成打印彩色图文的任务。

21.4.2 研究内容

1. 彩色激光粉性能设计

1) 四种颜色彩粉，理化性能一致

彩色激光粉由红、黄、青、黑4种基本色彩粉组成，由于四种颜色彩粉在打印时有相同显影、定影条件，因此要求颗粒的粒径、软化温度、带电量、流动性等一致。

2) 颗粒形状规则、表面圆滑

由于彩色打印利用色减原理将各色叠印，加上复印成像过程，为提高图像分辨率、层次和色彩的鲜艳亮丽，对彩色激光打印粉颗粒的要求不仅要颗粒细，分布均一，颗粒表面形状也要光滑、规则，避免因多棱角引起不规则的散射和辐射造成打印图像的色差。

2. 原料的特点

1) 具有透明性

彩色激光打印时对于原图像色彩是利用4种基色的色减原理显示原图像，因此需要4色叠加，这就要求组成彩色激光打印机4种彩粉都有透明性，因此对它的主要原料，例如树脂及着色剂都要具有一定的透明性。

2) 成分均匀，颗粒表面圆滑

彩色粉打印时要求图像色差小、有光泽。这就要求彩色激光打印的热图像在定影时，颗粒融化后成分均一，因此颗粒的成分必须均匀。

3）高分散性

为保证图像色彩的均匀，要求主要成分树脂、颜料同其他成分的高分散性，有利于各成分的均匀混合，有利于色差的减小。

4）定影性能优异

为了保证彩色激光打印粉定影的优异性能，就要求在较低的定影温度下彩色激光粉熔化充分均一。因此，这就要求含量占 90% 左右的树脂不仅软化温度 T_f 低，同时相对分子质量分布相应也较窄；低软化点的树脂也较易于和其他成分的充分混合和分散，这是同（黑色）激光打印机碳粉所用树脂的本质不同之处。

另一方面树脂还必须有较高的玻璃化温度 T_g，以保证彩色粉在粉碎时的加工性能及彩色激光打印粉有好的流动性，避免结块等。

5）所有原料除着色剂外，基本上要求无色

例如，主体树脂、电荷调节剂、外添加剂、防黏辊剂要求无色。

这是彩色激光打印粉所要求的透明性及避免污染彩色激光打印机的要求。

3. 原料的选择

在上述要求的前提下对原料进行严格的选择。

1）树脂

树脂是构成彩色激光打印粉的主要架构，占彩色粉 80%～90% 的比例，彩色激光粉的低温定影性能、透明性能、高度分散性能、加工粉碎性能、储存性能及图像光泽度等都要通过树脂的优异性能来保证。为此，自行设计研制了专用树脂，用以保证彩色激光粉的要求（制备过程略）。

2）品红、青、黄、黑四种色调剂

彩色粉的着色剂颜料选择有机颜料，它们色光鲜艳明亮，着色力强，粉粒柔软，具有一定的透明性。

（1）红色有机颜料。红色有机颜料通常选用颜料红 184 或 122，它们色彩鲜艳，易分散，具有较高透明性。

（2）蓝色有机颜料。绿光蓝，是蓝绿色谱的主要来源，透明性高。对带电量的影响极小。

（3）黄色有机颜料。采用颜料黄 17，它的色相较好，易分散、透明性高。

（4）炭黑。彩色激光打印粉炭黑的选择着重考虑它在树脂内的分散性和带电量。其分散性主要设计炭黑合适的粒径解决。

颜料的添加量会影响彩色激光打印粉的色泽、带电量、耐环境性能的问题，因此彩色激光打印粉中炭黑的添加量有严格的要求。

（5）电荷控制试剂。对电荷控制试剂除了要求具有适当的带电量，还要求同载体或刮板的摩擦起电速率快，耐热性优异，稳定时间长，受环境条件的影响小，在与树脂的混炼时分散性要好，特别强调的是无色或淡色。

（6）防黏辊剂。由于主体树脂采用了软化温度较低且相对分子质量分布较窄的树脂，在热辊定影时其抗黏辊的能力不够，因此选用一种抗黏辊性能优异的无色添加剂加以弥补。这种添加剂的性能的熔点应略低于主体树脂的软化温度。

（7）表面改性剂。彩色显影剂因粒径较细，同时软化温度相对较低，为保证其良好的显影、转印、清洁、储存、使用的需要，还要求好的流动性能，为确保彩色显影剂粒子间不粘连。为此需进行表面处理，使彩色显影剂凝集度降低，流动性能提高，并能增强、丰富整个彩色显影剂的带电能力和带电均匀性等。

4. 彩色激光粉的组分设计

在对彩色激光粉的性能、原料要求分析的基础上，进行了彩色激光粉组分的设计，如表 21.6 为红、黄、青、黑 4 种基本色彩粉配方的组分。

表 21.6　彩色激光粉的组分设计表

色彩 配比	红色	黄色	青色	黑色
颜料/份	有机红颜料 6～12	永固黄 428	酞菁蓝 3～10	炭黑 5～10 酞菁蓝 0.5～3
聚酯树脂/份	80～90	80～90	85～90	80～90
聚丙烯蜡/份	2～8	3～7	5～10	4～8
电荷调节剂/份	0.5～3	1～4	3～9	5～10
二氯化硅/份	3～10	4～9	7～12	6～10
偶氮染料/份	0.5～1	1～1.5	0.5～1	0.5～3

21.4.3　彩色激光粉的合成

1. 技术路线

在完成了自行研制树脂、自行设计彩色粉配方的基础上，设计了如图 21.35 所示的合成工艺技术路线，将原料使用梯度加料法首先进行混合-加热混炼-冷却-挤塑-粗粉碎-气流粉碎-流态化颗粒规整-颗粒分级-表面改性，完成彩色粉的制备过程。

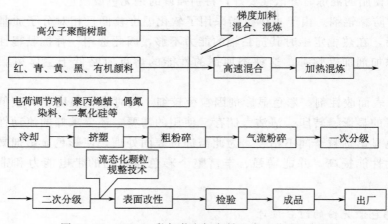

图 21.35　800t/a 彩色激光打印粉生产工艺流程框图

2. 关键技术

1）梯度混合-混炼

由于彩色激光粉的原料是由多种原料组成、各种原料的组分由 0.5 份到 90 份的不同含量，比例差异大，在混炼时，有机物的熔融是高黏度可塑性体系，制备过程中的混炼不易均匀，从而造成粉体颗粒着色不匀、热加工变色、易掉粉等难题。

为实现大规模生产，过程中开发了多元成分的梯度加料混合、混炼技术，即按成分含量首先将最少成分（X_1）的原料和次少成分（X_2）的原料进行混合均匀，再将第三含量少的成分（X_3）加入到已混匀的（X_1+X_2）原料中，依次类推，分别将 X_4，…，X_n-1，X_n 等后一种较多含量的成分 X_n 加入到已经混合均匀的（X_1+X_2），…，（$X_{n-2}+X_{n-1}$）原料体系中，再混合均匀，其中 n 为原料组分的数目，最终将含量最多的成分（如树脂）多次加入到混均匀的原料中，并每次混合均匀，在这里，还有重要的一点，即当某种成分的体积大于前面已经混合原料体积的 y 倍时，这种成分就要分 y 次加入，并每次都混合均匀。这样得到混合均匀的原料体系；然后将混合均匀的物料进行混炼，使多元成分在可塑性体系中达到近似无偏析的混合，成功克服了高黏度可塑性体系多元成分不容易混合均匀的难题，得到成分均匀的颗粒，解决了着色不均匀、易掉粉的难题。

2）颗粒规整技术

在完成上述工艺后，用生产出的彩色激光粉产品打印的图像还存在清晰度不高、色差明显等问题。通过对产品颗粒的电镜观察和分析研究表明，是因颗粒表面的多棱角引起的不规则散射或者折射造成打印图像的色差。

为了解决颗粒表面不规则的多棱角，为此提出了流态化气流粉碎——颗粒规整技术。Hongzhong Li 等[28]开发了适用于超细、黏性颗粒加工的新型流化床反应器，根据该原理设计了颗粒表面规整的流化床反应器，如图 21.36 所示，在 A 流化床中控制气速使原料粗颗粒在气体流场的作用下颗粒之间、颗粒与器壁碰撞后粉碎，粒径减小。得到的颗粒在分级后粗颗粒经外循环回到 A 继续破碎，适合粒径的颗粒送入 B 流化床进行规整处理。

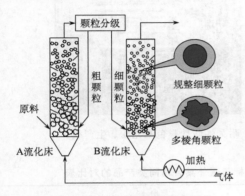

图 21.36　流态化气流粉碎及颗粒
规整化装置示意图

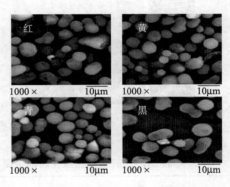

图 21.37　规整后的彩色粉颗粒

由于颗粒成分中 90%左右是树脂，将经控制加热后的流化气体输入 B 流化床，使颗粒在流化床内混合均匀，强化了流化颗粒的传热。当粉体颗粒受热达到软化温度时，因表面张力和表面能的作用，与此同时气相中的颗粒在相互之间、与器壁之间进行碰撞和摩擦，在内外因素的共同作用下，使颗粒的外形由不规则的多棱角变得光滑而规则，从而实现颗粒的规整，得到了外形规整的彩色激光粉颗粒，如图 21.37 所示。

通过对比，颗粒规整后产品的图像密度、层次、分辨率等指标提高了10%～15%。在国内率先建成了 800 吨/年的生产线，如图 21.38 所示。

21.4.4　产品性能

生产的彩色激光打印粉的技术指标，经国家复印机质量监督检验中心测试的结果以及与国外某公司产品性能的比较如表 21.7 所示。

图 21.38　年产 800t 彩色激光粉、耐久性防伪彩色激光粉、生产线

表 21.7　研制彩色激光粉的主要指标与国外某公司同类产品的对比表

序号	参数		单位	指　标							
				国外某公司				佳腾公司			
1	外观			红色粉末、色泽均匀、无结块				红色粉末、色泽均匀、无结块			
				青色粉末、色泽均匀、无结块				青色粉末、色泽均匀、无结块			
				黄色粉末、色泽均匀、无结块				黄色粉末、色泽均匀、无结块			
				黑色粉末、色泽均匀、无结块				黑色粉末、色泽均匀、无结块			
2	带电量（电负性）		$(-40\%\pm10\%)\mu C/g$	红	青	黄	黑	红	青	黄	黑
				-42	-41	-43	-41	-41	-40.6	-42.4	-40.4
3	粒度分布	Pop<3.17	$\leqslant7.0\%\mu m$	6.5	6.3	5.8	6.9	6.3	6.0	5.4	6.8
		Vol>12.7	$\leqslant0.5\%\mu m$	0.12	0.43	0.12	0.12	0.1	0.4	0.1	0.1
		DP_{50}	$(6.0\pm2.0)~\mu m$	5.61	5.62	5.58	5.35	5.43	5.56	5.56	5.30
		DP_{50}	$(8.0\pm2.0)~\mu m$	6.5	6.5	6.7	6.5	6.22	6.22	6.35	6.22
4	凝集度		$\leqslant60\%$	58.2	32.5	53	59.4	55.1	31.0	51.0	58.8
5	结块性		$\geqslant45℃/24h$	无结块				无结块			
6	含水量		$\leqslant1\%$	0.83	0.89	1.0	0.99	0.82	0.98	1.0	0.98
7	图像密度			0.8	0.4	0.3	1.2	0.82	0.4	0.3	1.24

序号	参数	单位	指 标	
			国外某公司	佳腾公司
8	底灰	≤0.01	0.012	0.01
9	分辨率	≥60LPI	60	60
10	层次（级）	≥10	11	11
11	分辨率（纵/横）	≥60LPI	60	60

　　从表 21.7 比较中可以看出，本产品的质量已经达到国外某公司同类产品的先进水平。用研制产品在激光打印上打印输出的图像色彩鲜艳靓丽，如图 21.39 所示。

无锡佳腾彩色粉　　　　　　　国外某公司彩色粉

图 21.39　无锡佳腾粉与国外某公司粉彩色打印测试图

彩色激光粉经新加坡贵洪陶瓷公司、加拿大以及深圳、广州、珠海、天津、北京、沈阳等地用户的试用，被认为产品性能类同进口产品，各项技术指标稳定，性能可靠，可以替代进口，价格只是进口产品的 40%。

综上所述，通过自行研制、自行设计，率先在国内建成了第一个彩色激光粉生产厂，产品经国家复印机质量监督监督检验中心测试和用户的试用，各项技术指标稳定，性能可靠，可以替代进口。经过本产品的研制，掌握了各主要工艺参数的变化规律，可以根据市场需求调整各项技术指标，为研制其他型号的彩色激光打印粉积累了经验，并于 2005 年通过江苏省科技厅的技术鉴定。

21.5　耐久性防伪彩色激光粉

多姿多彩的文化信息以及电子政务、电子商务是高科技时代的重要特征。安全地运用电子政商务和长久安全地保存国家党政军机构、企事业单位的重要档案、公文、签章、票据等法律文件是保障国家安全、企事业单位安全之需要，是高科技信息时代的迫切需求。

长期以来，人们在使用彩色激光打印机打印的各种资料、图片时，一直是使用普通彩色激光粉，用它打印的彩色图文不能长久保存，同时不能对文件和资料进行防伪加密处理，因此存在打印的文稿、图片易褪色和被仿冒的危险，也无法识别原件和复制件，给非原件资料的鉴定增加了一定难度。

本项目在上述背景下进行了激光打印机耐久性防伪彩色粉的研制，是用于彩色激光打印机输出具有防伪功能的图文、电子公文签发系统和远程电子签名盖章的一种高新技术产品，国内外未见报道。

21.5.1　组分设计原理

在上述研制普通彩色激光打印粉的基础上，进行研究分析得出，彩色图文的褪色源于所用的着色剂皆为有机颜料，其耐化学稳定性、耐光、耐热、耐氧化的性能差，经过长时间的存放容易褪色。

首次提出用铁红、铁黄、铁蓝、钛白粉等无机物颜料替代普通彩色激光粉所用的有机颜料，增加彩色粉打印图像颜色的耐久性；优选荧光粉加入彩色激光粉中，制备的耐久性防伪彩色激光粉，用该粉能通过激光打印机输出带有设计防伪标记图文的文稿，防伪标记物用肉眼无法识别，但在紫外光的照射下可识别防伪标记，并能长久保存防伪图文。

基于上述设计，确定了从关键原料——铁红、铁黄以及设备的技术集成制备的总体研究思路。

21.5.2　激光打印机耐久性防伪彩色粉的研制

1. 激光打印机耐久性防伪彩色碳粉的技术特点和难点

激光打印机耐久性防伪彩色激光粉的性能，基本要求类同彩色激光粉，但是用它打印的图文色彩既要能长期保持，又有防伪功能，为此它的制备工艺和原料有别于普通的彩色激光粉。

2. 原料的特点

所有原料包括色调剂都要有好的透明性，除色调剂外均要求无色。

1）树脂的优选

要求树脂有高的透明度、无杂质、较低的软化温度和较高的玻璃化温度、好的流动性以及粉碎加工性能，这些条件可利于各成分的均匀混合。佳腾公司生产的专用树脂是理想的原料。

2）颜料的选择

要求具有一定的透明性，色光鲜艳明亮，着色力强，耐化学稳定性、耐光、耐热、耐氧化性能优良，符合条件的纳米级别的氧化铁红、铁黄和钛白粉。原料可以作为色调剂。但是，当前纳米级别的铁红、铁黄团聚严重，它在与树脂混练时是高黏度的可塑性体系，混炼体系的严重不均匀又带来新的难题。因此研制分散性能良好的纳米铁红、铁黄成为本项目的关键。

3. 铁红、铁黄颜料的研制（略，参见 21.3.10 节）

在 21.3.10 节研究基础上，采用诱导合成法生产纳米铁黄和铁红[29]，建成了 200 吨/年的生产线，产品平均粒径为 40～60nm。省去了表面包覆无机物工艺，大幅降低成本，得到价廉的纳米铁红、铁黄，为工业应用提供了一种廉价的生产纳米铁氧化物的工艺。形成了生产优质纳米铁粉的核心技术，也可用于其他纳米粉体材料的制备，有广阔的应用前景。"一种纳米氧化铁红的制备方法"获发明专利，专利号：ZL02155680.6。

4. 反应器的研制

研制设计了合成纳米铁红、铁黄的新型的反应器[7,9]（略，参见本章 21.2.2 节），最终生成的纳米颗粒度细且均匀和分散性好。

21.5.3　激光打印机耐久性防伪彩色粉的合成

激光打印机耐久性防伪彩色碳粉（下称耐久性防伪彩色粉）的合成由有机、

无机多元成分组成，而且各成分含量的比例差异大，合成时是高黏度可塑性体系的混炼，要达到无偏析的全混，是本产品制备过程的技术难点。所以梯度加料新工艺的应用是使本产品达到近乎无偏析混炼的重要环节，是本彩色粉的质量达到指标的关键技术之一。为了提高打印图像的质量，如图像分辨率、密度、层次性能的提高、减小色差等技术指标，采用流态化颗粒规整技术是本产品工艺的又一个关键技术。

1. 配方设计

在分析耐久性防伪彩色激光粉性能的基础上，设计了以无机纳米铁红、铁黄、铁蓝、钛白粉为着色剂的产品的配方，由以下质量份数原料组成，如表21.8所示。

表 21.8　耐久性防伪彩色激光打印粉配方表

色彩 配比	红色	黄色	青色	无色
颜色/份	铁红 4～8 铁黄 2～4	铁黄 2～4	铁蓝 7～10	3～10 钛白粉
聚酯树脂/份	78～90	80～90	80～90	78～90
聚丙烯蜡/份	1～10	2～8	5～10	2～8
电荷控制剂/份	1～5	2～4	3～9	1～5
二甲基二氯硅烷/份	1～4	1～3	2～4	1～6
六甲基二氯硅烷/份	5～8	6～7	7～10	4～10
紫外荧光粉/份	8～25	10～20	10～20	18～32

本配方表的显著特点是色调剂使用无机纳米铁红、铁黄、铁蓝、钛白粉。

2. 制备工艺流程

采用了上述组分配方，使用了分散性能好的纳米铁红、铁黄、钛白粉；耐久性防伪彩色激光粉的制备工艺流程如图21.40所示。

经过原料混合、混炼、挤塑、粉碎、分级、颗粒规整、表面改性、分级、检测，最终得到耐久性防伪彩色激光粉成品。

3. 关键技术

(1) 梯度加料（略，参见21.4.3节）

(2) 颗粒规整技术（略，参见21.4.3节）

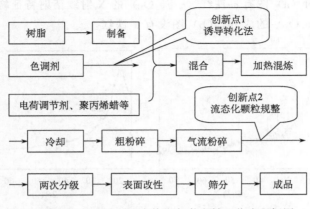

图 21.40 合成耐久性防伪彩色激光粉工艺流程框图

21.5.4 耐久性防伪彩色粉的合成（略，参见 21.4 节）

耐久性防伪彩色粉合成的工艺流程类同彩色激光粉。设计并建成了 800 吨/年生产线，成功制备了红色、黄色、青色、无色激光打印机耐久性防伪彩色激光粉。

21.5.5 产品的性能

研制的产品打印的图文经过检测，在 300℃ 高温下 1h 照射，图文的彩色不变、防伪标记不变色，在 -30℃ 低温下图文的防伪标记清晰；在紫外光照射下可识别设计的防伪标记，所以图文的防伪标记具有长久性保存而不变色，起到加密防伪的作用。产品的实物如图 21.41 所示。

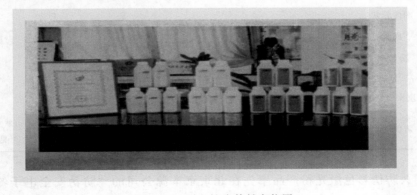

图 21.41 耐久性防伪粉实物图

　　图 21.42 的（a）图有 α-铁红（α-Fe$_2$O$_3$）的 X 射线衍射特征峰，说明产品中有 α-铁红（α-Fe$_2$O$_3$）的成分，（b）图没有 α-铁红。

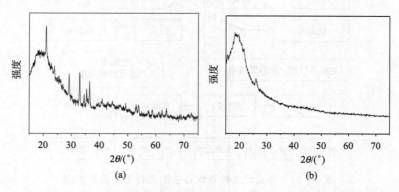

图 21.42　耐久防伪彩色激光红粉和普通彩色激光红粉的 X 射线衍射图

（a）耐久防伪彩色激光粉样品 fw；（b）普通彩色激光粉样品 PT

　　产品经过国家复印机质量监督检验中心的性能测试如表 21.9 所示。经过检测，各项指标，均达到设计要求。

表 21.9　研制的耐久性防伪粉主要技术指标

序号	参数	设计指标	本项目产品			
1	外观	色泽均匀无结块无异物	各色粉末符合要求			
2	带电量（负电性 μC/g）	−25～−50	红色 −34	蓝色 −30	黄色 −37	无色 −47
3	粒度 $DP_{50}/\mu m$	7.0～10.0	8.0	8.2	8.2	8.2
4	图像密度	—	1.3	1.2	0.3	—
5	图像异常	—	无	无	无	无
6	底灰	—	0.1	0.1	0.1	0.1
7	分辨率（线对/mm）	6	6	6	6	6
8	层次（级）	10	10	10	10	10
9	防伪效果	紫外光下可见防伪码	紫外光下可见防伪码	紫外光下可见防伪码	紫外光下可见防伪码	紫外光下可见防伪码

　　耐久防伪彩色激光粉产品率先在北京京本源公司的"防伪安全电子签章系统"中使用。

　　图 21.43 为耐久性防伪彩色激光打印粉的实际应用流程。图 21.43（a）为

文件、图片的输出和接收系统；先设计带有防伪标记的图文或印章〔如图 21.43（b）的左边红章〕，再通过输出和接收防伪系统，采用研制的耐久性防伪粉输出朱红色（或者彩色）的带有防伪标记的电子图文或者印章〔如图 21.43（b）的中章〕，中章的防伪标记用肉眼无法观测，但在紫外灯照射下可检验到设置的防伪标记如图 21.43（b）的右章所示，有与原文件相一致不能更改的密码，从而以达到检验图文的真伪。未见同类报道。经测量，耐久性和防伪效果达到设计指标。

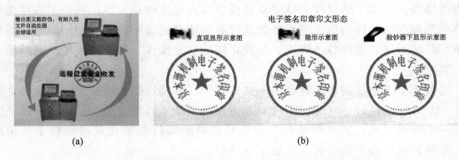

图 21.43　耐久性防伪彩色激光打印粉输出的电子签名印章示意图

北京京本源公司率先使用本产品在设计的电子签名印章、图文等防伪输出打印系统中应用，得到公安部颁发的"计算机信息系统安全专用产品"销售许可证（证书号 XKC71193），产品已经在公安部、浙江等多省公检法、国防等系统使用，并用于远程电子签章。

产品适用于 Epson C900-1900、HP-1500、4500、Lenovo-C8000、Xerox-3310、Canon-2160、Minolta-6100 等多种彩色激光打印机。

耐久性防伪彩色激光粉产品的应用克服了普通打印的纸质盖章文件不能鉴别真伪的缺点，为我国党政军机关、企事业单位乃至家庭电子政务和电子商务的应用提供了一种实用、安全、可靠的办公耗材，实现印章不可假冒，印章印文不可仿制，可以方便检验真伪，鉴别有据可依的重要技术。为办公信息化、现代化的安全应用建设提供重要的技术支撑和开辟了一条新路。

产品的价格只有进口普通彩色粉的 50%，并销往加拿大、中国香港、菲律宾、马来西亚、墨西哥、美国、德国等十多个国家和地区。2007 年通过无锡市科技局的技术鉴定。

21.6　结　　论

设计双碱体系-多重晶型转化-可控性氧化新工艺，得到准球形、饱和磁化强度达到 92.92emu/g、分散性好、均匀的高磁性粉 Fe_3O_4，新的工艺与传统的反应相比较，每生产 1t 磁粉，节约 1t 固体烧碱，大幅度降低了成本，并减少了对环境的污染。

开发了由圆盘透平桨叶和涡轮叶片组成的多层搅拌浆、内壁装有多对挡板，底部装环形气体分布器，适合高黏度的气、液、固三相反应器，使体系混合均匀，磁粉产品形貌整齐，均匀，颗粒分布窄。

设计的多层流态化床反应器，多层流化床内每层微区近似全混，整个流化床接近活塞流，保证了热处理固体颗粒时反应器内温度的均匀性，克服了多层流化床热处理超细颗粒因内溢流管或外溢流管容易堵塞造成不稳定流动的问题；避免了粗颗粒的短路和细颗粒的返混，使流化床能稳定操作，得到的磁粉产品质量均匀、稳定。

通过化学沉淀法制备了针状的 α-铁黄粒子，横轴达到了纳米级，长短轴之比在 8~10 之间。经过热转化过程由 α-铁黄制备出纳米级的 α-铁红。α-铁黄焙烧脱水是一个吸热过程，脱水相变源于表层某些缺陷部位或 α-铁黄初级粒子棱角部位，最终发生结构的拓扑转变形成了 α-铁红。

随着加料速率的增加，粒子的平均粒径减小，粒子的分散性能得到了改善。加料速率增大致使反应溶液的局部浓度过大，导致单位体积内生成的晶核总数增多，使得粒子的粒径下降。在反应的同时碱性溶液会产生相当数量的 NH_4^+，晶粒表面吸附 NH_4^+ 降低了表面能。由双电层理论，粒子表面的电位越高，颗粒之间的排斥能增大，所形成的 α-铁黄粒子的分散性能就越好。通过非等温热动力学分析，α-铁红的热形成过程是受三维扩散机理所控制，热转化的活化能为 112.8kJ/mol。

通过红外光谱与透射电镜对 α-铁红样品的微结构变化进行了检测。在加热的初期，α-铁黄表面脱水。随着温度的升高，针状 α-铁黄内先是形成了微孔，在内部水压的作用下形成狭缝。狭缝不断产生，在重结晶的作用下，为了减小表面能而形成了球状的 α-铁红。

通过诱导合成法制备出平均粒径为 10.9nm，粒子尺寸分布的标准偏差为 17% 的单分散纳米 α-铁红粒子。在反应的初期，由于反应体系中的短链有机酸根以及乙氧根离子与三价铁的聚合离子进行键合，通过聚合反应形成了前生物 6-线铁黄。由于乙酸根的双配位吸附，6-线铁黄粒子表面的电荷分布发生变化，使得溶液中的 H^+ 离子很容易与铁氧化物中的 O^{2-} 进行键合，增加了 6-线铁黄表面的羟基含量。表面羟基的增多导致了表面电荷的不平衡，同时产生了结构应力。当没有更多的表面缺陷包容的时候，产生了结构的重排，生成了 α-铁红晶核。另外，反应过程中产生的乙醇以及少量的油酸根也吸附于新生粒子的表面，使得粒子能够稳定的存在，还避免了粒子间的团聚。

合成了平均粒径为 14.7nm 的单分散球状 β-铁黄粒子，粒子尺寸分布的标准偏差为 7.0%。在酸性溶液中，乙酸乙酯和铁盐发生水解在局部消耗了溶液中的水，这样就诱导了 β-铁黄的成核与生长。另外，有机离子强烈地吸附在 β-铁黄粒子的表面，阻止了初生粒子的进一步生长，最终形成了具有良好分散的球状纳米粒子。

当加料速率增大使得局部溶液的 pH 增大以及溶液的局部温度升高，引发了 6-线铁黄的快速成核。反转加料的顺序，溶液中局部的 pH 更高，从而引发了粒子的快速成核，使得粒子的最终平均粒径变小。对于 β-铁黄，增加老化时间，小的粒子逐渐溶解、大的粒子逐渐长大，最终粒子的尺寸达到比较均一。

在不添加磷酸二氢钠和加入磷酸二氢钠这两种条件下可以制得球状和拟立方状两种不同形貌的 α-铁红粒子。不加入磷酸二氢钠，由于均匀成核生长，最终生成了球状 α-铁红粒子。当加入了磷酸二氢钠时，由于溶液中的磷酸二氢根离子吸附在粒子的 (012) 面上，阻碍了晶面法线方向上的生长，最终形成了拟立方状。当反应体系中存在着醇或者有机酸根离子，它们将会吸附在 β-铁黄的 (310) 晶面，阻碍这个晶面法线方向上的生长。有机物加入量不大时，粒子的形貌变为纺锤状；加大外部离子的量，最终就会生成球状的 β-铁黄粒子。

通过对铁氧化物合成的反应动力学、形貌和粒径控制机制的研究，掌握了晶体定向生长的规律，制备了针状 α-铁红、α-铁黄、γ-Fe_2O_3 磁粉、α-Fe 金属磁粉，立方体的 Fe_3O_4 磁粉，球形 Fe_3O_4 磁粉，其中有 2 种立方体的 Fe_3O_4 磁粉，一种球形 Fe_3O_4 磁粉，一种纳米针状 γ-Fe_2O_3 磁粉，纳米 α-铁红、纳米 α-铁黄 6 种产品在国内分别建成 6 个首条产业化生产线，产品分别用于制备激光打印机墨粉、数码复印机墨粉、耐久性防伪彩色激光粉以及磁记录粉。"复印机磁粉-墨粉的研制与国产化"获国家科技进步二等奖，"彩色激光打印粉系列产品的大规模生产关键技术及集成"获中石化协会科技进步一等奖。

主要符号

α-Fe_2O_3	α-铁红
α-FeOOH	α-铁黄
β-FeOOH	β-铁黄
Fe_3O_4	Fe_3O_4 磁粉
γ-Fe_2O_3	γ-Fe_2O_3 磁粉
α-Fe	α-Fe 金属磁粉
T	温度/K
α	变化率
σ_s	饱和磁化强度/(emu/g)
$\mu C/g$	微库仑/克
H	奥斯特（Oe）
VSM	振动样品磁强计

参 考 文 献

［1］ 宋宝珍，甘耀焜，刘京玲，洪玮，贺守华. 超微 Fe_3O_4 胶体粒子的制备. 过程工程学报，1995，16（2）：165-170.

［2］ Matijevic E. Uniform inorganic colloid dispersions. Achievements and challenges. Langmuir，1994，1：8-16.

［3］ SugimotoT, Kazuo S, Atsushi M. Formation mechanism of monodisperse pseudocubic α-Fe_2O_3 particles from condensed ferric hydroxide gel. J. Colloid Interface Sci.，1993，159：372-382.

［4］ Chen D H, Jiao X L, Chen D R. Solvothermal synthesis of α-Fe_2O_3 particles with different morphologies. Mater. Res. Bull.，2001，36：1057-1074.

［5］ Hiroaki K, Sridhar K. Microwave-hydrothermal synthesis of monodispersed nanophase α-Fe_2O_3. J. Am. Ceram. Soc.，2001，84（10）：2313-2317.

［6］ Dollimore D, Tong P, Alexander K S. The kinetic interpretation of the decomposition of calcium carbonate by use of relationships other than the arrhenius equation. Thermochim. Acta，1996，282&283：13-27.

［7］ 樊红雷，宋宝珍，仰振球，刘菊花，张健. 桨型对超细铁黄制备的影响. 无机材料学报，2003，18（2）：311-318.

［8］ 郭慕孙. "多层流化床及溢流管稳定性的机理"研究报告. 北京：中科院化冶所，1959.

［9］ 郭慕孙. 张庄铁矿氢还原反应器设计-2. 研究报告. 北京：中国科学院化工冶金研究所，1975.

［10］ Song Baozhen, Gan Yaokun, Hong Wei, Liu Jingling. A new process for producing γ-Fe_2O_3 magnetic recording powder in fluidized-bed reactors. Fluidization/94 Science and Technology Conference Papers Fifth China-Japan Symposium. Beijing：Chemistry Industry Press，1994：423-428.

［11］ Yutaka T. Studies on oxidation on Fe^{2+} ion during the formation of Fe_3O_4 and α-FeOOH by air oxidation of $Fe(OH)_2$ suspensions. J. Chem. Soc. Dolton Trans.，1981，9：1807-1811.

［12］ Misawa T, Hashimoto K. The mechanism of formation of iron oxide and oxyhydroxides in aqueous solutions at room temperature. Corros. Sci.，1974，14（2）：131-135.

［13］ 陈镜泓，李传儒. 热分析及其应用. 北京：科学出版社，1985.

［14］ Watari F, Delavignette P, Landuyt V, Amelinckx S. Electron microscopic study of dehydration transformations. Part Ⅲ：High resolution observation of the reaction process FeOOH→Fe_2O_3. J. Solid State Chem.，1983，48：49-64.

［15］ Wolska E, Schwertmann U. Nonstoichiometric structures during dehydroxylation of goethite. Z. Kristallogr.，1989，189：223-237.

［16］ Özdemir Ö, Dunlop D J. Intermediate magnetite formation during dehydration of goethite. Earth Planet. Sci. Lett.，2000，177：59-67.

［17］ Goss C J. The kinetics and reaction mechanism of the goethite to hematite transformation. Mineral. Mag.，1987，51：437-451.

［18］ Diamandescu L, Mihăilă-Tăbătanu D, Calogero S. Mossbäuer study of the solid phase transformation α-FeOOH→Fe_2O_3. Mater. Chem. Phys.，1997，48：170-173.

［19］ Sharp J H, Wentworth S A. Kinetic analysis of thermogravimetric Data. Anal. Chem.，1969，41（14）：2060-2062.

［20］ Frost R L, Ding Z, Ruan H D. Thermal analysis of goethite relevance to Australian indigenous art. J.

Therm. Anal. Cal., 2003, 71 (3): 783-797.

[21] Talapin D V, Rogach A L, Kornowski A, Haase M, Weller H. Highly luminescent monodispese CdSe and CdSe/ZnS nanocrystals synthesized in a hexadecylamine-trioctylphosphine oxide-trioctylphospine mixture. Nano Lett., 2001, 1: 207-211.

[22] Walter D, Buxbaum G, Laqua W. The mechanism of the thermal transformation from goethite to hematite. J. Therm. Anal. Cal., 2001, 63 (3): 733-748.

[23] Pérez-Maqueda L A, Criado J M, Real C, Šubrbrt J, Boh J. The use of constant rate thermal analysis (CRTA) for controlling the texture of hematite obtained from the thermal decomposition of goethite. J. Mater. Chem., 1999, 9: 1839-1845.

[24] Ainsworth C C, Pilon J L, Gassman P L, Sluys W G. Cobalt, cadmium and lead sorption to hydrous iron oxide: Residence time effect. Soil Sci. Soc. Am. J., 1994, 58: 1615-1623.

[25] Füglein E, Walter D. Pressure dependency of the thermal transformation from MOOH to M_2O_3 (M= Fe, La). Z. Kristallogr. Suppl., 2006, 24: 82-86.

[26] Ruan H D, Frost R L, Kloprogge J T, Duong L. Infrared spectroscopy of goethite dehydroxylation Ⅲ. FT-IR microscopy of *in situ* study of the thermal transformation of goethite to hematite. Spectrochim. Acta A, 2002, 58: 967-981.

[27] 郑燕青, 施尔畏, 李汶军, 王步国, 胡行方. 晶体生长理论研究现状与发展. 无机材料学报, 1998, 14(3): 321-330.

[28] Li Hongzhong, Tong Hua. Multi-scale fluidization of ultrafine powders in a fast-bed-riser/comicd-. Chemical Engineering Science, 2004, 59: 1897-1904.

[29] 樊红雷, 宋宝珍, 刘菊花, 仰振球, 李巧霞. 一种纳米氧化铁红的制备方法: 中国, CN1508192. 2004-06-30.

22   生物质原料过程工程

过程工业面对的是复杂的天然原料，因此，过程工程研究的首要对象也是复杂的天然原料，它不仅包括物质转化过程，并且涵盖天然原料初级炼制过程。对于多组分复杂固相生物质的过程工业研究，生物质原料初级炼制过程是整个过程工业必须要走的，它的发展将带动整个生物及化工产业链。

本章针对目前生物质产业中存在的共性问题，在综合多学科知识的基础上，提出"生物质原料过程工程"这一理念。从生物质原料特性出发，系统阐述了生物质原料初级炼制发展历程，并通过多种技术工艺的交叉和融合，形成了一些独具特色的生物质原料生态产业集成范例，为生物质原料产业开发提供新思路。

22.1   生物质原料过程工程

22.1.1   生物质原料过程工程的提出

根据生产方式以及生产时物质（物料）所经受的主要变化，工业可分为过程工业与产品工业两大类[1]。过程工业是以自然资源作为主要原料，连续地生产作为产品工业生产原料的工业，其原料中的物质在生产过程中经过了许多化学变化和物理变化，产量的增加主要靠扩大工业生产规模来达到。

过程工程在化学工程"三传一反"的基础上发展起来[2]，强化了过程集成研究。过程科学作为过程工业的理论基础，是将物质、能量、信息转化与传递过程的实验室研究成果转化为现实生产力的科学，其实质还是一门技术（工程）科学，其工程应用就形成了过程工程。因此，过程工程是以研究物质的物理、化学和生物转化过程（包括物质的运动、传递、反应及其相互关系）的过程科学为基础的，任务是解决实验室成果向产业化转化的"瓶颈"问题，创建清洁高效的工艺、流程和设备，其要点是解决不同领域过程中的共性问题，它包括实现物质转化"过程"的定量、设计、放大和优化等操作[3,4]。

生物质过程工程就是针对目前生物质产业中存在的共性问题，在综合多学科知识的基础上，依据过程工程的理念而提出的。它的目的就是从生物质原料的特点、过程工程的"过程集成"和产品工程的"结构与功能"等关键问题入手，分析梳理生物质资源利用中的关键共性问题，应用合理的高新技术，在生产的始端上，尽可能合理开发，保障资源的可持续利用，在生产的终端上，最大限度地提高资源利用率，降低物耗，减少排废量，达到生物质原料生物量的全利用[5,6]，创建清洁生产工艺，使生物质原料多组分分层多级集成利用，促进生物质产业和谐发展，为生物质产业更好更快实现现代化等提供理论和技术支撑。

22.1.2　生物质原料过程工程的研究内容

生物质过程工程分为原料过程工程与转化过程工程两部分（图 22.1）。所谓原料过程工程，是指依据原料的结构、组成特性以及利用特点，运用工程的技术和手段，对其进行预处理，进行结构上和成分上的组分分离，以利于生物质原料的利用和转化，由此，生物质原料过程工程的研究内容包括：①生物质原料的特性研究；②生物质原料预处理；③生物质原料初级炼制产品的研究；④生物质原料初级炼制转化技术的研究。其中，生物质原料的特性以及预处理研究是生物质原料过程工程研究的重点。而转化过程工程是以原料的高效转化为目标，研究生物质原料的物理、化学和生物转化过程，解决生物质规模化、产业化和经济性的关键问题，创建生物质清洁高效的转化工艺、流程和设备。

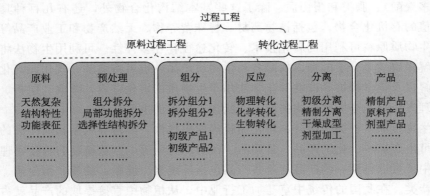

图 22.1　过程工程研究对象

22.2　生物质原料特性

生物质原料具有来源广泛、数量丰富、可再生等优点，但原料分散，形态多种多样，不同原料组成和结构有很大的差别[7]。

22.2.1　多样性

生物质资源具有独特的多样性，包括物种多样性、遗传多样性、转化途径多样性、转化产品多样性和生态环境多样性等。

地球上从森林到海洋存在着数量巨大、种类繁多的生物质，而且光合作用下新的生物质也在不断生成。据统计，陆地地面以上总的生物质量约为 1.8×10^{12} t，海洋中约有 40 亿 t，土壤中存在的生物质量基本与陆地地面以上相当[8]。

我国现有药物资源达 12 772 种，所有的药用植物都是有用的，只是在某一社会经济条件下习用或少用某些植物而已。各种植物都可以给人类提供财富。所以要利用和保护它们。对某一地区植物资源的保护来说，既要着眼于这个地区植物种类的保护，又要着眼于具体某个植物种类的遗传多样性和生态环境多样性的保护。

不同生物质原料组分存在多样性，如谷类的主要组分为淀粉，农作物秸秆的主要组分为纤维素、半纤维素和木质素，油料作物种子以油脂为主要组分[9]，而一种药用植物原料中含有的组分达到几十甚至几百种。目前认识到的化学成分主要有黄酮类化合物、萜类化合物、苷类化合物、醌类化合物、生物碱、香豆素、木质素、挥发油、有机酸、多糖、蛋白质和矿物质等。但归纳起来，生物质原料主要有 4 种基本化学物质：碳水化合物（糖、淀粉、纤维素和半纤维素）、木质素（多聚酚）、脂类和蛋白质。除了这些基本结构化合物外，还有几百种具有商业价值的有机化合物，包括植物药材、特殊营养物、天然产物和工业产品等。

生物质原料可利用的转化技术、转化途径存在多样性。可利用生物法将生物质酶解降解成小分子的糖以发酵各种生物质产品，也可将热解、气化、液化、酸碱水解以及化学修饰和改性等化学法用于生物质的转化过程，萃取、层析、超滤等物理方法是当今天然产物提取、油脂加工用到的主要技术。

生物质原料种类、组分、转化途径等的多样性，必将导致生物质产品的多样性，可生产燃料、化工产品、日用品、医药和材料等[7]。从植物的直接物理化学加工中就可以得到一些产品，这些产品包括纤维素、淀粉、油脂、蛋白质、木质素和萜类。在我国的传统中草药加工行业中，从植物中直接提取的产品就占相当一部分，在中草药行业中，有效成分提取后，其他的纤维素、木质素成分可被有效地整合到植物基燃料和植物基材料的生产体系中。从碳水化合物出发，利用生物技术加工手段，还可以生产出更多的间接性产品。

22.2.2 复杂性

纤维素、半纤维素和木质素为木质纤维素植物细胞壁的主要成分，也即天然纤维素原料的主要成分。纤维素的分子排列规则，聚集成束，决定了细胞壁的构架，在纤丝构架之间充满了半纤维素和木质素。植物细胞壁的结构非常紧密，在纤维素、半纤维素和木质素分子之间存在着不同的结合力。纤维素与半纤维素或木质素分子之间的结合主要依赖于氢键；半纤维素和木质素之间除氢键外，还存在着化学键的结合，主要是半纤维素分子支链上的半乳糖基和阿拉伯糖基与木质素之间通过化学键结合的木质素-碳水化合物复合体，致使从天然纤维素原料中分离的木质素总含有少量的碳水化合物。

另外三大组分在植物中的组成、结构以及分布会因植物的种类、产地和生长期等的不同而异。同时，植物类生物质原料中还含有少量的果胶、脂肪、蜡、含氮化合物、无机灰分等化合物和植物生长所需的以及在原料运输和生产过程中带来的各种金属元素等[10]。这使得植物类生物质原料的化学成分和结构非常复杂，也导致了不同生物质原料的预处理和利用方式存在很大差异，甚至是截然不同的，因此只有对生物质原料的结构与组成进行详细的研究，才能有效地利用各种生物质原料。

22.2.3　结构的不均一性

生物质资源具有复杂的、不均一的多级结构。以秸秆类生物质资源为例[11]，在器官水平上，秸秆分为叶片、叶鞘、节、节间、稻穗、稻茬、根几部分；在组织水平上，秸秆分为维管束组织、薄壁组织、表皮组织和纤维组织带；在细胞水平上，秸秆分为纤维细胞、薄壁细胞、表皮细胞、导管细胞和石细胞。①秸秆生物结构不均一，而且各部分的化学成分及纤维形态差异很大，某些部位的纤维特征还要优于某些阔叶木纤维，说明秸秆的这些部位具有高值利用的潜力。收获秸秆一般不进行不同器官的分离，因此整株秸秆中含有多种器官和组织。②化学成分的差异：秸秆中含有大量半纤维素，灰分含量高大于 1%，有些稻草则可高达 10% 以上。③纤维形态的特征差异：秸秆中细小纤维组分及杂细胞组分含量高，多达 $40\% \sim 50\%$ 左右，纤维细胞含量低，为 $40\% \sim 70\%$。

22.3　生物质原料预处理

22.3.1　生物质原料的初级预处理

在生物质原料，特别是秸秆类的木质纤维素原料中，三大组分纤维素、半纤维素和木质素紧密交联在一起，由于化学结构和性质完全不同，各组分利用率很低，通过适当的预处理方法，可以破坏或改变部分结构，以实现生物质的高值化利用。

近 20 年来，国内外已经发展了一系列的生物质原料预处理方法，主要涉及物理法、化学法、生物法以及它们的组合等。①物理法：通过改变原料的物理结构来增加纤维素与酶接触的表面积，如机械粉碎、超微粉碎等，可有效改变天然纤维素的结构，降低纤维素的结晶度，增加原料的表面积，使裸露在表面的结合点数增大，酶解速度加快。超声波预处理能使木浆纤维的形态发生变化，纤维细胞壁出现裂纹，细胞壁发生位移和变形，有更多的次生壁中层暴露出来，可以提高纤维的可及性和反应活性。②化学法：使用酸、碱、有机溶剂等预处理生物质的一种方法，主要包括酸处理、碱处理、溶剂处理等物理-化学方法。③物理-化学方法：主要是指利用各种试剂在一定的压力和温度下对纤维素原料进行一定时间的处理，然后通过突然释放压力而对原料进行爆破，造成原料的物理性质和化学性质发生变化，从而有利于后续酶解过程的进行[12,13]。根据试剂的不同，可以分为蒸汽爆破法、氨冷冻爆破法和 CO_2 爆破法[14-16]。其中，蒸汽爆破法是研究得较为深入的一种爆破方法[17]。④生物法：利用微生物除去木质素，以解除其对纤维素的包裹作用。白腐菌、褐腐菌核软腐菌等微生物常被用来降解木质素和半纤维素，其中最有效的是白腐菌。

上述的预处理技术中，物理法需要较多能量，预处理成本高；化学法的不利因素是处理后的原料在酶解前需用酸或碱中和，产酶时间较长；生物法主要是利用白腐菌进行预处理，由于微生物产生的木质素分解酶活性较低，所以处理的周期很长，一般需要几周时间，且白腐菌在除去木质素的同时会分解消耗部分纤维素和半纤维素。

从上述的预处理方式中可以看出，木质纤维原料预处理的目的是去除木质素和半纤维素对纤维素的保护作用，破坏纤维素大分子之间的晶体结构，以提高纤维素的酶解转化率[18,19]。从上述预处理的定义可以看出，预处理只是为了充分利用木质纤维原料中的纤维素，故所采用的方法是，用各种手段除去木质纤维原料中的其他成分，从而分离出纤维素加以利用。这和当前造纸工业的制浆过程基本一致。因而从木质纤维原料中去除木质素，实质上就是沿用制浆过程中的强酸或强碱在高温下溶解木质素的方法。这样，会耗用大量能源和化工原料，并且造成资源浪费和环境污染，从生态效益和经济效益上考虑，难以用到木质纤维原料微生物转化的工艺中去[20]。

22.3.2　生物质原料的组分分离-定向转化

从生物量全利用角度看，现有的原料预处理技术的落脚点仍然是纤维素酶解发酵，对半纤维素、木质素的高值利用考虑很少。这样必将严重影响生物质原料利用的健康发展。因此，首先必须赋予预处理新的含义；其次要针对生物质原料的复杂性，建立一套新的行之有效的多组分综合利用技术，即组分分离-定向转化技术[21]。

木质纤维原料组分分离-定向转化意味着木质纤维原料的精制，不是仅把木质纤维原料作为纤维素资源看待，而是把它视为一种多组分物料，将木质纤维原料精制成为具有一定纯度的各种组分，并希望这些组分分别加工成有价值的产品，这也是生物量全利用对于木质纤维原料预处理提出的新要求，赋予新的哲理思想。组分分离-定向转化是生物质原料预处理的进一步提升，它已经不仅仅是一种预处理手段，更是一种生物质原料中大分子组分资源分配的过程，可以实现纤维素、半纤维素和木质素的分别转化，这是目前生物质最主要的高值化利用思路，并且在国内外都取得了较显著的研究进展[11,22-24]。

以中国科学院过程工程研究所陈洪章研究员为首席科学家的项目团队在国家"973"计划项目"秸秆资源生态高值化关键过程的基础研究"中，紧紧围绕秸秆组分分离、纤维素酶解发酵与热化学转化有机整合的主线展开研究，取得了显著成效。阐明了生物质原料组分分离和分级转化体系过程中原料微观和宏观工程多尺度规律等基础问题[25,26]；建立了4个关键技术平台[7]，即无污染汽爆及其组分分离技术平台[12]、节水节能固态纯种发酵技术平台[27-29]、纤维素固相酶解发酵分离耦合技术平台[30]、膜循环酶解耦合发酵工业糖平台[31,32]；形成了跨学科、多技术和多产品相结合的秸秆分层多级利用研究开发新思路；建立了"组分分离-分级转化-产品集成"的秸秆转化基础科学新模式；验证了秸秆组分经济分离耦合生物热化学，进行了多途径分级转化的设想。

在充分认识秸秆组分不均一性的基础上，建立了秸秆无污染蒸汽爆破技术，揭示了秸秆无污染蒸汽爆破的自体水解作用机制。并形成了以蒸汽爆破技术为核心的秸秆组分分离、分级定向转化思路。将汽爆与溶剂萃取（乙醇[33]、离子液体[13,34,35]、甘油[22,36-38]等）组合实现原料化学水平组分分离的思路，形成了秸秆中半纤维素定向转化为低聚木糖（或木糖醇）、纤维素定向酶解发酵、木质素分离纯化的秸秆高值转化路线[39]；将汽爆与湿法超细粉碎组合，实现原料纤维组织和非纤维组织的分离，形成了纤维组织定向酶解发酵、非纤维组织定向热化学转化乙酰丙酸等的高值转化路线；将汽爆与机械梳理分级组合[40]，实现原料长纤维、短纤维和杂细胞的分离，并形成了长纤维定向造纸、短纤维定向酶解发酵、杂细胞定向热化学转化纳米二氧化硅等高值转化路线。

组分分离-定向转化的思路，不仅是木质纤维原料高值化利用的思路，也是所有生物质原料高值化利用的思路。

葛根是一种常见的药用植物资源，富含淀粉与异黄酮，但近年来对葛根的研究，多集中在葛根淀粉、葛根黄酮的提取工艺以及葛根黄酮的精制上。而在应用方面，葛根往往只是作为淀粉原料提取葛根淀粉，或者作为葛根黄酮的原料提取葛根黄酮，很难兼顾到葛根淀粉与葛根黄酮的综合利用，更别说对葛根中含有的9%～15%的葛根纤维以及5%～8%的蛋白的利用。付小果、陈洪章等[41,42]针对葛根资源的特点，采用汽爆的方式对葛根进行预处理后，形成了连续耦合固态发酵生产乙醇，并提取葛根黄酮和纤维的葛根资源能源化生态产业链，实现了葛根组分分离、分级转化和综合清洁利用。

玉米、小麦和水稻是全球三大主要粮食作物。因其特有的结构以及成分，玉米是大宗谷物中最适合作为工业原料的品种，加工空间大，产业链长，能够创造出玉米原粮几倍的高附加值。但现有的玉米加工技术一般采用全料生产，存在综合利用程度低、附加值低、资源浪费等问题。针对上述现象，陈洪章、迟菲等[43]将汽爆处理技术引入玉米加工，实现玉米资源胚芽、胚乳和种皮的组分分离，且分离时三者保持了各自的比较完整的状态，不会发生因为互相混杂而在利用过程中产生一些成分的浪费和损失。分离之后的玉米胚乳提取黄色素和醇溶蛋白之后，再制备淀粉或者发酵；玉米皮待干燥之后，再进行二次汽爆处理，得到汽爆更充分的玉米皮，来生产单糖、低聚糖或者膳食纤维；分离之后的玉米胚芽用来榨油，实现玉米资源的高值化利用。

22.3.3　生物质原料的选择性结构拆分

生物质复杂的组成决定了木质纤维素原料本身就是一个功能大分子体，不同的结构组分能够产生不同的功能产品。传统的预处理方式只是对单一组分进行预处理，资源浪费严重，针对此问题提出的生物质组分分离-定向转化的利用线路，在实现生物质原料，特别是以秸秆为代表的木质纤维素原料组分——纤维素、半纤维素和木质素的分别转化方面，取得了一定的进展。

但是生物质组分分离-定向转化的利用线路都是先耗费一定的能量破坏生物质结构，然后再进行转化。这种方法没有考虑到产品的功能需求，一股脑地先"拆到底"，对于某些产品来说是增加了它的能量消耗，且原料的原子经济性不高。因此，生物质组分分离-定向转化的思路仍然难以突破生物质作为一种工业原料的大规模清洁、高效产业化的技术经济成本等各方面的问题。所以，生物质资源要成为生物和化工通用原料，必须发展获得保持生物质原有结构的功能高值化利用的炼制过程和技术。

在总结前期国家"973"计划项目"秸秆资源生态高值化关键过程的基础研究"研究成果的基础上，陈洪章研究员等提出应该根据原料的结构特点和目标产物的要求，将生物质原料预处理——组分分离提升到依据产品功能要求的对选择性结构的拆分过程。这一过程的目的不仅仅在于获得几种产品，而是要以最少能耗、最佳效率、最大价值、清洁转化为目标，实现生物质作为新一代生物和化工产业主体原料的通用性[44]。

创建以木质纤维素等生物质原料为通用原料的工业新模式，必须从工程角度重点突破制约生物质原料成为新一代生物及化工产业通用工业原料的炼制关键科学问题[44]。以基础科学为研究手段、以生态循环经济理念为指导，开发保留利用生物质原料原有结构和功能的炼制技术，建立原子利用率最高、能量消耗最低、过程最简单的功能利用过程，使生物质成为生物基能源、生物基材料、生物基化学品等的工业通用原料。

22.4　生物质原料生态产业集成

22.4.1　生物质原料生态产业集成的必要性

利用生物质生产高附加值产品成为许多国家的重要发展领域和科学研究的热点[44]。世界各国纷纷制订了相应的生物质发展计划。美国能源部提出，到 2020 年，化学基础产品中至少有 10％来自木质生物质，2050 年，提高到 50％；2030 年，生物质要为美国提供 5％的电力、20％的运输燃料和 25％的化学品[45]。我国《可再生能源法》以法律形式规定了 2010 年中国初级能源的 5％将来自可再生能源；2020 年，这一比例将达到 10％。我国政府对在"十一五"期间对以生物质为原料的产业发展已做了统筹安排，并出台了财税扶持等政策。这昭示着在全球范围内，燃料和化学工业正在从不可再生的"碳氢化合物"时代向可再生的"碳水化合物"时代过渡[46]。

从环境的角度看，在可持续发展的地球生态系统中，所有的碳和能量在封闭循环的利用过程中始终能够保持平衡，但自从人类发现并学会使用化石燃料（煤炭、石油和天然气）后，这种可持续发展的地球生态系统就逐渐遭到了破坏[47]。生物质可以构成地球生态系统的一个非常活跃的基本元素，在大规模能量转化利用过程中，对自然界各系统之间的平衡触动较小。生物质在生长过程中通过光合作用吸收 CO_2，其产生和利用过程构成了一个 CO_2 的封闭循环。从生命周期分析来看，利用生物质制备清洁燃料，还将起到固定碳，即吸收 CO_2 的作用[48,49]，因此以生物质为基础的产业结构是可持续发展的。当前生物质产业正在成为引领当代世界科技创新和先进生产力发展的又一个新的主导产业。

生物质产业的发展规划目前已经在全球范围内如火如荼地开展。在国外，2008 年，美国能源部确定将 3.85 亿美元用于开发 6 个商业化生物炼制项目；1.14 亿美元用于开发 4 个中试生物炼制项目；4.05 亿美元用于建设 3 个生物能源研究中心[50]。在国内，我国在"十一五"规划纲要中，把发展生物质产业作为重要内容，明确提出要实施生物产业专项工程，努力实现生物产业关键技术和重要产品研制的新突破。

生物质产业前景美好，然而，要取代传统石化产业结构，现有的生物质产业始终未能突破经济技术关，主要存在以下几方面的问题：

1. 只注重单一组分的利用，不重视资源成分的综合开发[51]

木质纤维素类生物质主要由纤维素、半纤维素和木质素三大成分组成，但三者在植物中的组成、结构以及分布会因植物的种类、产地和生长期等的不同而异。这使得植物类生物质原料的化学成分和结构非常复杂，也导致了不同生物质原料的预处理和利用方式存在很大的差异，甚至是截然不同的。生物质原料用于工业的一个关键性障碍是缺乏高效的组分分离技术，从而影响了最终转化产品的特性和质量。现在利用生物质原料进行工业化生产的工厂，如糠醛厂、造纸厂、木糖醇厂等，都是只强调单一纤维素组分的利用，其他组分则作为废弃物而被丢弃，既造成资源浪费和环境污染，又严重影响其他组分转化利用，不但没有成为提高经济效益的重要角色，反而成为效益的负担，如秸秆气化中的焦油问题、热裂解液化中酸性物质的大量产生问题以及酶解纤维素中木质素机械屏蔽及纤维素酶无效吸附等问题。

只注重小分子活性成分的研究与利用，不重视中药资源的综合开发是中药现代化发展中存在的突出问题。药用植物的不同部位所含化学成分不同，或含量有所差异，但只要有药用价值就应充分利用，这对于扩大药源、发现新药、提高药用植物的品种利用率和数量利用率，扭转中药紧缺状况和提高经济效益，都能起到积极的作用。许多中药，如贝母、山药、葛根、何首乌、泽泻等，均含有淀粉，此类中药在利用过程中，只注重小分子活性成分的研究与利用，中药中淀粉成分的研究就成了中药化学研究的一个空白点。更为关键的是，药物资源中大量的淀粉在小分子活性成分提取完之后都作为废物浪费掉，不仅没有充分利用药材资源，同时也给环境造成了巨大的压力。

对中药黄连不同药用部位的微量元素分析发现，人体必需的微量元素锌、铜、铁在其根、叶和枝皮中的含量无显著差异。根据黄连的药理作用，采取"采叶修枝"的办法，可以充分利用和保护黄连药源。我国的黄连年产量已达 150 万 kg，而黄连除根茎以外的可供药用资源至少超过药材量的 50%。这些资源多年来未能综合利用，造成浪费，如用于提取黄连素，每年可增产值 1000 多万元。我国的黄连主产区比较集中，仅重庆的石柱土家族自治县、四川的峨眉山市、洪雅县及湖北的利川市等就拥有全国黄连产量的 96%，这是综合开发利用的有利条件之一，加之我国具有提取小檗碱的成熟工艺技术，应尽快地全面开发利用黄连资源，避免这部分宝贵资源再年复一年地丢弃浪费。

2. 转化技术单一，利用率低[52]

目前，将生物质转化为高品质能源的方法主要局限在热化学法和生物法上。但是，由于缺乏天然固相有机物料分层多级利用的理念，热化学法和生物法都无法实现秸秆及木质纤维素的纤维素、半纤维素和木质素三组分的同时利用。虽然，近年来一些学者借鉴煤化工思路，将生物质进行常压气化，来催化合成一些含氧的液体燃料，如甲醇、二甲醚等。但这种工艺条件苛刻，合成设备技术要求高，实施要求的规模大，投资大，因而一直处于实验室探索阶段。

3. 存在很多与环境不协调的因素

黄姜皂素又名薯蓣皂苷配基（diosgenin），CA 登记号为 512-04-9，是一种重要的医药中间体，是合成甾体激素类药物的主要原料，也是生产盾叶冠心宁、地奥心血康等的重要原料。工业上，黄姜皂素主要通过从薯蓣属植物黄姜中提取分离来制备。黄姜（盾叶薯蓣）为我国特有种，根茎含有黄姜皂素及 45%～50% 的淀粉、40%～50% 的纤维素，还含有黄色素、单宁等。其中黄姜皂素含量约为 2.5%，居世界薯蓣属植物之冠。因此黄姜是一种经济效益高、开发潜力大的药用植物资源[53]。

目前工业上生产皂素采用的传统工艺为将原料经水浸、粉碎、预发酵后，加盐酸或硫酸水解。将水解物过滤，废液被分离，滤出物为不溶于水的木质素和皂素。将滤出物漂洗、粉碎、烘干后，以汽油提取，提取液经蒸发浓缩，皂素结晶析出。经过滤，皂素与溶剂分离。溶剂回收循环利用，皂素经烘干包装成产品。采用传统工艺生产黄姜皂素不但提取率低，更重要的是会产生大量含酸高、胶质重、色素浓的酸性废水，对环境造成极其严重的危害。该工艺目前应用于工业生产主要存在三大不足：第一，生产中产生大量废水和废渣，排放后环境污染的问题严重。第二，皂素的收率较低，主要是因为：①黄姜原料全部参与水解，皂素被严密的植物组织包裹，干扰了薯蓣皂素的水解；②C3 位上结合的歧链糖基产生了位阻，使水解不完全；③薯蓣皂苷在黄姜细胞中与细胞壁贴合较紧，对酸相对稳定，很难水解。第三，对黄姜中的其他成分，如淀粉和纤维素，没有经济有效地利用起来，造成严重的资源浪费和环境污染。

4. 缺乏系统技术集成和生态过程工程的研究

木质纤维等可再生生物质资源的转化利用技术大多还是沿用已有的淀粉发酵和木材处理技术。如在原料预处理上，套用造纸工业酸水解的传统技术，造成原料预处理费用高和污染环境；在纤维素酶和乙醇发酵上，套用淀粉发酵乙醇的工艺和设备，使得纤维素酶用量大，乙醇转化效率低，投资大，乙醇直接生产成本高等。已有的研究工作多集中在原料简单利用技术层面上，缺乏系统的技术集成和配套技术研究，造成我国生物质原料利用的技术含量低，转化的产品长期面临一系列技术和质量问题[21]。

纵观生物质资源开发现状，现有的生物质产业存在组分利用单一、转化技术单一和原料利用率低等问题，造成极大的资源浪费和转化过程的污染。各个操作单元相对独立，很少顾及前后工序的特点和彼此之间的影响，导致各个技术环节孤立，缺乏彼此之间的配合和互补，往往造成额外的操作能耗，不利于工作效率的提高，也在无形中增加了生产成本，经济效益很难提高。生物质资源的利用涉及多学科、多领域、多层次的科学和技术问题，单一方面的研究和利用都难以解决目前存在的问题。因此，需从整体上考虑生物质资源的特点和开发价值，并进行多学科的整合，将生物质资源看成有机的整体，将各种成分的开发利用有机结合在一起，这样才可能实现经济可行的资源利用。而突破生物质资源利用中存在的问题，将促进生物质有效成分的利用向着安全高效、易于操控、成本低廉、环境友好的方向发展。

　　而如果要实现生物质资源产品多元化以及资源的综合利用，就有必要建立生物质生态产业集成系统。在生态产业集成系统中，各生产过程不是孤立的，而是通过物质流、能量流和信息流互相关联的，其目标是实现生物质资源的全利用。每一个生产过程往往又由一个或多个反应所组成，需要从整体最优的角度对其进行调控，有时需要将一些反应耦合起来，有时又需要将一个反应分成多个步骤。反应多样性和反应过程复杂性的根本原因还是生物质原料自身的复杂性，面对如此众多的反应和过程，要建立生物质资源生态产业集成系统，就必须进行生物质高值化反应系统集成，形成各技术之间的最优化模式。每个生产过程的副产物或过程能量都可以被另一个过程加以利用，并能互相促进、相互协调，从而实现资源、能量、投资的最优利用。

22.4.2　生态产业集成理论

　　生态产业是一种复合型产业，以生态系统承载力为限制因素，并将生态学理论贯穿整个生命周期，从而形成完备的过程与功能体系，并从发展循环经济的角度解决环境的污染问题，从而实现生态与产业的协调发展[54]。

　　建立一个生态系统的关键是要实现系统各过程之间的物质、能量和信息的充分利用和交换，因此必须对系统的物质集成、能量集成和信息集成进行研究[20]。过程工程研究的核心内容就是通过各个单元操作考察物质流的传递与转化过程、能量流的传递与转化过程以及信息流的传递与集成过程[55]。另外，水是生态工业不可或缺的重要资源，现已将其作为一个重要的研究领域。

　　1. 物质集成

　　生态产业系统研究的核心问题之一是如何应用系统工程的理论和方法研究，实现生态产业系统内各过程间的物质集成。生态产业的物质集成，包括反应过程的物质转化集成及净化分离过程的物质交换集成。反应过程的物质转化集成主要包括两个方面的内容：一是在单个生产过程内从原料到产品的反应过程中以环境和经济为综合目标的优化，二是多个生产过程间的物质集成。对于单个的生产过程，其产品往往可以由不同的原料，通过不同的反应路径、不同的反应器系统和操作条件生成。每一个反应路径都有不同的废物生成，需要通过系统工程方法研究环境友好的反应路径集成方法和反应器网络综合方法，找到经济效益和环境影响多目标最优的生产方案。多个生产过程间的物质集成，则是研究一个生产过程的废物如何作为其他过程的原料，在各生产过程之间实现最大限度的利用，达到系统对外废物零排放。为实现废物在过程间最大限度的循环利用，分离净化过程是十分重要的环节。废物通过吸收、吸附、萃取等净化分离过程，然后加以利用[56]。

2. 能量集成

能量集成就是要实现系统内能量的有效利用，不仅要包括每个生产过程内能量的有效利用，而且也包括各过程之间的能量交换，即一个生产过程多余的能量作为另一过程的热源而加以利用。提高能源利用率、降低能耗，不仅节约能源，也意味着对环境污染的减少。对于能量系统的有效利用已有较成熟的理论和技术，在生态工业系统的能量集成中应用这些技术，可以取得系统最大的能量利用率[57,58]。

3. 信息集成

集成是一个过程，一个目标，是为求得事物状态较优，对信息资源、技术资源和智力资源进行融合的过程。它强调融合，着眼于要素的相互竞争、制约和依存，它意味着集成后总效益大于集成前分效益之算术和。信息集成是针对某个既定目标，或面向特定任务，对信息进行组织和管理，使相关的多元信息有机融合并优化使用的理论。信息集成分析是一种基于信息集成理论基础上的分析，它是建立在联通的基础上，只有在信息时代的网络环境中才能实施，它是以各元素分析为前提，但又不是各元素的机械拼凑。"它强调的是整体化、一体化的整合过程，强调的是体系，面不是单体。"[59]

4. 水系统集成

近年来，随着水资源的日益短缺和环境污染的逐渐加剧，社会对环境保护日趋重视，这就促使过程工业不断去最小化新鲜水的消耗量和废水的排放量。我国是一个水资源匮乏的国家，人均水资源占有率仅为世界平均水平的 1/4 左右。而同时，国内企业新鲜水单耗、废水单排与工业发达国家相比仍然存在着很大的差距。因此，我国节水减污的工作刻不容缓。水系统集成技术把企业的整个用水系统作为一个有机的整体来对待，来考虑如何合理分配各用水单元的水量和水质，以使系统水的重复利用率达到最大，同时废水的排放量最小。

水系统集成的研究任务包括水系统的分析、综合和改造。水系统的分析是指获得用水系统的最小新鲜水用量和最小废水流量目标；水系统的综合是指设计用水网络，通过水的回用、再生和循环等，达到上述目标；水系统的改造是指通过改变现有的用水网络，达到最大限度的水循环利用和最小限度的产生废水。

22.4.3　生物质原料生态产业集成的特点

依托生态理念对生态产业进行规划与设计，生态产业系统中的物质、能源、信息的流动与储存不是孤立的简单叠加关系，而是可以像自然生态系统那样循环运行，它们之间相互依赖、相互作用、相互影响，形成复杂的、相互连接的网络系统。生态产业链通过建立物流、信息和信息流的联系，实现了自然生态系统的运行模式。

针对生物质原料的特点，要实现生物质产品多元化以及资源的综合利用，就必须建立生物质原料生态产业链，它需要多种技术的集成，其核心在于原料预处理以及转化过程等关键技术以及它们的优化组合。因此，生物质原料生态产业链应具有以下几个特点：

1）多种关键技术耦合，互为补充

在充分认识秸秆组分不均一性的基础上，形成了以蒸汽爆破技术为核心的秸秆组分分离、分级定向转化思路。将汽爆与溶剂萃取（乙醇[33]、离子液体[13,34]、甘油[37]等）组合，实现原料化学水平组分分离的思路，形成了秸秆中半纤维素定向转化为低聚木糖（或木糖醇）、纤维素定向酶解发酵、木质素分离纯化的秸秆高值转化路线；将汽爆与湿法超细粉碎组合[39]，实现原料纤维组织和非纤维组织的分离，形成了纤维组织定向酶解发酵、非纤维组织定向热化学转化乙酰丙酸等的高值转化路线；将汽爆与机械梳理分级组合[40]，实现原料长纤维、短纤维和杂细胞的分离，并形成了长纤维定向造纸、短纤维定向酶解发酵、杂细胞定向热化学转化纳米二氧化硅等高值转化路线。

2）工艺流程灵活多变

可根据物料的不同特性改变其中具体的操作环节，改变参数甚至加入新的技术，进一步丰富和发展该体系。

在药用植物的提取、分离和纯化中，汽爆处理不仅可以和酶法联用，而且可以配合使用微波提取、超声波提取和超临界萃取等提取方法，而产物的分离纯化则需要借助超滤、膜分离等技术[60]。

3）产业结构多层次

生物质资源分布相对分散，收集半径有限，造成了木质纤维素等生物质原料不可能大规模集中生产，而应该建立小型与整体布局相结合的多层次产业结构体系[4]。

4）产品多元化

生物质原料组成丰富，包括多种物质，并含有羟基、羰基、苯环等基团，能比只含 $\underset{n}{\overline{(CH_2)}}$ 线型聚合结构的石油原料提供更多的开发新产品的机会，更有利于进行化学改造，生产各类化工产品。多组分的结构决定了以生物质为原料的产品应该是多元化的，它遍及生物基能源、生物基材料和生物基化学品等领域。

5）适用范围广

植物原料的生产受生产地、生产季节等影响，这也将制约生物基产品的生产，需要根据具体情况选择厂址和生产规模，考虑设备的通用性，以适应不同季节的不同植物原料供应。

在中药提取行业，针对单元操作的研究工作通常细致深入，而整体上的技术集成往往欠缺，也就无法形成产品多元化、技术集成化的生态产业链，因此，在构建中草药提取分离的生态集成体系时，应使该体系适用于大多数中药以及其他含有油脂、黄酮等多种天然产物的植物资源[60]。

22.4.4　生物质原料生态产业集成范例

1. 木质纤维素生态产业集成范例

生物质产业欲取代传统石化产业结构，必须首先突破其原料作为新一代生物及化工产业通用原料的问题。以秸秆为代表的木质纤维素原料，从目前的利用现状看，一方面存在原料资源分散、收集成本高的问题；另一方面，原料高度不均一、结构复杂。但正是木质纤维原料复杂的结构组成和不均一性，使它具有成为通用原料的潜力。因为复杂的组成决定了木质纤维素原料本身就是一个功能大分子体，不同的结构组分能够产生不同的功能产品。

如图 22.2 所示，蒸汽爆破处理可以使秸秆原料中的木质素发生部分降解，活性酚羟基剧增，形成类似于多元酚的特性，而汽爆可以使 90% 的半纤维素降解形成可溶性糖、脱水糖类及糠醛等，可以代替甲醛，只需要控制适宜的含水量，使秸秆中纤维素的氢键重排，即可使发生热固化作用，此过程中木质素酚羟基与醛类物质发生交联形成天然黏合剂，解决了二次污染问题，同时热固化作用又提高了生态环境材料的机械强度；而半纤维素降解产生的可溶性糖类物质经过分离纯化可以生产低聚木糖。而占秸秆全株 20% 左右的叶、鞘、根部及碎料经过汽爆处理及固态发酵后，可加工成饲料或有机肥，从而实现秸秆生物量全利用。

2. 玉米生态产业集成范例

玉米、小麦和水稻是全球三大主要粮食作物。据联合国粮农组织统计，2006年，玉米、小麦、水稻三大作物总产量达 19.36 亿 t，占全球主要粮食作物总产量的 87.15%。就总产量而言，自 2001 年以来，玉米就已超过水稻和小麦成为全球第一大作物，并且这种超过的幅度越来越明显。近几年，全球玉米产量均在7 亿 t 左右。

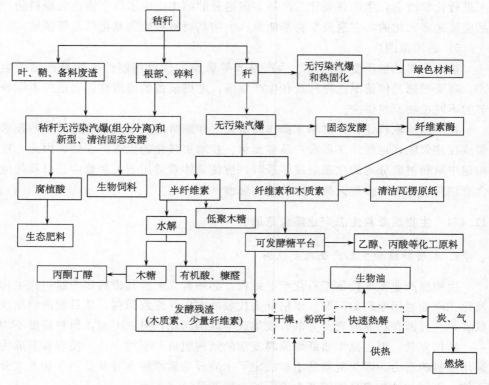

图 22.2　以蒸汽爆破技术为平台的秸秆生态产业集成[61-65]

　　因其特有的结构以及成分，玉米是大宗谷物中最适合作为工业原料的品种，加工空间大，产业链长，能够创造出玉米原粮几倍的高附加值。但现有的玉米加工技术一般采用全料生产，存在综合利用程度低、附加值低、资源浪费等问题。

　　玉米的胚芽、胚乳和种皮的成分有所不同，因此，三者的用途也不同。例如，淀粉主要集中在胚乳中，是制造淀粉以及发酵的原料；而油脂主要在胚芽中，可以用来提取玉米油；玉米皮的主要成分是木质纤维素。在工业上，如果能够将胚芽、胚乳和种皮三者分离，就可以将每一部分物尽其用，发挥其最大价值，获得更大的经济效益。例如，玉米胚芽中脂肪的平均消化率为 95.8%，其营养价值极高。目前市场上玉米毛油的售价为 6000 元/t，一级油为 7700~8000 元/t，胚饼为 1000 元/t。若按年产万吨乙醇，日处理玉米 100t，按 1.2% 毛油出油率计，每年得毛油 360t，胚饼 3000t，合计产值约 500 万元。

　　胚芽、胚乳和种皮在玉米中的分布界限相对而言比较明显，在结构上比较容易区分，这有利于工业上对三者的分离，分离成本不会太高。目前，可以通过现有的一些提胚手段，将胚芽、胚乳和种皮三者分开，玉米在结构上的区别以及不同结构的成分差异使玉米生态产业链开发成为可能。

此外，玉米是一种价值很高的工业粮食原料，例如，玉米胚乳中含有醇溶蛋白、黄色素等物质，玉米胚芽中含有黄酮类物质，这些物质在玉米中虽然不是主成分，但是其经济价值却很高。将这些经济价值高的物质分离提取出来，就可以更加完善玉米的生态产业链，让玉米的各组分更能够物尽其用，发挥出更大的价值。

针对上述玉米资源利用存在的问题，从玉米原料的特性入手，陈洪章、迟菲等[43]将汽爆处理技术引入玉米加工，实现玉米资源胚芽、胚乳和种皮的组分分离，建立玉米资源生态产业新模式。

该生态产业模式是将玉米先用蒸汽爆破提胚，将胚芽、胚乳和种皮分离，蒸汽爆破之后，淀粉发生一定的糊化，结构松软，细胞与细胞之间分散程度高。胚芽、胚乳和种皮分离时，三者保持了各自比较完整的状态，不会发生因为互相混杂而在利用过程中产生一些成分的浪费和损失的情况。分离之后的玉米胚乳提取醇溶蛋白和黄色素之后，再制备淀粉或者发酵；玉米皮待干燥之后，再进行二次汽爆处理，得到汽爆更充分的玉米皮，来生产单糖、低聚糖或者膳食纤维；分离之后的玉米胚芽用来榨油，从而实现玉米资源的高值化利用（图 22.3）。

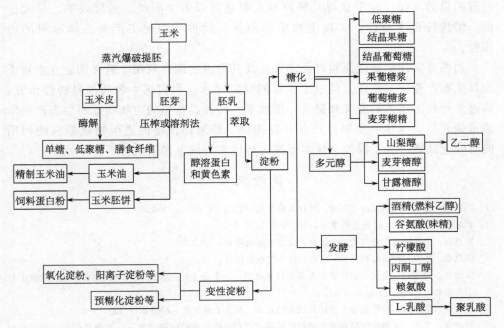

图 22.3 玉米蒸汽爆破提胚及其综合利用的生态产业集成[43]

22.5　结　语

随着化石原料的日益枯竭和人们对环保问题的关注，可再生的生物质原料成为未来最具有价值的潜在原料。人们也越来越重视生物质产业的发展。我们在综合运用多学科知识、深入认识生物质原料的特性本质、分析和总结国内外生物质产业发展现状的基础上，提出生物质原料过程工程的理论框架，为生物质产业深入发展提供了新的理论指导。

生物质原料过程工程深刻揭示了生物质原料过程工业研究的实质，过程工业面对的是复杂的天然原料，因此，过程工程研究的首要对象是复杂的天然原料，它不仅包括物质转化过程，并且涵盖天然原料初级炼制过程。对于多组分复杂固相生物质的过程工业研究，生物质原料初级炼制过程是整个过程工业必须要走的，它的发展将带动整个生物及化工产业链。

针对生物质原料多样性、复杂性和结构不均一性等特性，我们构建了生物质原料初级炼制的新思路。根据原料的结构特点和目标产物的要求，将生物质原料预处理——组分分离提升到依据产品功能要求的对选择性结构的拆分过程。这一过程的目的不仅仅在于获得几种产品，而是要以最少能耗、最佳效率、最大价值、清洁转化为目标，实现生物质作为新一代生物和化工产业主体原料的通用性。

如果要实现生物质原料产品多元化及其资源的综合利用，就必须建立生物质原料生态产业集成系统。经过十多年的研究探索，我们从生物质原料特性出发，通过多种技术工艺的交叉和融合，形成了一些独具特色的生物质原料生态产业集成范例[20,66]，为生物质原料产业开发提供了新思路，将促进生物质原料的利用向着安全高效、易于操控、成本低廉、环境友好的方向发展。

参 考 文 献

[1] 陈家镛. 过程工业与过程工程学. 过程工程学报, 2001, 1 (001): 8-9.

[2] 郭慕孙. 过程工程. 过程工程学报, 2001, 1 (1): 2-7.

[3] 陈洪章. 生物过程工程与设备. 北京: 化学工业出版社, 2003.

[4] 陈洪章. 生物基产品过程工程. 北京: 化学工业出版社, 2009.

[5] 陈洪章, 李佐虎. 生化工程的新理念及其技术范例——生态生化工程的发展及其学科基础. 中国生物工程杂志, 2002, 22 (3): 74-77.

[6] 李佐虎, 陈洪章. 秸秆生态工业建设的关键技术. 农业工程学报, 2001, 17 (2): 1-4.

[7] 陈洪章, 王岚. 生物基产品制备关键过程及其生态产业链集成的研究进展——生物基产品过程工程的提出. 过程工程学报, 2008, 8 (4): 676-681.

[8] 日本能源学会. 生物质能源手册. 史仲平, 华兆哲, 译. 北京: 化学工业出版社, 2007.

[9] 〔德〕Kamm B, 〔美〕Gruber P R. 生物炼制——工业过程与产品. 上卷. 马延和, 主译. 北京: 化学

工业出版社，2007.

[10] 陈洪章. 纤维素生物技术. 北京：化学工业出版社，2005.

[11] Jin Shenying, Chen Hongzhang. Fractionation of fibrous fraction from steam-exploded rice straw. Process Biochemistry, 2007, 42 (2)：188-192.

[12] 陈洪章，刘丽英. 蒸汽爆碎技术原理与应用. 北京：化学工业出版社，2007.

[13] Chen Hongzhang, Liu Liying, Yang Xuexia, et al. New process of maize stalk amination treatment by steam explosion. Biomass and Bioenergy, 2005, 28 (4)：411-417.

[14] Grous W R, Converse A O, Grethlein H E. Effect of steam explosion pretreatment on pore size and enzymatic hydrolysis of poplar. Enzyme and Microbial Technology, 1986, 8 (5)：274-280.

[15] Duff S J B, Murray W D. Bioconversion of forest products industry waste cellulosics to fuel ethanol：A review. Bioresource Technology, 1996, 55 (1)：1-33.

[16] Morjanoff P J, Gray P P. Optimization of steam explosion as a method for increasing susceptibility of sugarcane bagasse to enzymatic saccharification. Biotechnology and Bioengineering, 1987, 29 (6)：733-741.

[17] Sun Ye, Cheng Jiayang. Hydrolysis of lignocellulosic materials for ethanol production：A review. Bioresource Technology, 2002, 83 (1)：1-11.

[18] Fan L T, Lee Y H, Gharpuray M M. The nature of lignocellulosics and their pretreatments for enzymatic hydrolysis. Advancesin. Biochemical Engineering/Biotechnology, 1982, 23：157-187.

[19] Millett M A, Baker A J, Satter L D. Physical and chemical pretreatments for enhancing cellulose saccharification. Biotechnology and Bioengineering Symposium, 1976, (6)：125-153.

[20] 陈洪章. 生态生物化学工程. 北京：化学工业出版社，2008.

[21] 陈洪章，李佐虎. 木质纤维原料组分分离的研究. 纤维素科学与技术，2003，11 (4)：31-40.

[22] Sun Fubao, Chen Hongzhang. Enhanced enzymatic hydrolysis of wheat straw by aqueous glycerol pretreatment. Bioresource Technology, 2008, 99 (14)：6156-6161.

[23] Kim T H, Lee Y Y. Fractionation of corn stover by hot-water and aqueous ammonia treatment. Bioresource Technology, 2006, 97 (2)：224-232.

[24] Sidiras D, Koukios E. Simulation of acid-catalysed organosolv fractionation of wheat straw. Bioresource Technology, 2004, 94 (1)：91-98.

[25] 杨昌炎，杨学民，吕雪松，等. 分级处理秸秆的热解过程. 过程工程学报，2005，5 (4)：379-383.

[26] Wang L, Zhang Y, Gao P, et al. Changes in the structural properties and rate of hydrolysis of cotton fibers during extended enzymatic hydrolysis. Biotechnology and Bioengineering, 2006, 93 (3)：443-456.

[27] 陈洪章，徐建. 现代固态发酵原理及应用. 北京：化学工业出版社，2004.

[28] Chen Hongzhang, Xu Fujian, Tian Zhonghou, et al. A novel industrial-level reactor with two dynamic changes of air for solid-state fermentation. Journal of Bioscience and Bioengineering, 2002, 93 (2)：211-214.

[29] 徐福建，陈洪章. 纤维素酶气相双动态固态发酵. 环境科学，2002，23 (003)：53-58.

[30] 陈洪章，邱卫华. 秸秆发酵燃料乙醇关键问题及其进展. 化学进展，2007，19 (007)：1116-1121.

[31] Sen Yang, Ding Wenyong, Chen Hongzhang. Enzymatic hydrolysis of rice straw in a tubular reactor coupled with UF membrane. Process Biochemistry, 2006, 41 (3)：721-725.

[32] 李冬敏，陈洪章. 汽爆秸秆膜循环酶解耦合丙酮丁醇发酵. 过程工程学报，2007，7 (6)：

1212-1216.

[33] Chen Hongzhang, Liu Liying. Unpolluted fractionation of wheat straw by steam explosion and ethanol extraction. Bioresource Technology, 2007, 98 (3): 666-676.

[34] 翟蔚, 陈洪章, 马润宇. 离子液体中纤维素的溶解及再生特性. 北京化工大学学报, 2007, 34 (2): 138-141.

[35] 刘丽英, 陈洪章. 纤维素原料/离子液体溶液体系流变性能的研究. 纤维素科学与技术, 2006, 14 (2): 9-12.

[36] Sun Fubao, Chen Hongzhang. Evaluation of enzymatic hydrolysis of wheat straw pretreated by atmospheric glycerol autocatalysis. Journal of Chemical Technology & Biotechnology, 2007, 82 (11): 1039-1044.

[37] Sun Fubao, Chen Hongzhang. Comparison of atmospheric aqueous glycerol and steam explosion pretreatments of wheat straw for enhanced enzymatic hydrolysis. Journal of Chemical Technology, 2008, 83 (5): 707-714.

[38] Sun Fubao, Chen Hongzhang. Organosolv pretreatment by crude glycerol from eleochemicals industry for enzymatic hydrolysis of wheat straw. Bioresource Technology, 2008, 99 (13): 5474-5479.

[39] Jin Shengying, Chen Hongzhang. Superfine grinding of steam-exploded rice straw and its enzymatic hydrolysis. Biochemical Engineering Journal, 2006, 30 (3): 225-230.

[40] 陈洪章, 付小果, 张作仿. 一种林地荒草联产纸浆与燃料乙醇的方法: 中国, CN101381970. 2009-03-11.

[41] 付小果, 陈洪章, 汪卫东. 葛根资源能源化生态产业链的研究. 中国高校科技与产业化, 2008, (3): 78-80.

[42] 付小果, 陈洪章, 汪卫东. 汽爆葛根直接固态发酵乙醇联产葛根黄酮. 生物工程学报, 2008, 24 (6): 957-961.

[43] 陈洪章, 迟菲. 玉米汽爆分离及其胚乳多组分联产利用技术: 中国, CN101607218. 2009-12-23.

[44] 陈洪章, 邱卫华, 邢新会, 等. 面向新一代生物及化工产业的生物质原料炼制关键过程. 中国基础科学, 2009, 11 (5): 32-37.

[45] Kamm B, Kamm M. Biorefineries—Multi product processes. Advances in Biochemical Engineering Biotechnology, 2007, 105: 175.

[46] 闵恩泽. 利用可再生农林生物质资源的炼油厂——推动化学工业迈入"碳水化合物"新时代. 化学进展, 2006, 18 (2): 131-141.

[47] Carere C R, Sparling R, Cicek N, et al. Third generation biofuels via direct cellulose fermentation. International Journal of Molecular Sciences, 2008, 9 (7): 1342.

[48] Gravitis J, Abolins J, Kokorevics A. Integration of biorefinery clusters towards zero emissions. Environmental Engineering and Management Journal, 2008, 7 (5): 569-577.

[49] 何珍, 吴创之, 阴秀丽. 秸秆生物质发电系统的碳循环分析. 太阳能学报, 2008, 29 (6): 705-710.

[50] 刘润生. 美国先进生物燃料技术政策与态势分析. 中国生物工程杂志, 2010, 30 (1): 117-123.

[51] 陈洪章. 秸秆资源生态高值化理论与应用. 北京: 化学工业出版社, 2006.

[52] 陈洪章, 李冬敏. 生物质转化的共性问题研究——生物质科学与工程学的建立与发展. 纤维素科学与技术, 2006, 14 (4): 62-68.

[53] 陈洪章, 付小果. 薯蓣属原料的汽爆初级炼制多联产的方法: 中国, 201010113617.6. 2010-2-26.

[54] 王欣, 张恒庆. 我国生态经济产业的实践及发展趋势. 环境保护与循环经济, 2009, 29 (12):

71-73.

[55] 金涌，刘铮，李有润. 过程工程与生态工业. 过程工程学报，2001，1（3）：225-229.

[56] 郑东晖，胡山鹰，李有润，等. 生态工业园区的物质集成. 计算机与应用化学，2004，21（1）：6-10.

[57] 胡山鹰，李有润. 生态工业系统集成方法及应用. 环境保护，2003，（1）：16-19.

[58] 李有润，沈静珠. 生态工业及生态工业园区的研究与进展. 化工学报，2001，52（3）：189-192.

[59] 胡山鹰，李有润，沈静珠. 生态工业系统集成方法及应用. 工程与技术，2003，1：16-19.

[60] 祖元刚，罗猛，牟璠松. 植物生态提取业的现状与发展趋势. 现代化工，2007，27（7）：1-4

[61] 陈洪章，王学才，李春，等. 双路进气快开门汽爆反应罐：中国，CN2476335. 2002-02-13.

[62] 陈洪章，刘健，李佐虎. 一种生产活性低聚木糖的方法. 中国发明专利，ZL99105722. 8. 2002.

[63] 陈洪章，李佐虎. 变性秸秆材料及其用途：中国，CN1412092. 2003-04-23.

[64] 陈洪章，李佐虎. 以汽爆植物秸秆为原料固态发酵制备生态肥料的方法：中国，ZL01023915. 8. 2004-12-15.

[65] 陈洪章，李佐虎. 纤维素固相酶解-液体发酵耦合制备乙醇的方法及其装置：中国，CN1493694. 2004-05-05.

[66] 陈洪章，付小果，汪卫东. 一种对汽爆葛根进行综合利用的工艺及其使用设备. PCT/CN2007/002268. 2007-07-27.

23　陶瓷膜的工业化应用研究进展

23.1　引　言

陶瓷膜属于无机膜，膜层材料主要为金属氧化物[1]。陶瓷膜的发展始于第二次世界大战时期美国的原子弹计划——"曼哈顿计划"（Manhattan Project），采用平均孔径为 6~40nm 的多孔陶瓷膜从天然铀元素中分离富集^{235}U，这是首例采用无机陶瓷膜实现工业规模的气体混合物分离的实例。20 世纪 70 年代，陶瓷膜作为一种精密的过滤技术开始转向民用领域，用以取代离心、蒸发、板框过滤等传统分离技术。由于其优异的材料性能和无相变的过程特点，陶瓷膜在民用领域发展很快，通过政府与公司之间的合作，先后成功开发出多种商品陶瓷膜，陶瓷微滤膜和陶瓷超滤膜逐渐进入了工业应用，无机陶瓷膜得到迅速发展并在膜分离技术领域中逐渐占据重要的地位。进入 20 世纪 90 年代，新型陶瓷膜材料与新的陶瓷膜应用工程日益发展，陶瓷膜与应用行业的集成、与其他分离与反应过程的耦合、膜材料与膜应用过程的交叉研究成为主要趋势。

陶瓷膜是由金属氧化物（Al_2O_3、ZrO_2 和 TiO_2 等）粒子烧结而成。目前，工业化陶瓷膜生产主要采用固态粒子烧结法和溶胶-凝胶法。固态粒子烧结法是将金属氧化物粉体（0.1μm 至几十微米）与适当添加剂混合分散形成稳定的悬浮液，将其涂覆在多孔支撑体表面，经干燥，然后在高温（1000~1800℃）下进行烧结，主要用于制备陶瓷微滤膜。溶胶-凝胶法主要用于制备孔径较小的陶瓷超滤膜，通过金属醇盐完全水解后产生水合金属氧化物，再与电解质进行胶溶形成溶胶，这种溶胶涂覆在支撑体上后转化成凝胶时，胶粒通过氢键、静电力和范德瓦耳斯力等相互作用力聚集在一起形成网络，再经过干燥和焙烧而成膜。

陶瓷膜所具有的优异的材料性能使其在化学工业、石油化工、冶金工业、生物工程、环境工程、食品发酵和制药等领域有着广泛的应用前景，其研究与开发工作长期以来一直受到发达国家政府和一些公司的大力支持。我国在这一领域同样如此，从 20 世纪 80 年代开始，国家自然科学基金、国家高技术发展计划（"863"计划）、国家重点科技攻关计划、国家重大基础研究计划（"973"计划）均对陶瓷膜的研究与产业化工作予以重点支持，促进了我国陶瓷膜产业的发展。目前，陶瓷微滤膜和超滤膜在国外和国内都已经实现产业化，陶瓷膜已经在过程工业的多个领域获得成功的应用，其市场占无机膜的 80% 以上，市场销售以年

30％的速度增长。

本章主要介绍陶瓷膜在石油化工、生物制药等领域中工程应用的研究进展，重点阐述陶瓷膜应用过程中的共性、规律以及典型工程应用案例。

23.2 陶瓷膜在化工与石油化工中的应用

化学反应是化学工业的核心，大约90％的化工生产过程与反应有关；同时，分离装备占化工与石油化工总投资的50％～90％，占能耗的70％左右，在很大程度上决定了生产过程的能源与资源消耗和污染排放的水平。提高反应与分离过程的效率、降低过程的能耗是缓解过程工业面临的资源、能源与环境"瓶颈"问题的重要手段之一。膜与膜过程是当代新型高效的共性技术，是多学科交叉的产物，特别适合于现代工业对节能、低品位原材料再利用和消除环境污染的需要，成为实现经济可持续发展战略的重要组成部分。膜反应过程作为膜过程中一个重要分支，在20世纪80年代得到迅速发展，其特点是膜分离与催化反应过程相结合，打破反应的化学平衡限制，从而提高反应的转化率及产品的选择性，实现产物或催化剂的原位分离，被认为是影响化工与石油化工未来的重要研究领域[1,2]。在反应-膜分离耦合系统中，超细颗粒容易吸附在接触表面，如反应器内壁、管壁、泵内腔、膜表面等，造成催化剂有效浓度降低，反应性能下降，耦合系统运行不稳定，以致无法大规模、连续化生产。因此，研究超细颗粒的吸附行为对反应-膜分离耦合系统的稳定运行具有重要指导意义。

23.2.1 超细颗粒的吸附行为及抑制方法

反应料液中的颗粒与固体表面的接触包含了两个过程：第一，颗粒吸附到固体表面，该过程主要由颗粒与表面间的物理化学作用决定，它们决定了吸附的性质和强度，就物理化学作用而言，主要的因素有范德瓦耳斯力、静电作用和水合力等；第二，颗粒从表面的脱附，该过程主要是由于流体作用力会破坏固体与表面间的吸附作用，对于流体动力学作用，平行于壁面的剪切力等是主要因素。颗粒在固体表面的吸附量最终由这两个过程的平衡来决定，该两个过程主要与材料的性质和操作条件有关。

1. 材料性质对吸附的影响

1) 表面粗糙度

材料的表面粗糙度对吸附过程起着重要的作用。一方面，粗糙度对吸附可能具有促进作用，因为较大的粗糙度会增加颗粒与固体表面间的接触面积，同时可

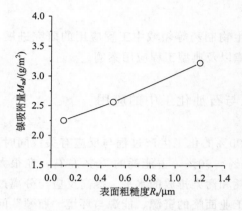

图 23.1　不锈钢表面粗糙度对
纳米镍吸附的影响

以产生一定的摩擦阻力，抑制颗粒从吸附表面的脱附。另一方面，粗糙表面可以在固体表面诱导产生非稳定流，非稳定流比稳定流更能抑制表面附近颗粒的沉积。图 23.1 显示，平均粒径为 60nm 的镍颗粒在不锈钢表面的吸附量（M_{ad}）随着表面粗糙度（R_a）的增加而增加。

图 23.2 显示，粗糙材料表面的峰高及峰与峰之间的距离（或谷深及谷与谷之间的距离）要比光滑材料表面大得多。颗粒在固体表面的吸附可以分为"峰吸附"和"谷吸附"（图 23.3），对于光滑表面，发生峰吸附的概率较大，而对于粗糙表面，发生谷吸附的概率较大，发生谷吸附的粒子就不容易离开表面。

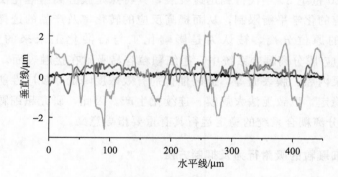

图 23.2　用表面轮廓仪沿垂直于打磨方向
描绘的不锈钢表面的一维轮廓曲线
黑色、灰色、浅灰色分别代表 R_a 为 0.1μm、0.5μm、1.2μm

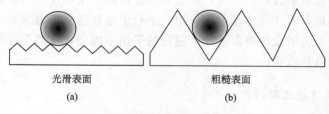

图 23.3　颗粒在固体表面的吸附类型
（a）峰吸附；（b）谷吸附

2）表面疏水性

颗粒从液相悬浮液中吸附到固体表面包含了"传递"和"吸附"两个过程：首先，颗粒从悬浮液中传递到固体表面附近；然后，颗粒突破吸附在固体表面的水分子层直接吸附到固体表面（图 23.4）。吸附的水层通常称为层流边界层，其在疏水表面通常比较薄弱，而在亲水表面比较厚实，这是由于亲水表面与水分子间具有较高的界面能。

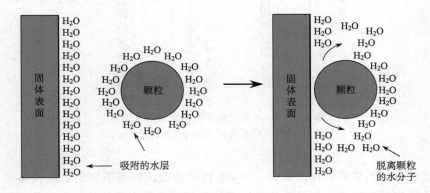

图 23.4　颗粒吸附到表面的过程

几种材料的疏水性对颗粒达到固体表面难易的影响如图 23.5 所示。对于疏水表面，颗粒需要消耗较少的能量去排开水层，使其比较容易达到与固体表面的距离在范德瓦耳斯力的作用范围内。三种材料的疏水性为玻璃＜不锈钢＜聚四氟乙烯，所以预测纳米镍在它们表面的吸附量顺序为玻璃＜不锈钢＜聚四氟乙烯。然而，图 23.6（a）显示在水性体系中，纳米镍在材料表面的吸附量以玻璃＜聚四氟乙烯＜不锈钢的顺序增加，与理论预测的存在差异。因此，除了范德瓦耳斯力，一定还有其他作用增强了纳米镍在不锈钢表面的吸附。

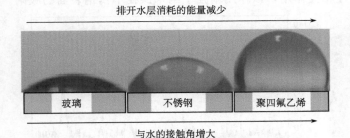

图 23.5　表面疏水性对吸附的影响

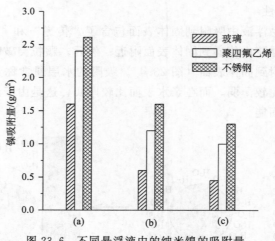

图 23.6　不同悬浮液中的纳米镍的吸附量

（a）水；（b）乙醇；（c）对硝基苯酚溶在乙醇中

这跟 304 不锈钢的性质有关。304 不锈钢是奥氏体型不锈钢，奥氏体型不锈钢是无磁或弱磁性的，而马氏体或铁素体型不锈钢是有磁性的。奥氏体型不锈钢若在冶炼时成分偏析或热处理不当，会生成少量马氏体或铁素体组织。另外，经过冷加工发生塑性形变后，奥氏体也容易向马氏体转变。冷加工变形度越大，马氏体转化越多，钢的磁性也越大。工业上同一批号的钢带，生产 F76 管，无明显磁感；生产 F9.5 管，因冷弯变形较大，磁感就明显一些；生产方矩形管，因变形量比圆管大，特别是折角部分，变形更激烈，磁性更明显。奥氏体型不锈钢中形成的马氏体相（α'）可以通过 XRD 测定出来。图 23.7 显示了实验所用的不锈钢片的 XRD 图谱。除了两个奥氏体相（γ）的峰外，还有一个马氏体相（α'）的峰。另外，纳米镍也是一种重要的磁性材料。所以，304 不锈钢与纳米镍之间存在一种磁性相互作用，该作用增强了纳米镍在不锈钢表面的吸附。

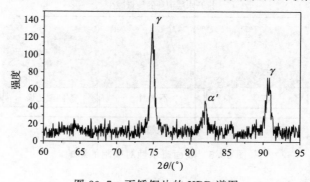

图 23.7　不锈钢片的 XRD 谱图

图 23.6（b）揭示了与图 23.6（a）相同的吸附顺序，但是在三种材料上的吸附量都小于图 23.6（a）的相应材料。这是因为乙醇与固体表面具有更高的作用强度（乙醇在各材料表面的接触角均远小于水在各材料表面的接触角），在材料表面形成了比水更坚实的吸附层，纳米镍排开这些吸附层需要耗费更多的能量。图 23.6（c）显示添加对硝基苯酚减少了材料对镍的吸附。因为纳米镍的高比表面积，对硝基苯酚会吸附到纳米镍的表面，并形成吸附层。在许多情况下，这些吸附层减弱了范德瓦耳斯力的作用。

2. 膜操作参数对吸附的影响

1）错流速度

在膜过滤过程中，错流速度对纳米镍在膜装置中的吸附影响如图 23.8 所示。纳米镍在装置（包括料槽、管道、膜等）内壁的吸附量随着错流速度的增加而降低。这是因为高的流速通常会在固体表面产生高的剪切速率，而使很多颗粒难以吸附。图 23.8 的两条曲线都是先急剧增加后趋于缓慢，这是因为在过滤初始，装置内壁没有吸附纳米镍，纳米镍在固体表面的吸附速率远大于脱附速率，然后随着表面吸附量的增加，脱附速率也渐渐增加，所以吸附速率与脱附速率趋于动态平衡。

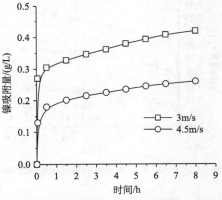

图 23.8　错流速度对纳米镍吸附量的影响

2）悬浮液浓度

如图 23.9 所示，镍吸附量随着镍浓度的增加开始迅速增加，然后趋于平缓，最后到达拟稳态。虽然高浓度增加了颗粒向表面的传递速率，但是受流体力学作用和颗粒从表面逆向传递平衡作用的影响，在接触面达到了拟稳态吸附平衡后，膜表面就会不再吸附镍颗粒。镍颗粒在膜表面的吸附导致了滤饼阻力的增加，因此，稳态通量随浓度变化也呈现了与吸附相反的变化趋势。

3）惰性颗粒对吸附的影响

布朗力和流体作用力被认为是主要的脱附推动力。悬浮液中的微米颗粒可以提供另外一种脱附作用。因为

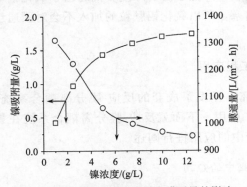

图 23.9　镍浓度对镍吸附量和膜通量的影响

流体作用，微米级的颗粒通常不容易沉积。大颗粒被认为可以通过对膜面形成冲刷效应而减少浓度边界层的生成，从而促进了沉积物向主体料液中的逆向扩散。

图 23.10 显示了氧化铝添加量对纳米镍吸附的影响。由图可以看出，在膜分离过程刚开始的几分钟内，镍的吸附量较大，随后，未加氧化铝颗粒的料液中，纳米镍的吸附量保持缓慢上升。加入氧化铝后，纳米镍吸附到达平衡的时间缩短，随着氧化铝量的增加，吸附量减少。当氧化铝与纳米镍的质量比达到 10：1时，纳米镍的吸附降到最低，再增加氧化铝，对吸附基本没有影响。这说明微米颗粒可以有效抑制纳米镍的吸附，但是并不能彻底消除吸附。在膜过滤过程中，氧化铝的主要作用是对固体表面形成冲刷作用，使吸附的颗粒脱附下来，另外，部分纳米颗粒也会吸附到微米颗粒表面，从而降低纳米镍在固体表面的吸附。

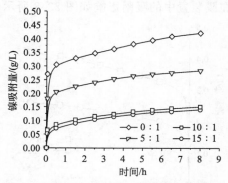

图 23.10　Al_2O_3 添加量对纳米镍吸附的影响

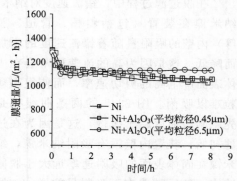

图 23.11　氧化铝惰性颗粒对膜通量的影响

图 23.11 为添加氧化铝颗粒对膜通量的影响，可以看出，氧化铝颗粒的引入，可以提高稳态通量，这主要是由于膜面料液的错流作用。大颗粒更不容易沉积，膜面滤饼仍以纳米镍颗粒为主，惰性颗粒的加入对滤饼结构改变不大，但是其冲刷作用可以使一些颗粒再次悬浮起来，降低了滤饼厚度。同时由于氧化铝平均粒径远大于膜孔径，不会造成孔内堵塞，所以氧化铝颗粒的加入不会对膜通量有负面影响。

23. 2. 2　反应-膜分离耦合系统的典型工程应用

基于超细颗粒吸附行为等基础研究，开发了成套的反应-膜分离耦合系统，并在典型化工和石化过程中进行了推广应用。下面就反应-膜分离耦合系统在氯碱工业和精细化工产品对氨基苯酚生产中的应用进行阐述。

1. 反应-膜分离耦合系统在氯碱工业中的应用

氯碱工业是将盐制成饱和盐水，在直流电作用下，电解生产得到烧碱和氯气。工业盐中含有大量的 Ca^{2+}、Mg^{2+}、SO_4^{2-} 等无机杂质，细菌、藻类残体等天然有机物以及泥沙等机械杂质，盐水精制的目的就是要将这些杂质彻底去除，避免这些杂质离子进入离子膜电解槽后，生成的金属氢氧化物在膜上形成沉积，造成膜性能下降，电流效率降低，严重破坏电解槽的正常生产，并大幅度缩短离子膜的寿命。

盐水精制的原理是加入精制剂，使原盐中的杂质离子生成沉淀物，然后采用物理方法进行分离。南京工业大学将陶瓷膜技术引入到盐水精制过程，开发出沉淀反应与无机膜分离耦合的盐水精制新技术[4]。此技术采用无机陶瓷非对称膜和高效的"错流"过滤方式，由两个简单的操作单元构成：单元 A 为溶盐（经配水后的淡盐水调整温度，于化盐桶中加入原盐饱和）；单元 B 为沉淀反应无机膜反应器。饱和粗盐水和精制剂（碳酸钠、氢氧化钠）同时进入沉淀膜反应器，在反应器中反应的饱和粗盐水通过无机膜过滤器过滤分离，清液即为过滤后的精制盐水，送离子膜电解，浓缩液回到反应桶继续反应或回到过滤器循环过滤，小部分浓缩液连续进入浓水池。该工艺的核心是沉淀膜反应器（图 23.12），该反应器实现了精制反应与膜过滤的耦合操作，省略了反应与分离之间的中间处理步骤，简化了工艺流程。

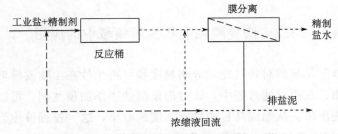

图 23.12　陶瓷膜反应器盐水精制新工艺

以建设 10 万 t/a 离子膜烧碱的盐水精制为例（不包括仪表电器费、工艺管线费及施工费、土建费等）进行经济分析，陶瓷膜反应器具有显著的经济优势，投资成本可节约 30%～40%。该技术于已在 10 多家化工公司投产运行，图 23.13 为 12 万 t/a 离子膜烧碱的盐水精制膜反应器照片。

图 23.13　12 万 t/a 离子膜烧碱的盐水精制膜反应器照片

2. 反应-膜分离耦合系统在对氨基苯酚生产中的应用

对氨基苯酚是一种重要的有机化工中间体[5-7]，在医药、染料等行业有着广泛的应用，对硝基苯酚催化加氢法制备对氨基苯酚具有无污染、工艺简单等优点，是一种值得发展的技术。但该工艺存在的催化回收困难、过程不连续的问题，限制了其产能的进一步提高。将陶瓷膜引入加氢工艺中，提出多釜串联的陶瓷膜连续反应器技术，使加氢反应实现连续化生产。通过膜反应器设计、膜过程的模型与实验研究以及催化剂吸附机理的研究，建立了 5000t/a 的陶瓷滤膜连续反应器，并在对氨基苯酚的生产中成功实施，大幅度提高单位体积反应器的生产能力，减低了单位产品的生产成本，有力提升了对氨基苯酚的市场竞争力。

由于反应连续进行，对氨基苯酚不断被移出反应体系，故仅需采用水为溶剂，移出产品。而以前的间歇反应过程由于单釜生产产品，需要用乙醇作为溶剂，后续过程需采用蒸馏回收乙醇，导致能耗高。同时由于反应与分离同时进行，系统运行稳定，而间歇过程，膜设备难以保持稳定运行，经常会出现闪蒸现象，导致膜管堵塞问题而停产。由于不采用乙醇溶剂，新工艺废水 COD 减排40％以上。

23.3　陶瓷膜在生物发酵领域中的应用

陶瓷膜以其优异的材料性能、分离精度和可再生性在生物发酵液领域中取得了成功的应用。在膜过滤过程中，通过向发酵液中添加顶洗剂，可以将其中小尺寸的物质顶洗出来，从而提高目的物的纯度或收率，这一过程被称为"洗滤"[8]。常见的应用有从发酵液中回收生化产品[9]、提高乳清蛋白产品中的乳糖蛋白[10,11]以及从马铃薯汁中回收蛋白等[12]。顶洗剂的用量对洗涤过程的经济性具有重要的影响。针对特定的体系，如何预测顶洗剂的用量对洗涤时间、成本以及工艺的设计是十分重要的。工业上，一般多采用连续洗涤的方式进行操作，建立可预测的陶瓷膜连续洗涤模型十分必要[13]。

23.3.1　连续洗涤预测模型

连续洗滤是将保留液浓缩至一定体积 V_d 后，开始流加顶洗剂，使流加速率与滤液渗出速率相同，保持保留液体积恒定，加入的顶洗剂总体积记为 V_w，称此为连续洗滤操作模式，这可以保持陶瓷膜洗涤工艺的连续性。随着滤液体积的增长，保留液中目的物的浓度逐渐降低，其在透过液中的收率不断升高。这里分别将浓度和收率与透过液体积间的即时关系描述为 C-V 和 ξ-V。

1. 连续洗滤过程中 C-V 关系

在连续洗滤操作模式下，顶洗阶段顶洗剂往保留液中的流加速率与透过液的渗出速率是相同的，保留液总体积保持不变。记流加到保留液中的顶洗剂总体积为 V_w，则保留液中目的物即时浓度 C 与透过液即时体积 V 具有定量关系。

在前浓缩阶段，存在质量平衡关系：

$$(V_0 - V)dC = -(1 - P)Cd(V_0 - V) \tag{23.1}$$

式中，V_0 为原料液的初始体积；P 为目的物的透过率。

对上式积分，可以得到前浓缩阶段的 C-V 即时关系式：

$$C = C_0 \left(\frac{V_0}{V_0 - V}\right)^{1-P} = C_0 \left(1 - \frac{V}{V_0}\right)^{P-1} \quad \left(0 \leqslant \frac{V}{V_0} \leqslant 1 - a\right) \tag{23.2}$$

式中，a 为浓缩比，其值为 $\dfrac{V_d}{V_0}$。

记顶洗阶段往保留液中流加的顶洗剂的即时累计体积为 V_w'，则其与其他体积间存在如下关系：

$$V_0 + V_w' - V_d = V \tag{23.3}$$

在顶洗阶段，稀释比 $b = V_w/V_d$（$b \geqslant 0$），目的物即时浓度 C 与 V_w' 存在如下微分关系：

$$V_d dC = -PCdV_w' \tag{23.4}$$

对上式进行积分，可以得到 C-V_w' 关系式：

$$C = C_0 \left(\frac{V_0}{V_d}\right)^{1-P} e^{-P\frac{V_w'}{V_d}} \tag{23.5}$$

将式（23.3）和 a 值代入式（23.5），得到保留液中目的物浓度 C 与累计滤液体积 V 的即时关系为

$$C = C_0 a^{P-1} e^{-P\frac{a+(V/V_0-1)}{a}} \quad \left(1 - a \leqslant \frac{V}{V_0} \leqslant 1 - a + ab\right) \tag{23.6}$$

在后浓缩阶段，如果料液体积被从 V_d 浓缩到 V_e，那么后浓缩比 c 定义为 $c = V_e/V_d$（$0 < c \leqslant 1$）。C-V 关系可由下式进行计算：

$$\begin{aligned}
C &= \left[C_0 a^{-(1-P)} e^{-Pb}\right] \left\{\frac{V_d}{V_d - [V - (V_0 + V_w - V_d)]}\right\}^{1-P} \\
&= \left[C_0 a^{-(1-P)} e^{-Pb}\right] \left(\frac{V_d}{V_0 + V_w - V}\right)^{1-P}
\end{aligned} \tag{23.7}$$

根据 a，b 和 c 的定义，上式又可写为

$$C = C_0 e^{-Pb} \left(ab - \frac{V}{V_0} + 1\right)^{P-1} \quad \left(1 + ab - a \leqslant \frac{V}{V_0} \leqslant 1 + ab - ac\right) \tag{23.8}$$

在连续洗滤操作模式下，三阶段的 C-V 即时关系可以用一个分段函数来表

示，如式（23.9）所示，这个分段函数由式（23.2）、式（23.6）和式（23.8）组成，三个子式分布代表了三个操作阶段。

$$
\begin{cases}
C = C_0\left(1 - \dfrac{V}{V_0}\right)^{P-1} & \left(0 \leqslant \dfrac{V}{V_0} \leqslant 1-a\right) \\[2mm]
C = C_0 a^{P-1} e^{-P^{\frac{a+(V/V_0-1)}{a}}} & \left(1-a \leqslant \dfrac{V}{V_0} \leqslant 1-a+ab\right) \\[2mm]
C = C_0 e^{-Pb}\left(1 + ab - \dfrac{V}{V_0}\right)^{P-1} & \left(1+ab-a \leqslant \dfrac{V}{V_0} \leqslant 1+ab-ac\right)
\end{cases}
\tag{23.9}
$$

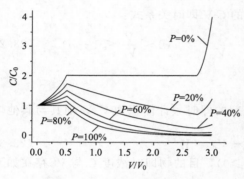

图 23.14　不同透过率时 CFD
操作模式下的 C-V 关系

在不同目的物的透过率情况下，C-V 的关系曲线（$a=0.5$，$b=4.5$ 和 $c=0.5$）如图 23.14 所示。随着透过率的提高，目的物在保留液中的浓度依次降低，但由于膜对目的物的截留作用，在前浓缩阶段和后浓缩阶段，目的物浓度随着过滤的进行而升高；而在洗滤阶段，由于保留液总体积保持不变，顶洗剂内目的物浓度为 0，随着顶洗剂的加入，目的物的浓度逐渐降低。

当洗滤过程结束后，有 $V_0 + V_w - V = V_e$，则据式（23.8）可得到保留液中目的物的最终浓度与各控制参数间的关系如下：

$$
C = \left[C_0 a^{P-1} e^{-Pb}\right]\left(\frac{V_d}{V_e}\right)^{1-P} = C_0 (ac)^{P-1} e^{-Pb}
\tag{23.10}
$$

2. 连续洗滤过程中的 ξ-V 关系

在连续洗滤过程中，目的物收率 ξ 与透过液体积 V 的即时关系可以由 C-V 关系推导得到，结果如分段函数式（23.11）所示。式中的三个子式分别对应了洗滤过程的前浓缩、顶洗和后浓缩三个阶段。

$$
\begin{cases}
\xi = 1 - \left(1 - \dfrac{V}{V_0}\right)^{P} & \left(0 \leqslant \dfrac{V}{V_0} \leqslant 1-a\right) \\[2mm]
\xi = 1 - \left[a e^{-\frac{a+(V/V_0-1)}{a}}\right]^{P} & \left(1-a \leqslant \dfrac{V}{V_0} \leqslant 1+ab-a\right) \\[2mm]
\xi = 1 - \left[e^{-b}\left(ab - \dfrac{V}{V_0} + 1\right)\right]^{P} & \left(1+ab-a \leqslant \dfrac{V}{V_0} \leqslant 1+ab-ac\right)
\end{cases}
\tag{23.11}
$$

据式（23.11），在不同目的物的透过率情况下，ξ-V 的关系曲线（$a=0.5$，

$b=4.5$ 和 $c=0.5$）如图 23.15 所示。随着过滤的进行，目的物的收率不断提高，并且目的物的膜透过率越高，相同滤液体积条件下的收率也就越高。当膜对目的物的透过率为 0 时，其收率也为 0，不随滤液体积的增大而增加。

当洗滤过程结束后，据式（23.11）可以得到目的物总收率与各控制参数间的关系为

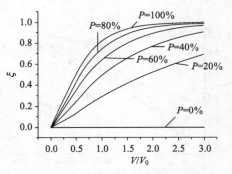

图 23.15 不同透过率时 CFD 操作模式下的 ξ-V 关系

$$\xi = 1 - (ac\, e^{-b})^P \quad (23.12)$$

一般控制膜过滤过程收率的目的有两种：一是在滤液体积一定的情况下尽量提高收率；另一个是在保证收率一定的情况下尽量减少滤液体积。两个控制目的对应操作过程分别为恒体积增长率过滤过程和恒收率过滤过程。

采用连续洗滤操作模式，当 $P=1$，$b=1$，$c=1$ 时，$K=0$，总收率 $\xi=1-ae^{-1}$；当 $K=1$ 时，$ac=1$，总收率 $\xi=0$。在恒体积增长率过滤过程中，不妨取后浓缩比 $c=1$，设定不同的体积增长率 K，K 的表达式如下：

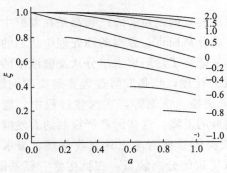

图 23.16 不同体积增长率时 CFD 操作模式下的 ξ-a 关系

$$K = \frac{V_t - V_0}{V_0} = \frac{V_t}{V_0} - 1 \quad (23.13)$$

式中，V_t 为总的滤液体积；V_0 为原料液的初始体积。

据式（23.11）和式（23.13）可以得到总收率和前浓缩比 a 的关系曲线，见图 23.16。当 $K<0$ 时，$a\in[-K, 1]$。由图 23.16 可见，在相同前浓缩比情况下，总收率是随着体积增长率的增加而增加的。

23.3.2 模型计算的工业化应用

采用陶瓷膜设备分离头孢菌素 C（cephalosporin C，CPC）发酵液，以获得头孢菌素 C。过滤 200L 头孢菌素 C 发酵液，顶洗剂为 pH 2.5 的去离子水，控制 $K=1$，$ac=0.4$。采用连续洗滤操作模式，分别在 $a=0.5$，$a=0.8$，$a=1$ 条件下进行实验；采用 IFD 操作模式在 $a=1$，$n=7$ 条件下进行实验。图 23.17 给出了计算结果与实测结果的比较。在不同操作条件下，计算值与实验结果在整个实验过程中都是一致的。由此可见，该洗水模型具有一定的普适性。

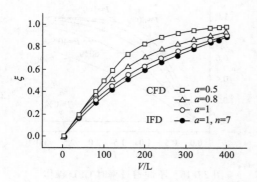

图 23.17　洗滤过程中的 ξ-V 关系

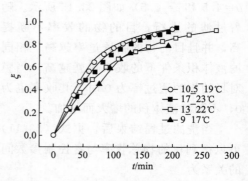

图 23.18　温度对 CPC 收率的影响

操作温度对膜通量的影响很大，温度的变化对洗水效果的影响如图 23.18 所示。一般希望在洗滤过程中控制较高的温度，但是由于 CPC 应保存在 0～5℃ 以避免降解。实测温度对 CPC 过程收率的影响与计算结果较为一致，可确定洗滤过程中控制温度为 15℃。

23.3.3　典型发酵体系的陶瓷膜应用过程研究

微生物发酵在生物医药行业中具有举足轻重的地位，终产物都是在发酵中形成的。但发酵过程中存在许多制约因素，就分离而言，原料的预处理中蛋白的去除，发酵中微生物代谢产物的及时分离，发酵终了后所要求组分从发酵液中的分离、其他组分的回收利用，以及发酵废液的处理，都是发酵过程要解决的问题。传统的分离技术主要采用多效蒸发、离子交换、蒸馏等，在这些过程中，能耗大，设备投资高，且引起产品的流失及质量的下降，这些因素严重制约着发酵行业的进一步发展。将陶瓷膜应用于发酵液类体系澄清净化具有收率高、废水量少、运行稳定等优点，成为生物制药领域优选的分离装备，在抗生素、氨基酸、维生素等生产过程中得以广泛应用。下面主要就具有代表性的发酵液体系头孢菌素 C、肌苷体系做一介绍。

1. 抗生素——头孢菌素 C

头孢菌素 C 是继青霉素后在自然界发现的又一类 β-内酰胺抗生素，已成为目前世界上销售额最大的抗生素之一。头孢菌素类抗生素属高档抗生素，价格高，迫切需要高效分离技术降低生产成本，提高产品收率。

1）CPC 提纯工艺

在早期的 CPC 发酵液过滤工艺（图 23.19）中，一般使用板框和真空转鼓得到富含 CPC 的滤液，但由于存在滤液质量差、收率不稳定、环境污染等问题，目前已逐渐被膜过滤工艺所取代。20 世纪 80 年代初，Millipore 公司应用膜滤技术进行从发酵液中提取和精制 CPC 的实验研究，此后，Pall 公司和 Merck 公司也分别进行了有关的实验和工业化应用研究，但相关的研究报道却很少。一般来说，影响膜过滤过程的因素有操作条件、料液状况、设备及流程等，这些因素影响的综合结果体现在膜通量和目的物收率两个方面。有研究者采用平板式超滤膜直接过滤 CPC 发酵液，考察了其对蛋白质的截留效果，但研究内容主要还是围绕着该设备在工业上应用的可行性展开的。

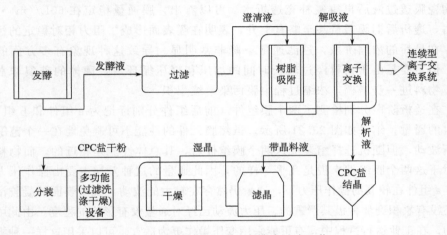

图 23.19　早期的 CPC 发酵液过滤工艺

2）CPC 发酵液的陶瓷膜过滤过程研究

有多种原因使得 CPC 发酵液的过滤澄清工艺成为影响 CPC 收率的主要因素之一。第一，在 CPC 发酵过程的后期，菌丝老化断裂，形成单细胞节孢子，致使料液黏稠，黏度数值大于 70mPa·s，且经过陶瓷膜浓缩过滤后的酸化液黏度增加快，流动性极差。第二，随着新型菌种的研制成功，在不断提高发酵液中 CPC 效价的同时，菌丝含量也在不断上升。现在一般湿菌含量达到 50% 左右，随着发酵技术的进步，湿菌含量在增加。第三，CPC 属于不稳定中间体，随着时间的延长而发生降解，要求处理时间尽可能短。第四，温度增加会促进 CPC 的降解，为此一般将体系温度控制在 15℃ 以下，最好低于 10℃。由于上述多种原因，CPC 发酵液的陶瓷膜法分离和纯化工艺具有非常重要的意义。

陶瓷膜对 CPC 酸化液的过滤通量变化趋势如图 23.20 所示。总共加入 CPC 酸化液 350L，其中有一部分酸化液在初步浓缩后补加到储罐中，以维持较高的液位。CPC 酸化液的起始过滤通量较高，但很快下降。在经过约 60min 后，通量降落到 80L/（m²·h）左右，经过超过 120min 的循环，通量下降到 70L/（m²·h）。

这时过滤阻力基本形成，进入到一个平缓的阶段。在浓缩过程中，过滤通量下降幅度较大，中间可能由于向储罐补充了少量的 CPC 酸化液原液而影响了通量的变化。浓缩过程进行了约 60min，酸化液浓缩了约 1.8 倍，过滤通量下降到 50L/(m^2·h)。这种通量下降现象固然与物料湿菌含量高有很大的关系，可能与物料混合不够完全也有关系。浓缩后物料黏度大幅上升，以致采用乌氏黏度计已经不能完成测试程序。在储罐中的物料因此混合严重不均，必须专门对储罐物料加以搅拌。在透析阶段，向储罐加入一定体积酸化水后充分混合，收集等量体积的陶瓷膜透过液后再重复补充透析水。可以看出，膜通量稳定在 60L/(m^2·h)左右，透析后期膜通量甚至略有上升，表明在膜表面形成了阻力相对稳定的污染层。在最后的浓缩阶段，过滤通量下降非常明显。导致这种现象有多方面的原因，但主要是由于物料经过较长时间的加压和释压循环后，菌体的破裂非常严重，物料进一步增稠，浓缩过程中膜污染继续累积。

在透析阶段分别检测了两个膜组件（前后组件分别标记为 a 组件和 b 组件）各自的通量，结果如图 23.21 所示。虽然膜元件的性能不可避免地在一个范围内有所波动，但随机选择组装成这两个膜组件后，其总体性能是相近的，而物料条件对于这两个膜组件来说是几乎一样的，因此通量的这种差异主要由操作压力引起。a 组件在较高的操作压力下，通量仍然存在较大的波动，说明膜面的凝胶污染层还没有累积到那种极其严重的、压力波动已经对通量没有影响的程度。由此可以认为，在工业运行过程中，有可能采用变压操作更为适宜。可以采用这样一种模式来优化工业运行：将浓缩与透析过程相结合，在适宜的操作压力下浓缩 CPC 酸化液，当通量降低到某种程度或者操作压力上升到一定程度后，自动补充酸化水，以达到提高浓缩倍数、减少补水量、提高过滤通量的目的。

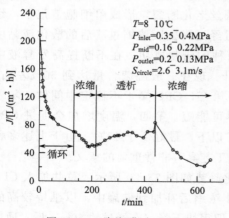

图 23.20　陶瓷膜对 CPC
酸化液的过滤通量

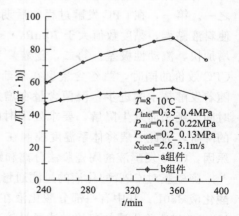

图 23.21　单个膜组件的 CPC
酸化液过滤通量

　　过滤过程的另一个重要指标是CPC 的收率。在陶瓷膜浓缩过滤初期和结束时，同时取样分析了酸化液和过滤液中 CPC 的含量，发现在开始阶段和结束阶段，CPC 的透过率（定义为渗透液和相应酸化液母液中 CPC 浓度的比值）分别大于 96% 和 92%。由于 CPC 受到包裹作用，透过液和酸化液母液中 CPC 含量有一些差别。这种包裹作用可能存在于酸化液复杂的体系中，也可能归因于膜面污染层所起

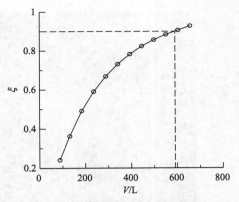

图 23.22　CPC 收率与透过液体积的关系

的二次膜层效应。图 23.22 给出了过滤过程中 CPC 收率随透过液体积的上升情况。其中 CPC 总效价计算为酸化液原液的总效价，透过液的 CPC 效价为所收集各批透过液效价的总和。可以看出，当透过液体积达到 600L 时，CPC 收率达到 90%，这时加入酸化水约 440L，相当于酸化液原液的 1.26 倍。

　　有文献报道过硅藻土过滤 CPC 发酵液的收率以及顶洗水量的研究结果，其中顶洗水量大约为发酵液量的 20%，而收率也可达到 90%，透过液透光率可达 95%，过滤通量也接近 $50L/(m^2 \cdot h)$。从这三项指标来看，除了透光率较明显地小于陶瓷膜透过液的透过率（97%）外，过滤通量也略低，但是顶洗水的消耗量明显较小。这仅是初步的比较，因为硅藻土的过滤时间大约在 2h，尚没有运行更长的时间，以模拟工业运行条件。

　　目前，板框过滤仅在极少数的 CPC 生产中使用，绝大多数已经改为采用膜分离方法。通过上述比较，可以看出陶瓷膜的优势在于透过液具有更高的澄清度，实际上对蛋白等具有更好的截留效果，使得后续工艺中的大孔吸附树脂使用效率得到提升，使用寿命得到延长。

　　3）工业装置

　　建立的洗滤模型已成功应用于多项 CPC 发酵液膜过滤项目。其中一个项目设计处理能力为 $100m^3/12h$，设备的陶瓷超滤膜总面积为 $512m^2$。该项目使用连续洗滤工艺，陶瓷膜超滤设备由 8 个循环组组成，组与组之间并联。每组膜设备配循环泵一台，保留液在组内以内循环方式传输，以降低系统的操作能耗。设备选用 37 芯膜组件，装填 50nm 膜孔径 4mm 通道直径的 19 通道陶瓷膜管。该项目首次使用国产膜处理 CPC 发酵液，图 23.23 为相应装置的现场照片。这一项目的成功实施，标志着国产陶瓷膜的应用技术已经具备与国外膜公司竞争的能力，同时这也为我国抗生素产业带来了新的发展和竞争格局。

图 23.23　CPC 发酵液陶瓷膜过滤设备（多组并联）

2. 氨基酸——肌苷

肌苷（inosine）是我国产量较大的核酸类产品，是一种重要的医药和合成其他药物的原料。在医药工业中，肌苷可加工成注射液、口服液或片剂。肌苷发酵液中主要含有肌苷、色素、无机盐、残糖、菌体和副产物蛋白、嘌呤碱、嘌呤核苷等，然后通过分离、提取和精制得到肌苷的精品。近年来，肌苷发酵液产率不断提高，由过去的 6～10g/L 提高到 30～40g/L，但对肌苷提取工艺的研究相对较少，使提取工艺落后于发酵工艺，出现了丰产不丰收的局面，因而有必要进一步提高提取工艺水平，缩短同国外的差距。

发酵液组成较为复杂，相应的分离、提取方法也相对较多，主要有结晶法、萃取法、电渗析-离子交换法、膜分离法、吸附分离法等，这些方法在肌苷分离提纯的不同工艺阶段得到应用。在肌苷生产中使用膜分离技术，主要是除去发酵液中菌体和大分子胶体等，节约能耗，节省发酵液直接上离子交换柱须消耗的大量再生酸碱，提高产品收率，对提高产品质量和保护环境都有着重要意义。在工业生产中，一方面要求分离膜要有大的通量；另一方面，要有较高的收率，在过滤过程中尽量避免肌苷的降解。但这两方面往往相互制约，因此，有针对性地开展实验研究，成为优化膜过滤工艺的基础。

在肌苷的传统提取工艺中，主要有离子交换、活性炭吸附、过滤、浓缩和结晶等步骤，其工艺流程图如图 23.24 所示。该工艺的主要缺点是：肌苷只有被吸附并洗脱后，才能被提取，未被吸附的肌苷将流失，所以离子交换柱和炭柱用量大，成本高，再生过程中所用的酸碱用量大，再生后的废酸、废碱和离交换柱、炭柱中的菌体和胶体等杂质得不到有效的处理而直接排放，将引起环境严重污染。随着工业污水排放标准的日趋严格，传统工艺将面临革新的问题。

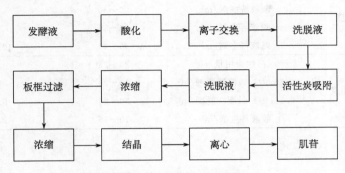

图 23.24 肌苷传统工艺流程图

新工艺采用陶瓷膜技术，如图 23.25 所示。将传统工艺、新工艺就离子交换和活性炭吸附这一工序作比较，其结果如表 23.1（按处理 100m³ 发酵液，肌苷含量为 30g/L 计算）所示。由此可得，新工艺与传统工艺相比，无论吸附剂用量，还是再生或洗脱过程中的酸碱用量，都大幅度下降。采用陶瓷膜分离设备后，肌苷收率从 85％提高到 90％以上；减少再生液、洗脱液用量，废水排放减少 2/3，回收了菌体蛋白，废水 COD 降低 60％。因此，取得了显著的经济和社会效益[14]。

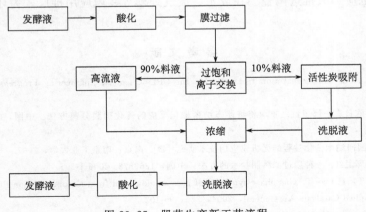

图 23.25 肌苷生产新工艺流程

表 23.1　肌苷生产新旧工艺消耗比较

项目		传统工艺	新工艺
732[#] 树脂	树脂用量/t	20～30	5～10
	酸液洗脱剂/m³	20～30	5.5～10
	酸液再生剂/m³	25～35	7.5～10
	碱液再生剂/m³	35～45	10.5～12
769[#] 活性炭	活性炭用量/t	20～25	5～8
	0.5mol/L 碱液洗脱剂/m³	10～20	4～6
	0.1mol/L 碱液洗脱剂/m³	20～25	5.5～8
	酸液再生剂/m³	10～15	2.4～3

23.4　结　束　语

　　陶瓷膜分离技术由于其优异的材料性能和高效的分离性能、简便的操作方式和低运行成本，成为取代传统的离心和板框过滤的高效固-液分离技术，然而陶瓷膜分离技术的推广应用面尚显不足，应以流程综合与技术集成为重点，在已有的工作基础上，开发大型化装置和集成化成套装备与技术，全面提升我国生物分离领域膜技术的应用范围和技术水平，为生物分离领域的节能减排做出贡献；应进一步突破反应膜分离耦合的关键技术，实现反应膜分离耦合技术在重要石油化工过程中大规模应用，提升我国陶瓷膜及其耦合装置的技术水平与装置成套化能力；同时也应加大推进陶瓷膜在废水、废气处理等领域应用推广，为环境治理做贡献。

参 考 文 献

[1] Michales A S. New separation technique for the CPI. Chemical Engineering Progress, 1968, 64: 31-43.

[2] 徐南平，陈日志，邢卫红. 非均相悬浮态纳米催化反应的催化剂膜分离方法：中国，02137865. 7. 2003-2-5.

[3] 仲兆祥. 面向纳米催化过程的无机膜应用技术研究 [D]. 南京：南京工业大学，2007.

[4] 徐南平，邢卫红. 一种膜过滤精制盐水的方法：中国，1868878. 2006-1-29.

[5] Komatsu T, Hirose T. Gas phase synthesis of para-aminophenol from nitrobenzene on Pt/zeolite catalysts. Applied Catalysis A: General, 2004, 276: 95-102.

[6] Wang A L, Yin H B, Lu H H, et al. Effect of organic modifiers on the structure of nickel nanoparticles and catalytic activity in the hydrogenation of p-nitrophenol to p-aminopheno. Langmuir, 2009, 25: 12736-12741.

[7] Saha S, Pal A, Kundu S, et al. Photochemical green synthesis of calcium-alginate-stabilized Ag and Au nanoparticles and their catalytic application to 4-nitrophenol reduction. Langmuir, 2010, 26: 2885-

2893.

[8] Scott K，Hughes R. Industrial membrane separation technology. London：Blackie Academic & Professional，1996.

[9] Zhang G J，Liu Z Z，Zhao L，et al. Recovery of glutamic acid from ultrafiltration concentrate using diafiltration with isoelectric supernatants. Desalination，2003，154：17-26.

[10] Barba D，Beolchini F，Veglio F. Water saving in a two stage diafiltration for the production of whey protein concentrates. Desalination，1998，119：187-188.

[11] Muller A，Daufin G，Chaufer B. Ultrafiltration modes of operation for the separation of α-lactalbumin from acid casein whey. Journal of Membrane and Science，1999，153：9-21.

[12] Zwijnenberg H J，Kemperman A J B，Boerrigter M E，et al. Native protein recovery from potato fruit juice by ultrafiltration. Desalination，2002，144：331-334.

[13] 王龙耀，邢卫红，杨刚，等. 头孢菌素 C 发酵液膜过滤过程中收率的估算与控制. 化工学报，2006，57（7）：1632-1636.

[14] 曾坚贤. 工业化陶瓷膜的表征及在肌苷生产中的应用 [D]. 南京：南京工业大学，2002.

24 重油梯级分离过程——从概念到工业试验

24.1 引 言

重油是由相对分子质量较大、种类众多的化合物所组成的复杂混合物，其组成和结构具有复杂性和多层次性，既有各种烃类分子与非烃类分子（含硫、含氮、含氧化合物及金属有机化合物），又有超分子层次的分子聚集体——胶状和沥青状的胶粒结构，每一层次上又存在着分子结构的多尺度性和多分散性，特别是非烃化合物和超分子聚集体对重油的高效转化和优化利用有极其重要的影响。

粗略地讲，可以将重油分成两部分：能够被转化为汽油、柴油等车用轻质燃料和乙烯、丙烯等化工原料等目标产品的"可转化"部分（指在常用的反应条件下能够被转化为所需目标产品的重油分子）以及采用现有加工手段"不可转化"的残渣部分（指难以或根本不能被转化为目标产品的重油分子）。残渣部分不仅不能被有效地转化为目标产品，而且对加工过程有着极其恶劣的影响，必须采用适当的预处理手段将其脱除或改善其性质。"不可转化"的残渣部分除可作为低价值的燃料油直接燃烧外，也可用于气化造气和其他高附加值用途（如制备炭材料和催化材料合成的模板剂，但用量极小）。

目前已经工业化的重油处理技术主要有焦化、溶剂脱沥青和加氢处理三种，已经工业化的催化转化核心技术则是重油催化裂化，这四种加工技术对不同性质重油的适应性如表 24.1 所示。

表 24.1   几种典型重油加工技术对不同性质重油的适应性

原料性质				深加工工艺			
加工难度	(Ni+V)/ (μg/g)	CCR/%	S/%	催化裂化	固定床加氢	焦化	溶剂脱沥青
易	<25	<10	<0.5	√			
中等	<150	<15		×	√		
难	>150	>15		×	×	√	√

注：CCR 表示康氏残炭（Conradson carbon residue），通常也简称为残炭。

根据预处理过程的不同，可以将目前世界上已有的重油加工过程大致分为以焦化为先导的方案（a）、以加氢处理为先导的方案（b）和以溶剂脱沥青为先导的方案（c）等三种加工流程[1]，这三种方案的原则流程如图 24.1 所示。

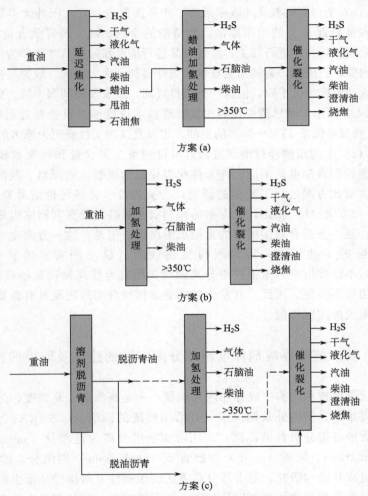

图 24.1　基于不同预处理技术的重油加工组合工艺

在上述三种方案中，方案（a）中的焦化过程不仅是最彻底的脱残炭过程，而且还可脱除绝大部分重金属，除生成一部分汽油和柴油外，还可得到相当数量的蜡油作为催化裂化或加氢裂化的原料，是唯一能够直接加工劣质重油并适当加以转化的重油轻质化技术。但焦化过程存在以下问题：①把重油的 20％～40％转化成低价值的焦炭，不仅影响到炼厂的总体经济效益，也不符合我国轻质车用燃料十分缺乏的国情，且随着含硫和高硫原油加工量的增加，如何处理和利用高硫石油焦已成为是否选用焦化工艺的关键问题；②焦化所得到的蜡油必须经过加氢处理才能作为催化裂化的原料，需要配套投资高昂的加氢处理过程；③焦化得到的汽油、柴油质量较差，必须经过进一步的加氢精制才能成为合格产品。

　　方案（b）所得到的轻质油收率最高，产品质量也最好。国外大多数原油，尤其是储量占世界近 60% 的中东原油，其渣油的金属、硫、沥青质含量普遍较高，不能直接采用催化裂化进行加工，需要对其进行加氢预处理后才能作为催化裂化或加氢裂化的原料。因此，重油加氢技术在国外得到了大力发展，成为与催化裂化并驾齐驱的重油深度加工手段，但这一方案投资高，造成投资利润率低。更为重要的是，如表 24.1 所示，现已商业化的加氢处理技术仅能加工重金属含量低于 150～200μg/g、残炭量低于 15%～20% 的重油，难以直接加工性质更为恶劣的重油。

　　方案（c）中的重油经过溶剂脱沥青可得到重金属含量和残炭量较低的脱沥青油，根据脱沥青深度的不同可作为催化裂化或加氢裂化的原料。我国石油加工科技工作者对此方案进行了较多的研究，有关的技术经济评价结果表明[2-4]，与方案（a）和方案（b）相比，此方案的净利润率最高，投资利润率也最高，经济效益最优，是一条适合我国国情的重油加工路线。但是，这一方案迄今为止并未能得到实际的工业实施，因为所得重油残渣（脱油沥青）的软化点极高（＞150℃），不仅使溶剂与重油残渣分离困难，而且也使高黏稠重油残渣的释放、储存和利用极不方便。因此，开发全新的重油梯级分离过程既具有重要的理论意义，也有重大的实际价值。

24.2　重油超临界溶剂深度精细分离方法的建立及取得的新认识

　　重油化学组成和结构研究存在两大难题：一是高沸点、高黏度、热不稳定等带来的分离难题。国内外长期以来一直沿用传统的四组分（SARA）分离方法，即根据重质油各组分极性的不同，采用液相色谱分离为饱和分（saturates）、芳香分（aromatics）、胶质（resin）和沥青质（asphaltene）四组分，然后进行各种性质、组成和结构研究，但上述分离方法的粗糙性及所得样品量少的缺陷，已无法满足对重质油精细加工利用及其深入认识的需求。二是多层次复杂分子结构带来的分析表征难题。国内外普遍的研究方法是以 ^{1}H NMR 分析数据推测计算重质油或其组分的平均结构，远不能反映重质油的实际结构特征。针对上述困扰重质油化学研究的难题，本实验室从以下几个方面开展了系统的研究工作，不断取得新的认识，并指导新应用。

24.2.1　超临界流体萃取分馏分离体系及条件优化

　　利用超临界流体萃取原理，开发出一种以超临界轻烃为溶剂，在较低温度下

将石油渣油大致按相对分子质量大小切割成十几个窄馏分的超临界流体萃取分馏
（SFEF）技术，设计制造了分离装置，建立了统一的实验方法，应用于重油的非
破坏性精细分离。超临界流体萃取分馏装置的原则流程见图 24.2。

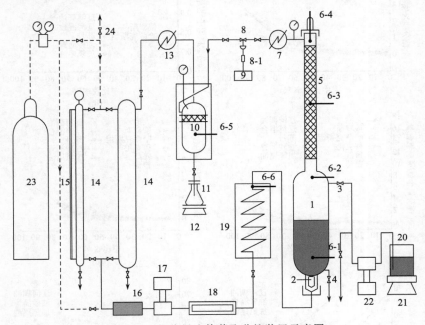

图 24.2　超临界流体萃取分馏装置示意图

1. 萃取釜；2. 单向流分布器；3. 原料入口阀；4. 残渣放样阀；5. 填料床层；6. 铂电阻
温度计；7. 冷却器；8. 压力控制阀；9. 计算机系统；10. 溶剂分离器；11. 样品接收瓶；
12. 电子秤；13. 冷却器；14. 溶剂罐；15. 液位计；16. 过滤器；17. 溶剂泵；18. 流量计；
19. 溶剂预热器；20. 原料罐；21. 电子秤；22. 原料泵；23. 氮气瓶；24. 放空阀

　　以大庆、大港、胜利、孤岛、华北减渣等数种减渣为原料，以 C_3、C_4、C_5
为溶剂的超临界溶剂萃取分馏研究，考察了溶剂对分离选择性（主要考察重金
属、残炭和四组分组成）和收率的影响，研究了溶剂流量、分离温度及分离柱温
度梯度对分离选择性和收率的影响。综合比较，确定了以 C_5 为主溶剂的重油非
破坏性超临界萃取分馏方法，并确定了优化的分离体系与操作条件。

　　该方法解决了重质油分离的如下难题：

　　（1）重油的深度切割分离问题。根据不同原料性质，采用 C_3～C_5 轻烃溶
剂，萃取收率 70%～95%。

　　（2）重质油分解问题。操作温度<250℃，避免重油的高温分解。

　　（3）分离精度问题。利用反常冷凝原理特殊设计的萃取分馏塔，具有回流作
用，计算机控制线性升压，逐步提高溶解能力，在提高收率的同时增强选择性。

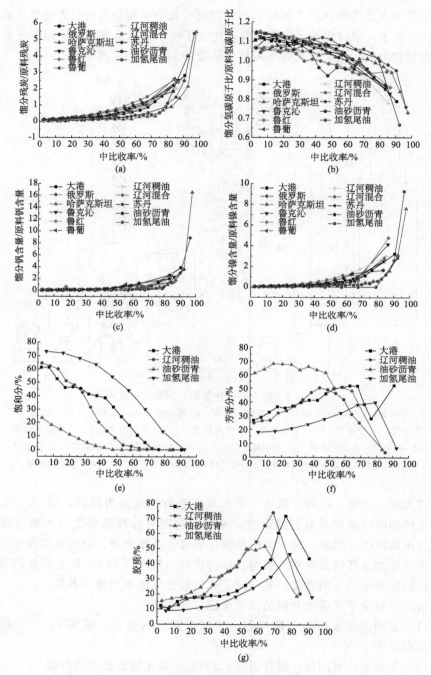

图 24.3　萃取分馏馏分性质组成-中比收率关系

（a）残炭；（b）氢碳原子比；（c）钒含量；（d）镍含量；（e）饱和分；（f）芳香分；（g）胶质

24.2.2 重质油性质组成的深入认识

对国内外有代表性的 10 余种重油，包括常规石油渣油、重质原油渣油、加拿大油砂沥青、悬浮床加氢裂化尾油进行了超临界深度精密分离，获得了重油性质组成结构的系统深入认识[5]。

尽管不同来源的重质油性质组成不同，但经过超临界萃取分离后，获得的超临界组分的性质组成呈现规律性变化，如萃取馏分的相对分子质量、密度、折光率、残炭、硫、氮及金属含量呈递增规律；黏度符合指数递增规律及对数加和律；重油的四组分变化呈现相近的规律：饱和分含量下降，胶质符合递增规律，芳香分含量有极值，萃取馏分基本不含沥青质，萃余残渣富集了残炭、金属、沥青质，并对重油黏度有巨大贡献。其性质组成的变化规律见图 24.3（a）～（g）。

24.2.3 超临界梯级分离脱残渣的潜力预测

利用超临界萃取分馏的结果可以对超临界梯级分离脱残渣的潜力进行预测，图 24.4 给出了大港减渣、加拿大油砂沥青减压渣油（VTB）C_5 萃取分馏脱沥青油中杂质相对含量与其累计收率的关系。杂质相对含量是脱沥青油中杂质的累计含量与原料中杂质含量的比值，用杂质相对含量可以直观表示萃取分馏的分离效果及选择性。由图可知，脱沥青油中的硫、氮的相对含量最大，当脱沥青油累积收率超过 70% 时，VTB 脱沥青油中硫的相对含量都在 60.0% 以上，大港减渣脱沥青油中硫的相对含量更高达 70.0% 以上。这表明由于硫、氮在渣油中的分布比较均匀，超临界戊烷萃取分馏对硫、氮的脱除效果不好。相对于对硫、氮的脱除效果，萃取分馏对残炭和金属镍的脱除效果要好得多。大港减渣脱沥青油累积收率在 78.5% 时，其镍、残炭相对含量分别为 29.3% 和 36.3%；VTB 脱沥青油累积收率在 66.7% 时，脱沥青油中镍、残炭相对含量为 25.0% 和 33.0%。

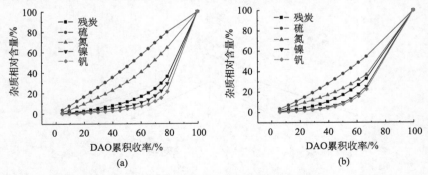

图 24.4 脱沥青油（DAO）的杂质相对含量与累积收率的关系

(a) 大港减渣；(b) VTB

24.2.4　获得了重油多层次化学结构的深入认识

以超临界精细分离为基础，结合 NMR 分析，确定了重质油窄馏分（及其 SARA 四组分）和萃余残渣（沥青质及其亚组分）的化学结构，获得了重要结构参数，如芳碳率和分子中平均芳环数等的变化规律。采用钌离子选择性催化氧化（RICO）法验证并深化了对重质油的结构认识，获得了芳环系烷基侧链分布、桥接芳碳烷基链的分布情况及不同芳羧酸所蕴含的芳香环系结构信息，表明超临界萃取馏分与萃余残渣的结构有显著差别，萃余残渣确系以稠环芳烃结构为主的结构特征，与性质变化规律相一致，并由此发现了重质油轻质化的潜力，即重质油分子的侧链结构的转移及裂化、重质油桥链的选择性断裂可进一步提高重油的转化效率；采用 XPS 以及高温裂解色谱结合高选择性检测器 PFPD，对重质油中的硫化物结构类型进行了深入的研究，获得了不同重质油及超临界窄馏分中硫化合物的类型（硫醚、噻吩类及亚砜类）分布规律，及其裂解产物 H_2S、噻吩类、苯并噻吩（BT）类和二苯并噻吩（DBT）类化合物组成分布规律及差异，说明随重油及其窄馏分变重，噻吩类及多环噻吩类含量增加，萃余残渣的硫化物更复杂且难以转化，深化了重质油含硫化学结构的认识，对重质油加氢脱硫催化剂研究及工艺开发具有重要的指导作用。

1. 以 NMR 为基础的重油超临界分离组分特征结构

结合超临界萃取分馏，采用改进的 Brown-Ladner（B-L）法获得重油及其分离组分的结构参数，将重油的结构认识推向更深层次，解决了将重油按照一个平均结构看待所造成的认识问题[6,7]。

从图 24.5 大港减渣及其超临界萃取组分的结构参数变化规律可以看出，较轻的馏分只含有 2 个芳香环和 1 个环烷环，中间的馏分平均含有 3 个芳香环和 2

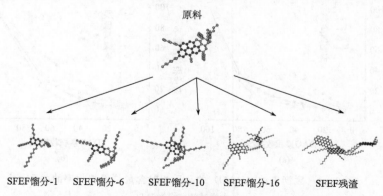

原料

SFEF馏分-1　　SFEF馏分-6　　SFEF馏分-10　　SFEF馏分-16　　SFEF残渣

图 24.5　大港减渣及其超临界萃取组分的结构参数变化规律

个环烷环，最后一个馏分平均含有 12 个芳香环和 3 个环烷环。萃余残渣含有 36
个芳香环和 9 个环烷环，是典型的沥青质层状芳香片结构。

2. 大港减渣与超临界亚组分的 SARA 组成结构

进一步采用 SARA 分离法，对获得的各萃取馏分进行分离，获得其结构参
数，获得重油第二层次的结构特征，说明重油 SARA 组分的结构变化规律，进
一步深化了对重油结构的认识（图 24.6）。

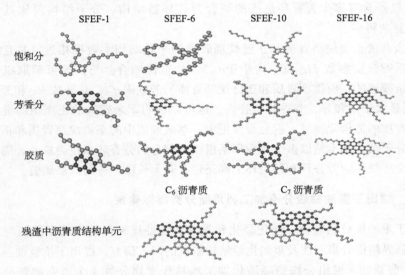

图 24.6 大港减渣 SARA 组分的结构参数变化规律

用四组分分离得到的饱和分组成基本为烷烃和环烷烃，属于易轻质化的理想
组分。数据表明，烷基碳数 C_P 要大于环烷碳数 C_N，即在饱和分中，环烷烃侧链
上的烷基碳在分子中占有较大的份额。对于超临界萃取分馏不同馏分，随着抽出
率的增加，环烷烃分子中在其侧链上的碳数 C_P 相应增多，SFEF-1 的烷基碳数
为 27，SFEF-6 的烷基碳数为 45，SFEF-10 的烷基碳数为 52，这样也就使各窄
馏分的石蜡性逐渐增强。同时还可以看出，用四组分分离法得到的饱和分仍杂有
极其少量的芳香烃。

芳香分中含有一定量的杂原子，其中并不完全是芳香烃，还含有部分非烃化
合物。在芳香分中，随着超临界萃取分馏抽出率的升高，环烷碳率 f_N 逐渐减
小，芳香环数 R_A 和总环数 R_T 则依次增大。由平均分子结构图可以看出，超临
界萃取分馏的各窄馏分的芳香分中基本不含无取代基的芳香烃，其芳香烃的结构
中除了至少含有两个芳香环外，还有相当多的烷基碳，烷基碳的数目一般均大于

芳香碳的数目，同时还往往并合或连有环烷环。

胶质是石油中相对分子质量及极性仅次于沥青质的大分子非烃化合物，它具有很大程度的多分散性，与沥青质和芳香分之间并没有截然的界限。胶质中的芳香环数 R_A 和总环数 R_T 同样随着超临界抽出率的增加而依次增加，并且所含有的芳香碳数也在逐渐增多，同时芳香环系的缩合度参数 H_{AU}/C_A 逐渐减小，表明胶质的缩合程度在不断增大。在芳香分的分子结构中，所含的环数和芳香环数都在逐渐增加，缩合程度在不断增大，分子结构变得越来越复杂，尤其是在 SFEF-16 中，已经含有多个芳香环组成的稠合芳香环系结构，分子结构要比其他几个窄馏分复杂得多。

萃余残渣正庚烷沥青质和正己烷沥青质的平均结构参数很相近，并且它们的芳香环系缩合度参数 H_{AU}/C_A 均小于 0.5，为迫位缩合。与其他可萃取组分相比较，萃余残渣的正庚烷沥青质和正己烷沥青质的芳碳率 f_A、总环数 R_T 和芳香环数 R_A 均明显大于饱和分、芳香分和胶质。也可以说明萃余残渣的正庚烷沥青质和正己烷沥青质的芳构化程度、稠合程度更大。萃余残渣中的正庚烷沥青质和正己烷沥青质的分子结构基本是以多个芳香环系组成的稠合的芳香环位为核心，周围连接有若干个环烷环，芳香环和环烷环上都还带有若干长度不一的烷基侧链。

24.2.5　提出了重油梯级分离加工利用新分类指标体系

基于重油馏分热转化、催化裂化和重油加氢处理转化性能的系统研究，结合重油超临界精细分离方法及重油化学结构组成的深入研究，提出了按重油特征化参数 K_H，将重油萃取组分按照轻质化加工难易程度划分为 4 个类别的新分类[8,9]：性能最好的 $K_H > 8.5$ 的馏分可采用加氢裂化加工，$K_H < 5.0$ 的萃余残渣可作燃料或气化制氢，中间两类馏分可采用催化裂化和加氢处理-催化裂化加工。

1. 重油及其组分的加工性能综合评价指标-重油特征化指数

重质油国家重点实验室提出采用特征化参数 K_H——表征渣油的化学特性，为渣油的特征化研究开辟了一条新的途径，综合了重油的物理化学特征性质：

$$K_H = 10 \times \frac{H/C}{M^{0.1236} d} \tag{24.1}$$

式中，M 为平均相对分子质量，表征重油分子大小；d 为 20℃ 时的密度，g/cm³，反应重油组成特征；H/C 为 H、C 原子比，反应重油的裂化及缩合反应性能的重要指标。

并建议按 K_H 将减压渣油分为三类：

第一类，$K_H > 7.5$，二次加工性能好；

第二类，$6.5 < K_H < 7.5$，二次加工性能中等；

第三类，$K_H < 6.5$，二次加工性能差。

由图 24.7 可以看出，随着馏分由轻变重，K_H 逐渐降低。辽河稠油减渣及混合减渣前 10 个窄馏分的 K_H 都大于 6.50，约有 50% 加工性能中等。

但上述加工性能的判据还不完善，没有全面反映重油及其分离组分的加工性能，需要根据重油性质组成结构特征，确定优化加工方案。由图 24.8 和表 24.2 可知，在 K_H 大于 8.5 的情况下，哈萨克斯坦及俄罗斯两种渣油的萃取组分残炭小于 1.0%，有可能成为加氢裂化的好原料；K_H 介于 7.0 和 8.5 之间的馏分，残炭小于 7.0%，可作为催化裂化原料；其余可萃取组分，K_H 介于 5.0 和 7.0 之间，可采用掺入催化裂化或加氢处理后催化裂化[10]，萃余残渣的 K_H 小于 5，其中的沥青质和重胶质是结焦的先驱物，可作为焦化原料或作为固体燃料。这一分级设想通过哈萨克斯坦与俄罗斯减压渣油的丙烷近临界分离（图 24.9）得到的轻脱油加氢裂化反应性能得到验证。表 24.3 是减压瓦斯油（VGO）与掺了 20% 轻脱沥青油（LDAO）的 VGO 的反应性能对比，掺 LDAO 的 VGO 裂化反应性能与 VGO 相近，且液收更高。

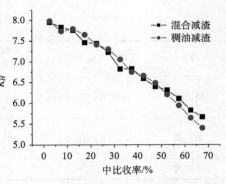

图 24.7　辽河渣油馏分的渣油特征化参数

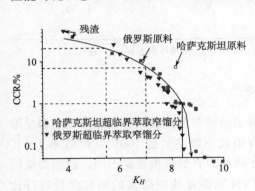

图 24.8　两种渣油残炭与 K_H 的关联

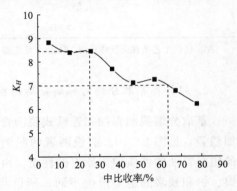

图 24.9　C_3-SFEF 窄馏分 K_H-中比收率曲线

表 24.2　渣油萃取分馏馏分可加工性能判据

分类	第一判据 K_H	轻质化加工性能	第二判据 $(Ni+V)/(\mu g/g)$	加工方式
第一类	$K_H > 8.5$	优	< 2	加氢裂化
			> 2	加氢处理＋加氢裂化

续表

分类	第一判据 K_H	轻质化加工性能	第二判据 $(Ni+V)/(\mu g/g)$	加工方式
第二类	$7.0<K_H<8.5$	良	<20	催化裂化
			>20	调和催化裂化
第三类	$5.0<K_H<7.0$	中	<150	固定床加氢处理-催化裂化
			>150	沸腾床加氢裂化
第四类	$K_H<5.0$	差		气化或固体燃料

表 24.3　裂化液体产品分布表

序号	沸程/℃	350～500℃ VGO 收率/%	80%VGO+20%LDAO 收率/%
气体		6.31	3.2
液体		93.69	96.8
1	IBP～140	34.0	32.57
2	140～205	25.56	25.43
3	205～260	20.63	13.36
4	260～365	9.96	16.25
5	>365	8.64	11.38

注：优化工艺条件为反应压力 16MPa，反应温度 385/390℃，氢油体积比 900，空速 0.6h^{-1}。

2. 超临界萃取分馏对梯级分离的指导作用

萃取分馏脱沥青油和连续式脱沥青油中杂质含量随脱沥青油收率增加都呈增加趋势，见图 24.10。假设两者的脱沥青油收率能够达到 100%，则收率 100% 的脱沥青油的性质即为原料的性质。由于两种原料的杂质含量不同，脱沥青油的镍、钒和残炭的绝对值也不同，所以将两种脱沥青油中杂质的相对含量进行比较。杂质相对含量是脱沥青油杂质的绝对量分别除以其原料中对应杂质的含量所得到的值。

在同样的坐标下，可以更直观地看出两种工艺过程在相同收率下脱沥青油杂质含量之间的相关性。用萃取分馏可以很方便地得到脱沥青油收率和对应收率的脱沥青油性质，用萃取分馏脱沥青油的收率和性质预测出连续式脱沥青油对应收率下的性质是对两者进行关联的目的所在。

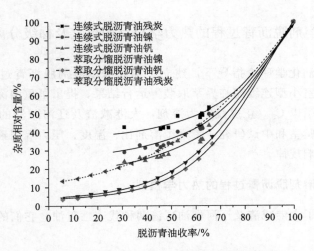

图 24.10 脱沥青油收率-杂质相对含量关系

将连续式脱沥青油杂质相对含量对其同收率下的萃取分馏脱沥青油杂质相对含量进行比较，得到图 24.11。可以看出，两种过程的脱沥青油中杂质相对含量的关系可以近似为线性关系，两种过程的脱沥青油中杂质相对含量的关联方程为 $y=ax+21.5x$，其中，x，y 分别为萃取分馏和连续式深度脱沥青油杂质的相对含量，对于加拿大油砂沥青（VTB）的脱沥青油，直线的斜率为 0.71。

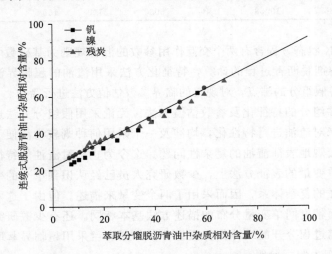

图 24.11 脱沥青油中杂质相对含量的关联

24.3　重油溶剂脱沥青过程的热力学模型的建立及梯级分离新工艺开发

在上述重油化学理论指导下，建立了描述深度溶剂脱沥青过程的热力学模型，结合实验室小型连续超临界萃取装置运行结果，提出了重油深度梯级分离的新工艺。完成了以 C_5（正戊烷）为溶剂，大港减渣及辽河减渣的深度梯级分离脱除残渣的实验室和中试研究，考察了溶剂比、温度、压力等因素对脱残渣油收率和性质的影响规律。

24.3.1　深度溶剂脱沥青过程的热力学模型

研究选取了大港减渣及辽河稠油减渣两种代表性重油，它们的主要性质与组成见表 24.4。

表 24.4　大港减渣及辽河稠油减渣的主要性质与组分

性质	残炭 /%	密度/ (g/cm³)	黏度 /(mPa·s)	相对分子质量	饱和分 /%	芳香分 /%	胶质 /%	沥青质 /%
大港减渣	17.02	0.9796	2074	1008	28.00	34.28	36.01	1.72
辽河减渣	18.11	1.0079	10035	1477	16.43	34.91	41.12	5.61
元素含量	C/%	H/%	H/C	S/(μg/g)	N/(μg/g)	Ni/(μg/g)	V/(μg/g)	
大港减渣	85.9	11.43	1.59	2420	6052	89.3	1.0	
辽河减渣	86.73	10.58	1.46	5030	15100	155	3.5	

采用 SRK 状态方程含有两个交互作用参数的混合规则为基础数学模型进行了渣油和戊烷溶剂脱沥青过程的计算，特征化方法采用渣油的超临界流体萃取窄馏分，计算了各假组分的沸点，对现有的临界参数估值方法进行筛选。

（1）渣油组分的特征化及参数估值方法。无论采用假组分方法还是采用连续热力学方法来对渣油进行特性化，均涉及一个采用何种既较为简便又易于数学描述的方法来宏观地表征渣油的复杂性问题。迄今为止，对渣油的特征化方法基本上仍停留在单变量的表征方法上，少数研究人员已经认识到单一的变量实不足以表征重油这样的复杂体系，因而采用了两个变量来描述。但由于这两个变量相关性太大，因而精度同单变量分布的描述方法基本相同。还有少数研究人员采用一些特定的分离过程分开的组分作为假组分，如彭春兰采用超临界萃取分馏分出的 15 个窄馏分作为假组分等。

由于将连续热力学的方法应用至渣油这样的复杂体系并不能比假组分方法提高精度，而其本身也有一定的缺陷。因此，一般仍倾向于采用假组分的方法来表征渣油体系。理论上一般认为假组分在分离过程中基本上已是不可再分了，因而将性质相近的组分放在一起构成一个假组分。对于一般常遇到的蒸馏过程而言，沸点相同的物质是无法分开的，因而采用沸点作为特征化变量是合理的。

但在超临界和亚临界的抽提过程中，既有蒸馏作用，也有溶剂作用，抽提温度越低，溶剂的作用越强。从目前获得的减压渣油的超临界萃取分馏各窄馏分的性质来看，超临界抽提中溶剂的萃取效应较之蒸馏的效应要大。因此，渣油假组分的划分方法也应从溶剂作用出发，同时又能兼顾蒸馏作用。因此大港减渣采用超临界戊烷切割的窄馏分可以作为特征化组分，关键是如何确定这些组分的参数。

（2）组分沸点的估算。得到渣油各组分的密度值后，采用实验室关联的超临界溶剂萃取窄馏分平均沸点预测模型，计算各组分的平均沸点：

$$T_b = 79.23d^{0.1327}WM^{0.3709} \tag{24.2}$$

（3）临界参数的估算。估算渣油各假组分的临界参数时，分别以 Riazi 法、Riazi 和 Daubert 法、Kesler 和 Lee 法、Sim 和 Daubert 法、Winn 法以及彭春兰修正的 Winn 法计算渣油的临界参数，并进行平衡溶解度的计算。

临界参数的估算采用实验室提出的扰动模型，扰动的基础是正构烷烃，其沸点和临界性质与相对分子质量的关系见式（24.3）～式（24.13）：

$$T_b^0 = 111.636(1 + 0.1369646\zeta_{tb} + 0.92635220 \times 10^{-2}\zeta_{tb}^2)/$$
$$(1 + 0.44162923 \times 10^{-1}\zeta_{tb} + 0.73097615 \times 10^{-3}\zeta_{tb}^2) \tag{24.3}$$

$$T_c^0/T_b^0 = 1.7071(1 + 0.207576019 \times 10^{-1}\zeta_{tc} + 0.98431965 \times 10^{-3}\zeta_{tc}^2)/$$
$$(1 + 0.23293035 \times 10^{-1}\zeta_{tc} + 0.16839807 \times 10^{-3}\zeta_{tc}^2) \tag{24.4}$$

$$P_c^0 = 4.872(1 + 0.24434610 \times 10^{-2}\zeta_{pc} + 0.43087800 \times 10^{-4}\zeta_{pc}^2)/$$
$$(1 + 0.16088038 \times 10^{-1}\zeta_{pc} + 0.20717865 \times 10^{-2}\zeta_{pc}^2) \tag{24.5}$$

$$SG^0 = 0.6262(1 + 0.66878721 \times 10^{-1}\zeta_{sg} + 0.59212241 \times 10^{-2}\zeta_{sg}^2)/$$
$$(1 + 0.62791972 \times 10^{-1}\zeta_{sg} + 0.42682682 \times 10^{-2}\zeta_{sg}^2) \tag{24.6}$$

$$V_c^0 T_c^0 = 0.18792102 \times 10^5(1 + 0.89331074 \times 10^{-1}\zeta_{vc} + 0.43087800 \times 10^{-3}\zeta_{vc}^2)/$$
$$(1 + 0.20935548 \times 10^{-2}\zeta_{vc}) \tag{24.7}$$

$$\rho_c^0 = M_n^0/V_c^0 \tag{24.8}$$

$$\zeta_{tb} = (M_n^0 - 16.0426)^{2/3} \tag{24.9}$$

$$\zeta_{tc} = (M_n^0 - 16.0426)^{2/3} \tag{24.10}$$

$$\zeta_{pc} = (M_n^0 - 30.0694)^{2/3} \tag{24.11}$$

$$\zeta_{sg} = (M_n^0 - 72.1486)^{2/3} \tag{24.12}$$

$$\zeta_{vc} = M_n^0 - 16.0426 \tag{24.13}$$

式中，T_c 的单位为 K；P_c 的单位为 MPa；V_c 的单位为 cm³/mol。

对其他烃类和石油馏分，以相同沸点的正构烷烃为参比，通过式求出分子量，根据与正构烷烃的密度差来计算临界性质，采用此模型计算的渣油馏分临界参数见表 24.5。

表 24.5　大港减渣各组分的临界参数

	W_M	T_b	d_{420}	T_c	P_c	O_{mig}
正戊烷	72.151			469.700	33.700	0.251
DG-1	560.000	819.831	0.925	942.852	9.008	1.224
DG-2	635.000	859.066	0.926	971.979	8.101	1.306
DG-3	675.000	879.041	0.929	987.312	7.725	1.343
DG-4	720.000	900.607	0.931	1003.661	7.341	1.384
DG-5	754.000	916.348	0.932	1015.536	7.079	1.413
DG-6	788.000	932.005	0.936	1028.239	6.876	1.439
DG-7	838.000	953.961	0.940	1045.139	6.568	1.477
DG-8	885.000	974.042	0.944	1060.979	6.323	1.509
DG-9	947.000	999.178	0.946	1079.770	5.999	1.552
DG-10	992.000	1017.058	0.950	1093.785	5.809	1.580
DG-11	1083.000	1051.852	0.958	1121.219	5.477	1.632
DG-12	1190.000	1090.357	0.965	1150.973	5.128	1.689
DG-13	1434.000	1169.721	0.973	1209.044	4.441	1.810
DG-14	1885.000	1296.274	0.983	1299.094	3.581	1.991
DG-15	3008.000	1545.378	1.001	1472.077	2.486	2.304
DG-Endcut	5000.000	1912.215	1.204	1818.452	2.338	2.420

$$T_c = T_c^o + (-17985.731 + 27924.736/SG - 10655.703/SG^2)DSG_T$$
$$+ (121794.13 - 82527.92/SG + 68835.678/SG^2)DSG_T^2$$
$$+ (-248433.99 + 405746.33/SG + 68835.678/SG^2)DSG_T^3 \quad (24.14)$$
$$P_c = T_c/V_c(P_c^o V_c^o/T_c^o + (0.11893861 - 165.35472/T_c + 55837.029/T_c^2)DTC_P$$
$$+ (-0.78087709 \times 10^{-3} + 1.0397575/T_c - 307.23148/T_c^2)DTC_P^2) \quad (24.15)$$
$$V_c = M_n/\rho_c \quad (24.16)$$
$$\rho_c = \rho_c^o + 0.89687121 \times 10^{-4} T_b^{1.1908482} DSG_d^{0.51585375} \quad (24.17)$$
$$\text{In}M_n = \text{In}M_n^o + (-1.7454987 + 0.21527818 \times 10^4/T_c$$
$$- 0.63682878 \times 10^6/T_c^2)DTC_M$$
$$+ (0.52774857 - 0.65871831 \times 10^3/T_c + 0.19785982 \times 10^6/T_c^2)DTC_M^2$$
$$+ (-0.036689969 + 0.45890527 \times 10^2/T_c$$
$$- 0.13987772 \times 10^5/T_c^2)DTC_M^2 \quad (24.18)$$
$$DSG_T = (SG - SG^o)/SG \quad (24.19)$$

$$DSG_d = | \, SG - SG^\circ \, | \, / SG \tag{24.20}$$

$$DTC_P = T_c - T_c^\circ \tag{24.21}$$

$$DTC_M = \sqrt{| \, T_c - T_c^\circ \, |} \tag{24.22}$$

$$AAD = \frac{\sum\limits_{i=1}^{N_{\text{data}}} (y_i^{\text{cal}} - y_i^{\text{exp}}) / y_i^{\text{exp}}}{N_{\text{data}}} \times 100\% \tag{24.23}$$

计算过程采用相同的 k_{ig}，l_{ij} 关联式形式，进行参数优化计算。计算表明，Sim 和 Daubert 法产生最优的计算结果和最合理的 k_{ij} 数值。计算中采用的偏心因子的估算式为 Kesler 和 Lee 式。

由于减压渣油的相对分子质量和芳碳率的变化也是顺序增大。一般相对分子质量越大，芳碳率越大，其 k_{ij} 的数值越高。本计算体系中有 16 个假组分，加上溶剂，其交互作用参数有 272 个。因此，不可能采用常规的二元系的相平衡数据回归这些二元交互作用参数。本计算中假设渣油的 16 个假组分之间的交互作用参数为零，而溶剂与这 16 个组分的交互作用参数为常数，优化方法采用改进的 Marquart-Levenburg 法。

$$S = \sum_{i=1}^{n_p} \left| \frac{Y_{\text{DAO,exp}} - Y_{\text{DAO,cal}}}{Y_{\text{DAO,exp}}} \right|_i \tag{24.24}$$

优化的结果为

$$\begin{aligned} k_{ij} &= 0.034795 \\ l_{ij} &= 0.068897 \end{aligned} \tag{24.25}$$

得到了假组分的临界参数和溶剂与这些假组分的二元交互作参数后，剩下的问题只是用本数学模型进行溶剂脱沥青过程的计算。

由物料平衡方程：

$$F_{z_i} = V_{y_i} + L_{x_i} \tag{24.26}$$

代入 $y_i = K_i x_i$ 可得

$$x_i = \frac{z_i}{(K_i - 1)e + 1} \tag{24.27}$$

由物平衡方程 $\sum\limits_{i=1}^{N} y_i = 1, \sum\limits_{i=1}^{N} x_i = 1$ ，得到

$$\sum_{i=1}^{N} (y_i - x_i) = 0 \tag{24.28}$$

将 $y_i = K_i x_i$ 的平衡方程代入可得

$$\sum_{i=1}^{N} \frac{z_i (K_i - 1)}{(K_i - 1)e + 1} = 0 \tag{24.29}$$

计算时采用 Newton-Raphson 法求解平衡汽化率 e。

对于初值的估算，在本计算过程中采用 Michelson 提出的稳定性分析法来判断相的数目以及估计各相平衡溶解度的初值。

采用上述的热力学模型、特征化方法、参数估值方法和混合规则，进行了大港减压渣油的平衡闪蒸计算，并同时计算了轻相密度、重相密度、轻相体积分率、脱沥青油平衡溶解度、脱油沥青的平衡溶解度、脱沥青油的饱和分含量、芳香分和胶质含量、脱沥青油的相对分子质量、脱油沥青的相对分子质量以及脱沥青油的残炭和相对分子质量。

24.3.2 深度溶剂脱沥青工艺原理研究

在热力学模型指导下[11]，自行研制了一套 1kg/h 连续式溶剂脱沥青装置（图 24.12）。实验中将一定比例的渣油和溶剂用泵送入混合器后进入萃取塔，将脱沥青油相和沥青相分离，沥青相从萃取塔底部放入沥青蒸发器将溶剂蒸发，得到沥青产品。萃取得到的脱沥青油加热到给定温度进入二段分离器，将轻脱油相和重脱油相分离，重脱油相从二段分离器底部放入重脱油蒸发器，得到重脱油，轻脱油相再进入溶剂分离器，将溶剂加热蒸发并冷却返回溶剂罐，分离器底部得到轻脱油。通过计量进料量和轻脱油、重脱油及沥青的流量，可计算在给定温度（萃取温度、二段分离温度）、压力、溶剂比条件下，三种产物的收率，进一步分析所得的产物的性质，可得到脱沥青过程产物性质及分离选择性随条件的变化关系。

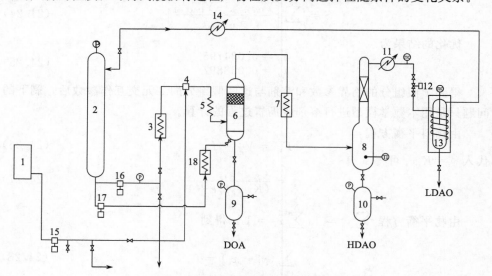

图 24.12　溶剂脱沥青装置示意图

1. 渣油罐；2. 溶剂罐；3. 预热炉；4. 混合三通；5. 混合盘管；6. 萃取塔；7. 二段加热炉；8. 二段分离器；
9. 沥青蒸发器；10. 重脱油蒸发器；11. 冷却器；12. 压力调节器；13. 溶剂分离器；14. 溶剂冷却器；
15. 渣油泵；16，17. 溶剂泵；18. 溶剂预热炉

系统深入研究了重油深度梯级分离的主要工艺参数（如溶剂比、温度、压力等）对脱沥青油收率及性质、脱油沥青收率及性质等的影响，同时还对溶剂回收

条件进行了考察，最后得到了重油深度溶剂脱沥青的优化工艺条件。

（1）溶剂比考察。实验结果表明，在较低溶剂比情况下，脱沥青油收率随溶剂比增加而减少，随溶剂比进一步增大，脱沥青油收率达到最低点后升高。在溶剂比 2.5 时收率为 85%，收率最低点在质量溶剂比 4.0 处，为 78%。随溶剂比增加，沉淀量增大，当溶剂比增加到一定程度时，胶质、沥青质不再沉淀，反而由于溶剂比的增加使其溶解在油相中，使脱沥青油收率提高。在萃取温度、二段分离温度固定的情况下，溶剂比对轻脱油、重脱油的分配有影响。溶剂比较低（<3.0）时，轻、重脱油收率变化不大，随溶剂比增加，轻脱油收率增加，而重脱油收率下降。研究还表明，脱沥青油性质并不随脱沥青油收率单调变化。在溶剂比<4.0 的情况下，脱沥青油的黏度、相对分子质量、残炭、金属 Ni 和 V 等都有非常明显的降低，证明了溶剂对渣油胶体的破坏是增加选择性的主要因素。而当溶剂比超过 4.0 以后，由于溶剂可以进一步溶解更多的胶质，对黏度高的环状大分子的选择性变差，导致黏度、相对分子质量、残炭升高，但对金属的选择性变化不大。结果表明，大港减渣 C_5 深度溶剂脱沥青的溶剂质量比在 4~4.5 之间即可保证较好的分离选择性。

（2）萃取温度考察。在溶剂质量比 4.0、萃取压力 4.0~6.0MPa、温度 160~180℃ 的条件下，萃取温度对轻脱沥青油和重脱油收率及主要性质进行了考察，发现在二段萃取温度一定的条件下，随萃取温度升高，轻、重脱沥青油收率都呈降低趋势。通过改变一、二段温差，可以改变轻脱油和重脱油的比例。

（3）萃取压力考察。压力的提高可以增加脱沥青油的收率，特别是在 4.0~5.0MPa 范围，再增加压力，收率提高不多。因此，操作压力不高于 5.0MPa 为宜。在萃取温度 160℃ 下，压力由 4.0MPa 升高到 5.0MPa 时，脱沥青油残炭由 6.85% 提高到 9.9%，Ni 含量由 34.2μg/g 提高到 54.4μg/g，脱 Ni 率由 52.5% 降低到 24.3%，但 Na、Ca 的脱除率降低不多，从 94% 降低到 85%；在 170℃ 下，压力由 4.0MPa 升高到 6.0MPa 时，脱沥青油残炭和 Ni 含量增加，但 4.0MPa 压力与 5.0MPa 压力脱沥青油的性质差别不大，而在 6.0MPa 压力下脱沥青油性质较差。因此可以认为压力为 5.0MPa 较好，既可得到较高的脱沥青油收率，还可保持较好的脱沥青油性质。

（4）超临界回收溶剂条件考察。研究发现，在 4.0MPa 下，溶剂中含油量明显小于 5.0MPa，在 200℃ 下即可使溶剂中的含油量降低到 1.6kg/t，在 210℃ 溶剂中，油含量进一步降低。同样在 5.0MPa，210℃ 溶剂含油量最低，再升高温度，反而使溶剂中油含量升高。从溶剂回收的角度考虑，压力为 4.0MPa，200℃ 是较好的选择，如果萃取压力 5.0MPa，可以在 210℃ 回收溶剂，或采用节流降压使压力降低到 4.0~4.5MPa。

综上所述，重油深度梯级分离技术可选的优化操作条件范围为萃取温度 160~

170℃，一、二段温差 5～15℃，萃取压力 4.0～5.0MPa，溶剂质量比 4.0～4.5。溶剂超临界回收条件为压力 4.0～4.5MPa，温度 200～220℃。

24.4　重油深度梯级分离——硬沥青喷雾造粒的工程放大研究

重油深度梯级分离新工艺中关键的工程技术瓶颈是硬沥青及溶剂的回收问题。在大量基础研究工作中发现：在萃取条件优化的前提下，硬沥青的软化点可达到180℃以上。进一步分析萃取塔底所处的温度、压力条件及物料组成，创造

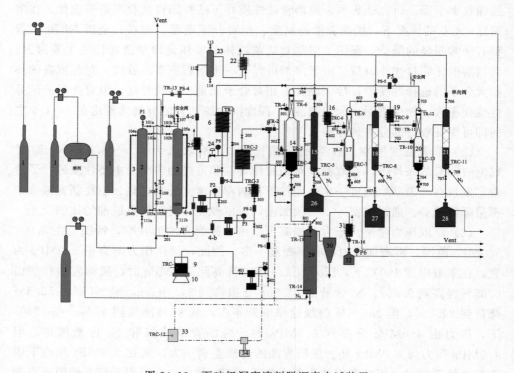

图 24.13　百吨级深度溶剂脱沥青中试装置

1. N₂；2. 溶剂罐；3. 液位计；4. 流量计；5. 主溶剂泵；6. 换热器；7. 主溶剂加热炉；8. 静态混合器；9. 原料罐；10. 工业电子秤；11. 原料泵；12. 副溶剂泵；13. 副溶剂加热炉；14. 塔-1；15. 塔-1底产物溶剂闪蒸罐；16. 塔-1顶产物加热炉；17. 塔-2；18. 塔-2底产物溶剂闪蒸罐；19. 加热炉；20. 塔-3；21. 塔-3底产物闪蒸罐；22. 低压冷却器；23. 低压溶剂缓冲罐；24. 背压阀；25. 冷却塔；26. 塔-1底产物罐；27. 塔-2底产物罐；28. 塔-3底产物罐；29. 喷雾造粒塔；30. 旋风分离器；31. 冷凝器；32. 溶剂接收罐；33. 导热油罐；34. 导热油泵；35. 放空 N₂ 定压阀

阀门编号说明：

1XX. 溶剂罐系统；2XX. 主溶剂线；3XX. 副溶剂线；4XX. 原料线；5XX. 萃取塔系统；
6XX. 胶质分离塔系统；7XX. 超临界塔系统；8XX. 造粒塔系统

性地提出了在超临界条件下喷雾造粒的思路，成功实现了硬沥青喷雾造粒并与萃取过程的耦合这一关键工程技术的突破，成功建设了一套百吨级深度溶剂脱残渣中试装置，运行成功；深度溶剂脱残渣中试的工艺条件与收率验证了实验室小试结果，优化条件下脱沥青油收率达85％；建立了喷雾造粒残渣颗粒中的微量溶剂含量的顶空色谱分析方法和高软化点残渣颗粒的软化点测量方法，为工业示范装置的建设奠定了工程基础。

24.4.1 深度溶剂脱沥青中试研究

在小型连续实验基础上，设计建设了一套年处理量100t的深度溶剂脱沥青中试装置，如图24.13所示。在该装置上，重点开展了以下几方面的基础研究。

首先对大港减渣在优化工艺参数下进行了工程放大试验，中试结果较好地重复了实验室结果，在相同或相近条件下总脱沥青油收率或残渣收率与小型实验室结果基本一致，轻脱油与重脱油收率在一定范围内有所变化。

实验考察了脱沥青油的催化裂化反应性能，表24.6给出了以新疆蜡油为基础油，分别掺炼不同比例的脱沥青油和渣油后催化裂化反应产品的分布变化情况。数据表明，在分别掺炼10％的脱沥青油和渣油的情况下，在转化率相近时，脱沥青油的轻质油收率要高出1.68个百分点；在掺炼30％时，脱沥青油的轻质油收率高了2.50个百分点。

表 24.6 新疆蜡油掺炼不同比例的脱沥青油和渣油后
催化裂化反应产品的分布变化情况（单位：％）

日期	2006 年 11 月 8 日	2006 年 11 月 7 日	2006 年 11 月 8 日	2006 年 11 月 11 日	2006 年 11 月 13 日
原料油	90％新疆蜡油 ＋10％脱沥青油	90％新疆蜡油 ＋10％渣油	70％新疆蜡油 ＋30％脱沥青油	70％新疆蜡油 ＋30％渣油	50％新疆蜡油 ＋50％脱沥青油
干气	2.44	2.56	2.56	2.79	2.65
液化气	19.80	19.84	19.11	19.23	18.22
C_5 汽油	52.68	51.01	51.28	48.56	49.20
柴油	12.33	12.32	13.11	13.34	14.39
重油	3.73	3.72	4.24	4.54	4.84
焦炭	8.29	9.69	8.94	10.85	9.92
总计	99.27	99.14	99.24	99.31	99.22
转化率	83.21	83.10	81.89	81.44	79.98
总液收率	84.80	83.17	83.51	81.13	81.80
轻质油收率	65.01	63.33	64.40	61.90	63.59

注：催化剂 LH0-1，反应温度 500℃，剂油比 4，空速 15h^{-1}。

24.4.2　深度溶剂脱沥青硬沥青造粒的工程实现

　　重油深度梯级分离工艺需要解决的一个关键技术是硬沥青如何从萃取塔底释放出来并使沥青夹带的溶剂容易回收。针对该核心问题，在大量基础研究和对萃取塔底条件仔细分析的基础上，创造性地提出了超临界条件下的喷雾造粒技术，既可以把硬沥青做成颗粒方便地释放出来，又可以低能耗地回收溶剂，对此，开展了大量相关工程基础研究[12,13]。

　　(1) 喷雾造粒压力的影响。实验成功地实现了硬沥青喷雾造粒的创新思想，不同压力下所得喷雾造粒硬沥青颗粒的外观形态如图 24.14 所示。喷雾压力影响了脱沥青油收率，沥青中的胶质量也进一步降低，使沥青变硬，有利于减小团聚；另一方面，喷雾造粒的压力提高，有利于颗粒分散得更小。由图 24.14 可以看出，压力为 4.5MPa 和 5.0MPa 的颗粒基本没有团聚现象。

(a) 4.0MPa　　　　　　　　　　　(b) 4.5MPa

(c) 5.0MPa

图 24.14　不同压力下所得喷雾造粒硬沥青颗粒的外观形态

　　(2) 残渣中微量戊烷含量的测定。由于沥青颗粒的多孔的特点，从喷雾塔中喷出后，大部分的溶剂可以膨胀气化，多孔的沥青颗粒仍可能含有少量的溶剂。对残渣中微量戊烷含量的测定是一个急需解决的难题。用甲苯溶解沥青质，加入一定量的戊烷，让混合体系达到气-液平衡，用气相色谱仪测出气相中戊烷的含量，确定气相中戊烷浓度与液相中戊烷浓度的关系。进一步通入氮气气提，发现沥青颗粒中的溶剂随着流化氮气的通入，所占的比例越来越少，经过充分流化之后，沥青颗粒中的溶剂含量基本测不出来。

（3）沥青颗粒的流化、输送性能研究。测定表明[14]，沥青颗粒松装堆积密度为 $0.10\sim0.30g/cm^3$，与平均粒径的关系见图 24.15。

表 24.7 为颗粒流动性指数 F_w 与颗粒流动性能的关系。表 24.8 为实验测定的 5 种粒径沥青颗粒的物性参数及流动性指数。

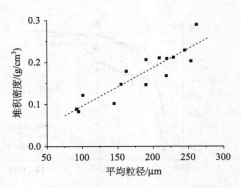

图 24.15　沥青颗粒松装堆积密度与平均粒径的关系

表 24.7　颗粒流动性指数 F_w 与颗粒流动性能的关系

流动指数 F_w	0~19	20~59	60~69	70~79	80~89	90~100
流动性能	很差	不好	一般	较好	良好	最好

表 24.8　5 种粒径沥青颗粒的物性参数及流动性指数

$d_p/\mu m$	$\theta_r/(°)$	$\theta_s/(°)$	$\rho_0/(kg/m^3)$	$\rho_\infty/(kg/m^3)$	$\rho_a/(kg/m^3)$	$\rho_p/(kg/m^3)$	$C_p/\%$	U_f	F_w
24	52.7	71.9	213	376	204	359	43.2	4.9	48.5
164	46.0	55.5	232	315	228	298	23.5	4.2	69.5
219	45.2	55.5	234	285	222	258	14.0	3.2	75
304	42.8	54.5	231	279	218	253	13.8	2.3	76
367	40.9	49.1	227	267	220	242	9.1	2.3	79

注：θ_r 为自然堆积角，θ_s 为板勺角，C_p 为压缩率，U_f 为颗粒均一性系数，ρ_a 为颗粒松散松装密度，ρ_p 为颗粒振实松装密度。

结果表明，随着粒径的增加，沥青颗粒的 F_w 逐渐增加，其流动性能逐渐改善。$d_p>164\mu m$ 的沥青颗粒流动性较好，而 $d_p<164\mu m$ 的沥青颗粒流动性较差。

图 24.16 为降速法测定的 $367\mu m$ 沥青颗粒在床层不同位置的流化特性曲线。其中，H 为轴向高度，a 为周向角度。$367\mu m$ 沥青颗粒在床层不同位置具有不同的起始流化速度。在床层周向，$120°$ 位置的沥青颗粒先流化，$0°$ 和 $240°$ 位置的沥青颗粒后流化；在床层轴向，上部的沥青颗粒先流化，下部的沥青颗粒后流化。

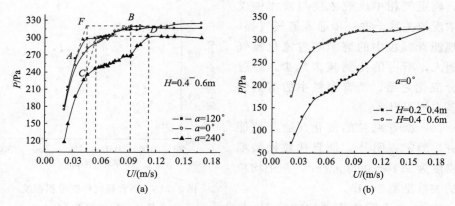

图 24.16　降速法测定的 367μm 沥青颗粒在床层不同位置的流化特性曲线

（a）不同周向角度的流化特性曲线；（b）不同轴向高度的流化特性曲线

　　图 24.17 为升速法测定的 367μm 沥青颗粒在床层不同位置的流化曲线。随着气速的增加，在 A'-B' 段，床内形成节涌，床层压降明显增加，当气速增加到 B' 点时，压降达到最大，节涌开始破碎，床层压降迅速降低（B'-C' 段），在 C' 点节涌破碎结束，C' 点气速为"节涌破碎速度"。在气速增加至 C' 点之后，367μm 沥青颗粒的流化过程与常规颗粒相似。

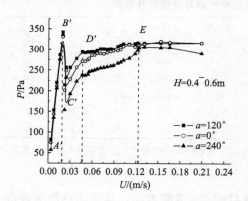

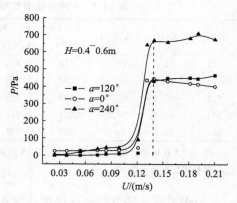

图 24.17　升速法测定的 367μm 沥青颗粒　　　图 24.18　升速法测定的 24μm 沥青
　　　　在床层不同位置的流化特性曲线　　　　　　　　颗粒的流化特性曲线

　　图 24.18 和图 24.19 分别为采用升速法和降速法测定的 24μm 沥青颗粒在床层不同位置的流化特性曲线。这两种方法测定的 24μm 沥青颗粒的流化曲线均呈阶梯状，在气速较低时，床内颗粒形成沟流，压降随气速的变化很小。随着气速的增加，沟流塌落，床层转变为固定床，压降急剧增加。随着气速的进一步增

加，压降趋于平缓，颗粒开始流化。流化后，24μm 沥青颗粒在床层不同位置的压降存在较大差别。沿周向，240°位置沥青颗粒的压降较大、颗粒密度较大，0°和 120°位置沥青颗粒的压降较小、颗粒密度较小；沿轴向，底部沥青颗粒的压降较大，上部沥青颗粒的压降较小。24μm 沥青颗粒流化后床层存在局部沟流，且其流化均匀性也较差。

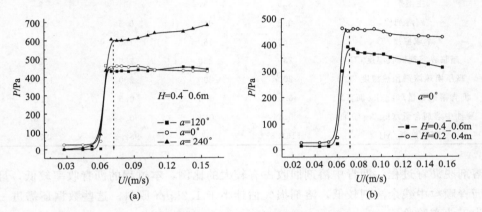

图 24.19   降速法测定的 24μm 沥青颗粒的流化特性曲线
(a) 不同周向角度的流化特性曲线；(b) 不同轴向高度的流化特性曲线

　　上述研究表明，367μm 沥青颗粒在 $U<0.17$m/s 时存在局部流化、节涌等现象，流化性能较差，在 $U>0.17$m/s 时可正常流化，流化性能较好。24μm 沥青颗粒在气速较低时存在沟流现象，在气速较高时存在不均匀流化现象，流化性能较差，需采取相应的工艺措施对其进行流化、输送。

24.4.3   重油深度梯级分离过程溶剂损失、能耗及经济性估算

　　基于上述工程基础研究，对该新工艺的主要经济性指标进行了初步估算。以渣油加工量为 15000t/a 计，溶剂质量比 3.5 和 4.0，高压设备设计压力 6.0MPa，低压设备 0.5MPa，对初步设计的简化流程进行了核算，根据过程能量平衡计算能耗，计算结果见表 24.9。国内溶剂脱沥青能耗一般在 1100～1500MJ/t，国外有代表性的 ROSE 溶剂脱沥青过程综合能耗据报道为 950MJ/t。在没有设计复杂换热流程的情况下，本过程在较低的溶剂比（3.5）条件下，可达到较低的能耗（900～950MJ/t），主要是沥青相的溶剂回收可节省大量的能量，如果采用优化的换热流程，能耗可望进一步降低，超临界深度梯级分离过程能耗至少可比国内常规溶剂脱沥青过程低 20%，达到 ROSE 过程的水平。

　　过程的溶剂损耗用这种规模的设备无法测量，仅根据常规的脱沥青油气提，过程溶剂损失估算，常规溶剂脱沥青溶剂损耗约为 1.5～3.5kg/t，考虑到常规

表 24.9　二级分离过程能耗估算与工艺条件关系

原料温度/℃	200	200	150	150
DAO 收率/%	85	85	85	85
沥青收率/%	15	15	15	15
溶剂质量比	4	3.5	3.5	3.5
主溶剂比	3.5	3	3	3
副溶剂比	0.5	0.5	0.5	0.5
萃取温度/℃	160	160	160	160
超临界溶剂回收温度/℃	230	230	230	220
高压换热溶剂预热温度/℃	200	200	200	192.5
沥青溶剂含量/(kg/kg 沥青)	0.5	0.5	0.5	0.5
脱油中溶剂含量/(kg/kg 脱油)	0.4	0.4	0.4	0.5
理论能耗/MJ/t	1161.8	1063.4	952.5	897.9

溶剂脱沥青过程，沥青中溶剂回收占有较大的比例，本过程的沥青收率较低，且沥青颗粒中残余溶剂较低，溶剂损失估计小于 1.2kg/t 原料。这些数据还需进一步工业实验验证。

对该新工艺经济性指标评价，需在工业示范装置运行后标定计算。选择大港减渣作为计算对象，考虑大港减渣全部焦化方案，与梯级分离后获得的约 60% 轻脱油用作催化裂化原料、约 25% 重脱油用作焦化原料、剩余 15% 沥青等同于焦炭的组合方案进行对比计算，见表 24.10。大港减渣焦化反应性能数据可由焦化经验数据进行初步估算（这里计算基准为大港减渣残炭为 17%，生焦率取残炭的 1.6 倍，干气产率约 5%）。轻脱油催化裂化反应性能由中国石油化工研究院兰州分院测定。为了便于计算，以梯级分离年处理量 100 万 t 计算。

表 24.10　梯级分离-催化与焦化方案对比估算（单位：万 t）

方案		焦炭量	干气量	液体收量
	焦化	100×17%×1.6=27.2	100×5%=5	100−27.2−5=67.8 （汽油＋柴油＋焦化蜡油）
梯级 分离- 催化	60 万 t 催化 裂化	60×10%=6	60×3%=1.8	60−6−1.8=52.2 （汽油＋柴油＋循环油浆）
	25 万 t 焦化	25×14%×1.6=5.6	25×5%=1.25	25−5.6−1.25=18.15 （汽油＋柴油＋焦化蜡油）
	15 万 t 沥青	15	14.65	52.2＋18.15=70.35

不考虑投资折旧，由表 24.10 梯级分离-催化与两种方案对比可以发现：梯级分离工艺比焦化过程可净多产液体产品 2.55 万 t，若以每吨 6000 元计算（考虑扣除同样量的焦炭＋干气价格），可净得 1.53 亿元。假设梯级分离操作费用为 50 元/t，则 100 万 t 的费用是 5000 万元。最后总收益为 15300 万元－5000 万元＝10300 万元。

如果将重脱油采用 VRDS 处理，以现有技术及催化剂水平估算，残炭脱除率 50%，金属脱除率 80%，S、N 脱除率分别以 80% 和 50% 计，得到的加氢尾油催化裂化性能要优于轻脱油，按轻脱油的催化裂化性能估算，最终的总液收量要比焦化方案高出 6 万 t，以每吨 6000 元计，可得 3.6 亿，假设梯级分离操作费用为 50 元/t，VRDS 操作费用 200 元/t，最后总收益为 36000 万元－5000 万元－5000 万元＝26000 万元。

若考虑梯级分离后催化裂化产品质量提高以及 15 万 t 沥青颗粒价值高于焦炭，则经济效益更加明显。

24.5 新型专用装置的研制及工业示范装置的建设

研究开发了新型专用装置（包括新型喷雾造粒塔、可控粒径喷嘴和旋风分离过滤器等）并成功建成了一套工业示范装置。新型喷雾造粒塔带有新型阵列喷雾造粒进料系统和外壁水冷却系统，可以同时利用沉降分离和离心分离原理，具有较高的气-固分离效率；可以在没有内构件条件下对造粒塔进行冷却和温度控制。可控粒径喷嘴和两级降压喷嘴可以通过喷嘴内构件控制喷雾液滴粒径，从而控制沥青残渣颗粒的粒径，以适应下游工业需求。旋风分离过滤器是硬沥青颗粒这一特殊物料的流化和输送性能以及与溶剂分离的配套装备。

24.5.1 新型喷雾造粒塔的研究

要大规模工程实现前面提出的沥青喷雾造粒系统，需研制开发配套专用装备。由于造粒塔内的气相溶剂要回收循环使用，因此除了喷雾造粒之外，造粒塔还要具有较高的气-固分离能力。传统造粒塔利用重力沉降原理进行气-固分离，需要很大沉降分离空间，分离效率较低。为此设计了直径为 500mm 的不同形式的造粒塔，对其中的多相流动状态进行了数值模拟研究，通过分析各种形式造粒塔内多相流动状况和气-固分离效果，基本确定了造粒塔的结构形式以及喷雾进料的方式。计算条件：气体处理量 20~60kg/h，颗粒处理量 80kg/h，底部氮气气提。

1. 直径 500mm 及 1000mm 造粒塔内流动的数值模拟

图 24.20 给出的是经过优化后，四喷嘴阵列旋转喷雾造粒塔内速度及颗粒浓

度分布的计算结果，通过四喷嘴阵列旋转喷雾，在造粒塔内形成了旋转流场，通过离心力和重力的共同作用，将颗粒分离，造粒塔内的颗粒被分离到外侧，旋转向下运动到底部，然后进入收料罐被收集。气体（溶剂）则通过上部的排气口排出。通过进料系统结构形式以及造粒塔结构尺寸的优化匹配，分离效率可以达到95％以上。在计算过程中对造粒塔的结构也进行了优化。

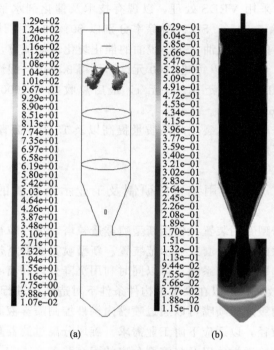

(a)　　　　　　　　　(b)

图 24.20　四喷嘴阵列旋转喷雾造粒塔
内速度（a）及颗粒浓度分布（b）

　　为了工业装置的设计，对原来直径为 500mm 的造粒塔进行了放大，设计了直径为 1000mm 的造粒塔，通过数值模拟研究了造粒塔多种结构的分离特性，并进行了分析对比，见图 24.21。放大后的造粒塔与原先的小造粒塔相比，除了直径放大 1 倍外，其余各部分尺寸比例也有所调整，如长径比有较大变化，内部分布器的位置和喷射角度也进行了优化，以保证分离效果，同时消除了造粒塔内不必要的多余空间。

　　2. 直径 500mm 及 1000mm 喷雾造粒塔的分离性能实验

　　根据工艺要求，对不同结构形式的造粒塔以及不同的进料分布器结构和位置进行了优化设计，以获得较高的分离效率，并在不同条件下进行了冷态实验研究。

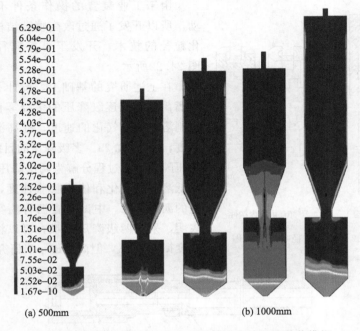

图 24.21 500mm 和 1000mm 造粒塔分离特性的数值模拟

图中显示为颗粒浓度分布

为了最大限度地回收溶剂，根据数值模拟计算结果，设计了喷雾造粒塔内的喷嘴阵列，使之可以在塔内产生整体旋转的流动，利用离心力使气-固分离，以提高分离效率。实验中以进料分布器代替喷嘴阵列，对多种分布器结构进行了实验。实验结果表明，500mm 和 1000mm 造粒塔都具有较好的分离性能，其分离效率均在 95% 以上，从而为工业示范装置的放大奠定了基础。

24.5.2 可控粒径喷嘴的研究

由于不同用途的沥青颗粒要求的颗粒直径不同，因此应当针对不同的应用，要求制造不同直径的沥青颗粒，需要开发出能够控制喷雾造粒的沥青颗粒直径的喷嘴技术。

在经过喷嘴时，流体压力由 4MPa 突然降到大气压，与沥青均匀混合的溶剂体积突然膨胀，使形成的沥青疏松膨化，内部形成了极其微小的空隙，沥青颗粒密度仅为 0.1kg/L，而沥青的真密度接近于 1kg/L，这就为沥青颗粒的储藏、运输带来了问题，影响到工业应用。为此开发了实现两级降压过程的造粒喷嘴，以控制喷雾过程中溶剂的气化速度。

由于工业装置的操作条件不能随意变动，所以开发了通过改变喷嘴结构来控制雾化粒径的技术，开发了可控粒径喷嘴，如图 24.22所示。

在上述研究的基础上，设计了多级降压喷嘴，以实现逐级降压的多级雾化过程，以控制溶剂闪蒸气化的速度，提高沥青颗粒的密度，见图 24.23。多级降压的目的是将一次降压闪蒸喷雾过程分解为两次降压雾化过程，降低溶剂的气化和体积膨胀速度，以得到致密的沥青颗粒。中试装置沥青喷雾造粒实验表明，采用两级降压喷嘴，可以将沥青颗粒密度提高 20%，但尚需进一步研究优化。

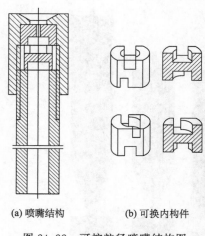

(a) 喷嘴结构　　　　　(b) 可换内构件

图 24.22　可控粒径喷嘴结构图

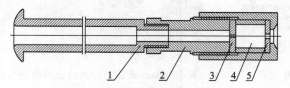

图 24.23　多级降压喷嘴结构图

1. 油管；2. 接管；3. 一级喷嘴；4. 扩张减压腔；5. 二级喷嘴

24.5.3　沥青颗粒的输送性能及装备研究——星形给料机的输送与密封性能

鉴于沥青颗粒的流化、输送性能较差，在工业实验方案中，采用星形给料机对沥青颗粒进行输送。图 24.24 为用于考察星形给料机密封以及输送性能的实验装置。实验中，首先在储料罐中装入一定量的沥青颗粒，然后开启星形给料机，储料罐中的沥青颗粒及气体经星形给料机输送、泄漏到卸料罐，用流量计测定气体泄漏量，称重法测定沥青输送量。

实验得到了叶轮转速、床层压力及流化风速等对沥青颗粒输送量的影响曲线，从而为工业示范装置的建设提供了

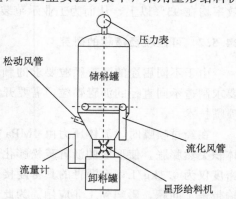

图 24.24　用于考察星形给料机密封以及输送性能的实验装置

基础数据。

24.5.4　旋风分离过滤器的研制

1. 旋风分离器内旋流场的稳定性分析

围绕两个基本理论问题进行研究：一是旋风分离器流场非轴对称问题的实验测量；二是通过数值模拟分析旋风分离器流场的稳定性。

采用热线风速仪测量旋风分离器内的瞬时切向速度，通过瞬时切向速度的变化分析旋流的摆动幅度和频率，从摆动幅度和频率的角度对旋流场的不稳定性进行分析。结果发现，靠近器壁附近区域，切向速度的起伏比较小，随着径向位置向内移动，切向速度的起伏逐渐增大，接近中心区域起伏更大，摆动更明显，说明旋转中心发生类周期的摆动。

数值模拟结果也表明，旋风分离器内气相流场存在着明显的非轴对称性，表现为气流的旋转中心与旋风分离器的几何中心不重合。气流的旋转中心线偏离中心轴线，在升气管入口附近偏离程度最大，约为 $0.07R$（R 为旋风分离器的半径）。数值模拟的速度分布是参考旋风分离器几何中心给定的，流场测量也是参考几何中心轴线进行的，而分析旋风分离器气-固分离过程时，其流场一般是以旋转中心的流场为基准的。上述分析表明两者之间存在一定的误差，这样就需要将计算的以几何中心为基准的流场速度变换成参考旋转中心的坐标系下的速度，才可以用于旋风分离器分离模型的计算。根据旋流流动的稳定性理论，由于旋转的动力效应或固壁的曲率效应，旋流出现不稳定性。根据 Rayleigh 准则，旋风分离器内旋流场的不稳定性是其自身固有的特性。

2. 过滤器脉冲反吹清灰的动力学机理分析

采用丙纶纤维滤料袋式过滤器和 $5\mu m$ 刚性金属丝网滤筒为对象，选用高密度聚乙烯（HDPE）粉料进行实验，分析脉冲过滤器的压降特性，考察过滤速度和入口浓度对滤袋长周期运行的影响。图 24.25 是两种滤料内外压差的测量结果。其中过滤气速为 0.5m/min，反吹压力为 0.5MPa，反吹周期为 10min，脉冲宽度为 200ms，入口含尘浓度为 $10g/m^3$。图 24.25 可见，丙纶纤维滤料的压降低于金属丝网滤筒的压降，但两者形态基本是一致的。初始过滤阶段是滤料"跑合"阶段，每个过滤周期的起始压降和终了压降都是逐渐上升的，即压降是不稳定的。经此阶段后，过滤操作达到一种稳定状态，在"稳定"阶段，起始压降和终了压降增幅变小，压降趋于稳定。

在上述研究基础上，充分考虑沥青颗粒的特点，沥青颗粒粉比较细，易粉碎，呈团絮态，堆积密度比较小，黏附性比较强，常规的气-固分离技术，如离

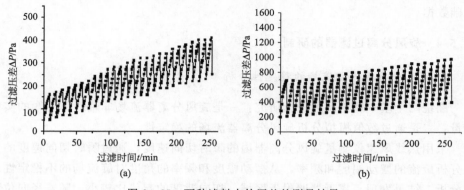

图 24.25　两种滤料内外压差的测量结果

（a）丙轮纤维滤料；（b）5μm 刚性金属丝网滤料

心分离技术、过滤技术等，不适宜这种颗粒物料的气-固分离，结合离心分离与过滤的特点，成功开发出一种旋流过滤分离器 D300，用于喷雾造粒塔顶溶剂带出的沥青颗粒的分离。实验表明，选择不同的过滤丝网板，过滤精度可以达到要求，能保持稳定的过滤状态。

24.5.5　梯级分离新工艺的工业实现

在中国石油集团的支持下，辽河石化分公司建设了 1.5 万 t/a 重油超临界萃取工业示范装置。工业示范装置目前已完成溶剂循环、柴油热运及造粒系统的碳

图 24.26　1.5 万 t/a 重油超临界萃取工业示范装置概貌

粉倒开车，正在进行进油前的准备工作。装置概貌见图 24.26。

　　本课题研发的核心装置的设计包括 8 个主要部分：阵列进料系统、喷雾造粒系统，塔内颗粒分离及气提段，颗粒藏量计算及密度测量法、温度测量方法，水冷却系统，排料及颗粒输送，气-固分离，系统压力和温度分布。造粒塔内压力 0.03～0.05MPa，温度 50～80℃；进料系统压力 4MPa；颗粒输送及排料系统压力近于常压，温度低于 50℃。

24.6　结　　论

　　发展了重油超临界溶剂深度精细分离方法，实现了重油化学性质组成及结构的多层次二维表征，获得了重油多层次化学组成结构的深入认识，提出了"重油梯级分离"的新思想。对重油-轻烃（C_3～C_5）溶剂体系相平衡的基础研究发现，超临界溶剂具有独特的溶解性能和在重油中优良的扩散性能，可以实现对重油中不同相对分子质量分布组分的精细分离。利用超临界流体混合体系的"倒退冷凝"独特现象，利用设置温度梯度实现回流提高分离选择性，建立了对重油进行非破坏性精细分离的新方法，解开了重油分离这一世界级的技术难题。对大量重油性质组成结构的深入研究发现，重油超临界精细分离窄馏分的重要物理化学性质随溶解度（收率）呈现规律变化，并在特定的收率出现明显拐点。进一步研究表明：对加工过程中催化剂性能及产品质量影响严重的微量金属（Ni、V 等）和 S、N、O 等杂原子的 70% 以上以及全部沥青质都浓缩在少量（约 20%）的萃取残渣中，而萃取馏分性质较重油明显改善，由此提出了"重油梯级分离"的新思想。

　　开发了重油深度梯级分离新工艺。在重油化学理论指导下，利用建立的描述深度溶剂脱沥青过程的热力学模型，结合实验室小型连续超临界萃取装置运行结果，提出了重油深度梯级分离的新工艺。完成了以 C_5（正戊烷）为溶剂，大港减渣及辽河减渣的深度梯级分离脱除残渣的实验室和中试研究，考察了溶剂比、温度、压力等因素对脱残渣油收率和性质的影响规律。得到了超临界萃取的优化工艺条件：萃取温度 160～170℃，一、二段温差 5～15℃；萃取压力 4.0～5.0MPa；溶剂质量比 4.0～4.5。确定了合适的超临界回收条件：温度 200～230℃，压力 4.0～5.0MPa。在此条件下可使溶剂和油得到有效的分离。

　　创造性地提出了硬沥青喷雾造粒新方法，突破了硬沥青难以处理的关键工程技术。重油深度梯级分离新工艺中关键的工程技术瓶颈是如何处理硬沥青及溶剂的回收。在大量基础研究工作中发现：在优化萃取条件的前提下，硬沥青的软化点可达到 180°C 以上。进一步分析萃取塔底的温度、压力条件及物料组成，创造性地提出了利用超临界条件下喷雾造粒的思路,成功实现了硬沥青喷雾造粒并与萃取过程的耦合这一关键工程技术的突破,成功建设了一套百吨级深度溶剂脱残渣中试装置,运行成功;深度溶剂脱残渣中试的工艺条件与收率验证了实验室小试结果,优化条件下脱沥青油收率达 85%;建立了喷雾造粒残渣颗粒中的微量溶剂含量的顶空色谱分析方法和高软化点残渣颗粒的软化点测量方法,为工业示范装置的建设奠定了工程基础。

研发了一批新型专用装备,包括新型喷雾造粒塔、可控粒径喷嘴和旋风分离过滤器,建成了工业示范装置。新型喷雾造粒塔带有新型阵列喷雾造粒进料系统和外壁水冷却系统,可以同时利用沉降分离和离心分离原理,具有较高的气-固分离效率;可以在没有内构件条件下对造粒塔进行冷却和温度控制。可控粒径喷嘴和两级降压喷嘴可以通过喷嘴内构件控制喷雾液滴粒径,从而控制沥青残渣颗粒的粒径,以适应下游工业需求。研发了硬沥青颗粒这一特殊物料与溶剂分离的配套装备——旋风过滤系统。建成了 1.5 万 t/a 重油梯级分离工业示范装置。

参 考 文 献

[1] SFA Pacific Inc. Upgrading heavy oils and residues to transportation fuels: Technology, economics, and outlook. Phase 6, 1999.

[2] 李冬梅. 高硫含硫原油加工组合工艺探讨. 石油炼制与化工, 1999, 29: 73-76.

[3] 黄风林. 渣油深加工的组合工艺. 石油与天然气化工, 2000, 29: 68-71.

[4] 李家栋. 沙特轻质原油的重油五种加工方案比较. 石油炼制与化工, 2001, 32: 13-16.

[5] Zhao Suoqi, Xu Zhiming, Xu Chunming, et al. Systematic characterization of petroleum residua based on SFEF. Fuel, 2005, 84 (66): 35-645.

[6] 张占纲, 郭绍辉, 赵锁奇, 等. 大港减压渣油超临界萃取残渣极性组分的化学结构特征. 石油学报 (石油加工), 2007, 23 (4): 82-88.

[7] 刘玉新, 许志明, 李凤娟, 等. 大港减压渣油超临界萃取分馏窄馏分的黏度混合规律. 石油学报 (石油加工), 2007, 23 (5): 90-94.

[8] Zhao S, Sparks B D, Kotlyar L S, et al. Correlation of processability and reactivity data for residua from bitumen, heavy oils and conventional crudes: Characterization of fractions from super-critical pentane separation as a guide to process selection. Catalysis Today, 2007, 125 (39511): 122-136.

[9] Zhao Suoqi, Zhou Yongchang, Xu Zhiming, et al. A new group contribution method for estimating boiling point of heavy oil. Petroleum Science and Technology, 2006, 24 (3-4): 253-263.

[10] Gao Jinsen, Zhao Suoqi, Lin Shixiong. Correlation between feedstock SARA components and FCC product yields. Fuel, 2005, 84 (6): 669-674.

[11] Wang Xingyi, Xu Zhiming, Zhao Suoqi, et al. Solubility parameters of bitumen-derived narrow vacuum resid fraction. Energy & Fuels, 2009, 23 (1): 386-391.

[12] Zhao Suoqi, Xu Chunming, et al. Deep separation method and processing system for the separation of heavy oil through granluation of coupled post-extraction asphalt residue: US, US2007007168. 2007-

01-11.

[13] 赵锁奇，徐春明，等. 耦合萃余残渣造粒实现重质油深度梯级分离的方法及处理系统：中国，CN1891784. 2007-01-10.

[14] Gao Jinsen，Xu Chunming，et al. Experimental and computational studies on flow behavior of gas-solid fludization bed with disparately sized binary particles. Particuology（Invited），2008，（6）：59-71.

25 能源过程工程

　　能源与环境问题是目前制约我国经济与社会可持续发展的两个最重要的问题。节能减排，提高能源效率，积极发展可再生能源，节约和替代部分化石能源，促进能源结构调整，减轻环境压力，是保障国家能源与环境安全、建设社会主义新农村、促进我国经济与社会可持续发展的必然的战略选择。流态化技术由于具有传热和传质速率高，反应速度快，广泛用于过程工程，特别是能源工程领域，本章主要介绍流态化技术在能源领域中的一些应用，包括循环流化床煤多联产技术、循环流化床垃圾焚烧技术和循环流化床生物质热解技术。

25.1　煤多联产技术

25.1.1　多联产系统分类

　　我国长期以来以煤炭为主要能源资源，但我国煤炭利用一直处于一种单一发展煤炭生产、不注重煤炭综合利用的不合理产业布局，电力、化工和其他行业在技术工艺、设备设施上的不足以及产品结构上的不合理，致使我国的单位产值能耗是发达国家的 3～4 倍，可见我国的煤炭利用效率低下。同时，我国在煤炭利用过程中对污染物排放控制措施实施得很差，煤炭的开发和加工利用成为我国环境污染物排放的主要来源，使得我国环境成为典型的煤烟型污染，随着煤炭消耗的增加，面临的环境问题越来越多，环境恶化也会越来越严重。目前，煤炭利用导致的严重环境污染已严重影响了我国的可持续发展[1-4]。因此寻求资源消耗少、能源转化率高、总体排放少的煤炭能源利用系统对我国实现可持续发展战略是一个必然选择。煤是一种复杂的混合物，作为单一用途来利用往往会造成很大浪费，如煤燃烧发电，把煤所含的各有用成分都作为燃料来利用，而没能充分利用其中有更高价值的组分，如挥发分等。而对于煤化工系统，由于其反应条件限制，往往只能利用煤中较容易利用的部分，其余作为残渣处理，浪费资源，污染环境。所以，如果能把以煤作为资源的多个生产工艺作为一个整体考虑，从整体利用的角度，分级转化，分级利用，实现煤炭高效低污染利用，则能更好地解决我们所面临的资源与环境问题。

　　多联产系统正是从整体最优角度，跨行业界限提出的一种高度灵活的资源、能源、环境一体化系统[5]。所谓"多联产"，就是指将以煤气化热解技术为"龙头"的多种煤炭转化技术，通过优化组合集成在一起，以同时获得多种高附加值的化工产品（包括脂肪烃和芳香烃）和多种洁净的二次能源（气体燃料、液体燃料、电力等）[6]。

煤的多联产技术是一个非常复杂的系统工程，以煤炭资源利用价值的提高、利用过程效率、经济效益及环境污染等为综合目标函数的多个子系统的优化耦合，优化耦合之后的产品生产流程比各自单独生产的流程可以简化，从而实现煤炭资源的分级利用、高利用效率、高经济效益及极低污染排放[7]。

基于煤气化技术的不同，目前多联产系统的主要技术方向可以分为以下三类[8]：

（1）以煤热解气化为核心的多联产系统；

（2）以煤部分气化为核心的多联产系统；

（3）以煤完全气化为核心的多联产系统。

1. 以煤热解气化为核心的多联产系统

以煤热解为基础的热、电、煤气"三联产"技术主要用热载体提供煤热解所需的热量生产中热值热解煤气，热解产生的半焦送入燃烧炉，作为燃料燃烧产生蒸汽，用于发电、供热。热、电、煤气三联产系统是一种能源转化率高的能源利用系统[9]。三联产系统对于联合循环发电或同时需要煤气和热量的工厂是较为经济的，不仅简化了气化炉的结构，降低了投资，而且可以提高碳的利用率，减少环境污染[10]。根据气化反应装置、热载体性质的不同，该技术目前主要有以流化床煤热解为基础以及移动床煤热解为基础的热电气多联产技术和以焦热载体煤热解为基础的热电气多联产技术[8]。

以流化床热解为基础的循环流化床热电气多联产技术的主要工艺特点是利用循环流化床锅炉的循环热灰或半焦作为煤干馏、部分气化的热源，煤在流化床气化炉中热解、部分气化产生中热值煤气，经净化除尘后输出，气化炉中的半焦及放热后的循环灰一起送入循环流化床锅炉，半焦燃烧放出热量产生过热蒸汽，用于发电、供热。在循环流化床多联产技术研究方面，北京动力经济研究所开发了以移动床热解为基础的循环流化床多联产技术，中国科学院工程热物理研究所、浙江大学、清华大学分别开发了以流化床热解为基础的循环流化床多联产技术。浙江大学对该技术已完成了基础实验和小型热态试验研究并进入工业试验阶段[9]。为开发煤的热电气焦油联产技术，2006年7月，浙江大学与淮南矿业集团合作成立了浙江大学淮南矿业集团热电气焦油联产联合实验室，充分发挥各自在资源和技术上的优势，进行该项目技术的开发，在浙江大学1MW多联产试验台上进行淮南煤试验的基础上，双方在淮南矿业集团共同开发了12MW循环流化床煤的热电气焦油多联产工业示范装置。该项目利用循环流化床技术，在煤燃烧之前，将煤中富氢成分提取出来用作优质燃料或高附加值化工原料，剩下的半焦通过燃烧产生热量，再去供热和发电，可实现煤的分级转化和分级利用，大幅度提高煤的利用价值。

以移动床热解为基础的循环流化床热电气多联产技术的原理与以流化床为基础的循环流化床热电气多联产技术的原理基本相同，主要差别在于其干馏室采用移动床进行干馏，而不是采用流化床进行干馏。它的主要工艺特点是在循环流化床锅炉旁设置移动床干馏器，循环流化床锅炉的循环热灰与锅炉给煤的一部分一起送入干馏器，这样，循环热灰将作为煤气干馏过程的热载体对煤进行干馏，煤析出其挥发分产生的煤气经进一步处理后供用户使用，而煤干馏产生的半焦和循环灰最后将被回送到锅炉，半焦与锅炉给煤两者共同作为锅炉的燃料燃烧加热水产生蒸汽用于发电、供热，循环灰在炉膛中被加热升温后再度进入系统被循环使用。该技术已在内蒙古赤峰富龙热电厂进行了工业性试验[11]。

以焦热载体煤热解为基础的热电气多联产工艺的技术核心是以煤半焦作为固体热载体，用固体热载体与煤直接接触制气，煤被固体热载体加热后释放出其所含的挥发分得到干馏煤气。大连理工大学开发的褐煤固体热载体干馏多联产工艺技术在内蒙古平庄和广西南宁分别进行了工业性试验和应用试验研究[12]。

2. 以煤部分气化为核心的多联产系统

以煤部分气化为基础的洁净煤技术，主要是将煤在气化炉内进行部分气化产生煤气，没有被气化的半焦进入燃烧炉燃烧利用产生蒸汽来发电、供热，而产生的煤气可能有多种用途，如燃气-蒸汽联合循环发电、燃料气和其他的化工产品的生产。部分气化产生的煤气视成分分别有不同用途。例如，空气气化产生的煤气由于热值较低，氮气成分偏高，而用于燃气蒸汽联合发电；氧气气化产生的合成气一般可以直接作为燃料供应，如民用燃气、生产工艺燃气和燃气联合循环发电等，也可经过转化生产各种丰富的化学产品。合成气转化工艺可分为直接法和间接法。在工程应用中，F-T 法是直接法的典型代表，利用 F-T 合成工艺可以将合成气转化为柴油、粗汽油和石蜡等多种优质燃料和化工产品。在间接工艺中，合成气制甲醇备受青睐，以甲醇为原料制取乙酸、乙二醇均可集成到多联产系统中。另外，在热电气多联产系统中，还可获得其他副产品，如硫黄、硫酸、CO_2 等，煤灰渣中可提取钒等贵重原料，灰渣可作为建筑原料。

经过多年的发展，目前在国外主要有气化燃烧技术与联合循环发电相结合的先进燃煤发电技术。以煤部分气化为基础的先进燃煤发电技术的主要代表有美国 Foster Wheeler 公司开发的第二代增压流化床联合循环（2G-PFBC，或称 APF-BC）和英国 Babcock 公司开发的空气气化循环（ABGC）。此外，Foster Wheeler 公司开发了燃煤高性能发电系统（HIPPS）。近年来，日本通过引进国外技术和自行开发研究的结合，设计出了第二代增压流化床联合循环（APFBC）和增压内部循环流化床联合循环（PICFG）等。我国对部分气化为基础的集成利用技术研究起步较晚。在国家重点基础研究发展规划项目煤热解、气化和高温净化过程的基础性研究的资助下，浙江大学、中国科学院山西煤炭化学研究所和东南大学分别对常压气化燃烧、加压气化常压燃烧和常压气化加压燃烧集成利用技术进行了研究开发，完成了系统的试验验证工作。浙江大学在其自行设计并建造的1MW 煤热解气化燃烧分级转化试验装置上进行了部分气化燃烧试验。东南大学在贾旺电厂 15MW 级的 PFBC 中试电站上进行了设计运行，取得了不少成果。

3. 以煤完全气化为核心的多联产系统

以煤完全气化为基础的热电气多联产技术就是将煤在一个工艺过程——气化单元内完全转化，将固相燃料转化为合成气，合成气可以用于燃料、化工原料、联合循环发电及供热制冷，实现以煤为主要原料，联产多种高品质产品，如电力、清洁燃料、化工产品以及为工业服务的热力。美国能源部（DOE）提出了展望 21（Vision 21）能源系统[13]，其基本思想是以煤气化为龙头，利用所得的合成气，一方面用以制氢供燃料电池汽车用，另一方面通过高温固体氧化物燃料电池和燃气轮机组成的联合循环转换成电能，能源利用效率可达 50％～60％，排放少，经济性比现代煤粉炉高 10％。其总目标是在 2015 年，建成超清洁的能源转化系统，转化效率大幅度提高，污染物接近零排放。为了实现 Vision 21 的规划目标，美国 2002 年实施了洁净煤发电计划（Clean Coal Power Initiative），近期目标是开发和应用技术经济可行的环境控制技术，解决现存能源系统的环境污染问题，长远目标是开发具有 CO_2 捕集功能的发电和清洁燃料零排放的能源系统。2003 年初，美国政府宣布开始执行未来发电（FutureGen）项目，计划投资十亿美元（其中 DOE 承担 80％，其余 20％由约十个企业组成联盟来共同承担），十年内建设一座以煤气化为基础，联产 275MW 电、氢气、及液体燃料的新一代清洁能源示范厂，并与收集埋存 CO_2 相结合，实现 CO_2 近零排放。与此相应，壳牌（Shell）公司提出合成气园（Syngas Park）的概念，它亦以煤的气化或渣油气化为核心，所得的合成气用于 IGCC 发电、用一步法生产甲醇和化肥，并作为城市煤气供给用户。美国 PEFI 公司（Power Energy Fuel, Inc）提出了通过石油焦气化联产低碳醇与发电的多联产系统。其中，甲醇用于调峰，乙醇用于调和汽油，丙醇等作为化工利用，经济技术评价表明该联产过程的税后投资收益率在 15.2％～15.8％。欧盟于 2004 年开始执行 HYPOGEN 项目，该项目从 2004 年开始，到 2015 年完成建设和示范运行，总投资达到 13 亿欧元，HYPOGEN 项目的目标是建成以煤气化为基础的生产 192MW 电力和氢的近零排放电站，并进行 CO_2 的分离和处理[14]。总之，国外学术界、产业界和政府已对煤炭多联产的概念及其对 21 世纪能源利用的战略意义取得共识，正在大力推进其研究、发展和示范。一些国际上著名公司，如英国 BP 公司、美国德士古公司、GE 公司、美国空气产品公司等[15]都在进行煤炭联产集成系统的优化发展和适宜联产系统的关键技术突破。

中国目前也已经有许多研究机构和企业开展以气化为核心的多联产系统的开发与应用[24-26]。上海焦化总厂于 1991 年开工建设，并于 1998 年完成第一期煤气、化工产品、热电多联供工程竣工验收，这可以看做是煤的多联产技术的一次初步尝试。中国科学院工程热物理研究所则与山东兖矿集团合作进行 76MW 发电和年产 24 万 t 甲醇的煤气化—甲醇合成—联合循环发电联产示范工程的建设。除此之外，兖矿集团还提出了以含硫 3％～4％的高硫煤为原料，年产 40 万 t 甲醇，50 万 t 乙酸，75 万 t 运输油乙酸乙烯，16 万 t 硫黄，46 万 kW 发电的煤基洁净高效多联产生产系统。2005 年，太原理工大学煤科学与技术重点实验室提出了"气化煤气、热解煤气共制合成气的'双气头'多联产技术"，'双气头'多联产系统选择了现有的煤气化技术，结合气化煤气富碳、焦炉煤气富氢的特点，采用创新的气化煤气与焦炉煤气共重整技术，进一步使气化煤气中的 CO_2 和焦炉煤气中的 CH_4 转化成合成气，是一个在气源上创新的多联产模式[16]。中国华能集团公司有兴趣参与零排放的国际示范项目；中国神华集团也在探讨煤合成油与发电的联产，提出了煤/电/油/化学品联产基地建设规划，正在实施煤直接液化—间接液化—多联产一体化发展方案；香港海粤电力投资有限公司也进行煤、电、气、化多联产项目的预可行性研究。

25.1.2　煤分级利用多联产技术开发

浙江大学是国内较早开发的以煤热解为基础的分级转化综合利用的研究单位之一，早在 1981 年就提出了循环流化床煤热解热电气联产综合利用方案，为了验证方案的可行性，浙江大学在教育部博士点基金、国家"八五"攻关项目的资助下，在其实验室建立了一套 1MW 热态试验装置，并用其对不同煤种和不同运行参数进行了大量试验，证实了技术上和工艺上的可行性，于 1995 年获得国家发明专利[20]。利用该技术开发了 12MW 及 25MW 循环流化床多联产装置[18,19]。

图 25.1 为多联产技术的基本工艺流程图，其工艺流程为：循环流化床燃烧炉（锅炉）运行温度为 850～900℃，大量的高温物料被携带出炉膛，经分离机构分离后部分作为热载体进入以再循环煤气为流化气化介质的流化床气化炉。燃料（煤）经给料机进入气化炉与作为固体热载体的高温物料混合并加热（运行温度为 550～650℃）。煤首先受热裂解，析出高热值挥发分，煤在气化炉中经热解所产生的粗煤气和细灰颗粒进入气化炉分离机构，经分离后的粗煤气进入煤气净化系统，经激冷塔、电捕焦油器后，部分粗净化后的煤气可通过煤气引风机和煤气再循环风机加压后再送回气化炉底部，作为气化炉的流化介质，而收集下来的

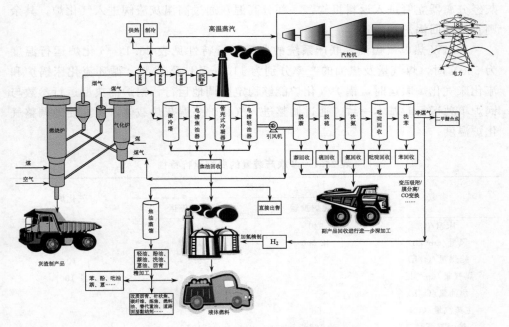

图 25.1 多联产技术的基本工艺流程图

焦油可出售或提取高附加值产品，改性变成高品位合成油。其余煤气则进入脱硫等设备继续净化变成净煤气供民用或经变换、合成反应变成二甲醚等液体产品。煤在气化炉热解气化后的半焦和循环物料以及煤气分离器所分离下的细灰（灰和半焦）一起通过返料机构进入循环流化床燃烧炉。循环流化床燃烧炉燃用气化炉来的半焦，把气化炉来的低温循环物料加热后再送至气化炉以提供气化炉所需热量，同时所生产的水蒸气用于发电、供热及制冷等，灰渣进行综合利用。

12MW 热电气焦油多联产系统是浙江大学利用 1MW 燃气蒸汽多联产试验装置进行了大量试验的基础上建立的，装置本体由两部分组成：一是循环流化床锅炉发电系统，一是流化床煤气化炉。

烟煤从气化炉给煤口进入后，与由锅炉旋风分离器来的高温循环灰混合，在 600℃ 左右的温度下进行热解，产生的粗煤气、焦油雾及细灰渣颗粒进入气化炉旋风分离器除尘，经除尘后的粗煤气进入煤气净化系统，经激冷塔和电捕焦油器冷却捕集焦油后，再经煤气鼓风机加压，部分净化后的煤气送回气化炉作为流化介质，其余则进入脱硫等设备继续净化后再利用。热解后的剩余半焦和循环灰一起通过返料机构进入锅炉燃烧。锅炉内大量的高温物料随高温烟气一起通过炉膛出口进入旋风分离器，经分离后的烟气进入锅炉尾部烟道，先后经过热器、再热器、省煤器及空气预热器等受热面产生蒸汽用于供热和发电。被分离下来的高温灰经分离器立管进入返料机构，一部分高温灰通过高温灰渣阀进入气化炉，其余则直接送回锅炉炉膛。

12MW 热电气焦油多联产系统的典型运行特性见表 25.1，气化炉运行温度为 580℃时，煤气量及焦油的产率分别为 1100m³/h 及 10%。循环流化床锅炉和流化床气化炉联运时，锅炉气化炉能够稳定协调地运行，锅炉的典型运行参数与锅炉单独运行时基本一致。通过调整进入气化炉高温灰热载体，可方便地调整气化炉温度。

表 25.1　多联产装置的典型运行特性

参数	锅炉		气化炉
	气化炉投运	气化炉停运	
床温/℃	940	950	580
风量/(m³/h)	42 000	40 000	2 800
给煤量/(t/h)	2	9.5	10
煤气量/(m³/h)	—	—	1 100
焦油量/(t/h)	—	—	1
主蒸汽量/(t/h)	68	68	—
排烟温度/℃	136	137	—
发电量/MW	12	12	—

循环流化床多联产系统生产的典型煤气成分见表 25.2。由表 25.2 可知，H_2 及 CH_4 含量高，两者之和高达近 70%，N_2 及 CO 含量较低，其典型低热值达 24MJ/m³ 以上，远高于参考文献 [21] 规定的一类气热值要求，属优质可燃气体，可作为居民及工业燃料气。煤气中 H/C 比达 3.58，CH_4 通过转换后可作为 DME 及甲醇等液体燃料合成的原料气。

表 25.2　典型煤气成分分析

含量/%										H_2S /(mg/Nm³)	COS /(mg/Nm³)	NH_3 /%
H_2	O_2	N_2	CH_4	CO	CO_2	C_2H_4	C_2H_6	C_3H_6	C_3H_8			
27.47	0.14	8.23	40.07	5.36	8.12	3.22	3.71	1.23	1.05	5998	622	0.54

多联产系统中低温煤气化炉的主要目标产物是轻质焦油。重质焦油的产生，一方面减少了轻质焦油的含量；另一方面，由于重质焦油黏度大，冷凝点较高，易凝结，而且目前流化床气化炉出口高温含尘粗煤气除尘还存在一定困难，因此重质焦油较多时易导致煤气管路及后续煤气净化系统管路的堵塞，严重时将影响系统的稳定运行。所以，在多联产系统运行时，需要合理控制温度以提高焦油，特别是轻质焦油产率，同时最大限度地降低重质焦油的组分。

　　焦油产率与气化炉温度的关系示于图 25.2，由图 25.2 可见，在试验考察温度范围内，焦油产率首先随热解温度的升高而提高，在 540℃ 左右达到最大值，约为收到基煤重的 11%，而后又逐渐降低。

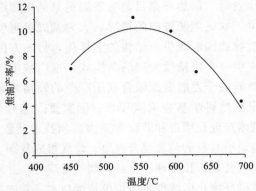

图 25.2　试验煤种不同温度下的焦油产率

　　焦油池中焦油经脱水后，蒸馏处理为 4 个馏分，见表 25.3。由表 25.3 可知，低于 360℃ 的馏分含量约占焦油总质量的 30%～50%。热解温度较低时，低于 360℃ 的馏分含量较高。

表 25.3　不同热解温度下煤焦油馏分的分布

样品	各馏程含量/%			
	<170℃	170～300℃	300～360℃	>360℃
530℃	5.42	6.45	32.00	50.03
580℃	6.90	4.42	19.88	63.70
630℃	8.46	6.44	15.79	62.41
680℃	7.47	4.32	11.62	71.80

　　与原煤相比，半焦作为煤流化床高温热解后的产物，在表面形态、内部结构及化学组成上都有较大差异，尤其是经过高温热解后，大部分挥发分析出，而且掺混了大量灰热载体，灰分含量高、热值低，燃烧利用困难。因此，实现半焦的高效稳定燃烧是多联产系统的关键技术之一[22,23]。

25.2　垃圾焚烧技术

25.2.1　引言

　　到 2008 年年底，全国城市生活垃圾的年产生量已超过 1.5 亿 t。城市生活垃圾产生的环境与社会问题，已成为制约我国城市发展的瓶颈问题之一。如何有效地处理这些城市垃圾，使之资源化、减量化和无害化，成为在城市化发展过程中应十分关注的问题。要从根本上解决城市生活垃圾对环境造成的严重破坏，从国民经济可持续发展的角度，对垃圾处理的目标是实现无害化、资源化和减量化。因此，利用垃圾焚烧发电（供热）是目前有发展前景的资源综合利用项目，特别是针对国内严重缺电、缺乏能源资源的情况，大力发展可再生能源利用，具有现实意义，一方面可改善我国能源供应结构的多样化，另一方面又为区域污染物治理、保护生态环境提供一个可持续发展的新模式。推广城市生活垃圾的焚烧发电技术，也符合我国政府关于发展资源综合利用产业的鼓励政策[27,28]。

浙江大学在国家自然科学基金重点项目、国家重点基础研究发展规划项目、国家计委重大高新技术产业化项目和浙江省重大高新技术产业化项目等的支持下，根据我国城市生活垃圾所具有的垃圾混合收集、垃圾组成复杂、水分高、热值低等特点，深入研究了垃圾焚烧、预处理、给料、烟气处理等，并对相关技术进行综合集成，开发出异重度循环流化床城市生活垃圾焚烧技术，并成功地使其得到广泛应用[29,30]。以下对这一技术给予简要介绍并对焚烧炉设计和应用要点进行分析。

25.2.2　焚烧炉结构及技术特点

图 25.3 为某一典型的 400t/d 垃圾焚烧炉的结构简图。焚烧炉为 π 型结构，半露天布置，在焚烧炉的设计上采用了全膜式壁结构，焚烧炉采用整体悬吊结

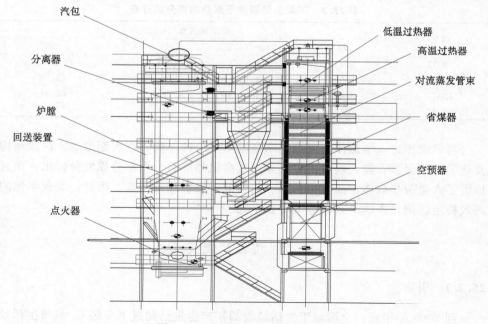

图 25.3　垃圾焚烧炉的结构简图

构；下部的膜式壁外采用耐磨浇注料防护，在过热器、对流蒸发管束、省煤器、空预器的入口和转弯烟道等容易磨损的区域采取防磨措施，减轻受热面磨损爆破停炉的压力，提高焚烧炉运行的可靠性；在过热器和对流蒸发管束区域的高温烟气区，采用膜式壁形式的包覆式过热器，既利用了烟道空间，又减轻了尾部烟道的漏风，有利于保证排烟温度，提高锅炉效率；针对省煤器和空预器等尾部受热面区域易积灰引起排烟温度升高、效率降低、阻力增大的情况，一方面适当提高烟气流速，减轻积灰情况，同时在该区域设计了吹灰器，通过在运行中吹灰来解决受热面积灰问题，保证排烟温度和锅炉效率。在焚烧炉的炉膛中间区域，设置了垃圾渗滤液喷入孔，在运行过程中，可以将垃圾储存过程中排放出来的垃圾渗滤液喷入炉内燃烬，使垃圾渗滤液不对外排放。

浙江大学异重循环流化床垃圾焚烧技术的特点主要体现在以下几方面。

1. 异重度流化床的稳定燃烧

与床料石英砂相比，原生城市生活垃圾可视为大颗粒低密度物料。与细颗粒床料相比，在常规条件下，大颗粒物料倾向于沉积在流化床底部，从而破坏其正常稳定运行。浙江大学热能工程研究所开发出的异重度流化床是由重度差异较大的不同颗粒（如石英砂与垃圾）组成的流化床系统，研究表明，异重流化床可以防止垃圾大块在床内的沉积和轻粒度垃圾成分的偏浮，从而保证其稳定燃烧。

2. 特殊布风结合风帽布置方式，提高截面垃圾处理量

通过布风装置及燃烧设备的专门设计，可保证经简易破碎的原生垃圾在炉内充分焚烧。对某一特定的垃圾床截面处理垃圾来说，仍有一个极限值，超过这一限值将会对燃烧产生不利的影响。浙江大学通过研究开发及完善，焚烧技术逐步得到发展和提高，自 1998 年第一台杭州余杭垃圾电厂 150t/d 焚烧炉的每平方米布风板上处理的垃圾量为 580kg/(h·m²)，发展到目前焚烧炉单位时间内每平方米布风板上处理的垃圾量可达 1500kg/(h·m²)（500t/d～600t/d）。

3. 中低循环倍率的焚烧方式

由于在流化床中燃烧速率较快，且垃圾焚烧时较燃煤时未燃尽颗粒量要少，因此无须采用太高的循环倍率，同时考虑到高倍率循环流化床单位截面处理原生垃圾的能力有限，浙江大学采用了高温旋风分离器实现中低倍率循环燃烧，以垃圾处理量为基准的循环倍率一般不高于 10。

4. 可靠的防腐蚀措施

为防止在焚烧城市生活垃圾时，氯化氢排放导致的高温腐蚀可能会影响到焚烧炉部件的寿命，采取具体的防腐蚀措施有：

（1）异重流化床垃圾焚烧技术是中温循环流化床焚烧技术，采用床内焚烧温度在 850~900℃，较炉排焚烧炉焚烧温度要低，使炉内 HCl 转化率得到有效的抑制。

（2）采用非常规的过热器布置方式，将低温过热器布置在高温过热器的前面，以降低过热器的壁面温度，根据计算，能有效降低高温腐蚀。

（3）烟气中高浓度的飞灰吹扫效果，使得受热面灰结垢程度大大减轻，同时有助于减轻 HCl 气体对管壁的高温腐蚀程度。

采取以上措施后，自 1998 年以来，所有应用浙江大学垃圾焚烧技术的垃圾焚烧炉均未出现因高温腐蚀而导致过热器更换或报废。通过多年实际机组的运行情况，以及对 HCl 腐蚀机理的理论试验研究，结合现场挂件试验结果来看，采用浙江大学异重流化床焚烧技术的垃圾处理工程基本没有出现高温腐蚀导致的过热器破裂现象（最长的过热器运行时间已经达到八年）。

5. 优越的二噁英排放控制

大量的工程应用业绩表明，采用浙江大学城市生活垃圾流化床焚烧技术的垃圾焚烧炉，在掺煤比低于 20%（质量分数）的情况下，烟气中二噁英排放较大幅度的低于欧盟相关标准（0.1ng I-TEQ/Nm³），如浙江省环境监测站对杭州某流化床垃圾焚烧发电厂二噁英排放监测结果：300t/d 焚烧炉的二次监测结果为0.0082ng I-TEQ/Nm³，0.0025ng I-TEQ/Nm³。上述二噁英排放监测结果远低于目前世界上最严格的欧盟生活垃圾焚烧炉二噁英排放标准。根据研究发现，流化床垃圾焚烧炉由于燃烧过程高效、均匀，炉内燃烧过程中不完全燃烧产物少，二噁英的生成主要发生在燃后区的烟气冷却过程中，即以飞灰表面发生的异相催化反应为主。浙江大学热能所研发的煤与垃圾流化床焚烧技术，主要从以下两方面实现垃圾焚烧过程中二噁英排放的有效控制：

（1）燃料组成。对于低热值的城市生活垃圾，作为辅助燃料掺烧一定量的煤则可以达到生活垃圾稳定高效燃烧目的，研究发现，对于二噁英的污染控制也具有相当明显的效果。由于辅助煤的作用可以实现焚烧炉内温度场充分均匀和可控，对于挥发分和固定碳的燃尽是非常有效的，不会产生大量的未燃尽物质，如炭黑、CO 及 PAHs 等有机污染物，更为有效地是，垃圾中掺烧一定的煤，可大幅度抑制二噁英的生成。简单地说，煤中硫对二噁英的抑制作用主要体现在以下三个方面：抑制二噁英反应中氯基的生成、使二噁英合成反应的催化剂中毒、硫化二噁英生成的前驱反应物。

(2) 燃烧过程。分段燃烧方式及二次风旋涡切圆布置方式使炉膛悬浮段内燃烧空气充分混合，改善燃烧状况，降低 CO 排放浓度及控制 NO_x 的排放；并且采用了国际上通行的二噁英抑制方法，以有效地抑制二噁英的产生：①炉内温度保持均匀，在 850～950℃ 范围内；②高温段烟气停留时间大于 3s；③燃烧室内充分混合；④加强受热面吹灰。另外，采用炉内喷钙方法，有效降低烟气中酸性气体特别是 HCl 气体的排放，减少二噁英生成所必需的氯源。流化床焚烧时，燃料和高温床料的纵向和横向混合强烈，床温均匀，通过配风布置，使得床内整个燃烧气氛以及氧量分布比较均匀，燃料的燃烧条件较好，从而燃料燃烧充分，较好地抑制了炉膛中二噁英的生成。

同时在上述基础上，焚烧系统还将采用半干法烟气净化结合活性炭粉末喷射和布袋除尘的方式，实现燃烧后烟气中的二噁英排放控制。由于在燃料和燃烧中实现了对二噁英生成的有效控制和抑制，实际上，烟气中的二噁英排放量已经不是很大，通过半干法和布袋除尘相结合的方法，已能实现烟囱烟气二噁英的达标排放，且大大低于国内垃圾焚烧炉排放标准，接近或低于欧盟标准。研究和计算表明，流化床垃圾焚烧炉尾部系统中，飞灰是烟气中二噁英的主要吸附剂，通过布袋除尘，即可实现烟囱烟气二噁英的达标排放。

25.2.3 焚烧炉设计的关键点

1. 机组配置的选择

机组配置情况是垃圾焚烧工程建设首先要确定的内容，而配置的选择受多方面因素的影响，包括：当地实际的垃圾处理量以及垃圾量的变化趋势，尤其是随着季节以及城市发展的变化幅度；垃圾的热值以及辅助燃料的选择；是否有热负荷，以及热负荷的参数随季节的波动范围和远期的增长量；资金的限制以及周边环境及场地的限制等。如日处理 1000t 垃圾规模的项目，浙江大学已经有多个运行案例，典型的配置方案如表 25.4 所示。

表 25.4 典型的日处理 1000t 垃圾规模配置方案

项目名称	锅炉/(t/d)	汽机/MW
河南荥锦绿色环保能源有限公司	3×350	2×12
浙江义乌华川垃圾焚烧工程	2×200+2×400	12（供热）
广东东莞市横沥垃圾焚烧发电工程	4×400	2×18

2. 蒸汽参数比较及其选择

余热锅炉主蒸汽参数是余热利用系统的一个重要指标,对于目前国内垃圾焚烧余热发电机组,主蒸汽参数分为中温中压和次高温次高压两种。一般而言,对于同样的机组配置,选择较高的主蒸汽参数,可以获得较高的热效率,表 25.5 计算了典型的 12 000kW 机组热效率。

表 25.5　中温中压与次高温次高压热经济性比较

项目	次高温次高压	中温中压
主蒸汽压力/MPa	5.28	3.82
主蒸汽温度/℃	485	450
锅炉效率/%	80	80
工况	纯凝	纯凝
锅炉排污率/%	2	2
发电量/kW	12 000	12 000
汽机额定进汽量/(t/h)	52	56
锅炉蒸发量/(t/h)	54. 144 329 9	58. 309 278 35
热效率/%	0. 226 909 762	0. 215 492 263

从表 25.5 可以看出,对于 12 000kW 纯凝汽工况,两者的热效率相差 1.1%左右,当然主蒸汽参数的选择,除了要考虑热效率外,还要综合考虑设备投资,运行以及维护费用。采用哪种主蒸汽参数,主要看实际情况与业主的要求,按照目前的电力设计规范来看,中温中压与次高温次高压对于炉内受热面以及炉外蒸汽管道的选材基本一致,选择高参数不仅能够提高全厂热效率,同时也能够满足高参数热用户的需求,但是高参数对整个系统设计的要求高,同时运行与维护安全等级高,从现场运行经验来看,对于 65t/h 以下的余热利用锅炉,一般选择中温中压参数,而对于 65t/h 以上锅炉,一般建议选择次高温参数。

25.2.4　循环流化床焚烧系统设计的考虑

生活垃圾焚烧处置项目是一个复杂的系统工程,由多个子系统构成,包括垃圾运输、垃圾预处理、垃圾给料、排渣系统、炉内燃烧系统、控制系统、尾气净化处理等,如何有效合理地将这些子系统集成起来,是保证垃圾焚烧处理系统连续运行,余热利用锅炉处理稳定的先决条件。

1. 垃圾预处理系统

垃圾预处理指的是对进入垃圾焚烧厂内的原生垃圾进行破碎,去除大块异物,如铁块、石块等不可燃组分,避免在燃烧过程中流化床锅炉内受热面及炉体的损伤。这对于保障锅炉的稳定运行具有重要的意义。目前的垃圾预处理工艺包括：①通过破碎机对原生垃圾中粗大组分的简单破碎；②通过电磁除铁器除去垃圾中铁器。从投资角度来看，主要包括垃圾预处理房间及设备投资，其中设备包括破碎机、输送设备以及去铁设备等。对于日处理1000t垃圾规模的焚烧厂，设备和土建投资约为800万元左右，约占垃圾电厂总体投资的4%左右（表25.6）。

表 25.6　垃圾预处理投资费用（日处理1000t规模）

名称	数量	投资（万元）
土建投资	25m×70m	230
设备投资	2条线	550

虽然垃圾预处理需要一定的设备及土建投资，但是其对于整个垃圾处理工艺流程的稳定、连续运行具有至关重要的作用。从目前国内多个采用预处理和少数几个没有预处理工艺的垃圾焚烧电厂的运行情况来看，虽然采用垃圾预处理在投资和局部运行费用上略高一些，但是整个系统的稳定连续运行性能却得到了极大的提升。从实际运行的案例来看，对于没有预处理系统的垃圾焚烧厂，焚烧炉连续运行时间短，其中由于排渣不畅导致的被迫停炉约占全厂停炉次数的三分之一左右。如果按照每次停炉2天，全年停炉15次计算，由于排渣而导致的停炉将使系统少运行240h左右，对于日处理400t垃圾、锅炉出力为56t/h的焚烧炉来说，年损失发电量288万度，直接经济损失140余万元。此外还包括由于频繁排渣所导致的热损失，以及经常性启停所导致的设备损坏及维护费用等。通过实际调查来看，一些没有预处理工艺的垃圾焚烧厂为了保障锅炉的稳定运行，限制垃圾中不可燃粗大组分的比例，需要环卫部门对原生垃圾做预先分选，这往往无法适应国内垃圾处置的现状。

垃圾预处理的特点分析见表25.7。

表 25.7　垃圾预处理特点分析

工艺	优点	缺点
进行垃圾预处理	①入炉垃圾经过破碎和除铁后，给料连续均匀； ②炉内粗大不可燃组分少，排渣过程通畅，基本没有因为无法顺利排渣导致的被迫停炉； ③入炉垃圾平均热值高，炉内物料流化好，炉内燃烧过程稳定，燃烧充分； ④锅炉连续运行时间长，最大可以到3个月左右	①投资略大，需要增加预处理设备及相应土建费用； ②定员多3~4个，需要预处理工人及设备检修人员

工艺	优点	缺点
不进行垃圾预处理	①没有垃圾破碎与去铁设备，投资少，相应检修费用省； ②没有垃圾预处理及预处理设备检修人员	①容易出现给料不均匀，造成炉内压力波动； ②容易出现大的渣块堵塞排渣口，导致停炉； ③连续运行时间短； ④排渣口往往设计得很大，导致排渣过程中排渣损失大，甚至出现床料流空恶性情况； ⑤需要限制垃圾中粗大不可燃组分的比例

2. 垃圾给料系统

循环流化床垃圾焚烧炉对垃圾给料的要求应该满足以下功能：①工作稳定、可靠，并应有适当的超额定量的进料能力（一般为额定量的 $120\% \sim 130\%$）；②给料连续均匀，在整个给料量范围内，还应有较准确的调节线性比，可以满足锅炉不同负荷下的给料量要求；③给料装置本身以及与锅炉连接处有较好的密封性，以免由种种原因引起炉膛上部短时间正压时，不至于炉火冲出炉外，造成安全隐患和形象污染，同时也可使从入料口的漏风尽可能减少，以便保证锅炉良好的焚烧工况，提高锅炉燃烧效率和热效率；④对来料垃圾的物性、形态适应性好，对一般形态异样的物件，有改变其形态，使之适合装置进料的功能，对偶尔混入的大件或特异件，造成卡堵时有排卸功能；⑤装置的结构、系统设计、控制性能应与垃圾焚烧炉的焚烧处理规模相适配，操作简便、维护方便。

目前已经运行的垃圾焚烧炉给料装置主要有液压推送、链板传送和双螺旋输送三种型式，根据性能参数以及运行情况可以得出表 25.8 中的比较结论。

表 25.8　三种典型给料装置的综合比较分析

类别	给料均匀性能	给料连续性能	给料改善状况	运行可靠性能	调节性能	入料适用性能	运行维护	环境效果	料斗储存能力	消耗动力	体积及自重	投资成本
液压推送	差	较差	无	较好	好	好	要求较高	差	不用限量	大	大	较大
链板传送	较差	较好	无	较好	好	好	要求较低	差	限量	小	小	小
双螺旋输送	较好		有	较好	好	好	要求较高	较好	不用限量	较小	大	大

3. 冷渣分选系统

炉渣排出焚烧炉后，需要冷却装置使炉渣熄火并且冷却。冷却装置应具有容纳和搬运全部底渣的能力，并且还有避免外部空气流入内部的密封性能较好的构造。目前，水冷式滚筒筛分冷渣机在垃圾焚烧厂中应用较普遍。水冷式滚筒筛分冷渣机用变频调速装置进行出渣量的调节控制并保证出渣温度，能满足各种工况下的排渣要求，且能连续、稳定、安全地长期运行。滚筒采用单管通渣，水冷夹套式，防止滚筒内堵渣；为防止冷渣机动静密封处漏渣，滚筒采用锥形防漏渣结构；滚圈及滚轮等易磨损部位采用耐磨材料，并经淬火处理；冷渣机进出料口与筒体转动部位采用密封装置，头部进料装置密封环采用球面合金钢材料生产，耐高温又耐磨，密封间隙可任意调节，保证不漏灰渣；冷却水与高温底渣采用间接换热，冷却水采用化学除盐水或者凝结水，换热后可再利用；这部分冷却水从冷渣器吸入大量的热量，温升较高，使锅炉炉渣的热量得到充分的回收利用。

冷渣机尾部设置粗、细料筛分装置，细料直接进细渣仓，由返料装置送回锅炉，作为床料，达到料位平衡；粗料经除铁器除铁后进入粗渣仓。粗料经除铁器进入粗渣仓焚烧炉排出的底渣经冷却后，通过皮带（当冷却温度较高时，需要采用耐高温皮带）传送带、刮板式输送机等运送装置输送到底渣储存库。

4. 控制系统

随着技术的进步和运行经验的积累，近几年新建的垃圾焚烧厂的自动化程度水平较高。在一定规模的垃圾焚烧发电厂，如果现场条件和设备布置情况允许的话，一般采用机、炉、电集中控制的方式，设置机炉电集控室。在机炉电集控室内设有自动化控制系统的机柜、操作员站，工程师站以及辅助仪表盘。大多数垃圾焚烧厂的自动化控制系统采用 DCS 系统，它能在仅有少量就地操作和巡回检查配合下在控制室实现机组的启动，并能在控制室内实现机组的运行工况监视和调整以及停机和紧急事故处理。在控制室内，操作员站的液晶显示器和鼠标是运行人员对机组进行监视与控制的主要工具。而且系统具有开放性，保障今后的升级。DCS 主要功能包括数据采集系统（DAS）、模拟量控制系统（MCS）、顺序控制系统（SCS）、事故追忆（SOE）及事故紧急停车控制系统（ETS）。

25.2.5 小结

目前随着我国经济和社会的发展，垃圾焚烧发电作为有发展前景的资源综合利用项目日益得到各地重视，但同时，垃圾焚烧产生的二次污染，特别是二噁英的问题引起了高度关注。因此，选择技术先进、成熟可靠的垃圾焚烧技术至关重要。浙江大学多年来致力于流化床垃圾焚烧技术及其应用，并已获多项国家级和省部级奖励，如国家科技进步二等奖。近年来，采用该技术已投运垃圾焚烧发电厂 15 座，焚烧锅炉 38 台，垃圾处理量达 12250t/d，发电机组 270MW，并在此过程中积累了丰富的设计和工程经验。上文简要介绍了浙江大学生活垃圾焚烧炉特点及应用中的一些有益的经验，期望这些研究工作及其经验能更好地推动垃圾焚烧技术国产化，为我国垃圾高效清洁能源化处理做出贡献。

25.3　生物质流化床快速裂解技术研究

生物质热裂解技术是生物质在惰性气氛下受高温加热后，其分子破裂而产生可燃气体（一般为 CO、H_2、CH_4 等的混合气体）、液体（焦油）及固体（木炭）的热加工过程。生物质热裂解液化是在中温（500～650℃）、高加热速率（104～105℃/s）和极短气体停留时间（小于 2s）条件下，将生物质直接热裂解，产物经快速冷却，可使中间液态产物分子在进一步断裂生成气体之前冷凝，从而得到高产量的生物质液体油。该技术在国际上受到广泛的关注，国内外研究者从生物质原料、热裂解反应条件优化、新型热裂解反应器开发、热裂解机理研究等方面开展快速热裂解技术的研究，取得了重大的突破，使这项技术从实验室逐渐走向商业化。当前世界最大的商业化生产生物油装置是加拿大的 Dynamotive，其网站上公布现可日产油 70t。此外，国际上在生物油商业化比较领先的公司还有加拿大的 Ensyn，荷兰的 BTG 和芬兰的 Fortum 等。

25.3.1　生物质快速热裂解液化技术简介

1. 生物质热裂解的概念和分类

生物质热裂解（又称热解或裂解），通常是指在无氧环境下，生物质被加热升温引起分子分解产生焦炭、可冷凝液体和气体产物的过程。

根据反应温度和加热速度的不同，生物质热裂解工艺可分为慢速、常规、快速或闪速几种。慢速裂解工艺是一种以生成木炭为目的的炭化过程，低温和长期的慢速裂解可以得到 30% 的焦炭产量；低于 600℃ 的中等温度及中等反应速率（0.1～1℃/s）的常规热裂解可制成相同比例的气体、液体和固体产品；快速热裂解的升温速率大致在 10～200℃/s，气相停留时间小于 5s，生物油的产量可达原料质量的 40%～60%；闪速热裂解相比于快速热裂解的反应条件更为严格，气体停留时间通常小于 1s，升温速率要求大于 103℃/s，并以 102～103℃/s 的冷却速率对产物进行快速冷却。

2. 生物质快速热裂解工艺流程与特点

生物质快速热裂解技术的一般工艺流程包括物料的干燥、粉碎、热裂解、产物炭和灰的分离、气态生物油的冷却和生物油的收集[31]。

干燥。为了避免原料中过多的水分被带到生物油中,对原料进行干燥是必要的。一般要求物料含水率在 10% 以下。

粉碎。为了提高生物油产率,必须有很高的加热速率,故要求物料有足够小的粒度。不同的反应器对生物质粒径的要求也不同,旋转锥所需生物质粒径小于 $200\mu m$;流化床要小于 2mm;传输床或循环流化床要小于 6mm;烧蚀床由于热量传递机理不同可以采用整个的树木碎片。但是,采用的物料粒径越小,加工费用越高,因此,物料的粒径需在满足反应器要求的同时与加工成本综合考虑。

热裂解。热裂解生产生物油技术的关键在于要有很高的加热速率和热传递速率、严格控制的中温以及热裂解挥发分的快速冷却。只有满足这样的要求,才能最大限度地提高产物中油的比例。在目前已开发的多种类型反应工艺中,还没有最好的工艺类型。

产物炭和灰的分离。几乎所有生物质中的灰都留在了产物炭中,所以炭分离的同时也分离了灰。但是,炭从生物油中的分离较困难,而且炭的分离并不是所有生物油的应用中都是必要的。因为炭会在二次裂解中起催化作用,并且在液体生物油中产生不稳定因素,所以,对于要求较高的生物油生产工艺,快速彻底地将炭和灰从生物油中分离是必需的。

气态生物油的冷却。热裂解挥发分由生产到冷凝阶段的时间及温度影响着液体产物的质量及组成,热裂解挥发分的停留时间越长,二次裂解生成不可冷凝气体的可能性越大。为了保证油产率,需快速冷却挥发产物。

生物油的收集。生物质热裂解反应器的设计需保证温度的严格控制外,还应在生物油收集过程中避免由于生物油的多种重组分的冷凝而导致的反应器堵塞问题。

3. 生物质热裂解液化技术的应用前景

生物质快速热裂解制油技术是一项很有潜力的液化技术,它通过热裂解的方式将生物质转化为液体燃料,为缓解当前的石油危机提供了一个方向,近年来在世界上引起了广泛的关注。热裂解液化技术能以连续的工艺和工厂化的生产方式将低品位的木屑等废弃物为主的生物质转化为高品位的易贮存、易运输、能量密度高且具有使用方便的代用液体燃料(生物油),同时产生的副产品还有中热值的可燃气和少量的炭[32]。

生物油为深棕色或深黑色,并具有刺激性的焦味。通过快速或闪速热裂解方式制得的生物油具有下列共同的物理特征:高密度(约 $1200kg/m^3$);酸性(pH 为 2.8 ～ 3.8);高水分含量(15% ～ 30%)以及较低的发热量(14 ～ 18.5MJ/kg)。生物油的组成成分非常复杂,是醇、醛、酮、酸、糖和烯烃低聚物的混合物，含氧量较高为 35%～40%，是一种极性物质，化学稳定性较差，有腐蚀性，主要可用在燃烧供热、电力生产以及汽油、柴油与化学品的生产上。

（1）生物油可以不经复杂化学方法处理直接用来发电，如直接在锅炉中燃烧或经过适当净化处理在燃气轮机中燃烧发电。目前生物油已经在商业上用于发电厂燃煤锅炉的混燃[33]。2006 年，Dynamotive 公司利用 Magellan Aerospace Orenda 公司制造的 OGT-2500 工业燃气轮机进行燃烧生物油发电，电力送往安大略省电网。我国安徽易能生物能源有限公司热裂解制取的生物油主要用来代替重油在工业窑炉中燃烧，然后将热裂解焦炭作为农田有机肥料出售。

（2）生物油中富含各种含氧有机化合物，酚类化合物含量丰富，同时还富含各种糖类化合物。酚类化合物可以提取作为合成酚醛树脂的基质；而糖类化合物是除核酸和蛋白质之外的另一类重要的生命物质，在 21 世纪将有可能带来新一轮的知识突破，从而带来广泛的应用。Ensyn 公司生产的生物油主要用来提取食品添加剂、天然树脂和一些聚合物，然后将剩余的生物油在锅炉中燃烧用以发电。另外，生物油中含量较大且最具回收价值的是左旋葡聚糖、乙醇醛，价格都很昂贵。Bridgwater[34]从纤维素热裂解液体产物中可得到 37% 的左旋葡聚糖、33% 的乙醇醛，从木材热裂解液体产物中得到 22% 的左旋葡聚糖、18% 的乙醇醛。若能将这些高附加值的产品提取出来，再对剩余生物油进行利用，将提高生物油利用的经济效益，推动生物质热裂解液化技术的工业化应用。

（3）生物油转化成交通燃料的方法包括：生物油经过气化，利用费托合成制成交通燃料；生物油通过精制处理成为交通燃料；生物油和柴油进行乳化形成混合交通燃料。其中，生物油的精制处理大体上可分为催化加氢、两段精制和催化裂解。催化加氢是指在高压（10～20MPa）和有氢气及供氢溶剂存在下，进行加氢处理。催化加氢法的设备和处理成本高，而且操作中常发生反应器堵塞和催化剂严重失活等问题，因此并不经济。两段精制的第一段为预处理，是指在低温、低压及催化剂条件下，对生物油预处理，提高其热稳定性，第二段为传统的加氢处理，经预处理后，高温下的加氢处理就不会发生结焦现象。生物油精制研究的重点是催化裂解，在催化裂解过程中，催化剂在中温、常压下通过热化学方法将生物油中的氧以 CO、CO_2、H_2O 的形式除去，使之转化为常温下稳定、油品质量高、能量密度高、可直接广泛应用的液体燃料[35]。

4. 影响生物质热裂解的因素

在生物质热裂解过程中，热量首先传递到颗粒表面，再由表面传到颗粒内部。热裂解过程由外至内逐层进行，生物质颗粒被加热的部分迅速裂解成焦炭和挥发分。其中，挥发分由可冷凝气体和不可冷凝气体组成，可冷凝气体经过快速冷凝可以得到生物油。一次裂解反应生成焦炭、一次生物油和不可冷凝气体。在多孔隙生物质颗粒内部的挥发分将进一步裂解，形成不可冷凝气体和二次生物油。同时，当挥发分气体离开生物颗粒时，还将穿越周围的气相组分，在这里进一步裂化分解，称为二次裂解反应。生物质热裂解过程最终形成生物油、不可冷凝气体和焦炭[36,37]。影响生物质热裂解的因素主要包括反应过程中的传热、传质以及原料的物理特性等。具体表现为：温度、生物质原料、催化剂、停留时间、压力和升温速率[38]。

1) 温度

在生物质热裂解过程中，温度是一个很重要的影响因素，它对热裂解产物分布、组分、产率和热裂解气热值都有很大的影响。一般地说，低温、长期停留的慢速热裂解主要用于最大限度地增加炭的产量，温度小于 600℃ 的常规热裂解采用中等反应速率，生物油、不可凝气体和炭的产率基本相等；闪速热裂解温度在500~650℃ 范围内，主要用来增加生物油的产量；同样的闪速热裂解，若温度高于 700℃，在非常高的反应速率和极短的气相停留期下，主要用于生产气体产物。

2) 生物质原料

生物质种类、分子结构、粒径及形状等特性对生物质热裂解行为和产物组成等有着重要的影响。生物质主要由纤维素、半纤维素和木质素组成，这三种成分在生物质中的总量一般为 90% 以上。另外，生物质还含有一些可溶于极性或非极性溶剂的提取物，以及少量的无机物（矿物质或灰分）。生物质的热裂解常被归为其三大组分的热裂解，其中半纤维素和纤维素主要产生挥发性物质，而木质素主要分解为焦炭。在生物质构成中，以木质素热裂解所得到的液态产物热值为最大，气体产物中以木聚糖热裂解所得到的气体热值最大[39]。生物质粒径的大小是影响热裂解速率的决定性因素。粒径在 1mm 以下时，热裂解过程受反应动力学速率控制，而当粒径大于 1mm 时，热裂解过程中还同时受到传热和传质现象的控制。从获得更多生物油的角度看，较小的生物质颗粒尺寸比较合适，但这无疑会导致破碎和筛选有难度，实际上只要选用小于 1mm 的生物质颗粒即可。

3) 催化剂

有关研究人员在生物质热裂解试验中采用不同的催化剂，得到了不同的效果。例如，碱金属碳酸盐能提高气体和炭的产量，降低生物油的产量，而且能促进原料中氢释放，使气体产物中的 H_2/CO 增大；K^+ 能促进 CO、CO_2 的生成，但几乎不影响 H_2O 的生成；NaCl 能促进纤维素热裂解反应中 H_2O、CO、CO_2 的生成；加氢裂化能增加生物油的产量，并使油的相对分子质量变小。

4) 停留时间

在生物质热裂解反应中有固相停留时间和气相停留时间之分。固相停留时间越短，热裂解的固态产物所占的比例就越小，总的产物量越大，热裂解越完全。

气相停留时间一般不影响生物质的一次裂解反应过程，而只影响到可凝性挥发分发生的二次裂解反应的进程，导致液态产物迅速减少，气体产物增加。为获得最大生物油产量，应缩短气相停留时间，使挥发分迅速离开反应器，减少焦油二次裂解的可能。

5) 压力

压力的大小将影响气相停留时间，从而影响二次裂解，最终影响热裂解产物产量的分布。在较高的压力下，生物质的热裂解速率有明显的提高，反应也更激烈，而且挥发分的停留时间增加，二次裂解较大；而在低的压力下，挥发物可以迅速从颗粒表面离开，从而限制了二次裂解的发生，增加了生物油产量[40,41]。

6) 升温速率

升温速率对热裂解的影响很大。一般对热裂解有正反两方面的影响。升温速率增加，物料颗粒达到热裂解所需温度的相应时间变短，有利于热裂解；但同时颗粒内外的温差变大，由于传热滞后效应会影响内部热裂解的进行。在一定热裂解时间内，慢加热速率会延长热裂解物料在低温区的停留时间，促进纤维素和木质素的脱水和炭化反应，导致焦炭产率增加。气体和生物油的产率在很大程度上取决于挥发分生成的一次反应和挥发分二次裂解反应的竞争结果，较快的加热方式使得挥发分在高温环境下的停留时间增加，促进了二次裂解的进行，使得生物油产率下降、气体产率提高[42-44]。

25.3.2　生物质快速热裂解液化技术的现状与发展

1. 国内外研究现状

生物质快速热裂解液化技术是当今世界可再生能源发展领域中的前沿技术之一。该技术始于 20 世纪 70 年代，北美洲的研究较早[45,46]。80 年代初期，加拿大滑铁卢大学研制出流化床反应器快速热裂解技术[47]，随后，美国国家可再生能源研究室开发出涡动烧蚀热裂解反应器[48]，对该技术的研究起到了推动作用。80 年代后期，加拿大 Ensyn 公司开发出循环流化床反应器用于生产食品调味剂[49]，从此欧洲对生物质快速热裂解技术的研究产生了浓厚的兴趣。

在生物质快速热裂解的各种工艺中，反应器的类型及加热方式的选择，在很大程度上决定了产物的最终分布，甚至整个热裂解工艺的优劣。所以反应器类型和加热方式的选择是各种技术路线的关键环节。国外从 20 世纪 70 年代末就开始了对热裂解反应器的研究，通过长期的努力现已发展了多种生物质裂解技术，为生物质制油提供了有效可行的方法。依据加热方式的不同可分为以下几类：①机械接触式反应器，该种类反应器主要是通过灼热的反应器表面直接或间接接触生物质的方式传递热量，使生物质快速升温从而达到快速热裂解，荷兰 Twente 大学旋转锥反应器[50]、英国太阳能学会的蜗旋反应器[51]和英国 Aston 大学的烧蚀反应器[31]就属于这个类型；②间接式反应器，是由高温表面或热源通过热辐射传递热量，如美国华盛顿大学的热辐射反应器；③混合式反应器，依靠热气流或气-固多相流对生物质进行快速加热，因能够实现高加热速率，相对均匀的温度，能有效抑制热裂解产物二次反应而提高液体产率，成为目前最具发展潜力的工艺，美国佐治亚技术研究院开发的气流床裂解反应器[52]、加拿大 Waterloo 大学流化床反应器[47,53]和美国 GTRI 的快速引射流反应器[31]等都是此类反应器的典型代表。另外，加拿大 Laval 大学的真空裂解装置[54,55]、西班牙 PaisVasco 大学的喷动床热裂解反应器[56]、瑞士自由降落反应器、美国华盛顿大学的微波裂解反应器[57]和喷动流化床反应器[58]等均以最大限度地增加液体产品收率为目的。根据几种反应器的特点，给出了典型反应器的特性评价（表 25.9）。机械式反应器设备庞大磨损大，运行维护成本高。间接式反应器热源的局限性限制了其规模化应用。混合式反应器，尤其是流化床技术的生物质热裂解反应器，有着加热速率高、气相停留时间短、控温简便、固体产物分离简便、投资低等优点，已经成为主流工艺。

表 25.9　几种典型热裂解反应器的特性评价

反应器类型	喂入颗粒尺寸	设备复杂程度	惰性气体需要量	设备尺寸	扩大规模
流化床	小	中等	高	中	易
烧蚀反应器	大	复杂	低	小	难
引流床	小	复杂	高	大	难
旋转锥	小	复杂	低	小	难
真空移动床	大	复杂	低	大	难

相比较，我国在这方面的研究起步较晚。近年来，多家高校和科研机构在生物质热裂解方面开展了许多工作，表 25.10 列举了我国生物质热裂解生产生物油的一些技术[1]。浙江大学、中国科学院广州能源研究所、中国科学技术大学、沈阳农业大学等研究机构涉足该领域较早。沈阳农业大学从荷兰的 BTG 引进了一套 50kg/h 旋转锥闪速热裂解装置[59]。浙江大学率先开发出流化床快速热裂解试验装置，在此基础上又建立了 20kg/h 整合式流化床快速热裂解试验中试装置[60,61]。山东理工大学（原山东工程学院）于 1999 年成功开发了等离子体快速加热生物质液化技术，并首次在国内利用实验室设备液化玉米秸秆，制出了生物油[62]。东北林业大学林业生物质快速热裂解的技术研究，液体油产率为 58.6%[63]。中国科学技术大学成功研制出进料速率 150kg/h 的自热式热裂解液化工业中试装置，木屑产油率 60% 以上、秸秆产油率 50% 以上[64]。中国科学院

广州能源研究所研制的生物质循环流化床液化小型装置，木粉进料速率为 5kg/h，液体产率 63% 左右[65]。由此可见，中国越来越重视生物质热裂解液化技术的研究。

表 25.10　我国生物质热裂解生产生物油的一些技术

反应器类型	研发机构	规模尺寸
旋转锥	沈阳农业大学	50kg/h
	上海理工大学	10kg/h
流化床	哈尔滨工业大学	内径 32mm，高 600mm
	浙江大学	5kg/h
	沈阳农业大学	1kg/h
	中国科学院广州能源研究所	5kg/h
	上海理工大学	5kg/h
	华东理工大学	5kg/h
	浙江大学	—
	中国科学技术大学	1kg/h
平行反应管	河南农业大学	微量原料
热裂解釜	浙江大学	
固定床	浙江大学	直径 75mm，长 200mm
回转窑	浙江大学	4.5L/次
热分解器	清华大学化工系	—
等离子体	山东理工大学	0.5kg/h

2. 国内外生物质快速热裂解技术的商业化进程

早在 20 世纪 80 年代初期，欧盟就开始使用流化床装置把农林废弃物转化为燃料油和木炭，并在意大利建造了设计容量为 1t/h 的欧洲第一个示范工厂，液体产物的产率在 25% 左右。在同一时期，瑞士的 Bio-Alternative 公司也建成一套 50kg/h 的固定床中试装置，主要用于生产焦炭副产品油，焦油产率仅为 20%。虽然这两个项目属于常规热裂解工艺，液体产物产率低，却极大地激发了欧洲对生物质热裂解技术的兴趣。90 年代开始，生物质热裂解液化技术在欧洲开始蓬勃发展，随着试验规模的扩大和工艺的完善，各种各样的示范性和商业化运行的生物质热裂解装置在世界各地不断开发和建设。荷兰 Twente 大学生物质小组（BTG）研制了一套 10kg/h 的转锥式反应器模型，并建立了中试和商业装置，此后还研制了容量为 200kg/h 的改进旋转锥式反应器[31]。希腊可再生资源中心建造了利用生物质热裂解产物焦炭作为热裂解过程中加热燃料的 10kg/h 的循环流化床反应装置，液体产率高达 61%[66,67]。西班牙的 Union Fenosa 电力公司于 1993 年建立了基于加拿大 Waterloo 大学流化床反应器技术的 200kg/h 的热裂解示范厂，之后又开发了 2～4t/h 的商业规模生产线[67]。意大利 ENEL 从加拿大 Ensyn 公司购买一台给料量为 10t/d 的循环流化床反应器热裂解设备，在北美一些规模达到 200kg/h 的快速热裂解商业与示范工厂正在进行[31]。为使生物质热裂解早日实现商业化，由英国 Aston 大学生物质能研究室 Tony Bridgwater 教授牵头，由欧盟和国际能源机构（IEA）共同资助的热裂解协作网（PyNe）有来自欧美的 17 个国家参加，研究人员对生物质热裂解基础理论及生物油特性与应用做了大量研究工作，取得了很大进展。实现商业化，已成为当今世界生物质快速热裂解技术的发展趋势。

　　加拿大 Ensyn 公司是最早建立生物质快速热裂解商业化运行的公司，自 1989 年以来开始商业化生产和出售生物油，当前该公司仍在运行的最大设备是 2002 年建于美国威斯康星州，日处理量 75t（图 25.4），该反应器为流化床反应器，主要的生物质物料为木材废弃物，平均产油率在 75%，生产的生物油主要用来提取食品添加剂和一些聚合物，然后将剩余的生物油在锅炉中燃烧。加拿大 Dynamotive 公司在 2001 年和 2005 年相继成功运行了 15t/d 与 100t/d 的示范性生物质热裂解试验台以后，并于 2007 年在加拿大安大略省建立了目前世界上最大的生物质快速热裂解工厂，日处理量在 200t（图 25.5），反应器为流化床。预处理后的干燥物料被送进鼓泡流化床反应器中，加热至 450～550℃，热裂解后的气体进入旋风分离器，焦炭得到脱除，剩余的气流进入喷淋冷凝塔内，利用已经制取的生物油喷淋来实现冷凝。剩余的不可冷凝气体被重新送回反应器内，提供整个过程所需要的大约 75% 的热量。生物油的产率在 65%～75%（质量分数）。

图 25.4　Ensyn 公司 75t/d
生物质热裂解示范台

图 25.5　世界上最大的
生物质热裂解装置

　　澳大利亚近年来在生物质快速热裂解商业化推广上也有很大进展。Renewable oil 公司于 2007 年利用 Dynamotive 公司的技术建成商业性示范工厂，从生物质物料接收开始，经过物料预处理、储备，再进入热裂解，最后储存生物油。每天处理生物质物料的能力为 178t，物料主要以小桉树为主，同时也处理木材废料、甘蔗渣，或其他生物质。澳大利亚有辽阔的海岸线，土地由于海水入侵，盐渍化严重，需要大量种植生存力强、又能抵抗海水入侵的小桉树，因此在保证生物质热裂解物料供应的同时，促进了农民种植小桉树的积极性，形成了一个生态与经济的良性循环。

　　国内虽然生物质热裂解技术商业化起步较晚，但发展迅速，目前也已经出现了两家较大的商业示范公司。安徽易能生物能源有限公司联合中国科学技术大学开展生物质热裂解液化技术研究，2004 年 8 月成功研制出每小时处理 20kg 物料（时产 10kg 生物油）的小试装置。2005 年 8 月，将上述装置改造成自热式的热裂解液化小试装置。2006 年 4 月，该公司又开发出每小时处理 120kg 物料的自热式热裂解液化中试装置（时产 60kg 生物油）。目前，该公司已成功开发出 500kg/h、1000kg/h 的生物油生产设备，首期建设用地 60 亩*，项目投资总额为 7220 万元，在 2007 年建成 20 台 1000kg/h 的生物油生产设备，并布入网点。按照建设规划，到"十一五"末，该公司将建成年产 300 台设备生产线，并达到年产 300 万 t 生物质油的产业规模。青岛福波思新能源开发有限公司已经建成每天吞吐 24t 物料规模的工业生产示范站。该装置使用自身产生的燃气加热，并可依据市场对产品的需求情况，通过调节热裂解温度及物料裂解滞留时间，调整产品（气、炭、油）的产出比率。但是和国外相比，我国生物质热裂解公司规模偏小，且生物油产率均不高（50%左右），并未形成完善的营销管理体系，较多地依靠政府支持。表 25.11 给出了国内外主要生物质快速热裂解商业化公司的概况。

表 25.11　国内外生物质快速热裂解商业化公司对比

公司	国家	进料量/(t/d)	反应器	物料	产油率/%	生物油用途
Ensyn 公司	加拿大	75	流化床	木材废弃物	75	食品添加剂、聚合物和锅炉燃烧原料
Dynamotive 公司	加拿大	200	流化床	木材废弃物	65～75	发电
Renewable oil 公司	澳大利亚	178	流化床	木材废弃物	75	——

---

*　非法定单位，1 亩≈666.7m²。

续表

公司	国家	进料量/(t/d)	反应器	物料	产油率/%	生物油用途
安徽易能生物能源有限公司	中国	50	流化床	—	50	有机肥料和发电
青岛福波思新能源开发有限公司	中国	24	流化床	农业废弃物	—	—

25.3.3　浙江大学生物质快速热裂解技术开发

浙江大学于 20 世纪 90 年代中期自行开发研制了国内第一台小型生物质的流化床快速热裂解制油试验装置，建成的试验台如图 25.6 所示，物料通过螺旋给料系统进入流化床反应器，快速升温裂解，裂解之后的产物被流化载气迅速带出反应器，进入旋风分离器，焦炭得到脱除并收集，剩余的气流进入冷凝系统，绝大部分可冷凝的挥发分被冷却得到液体产物生物油，另外，不可冷凝或少量尚未及时冷凝下来的裂解气则与氮气一起通过过滤器排出系统[61]。

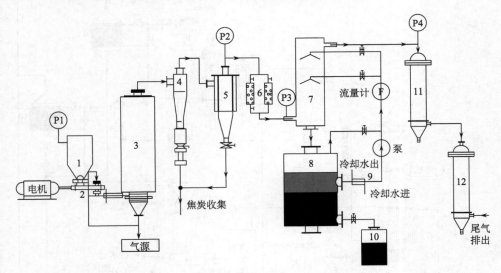

图 25.6　生物质流化床快速热裂解液化工艺流程示意图

1. 料仓；2. 整合式给料装置；3. 流化床反应器；4. 一级旋风分离器；5. 二级旋风分离器；6. 炭过滤器；7. 喷淋塔；8. 油液分离器；9. 喷淋介质冷却器；10. 储油罐；11. 一级间壁冷凝器；12. 二级间壁冷凝器

在国内率先获得了生物质整合式热裂解分级制取液体燃料装置发明专利（专利号：02112008），是国内最早授权的关于生物质流化床快速热裂解工艺的发明专利。针对已有的生物质热解液化工艺中能源利用率不高以及液体产物不分级等缺点，采用独特的设计方案研发了生物质整合式流化床热解分级，制取液体燃料装置，适合于规模化制取代用液体燃料，如图 25.7 所示。该系统的工艺流程：生物质经组合式给料装置进入变截面流化床反应器后，快速受热分解成挥发分和炭，气、炭混合物经过旋风分离器和炭过滤器，实现二级气、炭分离。分离出来的炭送到炭燃烧炉内燃烧生成热烟气，并流经反应器换热器，提供热解所需的热量，经过反应器换热器后，已部分冷却的热烟气通入原料干燥室并排空；经过气炭分离后的挥发分进入高温冷凝器被冷却到 200℃，在此温度区间冷凝而成的液体称为重质油，剩余的挥发分进入中温冷凝器被冷却到 100℃，收集得到高品质燃料油，在最后一级低温冷凝器被冷却到室温，收集得到相应的液体产物。从低温冷凝器出来的不可凝热解气经过气体滤清装置后，由煤气泵将部分气体再循环输送到变截面流化床反应器用作流化气体。高温冷凝器和中温冷凝器内吸收的热量由各自冷凝回路里的导热油介质通过高温空冷器和中温空冷器释放，冷凝回路里的高温导热油加热器和中温导热油加热器分别将各自的导热油预热到预定温度，而从高温空冷器和中温空冷器出来的热风则被送入炭燃烧炉内以余热利用[68]。

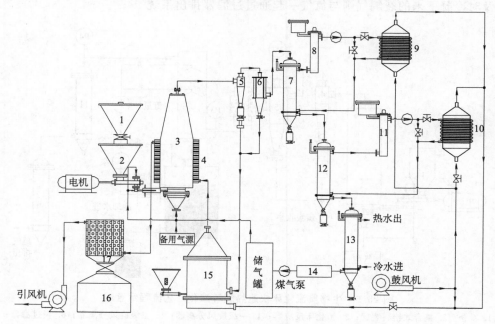

图 25.7　生物质整合式热裂解分级制取液体燃料装置

1. 预备料斗；2. 组合式给料装置；3. 变截面流化床反应器；4. 反应器换热器；5. 旋风分离器；6. 炭过滤器；7. 高温冷凝器；8. 高温导热油加热器；9. 高温空冷器；10. 中温空冷器；11. 中温导热油加热器；12. 中温冷凝器；13. 低温冷凝器；14. 气体滤清装置；15. 炭燃烧炉；16. 料仓；17. 原料干燥室

25.3.4 生物质流化床快速热裂解试验研究

为了深入了解生物质热裂解规律，考察反应条件对生物油产率和生物油性质的影响，并进一步开发热解产物高品位能源化利用，浙江大学能源清洁利用国家重点实验室提出了以生物质流化床快速热裂解技术为核心，利用产物合成高品位液体燃料的技术路线（图25.8）。

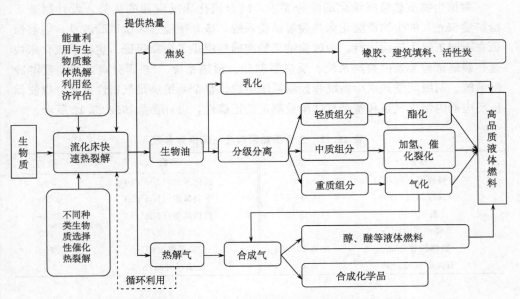

图 25.8　浙江大学提出的生物质热裂解液化技术路线

1. 生物质流化床快速热裂解试验系统

生物质快速热裂解工艺能最大化较高品质的生物油的产量，在满足较细的颗粒直径和较高冷却速率下，还需借助反应器实现生物质颗粒的快速升温和气相的快速析出，因此反应器的选择和设计是生物质热裂解液化工艺中的关键环节。流化床反应器由于具有独特的优点，如传热传质强烈使得生物质颗粒在短时间受热升温，气相停留时间短，避免了挥发分二次反应的发生，使用旋风分离器方便气-固分离，尾气和焦炭循环使用，降低了该技术的成本，增加了其应用潜力，而且设备简单和易于工业放大，使流化床反应器在生物质热裂解研究中得到广泛重视，成为当前国内采用较为广泛的热裂解液化装置。

在流化床上进行生物质热裂解的试验，主要是研究各种主要参数变动对热裂解产物产率及成分分布的影响，由于影响热裂解的参数较多，将各参数的影响都考虑进去是不现实的。在生物质流化床快速热裂解试验系统中，对物料的粒径、加热速率、气相停留时间等参数按照满足生物质快速热裂解基本条件的要求进行了优化设计。在其他参数相对不变的情况下，影响生物质热裂解的主导因素是温度，而且其他因素的影响也可以直接或间接地归结在温度影响上，所以进一步针对比较典型的木屑类生物质进行了生物质热裂解试验研究，重点研究不同温度条件下热裂解产物的分布，并寻求液体产物产率最大化的最佳工况。

根据生物质热裂解液化的特殊要求，结合流化床反应器的优势，设计制造了给料量5kg/h的生物质流化床热裂解试验系统，该系统经过多次试验改良，能够保证在不同工况下连续运行，为试验结果的准确性提供了可靠保证。生物质流化床快速热裂解试验装置由给料系统、反应器部分、预热系统、气-固分离系统、喷淋冷凝系统、两级间壁式水冷系统和控制系统组成。整个系统满足气密性要求，以便保证反应器内惰性气氛和整个气体流量测定的正确性，设计参数如表25.12所示。

表25.12　生物质热裂解流化床操作参数

参数	数值	参数	数值
给料速率（kg/h）	5	流化风量/(Nm³/h)	3～5
反应温度/℃	450～550	下料风量/(Nm³/h)	0.5～1
系统压力	常压	播料风量/(Nm³/h)	0.5～1
气体停留时间/s	1	预热温度/℃	400
物料粒径/mm	0.2～0.5	最高温度/℃	700
石英砂粒径/mm	0.4～0.6	给料时间/h	2～5

生物质流化床热裂解液化工艺流程如图25.6所示。将适量的石英砂放入流化床反应器中，称取一定量预处理后的木屑原料放入料仓。从氮气瓶出来的氮气经过集气箱的混合稳定气流后，大流量的氮气进入预热炉预热，另外部分进入给料系统，提供给料需要的气力输送，最后氮气进入流化床反应器，通过控制系统设定氮气预热温度和反应器温度。当流化床内温度达到稳定的试验温度并且开始流化后，启动螺旋进料器以固定的转速向反应器加料，同时调节给料气力输送系统配风，保障给料连续通顺。生物质在流化床反应器内热裂解后的挥发分通过二级旋风分离器分离焦炭后进入喷淋冷凝系统，冷凝介质经过喷嘴雾化，将进入喷淋塔中的裂解气体充分冷凝成生物油，并捕集生物油颗粒，一同回落入油液分离器中，油液分离器上层为密度较小的喷淋介质，下层为密度较大的生物油，生物油积累至一定程度，进入储油罐储存，上部的喷淋介质经过水冷换热之后，在泵的作用下循环利用。经过喷淋冷凝后的生物质热裂解挥发分含有不可冷凝气体和少量生物油微小液滴，进入两级间壁式水冷系统和尾部的玻璃气-液分离器进一步收集生物油，最后的尾气排出系统。

2. 不同工况下生物质热裂解试验研究

1) 试验原料与方法

本试验所用生物质原料取自木材加工厂生产中的樟子松和水曲柳木屑废料，这两种木料是木材加工废料的典型代表。试验前将木屑进一步打碎，并筛分为 0.45～0.5mm 的颗粒备用，其元素分析和工业分析如表 25.13 所示。石英砂是流化床中的惰性热载体，选取的粒径为 0.45～0.5mm。惰性载气为氮气。

表 25.13　原料的工业分析和元素分析

样品	工 业 分 析				元 素 分 析				
	水分	灰分	挥发分	固定碳	碳	氢	氮	硫	氧
	Mad%	Aad%	Vad%	FCad%	Cad%	Had%	Nad%	Sad%	Oad%
樟子松	13.90	0.30	73.74	12.06	45.92	5.95	0.10	0.03	47.70
水曲柳	9.16	0.64	74.88	15.32	47.62	6.40	0.12	0.02	45.20

试验系统采用上文介绍的非喷淋冷凝的生物质流化床快速热裂解液化试验系统，生物质热裂解气直接通过两级间壁水冷系统迅速冷凝并收集生物油，固体焦炭产物由二级旋风分离器下收集，操作流程如图 25.9 所示。

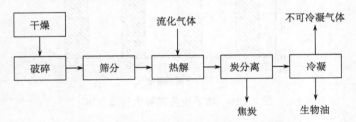

图 25.9　生物质流化床热裂解试验操作流程

2) 不同工况下生物质热裂解生物油的产率

温度对生物质热裂解生物油产率有着显著的影响。由图 25.10 和图 25.11 热裂解温度对樟子松和水曲柳热裂解生物油产率的影响可以看出，焦炭产量随温度的增加而逐渐减小，并在最终时逐渐趋向于一个固定值，生物油的产量起初随温度的上升增加，但在某一个最佳温度时达到最高产率后便随着温度的上升而下降。在本试验条件下，当热裂解温度分别为 450℃、500℃、550℃ 和 600℃ 时，樟子松平均生物油产率分别为 41.29%、43.41%、50.39% 和 24.37%；热裂解温度分别为 470℃、520℃、570℃ 和 620℃ 时，水曲柳平均生物油产率分别为 31.37%、54.07%、43.64% 和 36.04%。有利于生物油产量最大化的反应温度在 520～550℃ 之间。不同的试验条件使得温度在热裂解过程中对生物油产率的影响程度不同，但总体变化规律相似。我们在快速热裂解机理试验台上研究了白松的热裂解规律，得到了同样的规律，在 550℃ 时，生物油产率达到最大的 60%，温度进一步升高后，生物油产率下降很快[69]。国内外的研究者在不同的热裂解反应器上研究了不同种类木屑类生物质的热裂解规律，都得到了类似的规律，只是不同木种热裂解中获得最高生物油产率的温度略有不同[70-74]。一般而言，较高的温度有利于液体产物的生成，但是随着温度的升高，挥发分中大分子成分发生二次反应的速度加剧而进一步裂解，从而导致了气体产率的显著提高而液体产率的降低。在一定的温度范围内，生物油产率有极大值。在本试验条件下，当热裂解温度分别为 550℃ 和 520℃ 时，樟子松和水曲柳热裂解平均生物油产率最高分别为 50.39% 和 54.07%。这与其他研究人员所得到的结果一致[77]。因此，选择适当的热裂解温度可以有效地增加生物油的产率。

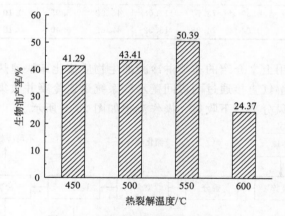

图 25.10　樟子松热裂解生物油产率

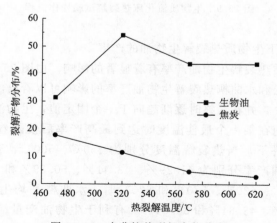

图 25.11　水曲柳热裂解产物分布

樟子松和水曲柳热裂解试验收集生物油采用了两种不同的方式，对樟子松热裂解生物油进行全部整体收集测定，而对水曲柳热裂解生物油在二级间壁式水冷系统中进行分级收集，分别命名为水曲柳一冷生物油和水曲柳二冷生物油。从外观上看，一冷生物油呈棕黑色，黏稠流动性差；二冷生物油呈棕黄色，流动性好。这初步实现了生物油的分级分离，并进一步通过生物油的理化性质分析考察生物油全组分与分级分离生物油的特性，为生物油的后续利用和精制改性提供数据基础。

3）不同工况下生物质热裂解生物油的理化性质

（1）物理性质

热裂解生物油不同工况下的基本物理性质如表 25.14 所示。通过樟子松热裂解生物油全组分生物油的物理性质分析可以看出，生物油中含水量和含氧量较高，随着热裂解温度升高，生物油的密度略有增加，生物油的黏度随着含水率的增加而减小，酸性较强，pH 在 $2.2 \sim 2.4$ 之间，固体不溶物含量均超过 0.1%。

水曲柳热裂解生物油中一冷下收集生物油的密度、黏度和固体不溶物含量均比二冷收集下的高，导致了一冷生物油更黏稠、流动性差的特性。而二冷下生物油的含水量高于一冷下生物油，导致二冷生物油具有更高的含氧量，且流动性好。二冷下生物油的酸性强于一冷下生物油，其主要原因是大部分的小分子有机羧酸和其他酸性化合物集中在二冷生物油中。

表 25.14　生物油的基本物理性质

物理性质	樟子松热裂解工况				水曲柳热裂解工况（520℃）	
	450℃	500℃	550℃	600℃	一冷	二冷
含氧质量分数/%	59.2	57.0	55.2	57.6	47.6	62.3
含水质量分数/%	27.6	29	32	30.5	28.9	38
密度/(kg/m⁻³)	943.8	1091.3	1092.9	1105.4	1223.6	1090.5
黏度/(mm²/s)(40℃)	4.5	4.2	3.8	4.0	26.5	3.4
pH	2.24	2.24	2.23	2.4	2.77	1.98
固体不溶物质量分数/%	0.12	0.14	0.24	0.13	0.222	0.007

（2）化学性质

采用美国 Finnigan 公司的 Voyager GC-MS 联用系统，生物油全组分进行一次进样分析法，定量采用积分面积法，分析条件如表 25.15 所示。

表 25.15　生物油 GC-MS 分析条件

名称	参数
毛细管柱	DB-Waxetr 30m×0.25mm×0.25mm
汽化器温度/℃	240
柱温	60℃停留 5min，以 10/min℃升温速率升至 240℃，停留 30min
检测器	FID（基准温度 280℃）
分流比	40∶1
载气及流量	氦气，1.2ml/min
扫描质量范围/u	30～500
扫描时间/s	0.5
电离方式	EI
电子轰击能量/eV	70

　　樟子松在四种热裂解温度下制取的生物油进行 GC-MS 分析。樟子松生物油中几乎都是含氧的不饱和烃类衍生物，包含了酚、酮、醛化合物以及少量的醇、糖类和呋喃等化合物，通过比较，樟子松生物油中成分与文献中分析结果并无很大区别，主要化合物族类都是相同的，只是在具体组分的含量上有区别。表 25.16 列举了四种反应温度下生物油主要化合物相对含量的 GC-MS 分析，表 25.16 中可以看到生物油主要组成成分大都相同，碳原子数在 2～10 之间，裂解温度对生物油的主要化合物成分相对含量有一定影响，但是影响不明显，乙酸、糠醛、1-羟基-2-丙酮、酚类、左旋葡聚糖等物质在樟子松生物油中所占比例较大。酚类化合物占整个生物油的比重最大，约占总量的 20%～35%。有机羧酸中乙酸含量最高甚至接近 10%，也是生物油中很重要的组成之一，此外，还有一些其他酸，如丙酸等存在，但含量都比较小，生物油的酸性主要就是因为大量低级羧酸的存在。此外，酮类和醛类也是樟子松热裂解得到的生物油的主要组成，它们都占到了生物油总含量的近 20% 左右。生物油中的糠醛含量约为 4%，在 550℃ 下达到最高的 4.4%。左旋葡聚糖是生物质中纤维素裂解的产物，在各种反应温度条件下生物油中都有一定量的左旋葡聚糖存在，在 550℃ 下达到最高的 6.13%。

表 25.16　四种反应温度下生物油主要化合物成分相对含量的 GC-MS 分析

序号	化合物名称	分子式	相对峰面积/%			
			450℃	500℃	550℃	600℃
1	1-羟基-2-丙酮	$C_3H_6O_2$	6.09	15.8	3.47	8.96
2	2-环戊烯-1-酮	C_5H_6O	1.23	1.11	0.87	1.52
3	乙酸	$C_2H_4O_2$	9.25	9.87	7.78	7.82
4	糠醛	$C_5H_4O_2$	1.65	4.40	3.85	3.39
5	3-甲基-2-环戊烯-1-酮	C_6H_8O	1.14		0.77	
6	丙酸	C_3H_6O		0.21	0.77	2.2

续表

序号	化合物名称	分子式	相对峰面积/%			
			450℃	500℃	550℃	600℃
7	5-甲基-2-糠醛	$C_6H_6O_2$	1.44		1.06	1.21
8	2-丙烯醇酸	$C_3H_4O_2$		0.87	0.85	0.75
9	2-呋喃甲醇	$C_5H_6O_2$	2.01	2.35	0.81	0.56
10	2-丁烯醇酸	$C_4H_6O_2$			1.49	2.37
11	4-甲基-2（5H）呋喃酮	$C_5H_6O_2$	0.92	0.72	0.67	0.76
12	3-丁烯醇酸	$C_4H_6O_2$	0.54		0.45	0.56
13	2（5H）呋喃	$C_4H_4O_2$	2.45	1.42	1.74	1.03
14	2-羟基-2-环戊烯-1-酮	$C_5H_6O_2$	1	0.61	3.12	2.5
15	2-羟基-5-甲基苯甲醛	$C_8H_8O_2$	0.3		0.34	
16	3-呋喃甲醇	$C_5H_6O_2$		0.37	0.77	1.04
17	3-甲基-1，2-环戊烷	$C_6H_8O_2$	2.04	1.41	1.72	2.63
18	2-甲氧基苯酚	C_7H_8O	4.61	2.5	1.79	2.57
19	4-甲基-5H-呋喃-2-酮	$C_5H_6O_2$	0.77	0.67	1.9	1.8
20	2-甲氧基-4-甲基苯酚	$C_8H_{10}O_2$	5.56		2.8	2.11
21	4-甲基苯酚	C_7H_8O	2.19	2.13	0.5	6.58
22	4-乙基-2-甲氧基苯酚	$C_9H_{12}O_2$	1.9	0.53	0.67	2.19
23	2，3-二甲基苯酚	$C_8H_{10}O$	1.73	1.11	0.59	1.03
24	4-乙基苯酚	$C_8H_{10}O$	1.99	0.87	1.64	2.79
25	4-甲基苯酚	C_7H_8O	1		0.59	0.82
26	2-丙烯基-4-甲基苯酚	$C_9H_{12}O$			0.17	0.32
27	5-乙基间甲酚	$C_9H_{12}O$	4.1	0.84	0.25	
28	丁子香酚	$C_{10}H_{12}O_2$			1.69	1.98
29	4-乙基-苯酚	$C_8H_{10}O$		1.05	1.67	
30	4-乙烯基-2-甲氧基苯酚	$C_9H_{10}O_2$	3.09	0.89	1.81	
31	2-甲氧基-4-（1-丙烯基）-苯酚	$C_{10}H_{12}O_2$	1.95	1.4	0.79	0.35
32	2-甲氧基-6-（1-丙烯基）-苯酚	$C_{10}H_{12}O_2$	4.8		1.46	0.44
33	5-羟甲基-2-糠醛	$C_6H_6O_3$	2.55	1.26	2.45	2.36
34	香草醛	$C_8H_8O_3$	3.33	1.06	1.8	1.41
35	2-甲氧基-4-丙基苯酚	$C_{10}H_{14}O_2$	2.01	0.92	0.09	
36	4-羟基-3-甲氧基苯乙酮	$C_9H_{10}O_3$	1.2	0.61	0.97	0.59
37	邻苯二酚	$C_6H_6O_2$			1.62	2.45
38	3-甲基邻苯二酚	$C_7H_8O_2$			1.09	1	2.31
39	4-乙基邻苯二酚	$C_8H_{10}O_2$			2.64	2.25
40	4-羟基-2-甲氧基苯乙烯醛	$C_{10}H_{10}O_3$	0.75	0.54	0.79	
41	左旋葡聚糖	$C_6H_{10}O_5$	1.01	1.87	6.13	3.64

　　生物质主要是由纤维素、半纤维素、木质素、抽提物和无机矿物元素构成。因而，生物油可以看成纤维素、半纤维素、木质素和抽提物分别热裂解所构成的复杂产物，且无机矿物的含量影响着生物油化学成分的分布。左旋葡聚糖是纤维素热裂解的主要产物，左旋葡聚糖的二次热裂解又会生成乙醛、丙酮、甲苯、1-

羟基-2-丙酮、乙醇醛、糠醛、2-糠醇、2，2-二甲基-3-庚酮、5-甲基糠醛和1，4-二羟基-2-丁烯醇等化合物。半纤维素的分离提纯最为困难，通常认为乙酸是半纤维素经过脱乙酰反应的产物，而大量的酚类主要来自于木质素降解。

四种反应温度下生物油主要化学族类组分分布如图 25.12 所示，可以看出不同反应温度下生物油的主要化学族类组分只是在相对含量上略有不同，酚类、酮类、酸类、醛类在樟子松热裂解得到的生物油中比例较大，其他还有一些呋喃类和醇类物质，它们的含量比较小，但也是生物油中的重要成分。

3. 不同种类生物质热裂解试验研究

1）试验原料与方法

选取林业废弃物、农业废弃物、草本生物质和水生植物四大类生物质为研究对象，分别对樟子松、花梨木、竹子、象草、稻壳、稻秆、海藻在 480～520℃下进行了热裂解液化的试验研究。物料经过干燥、破碎和筛分等预处理程序后，选取粒径在 0.45～0.5mm 的物料备用，元素分析与工业分析如表 25.17 所示。

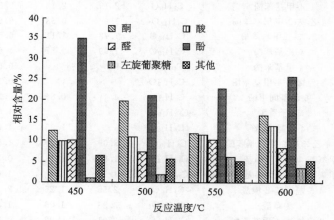

图 25.12　四种反应温度下生物油主要化学族类组分分布

表 25.17　不同种类生物质原料的工业分析和元素分析

样品	水分/%	灰分/%	挥发分/%	固定碳/%	发热量/(J/g)	碳/%	氢/%	氮/%	硫/%	氧/%
樟子松	13.90	0.30	73.74	12.06	18841	45.92	5.95	0.10	0.03	47.70
花梨木	13.45	0.35	71.07	15.13	17069	44.32	6.37	0.16	0	48.80
竹	5.40	3.68	75.70	15.22	17535	45.32	3.11	0.82	0.04	47.03
象草	8.21	2.44	73.09	16.26	16653	44.45	5.59	0.31	0.16	47.05
稻秆	11.21	16.12	61.36	11.31	13870	36.89	4.69	1.19	0.20	40.91
稻壳	12.30	12.26	60.98	14.46	14570	40.0	5.03	0.53	0.13	42.05
海藻	16.30	10.09	60.39	13.22	12645	34.17	5.65	2.16	1.04	46.89

试验采用图 25.6 所示的带喷淋冷凝的生物质流化床快速热裂解液化试验系统，生物质物料通过给料机送入流化床反应器，产生的热裂解挥发分经过二级分离器和炭过滤器将固体焦炭颗粒分离，然后进入喷淋塔冷凝成生物油，最后在油液分离器、储油罐内和二级间壁冷凝装置下收集液体产物。

2）试验结果与分析

林业类和农业类生物质废弃物热裂解均能得到较高的生物油产率，分别接近 60% 和 50%，而且在我国分布最广、产量最多，是生物质热裂解工艺大规模推广的最佳原料。

利用色谱质谱联用（GC-MS）技术分析比较了不同种类生物质热裂解所制取生物油组分的差异，发现不同种类物料热解后的生物油组分分布基本相同，几乎都为含氧有机物，主要可以分为酸、酮、醇、醛、酚、糖等几类（图 25.13），但是这几类物质的含量以及代表性化合物存在一定差异，显示了不同种类生物质热裂解得到的生物油在品质上不会出现较大的区别。不同种类的生物质热裂解生物油在具体的化合物种类上却会出现相对含量的波动，海藻热解生物油糖类物质含量高，樟子松热解生物油中酚类物质出现明显的富集，为以生物质热解制取生物油技术为基础，从生物油中提取特殊或有高附加值化学品的应用提供了理论依据。

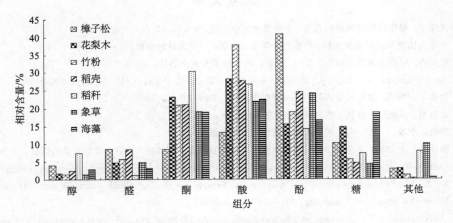

图 25.13　不同种类生物油的组分分布

25.3.5　小结

生物质快速热裂解技术作为一种高效的生物质能量转换技术，是目前世界上生物质能研究开发的前沿技术，具有独特的优势。能以连续的工艺和工业化生产方式将生物质转化为高品位的易储存、易运输、能量密度高且使用方便的液体燃料，可作为可再生替代液体燃料，在锅炉中直接燃烧、与煤混烧、乳化代替柴油或精制后作为动力燃料，还可以作为化工原料从中提取具有商业价值的化工产品。生物油硫、氮含量低，是清洁无污染的液体燃料，生产原料广泛，不与粮食争地，原料收集面积小，便于运输，大大降低了成本，也是国家政策大力支持的产业。

　　试验表明，在一定热裂解温度范围内，生物质热裂解制取生物油产率有极大值，此后随着温度的升高，挥发分中大分子成分发生二次反应的速度加剧而进一步裂解，从而导致了气体产率的显著提高而液体产率的降低。生物油是一种高含氧量、组分复杂的混合物，几乎包含了所有含氧化合物的种类，如酸、醇、醛、酯、酮和酚等上百种化合物。四种反应温度下的生物油主要化合物成分大都相同，碳原子数在 2～10 之间，乙酸、糠醛、1-羟基-2-丙酮、酚类、左旋葡聚糖在樟子松生物油中所占比例较大。热裂解温度对生物油的主要化合物成分相对含量有一定影响，但是影响不明显。林业废弃物和农业废弃物热解制取生物油的产率较高。生物质种类对生物油的主要化学成分和含量影响不明显，不同种类生物质热解获得的生物油的主要成分几乎都为含氧有机物，主要可分为酸、酮、醇、醛、酚、糖等几大类。

参 考 文 献

[1] 江泽民. 对中国能源问题的思考. 上海交通大学学报，2008，42（3）：345-359.

[2] 中华人民共和国国家统计局. 中国统计年鉴. 北京：中国统计出版社，2009.

[3] 催民选. 中国能源发展报告. 2009. 北京：社会科学文献出版社，2009.

[4] Agency International Energy. World Energy Outlook. 2009. Paris：I. E. Agency，2009.

[5] 倪维斗，李政. 煤的超清洁利用——多联产系统. 节能与环保，2001，5：16-21.

[6] 徐振刚. 多联产是煤化工的发展方向. 洁净煤技术，2002，8（2）：5-7.

[7] 郑洪，李政，江宁，等. 多联产能源系统. 中国能源，2003，3：7-10.

[8] 骆仲泱，王勤辉，方梦祥，等. 煤的热电气多联产技术及工程实例. 北京：化学工业出版社，2004.

[9] Fang M X，et al. Study on coal combustion and pyrolysis gas tar and steam polygeneration system//Xu X，Xu M. Proceedings of the 6th International Symposium on Coal Combustion. Wuhan：Huazhong University Science & Technology Press，2007：623-627.

[10] Makarytchev S V. Environmental impact analysis of ACFB-based gas and power cogeneration. Energy，1998，23（9）：711-717.

[11] 李春晓，李云峰，冷杰. 利用循环流化床锅炉进行热、电、煤气三联产试验. 东北电力技术，2002，10：12-13，31.

[12] 郭树才，罗长齐，张代佳. 褐煤固体热载体干馏新技术工业性试验. 大连理工大学学报，1995，35（1）：46-50.

[13] Panel on Energy Research and Development. Report to the president on federal energy research and development for the challenges of the twenty-first century. 1997：4-5.

[14] Hetland，J.，et al. Towards large-scale co-production of electricity and hydrogen via decarbonisation of fossil

fuels combined with CCS (geological storage). Energy Procedia, 2009, 1 (1): 3867-3875.

[15] 王毅等. 自然资源保护委员会, 中国煤炭清洁利用的战略方向. 2004, 9: 17-18.

[16] 谢克昌, 张永发, 赵炜. "双气头"多联产系统基础研究——焦炉煤气制备合成气. 山西能源与节能, 2008 (2): 10-13.

[17] 方梦祥, 岑可法, 王勤辉, 等. Study on Coal Combustion and Pyrolysis Gas Tar and Steam Polygeneration System//Proceedings of the 9th International Conference on Circulating Fluidized Bed, Germany, 2008: 667-672.

[18] 王勤辉, 骆仲泱, 方梦祥, 等. 12兆瓦热电气多联产装置的开发. 燃料化学学报, 2002, 30 (2): 141-146.

[19] 方梦祥, 等. 25 MW 循环流化床热、电、煤气多联产装置. 动力工程, 2007, 27 (4): 635-639.

[20] 骆仲泱, 等. 循环流化床热电气焦油多联产装置及其方法: 北京, 200610154581. X. 2006-11-8.

[21] 王俊琪, 方梦祥, 骆仲泱, 等. 煤的快速热解动力学研究. 电机工程学报, 2007, 27 (17): 18-22.

[22] Cousins A, et al. An investigation of the reactivity of chars formed in fluidized bed gasifiers: The effect of reaction conditions and particle size on coal char reactivity. Energy & Fuels, 2006, 20 (6): 2489-2497.

[23] 盛宏至, 等. 煤部分气化后生成半焦的特性. 燃烧科学与技术, 2004, 10 (2): 187-191.

[24] 倪维斗, 等. 多联产系统: 综合解决我国能源领域五大问题的重要途径. 动力工程, 2003, 23 (2): 2245-2251.

[25] 金红光, 林汝谋. 能的综合梯级利用与燃气轮机总能系统. 北京: 科学出版社, 2008.

[26] 林汝谋, 金红光, 蔡睿贤. 新一代能源动力系统的研究方向与进展. 动力工程, 2003, 23 (3): 2370-2376.

[27] 徐文龙, 刘晶昊. 我国垃圾焚烧技术现状及发展预测. 环境卫生工程, 2007, 11: 24-29.

[28] Ni Yuwen, Zhang Haijun. Emissions of PCDD/Fs from municipal solid waste incinerators in China. Chemosphere, 2009, 75: 1153-1158.

[29] 岑可法, 徐旭, 等. 工业废弃物和生活垃圾流化床焚烧技术研究. 西安交通大学学报, 2000. 34 (1):1-8.

[30] 李晓东, 杨家林, 等. 150t/d城市生活垃圾流化床焚烧炉的设计与运行. 动力工程, 2002, 22 (1): 1598-1602.

[31] 刘荣厚, 牛卫生, 张大雷. 生物质热化学转换技术. 北京: 化学工业出版社, 2005.

[32] 骆仲泱, 周劲松, 王树荣, 等. 中国生物质能利用技术评价. 中国能源, 2004, 26 (9): 39-41.

[33] Bridgwater A V. Renewable fuels and chemicals by thermal processing of biomass. Chemical Engineering Journal, 2003, 91: 87-102.

[34] Bridgwater A V. Production of high grade fuels and chemicals from catalytic pyrolysis of biomass [J]. Catalysis Today, 1996, 29: 285-295.

[35] 吴英艳, 薛群山. 生物质热裂解液化技术的发展概况. 化工科技市场, 2008, 31 (7): 12-15.

[36] 马承荣, 肖波, 杨家宽. 生物质热解影响因素分析. 环境技术, 2005, 5: 10-12.

[37] 陈祎, 罗永浩, 陆方. 生物质热解机理研究进展. 工业加热, 2006, 35 (5): 4-7.

[38] 潘丽娜. 生物质快速热裂解工艺及其影响因素. 应用能源技术, 2004, 2: 7-8.

[39] 袁振宏, 吴创之, 马隆龙, 等. 生物质能利用原理与技术. 北京: 化学工业出版社, 2005: 289-293.

[40] 崔亚兵, 陈晓平, 顾利锋. 常压及加压条件下生物质热解特性的热重研究. 锅炉技术, 2004, 35 (4):12-14.

[41] Cetin E，Gupta R，Moghtaderi B. Effect of pyrolysis pressure and heating rate on radiata pine char structure and apparent gasification reactivity. Fuel，2005，84：1328-1334.

[42] 赖艳华，吕明新，马春元，等. 程序升温下秸秆类生物质燃料热解规律. 燃烧科学与技术，2001，7 (3)：245-246.

[43] 宋春财，胡浩权. 秸秆及其主要组分的催化热解及动力学研究. 煤炭转化，2003，26 (3)：91-94.

[44] 李志合，易维明，柏雪源，等. 闪速热解挥发实验中玉米秸颗粒滞留时间的确定. 华东理工大学学报（自然科学版），2004，18 (1)：10-13.

[45] Windig W，Meuzelaar H L C，Shafizadeh F，et al. Biochemical analysis of wood and wood products by pyrolysis-mass spectrometry and multivariate analysis. Journal of Analytical and Applied Pyrolysis，1984，6 (3)：217-232.

[46] Graham R G，Overend R P，Freel B A，et al. Development of the ultra-rapid fluidized (urf) reactor：Application to the fast high temperature pyrolysis of cellulose. Proceedings of the Technical Program-Powder & Bulk Solids Conference/Exhibition 10th Annual，1985：126-139.

[47] Scott D S，Piskorz J，Radlein D. Liquid products from the continuous flash pyrolysis of biomass. Industrid & Engineering Chemistry Process Design and Development，1985，24 (3)：581-588.

[48] Agblevor F A，Besler S，Evans R J. Inorganic compounds in biomass feedstocks：their role in char formation and effect on the quality of fast pyrolysis liquids//Milne T A. Proceedings Biomass Pyrolysis Oil Properties and Combustion Meeting. NREL，1994：77-89.

[49] Smith S L，Graham R G，Freel B. The development of commercial scale rapid thermal processing of biomass. First Biomass Conference of the Americas D Energy，Environment，Agriculture，and Industry，CO，USA：NREL，1993，2：1194-1200.

[50] Wagenaar B M，Prins W，van Swaaij W P M. Pyrolysis of biomass in the rotating cone reactor：modelling and experimental justification. Chemical Engineering Science，1994，49 (24B)：5109-5126.

[51] Diebold J，Scahill J. Production of primary oils in a vortex reactor. ACS Preprints Division of Fuel Chemistry，1987，32：21-28.

[52] Czermlk S，Scahill J，Diebold J. The production of liquid fuel by fast pyrolysis of biomass. Journal of Solar Energy Engineering，1995，117：2-6.

[53] Scott D，Spiskorz J. The flash pyrolysis of aspen-poplar wood. The Canadian Journal of Chemical Engineering，1982，60 (1)：666-674.

[54] Lemieux R，Roy C，Caumia de B. Preliminary engineering data for scale up of a biomass vacuum pyrolysis reactor. ACS Preprints Division of Fuel chemistry，1987，32 (2)：12-20.

[55] Pakdel H，Roy C，Zeidan K. Chemical characterization of hyhrocarbons produced by vacuum pyrolysis of aspen poplar wood chips//Bridgwater A V，Kuester J L. Research in Thermochemical Biomass conversion. London：Elsevier Applied Science，1988：572-576.

[56] Roberto A，Martin O，Maria J S J. Pyrolysis of sawdust in a conical spouted bed reactor：Yields and product composition. Industrial & Engineering Chemistry Research，2000，39 (6)：1925-1933.

[57] Krieger B B. Microwave pyrolysis of biomass. Research on Chemical Intermediates，1994，20 (1)：39-49.

[58] 祝京旭，洪江. 喷动床发展与现状. 化学反应工程与工艺，1997，13 (2)：207-230.

[59] 董良杰. 生物质热裂解技术及其反应动力学研究. 沈阳：沈阳农业大学，1997.

[60] 谭洪，王树荣，骆仲泱，等. 生物质整合式流化床热解制油系统试验研究. 农业机械学报，2005，

36 (4):30-33.

[61] 王树荣. 生物质热解制油的试验与机理研究. 杭州：浙江大学，1999.

[62] 易维明，柏雪源. 利用热等离子体进行生物质液化技术的研究. 山东工程学院学报，2000，14 (1)：9-12.

[63] 袁振宏，吕鹏梅. 我国生物质液体燃料发展现状与前景分析. 太阳能，2007，6：5-8.

[64] 朱锡锋，郑冀鲁，陆强，等. 生物质热解液化装置研制与试验研究. 中国工程科学，2006，10：89-93.

[65] 郭艳，王垚，魏飞，等. 生物质快速裂解液化技术的研究进展. 化工进展，2001，8：13-17.

[66] Diebold J，Scahill J. Ablative Pyrolysis of Biomass in Solid-Convective Heat Transfer Environments. Estes Park，1985：539-555.

[67] Cuevas A. Reinoso C，Scott D S. Pyrolysis oil production and its perspectives//Proceedings of Power Production from Biomass Ⅱ，Espoo March VTF，1995.

[68] 谭洪，王树荣，骆仲泱，等. 生物质整合式流化床热解制油系统试验研究. 农业机械学报，2005，36 (4):30-38.

[69] 王琦，王树荣，王乐，等. 生物质快速热裂解制取生物油试验研究. 工程热物理学报，2007，28 (1)：173-176.

[70] 王树荣，骆仲泱，董良杰，等. 生物质闪速热裂解制取生物油的试验研究. 太阳能学报，2002，23 (1):3-10.

[71] Wagenaar B M，Prins W，van Swaaij W P M. Pyrolysis of biomass in the rotating cone reactor：modelling and experimental justification. Chemical Engineering Science，1994，49 (n24B)：5109-5126.

[72] 刘荣厚，王华. 生物质快速热裂解反应温度对生物油产率及特性的影响. 农业工程学报，2006，22 (6):138-143.

[73] 张春梅，刘荣厚. 生物质热裂解液化物质平衡及影响因素分析. 农机化研究，2006，10：144-146.

[74] Nguanzo M，Domínguez A，Menéndez J A，et al. On the pyrolysis of sewage sludge：the influence of pyrolysis conditions on solid，liquid and gas fractions. Journal of Analytical and Applied Pyrolysis，2002，63 (1)：209-222.

26 中药过程工程

26.1 中药概述

中医药是中华民族之瑰宝，中药是中医药宝库中的重要组成部分。数千年来，中药以其悠久的历史、浩瀚的典籍、系统的理论体系、浓郁的民族特色和显著的疗效，为中华民族的繁衍昌盛做出了巨大的贡献[1-5]。近年来，随着世界疾病谱和医学模式的改变以及人们对西药局限性的了解，"回归自然"、崇尚"天然药物"已成为一种世界性潮流。中药因其具有"绿色药品"的特性而受到国内外的关注和推崇。中药不等同于"天然药物"。中药的成方、制剂和使用需要在中医药理论指导下完成。这些理论包括"阴阳五行"、"五运六气"、"藏象经络"、"精神气血津液"、"病因病机"、"四诊八纲"、"治则治法"、"四气五味"、"升降浮沉"、"功效"、"归经"、"君臣佐使"、"配伍禁忌"等，是我国对世界医药理论体系的独特贡献。因此，中药是我国最有可能获得具有自主知识产权成果的优势领域之一[2-5]。

中药的原料主要来自植物、动物和矿物等。20 世纪 80 年代进行的第三次全国中药资源普查结果表明，我国中药资源达 12772 种，其中，植物来源的有11 118种，动物来源的有 1574 种，矿物来源的有 80 种[6]。为了加强对中药资源的保护和合理利用，促进我国中医药事业的健康可持续发展，开展第四次全国中药资源普查势在必行。

世界制药业工业规模的药品生产始于 20 世纪 30 年代，发端于四种天然药物的规模化生产[7]。我国的中药制药业历史悠久，起始于夏商，发展于秦汉，成熟于两宋，采用"前堂后坊"的手工业生产方式。新中国成立后，尤其是 20 世纪80 年代以来，中医药的科学原理和地位得以肯定，中药生产初具工业规模。但是，仍然存在着中药药效物质基础不清楚，中药企业规模小、数量多，品种多，工艺与装备现代化水平低，质量不稳定、剂型相对落后，科技含量低，现代化及国际化程度低等问题。为此，我国近 20 年来开展了中药现代化进程，即在继承和发扬我国中医药优势和特色的基础上，充分利用现代科学技术理论、方法和手段，借鉴国际医药标准和规范，研究、开发、管理和生产出以"现代化"和"高技术"为特征的"安全、高效、稳定、可控"的现代中药产品，使中药产业实现"大品种"、"大企业"和"大市场"，成为具有强大国际竞争力的现代产业和国民经济新的增长点，扩大我国中药在国际市场上的份额。现代中药产品包括中药材、中药饮片、中药提取物、中成药，其特征是"三效"（高效、速效、长效）、"三小"（剂量小、毒性小、副作用小）、"三便"（便于贮藏、便于携带、便于服用）等[3-5]。

国家从"九五"计划开始，到"十一五"计划，实施了一系列"创新药物和中药现代化"等重大科技专项，并发布了《2002—2010 年中药现代化发展纲要》、《中医药国际科技合作规划纲要（2006—2020 年）》、《国家重点基础研究发展计划（973 计划）"十一五"发展纲要》、《中医药创新发展规划纲要（2006—2020 年）》等。主要内容涉及以下几点[3-5]：

（1）应用现代科学技术方法和手段，阐明中药药效的物质基础、药理、方剂配伍理论、毒副作用等，特别是阐明有效物质群和多靶点整体作用机制等。

（2）建立中药材种植（养殖）和炮制的标准体系和技术平台，包括道地药材品种优良品系筛选、药材规范化种植、濒危中药材生物技术（例如细胞工程、基因工程、酶工程、发酵工程）繁育和中药饮片炮制规范制定等。

（3）建立国际认可的能够准确反映中药自身质量的中药质量标准体系和中药生产技术标准体系，包括中药中重金属、农药及黄曲霉素等有害残留物限量标准，中药注射剂指纹图谱标准，中药种子种苗标准和检验规程，道地药材的质量标准，中药配方颗粒标准和提取物标准，中药对照药材、中药组分对照物等。

（4）借鉴现代工程科学技术新成就，针对中药提取、浓缩、分离、纯化、干燥、灭菌、物料输送等关键环节，选取典型中药大品种进行二次开发，开展先进单元技术及设备的研究和产业化应用研究，探索技术和设备的适用性、应用范围和应用规律，建立中药生产共性关键新技术平台，新技术包括：超微粉碎、大孔吸附树脂分离纯化、超临界 CO_2 萃取、膜分离、指纹图谱、生产过程在线检测和控制技术等。

（5）开发中药现代制剂新技术和具有中药新型给药系统特点的新技术、新辅料、新设备，解决中药制剂的物理改性技术、薄膜包囊技术、矫味和防潮技术等；研究中药缓控释给药系统，包括中药口服缓控释给药系统新技术、新辅料、新设备，经皮给药缓控释系统新技术、新辅料、新设备，定位、定时给药系统和黏膜给药系统等。

（6）中药现代化基地建设，包括国家中药材规范化种植（养殖）基地和国家中药现代化科技产业基地等。

（7）中药品种的国际化研究，争取以药品身份进入国际医药主流市场。

经过近 15 年的努力，初步形成了支撑我国中药发展的中药现代化科技创新体系。

据不完全统计，截至 2008 年年底，中药及相关产业产值近 6300 亿元。中药因为药食同源的基础和临床功效，具有较大的市场潜力和开发空间。中药除了是治疗药品，还可以开发成保健品、食品、饮料、化妆品、日用品、食品添加剂、中药农药、中药兽药、中药饲料添加剂等。今后将加强以中药为原料的各类工业产品的研究开发，以提高中药资源的附加值和利用率，培育发展新型大中药产业。2009 年 5 月，国务院出台了《关于扶持我国中药产业的若干政策》。预计到 2015 年，包括中药农业、中药工业、中药商业、中药保健品、中药食品、中药化妆品、中药兽药以及中药加工装备制造业等的大中药产业产值将达到 1 万亿元[8]。

26.2　中药过程工程

26.2.1　中药过程工程的概念

中药生产因原料和中药品种的多样性以及制造过程的复杂性而形成了千差万别的生产工艺流程。但是，归纳分析这些纷杂众多的生产工艺流程可以发现是由有限个单元操作有机组合而成。其中，不少是化工单元操作技术。例如：①输送、沉降、过滤、流态化、搅拌或混合；②加热、冷却、蒸发、冷凝和冷冻；③吸收、吸附与离子交换、蒸馏、浸取、萃取和膜分离；④结晶、干燥、增减和湿等。进一步归纳分析表明，这有限个化工单元操作遵从三个基本传递规律或其组合：流体力学基本规律（即动量传递规律，如①）、热量传递基本规律（如②）、质量传递基本规律（如③），而④遵从热量和质量组合传递规律。

同时，由于药品在生产过程中，有许多工序需要对固体原料进行加工处理或进行制剂成型，所以，中药生产过程还包括部分机械单元操作技术，包括粉碎、筛分、混合、制剂成型等，这些单元操作直接由机械设备向物料施加机械力而完成[9]。

不同于石油化工产品的生产，中药生产更关注粉体处理和液-固质量传递过程等，例如药材的粉碎、颗粒的筛分、粉体的混合和成型、中药有效成分的浸取等。另外，中药的化学成分复杂，进行单元操作时，需要考虑成分的热敏性、氧化和变质等。

综上所述，中药生产过程由化工单元技术和机械单元技术组成。化学工程学科的动量、热量和质量传递等基本理论可以用于分析中药的制药过程，指导中药制药过程的设计、放大、优化操作和控制，提高中药产品的质量和产量，节约能源，降低消耗，减少废物排放，提高经济、环境和社会效益等。从这种意义上讲，与化学工业类似，中药制药业可归属于过程工业。根据过程工程的有关概念可知[10]，指导中药生产的基本理论可归类为过程工程理论，特此提出中药过程工程的概念。过程工程科技工作者，结合中药的特点，进行中药过程工程学科理论和实践的创新，将会取得具有中国特色的过程工程理论和应用研究成果。

26.2.2 中药过程工程单元操作

系统地讲，中药生产包括中药材的种植（养殖）、中药炮制、中药制剂前处理、中药制剂成型等环节。

1. 中药材的种植（养殖）

在确定中药制剂处方及剂型的条件下，中药的生产过程应从中药材的种植（养殖）开始。中药材的种植（养殖）是中药生产的第一车间，应当遵从《中药材生产质量管理规范》（good agricultural practice，GAP）。中药材栽培或饲养主要属于中药农业的范畴。中药材 GAP 是我国中药制药企业实施《药品生产质量管理规范》（good manufacturing practice for drugs，GMP），确保中药质量的重要配套工程。从中药材生产前（如种子品质标准化）、生产中（如生产技术管理各个环节标准化）到生产后（如加工、贮运等标准化）的全过程都要遵循规范。实施中药材 GAP 的目的是规范中药材生产全过程，从源头上控制中药质量，以达到药材"真实、优质、稳定、可控"的目的。

2. 中药炮制

中药成分复杂，一药多效，但是中医治病往往并不是利用药物的所有功效，而是根据病情辨证施治，有所选择。一般通过炮制对药物原有的性能予以取舍，充分发挥药物的治疗作用，避免不利因素，使其符合疾病的实际治疗要求。中药炮制是中医临床用药的一大特色，是提高临床疗效的重要环节，在中医药的理论和实践中占有极为重要的地位。

中药炮制是为了满足医疗、配方和制剂的需要，根据中医学理论和药物本身的性质，将中药材制成一定规格的饮片所采用的制药技术。由于炮制的独特作用，使其成为中药制药的关键环节。国家食品药品监督管理局于 2003 年 1 月 30 日正式印发了《中药饮片 GMP 补充规定》（36 条），作为国家 GMP 规范（1998 年版）的第 8 个附录。

中药的炮制方法包括 5 大类 60 多种方法[11]：①净制；②切制；③火制；④水火共制；⑤其他制法（不水火制）等。其中，③和④也可归类为炮炙。药材凡经净制、切制或炮炙等处理后，均称为"饮片"。药材必须净制后方可进行切制或炮炙等处理。饮片是供中医临床调剂及中药生产的配方原料。净制即净选加工，可根据具体情况，分别使用挑选、筛选、风选、水选、剪、切、刮、削、剔除、酶法、剥离、挤压、　、刷、擦、火燎、烫、撞、碾串等方法，以达到净度要求。切制时，除鲜切、干切外，均须进行软化处理，方法有喷淋、水洗、浸泡、润、漂、蒸、煮等，亦可使用回转式减压浸润罐，气相置换式润药箱等软化设备。炮炙有①炒［清炒（炒黄、炒焦、炒炭）］、加辅料炒（麸炒、沙炒、蛤粉炒、米炒、土炒、滑石粉炒等）；②炙（酒炙、醋炙、盐炙、姜汁炙、蜜炙、油炙）；③制碳（炒碳、煅碳）；④煅（明煅、煅淬）；⑤蒸；⑥煮；⑦炖；⑧煨等。其他方法有　、制霜、水飞、发芽、发酵等。

3. 中药制剂前处理

中药制剂前的预处理包括：中药的浸提或提取、纯化、浓缩、干燥、制粒等过程。粉碎是中药炮制和制剂常用的单元操作，以利于制剂加工或达到某种特殊的用药目的，也放在本阶段介绍。从保证药品质量角度看，中药制剂前处理阶段也应制定相应的质量管理规范，使该阶段的生产过程在严格的质量管理控制之下，为后续的制剂生产提供合格的原料。

1) 中药粉碎

进行中药粉碎单元操作之前需要首先确定粉碎的药材、粉碎的粒度、粉碎的方法、粉碎的机械以及粉体的测量方法等。如果是原粉入药，则所有的药材都要进行粉碎；若需要提取药物，一般有一定粉性的根、茎、皮类等需要粉碎。关于粉碎粒度，原粉入药一般粉碎成细粉；提取药材一般粉碎成粗粉。粉碎方法方面，有①干法粉碎；②湿法粉碎；③低温粉碎等。对于一般贵细药材、毒性药材、树脂及树胶类药材、质地坚硬的药材、单独提取的药材等需采用干法单独粉碎；对处方中含黏性、油性或动物的皮、肉、骨等特殊药材，可采用干法混合粉碎。对于树脂、树胶类药材、糖分、黏液质、胶质含量较高的药材，可采用低温粉碎。近年来又有超微粉碎等。采用的粉碎机械有：机械冲击式粉碎机、气流粉碎机、球磨机、振动磨、搅拌磨、雷蒙磨、高压辊式磨机等。粉体测量参数包括：粒度及其分布、颗粒形态、比表面积、表面自由能、分散性、流动性、密度、空隙率、润湿性等粉体学参数。粒度及表面形状可以采用：筛分法、沉降法、激光光散射法、显微镜法等。

2) 中药提取

根据用药要求，利用不同溶剂对中药材（饮片）中不同有效成分溶解度的不同，将中药材中有效物质溶出富集的分离过程称之为提取，属固-液萃取单元操作。中药生产的起始原料一般是中药材（饮片），除少数情况（如贵细药材）可直接使用药粉外，一般都需要经过提取步骤。要进行中药的提取，需要对中药材的化学成分有深入了解。中药材中的化学成分常分成 3 类[12]：①有效成分：具有显著生理活性和药理作用，在临床上有一定应用价值的成分，包括生物碱类、苷类、挥发油类等；②辅助成分：具有次要生理活性和药理作用的成分，在临床上也有一定的应用价值，例如大黄中的鞣质使大黄在具有泻下作用的同时，兼有收敛作用；③无效成分：无生理活性，在临床上没有医疗作用的成分，例如纤维素、木栓、角质、黏液质、树脂、色素等。上述分类也不是绝对的和固定不变的，应具体问题具体分析，并用发展的观点看问题。例如，鞣质在五倍子中为有效成分，在大黄中为辅助成分，而在肉桂中为无效成分。随着现代科学技术的发展，原来认为是无效的成分，如今又变成有效成分，如天花粉蛋白质有引产、抗癌作用等。概括起来，中药材中的化学成分包括①糖类：单糖、低聚糖、多糖。其中多糖包括淀粉、菊糖、树胶、黏液质、黏胶质、纤维素与半纤维素、动物多糖等；②苷类：氰苷、酚苷、醇苷、蒽苷、黄酮苷、皂苷、强心苷、香豆素苷、环烯醚萜苷等；③木脂素类：由二分子苯丙素衍生物聚合而成的化合物，例如五味子素等；④生物碱类：含氮碱性化合物，例如麻黄碱、喜树碱等；⑤挥发油类：与水不相混的油状液体总称；⑥萜类：具有异戊二烯基本单位的烃类化合物，包括单萜类、倍半萜类、二萜类等；⑦鞣质类：多元酚类化合物；⑧氨基酸、多肽、蛋白质和酶类；⑨脂类：分为简单脂质（油脂和蜡）和复合脂质（磷脂、糖脂、蛋白质脂）；⑩有机酸类：具有羧基的化合物（不包括氨基酸），包括脂肪族、芳香族和萜类有机酸等；⑪树脂类：多为二萜烯与三萜烯类衍生物及木脂素；⑫植物色素类：包括脂溶性色素和水溶性色素，脂溶性色素多为四萜类衍生物，例如叶绿素等，水溶性色素主要为花色苷类；⑬无机成分：常以无机盐形式存在，例如草酸钙等。

尽可能提取有效物质，舍弃无效成分是提取的主要目标。常用的提取方法有煎煮法、浸渍法、渗漉法、回流法以及一些新的提取方法。影响提取效果的主要因素有溶剂特性及浓度，药材粒度，提取时间、温度、压力以及次数等。近年来，提出了许多新的提取方法。

3) 提取液的固-液分离纯化

中药提取液一般是固-液悬浮液或含有胶体的溶液，需要采用固-液分离单元操作技术将提取液进一步分离纯化，将悬浮固体从提取液中分离出去。常用的固-液非均相分离单元操作有固-液重力或离心沉降、过滤、絮凝沉降、水提醇沉、醇提水沉等。其中，水提醇沉单元操作是先以水为溶剂提取中药成分，再以乙醇沉淀去除提取液中杂质。其原理是依据中药材中大多数成分易溶于水和乙醇的特点，用水提取，并将提取液浓缩，再加入适量乙醇溶解，反复数次沉降，除去不溶性物质，最后得到澄明液体；醇提水沉单元操作的步骤与水提醇沉单元操作的相反。一般水提醇沉应用较多，而醇提水沉应用较少。这两种分离纯化方法的局限性是容易造成有效成分损失等[13]。

4) 提取液的浓缩

中药提取液的浓缩是中药制剂成型前处理的重要单元操作，提取液经过浓缩制成一定规格的中药浸膏。蒸发是浓缩的重要手段，当然，也可以采用反渗透法、超滤法、吸附树脂法、冷冻法。目前多数中药生产采用蒸发浓缩。蒸发浓缩分为常压和减压蒸发、单效和多效蒸发、间歇和连续蒸发、循环型和单程型蒸发等多种类型。中药提取液的物理化学性质比较复杂，具有黏度大、热敏、易结晶、易产生泡沫等特点，浓缩时需要重点考虑。在浓缩过程中要规定温度、时间、并测定相对密度或总固体量或指标性成分的含量等。

5）浸膏的干燥和制粒

根据用药需要，浓缩后的中药浸膏一般要进行干燥制粒等操作，可以采用烘干、真空干燥、喷雾干燥、流化床干燥、冷冻干燥等方法。制粒可以采用流化床制粒等。

4. 中药制剂成型

中药制剂成型是中药生产的关键步骤，必须符合《药品生产质量管理规范》（GMP)[14]。中药的剂型有多种，按照剂型的形态可分为气体剂型、液体剂型、固体剂型、半固体剂型等。不同的中药剂型分别采用相应的制剂成型单元技术制成。形态相同的剂型，制剂成型特点也比较接近。液体剂型制备时多采用溶解、分散法，固体剂型多需粉碎、混合、成型法，半固体剂型多采用熔化和研匀法。

中药主要剂型包括[11]：

丸剂系指饮片细粉或提取物加适宜的黏合剂或其他辅料制成的球形或类球形制剂，分为蜜丸、水蜜丸、水丸、糊丸、蜡丸和浓缩丸等类型。

蜜丸：饮片细粉以蜂蜜为黏合剂制成的丸剂。其中每丸质量在 0.5g（含 0.5g）以上的称大蜜丸，每丸质量在 0.5g 以下的称小蜜丸。

水蜜丸：饮片细粉以蜂蜜和水为黏合剂制成的丸剂。

水丸：饮片细粉以水（或根据制法用黄酒、醋、稀药汁、糖液等）为黏合剂制成的丸剂。

糊丸：饮片细粉以米粉、米糊或面糊等为黏合剂制成的丸剂。

蜡丸：饮片细粉以蜂蜡为黏合剂制成的丸剂。

浓缩丸：饮片或部分饮片提取浓缩后，与适宜的辅料或其余饮片细粉，以水、蜂蜜或蜂蜜和水为黏合剂制成的丸剂。根据所用黏合剂的不同，分为浓缩水丸、浓缩蜜丸和浓缩水蜜丸。

散剂系指饮片或提取物经粉碎、均匀混合制成的粉末状制剂。

颗粒剂系指饮片提取物与适宜的辅料或饮片细粉制成具有一定粒度的颗粒状制剂，分为可溶颗粒、混悬颗粒和泡腾颗粒。

片剂系指提取物、提取物加饮片细粉或饮片细粉与适宜辅料混匀压制或用其他适宜方法制成的圆片状或异形片状的制剂，有浸膏片、半浸膏片和全粉片等。片剂以口服普通片为主，另有含片、咀嚼片、泡腾片、阴道片、阴道泡腾片和肠溶片等。

含片：含于口腔中缓慢溶化产生局部或全身作用的片剂。

咀嚼片：于口腔中咀嚼后吞服的片剂。

泡腾片：含有碳酸氢钠和有机酸，遇水可产生气体而呈泡腾状的片剂。

阴道片与阴道泡腾片：置于阴道内使用的片剂。

肠溶片：用肠溶性包衣材料进行包衣的片剂。

锭剂系指饮片细粉与适宜黏合剂（或利用药材本身的黏性）制成不同形状的固体剂型。

煎膏剂系指将饮片用水煎煮，取煎煮液浓缩后，加炼蜜或糖制成的半流体制剂。

胶剂系指动物皮、骨、甲、角用水煎取胶质，浓缩成稠胶状，经干燥后制成的固体块状内服剂型。

糖浆剂系指含有提取物的浓蔗糖水溶液。

贴膏剂系指饮片提取物或化学药物与适宜的基质和基材制成的供皮肤贴敷，可产生局部或全身性作用的一类片状外用制剂。包括橡胶膏剂、凝胶膏剂和贴剂等。

橡胶膏剂：提取物或化学药物与橡胶等基质混匀后，涂布于背衬材料上制成的贴膏剂。

凝胶膏剂：提取物、饮片或和化学药物与适宜的亲水性基质混匀后，涂布于背衬材料上制成的贴膏剂。

贴剂：提取物或和化学药物与适宜的高分子材料制成的一种薄片状贴膏剂。

合剂系指饮片用水或其他溶剂，采用适宜方法提取制成的口服液体制剂（单剂量灌装者也可称"口服液"）。

滴丸剂系指饮片经适宜的方法提取、纯化后与适宜的基质加热熔融混匀，滴入不相混溶的冷凝介质中制成的球形或类球形制剂。

胶囊剂系指将饮片用适宜方法加工后，加入适宜辅料填充于空心胶囊或密封于软质囊材中的制剂，可分为硬胶囊、软胶囊（胶丸）和肠溶胶囊等，主要供口服用。

硬胶囊：将提取物、提取物加饮片细粉或饮片细粉或与适宜辅料制成的均匀粉末、细小颗粒、小丸、半固体或液体等，填充于空心胶囊中的胶囊剂。

软胶囊：将提取物、液体药物或与适宜辅料混匀后用滴制法或压制法密封于软质囊材中的胶囊剂。

肠溶胶囊：不溶于胃液，但能在肠液中崩解或释放的胶囊剂。

酒剂系指饮片用蒸馏酒提取制成的澄清液体制剂。

酊剂系指饮片用规定浓度的乙醇提取或溶解而制成的澄清液体制剂，也可用流浸膏稀释制成。供口服或外用。

流浸膏剂、浸膏剂系指饮片用适宜的溶剂提取，蒸去部分或全部溶剂，调整至规定浓度而成的制剂。

膏药系指饮片、食用植物油与红丹（铅丹）或官粉（铅粉）炼制成膏料，摊涂于裱褙材料上制成的供皮肤贴敷的外用制剂。前者称为黑膏药，后者称为白膏药。

凝胶剂系指提取物与适宜基质制成具有凝胶特性的半固体或稠厚液体制剂。按基质不同，凝胶剂可分为水性凝胶与油性凝胶。

软膏剂系指提取物、饮片细粉与适宜基质均匀混合制成的半固体外用制剂。常用基质分为油脂性、水溶性和乳剂型基质，其中用乳剂型基质制成的软膏又称为乳膏剂，按基质的不同，可分为水包油型乳膏剂和油包水型乳膏剂。

露剂系指含挥发性成分的饮片用水蒸气蒸馏法制成芳香水剂。

茶剂系指饮片或提取物（液）与茶叶（或其他辅料）混合制成的内服制剂，可分为块状茶剂、袋装茶剂和煎煮茶剂。

块状茶剂：可分为不含糖块状茶剂和含糖块状茶剂。不含糖块状茶剂系指饮片粗粉、碎片与茶叶或适宜的黏合剂压制成块状的茶剂；含糖块状茶剂系指提取物、饮片细粉与蔗糖等辅料压制成块状的茶剂。

袋装茶剂：茶叶、饮片粗粉或部分饮片粗粉吸取提取液经干燥后，装入袋的茶剂，其中装入饮用茶袋的又称袋泡茶剂。

煎煮茶剂：将饮片适当粉碎后，装入袋中，供煎服的茶剂。

注射剂系指饮片经提取、纯化后制成的供注入体内的溶液、乳状液及供临用前配制成溶液的粉末或浓溶液的无菌制剂。注射剂可分为注射液、注射用无菌粉末和注射用浓溶液。

注射液：包括溶液型或乳状液型注射液。可用于肌内注射、静脉注射或静脉滴注等。其中，供静脉滴注用的大体积（除另有规定外，一般不小于 100ml）注射液也称静脉输液。

注射用无菌粉末：供临用前用适宜的无菌溶液配制成溶液的无菌粉末或无菌块状物。可用适宜的注射用溶剂配制后注射，也可用静脉输液配制后静脉滴注。无菌粉末用冷冻干燥法或喷雾干燥法制得；无菌块状物用冷冻干燥法制得。

注射用浓溶液：临用前稀释供静脉滴注用的无菌浓溶液。

搽剂系指药材用乙醇、油或其他适宜溶剂制成的供无破损患处揉擦用的液体制剂。其中以油为溶剂的又称油剂。

洗剂系指药材经适宜的方法提取制成的供皮肤或腔道涂抹或清洗用的液体制剂。

涂膜剂系指药材经适宜溶剂和方法提取或溶解，与成膜材料制成的供外用涂抹，能形成薄膜的液体制剂。

栓剂系指提取物或饮片细粉与适宜基质制成供腔道给药的一种固体制剂。

鼻用制剂系指提取物、饮片或与化学药物制成的直接用于鼻腔发挥局部或全身治疗作用的制剂。鼻用制剂可分为鼻用液体制剂（滴鼻剂、洗鼻剂、鼻用喷雾剂）、鼻用半固体制剂（鼻用软膏剂、鼻用乳膏剂）和鼻用固体制剂（鼻用散剂）。

眼用制剂系指由提取物、饮片制成的直接用于眼部发挥治疗作用的无菌制剂。眼用制剂可分为眼用液体制剂（滴眼剂）、眼用半固体制剂（眼膏剂）等。眼用液体制剂也有以固态药物形式包装，另备溶剂，临用前配成溶液或混悬液的制剂。

气雾剂系指提取物、饮片细粉与适宜的抛射剂共同封装在具有特制阀门装置的耐压容器中，使用时借助抛射剂的压力将内容物喷出呈雾状、泡沫状或其他形态的制剂。其中以泡沫形态喷出的可称泡沫剂。不含抛射剂，借助手动泵的压力或其他方法将内容物以雾状等形态喷出的制剂称为喷雾剂。气雾剂和喷雾剂按内容物组成分为溶液型、乳状液型或混悬型。可用于呼吸道吸入、皮肤、黏膜或腔道给药等。

26.3　中药过程工程新进展

如前所述，近年来，随着现代科学技术的进步，我国的中药事业得到了前所未有的重视，并取得了长足的发展。这里基于过程工程理论的思考，从中药材种植（养殖）、中药炮制、中药制剂前处理、中药制剂成型等环节入手，对已经取得的进展和存在的问题进行简要阐述，以期为过程工程科技工作者提供有价值的信息。

26.3.1　中药材种植（养殖）

中药资源是中医防治疾病的物质基础，也是生态环境保护的重要组成部分。近年来中药材的过度采摘使一些中药资源品种濒临灭绝。中药资源的有效利用、科学开发和有效保护是实现可持续发展的重点。根据我国中药材资源分布的自然区域特点，已建立了具有代表性的中药材规范化种植基地，并针对濒危、稀缺中药材，例如肉苁蓉、新疆紫草、重楼、冬虫夏草、石斛、藏红花、半夏、甘草、麻黄、天麻、龙胆、秦艽、川贝母、三叶木通、多伦赤芍等，采用现代生物技术、生态保护技术、遗传育种及基因改良技术等，开展了优质种子、种苗繁育及规范化种植研究等。

在利用现代生物技术解决濒危、稀缺中药材资源问题方面，药用植物的细胞、组织或器官培养技术是一个值得重视的研究方向。其中，生物反应器培养是植物组织培养实现工业化的关键。因为植物培养的最终目标是实现工业化生产，仅靠摇瓶实验或中试是无法实现上述目标的，必须设计工业规模的生产装置，即设计工业反应器。但是反应器规模的扩大，常常会使最终结果偏离摇瓶或中试研究的最优化结果，这也是为什么要研究反应器放大方法的原因。

有关生物反应器的研究，除关注生物反应之外，还要涉及多相流动、传热、传质和混合，以及过程放大规律的研究等，因此，是过程工程学科的用武之地[15]。

1. 植物反应器培养概述

一个反应过程的开发，其最初阶段是发现与认识新的反应，最终进入工业化生产。在工业化阶段，首先遇到的问题是选择什么样的反应器来完成特定的反应，哪些因素有利，哪些因素不利，即使只是定性的认识，都是非常有价值的。确定反应器的类型后，要进行操作条件的选择和反应器的工程设计，这就需要反应器方面的定量知识，即哪些因素对哪些反应有哪些影响，这就是反应规律与传递规律等相结合所需要解决的问题。植物细胞、组织或器官培养用反应器无疑是药品工业化生产的核心设备，它应为植物培养提供适宜的生长环境。工业反应器中的反应结果，既与反应本身的特性有关，也与反应器的特性有关。反应器的结构、操作方式和操作条件对培养原材料的转化率、药品的质量和成本有着密切的关系。反应器中存在着物料的混合与流动、传质与传热、设计与放大等共性工程技术问题，同时过程参数的检测与控制对于培养过程的顺利进行也十分重要。纵观整个药用植物产品的生产过程，可以以反应器为核心，将其称为中游加工，而把培养前后的过程——原材料的预处理（包括材料的选择、必要的物理和化学加工、培养基的配制和灭菌等）过程、产物的分离与纯化过程（目的是采用适当的方法和手段将含量甚少的目的产物从发酵液中分离出来加以精制，以达到规定的质量要求）分别称为上游加工和下游加工。

不同于普通的反应器，药用植物细胞、组织或器官培养用反应器的针对性更强，要求更为特殊，一般的反应器不一定是很好的药用植物培养用反应器。药用植物培养用反应器的设计和选型要充分考虑植物培养的特点。即要求研究、设计和生产者既要有过程工程等方面的知识，又要有植物培养工程等方面的基础。除了考虑反应器的流动、传热、传质和混合、放大等特点以外，还需要了解植物等生物体的生长特性和要求。植物体的生长过程分一定的阶段性，不同阶段对温度、溶氧、pH 等有不同的要求。另外，植物体是活体，生长过程可能受到剪切应力影响，也可能凝聚成为颗粒，或因自身产气或受通气影响而漂浮于液面。另外，多数培养过程都要求无菌条件。所有这些因素都是研究、设计和生产过程中需要特别考虑的。但是，从反应器的研究开发和应用的实践过程来看，药用植物培养用反应器多数是从化学反应器、微生物反应器等经过改造而来的。目前常用的反应器主要类型有机械搅拌反应器、气升反应器、鼓泡反应器、膜反应器、光反应器等。这方面国内外有不少研究，并取得了丰硕成果。其中，韩国已经在高丽参不定根和毛状根的培养方面取得了突破性进展，成功进行了产业化。我国也开展了根类药材不定根的反应器培养研究。随着过程工程学科的发展，会有更多、更好的新型药用植物培养反应器诞生。

2. 生物反应器

1）植物细胞培养用反应器

植物细胞培养是植物在体外条件下进行培养，此时细胞虽然生长并增多，但不再形成组织。进行植物细胞的体外培养，能够生产许多有价值的药品，包括重要的生物碱等，且不受自然条件的影响。

植物细胞培养的特点与微生物细胞培养的特点有很大的区别。例如：①植物细胞虽具有细胞壁，但对流体剪切应力的耐受程度要比微生物细胞差。②生长速率慢。由于植物细胞的生长要比微生物细胞缓慢得多。植物细胞一般有细胞壁，代谢产物不分泌到细胞外而是留在细胞内，因此，只有高细胞密度条件下培养，才能得到一定浓度的次生代谢产物。由于植物细胞培养所需时间要比微生物细胞长，又容易染菌，因此需要有严格的防污染措施。③植物细胞的生长和产物的形成是多种环境因素（如温度、pH、营养成分，溶氧和渗透压等）和细胞内复杂代谢反应的综合结果，而这些反应又都与细胞内的多种酶密不可分。但这些反应的机理以及环境条件与这些反应的关系目前尚不清楚。因此，植物细胞反应动力学的研究，目前在很大程度上是借鉴微生物细胞反应动力学的理论和描述方法，尚处于起始阶段。

因此，利用植物细胞培养生产的物质一般仅限于难以化学合成、无法用微生物合成和附加值很高的产品。在植物细胞培养过程中，按加料出料方式可分为间歇培养、连续培养以及流加培养等。植物细胞培养主要采用悬浮培养系统、固定化细胞培养系统和其他培养系统。悬浮培养所用反应器主要有机械搅拌式反应器和非机械搅拌式（主要是气升和鼓泡）反应器。固定化细胞培养反应器主要有填充床反应器、流化床反应器和膜反应器等。

由于植物细胞培养的特殊性，使开发适用于植物细胞培养的反应器受到重视。反应器种类越来越多，规模也越来越大。日本专卖公司用 $21m^3$ 的反应器进行了烟草细胞的连续培养，细胞产量达 $5.82kg/m^3$。日本三井石油株式会社用 $0.75m^3$ 植物细胞反应器生产染料紫草宁，可满足国内需要量的 43%。近年来，高丽参的器官培养成功地进行了工业化，反应器的规模达到 $10m^3$。

2) 植物组织或器官培养用反应器

尽管人们对植物细胞培养进行了大量研究，但是由于植物细胞生长速度缓慢和产生的有效成分含量低下，导致生产成本过高，限制了该技术的广泛应用。为了加快植物细胞技术工业化进程，研究了多种培养技术增加次生代谢产物的含量。例如①加入诱导子和前体；②细胞固定化；③高密度培养；④双相培养等。但是，植物细胞培养的最大问题是培养中细胞遗传和生理的高度不稳定性，从而使有效成分含量不稳定。药用植物的有效成分往往是次生代谢产物，次生代谢产物的合成在细胞阶段并不积极或者说对植物细胞本身来说意义不大，组织或器官培养是克服这一不足的有效方法之一。植物器官主要包括：根、芽、体细胞胚和幼苗等。目前，韩国除在高丽参不定根和毛状根的培养方面成功进行了产业化外，还开发了系列保健品和化妆品，人参胚的研究和柴胡毛状根培养的工业化也在不断的成熟。此外，美、德等国也取得了较大进展。植物器官培养反应器与细胞培养反应器有所不同。但是，可以在植物细胞培养反应器的基础上进行开发研究，使之适合于植物组织或器官的培养。

26.3.2　中药炮制

中药炮制的目的在于：①除去杂质和非药用部位，保证品质纯净和用量准确；②分开不同药用部位，保证用药准确；③消除或降低药物毒副作用，保证用药安全；④转变或缓和药物性能，适应辩证用药需要；⑤增强作用，提高疗效（协同作用）；⑥引药归经，改变药物作用趋向，使药力直达病位；⑦利于贮藏，保存药性；⑧矫臭矫味，利于服用；⑨改善形体质地，便于配方制剂；⑩制成中药饮片，提高商品价值。

中药炮制方法较多。例如，火制中的炒法就有清炒和加辅料炒。在炒制过程中还要注意严格掌握火候。火候是指加热炮制时火力大小、加热时间长短、药物在受热过程中出现的变化特征的综合概括。炮制主要依靠老药工的经验。传统的清炒的火候经验标准是这样描述的：炒黄时多用"文火"——放药前锅底不红，炒药时基本不冒烟；炒焦时多用"中火"——放药前锅底微红，炒药时冒烟；炒炭时多用"武火"——放药前锅底红，炒药时冒烟。清炒的时间长短根据炒法种类和药物性质而定，炒炭时间长些，炒焦时间次之，炒黄时间相对短些。药材粒大质坚的时间长些，粒小、片薄、疏松的时间短些。这种定性的标准，不同的操作者很难做出同样质量的炮制品。从过程工程的角度考虑，清炒过程实际上是一个对药材加热的单元操作过程，涉及热传导、对流和辐射传热的基本原理[5]。借助于现代温度等参数的非接触检测仪器和表面可视化技术等手段，可以做到准确自动测量和控制传热过程，提高炮制品的质量及其稳定性。例如，对于一定的药材，在加热方式一定的条件下，经过大量的实验研究，可以规定文火的温度和升温速度以及炒制后药材的理化特性等。

现代炮制研究关注：①新实验设计方法、新炮制工艺、新炮制器具的应用；②结合化学成分、药理、微生物学、免疫学、分子生物学、信息学等学科知识来阐明炮制原理；③现代分析技术等在炮制研究中的应用，包括：化学分析法，仪器分析法（紫外光谱：利于炮制原理研究、工艺探讨和质量标准制定；色谱分析：包括气相色谱、高效液相、原子发射光谱等）；④炮制现代化：主要是炮制工艺的规范化和标准化。

26.3.3 制剂前处理

1. 重金属、农药残留的吸附分离脱除

进口中药的国家对中药中的重金属（如铜、铅、镉、汞、砷）、农药残留（六六六、滴滴涕、五氯硝基苯、有机磷）及黄曲霉素等的含量都提出了严格要求。例如，德国药品法规定草药成品药物必须符合与其他成品药物相同的质量、安全和疗效标准，进口原料药材需要检测重金属、农药残留、微生物等指标。我国药典及《药用植物及制剂外经贸绿色行业标准（WM/T2—2004）》对中药中重金属和农药残留等的限量也有相应规定。后者规定：重金属总量应 ≤20.0mg/kg，铅（Pb）≤5.0mg/kg，镉（Cd）≤0.3mg/kg，汞（Hg）≤0.2mg/kg，铜（Cu）≤20.0mg/kg，砷（As）≤2.0mg/kg。重金属污染来源比较复杂，与中药材地理环境、加工炮制、提取溶剂、工艺设备等有关。因此，需要研究中药中的重金属和农药残留等超标的原因及对策，以突破中药出口的国际贸易"绿色壁垒"。

采用吸附分离单元操作技术是解决中药中重金属残留问题的途径之一。研究表明，螯合型大孔吸附树脂可以使中药提取液中的几种重金属（Cu、Pb、Cd、Hg、As）含量显著降低，而有效成分几乎没有损失。采用无机离子筛吸附分离技术也可去除中微、痕量重金属砷、镉以及农药残留等。

2. 超微粉碎

超微粉碎单元操作是近年来发展起来的新的粉碎技术[4]。现有粉碎操作存在的问题有：①粉碎效果不理想，如细度粗、细胞破壁率低、有效成分溶出度低、药物生物利用率低、资源浪费等；②粉碎能力低，对于强韧性纤维材料，如灵芝、黄芪、甘草等，存在浮纤维问题；对于强韧性动物材料，如羚羊角、海马、玳瑁等，粉碎效率低，细度差；对于黏糖性药材，如枸杞、大枣、麦冬、熟地、山茱萸等，易出现黏磨、堵磨；对于树脂类药材，如：乳香、没药，遇热软化、黏磨不成粉；对于油脂量大的药材，如五味子、杏仁、桃仁等，处理困难；③粉碎温度高；④粉碎设备密封性不好，产生飞尘，污染环境、劳动条件恶劣、药物

损失严重，挥发性成分大量逸失等；⑤选择性粉碎，少磨多筛，造成粉碎不彻底。针对这些问题，提出了以打破细胞为目的的细胞级微粉碎单元操作技术。因为动植物的化学成分大多存在于细胞内，粉碎应使中药材粉碎至细胞破碎水平，从而使细胞中的化学成分充分释放，顺利进入溶剂，达到充分利用有效成分的目的。细胞级中药微粉是指经细胞级微粉碎作业所获得的中药微粉。以细胞级中药微粉为基础制备的中药称为细胞级微粉中药。有机体细胞的直径一般在 10～150μm 之间，因此，细胞级微粉碎获得的粉体颗粒尺寸应该小于该尺寸范围。实现细胞级微粉碎的单元设备主要是超微粉碎机械。微粉中药可以提高中药材中有效物质溶出度，为提高生物利用度奠定基础；微粉可以直接服用或煎煮后全服，提高疗效，减小服用量；复方粉碎可以实现不同药物成分的匀化作用；还有附加的杀虫、灭菌作用等。系统开展微粉中药用量与饮片用量的等效性研究是重要的研究方向。

3. 提取新单元操作

传统的中药提取方法工艺简单，但是，不同程度地存在着提取周期长、有效成分损失多、提取收率低、提取物中杂质含量高等问题，有必要开发现代提取新工艺和新技术。这里对近年来中药提取新技术，包括：超临界萃取、连续逆流提取、微波提取、超声提取、酶法提取、半仿生提取、液泛提取、组织破碎提取、压榨提取、免加热提取、空气爆破提取、常温超高压提取等的进展进行分析[16]。

1）超临界流体萃取

超临界流体萃取是 20 世纪 60 年代初发展起来的一种提取分离技术，也是最近 10 多年来被广泛关注的技术。流体在超临界状态下具有密度大、黏度低、表面张力小、溶解能力强、传质系数大等特点。因此，以超临界流体作为中药材中有效成分的高效溶解媒介或萃取剂，进行提取分离具有许多方面的优势。超临界流体萃取法一般以 CO_2 为萃取剂。超临界 CO_2 在压力为 8～40MPa 时，温度为 30～70℃时，对非极性、中极性化合物具有很强的溶解能力；加入适当夹带剂，例如乙醇等，也可以提高对极性化合物的溶解能力及对萃取物质的选择性。

超临界流体萃取过程主要包括萃取阶段和分离阶段。在萃取阶段，超临界流体将所需组分从原料中萃取出来；在分离阶段，通过改变操作参数，使萃取组分与超临界流体分离，从而得到所需组分并使萃取剂循环使用。根据分离方法的不同，超临界萃取流程分为等温变压流程、等压变温流程和等温等压吸附流程。影响超临界流体萃取结果的因素较多。从过程工程科学与技术角度考虑，可以把影响因素分为三类：①原料的物性，包括药材粒度、湿含量、超临界流体和夹带剂的物性等；②工艺操作条件，包括操作压力、温度、流量、萃取时间等；③设备特性，设备几何尺寸等。为了取得较好的超临界流体萃取结果，应控制这些变量使其在一个优化的范围内。

超临界萃取已用于多种植物有效成分的提取分离，包括萜类和挥发油、生物碱、黄酮类、醌及其衍生物、糖及其苷类、苯丙素类（香豆素、木脂素等）化合物等的提取分离。例如，从紫苏籽、杏仁、葡萄籽、藁本、青木香、野菊花、连翘、肉豆蔻、肉桂、榛果等中提取相应的挥发油，从薄荷中提取薄荷油醇、藏药雪灵芝中提取总皂苷粗品及多糖、黄花蒿中提取青蒿素、甘草中提取抗氧化组分、银杏中提取黄酮和萜内酯、草乌中提取总生物碱、丹参中提取丹参酮、菝葜中提取总皂苷等。目前，已进行近百种单味药的超临界萃取。继续开展单味药并进行复方药的超临界萃取分离研究是重要方向之一。

与传统的提取方法如水蒸气蒸馏等相比，超临界萃取对于分离挥发性成分、脂溶性成分、高热敏性成分以及贵重药材的有效成分等显示出独特的优势，表现在：①可在室温下对药材中的有效成分进行提取，从而防止热敏性药物成分的氧化和分解；②属于环境友好的提取工艺，无溶剂残留；③提取速度快、效率高、萃取物杂质少、有效成分高度富集；④具有抗氧化灭菌作用，有利于保证和提高提取物的质量；⑤提取步骤少、流程短、操作参数易于控制；⑥系统密闭，可减少易挥发组分的损失，收率高。目前，超临界二氧化碳萃取中药有效成分技术已有产业化应用报道。

但是，超临界萃取与水蒸气蒸馏等其他提取方法相比，收率和化学成分均差异很大。这些工艺变更及引起的药效学等效性与毒性问题是应重点研究的问题。超临界萃取装置属高压设备，存在设备费用较高和安全性等问题，在推广应用时也应给予注意。

由于 CO_2 是非极性分子，因此超临界 CO_2 对低相对分子质量、低极性或亲脂性的成分如油脂、萜、醚和环氧化合物等表现出优异的溶解性，但对极性较大、相对分子质量高的化合物，如皂苷类、黄酮类和多糖类等的提取较为困难。因此，单一的超临界萃取技术在应用范围上受到限制，开展超临界萃取技术与其他提取分离技术，诸如大孔树脂吸附分离及喷雾干燥等技术的集成是未来的重要方向之一。

2）连续逆流提取

针对单级提取和错流提取过程存在的溶剂消耗大、传质推动力小、提取液中有效成分浓度低、生产效率低等问题，提出了逆流提取工艺。逆流提取工艺使提取剂与药材在设备内接触并呈逆向流动，任意一个截面上的传质推动力（即药材中有效成分浓度与提取剂中有效成分的浓度差）都是最大的。提取剂与药材间的接触方式有逐级式和微分式，分别称为多级逆流提取和微分逆流提取，相应的设备称为罐式逆流提取设备和连续逆流提取设备。

罐式逆流提取是将多个提取设备单元按流程组合起来，固-液接触传质分别在多个提取单元内同时实现。罐式逆流提取虽然只是溶剂在不同罐中流动，药材固定在不同罐中，但总体效果仍是逆流接触。各个罐单元可以根据需要采取诸如搅拌、温浸、渗漉等工艺。连续逆流提取是从管式设备首端连续输入新鲜药材，从末端连续排出药渣；新鲜溶剂则从排渣口不断流入，高浓度提取液则从新鲜药材加入口连续排出。药材与溶剂在提取器中完全呈逆向流动。因此，设备结构紧凑，操作简单，提取速度快，收率高，无反混现象，连续运行，传质浓度梯度相对稳定等。但是，该工艺对药材的物性及形状粒度等要求较高，清洗问题也没有彻底解决。

连续逆流提取技术在 20 世纪 90 年代开始应用于植物提取后，逐步形成了适应不同提取物、不同溶媒提取的通用设备。通过选择不同提取管直径与长度可以满足不同提取产量的要求。从只能用于水提取，到能用于乙醇、乙酸乙酯、三氯甲烷、石油醚等有机溶剂。全程实现连续化、自动化。目前，该技术已经成熟。还可以和其他诸如离心、超声等技术结合，效果更好。

3）微波提取

微波是一种携带能量的电磁波，波长在 0.001～1m 之间，频率在 $3\times10^8\sim3\times10^{11}$ Hz 之间。微波传播过程中遇到物体会发生反射、透射和吸收现象。物体内的极性分子吸收微波辐射能量后，通过分子偶极以每秒数十亿次的高速旋转而产生热效应；物体内的弱极性或非极性分子对微波的吸收能力则很小。微波对物质的加热是内加热，其传热及传质机理不同于外加热。

微波提取最早于 1986 年由 Ganzler 等用微波炉从土壤中提取分离有机化合物，之后迅速扩展到包括植物药提取等众多领域。微波提取的特点是：萃取时间短、提取率高、萃取溶剂用量少、能耗低、工艺控制参数少等。微波提取系统依据发射方式分为发散式（封闭式）和聚焦式（开放式）。开放式提取器在常压下操作，封闭式提取器的提取温度可达到或超过溶剂的沸点。典型微波提取系统如图 26.1 所示。

影响微波提取效率的因素有药材含水量、粒度、有效成分特性、溶剂极性/介电常数、溶剂用量、操作温度、压力、微波功率、微波频率、微波密度、提取时间、提取器尺寸等。微波提取时提取剂的选择十分重要。提取剂对药材内的有效成分要有较强的溶解能力且一般是非极性或弱极性的，例如己醇、己烷等，这样微波可以透过溶剂，降低微波消耗，且溶剂温度低，可防止有效成分受热分解。药材含水量较高，能吸收微波很快升温。药材发热能力取决于耗散因子，即介电损失与介电常数的比值。介电常数表示吸收微波的能力，介电损失或者损失因子表示耗散吸收微波的能力。由正交实验选择优化的提取条件。

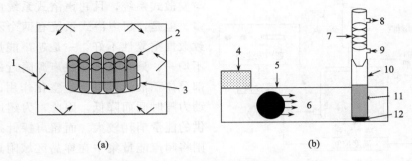

图 26.1 两种微波辅助提取系统示意图[17]

（a）发散式；（b）聚焦式

1. 发散微波；2. 提取容器；3. 回转台；4. 磁控管；5. 波导；6. 聚焦微波；7. 回流系统；
8. 冷凝水出口；9. 冷凝水进口；10. 提取容器；11. 溶剂；12. 固体样品

一些研究表明，微波提取较水蒸气蒸馏、索氏提取等传统的中药提取方法，以及超临界流体萃取、超声提取等现代手段具有一定优势，表现在提取率高，显示出广阔的应用前景。采用微波提取的中药有效成分包括多糖类、黄酮类、挥发油、生物碱、苷类等。

目前，微波提取已在中药提取生产中应用。工业设备上如何保证微波辐射的能量密度和辐射安全，微波提取的传热传质机理、微波提取如何与其他提取技术结合以及如何用于中药炮制和干燥等领域是今后应关注的重点。

4）超声提取

超声波频率范围为：$2.0 \times 10^4 \sim 3.0 \times 10^8$ Hz，介于声波和微波之间，其中，频率范围为 $2.0 \times 10^4 \sim 1.0 \times 10^5$ Hz 的超声波用于清洗及塑料熔接等过程；$2.0 \times 10^6 \sim 1.0 \times 10^7$ Hz 超声波用于超声探伤、医学扫描、化学分析及松弛现象研究，20 世纪 60 年代开始用于提取研究。超声提取利用超声波的空化作用、热效应和机械作用等强化药材有效成分提取。由于高能超声波作用于液体时会被撕裂成很多小的空穴，这些空穴瞬间闭合时产生瞬间高压，即为空化效应。超声空化在微环境内还会产生各种次级效应，如湍动效应、微扰效应、界面效应和聚能效应等，强化传质。超声热效应是由于药材吸收超声波引起分子剧烈振动等，使超声波机械能转化为介质的内能，引起介质温度升高所致。超声波可以在瞬间使内部温度升高，加速有效成分的溶解。超声波的机械作用主要是辐射压强和超声压强引起的，超声波机械振动能量的传播，可在液体中形成有效的搅动与流动，能达到普通低频机械搅动达不到的效果。超声作用可使坚硬的固体药材细胞壁破碎，加速胞内物质的释放、扩散及溶解，而有效成分在被破碎瞬间活性保持不变。超声提取装置通常有两种类型，超声浴式系统和超声探针式系统，或集中式

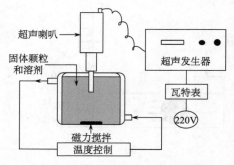

图 26.2　超声提取装置示意图[18]

置原理如图 26.2 所示。

与发散式系统，且超声浴式系统应用较多。但是，超声浴式系统有两个不足导致数据重复性不好：一是超声能量分布不均一，只有直接在超声源附近的一小部分体积液体可以产生空化作用；一是动力随时间而降低，因此，为超声浴提供的能量消耗较大。而超声探针式系统则将超声能量集中在样品区域附近，使液体空化效率更高。典型的超声提取装置原理如图 26.2 所示。

目前，超声提取方法主要用于单味中药材有效成分的提取和少量复方药材成分提取。涉及的化学成分包括生物碱、多糖、苷类、黄酮类、醌类、挥发油类、萜类、氨基酸类等。研究采用单因素考察或者设计正交实验进行提取工艺研究，分析影响因素，获得优化工艺条件等。影响超声提取效果的因素包括：提取溶剂的种类与用量、药材种类、粒度、含水量、提取时间、次数、温度、超声频率、声强、空占比等。其中，声学参数（超声频率、声强、持续时间、超声作用方式，包括空占比等）是影响超声提取效率的特有因素。取得的比较一致结论主要是：与传统提取方法相比，超声提取速度快、溶剂用量少、提取率高、不影响有效成分活性、不改变有效成分的化学结构等。

近年来，国内外对超声提取与传统提取技术以及超临界萃取、微波提取等现代提取技术的对比研究比较关注，研究结果表明：几种提取方法各有特点；相对于其他提取技术，微波提取的提取率更高，更有优势。超声提取与超临界萃取等其他提取技术集成的研究以及为解决超声波放大而提出的循环超声提取技术的应用研究也取得了较好的结果。

超声提取一般与传统或现代提取技术结合应用，已有生产装置。但是还有一些问题没有真正解决，距离规模化工业应用还有距离，存在超声作用机理问题、针对不同中药品种的适应性问题和优化操作参数问题、工业超声提取装置中超声场的能量如何实现均匀分布及经济性问题（即该技术的放大问题）、高超声提取率下获得的中药单方或复方提取物与法定提取方法得到的提取物的药效学等效性与毒性问题、超声辐射设备的安全标准问题等。

5）酶法提取

酶法提取是在提取过程中加入合适的酶，利用酶催化时的高选择性和高活性特点，较温和地分解植物组织，并选择性分解提取物中的无效成分，保留有效成分，提高收率、纯度和提取速度等。

中药材植物的细胞由细胞壁及原生质体组成。细胞壁多是由纤维素、半纤维素、果胶质，木质素等物质构成的致密结构。药材的有效成分往往包裹在细胞壁内。中药提取过程中，有效成分向提取溶媒扩散时，必须克服细胞壁及细胞间质的传质阻力。选用适当的酶类作用于药材，如水解纤维素的纤维素酶、水解果胶质的果胶酶等，可以破坏细胞壁的致密结构，减少细胞壁和细胞间质形成的传质阻力，从而有利于有效成分的溶出。适当的酶类还可以使药材的目标有效成分溶出，而控制非目标有效成分的溶出。因此，酶法提取过程的实质是通过酶解反应，强化提取传质过程。酶法提取的特点是：提取条件温和，无需外加能量，减少热敏性组分分解；提取率高（提高 50％ 的量级），提取速度较快；节约提取溶剂。

酶法提取于 20 世纪 90 年代开始用于中药有效成分的提取。目前多是针对单味药某一成分的提取，还处于研究阶段，证明了酶法提取的优点，但是，尚缺少工业化应用示例。酶法提取的中药化学成分包括：多糖、苷类、黄酮类、生物碱等；所应用的酶类包括：纤维素酶、果胶酶、木瓜蛋白酶、复合酶等。影响酶法提取效果的因素主要有：药材种类及粒度、有效成分性质、底物浓度、溶剂特性、pH、温度、酶解时间、酶的种类、比例及浓度、酶抑制剂和激活剂特性及浓度等。

目前，酶法提取需要进一步研究的问题是：酶反应的最佳温度及最佳 pH 往往只能在一个很小的范围内波动，为使酶的活性提高到最大值，必须严格控制酶反应时的温度及 pH 波动，因此，对设备及操作条件控制有较严格的要求，前处理也非常重要；酶法提取过程中，酶解过程增加了细胞的破壁，有可能改变原中药中的某些成分，产生新的化学物质或杂质，从而影响目标产物的纯度、提取率，甚至药效学等效性与毒性等，怎样有效去除酶解产物也是一个很重要的问题；酶法提取技术有其局限性，因此与其他技术的集成研究也是今后关注的方向。

6）半仿生提取

半仿生提取于 20 世纪 90 年代提出，其目的之一在于试图纠正当时中药提取研究存在的问题：多以某种单体成分或指标成分优选提取工艺和控制制剂质量，忽视了方剂的整体作用，不能保持原方剂特有的疗效。以单体成分为依据的提取对认识方剂中某种药物的化学成分及其药理作用十分有利，也可以从微观上说明方剂的某些药理作用机制，使制成的制剂更精确化、量化，有利于进一步人工合成。但是它忽视了药物间各种成分的层次性、联系性，不能体现方剂的整体作用，不符合中医临床用药的综合成分作用的特点。

半仿生提取根据中药药效物质部分已知，大部分未知的现实，利用"灰思维方式"，将整体药物研究法与分子药物研究法相结合，从生物药剂学的角度，模拟口服给药及药物经胃肠道转运的原理，为经消化道给药中药制剂设计的一种新工艺。半仿生提取法将药材先用一定 pH 的酸水提取，继以一定 pH 的碱水提取，提取液分别滤过、浓缩，制成制剂。因为半仿生提取的工艺条件要适合工业化生产的实际，不可能完全与人体条件相同，因此为"半"仿生。

该法的特点是：在中药提取中将分析思维与系统思维相统一，坚持"有成分论，不唯成分论，重在机体的药效学反应"的观点。它模拟口服给药及药物经胃肠道转运的过程，体现中医治病综合成分作用的特点，药效物质的提取率高，不改变中药、方剂原有的功能与主治。酸碱作用更能促进药物有效成分的溶出，加快提取速度，缩短生产周期，降低成本。尤其适用于复方制剂的提取。影响半仿生提取效果的因素主要有：药材粒度、配伍比例、煎煮用水 pH、煎煮次数、煎煮时间、煎煮加水量、煎煮温度、滤过等条件。

应用半仿生提取已对十余个中药和中药复方，采用各种实验设计法，进行了提取工艺优化条件及不同提取法比较研究，建立了中药复方用半仿生提取研究的技术平台。结果表明：该法有可能替代水提法，半仿生提取醇沉法有可能替代水提醇沉法。目前还没有见到该法的工业应用报道。

半仿生提取需要进一步完善的方面主要有：半仿生提取仍属于热提取方法，对热敏性有效成分有影响；调整 pH 会引入或生成其他物质；对众多的中药及复方的适应性及临床疗效和毒理等还需进一步验证；人体内的环境比较复杂，除 pH 调节外，还有多种酶在起着催化作用，仿生提取是一个比较理想的目标。

7) 液泛提取

"液泛"原是化工精馏分离单元中的一个概念。是指原来气-液呈逆流稳定流动的精馏塔内，由于某种原因，导致液体充满塔板间的空间或填料内的空间，使塔的正常操作被破坏的一种异常操作现象。液泛提取是特意利用液泛现象，有意造成液泛，用于提取操作。液泛提取也于 20 世纪 90 年代提出。

液泛提取的原理示意见图 26.3。提取时，三口烧瓶 1 中加入溶剂，冷凝器 7 中通入冷却水，开始加热。加热溶剂所产生的蒸汽经筛板 8 通过药材填充层，进入冷凝器 7，冷却后的液体再回流至药材填充层。当逆流而上的溶剂蒸汽足够大时，药材填充层底部就会有液泛现象产

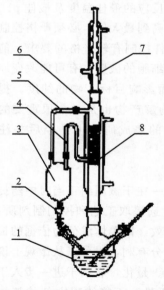

图 26.3　液泛提取装置示意图[19]
1. 三口烧瓶；2. 止逆阀；3. 缓冲瓶；
4. 虹吸管；5. 支管；6. 反应管；
7. 冷凝器；8. 筛板

生。在液泛条件下操作时，溶质有足够的时间溶出。当反应管 6 内液面升至与虹吸管 4 顶部高度齐平时，提取液会自动吸入缓冲瓶 3 内，并经止逆阀 2 流回三口烧瓶 1，完成一次循环。

液泛提取原理是充分利用加热溶剂时所产生的蒸气，与回流的冷凝液逆向接触，增加了液相的湍动程度，提高药材中溶质的扩散速率。新鲜冷凝液的不断回流加入使溶质与溶剂间保持较高的浓度梯度，提高了相间的传质推动力，使提取率得到提高。液泛提取整体温度较高，可加速细胞组织的破坏，有效提高扩散传质系数。

研究表明，液泛提取与传统的回流提取和索氏提取相比，提取速度、提取效率和提取率较高，提取时间缩短，溶剂用量减少。但是，液泛法同样需要较高温度，对于热敏性成分不利，近年来在中药提取方面的研究较少。

8）压榨提取

压榨提取是靠机械外力的作用直接挤压植物组织，使细胞破裂，液体流出。压榨提取一般适用于多汁液或多油脂的植物。

压榨提取按前处理和压榨时的温度的不同分为热榨和冷榨。压榨提取前需热处理并且灶膛温度很高的称为热榨，无需加热处理且灶膛温度很低者称为冷榨。热榨一般提取率较冷榨高，但热榨对有效成分的质量会有影响。按照挤压方式的不同可分为垂直压榨和螺旋压榨。垂直压榨是间歇式的生产，将物料放入灶膛然后加压，压榨完毕取出废料再进行下一次压榨。螺旋式压榨是一种连续生产，从进口不停地喂料，从出口放出废料。螺旋式压榨一般一次提取不全，可进行两次或三次重复压榨提取。

压榨提取在中药提取中的研究较少，主要是针对油含量高的中药材，例如柑橘籽油、柑橘皮、沙棘籽油、芹菜黄酮、姜冲剂、山苍子油、温莪术挥发油等。与传统溶剂萃取等方法相比，压榨提取不需溶剂，保持原汁原味，避免溶剂残留，产物更安全；压榨速度快，生产效率高；压榨工序少，操作简单，减少后处理工序。压榨提取与超临界萃取相比：生产设备简易，造价低；可进行连续生产，螺旋式压榨提高工作效率；加工能力强，生产成本低。

但是，压榨提取对于含油量很低的物料，提取率很低。中药材一般是干组分，含油量不是太多，在提取过程中可考虑用水蒸气润湿，提高提取率。在挤压的过程中，会产生很多热量，可能会使热敏性成分失活和变质。压榨提取法收率较溶剂萃取法低。一般压榨提取之后，为了进一步回收有效成分，再进行溶剂萃取。

压榨提取法技术比较成熟，中药提取生产中也经常使用，但不如在糖业、油脂业和纸业等普及。

9）组织破碎提取

根据溶质在固体-液体两相间的传质理论，有效成分的提取过程可分为三个子过程：①有效组分从细胞中溶出，到达药材与溶剂的界面；②溶出组分穿过界面；③溶出组分在溶剂中溶解。为了加快提取过程，可从这三方面入手。一般第一个过程传质阻力最大，溶出组分要穿过十几层甚至几十层细胞壁，才能到达溶剂界面；从第二过程入手，可以进行搅拌，加快流体湍动，降低边界层厚度，从而加快界面传质；从第三个过程入手，可以选择合适的萃取溶剂，增加对有效组分的溶解能力。组织破碎提取法是 20 世纪 90 年代基于第一、第二个过程而提出。

组织破碎提取在室温下进行。在适当溶剂中，对药材施加外力，使其高速粉碎至适当粒度，同时伴有高速搅拌、振动、负压渗滤等外力，增加细胞破壁率，减少溶出阻力，加快有效成分溶出。该法集破碎、提取与过滤于一体、提取速度很快、室温提取无成分破坏、药材成分和溶剂适应范围广、节能环保等。影响提取效果的因素除了前面一般提取技术提到的参数外，这里还需要考虑外力参数，例如：提取器内破碎刀具的内刀片转速等。

已经进行了数十种中药的提取实验，包括丹宁类、诃子酸类、茶多酚类、黄酮类、苷类、萜类等，都取得了较好结果。目前在这种提取技术基础上，开发了闪式提取器，其实验或中试装置市场已有售。但是，该技术的提取收率还有上升的空间，对质地坚硬的药材需要先进行软化等预处理。降低或消除装置在运行过程中的振动和噪声也是进一步努力的方向。

10）免加热提取

免加热提取于 20 世纪末建立。该法提取时对浸泡药材的溶媒施加交变压强，使其获得能量，强制植物细胞改变几何形状，改善细胞壁两侧的渗透压。细胞在挤压和扩张过程中，溶剂反复渗入、渗出，将有效成分高效地置换到细胞外。整个提取过程在常温或低温条件下进行。其特点是可以避免加热提取法引起的有效成分逸失、挥发和氧化，有效保留其活性成分，提高收率。

免加热提取已应用于龙血竭、大黄、水蛭、大蒜、辣椒中的有效成分等的提取研究，并与传统提取方法进行了对比，印证了该法的优势。免加热提取的龙血素 A 和 B 含量均高于传统的工艺提取，其中，龙血素 A 的含量比传统工艺高一倍，且免加热工艺提取血竭的抗真菌作用效果优于传统工艺提取的血竭。免加热工艺大黄提取物与生大黄、熟大黄提取物的药效相比较，作用与生大黄和熟大黄相同，在小剂量时即可显示明显的镇痛作用。用免加热法提取的水蛭素，其抗菌活性较常规煎煮提取法有明显提高。免加热大蒜提取物有较强的抑制结肠癌细胞活性，抑制率与药物浓度具明显的量效关系，且能有效诱导结肠癌细胞凋亡。免加热提取法得到的脂溶性、水溶性辣椒提取物以及丙酮温浸法得到的辣椒提取物均有镇痛作用，但相同剂量下三种提取物的镇痛效果明显不同，相同剂量下，免加热提取法脂提取物显效较快。

目前，免加热提取装置虽然已有公司生产，但是，对该提取过程的影响因素及机理的了解还不够，对其他中药品种的适应性也有待进一步验证。免加热提取法是运用压力交变法实现的，在工业应用上如何避免由此而引起的操作复杂化和设备安全问题，需要进一步研究。

11) 空气爆破提取

空气爆破提取是利用药材组织中的空气先受压缩而后突然减压时释放出的强大力量冲破植物细胞壁，撕裂植物组织，使药材结构疏松，加速溶剂渗入药材内部，大幅度增加药材和溶剂的接触表面积，同时加快溶剂在药材颗粒内部传递，如图26.4所示。操作时，将一定粒度的药材提前用渗漉溶剂湿润。关闭进气阀6和减压阀2，打开盖5，加入湿润药材于压力罐罐体7内。盖上盖5并拧紧螺栓。关闭出气阀3和减压阀2，打开进气阀6让罐内压强在常温下保持0.2～0.25MPa 30min。保压结束后关闭进气阀6，打开减压阀2，利用罐内压

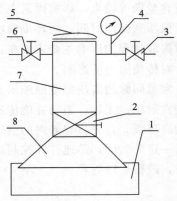

图26.4　空气爆破提取装置示意图[20]
1. 承药器；2. 减压阀；3. 出气阀；4. 压力表；5. 盖；6. 进气阀；7. 罐体；8. 喇叭口

力把药粉迅速地爆喷入承药器1中。药材爆破后，可以利用其他提取方法进行提取，例如，置于渗漉器中，加入溶剂浸渍后渗漉提取等。空气爆破提取在造纸工业中有应用，在中药提取中的研究很少。

研究表明：用空气爆破提取从芒果叶中提取芒果苷，相同浸出率时，所需时间比无爆破法缩短一半、提取率提高一倍。此法适用于植物的根、茎、皮、叶等多纤维药材，但不宜用于短纤维和含大量淀粉的药材，否则爆破后的药渣尺寸过小，使后续分离复杂化。

空气爆破提取装置也存在压力交变问题；空气爆破属于提取工艺的前处理过程，需与其他提取技术相结合，才能完成提取。今后应加强在中药提取方面的应用研究。

12) 常温超高压提取

常温超高压提取已广泛应用于食品、材料及生物等领域，在中药提取方面的应用研究起于21世纪初。该法是在常温下用100～1000MPa的流体静压力作用于事先预处理（干燥、粉碎、脱脂、浸泡）过的药材（即升压阶段，一般几分钟），保压一段时间（即保压阶段，一般几分钟），使细胞内外压力达到平衡，然后迅速卸压（即卸压阶段，一般几秒钟）使细胞内外渗透压力差突然增大，胞内有效成分穿过细胞的各种膜，转移到细胞外的提取液中，达到提取的目的。

　　该提取方法用到超高压等静压设备。该法具有提取效率高（以人参总皂苷提取为例，回流提取、超声提取、超临界 CO_2 萃取、超高压提取的得率分别是 5.75%、5.89%、2.32%、7.33%）、提取时间短（以人参皂苷提取为例，超高压提取时间为 5min，而回流提取、索氏提取、超声提取、超临界 CO_2 萃取、微波提取的时间依次为 180min、36min、40min、180min、15min）、提取温度低、杂质含量低等特点。影响因素主要有药材及溶剂特性和配比、操作压力和温度、升压保压和卸压时间、循环提取次数等。压力是超高压提取的一个重要因素。压力对提取过程的影响主要表现在：对药材浸润速率的影响；对溶质扩散速率的影响；对传质阻力的影响。

　　常温间歇超高压提取原理示意图如图 26.5 所示。将药材按照一定配比混合后装在耐压、无毒、柔韧并能传递压力的软包装内密封，然后放入高压容器内；启动高压泵，首先将容器内的空气排出，然后升高到所需的压力，并在此压力下保持一定的时间；迅速打开控制高压回路的阀门，卸除压力，取出高压处理后的料液，进行后续处理。

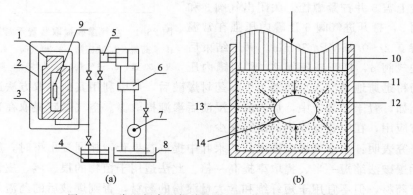

图 26.5　常温超高压提取流程及工作原理示意图[21-26]

(a) 流程图；(b) 工作原理图

1. 顶盖；2. 压力容器；3. 机架；4. 压媒槽；5. 增压泵；6. 换向阀；7. 压力泵；8. 油槽；
9. 药材袋；10. 活塞；11. 超高压容器；12. 传压介质；13. 挠性包装；14. 药材与溶剂

　　用该法提取人参皂苷较乙醇回流提取得率提高 25%，提取时间仅相当于乙醇回流的 1%。西洋参、五味子、川乌及草乌、水飞蓟、甘草、大花紫薇、刺五加、木瓜、丹参、桑叶、黄芪、山楂、朝鲜淫羊霍、蜂胶、灵芝孢子等的提取也获得了较好结果。

　　常温超高压技术引入中药提取是一个新方向。其对单味及复方中药的适用性、操作条件优化、提取传质机理、中试及工业规模装置的研究等是未来的方向。但是，高压设备价格昂贵是工业化时应考虑的问题。

　　此外，还有荷电提取法。它是通过外加能量场来诱导药材中的有效成分分子的正负电中心偏离，减弱植物细胞对有效成分的束缚力，从而提高提取效率的一种荷电激活提取法。

　　上述 10 余项提取新技术中，从成熟度方面考虑，连续逆流提取和压榨提取成熟度较高，已工业应用，微波和超声提取也有设计和工业应用；超临界萃取、组织破碎提取成熟度次之；半仿生提取、酶法提取、免加热提取、常温超高压提取尚处于研究阶段；液泛提取和空气爆破提取研究较少。从应用角度考虑，常温物理提取技术前景较好。

　　今后应关注的问题是，提取新技术的研发多限于单味药，应加强复方中药提取适应性和药效等研究；提取机理认识方面，定性解释或推测较多，缺乏充分必要的证据支持；多数技术的成熟度不高，缺乏足够的中试和工业数据支持，需要进一步加强这方面的研发；各种提取方法都有其优缺点，尚缺乏一种理想的中药提取方法；多是单个提取技术的研发，缺乏不同提取技术间的比较研究和与其他诸如分离技术等的集成研发，应引起重视。

　　另外，中药提取技术有很多种，选择时应从药效、药理、工艺、工程、经济、环保、循环利用等角度综合考虑为好。理想的中药提取技术应具有提取效率高，有效成分损失小，提取物临床疗效好且质量稳定，工艺简便且操作连续自动和安全，提取时间短，且经济、绿色和环保等特点。

4. 提取液浓缩新技术[27]

　　浓缩是现代中药制药的关键工艺和技术之一。浓缩工艺技术的先进与否，直接影响着药品的质量。目前的浓缩过程存在的问题是：浓缩温度高，浓缩时间长，有效成分及挥发性成分损失大等。同时，还存在着浓缩器容易结垢，一步浓缩难以达到高相对密度的质量要求，操作环节多，清洗困难，废液排放多等诸多生产实际问题。为此，开发了许多先进的提取液浓缩新工艺和新技术，例如蒸发浓缩（外循环气-液两相蒸发浓缩、三相流化床蒸发浓缩等[28]）、冷冻浓缩（包括悬浮式冷冻浓缩和渐进式冷冻浓缩）、膜分离浓缩（反渗透、膜蒸馏等）、大孔吸附树脂浓缩分离纯化等。由于中药提取液成分复杂，即使是单味中药，成分也非常多，浓缩新工艺和新技术各有其特点和适用范围，成熟度也不同。有的可以用于工业生产，而有的尚处于实验室阶段。选择既能保持中医药特色，又具有很好的适应性，不存在浓缩过程中的各种难题，成熟度又高的工业化浓缩新技术，是现代中药制药业的期盼。

　　浓缩过程涉及的主要评价指标有相对密度（固形物）、有效成分、色泽等。采用化学方法（水浸出物、有机溶剂浸出物、指标成分）、生物学方法（微生物学、药理学）、有效成分法等进行浓缩新工艺的综合评价应受到重视。

1）冷冻浓缩

　　冷冻浓缩是将稀溶液降温，直至溶液中的部分溶剂（如水）冻结成冰晶，并将冰晶分离出来，从而使溶液增浓。因此，冷冻浓缩实质上是水或其他溶剂从待浓缩提取液中结晶分离出来的过程。该过程涉及固-液两相之间的相平衡规律（即热力学，研究过程进行的极限）和传热、传质规律（即动力学，研究过程进行的速率）。

　　典型的双组分溶液（某溶质＋水）与冰之间的固-液相平衡关系图如图 26.6 所示。图中横坐标表示溶液的质量分数 w（无量纲），纵坐标表示溶液的温度 T（单位 K）。曲线 $ABCD$ 是溶液的冰点线，曲线上侧是溶液状态，下侧是冰晶和溶液的共存状态。A 点是纯水的冰点，D 点是低共溶点。在一定的浓度范围内，当溶液的质量分数 w 增加时，其冰点是下降的。某一稀溶液的起始质量分数为 w_B，温度在 M_1 点。对该溶液进行冷却降温，当温度降到冰点线 B 点时，如果溶液中有冰的晶种，溶液中的水就会结成冰。如果溶液中无冰的晶种，则溶液并不会结冰，其温度将继续下降至 J 点，变成过冷液体。过冷液体是不稳定液体，受到外界干扰（如振动），溶液中会产生大量的冰晶，并成长变大。此时，溶液的质量分数增大为 w_C，冰晶的质量分数为 $w＝0.0$（即纯水）。D 点对应的溶液浓度是理论上提取液最终可浓缩到的最大浓度，这个最大浓度因中药提取液的品种的不同而异。如果把溶液中的冰晶过滤出来，即可达到浓缩提取液的目的。该操作过程即为冷冻浓缩。

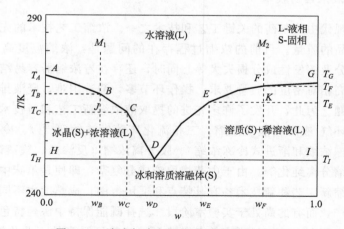

图 26.6　溶液与冰之间的固-液相平衡关系图

　　当溶液的质量分数 w 大于低共溶点 D 对应的质量分数时，如果冷却溶液，析出的是溶质晶体。此时将溶质晶体从溶液中分离出来，剩下的是变稀的母液，这即是通常所说的结晶操作。结晶分离的热力学分析类似冷冻浓缩的分析，见图

26.6 的 *DEFG* 曲线。就溶液的浓度变化来说,冷冻浓缩与结晶分离的操作效果是相反的。结晶操作使溶液中的溶质变成晶体,结果是溶液变稀;而冷冻浓缩则使溶剂(水)变成晶体(冰),结果是溶液变浓。需要指出的是,图 26.6 仅用来解释冷冻浓缩及结晶分离的原理,实际的中药提取液的相平衡曲线要比该示意图复杂,需要实验测取。

冷冻浓缩整个过程分为冷却过程、冰晶生成与长大的结晶过程及冰晶和浓缩液的分离过程。根据结晶方式的不同,可分为悬浮结晶冷冻浓缩和渐进冷冻浓缩。

A. 悬浮结晶冷冻浓缩

悬浮结晶冷冻浓缩的特征为无数自由悬浮于母液中的冰晶颗粒,在带搅拌的低温重结晶器中长大并不断排出,使母液浓度增加而实现浓缩。

悬浮结晶冷冻浓缩在速溶咖啡、速溶茶、橙汁、甘蔗汁、葡萄酒、乳制品等的浓缩方面得到了较好的结果。荷兰学者 Thijssen 等在 20 世纪 70 年代首次成功地将冷冻浓缩技术应用于工业化生产,以此为基础制造的 Grenco 冷冻浓缩设备是其典型代表,装置及流程如图 26.7 所示。该过程首先将被浓缩物料泵入刮板式热交换器中,生成部分细微的冰晶,之后,将含有冰晶的混合液送入再结晶罐。在再结晶罐内设置的搅拌器的作用下,小冰晶融化,大冰晶成长。然后,通过洗净塔排出冰晶,用部分冰融解液冲洗并回收冰晶表面附着的浓缩液。清洗液回流至进料端,浓缩液则循环至所要求的组成后从再结晶罐底部排出。

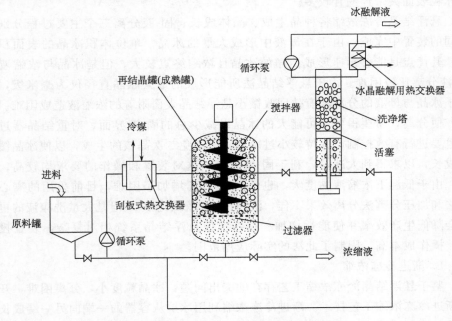

图 26.7 典型悬浮结晶冷冻浓缩装置与流程[29]

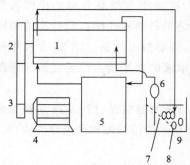

图 26.8　中药悬浮结晶冷
冻浓缩装置及流程[30]

1. 回转制冰机；2. 大皮带轮；3. 小皮带
轮；4. 减速电机；5. 制冷机；6. 低温药
液泵；7. 滤网；8. 冰晶；9. 药液罐

在中药提取液的浓缩方面，进行了悬浮结晶冷冻浓缩中药水提取液的中试研究，以制备抗病毒口服液，并与原有的三效真空蒸发浓缩生产工艺的浓缩效果进行了对比[30]。冷冻浓缩装置流程如图 26.8 所示。

所用回转制冰机是夹层结构，夹层内通冷媒（如冷冻液），内筒体通中药水提取液。中药水提取液与冷的筒体内壁接触即可结冰，筒体内装有刮刀，刮刀由减速电机通过皮带驱动回转，能把筒体内壁的冰晶刮下来。这些冰晶漂浮在中药水提取液中，不断长大成冰粒。药液罐内有滤网，能把尺寸较大的冰粒截留下来。可以连续出冰。实验结果表明：冷冻浓缩制得的冰粒直径小于 1mm，有部分冰粒互相黏连成海绵状，但用手轻轻一捏就碎。经高速离心机进行液-固分离后，冰粒的色泽与普通的自来水冰块无异。悬浮结晶冷冻浓缩与三效真空蒸发浓缩相比，可改善口服液的口感。但是，冷冻浓缩产品的连翘苷含量约比三效真空蒸发浓缩产品的低 3.8%，这是冰粒中夹带有连翘苷引起的。因为浓缩到最后，由于不再用稀提取液清洗冰粒表面，因此，导致冰粒表面夹带连翘苷较多。

悬浮结晶冷冻浓缩将种晶生成、晶体成长、固-液分离三个主要过程分别在不同的装置中完成。由于在母液中形成大量的冰晶，单位体积冰晶的表面积很大。其优点是能够迅速形成洁净的冰晶且浓缩终点较大，但是冰晶与浓缩液的固-液分离比较困难。由于悬浮结晶法所能形成的最大冰晶直径仅为毫米级，这给小冰晶与母液的分离和有效回收微小悬浮结晶表面附着的浓缩液造成困难。为了方便分离，希望得到尽可能大的冰晶以减少总的固-液界面，对重结晶器过冷度也要进行有效控制，保持较小过冷度，以避免二次晶核的生成，以使冰晶缓慢地成长，以求得到大冰晶，利于固-液分离。这对装置和操作的要求均较高。同时，由于低温下浓缩液黏度大，也给固-液分离增加了困难，目前采用的离心分离法和加压分离法分离效果不佳，洗净法回收效果较好，但是大量洗净液的再浓缩会降低生产效率并使能耗增加。这些都使悬浮结晶系统相对复杂，装置投资大、操作成本高，限制了此法的实际应用范围。

B. 渐进冷冻浓缩

鉴于悬浮结晶冷冻浓缩工艺存在的突出问题：冰晶粒度小，分离困难，开发了渐进冷冻浓缩工艺技术。渐进冷冻浓缩利用冰层从容器的一端向另一端成长而使液相溶质浓缩，或者说是一种沿冷却面形成并成长为整体冰晶的冻结方法，随着冰层在容器冷却面上生成并成长，在固-液相界面，溶质从固相侧被排除到液相侧。典型的渐进冷冻浓缩装置及流程如图 26.9 所示。实验时，料筒以调定的速度降入冷媒中，冰结晶从容器底部开始按设定的速度成长，同时用搅拌浆控制固-液界面的物质移动速度，浓缩进行到预定程度后分别回收浓缩液与冰融解液并测定浓度。用冰-液相界面之间的溶质表观分配系数可评价冷冻浓缩效果，并分析比较不同性质溶液的冷冻浓缩特性。

国内外尤其是日本等国的学者对渐进冷冻浓缩进行了深入的研究。我国也开展了番茄汁和咖啡液等的小试（图 26.9）和中试（图 26.10）浓缩实验研究[31]。中试装置采用了容积为 0.01m³ 的循环流动间壁式冷却设备。管内为被浓缩液，夹套内通入冷媒，循环流动的液体物料通过管壁与冷媒进行热交换，部分水在管壁处冻结成冰并不断成长使冰层加厚，同时物料被浓缩，冻结过程进行到要求程度后，分别排出浓缩液与管状冰。结果表明：此方法可以实现 1/4～1/5 比率的浓缩。例如，可将 2% 的咖啡溶液浓缩至原体积的 0.26（约为原体积的 1/4），5.4% 的番茄汁溶液浓缩至原体积的 0.19（约为原体积的 1/5），20.0% 的番茄汁浓缩至原体积的 0.2（约为原体积的 1/5）；也可实现高浓度液体浓缩。如将膜浓缩终点下浓度 20% 的番茄汁继续浓缩至 40.8%；进料浓度低时冰融解液浓度较低，分离较为彻底。进料浓度高时冰融解液浓度较高，分离不很彻底，但如果进行二次处理或与膜过滤组合使用，溶质也容易回收。目前，渐进冷冻浓缩用于葡萄糖溶液、番茄汁、柠檬汁等浓缩取得了较好的浓缩效果。

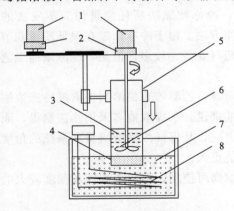

图 26.9 渐进冷冻浓缩装置[31]

1. 电机；2. 减速器；3. 溶液相；4. 冰相；
5. 不锈钢筒；6. 搅拌浆；7. 冷媒；8. 冷却盘管

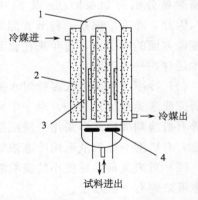

图 26.10 渐进冷冻浓缩中试装置[31]

1. 溶液相；2. 冷媒；3. 冰相；4. 搅拌浆

对于渐进冷冻浓缩工艺，液相的搅拌速度、冰前沿移动速度、结冰初期的过冷度是影响渐进冷冻浓缩效果的主要因素。目前对渐进冷冻浓缩的研究主要集中在：消除结冰初期的过冷却，以避免形成树枝状冰晶；提高冰晶纯度，以减少溶质损失；提高浓缩终点与浓缩效率。冷冻浓缩初期冰核的形成对环境条件、溶液物性等有较强的依赖性，因此初期过冷度极不稳定。当受到干扰时，极易形成树枝冰结晶，而导致严重的冰相溶质夹带，降低了冰的纯度，严重时甚至使被浓缩液在瞬间全体冻结，使浓缩过程无法正常进行。采用植冰、添加冰核蛋白及改造传热面结构等方法，在高于均匀成核温度，接近凝固点温度条件下先期生成不均质晶核，可有效抑制初期过冷度。为了提高浓缩效率，需要增大料液与传热面的接触面积；为了提高浓缩效果，需要促进固-液界面的物质移动。

渐进冷冻浓缩的特点是在系统中只形成单个冰晶，这样从浓缩液中分离冰晶比常规的悬浮结晶冷冻浓缩方法容易得多。渐进冷冻浓缩法最大的特点是形成一个整体的冰晶，固-液界面小，使得母液与冰晶的分离变得非常容易。同时由于冰晶的生成、成长、与母液的分离及脱冰操作均在一个装置中完成，无论是在设备数量上还是动力消耗上都明显少于悬浮结晶法，简化了装置且方便控制，可降低设备投资与生产成本。渐进冷冻浓缩法还可以避免悬浮结晶浓缩时的不均匀成核及使有效成分被包在冰晶体中而造成损失。

冷冻浓缩具有可在低温下操作，微生物增殖、溶质的劣化及挥发性芳香成分的损失可控制在极低的水平等优点。对于中药提取液的浓缩来讲，其最大优点在于提取液有效成分损失小，利于保证中药浓缩液的质量。

从能耗角度分析，由于水冻结所需热量为335kJ/kg，100℃及0℃时水蒸发所需热量分别为2248kJ/kg及2495kJ/kg，冷冻浓缩法所耗能量约为蒸发法的1/7，因此，冷冻浓缩是一种节省能量的操作方法。由于冷冻浓缩在保证质量和节省能源方面的吸引力，近年来在食品和医药行业研究较多。但是，冷冻浓缩工艺技术还存在一些问题：

（1）冷冻浓缩研发大多针对水提取液而言，乙醇等有机溶剂提取液冷冻浓缩的研究尚未见报道。但是，对于中药提取液来说，水提取液多采用热法制得，而醇等有机溶剂提取液多采用冷浸法制得，因此，从保证浓缩液质量和系统的角度考虑，有机溶剂提取液采用冷冻浓缩的价值更大。

（2）对浓度稀而黏度小的提取液的浓缩尚可使用，而用于浓度和黏度较大的提取液浓缩有一定难度。

（3）浓缩比率一般在1～1/10，难以使比率小于1/10。因此，冷冻浓缩的适应性有一定局限性。

（4）设备投资与操作费用高。

（5）装置操作复杂、不宜控制，解决问题的关键在于加强对冰结晶的机理的研究。

（6）冷冻浓缩如与冷冻提取、冷冻粉碎、冷冻干燥等操作组合使用，才能充分发挥效益，否则，难以从系统角度达到提高质量、节能降耗的目的。

综上所述，虽然冷冻浓缩在很多方面有过应用研究的报道，但是，真正发展到工业化应用阶段的实例还很少，尤其是对复杂物系——中药提取液的浓缩，情况更是如此，需进一步研发。

2）蒸发浓缩

蒸发是利用加热的方法将溶液加热至沸腾状态，使其中的挥发性溶剂部分汽化并移出，以提高溶液中的溶质浓度并分离出溶剂的过程。蒸发作为浓缩的重要手段，既能保持中医药的特色，对中药的品种又有很强的适应性，在中药生产中应用最早也最广泛，称为蒸发浓缩。浓缩过程是一个复杂的物理化学变化过程，涉及沉淀反应，增溶作用，水解反应，氧化还原反应等。

蒸发浓缩的受热时间、浓缩温度（与操作压力等有关）和浓缩工艺和设备是影响浓缩质量的关键因素。温度是蒸发浓缩最重要的控制指标。减压浓缩具有：浓缩温度低，防止热敏性成分变性或分解，浓缩能力大，可以利用低品位热量，能量损失小等优点。但是，也由于浓缩温度低，使浓缩液黏度升高，同时，减压蒸发时，形成真空系统时需增加设备和动力消耗等。双效或多效蒸发是将前一效浓缩器的二次蒸汽用作下一效的加热蒸汽，可以节省锅炉蒸汽。单程型蒸发器的特点是提取液沿加热管管壁呈膜状流动，经过加热室一次即达到浓度要求，提取液在加热室中停留时间很短，适用于热敏性药液的浓缩。循环型蒸发器的特点是提取液在蒸发浓缩器内作循环流动，根据产生循环流动的原理的不同又分为自然循环和强制循环两种类型。

理想的蒸发浓缩器应具有浓缩时间短、浓缩温度低、有效成分损失小、最终浓缩液相对密度大、不结垢、不跑料、易清洗、效率高、能耗低、适应性强、操作性能稳定、易于规模化、自动化、密闭化和连续化生产等优点，以满足提取液的复杂性（分水提液和醇提液等；成分除有效成分外，还有鞣质、蛋白、胶类、糖类等；初始浓缩液浓度很小或黏度很小，终了浓缩液浓度很大或黏度很大等）等要求，才能得到推广应用。为此，先后开发了多种中药提取液蒸发浓缩器，类型主要有：夹套式蒸发浓缩器、膜式蒸发浓缩器、外循环蒸发浓缩器等。例如：敞口可倾式夹层锅、真空夹层浓缩罐、升膜或降膜式蒸发器、刮板或离心刮板薄膜蒸发器、外部自然循环蒸发浓缩器、三相流化床蒸发浓缩器等。

A. 滚筒刮膜式浓缩器

普通刮板薄膜蒸发器操作时为物料一次性通过设备，因而停留时间需准确控制且上半部实际上只起到预热作用，利用效率不高；要求对加料量控制严格，否则会出现"干壁"或"液泛"，使蒸发条件恶化；对不同物料的蒸发，结构尺寸、扫叶片型式及操作参数都需重新确定，故操作弹性较小；使用要求高，刮壁型的刮壁效果完全依赖于离心力，即转子的转速，因此转数较高，刮板的刮壁相当于滑动摩擦，噪声及机械磨损较大，且对物料也造成污染；转轴较长，若不克服径向摆动，易造成机械磨损及影响成膜，有的引入了中部或底部夹持轴承，虽克服了径向摆动，但引入了新的污染点及真空泄漏点；结构复杂，制造精度要求高，外形较大，不易安装、操作及清洗困难，不适合使用在 GMP 洁净厂房内。这些缺点影响了它在中药生产中的广泛应用。

因此，提出了一种竖直放置的滚筒刮膜蒸发器[32]。它与一般刮板式薄膜蒸发器相比，具有一些特点：①使料液循环通过加热面蒸发。离开加热面的物料得到了及时稀释冷却，再进行下次蒸发，因此浓缩液的相对密度可调，避免了一次性通过型蒸发器的操作弹性差、参数不易确定等弊端；②与普通刮板式薄膜蒸发器相比，有较大的气-液分离空间，有利于气-液分离，不易产生液沫夹带；③循环蒸发减少了筒体高度，使料液在加热面上停留时间更短，故适合于热敏性、高黏度物料的蒸发浓缩；④由于旋转的滚筒表面也是蒸发面，故蒸发面大于换热面，便于强化蒸发过程；⑤滚筒与器壁间的摩擦为滚动摩擦，故机械磨损小，噪声低；⑥由于筒体直径较大，刮膜系统不受料液性质影响，不会出现"液泛"或"干壁"现象。

B. 双滚筒真空浓缩器

针对刮板式薄膜浓缩器存在的因刮板与加热面之间滑动摩擦而产生磨损异物污染药品的隐患，提出了水平放置的双滚筒真空浓缩器。它是在离心刮板式薄膜蒸发器基础上改滑动摩擦刮板为滚筒挤压而得，该设备内不再存在产生磨损异物之隐患，是对离心刮板式薄膜蒸发器的较大改进。

双滚筒真空浓缩器由外筒体、加热滚筒、旋转轴、尾气缓冲器等构成[33]。加热滚筒采用纯铜为材质经精密加工后表面镀镍，两个加热滚筒由两个驱动机驱动向相反方向旋转。两个加热滚筒之间留有间隙而不互相接触。稀提取液流入两加热滚筒形成的凹槽内，旋转中加热滚筒表面沾上稀提取液，在加热滚筒内侧蒸汽加热和外侧真空条件下一边旋转一边蒸发浓缩，浓提取液从外筒体底部浓提取液出口排出。

因提取液大多具有热敏性，希望加热源温度小于 100℃，所以加热蒸汽的压力为接近常压或负压，而蒸发侧的正常操作压力也是负压，故加热滚筒的内外压力差很小。采用纯铜加热滚筒具有特别高的导热系数，可以实现高度热敏性产品在更低加热温度下蒸发浓缩。如果提高操作真空度和提供低温冷媒进行蒸汽冷凝，则蒸发浓缩温度可降低至 30℃，使浓缩产品质量极佳。

C. 在线防挂壁三相流化床蒸发浓缩器[4,27,28,34]

现有蒸发浓缩工艺、技术及装置存在以下问题：提取液在浓缩器内挂壁（结垢），产生局部过热；浓缩效率低，药液受热时间长。从而造成：提取液有效成分损失较大；浓缩质量难以均一和稳定。蒸发浓缩器铭牌上的"浓缩比大、不结垢"对许多品种实际上难以真正兑现。

为解决存在的蒸发浓缩问题，开发了中药提取液在线防挂壁三相流化床蒸发浓缩新技术及装置。该新技术可以满意解决蒸发浓缩过程中存在的问题。它的基本原理是：往中药提取液外部自然外循环蒸发浓缩器内加入一定量的生理惰性固体颗粒，形成气-液-固三相流化床，通过处于流化状态的固体颗粒不断扰动浓缩器加热管内壁面上的流动边界层，实现在线防垢和强化蒸发浓缩过程的目的。装置结构类似于外部自然循环蒸发浓缩器，因此，该新型浓缩器既具有普通外部自然外循环蒸发浓缩器的优点，又解决了一般蒸发浓缩器存在的问题，具有很好的应用前景和推广价值。流程示意图如图 26.11 所示。

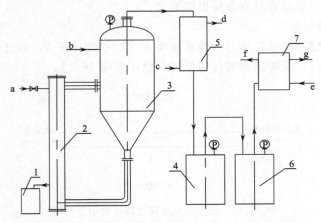

图 26.11　在线防挂壁三相流化床蒸发浓缩器[34]

1. 加热蒸汽冷凝液；2. 加热器；3. 分离器；4. 二次蒸汽冷凝液储罐；
5. 二次蒸汽冷凝器；6. 缓冲罐；7. 真空泵

a. 锅炉加热蒸汽进口；b. 待浓缩液进口；c. 冷却水进口；d. 冷却水出口；
e. 真空泵冷却水进口；f. 真空泵冷却水出口；g. 放空口

该浓缩工艺技术在制药厂完成了小规模生产运行实验，3 批更年安提取液蒸发浓缩总量达 45t。结果表明：更年安醇提液的蒸发强度较普通气-液两相浓缩器提高 0.63 倍，水提液提高 0.34 倍；装置连续运行 15 天无挂壁现象发生；可在 80℃，相对密度 1.33 以上一次性出膏，无需后续的真空夹层浓缩罐，指标成分大黄素的 HPLC 检测表明，浓缩品质量稳定且符合质量要求。该新型浓缩器可以实现在线防止药液结垢，强化蒸发浓缩过程，提高浓缩效率，降低浓缩温度，减少浓缩时间，减小有效成分损失，一步实现中药提取液从极稀到极浓的转变，达到和提高浓缩药品的质量，易清洗，易于密闭化和连续化操作。已经获国家发明专利。

3）膜分离浓缩

蒸发浓缩属于热浓缩工艺，存在着浓缩温度较高、热敏性有效成分容易受破坏和挥发性成分容易逸散等影响产品质量的因素。因此，寻找非热浓缩工艺就成了研究的目标。冷冻浓缩是非热浓缩方法之一，膜浓缩被认为也是一种具有发展前景的非热浓缩新工艺和技术。

　　膜分离浓缩可分为反渗透（膜孔径 $d \leqslant 1nm$）、纳滤（膜孔径 $d = 1 \sim 10nm$）、超滤（膜孔径 $d = 10 \sim 100nm$）和微滤（膜孔径 $d \geqslant 0.1\mu m$）。此外，膜蒸馏、渗透蒸馏、组合膜技术、膜分离与传统分离方法结合形成的分离技术也属于膜分离技术的范畴。膜分离浓缩的特点是设备规模小、能耗低、效率高、常温操作、无相变、热敏性成分得以保护，挥发性和芳香性成分得以保留。对于中药提取液的浓缩，反渗透和膜蒸馏具有重要借鉴意义。

　　A. 反渗透浓缩

　　反渗透浓缩技术是以压力为传质驱动力（$1 \sim 100atm^*$），通过膜对物质进行分离浓缩的过程。反渗透浓缩过程原理示意图见图 26.12。

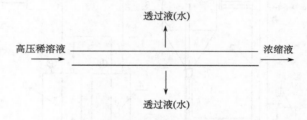

图 26.12　反渗透膜浓缩过程原理示意图[35]

　　渗透平衡的热力学要求在膜两侧溶液中的化学位相同，为了使水透过膜，除要克服膜两侧的渗透压外，在膜的高压侧还要多加一个正压力作为水透过膜的推动压力。

　　反渗透浓缩适用于低分子无机物或有机物水溶液的分离。近 20 年来，反渗透浓缩研究主要集中于苹果、梨、柑橘、菠萝、葡萄及番茄等果蔬汁浓缩方面。与蒸发浓缩的果汁相比，反渗透浓缩的果汁具有更好的芳香感与清凉感。蒸发浓缩的果汁，其中芳香成分几乎全部消失；速冻法浓缩的果汁，芳香成分只保留了8%，而反渗透浓缩的果汁芳香成分可保留 30%～60%。反渗透浓缩时膜的透水速率随果汁的种类、操作条件以及预处理条件而异。透过膜的液体成分因膜种类而异。影响浓缩效率的因素一般有压力、流量、浓度、温度、pH、膜寿命、膜使用时间、浓缩液性质等。

　　反渗透膜对于温度一般都比较敏感。过高的温度不仅会影响到浓缩效率，还会缩短膜的使用寿命。因此，反渗透膜都有一个适宜的温度范围，一般为 1～

　　＊　非法定单位，$1atm = 1.013\ 25 \times 10^5\ Pa$

45℃，否则将会对膜产生不良影响。温度的控制非常重要。

良好的膜设备清洁也是保证工作效率和使用寿命的重要因素。原料液的预处理很重要。反渗透装置尽管可通过合理的预处理系统以及良好的运行管理，使反渗透膜的污染程度降到最低限度，但要完全消除膜的污染是不可能的。在柑橘果汁浓缩过程中，膜将受到来自超滤未去除的少量果胶等胶体物质和类胡萝卜素等脂溶性物质、各种有机物以及无机物的污染。膜受到污染后，会出现通量下降，进出口压力降增大等明显特征。

采用反渗透浓缩时，主要的问题是浓缩倍数有限。反渗透浓缩的浓缩倍数取决于浓缩液的渗透压。果汁由于富含小分子的糖和有机酸等成分，因此一般具有较高的渗透压。在浓缩过程中随着果汁浓度的提高，其浓缩果汁的渗透压会增至很高。此外在反渗透浓缩的实际操作过程中，由于浓差极化现象的存在，极化层中的溶质浓度一般要高于本体溶质的浓度，所以在膜表面处的渗透压将更高。为了使反渗透浓缩过程具有较高的效率，使用的压力通常为原果汁渗透压的数倍。目前考虑到分离设备承压能力及膜和膜组件运转的稳定性，不能将操作压力无限增加。因此，当渗透压增至一定值时，浓缩将无法继续进行，所以，反渗透浓缩有一个浓缩比的问题。如果采用两级浓缩，即第一级先用对糖截留率高的膜，浓缩至 $2 \sim 3$ 倍，第二级再用糖截留率低的膜，最终可以浓缩到 $4 \sim 5$ 倍。这样虽能实现高倍率的浓缩，但经济成本高。纤维素类膜和聚酰胺膜均能获得较高的透水速率以及果汁组分的保持率。同样由于高渗透压的限制，很难一步把果汁浓缩到蒸发浓缩法所达到的浓度。主要是由于这一缺陷，反渗透浓缩技术迟迟未能实现工业化。

B. 膜蒸馏浓缩

膜蒸馏是 20 世纪 80 年代发展起来的一种用于分离、纯化和浓缩的膜过程。膜蒸馏是以因疏水性的微孔膜两侧温差而引起的水蒸气压力差为传质驱动力的膜过程。当一个疏水的微孔高分子膜把不同温度的水溶液分隔开时，由于表面张力的作用，膜两侧的水溶液都不能通过膜孔进入另一侧，但高温侧的水蒸气在两侧水蒸气压差的作用下，会通过膜孔进入冷侧，然后冷凝下来，从而达到分离目的。其传质过程可分为：①水分子在热侧膜面处蒸发形成水蒸气；②水蒸气通过膜的微孔从膜面的热侧扩散到冷侧；③传递到冷侧膜面的水蒸气重新冷凝成水。因而膜蒸馏是一蒸发过程。它能把含有非挥发性溶质的水溶液浓缩到饱和状态。与以压力为传质驱动力的膜分离（反渗透）方式不同，膜蒸馏是以温度为驱动力。同其他膜分离方式相比，膜蒸馏可以在普通操作条件下得到更高的分离能力以及更少的膜堵塞，而后者一直是大规模生产一个很难突破的瓶颈。膜蒸馏可以在常温下工作尤其适合于分离热敏性物质。由于膜蒸馏能在低温常压下运行，在用于浓缩热敏性和高渗透压的溶液具有广阔的应用前景。

　　膜蒸馏技术按其种类可以分为：直接接触式膜蒸馏；气隙式膜蒸馏；扫气式膜蒸馏；真空膜蒸馏；渗透膜蒸馏等。

　　对于热敏性中药的浓缩分离，采用常规蒸馏方法会造成中药有效成分的破坏，并影响产品的外观。采用工作温度在 60℃ 以下，压力条件为低于常压的真空膜蒸馏技术可能是一个比较适当的浓缩方法。近年来膜蒸馏的研究成果逐渐在牛奶、果汁、咖啡等溶液的浓缩中应用。但是，膜蒸馏过程的传热和传质研究还很不够，中药提取液的膜蒸馏研究刚刚开始，很多问题需要进一步研究。例如，蔡宇等[36]研究了温度、浓度、流速等因素对鲜益母草提取液真空膜蒸馏浓缩的影响。流程示意图见图 26.13。

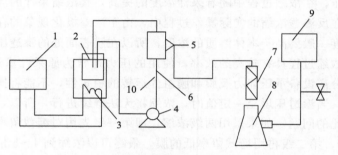

图 26.13　真空膜蒸馏流程示意图[36]
1. 恒温控制器；2. 料液槽；3. 恒温加热器；4. 供液泵；5. 膜组件；
6. 温度计；7. 冷凝器；8. 收集瓶；9. 真空泵；10. 流量计

　　通过对有效成分的测定得知，益母草溶液从 3% 浓缩到 10% 的过程中，透过液中没有益母草的有效成分，表明真空膜蒸馏的方法有较好的分离效果。但是实验也发现：膜的通量并不稳定，膜组件长期使用后，仍然会堵塞。

　　C. 渗透蒸馏

　　渗透蒸馏也是新发展的与膜蒸馏相似的膜分离过程。典型的渗透蒸馏是在膜的纯水侧添加饱和食盐水或高糖溶液作为渗透剂。渗透剂的添加浓度应足够使其渗透压远远高于浓缩液的渗透压。从传质过程看，膜蒸馏和渗透蒸馏的脱水速度均依赖于在疏水性微孔膜的两侧保持一定的水蒸气压力差。不同的是，膜蒸馏的水蒸气压力差是由膜两侧温差而引起，而渗透蒸馏则取决于膜两侧的表观渗透压差。

　　与蒸发浓缩和反渗透浓缩相比，膜蒸馏和渗透蒸馏这两个过程不需要加压，在低温常压下运行，特别是渗透蒸馏也能在室温下进行，这样避免了提取液受高温或高压的影响，较好地保持了提取液原有的色香味；也可大大减少膜污染的程度，克服反渗透浓缩的缺点。尤其在高倍浓缩时，膜蒸馏的透水速率显著高于反渗透过程。

膜浓缩技术用于中药浓缩的研究大多处于小试或中试阶段，这主要是由于中药的复杂性所致。膜浓缩的最大不足之处是浓缩倍数低，高倍浓缩不经济，所以该技术一般与蒸发浓缩的设备配套使用较为经济合理。尽管各种膜浓缩技术具有很好的潜在应用前景，但是，研究多局限于果汁等的浓缩，真正成功应用于中药提取液的浓缩的还很少，需要进一步开展相关研究，克服不足，使之尽快成熟，并应用于工业化生产。

4）大孔吸附树脂分离浓缩

大孔吸附树脂主要由高分子材料制成，利用其具有的很大比表面积、不同大小的孔径和极性特性，可以选择性吸附提取液中一些有用的化合物成分。近年来，大孔吸附树脂在中药及天然药物活性成分和有效部位的分离、纯化中应用越来越多。适用于：①有效成分的粗分和精制；②单味药有效部位的制备；③复方有效部位的制备；④复方制剂中除去糖、氨基酸、多肽等水溶性杂质，以降低服用量或吸湿性。该技术是中药现代化生产关键技术之一，可以提取有效部分，去除无效部分，达到分离、富集或浓缩有效部位（群）或有效成分（群）的目的，显著降低用药剂量。一般可以使中药有效部位（群）或有效成分（群）的含量提高 $10 \sim 14$ 倍，临床用药剂量下降 $6 \sim 7$ 倍。经过该技术处理后，得到的固形物仅为原生药的 $2\% \sim 5\%$，而传统的水提液浓缩后，得到的固形物为原生药的 30%，醇提液浓缩后，得到的固形物为原生药的 15%。该浓缩物更适合于制作各种现代制剂，工艺简便易行。因此，归类为中药提取液的浓缩技术之一。

进一步研究的课题是树脂吸附分离浓缩方法的标准化研究，采用化学和药效学对比实验，评价对复方中药浓缩分离的必要性和合理性，以确保浓缩前后药物的药效学等效性。

5. 分子蒸馏分离纯化[4]

分子蒸馏又叫短程蒸馏，是一种在高真空度条件下，对均相混合物进行非平衡分离操作的连续蒸馏过程。由于在分子蒸馏过程中操作系统的压力很低（$10^{-2} \sim 10^2 \mathrm{Pa}$），混合物可以在远低于常压沸点的温度下挥发，另外组分在受热情况下停留时间很短（约 $10^{-1} \sim 10\mathrm{s}$），因此，该过程已成为分离目的产物最温和的蒸馏方法。特别适合于分离低挥发度、高沸点、热敏性和具有生物活性的物料。

不同于一般的蒸馏技术，它是运用不同物质分子运动自由程的差别而实现物质的分离。在一定的外界条件下，不同物质分子的自由程各不相同。所谓自由程，即是一个分子在相邻两次分子碰撞之间所经过的路程。在某时间间隔内自由程的平均值，叫做平均自由程。分子蒸馏是在高真空下进行的非平衡蒸馏，具有特殊的传质传热机理。在高真空下，蒸发面和冷凝面的间距小于或等于被分离物料的蒸汽分子的平均自由程,由蒸发面逸出的分子,既不与残余空气的分子碰撞,自身也不相互碰撞,毫无阻碍地飞射并凝聚在冷凝面上。

分子蒸馏过程可分为如下四步:①分子从液相主体到蒸发表面。在降膜式和离心式分子蒸馏器中,分子通过扩散由液相主体进入蒸发表面,液相中的扩散速度是控制分子蒸馏速度的主要因素,因此在设备设计时,应尽量减薄液层厚度及强化液层的流动,如采用刮膜式分子蒸馏器。②分子在液层表面上的自由蒸发。蒸发速度随着温度的升高而上升,但应以被加工物料的热稳定性为前提,选择合理的蒸馏温度。③分子从蒸发表面向冷凝面飞射。蒸汽分子从蒸发面向冷凝面飞射的过程中,可能彼此相互碰撞,也可能和残存于蒸发面与冷凝面之间的空气分子碰撞。由于蒸发分子都具有相同的运动方向,所以它们自身的碰撞对飞射方向和蒸发速度影响不大。而残余空气分子在蒸发面与冷凝面之间呈杂乱无章的热运动状态,故残余空气分子数目的多少是影响挥发物质飞射方向和蒸发速度的主要因素。实际上,只要在操作系统建立起足够高的真空度,使得蒸发分子的平均自由程大于或等于蒸发面与冷凝面之间的距离,则飞射过程和蒸发过程就可以很快地进行,若再继续提高真空度则对分离过程影响不大。④分子在冷凝面上冷凝。只要保证蒸发面与冷凝面之间有足够的温度差(一般大于60℃),冷凝面的形状合理且光滑,则冷凝步骤可以在瞬间完成,且冷凝面的蒸发效应对分离过程没有影响。

分子蒸馏与普通减压蒸馏和减压精馏的区别在于:①分子蒸馏的蒸发面与冷凝面距离很小,被蒸发的分子从蒸发面向冷凝面飞射的过程中,蒸气分子之间发生碰撞的概率很小,整个系统可在很高的真空度下工作。而普通减压精馏过程,不论是板式塔还是填料塔,蒸气分子要经过很长的距离才能冷凝为液体,在整个过程中,蒸气分子要不断地与塔板(或填料)上的液体以及与其他蒸气分子发生碰撞,整个操作系统存在一定的压差,因此整个过程的真空度远低于分子蒸馏过程。②普通减压精馏一般认为液相和气相间可以形成相平衡状态。分子蒸馏过程中,蒸气分子从蒸发表面逸出后直接飞射到冷凝面上,几乎不与其他分子发生碰撞,理论上没有返回蒸发面的可能性,因而,分子蒸馏过程是不可逆的。③普通蒸馏的分离能力只与分离系统各组分间的相对挥发度有关,而分子蒸馏的分离能力不但与各组分间的相对挥发度有关,而且与各组分的分子量有关。④普通蒸馏有鼓泡及沸腾现象。而分子蒸馏是液膜表面的自由蒸发过程,没有鼓泡及沸腾现象。

分子蒸馏设备主要由下面几部分组成:①分子蒸发器;②脱气系统;③进料系统;④加热系统;⑤冷却系统;⑥真空系统;⑦控制系统。

分子蒸馏装置的核心部分是分子蒸发器,其型式主要有四种:

(1)静止式蒸发器。具有一个静止不动的水平蒸发表面,但是物料易热分解。

（2）降膜式蒸发器。被加热液体物料在重力作用下沿蒸发表面呈液膜流动，在蒸馏温度下的停留时间短，不易热分解，蒸馏过程可以连续进行，生产能力大。但是，液体分配装置很难保证所有的蒸发表面都被液膜均匀覆盖，容易出现沟流现象；液体流动时常发生翻滚现象，所产生的雾沫夹带也常溅到冷凝面上，降低了分离效果；由于液体是在重力作用下沿蒸发表面向下流的，因此降膜式分子蒸馏设备不适合用于分离黏度很大的物料，否则将导致物料在蒸发温度下的停留时间加大。

（3）刮膜式蒸发器（图26.14）。刮膜式蒸发器是由同轴的两个圆柱管组成，中间是旋转轴，上下端面各有一块平板。加热蒸发面和冷凝面分别在两个不同的圆柱面上，其中，加热系统是通过热油、蒸汽或热水来进行的。进料喷头在轴的上部，喷头下面是进料分布板和刮膜系统。中间冷凝器是蒸发器的中心部分，固定于底层的平板上。料液以一定的速率进入到旋转分布板上，在离心力作用下被抛向加热蒸发面，在重力作用下沿蒸发面向下流动的同时在刮膜器的作用下在径向上得到均匀分布。低沸点组分首先从薄膜中挥发，径直飞向中间冷凝面，并冷凝成液相，冷凝液流向蒸发器的底部，经馏出口流出；不挥发组分从残留口流出；不凝性气体从真空口排出。刮膜式蒸发器特点：①液膜厚度小；②刮膜器作用下，可避免沟流，保证液膜均匀分布；③被加热的物料在蒸馏温度下的停留时间短，不易热分解，可以通过改变刮膜器的形状来控制液膜在蒸发面上的停留时间；④蒸馏过程可以连续进行，生产能力大；⑤可以在刮膜器的后面加挡板，使雾沫夹带的液体在挡板上冷凝，在离心力作用下回到蒸发面；⑥向下流动的液体在径向上得到充分搅动，从而强化了传热和传质。但是，为了保证系统密封性，刮膜式分子蒸馏器的结构和降膜式分子蒸馏器相比复杂一些，但比离心式简单。

（4）离心式蒸发器。具有旋转的蒸发表面，操作时料液在旋转盘中心，在离心力作用下在蒸发表面分布。液膜薄，流动性好，生产能力大，物料在蒸馏温度下停

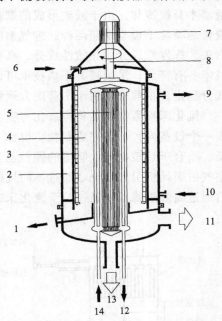

图26.14 分子蒸馏装置刮膜式蒸发器示意图[4]

1. 残留液出口；2. 加热套；3. 刮膜器；4. 蒸发空间；5. 内冷凝器；6. 进料口；7. 转动电机；8. 进液分布盘；9，10. 加热介质出、入口；11. 真空口；12. 冷却水出口；13. 产品馏出口；14. 冷却水入口

留时间短,可以分离热稳定性极差的有机化合物;由于离心力的作用,液膜分布很均匀,分离效果较好。但离心式蒸馏器结构复杂,真空密封较难,设备的制造成本较高。

分子蒸馏单元技术在干姜及大蒜有效成分、连翘挥发油、天然维生素、天然色素、残留农药和重金属的脱除等方面有一定应用。

26.3.4　流化床喷雾干燥、制粒和包衣技术[37]

流化床技术可以应用于中药浓缩浸膏的干燥、制粒和包衣等。喷雾干燥技术适宜处理流浸膏。根据喷嘴的位置的不同,有底喷、顶喷和切向喷之分。无论何种喷雾方式,浓缩浸膏都被高速喷射的气流撕裂成无数小液滴,当液滴和热的流化气体接触时,表面上的液体迅速蒸发,浓缩浸膏被干燥。喷雾干燥后小液滴变成了颗粒,大部分呈球形,在热水中较易溶解。小液滴有很大的表面积,在和干燥热空气密切接触时,数秒钟内即被干燥。由于浸膏液滴表面液体的蒸发吸热,液滴本身被冷却。由于液滴形成的颗粒迅速离开干燥区,避免了药品过热。中药浸膏的喷雾干燥与中药品种、进气温度、出气温度、浸膏相对密度、进料速度等有关。挥发性成分、热敏性成分、高糖类药物、动物类和胶类中药等的喷雾干燥技术各有特点。采用喷雾干燥技术可以使干浸膏粉和药材色泽、气味一致,有效成分稳定。目前被应用于中药配方颗粒的生产中。

流化床喷雾制粒是将流态化与喷雾相结合,将原料的混合、制粒及干燥集中于一个设备内,一步完成制粒,也称一步干燥制粒。工艺简单、设备紧凑、能耗低、适合于热敏物料、制得的颗粒易溶解等。典型的装置流程如图 26.15 所示。空气由引风机引入系统,经过不同规格的过滤器过滤后,被蒸汽加热器加热,之后通过高效过滤器,经过位于流化床底部的气体分布器进入流化床,将经喷嘴喷射下的药物颗粒流化和干燥。最后,空气经袋式过滤器后排出。黏合剂由输液泵吸入,再通过位于流化床上部的雾化喷嘴向下喷出,形成小液滴。如果将药粉事先加入到流化床内,则喷嘴喷出的只是黏合剂。然后进行流化床干燥。对于流化床喷雾制粒,保证设备内的粉粒处于较平稳的流化状态,是实现制粒的必要条件。当设备尺寸一定时,气量过小无法实现流态化;气量过大则粉粒被吸附到布袋壁上,也无法实现制粒。在制药工业中,药粉的初始粒径较细,一

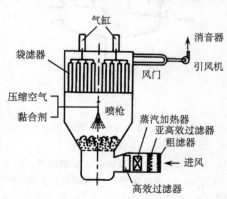

图 26.15　流化床喷雾制粒
工艺流程示意图[37]

般都在几微米至数十微米范围。

需要指出的是：流化床制粒技术，在制取粒径为 0.2mm 以上的颗粒时已很成熟，但制取粒径小于 0.1mm 的颗粒时，则有很大难度。造成这种局面的根本原因是随着粒度减小，粉体的黏附凝聚作用加大。但是，可以采用流化床包覆制粒技术，从而生产出多层和多相构造的功能颗粒。即对于直径大多为 $10\mu m$ 以下的微粉原料药，由于不易流化，可先制造成含主药的柱芯，再用辅料对其包衣，制成具有多层构造并具有遮光、防潮、抗静电、掩蔽苦味、速溶和控释等功能的颗粒。这需要加强制粒设备、辅料及颗粒设计等方面的研究。

流化床喷雾包衣工艺过程与流化床喷雾制粒工艺类似，其操作一般采用底喷型式。流化床喷雾包衣设备，国内外已有许多厂家生产，例如，德国、瑞士等。应用流化床喷雾包衣装置可以制作缓释微丸等。例如，为了增强人参总皂苷磷脂复合物微丸的稳定性，可以运用流化床包衣技术，将微丸包上 HPMC（Hydroxypropyl-methylcellulose，羟丙甲基纤维素）薄膜衣，为了提高生物利用度，减少血液浓度波动引起的不良反应，采用流化床底喷型式包衣，可以制取盐酸地尔硫卓控缓释微丸，也可以制备奥美拉唑肠溶微丸。

26.3.5　其他单元操作

滴丸制剂的制备过程，是一典型的液-液传热和传质过程。为了制得符合质量要求的滴丸制剂（从滴丸的大小、形状、有效成分含量等），或者为了提高制剂质量，需要从多相流动和传递角度研究和设计滴丸的制剂工艺。

中药生产过程中产生的"废水、废气、废渣"的治理和资源化，纳米中药的制备，与颗粒有关的制剂成型过程，计算机辅助中药生产，中药指纹图谱等质量控制过程，洁净环境、灭菌等各种满足 GMP 的中药生产技术，都会涉及过程工程的理论和方法。

26.4　结　语

中药生产过程主要由化工单元操作和机械单元操作组成，其中的化工单元操作可以用动量、热量和质量传递等过程工程的基本理论描述。应用这些理论，结合中药的特点，研究中药生产过程，可以指导其设计、放大、优化操作和控制，从而为中药的科学化作出贡献。

致谢

感谢国家自然科学基金面上项目（No.20576091），国家"十一五""重大新药创制"科技重大专项综合性新药研究开发技术大平台项目药物分离精制技术平台子课题（No. 2009ZX09301-008-P-11）的资助以及研究生张慧慧在校稿过程中给予的帮助。还要感谢加拿大西安大略大学（The University of Western Ontario）的 Bi Yueqi 博士和 Zhang Liqiang 博士对书稿提出的宝贵修改建议。

参 考 文 献

[1] 史兰华. 中国传统医药史. 北京：科学出版社，1996.

[2] 中国科学院化学学部，国家自然科学基金委化学科学部. 展望 21 世纪的化学. 北京：化学工业出版社，2000：122.

[3] 刘明言，朱世斌，元英进. 中药现代化进展. 中草药，2002，33（3）：433-436.

[4] 元英进，刘明言，董岸杰. 中药现代化生产关键技术. 北京：化学工业出版社，2002.

[5] 李静海，胡英，袁权，何鸣远. 展望 21 世纪的化学工程. 北京：化学工业出版社，2004：304.

[6] 肖培根. 中药资源的可持续发展. 合肥：《中国中药杂志》第九届编委会暨中药新药研发理论与技术创新论坛 II，2009.

[7] 邓世明，林强. 新药研究思路与方法. 北京：人民卫生出版社，2008：16.

[8] 杨朝晖. 我国将规划大中药产业发展战略. 科技日报. 2009-11-12 [N/OL]. http://www. stdaily. com/kjrb/content/2009-11/12/content_123578. htm.

[9] 刘落宪. 中药制药工程教学. 中国中医药，2004，2（6）：11-12.

[10] 李洪钟. 浅论过程工程的科学基础. 过程工程学报，2008，8（4）：635-644.

[11] 国家药典委员会. 中华人民共和国药典 2010 年版，一部附录 I 制剂通则附录 5-16；附录 IID 炮制通则附录 20，北京：中国医药科技出版社，2010.

[12] 郑俊华. 生药学. 北京：人民卫生出版社，2000：19.

[13] 冯年平，郁威. 中药提取分离技术原理与应用. 北京：中国医药科技出版社，2005：37.

[14] 朱世斌，刘明言，钱月红. 药品生产质量管理工程（普通高等教育"十一五"国家级规划教材）. 北京：化学工业出版社，2008：1.

[15] 高文远，贾伟. 药用植物大规模工业化发酵培养. 北京：化学工业出版社，2005：98.

[16] 刘明言，王帮臣. 用于中药提取的新技术进展. 中草药，2010，41（2）：169-175.

[17] Valerie, Camel. Microwave-assisted solvent extraction of environmental samples. Trends in Analytical Chemistry，2000，19（4）：229-248.

[18] Romdhane, M., Gourdon, C. Investigation in solid-liquid extraction：influence of ultrasound. Chemical Engineering J.，2002，87（1）：11-19.

[19] 马建军，肖丽萍，王杰. 麻黄碱的液泛法提取工艺研究. 中国医药工业杂志，2001，32（7）：205-206.

[20] 黄海滨，李学坚. 空气爆破法应用于芒果甙提取工艺的研究初探. 中成药，2000，22（3）：242-243.

[21] 陈瑞战，张守勤，王长征等. 超高压提取西洋参皂苷的工艺研究. 农业工程学报，2005，21（5）：150-154.

[22] 张格，张玲玲，吴华等. 采用超高压技术从茶叶中提取茶多酚. 茶叶科学，2006，26（4）：291-294.

[23] 刘长姣，张守勤，吴华等. 超高压技术在五味子饮料加工中的应用. 农业工程学报，2006，22（6）：227-229.

[24] 宁志刚，崔彦丹，刘春梅等. 超高压提取技术应用于乌头注射液生产. 吉林中医药，2006，26（11）：68-69.

[25] 张守勤，牛新春. 常温超高压提取水飞蓟素的研究. 农机化研究，2007，3：143-146.

[26] 郭文晶，张守勤，王长征. 超高压法从甘草中提取甘草酸的工艺研究. 食品工业科技，2007，28 (3):194-196.

[27] 刘明言，余根，王红. 中药提取液浓缩新工艺和新技术研究进展. 中国中药杂志，2006，31 (3)：184-187.

[28] 刘明言，聂万达，杨扬，凌宁生，姜峰，潘力佳. 三相流化床蒸发浓缩更年安提取物的研究. 中草药，2005，36 (9)：1325-1327.

[29] 刘凌，薛毅，张瑾. 冷冻浓缩技术的应用与研究简介. 化学工业与工程，1999，16 (3)：151-156.

[30] 冯毅，宁方芹. 中药水提取液冷冻浓缩的初步研究. 制冷学报，2002，3：52-54.

[31] 刘凌. 果蔬汁常压低温浓缩新技术——界面渐进冷冻浓缩. 饮料工业，2001，4 (6)：35-38.

[32] 冯庆. 滚筒刮膜式中药浓缩器. 医药工程设计杂志，2001，22 (6)：7-10.

[33] 沈善明. 双滚筒中药真空浓缩机. 医药工程设计杂志，2002，23 (4)：9-12.

[34] 刘明言，杨扬，王志刚，胡宗定. 多相流和颗粒流态化技术在制药工程领域中的应用. 世界科学技术——中医药现代化，2004，6 (6)：55-59.

[35] 洪宜斌，曹礼群，李五洲等. 反渗透膜过滤在胡芦巴提取中的应用. 现代中药研究与实践，2003，17 (6)：41-443.

[36] 蔡宇，高增梁，陈冰冰等. 益母草提取液真空膜蒸馏浓缩实验研究. 浙江工业大学学报，2003，31 (6):658-661.

[37] 朱民，卓震. 流化床喷雾制粒工艺过程参数的优化. 化工装备技术，2003，24 (3)：4-7.